简明施工手册

(第四版)

江正荣
朱国梁 编著

中国建筑工业出版社

图书在版编目(CIP)数据

简明施工手册/江正荣,朱国梁编著. —4版. —北京:中国建筑工业出版社,2005
ISBN 978-7-112-07256-9

Ⅰ.简… Ⅱ.①江… ②朱… Ⅲ.建筑工程—工程施工—技术手册 Ⅳ. TU7-62

中国版本图书馆 CIP 数据核字(2005)第 016032 号

简明施工手册
(第四版)

江正荣 编著
朱国梁

*

中国建筑工业出版社出版、发行(北京西郊百万庄)
各地新华书店、建筑书店经销
北京千辰公司制作
北京圣夫亚美印刷有限公司印刷

*

开本:850×1168 毫米 1/32 印张:40¼ 字数:1110 千字
2005 年 5 月第四版 2013 年 4 月第二十四次印刷
印数:457466—458965 册 定价:78.00 元
ISBN 978-7-112-07256-9
(13210)

版权所有 翻印必究
如有印装质量问题,可寄本社退换
(邮政编码100037)

本书主要介绍建筑施工工艺、操作方法、保证施工质量的措施、施工质量控制与检验,常用建筑材料的规格、性能;常用机具的型号、规格、性能等。内容有:土方工程、基坑工程、地基与基础工程、墙体工程、脚手架工程、混凝土工程、预应力混凝土工程、结构吊装工程、钢结构工程、防水工程、防腐蚀工程、建筑地面工程、门窗与吊顶工程、幕墙与隔墙工程、装饰装修工程、冬期施工。

第四版是根据建筑工程施工质量验收统一标准中所列的分部工程进行修订。修订中,删除了陈旧、落后或可有可无的施工工艺和方法,增添了近年来创新发展的并且应用日益广泛的新的施工工艺和方法,如大型深基坑开挖与支护,挤扩多分支承力盘与多支盘桩,碗扣式、门式钢管脚手架,钢构件栓钉焊接工艺,等等。在编写格式上仍主要采用表格化,叙述简明扼要,一目了然。

本书可供建筑施工企业技术人员使用,也可供设计人员和大专院校土建专业师生参考。

* * *

责任编辑:林婉华
责任设计:孙　梅
责任校对:李志瑛　张　虹

第四版前言

简明施工手册第三版出版以来,又已近 7 载,三版先后印刷 15 次,累计印数达 44.12 万册,受到建筑界广大读者的关注和欢迎。但近年来,为适应我国加入 WTO 以后建筑业与国际接轨的新形势,国家对建筑材料、建筑结构设计和建筑工程施工及验收规范进行了全面修订,并颁布实施,同时 7 年来,建筑业推陈创新,发展迅速,出现了许多新技术、新工艺、新材料、新机具和新的现代化管理经验,使得我国建筑业进入了一个快速蓬勃发展时期,因此,原三版中的一些章节,特别是按旧规范编写的部分内容,已显得陈旧、过时或落后,有必要进行一次全面的修订、补充和更新,将建筑施工质量验收规范新的质量控制标准反映进去,把引进的国外先进施工技术、管理方法吸收并加以推广,以适应新世纪建筑工业迅猛发展的需要,推动建筑科技进步。

这次修订系根据建筑工程施工质量验收统一标准中所列的分部工程,将一些陈旧、过时、落后、不常用或可有可无的施工工艺和方法,予以删除,如删除爆破工程、木结构工程的全部;在其余各章中删除的主要有:半深井井点、碱液加固法、爆扩成孔灌注桩、树根桩;土墙、空心砖墙、中型砌块墙、筒拱、砖薄壳、里脚手架搭设法;活动螺栓固定法;钢筋冷拔、电阻点焊;聚合物混凝土、防辐射混凝土、裹砂混凝土、磁化水混凝土、压浆混凝土;起重桅杆、多层框架结构厂房吊装方法;建筑拒水粉屋面防水、钢纤维混凝土屋面防水、波型薄钢板屋面;硫磺类防腐蚀工程施工;地面工程的土面层、碎石和卵石面层、纯水泥浆面层、特种砂浆地面面层、涂布地面面层、弹性地板面层、硬质纤维板面层;装饰工程中的机械喷涂抹灰施工方法、裱糊基层处理方法、涂布工程质量要求、涂料等级划分及其主要工序等等。对原每章中的工程质量通病及防治方法,考虑到国内已有专著出版,这次也全部加以删除。

手册中增添了一些近年来创新发展的并且应用日广的新的施工工艺和方法,主要有:大型深基坑开挖方法、深基坑(槽)支护方法、钢板桩支护施工方法;各种井点降水方法的选用、渗井井点降水;粉煤灰地基、砂井、袋装砂井、塑料排水带堆载预压地基、注浆地基、水泥粉煤灰碎石桩地基、夯实水泥土桩地基、砂石桩地基;特殊土地基的处理;静力压桩工艺方法、预应力管桩打(沉)桩工艺方法;挤扩多分支承力盘与多支盘灌注桩、钻孔压浆灌注桩、夯压成孔灌注桩;烧结多孔砖墙、空心砖墙、配筋砖砌体;轻骨料混凝土、蒸压加气混凝土、粉煤灰砌块墙;碗扣式钢管脚手架、门式钢管脚手架、悬挑式脚手架、外挂式脚手架、插口式脚手架、附着式升降脚手架、满堂内脚手架、受料台与支撑架;爬升模板,滑框倒模、隧道模板;钢筋套筒挤压连接、锥螺纹套筒连接;泵送混凝土工艺;特种结构预应力施工工艺;拱板屋盖吊装;钢构件栓钉焊接工艺、冷弯薄壁型钢结构、钢结构涂装工程;各种防水卷材、胶粘剂、防水涂料及其胎体增强材料的质控指标、品种和主要技术性能、涂膜防水屋面构造与施工、屋面接缝密封材料嵌缝施工、平瓦、油毡瓦屋面施工、建筑工程厕浴、厨房防水施工;聚合物水泥砂浆防腐蚀工程施工;建筑地面构造层次、水泥钢屑面层、防油渗面层、不发火(防爆)面层、料石面层施工;铝合金门窗、塑料门窗安装,防火门、防盗门安装,厚玻璃装饰门、微波自动门安装;石膏板吊顶、铝合金饰面板吊顶安装、各种罩面板吊顶安装;各种新型玻璃、金属、石材幕墙安装;各种砌块隔墙、板材隔墙;铝合金饰面板安装方法、人造革及锦缎软包墙面施工方法;油漆美术涂饰方法、装饰涂料常用涂刷方法、常用新型装饰涂料涂刷做法;硫铝酸盐水泥负温早强混凝土,钢结构工程冬期施工等等。

对保留的具有普遍、典型意义的分项,根据新颁布的工程施工质量验收规范均做了适当删节或补充。在内容上较第三版更加丰富、全面;新增的分部工程有基坑工程、脚手架工程、预应力混凝土工程、门窗与吊顶工程、幕墙与隔墙工程等五章以及改写了钢结构、防水、防腐三章内容，使手册更加完整、充实。

对各章中涉及到有关施工计算方面的内容，乃放在它的姐妹篇新修订的《简明施工计算手册》(第三版)中，读者参阅该手册即可得到解决。

本手册修订内容均紧密结合相应规范，使其符合新规范的要求。由于新颁布的工程质量验收规范强调了施工的自主性，只提出了各分部工程的质量控制和检验标准，而对施工工艺方法则加以省略，本手册既可作为资料齐全、查找方便的技术性工具书，又可作为实施规范的补充书籍使用。

本手册均按照国家最新颁布的2002年系列新建筑结构设计规范和建筑工程施工质量验收规范，以及新颁布的材料标准、技术规程、计量单位、符号等进行修订的。

本手册修订时参考了大量国内专家、作者的文献和出版专著，谨向他们表示衷心地感谢和诚挚地敬意。限于作者的知识和技术、经验水平，在手册中可能还存在不少问题，热诚祈望使用本手册的广大读者和专家提出宝贵意见，给予指正，以便使本手册不断得到改进、充实、完善。

本手册第四版修订分工是：第1章至第8章由江正荣执笔，第9章至第16章由朱国梁执笔。

江正荣　谨识
朱国梁
2004年6月

第三版前言

本手册第二版出版以来,又已十度春秋,两版先后印刷十一次,累计印数达 42.96 万册,受到广大读者的爱护和欢迎。本手册第二版曾荣获 1986 年度"全国科学技术优秀畅销书奖"、"金钥匙纪念奖"和 1987 年度"全国优秀畅销书奖",不少读者对本手册提出了许多宝贵的建设性意见,在此谨向广大读者表示衷心地感谢和诚挚地敬意。

我国现代化建设事业正处在蓬勃发展时期,建筑施工技术发展迅速,各种施工新技术、新材料、新工艺、新机具设备和新的技术管理的应用和创新,使得建筑施工技术有了很大地进步和提高;同时为适应新的形势需要,设计规范、施工验收规范、标准、定额等均已重新修订并颁布执行。在此新情况下,二版本有的内容已不能满足当前施工技术发展的需要,为此我们对本手册又进行一次全面修订,以期为推动建筑业的技术进步、振兴和发展,竭尽一点绵力。

这次修订主要删去一些内容较陈旧、应用较少的施工技术,如矿渣垫层、灰浆碎砖三合土、钢板桩、拱壳砖屋面、无砂混凝土墙、双钢筋、电热张拉法、装配式墙板结构的吊装、涂塑彩色水泥面层、钢屑水泥面层、铸铁板面层等等。增加了一些近年来应用日广、有发展前途的实用新技术、新工艺、新材料、新机具设备和快速的施工经验。主要有深井降水、半深井降水、回灌技术;堆载预压地基、振冲法、喷粉桩地基、土工织物加固地基、硅化和加气硅化地基;土层锚杆技术、地下连续墙逆作法施工工艺;特殊地基的处理、树根桩;钢筋冷轧扭、钢筋气压焊、电阻压力焊;大体积混凝土裂缝控制技术;聚合物混凝土、补偿收缩混凝土、流态混凝土、水下不分散混凝土、特种工艺混凝土；无粘法预应力筋法；合成高分子防水涂料加衬玻璃布防水、建筑拒水粉屋面防水、钢纤维混凝土屋面防水、波形薄钢板、彩色保温压型钢板屋面；涂布、仿缸砖、仿木、木质、地毯、碎拼大理石地面面层；隔墙和顶棚、艺术装饰混凝土、铝合金和玻璃幕墙外饰面；门窗和玻璃工程；混凝土远红外线法养护；屋面防水工程冬期施工等等。对保留的带普遍、典型意义的原有的内容亦作了适当补充。在内容和范围上比第二版有所扩大，增加了钢结构、木结构二章以及脚手架等方面的内容，使整个册子配套、全面、完整、充实。第二版各章中有关计算部分，因在它的姐妹篇"简明施工计算手册"中大多已有所反映和更详尽的论述并附有计算实例，这次修订均已删去，应用时可参阅"简明施工计算手册"中有关章节。

　　本手册按法定计量单位、通用符号、基本术语、新颁布的设计规范、建筑工程施工及验收规范、建筑安装工程质量检验评定标准编写。

　　本手册一、二版均采取文字与图表相结合的方式，为使通俗易懂，简明扼要，一目了然，便于迅速查找和应用，第三版在编写格式上采取全部表格化，并附大量附图，读者可互相参照使用，对有关施工技术问题，一般查表看图即可明了和解决。

　　本手册在编写上注重实用，内容作到精练、系统、全面、概念清楚，并富有启发性，除介绍基本原理、工艺操作方法要点、质量要求外，在每章后面均有一节该项工程的质量通病及防治方法，读者可针对出现的质量问题，根据提出的措施方法，消除质量隐患，提高建筑工程质量水平。

　　建筑施工是一项复杂的系统工程，又是一门多学科、综合性的科学技术，涉及的方面和内容十分广博，与其他许多专业学科互相渗透，施工对象又多种多样，千变万化。施工工艺没有固定模式，随着施工环境和条件而经常变化，而施工技术又日新月异，层出不穷，很难以用较短的篇幅作综合全面的概括，因此本手册只是重点论述它的主要方面——施工技术。这次修订仍只侧重在一般工业和民用建筑常遇到的施工技术,有选择地扼要介绍施工工艺方法、操作要点、质量和安全技术措施,并适当介绍一些土法施工,对村镇工业与民用建筑工程也是适用的,可满足其施工的需要。

由于广大读者的爱护、关怀,提出许多宝贵建设性意见和建议,使本书第二版有所改进和充实提高,曾获多项殊荣。第三版修订我们虽尽了很大努力,但由于作者学识和水平有限,可能还存在不少这样或那样的问题和可商榷修正之处,热诚希望专家和广大读者对本手册第三版继续给予爱护和关注,将发现的问题和宝贵意见与建议告诉我们,帮助指正,以期不断完善。

本手册修订分工是第 1 章至第 7 章由江正荣执笔,第 8 章至第 13 章由朱国梁执笔。

江正荣 朱国梁 谨识

1996 年 10 月

目 录

1 土方工程

- 1.1 土的分类及性质 ……………………………………… 1
  - 1.1.1 土的分类 …………………………………………… 1
    - 1.1.1.1 岩石 ………………………………………… 1
    - 1.1.1.2 碎石土 ……………………………………… 2
    - 1.1.1.3 砂土 ………………………………………… 2
    - 1.1.1.4 黏性土 ……………………………………… 3
    - 1.1.1.5 粉土 ………………………………………… 3
    - 1.1.1.6 人工填土 …………………………………… 3
    - 1.1.1.7 特殊土 ……………………………………… 3
  - 1.1.2 土的现场鉴别方法 ………………………………… 5
    - 1.1.2.1 碎石土、砂土的现场鉴别 ………………… 5
    - 1.1.2.2 黏性土、粉土的现场鉴别 ………………… 6
  - 1.1.3 土的工程分类及性质 ……………………………… 8
    - 1.1.3.1 土的工程分类 ……………………………… 8
    - 1.1.3.2 土的工程性质 ……………………………… 8
- 1.2 土方施工准备 …………………………………………… 10
- 1.3 土方开挖 ………………………………………………… 11
  - 1.3.1 挖方的一般要求与方法 …………………………… 11
    - 1.3.1.1 场地开挖 …………………………………… 11
    - 1.3.1.2 基坑(槽)和管沟开挖 ……………………… 13
  - 1.3.2 土方机械化开挖方法 ……………………………… 14
    - 1.3.2.1 土方机械的选择 …………………………… 14

  1.3.2.2 常用土方机械及其作业方法 ………………………… 22
  1.3.2.3 大型深基坑开挖方法 …………………………………… 36
  1.3.2.4 土方机械开挖施工要点 ………………………………… 38
 1.3.3 挖方质量控制与检验 …………………………………………… 39
1.4 填方和压实 …………………………………………………………… 41
 1.4.1 填方的一般要求 ………………………………………………… 41
 1.4.2 填方方法 ………………………………………………………… 42
 1.4.3 填方的压实 ……………………………………………………… 43
  1.4.3.1 填方压实机具的选择 …………………………………… 43
  1.4.3.2 填方施工压(夯)实方法 ………………………………… 47
 1.4.4 填方质量控制与检验 …………………………………………… 50

2 基坑工程

2.1 基坑(槽)支护 ………………………………………………………… 51
 2.1.1 一般沟(槽)支护(撑)方法 ……………………………………… 51
 2.1.2 浅基坑支护(撑)方法 …………………………………………… 52
 2.1.3 深基坑支护方法 ………………………………………………… 53
 2.1.4 圆形深基坑支护方法 …………………………………………… 62
 2.1.5 土层锚杆支护施工方法 ………………………………………… 63
 2.1.6 钢板桩支护施工方法 …………………………………………… 66
 2.1.7 基坑边坡保护 …………………………………………………… 69
 2.1.8 基坑(槽)支护质量控制与检验 ………………………………… 70
2.2 深基础工程施工技术 ………………………………………………… 72
 2.2.1 地下连续墙施工 ………………………………………………… 72
 2.2.2 深地下工程逆作法施工 ………………………………………… 81
 2.2.3 沉井施工 ………………………………………………………… 84
 2.2.4 深基础工程施工质量控制与检验 ……………………………… 91
2.3 基坑降水与排水 ……………………………………………………… 92
 2.3.1 降低地下水位方法 ……………………………………………… 92
  2.3.1.1 各种井点降水方法的选用 ……………………………… 92

2.3.1.2　轻型井点降水方法 …………………………… 94
　　2.3.1.3　喷射井点降水方法 …………………………… 101
　　2.3.1.4　电渗井点降水方法 …………………………… 102
　　2.3.1.5　管井井点降水方法 …………………………… 102
　　2.3.1.6　深井井点降水方法 …………………………… 104
　　2.3.1.7　渗井井点降水方法 …………………………… 106
　　2.3.1.8　井点回灌技术 ………………………………… 106
　2.3.2　基坑排水方法 ……………………………………… 108
　　2.3.2.1　明沟排水方法 ………………………………… 108
　　2.3.2.2　排水机具的选用 ……………………………… 111
　2.3.3　降水与排水施工质量控制与检验 ………………… 112

3　地基与基础工程

3.1　土的物理力学性质 …………………………………… 114
　3.1.1　土的物理性质指标 ………………………………… 114
　3.1.2　土的力学性质指标 ………………………………… 116
3.2　地基处理 ………………………………………………… 120
　3.2.1　灰土地基 …………………………………………… 120
　3.2.2　砂和砂石地基 ……………………………………… 122
　3.2.3　粉煤灰地基 ………………………………………… 125
　3.2.4　强夯地基 …………………………………………… 127
　3.2.5　土工合成材料地基 ………………………………… 133
　3.2.6　注浆地基 …………………………………………… 136
　　3.2.6.1　水泥注浆地基 …………………………………… 136
　　3.2.6.2　硅化注浆地基 …………………………………… 138
　3.2.7　预压地基 …………………………………………… 142
　　3.2.7.1　砂井堆载预压地基 ……………………………… 142
　　3.2.7.2　袋装砂井堆载预压地基 ………………………… 144
　　3.2.7.3　塑料排水带预压地基 …………………………… 146
　3.2.8　振冲地基 …………………………………………… 151

  3.2.9 水泥土(深层)搅拌桩地基 ············· 155
  3.2.10 高压喷射注浆桩地基 ················ 160
  3.2.11 粉体喷射注浆桩地基 ················ 164
  3.2.12 灰土挤密桩地基 ·················· 166
  3.2.13 夯实水泥土桩地基 ················· 169
  3.2.14 水泥粉煤灰碎石桩地基 ··············· 171
  3.2.15 砂石桩地基 ····················· 174
 3.3 局部地基的处理 ······················ 177
  3.3.1 局部特殊地基的处理 ················ 177
  3.3.2 异常地基的处理 ·················· 181
 3.4 特殊地基的处理 ······················ 186
  3.4.1 故河道、古湖泊、冲沟、落水洞及窑洞的处理 ······· 186
  3.4.2 岩石与岩溶地基的处理 ··············· 187
 3.5 特殊土地基的处理 ···················· 191
  3.5.1 软土地基 ······················ 191
  3.5.2 湿陷性黄土地基 ·················· 192
  3.5.3 膨胀土地基 ····················· 193
  3.5.4 盐渍土地基 ····················· 194
 3.6 桩基施工技术 ······················· 195
  3.6.1 打(沉)桩机械设备的选择 ············· 195
  3.6.2 打(沉)桩方法的选择 ··············· 197
  3.6.3 钢筋混凝土预制桩 ················· 203
   3.6.3.1 打(沉)桩工艺方法 ············ 203
   3.6.3.2 静力压桩工艺方法 ············· 209
   3.6.3.3 预应力管桩打(沉)桩工艺方法 ······· 213
   3.6.3.4 打(沉)桩对周围环境的影响及预防措施 ··· 216
   3.6.3.5 预制桩的质量控制与检验标准 ········ 216
  3.6.4 混凝土灌注桩 ··················· 220
   3.6.4.1 泥浆护壁成孔灌注桩 ············ 220
   3.6.4.2 挤扩多分支承力盘与多支盘灌注桩 ······ 227

    3.6.4.3 干作业成孔灌注桩 ……………………………… 231
    3.6.4.4 钻孔压浆灌注桩 ……………………………… 234
    3.6.4.5 套管成孔灌注桩 ……………………………… 236
    3.6.4.6 夯压成型灌注桩 ……………………………… 238
    3.6.4.7 人工挖孔和挖孔扩底灌注桩 …………………… 240
    3.6.4.8 灌注桩的质量控制、检验与验收 ……………… 244

4 墙体工程

4.1 砖墙 ………………………………………………………… 247
  4.1.1 实心墙 ………………………………………………… 247
  4.1.2 砖柱、砖垛 …………………………………………… 253
  4.1.3 空斗砖墙 ……………………………………………… 255
  4.1.4 烧结多孔砖墙 ………………………………………… 256
  4.1.5 烧结空心砖墙 ………………………………………… 258
  4.1.6 配筋砖砌体 …………………………………………… 259
  4.1.7 砖墙质量控制与验收 ………………………………… 262
4.2 石墙 ………………………………………………………… 265
  4.2.1 毛石墙 ………………………………………………… 265
  4.2.2 料石墙 ………………………………………………… 267
  4.2.3 石砌体工程质量控制与验收 ………………………… 268
4.3 小型砌块墙 ………………………………………………… 270
  4.3.1 混凝土小型空心砌块墙 ……………………………… 270
  4.3.2 轻骨料混凝土小型空心砌块墙 ……………………… 272
  4.3.3 蒸压加气混凝土砌块墙 ……………………………… 274
  4.3.4 粉煤灰砌块墙 ………………………………………… 275
  4.3.5 砌块墙体工程质量控制与验收 ……………………… 276
    4.3.5.1 混凝土小型空心砌块砌体工程 ………………… 276
    4.3.5.2 填充墙砌体工程 ………………………………… 277
4.4 砖烟囱施工技术 …………………………………………… 278

5 脚手架工程

- 5.1 木和竹脚手架 ………………………………………… 283
- 5.2 扣件式钢管脚手架 …………………………………… 287
- 5.3 碗扣式钢管脚手架 …………………………………… 293
- 5.4 门式钢管脚手架 ……………………………………… 297
- 5.5 悬挑式脚手架 ………………………………………… 303
- 5.6 悬吊(挂)式脚手架 …………………………………… 305
- 5.7 外挂式脚手架 ………………………………………… 308
- 5.8 插口式脚手架 ………………………………………… 310
- 5.9 附着式升降脚手架 …………………………………… 312
- 5.10 满堂内脚手架与平台架 ……………………………… 318
- 5.11 受料台与支撑架 ……………………………………… 322
- 5.12 脚手架工程安全技术 ………………………………… 324

6 混凝土工程

- 6.1 模板工程 ……………………………………………… 325
  - 6.1.1 模板结构种类 …………………………………… 325
    - 6.1.1.1 整体式结构模板 …………………………… 325
    - 6.1.1.2 工具式结构模板 …………………………… 327
    - 6.1.1.3 永久性模板 ………………………………… 340
  - 6.1.2 支模方法 ………………………………………… 344
    - 6.1.2.1 现浇整体式结构支模方法 ………………… 344
    - 6.1.2.2 现场预制构件支模方法 …………………… 357
  - 6.1.3 特种模板工艺方法 ……………………………… 370
    - 6.1.3.1 大模板 ……………………………………… 370
    - 6.1.3.2 台(飞)模板 ………………………………… 372
    - 6.1.3.3 液压滑动模板 ……………………………… 375
    - 6.1.3.4 爬升模板 …………………………………… 383
    - 6.1.3.5 滑框倒模 …………………………………… 386

- 6.1.3.6 隧道模 ……………………………………… 387
- 6.1.3.7 移动式模板 ………………………………… 389
- 6.1.3.8 水平拉模板 ………………………………… 393
- 6.1.4 基础地脚螺栓埋设方法 ……………………… 395
  - 6.1.4.1 预留孔洞埋设地脚螺栓方法 …………… 395
  - 6.1.4.2 固定架(钢筋骨架)固定地脚螺栓方法 … 396
  - 6.1.4.3 树脂(膨胀)砂浆粘结地脚螺栓方法 …… 401
  - 6.1.4.4 地脚螺栓偏差的处理 …………………… 402
- 6.1.5 模板隔离剂 ……………………………………… 405
- 6.1.6 模板的拆除 ……………………………………… 408
  - 6.1.6.1 拆模强度要求 …………………………… 408
  - 6.1.6.2 拆除方法及注意事项 …………………… 410
- 6.1.7 模板安装的质量控制与标准 ………………… 410
- 6.2 钢筋工程 ……………………………………………… 413
  - 6.2.1 钢筋的品种、规格与性能 …………………… 413
    - 6.2.1.1 普通钢筋 ………………………………… 413
    - 6.2.1.2 预应力钢丝、钢筋、钢绞线 …………… 416
    - 6.2.1.3 冷轧扭钢筋 ……………………………… 423
  - 6.2.2 钢筋的检验与保管 …………………………… 423
  - 6.2.3 钢筋的配料 …………………………………… 426
    - 6.2.3.1 钢筋构造的一般规定 …………………… 426
    - 6.2.3.2 钢筋配料及注意事项 …………………… 432
  - 6.2.4 钢筋冷加工 …………………………………… 436
    - 6.2.4.1 钢筋冷拉 ………………………………… 436
    - 6.2.4.2 钢筋冷轧扭 ……………………………… 440
  - 6.2.5 钢筋加工工艺方法 …………………………… 442
  - 6.2.6 钢筋连接工艺方法 …………………………… 449
    - 6.2.6.1 闪光对焊 ………………………………… 449
    - 6.2.6.2 气压焊 …………………………………… 452
    - 6.2.6.3 电渣压力焊 ……………………………… 454

- 6.2.6.4 电弧焊 ······ 456
- 6.2.6.5 套筒挤压连接 ······ 462
- 6.2.6.6 锥螺纹套筒连接 ······ 466
- 6.2.7 钢筋绑扎与安装方法 ······ 468
- 6.2.8 钢筋工程质量检验 ······ 471

6.3 混凝土工程 ······ 474
- 6.3.1 混凝土组成材料及技术要求 ······ 474
  - 6.3.1.1 水泥 ······ 474
  - 6.3.1.2 砂子 ······ 477
  - 6.3.1.3 石子 ······ 479
  - 6.3.1.4 水 ······ 481
  - 6.3.1.5 掺合料 ······ 481
  - 6.3.1.6 外加剂 ······ 482
- 6.3.2 混凝土拌制 ······ 486
- 6.3.3 混凝土运输 ······ 491
- 6.3.4 混凝土浇筑 ······ 496
  - 6.3.4.1 混凝土结构浇筑的基本方法 ······ 496
  - 6.3.4.2 施工缝的留设与处理 ······ 502
  - 6.3.4.3 振捣机具设备及操作要点 ······ 507
  - 6.3.4.4 泵送混凝土工艺 ······ 511
  - 6.3.4.5 大体积混凝土裂缝控制技术措施 ······ 515
- 6.3.5 混凝土的养护 ······ 517
  - 6.3.5.1 自然养护 ······ 517
  - 6.3.5.2 蒸汽养护 ······ 519
  - 6.3.5.3 太阳能养护 ······ 520
  - 6.3.5.4 养护剂养护 ······ 523

6.4 特种混凝土 ······ 524
- 6.4.1 防水混凝土 ······ 524
- 6.4.2 耐热(耐火)混凝土 ······ 530
- 6.4.3 抗冻混凝土 ······ 531

6.4.4 耐低温混凝土 …………………………………… 532
  6.4.5 耐酸混凝土 ……………………………………… 534
  6.4.6 耐碱混凝土 ……………………………………… 534
  6.4.7 耐油混凝土 ……………………………………… 535
  6.4.8 钢纤维混凝土 …………………………………… 536
  6.4.9 补偿收缩混凝土 ………………………………… 538
  6.4.10 不发火混凝土 ………………………………… 539
  6.4.11 钢屑混凝土 …………………………………… 540
  6.4.12 蛭石混凝土 …………………………………… 541
  6.4.13 大孔混凝土 …………………………………… 542
  6.4.14 轻骨料混凝土 ………………………………… 543
  6.4.15 流态混凝土 …………………………………… 544
  6.4.16 水下不分散混凝土 …………………………… 545
  6.4.17 特种工艺混凝土 ……………………………… 547
    6.4.17.1 真空混凝土 ……………………………… 547
    6.4.17.2 喷射混凝土 ……………………………… 548
    6.4.17.3 碾压混凝土 ……………………………… 550
6.5 混凝土工程与现浇结构工程质量控制与检验 …… 551
  6.5.1 混凝土工程 ……………………………………… 551
  6.5.2 现浇结构工程 …………………………………… 554

7 预应力混凝土工程

7.1 张拉设备与工具的选用 ……………………………… 558
7.2 锚具与夹具的选用 …………………………………… 562
7.3 预应力筋制作 ………………………………………… 570
7.4 先张法施工工艺 ……………………………………… 572
  7.4.1 工艺流程 ………………………………………… 572
  7.4.2 台座形式及构造 ………………………………… 573
  7.4.3 工艺方法要点 …………………………………… 577
7.5 后张法施工工艺 ……………………………………… 583

7.5.1	工艺流程	583
7.5.2	构件(块体)制作	583
7.5.3	工艺方法要点	586

7.6 无粘结预应力法施工工艺 588
- 7.6.1 工艺流程 588
- 7.6.2 工艺方法要点 589

7.7 特种混凝土结构预应力施工工艺 592
- 7.7.1 环向预应力筋施工 592
- 7.7.2 竖向预应力筋施工 597

7.8 预应力工程质量控制与检验 600

8 结构吊装工程

8.1 索具设备 604
- 8.1.1 绳索 604
- 8.1.2 吊钩、卡环 610
- 8.1.3 吊索 611
- 8.1.4 横吊梁(铁扁担) 614
- 8.1.5 滑车、滑车组 615
- 8.1.6 捯链、千斤顶 617
- 8.1.7 手扳葫芦 620
- 8.1.8 卷扬机 620
- 8.1.9 地锚 623

8.2 起重设备 626
- 8.2.1 履带式起重机 626
- 8.2.2 汽车式起重机 628
- 8.2.3 轮胎式起重机 630
- 8.2.4 塔式起重机 631

8.3 构件的运输、堆放和拼装 636
- 8.3.1 构件的运输 636
  - 8.3.1.1 构件运输准备 636

8.3.1.2 构件运输方法 637
8.3.2 构件的堆放 645
8.3.3 构件的拼装 648

8.4 单层工业厂房结构吊装方法 651
8.4.1 构件吊装的准备 651
8.4.2 吊装方法的选择 653
8.4.3 吊装起重机械的选择 656
8.4.4 构件的吊装 659
8.4.4.1 柱子的吊装 659
8.4.4.2 吊车梁的吊装 674
8.4.4.3 托架(托梁)的吊装 679
8.4.4.4 屋盖系统构件的布置、绑扎与吊装 680
8.4.4.5 拱板屋盖的吊装 693
8.4.4.6 工业墙板的吊装 695

8.5 多层民用建筑结构的吊装 696
8.6 多层建筑升板法施工 701
8.6.1 提升程序和提升设备 701
8.6.2 升板方法 702

8.7 大跨度钢网架、门式刚架、桁架的吊装 707
8.7.1 钢网架的安装 707
8.7.1.1 分件安装法 707
8.7.1.2 整体安装法 711
8.7.2 大跨度钢结构门式刚架的吊装 716
8.7.3 大跨度钢立体桁架(网片)的吊装 719

8.8 吊装工程安全技术 722

9 钢结构工程

9.1 钢结构材料品种和性能 725
9.1.1 常用钢材化学成分和机械性能 725
9.1.2 钢结构钢材的选择 728

9.1.3　钢结构材料的代用 …………………………………… 729
　9.1.4　钢材的检验与堆放 …………………………………… 732
　9.1.5　钢材的质量控制与检验 ……………………………… 733
9.2　钢零件及钢部件加工 ………………………………………… 734
　9.2.1　放样和号料 …………………………………………… 734
　9.2.2　切割和平直 …………………………………………… 736
　9.2.3　变形矫正 ……………………………………………… 737
　　9.2.3.1　变形原因分析 …………………………………… 737
　　9.2.3.2　变形矫正 ………………………………………… 738
　9.2.4　弯曲和边缘加工 ……………………………………… 741
　9.2.5　制孔 …………………………………………………… 743
　9.2.6　钢零件及钢部件加工质量控制与检验 ……………… 745
9.3　钢构件组装 …………………………………………………… 748
　9.3.1　钢构件组装方法 ……………………………………… 748
　9.3.2　钢构件组装质量控制与检验 ………………………… 752
9.4　钢结构连接 …………………………………………………… 754
　9.4.1　钢结构焊接连接 ……………………………………… 754
　　9.4.1.1　常用焊接方法的选择 …………………………… 754
　　9.4.1.2　常用焊条、焊丝、焊剂类型、型号的选择 ……… 755
　　9.4.1.3　焊接连接施工要点 ……………………………… 759
　　9.4.1.4　减少焊接应力和变形的方法 …………………… 764
　9.4.2　栓钉(焊钉)焊接 ……………………………………… 766
　9.4.3　普通螺栓和高强度螺栓的连接 ……………………… 768
　9.4.4　钢结构连接质量控制与检验 ………………………… 771
9.5　成品堆放和装运 ……………………………………………… 775
9.6　钢结构安装 …………………………………………………… 776
　9.6.1　钢结构安装前的准备工作 …………………………… 776
　9.6.2　钢结构单层工业厂房安装 …………………………… 779
　9.6.3　钢结构多层及高层建筑安装 ………………………… 783
　9.6.4　钢结构安装工程质量控制与检验 …………………… 787

9.7 轻型钢结构安装 ... 793
9.7.1 圆钢、小角钢组成的轻钢结构 ... 793
9.7.2 冷弯薄壁型钢组成的轻钢结构 ... 795
9.7.3 钢结构轻型房屋安装 ... 798
9.8 钢结构涂装工程 ... 801
9.8.1 钢结构涂装施工 ... 801
9.8.2 钢结构涂装施工质量控制与检验 ... 806

10 防水工程

10.1 屋面防水 ... 808
10.1.1 屋面工程防水等级和设防要求 ... 808
10.1.2 屋面卷材防水 ... 810
10.1.2.1 卷材和胶粘剂的质量指标 ... 810
10.1.2.2 常用防水卷材及其胶粘剂的品种和主要技术性能 ... 812
10.1.2.3 现场防水卷材与胶粘剂的抽样复验 ... 818
10.1.2.4 卷材防水屋面各构造层次及节点构造 ... 818
10.1.2.5 沥青防水卷材铺贴施工 ... 827
10.1.2.6 高聚物改性沥青防水卷材铺贴施工 ... 833
10.1.2.7 合成高分子防水卷材铺贴施工 ... 836
10.1.2.8 排汽屋面构造及做法 ... 838
10.1.3 屋面涂膜防水 ... 842
10.1.3.1 防水涂料和胎体增强材料的质量指标 ... 842
10.1.3.2 常用防水涂料的品种和主要技术性能 ... 845
10.1.3.3 现场防水涂料和胎体增强材料的抽样复验 ... 846
10.1.3.4 涂膜防水屋面构造节点做法 ... 846
10.1.3.5 屋面涂膜防水层施工 ... 849
10.1.4 屋面刚性防水 ... 855
10.1.4.1 细石混凝土刚性屋面防水层施工 ... 855
10.1.4.2 屋面接缝密封材料嵌缝施工 ... 859
10.1.5 屋面瓦材防水 ... 864

- 10.1.5.1 平瓦屋面施工 …………………………… 864
- 10.1.5.2 油毡瓦屋面施工 ………………………… 866
- 10.1.5.3 金属板材屋面施工 ……………………… 868
- 10.1.6 屋面工程施工质量控制与检验 …………… 873

10.2 建筑工程厕、浴、厨房间防水 …………………… 877
- 10.2.1 厕、浴、厨房间防水等级和设防要求 …… 877
- 10.2.2 地面构造层次及施工要点 ………………… 877
- 10.2.3 厕、浴、厨房间主要节点构造与做法 …… 878
- 10.2.4 厕、浴、厨房间涂膜防水层施工 ………… 882

10.3 地下防水工程 ………………………………………… 883
- 10.3.1 地下工程防水等级和设防要求 …………… 883
- 10.3.2 防水混凝土结构防水 ……………………… 886
- 10.3.3 水泥砂浆防水层 …………………………… 894
- 10.3.4 地下结构卷材防水层 ……………………… 900
- 10.3.5 地下结构涂膜防水层 ……………………… 903
- 10.3.6 地下结构金属板防水层 …………………… 907
- 10.3.7 渗排水层排水 ……………………………… 908
- 10.3.8 盲沟排水 …………………………………… 909
- 10.3.9 地下防水工程质量控制与检验 …………… 911

10.4 地下工程补漏方法 …………………………………… 913
- 10.4.1 渗漏水形式及渗漏部位检查 ……………… 913
- 10.4.2 卷材贴面法补漏 …………………………… 914
- 10.4.3 刚性防水补漏 ……………………………… 914
- 10.4.4 涂料护面法补漏 …………………………… 915
- 10.4.5 促凝灰浆补漏 ……………………………… 915
- 10.4.6 压力注浆堵漏 ……………………………… 919

11 建筑防腐蚀工程

11.1 基层要求及处理 ……………………………………… 929
11.2 块材防腐蚀工程 ……………………………………… 932

- 11.3 水玻璃类防腐蚀工程 ……………………… 935
- 11.4 树脂类防腐蚀工程 ………………………… 944
- 11.5 沥青类防腐蚀工程 ………………………… 957
- 11.6 聚合物水泥砂浆防腐蚀工程 ……………… 965
- 11.7 涂料类防腐蚀工程 ………………………… 969
- 11.8 聚氯乙烯塑料板防腐蚀工程 ……………… 976

12 建筑地面工程

- 12.1 建筑地面构造层次 ………………………… 983
- 12.2 整体面层铺设 ……………………………… 985
  - 12.2.1 水泥混凝土面层 ……………………… 985
  - 12.2.2 水泥砂浆面层 ………………………… 985
  - 12.2.3 水磨石面层 …………………………… 986
  - 12.2.4 水泥钢(铁)屑面层 …………………… 989
  - 12.2.5 防油渗面层 …………………………… 990
  - 12.2.6 不发火(防爆的)面层 ………………… 992
- 12.3 板块面层铺设 ……………………………… 992
  - 12.3.1 普通黏土砖面层 ……………………… 992
  - 12.3.2 陶瓷锦砖面层 ………………………… 994
  - 12.3.3 陶瓷地砖、缸砖和水泥地面砖面层 … 994
  - 12.3.4 大理石和花岗石面层 ………………… 996
  - 12.3.5 碎拼大理石面层 ……………………… 997
  - 12.3.6 预制水磨石面层 ……………………… 998
  - 12.3.7 料石面层 ……………………………… 999
  - 12.3.8 塑料板面层 …………………………… 999
  - 12.3.9 活动地板面层 ………………………… 1002
  - 12.3.10 地毯面层 …………………………… 1004
- 12.4 木、竹面层铺设 …………………………… 1005
  - 12.4.1 松木和硬木地板面层 ………………… 1005
  - 12.4.2 拼花木板面层 ………………………… 1008

12.4.3　实木复合地板面层 …………………………… 1012
　　12.4.4　中密度(强化)复合地板面层 ………………… 1012
　　12.4.5　竹地板面层 ………………………………… 1014
12.5　建筑地面工程施工质量控制与检验 …………………… 1015

13　门窗与吊顶工程

13.1　门窗工程 ………………………………………………… 1030
　　13.1.1　普通木门窗制作与安装 ……………………… 1030
　　　　13.1.1.1　普通木门窗制作 ……………………… 1030
　　　　13.1.1.2　普通木门窗安装 ……………………… 1031
　　13.1.2　钢木大门和钢门窗安装 ……………………… 1032
　　13.1.3　铝合金门窗制作与安装 ……………………… 1033
　　13.1.4　塑料门窗安装 ………………………………… 1035
　　13.1.5　彩板组角钢门窗安装 ………………………… 1036
　　13.1.6　卷帘门安装 …………………………………… 1038
　　13.1.7　防火门安装 …………………………………… 1040
　　13.1.8　防盗门安装 …………………………………… 1040
　　13.1.9　厚玻璃装饰门安装 …………………………… 1042
　　13.1.10　微波自动门安装 ……………………………… 1045
　　13.1.11　门窗玻璃安装 ………………………………… 1047
　　　　13.1.11.1　玻璃的裁割和加工 …………………… 1047
　　　　13.1.11.2　门窗框、扇玻璃安装 ………………… 1048
　　13.1.12　门窗工程质量控制与检验 …………………… 1049
13.2　吊顶工程 ………………………………………………… 1057
　　13.2.1　铝合金龙骨吊顶安装 ………………………… 1057
　　13.2.2　轻钢龙骨吊顶安装 …………………………… 1060
　　13.2.3　木质龙骨吊顶安装 …………………………… 1066
　　13.2.4　石膏板吊顶安装 ……………………………… 1068
　　13.2.5　铝合金饰面板吊顶安装 ……………………… 1072
　　13.2.6　木质板材吊顶安装 …………………………… 1076

13.2.7 其他罩面板吊顶安装 ················· 1077
13.2.8 吊顶工程质量控制与检验 ············· 1080

14 幕墙与隔墙工程

14.1 幕墙工程 ································ 1082
14.1.1 明框玻璃幕墙 ···················· 1082
14.1.2 隐框及半隐框玻璃幕墙 ············· 1086
14.1.3 全玻璃幕墙 ······················ 1088
14.1.4 金属幕墙 ························ 1091
14.1.5 石材幕墙 ························ 1095
14.1.6 幕墙工程质量控制与检验 ············· 1100

14.2 隔墙工程 ································ 1106
14.2.1 石膏空心砌块隔墙 ················· 1106
14.2.2 增强石膏条板隔墙 ················· 1108
14.2.3 加气混凝土板隔墙 ················· 1111
14.2.4 泰柏板隔墙 ······················ 1112
14.2.5 轻钢龙骨石膏板隔墙 ··············· 1116
14.2.6 木龙骨板条、板材隔墙 ············· 1126
14.2.7 玻璃砖隔墙 ······················ 1129
14.2.8 隔墙工程质量控制与检验 ············· 1132

15 装饰装修工程

15.1 抹灰工程 ································ 1136
15.1.1 抹灰的分类和组成 ················· 1136
15.1.1.1 抹灰的分类 ················· 1136
15.1.1.2 抹灰的组成 ················· 1137
15.1.2 常用抹灰材料技术要求 ············· 1138
15.1.3 内墙各种抹灰做法和施工要点 ········· 1142
15.1.3.1 内墙石灰砂浆抹灰 ············· 1142
15.1.3.2 内墙水泥混合砂浆抹灰 ········· 1142

- 15.1.3.3 内墙水泥砂浆抹灰 …… 1143
- 15.1.3.4 内墙纸筋石灰、麻刀石灰(玻璃丝灰)抹灰 …… 1143
- 15.1.3.5 内墙石膏灰抹灰 …… 1145
- 15.1.3.6 内墙装饰抹灰 …… 1145
- 15.1.4 室内各种顶棚抹灰 …… 1147
- 15.1.5 外墙各种装饰抹灰 …… 1149
  - 15.1.5.1 外墙石渣类装饰抹灰 …… 1149
  - 15.1.5.2 外墙砂浆类装饰抹灰 …… 1153
  - 15.1.5.3 外墙聚合水泥砂浆类装饰抹灰 …… 1155
  - 15.1.5.4 外墙仿石(仿形、仿色)类装饰抹灰 …… 1158
  - 15.1.5.5 外墙粘砂(石)类装饰抹灰 …… 1161
- 15.1.6 特种砂浆抹灰 …… 1162
- 15.1.7 抹灰工程质量控制与检验 …… 1163

15.2 饰面安装工程 …… 1165
- 15.2.1 常用饰面材料的规格和质量要求 …… 1165
- 15.2.2 饰面砖粘贴 …… 1170
- 15.2.3 预制水磨石、大理石、花岗石及青石板安装 …… 1171
- 15.2.4 碎拼大理石铺贴施工方法 …… 1174
- 15.2.5 铝合金饰面板安装方法 …… 1175
- 15.2.6 饰面板(砖)工程质量控制与检验 …… 1176

15.3 裱糊工程 …… 1178
- 15.3.1 裱糊材料与胶粘剂 …… 1178
- 15.3.2 壁纸、墙布裱糊施工方法 …… 1181
- 15.3.3 人造革及锦缎软包墙面施工方法 …… 1184
- 15.3.4 裱糊与软包工程质量控制与检验 …… 1184

15.4 涂饰工程 …… 1186
- 15.4.1 常用涂料的技术要求 …… 1186
- 15.4.2 常用涂料腻子配合比及调制方法 …… 1192
- 15.4.3 涂饰基层处理方法 …… 1193
- 15.4.4 油漆常用的涂刷方法 …… 1194

- 15.4.5 常用油漆施工方法 …… 1196
- 15.4.6 油漆美术涂饰做法 …… 1198
- 15.4.7 装饰涂料常用的涂刷方法 …… 1200
- 15.4.8 几种新型装饰涂料涂饰做法 …… 1202
- 15.4.9 涂饰工程质量控制与检验 …… 1204

15.5 刷(喷)浆 …… 1207
- 15.5.1 常用刷(喷)浆材料配合比和调配方法 …… 1207
- 15.5.2 刷(喷)浆腻子配合比及调制方法 …… 1209
- 15.5.3 刷(喷)浆基层要求及处理方法 …… 1209
- 15.5.4 刷(喷)浆施工方法 …… 1210
- 15.5.5 美术刷浆 …… 1211

16 冬期施工

16.1 冬期施工准备 …… 1213

16.2 砌体工程冬期施工 …… 1214
- 16.2.1 砌体工程冬期施工常用方法 …… 1214
- 16.2.2 冬期砌体工程砌筑施工要点 …… 1217

16.3 钢筋工程冬期施工 …… 1220

16.4 混凝土工程冬期施工 …… 1221
- 16.4.1 混凝土受冻类型与受冻机理 …… 1221
- 16.4.2 不同养护温度对混凝土强度增长的影响 …… 1222
- 16.4.3 混凝土冬期养护方法的选择 …… 1224
- 16.4.4 蓄热法及综合蓄热法养护 …… 1225
  - 16.4.4.1 原材料加热方法及混凝土拌合料要求 …… 1225
  - 16.4.4.2 蓄热法和综合蓄热法施工要点 …… 1226
- 16.4.5 暖棚法养护 …… 1227
- 16.4.6 蒸汽加热法养护 …… 1228
- 16.4.7 电热法养护 …… 1233
- 16.4.8 远红外线法养护 …… 1237
- 16.4.9 混凝土掺外加剂法 …… 1239

  16.4.10 硫铝酸盐水泥负温早强混凝土……………………… 1243
16.5 钢结构工程冬期施工 …………………………………… 1244
16.6 装饰工程冬期施工 ……………………………………… 1246
16.7 屋面防水工程冬期施工 ………………………………… 1248
主要参考文献 …………………………………………………… 1251

1 土方工程

1.1 土的分类及性质

1.1.1 土的分类

作为建筑地基的土,可分为岩石、碎石土、砂土、黏性土、粉土、人工填土和特殊土等。

1.1.1.1 岩石

岩石坚硬程度的定性划分　　　　　表 1-1

类别		饱和单轴抗压强度标准值 f_{rk}(MPa)	定性鉴定	代表性岩石
硬质岩	坚硬岩	$f_{rk} > 60$	锤击声清脆,有回弹,震手,难击碎 基本无吸水反应	未风化～微风化的花岗岩、闪长岩、辉绿岩、玄武岩、安山岩、片麻岩、石英岩、硅质砾岩、石英砂岩、硅质石灰岩等
硬质岩	较硬岩	$60 \geqslant f_{rk} > 30$	锤击声较清脆,有轻微回弹,稍震手,较难击碎;有轻微吸水反应	1. 微风化的坚硬岩 2. 未风化～微风化的大理岩、板岩、石灰岩、钙质砂岩等
软质岩	较软岩	$30 \geqslant f_{rk} > 15$	锤击声不清脆,无回弹,较易击碎 指甲可刻出印痕	1. 中风化的坚硬岩和较硬岩 2. 未风化～微风化的凝灰岩、千枚岩、砂质泥岩、泥灰岩等
软质岩	软岩	$15 \geqslant f_{rk} > 5$	锤击声哑,无回弹,有凹痕,易击碎 浸水后,可捏成团	1. 强风化的坚硬岩和较硬岩 2. 中风化的较软岩 3. 未风化～微风化的泥质砂岩、泥岩等
	极软岩	$f_{rk} \leqslant 5$	锤击声哑,无回弹,有较深凹痕,手可捏碎 浸水后,可捏成团	1. 风化的软岩 2. 全风化的各种岩石 3. 各种半成岩

岩体完整程度的划分 表1-2

类别	完整性指数	结构面组数	控制性结构面平均间距(m)	代表性结构类型
完 整	>0.75	1~2	>1.0	整状结构
较完整	0.75~0.55	2~3	0.4~1.0	块状结构
较破碎	0.55~0.35	>3	0.2~0.4	镶嵌状结构
破 碎	0.35~0.15	>3	<0.2	碎裂状结构
极破碎	<0.15	无序	—	散体状结构

注：完整性指数为岩体纵波波速与岩块纵波波速之比的二次方。选定岩体、岩块测定波速时应有代表性。

1.1.1.2 碎石土

碎石土分类 表1-3

土的名称	颗粒形状	颗 粒 级 配
漂 石 块 石	圆形及亚圆形为主 棱角形为主	粒径大于200mm的颗粒超过全重50%
卵 石 碎 石	圆形及亚圆形为主 棱角形为主	粒径大于20mm的颗粒超过全重50%
圆 砾 角 砾	圆形及亚圆形为主 棱角形为主	粒径大于2mm的颗粒超过全重50%

注：分类时，应根据粒径含量由大到小以最先符合者确定。

碎石土的密实度 表1-4

重型圆锥动力触探锤击数 $N_{63.5}$	密实度	重型圆锥动力触探锤击数 $N_{63.5}$	密实度
$N_{63.5} \leqslant 5$	松散	$10 < N_{63.5} \leqslant 20$	中密
$5 < N_{63.5} \leqslant 10$	稍密	$N_{63.5} > 20$	密实

注：1. 本表适用于平均粒径小于等于50mm且最大粒径不超过100mm的卵石、碎石、圆砾、角砾。对于平均粒径大于50mm或最大粒径大于100mm的碎石土，可按表1-18鉴别其密实度；
2. 表内 $N_{63.5}$ 为经综合修正后的平均值。

1.1.1.3 砂土

砂土分类表 表1-5

土的名称	颗 粒 级 配
砾 砂	粒径大于2mm的颗粒占全重25%~50%
粗 砂	粒径大于0.5mm的颗粒超过全重50%
中 砂	粒径大于0.25mm的颗粒超过全重50%
细 砂	粒径大于0.074mm的颗粒超过全重85%
粉 砂	粒径大于0.074mm的颗粒不超过全重50%

1.1 土的分类及性质

砂土的密实度 表1-6

密实度	松散	稍密	中密	密实
N	$N \leqslant 10$	$10 \leqslant N \leqslant 15$	$15 < N \leqslant 30$	$N > 30$

1.1.1.4 黏性土

黏性土按塑性指数 I_p 分类 表1-7

黏性土的分类名称	黏土	粉质黏土
塑性指数 I_p	$I_p > 17$	$10 < I_p \leqslant 17$

注：塑性指数由相应于76g圆锥体沉入土样中深度为10mm时测定的液限计算而得。

黏性土的状态按液性指数 I_L 分类 表1-8

塑性状态	坚硬	硬塑	可塑	软塑	流塑
液性指数 I_L	$I_L \leqslant 0$	$0 < I_L \leqslant 0.25$	$0.25 < I_L \leqslant 0.75$	$0.75 < I_L \leqslant 1$	$I_L > 1$

1.1.1.5 粉土

粉土分类 表1-9

土的名称	颗粒级配及塑性指数 I_p
粉　　土	粒径大于0.075mm的颗粒含量不超过50%，$I_p \leqslant 10$
黏质粉土	粒径大于0.05mm的颗粒含量不超过50%，$I_p < 10$
砂质粉土	粒径大于0.05mm的颗粒含量超过50%，$I_p < 10$

1.1.1.6 人工填土

填土的分类 表1-10

土的名称	组成和成因	分布范围
素填土	由碎石土、砂土、粉土、黏性土等一种或数种组成的土，不含杂质或含杂质很少	常见于山区和丘陵地带的建设中，或工矿区及一些古老城市的改建、扩建中
杂填土	含有大量建筑垃圾、工业废料及生活垃圾等杂物的填土	常见于一些古老城市和工矿区
冲填土	由水力冲填泥砂形成的填土	常见于沿海一带及江河两侧

注：素填土经分层压实者统称为压实填土。

1.1.1.7 特殊土

1 土方工程

黄土的湿陷性和自重湿陷性场地判定 表 1-11

湿陷性判定		自重湿陷性场地判定	
非湿陷性黄土	湿陷性黄土	非自重湿陷性场地	自重湿陷性场地
$\delta_s < 0.015$	$\delta_s \geqslant 0.015$	$\Delta_{ZS}(\Delta_{ZS}) \leqslant 7cm$	$\Delta'_{ZS}(\Delta_{ZS}) > 7cm$

注:1. δ_s—湿陷系数;Δ_{ZS}—自重湿陷量的计算值;Δ'_{ZS}—自重湿陷量的实测值。
2. 当自重湿陷量的实测值和计算值出现矛盾时,应按自重湿陷量的实测值判定。

湿陷性黄土地基的湿陷等级 表 1-12

湿陷类型 Δ_{zs}(mm) Δ_s(mm)	非自重湿陷性场地	自重湿陷性场地	
	$\Delta_{zs} \leqslant 70$	$70 < \Delta_{zs} \leqslant 350$	$\Delta_{zs} > 350$
$\Delta_s \leqslant 300$	Ⅰ(轻微)	Ⅱ(中等)	—
$300 < \Delta_s \leqslant 700$	Ⅱ(中等)	*Ⅱ(中等)或Ⅲ(严重)	Ⅲ(严重)
$\Delta_s > 700$	Ⅱ(中等)	Ⅲ(严重)	Ⅳ(很严重)

*注:当湿陷量的计算值 $\Delta_s > 600mm$、自重湿陷量的计算值 $\Delta_{zs} > 300mm$ 时,可判为Ⅲ级,其他情况可判为Ⅱ级。

膨胀土的膨胀潜势分类 表 1-13

项次	项目 自由膨胀率 δ_{ef}(%)	膨胀潜势
1	$40 < \delta_{ef} < 65$	弱
2	$65 < \delta_{ef} < 90$	中
3	$\delta_{ef} > 90$	强

膨胀土地基的胀缩等级 表 1-14

地基胀缩变形量 S_c(mm)	级别	破坏程度
$15 < S_c < 35$	Ⅰ	轻微
$35 < S_c < 70$	Ⅱ	中等
$S_c > 70$	Ⅲ	严重

注:计算胀缩变形量时,膨胀率的压力取 50kPa。

盐渍土按含盐性质分类 表 1-15

盐渍土名称	$\dfrac{C(Cl^-)}{2C(SO_4^{2-})}$	$\dfrac{2C(CO_3^{2-}) + C(HCO_3^-)}{C(Cl^-) + 2C(SO_4^{2-})}$
氯盐渍土	>2	—
亚氯盐渍土	2~1	—
亚硫酸盐渍土	1~0.3	—

1.1 土的分类及性质

续表

盐渍土名称	$\dfrac{C(Cl^-)}{2C(SO_4^{2-})}$	$\dfrac{2C(CO_3^{2-})+C(HCO_3^-)}{C(Cl^-)+2C(SO_4^{2-})}$
硫酸盐渍土	<0.3	—
碱性盐渍土	—	>0.3

注：表中 $\dfrac{C(Cl^-)}{2C(SO_4^{2-})}$、$\dfrac{2C(CO_3^{2-})+C(HCO_3^-)}{C(Cl^-)+2C(SO_4^{2-})}$，是指这些离子在100g土中所含毫摩数的比值。

盐渍土按含盐量分类 表1-16

盐渍土名称	平均含盐量（%）		
	氯及亚氯盐	硫酸及亚硫酸盐	碱性盐
弱盐渍土	0.5~1.0	—	—
中盐渍土	1~5	0.5~2.0	0.5~1.0
强盐渍土	5~8	2~5	1~2
超盐渍土	>8	>5	>2

1.1.2 土的现场鉴别方法

1.1.2.1 碎石土、砂土的现场鉴别

碎石土、砂土现场鉴别方法 表1-17

类别	土的名称	观察颗粒粗细	干燥时的状态及强度	湿润时用手拍击状态	粘着程度
碎石土	卵(碎)石	一半以上的颗粒超过20mm	颗粒完全分散	表面无变化	无粘着感觉
	圆(角)砾	一半以上的颗粒超过2mm(小高粱粒大小)	颗粒完全分散	表面无变化	无粘着感觉
砂土	砾砂	约1/4以上的颗粒超过2mm(小高粱粒大小)	颗粒完全分散	表面无变化	无粘着感觉
	粗砂	约有一半以上的颗粒超过0.5mm(细小米粒大小)	颗粒完全分散，但有个别胶结一起	表面无变化	无粘着感觉
	中砂	约有一半以上的颗粒超过0.25mm(白菜籽粒大小)	颗粒基本分散，局部胶结但一碰即散	表面偶有水印	无粘着感觉
	细砂	大部分颗粒与粗豆米粉(>0.1mm)近似	颗粒大部分分散，少量胶结，部分稍加碰撞，即散	表面有水印(翻浆)	偶有轻微粘着感觉
	粉砂	大部分颗粒与大小米粉近似	颗粒少部分分散，大部分胶结，稍加压力可分散	表面有显著翻浆现象	有轻微粘着感觉

注：在观察颗粒粗细进行分类时，应将鉴别的土样从表中颗粒最粗类别逐级查对，当首先符合某一类的条件时，即按该类土定名。

碎石土密实度现场鉴别方法　　　　表 1-18

密实度	骨架颗粒含量和排列	可 挖 性	可 钻 性
密实	骨架颗粒含量大于总重的 70%，呈交错排列，连续接触	锹镐挖掘困难，用撬棍方能松动，井壁一般较稳定	钻进极困难，冲击钻探时，钻杆、吊锤跳动剧烈，孔壁较稳定
中密	骨架颗粒含量等于总重的 60%~70%，呈交错排列，大部分接触	锹镐可挖掘，井壁有掉块现象，从井壁取出大颗粒处，能保持颗粒凹面形状	钻进较困难，冲击钻探时，钻杆、吊锤跳动不剧烈，孔壁有坍塌现象
稍密	骨架颗粒含量等于总重的 55%~60%，排列混乱，大部分不接触	锹可以挖掘，井壁易坍塌，从井壁取出大颗粒后，砂土立即坍落	钻进较容易，冲击钻探时，钻杆稍有跳动，孔壁易坍塌
松散	骨架颗粒含量小于总重的 55%，排列十分混乱，绝大部分不接触	锹易挖掘，井壁极易坍塌	钻进很容易，冲击钻探时，钻杆无跳动，孔壁极易坍塌

注：1. 骨架颗粒系指与表 1-3 相对应粒径的颗粒。
　　2. 碎石土的密实度应按表列各项要求综合确定。

1.1.2.2 黏性土、粉土的现场鉴别

黏性土、粉土的现场鉴别方法　　　　表 1-19

土的名称	湿润时用刀切	湿土用手捻摸时的感觉	土的状态		湿土捻条情况
			干土	湿土	
黏土	切面光滑，有粘刀阻力	有滑腻感，感觉不到有砂粒，水分较大，很粘手	土块坚硬，用锤才能打碎	易粘着物体，干燥后不易剥去	塑性大，能搓成直径小于 0.5mm 的长条（长度不短于手掌），手持一端不易断裂
粉质黏土	稍有光滑面，切面平整	稍有滑腻感，有黏滞感，感觉到有少量砂粘	土块用力可压碎	能粘着物体，干燥后较易剥去	有塑性，能搓成直径为 2~3mm 的土条
粉土	无光滑面，切面稍粗糙	有轻微黏滞感或无黏滞感，感觉到有砂粒较多，粗糙	土块用手捏或抛扔时易碎	不易粘着物体，干燥后一碰就掉	塑性小，能搓成直径为 2~3mm 的短条
砂土	无光滑面，切面粗糙	无黏滞感，感觉到全是砂粒、粗糙	松散	不能粘着物体	无塑性，不能搓成土条

1.1 土的分类及性质

土的潮湿程度鉴别　　　　　　　　　　表 1-20

土的潮湿程度	鉴 别 方 法
稍 湿 的	经过扰动的土不易捏成团,易碎成粉末,放在手中不湿手,但感觉凉,而且觉得是湿土
很 湿 的	经过扰动的土能捏成各种形状,放在手中会湿手,在土面上滴水能慢慢渗入土中
饱 和 的	滴水不能渗入水中,可以看出孔隙中的水发亮

黏性土和粉土的稠度鉴别　　　　　　　表 1-21

稠度状态	鉴 别 特 征
坚 硬	人工小钻钻探时很费力,几乎钻不进去,钻头取出的土样用手捏不动,加力不能使土变形,只能碎裂
硬 塑	人工小钻钻探时较费力,钻头取出的土样用手指捏时,要用较大的力才略有变形并即碎散
可 塑	钻头取出的土样,手指用力不大就能按入土中。土可捏成各种形状
软 塑	可以把土捏成各种形状,手指按入土中毫不费力,钻头取出的土样还能成形
流 塑	钻进很容易,钻头不易取出土样,取出的土已不能成形,放在手中也不易成块

人工填土、淤泥、黄土、泥炭的现场鉴别方法　　表 1-22

土的名称	观察颜色	夹杂物质	形状(构造)	浸入水中的现象	湿土搓条情况	干燥后强度
人工填土	无固定颜色	砖瓦碎块、垃圾、炉灰等	夹杂物显露于外,构造无规律	大部分变为稀软淤泥,其余部分为碎瓦、炉渣,在水中单独出现	一般能搓成3mm土条,但易断,遇有杂质甚多时,就不能搓条	干燥后部分杂质脱落,故无定形,稍微施加压力即行破碎
淤泥	灰黑色有臭味	池沼中有半腐朽的细小动植物遗体,如草根、小螺壳等	夹杂物经仔细观察可以发觉,构造常呈层状,但有时不明显	外观无显著变化,在水面出现气泡	一般淤泥质土接近于粉土,故能搓成 3mm 土条(长至少30mm),容易断裂	干燥后体积显著收缩,强度不大,锤击时呈粉末状,用手指能捻碎
黄土	黄褐两色的混合色	有白色粉末出现在纹理之中	夹杂物质常清晰显见,构造上有垂直大孔(肉眼可见)	即行崩散而分成散的颗粒集团,在水面上出现很多白色液体	搓条情况与正常的粉质黏土类似	一般黄土相当于粉质黏土,干燥后的强度很高,手指不易捻碎
泥炭(腐殖土)	深灰或黑色	有半腐朽的动植物遗体,其含量超过60%	夹杂物有时可见,构造无规律	极易崩碎,变为稀软淤泥,其余部分为植物根、动物残体渣滓悬浮于水中	一般能搓成1~3mm土条,但残渣甚多时,仅能搓成 3mm 以上土条	干燥后大量收缩,部分杂质脱落,故有时无定形

1.1.3 土的工程分类及性质
1.1.3.1 土的工程分类

土的工程分类 表 1-23

土的分类	土的级别	土的名称	坚实系数 (f)	密度 (kg/m³)	开挖方法及工具
一类土（松软土）	Ⅰ	砂土、粉土、冲积砂土层、疏松的种植土、淤泥（泥炭）	0.5~0.6	600~1500	用锹、锄头挖掘,少许用脚蹬
二类土（普通土）	Ⅱ	粉质黏土、潮湿的黄土、夹有碎石、卵石的砂、粉土混卵（碎）石、种植土、填土	0.5~0.8	1100~1600	用锹、锄头挖掘,少许用镐翻松
三类土（坚土）	Ⅲ	软及中等密实黏土、重粉质黏土、砾石土、干黄土、含有碎石卵石的黄土、粉质黏土、压实的填土	0.8~1.0	1750~1900	主要用镐,少许用锹、锄头挖掘,部分用撬棍
四类土（沙砾坚土）	Ⅳ	坚硬密实的黏性土或黄土、含碎石、卵石的中等密实的黏性土或黄土、粗卵石、天然级配砂石、软泥灰岩	1.0~1.5	1900	整个先用镐、橇棍,后用锹挖掘,部分用楔子及大锤
五类土（软石）	Ⅴ~Ⅵ	硬质黏土、中密的页岩、泥灰岩、白垩土、胶结不紧的砾岩、软石灰岩及贝壳石灰岩	1.5~4.0	1100~2700	用镐或撬棍、大锤挖掘,部分使用爆破方法
六类土（次坚石）	Ⅶ~Ⅸ	泥岩、砂岩、砾岩、坚实的页岩、泥灰岩、密实的石灰岩、风化花岗岩、片麻岩及正长岩	4.0~10.0	2200~2900	用爆破方法开挖,部分用风镐
七类土（坚石）	Ⅻ~ⅩⅢ	大理岩、辉绿岩、玢岩、粗、中粒花岗岩、坚实的白云岩、砂岩、砾岩、片麻岩、石灰岩、微风化安山岩、玄武岩	10.0~18.0	2500~3100	用爆破法开挖
八类土（特坚石）	ⅩⅣ~ⅩⅥ	安山岩、玄武岩、花岗片麻岩、坚实的细粒花岗岩、闪长岩、石英岗、辉长岩、辉绿岩、玢岩、角闪岩	18.0~25.0 以上	2700~3300	用爆破方法开挖

注:1. 本表可用于选择施工方法、确定工作量、计算劳动力机具及工程费用之用。
2. 土的级别为相当于一般 16 级土石分类级别。
3. 坚实系数 f 为相当于普氏岩石强度系数。

1.1.3.2 土的工程性质
1. 土的可松性

1.1 土的分类及性质

各种土的可松性参考数值　　　　表 1-24

土 的 类 别	体积增加百分比(%)		可松性系数	
	最初	最终	k_p	k_p'
一类(种植土除外)	8~17	1~2.5	1.08~1.17	1.01~1.03
一类(植物性土、泥炭)	20~30	3~4	1.20~1.30	1.03~1.04
二类	14~28	1.5~5	1.14~1.28	1.02~1.05
三类	24~30	4~7	1.24~1.30	1.04~1.07
四类(泥灰岩、蛋白石除外)	26~32	6~9	1.26~1.32	1.06~1.09
四类(泥灰岩、蛋白石)	33~37	11~15	1.33~1.37	1.11~1.15
五~七类	30~45	10~20	1.30~1.45	1.10~1.20
八类	45~50	20~30	1.45~1.50	1.20~1.30

注：1. 土的可松性为土经过挖掘后，组织破坏，体积增加的性能。
　　2. 最初体积增加百分比 $= \dfrac{V_2 - V_1}{V_1} \times 100\%$；最后体积增加百分比 $= \dfrac{V_3 - V_1}{V_1} \times 100\%$；
　　　k_p——为最初可松性系数，$k_p = V_2/V_1$；
　　　k_p'——为最终可松性系数，$k_p' = V_3/V_1$；
　　　V_1——开挖前土的自然体积；
　　　V_2——开挖后土的松散体积；
　　　V_3——运至填方处压实后之体积。
　　3. 在土方工程中，k_p 是用于计算挖方装运车辆及挖土机械的重要参数；k_p'是计算填方时所需挖土工程的重要参数。

2．土的压缩性

土的压缩率 k 数值表　　　　表 1-25

土 的 类 别		土的压缩率(%)	每立方米松散土压实后的体积(m^3)
一~二类土	种植土	20	0.80
	一般土	10	0.90
	砂 土	5	0.95
三 类 土	天然湿度黄土	12~17	0.85
	一般土	5	0.95
	干燥坚实土	5~7	0.94

注：1. 土的压缩性为挖土或借土回填时，土经压实以后，土体积被压缩的性能。
　　2. 土的压缩率 $= \dfrac{(\rho_2 - \rho_1)}{\rho_1} \times 100\%$
　　　其中　ρ_1——原状土的干密度(g/cm^3)；
　　　　　　ρ_2——压实后土的密度(g/cm^3)。
　　3. 深层埋藏的潮湿的胶结土，开挖暴露后水分散失，碎裂成 20~50mm 的小块，不易压碎，填筑压实后有 5%的胀余。
　　4. 胶结密实沙砾土及含有石量接近 30%的坚实粉质黏土或粉土，有 3%~5%的胀余。

1 土方工程

土的休止角　　　　　　表 1-26

土的名称	干的 度数	干的 高度与底宽比	湿润的 度数	湿润的 高度与底宽比	潮湿的 度数	潮湿的 高度与底宽比
砾石	40	1:1.25	40	1:1.25	35	1:1.50
卵石	35	1:1.50	45	1:1.00	25	1:2.75
粗砂	30	1:1.75	35	1:1.50	27	1:2.00
中砂	28	1:2.00	35	1:1.50	25	1:2.25
细砂	25	1:2.25	30	1:1.75	20	1:2.75
重黏土	45	1:1.00	35	1:1.50	15	1:3.75
粉质黏土、轻黏土	50	1:1.75	40	1:1.25	30	1:1.75
粉土	40	1:1.25	30	1:1.75	20	1:2.75
腐殖土	40	1:1.25	35	1:1.50	25	1:2.25
填方的土	35	1:1.50	45	1:1.00	27	1:2.00

注：土的休止角，又称安息角，为土体在一定范围内保持稳定的坡角。

1.2 土方施工准备

土方施工准备工作要点　　　　　　表 1-27

项次	项目	准备工作要点
1	查勘施工现场	调查研究，摸清工程场地情况，搜集施工需要的各项资料，包括施工场地地形、地貌、地质水文、气象、运输道路、邻近建筑物、地下基础、管线、电缆、防空洞、地面上施工范围内的障碍物和堆积物状况，供水、供电、通讯情况，防洪排水系统等等，以便为施工规划和准备提供可靠的资料和数据
2	熟悉和审查图纸	了解施工图纸，检查图纸和资料是否齐全，核对平面尺寸和坑底标高，掌握设计内容及各项技术要求，了解工程规模、结构形式、特点、工程量和质量要求；熟悉土层地板、水文勘察资料；审查地基处理；汇审图纸，搞清地下构筑物、基础平面与周围地下设施管线的关系；研究好开挖程序，明确各专业工序间的配合关系、施工工期要求；并向参加施工人员层层进行技术交底
3	编制施工方案	研究制定现场场地整平、基坑开挖施工方案；绘制施工总平面布置图和基坑土方开挖图，确定开挖路线、顺序、范围、底板标高、边坡坡度、排水沟和集水井位置，挖去的土方堆放地点；提出需用施工机具、劳力计划；深基坑开挖还应提出支护、边坡保护和降水方案
4	清除现场障碍物	将施工区域内所有障碍物，如高压电线、电杆、塔架、地上和地下管道、电缆、坟墓、树木、沟渠以及旧有房屋、基础等进行拆除或进行搬迁、改建、改线；对附近原有建筑物、电杆、塔架等采取有效防护加固措施；可利用的建筑物应充分利用

续表

项次	项目	准备工作要点
5	平整施工场地	按设计或施工要求范围和标高平整场地,将土方弃到规定弃土区;凡在施工区域内,影响工程质量的软弱土层、淤泥、腐殖土、大卵石、孤石、垃圾、树根、草皮以及不宜作填土和回填土料的稻田湿土,应分别情况采取全部挖除或设排水沟疏干、抛填块石、砂砾等方法进行妥善处理,以免影响地基承载力
6	进行地下墓探	在黄土地区或有古墓地区,应在工程基础部位,按设计要求位置,用洛阳铲进行铲探,发现墓穴、土洞、地道(地窖)、废井等,应对地基进行局部处理,方法参见"3.3局部地基的处理"一节。对古墓应报文物部门处理
7	做好排水设施	在施工区域内设置临时性和永久性排水沟,将地面积水排走或排到低洼处,再设水泵排走;或疏通原有排水泄洪系统;排水沟纵向坡度一般不小于2%,使场地不积水;山坡地区,在离边坡上沿5~6m处,设置截水沟、排洪沟,阻止坡顶雨水流入开挖基坑区域内,或在需要的地段修筑挡水土坝阻水;地下水位高的深基坑应在开挖前一周将地下水位降到要求深度
8	设置测量控制	根据给定的国家永久性控制坐标和水准点,按建筑物总平面要求,引测到现场,在工程施工区域设置测量控制网,包括控制基线、轴线和水平基准点;做好轴线控制的测量和校核。控制网要避开建筑物、构筑物、土方机械操作及运输线路,并有保护标志;场地整平应设10m×10m或20m×20m方格网,在各方格点上做控制桩,并测出各标桩处的自然地形、标高作为计算挖、填土方量和施工控制的依据
9	修建临时设施	根据土方和基础工程规模、工期长短、施工力量安排等修建简易临时性生产和生活设施(如工具、材料库、油库、机具库、修理棚、休息棚、茶炉棚等),同时敷设现场供水、供电、供压缩空气(爆破石方用)管线路,并进行试水、试电、试气
10	修筑临时道路	修筑施工场地内机械运行的道路;主要临时运输道路宜结合永久性道路的布置修筑。行车路面按双车道,宽度不应小于7m,最大纵向坡度不大于6%,最小转弯半径不大于15m;路基底层可铺砌20~30cm厚的块石或卵(砾)石层做简易泥结合路面,尽量使一线多用,重车下坡行驶。道路的坡度、转弯半径应符合安全要求,两侧做排水沟
11	准备施工机具	准备好施工机具,做好设备调配,对进场挖土、运输车辆及各种辅助设备进行维修检查、试运转,并运至使用地点就位
12	进行施工组织	组织并配备土方工程施工所需各专业技术人员、工人,组织安排好作业班次;制定较完善的技术岗位责任制和技术、质量、安全、管理网络;建立技术责任制和质量保证体系;对拟采用的土方工程施工新机具、新工艺、新技术组织力量进行研制和试验

1.3 土方开挖

1.3.1 挖方的一般要求与方法

1.3.1.1 场地开挖

1 土方工程

场地开挖要求与方法　　　　　　　　表 1-28

项次	项目	开挖要求方法要点
1	挖方边坡	1. 挖方边坡应根据土的种类、物理力学性质(湿度、密度、内摩擦角、黏聚力)、水文地质条件、工程本身要求(永久性或临时性)等而定。对永久性挖方边坡坡度应按设计要求放坡，如设计无规定时，可按表 1-29 采用。对使用时间较长的临时性挖方边坡，在山坡整体稳定情况下，如地质条件良好，土质较均匀，高度在 8m 以内的，可按表 1-30 采用。在挖超过 8m 的高边坡土方时，土方边坡可根据各层土质及土所受的压力情况做成折线形或台阶形 2. 对缺乏黏性的砂性土，挖方边坡坡度一般取相当于该土的休止角 3. 对易于风化的岩石进行挖方时，其边坡坡度可按表 1-31 采用。在开挖好后，应对坡脚、坡面采取喷浆、抹面、嵌补、植被等保护措施，并做好排水，避免坡内积水
2	开挖要求和方法	1. 场地与边坡开挖应采取沿等高线自上而下，分层、分段依次进行。在边坡上采取多台阶同时进行开挖时，上台阶应比下台阶开挖进深不少于 30m，避免先挖坡脚，导致坡体失稳 2. 边坡台阶开挖，应随时做成一定坡势，以利泄水。边坡下部设有护脚墙及排水沟时，应在边坡修完后，立即处理台阶的反向坡水坡，并进行护脚墙和排水沟砌筑，以保证坡面不被冲刷和不在影响边坡稳定的范围内积水，否则应采取临时排水措施 3. 挖方边坡上部堆土时，上部边缘至土堆坡脚的距离，当土质干燥密实时，不得小于 3m；当土质松软时，不得小于 5m。挖方下侧弃土时，应将弃土堆表面整平低于挖方场地标高并向外倾斜，或在弃土堆与挖方场地之间设置排水沟，防止地面水流入挖方场地

永久性土工构筑物挖方的边坡坡度　　　　表 1-29

项次	挖土性质	边坡坡度
1	在天然湿度、层理均匀、不易膨胀的黏土、粉质黏土和砂土(不包括细砂、粉砂)内挖方深度不超过 3m	1:1.00～1:1.25
2	土质同上，深度为 3～12m	1:1.25～1:1.50
3	干燥地区内土质结构未经破坏的干燥黄土及类黄土，深度不超过 12m	1:0.10～1:1.25
4	在碎石土和泥灰岩土的地方，深度不超过 12m，根据土的性质、层理特性和挖方深度确定	1:0.50～1:1.50
5	在风化岩内的挖方，根据岩石性质、风化程度、层理特性和挖方深度确定	1:0.20～1:1.50
6	在微风化岩石内的挖方，岩石无裂缝且无倾向挖方坡脚的岩层	1:0.10
7	在未风化的完整岩石内的挖方	直立的

1.3 土方开挖

临时性挖方边坡值　　　　　　　　表 1-30

土 的 类 别		边坡值(高:宽)
砂土(不包括细砂、粉砂)		1:1.25～1:1.50
一般性黏土	硬	1:0.75～1:1.00
	硬塑	1:1～1:1.25
	软	1:1.5 或更缓
碎石类土	充填坚硬、硬塑黏性土	1:0.5～1:1.0
	充填砂土	1:1～1:1.5

注：1. 有成熟施工经验，可不受本表限制。设计有要求时，应符合设计标准。
　　2. 如采用降水或其他加固措施，也不受本表限制。
　　3. 开挖深度对软土不超过 4m，对硬土不超过 8m。

岩石边坡容许坡度值　　　　　　　表 1-31

岩 石 类 土	风 化 程 度	容许坡度值(高宽比)	
		坡高在 8m 以内	坡高 8～15m
硬 质 岩 石	微风化	1:0.10～1:0.20	1:0.20～1:0.35
	中等风化	1:0.20～1:0.35	1:0.35～1:0.50
	强风化	1:0.35～1:0.50	1:0.50～1:0.75
软 质 岩 石	微风化	1:0.35～1:0.50	1:0.50～1:0.75
	中等风化	1:0.50～1:0.75	1:0.75～1:1.00
	强风化	1:0.75～1:1.00	1:1.00～1:1.25

注：岩层层面或主要节理面的倾斜方向与边坡的开挖面的倾斜方向一致，且两者走向的夹角小于 45°时，边坡的容许坡度值应另行设计。

1.3.1.2 基坑(槽)和管沟开挖

基坑(槽)和管沟开挖方法　　　　　表 1-32

项次	项目	开 挖 方 法 要 点
1	挖方边坡	1. 当土质为天然湿度、构造均匀、水文地质条件良好(即不会发生坍滑、移动、松散或不均匀下沉)，且无地下水时，开挖基坑亦可不必放坡，采取直立开挖不加支护，但挖方深度应按表 1-33 的规定，基坑长度应稍大于基础长度。 2. 如超过表 1-33 规定的深度，应根据土质和施工具体情况进行放坡，以保证不坍方。其临时性挖方的边坡值可按表 1-30 采用。放坡后基坑上口宽度由基坑底面宽度及边坡坡度来决定，坑底宽度每边应比基础宽出 15～30cm，以便于施工操作
2	开挖要求与方法	1. 基坑(槽)和管沟开挖上部应有排水措施，防止地面水流入坑(沟)内，以防冲刷边坡，造成塌方或破坏基土；当地下水位以下挖方或在雨期施工，应先挖好临时排水沟和集水井，或采取降低地下水位措施，并将地下水位降低至基底以下 0.5～1.0m，方可开挖。降水工作应持续到基础施工完成回填土完毕

续表

项次	项目	开挖方法要点
2	开挖要求与方法	2. 采用机械开挖基坑(槽)和管沟时,为避免破坏基底土体,应在基底标高以上预留一层用人工清理。使用铲运机、推土机或多斗挖土机时,保留土层厚度为20cm;使用拉铲、正铲或反铲施工时为30cm。当用人工挖土,基坑挖好后不能立即进行下道工序时,应预留15~30cm一层土不挖,待下道工序开始前再挖至设计标高。 3. 基坑(槽)和管沟开挖应分段水平分层进行,相邻基坑(槽)和管沟开挖时,应遵循先深后浅或同时进行的施工顺序,并应及时做好基础,尽量防止对基土的扰动。当土质良好,挖出的土应远离基坑(槽)沟2m以外堆放,高度不宜超过1.5m 4. 基坑(槽)开挖,应先进行测量定位、抄平放线,定出开挖长度,按放线分块(段)分层挖土。根据土质和水文情况,采取在四侧或两侧直立开挖或放坡,以保证施工操作安全 5. 基坑开挖程序一般是:测量放线→切线分层开挖→排除水→修坡→整平→留足预留土层等。挖土每层厚0.3m左右,边挖边检查坑底宽度及坡度,不够时及时修整,每3m左右修一次坡,至设计标高,再统一进行一次修坡清底,检查坑底宽和平整度,要求坑底凹凸不超过2.0cm 6. 雨季施工时,基坑(槽)应分段开挖,挖好一段浇筑一段垫层,并在基坑(槽)四侧或两侧围以土堤或挖排水沟,以防地面雨水流入基坑(槽),同时应经常检查边坡和支撑情况,以防止坑壁受水浸泡造成塌方

基坑(槽)和管沟不加支撑时的容许深度　　　　表1-33

土的种类	容许深度(m)
密实、中密的砂土和碎石类土(充填物为砂土)	1.00
硬塑、可塑的粉质黏土及粉土	1.25
硬塑、可塑的黏土和碎石类土(充填物为黏性土)	1.50
坚硬的黏土	2.00

1.3.2　土方机械化开挖方法

1.3.2.1　土方机械的选择

土方机械选用依据与方法　　　　表1-34

项次	项目	选用要求与方法要点
1	选择依据	土方机械化开挖应根据基础形式、工程规模(开挖截面、范围大小、工程量)、开挖深度、地质条件、地下水情况、土方运距、现场和机具设备条件、工期要求以及土方机械的特点等合理选择挖土机械,以充分发挥机械效率,节省机械费用,加速工程进度
2	土方机械选用	土方机械化施工常用机械有:挖掘机(包括正铲、反铲、拉铲、抓铲等)、铲运机、推土机、装载机等。选用时,应考虑机械类型、特性、需配辅助机械、作业特点以及适用范围等。一般常用土方机械的选择可参考表1-35

1.3 土方开挖

续表

项次	项目	选 用 要 求 与 方 法 要 点
3	选择方法	对深度不大的大面积基坑开挖,宜采用推土机或装载机推土、装土,用自卸汽车运土;对长度和宽度均较大的大面积土方一次开挖,可用铲运机铲土、运土、卸土、堆筑作业;对面积较大、较深的基坑多采用 $0.5m^3$ 或 $1.0m^3$ 斗容量的液压正铲挖掘机,上层土方也可用铲运机或推土机进行;如操作面狭窄,且有地下水,土体湿度大,可用液压反铲挖掘机挖土,自卸汽车运土;在地下水中挖土,可用拉铲,效率较高;对地下水位较深,采取不排水时,亦可分层用不同机械开挖,先用正铲挖掘机挖地下水位以上土方,再用拉铲或反铲挖地下水位以下土方,用自卸汽车将土方运出

常用土方机械的选择　　　　　　　　　表 1-35

名称、特性及辅助机械	作 业 特 点	适 用 范 围
正铲挖掘(土)机 装车轻便灵活,回转速度快,移位方便,能挖掘坚硬土层,易控制开挖尺寸,工作效率高 土方外运应配备自卸汽车,工作面应有推土机配合平土、集中土方,进行联合作业	1.开挖停机面以上土方;2.工作面应在 1.5m 以上,开挖合理高度见表 1-36;3.开挖高度超过挖土机挖掘高度时,可采取分层开挖;4.装车外运 常用正铲挖掘机的技术性能见表 1-37、表 1-38	1.开挖含水量不大于 27%的一～四类土和经爆破后的岩石与冻土碎块;2.大型场地整平土方;3.工作面狭小且较深的大型管沟和基槽、路堑;4.独立基坑;5.边坡开挖
反铲挖掘(土)机 操作灵活,挖土、卸土均在地面作业,不用开运输道 土方外运应配备自卸汽车,工作面应有推土机配合推到附近堆放	1.开挖地面以下深度不大的土方;其最大挖土深度 4～6m,经济合理深度为 1.5～3m;2.可装车和两边甩土、堆放;3.较大较深基坑可用多层接力挖土 常用反铲挖掘机的技术性能见表 1-39	1.开挖含水量大的一～三类的砂石或黏土;2.管沟和基槽;3.独立基坑;4.边坡开挖
拉铲挖掘(土)机 可挖深坑,挖掘半径及卸载半径大,操纵灵活性较差 土方外运需配备自卸汽车、配备推土机创造施工条件	1.开挖停机面以下土方;2.可装车和甩土;3.开挖截面误差较大;4.可将土甩在基坑(槽)两边较远处堆放 常用拉铲挖掘机的技术性能见表 1-40	1.挖掘一～三类土,开挖较深、较大的基坑(槽)、管沟;2.大量外借土方;3.填筑路基、堤坝;4.挖掘河床;5.不排水挖取水中泥土
抓铲挖掘(土)机 钢绳牵拉灵活性较差,工效不高,不能挖掘坚硬土 土方外运时按运距配备自卸汽车	1.开挖直井或沉井土方;2.装车或甩土;3.排水不良时开挖;4.吊杆倾斜角度应在 45°以上,距边坡应不小于 2m 常用抓铲挖掘机的技术性能见表 1-41	1.土质比较松软、施工面较狭窄的深基坑、基槽;2.水中取土,清理河床;3.桥基、桩孔挖土;4.装卸散装材料

续表

名称、特性及辅助机械	作 业 特 点	适 用 范 围
铲运机 操作简单灵活,不受地形限制,不需特设道路,准备工作简单,能独立工作,不需其他机械配合能完成铲土、运土、卸土、填筑、压实等工序,行驶速度快,易于转移,需用劳力少、动力少,生产效率高 开挖坚土时需用推土机助铲;开挖三、四类土宜先用松土机预先翻松 20~40cm;自行式铲运机用轮胎行驶,适合于长距离,但开挖亦须用助铲	1. 大面积整平;2. 开挖大型基坑、沟渠;3. 运距800~1500m 内的挖运土(效率最高为 200~350m);4. 填筑路基、堤坝;5. 回填压实土方;6. 坡度控制在 20°以内 常用铲运机的技术性能见表1-42	1. 开挖含水率27%以下的一～四类土;2. 大面积场地平整、压实;3. 运距800m 内的挖运土方;4. 开挖大型基坑(槽)、管沟,填筑路基等,但不适于砾石层、冻土地带及沼泽地区使用
推土机 操作灵活,运转方便,需工作面小,可挖土、运土,易于转移,行驶速度快,应用广泛 土方挖后运出需配备装土、运土设备 推挖三～四类土应用松土机预先翻松	1. 推平;2. 运距100m 内的堆土(效率最高的距离为60m);3. 开挖浅基坑;4. 推送松散的硬土、岩石;5. 回填压实;6. 配合铲运机助铲;7. 牵引;8. 下坡坡度最大35°,横坡最大10°,几台同时作业前后距离应大于8m 常用推土机的技术性能见表1-43	1. 推一～四类土;2. 找平表面、场地平整;3. 短距离移挖作填,回填基坑(槽)、管沟并压实;4. 开挖深不大于1.5m 的基坑(槽);5. 填筑高1.5m 内的路基、堤坝;6. 拖羊足碾;7. 配合挖土机从事集中土方、清理场地、修路开道等
装载机 操作灵活,回转移位方便、快速,可装卸土方和散料,行驶速度快 土方外运需配备自卸汽车,作业面需经常用推土机平整并推松土方	1. 开挖停机面以上土方;2. 轮胎式只能装松散土方,履带式可装较实土方;3. 松散材料装车;4. 吊运重物,用于铺设管道 常用铰接式轮胎装载机的技术性能见表1-44	1. 外运多余土方;2. 履带式改换挖斗时,可用于开挖;3. 装卸土方和散料;4. 松软土的表面剥离;5. 地面平整和场地清理等工作;6. 回填土;7. 拔除树根

正铲开挖高度数值(m)参考表　　表 1-36

土 的 类 别	铲 斗 容 量 (m³)			
	0.5	1.0	1.5	2.0
一～二类	1.5	2.0	2.5	3.0
三类	2.0	2.5	3.0	3.5
四类	2.5	3.0	3.5	4.0

1.3 土方开挖

常用正铲挖掘机技术性能表　　表1-37

项　　目		机　　型							
		W_1-50		W_1-60		W_1-100		W_1-200	
铲斗容量	(m^3)	0.5		0.6		1.0		2.0	
铲臂倾斜角度		45°	60°	45°	60°	45°	60°	45°	60°
停机地面下的最大挖掘深度	(m)	1.5	1.1	2.05	1.15	2.0	1.5	2.2	1.8
停机地面的最大挖掘半径	(m)	4.7	4.35	3.96	3.4	6.4	5.7	7.4	6.25
停机地面的最小挖掘半径	(m)	2.5	2.8	2.5	2.6	3.3	3.6	—	—
最大挖掘半径	(m)	7.8	7.2	7.7	7.2	9.8	9.0	11.5	10.8
最大挖掘高度	(m)	6.5	7.9	5.85	7.45	8.0	9.0	9	10
最大卸土半径	(m)	7.1	6.5	6.9	6.5	8.7	8.0	10	9.6
最大卸土半径时的卸土高度	(m)	2.7	3.0	1.95	2.35	3.3	3.7	3.75	4.7
最大卸土高度	(m)	4.5	5.6	3.85	5.05	5.5	6.8	6	7
最大卸土高度时的卸土半径	(m)	6.5	5.4	6.5	4.9	8.0	7.0	10.2	8.5
最大起重量	(t)	1.0		—		15.0		—	
行走速度	(km/h)	1.5~3.6		1.48~3.25		1.49			
最大爬坡能力		22°		20°		20°		20°	
对地面平均压力	(MPa)	0.062		0.088		0.091		0.127	
发动机功率	(kW)	—		—		88.3		184	
外形尺寸(mm)(长×宽×高)		4610×2350×3480		—		5300×3200×4170		—	
重　　量	(t)	20.5		22.7		41		77.5	

液压挖掘机主要技术性能与规格　　表1-38

项　　目		机　　型							
		WY10	WLY40	WY60	WY60A	WY80	WY100	WY160	WY250
正铲：									
铲斗容量	(m^3)	—	0.4	0.5	0.6	0.8	1.0	1.6	2.5
最大挖掘半径	(m)	—	7.95	7.78	6.71	6.71	8.0	8.05	9.0
最大挖掘高度	(m)	—	6.12	6.34	6.60	6.60	7.0	8.1	9.5
最大卸载高度	(m)	—	3.66	4.05	3.79	3.79	2.5	5.7	6.55
反铲：									
铲斗容量	(m^3)	0.1	0.4	0.6	0.6	0.8	0.7~1.2	1.6	—
最大挖掘半径	(m)	4.3	7.76	8.17	8.46	8.86	9.0	10.6	—

17

1 土方工程

续表

项　　目	机　　型							
	WY10	WLY40	WY60	WY60A	WY80	WY100	WY160	WY250
最大挖掘高度　(m)	2.5	5.39	7.93	7.49	7.84	7.6	8.1	—
最大卸载高度　(m)	1.84	3.81	6.36	5.60	5.57	5.4	5.83	—
最大挖掘深度　(m)	2.4	4.09	4.2	5.14	5.52	5.8	6.1	—
发动机功率　(kW)	—	58.8	58.8	69.1	—	95.5	132.3	220.5
液压系统工作压力 (MPa)		30	25			32	28	28
行走接地比压 (MPa)	0.03	—	0.06	0.03	0.04	0.05	0.09	0.1
行走速度　(km/h)	1.54	3.6	1.8	3.4	3.2	1.6～3.2	1.77	2.0
爬坡能力　(%)	45	40	45	47	47	45	80	35
回转速度　(r/min)	10	7.0	6.5	8.65	8.65	7.9	6.9	5.35
总重量　(t)		9.89	14.2	17.5	19.0	25.0	38.0	60.0
制　造　厂	北京工程挖掘机厂	江苏建筑机械厂	贵阳矿山机械厂	合肥矿山机械厂	合肥矿山机械厂	上海建筑机械厂	长江挖掘机厂	杭州重型机械厂

常用反铲挖掘机技术性能与规格　　表1-39

项　　目	机　　型			
	W-501	W-1001	R942	RH₆LC-600
铲斗容量　(m³)	0.5	1.2	0.4～2.0	0.42～1.26
动臂长度　(m)	5.5	7.4	6.72	—
斗杆长度　(m)	2.8	3.45	1.9～4.0	—
最大卸载半径　(m)	8.1　7.0	9.9		
最大卸载高度　(m)	5.26　6.14	6.9		3～5.7
回转速度　(r/min)	—	—	0～7.8	0～9
行走速度　(km/h)			0～2.6	0～3
发动机功率　(kW)			125	66.8
发动机转速　(r/min)			2150	1900
最大挖掘半径　(m)	9.2	11.5	10～11.5	8.5～11.7
最大挖掘深度　(m)	5.56	7.3	6～8	5.3～8.5
对地面的平均压力　(MPa)	0.062	0.093	—	0.031～0.058
机　　重　(t)	20.5	42.2	—	19～21

1.3 土方开挖

拉铲挖掘机主要技术性能与规格　　　　　　　　　表 1-40

项目	机型																	
	W50 WD50				W100 WD100				W100A WD100A				W200 WD200					
铲斗容量(m³)	0.5				1				1.2				1.5				1	
动臂长度 A(m)	10		13		13		16		12.5		15		15		20		25	
动臂倾角 α(°)	30	45	30	45	30	45	30	45	30	45	30	45	30	45	30	45	30	45
最大卸载高度 B(m)	3.5	5.5	5.3	8.0	4.2	6.9	5.7	9.0	3.38	5.97	4.63	7.74	4.8	7.9	8.0	12.2	10.8	15.9
最大卸载半径 C(m)	10	8.3	12.5	10.4	12.8	10.8	15.4	12.9	12.13	10.14	14.29	11.91	15.1	12.7	19.4	16.3	23.8	19.8
最大挖掘半径 D(m)	11.1	10.2	14.3	13.2	14.4	13.2	17.5	16.2	14.63	12.64	16.79	14.41	17.4	15.8	22.4	20.3	27.4	25.3
侧面挖掘深度 E(m)	4.4	3.8	6.6	5.9	5.8	4.9	8.0	7.1	5.84	4.56	7.24	5.7	7.4	6.5	10.7	9.4	14	12.5
正面挖掘深度 F(m)	7.3	5.6	10	7.8	9.5	7.4	12.2	9.6	9.2	7.2	11.4	9.0	12	9.6	16.3	13.1	20.6	16.5
机重(t)	19.1		20.7		42.06		42.42		31				77.84					
对地面压力(MPa)	0.059		0.064		0.092		0.093		0.088				0.125					

抓铲挖掘机技术性能与规格   表1-41

项目		机型							
		W-501				W-1001			
抓斗容量	(m³)	0.5				1.0			
伸臂长度	(m)	10				13		16	
回转半径	(m)	4.0	6.0	8.0	9.0	12.5	4.5	14.5	5.0
最大卸载高度	(m)	7.5	7.5	5.8	4.6	1.6	10.6	4.8	13.2
抓斗开度	(m)	—				2.4			
对地面的压力	(MPa)	0.062				0.093			
重量	(t)	20.5				42.2			

铲运机技术性能与规格   表1-42

项目		拖式铲运机			自行式铲运机		
		C_6-2.5	C_5-6	C_3-6	C_3-6	C_4-7	CL7
铲斗:几何容量	(m³)	2.5	6.0	6.0	7.0	7.0	
堆尖容量	(m³)	2.75	8.0	—	8.0	9.0	9.0
铲刀宽度	(mm)	1900	2600	2600	2600	2700	2700
切土深度	(mm)	150	300	300	300	300	—
铺土厚度	(mm)	230	380	—	380	400	—
铲土角度	(°)	35~68	30	30	30	—	
最小回转半径	(m)	2.7	3.75	—	—	6.7	
操纵形式		液压	钢绳	—	液压及钢绳	液压及钢绳	液压
功率	(kW)	44.1	73.5	—	88.1	132.3	
卸土方式		自由	强制式	—	强制式	强制式	—
外形尺寸(长×宽×高)	(m)	5.6×2.4×2.4	8.77×3.12×2.54	8.77×3.12×2.54	10.39×3.07×3.06	9.7×3.1×2.8	9.8×3.2×2.98
重量	(t)	2.0	7.3	7.3	14.0	14.0	15.0

推土机技术性能与规格   表1-43

项目		机型				
		T_2-60	T_3-100	T-120	上海-120A	T-180
铲刀(宽×高)	(mm)	2280×788	3030×1100	3760×1100	3760×1000	4200×1100
最大提升高度	(mm)	625	900	1000	1000	1260
最大切土深度	(mm)	290	180	300	300	530

1.3 土方开挖

续表

项　目	机　型				
	T_2-60	T_3-100	T-120	上海-120A	T-180
移动速度:前进(km/h)	3.25～8.09	2.36～10.13	2.27～10.44	2.23～10.23	2.43～10.12
后退(km/h)	3.14～5.0	2.79～7.63	2.73×8.99	2.68～8.82	3.16～9.78
额定牵引力(kN)	36	90	120	130	188
发动机额定功率(kW)	44.1	73.5	99.2	88.2	132.3
对地面单位压力(MPa)	0.053	0.065	0.059	0.064	—
外形尺寸(长×宽×高)(mm)	4.214×2.285 ×2.30	5.0×3.03 ×2.992	6.506×3.76 ×2.875	5.366×3.76 ×3.010	7.176×4.20 ×3.091
总重量(t)	5.9	13.43	14.7	16.2	
生产厂	—	山东推土机总厂	四川建筑机械厂	上海彭浦机械厂	黄河工程机械厂

铰接式轮胎装载机主要技术性能与规格　　表 1-44

项　目	型　号						
	WZ_2A	ZL10	ZL20	ZL30	ZL40	ZL0813	ZL08A
铲斗容量(m^3)	0.7	0.5	1.0	1.5	2.0	0.4	0.4
装载量(t)	1.5	1.0	2.0	3.0	4.0	0.8	0.8
卸料高度(m)	2.25	2.25	2.6	2.7	2.8	2.0	2.0
发动机功率(kW)	40.4	40.4	59.5	73.5	99.2	17.6	24
行走速度(km/h)	18.5	10～28	0～30	0～32	0～35	21.9	21.9
最大牵引力(kN)	—	32	64	75	105	—	14.7
爬坡能力(°)	18	30	30	25	28～30	30	24
回转半径(m)	4.9	4.48	5.03	5.5	5.9	4.8	4.8
离地间隙(m)	—	0.29	0.39	0.40	0.45	0.25	0.20
外形尺寸(m)(长×宽×高)	7.88×2.0 ×3.23	4.4×1.8 ×2.7	5.7×2.2 ×2.8	6.0×2.4 ×2.8	6.4×2.5 ×3.2	4.3×1.6 ×2.4	4.3×1.6 ×2.4
总重(t)	6.4	4.5	7.6	9.2	11.5	—	2.65

注：1. WZ_2A 型带反铲,斗容量 $0.2m^3$,最大挖掘深度 4.0m,挖掘半径 5.25m,卸料高度 2.99m。
　　2. 转向方式均为铰接液压缸。

1.3.2.2 常用土方机械及其作业方法
1. 正铲挖掘机挖土

正铲挖掘机的开挖方法 表 1-45

名 称	开 挖 方 法 及 特 点	适 用 范 围
正向开挖，侧向装土法(图 1-1a、b)	将正铲置于前进方向挖土，汽车位于正铲的侧向装土。本法铲臂卸土回转角度最小（一般小于90°），装车方便，循环时间短，生产效率高	用于开挖工作面较大、深度不大的边坡、基坑（槽）、沟渠和路堑等，为最常用的开挖方法
正向开挖，后方装土法(图 1-1c)	正铲亦向前进方向挖土，汽车停在正铲的后面装土。本法开挖工作面较大，但铲臂卸土回转角度较大（通常在180°左右），且汽车要倒行车，增加工作循环时间，生产效率降低（回转角度180°，效率约降低23%；回转角度130°，约降低13%)	用于开挖工作面狭小、且较深的基坑（槽）、管沟和路堑等
多层开挖法(图 1-2)	将开挖面按机械的合理开挖高度，分为多层同时开挖，以加快开挖速度，土方可以分层运出；亦可分层递送至最上层（或下层），用汽车运出，但两台挖土机沿前进方向上层应先开挖，上下两台挖土机保持 30~50m 距离，避免塌方	适于开挖高边坡或大型基坑
分层开挖法(图 1-3)	将开挖面按机械的合理高度分为多层开挖（图 a)；当开挖面高度不能成为一次挖掘深度的整数倍时，则可在挖方的边缘或中部先开挖一条浅槽作为第一次挖土运输线路（图 b)，然后再逐次开挖直至基坑底部	在开挖大型基坑或沟渠，工作面高度大于机械挖掘的合理高度时采用
中心开挖法(图 1-4)	先从挖土区的中心开挖（图 a)，当向前挖至回转角度超过 90°时（图 b)，则转向两侧开挖，运土汽车按"八"字形停放装土。本法开挖移位方便，回转角度小（在 90°以内)，挖土区宽度宜在 40m 以上，以便于汽车靠近正铲装车，减少回转角度	适用于开挖较宽的山坡地段或基坑、沟渠等
上下轮换开挖法(图 1-5)	先将土层上部 1m 以下土挖深 30~40cm，然后再挖土层上部 1m 厚的土，如此上下轮换开挖。本法挖土阻力小，易装满铲斗，卸土容易	适于土层较高、土质不太硬、铲斗挖掘距离很短时使用
顺铲开挖法(图 1-6)	铲斗从一侧向另一侧一斗换一斗地顺序开挖，使每次挖土增加一个自由面，阻力减小，易于挖掘；也可依据土质的坚硬程度，使每次只挖 2~3 个斗牙位置的土	适于土质坚硬，挖土时不易装满铲斗，而且装土时间长时采用
间隔开挖法(图 1-7)	即在开挖扇形工作面上第一铲与第二铲之间保留一定距离，使铲斗接触土的摩擦面减少，两侧受力均匀，铲土速度加快，容易装满铲斗，生产效率提高	适于开挖土质不太硬、较宽的边坡或基坑、沟渠
浅挖快装，半开斗底法	在挖含水量较大的黏土时，采取"浅挖快装"，以减少挖掘机械负荷，同时"半开斗底"，避免土在斗内压实，难以倒出，以加快卸土和加大装土容量	适于开挖含水量较大的黏性土时采用

1.3 土方开挖

续表

名 称	开 挖 方 法 及 特 点	适 用 范 围
轻挖快卸,二牙挖土法	在挖掘淤泥或含杂质的回填土时,采取"轻挖快卸",用铲斗半侧挖土,以减少挖掘阻力和机身下沉,方便卸土,节省垫车时间	适于开挖淤泥质土或含杂质的回填土时采用
空斗松土,深挖满装法	在挖掘含水率较小的坚实黏土时,利用装车间歇时间,用斗牙将土破松,然后深挖满装铲斗,卸土装车,以增加切土深度、装土容量,提高效率	适于开挖含水率较小的坚实黏土时采用
改装铲斗法	对松软的土层,采取换用较大的铲斗挖土;对较硬的土层,则适当改装铲斗,使其齿牙交错排列或使用不同长度的齿牙,以提高挖掘效率	适于开挖土质松软或土质坚硬的土层时采用

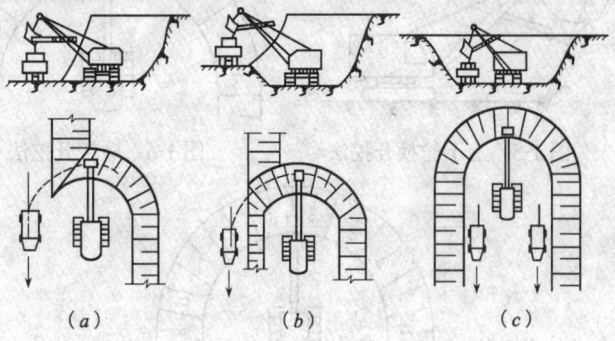

图 1-1 正铲开挖方式
(a)、(b)正向开挖,侧向装土法;(c)正向开挖,后方装土法

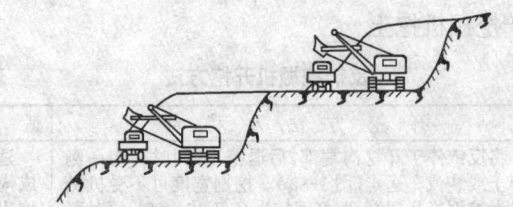

图 1-2 多层挖土法

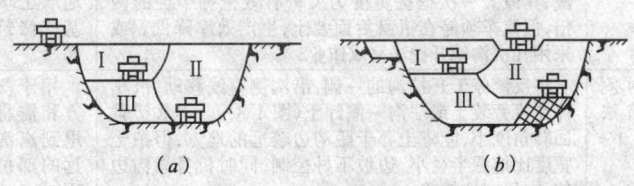

图 1-3 分层开挖法

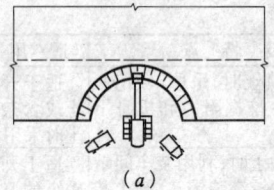
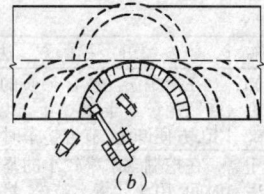

图 1-4 中心开挖法

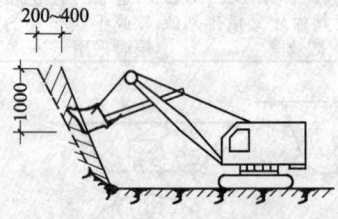

图 1-5 上下轮换开挖法

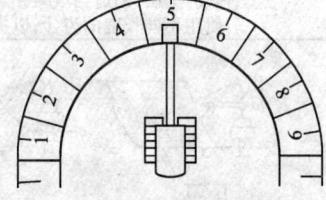

图 1-6 顺铲开挖法

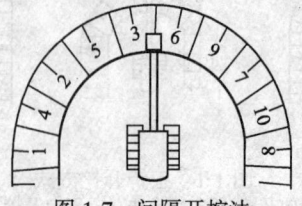

图 1-7 间隔开挖法

2. 反铲挖掘机挖土

反铲挖掘机开挖方法　　　　表 1-46

名　称	开 挖 方 法 及 特 点	适 用 范 围
沟端开挖法（图 1-8a、b）	将反铲停于开挖沟端部，后退挖土，同时往沟一侧弃土或装汽车运走（图 1-8a）。挖掘宽度可不受机械最大挖掘半径限制，臂杆回转半径仅 45～90°，同时可挖到最大深度。对较宽基坑，可采用图 1-8(b)的方法，其最大一次挖掘宽度为反铲有效挖掘半径的两倍，但汽车须停在机身后面装土，生产效率降低。或采用几次沟端开挖法完成作业	适于一次性成沟后退挖土，挖出土方随时运走时用，或就地取土填筑路基或修筑堤坝等
沟侧开挖法（图 1-8c）	将反铲停于开挖沟的一侧，沿沟侧直线移动，汽车停在机旁装土或往沟一侧卸土（图 1-8c）。本法铲臂回转角度小，能将土弃于距沟边较远的地方，但挖土宽度比挖掘半径小，边坡不好控制，同时机身靠沟边停放，稳定性较差	用于侧挖土方和需将土方甩到离沟边较远的部位时使用

1.3 土方开挖

续表

名 称	开挖方法及特点	适用范围
沟角开挖法（图1-9）	将反铲置于沟前端的边角上，随着沟槽的掘进，机身沿着沟边往后做"之"字形移动，臂杆回转角度平均在45°左右，机身稳定性好，可挖较硬的土，并能挖出一定的坡度	适于开挖土质较硬、宽度较小的基坑（槽）沟道
多层接力开挖法（图1-10）	系采用两台或多台挖土机分别设在不同作业高度上，同时挖土，边挖土、边向上传递，到上层由地表挖土机连挖土带装车，用自卸汽车运走。上部可用大型反铲，中、下层用大型或小型反铲，以使挖土和装车均衡连续作业，一般两层挖土可挖深10m，三层可挖深15m左右。本法开挖较深基坑，可一次开挖到设计标高，一次完成，可避免汽车在坑下装运作业，提高生产效率，且不必设专用垫道	适于开挖土质较好、深10m以上大型基坑、沟槽和渠道

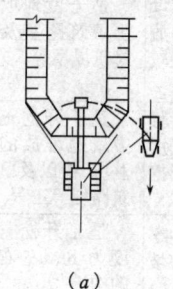 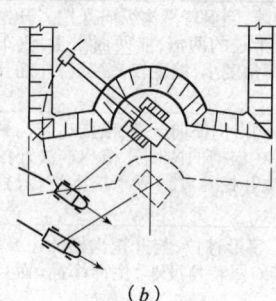 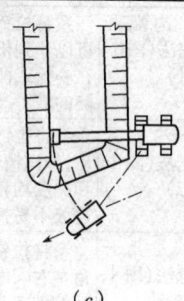

(a) (b) (c)

图 1-8 反铲沟端、沟侧开挖法

(a)、(b)沟端开挖法；(c)沟侧开挖法

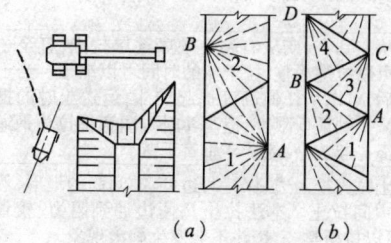

(a) (b)

图 1-9 反铲沟角开挖法

(a)扇形开挖法；(b)三角开挖法

A、B、C、D—反铲停放位置

1、2、3、4—反铲开挖顺序

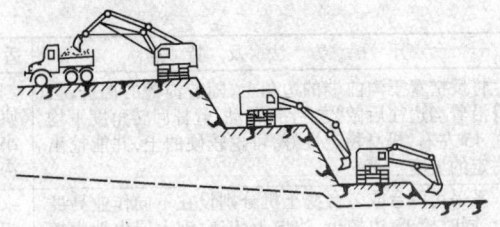

图 1-10 反铲多层接力挖土法

3. 拉铲挖掘机挖土

拉铲挖掘机开挖方法　　　　表 1-47

名 称	开 挖 方 法 及 特 点	适 用 范 围
沟端开挖法(图1-11)	系将拉铲停在沟端，倒退着沿沟纵向开挖。开挖宽度可以达到机械挖土半径的两倍，能两面出土，汽车停放在一侧或两侧，装车角度小，坡度较易控制，并能开挖较陡的坡	适于就地取土填筑路基及修筑堤坝等
沟侧开挖法(图1-12)	系将拉铲停在沟侧沿沟横向开挖，沿沟边与沟平行移动，如沟槽较宽，可在沟槽的两侧开挖。本法开挖宽度和深度均较小，一次开挖宽度约等于挖土半径，且开挖边坡不易控制	适于开挖土方就地堆放的基坑、槽以及填筑路堤等工程
三角开挖法(图1-13)	系将拉铲按"之"字形移位，与开挖沟槽的边缘成45°角左右。本法拉铲的回转角度小，生产率高，而且边坡开挖整齐	适于开挖宽度为8m左右的沟槽
分段拉土法(图1-14)	系在第一段采取三角挖土，第二段机身沿 AB 线移动进行分段拉土。如沟底(或坑底)土质较硬，地下水位较低时，应使汽车停在沟下装土，铲斗装土后稍微提起即可装车，能缩短铲斗起落时间，又能减小臂杆的回转角度	适于开挖宽度大的基坑、槽、沟渠
层层拉土法(图1-15)	使拉铲从左到右，或从右到左顺序逐层拉土，直至全深。本法可以拉得平稳，拉铲斗的时间可以缩短。当土装满铲斗后，可以从任何高度提起铲斗，运送土时的提升高度可减少到最低限度，但落斗时要注意将拉斗钢绳与落斗钢绳一起放松，使铲斗垂直下落	适于开挖较深的基坑，特别是圆形或方形基坑
顺序拉土法(图1-16)	拉铲拉土时先挖两边，保持两边低、中间高的地形，然后顺序向中间拉土。本法拉土只两边遇有阻力，较省力，边坡可以拉得整齐，铲斗不会发生翻滚现象	适于开挖土质较硬的基坑
转圈拉土法(图1-17)	采用拉铲在边线外顺圆周转圈拉土，形成四周低中间高，可防止铲斗翻滚。当挖到5m以下时，则需配合人工在坑内沿坑周往下挖一条宽50cm、深40～50cm的槽，然后用拉铲进行开挖，直至槽底平，接着再人工挖槽，再用拉铲挖土，如此循环作业，至设计标高为止	适于开挖较大、较深的圆形基坑

1.3 土方开挖

续表

名　　称	开 挖 方 法 及 特 点	适 用 范 围
扇形拉土法(图1-18)	用拉铲先在一端挖成一个锐角形,然后挖土机沿直线后退按扇形拉土,直至完成。本法挖土机移动次数少,汽车在一个部位循环,道路少,装车高度小	适于挖直径和深度不大的圆形基坑或沟渠

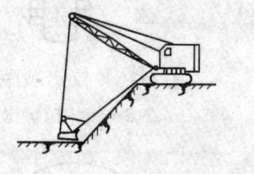
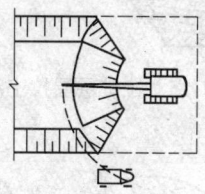

图1-11 拉铲沟端开挖法

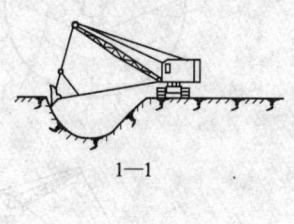
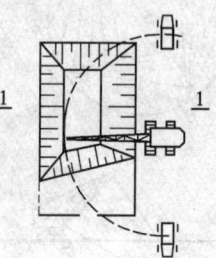

图1-12 拉铲沟侧开挖法

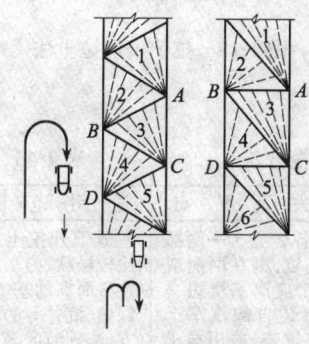
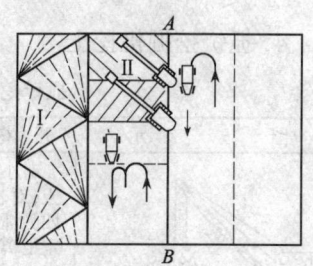

图1-13 拉铲三角开挖法　　图1-14 拉铲分段拉土法

A、B、C—拉铲停放位置

1、2、3……—拉铲开挖顺序

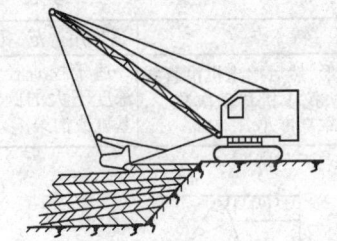
图 1-15 拉铲层层拉土法

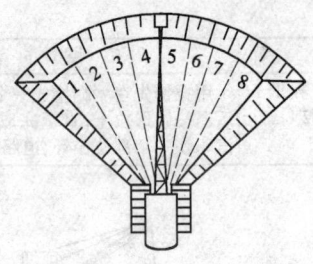
图 1-16 拉铲顺序拉土法
1、2、3……—拉铲拉土顺序

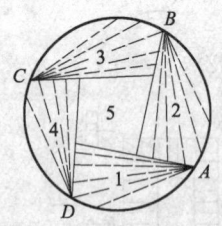

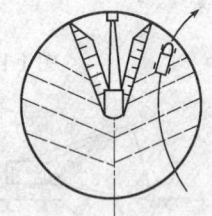

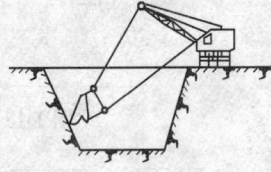

图 1-17 拉铲转圈拉土法　　图 1-18 拉铲扇形拉土法

4．抓铲挖掘机挖土

抓铲挖掘机开挖方法　　　　　　表 1-48

图　　示	开挖方法及特点	适用范围
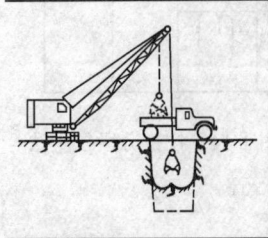	对小型基坑，抓铲立于一侧抓土；对较宽的基坑，则在两侧或四侧抓土。抓铲应离基坑边一定距离；土方可装自卸汽车运走，或堆弃在基坑旁，或用推土机推运到远处堆放；挖淤泥时，抓斗易被淤泥吸住，应避免用力过猛，以防翻车；抓铲施工，一般均需加配重	适于开挖土质比较松软、施工面狭窄而深的基坑、深槽、沉井等的土方；清理河泥等工程。最适宜于进行水下挖土或用于装卸碎石、矿渣等松散材料

1.3 土方开挖

5. 铲运机铲运土

铲运机作业运行路线、方法　　　　表 1-49

名　称	作业运行路线、方法	适用范围
椭圆形运行路线（图 1-19）	系从挖方到填方按椭圆形路线回转。作业时应常调换方向行驶，以避免机械行驶部分的单侧磨损	适于长 100m 以内，填土高 1.5m 以内的路堤、路堑及基坑开挖、场地平整等工程采用
环形运行路线（图 1-20）	系从挖方到填方均按封闭的环形路线回转。当挖土和填土交替，而刚好填土区在挖土区的两端时，则可采用大环形路线，其优点是一个循环能完成多次铲土和卸土，减少铲运机的转弯次数，提高生产效率。本法亦应常调换方向行驶，以避免机械行驶部分的单侧磨损	适于工作面很短（50～100m）和填土不高（0.1～1.5m）的路堤、路堑、基坑以及场地平整等工程采用
"8"字形运行路线（图 1-21）	系装土、运土和卸土时按"8"字形运行，一个循环完成两次挖土和卸土作业。装土和卸土沿直线开行时进行，转弯时刚好把土装完或倾卸完毕，但两条路线间的夹角 α 应小于 60°。本法可减少转弯次数和空车行驶距离，提高生产率，同时一个循环中两次转弯方向不同，可避免机械行驶部分单侧磨损	适于开挖管沟、沟边卸土或取土坑较长（300～500m）的侧向取土、填筑路基以及场地平整等工程采用
连续式运行路线（图 1-22）	系铲运机在同一直线段连续地进行铲土和卸土作业。本法可清除跑空车现象，减少转弯次数，提高生产率，同时还可使整个填方面积得到均匀压实	适于大面积场地整平、填方和挖方轮次交替出现的地段采用
锯齿形运行路线（图 1-23）	铲运机从挖土地段到卸土地段，以及从卸土地段到挖土地段都是顺转弯，铲土和卸土是交错地进行，直到工作段的末端才做 180°弯，然后再按相反方向做锯齿形运行。本法调头转弯次数相对减少，同时运行方向经常改变，使机械磨损减轻	适于工作地段很长（500m 以上）的路堤、堤坝修筑时采用
螺旋形运行路线（图 1-24）	铲运机成螺旋形运行，每一循环装卸土两次。本法可提高工效和压实质量	适于填筑很宽的堤坝或开挖很宽的基坑、路堑

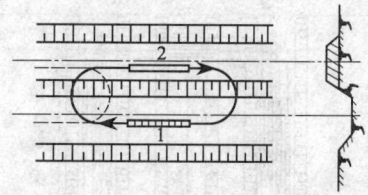

图 1-19　铲运机椭圆形运行路线
1—铲土；2—卸土

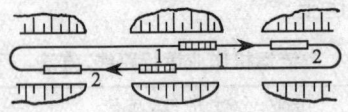

图 1-20　铲运机环行运行路线
1—铲土；2—卸土

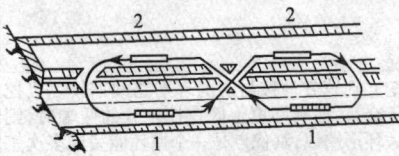

图 1-21　铲运机 8 字形运行路线
1—铲土；2—卸土

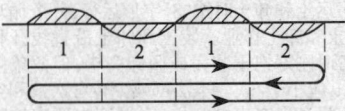

图 1-22　铲运机连续式运行路线
1—铲土；2—卸土

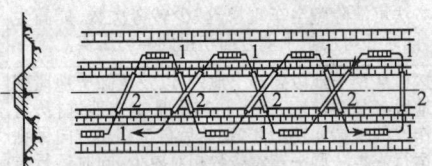

图 1-23　铲运机锯齿形运行路线
1—铲土；2—卸土

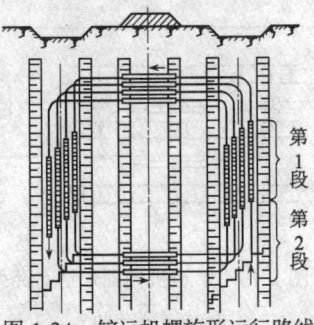

图 1-24　铲运机螺旋形运行路线

1.3 土方开挖

铲运机铲土方法　　　　　　　　表 1-50

名　称	铲　土　方　法	适　用　范　围
下坡铲土法（图1-25）	铲运机顺地势（坡度一般 3°~9°）下坡铲土，借机械往下运行重量产生的附加牵引力来增加切土深度和充盈数量，可提高生产率 25% 左右，最大坡度不应超过 20°，铲土厚度以 20cm 为宜，平坦地形可将取土地段的一端先铲低，保持一定坡度向后延伸，创造下坡铲土条件，一般保持铲满铲斗的工作距离为 15~20m。在大坡度上应以放低铲斗，低速前进	适于斜坡地形、大面积场地平整或推土回填沟渠用
跨铲法（图1-26）	在较坚硬的地段铲土时采取预留土埂间隔铲土。土埂两边沟槽深度以不大于 0.3m，宽度在 1.6m 以内为宜。本法铲土埂时增加了两个自由面，阻力减小，可缩短铲土时间和减少向外撒土，比一般方法可提高效率	适于较坚硬的土铲土回填或场地平整
交错铲土法（图1-27）	铲运机开始铲土的宽度取大一些，随着铲土阻力增加，适当减小铲土宽度，使铲运机能很快装满土。当铲第一排土时，互相之间间隔铲斗一半宽度，铲第二排土，则退离第一排挖土长度的一半位置，与第一排所挖各条交错开，以下所挖各排均与第二排相同	适于一般比较坚硬的土的场地平整
助铲法（图1-28）	在坚硬的土中，自行铲运机再分配一台推土机，推土机在铲运机的后拖杆上进行顶推，协助铲土，可缩短每次铲土时间，装满铲斗，可提高生产率 30% 左右，推土机在助铲的空余时间可做松土和零星的平整工作。助铲法取土场宽不宜小于 20m，长度不宜小于 40m，采用 1 台推土机配合 3~4 台铲运机助铲时，铲运机的半周程距离不应小于 250m，几台铲运机要适当安排铲土次序和运行路线，互相交叉进行流水作业，以发挥推土机效率	适于地势平坦、土质坚硬、宽度大、长度长的大型场地平整工程采用
双联铲运法（图1-29）	铲运机运土时所需牵引力较小，当下坡铲土时，可将两个铲斗前后串在一起，形成一起一落依次铲土、装土（称双联单铲）；当地面较平坦时，采取将两个铲斗串成同时起落，同时进行铲土，又同时起斗运行（称为双联双铲）。前者可提高工效 20%~30%；后者可提高工效约 60%	适于在较松软的土质上进行大面积场地平整及筑堤时采用
挖近填远，挖远填近法	挖土先从距离填土区最近一端开始，由近而远；填土则从距离挖土区最近一端开始，由远而近，顺序进行。这样可创造下坡铲土条件和在运土行驶中保持一定长度的自然地面，使铲运机能高速运行和有秩序地进行作业	适于有挖有填的场地整平采用
先松后铲法	用松土机（技术性能见表 1-51）先将坚硬土破松，然后铲运，以提高效率	适用于坚硬的湿陷性黄土地区作业
大斗铲运法	当下坡铲土或以推土机助铲时，将铲运机的原斗换上容量较大的铲斗，容量一般可增加 50% 左右，能提高生产效率 20%~25%	适于土质松软时采用
改装斗片法	在铲运机的铲刀上附加小刀片，以减少阻力，加大切土深度，缩短铲土时间，提高铲斗的充盈系数	适于挖较坚硬的土层采用

续表

名 称	铲 土 方 法	适 用 范 围
填土整平法	每次铺填土的厚度以不超过30cm为宜,每次卸完土后在返回挖土地点时,在卸土区应放低斗门(在10cm以内)将填土的表面刮平,每层应水平填升,并沿填土区前进方向逐渐延伸,平排行驶碾压。填筑路基、土堤时,一般先填筑边沿部分,再由两边向中间逐渐填平,并经常保持两边沿高于中间部分	用于大面积土方整平回填

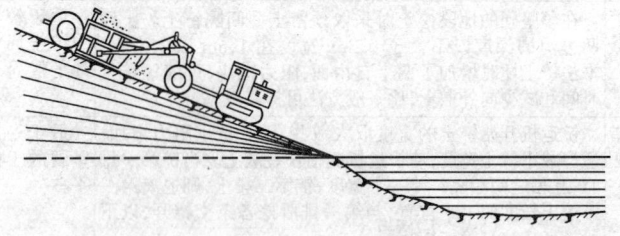

图 1-25 铲运机下坡铲土法

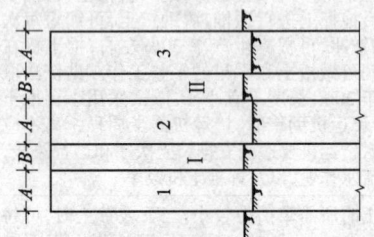

图 1-26 铲运机跨铲法

A—铲斗宽;B—不大于拖拉机履带净距

1、2、3—沟槽;Ⅰ、Ⅱ—土埂

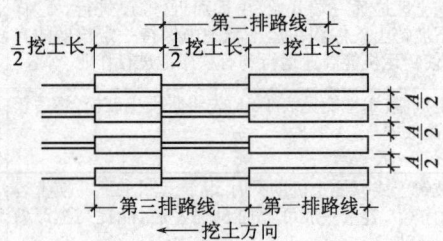

图 1-27 铲运机交错铲土法

A—铲斗宽

1.3 土方开挖

图 1-28 铲运机助铲法
1—铲运机;2—推土机

图 1-29 铲运机双联铲运法

松土机、除根机、除荆机技术性能 表 1-51

项 目	松土机 SZ$_7$-100	除根机 SZ$_5$-100	除荆机 SZ$_3$-100
疏松宽度(mm)	2400	1460	3620
疏松深度(mm)	550	400	—
齿数(个)	3	4	—
齿距(mm)	550	360	—
齿下净空(mm)	300	700	—
生产率(m^2/h)	5000~7500	250 根	2000~2500
外形尺寸(mm):长	5590	5910	7440
宽	2500	2990	3620
高	2605	2767	3090
重 量(t)	4.32	—	—

6. 推土机推土

推土机推土方法 表 1-52

名 称	推 土 方 法 及 特 点	适 用 范 围
下坡推土法(图 1-30)	系在斜坡上,推土机顺地势(坡度 6°~10°左右)沿下坡方向切土与推运,借机械向下的重力作用切土,增大切土深度和运土数量,可提高生产率 30%~40%,但坡度不宜超过 15°,避免后退时,爬坡困难。无自然坡度时,亦可分段推土,形成下坡送土条件。下坡推土有时与其他推土法结合使用	适于半挖半填地区推土丘回填沟、渠时使用

续表

名 称	推 土 方 法 及 特 点	适 用 范 围
槽形推土法(图1-31)	系用推土机接连沿着同一条作业线上,连续若干次切土和推土,使地面逐渐形成一条浅槽,再反复在沟槽中进行推土,以减少土从铲刀两侧漏散,可增加10%~30%的推土量。槽的深度以1m左右为宜,槽与槽之间的土埂宽约50cm,当推出多条槽后,再从后面将土埂推入槽内,然后运出	适于运距较远、土层较厚时使用
并列推土法(图1-32)	系采用2~3台推土机并列作业,以减少土的漏失量。铲刀相距15~30cm,一般采用两台推土机并列推土,可增大推土量15%~30%;三台并列可增大推土量30%~40%,但平均运距不宜超过50~75m,亦不宜小于20m	适于大面积场地平整及运送土方用
分堆集中推土法(图1-33)	在硬质土中,切土深度不大,将土先积聚在一个或数个中间点,然后再整批推送到卸土区,使铲刀前保持满载。堆积距离不宜大于30m,推土高度以2m内为宜。本法可使铲刀的推送数量增大,有效地缩短运输时间,能提高生产效率15%左右	适于运送距离较远、而土质又比较坚硬时或长距离分段送土时采用
斜角推土法(图1-34)	系将铲刀斜装在支架上,成水平位置,并与前进方向成一倾斜角(松土为60°,坚实土为45°)进行推土。本法可减少机械来回行驶,提高效率,但推土阻力较大,需较大功率推土机	适于管沟推土回填,垂直方向无倒车余地或在坡脚及山坡下推土用
"之"字斜角推土法(图1-35)	系使推土机与回填的管沟或洼地边缘成"之"字或一定角度推土。本法可减少平均负荷距离和改善推集中土的条件,并可使推土机转角减少一半,可提高台班生产率,但需较宽的运行场地	适于回填基坑、槽、管沟时使用

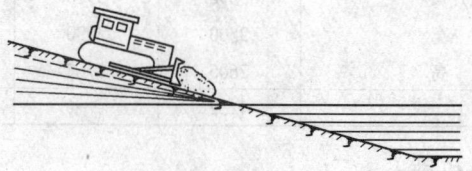

图1-30 推土机下坡推土法

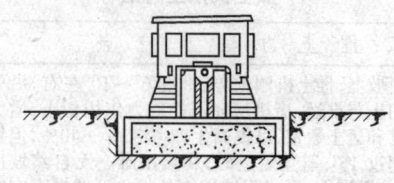

图1-31 堆土机槽形推土法

1.3 土方开挖

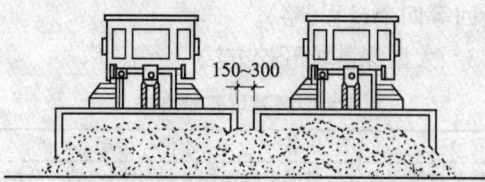

图1-32 推土机并列推土法

图1-33 推土机分堆集中、一次推送法

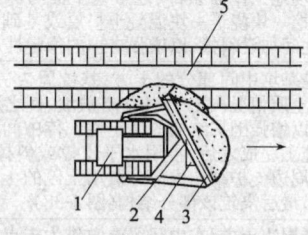

图1-34 推土机斜角推土法
1—推土机；2—支架；3—铲刀；4—角度；5—沟槽

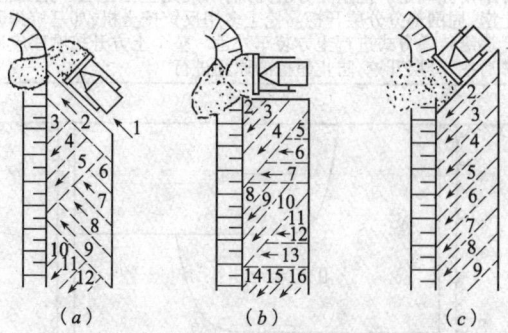

图1-35 推土机之字斜向推土法
(a)、(b)之字形推土法；(c)斜向推土法
1、2、3、……—推土顺序

7. 装载机铲装土

作业方法与推土机基本类似。在土方工程中，也有铲装、转

运、卸料、返回等四个过程(略)。

1.3.2.3 大型深基坑开挖方法

大型深基坑开挖方法　　　　　表 1-53

项次	项目	开 挖 方 法 要 点
1	分层挖土法	系将基坑按深度分为多层进行逐层开挖(图 1-36)。分层厚度，软土地基应控制在 2m 以内；硬质土以控制在 5m 以内为宜，开挖顺序可从基坑的一边向另一边平行开挖，或从基坑两头对称开挖，或从基坑中间向两边平行对称开挖，也可交替分层开挖，可根据工作面和土质情况决定。运土可采取设坡道或不设坡道两种方式。设坡道时土的坡度视土质、挖土深度和运输设备情况而定，一般为 1:8～1:10，坡道两侧要采取挡土或加固措施。不设坡道一般设钢平台或栈桥作为运输土方通道
2	分段挖土法	系将基坑分成几段或几块分别进行开挖。分段与分块的大小、位置和开挖顺序，根据开挖场地工作面条件、地下室平面与深浅和施工工期要求而定。分块开挖，即开挖一块浇筑一块混凝土垫层或基础，必要时可在已封底的坑底与围护结构之间加设斜撑，以增强支护的稳定性
3	盆式挖土法	系先分层开挖基坑中间部分的土方，基坑周边一定范围内的土暂不开挖(图 1-37)，可视土质情况按 1:1～1:2.5 放坡，使之形成对四周围护结构的被动土反压力区，以增强围护结构的稳定性。待中间部分的混凝土垫层、基础或地下室结构施工完成之后，再用水平支撑或斜撑对四周围护结构进行支撑，并突击开挖周边支护结构内部分被动土区的土，每挖一层支一层水平横顶撑，直至坑底，最后浇筑该部分结构(图 1-38)
4	中心岛式挖土法	系先开挖基坑周边土方，在中间留土墩作为支点搭设栈桥，挖土机可利用栈桥下到基坑挖土，运土的汽车亦可利用栈桥进入基坑运土，可有效加快挖土和运土的速度(图 1-39)。土墩留土高度、边坡的坡度、挖土分层与高差应经仔细研究确定。挖土亦分层开挖，一般先全面挖去一层，然后中间部分留置土墩，周围部分分层开挖。挖土多用反铲挖土机，如基坑深度很大，则采用向上逐级传递方式进行土方装车外运。整个土方开挖顺序应遵循开槽支撑、先撑后挖、分层开挖，防止超挖的原则进行

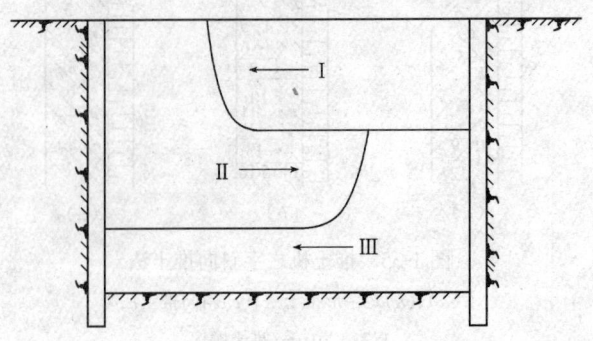

图 1-36　分层开挖示意图
Ⅰ、Ⅱ、Ⅲ—开挖次序

1.3 土方开挖

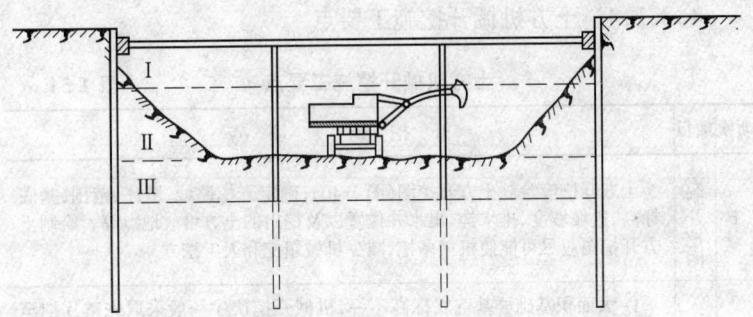

图 1-37 盆式开挖示意图

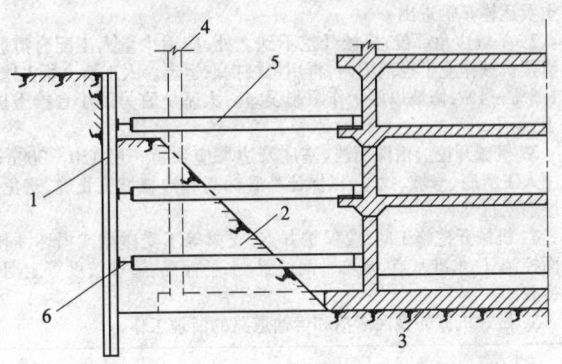

图 1-38 盆式开挖内支撑示意图
1—钢板桩或灌注桩;2—后挖土方;3—先施工地下结构;
4—后施工地下结构;5—钢水平支撑;6—钢横撑

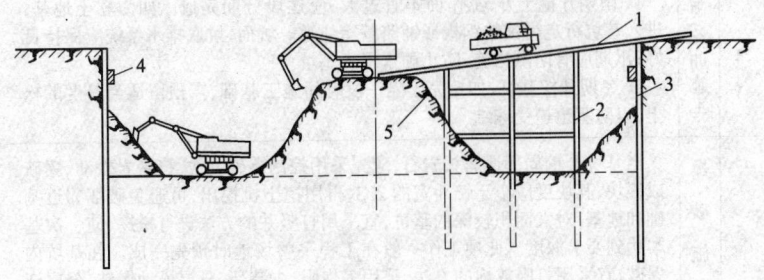

图 1-39 中心岛(墩)式挖土示意图
1—栈桥;2—支架或利用工程桩;3—围护墙;4—腰梁;5—土墩

1.3.2.4 土方机械开挖施工要点

土方机械开挖施工要点 表1-54

项次	项目	开挖施工要点
1	绘制开挖图	土方开挖应绘制土方开挖图(图1-40),确定开挖路线、顺序、范围、基底标高、边坡坡度、排水沟、集水井位置以及挖出的土方堆放地点等。绘制土方开挖图应尽可能使机械多挖,减少机械超挖和人工挖方
2	开挖次序方法	1. 大面积基础群基坑底标高不一,机械开挖次序一般采取先整片挖至一平均标高,然后再挖个别较深部位。当一次开挖深度超过挖土机最大挖掘高度(5m以上)时,宜分2~3层开挖,并修筑10%~15%坡道,以便挖土及运输车辆进出 2. 基坑边角部位,机械开挖不到之处,应用少量人工配合清坡,将松土清至机械作业半径范围内,再用机械掏取运走。人工清土所占比例一般为1.5%~4%,修坡以厘米作限制误差。大基坑宜另配1台推土机清土、送土、运土 3. 机械开挖应由深而浅,基底及边坡应预留一层150~300mm厚土层用人工清底、修坡、找平,以保证基底标高和边坡坡度正确,避免超挖和土层遭受扰动 4. 机械开挖施工时,应保护井点、支撑等不受碰撞或损坏,同时应对平面控制桩、水准基点、基坑平面位置、水平标高、边坡坡度等定期进行复测检查 5. 做好机械的表面清洁和运输道路的清理工作
3	运输道路设置	挖掘机、运土汽车进出基坑的运输道路,应尽量利用基础一侧或两侧相邻的基础(以后需开挖的)部位,使它互相贯通作为车道,或利用提前挖除土方后的地下设施部位作为相邻的几个基坑开挖地下运输通道,以减少挖土量
4	雨、冬期施工	1. 雨期开挖土方,工作面不宜过大,应逐段分期完成。如为软土地基,进入基坑行走需铺垫钢板或铺筑基箱垫道。坑面、坑底排水系统应保持良好;汛期应有防洪措施,防止雨水浸入基坑 2. 冬期开挖基坑,如挖完土隔一段时间施工基础,需预留适当厚度的松土,以防基土遭受冻结
5	爆破施工	当基坑开挖局部遇露头岩石,应先采用控制爆破方法,将基岩松动、爆破成碎块,其块度应小于铲斗宽的2/3,再用挖土机挖出,可避免破坏邻近基础和地基;对大面积较深的基坑,宜采用打竖井的方法进行松爆,使一次基本达到要求深度。此项工作一般在工程平整场地时预先完成。在基坑内爆破,宜采用打眼放炮的方法,采用多炮眼,少装药,分层松动爆破,分层清渣,每层厚1.2m左右

1.3 土方开挖

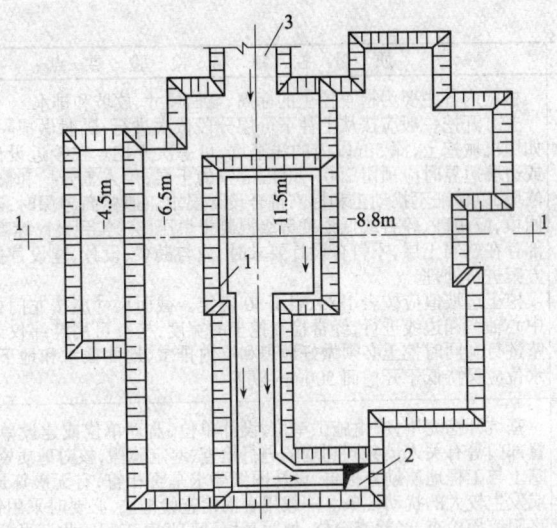

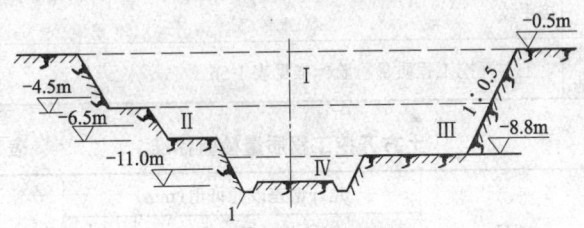

图 1-40 土方开挖图
1—排水沟；2—集水井；3—土方机械进出口
Ⅰ、Ⅱ、Ⅲ、Ⅳ—开挖次序

1.3.3 挖方质量控制与检验

挖方质量控制与检验 表 1-55

项次	项目	质量控制与检验要点
1	对定位放线的检验	检验内容主要为复核建筑物的定位桩、轴线、方位和几何尺寸 根据规划红线或建筑物方格网，按设计总平面图复核建筑物的定位桩。可采用经纬仪及标准钢卷尺进行检查校对。按设计基础平面图对基坑、槽的灰线进行轴线和几何尺寸的复核，并检查方向是否合图纸的朝向。工程轴线控制桩设置离建筑物的距离一般应大于两倍的挖土深度；水准点标高可引测在已建的沉降已稳定的建(构)筑物上，或在建筑物稍远的地方设置水准点并妥加保护。挖土过程中要定期进行复测，校验控制桩的位置和水准点标高

39

续表

项次	项目	质量控制与检验要点
2	对土方开挖的检验	检验内容主要为检查挖土的标高、截面尺寸、放坡和排水 土方开挖一般应按从上往下分层分段依次进行，随时做成一定的坡势，如用机械挖土，深5m以内的浅基坑，可一次开挖。在接近设计坑底标高或边坡边界时应预留200～300mm厚的土层，用人工开挖和修整，边挖边修坡，以保证不扰动土和标高符合设计要求。遇标高超深时，不得用松土回填，应用砂、碎石或低强度等级混凝土填压（夯）实到设计标高；当地基局部存在软弱土层，不符合设计要求时，应与勘察、设计、建设部门共同提出方案进行处理 挖土边坡值应按表1-29、表1-30确定。截面尺寸应按龙门板上标出的中心轴线和边线进行，经常检查挖土的宽度，检查可用经纬仪或挂线吊线坠进行。同时挖土必须做好地表和坑内排水、地面截水和地下降水，地下水位应保持低于开挖面500mm以下
3	基坑（槽）验收	基坑开挖完毕，应由施工单位、设计单位、监理单位或建设单位、质量监督部门等有关人员共同到现场进行检查、鉴定验槽，核对地质资料，检查地基土与工程地质勘查报告、设计图纸要求是否相符，有无破坏原状土结构或发生较大的扰动现象。一般用表面检查验槽法，必要时采用钎探检查或洛阳铲探检查，经检查合格，填写基坑（槽）隐蔽工程验收记录，及时办理交接手续
4	检验标准	土方开挖工程质量检验标准见表1-56

土方开挖工程质量检验标准　　　　　表1-56

	项序	项目	允许偏差或允许值(mm)					检验方法
			柱基基坑基槽	挖方场地平整		管沟	地(路)面基层	
				人工	机械			
主控项目	1	标高	-50	±30	±50	-50	-50	水准仪
	2	长度、宽度（由设计中心线向两边量）	+200 -50	+300 -100	+500 -150	+100	—	经纬仪，用钢尺量
	3	边坡	设计要求					观察或用坡度尺检查
一般项目	1	表面平整度	20	20	50	20	20	用2m靠尺和楔形塞尺检查
	2	基底土性	设计要求					观察或土样分析

注：地(路)面基层的偏差只适用于直接在挖、填方上做地(路)面的基层。

1.4 填方和压实

1.4.1 填方的一般要求

填方的一般要求　　　　　表 1-57

项次	项目	施　工　要　点
1	土料的选用	1. 一般碎石类土、砂土和爆破石渣，可用作表层以下的填料，其最大粒径不得超过每层铺垫厚度的 2/3(当用振动碾时，不超过 3/4) 2. 含水量符合压实要求的黏性土，可用作各层填料 3. 碎块草皮和有机质含量大于 8%的土，仅用于无压实要求的填方 4. 淤泥和淤泥质土，一般不能用作填料 5. 含盐量符合表 1-16 规定的盐渍土，一般可以用作填料，但土中不得含有盐晶、盐块或含盐植物的根基
2	含水量控制	1. 填方土料含水量的大小，直接影响到碾压(或夯实)遍数和碾压(或夯实)质量，在碾压前应予试验，以得到符合密实度要求条件下的最优含水量和最少碾压遍数 2. 当填料为黏性土或排水不良的砂土时，其最优含水量与相应的最大干密度，应用击实试验测定 3. 土料含水量一般以手握成团，落地开花为适宜。当土料含水量过大，应采取翻松晾干、风干、换土回填、掺入干土或其他吸水性材料等措施；如土料过干，则应预先洒水润湿，增加压实遍数或使用大功率压实机械等措施 4. 当填料为碎石类土(充填物为砂土)时，碾压前应充分洒水湿透，以提高压实效果
3	密实度要求	填方的密实度要求和质量指标通常以压实系数 λ_c 表示，压实系数为土的控制(实际)干土密度 ρ_d 与最大干密度 ρ_{dmax} 的比值。最大干密度 ρ_{dmax} 是当最优含水量时，通过标准的击实方法确定的。密实度要求一般由设计根据工程结构性质、使用要求以及土的性质确定，如未作规定，可参考表 1-58 数值
4	基底处理	1. 场地回填土应先清除基底上垃圾、草皮、树根；排除坑穴中积水、淤泥和杂物，验收基底标高；并应采取措施，防止地表滞水流入填方区，浸泡地基，造成基土下陷 2. 当填方基底为耕植土或松土时，应将基底充分夯实和碾压密实 3. 当填方位于水田、沟渠、池塘或含水量很大的松软土地段，应根据具体情况采取排水疏干，或将淤泥全部挖出换土、抛填片石、填砂砾石、翻松、掺石灰等措施进行处理 4. 当填土场地地面陡于 1/5 时，应先将斜坡挖成阶梯形，阶高 0.2～0.3m，阶宽大于 1m，然后分层填土，以利接合和防止滑动
5	填方边坡	1. 填方的边坡坡度应根据填方厚度、填料性质和重要性在设计中加以规定，当设计无规定时，可按表 1-59 采用 2. 对使用时间较长的临时性填方(如使用时间超过一年的临时道路、临时工程的填方)边坡坡度，当填方高度小于 10m 时，可采用 1:1.5；超过 10m，可做成折线形，上部采用 1:1.5，下部采用 1:1.75

1 土方工程

压实填土的质量控制　　　　表 1-58

结构类型	填土部位	压实系数 λ_c	控制含水量(%)
砌体承重结构和框架结构	在地基主要受力层范围内	≥0.97	$\omega_{op} \pm 2$
	在地基主要受力层范围以下	≥0.95	
排架结构	在地基主要受力层范围内	≥0.96	
	在地基主要受力层范围以下	≥0.94	

注：1. 压实系数 λ_c 为压实填土的控制干密度 ρ_d 与最大干密度 ρ_{dmax} 的比值，ω_{op} 为最优含水量。
2. 地坪垫层以下及基础底面标高以上的压实填土，压实系数不应小于 0.94。

压实填土的边坡允许值　　　　表 1-59

填料类别	压实系数	边坡允许值(高宽比)			
		填土厚度(m)			
		$H \leqslant 5$	$5 < H \leqslant 10$	$10 < H \leqslant 15$	$15 < H \leqslant 20$
碎石、卵石、砂夹石（其中碎石、卵石占全重 30%～50%）	0.94～0.97	1:1.25	1:1.50	1:1.75	1:2.00
		1:1.50	1:1.50	1:1.75	1:2.00
土夹石（其中碎石、卵石占全重 30%～50%）	0.94～0.97		1:1.50	1:1.75	1:2.00
粉质黏土、黏粒含量 $p_c \geqslant 10\%$ 的粉土		1:1.50	1:1.75	1:2.00	1:2.25

注：当压实填土厚度大于 20m 时，可设计成台阶进行压实填土的施工。

1.4.2 填方方法

填土方法要点　　　　表 1-60

项次	项目	填土施工要点
1	人工填土方法	1. 用手推车送土，以人工用铁锹、耙、锄等工具进行回填土 2. 从场地最低部分开始，由一端向另一端由下而上分层铺填，每层虚铺厚度：用人工木夯夯实时，砂质土不大于 30cm；黏性土为 20cm；用打夯机夯实时不大于 30cm 3. 深浅坑(槽)相连时，应先填深坑(槽)，相平后与浅坑(槽)全面分层填夯。如分段填筑，交接处填成阶梯形。墙基及管道回填在两侧用细土同时回填、夯实 4. 人工填夯土，用 60～80kg 的木夯，由 4～8 人拉绳，二人扶ů，举高不小于 0.5m，一夯压半夯，按次序进行 5. 较大面积人工回填用打夯机夯实。两机平行时，其间距不得小于 3m，在同一夯行路线上，前后间距不得小于 10m

1.4 填方和压实

续表

项次	项目	填土施工要点
2	机械填土方法	1. 推土机填土方法 (1) 填土应由下而上分层铺填,每层虚铺厚度不宜大于30cm。大坡度推填土,不得居高临下,不分层次,一次推填 (2) 推土机运土回填,可采取分堆集中,一次运送方法。分段距离约为10～15m,以减少运土漏失量 (3) 土方推至填土部位时,应提起一次铲刀,成堆卸土,并向前行驶0.5～1.0m,利用推土机后退时将土刮平 (4) 用推土机来回行驶进行碾压;履带应重叠一半 (5) 填土程序宜采用纵向铺填顺序,从挖土区段至填土区段,以40～60m距离为宜 2. 铲运机填土方法 (1) 铲运机铺土,铺填土区段长度不宜小于20m,宽度不宜小于8m (2) 铺土应分层进行,每次铺土厚度不大于30～50cm,每层铺土后,利用空车返回时将地表面刮平 (3) 填土程序一般尽量采取横向或纵向分层卸土,以利行驶时初步压实 3. 自卸汽车填土方法 (1) 自卸汽车为成堆卸土,须配以推土机推开摊平 (2) 每层的铺土厚度不大于30～50cm (3) 填土可利用汽车行驶做部分压实工作 (4) 汽车不能在虚土上行驶,卸土推平和压实工作须采取分段交叉进行

1.4.3 填方的压实

1.4.3.1 填方压实机具的选择

填方压实机具的选择　　表1-61

项目	适用范围	优缺点
推土机	1. 推一～四类土;运距60m内的推土回填 2. 短距离移挖作填,回填基坑(槽)、管沟并压实 3. 堆筑高1.5m内的路基、堤坝 4. 拖羊足碾压实填土	操作灵活,运转方便;需工作面小,行驶速度快,易于转移;可挖土带运土、填土压实;但挖三、四类土需用松土机预先翻松;压实效果较压路机等差。只适用于大面积场地整平压实
铲运机	1. 运距800～1500m以内的大面积场地平整,挖土带运输回填、压实(效率最高为200～350m) 2. 填筑路基、堤坝,但不适于砾石层、冻土地带及沼泽地带使用 3. 开挖土方的含水率应在27%以下,行驶坡度控制在20°以内	操作简单灵活,准备工作少;能独立完成铲土、运土、卸土、填筑、压实等工序;行驶速度快,易于转移,生产效率高。但开挖坚土回填需用推土机助铲,开挖三、四类土,需用松土机预先翻松

1 土方工程

续表

项目	适 用 范 围	优 缺 点
自卸汽车	1. 运距1500m内的运土、卸土带行驶压实 2. 密实度要求不高的场地整平压实 3. 弃土造地填方	利用运输过程中的行驶压实,较简单、方便、经济实用,但压实效果较差,只能用于无密实度要求的场合
光碾压路机	1. 爆破石渣、碎石类土、杂填土或粉质黏土的碾压 2. 大型场地整平、填筑道路、堤坝的碾压 3. 常用压路机的技术性能见表1-62和表1-63	操作方便,速度较快,转移灵活。但碾轮与土的接触面积大,单位压力较小,碾压上层密实度大于下层,适于压实薄层填土
羊足碾、平碾	1. 单足碾适于黏性土的大面积碾压,因羊足碾的羊足从土中拔出会使表面土翻松,不宜用于砂及面层的压实 2. 平碾适于黏性和非黏性土的大面积压实 3. 大型场地整平、填筑道路堤坝 4. 羊足碾、平碾的技术性能见表1-64	单位面积压力大,压实深度较同重量光面压路机为高,压实质量好,操作工作面小,调动机动灵活。但需用拖拉机牵引作业
平板振动器	1. 小面积黏性土薄层回填土的振实 2. 较大面积砂性土的回填振实 3. 薄层砂卵石、碎石垫层的振实 4. 常用平板式振动器的技术性能参见表1-65	为现场常备机具,操作简单、轻便。但振实深度有限,最适用于薄层砂性土的振实
打夯机具	1. 小型打夯机包括蛙式打夯机、振动夯实机、内燃打夯机等,其技术性能见表1-65。小型打夯工具包括人工铁夯、木夯、石及混凝土夯等 2. 黏性较低的土(如砂土、粉土等)小面积或较窄工作面的回填夯实 3. 配合光碾压路机,对边缘或边角碾压不到之处的夯实	体积小,重量轻,构造简单,机动灵活,操纵方便,夯击能量大。但劳动强度较大,夯实工效较低

注:对已回填较厚松散土层,可根据回填厚度和设计对密实度要求,选用重锤或强夯夯实。

常用静作用压路机技术性能与规格　　　　表1-62

项　　目	型　　号				
	两轮压路机 2Y6/8	两轮压路机 2Y8/10	三轮压路机 3Y10/12	三轮压路机 3Y12/15	三轮压路机 3Y15/18
重量(t)不加载	6	8	10	12	15
加载后	8	10	12	15	18

1.4 填方和压实

续表

项　　目	型　　号				
	两轮压路机 2Y6/8	两轮压路机 2Y8/10	三轮压路机 3Y10/12	三轮压路机 3Y12/15	三轮压路机 3Y15/18
压轮直径(mm)前轮	1020	1020	1020	1120	1170
后轮	1320	1320	1500	1750	1800
压轮宽度(mm)	1270	1270	530×2	530×2	530×2
单位压力(kN/cm)					
前轮:不加载	0.192	0.259	0.332	0.346	0.402
加载后	0.259	0.393	0.445	0.470	0.481
后轮:不加载	0.290	0.385	0.632	0.801	0.503
加载后	0.385	0.481	0.724	0.930	1.150
行走速度(km/h)	2~4	2~4	1.6~5.4	2.2~2.5	2.3~7.7
最小转弯半径(m)	6.2~6.5	6.2~6.5	7.3	7.5	7.5
爬坡能力(%)	14	14	20	20	20
牵引功率(kW)	29.4	29.4	29.4	58.9	73.6
转速(r/min)	1500	1500	1500	1500	1500
外形尺寸(mm) 长×宽×高	4440×1610 ×2620	4440×1610 ×2620	4920×2260 ×2115	5275×2260 ×2115	5300×2260 ×2140

注:制造单位洛阳建筑机械厂、邯郸建筑机械厂

常用振动压路机技术性能与规格　　表1-63

项　　目	型　　号				
	YZS0.6B 手扶式	YZ2	YZJ7	YZ10P	YZJ14 拖式
重量(t)	0.75	2.0	6.53	10.8	13.0
振动轮直径(mm)	405	750	1220	1524	1800
振动轮宽度(mm)	600	895	1680	2100	2000
振动频率(Hz)	48	50	30	28/32	30
激振力(kN)	12	19	19	197/137	290
单位线压力(N/cm)					
静线压力	62.5	134	—	257	650
动线压力	100	212	—	938/652	1450
总线压力	162.5	346	—	1195/909	2100

45

1 土方工程

续表

项　目	型　号				
	YZS0.6B 手扶式	YZ2	YZJ7	YZ10P	YZJ14 拖式
行走速度(km/h)	2.5	2.43～5.77	9.7	4.4～22.6	—
牵引功率(kW)	3.7	13.2	50	73.5	73.5
转速(r/min)	2200	2000	2200	1500/2150	1500
最小转弯半径(m)	2.2	5.0	5.13	5.2	—
爬坡能力(%)	40	20	—	30	—
外形尺寸(mm) 长×宽×高	2400×790 ×1060	2635×1063 ×1630	4750×1850 ×2290	5370×2356 ×2410	5535×2490 ×1975
制造厂	洛阳建筑机械厂	邯郸建筑机械厂	三明重型机械厂	洛阳建筑机械厂	洛阳建筑机械厂

平碾、羊足碾技术性能与规格　　表 1-64

项　目		型　号			
		平　碾	羊足碾 YT4-2.5 单筒	羊足碾 YT2-3.5 双筒	羊足碾 双　筒
单筒有效容积(m³)		—	1.12	0.91	—
羊　足　数(个)		—	64	96	96
每个羊足压实面积(cm²)		—	15.2	15.2	29.2
滚筒重量： (kg)	空筒时	2600	2500	3520	3900
	装水时	—	3620	5540	—
	装砂时	4000	4290	6450	6700
单位面积压力： (N/mm²)	空筒时	2.00	4.11	2.78	1.34
	装水时	—	5.95	4.45	—
	装砂时	3.40	7.05	5.18	2.30
牵引功率(kW)		58.9	39.7	58.9～73.6	36.8
牵引速度(km/h)		4	3.6	4.0	4～5
压实宽度(mm)		1300	1700	2685	12220×2
最小转弯半径(m)		—	5	8	—
每班生产率(m²)		2000	3100	5000	—
外形尺寸(长×宽×高)(mm)		2770×1910 ×1345	3740×1970 ×1620	3865×3030 ×1620	4000×3020 ×1605

1.4 填方和压实

蛙式打夯机、振动夯实机、内燃打夯机技术性能与规格 表1-65

项　目	型　号				
	蛙式打夯机 HW-70	蛙式打夯机 HW-201	振动夯实机 Hz-280	振动夯实机 Hz-400	内燃打夯机 ZH_7-120
夯板面积(cm^2)	—	450	2800	2800	550
夯击次数(次/min)	140~165	140~150	1100~1200 (Hz)	1100~1200 (Hz)	60~70
行走速度(m/min)	—	8	10~16	10~16	—
夯实起落高度(mm)	—	145	300 (影响深度)	300 (影响深度)	300~500
生产率(m^3/h)	5~10	12.5	33.6	336 (m^2/min)	18~27
外形尺寸 (长×宽×高)(mm)	1180×450 ×905	1006×500 ×900	1300×560 ×700	1205×566 ×889	434×265 ×1180
重量(kg)	140	125	400	400	120

1.4.3.2 填方施工压(夯)实方法

填方施工压(夯)实方法要点 表1-66

项次	项目	填方施工压(夯)实方法要点
1	一般要求	1. 填方应尽量采用同类土填筑,并宜控制土的含水率在最优含水量范围内(表1-67),当采用不同的土填筑时,应按土类有规则地分层铺填,将透水性大的土层置于透水性较小的土层之下,不得混杂使用,以利水分排除和基土稳定,并避免在填方内形成水囊和产生滑动现象 2. 填方每层铺土厚度根据所使用的压实机具的性能而定,一般应进行现场碾压试验确定,或参考表1-68 3. 填方从最低处开始,由下向上整个宽度水平分层铺填碾压(或夯实)。填土层下淤泥、杂物应清除干净,如为耕土或松土时,应先夯实,然后再全面填筑 4. 在地形起伏之处,应做好接槎,修筑1:2阶梯形边坡,每台阶高可取50cm,宽100cm。分段填筑时,每层接缝处应做成大于1:1.5的斜坡,碾迹重叠0.5~1.0m,上下层错缝距离不应小于1m。接缝部位不得在基础、墙角、柱墩等重要部位 5. 填土应预留一定的下沉高度,以备在行车、堆重或干湿交替等自然因素作用下,土体逐渐沉落密实。当土方用机械分层夯实时其预留下沉高度(以填土高度的百分数计):对砂土为1.5%;对粉质黏土为3%~3.5%
2	人工夯实	1. 人力打夯前应将填土初步整平,打夯要按一定方向进行,一夯压半夯,夯夯相接,行行相连,两遍纵横交叉,分层夯打。夯实基槽及地坪时,行夯路线应由四边开始,然后再夯向中间 2. 用蛙式打夯机等小型机具夯实时,一般填土厚度不宜大于25cm,打夯之前对填土应初步平整,打夯机依次打夯,均匀分布,不留间隙 3. 基坑(槽)回填应在相对两侧或四周同时进行回填与夯实 4. 回填管沟时,应用人工先在管子周围填土夯实,并应从管道两边同时进行,直至管顶0.5m以上。在不损坏管道情况下,方可采用机械填土回填和压实

续表

项次	项目	填方施工压(夯)实方法要点
3	机械压实	1. 填土在碾压机械碾压之前,宜先用轻型推土机、拖拉机推平,低速行驶预压4～5遍,使表面平实。采用振动平碾压实爆破石渣或碎石类土,应先用静压而后振压 2. 碾压机械压实填方时,应控制行驶速度:一般平碾、振动碾不超过2km/h;羊足碾不超过3km/h,并要控制压实遍数 3. 用压路机进行填方碾压,应采用"薄填、慢驶、多次"的方法,填土厚度不应超过25～30cm;碾压方向应从两边逐渐压向中间,碾轮每次重叠宽度约15～25cm,运行中,碾轮边距填土边缘应大于50cm,以防发生溜坡倾倒。边角、边坡、边缘压实不到之处,应辅以人力夯或小型夯实机具夯实。压实密实度,除另有规定外,应压至轮子下沉量不超过1～2cm为度。每碾压一层完后,应用人工或机械(推土机)将表面拉毛,以利接合 4. 用羊足碾碾压时,填土厚度不宜大于50cm,碾压方向应从填土区的两侧逐渐压向中心。每次碾压应有15～20cm重叠,同时随时清除粘着于羊足之间的土料。为提高上部土层密实度,羊足碾碾压过后,宜辅以拖式平碾或压路机压平,常用羊足碾碾压运行方法见图1-41 5. 用铲运机及运土工具进行压实,铲运机及运土工具的移动须均匀分布于填筑层的全面,逐次卸土碾压(图1-42)
4	排水要求	1. 填土区如有地下水或滞水时,应在四周设置排水沟和集水井,将水位降低 2. 已填好的土如遭水浸,应把稀泥铲除后,方能进行下一道工序 3. 填土区应保持一定横坡,或中间稍高两边稍低,以利排水,当天填土应在当天压实

土的最优含水量和最大干密度参考表 表1-67

项次	土的种类	变动范围	
		最大含水量(%)(重量比)	最大干密度(g/cm³)
1	砂土	8～12	1.80～1.88
2	黏土	19～23	1.58～1.70
3	粉质黏土	12～15	1.85～1.95
4	粉土	16～22	1.61～1.80

注:1. 表中土的最大干密度应以现场实际达到的数字为准。
2. 一般性的回填可不做此项测定。

填方每层铺土厚度和压实遍数 表1-68

压(夯)实机具	土块最大直径(mm)	每层铺土厚度(mm)	每层压实遍数(遍)
平碾	100	200～300	6～8
羊足碾	100	200～350	8～16
振动压实机	50	250～350	3～4
柴油打夯机	50	200～250	3～4

1.4 填方和压实

续表

压(夯)实机具	土块最大直径(mm)	每层铺土厚度(mm)	每层压实遍数(遍)
蛙式打夯机	50	200~250	3~4
推土机	100	200~300	6~8
拖拉机	100	200~300	8~16
人工打夯	50	不大于200	3~4

注:选用的含水量应接近最优含水量。

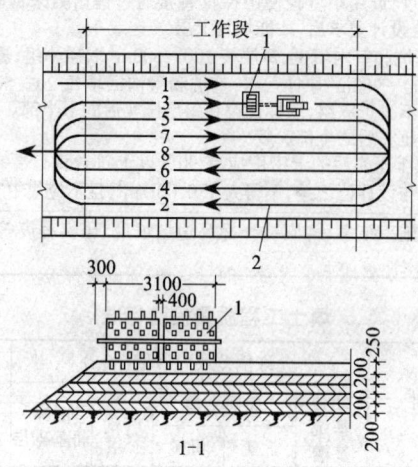

图 1-41 羊足碾碾压运行方法
1—羊足碾;2—运行路线

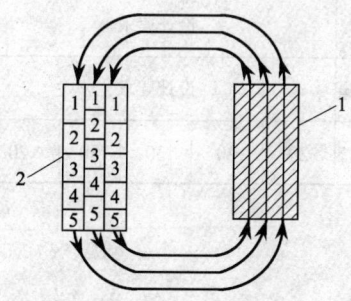

图 1-42 铲运机在填土地段逐次卸土碾压
1—铲土区;2—卸土碾压区

1.4.4 填方质量控制与检验

填方质量控制与检验 表1-69

项次	项目	质量控制与检验要点
1	施工过程中质量检验	1. 填方施工过程中应检查排水措施,每层填筑厚度、含水量控制和压实程度 2. 对有密实度要求的填方,在夯实或压实之后,要对每层回填土的质量进行检验。一般采用环刀法(或灌砂法)取样测定土的干密度,求出土的密实度,或用小型轻便触探仪直接通过锤击数来检验干密度和密实度,符合设计要求后,才能填筑上层 3. 基坑和室内填土,每层按 $100\sim500m^2$ 取样一组;场地平整填方,每层按 $400\sim900m^2$ 取样一组;基坑和管沟回填每 $20\sim50m$ 取样一组,但每层均不少于一组,取样部位在每层压实后的下半部。用灌砂法取样应为每层压实后的全部深度 4. 填土压实后的干密度应有 90% 以上符合设计要求。其余 10% 的最低值与设计值之差,不得大于 $0.08t/m^3$,且不应集中
2	检验标准	填方施工结束后,应检查标高边坡坡度、压实程度等,检验标准见表1-70

填土工程质量检验标准 表1-70

项	序	检查项目	允许偏差或允许值(mm)					检查方法
			桩基基坑基槽	场地平整		管沟	地(路)面基础层	
				人工	机械			
主控项目	1	标高	-50	±30	±50	-50	-50	水准仪
	2	分层压实系数	设计要求					按规定方法
一般项目	1	回填土料	设计要求					取样检查或直观鉴别
	2	分层厚度及含水量	设计要求					水准仪及抽样检查
	3	表面平整度	20	20	30	20	20	用靠尺或水准仪

2 基坑工程

2.1 基坑(槽)支护

2.1.1 一般沟(槽)支护(撑)方法

一般沟槽的支撑加固方法　　　　　　　　表 2-1

支撑方式	支撑简图	支撑加固方法及适用范围
间断式水平支撑	(图：横撑、木楔、水平挡土板)	两侧设水平挡土板，用工具式或木横撑借木楔顶紧，挖一层土，支顶一层 适用于较紧密的干土或天然湿度的黏土类土、地下水很少、深度在 2m 以内
断续式水平支撑	(图：立楞木、横撑、木楔、水平挡土板)	两侧设水平挡土板，中间留出间隔，并在两侧同时对称立竖方木，再用工具式或木横撑上下顶紧 适用于较紧密的干土或天然湿度的黏土类土、地下水很少、深度在 3m 以内
连续式水平支撑	(图：立楞木、横撑、木楔、水平挡土板)	两侧连续设水平挡土板，不留间隙，然后两侧同时对称立竖方木，上下各顶 1 根撑木，端头加木楔顶紧 适用于较松散的干土或天然湿度的黏土类土、地下水很少、深度为 3~5m

续表

支撑方式	支撑简图	支撑加固方法及适用范围
连续式间断式垂直支撑	(横撑、木楔、垂直挡土板、横楞木)	两侧设垂直挡土板，连续式留适当间隙，然后每侧上下各水平顶1根方木，再用横撑顶紧。 适用于土质较松散或湿度很高的土，地下水较少，深度不限
水平垂直混合支撑	(立楞木、横撑、木楔、水平挡土板、横楞木、垂直挡土板)	两侧上部设连续式水平支撑，下部设连续式垂直支撑。 适用于沟槽深度较大、下部有含水土层情况

2.1.2 浅基坑支护(撑)方法

一般浅基坑支撑方法　　　　表 2-2

支撑方式	支撑简图	支撑加固方法及适用范围
斜柱式支撑	(柱桩、挡土板、斜撑、回填土、短桩、1500)	在柱桩内侧钉水平挡土板，外侧用斜撑支顶，斜撑底端支在木桩上，在挡土板内侧回填土。 适用于开挖较大型、深度不大的基坑或使用机械挖土

续表

支撑方式	支撑简图	支撑加固方法及适用范围
锚拉式支撑		在柱桩的内侧设水平挡土板,桩一端打入土中,另端用拉杆与锚桩拉紧,在挡土板内侧回填土 适用于开挖较大型、深度不大的基坑,或使用机械挖土而不能安设横撑时使用
短柱横隔支撑		在坡脚打入小短木桩;部分露出地面,钉上水平挡土板,在背面填土 适于开挖宽度大的基坑,当部分地段下部放坡不够时使用
临时挡土墙支撑		在坡脚用砖、石叠砌或用草袋装土、砂堆砌,使坡脚保持稳定 适用于开挖宽度大的基坑,当部分地段下部放坡不够时使用

2.1.3 深基坑支护方法

基坑支护结构设计应根据对基坑周边环境及地下结构施工的影响程度按表 2-3 选用相应的侧壁安全等级及重要性系数。

基坑侧壁安全等级及重要性系数　　　　表 2-3

安全等级	破坏后果	γ_0
一级	支护结构破坏、土体失稳或过大变形对基坑周边环境及地下结构施工影响很严重	1.10
二级	支护结构破坏、土体失稳或过大变形对基坑周边环境及地下结构施工影响一般	1.00
三级	支护结构破坏、土体失稳或过大变形对基坑周边环境及地下结构施工影响不严重	0.90

按建筑地基基础工程施工质量验收规范(GB 50202—2002),对基坑分级和变形监控值应符合表 2-4 的规定。

基坑变形的监控值(cm)　　　　　　表 2-4

基坑类别	围护结构墙顶位移监控值	围护结构墙体最大位移监控值	地面最大沉降监控值
一级基坑	3	5	3
二级基坑	6	8	6
三级基坑	8	10	10

注:1. 符合下列情况之一,为一级基坑:
　　(1)重要工程或支护结构做主体结构的一部分;
　　(2)开挖深度大于 10m;
　　(3)与临近建筑物,重要设施的距离在开挖深度以内的基坑;
　　(4)基坑范围内有历史文物、近代优秀建筑、重要管线等需严加保护的基坑。
　　2. 三级基坑为开挖深度小于 7m,且周围环境无特别要求时的基坑。
　　3. 除一级和三级外的基坑属二级基坑。
　　4. 当周围已有的设施有特殊要求时,尚应符合这些要求。

支护结构的体系很多,工程上常用的典型的支护体系按其工作机理和围护的形式有以下几种:

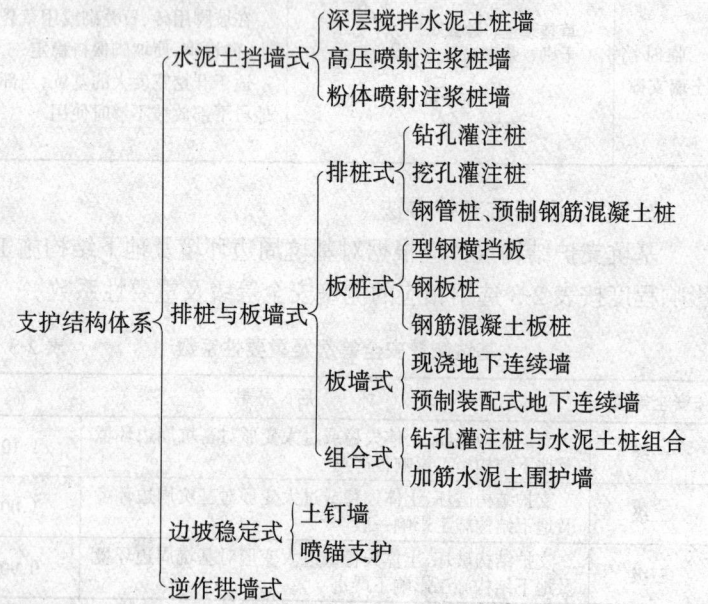

54

2.1 基坑(槽)支护

支护结构的种类繁多,国内常用的几种支护结构形式的选用参见表2-5。

常用支护结构形式的选择　　　　表 2-5

类型、名称	支护形式特点	适　用　条　件
挡土灌注排桩或地下连续墙	挡土灌注排桩系以现场灌注桩,按队列式布置组成的支护结构;地下连续墙系用机械施工方法成槽浇灌钢筋混凝土形成的地下墙体 特点:刚度大,抗弯强度高,变形小,适应性强,需工作场地不大,振动小,噪声低。但排桩墙不能止水;连续墙施工需较多机具设备	1. 适于基坑侧壁安全等级一、二、三级 2. 悬臂式结构在软土场地中不宜大于 5m 3. 当地下水位高于基坑底面时,宜采用降水、排桩与水泥土桩组合截水帷幕或采用地下连续墙 4. 用于逆作法施工 5. 变形较大坑边可选用双排桩
排桩土层锚杆支护	系在稳定土层钻孔,用水泥浆或水泥砂浆将钢筋与土体粘结在一起拉结排桩挡土 特点:能与土体结合承受很大拉力,变形小,适应性强,不用大型机械,需工作场地小,省钢材,费用低	1. 适于基坑侧壁安全等级一、二、三级 2. 适用于难以采用支撑的大面积深基坑 3. 不宜用于地下水大、含有化学腐蚀物的土层和松散软弱土层
排桩内支撑支护	系在排桩内侧设置钢或钢筋混凝土水平支撑,用以支挡基坑侧壁进行挡土 特点:受力合理,易于控制变形,安全可靠。但需大量支撑材料,基坑内施工不便	1. 适于基坑侧壁安全等级一、二、三级 2. 适用于各种不易设置锚杆的较松软土层及软土地基 3. 当地下水位高于基坑底面时,宜采用降水措施或采用止水结构
水泥土墙支护	系由水泥土桩相互搭接形成的格栅状、壁状等形式的连续重力式挡土止水墙体 特点:具有挡土、截水双重功能,施工机具设备相对较简单,成墙速度快,使用材料单一,造价较低	1. 基坑侧壁安全等级宜为二、三级 2. 水泥土墙施工范围内地基承载力不宜大于 150kPa 3. 基坑深度不宜大于 6m 4. 基坑周围具备水泥土墙的施工宽度

续表

类型、名称	支护形式特点	适用条件
土钉墙或喷锚支护	系用土钉或预应力锚杆加固的基坑侧壁土体与喷射钢筋混凝土护面组成的支护结构 特点：结构简单，承载力较高，可阻水，变形小，安全可靠，适应性强，施工机具简单，施工灵活，污染小，噪声低，对周边环境影响小，支护费用低	1. 基坑侧壁安全等级宜为二、三级非软土场地 2. 土钉墙基坑深度不宜大于12m；喷锚支护适于无流砂、含水量不高、不是淤泥等流塑土层的基坑，开挖深度不大于18m 3. 当地下水位高于基坑底面时，应采取降水或截水措施
逆作拱墙支护	系在平面上将支护墙体或排桩做成闭合拱形支护结构 特点：结构主要承受压力，可充分发挥材料特性，结构截面小，底部不用嵌固，可减小埋深，受力安全可靠，变形小，外形简单，施工方便、快速，质量易保证，费用低等	1. 基坑侧壁安全等级宜为二、三级 2. 淤泥和淤泥质土场地不宜采用 3. 基坑平面尺寸近似方形或圆形，基坑施工场地适合拱圈布置；拱墙轴线的矢跨比不宜小于1/8 4. 基坑深度不宜大于12m 5. 地下水位高于基坑底面时，应采取降水或截水措施
钢板桩	采用特制的型钢板桩，借机械打入地下，构成一道连续的板墙作为挡土截水围护结构 特点：强度高，刚度大，整体性好，锁口紧密，水密性强，能适应各种平面形状的土体；打设方便，施工快速，可回收使用。但需大量钢材，一次性投资较高	1. 基坑侧壁安全等级二、三级 2. 基坑深度不宜大于10m 3. 当地下水位高于基坑底面时，应采用降水或截水措施
放坡开挖	对土质较好、地下水位低、场地开阔的基坑采取按规范允许坡度放坡开挖，或仅在坡脚叠袋护脚，坡面做适当保护 特点：不用支撑支护，需采用人工修坡，加强边坡稳定监测，土方量大，需外运	1. 基坑侧壁安全等级宜为三级 2. 基坑周围场地应满足放坡条件，土质较好 3. 可独立或与上述其他结构结合使用 4. 当地下水位高于坡脚时，应采取降水措施

2.1 基坑(槽)支护

常用深基坑支护方法见表2-6。

深基坑的支护方法 表2-6

支护方式	简图	支护方法及适用范围
型钢桩与横挡板结合支撑	（型钢桩、挡土板、楔子）	在基坑周围预先打入钢轨工字钢或H型钢桩，间距1~1.5m，然后边挖方边将3~8cm厚的挡土板塞进钢桩之间挡土，并在横向挡板与型钢桩之间打上楔子，使横板与土体紧密接触。 适于地下水较低、深度不很大的一般黏性或砂性土层中应用
挡土灌注桩支撑	（钢横撑、锚桩、拉杆、钻孔灌注桩）	在基坑的周围，用钻机钻孔，现场灌注钢筋混凝土桩，达到强度后，在基坑中间用机械或人工挖土，下挖1m左右，装上横撑，或在桩背面加设拉杆，与已设锚桩拉紧，然后继续挖土至要求深度，在桩间土方挖成外拱形使起土拱作用。如基坑深度小于6m或邻近有建筑物，亦可不设锚拉杆，采取加密桩距或加大桩径处理。 适于开挖深度大于6m的基坑、临近有建筑物、不允许支护、背面地基不允许有下沉位移时采用
挡土灌注桩与土层锚杆组合支撑	（钢横撑、钻孔灌注桩、土层锚杆）	同挡土灌注桩支撑，但在桩顶不设锚桩、锚杆，而是挖至一定深度，每隔一定距离向桩背面斜下方用锚杆钻机打孔，安放钢筋锚杆，用水泥压力灌浆，达到强度后，安上横撑，拉紧固定，在桩中间进行挖土直至设计深度。如设2~3层锚杆，可挖一层土，装设一次锚杆。 适于大型较深基坑，施工期较长，邻近有高层建筑，不允许支护，邻近地基不允许有任何下沉位移时采用

续表

支护方式	简　图	支护方法及适用范围
地下连续墙支护	(地下连续墙或钻孔灌注桩；地下室梁板)	在开挖的基坑周围，先建造混凝土或钢筋混凝土地下连续墙，在墙中间用机械或人工挖土直至要求深度。当跨度、深度很大时，可在内部加设水平支撑及支柱；用逆作法施工时，每下挖一层，把下一层梁板柱浇筑完成，以此作为地下连续墙的水平框架支撑，如此循环作业，直到地下室的底层全部挖完土，浇筑完成 适于开挖较大较深、有地下水、周围有建筑物、公路的基坑，作为地下结构的外墙一部分；或用于地下商场、高层建筑地下室的逆作法施工，作为地下结构的外墙
地下连续墙与土层锚杆组合支护	(锚头垫座；地下连续墙；土层锚杆)	在开挖基坑的周围先建造地下连续墙支护，在墙中部用机械配合人工开挖土方至锚杆部位，用锚杆钻机在要求位置钻孔，放入锚杆，进行灌浆，待达到强度，装上锚杆横梁，或锚头垫座，然后继续下挖至要求深度，如设2~3层锚杆，每挖一层装一层，采用快凝砂浆灌浆 适于开挖较大、较深(>10m)、有地下水的大型基坑，周围有高层建筑，不允许支护有变形，采用机械挖方，要求有较大空间，不允许内部设支撑时采用
钢板桩支护	(钢板桩；横撑；水平支撑)	在开挖基坑的周围打钢板桩或钢筋混凝土板桩，板桩入土深度及悬臂长度应经计算确定，如基坑宽度很大，可加水平支撑 适于一般地下水、深度和宽度不很大的黏性砂土层中应用

2.1 基坑(槽)支护

续表

支护方式	简　图	支护方法及适用范围
钢板桩与钢构架组合支护	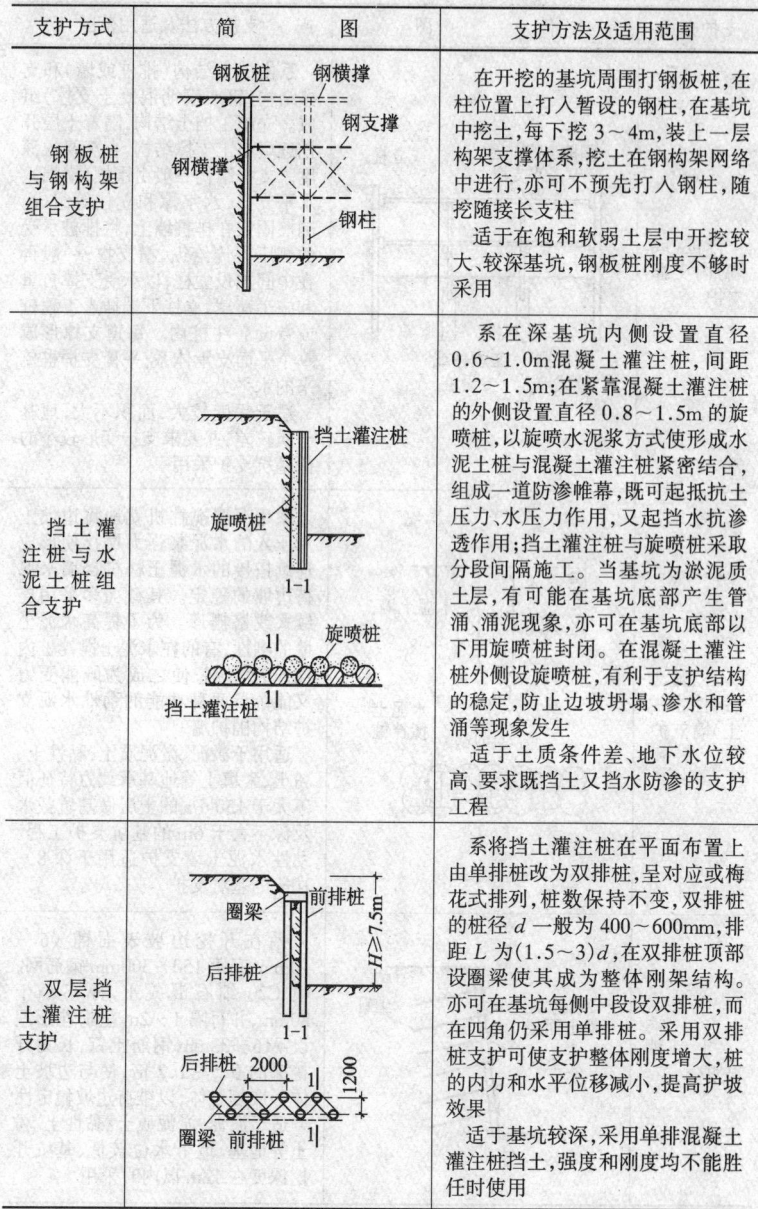	在开挖的基坑周围打钢板桩,在柱位置上打入暂设的钢柱,在基坑中挖土,每下挖3～4m,装上一层构架支撑体系,挖土在钢构架网络中进行,亦可不预先打入钢柱,随挖随接长支柱。 适于在饱和软弱土层中开挖较大、较深基坑,钢板桩刚度不够时采用
挡土灌注桩与水泥土桩组合支护		系在深基坑内侧设置直径0.6～1.0m混凝土灌注桩,间距1.2～1.5m;在紧靠混凝土灌注桩的外侧设置直径0.8～1.5m的旋喷桩,以旋喷水泥浆方式使形成水泥土桩与混凝土灌注桩紧密结合,组成一道防渗帷幕,既可起抵抗土压力、水压力作用,又起挡水抗渗透作用;挡土灌注桩与旋喷桩采取分段间隔施工。当基坑为淤泥质土层,有可能在基坑底部产生管涌、涌泥现象,亦可在基坑底部以下用旋喷桩封闭。在混凝土灌注桩外侧设旋喷桩,有利于支护结构的稳定,防止边坡坍塌、渗水和管涌等现象发生。 适于土质条件差、地下水位较高、要求既挡土又挡水防渗的支护工程
双层挡土灌注桩支护		系将挡土灌注桩在平面布置上由单排桩改为双排桩,呈对应或梅花式排列,桩数保持不变,双排桩的桩径d一般为400～600mm,排距L为(1.5～2)d,在双排桩顶部设圈梁使其成为整体刚架结构。亦可在基坑每侧中段设双排桩,而在四角仍采用单排桩。采用双排桩支护可使支护整体刚度增大,桩的内力和水平位移减小,提高护坡效果。 适于基坑较深,采用单排混凝土灌注桩挡土,强度和刚度均不能胜任时使用

续表

支护方式	简图	支护方法及适用范围
排桩(或墙)内支撑支护	(图示：围檩、纵横向水平支撑、立柱、围护排桩或墙、工程桩或专设桩)	系由挡土结构(排桩或墙)和支撑结构(钢或钢筋混凝土支撑)组成。先施工挡土结构，随着土层开挖逐层施工支撑结构，直至要求深度。支撑结构一般由围檩(横挡)、水平支撑、八字撑和立柱等组成。围檩固定在排桩墙上，将排桩承受的侧压力传给纵、横支撑，一般再在中间加设立柱，以承受支撑自重和施工荷载，立柱下端插入工程桩或专设灌注桩内。每道支撑形成一个平面支承体系，平衡支护桩传来的水平力。 适于深度较大，面积不大，地基土质较差，并要求支护变形较小的深基坑支护采用
水泥土(劲性水泥土)墙支护	(图示：(a)水泥土墙 ≤6000；(b)H型钢、水泥土搅拌桩)	系用深层搅拌机就地将边坡土和压入的水泥浆强力搅拌使形成连续搭接的水泥土柱桩挡墙来保持边坡的稳定。其截面多采用连续式或格栅形。为了提高水泥土墙的刚性，有的在水泥土搅拌桩内插入H型钢，使之成为既能受力又能抗渗两种功能的劲性水泥支护结构围护墙。 适用于淤泥、淤泥质土、黏性土、粉土、素填土等地基承载力特征值不大于150kPa的土层做基坑截水及深不大于6m的基坑支护工程。劲性水泥土墙支护适用于深8～10m的基坑支护
土钉墙支护	(图示：喷射混凝土面层、土钉、垫板)	系在开挖边坡表面铺 $\phi 6\sim 10$ mm、间距150～300mm钢筋网，喷C20细石混凝土，厚不小于80mm，并每隔1～2m呈梅花形埋设 $\phi 16\sim 32$ mm钢筋土钉，长为开挖深的0.5～1.2倍，使与边坡土体形成复合体，以维持边坡稳定性。 适于淤泥、淤泥质土、黏性土、粉土等地基、地下水位较低、基坑开挖深度在12m以内时采用

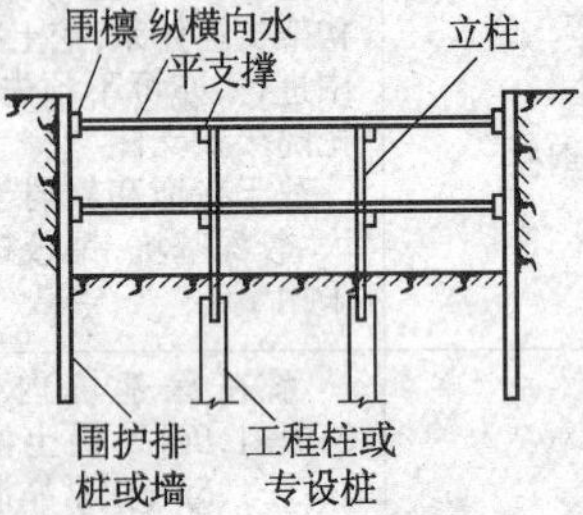

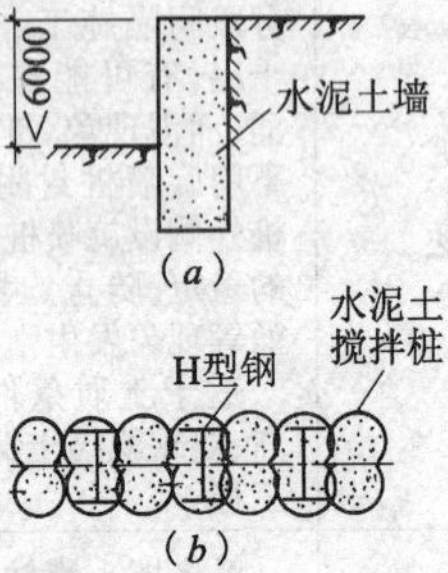

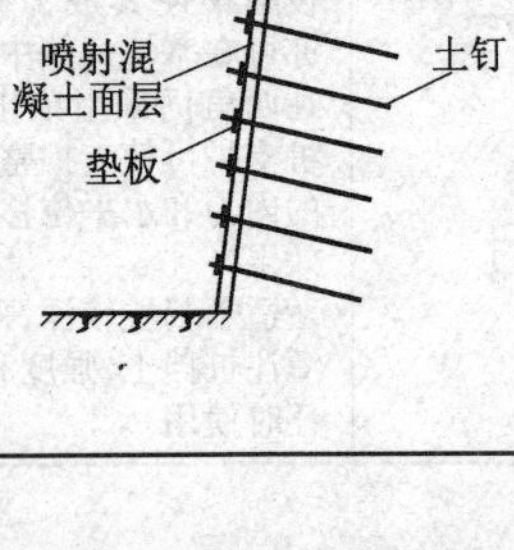

2.1 基坑(槽)支护

续表

支护方式	简　图	支护方法及适用范围
喷锚网支护	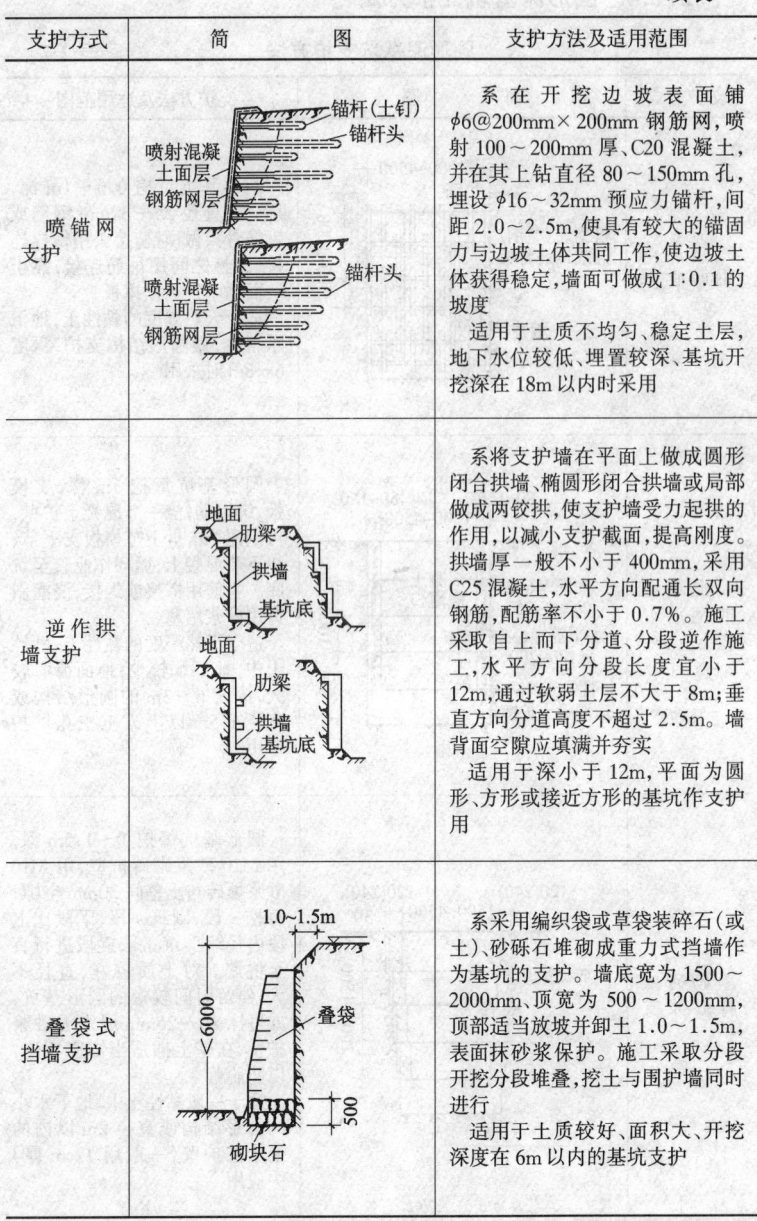	系在开挖边坡表面铺 $\phi6@200mm\times200mm$ 钢筋网,喷射 $100\sim200mm$ 厚、C20 混凝土,并在其上钻直径 $80\sim150mm$ 孔,埋设 $\phi16\sim32mm$ 预应力锚杆,间距 $2.0\sim2.5m$,使具有较大的锚固力与边坡土体共同工作,使边坡土体获得稳定,墙面可做成 1:0.1 的坡度。 适用于土质不均匀、稳定土层,地下水位较低、埋置较深、基坑开挖深在 18m 以内时采用
逆作拱墙支护		系将支护墙在平面上做成圆形闭合拱墙、椭圆形闭合拱墙或局部做成两铰拱,使支护墙受力起拱的作用,以减小支护截面,提高刚度。拱墙厚一般不小于 400mm,采用 C25 混凝土,水平方向配通长双向钢筋,配筋率不小于 0.7%。施工采取自上而下分道、分段逆作施工,水平方向分段长度宜小于 12m,通过软弱土层不大于 8m;垂直方向分道高度不超过 2.5m。墙背面空隙应填满并夯实。 适用于深小于 12m,平面为圆形、方形或接近方形的基坑作支护用
叠袋式挡墙支护		系采用编织袋或草袋装碎石(或土)、砂砾石堆砌成重力式挡墙作为基坑的支护。墙底宽为 $1500\sim2000mm$、顶宽为 $500\sim1200mm$,顶部适当放坡并卸土 $1.0\sim1.5m$,表面抹砂浆保护。施工采取分段开挖分段堆叠,挖土与围护墙同时进行。 适用于土质较好、面积大、开挖深度在 6m 以内的基坑支护

61

2.1.4 圆形深基坑支护方法

圆形深基坑支护方法 表 2-7

支护方式	简 图	支护方法及适用范围
钢筋或钢筋骨架支护	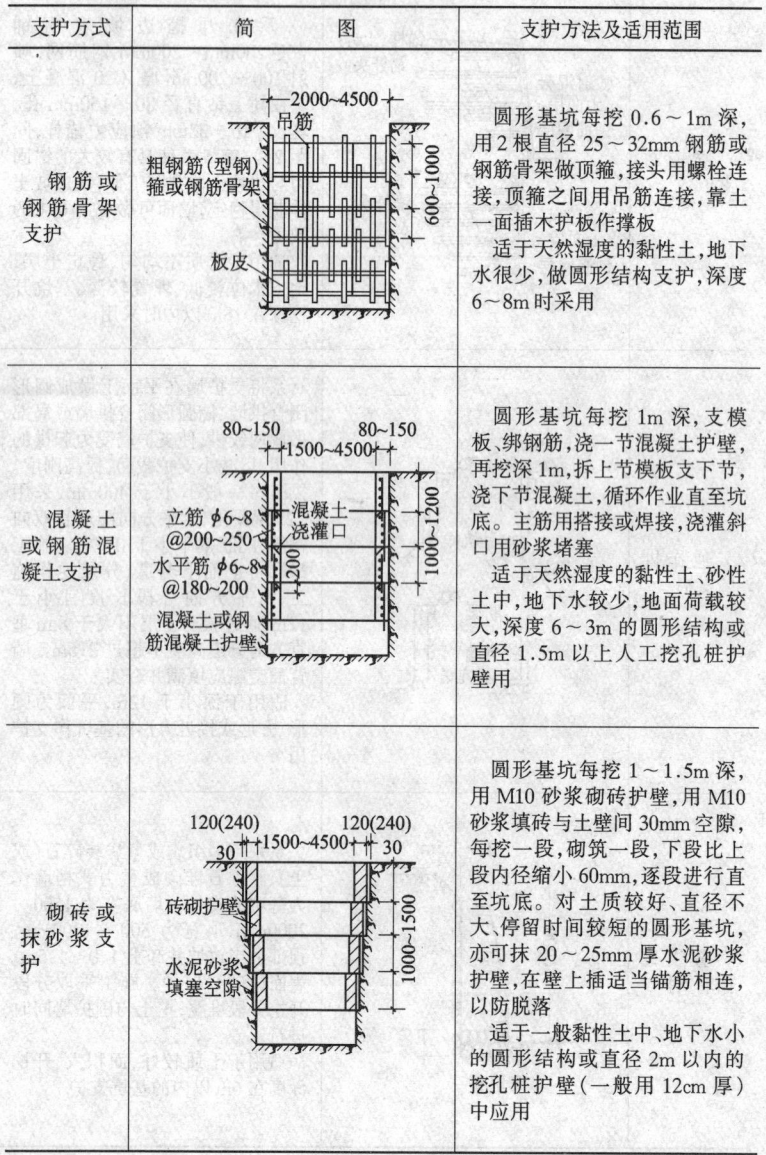	圆形基坑每挖 0.6~1m 深，用 2 根直径 25~32mm 钢筋或钢筋骨架做顶箍，接头用螺栓连接，顶箍之间用吊筋连接，靠土一面插木护板作撑板。适于天然湿度的黏性土，地下水很少，做圆形结构支护，深度 6~8m 时采用
混凝土或钢筋混凝土支护		圆形基坑每挖 1m 深，支模板、绑钢筋，浇一节混凝土护壁，再挖深 1m，拆上节模板支下节，浇下节混凝土，循环作业直至坑底。主筋用搭接或焊接，浇灌斜口用砂浆堵塞。适于天然湿度的黏性土、砂性土中，地下水较少，地面荷载较大，深度 6~3m 的圆形结构或直径 1.5m 以上人工挖孔桩护壁用
砌砖或抹砂浆支护		圆形基坑每挖 1~1.5m 深，用 M10 砂浆砌砖护壁，用 M10 砂浆填砖与土壁间 30mm 空隙，每挖一段，砌筑一段，下段比上段内径缩小 60mm，逐段进行直至坑底。对土质较好、直径不大、停留时间较短的圆形基坑，亦可抹 20~25mm 厚水泥砂浆护壁，在壁上插适当锚筋相连，以防脱落。适于一般黏性土中、地下水小的圆形结构或直径 2m 以内的挖孔桩护壁（一般用 12cm 厚）中应用

2.1 基坑(槽)支护

续表

支护方式	简图	支护方法及适用范围
局部砖砌支护	（砖砌护口1000，砂或软弱土层，砖砌护壁250~300）	上部1m高,用M10砂浆砌半砖或1/4砖护口,下部如土质较好,不砌护壁;如局部遇软弱土或粉细砂层,则仅在该层用M10砂浆砌半砖或1/4砖厚护壁,并高出土层交界各250~300mm。适于无地下水、土质较好、直径1.0~1.5m,深15m以内人工挖孔桩护壁

2.1.5 土层锚杆支护施工方法

土层锚杆施工工艺方法要点　　　　表2-8

项次	项目	要　点
1	组成、构造、材料要求、特点及适用范围	1. 土层锚杆是在挡土结构或深基坑的立壁、地下室墙面的土层钻孔(或掏孔)至要求深度,或再扩大孔的端部,形成球状扩大头,在孔内放入钢筋、钢管或钢丝束,灌入水泥浆或化学浆液,使与土层结合成为抗拉(拔)力强的锚杆,又称土锚杆。 2. 土层锚杆的种类较多,应用较多的为压浆式、套管加压式;按使用分永久性和临时性两类。土层锚杆由锚头、拉杆和锚固体三部分组成,如图2-1,锚头有螺母锚头和锚具锚头两种。锚杆钢材可用钢筋、钢管、钢丝束或钢绞线,以前两种使用较多。钢拉杆有单杆和多杆之分,单杆多用直径φ26mm和φ32mm螺纹钢筋;多杆锚杆用2~4根直径16mm钢筋。锚固体多由水泥浆在压力下灌浆成型 3. 锚杆的尺寸、埋置深度应保证不使锚杆引起地面隆起和地面不出现地基的剪切破坏,最上层锚杆一般需覆土厚度不小于4~5m;锚杆的层数应通过计算确定,一般上下层间距为2~5m,水平间距1.0~4.5m或控制在锚固长度的10倍,锚杆的倾角不宜小于12.5°,一般与水平成12°~25°倾斜角;锚杆的长度,应使锚固体置于滑动体外的好土层内,通常长度为15~25m,其中锚固体长度一般为5~7m 4. 采用土层锚杆支护和锚固与一般支撑法相比,具有可简化支护结构,适应性和可靠性好;所需钻孔孔径小,施工不用大型机械和较大场地;可使用强度高的钢材,较为经济等特点。特别是为基坑内施工提供了良好的空间,有利于机械化作业,加快工程进度 5. 适用于作挡土结构的锚杆、逆作法施工地下室的支撑或在基坑深度、宽度较大(10m以上)时上部不能用钢支撑的情况下做坑壁支护;用于陡坡的护壁锚碇或做输电线路铁塔基础的锚桩;特别适于难以采用支撑的大面积、大深度高层建筑地下室、地下铁道、车站、商场、停车场的坑壁支护。但本法不适于在地下水较大或含有化学腐蚀物的土层或在松散、软弱的土层内使用

续表

项次	项目	要点
2	操作工艺及注意事项	1. 成孔 成孔机具多采用履带行走全液压万能钻孔机,孔径50～320mm,也可采用螺旋式钻孔机、冲击式钻孔机、旋转冲击式钻孔机,或用普通地质钻机改装,用斜钻架代替原来的垂直钻架钻孔;在黄土地区,亦可用洛阳铲形成锚杆孔穴(孔径 70～80mm)。钻出的孔洞,用空气压缩机风管冲洗孔穴,将孔内孔壁废土清除干净 2. 安放拉杆 拉杆使用前要除锈和油污;成孔后即将通长钢拉杆插入孔内,在拉杆表面上设置定位器(图 2-2),其间距在锚固段为2m左右,在非锚固段为4～5m。为保证非锚固段拉杆可以自由伸长,可在锚固段与非锚固段之间设置堵浆器,或在非锚固段处不灌水泥浆而填以干砂、碎石或贫混凝土,或在非锚固段涂以油脂,以保证在该段自由变形。在灌浆前将钻管口封闭,接上压浆管,即可进行注浆,浇注锚固体 3. 灌浆 灌浆材料多为水泥浆,采用普通水泥,水灰比为 0.4 左右,为防止泌水,可掺加 0.3% 的木质素磺酸钙;水泥浆液的抗压强度应大于 $25N/mm^2$,可用时间应为 30～60min,塑性流动时间应在 22s 以下,每孔灌浆应在 4min 内结束 灌浆方法分一次灌浆法和二次灌浆法两种。前者用压浆泵将水泥浆经胶管压入拉杆管内,再由拉杆管端注入锚孔,管端保持离底150mm。灌注压力为 $0.4N/mm^2$ 左右。待浆液回流到孔口时,用水泥袋纸捣入孔内,再用湿黏土封堵孔口,并严密捣实,再以 $0.4～0.6N/mm^2$ 的压力进行补灌,稳压数分钟即告完成。后法是先灌注锚固段,在灌注的水泥浆具备一定强度后,对锚固段进行张拉,然后再灌注非锚固段,可以用低强度等级水泥浆不加压力进行灌注
3	质量控制	主要检验现场施工的锚杆的承载能力是否达到设计要求,并对锚杆施加一定的预应力,加荷多采用穿心千斤顶在原位进行。加荷方式,对临时性锚杆,依次为设计荷载的 0.25、0.50、0.75、1.00 和 1.20 倍(对永久性锚杆加到 1.5 倍),然后卸载至某一荷载值(由设计定),接着将锚头的螺帽紧固。每次加荷后要测量锚头的变位值,并与性能试验的结果对照,如果锚杆的总变位量不超过性能试验的总变位量,即认为该锚杆合格,否则为不合格,其承载能力要降低或采取补救措施

2.1 基坑(槽)支护

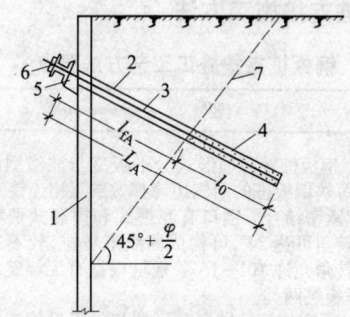

图 2-1 土层锚杆构造

1—支护；2—钻孔；3—拉杆；4—锚固体；5—锚头垫座；6—锚头；7—主动滑动面
l_0—锚固段长度；l_{fA}—非锚固段长度；L_A—锚固长度

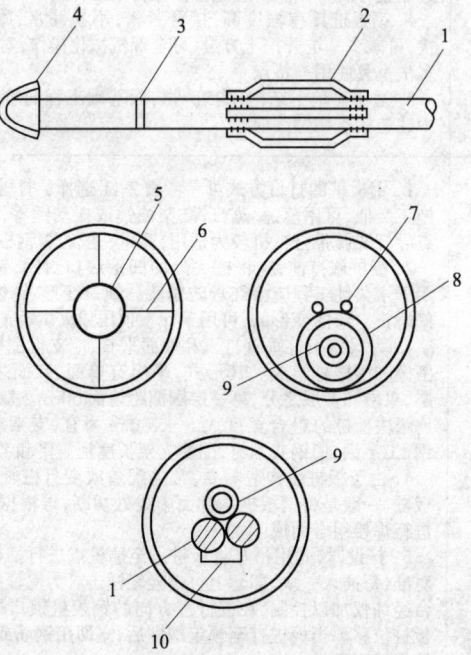

图 2-2 几种锚杆定位器和定位方法

1—锚拉杆；2—支承滑条；3—半圆环；4—挡土板；
5—ϕ38mm 钢管内穿 ϕ32mm 锚拉杆；6—35mm×3mm 钢带；7—2Φ 32mm 钢筋；
8—ϕ65mm 钢管，$l=60$mm@1.0～1.2m；9—灌浆胶管(或钢管)；10—支架

2.1.6 钢板桩支护施工方法

钢板桩支护施工工艺方法要点　　　表 2-9

项次	项目	要　点
1	分类、材料要求及适用范围	1. 钢板桩按截面形式分平板型与波浪型两类，每类中又分多种，每块钢板桩的两侧边缘都做成互相连锁的形式使相邻桩之间彼此紧密结合。锁口有互握式和握裹式两种，前者锁口间歇较大，转角可达 24°，可构成曲线形板排，较不透水；后者锁口较紧密，转角允许 10°～15°。板桩根据有无锚碇，又分为无锚板桩和有锚板桩两类。 2. 国产的钢板桩有鞍Ⅳ型和包Ⅳ型拉森式(U 型)钢板桩，如表 2-10 所示。拉森钢板桩长度一般为 12m，根据需要可以焊接接长。接长应先对焊，再焊加强板最后调直 3. 钢板桩运到现场后，应进行检查、分类、编号。钢板桩立面应平直，以一块长约 1.5～2.0m，且锁口合乎标准的同型板桩通过检查，凡锁口不合，应进行修正合格后再用 4. 钢板桩具有强度高，接合紧密，不易漏水，施工简便，速度快，可减少基坑开挖土方量，可全部机械化操作，对临时工程可以多次重复使用等特点 5. 适于做地下结构(构筑)物、深基础工程的坑壁支护或在水中建造构筑物做围堰
2	施工工艺方法	1. 钢板桩的打设方式可参考表 2-11 选择。打桩机械与其他桩施工类似，可用落锤、蒸汽锤、柴油锤或振动锤等，但以采用三支点导杆式履带打桩机较为适用，锤重一般约为钢板桩重的两倍 2. 板桩施打时，应将桩尖处的凹槽底口封闭，锁口应涂油脂，用于永久性工程应涂红丹防锈漆。锁口变形、锈蚀严重的，应整修矫正。弯曲变形的，可用千斤顶顶压或火烘矫正 3. 为保持板桩垂直入土和墙面平直，应支设围檩支架，支架由围檩和围檩桩组成。其形式，平面有单面、双面之分；立面有单层、双层和多层之分，第一层围檩距地面 50cm。双面围檩净距以比两块板桩的组合宽度大 8～10mm 为宜，支架材料可用 H 型钢、工字钢、槽钢或木材，围檩支架长度视需要和考虑周转而定 4. 由于板桩墙构造需要，常需配备改变打桩轴线方向的转角板桩，一般是将钢板桩从背面中线处切断，再根据所选择的截面进行焊接组合而成 5. 打设时，先用吊车将板桩吊至插桩点进行插桩，插桩时锁口对准，每插入一块，即套上桩帽轻轻锤击。为保证垂直度，应用两台经纬仪加以控制，在桩行进方向的钢板桩锁口处设卡板，不让板桩位移。当板桩打至预定深度后，立即用钢筋或钢板与围檩支架焊接固定 6. 钢板桩打入时如出现倾斜和锁口接合部分有空隙，一般用上宽下窄，或宽度大于或小于标准宽度的异形板桩来纠正。当加工困难，亦可用修正轴线的方法纠正

2.1 基坑(槽)支护

国产拉森式(U 型)钢板桩 表 2-10

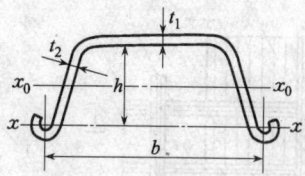

型号	尺寸 (mm)				截面积 A 单根 (cm^2)	重量 (kg/m)		惯性矩 I_x		截面抵抗矩	
	宽度 b	高度 h	腹板厚 t_1	翼缘厚 t_2		单根	每米宽	单根 (cm^4)	每米宽 (cm^4/m)	单根 (cm^3)	每米宽 (cm^3/m)
鞍Ⅳ型	400	180	15.5	10.5	99.14	77.73	193.33	4.025	31.963	343	2043
鞍Ⅳ型(新)	400	180	15.5	10.5	98.70	76.94	192.58	3.970	31.950	336	2043
包Ⅳ型	500	185	16.0	10.0	115.13	90.80	181.60	5.955	45.655	424.8	2410

钢板桩打设方式选择 表 2-11

名称、适用场合	方 法 要 点	优 缺 点
单桩打入法(适于板桩长10m左右,工程要求不高的场合)	以一块或两块钢板桩为一组,从一角开始逐块(组)插打,待打到设计标高后,再插打第二块或第三块,直至工程结束	优点:施工简便,可选用较低的插桩设备 缺点:单块打入易向一边倾斜,误差积累不易纠正
双层围檩打桩法(图2-3)(适于精度要求高、数量不大的场合)	在地面上一定高度处离轴线一定距离,先筑起双层围檩架,而后将板桩依次在围檩中全部插好,待四角封闭合拢后,再逐渐按阶梯状将板桩逐块打至设计标高	优点:能保证板桩墙的平面尺寸、垂直度和平整度 缺点:工序多,施工复杂,施工速度慢,封闭合拢时需异形桩
屏风法(图2-4)(适于长度较大、要求质量高、封闭性好的场合)	用单层围檩,每10~20块钢板桩组成一个施工段,插入土中一定深度形成较短的屏风墙,对每一施工段,先将其两端1~2块钢板桩打入,严格控制其垂直度,用电焊固定在围檩上,然后对中间的板桩再按顺序分1/2或1/3桩高度打入。为降低屏风墙高度,可采取每次插桩后,将板桩打入一定深度	优点:能防止板桩过大的倾斜和扭转;能减少打入的累计倾斜误差,可实现封闭合拢,不影响邻近钢板桩施工 缺点:插桩的自立高度大,要采取措施保证墙的稳定和操作安全;要使用高度大的插桩和打桩架

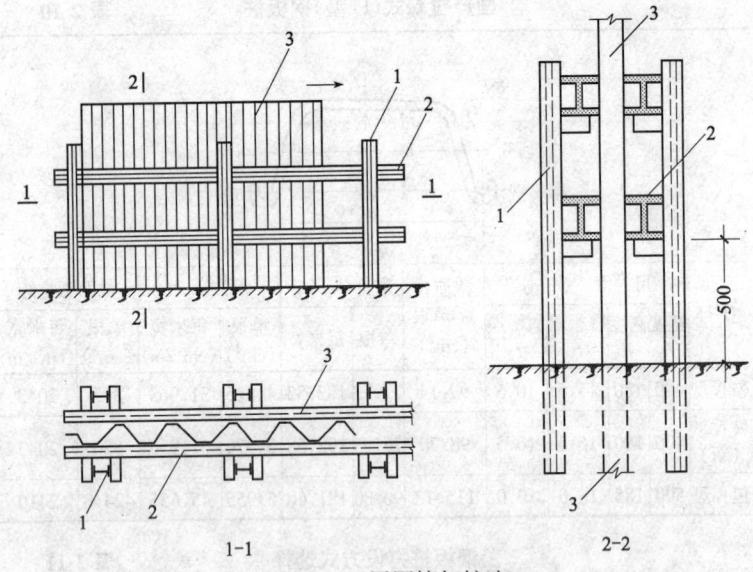

图 2-3 双层围檩打桩法
1—围檩桩；2—围檩；3—钢板桩

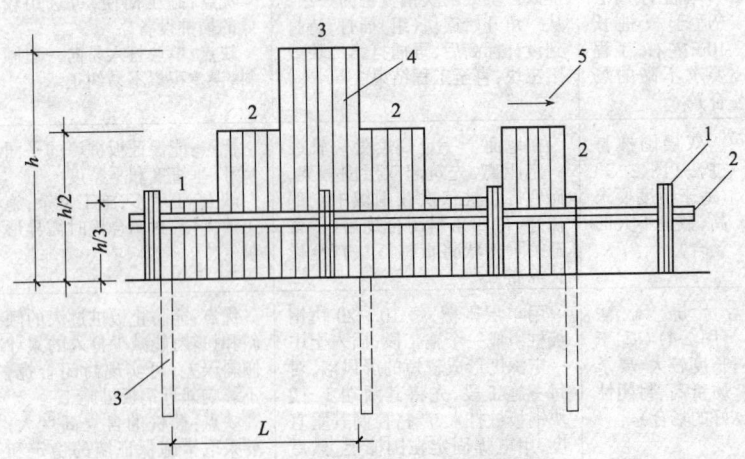

图 2-4 屏风法（单层围檩打桩法）
1—围檩桩；2—围檩；3—两端先打入定位钢板桩；4—钢板桩；5—打入方向
h—板桩长度；L—10～20 块板桩宽度

2.1.7 基坑边坡保护

基坑边坡护面措施　表 2-12

项次	项目	护面简图	护面措施
1	薄膜覆盖或砂浆护盖法		在边坡上铺塑料薄膜，在坡顶及坡脚用草袋装土或用砖压住；或在边坡上抹水泥砂浆 2～2.5cm 厚保护，为防止脱落，在上部及底部均应搭盖不少于 80cm，同时在土中插适当锚筋连接，在坡脚设排水沟
2	挂网或挂网抹面法		垂直坡面楔入直径 10～12mm、长 40～60cm 插筋，纵横间距 1m，上铺 20 号铁丝网，上下用草袋(装土或砂)压住，或再在铁丝网上抹 2.5～3.5mm 厚的 M5 水泥砂浆(配合比为水泥：白灰膏：砂子＝1:1:1.5)，在坡顶坡脚设排水沟
3	土袋压坡法		在边坡下部用草袋装土堆砌或砌石压住坡脚，保持坡脚稳定。在坡顶设挡水土堤或排水沟，防止冲刷坡面。在底部做排水沟，防止冲坏坡脚

续表

项次	项目	护面简图	护面措施
4	抹面或抹面与砌石结合护坡法	(易风化岩石、抹面、排水沟、砌卵石)	在易风化岩石表面抹石灰炉渣(石灰:粒径1~5mm炉渣=1:2~3,重量比),并掺相当石灰量6%~7%的麻刀拌合),厚20~30mm,压实、抹光、拍打紧密;或抹水泥粉煤灰砂浆(水泥:粉煤灰:砂:石灰膏=1:1:2:适量,重量比),厚20~25mm,或在下部用M5水泥石灰炉渣砂浆砌大卵石或块石墙,厚40cm,墙面每2m×2m设一φ50mm泄水孔,每10m留一条竖向伸缩缝,中间填塞浸渍沥青的木板或木丝板,上部仍采用抹面

注:1~3项用于基坑较深或晾槽时间很长,为防止边坡失水过多土质松散或受地面、地下水冲刷、浸润,影响边坡稳定等情况;4项用于易风化的页岩、泥岩(黏土岩)等临时或永久性的边坡护面。

2.1.8 基坑(槽)支护质量控制与检验

1. 加筋水泥土桩质量应符合表2-13的规定。

加筋水泥土桩质量检验标准　　　表2-13

序	检查项目	允许偏差或允许值		检查方法
		单位	数值	
1	型钢长度	mm	±10	用钢尺量
2	型钢垂直度	%	<1	经纬仪
3	型钢插入标高	mm	±30	水准仪
4	型钢插入平面位置	mm	10	用钢尺量

2. 锚杆及土钉墙支护工程质量应符合表2-14的规定。

锚杆及土钉墙支护工程质量检验标准　　　表2-14

项	序	检查项目	允许偏差或允许值		检查方法
			单位	数值	
主控项目	1	锚杆土钉长度	mm	±30	用钢尺量
	2	锚杆锁定力	设计要求		现场实测

2.1 基坑(槽)支护

续表

项	序	检查项目	允许偏差或允许值		检查方法
			单位	数值	
一般项目	1	锚杆或土钉位置	mm	±100	用钢尺量
	2	钻孔倾斜度	°	±1	测钻机倾角
	3	浆体强度	设计要求		试样送检
	4	注浆量	大于理论计算浆量		检查计量数据
	5	土钉墙面厚度	mm	±10	用钢尺量
	6	墙体强度	设计要求		试样送检

3. 钢板桩新桩按出厂标准检验。重复使用的钢板桩质量应符合表2-15的规定。

重复使用的钢板桩检验标准　　表2-15

序	检查项目	允许偏差或允许值		检查方法
		单位	数值	
1	桩垂直度	%	<1	用钢尺量
2	桩身弯曲度	<2‰ l		用钢尺量,l为桩长
3	齿槽平直度及光滑度	无电焊渣或毛刺		用1m长的桩段做通过试验
4	桩长度	不小于设计长度		用钢尺量

4. 钢及混凝土支撑系统工程质量应符合表2-16的规定。

钢及混凝土支撑系统工程质量检验标准　　表2-16

项	序	检查项目	允许偏差或允许值		检查方法
			单位	数量	
主控项目	1	支撑位置:标高 平面	mm mm	30 100	水准仪 用钢尺量
	2	预加顶力	kN	±50	油泵读数或传感器
一般项目	1	围图标高	mm	30	水准仪
	2	立柱桩	参见《建筑地基基础工程施工质量验收规范》(GB 50202—2002)第5章		参见《建筑地基基础工程施工质量验收规范》(GB 50202—2002)第5章
	3	立柱位置:标高 平面	mm mm	30 50	水准仪 用钢尺量
	4	开挖超深(开槽放支撑不在此范围)	mm	<200	水准仪
	5	支撑安装时间	设计要求		用钟表估测

2.2 深基础工程施工技术

2.2.1 地下连续墙施工

地下连续墙施工机具、工艺方法要点　　　表 2-17

项次	项目	要　点
1	成墙方式、特点及适用范围	1. 地下连续墙是建造深基础和地下构筑物的一项新技术,是在地面上用一种特制的挖槽机,沿着深开挖工程的周边轴线、利用泥浆护壁,挖掘一条狭长端固的深槽,在其内放置钢筋骨架,然后用导管法在水中浇筑混凝土,并排除泥浆,构筑一个单元槽段,如此逐段进行,以特殊接头方式,在地下构成一道连续的钢筋混凝土墙壁,作为承重、截水、防渗、挡土结构 2. 地下连续墙具有墙体强度高,侧向刚度大,截水、抗渗、耐久性好,施工时周围地基无扰动,与原有建筑最小距离可达 0.2m 左右;用于逆作法施工,可缩短工期,施工节省土方;不用排除地下水;施工机械化程度高,劳动强度低,开挖效率高,施工振动小,无噪声;在地上作业,操作安全,施工尺寸精度高,质量好,能在多种土层中应用等一系列特点。但需要一定的专用施工机具设备,一次投资较高,施工工艺技术较为复杂,需要有专业技术工人操作 3. 适于在黏性土、砂土、黄土、冲填土以及粒径 50mm 以下的砂砾层等土层中使用;用于建造建筑物的地下室、地下商场、停车场、地下油库、挡土墙、深池坑、竖井、邻近建筑物基础的支护以及水工结构的堤坝防渗墙、护岸、码头、船坞、地下铁道或临时围堰支撑工程等;特别适用于做挡土、防渗结构,在冲击钻配合下,亦可用于硬土层或局部软质岩石层。但不能用于较高承压水头的夹细粉砂地层
2	机具设备要求	1. 施工主要机具设备包括多头钻成槽机、抓斗或冲击钻、泥浆制配和处理机具以及混凝土浇灌机具等。施工需用主要机具设备规格性能见表 2-18;常用多头钻成槽机的规格技术性能见表 2-19 2. 当工地缺乏专用成槽设备时,亦可购置潜水电钻在现场自行组装,如 DZ-800×4 型等(图 2-5),为一种自行组装的长导板简易多头钻机,亦可满足施工需要

2.2 深基础工程施工技术

续表

项次	项目	要　　点
3	操作工艺方法及注意事项	1. 工艺流程:地下连续墙的施工多采用 BW 型多头钻机,其施工工艺流程如图 2-6 2. 导墙施工:导墙形式如图 2-7,沿地下连续墙纵向轴线位置设置,导墙净距比成槽机大 3~5cm,要求位置正确,两侧回填密实 3. 槽段的划分:一般采用 2~4 个掘削单元组成一个槽段,掘削顺序多采用图 2-8 做法,可防止第二掘削段向已掘槽段一面倾斜,形成上大下小的槽形 4. 挖槽:多头钻采用钢丝绳悬吊到成槽部位,旋转切削土体成槽,施工工艺如图 2-9,掘削的泥土混在泥浆中以反循环方式排出槽外,一次下钻形成有效长 1.6~2.0m 的长端圆形掘削深槽,排泥采用附在钻机上的潜水砂石泵或地面的空气压缩机,不断将吸泥管内的泥浆排出。下钻应使吊索处于紧张状态,保持适当钻压以垂直成槽。钻速应与排渣能力相适应,保持钻速均匀 5. 护壁方法:常采用泥浆护壁。泥浆预先在槽外制作,储存在泥浆池内备用,常用泥浆配合比表 2-20,泥浆控制指标见表 2-21。在黏土或粉质黏土(塑性指数大于 10)层中,亦可利用成槽机挖掘土体时旋转切削的土体自造泥浆,或仅掺少量火碱或膨润土护壁。排出的泥渣,通过振动筛分离后循环使用;泥浆分离有自然沉淀和机械分离两种。泥浆循环有正循环和反循环两种(图 2-10),多头钻成槽砂石泵潜入泥浆前用正循环,潜入后用反循环。挖槽宜按顺序连续施钻,成槽垂直度要求小于 $H/200$(H—槽深) 6. 清孔:成槽达到要求深度后,放入导管,压入清水,不断将孔底泥浆稀释,自流或吸入排出,至泥浆密度在 1.1~1.2 以下为止 7. 钢筋笼的加工:一般在地面平卧组装,钢箍与通长主筋点焊定位,要求平整度偏差在 50mm 内,对较宽尺寸的钢筋笼,应增加直径 25mm 的水平筋和剪刀拉条组成桁架,同时在主筋上每隔 150mm 两面对称设置定位耳环,保持主筋保护层厚度不小于 7~8cm 8. 钢筋笼吊放:对长度小于 15m 的钢筋笼,可用吊车整体吊放,先六点水平吊起,再升起钢筋笼上口的钢扁担将钢筋笼吊直(图 2-11);对超过 15m 的钢筋笼,须分两段吊放,在槽口上加帮条焊接,放到设计标高后,用横扁担在导墙上,再浇灌混凝土 9. 安接头管:槽段接头有图 2-12 所示等形式,使用最多的为月牙形接头,混凝土浇灌前,在槽接缝一端安圆形接头管(图 2-13),管外径等于槽段宽,待混凝土浇灌后,逐渐拔出接头管,即在端部形成月牙形接头面 10. 混凝土浇灌:采用导管法在水中灌注混凝土,工艺方法与泥浆护壁灌注桩方法相同(略)。槽段长 4m 以下采用单根导管,槽段长 5m 以上用 2 根导管,管间距不大于 3m,导管距槽部不宜大于 1.5m 11. 拔接头管:接头管上拔方法通常采用 2 台 50t(或 75t、100t)、冲程 100cm 以上的液压千斤顶顶升装置(图 2-14),或用吊车、卷扬机吊拔

2 基坑工程

地下连续墙施工主要机具设备 表 2-18

种类	名称	规格	单位	数量	备注
成槽机具设备	多头钻机	SF60-80 或组合多头钻机	台	1	挖槽用
	多头钻机架	钢组合件	件	1	吊多头钻机用
	卷扬机	3t 或 5t 慢速	台	1	提升钻机头用
	卷扬机	0.5t 或 1t	台	1	吊装皮管、装拆钻机用
	电动机	4kW	台	2	钻机架行走动力
	螺栓千斤顶	15t	台	4	机架就位、转向顶升用
泥浆制备及处理机具设备	旋转器机架	钢组合件	件	1	
	泥浆搅拌机	$0.8m^3$、8kW	台	1	制备泥浆用
	软轴搅拌器	2.2kW	台	1	搅拌泥浆用
	振动筛	5.5kW	台	1	泥渣处理分离
	灰渣泵	4ph、40kW	台	2	与旋转器配套和吸泥用
	砂泵	$2\frac{1}{2}''$PS,22kW	台	1	供浆用
	泥浆泵	SLN-33,2kW	台	1	输送泥浆
	真空泵	SZ-4,1.5kW	台	1	吸泥、引水用
	空压机	$10m^3$/min、75kW	台	1	多头钻吸泥用
混凝土浇灌机具设备	混凝土浇灌架	钢组合件	台	1	
	卷扬机	1t 或 2t	台	1	升降混凝土漏斗及导管
	混凝土料斗	$1.05m^3$	个	2	装运混凝土
	混凝土导管(带受料斗)	直径 200~300mm	套	1	浇灌水下混凝土
接头管及其顶升提拔设备	接头管	直径 580mm	套	2	混凝土接头用
	接头管顶升架	钢组合件	套	1	顶升接头管用
	油压千斤顶	50t 或 100t	台	2	与顶升架配套
	高压油泵	LYB-44,2.2kW	台	2	与油压千斤顶配套
	吊车	1004 型	台	1	吊放接头管和钢筋笼、混凝土浇灌架、料斗

注：采用自成泥浆护壁工艺时，不需泥浆制备及处理机具设备，只需污水泵一台作排泥浆用。

2.2 深基础工程施工技术

多头挖槽机技术性能和规格　　　　　表 2-19

型号 项目	多头挖槽机 SF60-80型	长导板多 头挖槽机 GZJ 8160 -4型	多头挖槽机 DZ- 800×4型	多头挖槽机 BWN- 4055型	多头挖槽机 BWN- 5580型	多头挖槽机 BWN- 80120型
成槽宽度 (mm)	600/800	600	800	400~550	550~800	800~1200
一次挖掘长 度(mm)	2600/2800	1900	2600	2500~2650	2470~2720	3150~4724
有效长度	2000	1300	1800	2100	1920	2800
高　度 (mm)	4300	7000	5200	4300~4320	4525~4555	5505~5555
钻头个数 (个)	5	4	4	7	5	5
钻头转速 (r/min)	30~50	200	38.5	50	35	25
电动机功率 (kW)	(18.5~20) ×2	22×4	22×4	15×2	15×2	18.5×2
吸浆排渣 管直径 (mm)	150	114	150	150	150	200
最大工作深 度(m)	50~60	50	35	50	50	50
机头重量 (t)	9.7~10.2	7.0	10.5	7.5	10	18
研制单位	上海基础 公司	中国第十八 冶金建设 公司	中国有色 第六冶金 建设公司	日·托尼 钻孔公司	日·托尼 钻孔公司	日·托尼 钻孔公司

注：BWN-4055型、BWN-5580型挖槽机成槽宽度以 50mm 进级；BWN-80120型以 100mm 进级。

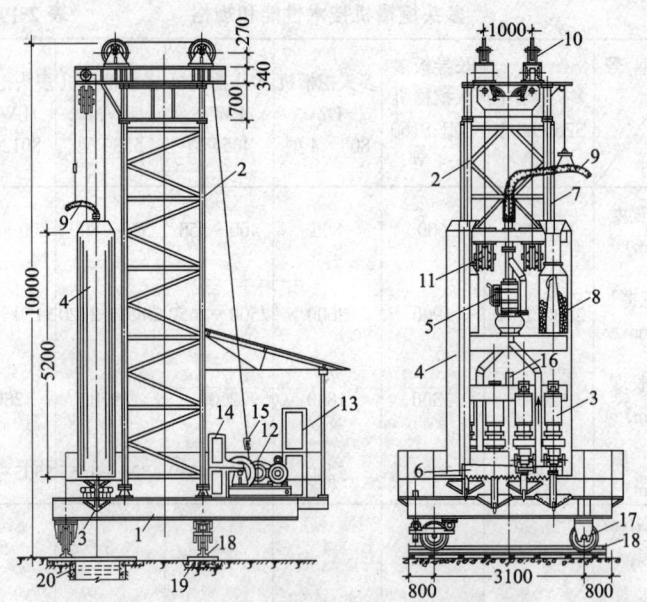

图 2-5 地下连续墙多头钻成槽机构造

1—底座;2—钢管机架;3—潜水电钻(QZQ-1250A 型);4—长导板箱架;
5—QSPS-1 型潜水砂石泵;6—侧刀;7—电钻;8—电缆收集筐;9—排泥管;
10—机头提升滑轮系统;11—吊滑轮;12—卷扬机;13—配电盘;14—操作台;
15—电子秤;16—垂直检测仪;17—行走轮;18—导轨;19—枕木;20—导墙

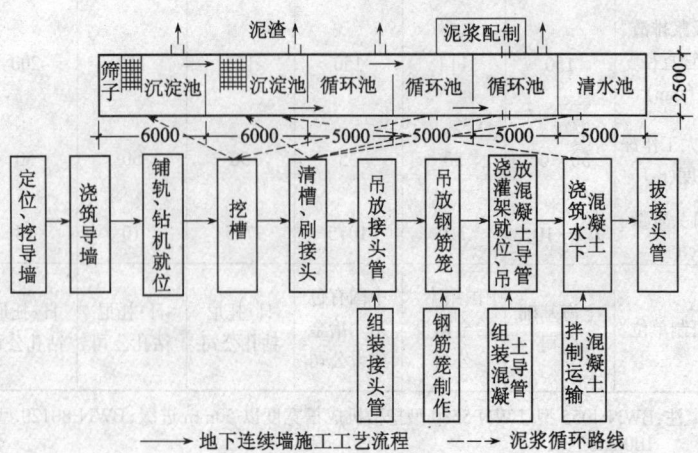

图 2-6 多头钻机施工及泥浆循环工艺流程

2.2 深基础工程施工技术

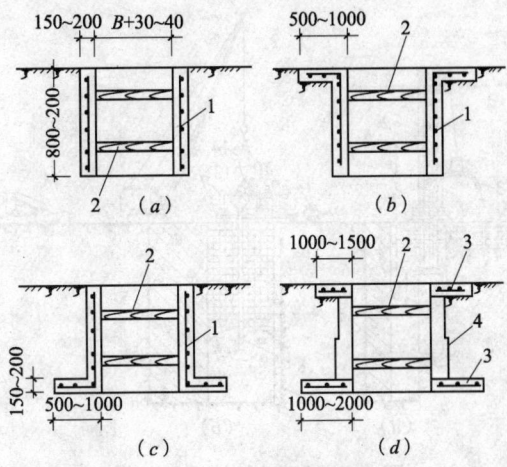

图 2-7 导墙形式

(a)导沟内现浇导墙(表土较好);(b)冂型导墙(表土较差);(c)L型导墙;(d)砖砌导墙
1—C10 混凝土导墙内配 $\phi 12@200mm$ 钢筋;2—木横撑 $100mm\times100mm@1.5\sim2.0m$;
3—C15 钢筋混凝土板;4—M5 砂浆砌砖墙,厚 370mm 或 490mm
B—地下连续墙钻机宽

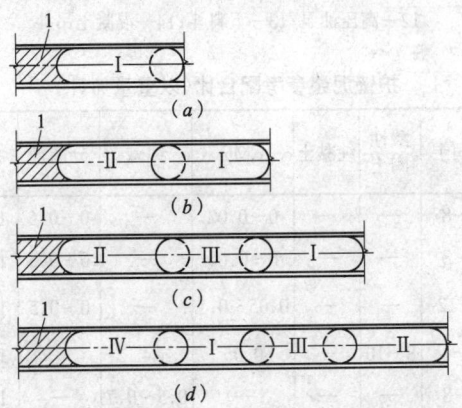

图 2-8 多头钻单元槽段的组成及挖槽顺序
(a)一段式;(b)二段式;(c)三段式;(d)四段式
1—已完槽段
Ⅰ、Ⅱ、Ⅲ、Ⅳ—挖槽顺序

2 基坑工程

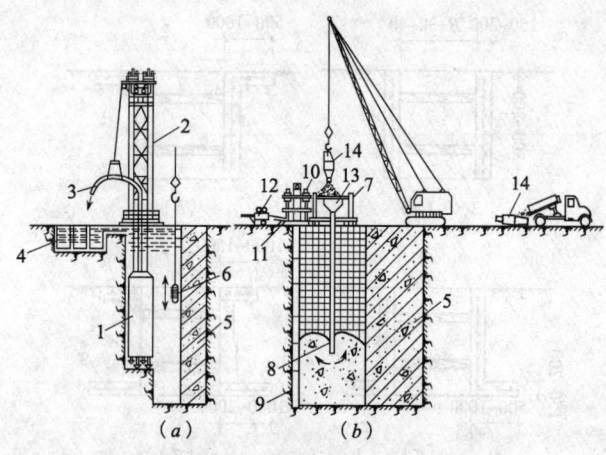

图 2-9 地下连续墙施工工艺
(a)长导板多头钻机成槽工艺;(b)连续墙浇筑混凝土工艺
1—多头钻机;2—机架;3—排泥管;4—泥浆池(砖砌);
5—已浇筑地下连续墙;6—接合面清泥用钢丝刷;
7—混凝土浇灌架;8—混凝土导管;9—接头钢管;
10—接头管顶升架;11—100t 液压千斤顶;
12—高压油泵;13—下料斗;14—混凝土吊斗

护壁泥浆参考配合比(以重量%计) 表 2-20

土 质	膨润土	酸性陶土	纯黏土	CMC	纯碱	分散剂	水	备 注
黏性土	6~8	—	—	0~0.02	—	0~0.5	100	
砂	6~8	—	—	0~0.05	—	0~0.5	100	
砂砾	8~12	—	—	0.05~0.1	—	0~0.5	100	掺防漏剂
软土	—	8~10	—	0.05	4	—	100	上海基础公司用
粉质黏土	6~8	—	—	—	0.5~0.7	—	100	
粉质黏土	1.65	—	8~12	—	0.3	—	100	半自成泥浆
粉质黏土	—	—	12	0.15	0.3	—	100	半自成泥浆

注:1.CMC(即钠羧甲基纤维)配成 1.5%的溶液使用。
2.分散剂常用的有碳酸钠或三(聚)磷酸钠。

2.2 深基础工程施工技术

泥浆的性能技术指标　　表 2-21

项　　目	性能指标 一般土层	性能指标 软土层	检 验 方 法
密度(g/cm³)	1.04~1.25	1.05~1.25	泥浆密度计
黏度(s)	18~22	18~25	500mL/700mL 漏斗法
含砂率(%)	<4~8	<4	含砂仪
胶体率(%)	≥95	>98	100mL 量杯法
失水量(mL/30min)	<30	<30	失水量仪
泥皮厚度(mm/30min)	1.5~3.0	1.0~3.0	失水量仪
静切力:1min (mg/cm²)	10~25	20~30	静切力测量仪
10min	—	50~100	
稳定性 (g/cm³)	<0.05	≤0.02	500mL 量筒或稳定计
pH 值	<10	7~9	pH 试纸

注:表中上限为新制泥浆,下限为循环泥浆。

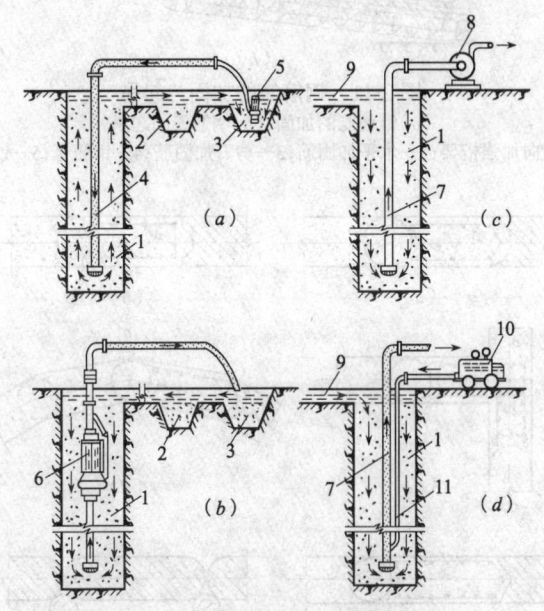

图 2-10　泥浆循环方式
(a)正循环排渣;(b)泵举反循环排渣;(c)泵吸反循环排泥渣;
(d)压缩空气反循环吸泥排渣

1—槽孔;2—泥浆池;3—沉淀池;4—导管;5—泥浆泵;6—潜水砂石泵;
7—吸泥管;8—吸水泵;9—补给泥浆;10—空气压缩机;11—φ38mm 高压风管

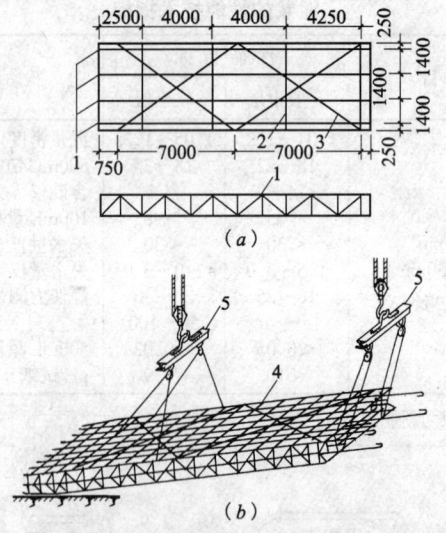

图 2-11 钢筋笼的加固与起吊
(a)钢筋笼的加固;(b)钢筋笼的起吊
1—纵向加强桁架;2—水平加固筋;3—剪刀加固筋;4—钢筋笼;5—铁扁担

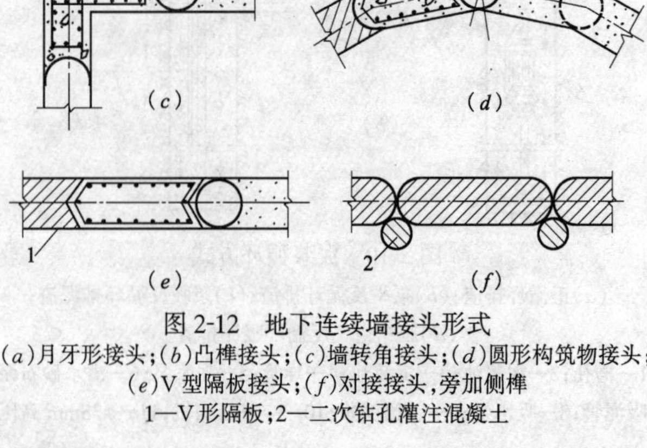

图 2-12 地下连续墙接头形式
(a)月牙形接头;(b)凸榫接头;(c)墙转角接头;(d)圆形构筑物接头;
(e)V型隔板接头;(f)对接接头,旁加侧榫
1—V形隔板;2—二次钻孔灌注混凝土

2.2 深基础工程施工技术

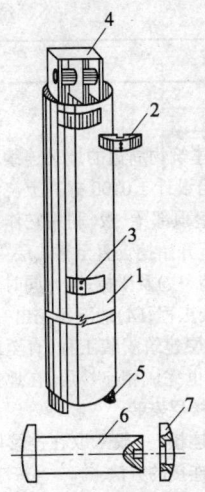 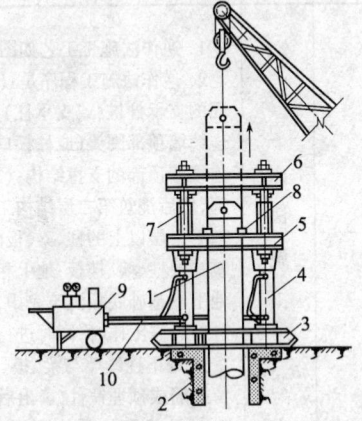

图 2-13 接头管构造
1—φ600mm 或 800mm 钢管体；
2—月牙形垫块；3—沉头螺栓；
4—上阳插头；5—下阴插头；
6—接头管接长插销；7—销盖

图 2-14 接头管顶拔装置及拔管工艺
1—接头管；2—导墙；3—顶升架底座；
4—75t 液压千斤顶；5—下托盘；
6—上托盘；7—拉杆螺栓；8—承力横梁；
9—电动油泵；10—高压油管

2.2.2 深地下工程逆作法施工

逆作法施工方法要点　　　　表 2-22

项次	项目	要　点
1	原理、特点及适用范围	1. 逆作法施工是指地下建筑物或有多层地下室的高层建筑,当采用地下连续墙作多层地下主体结构的外墙时,以地面为起始面,由上而下进行地下工程结构和建筑施工,同时由下而上进行上部建筑的施工,由于地下工程采用自地面向下逐层开挖施工,故称逆作法 2. 逆作法特点是：利用地下连续墙及地下室梁板柱作为施工阶段的支护结构,受力可靠,刚度大,变形小,对邻近建筑物影响小,节省大量挡土支护材料和人工；可利用地下室楼板当作业平台,节约大量脚手架材料；浇筑顶板、楼板,可采用地模,节省模板用料；地下室与上部建筑同时进行主体交叉作业,土方开挖量减小,不占或少占绝对工期,可使工期缩短 1/3；地下工程施工不受雨季施工影响,施工安全、可靠,不影响周围交通,但施工作业条件差,需设置承受主体结构自重荷载的柱(桩)及基础,施工较为复杂 3. 适用于地下建筑物,如地下铁道、商场、停车场以及有多层地下室的高层建筑工程

81

续表

项次	项目	要点
2	逆作法施工工艺方法	1. 逆作法施工工艺如图 2-15 2. 逆作法施工程序是:(1)先构筑建筑物周边的地下连续墙和中间的支承柱桩(或支承柱);(2)在相当设计±0.00 标高上浇筑地下连续墙顶部圈梁(或柱杯口)和地下室顶部梁、板,利用它作为地下连续墙顶部的支撑结构;(3)在顶板下开始挖土直至第二层梁、板底部,然后浇筑第二层结构工程(内隔墙、柱)及梁板;与此同时进行地上第一层以上的柱、梁、板的建筑安装工程;(4)地下每挖出一层,浇筑一层柱、墙、楼板,地上相应完成上层建筑安装工程,直至最下层地下室基础底板浇筑完毕,上部结构也完成相应楼层,在地上地下进行装修工作时,同时进行更上层的楼层安装 3. 地下连续墙与梁、板、内隔墙的连接,一般采取在连续墙上预留插筋或预埋铁件,凿出后采取焊接连接的方法 4. 土方开挖采取预留部分楼板开间后浇,作为设备构件、模板、钢筋、混凝土等的吊入和土方运出的孔道,土方开挖用人工和小型推土机进行,装吊斗,在上部用吊车运至地面,卸入翻斗汽车运出 5. 地下室梁、板可采用土模或支现浇模板的方法进行
3	半逆作法施工工艺方法	采用逆作法施工,挖土要在每层楼板下进行,操作空间较窄,效率较低,如地下连续墙和桩柱的强度能满足一定高度悬臂要求或以平衡土体能保持连续墙的稳定,亦可采用半逆作法施工,其基本工艺方法有以下两种方式: 1. 先构筑周围地下连续墙或护坡挡土桩,然后用大开挖方式挖 1、2 层土方,再施工中间柱桩,施工第 2、3 层梁板,2、3 层以下采用逆作法施工,2 层以上仍按照常规方法由下而上施工(图 2-16) 2. 先构筑周围连续墙和中间的支承柱,然后用大开挖方式先挖中间部分 1、2 层土方,保留四周边缘土体作平衡土体,以保持地下连续墙的稳定,然后按常规方法施工 1、2 层上部结构及首层边缘梁、板,最后以逆作法方式挖除四周边缘保留土体,施工边缘的梁板及底板(图 2-17) 本法可简化工序,缩短工期,降低施工费用,但对四周地下连续墙或护坡桩,应按中间有水平支点时的情况进行核算,同时应注意其嵌固深度必须深于底板标高,以免当最低一层土方挖空时,桩根外露发生位移

2.2 深基础工程施工技术

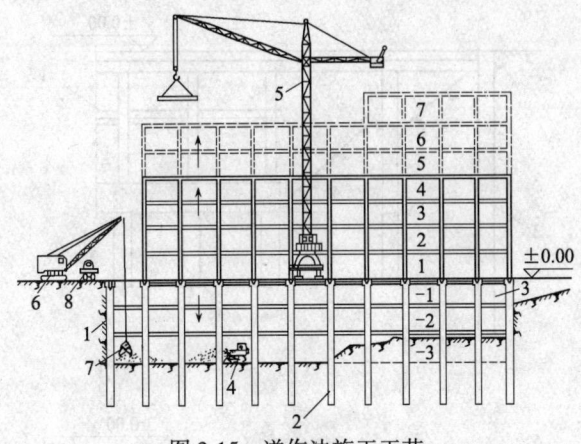

图 2-15 逆作法施工工艺
1—地下连续墙；2—中间桩柱、灌孔灌注桩；3—地下室；
4—小型推土机；5—塔吊；6—抓斗挖土机；7—抓斗；8—运土自卸汽车

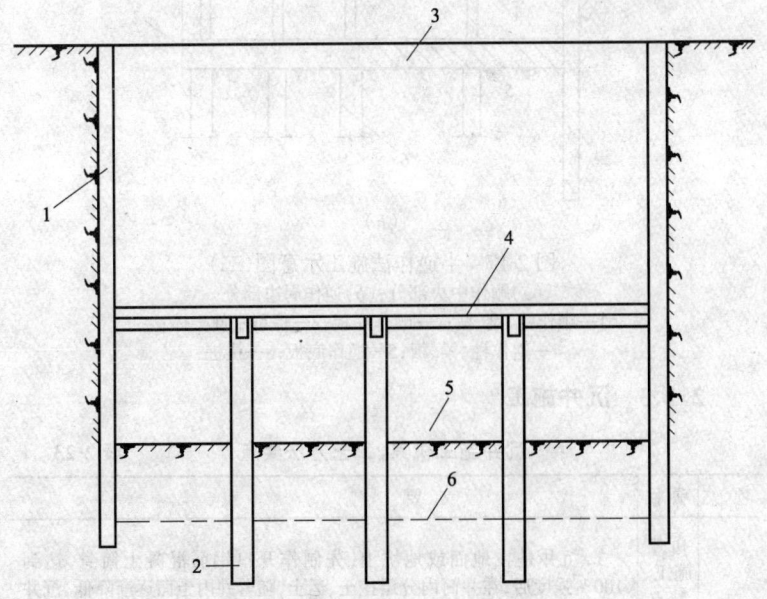

图 2-16 半逆作法施工示意图（一）
1—地下连续墙或护坡桩；2—桩柱；3—按常规方法开挖的基坑；
4—地下室 2 层顶板；5—逆作第一次挖方标高；6—逆作底板挖方标高

2 基坑工程

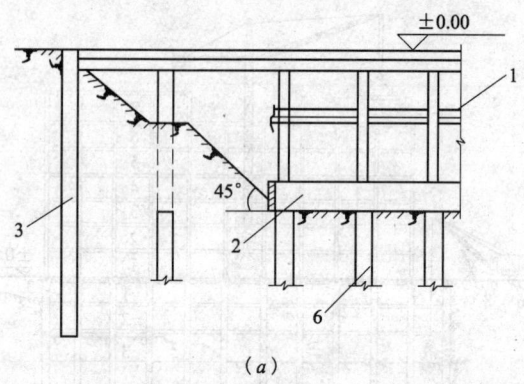

(a)

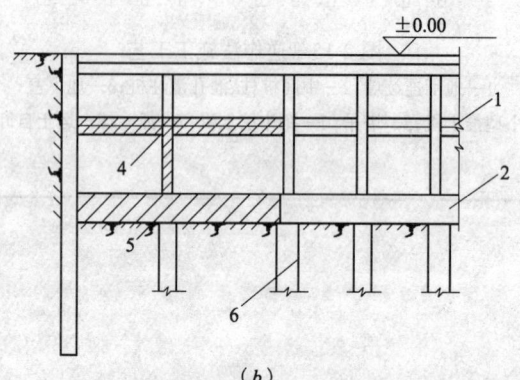

(b)

图 2-17 半逆作法施工示意图(二)
(a)顺作中央部分；(b)逆作周边部分
1—顺作柱、梁、板；2—顺作底板；3—保留平衡土体；
4—逆作柱、梁、板；5—逆作底板；6—柱桩

2.2.3 沉井施工

沉井施工机具、工艺方法要点　　　表 2-23

项次	项目	要　　点
1	沉井施工、特点及适用范围	1. 沉井是在地面或地坑上，先制作开口钢筋混凝土筒身，达到100%强度后，在井筒内分层挖土、运土，随着井内土面逐渐降低，沉井筒身借自重克服与土壁之间的摩阻力，不断下沉而就位的一种深基或地下工程施工工艺

2.2 深基础工程施工技术

续表

项次	项目	要　　点
1	沉井施工、特点及适用范围	2.沉井结构和沉井施工的特点是：沉井结构截面尺寸和刚度大，承载力高，抗渗、耐火性好，内部空间可资利用，可用于深度很大地下工程的施工，深度可达50m；施工不需复杂的机具设备，在排水和不排水情况下，均能施工；可用于各种复杂地形、地质和场地狭窄条件下施工，对邻近建筑物、构筑物影响较小；当沉井尺寸较大，在制作和下沉时，均能使用机械化施工；比大开口挖土施工可大大减少挖、运、回填土方量，可加快施工速度，降低施工费用等 3.适用于工业建筑的深坑（料坑、料车坑、铁皮坑、井或炉、翻车机室）、地下室、水泵房、设备深基础、深柱基、桥墩、码头等工程；并可在松软不稳定含水土层、人工填土、黏性土、砂土、砂卵石等地基中应用。一般讲，在施工场地复杂，邻近有铁路、房屋、地下构筑物等障碍物，加固、拆迁有困难，或大开口挖土施工会影响周围邻近建（构）筑物安全时，应用最为经济、合理
2	施工机具设备	沉井制作机具设备包括：模板、钢筋加工常用机具设备、混凝土搅拌机、自卸汽车、机动翻斗车、手推车、插入式振捣器等；沉井下沉机具设备包括：15t履带或轮胎式起重机或QT6～15型塔式起重机、装土钢吊斗等；排水机具包括：离心式水泵或潜水电泵等
3	沉井制作、下沉工艺程序	1.沉井制作工艺程序为：平整场地→测量放线→开挖基坑（一般3～4m深）→夯实基底→找平、井壁放线、验线→铺砂垫层和垫木或砌刃脚砖座或挖刃脚土模→安设刃脚铁件、绑钢筋→支刃脚、井身模板→浇筑混凝土→养护、拆模→外围槽灌砂→抽出垫木或拆砖座 2.沉井下沉工艺程序为：下沉准备工作→设置垂直运输机械、排水泵、挖排水沟、集水井→井内挖土下沉→观测纠偏→沉至设计标高、核对标高→降水→设集水井、基底整形、铺设封底垫层→底板防水→绑底板钢筋、隐检→浇筑底板混凝土→施工沉井内隔墙、梁板、顶板、上部建筑及辅助设施→回填土→机电设备、管道、动力、照明线路安装→试调、土建收尾。如仅做沉井基础，则无后道工艺程序
4	施工工艺方法	1.沉井制作：有一次制作和多节制作、地面制作和基坑中制作等方式。如沉井高度不大，宜采用一次制作下沉方案，以减少接高工序；如沉井高度和重量很大，宜采取在基坑中分节制作，每节高度以6～8m为宜，其中首节自重应能克服下沉土体的摩阻力，应进行验算。在软弱地基上制作沉井，应采用砂、砂砾石或碎石垫层，用打夯机夯实使之密实，垫层厚度根据计算确定，一般为0.5～2.0m，应满足应力扩散的要求。沉井制作时，下部刃脚的支设，可视沉井重量、施工荷载和地基承载力情况，采用垫架法、半垫架法、砖垫座或土胎模（图2-18）；较大较重的沉井，在软弱地基上制作，多采用前两种。沉井支模绑扎钢筋和

2 基坑工程

续表

项次	项目	要　　点
4	施工工艺方法	浇筑混凝土同常规方法。大型沉井应达到设计混凝土强度的100%，小型沉井达到70%始可拆摸。刃脚部分抽除其下的垫木应分区、分组、依次、对称、同步地进行，最后由4~8根定位垫架或垫木支承。抽除方法是：将垫木底部的土挖去一部分，利用卷扬机或绞磨将相应垫木抽出，每次限抽1根，应在刃脚下用砂砾石填实，内外侧填筑成适当高度的小砂土堤，使沉井重量传给垫层。如有内隔墙，应在支承排架拆除后，用草袋装砂回填。采取分节制作，可在前一节下沉接近地面0.5m时，继续加高井筒 2. 沉井下沉：有排水下沉和不排水下沉两种方式。采用排水下沉法，系在沉井内设泵排水，沿井壁挖排水沟、集水井，用泵将地下水排出井外，外挖土边排水下沉，随着加深集水井。挖土采用人工或风动工具，对直径或长边16m以上的沉井，可在井内用0.25~0.6m³反铲挖土机挖土。挖土方法一般是采用碗形挖土自重破土方式；先挖井中间，逐渐向四周，每层挖土厚0.4~0.5m，沿刃脚周围保留0.8~1.5m宽土堤，然后再按每人负责2~3m一段向刃脚方向逐层、全面、对称、均匀地削薄土层，当土垛经不住刃脚的挤压时，便在自重作用下均匀垂直破土下沉(图2-19a)；对有流砂情况发生或遇软土层时，亦可采取从刃脚挖起，下沉后再挖中间(图2-19b)的顺序；挖出土方装在土斗内运出，当土垛挖至刃脚沉井仍不下沉，可采取分段、对称地向刃脚下掏空或继续从中间向下进行第二层破土的方法 采用不排水下沉法施工，挖土多用高压水枪(压力2.5~3.0 MPa)将土层破碎，稀释成泥浆，然后用水力吸泥机(或空气吸泥机)将泥浆排出井外，井内的水位应始终保持高出井外水位1~2m。也可用起重机吊抓斗进行挖土。作业时，一般先抓或冲井底中央部分的土形成锅底形，然后再均匀冲或抓刃脚边部，使沉井靠自重挤压下沉；在密实土层中，刃脚土体不易向中央坍落，则应配以射水管冲土 当首节沉井下沉到设计深度后，即应停止挖土下沉，并进行井壁接长，继续下沉。当沉井下沉到刃脚接近设计标高约500mm时，应放慢井中取土速度，当距设计标高0.1m时，应停止井内挖土和抽水，使其靠自重下沉至设计标高。在正常情况下，再经2~3d下沉稳定后，或经观测在8h内累计下沉不大于10mm时，即可进行井底土形整理，开始封底 3. 沉井下沉控制：标高控制一般在沉井外壁周围弹水平线，垂直度控制一般是在井筒内按4或8等分标出垂直轴线，各吊线坠一个，对准下部标板来控制(图2-20)。对位置、垂直度和标高(下沉值)每班要测量2次，接近设计标高时，每2h测量一次，做好记录，随时掌握分析观测数据。如有倾斜线坠偏离垂线50mm或标高差在100mm，应立即纠正，挖土过程中可通过调整挖土标高或挖土量进行纠偏

续表

项次	项目	要点
4	施工工艺方法	4. 沉井封底：有排水封底和不排水封底两种方式。前者系将井底水抽干进行封底混凝土浇筑，一般多采用；后者系采用导管法在水中浇筑封底混凝土。排水封底是将新老混凝土接触面冲刷干净或凿毛，并将井底修整成锅底形，由刃脚向中心挖放射形排水沟，填以卵石形成滤水暗沟，在中部设2～3个集水井与暗沟连通，使井底地下水汇集于集水井中用潜水电泵排出（图2-21a），保持水位低于基底面0.5m以下。封底一般铺一层150～500mm卵石或碎石层，再在其上浇一层混凝土垫层，在刃脚下切实填塞振捣密实，以保证沉井的最后稳定，达到50%强度后，在垫层上铺卷材防水层、绑钢筋，两端伸入刃脚或凹槽内，浇筑底板混凝土。如浇筑混凝土垫层后仍存有大量渗漏水，亦可再采取二次排水封底（图2-21b）。混凝土养护期间应继续抽水，待混凝土强度达到70%后，将集水井中水逐个抽干，在套管内迅速用干硬性混凝土进行堵塞捣实，盖上法兰盘，用螺栓拧紧或四周焊接封闭，上部用混凝土填实抹平。不排水封底方法是：将井底浮泥用导管以泥浆置换，清除干净，新老混凝土接触面用水针冲刷净，并抛毛石，铺碎石垫层。封底水下混凝土采用多组导管灌注，同常规方法。混凝土养护7～14d后，方可从沉井内抽水，检查封底情况，进行检漏补修，按排水封底方法施工上部底板

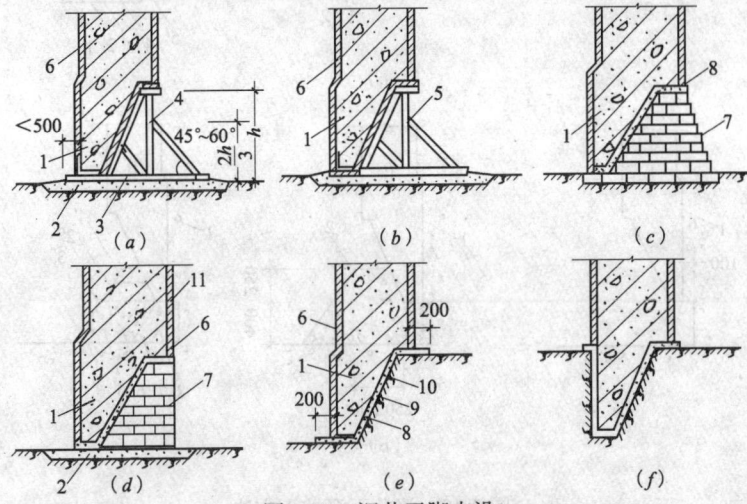

图2-18 沉井刃脚支设
(a)垫架施工；(b)半垫架施工；(c)、(d)刃脚砖垫座；(e)半土胎膜；(f)土胎模
1—刃脚；2—砂垫层；3—枕木；4—垫架；5—半垫架；6——模板；7—砌砖；
8—1:3水泥砂浆抹面，上铺油毡纸或塑料薄膜一层；9—土胎膜；
10—刷隔离剂；11—木或钢模板

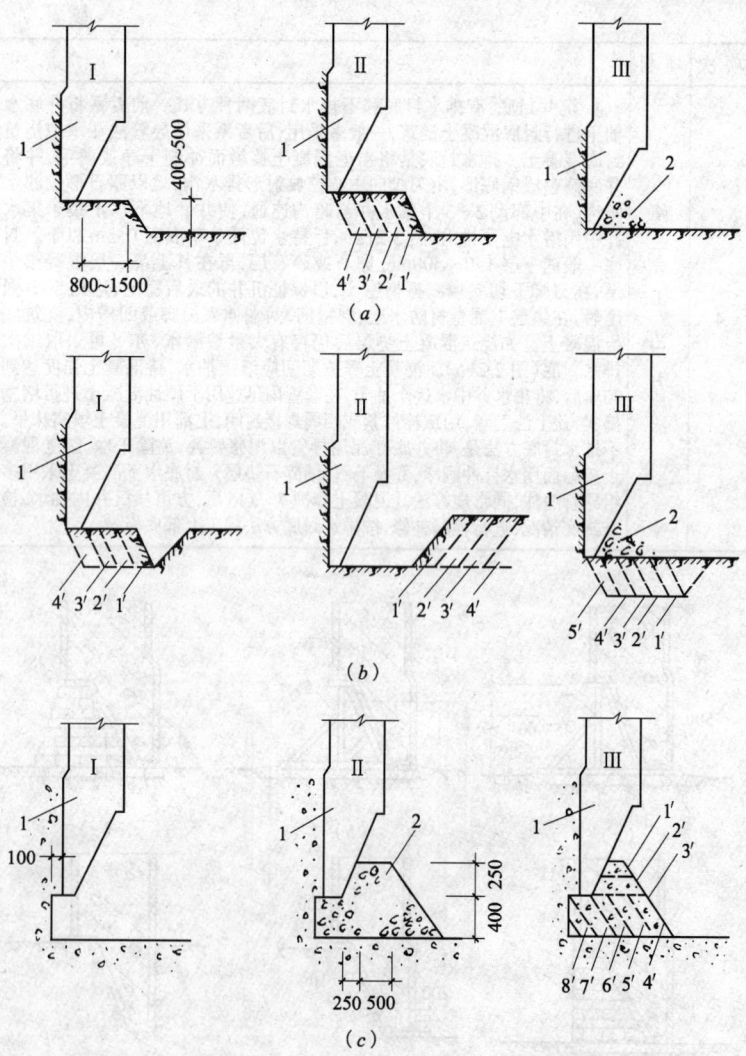

图 2-19 沉井下沉挖土方法
(a)普通土层中下沉;(b)流砂或软土层中下沉;(c)砂灰卵石或姜结石层中下沉
1—沉井刃脚;2—填小卵石;1′,2′,3′……—刷坡次序

2.2 深基础工程施工技术

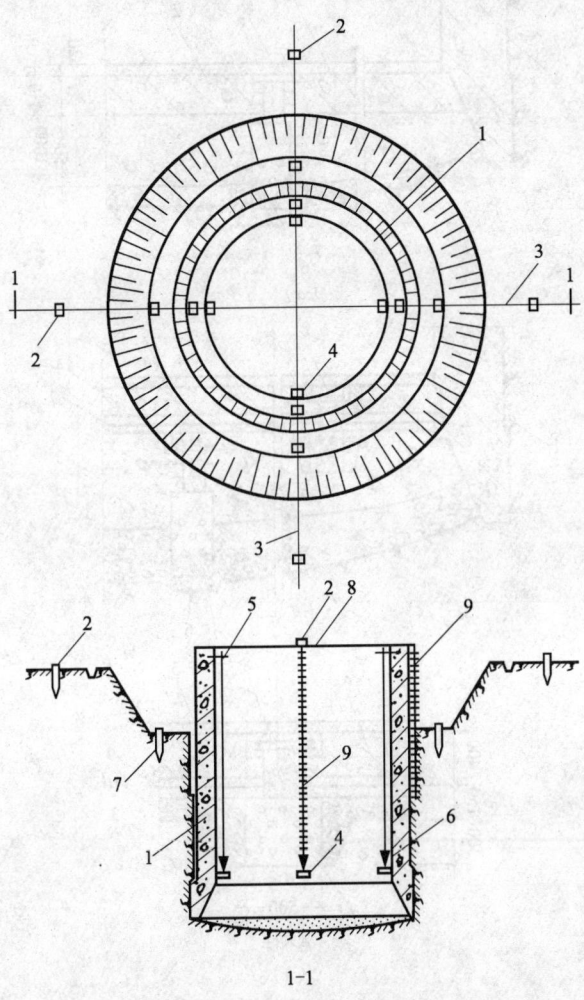

图 2-20 沉井下沉测量控制方法
1—沉井；2—中心线控制点；3—沉井中心线；4—钢标板；5—铁件；
6—线坠；7—下沉控制点；8—沉降观测点；9—壁外下沉标尺

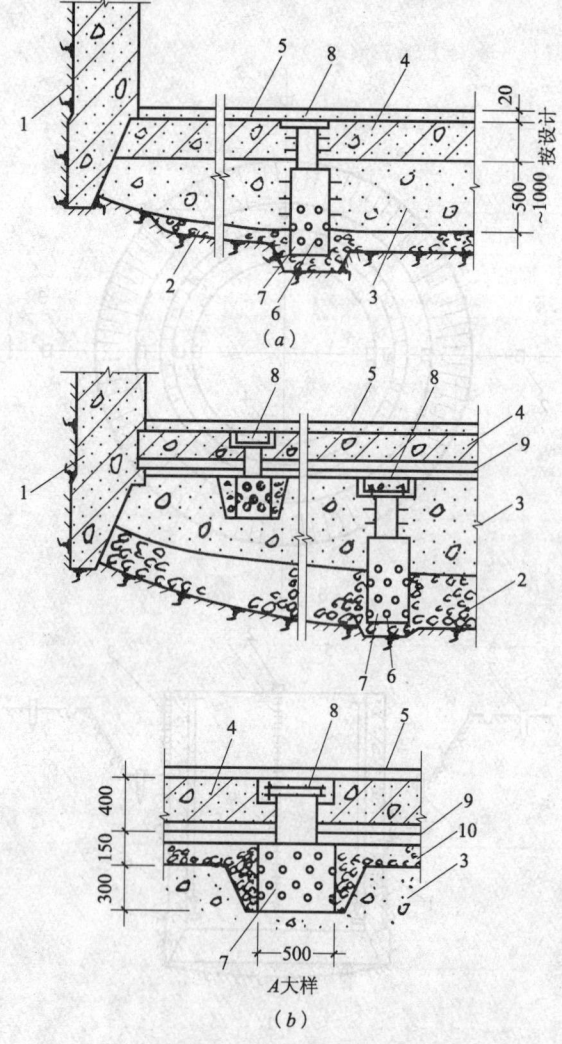

图 2-21 沉井封底构造
(a)一次排水封底;(b)二次排水封底
1—沉井;2—15～75mm 粒径卵石暗沟;3—封底混凝土;4—底板;
5—抹防水水泥砂浆层;6—φ600～800mm 节孔钢板或混凝土管外包铁丝网;
7—集水井;8—法兰盘盖;9—卷材防水层;10—10～40mm 粒径碎石或卵石

2.2.4 深基础工程施工质量控制与检验

1. 地下连续墙质量应符合表 2-24 的规定。

地下墙质量检验标准　　　　表 2-24

项	序	检查项目		允许偏差或允许值		检查方法
				单位	数值	
主控项目	1	墙体强度		设计要求		查试件记录或取芯试压
	2	垂直度：永久结构 　　　　临时结构			1/300 1/150	测声波测槽仪或成槽机上的监测系统
一般项目	1	导墙尺寸	宽度	mm	W+40	用钢尺量，W 为地下墙设计厚度
			墙面平整度	mm	<5	用钢尺量
			导墙平面位置	mm	±10	用钢尺量
	2	沉渣厚度：永久结构 　　　　　临时结构		mm mm	≤100 ≤200	重锤测或沉积物测定仪测
	3	槽深		mm	+100	重锤测
	4	混凝土坍落度		mm	180～220	坍落度测定器
	5	钢筋笼尺寸		见表 3-117		见表 3-117
	6	地下墙表面平整度	永久结构 临时结构 插入式结构	mm mm mm	<100 <150 <20	此为均匀黏土层，松散及易坍土层由设计决定
	7	永久结构时的预埋件位置	水平向 垂直向	mm mm	≤10 ≤20	用钢尺量 水准仪

2. 沉井的质量应符合表 2-25 的规定。

沉井(箱)的质量检验标准　　　　表 2-25

项	序	检查项目	允许偏差或允许值		检查方法
			单位	数值	
主控项目	1	混凝土强度	满足设计要求(下沉前必须达到 70%设计强度)		查试件记录或抽样送检
	2	封底前，沉井(箱)的下沉稳定	mm/8h	<10	水准仪

续表

项序		检查项目	允许偏差或允许值		检查方法
			单位	数值	
主控项目	3	封底结束后的位置： 刃脚平均标高（与设计标高比）	mm	<100	水准仪
		刃脚平面中心线位移		<1%H	经纬仪，H 为下沉总深度，$H<10m$ 时，控制在 100mm 之内
		四角中任何两角的底面高差		<1%l	水准仪，l 为两角的距离，但不超过 300mm，$l<10m$ 时，控制在 100mm 之内
一般项目	1	钢材、对接钢筋、水泥、骨料等原材料检查	符合设计要求		查出厂质保书或抽样送检
	2	结构体外观	无裂缝，无蜂窝、空洞，不露筋		直观
	3	平面尺寸：长与宽	%	±0.5	用钢尺量，最大控制在 100mm 之内
		曲线部分半径	%	±0.5	用钢尺量，最大控制在 50mm 之内
		两对角线差	%	1.0	用钢尺量
		预埋件	mm	20	用钢尺量
	4	下沉过程中的偏差 高差	%	1.5~2.0	水准仪，但最大不超过 1m
		下沉过程中的偏差 平面轴线		<1.5%H	经纬仪，H 为下沉深度，最大应控制在 300mm 之内，此数值不包括高差引起的中线位移
	5	封底混凝土坍落度	cm	18~22	坍落度测定器

注：主控项目 3 的三项偏差可同时存在，下沉总深度，系指下沉前后刃脚之高差。

2.3 基坑降水与排水

2.3.1 降低地下水位方法

2.3.1.1 各种井点降水方法的选用

2.3 基坑降水与排水

各种井点降水方法的选用 表 2-26

项次	项目	要　点
1	降水原理	人工降低地下水位常用的为各种井点排水方法，它是在基坑开挖前，沿开挖基坑的四周、或一侧、二侧埋设一定数量深于坑底的井点滤水管或管井，以总管连接或直接与抽水设备连接从中抽水，使地下水位降落到基坑底 0.5～1.0m 以下，以便在无水干燥的条件下开挖土方和进行基础施工，不但可避免大量涌水、冒泥、翻浆，而且在粉细砂、粉土地层中开挖基坑时，采用井点法降低地下水位，可防止流砂现象的发生，同时由于土中水分排除后，动水压力减小或消除，大大提高了边坡的稳定性，边坡可放陡，可减少土方开挖量；此外由于渗流向下，动水压力加强重力，增加土颗粒间的压力使坑底土层更为密实，改善了土的性质，而且，井点降水可大大改善施工操作条件，提高工效，加快工程进度。但井点降水设备一次性投资较高，运转费用较大，施工中应合理地布置和适当地安排工期，以减少作业时间，降低排水费用
2	井点种类	井点降水方法的种类有：单层轻型井点、多层轻型井点、喷射井点、电渗井点、管井井点、深井井点等。可根据土的种类、透水层位置、厚度、土层的渗透系数、水的补给源、井点布置形式、要求降水深度、邻近建筑、管线情况、工程特点、场地及设备条件以及施工技术水平等情况，做出技术经济分析和节能比较后确定，选用一种或两种，或井点与明排综合使用，表 2-27 为各种井点适用的土层渗透系数和降水深度情况，可供选用参考
3	井点选用	一般讲，当土质情况良好，土的降水深度不大，可采用单层轻型井点；当降水深度超过 6m，且土层垂直渗透系数较小时，宜用二级轻型井点或多层轻型井点，或在坑中另布置井点，以分别降低上层、下层土的水位。当土的渗透系数小于 0.1m/d 时，可在一侧增加电极，改用电渗井点降水；如土质较差，降水深度较大，采用多层轻型井点设备增多，土方量增大，经济上不合算时，可采用喷射井点降水较为适宜；如果降水深度不大，土的渗透系数大，涌水量大，降水时间长，可选用管井井点；如果降水很深，涌水量大，土层复杂多变，降水时间很长，此时宜选用深井井点降水，最为有效而经济。当各种井点降水方法影响邻近建筑物产生不均匀沉降和使用安全，应采用回灌井点或在基坑有建筑物一侧采用旋喷桩加固土体和防渗，对侧壁和坑底进行加固处理

各种井点的适用条件 表 2-27

降水类型 \ 适用条件	土层渗透系数(m/d)	可能降低水位深度(m)
单层轻型井点	0.5～50	3～6
多层轻型井点	0.5～50	6～12
喷射井点	0.1～20	8～20
电渗井点	<0.1	宜配合其他形式降水使用
管井井点	1.0～200	3～5
深井井点	5～250	>10
回灌井点	0.1～200	不限

2.3.1.2 轻型井点降水方法

轻型井点降水方法 表 2-28

井点系统主要设备	降水方法要点	适用范围
轻型井点系统由井点管、连接管、集水总管及抽水设备等组成(图2-22)。井点管：用直径38~55mm钢管长5~7m,下端装滤管,滤管构造如图2-23,长1.0~1.7m,井点管上端用弯管接头与总管相连;连接管：用直径38~55mm的胶皮管、塑料透明管或钢管,每个管上宜装设阀门,以便检修井点;集水总管：用直径75~127mm的钢管分节连接,每节长4m,每隔0.8~1.6m设一个连接井点管的接头;抽水设备：真空泵型井点由真空泵1台、离心泵2台(1台备用)和气水分离器1台组成一套抽水机组(图2-24),其技术性能见表2-29,国内有定型产品供应(表2-30);射流泵型轻型井点较简单,只需2台离心泵与射流器、循环水箱等(图2-25),射流泵技术性能见表2-31。各种轻型井点配用功率、井点根数和需用总管长度见表2-32	1. 井点布置　根据基坑平面形状与大小、土质和地下水的流向、降低水位深度等而定。当基坑(槽)宽度小于6m,降水深不超过5m时,可采用单排井点,布置在地下水上游一侧(图2-26);当基坑(槽)宽度大于6m,或土质不良,渗透系数较大时,宜采用双排井点,布置在基坑(槽)的两侧;当基坑面积较大时,宜采用环形井点(图2-27),挖土运输设备出入道可不封闭。井点管距坑壁不应小于1.0~1.5m,间距一般为0.8~1.6m,入土深度应达储水层,且比基坑底深0.9~1.2m,集水总管标高宜尽量接近地下水位线并沿抽水水流方向有0.25%~0.5%的上仰坡度,一套抽水设备的总管长度一般不大于100~120m。当一级轻型井点不能满足降水深度要求时,可采用明沟排水与井点相结合,将总管安装在原地下水位线以下或采用二级轻型井点(图2-28),以增加降水深度 2. 井点管埋设　可采用射水法冲孔或钻孔法或套管法(表2-33)。井点管埋设后要接通总管与抽水设备进行试抽水,检查有无漏水、漏气、淤塞等情况,出水是否正常,如有异常情况应及时检修 3. 井点管使用　井点运行后要连续抽水,一般在抽水2~5d后,水位漏斗基本稳定。正常出水规律为"先大后小,先混后清",否则进行检查,找出原因,及时纠正。地下构筑物竣工并进行回填后,方可拆除井点系统。拔出井点管可借助于倒链或杠杆式起重机。所留孔洞,下部用砂,上部1~2m用黏土填实	渗透系数为0.1~5.0m/d的土以及土层中含有大量的细砂和粉砂的土,或用明沟排水易引起流砂坍方的情况下使用 具有排水效果好,可防止流砂现象发生,提高边坡稳定等特点

2.3 基坑降水与排水

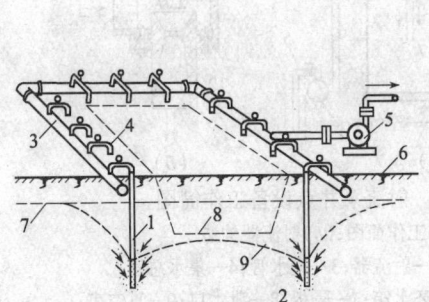
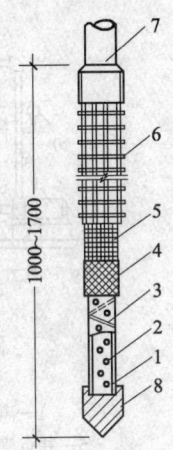

图 2-22 轻型井点降低地下水位
1—井点管；2—滤管；3—集水总管；4—弯联管；
5—抽水设备；6—地面；7—原地下水位线；
8—基坑；9—降低后地下水位线

图 2-23 滤管构造
1—钢管；2—管壁上小孔；
3—缠绕的粗铁丝；
4—细滤网；5—粗滤网；
6—粗铁丝保护网；
7—井点管；8—铸铁头

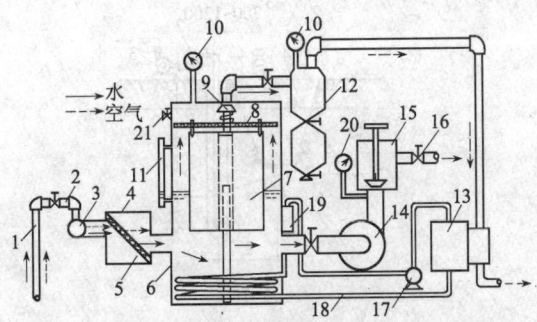

图 2-24 轻型井点抽水设备工作简图
1—井点管；2—弯联管；3—集水总管；4—过滤箱；5—过滤网；
6—水汽分离器；7—浮筒；8—挡水布；9—阀门；10—真空表；
11—水位计；12—副水汽分离器；13—真空泵；14—离心泵；
15—压力箱；16—出水箱；17—冷却泵；18—冷却水管；
19—冷却水箱；20—压力表；21—真空调节阀

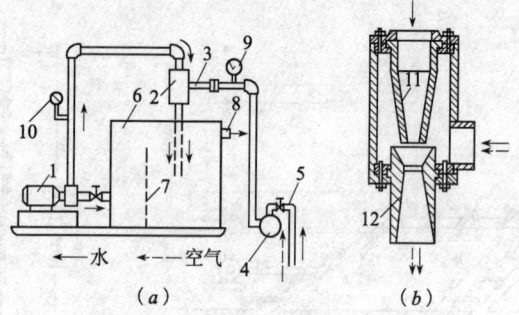

图 2-25 射流泵井点设备工作简图
(a)工作简图;(b)射流器构造
1—离心泵;2—射流器;3—进水管;4—集水总管;
5—井点管;6—循环水箱;7—隔板;8—泄水口;9—真空表;
10—压力表;11—喷嘴;12—喉管

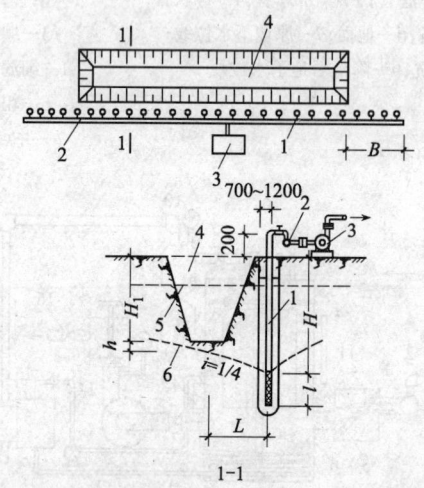

图 2-26 单排线状井点布置
1—井点管;2—集水总管;3—抽水设备;4—基坑;
5—原地下水位线;6—降低后地下水位线
H—井点降水深度;H_1—井点埋设面至基础底面的距离;
h—降低后地下水位至基坑底面的安全距离,一般取 0.5~1.0m;
L—井点管中心至基坑中心的水平距离;l—滤管长度

2.3 基坑降水与排水

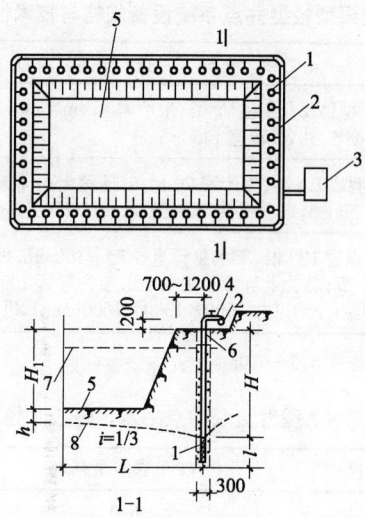

图 2-27 环状井点布置

1—井点管;2—集水总管;3—抽水设备;
4—弯联管;5—基坑;6—黏土;
7—原地下水位线;8—降低后地下水位线

H、H_1、h、L、l 符号意义同图 2-26

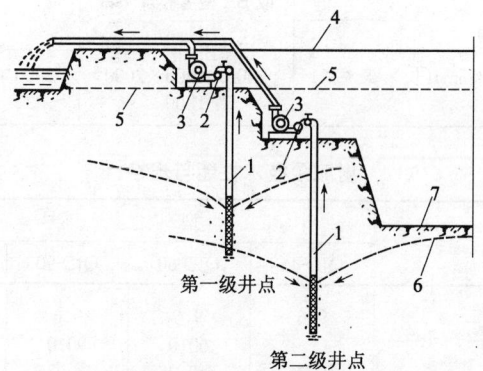

图 2-28 二级轻型井点

1—井点管;2—集水总管;3—抽水设备;4—原地面线;
5—原地下水位线;6—降低后地下水位线;7—基坑

真空泵型轻型井点系统设备规格与技术性能   表 2-29

名称	数量	规 格 技 术 性 能
往复式真空泵	1台	V_5型(W_6型)或V_6型;生产率 4.4m³/min;真空度 100kPa;电动机功率 5.5kW;转速 1450r/min
离心式水泵	2台	B型或BA型,生产率 20m³/h;扬程 25m,抽吸真空高度 7m,吸口直径 50mm,电动机功率 2.8kW,转速 2900r/min
水泵机组配件	1套	井点管 100 根;集水总管直径 75~100mm,每节长 1.6~4.0m,每套 29 节;总管上节管间距 0.8m,接头弯管 100 根;冲射管用冲管 1 根;机组外形尺寸 2600×1300×1600(mm),机组重 1500kg

注:地下水位降低深度 5.5~6.0m。

V_5型真空泵与 S-1 型射流泵井点抽水设备技术性能表   表 2-30

项 目	V_5型真空泵井点	S-1 型射流泵井点
降水深度(m)	6.0	6.0
井点管:口径×长度(mm)	50×6000	50×6000
根数(根)	70	75
集水总管:口径×长度(mm)	125×100000	100×100000
集水总管上接管间距(mm)	0.8	0.8
真空度(kPa)	<99.8	<99.8
配套电机设备	V_5型真空泵 1 台 B 型或 BA 型离心泵 1 台	3LV-9 型离心泵 2 台
额定功率(kW)	11.5	15.0
主机外形尺寸(mm)(长×宽×高)	2400×1400×2000	2300×1000×1350
重量(kg)	1800	800

射流泵技术性能与规格   表 2-31

项 目	型 号			
	QJD-45	QJD-60	QJD-90	JS-45
抽吸深度(m)	9.6	9.6	9.6	10.26
排水量(m³/h)	45.0	60.0	90.0	45.0
工作水压力(MPa)	20.25	≥0.25	≥0.25	>0.25
电机功率(kW)	7.5	7.5	7.5	7.5
外形尺寸(mm)(长×宽×高)	1500×1010×850	2227×600×850	1900×1680×1030	1450×960×760

2.3 基坑降水与排水

各种轻型井点配用功率、井点根数和总管长度参考表　表 2-32

轻型井点类别	配用功率(kW)	井点根数(根)	总管长度(m)
干式真空泵轻型井点	18.5～22.0	80～100	96～120
射流泵轻型井点	7.5	30～50	40～60
隔膜泵轻型井点	3.0	50	60

常用井点管成孔方法施工要点　表 2-33

名称	图　示	成孔方法要点
射水法	（内管　有孔套管　钢丝网　球阀　球阀支架　射水时　抽水时）	在地面挖小坑，将射水式井点管插入后，下有射水球阀，上接可旋动节管和高压胶管、水泵等。利用高压水在井管下端冲刷土体，使井点管下沉。下沉时，随时转动管子，以增加下沉速度，并保持垂直。射水压力为 0.4～0.6MPa，当为大颗粒砂砾土时，应为 0.9～1.0MPa，冲至设计深度后，取下软管，再与集水总管连接，抽水时球阀可自由关闭。冲孔直径一般为 300mm，冲孔深度应比滤管底深 0.5m 左右，以利沉泥。灌砂方法要求与水冲法相同
水冲法	（吊钩　钢支架　冲水管　胶皮管　压力表　高压水泵　冲嘴）	冲管采用直径 50～70mm 冲水钢管(或套管式高压水冲枪)，其下端装有圆锥形冲嘴，在冲嘴的圆锥面上钻多个小孔，并焊有 3～5 个三角形立翼以辅助搅动土体，便于下沉。冲孔用三木搭或起重机将冲管吊起，插入挖好的小坑内，另一端用胶皮管与高压水泵连接，开动水泵，高压水(0.6～1.2MPa)便向冲嘴喷出，冲成圆孔。为加快冲孔速度，可在冲管两旁加装两根空气管，通入压缩空气。冲孔时冲管应垂直插入土中，并做上下左右摆动，加剧土的松动，冲孔直径一般为 30cm 左右，不宜过大或过小，冲孔深比井点设计深大 50cm 左右，井孔冲成后，随即拔出冲管，插入井点管，井点管与孔壁之间应立即用粗砂灌实，距地面 0.5～1.0m 深度内，用黏土填塞密实，以防止漏气。向井点管周围填砂时，管内水位上升即认为埋管合格

续表

名称	图 示	成孔方法要点
套管法	φ150~200mm套管；井点管；粗砂砾	将直径150~200mm的套管用水冲法或振动水冲法沉至要求深度后，先在孔底填一层粗砂砾，再将井点管居中插入，在套管与井点管之间分层填入粗砂，逐步拔出套管，以防止孔壁坍塌
套管水冲法	377×10；吊环；高压反冲水输水管；高压反冲水；排泥浆填砂；反冲洗井管3根；冲孔高压水管6根；φ8喷嘴；2-2 φ8~10喷孔；喷孔板；406×11；1-1	采用套管或高压水冲枪冲孔。冲枪由套管、冲孔高压水管、反冲洗高压水管和喷嘴等组成。在冲枪下端沿圆周布置10φ8mm垂直向下的喷嘴，头部沿圆周切成锯齿形水口，以利套管下沉。为使套管内部土柱迅速脱离，内设两层12φ10mm的向心45°角的喷嘴。冲枪工作时，用高压水泵将0.8~1.0MPa，高压水通过高压水管、喷嘴射入土中，以0.6m/min的速度冲土下沉，泥浆水不断返向上部流出，至设计标高后，停止冲水，通过反冲管供约0.4~0.6MPa的高压水，使套管内泥浆稀释，至出清水，然后沉设井点管，在充填过滤砂的同时，将套管或冲枪缓缓拔出，随拔随填入过滤砂，在接近地面的顶端，用黏土将孔口封死，井点埋设即告完成。本法成孔直径(φ450mm)和砂井质量能保证，不会被泥土堵塞，井点渗水效果好

2.3.1.3 喷射井点降水方法

喷射井点降水方法　表 2-34

井点设备及工作原理	降水方法要点	适用范围
喷射井点分喷水井点和喷气井点两种。由喷射井管、高压水泵(或空气压缩机)和管路系统组成(图2-29a)。喷射井管分外管、内管两部分，内管下端装有喷射器(图2-29b)与滤管相接。高压水或压缩空气(压力为 0.4~0.7MPa)经进水(气)管压入喷嘴，在喷嘴处由于截面缩小流速增大，在周围形成瞬时真空，在真空吸力作用下使地下水经过滤管吸到喷嘴上面的混合室与高压水(气)混合，在强大压力下，将地下水经扩散管喷射到地面，经集水总管排于集水池内，其中一部分用低压泵排走，另一部分供高压水泵压入井管内(水压为 0.7~0.8MPa)，如此循环作业。水泵一般采用流量为 50~80m³/h 的多级高压水泵，每套约能带动 20~30 根井管	1. 管路布置(图2-29c)　当基坑宽度大于6m，可采用单排线形布置。基坑面积较大时，宜用环形布置。井点间距一般为 2~3m，冲孔直径为 400~600mm，深度应比滤管底深 1m 以上 2. 井点埋设及使用　井点管埋设宜用套管冲枪冲孔，下井管时水泵应先开始运转，以便每下好一根井管，立即与总管接通(不接回水管)后及时进行单根试抽排泥，并测定真空度，待井管出水变清后为止，地面测定真空度不宜小于 93.3kPa，全部井点管沉设完毕后，再接通回水总管，全面试抽，然后让工作水循环进行正式工作。各套进水总管均应用阀门隔开，各套回水管应分开。为防止喷射器损坏，安装前应对喷射井点管逐根冲洗，开泵压力要小些(小于 0.3MPa)，以后再逐步开足。如发现井管周围有翻砂、冒水现象，应立即关闭井管检修。工作水应保持清洁，试抽两天后应更换清水，此后视水质污浊程度定期更换清水，以减轻对喷嘴及水泵叶轮的磨损	基坑开挖较深，降水深度大于6m，土渗透系数为 3~50m/d 的砂土或渗透系数 0.1~3.0m/d 的粉砂、淤泥质土中使用；降水深度可达 8~20m

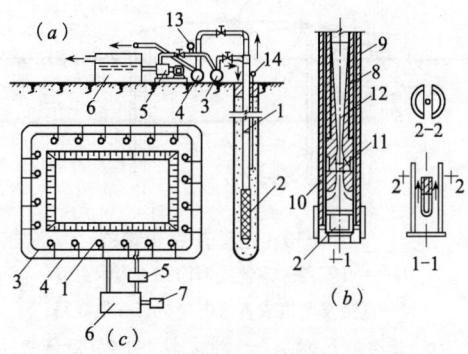

图 2-29　喷射井点设备及平面布置
(a)喷射井点设备；(b)喷射器构造；(c)平面布置
1—喷射井点；2—滤管；3—集水总管；4—排水总管；5—高压水泵；6—集水池；7—低压水泵；8—内管；9—外管；10—喷嘴；11—混合室；12—扩散管；13—压力表；14—真空测定管

2.3.1.4 电渗井点降水方法

电渗井点降水方法　　　　　　表 2-35

井点设备及工作原理	降 水 方 法 要 点	适用范围
电渗井点是利用轻型井点或喷射井点管本身作阴极,以钢管或钢筋作阳极,分别用电线连接成通路,并分别接到直流发电机(或用直流电焊机)的相应电极上,通电后,带负电荷的土粒即向阳极移动(即电泳作用),带正电荷的水则向阴极方向集中,产生电渗现象,在电渗与真空的双重作用下,强制黏土中的水由井点管快速排出,井点管连续抽水,从而使地下水位逐渐降低(图 2-30)	1. 井点布置(图 2-30)。井点管的构造、布置、埋设与轻型井点管(或喷射井点管)相同,阳极用直径 50～75mm 或 20～25mm 钢筋,以同等数量埋设在井点管的内侧,成平行交错排列,阴阳极的距离:当采用轻型井点时,为 0.8～1.0m;当采用喷射井点时,为 1.2～1.5m。用 75mm 旋叶式电动钻机成孔埋设。阳极外露 20～40mm,入土深度比井点管深 50cm,以保证水位能降到所要求的深度。采用直径 10mm 钢筋或电线连接成通路 2. 井点管使用通电降水时,工作电压不大于 60V,土中通电时的电流密度宜为 0.5～1.0A/m²,采用间歇通电流法,每通电 24h,停电 2～3h 后再通电。降低水位过程应对电压、电流密度、耗电量及预设观测孔水位等进行量测并做好记录	渗透系数小于 0.1m/d 的饱和黏土中使用;利用黏土的电渗现象和电泳作用特性,使土起到疏干作用,从而使软土地基排水得到加强,本法一般与轻型井点或喷射井点结合使用

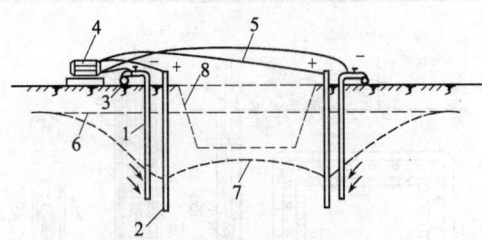

图 2-30　电渗井点布置图
1—井点管;2—钢管或钢筋;3—集水总管;
4—直流发电机或直流电焊机;5—电线路;
6—原有地下水位;7—降低后地下水位;8—基坑

2.3.1.5 管井井点降水方法

2.3 基坑降水与排水

管井井点降水方法　　　表 2-36

井点系统主要设备	降水方法要点	适用范围
管井井点由滤水井管、吸水管和抽水机械等组成(图2-31)。滤水井管过滤部分用钢筋焊接骨架外包孔眼为1~2mm滤网,长2~3m;井管部分用直径200mm以上的钢管或竹、木、混凝土、塑料管。吸水管用直径50~100mm的胶皮管或钢管,插入滤水井管内,其底端应沉到管井抽吸时的最低水位以下,并装逆止阀,上端装设带法兰盘的短钢管一节,水泵采用50~100mm潜水泵或离心泵	1. 管井的布置　沿基坑外围四周呈环形或沿基坑(或沟槽)两侧或单侧呈直线形布置。井中心距基坑(槽)边缘的距离,当用冲击钻时为0.5~1.5m;当用套管法时不小于3m。管井埋设最大深度为10m,间距10~50m,降水深度3~5m。通常每个滤水井管单独用1台水泵。当水泵排水量大于单孔滤水井涌水量数倍时,可另设集水总管将相邻的相应数量的吸水管连成一体,共用1台水泵 2. 管井的埋设与使用　管井埋设可采用泥浆护壁钻孔法,钻孔直径比井管外径大200mm以上。井管下沉前应清孔,并保持滤网畅通,然后下管,用圆木堵住管口,井管与土壁间用3~15mm砾石填充作为过滤层,地面0.5m以内用黏土填充夯实。抽水过程中应经常对管井内抽水机械的电动机传动轴、电流、电压等进行检查,并对井内水位下降和流量进行观测与记录。井管使用完毕,用人字桅杆借助钢绳捯链等将井管拔出,滤水管洗净后再用,所留孔洞用砂砾填充夯实	渗透系数20~200m/d,地下水丰富的土层、砂层或用明沟排水法易造成土粒大量流失、引起边坡坍方及用轻型井点难以满足要求的情况下使用 具有排水量大,降水深(6~10m),排水效果好,设备较为简单,可代替多组轻型井点作用等特点

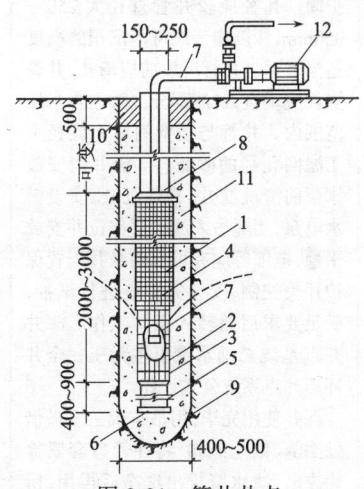

图 2-31　管井井点
1—滤水井管;2—φ14mm钢筋焊接骨架;3—6×30(mm)铁环@250mm;
4—10号铁丝垫筋@25mm焊于井骨架上,外包孔眼1~2mm铁丝网;5—沉砂管;6—木塞;
7—吸水管;8—φ100~200mm钢管;9—钻孔;10—夯填黏土;11—填充砂砾;12—抽水设备

2.3.1.6 深井井点降水方法

深井井点降水方法 表2-37

井点系统主要设备	降水方法要点	适用范围
深井井点由深井井管和水泵组成(图2-32)。深井井管由滤水管、吸水管和沉砂管三部分组成,用钢管、塑料管或混凝土管制成,管径一般为300~357mm,内径宜大于水泵外径;滤水管部分在管上开孔或抽条,管壁上焊ϕ6mm钢筋,外部螺旋形缠绕12号铁丝,间距1mm,用锡焊点焊牢或外包10孔/cm^2镀锌铁丝网两层和41孔/cm^2镀锌铁丝网两层(或尼龙网),吸水管和泥砂管均为实管(图2-33)。水泵用QY-25型或QB40~25型潜水电泵或QJ50~52型浸油式潜水电泵,每井设1台,并带吸水铸铁管或胶管	1. 深井布置 沿工程基坑周围离边坡上缘0.5~1.5m布置,间距10~30m,深比基坑底深6~8m 2. 施工程序 井点测量定位→做井口、安装护筒→钻机就位、钻孔→回填井底砂垫层→吊放井管→回填管壁与孔壁间的过滤料→洗井→井管内下设水泵→安装抽水控制电路→试抽→降水井正常工作→降水完毕后拔井管→封井 3. 埋设及使用 深井成孔方法可采用冲击钻孔、回转钻孔、潜水电钻钻孔或水冲法成孔,用泥浆或自成泥浆护壁或半自成泥浆护壁,孔口设置护筒。孔径应较井管直径大250~350mm,深度应考虑可能沉积的高度适当加深。井管沉放前应清孔,井管安放应垂直,过滤部分应放在含水层范围内。井管与土壁间填充粒径大于滤网孔径的砂滤料。深井内安放水泵前清洗滤井,冲除沉渣,安设潜水电泵,用绳吊入滤水层部位并安放平稳,电缆等应有可靠绝缘并配置保护开关控制,安装完毕应进行试抽,满足要求后始转入正常工作。深井点系统总涌水量可按无压完全井环形井点系统公式计算 深井使用完毕,用吊车或三木搭借助捯链、钢丝绳扣,将井管口套紧徐徐拔出,滤水管拔出洗净后再用,所留孔洞用砂砾填充捣实	渗透系数大、漏水量大、降水较深、使用时间长的砂类土,用其他井点不易解决的深层降水,降水深度可达50m以内,还可作为取水工程使用 具有降水深度大,效果好,井点数量少,设备简单等特点。但井的成孔较严格,技术要求较高

2.3 基坑降水与排水

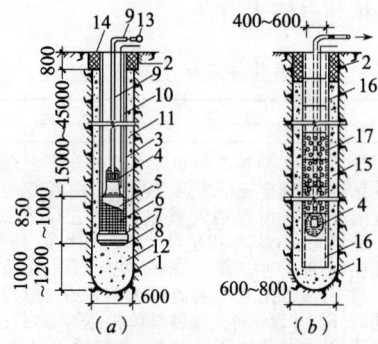

图 2-32 深井井点构造
(a)钢管深井;(b)混凝土管深井
1—井孔;2—井口(黏土封口);3—$\phi 300 \sim \phi 375$mm 井管;4—潜水电泵;
5—过滤段(内填碎石);6—滤网;7—导向段;8—开孔底板(下铺滤网);9—$\phi 50$mm 出水管;
10—电缆;11—小砾石或中粗砂;12—中粗砂;13—$\phi 50 \sim \phi 75$mm 出水总管;
14—20mm 厚钢板井盖;15—小砾石;16—沉砂管(混凝土实管);17—混凝土过滤管

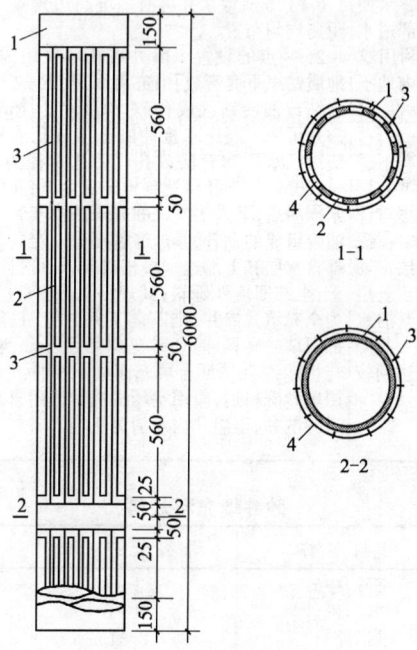

图 2-33 深井滤水器构造
1—钢管;2—抽孔;3—$\phi 6$mm 垫筋;4—缠绕 12 号铁丝与钢筋锡焊焊牢

2.3.1.7 渗井井点降水方法

渗井井点降水方法 表 2-38

工作原理	降水方法要点	适用范围
渗井井点系在大面积深基坑开挖施工时，通过钻探，知基坑地层上部有上层滞水或潜水含水层，而其下相隔有一个不透水层（或不含水的透水层），或有一个层位比较稳定的潜水层，它的水位比上层滞水或潜水水位要低，且上下水位差较大，下部含水层（或不含水的透水层）的渗透性较好，厚度较大，埋深适宜，当人工沟通上下水层以后，在水头差的作用下，上层滞水或潜水便会自然地渗入到下部透水层中去，工程上常利用这一自渗现象将基坑内地下水降低到基坑底板以下，达到降水目的 当深基坑土层中有不透水层时，为加速排除上层地下水，可采用渗井与深井井点相结合降水，在深井间经自渗将上层水通过渗井渗入到下层土层中，再通过深井井点抽水将上层水和下层水一起降至预定水位线从而达到较快的降水效果	1. 井点构造与布置　渗井分非全充料式点井和全充料式点井两种。前者是在井孔的中间设置钢管或塑料管，管径为 250～300mm，其作用是导水和观测水位，井管上、下部所对应的含水部位和透水部位的过滤部分应带孔，外包缠镀锌铁丝或 20～40 目尼龙网，井管外再充填砂砾填料（图 2-34a）；后者是在井孔内不设井管，全部填充砂砾填料（图 2-34b），适用于通过观测渗水井内水位，证明其透水通道良好的情况 渗井数量和布置，根据现场地质水文情况而定，一般先计算确定基坑总涌水量后，再验算单根渗水井的极限渗水量，然后确定所需渗水井的数量，埋设深度至不透水层以下 1.0～1.5m；渗水井可沿基坑周边角隔一定距离均匀布置 2. 井点的设置　渗井成孔可采用 30 型地质钻机下套管成孔，亦可采用 CZ-22 型冲击钻或回转钻机成孔；对深度小于 15m 的渗井可采取高压水枪冲刷土体成孔或长螺旋钻机水压套管法成孔。钻孔直径为 300～600mm。当孔深达到预定深度，将孔内泥浆掏净后，下入 127～300mm 的由实管和过滤管组成的钢管，其滤管部分一定要与上部含水层和下部透水层相对应，即可自下而上，全部回填砂砾料，其规格见表 2-39。若为全充料式渗井，则不需下入井管，只需全部回填砂砾料即可；砂砾料可用 5mm 粒料与粗砂各 50% 混合填充而成。井管下入和回填砂砾料后，应用空压机洗井或用自来水返冲洗井，至渗井内水清为止	适用于基坑上部有滞水或潜水含水层，中间有一层不透水层，在其下部有一个渗透性较好的含水层的地质墙下应用 本法具有施工设备简单，节省降水设备，管理较易，费用较低等优点，是一种最为经济、实用、简便的降水方法。但用本法要准确掌握地质构造和含水层情况，特别是不透水层或不含水的透水层的位置、厚度变化和定向

砂井填充料规格 表 2-39

项次	砾料名称	砾料规格（mm）	缠丝间距（mm）
1	细砂、中砂	2～4	0.75～1.00
2	粗砂、砾砂	4～6	2.00
3	砾、卵石	8～15	3.00

2.3.1.8 井点回灌技术

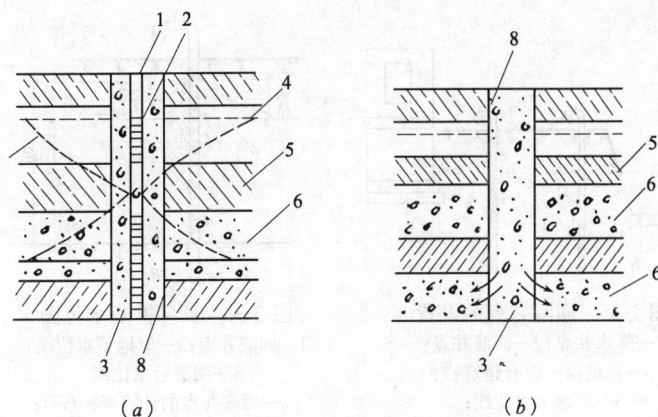

图 2-34 渗井井点构造
(a)非全充料式点井；(b)全充料式点井
1—井管；2—过滤管；3—砂砾料；4—上层滞水水位；5—相对隔水层；
6—下部透水层(导水层)；7—浸润曲线；8—砂石

井点回灌技术要点　　　　　　　　表 2-40

回灌井点原理	回灌方法要点	适用范围
在软土中进行井点降水,为防止由于地下水位下降,土体产生压密,造成附近建筑物产生不均匀下降和开裂,常在井点与建筑物之间设置一道回灌井点(图 2-35),在井点降水的同时,通过回灌井点向土层中补充足够的水,使降水井点的影响半径不超过回灌井点的范围,从而在井点和建筑物之间形成一道隔水帷幕,阻止回灌井点外侧的建筑物下的地下水流失,使地下水位保持不变,土层压力仍维持原平衡状态,可有效地防止建筑物下沉和开裂	回灌井点系统的工作方式和抽水井点系统相反,将水灌入井点后,水向井点周围土层渗透,在土层中形成一个与抽水井点相反的倒向的降落漏斗(图 2-36),回灌水量亦可按照水井理论进行计算 回灌井点构造与埋设方法与抽水井点相同,只井管滤管部分宜从地下水位以上 0.5m 处开始一直到井管底部。回灌井点与抽水井点之间应保持一定距离,其埋设深度应根据透水层的深度来决定。回灌水量应根据地下水位的变化及时调节,保持抽灌平衡。一般在附近设置一定数量的沉降观测点及水位观测井,定时观测并做好记录,以便及时调整灌抽水量。回灌水箱高度可根据回灌水量设置,一般采用将水箱架高的办法来提高回灌水压力,靠水位差的重力自流灌入土中,回灌水宜采用清水。回灌井点须在降水井点启动前或在降水的同时向土中灌水,且不得中断,当其中一方因故停止工作时,另一方也应停止工作,恢复工作亦应同时进行	在软土层中开挖基坑降水,为防止附近建筑物、构筑物出现下沉裂缝或附近设备生产的情况下采用 具有设备操作简单,效果好,费用低,可保证附近建筑物、构筑物使用安全,生产正常进行等优点。但需两套井点系统设备,管理较为复杂

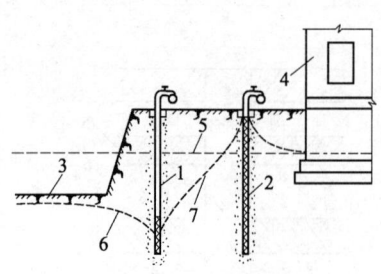
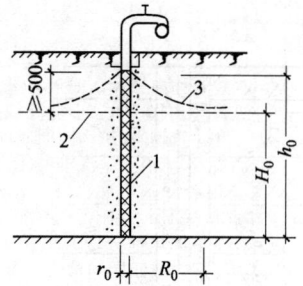

图 2-35 回灌井点的设置
1—降水井点;2—回灌井点;
3—基坑;4—原有建筑物;
5—原地下水位线;
6—降低后水位线;
7—降灌井点间水位线

图 2-36 回降井点水位图
1—回灌井点;2—原地下水位线;
3—回灌后水位线
r_0—回灌井点的计算半径(m);
R_0—灌水半径(m);
h_0—动水位高度(m);H_0—静水位高度(m)

2.3.2 基坑排水方法
2.3.2.1 明沟排水方法

明沟排水方法 表 2-41

名 称	排 水 方 法	适 用 范 围
普通明沟排水法	在基坑(槽)的周围一侧或两侧设置排水边沟,每隔 20～30m 设一集水井,使地下水汇集于井内,用水泵排出基坑外(图 2-37),随挖土随加深排水沟和集水井,保持沟底低于基坑底。如一侧设排水沟应设在地下水的上游。一般小面积基坑(槽)排水沟深 0.3～0.6m,底宽等于或大于 0.4m,水沟的边坡为 1:1～1.5,沟底设有 0.2%～0.5%的纵坡,使水流不致阻塞;集水井的截面为 60×60～80×80(cm),井底保持低于沟底 0.4～1.0m,井壁用竹笼、木板加固。抽水应连续进行直到基础回填土后才停止。较大面积基坑排水沟截面见表 2-42	一般基础及中等面积基础群和建筑物、构筑物基坑(槽)排水 施工方便,设备简单,费用低,管理较易,应用最为广泛
分层明沟排水法	在基坑(槽)边坡上设置 2～3 层明沟及相应集水井,分层阻截上部土体中的地下水(图 2-38)。排水沟和集水井设置方法及尺寸与"普通明沟排水法"相同,但应注意防止上层排水沟地下水流向下层排水沟,冲坏边坡造成塌方	基坑深度较大,地下水位较高以及多层土中上部有透水性较强的土 可避免上层地下水冲刷下层土的边坡造成坍方,减少边坡高度和水泵扬程,但挖土面积增大,土方量增加

2.3 基坑降水与排水

续表

名称	排水方法	适用范围
深沟降水法	在建筑物内或附近适当位置于地下水上游开挖纵长深沟作为主沟，自流或用泵将地下水排走。在建筑物、构筑物四周或内部设支沟与主沟连通，将水流引至主沟排出(图2-39)。主沟的沟底应较最深基坑底低1～2m。支沟比主沟浅50～70cm，通过基础部位填碎石及砂作盲沟，以后在基坑回填前分段夯填黏土截断。深沟亦可设在厂房内或四周的永久性排水沟位置，集水井宜设在深基础部位或附近	降水深度大的大面积地下室、箱形基础及基础群施工降低地下水位 分多次排水为集中排水，可解决大面积深基坑降水问题
综合降水法	在深沟降水的基础上，再辅以分层明沟排水，或在上部设置轻型井点分层截水等方法，以达到综合排除大量地下水的作用(图2-40)	土质不均，基坑较深，涌水量较大的大面积基坑排水 排水效果较好，但费用较高
工程设施降水法	选择厂房内深基础先施工，作为工程施工排水的总集水设施，或将建筑物周围或内部的正式渗排水工程或下水道工程先施工，利用其作为集水、排水设施，在基坑(槽)一侧或两侧分设排水明沟或渗水盲沟，将水流引入渗排水系统或下水道排走(图2-41)	利用厂房内较深的大型地下设施(如设备基础、地下室、油库)等工程的基础群及柱基排水 本法利用永久工程设施降水，省去大量挖沟工作和排水设施，费用最省

基坑(槽)排水沟常用截面表　　表2-42

图示	基坑面积 (m^2)	截面符号	粉质黏土			黏土		
			地下水位以下的深度(m)					
			4	4～8	8～12	4	4～8	8～12
300~350 a,b,c	5000以下	a b c	0.5 0.5 0.3	0.7 0.7 0.3	0.9 0.9 0.3	0.4 0.4 0.2	0.5 0.5 0.3	0.6 0.6 0.3
	5000～10000	a b c	0.8 0.8 0.3	1.0 1.0 0.4	1.2 1.2 0.4	0.5 0.5 0.3	0.7 0.7 0.3	0.9 0.9 0.3
	10000以上	a b c	1.0 1.0 0.4	1.2 1.5 0.4	1.5 1.5 0.4	0.6 0.6 0.3	0.8 0.8 0.3	1.0 1.0 0.4

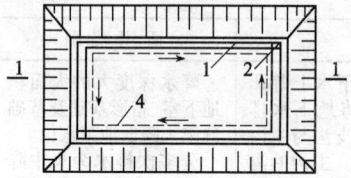

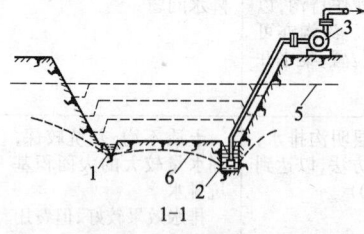

图 2-37 普通明沟排水法
1—排水明沟；2—集水井；
3—水泵；4—基础边线；
5—原地下水位线；
6—降低后地下水位线

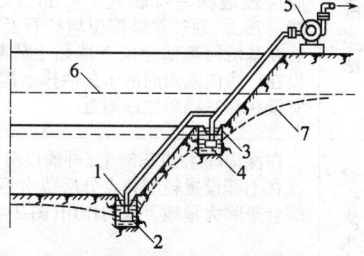

图 2-38 分层明沟排水法
1—底层排水沟；2—底层集水井；
3—二层排水沟；4—二层集水井；
5—水泵；6—原地下水位线；
7—降低后地下水位线

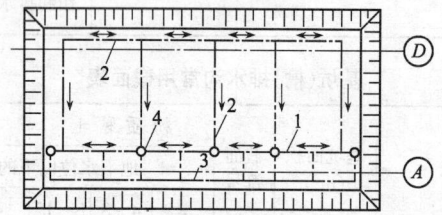

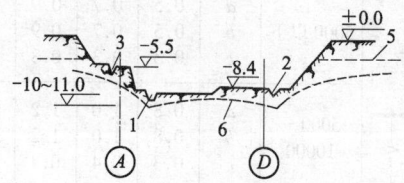

图 2-39 深沟降水法
1—主排水沟；2—支沟；3—边沟；4—集水井；
5—原地下水位线；6—降低后地下水位线

2.3 基坑降水与排水

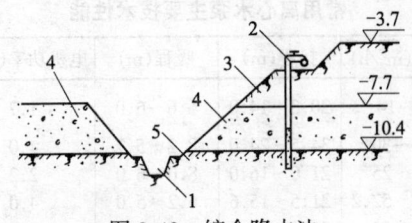

图 2-40 综合降水法
1—深沟；2—井点管；3—粉质黏土；4—砂卵石；5—黏土层

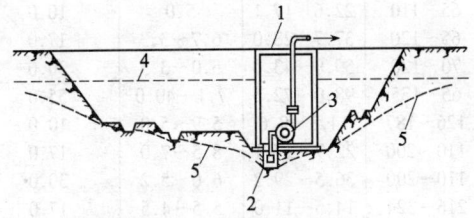

图 2-41 工程设施降水法
1—先施工地下深构筑物；2—构筑物内集水坑；3—水泵；
4—原地下水位线；5—降低后地下水位线

2.3.2.2 排水机具的选用

排水机具的选用要点 表 2-43

项次	项目	机具选用要点
1	离心泵	集水坑排水所用机具为离心泵、潜水泵和软轴泵，其中以离心泵使用最为广泛。选用水泵类型时，一般取水泵的排水量为基坑涌水量的 1.5~2.0 倍。 离心泵由泵壳、泵轴、叶轮、吸水管、出水管等组成。其主要性能包括流量、总扬程和吸水扬程。施工中常用离心泵型号及技术性能见表 2-44。由于管路有阻力而引起水头损失，因此扣除损失扬程才是实际扬程，实际扬程可按表 2-44 中吸水扬程减去 0.6(无底阀)~1.2m(有底阀)来估算
2	潜水泵	潜水泵由立式水泵与电动机组成。电动机设有密封装置，水泵装在电动机上端，工作时浸入水中。这种泵具有体积小、质量轻、移动方便及开泵时不需引水等优点，在深基坑排水和深井井点抽水中已广为采用。常用潜水泵型号及技术性能选用参见表 2-45
3	软轴水泵	软轴水泵由软轴、离心泵和出水管组成。电动机设在地面上，泵体浸在集水坑中。软轴水泵的出水管径为 40mm，流量为 $10m^3/h$，扬程为 6~8m。这种水泵结构简单，体积小，质量轻，移动方便，开泵时亦不需引水，多用于单独的基坑降水

常用离心水泵主要技术性能　　　　表 2-44

水泵型号	流量(m^3/h)	扬程(m)	吸程(m)	电机功率(kW)	重量(kg)
$1\frac{1}{2}$B-17	6~14	20.3~14.0	6.6~6.0	1.7	17.0
2B-31	10~30	34.5~24.0	8.2~5.7	4.0	37.0
2B-19	11~25	21.0~16.0	8.0~6.0	2.2	19.0
3B-19	32.4~52.2	21.5~15.6	6.2~5.0	4.0	23.0
3B-33	30~55	35.5~28.8	6.7~3.0	7.5	40.0
3B-57	30~70	62.0~44.5	7.7~4.7	17.0	70.0
4B-15	54~99	17.6~10.0	5.0	5.5	27.0
4B-20	65~110	22.6~17.1	5.0	10.0	51.6
4B-35	65~120	37.7~28.0	6.7~3.3	17.0	48.0
4B-51	70~120	59.0~43.0	5.0~3.5	30.0	78.0
4B-91	65~135	98.0~72.5	7.1~40.0	55.0	89.0
6B-13	126~187	14.3~9.6	5.9~5.0	10.0	88.0
6B-20	110~200	22.7~17.1	8.5~7.0	17.0	104.0
6B-33	110~200	36.5~29.2	6.6~5.2	30.0	117.0
8B-13	216~324	14.5~11.0	5.5~4.5	17.0	111.0
8B-18	220~360	20.0~14.0	6.2~5.0	22.0	—
8B-29	220~340	32.0~25.4	6.5~4.7	40.0	139.0

潜水泵主要性能　　　　表 2-45

型号	流量(m^3/h)	扬程(m)	电机功率(kW)	转速(r/min)	电流(A)	电压(V)
QY-3.5	100	3.5	2.2	2800	6.5	380
QY-7	65	7	2.2	2800	6.5	380
QY-15	25	15	2.2	2800	6.5	380
QY-25	15	25	2.2	2800	6.5	380
JQB-1.5-6	10~22.5	28~20	2.2	2800	5.7	380
JQB-2-10	15~32.5	21~12	2.2	2800	5.7	380
JQB-4-31	50~90	8.2~4.7	2.2	2800	5.7	380
JQB-5-69	80~120	5.1~3.1	2.2	2800	5.7	380
7.5 JQB8-97	288	4.5	7.5	—	—	380
1.5 JQB2-10	18	14	1.5	—	—	380
$2Z_6$	15	25	4.0	—	—	380
JTS-2-10	25	15	2.2	2900	5.4	—

注：JQB-1.5-6、JQB-5-69、1.5JQB-10 的重量分别为 55、45、43kg。

2.3.3　降水与排水施工质量控制与检验

降水与排水施工质量应符合表 2-46 的规定。

2.3 基坑降水与排水

降水与排水施工质量检验标准　　　　表 2-46

序	检查项目	允许值或允许偏差		检查方法
		单位	数值	
1	排水沟坡度	‰	1～2	目测:坑内不积水,沟内排水畅通
2	井管(点)垂直度	%	1	插管时目测
3	井管(点)间距(与设计相比)	%	≤150	用钢尺量
4	井管(点)插入深度(与设计相比)	mm	≤200	水准仪
5	过滤砂砾料填灌(与计算值相比)	mm	≤5	检查回填料用量
6	井点真空度:轻型井点 喷射井点	kPa kPa	>60 >93	真空度表 真空度表
7	电渗井点阴阳极距离:轻型井点 喷射井点	mm mm	80～100 120～150	用钢尺量 用钢尺量

3 地基与基础工程

3.1 土的物理力学性质

3.1.1 土的物理性质指标

1. 土的基本物理性质指标

土的基本物理性质指标　　表 3-1

指标名称	符号	单位	物 理 意 义	表 达 式
密　　度	ρ	t/m³	单位体积土的质量，又称质量密度	$\rho = \dfrac{m}{V}$
重　　度	γ	kN/m³	单位体积土所受的重力，又称重力密度	$\gamma = \dfrac{W}{V}$ 或 $\gamma = \rho g$
相对密度	d_s		土粒单位体积的质量与4℃时蒸馏水的密度之比	$d_s = \dfrac{m_s}{V_s \rho_w}$
干 密 度	ρ_d	t/m³	土的单位体积内颗粒的质量	$\rho_d = \dfrac{m_s}{V}$
干 重 度	γ_d	kN/m³	土的单位体积内颗粒的重力	$\gamma_d = \dfrac{W_s}{V}$ 或 $\rho_d g$
含 水 量	w	%	土中水的质量与颗粒质量之比	$w = \dfrac{m_w}{m_s} \times 100$
饱和密度	ρ_{sat}	t/m³	土中孔隙完全被水充满时土的密度	$\rho_{sat} = \dfrac{m_s + V_v \cdot \rho_w}{V}$
饱和重度	γ_{sat}	kN/m³	土中孔隙完全被水充满时土的重度	$\gamma_{sat} = \rho_{sat} \cdot g$
有效重度	γ'	kN/m³	在地下水位以下，土体受到水的浮力作用时土的重度，又称浮重度	$\gamma' = \gamma_{sat} - \gamma_w$
孔 隙 比	e		土中孔隙体积与土粒体积之比	$e = \dfrac{V_v}{V_s}$
孔 隙 率	n	%	土中孔隙体积与土的体积之比	$n = \dfrac{V_v}{V} \times 100$

3.1 土的物理力学性质

续表

指标名称	符号	单位	物 理 意 义	表 达 式
饱 和 度	S_r		土中水的体积与孔隙体积之比	$S_r = \dfrac{V_w}{V_v}$

表中符号意义：

m—土的总质量 ($m = m_s + m_w$)；
m_s—土的固体颗粒的质量；
m_w—土中水的质量；
m_a—土中气体的质量，$m_a \approx 0$；
V—土的总体积 ($V = V_s + V_w + V_a$)；
V_s—土中固体颗粒的体积；
V_w—土中水所占的体积；
V_a—土中空气所占的体积；
V_v—土中空隙体积 ($V_v = V_a + V_w$)；
W—土的总重力(量)；
W_s—土的固体颗粒的重力(量)；
W_w—土中水的重力(量)；
ρ_w—蒸馏水的密度，一般 $\rho_w = 1 \text{t/m}^3$；
γ_w—水的重度，近似取 $\gamma_w = 10 \text{kN/m}^3$；
g—重力加速度，取 $g = 10 \text{m/s}^2$

土的三相组成示意图

注：1. 密度一般用环刀法测定；重度、干密度由试验方法测定后计算求得；相对密度用比重瓶法测定；干重度由试验方法直接测定；含水量用烘干法测定；
2. 饱和密度、饱和重度、有效重度、孔隙比、孔隙率、饱和度等均由计算求得。

2. 黏性土的可塑性指标

黏性土的可塑性指标　　　　表 3-2

指标名称	符号	单位	物 理 意 义	表 达 式	附　　注
塑　　限	w_P	%	土由固态变到塑性状态时的分界含水量		由试验直接测定（通常用"搓条法"进行测定）
液　　限	w_L	%	土由塑性状态变到流动状态时的分界含水量		由试验直接测定（通常用锤式液限仪来测定）
塑性指数	I_P		液限与塑限之差	$I_P = w_L - w_P$	由计算求得，是进行黏土分类的重要指标

115

续表

指标名称	符号	单位	物理意义	表达式	附注
液性指数	I_L		土的天然含水量与塑限之差对塑性指数之比	$I_L=\dfrac{w-w_P}{I_P}$	由计算求得,是判别黏性土软硬程度的指标
含水比	α_w		土的天然含水量与液限的比值	$\alpha_w=\dfrac{w}{w_L}$	由计算求得

注:塑限现场简易测定方法:在土中逐渐加水,至能用手在毛玻璃板上搓成土条,当土条搓到直径 3mm 时,恰好断裂,此时土条的含水量即为塑限。

3．砂土的密实度指标

砂土的密实度指标　　　　表 3-3

指标名称	符号	单位	物理意义	试验方法	取土要求
最大干密度	ρ_{dmax}	g/cm³	土的最紧密状态下的干质量	击实法	扰动土
最小干密度	ρ_{dmin}	g/cm³	土的最松散状态下的干质量	注入法、量筒法	扰动土

3.1.2　土的力学性质指标

土的力学性质指标　　　　表 3-4

土的力学性能名称	通用符号	单位	物理意义	计算公式	
				基本公式	通过 1~3 个已知值
压缩系数	a	MPa⁻¹	压力为 0.1~0.2MPa 作用下的压缩系数	$1000\times\dfrac{e_1-e_2}{p_2-p_1}$	由试验求得
压缩模量	E_s	MPa	压力为 0.1~0.2MPa 时土的压缩模量	$\dfrac{1-e_0}{a}$	由试验求得
压实系数	λ_c		土的干密度与土在最优含水量时的最优干密度之比	$\dfrac{\rho_d}{\rho_{dmax}}$	由试验求得

3.1 土的物理力学性质

续表

土的力学性能名称	通用符号	单位	物 理 意 义	计 算 公 式 基本公式	计 算 公 式 通过1~3个已知值
抗剪强度	τ	MPa	土在外力作用下抵抗剪切滑动的极限强度	$p \cdot \mathrm{tg}\varphi + c$	由试验求得
变形模量	E_0	MPa	为现场原位荷载试验测定计算而得的变形模量	$\dfrac{\omega}{1000}(1-\nu^2) \times \dfrac{p_{cr} b}{S_1}$ 或 $E_c = \beta E_s$	由荷载试验或计算求得

注:1. p_1、p_2——固结压力(kPa); e_1、e_2——压力分别为p_1、p_2时的孔隙比;
e_0——土的天然孔隙比; p——土所承受的垂直压力(MPa);
φ——土的内摩擦角(°); c——土的黏聚力(MPa)。

2. $a_{1-2} < 0.1$时属于低压缩性土;$0.1 \leqslant a_{1-2} < 0.5$时属于中压缩性土;
$a_{1-2} \geqslant 0.5$时属于高压缩性土。

3. $E_s = 2 \sim 4$时属于高压缩性土;$E_s = 4.1 \sim 7.5$时属于中高压缩性土;
$E_s = 7.6 \sim 11.0$时属中压缩性土;$E_s = 11.1 \sim 15.0$时属中低压缩性土;
$E_s > 15.0$时属低压缩性土。

4. ω——沉降量系数,刚性正方形荷载板$\omega = 0.88$;刚性圆形荷载板$\omega = 0.79$;
ν——地基土的泊松比,可按表3-5采用;
p_{cr}——p-s曲线直线段终点所对应的应力(kPa);
s_1——与直线段终点所对应的沉降量(mm);
b——承压板宽度或直径(mm);
β——与土的泊松比ν有关的系数,$\beta = \dfrac{2\nu^2}{1-\nu^2}$,亦可由表3-5查得。

5. E_0如符合下列条件之一时,可认为地基土的压缩性变化是很小的:
(1)当$E_{min} \geqslant 20$MPa时;
(2)当$20 > E_{min} \geqslant 15$MPa 和 $1.8 \leqslant \dfrac{E_{max}}{E_{min}} \leqslant 2.5$时;
(3)当$15 > E_{min} \geqslant 7.5$MPa 和 $1.3 \leqslant \dfrac{E_{max}}{E_{min}} \leqslant 1.6$时。

6. E_{max}和E_{min}——分别为建筑场地范围内的最大变形模量和最小变形模量。

土的泊松比 ν 与系数 β 参考值 表3-5

项次	土的种类与状态	ν	β
1	碎 石 土	0.15~0.20	0.95~0.90
2	砂 土	0.20~0.25	0.90~0.83
3	粉 土	0.25	0.83

续表

项次	土的种类与状态		ν	β
4	粉质黏土	坚硬状态	0.25	0.83
		可塑状态	0.30	0.74
		软塑及流塑状态	0.35	0.62
5	黏土	坚硬状态	0.25	0.83
		可塑状态	0.35	0.62
		软塑及流塑状态	0.42	0.39

土的变形模量 E_0(MPa)　　　　　　　表 3-6

土的种类	E_0		土的种类	E_0	
砾石及卵石	65~54				
碎石	65~29			密实的	中密的
砂石	42~14		干的粉土	16.0	12.5
			湿的粉土	12.5	9.0
	密实的	中密的	饱和的粉土	9.0	5.0
				坚硬	塑性状态
粗砂、砾砂	48.0	36.0	粉土	59~16	16~4
中砂	42.0	31.0	粉质黏土	39~16	16~4
干的细砂	36.0	25.0	淤泥	3	
湿的及饱和的细砂	31.0	19.0	泥炭	2~4	
干的粉砂	21.0	17.5			
湿的粉砂	17.5	14.0	处于流动状态的黏性土、粉土	3	
饱和的粉砂	14.0	9.0			

黏性土力学性质指标的经验数据　　　　表 3-7

指标土类	孔隙比 e	液性指数 I_L	含水量 w (%)	液限 w_L (%)	塑性指数 I_P	承载力 f (MPa)	压缩模量 E_s (MPa)	黏聚力 c (kPa)	内摩擦角 φ (°)
一般黏性土	0.55~1.0	0~1.0	15~30	25~45	5~20	100~450	4~15	10~50	15~22
新近代黏性土	0.7~1.2	0.25~1.2	24~36	30~45	6~18	80~140	2~7.5	10~20	7~15
淤泥或淤泥质土	沿海 内陆 山区 1~2.0	>1.0	36~70	30~65	10~25	4~10 5~11 3~8	10~50 20~50 10~60	5~15	4~10
红黏土	1.0~1.9	0~0.4	30~50	50~90	>17	10~32	50~160	30~80	5~10

3.1 土的物理力学性质

土的力学指标经验数据范围参考值   表 3-8

土类		孔隙比 e	天然含水量 w（%）	塑限含水量 w_p（%）	重度 γ (kN/m³)	黏聚力 c (kPa)	内摩擦角 φ (°)	变形模量 E_0 (MPa)
砂土	粗砂	0.4~0.5	15~18		20.5	0	42	46
		0.5~0.6	19~22		19.5	0	40	40
		0.6~0.7	23~25		19.0	0	38	33
	中砂	0.4~0.5	15~18		20.5	0	40	46
		0.5~0.6	19~22		19.5	0	38	40
		0.6~0.7	23~25		19.0	0	35	33
	细砂	0.4~0.5	15~18		20.5	0	38	37
		0.5~0.6	19~22		19.5	0	36	28
		0.6~0.7	23~25		19.0	0	32	24
	粉砂	0.4~0.5	15~18		20.5	5	36	14
		0.5~0.6	19~22		19.5	3	34	12
		0.6~0.7	23~25		19.0	2	28	10
黏性土	粉土	0.4~0.5	15~18	<9.4	21.0	6	30	18
		0.5~0.6	19~22		20.0	5	28	14
		0.6~0.7	23~25		19.5	2	27	11
		0.4~0.5	15~18	9.5~12.4	21.0	7	25	23
		0.5~0.6	19~22		20.0	5	24	16
		0.6~0.7	23~25		19.5	3	23	13
	粉质黏土	0.4~0.5	15~18	12.5~15.4	21.0	25	24	45
		0.5~0.6	19~22		20.0	15	23	21
		0.7~0.8	26~29		19.0	5	21	12
		0.5~0.6	19~22	15.5~18.4	20.0	35	22	39
		0.7~0.8	26~29		19.0	10	20	15
		0.9~1.0	35~40		18.0	5	18	8
		0.6~0.7	23~25	18.5~22.4	19.5	40	20	33
		0.7~0.8	26~29		19.0	25	19	19
		0.9~1.0	35~40		18.0	10	17	9
	黏土	0.7~0.8	26~29	22.5~26.4	19.0	60	18	28
		0.9~1.1	35~40		17.5	25	16	11
		0.8~0.9	30~34	26.5~30.4	18.5	65	16	24
		0.9~1.1	35~40		17.5	35	16	14

3.2 地基处理

3.2.1 灰土地基

灰土地基施工要求　　　　　　　　　　表 3-9

项次	项目	要　点
1	组成、材料要求及适用范围	1. 灰土地基系用一定量石灰与土拌合夯实而成。其强度随时间缓慢增长，28d 强度约为 $0.8\sim1.0\text{N/mm}^2$，并具有一定水稳定性和不渗透性（为原土的 10～13 倍） 2. 土料可采用就地挖出的黏性土，不得用表面耕植土；土料应过筛，粒径不应大于 15mm；石灰应用块灰，使用前 1～2d 消解并过筛，粒径不应大于 5mm，不得夹有未熟化的生石灰块粒 3. 灰土地基取材较易，施工操作简单，费用较低，是一种最经济实用的地基处理方法。适于加固深 2m 以内的各种地基，还可用于大面积结构作辅助防水层，但不宜用于地下水位以下的地基加固
2	操作方法要点	1. 铺设灰土前应验槽，清除松土；积水淤泥应晾干，并夯两遍。在槽两侧钉标桩（钎）拉线，控制下灰厚度 2. 灰土一般用体积比，配合比例为 2:8 或 3:7（石灰:土）。多用人工拌合，要求达到均匀、颜色一致，含水量以手握土料成团，两指轻捏即散为宜，如含水分过多或过少时，应稍晾干或洒水湿润，如有球团应打碎 3. 铺灰应分段分层，并夯筑，每层铺灰厚度可参见表 3-10。夯实机具可根据工程大小和现场机具条件选用人力或机械。夯打或碾压遍数，按设计要求的干密度由试夯（压）确定，一般不少于 4 遍 4. 灰土分段施工时，不得在墙角、柱基及承重窗间墙下接缝。当灰土地基高度不同时，应做成阶梯形，每阶宽不少于 500mm；上下两层灰土接缝应相互错开 500mm，并做成直槎。对作辅助防水层的灰土层，应将水位以下结构包围，并处理好接缝。同时注意接槎质量，每层虚土均从留槎处往前延伸 500mm，接槎时将其挖除，重新铺好夯实 5. 入槽灰土不得隔日夯打，夯实 3d 内不得浸泡。夯打完后，应及时进行上部结构施工，避免日晒雨淋。遇雨应将松软灰土除去，并补填夯实 6. 冬期施工，必须在基层不冻的状态下进行，土料应覆盖保温，冻土及夹有冻块的土料不得使用；已熟化的石灰应在次日用完，以充分利用石灰熟化时的热量，当日拌合的灰土应当日铺填夯完，表面应用塑料布及草垫覆盖保温，以防灰土垫层早期受冻降低强度

3.2 地基处理

续表

项次	项目	要点
3	质量控制	1．施工前应检查原材料,如灰土的土料、石灰以及配合比应符合设计要求,灰土应搅拌均匀 2．施工过程中应检查分层铺设厚度;分段施工时上下两层的搭接长度,夯实时加水量、夯压遍数、压实系数 3．灰土应逐层用贯入仪检验,以达到控制(设计要求)压实系数所对应的贯入度为合格;或用环刀取样检测灰土的干密度,除以试验的最大干密度求得。每层施工结束后检查灰土地基的压实系数 λ_c 4．灰土垫层的质量验收标准如表 3-11 所示

灰土最大虚铺厚度　　　　　表 3-10

序	夯实机具	重量(t)	厚度(mm)	备注
1	石夯、木夯	0.04～0.08	200～250	人力送夯,落距 400～500mm,每夯搭接半夯
2	轻型夯实机械	—	200～250	蛙式或柴油打夯机
3	压路机	机重 6～10	200～300	双轮

灰土地基质量检验标准　　　　　表 3-11

项	序	检查项目	允许偏差或允许值 单位	允许偏差或允许值 数值	检查方法
主控项目	1	地基承载力	设计要求		按规定方法
主控项目	2	配合比	设计要求		按拌合时的体积比
主控项目	3	压实系数	设计要求		现场实测
一般项目	1	石灰粒径	mm	≤5	筛分法
一般项目	2	土料有机质含量	%	≤5	试验室焙烧法
一般项目	3	土颗粒粒径	mm	≤15	筛分法
一般项目	4	含水量(与要求的最优含水量比较)	%	±2	烘干法
一般项目	5	分层厚度偏差(与设计要求比较)	mm	±50	水准仪

3.2.2 砂和砂石地基

砂、砂石及碎石垫层地基　　表 3-12

项次	项目	要点
1	组成、材料要求及适用范围	1. 砂地基和砂石地基系用纯砂或砂石混合物或石子加固地基，可使基础及上部荷载对地基的压力扩散开，降低对地基的压应力，减少变形，提高基础下部地基强度，同时可起排水作用，加速下部土层的沉降和固结 2. 砂石宜用颗粒级配良好、质地坚硬的中砂、粗砂、砾砂、卵石或碎石、石屑；也可用细砂，但宜掺加一定数量的卵石或碎石。砂砾中石子粒径应在 50mm 以下，其含量应在 50% 以内。碎石粒径宜为 5~40mm。砂、石子中均不得含有草根、垃圾等杂物，含泥量应小于 5%，兼作排水垫层时，含泥量不得超过 3% 3. 适于处理 2.5m 以内软弱、透水性强的黏性土地基，但不宜用于加固湿陷性黄土地基及渗透系数极小的黏性土地基
2	构造要求	1. 砂、砂石和碎石地基的厚度，应根据作用在地基底面处的土自重应力与附加应力之和，不大于软弱土层的承载力设计值，以及土层范围内的水文地质条件等来确定，一般为 0.5~2.5m，大于 2.5m 则不够经济 2. 地基的顶宽应较基础底面每边大 0.4~0.5m，底宽可和它的顶宽相同，也可和基础底宽相同，大面积地基常按自然倾斜角控制(图 3-1) 3. 采用碎石(或卵石)作地基时，在基底及四周应做一层 300mm 厚的中砂或粗砂砂框(图 3-2a、b)，以防在压力作用下，表层软土发生局部破坏 4. 如两个相邻基础，一个用天然地基，另一个用碎石(或卵石)地基时，应做成斜坡过渡(图 3-2c)。当软弱土层厚度不同时，地基应做成阶梯形，如图 3-2(d)，但两地基的厚度高差不得大于 1m，同时阶梯须符合 $b>2h$ 的要求
3	操作方法要点	1. 铺设地基前应验槽，清除基底浮土、淤泥、杂物，两侧应设一定坡度 2. 地基深度不同时，应按先深后浅的顺序施工，土面应挖成踏步或斜级搭接。分层铺设时，接头应做成阶梯形搭接，每层错开 0.5~1.0m，并注意充分捣实 3. 人工级配的砂石，应先将砂石拌合均匀后，再铺垫夯实或压实 4. 地基应分层铺设，分层夯实或压密实，每层铺设厚度、砂石最优含水量控制及施工机具、方法的选用参见表 3-13。振压要做到交叉重叠，防止漏振、漏压。夯实、碾压遍数、振实时间应通过试验确定 5. 当地下水位较高或在饱和的软弱地基上铺设地基时，应采取排水或降低地下水位措施，使地下水降低到基底 500mm 以下；当采用水撼法或插振法施工时，应采取措施使之有控制地注水和排水 6. 地基铺设完毕，应即进行下道工序施工，严禁车辆及人在砂垫层上面行走，必要时应在地基上铺板行走

3.2 地基处理

续表

项次	项目	要点
4	质量控制	1. 砂、石、碎石等原材料、配合比应符合设计要求,砂、石应搅拌均匀 2. 施工过程中必须检查分层厚度、分段施工时搭接部分的压实情况、加水量、压实遍数、压实系数 λ。 3. 施工结束后,应检验砂石地基的承载力 4. 砂和砂石地基的质量标准如表3-14 所示

砂地基和砂石地基铺设厚度及施工最优含水量　　表 3-13

捣实方法	每层铺设厚度(mm)	施工时最优含水量(%)	施工要点	备注
平振法	200~250	15~20	1. 用平板式振捣器往复振捣,往复次数以简易测定密实度合格为准 2. 振捣器移动时,每行应搭接三分之一,以防振动面积不搭接	不宜使用于细砂或含泥量较大的砂铺筑的砂地基
插振法	振捣器插入深度	饱和	1. 用插入式振捣器 2. 插入间距可根据机械振捣大小决定 3. 不用插至下卧黏性土层 4. 插入振捣完毕所留的孔洞,应用砂填实 5. 应有控制地注水和排水	不宜使用于细砂或含泥量较大砂铺筑的砂地基
水撼法	250	饱和	1. 注水高度略超过铺设面层 2. 用钢叉摇撼捣实,插入点距离100mm 左右 3. 有控制地注水和排水 4. 钢叉分四齿,齿的间距 30mm,长 300mm,木柄长 900mm	湿陷性黄土、膨胀土、细砂地基上不得使用
夯实法	150~200	8~12	1. 用木夯或机械夯 2. 木夯重 40kg,落距 400~500mm 3. 一夯压半夯,全面夯实	适用于砂石地基

续表

捣实方法	每层铺设厚度(mm)	施工时最优含水量(%)	施工要点	备注
碾压法	150～350	8～12	6～10t压路机往复碾压；碾压次数以达到要求密实度为准，一般不少于4遍，用振动压实机械，振动3～5min	适用于大面积的砂石地基，不宜用于地下水位以下的砂地基

砂及砂石地基质量检验标准 表 3-14

项	序	检查项目	允许偏差或允许值		检查方法
			单位	数值	
主控项目	1	地基承载力		设计要求	按规定方法
	2	配合比		设计要求	检查拌合时的体积比或重量比
	3	压实系数		设计要求	现场实测
一般项目	1	砂石料有机质含量	%	≤5	焙烧法
	2	砂石料含泥量	%	≤5	水洗法
	3	石料粒径	mm	≤100	筛分法
	4	含水量(与最优含水量比较)	%	±2	烘干法
	5	分层厚度(与设计要求比较)	mm	±50	水准仪

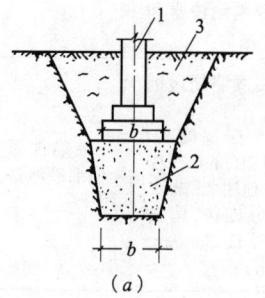 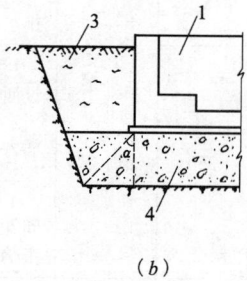

图 3-1 砂和砂石地基

(a)砂地基；(b)砂或砂石地基

1—基础；2—砂地基；3—回填土；4—砂或砂石地基

b—基础宽度；a—砂或砂石地基的自然(休止)倾斜角

3.2 地基处理

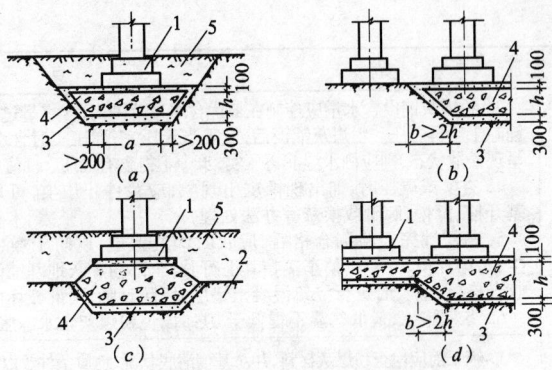

图 3-2 碎石地基形式构造
(a)、(b)碎石地基；(c)、(d)阶梯形碎石地基
1—基础；2—原土层；3—砂框；4—碎石地基；5—回填土
a—基础宽度；b—阶梯宽度；h—碎石地基厚度

3.2.3 粉煤灰地基

粉煤灰地基施工要点　　　　　　　　　　表 3-15

项次	项目	要　　点
1	组成、材料要求及适用范围	1. 粉煤灰地基系用火力发电厂的工业废料——粉煤灰作为处理软弱土层的换填材料，经分层铺填压(夯)实而成。根据化学分析，粉煤灰中含有大量 SiO_2、Al_2O_3、Fe_2O_3(表 3-16)，有类似火山灰的特性，有一定活性，在压实功能作用下能产生一定的自硬强度，可满足软弱下卧层的强度与地基变形要求；当 $\lambda_c>0.90$ 时，可抗地震液化 2. 填料用一般电厂Ⅲ级以上粉煤灰，含 SiO_2、Al_2O_3、Fe_2O_3 总量尽量选用高的，颗粒粒径宜 0.001～2.0mm，烧失量宜低于 12%，含 SO_3 宜小于 0.4%，粉煤灰中严禁混入植物、生活垃圾及其他有机杂质。粉煤灰进场，其含水量应控制在±2%范围内 3. 粉煤灰地基具有承载能力和变形模量较大，可利用工业废料，施工方便、快速，质量易于控制，技术可行，经济效果显著等优点。适用于做各种软土层换地基的处理，以及做大面积地坪的垫层等
2	操作方法要点	1. 铺设前，应清除地基土垃圾，排除表面积水，平整场地，并用 8t 压路机预压两遍使密实 2. 地基应分层铺设与碾压，铺设厚度用机械夯实 200～300mm，夯完后厚度为 150～200mm；用压路机为 300～400mm，压实后为 250mm 左右。对小面积基坑、槽，可用人工分层摊铺，用平板振动器或机械夯进行振(夯)实，每次振(夯)板应重叠 1/2～1/3 板，往复压实，由两侧或四侧向中间进行，夯实不少于 3 遍。大面积地基应采用推土机摊铺，先用推土机预压二遍，然后用 8t 压路机碾压，施工时压轮重叠 1/2～1/3 轮宽，往复碾压，一般碾压 4～6 遍

续表

项次	项目	要点
2	操作方法要点	3. 粉煤灰铺设含水量应控制在最优含水量范围内；含水量过大时应摊铺晾干后再碾压。粉煤灰铺设后，应于当天压完；如压实时含水量过小，呈现松散状态，则应洒水湿润再压实，水中不得含有油质，pH值应为6～9 4. 夯实或碾压时，如出现橡皮土现象，应暂停止压实，可采取将地基开槽、翻松、晾晒或换灰等办法处理 5. 每层铺完经检测合格后，应及时铺筑上层，以防干燥、松散、起尘，污染环境，并应严禁车辆在其上行驶；全部粉煤灰地基铺设完经验收合格后，应及时进行浇筑混凝土垫层，以防日晒、雨淋破坏 6. 冬期施工，最低气温不得低于0℃，以免粉煤灰含水冻胀
3	质量控制	1. 施工前应检查粉煤灰材料，并对基槽清底状况、地质条件予以检验 2. 施工过程中应检查铺筑厚度、碾压遍数、施工含水量控制、搭接区碾压程度、压实系数等 3. 施工结束后，应对地基的压实系数进行检查，并做荷载试验（平板载荷试验或十字板剪切试验），荷载试验数量，每单位工程不少于3点，$3000m^2$以上工程，每$300m^2$至少1点 4. 粉煤灰地基质量标准如表3-17所示

粉煤灰的化学成分(%) 表3-16

编号 \ 项目	SiO_2	Al_2O_3	Fe_2O_3	CaO	MgO	K_2O	SO_3	Na_2O	烧失量
1	51.1	27.6	7.8	2.9	1.0	1.2	0.4	0.4	7.1
2	51.4	30.9	7.4	2.8	0.7	0.7	0.4	0.3	4.9
3	52.3	30.9	8.0	2.7	1.1	0.7	0.2	0.3	3.5

注：1. 编号1为国内百多个电厂粉煤灰化学成分的平均值；
2. 编号2为上海地区粉煤灰化学成分平均值；
3. 编号3为宝钢电厂粉煤灰化学成分。

粉煤灰地基质量检验标准 表3-17

项	序	检查项目	允许偏差或允许值		检查方法
			单位	数值	
主控项目	1	压实系数	设计要求		现场实测
	2	地基承载力	设计要求		按规定方法
一般项目	1	粉煤灰粒径	mm	0.001～2.000	过筛
	2	氧化铝及二氧化硅含量	%	≥70	试验室化学分析
	3	烧失量	%	≤12	试验室烧结法
	4	每层铺筑厚度	mm	±50	水准仪
	5	含水量（与最优含水量比较）	%	±2	取样后试验室确定

3.2.4 强夯地基

强夯法加固地基原理、机具设备、参数及施工要点　表3-18

项次	项目	要　点
加固地基原理、特点及使用	加固原理	强夯是用起重机械(起重机或龙门架、三角架)起吊大吨位(重8t以上)夯锤,提升到6~30m高度后,自由落下,给地基以强大的冲击能量的夯击,使土中出现冲击波和很大的冲击应力,迫使土体孔隙压缩,土体局部液化,排除孔隙中的气和水,使土粒重新排列,迅速达到固结,从而提高地基强度、降低其压缩性的一种地基加固方法
	加固特点	使用工地常备简单设备,适用土质范围广;加固效果显著,一般地基强度可提高2~5倍,压缩性可降低2~10倍,加固影响深度可达6~10m;工效高,施工速度快(1台设备每月可加固5000~10000m² 地基);节约加固原材料;节省投资,与预制桩加固地基相比,可节省投资50%~75%,与砂桩相比可节省投资40%~50%
	使用范围	1. 适于加固软弱土、碎石土、砂土、黏性土、湿陷性黄土、人工高填土及杂填土等地基,也可用于防止粉土及粉砂的液化;对于淤泥与饱和软黏土,如采取一定措施也可采用 2. 强夯不得用于不允许对工程周围建筑物和设备有一定振动影响的地基加固,必需时,应采取防振措施
施工机具设备的选择	夯锤	夯锤可用钢板做外壳,内部焊接骨架后灌筑混凝土(图3-3),或用钢板制作成装配式的(图3-4);夯锤底面有圆形或方形,圆形不易旋转,定位方便,重合性好,多用之;锤底尺寸取决于表层土质,对于砂质土和碎石类土为3~4m²,对于黏性土或淤泥质土不宜小于6m²;锤重一般为8、10、12、16、25t;夯锤中宜设1~4个上下贯通的排气孔,以利空气排出和减小坑底的吸力
	起重设备	多使用150、200、250、300、500kN 履带式起重机(带摩擦离合器)(图3-5);亦可采用三角架或龙门架作起重设备。当履带式起重机起重能力不足时,亦可采取加辅助桅杆、龙门架的方法,以加大起重能力(图3-6、图3-7) 起重机械的起重能力:当直接用钢丝绳悬吊夯锤时,应大于夯锤的3~4倍;当采用自动脱钩装置,起重能力取大于1.5倍锤重
	脱钩装置	要求有足够强度,使用灵活,脱钩快速安全,常用自动脱钩器由吊环、耳板、锁环、吊钩等组成(图3-8),拉绳一端固定在锁柄上,另端穿过转向滑轮,固定在臂杆底部横轴上,当夯锤吊起到要求高度,开动绳随即拉开锁柄,脱钩装置开启夯锤使脱钩下落,同时可控制每次落距一致
	锚系设备	当用起重机起吊夯锤时,为防止夯锤突然脱钩,使起重臂后倾和减小对臂杆的振动,应用T₃-100型推土机1台设在起重机的前方作地锚,在起重机臂杆的顶部与推土机之间用两根钢丝绳连系锚碇;当用龙门架、三角架或起重机加辅助桅杆起吊夯锤时,则不用设锚系设备

续表

项次	项目	要点
强夯施工技术参数的选择	锤重和落距	锤重 $G(t)$ 与落距 h 是影响夯击能和加固深度的重要因素 锤重一般不宜小于8t,常用的为8、11、13、15、17、18、25t 落距一般不小于6m,多采用8、10、11、13、15、17、18、20、25m等几种
	夯击能和平均夯击能	锤重 G 与落距 h 的乘积称为夯击能 E,一般取 $600\sim5000$kJ 夯击能的总和(由锤重、落距、夯击坑数和每一夯击点的夯击次数算得)除以施工面积称为平均夯击能,一般对砂质土取 $500\sim1000$ kJ/m²;对黏性土取 $1500\sim3000$kJ/m²。夯击能过小,加固效果差;夯击能过大,对于饱和黏土,会破坏土体形成橡皮土,降低强度
	夯击点布置及间距	夯击点布置对大面积地基,一般采用梅花形或正方形网格排列(图3-9),对条形基础,夯点可成行布置;对工业厂房独立柱基础,可按柱网设置单夯点。夯击点间距取夯锤直径的3倍,一般为 $5\sim15$m,一般第一遍夯点的间距宜大,以便夯击能向深部传递
	夯击遍数与夯击能	一般为 $2\sim5$ 遍,前 $2\sim3$ 遍为"间夯",最后1遍以低能量(为前几遍能量的 $1/4\sim1/5$)进行"满夯"(即锤印彼此搭接),以加固前几遍夯点之间的松土和被振松的表土层 每夯击点的夯击数,以使土体竖向压缩量最大,而侧向移动最小,或最后两击沉降量或最后两击沉降量之差小于试夯确定的数值为准。一般软土控制瞬时沉降量为 $50\sim80$mm;废渣填石地基控制的最后两击下沉量之差为 $20\sim40$mm。每夯击点之夯击数,一般为 $3\sim10$ 击,开始两遍夯击数宜多些,随后各遍击数逐渐减小,最后一遍只夯 $1\sim2$ 击
	两遍间隔时间	一遍夯完后,通常待土层内超孔隙水压力大部分消散,地基稳定后再夯下遍,一般两遍之间间隙 $1\sim4$ 周。对黏土或冲积土常为3周;若无地下水或地下水位在5m以下,含水量较少的碎石类填土或透水性强的砂性土,可采用间隔 $1\sim2$d 或采用连续夯击而不需要间歇
	加固范围	对于重要工程应比设计地基长(L)、宽(B)各大出一个加固深度(H),即 $(L+H)\times(B+H)$;对于一般建筑物,在各地基轴线以外3m布置一圈夯击点即可
	加固影响深度	加固影响深度 H(m)与强夯工艺有密切关系,一般按梅那氏(法)公式估算: $$H = k\sqrt{G\times h}$$ 式中 k——经验系数:对饱和软土为 $0.45\sim0.50$;对饱和砂土为 $0.5\sim0.6$;对填土为 $0.6\sim0.8$;对黄土为 $0.4\sim0.5$; G——夯锤重(t); h——落距(m)

3.2 地基处理

续表

项次	项目	要 点
操作要点与质量控制	操作方法要点	1. 强夯前应平整场地,周围做好排水沟;按夯点布置测量放线以确定夯位。地下水位较高,应在表面铺 0.5~2.0m 厚中(粗)砂或砂石垫层,以防设备下陷和便于消散强夯产生的孔隙水压,或采取措施降低地下水位后再强夯 2. 强夯应分段进行,顺序从边缘夯向中央(图 3-10),对厂房柱基亦可一排一排夯,起重机直线行驶,从一边向另一边进行,每夯完一遍,用推土机整平场地,放线定位,即可接着进行下一遍夯击 3. 夯击时应按试验和设计确定的强夯参数进行,落锤应保持平稳,夯位应准确。夯击坑内积水应及时排除。坑底土含水量过大时,可铺砂石后再进行夯击。离建筑物小于 10m 时应挖防振沟
	质量控制	1. 施工前应检查夯锤重量、尺寸、落距控制手段、排水设施及被夯地基的土质 2. 施工中应检查落距、夯击遍数、夯点位置、夯击范围 3. 施工结束后,检查被夯地基的强度或进行荷载试验。检查点数,每一独立基础至少有 1 点,基槽每 20 延米有 1 点,整片地基 50~100m² 取 1 点。强夯后的土体强度随间歇时间的增加而增加,检验强夯效果的测试工作,宜在强夯之后 1~4 周进行,而不宜在强夯结束后立即进行测试工作,否则测得的强度偏低 4. 强夯地基质量检验标准如表 3-19 所示

强夯地基质量检验标准 表 3-19

项	序	检 查 项 目	允许偏差或允许值		检 查 方 法
			单 位	数 值	
主控项目	1	地基强度	设计要求		按规定方法
	2	地基承载力	设计要求		按规定方法
一般项目	1	夯锤落距	mm	±300	钢索设标志
	2	锤 重	kg	±100	称 重
	3	夯击遍数及顺序	设计要求		计 数 法
	4	夯点间距	mm	±500	用钢尺量
	5	夯击范围(超出基础范围距离)	设计要求		用钢尺量
	6	前后两遍间歇时间	设计要求		

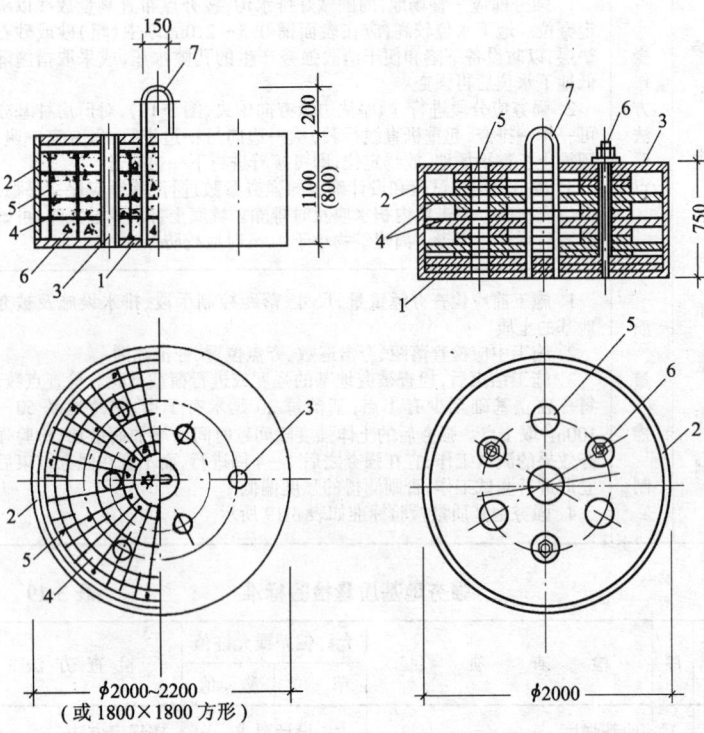

图 3-3 混凝土夯锤
(圆形重 12t,方形重 8t)
1—钢底板,厚 30mm;
2—钢外壳,厚 18mm;
3—$\phi 159 \times 5$mm 钢管排气孔,6 根;
4—$\phi 16@200$mm 钢筋网片;
5—$\phi 14@400$mm 立筋;6—C30 混凝土;
7—$\phi 50$mm 吊钩,用 Q235 钢

图 3-4 装配式钢夯锤
(可组合成 6、8、10、12t)
1—50mm 厚底板;2—钢外壳,16mm 厚;
3—顶板,厚 50mm;4—中间块,厚 50mm 钢板;
5—$\phi 20$mm 排气孔;6—M48mm 螺栓;
7—$\phi 50$mm 吊环

3.2 地基处理

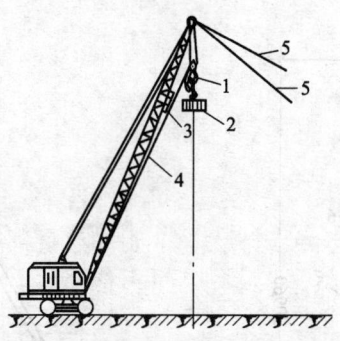

图 3-5 用履带式起重机强夯
1—自动脱钩器;2—夯锤;3—废轮胎;
4—拉绳;5—锚绳

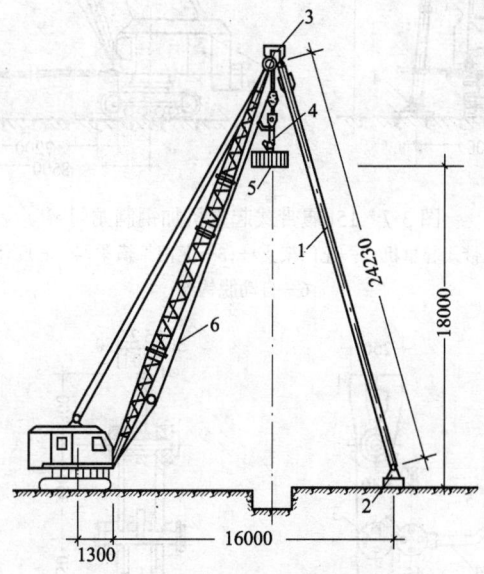

图 3-6 用 15t 履带式起重机加辅助
桅杆吊 12t 重夯锤强夯
1—$\phi 328 \times 8$mm 钢管辅助桅杆;2—底座;3—弯脖接头;
4—自动脱钩器;5—12t 重夯锤;6—拉绳

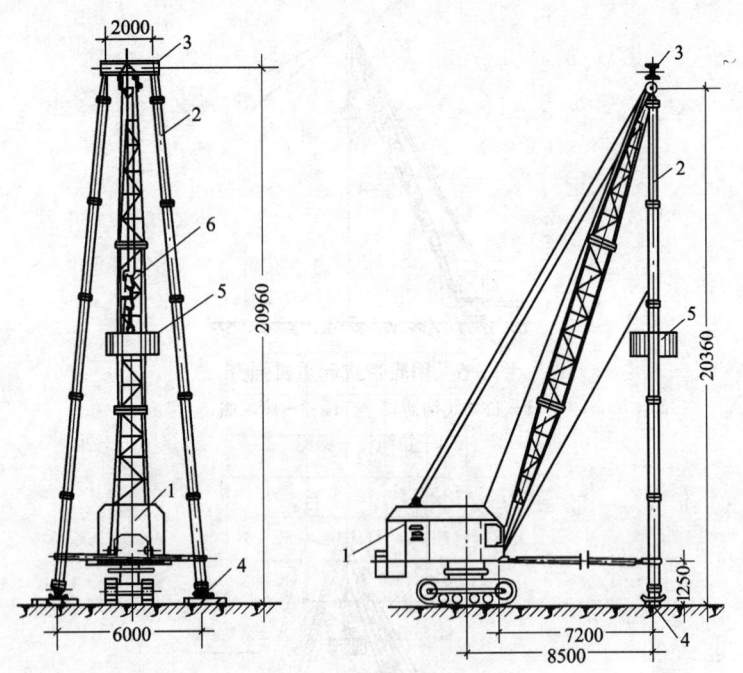

图 3-7 15t 履带式起重机加钢制龙门架
1—15t 履带式起重机；2—龙门架支杆；3—龙门架横梁；4—底座；5—夯锤；
6—自动脱钩器

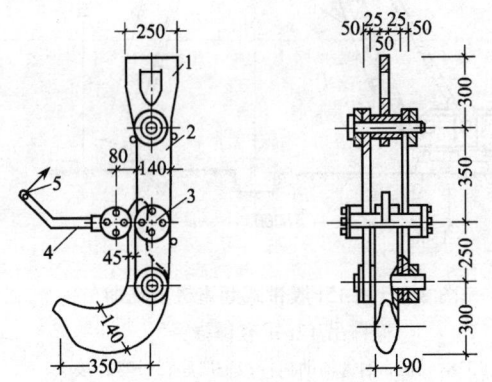

图 3-8 夯锤自动脱钩器
1—吊环；2—耳板；3—锁环轴辊；4—锁柄；5—拉绳

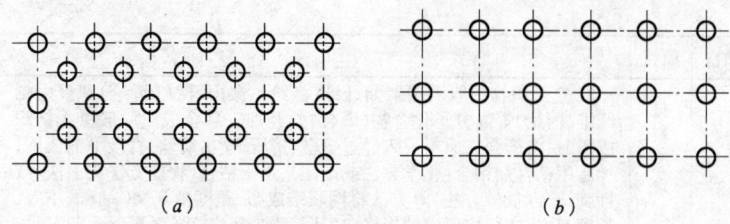

图 3-9 强夯夯点布置
(a)梅花形布置；(b)方形布置

16	13	10	7	4	1
17	14	11	8	5	2
18	15	12	9	6	3
18′	15′	12′	9′	6′	3′
17′	14′	11′	8′	5′	2′
16′	13′	10′	7′	4′	1′

图 3-10 强夯顺序图

3.2.5 土工合成材料地基

土工合成材料(土工织物)地基的原理、材料要求及施工工艺要点　　表 3-20

项次	项目	要点
1	原理、特点及适用范围	1. 土工合成材料地基又称土工织物地基，系在软弱地基中或边坡上埋设土工织物作为加筋，使形成弹性复合土体，以提高承载力，减少沉降，增加地基的稳定性 2. 土工织物特点是：柔软，重量轻，整体性好，施工方便，抗拉强度高，各向强度一致，耐磨、耐腐蚀性和抗微生物侵蚀性好和有一定的耐久性(不受阳光紫外线照射，可使用40年以上)等，埋设在土中能起到排水、过滤、消除土体中孔隙水压，加速土体固结，提高土体强度，同时可起到阻挡、分隔两种土料，避免混杂；土工织物有较高的抗拉强度和延伸率，能加固保护地基，提高地基抗压、抗拉、抗剪、抗弯强度，降低地基的沉降，控制不均匀沉降；与砂井相比，不用施工机具、设备，施工简便，节约大量砂、石材料，工程质量可靠，降低造价1/3左右 3. 适用于公路、铁路路基作加强层，防止路基翻浆下沉；作挡土墙的加固；河道与海港岸坡的防冲；水库、渠道的防渗以及土石坝、灰坝、尾矿坝与闸基的反滤层和排水层，可取代砂石级配良好的反滤层，达到节约投资，缩短工期，保证安全使用的目的

续表

项次	项目	要点
2	材料要求及布设	1. 土工织物一般采用聚酯纤维(涤纶)、聚丙纤维(腈纶)和聚丙烯纤维(丙纶)等高分子化合物(聚合物)经加工后合成。一般由无纺织成的,系将聚合物原料投入经过熔融、挤压、喷出纺丝,直接平铺成网,然后用粘合剂粘合(化学方法或湿法)、热压粘合(物理方法或手法)或针刺结合(机械方法)等方法将网联结成布,宽度由0.98~18m不等,长度50m,亦可按要求的规格向工厂订购,其抗拉强度不小于50kN/m 2. 土工织物根据使用要求的不同而埋设在不同部位,图3-11为几种埋设方式
3	操作方法及注意事项	1. 铺设土工织物前,应将基土表面压实,修整平顺均匀,清除杂物、草根,表面凹凸不平处可铺一层砂找平 2. 铺设应从一端向另一端进行,端部先铺填,中间后铺填,端部必须精心铺设锚固,铺设松紧度适度,防止绷拉过紧或褶皱,保持完整性。在斜坡上施工应保持一定的松紧度,在护岸工程坡面上铺设时,上坡段土工织物应搭在下坡段土工织物之上 3. 土工织物连接,一般可采用搭接、缝合、胶合或U形钉钉合等方法(图3-12);采用搭接时应有足够的长度,一般为0.3~1.0m,在搭接处尽量避免受力,以防移动;缝合采用缝合机面对面缝合,用尼龙或涤纶线,针距7~8mm;胶结法是用胶粘剂将两块土工织物胶结在一起,最少搭接长度为100mm,胶合后应停2h以上,以增强接缝处强度,此种接合强度与原强度相等;用U形钉连接是每隔1.0m用一U形钉插入连接 4. 一次铺设不宜过长,以免下雨顺水难以处理,土工织物铺好后应随即铺设上面的砂石材料或土料,避免长时间曝晒,使材料劣化 5. 土工织物用于作反滤层时,应做到连续,不得出现扭曲、折皱和重叠。土工织物上抛石时,应先铺一层30cm厚卵石层,并限制高度在1.5m以内,对于重而带棱角的石料,抛掷高度应不大于50cm 6. 土工织物上铺垫层时,第一层铺垫厚度应在50cm以下。用推土机铺垫时,应防止刮土板损坏土工织物,在局部不应加过重附加应力,当土工织物受到损坏时,应立即修补 7. 铺设时,应注意端头位置及锚固,在护坡坡顶可使土工织物末端绕在管子上,埋设于坡顶沟槽中,以防土工织物下落;在堤坝,应使土工织物终止在护坡块石之内,避免冲刷时加速坡脚冲塌成坑 8. 对于有水位变化的斜坡,施工时直接堆置于土工织物上的大块石之间的空隙,应填塞或设垫层,以避免水位下降时,上坡中的饱和水因来不及渗出形成显著水位差,使土挤向没有压载空隙,引起土工织物鼓胀而造成损坏
4	质量控制	1. 施工前应对土工合成材料的物理性能(单位面积的质量、厚度、密度)、强度延伸率以及土、砂石料等进行检验。土工合成材料以100m² 为一批,每批抽查5% 2. 施工过程中应检查清基、回填料铺设厚度及平整度、土工合成材料的铺设方向、接缝搭接长度或缝接状况、土工合成材料与结构的连接状况等 3. 施工结束后,应进行承载力检验 4. 土工合成材料(土工织物)地基质量检验标准如表3-21所示

3.2 地基处理

土工合成材料地基质量检验标准 表 3-21

项目	序	检查项目	允许偏差或允许值		检查方法
			单位	数值	
主控项目	1	土工合成材料强度	%	≤5	置于夹具上做拉伸试验(结果与设计标准相比)
	2	土工合成材料延伸率	%	≤3	置于夹具上做拉伸试验(结果与设计标准相比)
	3	地基承载力	设计要求		按规定方法
一般项目	1	土工合成材料搭接长度	mm	≥300	用钢尺量
	2	土石料有机质含量	%	≤5	焙烧法
	3	层面平整度	mm	≤20	用2m靠尺
	4	每层铺设厚度	mm	±25	水准仪

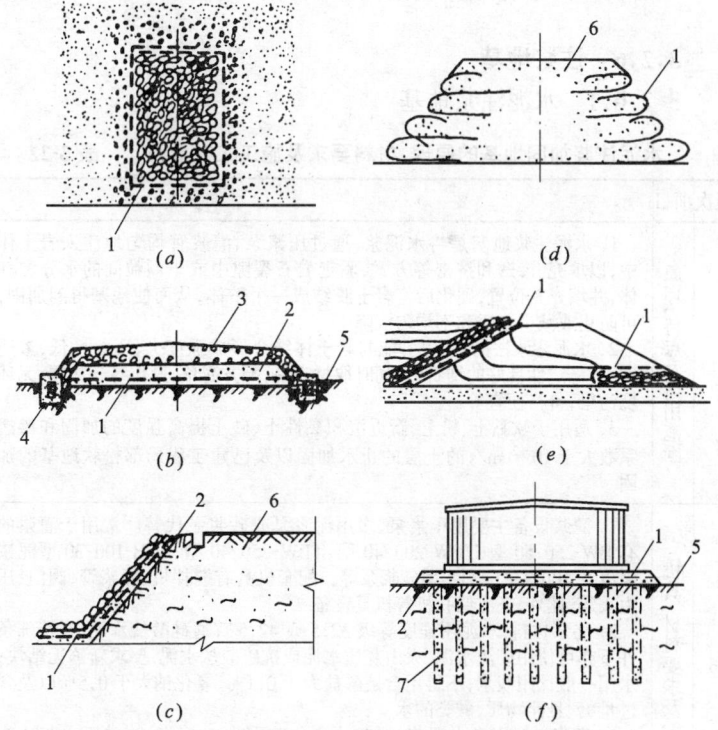

图 3-11 土工织物加固的应用
(a)排水;(b)稳定土基;(c)稳定边坡或护坡;(d)加固路堤;(e)土坝反滤;(f)加速地基沉降
1—土工织物;2—砂垫;3—道渣;4—渗水盲沟;5—软土层;6—填土或填料夯实;7—砂井

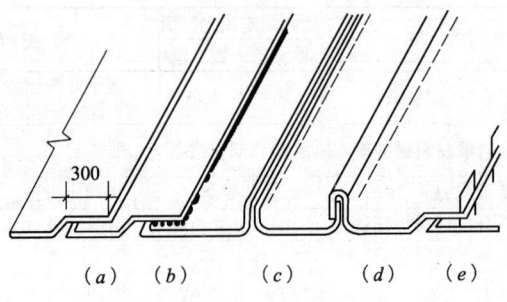

图 3-12 土工织物连接方法
(a)搭接;(b)胶合;(c)、(d)缝合;(e)钉接

3.2.6 注浆地基
3.2.6.1 水泥注浆地基

水泥注浆加固地基的原理、材料要求及施工工艺要点　　表 3-22

项次	项目	要　　　　点
1	原理、特点及适用范围	1. 水泥注浆地基是将水泥浆,通过压浆泵、灌浆管均匀地注入岩土体中,以填充、渗透和挤密等方式,驱走岩石裂隙中或土颗粒间的水分和气体,并填充其位置,硬化后将岩土胶结成一个整体,从而使地基得到加固,可防止或减少渗透和不均匀沉降 2. 水泥注浆法的特点是:能与岩土体结合形成强度大、压缩性低、渗透性小、稳定性良好的结石体;同时取材容易,配方简单,操作易于掌握;无环境污染,价格便宜等 3. 适用于软黏土、粉土、新近沉积黏性土、砂土提高强度的加固和渗透系数大于 10^{-2} cm/s 的土层的止水加固以及已建工程局部松软地基的加固
2	机具、材料要求及配合比	1. 灌浆设备主要用压浆泵,多用泥浆泵或砂浆泵代替。常用于灌浆的有 BW-250/50 型、TBW-200/40 型、TBW-250/40 型、NSB-100/30 型泥浆泵以及 100/15(C-232)型砂浆泵等。配套机具有搅拌机、灌浆管、阀门、压力表等,此外,还有钻孔机等机具设备 2. 注浆材料:水泥用强度等级 32.5 或 42.5 普通硅酸盐水泥;在特殊条件下亦可使用矿渣水泥、火山灰质水泥或抗硫酸盐水泥,要求新鲜无结块;水用一般饮用淡水,不得含有硫酸盐大于 0.1%、氯化钠大于 0.5%以及含过量糖、悬浮物质、碱类的水 3. 灌浆一般用净水泥浆,水灰比变化范围为 0.6~2.0,常用水灰比为 8:1~1:1;要求快凝时,可在水中掺入水泥用量 1%~2%的氯钙或采用快硬性水泥;如要求缓凝时,可掺加水泥用量 0.1%~0.5%的木质素磺酸钙;亦可掺加其他外加剂以调节水泥浆性能。在裂隙或孔隙较大、可灌性好的

3.2 地基处理

续表

项次	项目	要 点
2	机具、材料要求及配合比	地层,可在浆液中掺入适量细砂或粉煤灰,比例为1:0.5~1:3,以节约水泥,使更好的充填,并可减少收缩。对不以提高固结强度为主的松散土层,亦可掺加细粉质黏土配成水泥黏土浆,灰泥比为1:3~8(水泥:土,体积比),可提高浆液的稳定性,防止沉淀和析水,使充填更加密实
3	工艺操作方法及注意事项	1. 水泥注浆的工艺流程为:钻孔→下注浆管、套管→填砂→拔套管→封口→边注浆边拔注浆管→封孔 2. 注浆前,应通过试验确定灌浆段长度、灌浆孔距、灌浆压力等有关技术参数;灌浆段长度在一般地质条件下,多控制在5~6m;在土质严重松散、裂隙发育、渗透性强的情况下,宜为2~4m;灌浆孔距一般不宜大于2.0m,单孔加固的直径范围可按1~2m考虑;孔深视土层加固深度而定;灌浆压力一般为0.3~0.6MPa 3. 灌浆时,先在加固地基中按规定位置用钻机或子钻钻孔至要求深度,孔径一般为55~100mm,并探测地质情况,然后在孔内插入ϕ38~50mm的注浆射管,管底部1.0~1.5m管壁上钻有注浆孔,在射管之外设有套管,在射管与套管之间用砂填塞。地基表面空隙用1:3水泥砂浆或黏土、麻丝填塞,而后拔出套管,用压浆泵将水泥浆压入射管而透入土层孔隙中,水泥浆应连续一次压入不得中断。灌浆先从稀浆开始,逐渐加浓。灌浆次序一般把射管一次沉入整个深度后,自下而上分段连续进行,分段拔管直至孔口为止。灌浆宜间歇进行,第1组孔灌浆结束后,再灌第2组、第3组,直至全部灌完 4. 灌浆完后,拔出灌浆管,留孔用1:2水泥砂浆或细砂砾石填塞密实;亦可用原浆压浆堵口 5. 注浆充填率应根据加固土要求达到的强度指标、加固深度、注浆流量、土体的孔隙率和渗透系数等因素确定。饱和软黏土的一次注浆充填率不宜大于0.15~0.17 6. 注浆加固土的强度具有较大的离散性,加固土的质量检验宜用静力触探法,检测点数应满足有关规范要求
4	质量控制	1. 施工前应检查有关技术文件(注浆点位置、浆液配比、注浆施工技术参数、检测要求等),对有关浆液组成材料的性能及注浆设备也应进行检查 2. 施工中应经常抽查浆液的配比及主要性能指标、注浆的顺序、注浆过程中的压力控制等 3. 施工结束后应检查注浆体强度、承载力等。检查孔数为总量的2%~5%,不合格率大于或等于20%时,应进行第2次注浆。检验应在15d(对砂土、黄土)或60d(对黏性土)进行 4. 水泥注浆地基的质量检验标准如表3-23所示

3 地基与基础工程

水泥(硅化)注浆地基质量检验标准　　表 3-23

项	序	检查项目		允许偏差或允许值		检查方法
				单位	数值	
主控项目	1	原材料检验	水泥	设计要求		查产品合格证书或抽样送检
			注浆用砂:粒径 　　　　　细度模数 　　　　　含泥量及有机物含量	mm % 	<2.5 <2.0 <3	试验室试验
			注浆用黏土:塑性指数 　　　　　　黏粒含量 　　　　　　含砂量 　　　　　　有机物含量	 % % %	>14 >25 <5 <3	试验室试验
			粉煤灰:细度 　　　　烧失量	不粗于同时使用的水泥 %	 <3	试验室试验
			水玻璃:模数	2.5~3.3		抽样送检
			其他化学浆液	设计要求		查产品合格证书或抽样送检
	2	注浆体强度		设计要求		取样检验
	3	地基承载力		设计要求		按规定方法
一般项目	1	各种注浆材料称量误差		%	<3	抽查
	2	注浆孔位		mm	±20	用钢尺量
	3	注浆孔深		mm	±100	量测注浆管长度
	4	注浆压力(与设计参数比)			±10	检查压力表读数

3.2.6.2 硅化注浆地基

硅化注浆加固地基的原理、材料要求及施工工艺要点　　表 3-24

项次	项目	要点
1	原理、特点及适用范围	1. 土的硅化加固法有:压力单液硅化法、压力双液硅化法、电动双液硅化法和加气硅化法 压力单液硅化法,是将水玻璃溶液用泵或压缩空气加压通过注液管压入土中;压力双液硅化法,是将水玻璃与氯化钙溶液轮流压入土中;电动双液硅化法,是在压力双液硅化的基础上,设置电极,通入直流电进行,以扩大溶液的分布半径;加气硅化法是先在土中注入二氧化碳气体,预先使土体活化,然后将水玻璃压入土中,由于水玻璃溶液吸收二氧化碳形成自真空作用,使得水玻璃溶液能够均匀的渗透到土的微孔中,使大部分孔隙被硅胶充填,从而使土的加固效果更为显著 2. 硅化及加气硅化设备工艺简单,机动灵活,易于掌握,可有效地提高地基强度。用单液硅化的黄土,可消除湿陷性,降低压缩性,抗压强度可达 $0.6\sim1.0\text{N/mm}^2$;用双液硅化的砂土,抗压强度可达 $1\sim5\text{N/mm}^2$;

3.2 地基处理

续表

项次	项目	要点
1	原理、特点及适用范围	用加气硅化比用普通单液硅化法加固黄土的强度高 1~2 倍,可有效控制附加下沉,加固土的体积增大 1 倍,水稳定性增大 1~2 倍,水玻璃用量可减少 20%~40%,成本降低 30%左右 3. 土的硅化加固适用范围见表 3-25,但不适用于已被沥青、油脂和石油化合物所浸透的土以及地下水 pH 值大于 9.0 的土
2	机具、材料要求	1. 硅化注浆用的主要机具设备有振动打拔管机(或振动钻或三角架穿心锤)、注浆花管、压力胶管、$\phi42$ 连接钢管、齿轮泵或手摇泵、浆液搅拌机、倒链三角架、贮液罐等 2. 注浆材料:水玻璃,模数宜为 2.5~3.3,不溶于水的杂质含量不得超过 2%,颜色为透明或稍带混浊;氯化钙溶液,pH 值不得小于 5.5~6.0,每 1L 溶液中杂质不得超过 60g,悬浮颗粒不得超过 1%; 硅化所用化学溶液的浓度,可参见表 3-25 规定的密度值采用;二氧化碳采用工业用二氧化碳(压缩瓶装)
3	工艺操作方法及注意事项	1. 施工前应预先在现场进行试验,确定各项参数 2. 施工时,注液管用内径 20~50mm、壁厚 5mm 的带管尖的有孔管,泵和压缩空气以 0.2~0.6N/mm² 的压力,将溶液以 1~5L/min 的速度压入土中。注液管间距为 1.73R,行距 1.5R(图 3-13),R 为每根注液管的加固半径,其值按表 3-26 取用,砂类土每层加固厚度为注液管有孔部分的长度加 0.5R,其他可按试验确定 3. 硅化加固土层以上,应保留 1~1.5m 的不加固土层,以防冒浆 4. 施工程序对均质土层,应按加固层自上而下进行,如土的渗透系数随深度增大,则应自下而上进行。采用压力或电动双液硅化法,溶液灌注程序为:当地下水流速 v 小于 1m/d 时,应先自上而下的灌注水玻璃,然后再自下而上的灌注氯化钙;当 v 为 1~3m/d 时,轮流注水玻璃与氯化钙溶液注入;当 v 大于 3m/d 时,应将水玻璃与氯化钙溶液同时注入,灌注间隔时间应符合表 3-27 规定。灌注次序:采用单液硅化时,溶液应逐排灌注;采用双液硅化时,溶液应先灌注单数排,然后压灌双数排。不同土类灌注速度见表 3-28 5. 注浆溶液的总用量 $Q(L)$ 可按下式确定: $$Q = KVn \cdot 1000$$ 式中 V——硅化土的体积(m³); 　　　n——土的孔隙率; 　　　K——经验系数:对淤泥、黏性土、细砂,$K=0.3~0.5$;中砂、粗砂,$K=0.5~0.7$;砾砂,$K=0.7~1.0$;湿陷性黄土,$K=0.5~0.8$ 采用双液硅化时,两种溶液用量应相等 6. 灌注管成孔用振动打拔管机、振动钻或三角架穿心锤,锤重 25~30kg。电极可用 $\phi22$ 钢筋,用打入法或先钻孔 2~3m,再打入 7. 电动双液硅化是把注浆管作阳极,铁棒作阴极,将水玻璃和氯化钙溶液先后由阳极压入土中,通电后孔隙水由阳极流向阴极,化学溶液也随之渗流分布于土的孔隙中,硬化生成硅胶。要求电压梯度为 0.5~0.75V/cm。不加固土层的注液管应绝缘,注液与通电应连续进行

续表

项次	项目	要点
3	工艺操作方法及注意事项	8.加气硅化工艺与压力单液硅化法基本相同,只在注液前先通过注浆管加气,然后注浆,再加一次气即告完成 9.硅化完毕,用桩架或三角架藉卷扬机或捯链拔管,留下的孔洞,用1:5水泥砂浆或土填塞
4	质量控制	1.硅化地基的检测,砂土和黄土应在施工完15d以后,黏性土应在60d以后进行 2.砂土硅化后的强度,应取试块做无侧限抗压试验,其值不得低于设计强度的90%;黏性土硅化后,应按加固前、后沉降观测变化或使用触探(或标贯)测定加固前后的阻力的变化,以确定加固强度和加固范围 3.用比电阻法测加固体的分布范围 4.硅化注浆地基的质量检验标准如表3-23所示,其他同表3-22质量控制中有关规定

硅化的适用范围及化学溶液的浓度　　表 3-25

硅化方法	土的种类	土的渗透系数(m/d)	溶液的密度($t=18℃$) 水玻璃(模数2.5~3.3)	氯化钙
电动双液硅化	各种土	≤0.1	1.13~1.21	1.07~1.11
压力双液硅化	砂类土和黏性土	0.1~10 10~20 20~30	1.35~1.38 1.38~1.41 1.41~1.44	1.26~1.28
无压或压力单液硅化	湿陷性黄土	0.1~2	1.13~1.25	—
加气硅化	湿陷性黄土、饱和黄土、砂类土、黏性土和素填土	0.1~2	1.09~1.21	—

土的压力硅化加固半径　　表 3-26

土的类型及加固方法	土的渗透系数(m/d)	土的加固半径(m)
砂土压力双液硅化法	2~10 10~20 20~50 50~80	0.3~0.4 0.4~0.6 0.6~0.8 0.8~1.0
湿陷性黄土压力单液硅化法	0.1~0.3 0.3~0.5 0.5~1.0 1.0~2.0	0.3~0.4 0.4~0.6 0.6~0.9 0.9~1.0

向注液管中灌注水玻璃和氯化钙溶液的间隔时间

表 3-27

地下水流速(m/d)	0.0	0.5	1.0	1.5	3.0
最大间隔时间(h)	24	6	4	2	1

注：当加固土的厚度大于5m，且地下水流速小于1m/d，为避免超过上述间隔时间，可将加固的整体沿竖向分成几段进行。

土的渗透系数和灌注速度

表 3-28

土 的 名 称	土的渗透系数 (m/d)	溶液灌注速度 (L/min)
砂 类 土	<1 1~5 10~20 20~80	1~2 2~5 2~3 3~5
湿陷性黄土	0.1~0.5 0.5~2.0	2~3 3~5

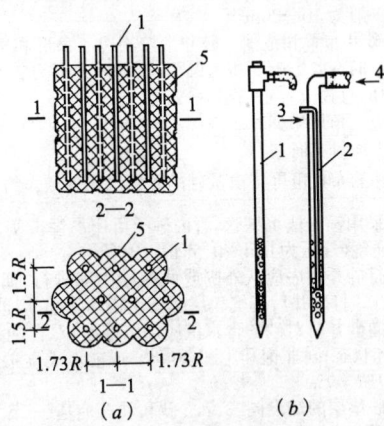

图 3-13 压力硅化注浆管的排列及构造
(a)注浆管的排列与分层加固；(b)注浆管构造
1—单液注浆管；2—双液注浆管；3—第一种溶液；
4—第二种溶液；5—硅化加固区；

3.2.7 预压地基
3.2.7.1 砂井堆载预压地基

砂井堆载预压地基原理、构造、布置及施工要点　表 3-29

项次	项目	要点
1	原理、特点及适用范围	1. 砂井堆载预压地基系在软弱地基中用钢管打孔,灌砂设置砂井作为竖向排水通道,并在砂井顶部设置砂垫层作为水平排水通道,在砂垫层上压载以增加土中附加应力,使土体中孔隙水较快地通过砂井和砂垫层排出(图 3-14),从而加速土体固结,使地基得到加固 2. 砂井堆载预压的特点是:可加速饱和软黏土的排水固结,使沉降及早完成和稳定(下沉速度可加快 2.0~2.5 倍),同时可大大提高地基的抗剪强度和承载力,防止基土滑动破坏;而且施工机具、方法简单,就地取材,不用三材,可缩短施工期限,降低造价 3. 砂井堆载预压地基适用于透水低的饱和软弱黏性土加固;用于机场跑道、油罐、冷藏库、水池、水工结构、道路、路堤、堤坝、码头、岸坡等工程的软弱地基处理;对于泥炭等有机沉积地基则不适用
2	构造和布置	1. 砂井直径和间距　砂井常用直径为 300~600mm;间距一般按经验由井径比 $n = d_e/d_w = 6$~10 确定(d_e 为每个砂井的有效影响范围的直径;d_w 为砂井直径),常用井距为砂井直径的 6~9 倍,一般不应小于 1.5m 2. 砂井长度　从沉降考虑,砂井长度应穿过主要的压缩层。砂井长度一般为 10~20m 3. 砂井布置和范围　砂井常按等边三角形和正方形布置。假设每个砂井的有效影响面积为圆面积,如砂井间距为 l,则等效圆(有效影响范围)的直径 d_e 与 l 的关系如下: 等边三角形排列时　　$d_e = 1.05l$ 正方形排列时　　　　$d_e = 1.13l$ 砂井的布置范围可由基础的轮廓线向外增大约 2~4m
3	工艺操作方法	1. 采用锤击法沉桩管,管内砂子可用吊锤击实,或用空气压缩机向管内通气(气压为 0.4~0.5MPa)压实 2. 打砂井顺序应从外围或两侧向中间进行,如砂井间距较大可逐排进行。打砂井后基坑表层会产生松动隆起,应进行夯实 3. 灌砂井时对砂的含水量应加以控制,对含饱和水的土层,砂可采用饱和状态;对非饱和土和杂填土,或能形成直立孔的土层,含水量可采用 7%~9% 4. 砂垫层的铺设同"3.2.2 砂和砂石地基"一节
4	质量控制	1. 施工前应检查施工监测措施、沉降、孔隙水压力等原始数据,排水设施,砂井(包括袋装砂井)等位置 2. 堆载施工应检查堆载高度、沉降速率 3. 施工结束后应检查地基土的十字板剪切强度、标贯或静压力触探值及要求达到的其他物理力学性能,重要建筑物地基应做承载力检验 4. 砂井堆载预压地基质量标准如表 3-30 所示

3.2 地基处理

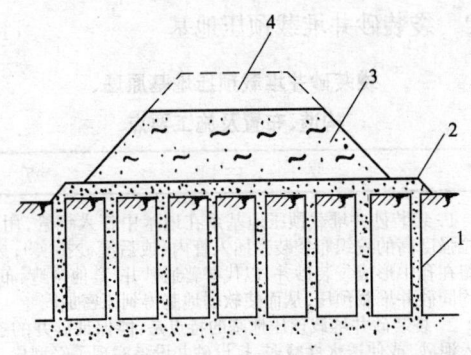

图 3-14 典型的砂井堆载预压地基剖面
1—砂井;2—砂垫层;3—永久性填土;4—临时超载填土

砂井(袋装砂井、塑料排水带)预压地基质量检验标准　　　表 3-30

项	序	检 查 项 目	允许偏差或允许值 单位	允许偏差或允许值 数值	检 查 方 法
主控项目	1	预压载荷	%	≤2	水准仪
主控项目	2	固结度(与设计要求比)	%	≤2	根据设计要求采用不同的方法
主控项目	3	承载力或其他性能指标	设 计 要 求		按规定方法
一般项目	1	沉降速率(与控制值比)	%	±10	水准仪
一般项目	2	砂井或塑料排水带位置	mm	±100	用钢尺量
一般项目	3	砂井或塑料排水带插入深度	mm	±200	插入时用经纬仪检查
一般项目	4	插入塑料排水带时的回带长度	mm	≤500	用钢尺量
一般项目	5	塑料排水带或砂井高出砂垫层距离	mm	≥200	用钢尺量
一般项目	6	插入塑料排水带的回带根数	%	<5	目测

3.2.7.2 袋装砂井堆载预压地基

袋装砂井堆载预压地基原理、构造、布置及施工要点 表 3-31

项次	项目	要点
1	原理、特点及适用范围	1. 袋装砂井堆载预压地基系在地基中打入钢管,用透水性大和抗拉强度高的编织布袋装砂插入管内(或后灌砂捣实),拔出钢管,砂袋留在孔中形成袋装砂井,以代替普通砂井,其他构造、布置及堆载预压均同砂井堆载预压,从而使软弱地基得到压密加固 2. 袋装砂井堆载预压地基的特点是:能保证砂井的连续性,不易混入泥砂,或使透水性减弱;打设砂井设备实现了轻型化,比较适宜于在软弱地基上施工;采用小截面砂井,用砂量大为减少;施工速度快,每班能完成 70 根以上;工程造价低,每 $1m^2$ 地基的袋装砂井费用仅为普通砂井的 50% 左右 3. 适用范围同砂井堆载预压地基
2	构造和布置	1. 袋装砂井的直径一般采用 $7\sim12cm$,间距 $1.5\sim2.0m$,井径比 $15\sim25$ 2. 袋装砂井长度,应较砂井孔长度长 50cm,使能放入井孔内后可露出地面,以使能埋入排水砂垫层中 3. 砂井可按三角形或正方形布置,由于袋装砂井直径小、间距小,因此加固同样土所需设袋装砂井的根数较普通砂井为多,如直径 70mm 袋装砂井按 1.2m 正方形布置,则每 $1.44m^2$ 需打设 1 根;而直径 400mm 的普通砂井,按 1.6m 正方形布置,每 $2.56m^2$ 需打设 1 根,前者打设的根数为后者的 1.8 倍
3	机具、材料要求	1. 袋装砂井打设机械多采用 EHZ-8 型袋装砂井打设机,一次能打设两根砂井,其技术性能见表 3-32;亦可采用各种导管式打设机械,有履带臂架式、步履臂架式、轨道门架式、吊机导架式等打设机械,其技术性能如表 3-33。所用打设钢管的内径宜略大于砂井直径,以减小施工过程中对地基的扰动 2. 袋装砂井的装砂袋,应具有良好的透水、透气性,一定的耐腐蚀、抗老化性能,装砂不易漏失,并有足够的抗拉强度,能承受袋内装砂自重和弯曲所产生的拉力。一般多采用聚丙烯编织布或玻璃丝纤维布、黄麻片、再生布等,其技术性能见表3-34 3. 砂井用砂,宜用中、细砂,含泥量不大于 3%
4	施工工艺程序	1. 袋装砂井施工工艺是:先用振动、锤击或静压方式将井管沉入地下,然后向井管中放入预先装好砂料的圆柱形砂袋,最后拔起井管将砂袋充填在孔中形成砂井。亦可先将管沉入土中放入袋子(下部装少量砂或吊重),然后依靠振动锤的振动灌满砂,最后拔出套管 2. 袋装砂井的施工程序是:定位、整理桩尖(活瓣桩尖或预制混凝土桩尖)→沉入导管、将砂袋放入导管→往管内灌水(减少砂袋与管壁的摩擦力)、拔管

3.2 地基处理

续表

项次	项目	要点
5	注意事项和质量控制	1. 定位要准确,砂井要有较好的垂直度,以确保排水距离与理论计算一致 2. 袋中装砂宜用风干砂,不宜用湿砂,以避免干燥体积缩小,导致袋装砂井缩短与排水垫层不搭接等质量事故 3. 确定袋装砂井施工长度时,应考虑袋内砂体体积减小、袋装砂井在井内的弯曲、超深以及伸入水平排水层的长度要求等,防止袋装砂全部沉入孔内,造成顶部与排水垫层不连接而影响排水效果 4. 聚丙烯编织袋,在施工时应避免太阳暴晒老化。砂袋入口处的导管口应装设滚轮,下放砂袋要仔细,防止砂袋破损漏砂 5. 施工中要经常检查桩尖与导管口的密封情况,避免管内进泥过多,造成井阻,影响加固深度 6. 质量控制同砂井堆载预压地基

EHZ-8 型袋装砂井打设机主要技术性能　　表 3-32

项次	项目		性能
1	起重机型号		W501
2	直接接地压力	(kPa)	94
3	间接接地压力	(kPa)	30
4	振动锤激振力	(kN)	86
5	激振频率	(r/min)	960
6	外形尺寸	(cm)	长 640×宽 285×高 1850
7	每次打设根数	(根)	2
8	最大打设深度	(m)	12.0
9	打设砂井间距	(cm)	120、140、160、180、200
10	成孔直径	(cm)	12.5
11	置入砂袋直径	(cm)	7.0
12	施工效率(根/台班)		66~80
13	适用土质		淤泥、粉质黏土、黏土、砂土、回填土

注:需铺设 50cm 厚砂垫层。

各种常用打设机械性能表　　表 3-33

打设机械型号	行进方式	打设动力	整机重 (t)	接地面积 (m^2)	接地压力 (kN/m^2)	打设深度 (m)	打设效率 (m/台班)
SSD20 型	宽履带	振动锤	34.5	35.0	10	20	1500
IJB-16	步履	振动锤	15.0	3.0	50	10~15	1000
	门架轨道	振动锤	18.0	8.0	23	10~15	1000
	履带吊机	振动锤	—	—	>100	12	1000

砂袋材料技术性能和折算单价 表 3-34

砂袋材料	折算单价(元/m)	渗透性(cm/s)	抗拉试验			弯曲180°试验		破坏情况
			标距(m)	伸长率(%)	抗拉强度(kPa)	弯心直径(cm)	伸长率(%)	
聚丙烯编织袋	0.30~0.50	>1×10⁻²	20	25.0	1700	7.5	23	完整
玻璃丝纤维布	0.26	—	20	3.1	940	7.5	—	未到180°折断
黄麻片	0.41	>1×10⁻²	20	5.5	1920	7.5	4	完整
再生白布	0.45	—	20	15.5	450	7.5	10	完整

3.2.7.3 塑料排水带预压地基

塑料排水带堆载预压地基原理、材料要求及施工要点 表 3-35

项次	项目	要 点
1	原理、特点及适用范围	1. 塑料排水带堆载预压地基，是将带状塑料排水带用插板机将其插入软弱土层中，组成垂直和水平排水体系，然后在地基表面堆载预压，土层中孔隙水沿塑料带的沟槽上升溢出地面，从而加速软弱地基的沉降过程，使地基得到加密和加固(图 3-15) 2. 塑料排水带堆载预压地基的特点是：板带单孔过水面积大，排水畅通；排水带质量轻，强度高，耐久性好，其排水沟槽截面不易因受土压力作用而压缩变形；施工用机械埋设，效率高，运输省，管理简单；特别用于大面积超软弱地基土上进行机械化施工，可缩短地基加固周期；加固效果与袋装砂井相同，承载力可提高 70%~100%，经 100d，固结度可达到 80%；加固费用比袋装砂井节省 10% 3. 适用范围同砂井堆载预压地基
2	材料要求	1. 塑料排水带由芯带和滤膜组成。芯带是由聚丙烯和聚乙烯塑料加工而成两面有间隔沟槽的带体，土层中的固结渗流水通过滤膜渗入到沟槽内，并通过沟槽从排水垫层中排出。排水带的厚度和性能应符合表3-36和表3-37的要求，国内常用塑料排水带的类型及性能见表3-38 2. 塑料排水带的排水性能主要取决于截面周长，而很少受其截面积的影响。塑料排水带设计时，把塑料排水带换算成相当直径的砂井，根据两种排水体与周围土接触面积相等的原理，换算直径 d_p 可按下式计算： $$d_p = \frac{2(b+\delta)}{\pi}$$ 式中 b——塑料排水带宽度(mm)； δ——塑料排水带厚度(mm)

3.2 地基处理

续表

项次	项目	要点
3	机具设备	1. 主要设备为插带机,基本上可与袋装砂井打设机共用,只需将圆形导管改为矩形导管。插带机构造如图 3-16 所示,每次可同时插设塑料排水带两根,其技术性能见表3-39 2. 插板亦可采用国内常用打设机械,其振动打设工艺、锤击振动力大小,可根据每次打设根数、导管截面大小、入土长度及地基均匀长度确定。对一般均匀软黏土地基,振动锤激振力可参见表3-40 选用
4	施工工艺方法及注意事项	1. 打设塑料排水带的导管有圆形和矩形两种,其管靴也各异,一般采用桩尖与导管分离设置。桩尖常用形式有图 3-17 所示三种 2. 塑料排水带打设程序是:定位→将塑料排水带通过导管从管下端穿出→将塑料带与桩尖连接贴紧管下端并对准桩位→打设桩管插入塑料排水带→拔管、剪断塑料排水带。工艺流程如图 3-18 3. 塑料排水带在施工过程中应注意以下几点: (1)塑料带滤水膜在转盘和打设过程中应避免损坏,防止淤泥进入带芯堵塞输水孔,影响塑料带排水效果 (2)塑料带与桩尖锚碇要牢固,防止拔管时脱离,将塑料带拔出。打设时应严格控制间距和深度,如塑料带拔起超过 2m 以上,应进行补打 (3)桩尖平端与导管下端要连接紧密,防止错缝,以免在打设过程中淤泥进入导管,增加对塑料带的阻力,或将塑料带拔出 (4)塑料带接长时,为减小带与导管的阻力,应采用在滤水膜内平搭接的连接方法,搭接长度应在 20mm 以上,以保证输水畅通和有足够的搭接强度
5	质量控制	1. 施工前应检查施工监测措施、沉降、孔隙水压力等原始数据、排水措施、塑料排水带的位置等。塑料排水带必须符合表 3-36、表 3-37 质量要求 2. 堆载施工应检查堆载高度、沉降速度 3. 施工结束后应检查地基土的十字板剪切强度,标贯或静力触探值及要求达到的其他物理力学性能,重要建筑物应做承载力检验 4. 塑料排水带堆载预压地基质量标准如表 3-30 所示

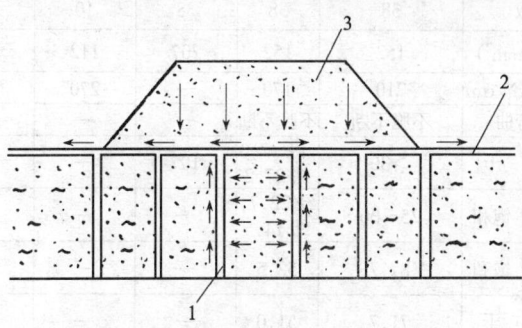

图 3-15 塑料排水带堆载预压地基

1—塑料排水带;2—土工织物;3—堆载

不同型号塑料排水带的厚度(mm)　　表 3-36

型　号	A	B	C	D
厚　度	>3.5	>4.0	>4.5	>6

塑料排水带的性能　　表 3-37

项　目		单位	A型	B型	C型	条　件
纵向通水量		cm^3/s	≥15	≥25	≥40	侧压力
滤膜渗透系数		cm/s	≥5×10^{-4}			试件在水中浸泡 24h
滤膜等效孔径		μm	<75			以 D_{98} 计,D 为孔径
复合体抗拉强度(干态)		kN/10cm	≥1.0	≥1.3	≥1.5	延伸率 10% 时
滤膜抗拉强度	干态	N/cm	≥15	≥25	≥30	延伸率 10% 时
	湿态		≥10	≥20	≥25	延伸率 15% 时,试件在水中浸泡 24h
滤膜重度		N/m^2	—	0.8		

注:1.A 型排水带适用于插入深度小于 15m。
　　2.B 型排水带适用于插入深度小于 25m。
　　3.C 型排水带适用于插入深度小于 35m。

国内常用塑料排水带性能　　表 3-38

指标项目	类型	TJ-1	SPB-1	Mebra	日本大林式	Alidrain
截面尺寸 (mm)		100×4	100×4	100×3.5	100×1.6	100×7
材料	带芯	聚乙烯、聚丙烯	聚氯乙烯	聚乙烯	聚乙烯	聚乙烯或聚丙烯
	滤膜	纯涤纶	混合涤纶	合成纤维质	—	
纵向沟槽数		38	38	38	10	无固定通道
沟槽面积(mm^2)		152	152	207	112	180
带芯	抗拉强度(N/cm)	210	170	—	270	—
	180°弯曲	不脆不断	不脆不断			
滤膜	抗拉强度(N/cm) 干	>30	经 42,纬 27.2	107	—	—
	抗拉强度(N/cm) 饱和	25~30	经 22.7,纬 14.5			57
	耐破度(N/cm) 饱和	87.7	52.5			54.9
	耐破度(N/cm) 干	71.7	51.0			
渗透系数(cm/s)		1×10^{-2}	4.2×10^{-4}	—	1.2×10^{-2}	3×10^{-4}

3.2 地基处理

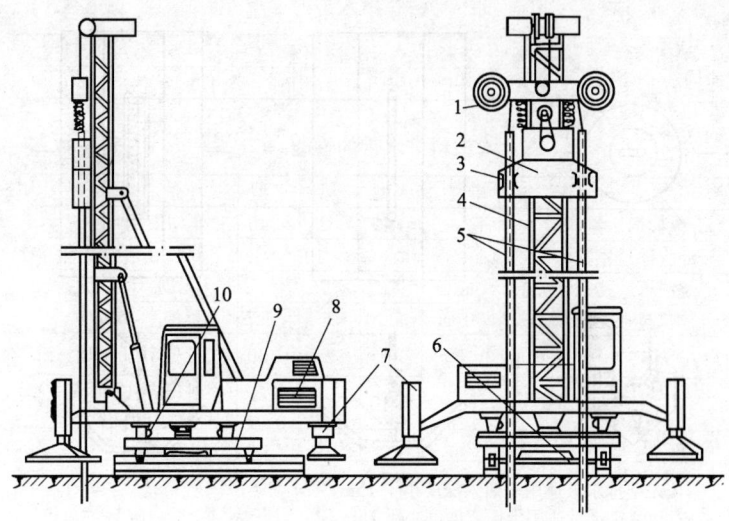

图 3-16 IJB-16 型步履式插带机
1—塑料带及其卷盘；2—振动锤；3—卡盘；4—导架；5—套杆；
6—履靴；7—液压支腿；8—动力设备；9—转盘；10—四转轮

插带机性能　　　　　　　　　　　　表 3-39

类　　型	IJB-16 型	频率(次/min)	670
工作方式	液压步履式行走,电力液压驱动振动下沉	液压卡夹紧力(kN) 插板深度(m)	160 10
外形尺寸(mm)	7600×5300×15000	插设间距(m)	1.3、1.6
总重量(t)	15	插入速度(m/min)	11
接地压力(kPa)	50	拔出速度(m/min)	8
振动锤功率(kW)	30	效率(根/h)	18 左右
激振力(kN)	80、160		

振动锤激振力参考值　　　　　　　　表 3-40

长　度(m)	导管直径(cm)	振动锤激振力(kN)	
		单　管	双　管
>10	130～146	40	80
10～20	130～146	80	120～160
>20	—	120	160～220

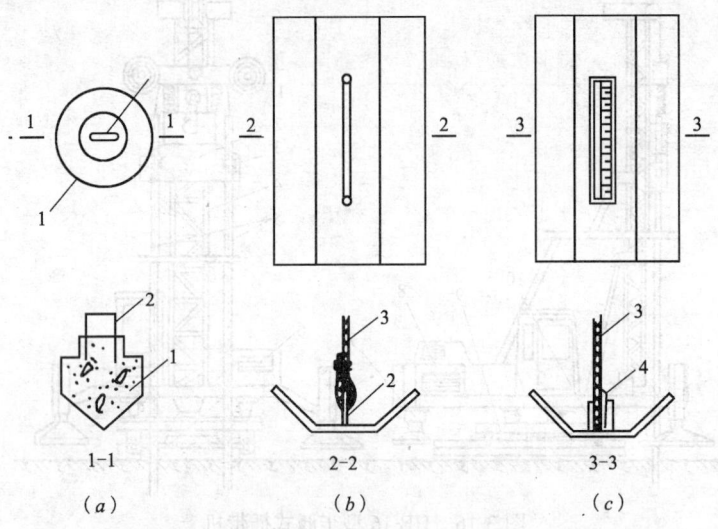

图 3-17 塑料排水带用桩尖形式
(a)混凝土圆形桩尖;(b)倒梯形桩尖;(c)楔形固定桩尖
1—混凝土桩尖;2—塑料带固定架;3—塑料排水带;4—塑料楔

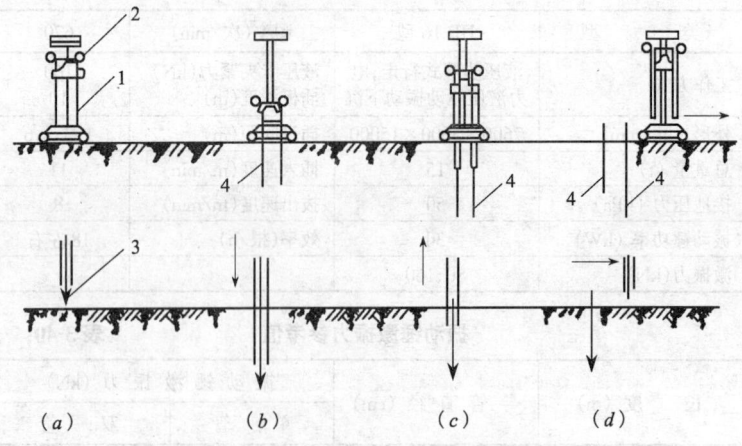

图 3-18 塑料排水带插带工艺流程
(a)准备;(b)插设;(c)上拔;(d)切断移动
1—套杆;2—塑料带卷筒;3—钢靴;4—塑料排水带

3.2 地基处理

3.2.8 振冲地基

振冲法加固地基材料、机具要求及施工要点 表 3-41

项次	项目	要点
1	原理、材料要求、特点及适用范围	1. 振冲法是利用振冲器在土中形成振冲孔,并在振动冲水过程中填以砂、碎石等材料,借振冲器的水平及垂直振动,振密填料形成砂石桩体(亦称碎石桩法)与原地基构成复合地基,提高地基的承载力,是一种快速经济有效地加固地基的方法 2. 骨料可采用坚硬不受侵蚀影响的砾石、碎石、卵石、粗砂或矿渣等,粒径可以 5～50mm 较合适,含泥量不宜大于 10%,不得含有杂质和土块 3. 振冲桩加固地基可节省三材,施工简单,加固期短,可因地制宜,就地取材,用碎石、卵石、砂、矿渣等填料,费用低廉 4. 适于加固松散砂土地基,对黏性土和人工填土地基经试验证明加固有效时,方可使用;对于粗砂土地基,可利用振冲器的振动和水冲过程,使砂土结构重新排列挤密,而不必另加砂石填料(称振冲挤密法)
2	施工机具设备	1. 振冲器为一类似插入式混凝土振捣器的设备,其型号规格性能见表 3-42,其构造示意如图 3-19 2. 起重设备采用 80～150kN 履带式起重机或自制起重机具 3. 水泵,要求流量 20～30m^3/h,水压 0.6～0.8N/mm^2 4. 控制设备包括:控制电流操作台,150A 以上电流表,500V 电压表以及供水管道、加料设备(吊斗或翻斗车)
3	施工工艺操作方法	1. 施工前应先进行振冲试验,以确定成孔施工合适的水压、水量、成孔速度及填料方法,达到土体密实度时的密实电流值和留振时间等 2. 振冲施工工艺如图 3-20,先按图定位,然后振冲器对准孔点以 1～2m/min 的速度沉入土中,每沉入 0.5～1.0m,在该段高度悬留振冲 5～10s 进行扩孔,待孔内泥浆溢出时再继续沉入,使形成 0.8～1.2m 的孔洞,当下沉达到设计深度时,留振并减少射水压力(一般保持 0.1N/mm^2),以便排除泥浆进行清孔。亦可将振冲器以 1～2m/min 的均速沉至设计深度以上 30～50cm,然后以 3～5m/min 的均速提出孔口,再用同法沉至孔底,如此反复 1～2 次,达到扩孔目的 3. 成孔后应即往孔内加料,把振冲器沉入孔内的填料中进行振密,至密实电流值达到规定值为止。如此提出振冲器、加料、沉入振冲器振密,反复进行直至桩顶,每次加料高度为 0.5～0.8m。在砂性土中制桩时,亦可采用边振边加料的方法 4. 在振密过程中,宜小水量的喷水补给,以降低孔内泥浆密度,有利于填料下沉,便于振捣密实 5. 振冲造孔顺序方法可按表 3-43 选用

3 地基与基础工程

续表

项次	项目	要点
4	质量控制	1. 施工前应检查振冲器的性能；电流表、电压表的准确度，填料的性能 2. 施工中应检查密实电流、供水压力、供水量、填料量、孔底留振时间、振冲点位置、振冲施工参数等(施工参数由振冲试验或设计确定) 3. 施工结束后，应在有代表性的地段做地基强度(标准贯入、静力触探)或地基承载力(单桩静荷载或复合地基静载)检验 4. 振冲施工结束后，除砂土地基外，应间隔一定时间方可进行质量检验。对黏性土地基，间隔时间为 3~4 周；对粉土地基为 2~3 周 5. 振冲地基质量标准如表 3-44 所示

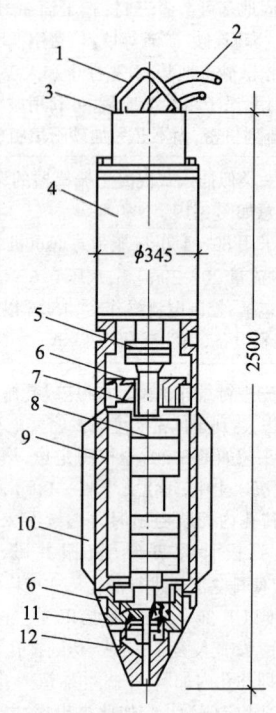

图 3-19 振冲器构造

1—吊具；2—水管；3—电缆；
4—电机；5—联轴器；6—轴；
7—轴承；8—偏心块；9—壳体；
10—翅片；11—头部；12—水管

3.2 地基处理

振冲器技术性能 表 3-42

类 别		型 号			
		ZCQ13	ZCQ30	ZCQ55	BL-75
潜水电机	功 率 (kW)	13	30	55	75
	转 速 (r/min)	1450	1450	1450	1450
	额定电流 (A)	25.2	60	100	150
振动机体	振动频率 (r/min)	1450	1450	1450	—
	不平衡部分重量 (kg)	31	66	104	—
	偏心距 (cm)	5.2	5.7	8.2	—
	动力矩 (N·cm)	1461	3775	8345	—
	振动力 (N)	34321	88254	196120	—
	振幅(自由振动时) (mm)	2.0	4.2	5.0	7.0
	加速度(自由振动时) $g(m/s^2)$	4.5	9.9	11.0	—
振动体直径 (mm)		274	351	450	436
长 度 (mm)		2000	2150	2359	3000
总 重 量 (kg)		780	940	1800	2050

注:g 为重力加速度。

振冲造孔方法的选择 表 3-43

造孔方法	步 骤	优 缺 点
排孔法	由一端开始依次逐步造孔到另一端结束	易于施工且不易漏掉孔位。但当孔位较密时,后打的桩易发生倾斜和位移
跳打法	同一排孔采取隔一孔造一孔	先后造孔影响小,易保证桩的垂直度。但要防止漏掉孔位,并应注意桩位准确
围幕法	先造外围 2~3 圈(排)孔,然后造内圈(排),采用隔圈(排)造一圈(排)或依次向中心区造孔	能减少振冲能量的扩散,振密效果好,可节约桩数 10%~15%,大面积施工常采用此法。但施工时应注意防止漏掉孔位和保证其位置准确

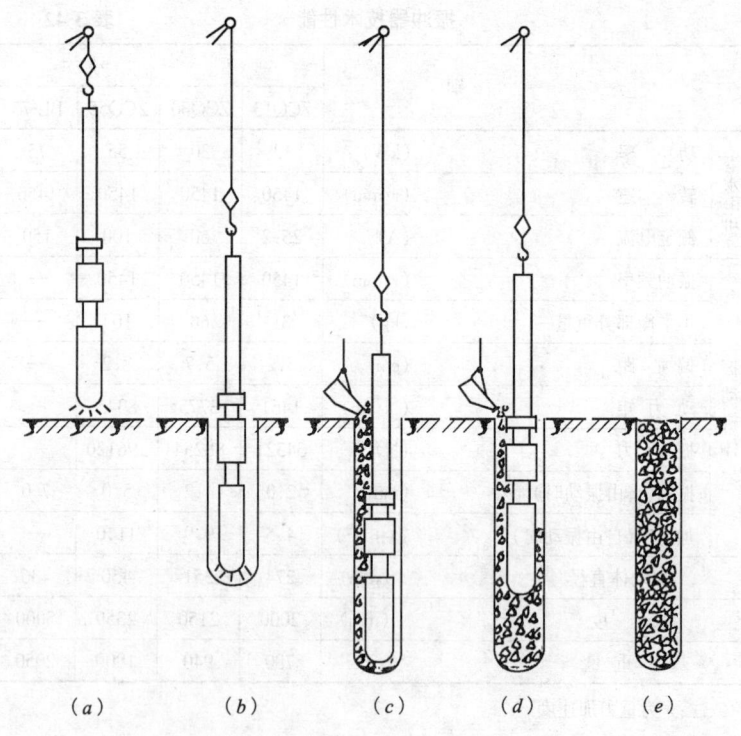

图 3-20 振冲碎石桩施工工艺流程
(a)定位;(b)振冲下沉;(c)振冲至设计标高并下料;
(d)边振边下料边上提;(e)成桩

振冲地基质量检验标准　　　　表 3-44

项	序	检查项目	允许偏差或允许值		检查方法
			单位	数值	
主控项目	1	填料粒径	设计要求		抽样检查
	2	密实电流(黏性土) 密实电流(砂性土或粉土) (以上为功率 30kW 振冲器) 密实电流(其他类型振冲器)	A A A_0	50~55 40~50 1.5~2.0	电流表读数 电流表读数,A_0 为空振电流
	3	地基承载力	设计要求		按规定方法

续表

项	序	检查项目	允许偏差或允许值 单位	允许偏差或允许值 数值	检查方法
一般项目	1	填料含泥量	%	<5	抽样检查
一般项目	2	振冲器喷水中心与孔径中心偏差	mm	≤50	用钢尺量
一般项目	3	成孔中心与设计孔位中心偏差	mm	≤100	用钢尺量
一般项目	4	桩体直径	mm	<50	用钢尺量
一般项目	5	孔深	mm	±200	量钻杆或重锤测

3.2.9 水泥土(深层)搅拌桩地基

深层搅拌法加固地基原理、机具设备及施工要点 表3-45

项次	项目	要点
1	原理、特点及适用范围	1. 水泥土深层搅拌加固地基是利用水泥(石灰)等材料作为固化剂,通过深层搅拌机,在地基深部,就地将软土和固化剂(浆体或粉体)强制拌合,利用固化剂和软土发生一系列物理-化学反应,使凝结成具有整体性、水稳性和较高强度的水泥加固体,与天然地基形成复合地基 2. 深层搅拌加固地基具有加固过程中无振动、无噪声,对环境无污染,按建筑要求可采用柱状、壁状和块状等加固形式,对土体无侧向挤压,对邻近建筑物影响很小,以及可提高地基强度(当水泥掺量为8%和10%时,加固体强度分别为0.24N/mm² 和0.65N/mm²,而天然地基强度仅0.006N/mm²),同时施工期较短,造价较低,效益较显著等特点 3. 适于加固较深、较厚的饱和黏土和软黏土、沼泽地带的泥炭土、粉质黏土和淤泥质土等。多用于墙下条形基础、大面积堆料厂房地基、深基础开挖时,防止坑壁及边坡塌滑、坑底隆起,以及作地下防渗墙等工程上
2	机具及材料要求	1. 机具设备包括深层搅拌机、水泥制配系统、起重机、导向设备及提升速度控制设备等。深层搅拌机有中心管喷浆方式的SJB-1型搅拌机和叶片喷浆方式的GZB-600型搅拌机两类;SJB-1型深层搅拌是双搅拌轴中心管输浆的水泥搅拌专用机械,制成的桩外形呈"8"字形(纵向最大处1.3m,横向最大处0.8m),其外形和构造如图3-21(a)所示,其技术性能见表3-46,其配套设备见图3-22,主要有:灰浆搅拌机共两台各200L,轮流供料,集料斗(容积0.4m³)、HB6-3型灰浆泵、电气控制柜等 GZB-600型深层搅拌机是利用进口钻机改装的单搅拌轴、叶片喷浆方式的搅拌机,其外形和构造如图3-21(b)所示,其技术性能见表3-47,其配套设备见图3-23,主要有PMZ-15型灰浆计量配料装置。由灰浆搅拌机两台(容积各为500L)、集料斗(容积0.18m³)、灰浆泵组成以及电磁流量计等 2. 深层加固软土的水泥用量一般为加固体重的7%~15%,每加固1m³土体掺入水泥约110~160kg;如用水泥砂浆作固化剂,其配合比为1:1~2(水泥:砂),为增强流动性,可掺入水泥重量的0.2%~0.25%的木质素磺酸钙,1%的硫酸钠和2%的石膏,水灰比0.43~0.50,水泥砂浆稠度为11~14cm

续表

项次	项目	要点
3	操作工艺方法及注意事项	1. 深层搅拌法的施工工艺流程如图 3-24。施工程序是：深层搅拌机定位→预搅下沉→制配水泥浆→提升喷浆搅拌→重复上、下搅拌→清洗→移至下一根桩位，重复以上工序 2. 施工时，先将深层搅拌机用钢丝绳吊挂在起重机上，用输浆胶管将贮料罐砂浆泵同深层搅拌机接通，开动电机，搅拌机叶片相向而转，借设备自重，以 0.38～0.75m/min 速度沉至要求的加固深度，再以 0.3～0.5m/min 的均匀速度提起搅拌机，与此同时开动砂浆泵，将砂浆从搅拌机中心管不断压入土中，由搅拌叶片将水泥浆与深层处的软土搅拌，边搅拌边喷浆直至提升到地面（近地面开挖部分可不喷浆，以便于挖土），即完成一次搅拌过程。用同法再一次重复搅拌下沉和重复搅拌喷浆上升，即完成一根柱状加固体，外形呈"8"字形，一根接一根搭接即成壁状加固体，相接宽度应大于100mm，几个壁状加固体连成一片，即成块体 3. 施工中要控制搅拌机的提升速度，使连续匀速，以控制注浆量，保证搅拌均匀 4. 每天加固完毕，应用水清洗贮料罐、砂浆泵、深层搅拌机及相应管道，以备再用
4	质量控制	1. 施工前应检查水泥及外加剂的质量、桩位、搅拌机工作性能、各种计量设备（水泥流量计及其他计量装置）完好程度 2. 施工中应检查机头提升速度、水泥浆或水泥注入量、搅拌桩的长度及标高 3. 施工结束后应检查桩体强度、桩体直径及地基承载力 4. 进行强度检验时，对承重水泥土搅拌桩应取 90d 后的试件；对支护水泥土搅拌桩应取 28d 后的试件，试件可钻孔取芯，或采用其他规定方法取样 5. 对不合格的桩应根据其位置和数量等具体情况，分别采取补桩或加强邻桩等措施 6. 水泥土（深层）搅拌桩地基质量检验标准如表 3-48 所示

SJB-1 型深层搅拌机技术性能　　表 3-46

项目	性能	规格	项目	性能	规格
搅拌机	搅拌轴数量（根）	2	固化剂制备系统	灰浆拌制机台数×容量(L)	2×200
	搅拌叶片外径(mm)	700～800		灰浆泵输送量(m³/h)	3
	搅拌轴转数(r/min)	46		灰浆泵工作压力(kPa)	1500
	电机功率(kW)	2×30		集料斗容量(m³)	0.4
起吊设备	提升力(N)	大于 9.8×10³	技术指标	一次加固面积(m²)	0.71×0.88
	提升高度(m)	大于 14		最大加固深度(m)	10
	提升速度(m/min)	0.2～1.0		效率(m/台·班)	40
	接地压力(kPa)	60		总重(不包括吊车)(t)	4.5

3.2 地基处理

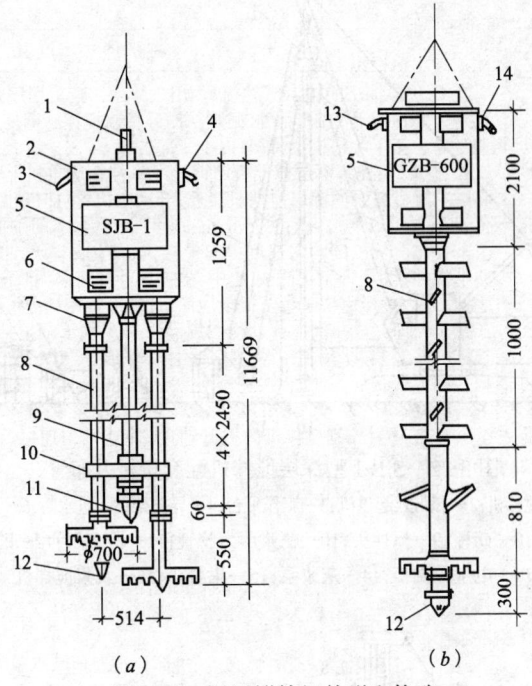

（a）　　　　　　　　（b）

图 3-21　深层搅拌机外形和构造

（a）SJB-1 型深层搅拌机；（b）GZB-600 型深层搅拌机

1—输浆管；2—外壳；3—出水口；4—进水口；5—电动机；
6—导向滑块；7—减速器；8—搅拌轴；9—中心管；
10—横向系板；11—球形阀；12—搅拌头；
13—电缆接头；14—进浆口

GZB-600 型深层搅拌机技术性能　　　　表 3-47

项目	性　　能	规格	项目	性　　能	规格
搅拌机	搅拌轴数量（根）	1	固化剂制备系统	灰浆拌制机台数×容量（L）	2×500
	搅拌叶片外径（mm）	600		泵输送量（L/min）	281
	搅拌轴转数（r/min）	50		工作压力（kPa）	1400
	电机功率（kW×台数）	30×2		集料斗容量（L）	180
起吊设备	提升力（kN）	150	技术指标	一次加固面积（m²）	0.283
	提升速度（m/min）	0.6~1.0		最大加固深度（m）	10~15
	提升高度（m）	14		加固效率（m/台·班）	60
	接地压力（kPa）	60		总重（t）（不包括起吊设备）	12

157

3 地基与基础工程

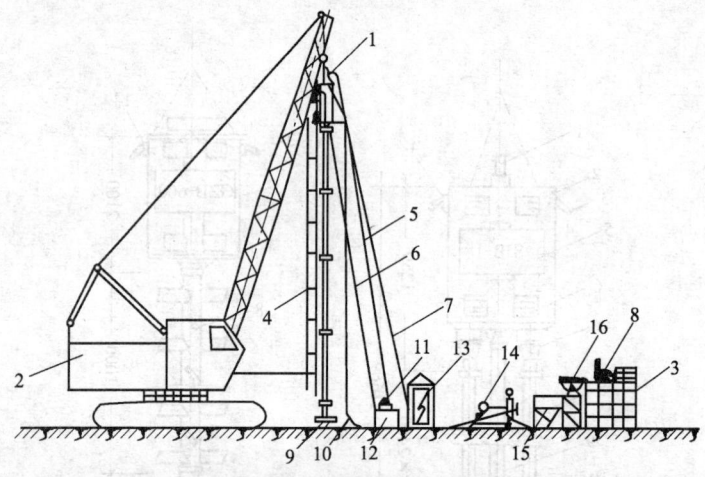

图 3-22 SJB-1 型深层搅拌机配套机械及布置
1—深层搅拌机;2—履带式起重机;3—工作平台;4—导向架;5—进水管;6—回水管;
7—电缆;8—磅秤;9—搅拌头;10—输浆压力胶管;11—冷却泵;12—贮水池;
13—电气控制柜;14—灰浆泵;15—集料斗;16—灰浆搅拌机

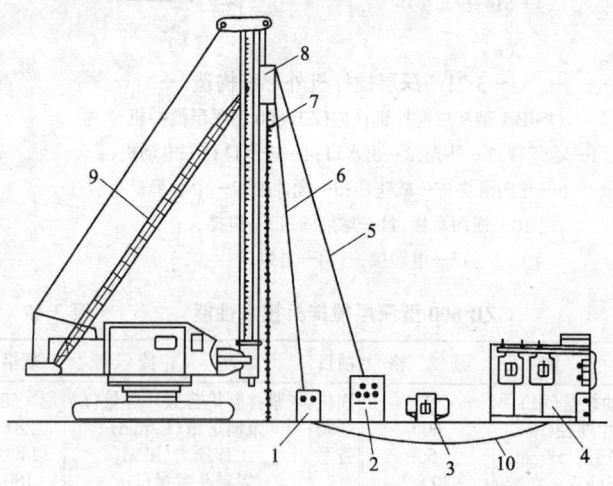

图 3-23 GZB-600 型深层搅拌机配套机械
1—流量计;2—控制柜;3—低压变压器;4—PMZ-15 泵送装置;5—电缆;
6—输浆胶管;7—搅拌轴;8—搅拌机;9—打桩机;10—管道

3.2 地基处理

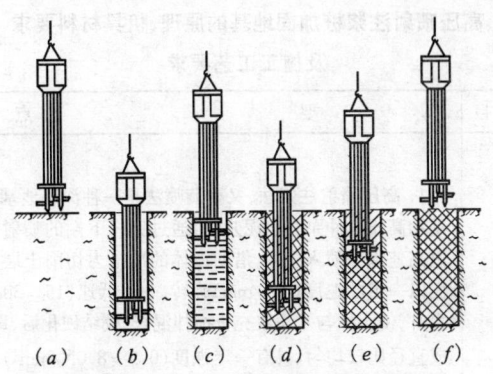

图 3-24 水泥土(深层)搅拌桩工艺流程
(a)定位下沉;(b)沉入到设计深度;(c)喷浆搅拌提升;
(d)原位重复搅拌下沉;(e)重复搅拌提升;(f)加固成桩

水泥土搅拌桩地基质量检验标准 表 3-48

项	序	检查项目	允许偏差或允许值		检查方法
			单位	数值	
主控项目	1	水泥及外掺剂质量		设计要求	查产品合格证书或抽样送检
	2	水泥用量		参数指标	查看流量计
	3	桩体强度		设计要求	按规定办法
	4	地基承载力		设计要求	按规定办法
一般项目	1	机头提升速度	m/min	≤0.5	量机头上升距离及时间
	2	桩底标高	mm	±200	测机头深度
	3	桩顶标高	mm	+100 −50	水准仪(最上部 500mm 不计入)
	4	桩位偏差	mm	<50	用钢尺量
	5	桩 径		<0.04D	用钢尺量,D 为桩径
	6	垂 直 度	%	≤1.5	经纬仪
	7	搭 接	mm	>200	用钢尺量

3.2.10 高压喷射注浆桩地基

高压喷射注浆桩加固地基的原理、机具材料要求及施工工艺要求　　表 3-49

项次	项目	要点
1	原理、特点及适用范围	1. 高压喷射注浆法，又称旋喷法是一种深层地基处理方法，它是用高压脉冲泵将水泥浆液，通过钻杆下端的喷射装置，向四周以高速水平喷入土体，借助液体的冲击力切削土层，同时钻杆一面以一定的速度(20r/min)旋转，一面低速(15～30cm/min)徐徐提升，使土体与水泥浆充分搅拌混合，胶结硬化后，即在地基中形成直径比较均匀、具有一定强度($0.5\sim8.0N/mm^2$)的圆柱体(称为旋喷桩)，从而使地基得到加固。旋喷法又分为单独喷射浆液的单管法(成桩直径0.3～0.8m)，浆液和压缩空气同时喷射的二重管法(成桩直径1.0m左右)，浆液、压缩空气和水同时喷射的三重管法(成桩直径1.0～2.0m)三种 2. 旋喷法加固地基具有可提高地基的抗剪强度，改善土的变形性质，使在上部结构荷载的作用下，不产生破坏和较大沉降；它能利用小直径钻孔旋喷成比孔大8～10倍的大直径固结体；可用于任何软弱土层，可控制加固范围，可旋喷成各种形状桩体，并适于已有建筑物的地基加固而不扰动附近土体等特点，同时具有设备较简单轻便、噪声和振动小、施工速度快、机械化程度高、用途广、成本低等优点 3. 适于砂土、黏性土、淤泥、湿陷性黄土及人工填土等的地基加固；旋喷桩用作帷幕，形成地下连续墙，可以阻截地下水和防止流砂，还可用于深基础开挖，防止基坑隆起或减轻支撑的水平压力等，同时可用于基础的补强和处理建筑物的不均匀沉降等
2	机具及材料要求	1. 旋喷法主要机具设备包括：高压泵、钻机、浆液搅拌器等；辅助设备包括：纵控制系统、高压管路系统、材料储存系统以及各种管材、阀门、接头、安全设施等。旋喷法施工常用主要机具设备和规格、技术性能见表3-50 2. 旋喷使用的水泥应采用新鲜的无结块的32.5级普通水泥。一般泥浆水灰比为1:1～1.5:1，为消除离析，一般再加入水泥用量3%的陶土、0.9‰的碱

3.2 地基处理

续表

项次	项目	要点
3	工艺操作要点及注意事项	1. 旋喷法施工工艺流程如图 3-25 所示 2. 施工前先进行场地平整,挖好排浆沟,做好钻机定位。要求钻机安放保持水平,钻杆保持垂直,其倾斜度不得大于 1.5% 3. 单管法和二重管法可用旋喷射水成孔至设计深度后,再一边提升,一边进行旋喷。三重管法施工,须预先用钻机或振动打桩机钻成直径 100～200mm 的孔,然后将三重旋喷管插入孔内,由下而上进行旋喷 4. 在插入旋喷管前,先检查高压水与空气喷射情况,各部位密封圈是否封闭,插入后先做高压水射水试验,合格后方可喷射浆液。如因塌孔插入困难时,可用低压(0.1～2N/mm²)水冲孔喷下,但须把高压水喷嘴用塑料布包裹,以免泥土堵塞 5. 喷嘴直径、提升速度、旋喷速度、喷射压力、排量等旋喷参数见表 3-51,或根据现场试验确定 6. 喷射时,应达到预定的喷射压力、喷浆量后,再逐渐提升旋喷管。中间发生故障时,应停止提升和旋喷,以防桩体中断,同时立即进行检查,排除故障;如发现有浆液喷射不足,影响桩体的设计直径时,应进行复核 7. 桩喷浆量 Q(L/根)可按下式计算: $$Q = \frac{H}{v}q(1+\beta)$$ 式中 H——旋喷长度(m); v——旋喷管提升速度(m/min); q——泵的排浆量(L/min); β——浆液损失系数,一般取 0.1～0.2 旋喷过程中冒浆量应控制在 10%～25% 之间 8. 喷到标高后,提出旋喷管,用清水冲洗管路,防止凝固堵塞。相邻两桩施工间隔时间应不小于 48h,间距亦不得小于 4～6m
4	质量控制	1. 施工前应检查水泥、外加剂等的质量,桩位,压力表,流量表的精度和灵敏度,高压喷射设备的性能等 2. 施工中应检查施工参数(压力、水泥浆量、提升速度、旋转速度等)及施工程序 3. 施工结束后 28d,对施工质量及承载力进行检验,内容为桩体强度、承载力、平均直径、桩体中心位置、桩体均匀性等 4. 高压喷射注浆地基质量检验标准如表 3-52 所示

旋喷施工常用主要机具、设备参考表　　表 3-50

设备名称		规格性能	用途
单管法	高压泥浆泵	1. SNC-H300 型黄河牌压浆车 2. ACF-700 型压浆车，柱塞式，带压力流量仪表	旋喷注浆
	钻机	1. 无锡 30 型钻机 2. XJ100 型振动钻机	旋喷用
	旋喷管	单管，42mm 地质钻杆，喷嘴直径 3.2～4.0mm	注浆成桩
	高压胶管	工作压力 31N/mm²、9N/mm²，内径 19mm	高压水泥浆用
三重管法	高压泵	1. 3W-TB₄ 高压柱塞泵，带压力流量仪表 2. SNC-H300 型黄河牌压浆车 3. ACF-700 型压浆车	高压水助喷
	泥浆泵	1. BW250/50 型，压力 3～5N/mm²，排量 150～250L/min 2. 200/40 型，压力 4N/mm²，排量 120～200L/min 3. ACF-700 型压浆车	旋喷注浆
	空压机	压力 0.55～0.70N/mm²，排量 6～9m³/min	旋喷用气
	钻机	1. 无锡 30 型钻机 2. XJ100 型振动钻机	旋喷成孔用
	旋喷管	三重管，泥浆压力 2N/mm²、水压 20N/mm²、气压 0.5N/mm²	水、气、浆成桩
	高压胶管	工作压力 31N/mm²、9N/mm²，内径 19mm	高压水泥浆用
	其他	搅拌管，各种压力、流量仪表等	控制压力流量用

注：1. 钻机的转速和提升速度，根据需要应附设调速装置，或增设慢速卷扬机。
　　2. 二重管法选用高压泥浆泵、空压机和高压胶管等可参照上列规格选用。

3.2 地基处理

旋喷施工主要机具和参数　　表 3-51

项目			单管法	二重管法	三重管法
参数	喷嘴孔径	(mm)	$\phi 2\sim 3$	$\phi 2\sim 3$	$\phi 2\sim 3$
	喷嘴个数	(个)	2	$1\sim 2$	$1\sim 2$
	旋转速度	(r/min)	20	10	$5\sim 15$
	提升速度	(mm/min)	$200\sim 250$	100	$50\sim 150$
机具性能	高压泵 压力	(N/mm²)	$20\sim 40$	$20\sim 40$	$20\sim 40$
	流量	(L/min)	$60\sim 120$	$60\sim 120$	$60\sim 120$
	空压机 压力	(N/mm²)	—	0.7	0.7
	流量	(L/min)	—	$1\sim 3$	$1\sim 3$
	泥浆泵 压力	(N/mm²)	—	—	$3\sim 5$
	流量	(L/min)	—	—	$100\sim 150$
浆液配比：水：水泥：陶土：碱			$(1\sim 1.5):1:0.03:0.0009$		

注：高压泵喷射的(单管法、二重管法)是浆液或(三重管法)水。

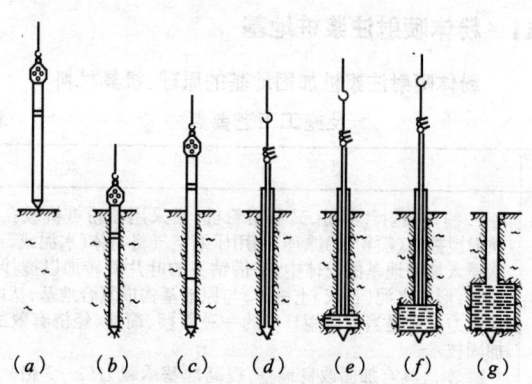

图 3-25 旋喷法工艺流程
(a)振动打桩机就位；(b)桩管打入土中；
(c)拔起一段套管；(d)拆除地面上套管，插入旋喷管；
(e)旋喷；(f)自动提升旋喷管；
(g)拔出旋喷管与套管

3 地基与基础工程

高压喷射注浆地基质量检验标准　　　表 3-52

项目	序	检查项目	允许偏差或允许值		检查方法
			单位	数值	
主控项目	1	水泥及外掺剂质量	符合出厂要求		查产品合格证书或抽样送检
	2	水泥用量	设计要求		查看流量表及水泥浆水灰比
	3	桩体强度或完整性检验	设计要求		按规定方法
	4	地基承载力	设计要求		按规定方法
一般项目	1	钻孔位置	mm	≤50	用钢尺量
	2	钻孔垂直度	%	≤1.5	经纬仪测钻杆或实测
	3	孔深	mm	±200	用钢尺量
	4	注浆压力	按设定参数指标		查看压力表
	5	桩体搭接	mm	>200	用钢尺量
	6	桩体直径	mm	≤50	开挖后用钢尺量
	7	桩身中心允许偏差		≤0.2D	开挖后桩顶下 500mm 处用钢尺量,D 为桩径

3.2.11 粉体喷射注浆桩地基

粉体喷射注浆桩加固地基的原理、机具材料及施工工艺要点　　　表 3-53

项次	项目	要　点
1	原理、特点及适用范围	1. 粉体喷射注浆桩,又称喷粉桩,系采用喷粉桩机成孔,运用粉体喷射搅拌法(喷粉法)原理,利用压缩空气将粉体(水泥或石灰粉)以雾状喷入加固地基的土体中,并借钻头的叶片旋转加以搅拌,使之充分混合,形成水泥(石灰)土桩体,与原地基构成复合地基,从而提高地基承载力。它是当前应用日广的一种新颖、简便、经济有效的软土地基加固技术 2. 本法具有加固改良地基,提高地基承载力(2～3 倍)、水稳性,减少沉降量(1/3～2/3),加快沉降速率;施工机具设备较简单,无需高压设备,安全可靠;不需向地基土中注入附加水分,喷粉采用密封装置,对环境无污染;施工无振动、噪声,对周围环境无不良影响;可根据不同土性及设计要求,合理选择加固材料的种类和配方等特点;同时具有施工操作简便,劳动强度低,成桩效率高(每台喷粉桩机为 50 根/d),可就地取材,费用较低,(每米 29 元)等优点 3. 适于公路、铁路路基、工业与民用建筑软土地基基础的加固处理,以及进行边坡加固和地下工程支护、防渗墙等工程应用

3.2 地基处理

续表

项次	项目	要 点
2	机具及材料要求	1. 主要机具设备包括：喷粉桩机、水泥罐、贮灰罐及喷粉系统、空气压缩机等，其规格、技术性能见表 3-54 2. 喷粉使用的粉体固化剂为 32.5 级普通水泥，要求新鲜无结块，入罐最大粒度不超过 3mm，不含杂质；石灰用磨细生石灰，最大粒径应小于 0.2mm，质地纯净无杂质，石灰中氧化钙和氧化镁的总和应不少于 85%，其中氧化钙的含量应不低于 80%
3	工艺操作要点	1. 喷粉桩机具设备布置及施工工艺如图 3-26 所示 2. 施工前，应进行场地整平，桩位放线，组装、架立喷粉桩机，检查主机各部件的连接，喷粉系统各部分安装试调情况及灰罐、管路的密封连接情况，做好必要的调整和紧固工作 3. 成桩时，先用喷粉桩机在桩位钻孔，至设计要求深度后，将钻头以 1.0～1.2m/min 速度，边旋转边提升，同时边通过喷粉系统将水泥（或石灰粉）通过钻杆端喷嘴定时定量向搅动的土体喷粉，使土体和水泥（或石灰）进行充分搅拌混合 4. 单桩喷粉要求一呵成，不得中断，每装一次灰，宜搅拌 1 根桩。喷粉压力为 0.5～0.8N/mm² 5. 单位桩长喷粉量随桩体强度要求而定，一般为 45～70kg/m。喷粉一般按先中轴，后边轴，先里排，后外排的次序组织施工 6. 当钻头提升到高于地面约 150mm 时停止，喷粉系统停止向孔内喷射水泥（或石灰粉），桩即告完成
4	质量控制	1. 施工前应检查水泥或石灰的质量，桩位、压力表、流量表的精度和灵敏度，空气压缩设备的性能等 2. 施工中应检查施工参数（压力、喷水泥量、提升速度、旋转速度等）的应用情况、施工程序 3. 施工结束后 28d，对施工质量进行检查，内容为桩体强度、平均直径、桩身中心线，桩体均匀性等 4. 粉体喷射注浆桩地基的质量检验标准参照水泥土（深层）搅拌桩地基

喷粉桩施工主要机具设备规格与技术要求　　　　表 3-54

名　称	数量	规格与技术性能	用　途
喷粉桩机	1 台	pH-5A 型，加固深度≤15m，成桩直径≤600mm，钻机转速 27.0～80.6r/min，提升速度 0.57～1.70m/min，液压步骤，纵向 1.2m，横向 0.5m，接地比压 ≤0.027 N/mm²，电机功率 37kW，重量 8t	钻孔、喷气、喷粉、搅拌
贮灰罐	1 个	容量 1.3m³，设计压力 0.6N/mm²，带灰罐架，旋转供料器、电子计量系统	贮存粉料和加压输送
空气压缩机	1 台	XK0.6～0.10 型，工作压力 1.0N/mm²，排量 1.6m³/min，电机功率 13kW	输送、喷粉、供气

注：pH-5A 型系由武汉工程机械研究所制造。

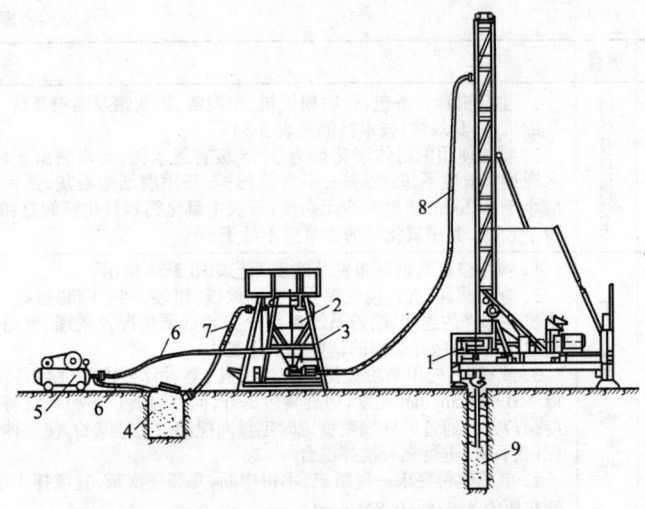

图 3-26 喷粉桩机具设备及施工工艺
1—喷粉桩机；2—贮灰罐；3—灰罐架；4—水泥罐；5—空气压缩机；
6—进气管；7—进灰管；8—喷粉管；9—喷粉桩体

3.2.12 灰土挤密桩地基

灰土挤密桩地基构造要求及施工要点　　表 3-55

项次	项目	要　点
1	成桩方式、构造、材料要求、特点及适用范围	1. 灰土挤密桩系将钢管打入土中，拔出后在桩孔中回填 3:7 或 2:8 灰土夯筑而成。桩身直径（d）一般为 300~450mm，深度由 4~10m，平面布置多按等边三角形排列，桩距（D）一般取 2.5~3.0d，排距 0.866D；地基挤密面积应每边超出基础宽 0.2 倍，桩顶一般设 0.5~0.8m 厚灰土垫层作承台（图 3-27） 2. 灰土材料及配制工艺要求同灰土地基 3. 地基经灰土挤密桩加固后，持力层范围内土变形减少，承载力设计值可提高 1.0~2.5 倍，并可消除填土及湿陷性黄土的湿陷性；同时施工机具简单，可节省大量挖方，降低造价 2/3~4/5 等 4. 适于加固地下水位以上的新填土、杂填土、湿陷性黄土以及含水率较大的软弱地基

3.2 地基处理

续表

项次	项目	要点
2	操作方法及注意事项	1. 施工前应在现场进行成孔夯填工艺和挤密效果试验,以确定分层填料厚度、夯击次数和夯实后干密度等要求 2. 桩的成孔方法,可选用沉管法、爆扩法、冲击法或洛阳铲成孔法等,一般多采用 0.6 或 1.8t 柴油打桩机将与桩同直径钢管打入土中,拔管成孔。桩管顶设桩帽,下端做成锥形约成 60°角,桩尖可以上下活动(图 3-28),以减少拔管阻力,避免坍孔 3. 桩施工顺序应先外排后里排,同排内应间隔 1~2 孔,以免因振动挤压造成相邻孔缩孔或坍孔。成孔后应清底夯实、夯平,并即回填灰土 4. 桩孔应分层回填夯实,每次回填厚度为 350~400mm。人工夯实用重 25kg、带长柄的混凝土锤;机械夯实用简易夯实机(图 3-29),一般落锤高不小于 2m,每层夯击不少于 10 锤。桩顶应高出设计标高 15cm,挖土时将高出部分铲除
3	质量控制	1. 施工前应对土及灰土的质量、桩孔放样位置做检查 2. 施工中应对桩孔直径、桩孔深度、夯击次数、填料的含水量等做检查 3. 施工结束后应对成桩的质量做检查 4. 灰土挤密桩地基质量检验标准如表 3-56 所示

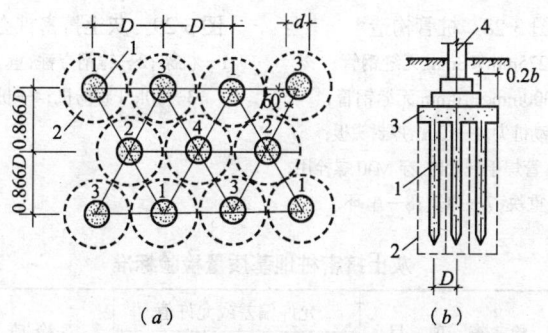

图 3-27 灰土挤密桩布置、成桩顺序及桩基构造

(a)桩布置及成桩顺序;(b)灰土挤密桩基构造

1—灰土挤密桩;2—桩的有效挤密范围;

3—灰土垫层;4—基础

d—桩径;D—桩距;b—基础宽度

1、2、3、4—成桩顺序

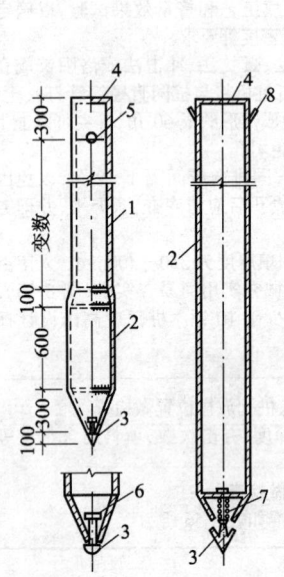
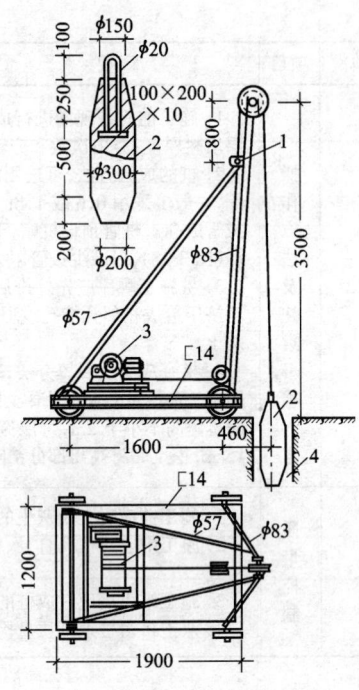

图 3-28 桩管构造

1—ϕ275mm×8mm 无缝钢管；
2—ϕ300mm×10mm 无缝钢管；
3—活动桩尖；4—10mm 厚封头板；
5—ϕ45mm 管焊于桩管内，穿 M40 螺栓用；
6—重块；7—弹簧；8—串环

图 3-29 灰土挤密桩夯实机

1—机架；2—铸钢夯锤，重 450kg；
3—10kN 卷扬机；4—桩孔

灰土挤密桩地基质量检验标准　　　　表 3-56

项目	序	检查项目	允许偏差或允许值		检查方法
			单位	数值	
主控项目	1	桩体及桩间土干密度		设计要求	现场取样检查
	2	桩长	mm	+500	测桩管长度或垂球测孔深
	3	地基承载力		设计要求	按规定的方法
	4	桩径	mm	−20	用钢尺量

续表

项	序	检查项目	允许偏差或允许值		检查方法
			单位	数值	
一般项目	1	土料有机质含量	%	≤5	试验室焙烧法
	2	石灰粒径	mm	≤5	筛分法
	3	桩位偏差		满堂布桩≤0.40D 条基布桩≤0.25D	用钢尺量,D 为桩径
	4	垂直度	%	≤1.5	用经纬仪测桩管
	5	桩径	mm	-20	用钢尺量

注:桩径允许偏差负值是指个别断面。

3.2.13 夯实水泥土桩地基

夯实水泥土桩地基构造要求及施工要点　　表 3-57

项次	项目	要　点
1	组成、特点及适用范围	1. 夯实水泥土桩地基系用洛阳铲或小型成孔机成孔,在孔中分层填入水泥与土混合料经夯实成桩,与桩间土共同组成复合地基 2. 其特点是:具有提高地基承载力(50%~100%),降低压缩性,材料易于解决,施工机具设备简单,施工方便,工效高,地基处理费用低等 3. 适于加固地下水位以上、天然含水量12%~23%、厚度10m以内的新填土、杂填土、湿陷性黄土以及含水率较大的软弱土地基
2	构造和布置	1. 桩孔直径根据设计要求、成孔方法及经济效果等情况而定,一般选用300~500mm;桩长根据土质情况、处理地基的深度和成孔工具设备等因素确定,一般为3~10m,桩端进入持力层应不小于1~2倍桩径 2. 桩多采用条形(单排或双排)或满堂布置,桩体间距0.75~1.0m,排距0.65~1.0m,在桩顶铺设150~200mm厚3:7灰土褥垫层
3	机具及材料要求	1. 成孔机具用洛阳铲或小型钻机;夯实机具用偏心轮夹杆或夯实机。采用桩径330mm时,夯锤重量不小于60kg,锤径不大于270mm,落距大于700mm 2. 水泥用强度等级32.5的普通硅酸盐水泥,要求新鲜无结块;土料应用不含垃圾杂物,有机质含量不大于8%的基坑挖出的黏性土,破碎并过20mm孔筛。水泥土拌合物配合比为:1:7(体积比)

续表

项次	项目	要点
4	施工工艺方法	1. 施工前应在现场进行成孔、夯填工艺和挤密效果试验，以确定分层填料厚度、夯击次数和夯实后桩体干密度要求 2. 施工工艺流程为：场地平整→测量放线→基坑开挖→布置桩位→第一批桩梅花形成孔→水泥、土料拌合→填料并夯实→剩余成孔→水泥、土料拌合→填料并夯实→养护→检测→铺设灰土褥垫层 3. 严格按设计顺序定位、放线、布置桩孔，并记录布桩的根数，以防遗漏 4. 采用人工洛阳铲或螺栓钻机成孔时，按梅花形布置进行并及时成桩，以避免大面积成孔后再成桩，由于夯机自重和夯锤的冲击或地表水灌入而造成塌孔 5. 回填拌合料配合比应用量斗计量准确，并拌合均匀；含水量控制应以手握成团，落地开花为宜 6. 向孔内填料前，先夯实孔底虚土，采用二夯一填的连续成桩工艺。每根桩要求一气呵成，不得中断，防止出现松填或漏填现象。桩身密实度要求成桩1h后，击数不小于30击，用轻便触探检查"检定击数" 7. 其他施工工艺要点及注意事项同灰土挤密桩地基有关部分
5	质量控制	1. 水泥及夯实用土料的质量应符合设计要求 2. 施工中应检查孔位、孔深、孔径，水泥和土的配合比、混合料含水量等 3. 施工结束应对桩体质量及复合地基承载力做检验，褥垫层应检查其夯填度 4. 夯实水泥土桩的质量检验标准如表3-58所示

夯实水泥土桩复合地基质量检验标准　　表 3-58

	项序	检查项目	允许偏差或允许值		检查方法
			单位	数值	
主控项目	1	桩径	mm	−20	用钢尺量
	2	桩长	mm	+500	测桩孔深度
	3	桩体干密度		设计要求	现场取样检查
	4	地基承载力		设计要求	按规定的方法

3.2 地基处理

续表

项目	序	检查项目	允许偏差或允许值		检查方法
			单位	数值	
一般项目	1	土料有机质含量	%	≤5	焙烧法
	2	含水量(与最优含水量比)	%	±2	烘干法
	3	土料粒径	mm	≤20	筛分法
	4	水泥质量		设计要求	查产品质量合格证书或抽样送检
	5	桩位偏差		满堂布桩≤0.40D 条基布桩≤0.25D	用钢尺量,D为桩径
	6	桩孔垂直度	%	≤1.5	用经纬仪测桩管
	7	褥垫层夯填度		≤0.9	用钢尺量

注:1. 夯填度指夯实后的褥垫层厚度与虚体厚度的比值。
  2. 桩径允许偏差负值是指个别断面。

3.2.14 水泥粉煤灰碎石桩地基

水泥粉煤灰碎石桩地基构造要求及施工要点   表3-59

项次	项目	要点
1	组成、特点及适用范围	1. 水泥粉煤灰碎石桩(Cement Fly-ash Gravel Pile)简称CFG桩,是近年发展起来的处理软弱地基的一种新方法。它是在碎石桩的基础上掺入适量石屑、粉煤灰和少量水泥,加水拌合后制成具有一定强度的桩体。其骨料仍为碎石,用掺入石屑来改善颗粒级配;掺入粉煤灰来改善混合料的和易性,并利用其活性减少水泥用量;掺入少量水泥使具一定粘结强度。它是一种低强度混凝土桩,可充分利用桩间土的承载力,共同作用,并可传递荷载到深层地基中去,具有较好的技术性能和经济效果 2. CFG桩的特点是:改变桩长、桩径、桩距等设计参数,可使承载力在较大范围内调整;有较高的承载力,承载力提高幅度为250%~300%,对软弱地基承载力提高更大;沉降量小,变形稳定快;工艺性好,灌注方便,易于控制施工质量;可节约大量水泥、钢材,利用工业废料,消耗大量粉煤灰,降低工程费用,与预制钢筋混凝土桩加固相比,可节省投资30%~40% 3. 适用于多层和高层建筑地基,如砂土、粉土、松散填土、粉质黏土、黏土、淤泥质土等的处理
2	构造要求	1. 桩径 根据振动沉桩机的管径大小而定,一般为350~400mm 2. 桩距 根据土质、布桩形式、场地情况,可按表3-60选用 3. 桩长 根据需挤密加固深度而定,一般为6~12m

续表

项次	项目	要点
3	机具设备	CFG桩成孔、灌注一般采用振动式沉管打桩机架，配DZJ90型变矩式振动锤，主要技术参数为：电动机功率：90kW；激振力：0～747kN；质量：6700kg。亦可采用履带式起重机、走管式或轨道式打桩机，配有挺杆、桩管。桩管外径分 $\phi325$ 和 $\phi377$mm 两种。此外配备混凝土搅拌机及电动气焊设备及手推车、吊斗等机具
4	材料要求及配合比	1. 碎石用粒径20～50mm，松散密度1.39t/m³，杂质含量小于5%；石屑用粒径2.5～10mm，松散密度1.47t/m³，杂质含量小于5% 2. 水泥用强度等级32.5普通硅酸盐水泥，不得使用过期或受潮结块的水泥 3. 混合料配合比根据拟加固场地的土质情况及加固后要求达到的承载力而定。水泥、粉煤灰、碎石混合料的配合比相当于抗压强度为C1.2～C7的低强度等级混凝土，密度大于2.0t/m³。掺加最佳石屑率（石屑量与碎石和石屑总重量之比）约为25%左右情况下，当 $\dfrac{W}{C}$（水与水泥用量之比）为1.01～1.47，$\dfrac{F}{C}$（粉煤灰与水泥重量之比）为1.02～1.65，混凝土抗压强度约为8.8～1.42MPa
5	施工工艺方法	1. CFG桩施工工艺如图3-30 2. 桩施工程序为：桩机就位→沉管至设计深度→停振下料→振动捣实后拔管→留振10s→振动拔管、复打。应考虑排隔桩跳打，新打桩与已打桩间隔时间不应少于7d 3. 桩机就位须垫平整、稳固，沉管与地面保持垂直，垂直度偏差不大于1%；如带预制混凝土桩尖，需埋入地面以下300mm 4. 在沉管过程中用料斗在空中向桩管内投料，待沉管至设计标高后须尽快投料，直至混合料与钢管上部投料口齐平。混合料应按设计配合比配制，投入搅拌机加水拌合，搅拌时间不少于2min，加水量由混合料坍落度控制，一般坍落度为30～50mm；成桩后桩顶浮浆厚度一般不超过200mm 5. 当混合料加至钢管投料口齐平后，沉管在原地留振10s左右，即可边振动边拔管，拔管速度控制在1.2～1.5m/min左右，每提升1.5～2.0m，留振20s。桩管拔出地面确认成桩符合设计要求后，用粒状材料或黏土封顶 6. 桩体经7d达到一定强度后，始可进行基槽开挖；如桩离地面在1.5m以内，宜用人工开挖；如大于1.5m，下部700mm亦宜用人工开挖，以避免损坏桩头部分。为使桩与桩间土更好地共同工作，在基础下宜铺一层150～300mm厚的碎石或灰土垫层
6	质量控制	1. 施工前应对水泥、粉煤灰、砂及碎石等原材料进行检验 2. 施工中应检查桩身混合料的配合比、坍落度、提拔杆速度（或提套管速度）、成孔深度、混合料灌入量等 3. 施工结束后应对桩顶标高、桩位、桩体强度及完整性、复合地基承载力以及褥垫层的质量做检查 4. 水泥粉煤灰碎石桩复合地基的质量检验标准见表3-61

3.2 地基处理

桩距选用表 表3-60

桩 土 质 距 布桩形式	挤密性好的土,如砂土、粉土、松散填土等	可挤密性土,如粉质黏土、非饱和黏土等	不可挤密性土,如饱和黏土、淤泥质土等
单、双排布桩的条基	$(3\sim5)d$	$(3.5\sim5)d$	$(4\sim5)d$
含9根以下的独立基础	$(3\sim6)d$	$(3.5\sim6)d$	$(4\sim6)d$
满堂布桩	$(4\sim6)d$	$(4\sim6)d$	$(4.5\sim7)d$

注:d——桩径,以成桩后桩的实际桩径为准。

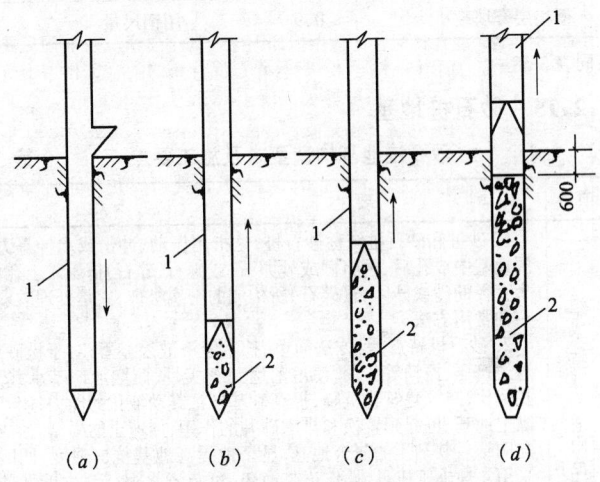

图3-30 水泥粉煤灰碎石桩工艺流程
(a)打入桩管;(b)、(c)灌水泥粉煤灰碎石,振动拔管;(d)成桩
1—桩管;2—水泥粉煤灰碎石桩

水泥粉煤灰碎石桩复合地基质量检验标准 表3-61

项	序	检查项目	允许偏差或允许值		检查方法
			单位	数值	
主控项目	1	原材料	设计要求		查产品合格证书或抽样送检
	2	桩径	mm	-20	用钢尺量或计算填料量
	3	桩身强度	设计要求		查28d试块强度
	4	地基承载力	设计要求		按规定的办法

续表

项	序	检查项目	允许偏差或允许值		检查方法
			单位	数值	
一般项目	1	桩身完整性	按桩基检测技术规范		按桩基检测技术规范
	2	桩位偏差	满堂布桩≤0.40D 条基布桩≤0.25D		用钢尺量,D为桩径
	3	桩垂直度	%	≤1.5	用经纬仪测桩管
	4	桩长	mm	+100	测桩管长度或垂球测孔深
	5	褥垫层夯填度	≤0.9		用钢尺量

注:同表3-58。

3.2.15 砂石桩地基

砂石桩地基构造要求及施工要点　　　　表3-62

项次	项目	要　点
1	组成、特点及适用范围	1. 砂桩和砂石桩统称砂石桩,是指用振动、冲击或水冲等方式在软弱地基中成孔后,再将砂或砂卵石(或砾石、碎石)挤压入土孔中,形成大直径的砂或砂卵石(碎石)所构成的密实桩体,它是处理软弱地基的一种常用方法 2. 砂石桩特点是:方法简单、技术经济效果显著;对于松砂地基,可通过挤压、振动等作用,使地基达到密实,从而增加地基承载力,降低孔隙比,减少建筑物沉降,提高砂层抵抗震动液化的能力;用于处理软黏土地基,可起到置换和排水砂井的作用,加速土的固结,形成置换桩与固结后软黏土的复合地基,显著地提高地基抗剪强度;同时这种桩采用常规施工机具,操作工艺简单,可节省水泥、钢材,就地使用廉价地方材料,施工速度快,工程成本低,故应用较为广泛 3. 适用于挤密松散砂土、素填土和杂填土等地基,对建在饱和黏性土地基上主要不以变形控制的工程,也可采用砂石桩做置换处理
2	构造和布置	1. 桩的直径　根据土质类别、成孔机具设备条件和工程情况等而定,一般为30cm,最大50~80cm,对饱和黏性土地基宜选用较大的直径 2. 桩的长度　当地基中的松散土层厚度不大时,可穿透整个松散土层;当厚度较大时,应根据建筑地基的允许变形值和不小于最危险滑动面的深度来确定;对于液化砂层,桩长应穿透可液化层 3. 桩的布置和桩距　桩的平面布置宜采用等边三角形或正方形。桩距应通过现场试验确定,但不宜大于砂石桩直径的4倍 4. 处理宽度　挤密地基的宽度应超出基础的宽度,每边放宽不应少于1~3排;砂石桩用于防止砂层液化时,每边放宽不小于处理深度的1/2,并且不应小于5m。当可液化层上覆盖有厚度大于3m的非液化层时,每边放宽不宜小于液化层厚度的1/2,并且不应小于3m 5. 垫层　在砂石桩顶面应铺设30~50cm厚的砂或砂砾石(碎石)垫层,满布于基底并予以压实,以起扩散应力和排水作用

3.2 地基处理

续表

项次	项目	要 点
3	机具、材料要求	1. 振动沉管打桩机或锤击沉管打桩机,其型号及技术性能参见3.6.2 一节。配套机具有桩管、吊斗、1t 机动翻斗车等 2. 桩填料用天然级配的中砂、粗砂、砾砂、圆砾、角砾、卵石或碎石等,含泥量不大于 5%,并且不宜含有大于 50mm 的颗粒
4	施工工艺方法	1. 砂石桩的施工顺序,应从外围或两侧向中间进行,如砂石桩间距较大,亦可逐排进行,以挤密为主的砂石桩同一排应间隔进行 2. 砂石桩成桩工艺有振动成桩法(简称振动法)和锤击成桩法(简称锤击法)两种,以前法使用较多,系采用振动沉桩机将带活瓣桩尖的与砂石桩同直径的钢管沉下,往桩管内灌砂后,边振动边缓慢拔出桩管;或在振动拔管的过程中,每拔 0.5m 高停拔振动 20~30s;或将桩管压下然后再拔,以便将落入桩孔内的砂压实,并可使桩径扩大。振动力以 30~70kN 为宜,不应太大,以防过分扰动土体。拔管速度应控制在 1~1.5m/min 范围内,打直径 500~700mm 砂石桩通常采用大吨位 KM2-1200 型振动沉桩机施工(图 3-31) 3. 施工前应进行成桩挤密试验,桩数宜为 7~9 根。振动法应根据沉管和挤密情况以确定填砂石量、提升高度和速度、挤压次数和时间、电机工作电流等,作为控制质量的标准,以保证挤密均匀和桩身的连续性 4. 灌砂石时含水量应加控制,对饱和土层,砂石可采用饱和状态,对非饱和土或杂填土,或能形成直立的桩孔壁的土层,含水量可采用 7%~9% 5. 砂石桩应控制填砂石量。砂桩的灌砂量通常按桩孔的体积和砂在中密状态时的干密度计算(一般取 2 倍桩管入土体积)。砂石桩实际灌砂石量(不包括水重),不得少于设计值的 95%。如发现砂石量不够或砂石桩中断等情况,可在原位进行复打灌砂石
5	质量控制	1. 施工前应检查砂、砂石料的含泥量及有机质含量、样桩的位置等 2. 施工中检查每根砂石桩、砂桩的桩位、灌砂石、砂量、标高垂直度等 3. 施工结束后,检查被加固地基的挤密效果和荷载试验。桩身及桩与桩之间土的挤密质量,可采用标准贯入、静力触探或动力触探等方法检测,以不小于设计要求的数值为合格。桩间土质量的检测位置应在等边三角形或正方形的中心 4. 砂石桩、砂桩地基的质量检验标准如表 3-63 所示

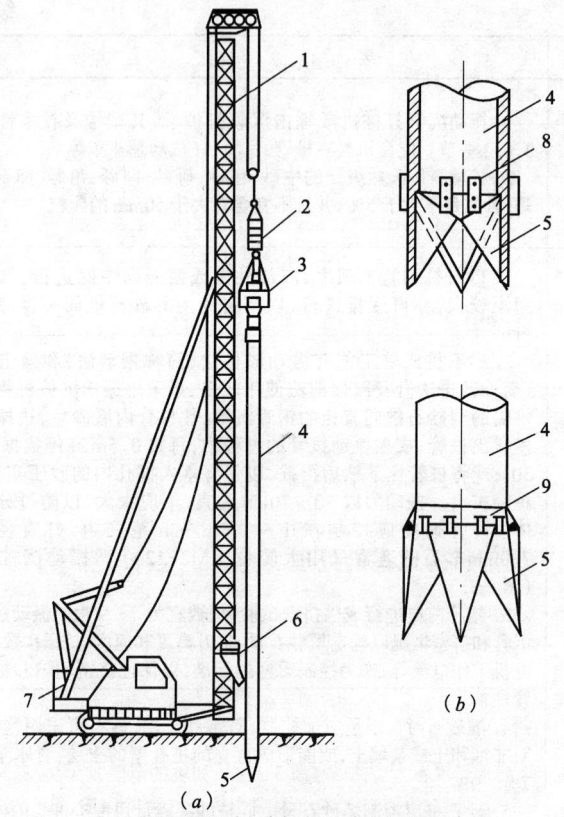

图 3-31 振动打桩机打砂石桩
(a)振动打桩机沉桩;(b)活瓣桩靴
1—桩机导架;2—减振器;3—振动锤;4—桩管;5—活瓣桩尖;
6—装砂石下料斗;7—机座;8—活门开启限位装置;9—锁轴

砂石桩、砂桩地基的质量检验标准　　　　表 3-63

项	序	检查项目	允许偏差或允许值		检查方法
			单位	数值	
主控项目	1	灌砂量(砂石量)	%	≥95	实际用砂量与计算体积比
	2	地基强度	设计要求		按规定方法
	3	地基承载力	设计要求		按规定方法

续表

项	序	检查项目	允许偏差或允许值		检查方法
			单位	数值	
一般项目	1	砂料的含泥量	%	≤3	试验室测定
	2	砂料的有机质含量	%	≤5	焙烧法
	3	桩位	mm	≤50	用钢尺量
	4	砂桩标高	mm	±150	水准仪
	5	垂直度	%	≤1.5	经纬仪检查桩管垂直度

3.3 局部地基的处理

3.3.1 局部特殊地基的处理

局部特殊地基的处理方法　　表 3-64

项次	项目	处 理 方 法
1	松土坑（填土、软土、淤泥）	1. 将坑中松软土挖除，见天然土为止。当天然土为砂土时，用砂或级配砂石回填；当天然土为黏性土，用 3:7 灰土分层回填，并分层夯实，每层厚度不大于 20cm（图 3-32a）；如坑的范围较大、较深时，则将此部分基础加宽、加深，基础两端作成 1:2 台阶边坡，每步高不大于 50cm，长度不小于 100cm，用灰土回填至基坑（槽）底一平（图 3-32b） 2. 对深度很大的松土坑，除回填灰土外，为防不均匀下沉，在基础防潮层下，可设钢筋混凝土或钢筋砖圈梁（图 3-32c） 3. 当地下水位较高，坑内无法夯实时，可将坑（槽）中软弱的松土挖去后，再用砂土、砂石或低强度等级混凝土代替灰土回填
2	砖（石）井、土井	1. 如井在基槽中间或被基槽局部压住，井内填土已较密实，可将井壁砖石拆除至基底以下 1m，再用 3:7 灰土或土石混合物分层回填夯实至基底（图 3-33）；如井内填土不密实，且挖除困难时，可拆除一部分砖石井圈，在上面加钢筋混凝土盖板封口，再用素土或 3:7 灰土分层回填、夯实至基底 2. 如井直径大于 1.5m 时，可做地基梁或在墙内配筋跨越；如井在基础的转角，除按 1 项处理外，还应在基础部位增设钢筋混凝土圈梁或挑梁，或在墙内配筋加强

续表

项次	项目	处　理　方　法
3	古墓	1. 将墓穴中松土杂物挖出,分层回填与天然土压缩性相近的材料或3∶7灰土,并夯实 2. 如古墓中有文物,应及时报主管部门或当地政府文物管理部门处理
4	障碍物、旧圬工	1. 当基底下有孤石、旧墙基、砖石构筑物、老灰土、树根、路基等,应尽可能挖除或拆掉,至自然土层为止,然后分层回填与基底天然土压缩性相近的材料或3∶7灰土并夯实(图3-34c) 2. 如障碍物挖除困难,可在两侧设支承墙、柱,再在其上设置钢筋混凝土过梁跨越,并与障碍物保持一定空隙,或在障碍物上部设置一层软性褥垫(砂或土砂混合物),以调整局部沉降(图3-34d)
5	地下人防通道及深基础	1. 当基底下有人防通道横跨时,除人防通道的上部没有夯实的土层夯实外,还应对基础采取相应的跨越措施,如设钢筋混凝土地梁、托梁加固等 2. 当人防通道与条形基础平行,如$h/l \leqslant 1$时,一般可不做处理;当$h/l > 1$时,则应将基础落深,至满足$h/l \leqslant 1$的要求(图3-34a) 3. 如基础落在人防通道上,且已损坏废弃不用时,可将通道顶盖局部或全部拆除,从通道底部至基底回填3∶7灰土或砂石材料并分层夯实 4. 当所挖的基槽(坑)深于邻近建筑物基础时,为了使邻近建筑物基础不受影响,一般应满足$\Delta H/l \leqslant 0.5 \sim 1$的要求(图3-34b)
6	地下管道	1. 如在基底以上或以下埋有上、下水管道时,可采取在管道上加做一道钢筋混凝土过梁,支承过梁的墙、柱应与管道保留一定净距,过梁底部与管道顶面至少留有10cm以上净空,以防建筑物沉降,将水管压坏 2. 如管道标高与基底标高相同时,应将管道部位的基础局部加深、加宽,然后按1方法处理(图3-34e)

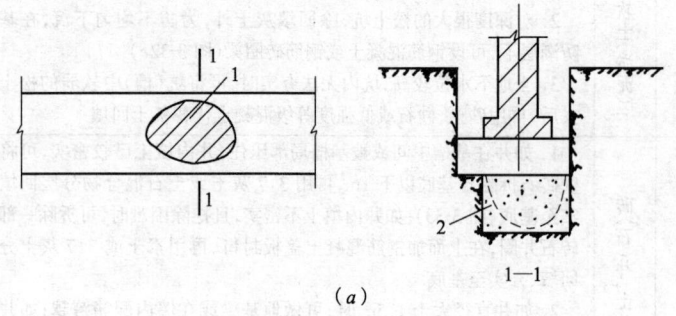

(a)

图 3-32　松土坑的处理(一)

3.3 局部地基的处理

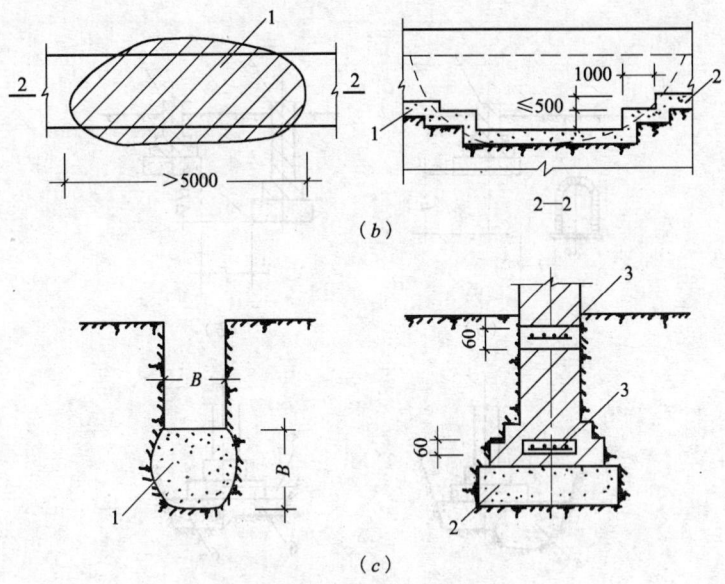

图 3-32 松土坑的处理(二)

(a)较小的松土坑处理;(b)较大、较深的松土坑处理;
(c)深度很大的松土坑处理

1—松软土;2—2:8 灰土;3—钢筋砖或混凝土板带,内配 4ϕ8～12mm 钢筋

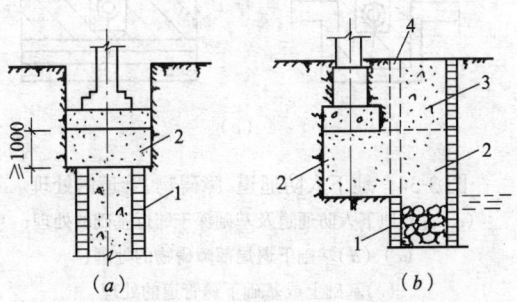

图 3-33 砖井、土井在基础下和基础旁的处理

(a)在基础下的处理;(b)在基础旁的处理

1—砖井、土井;2—2:8 灰土;3—回填好土;
4—拆除旧砖井部分

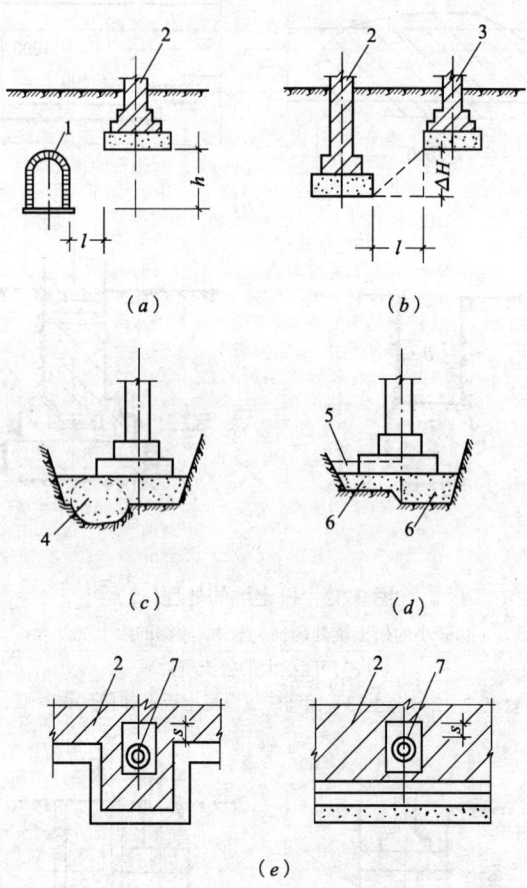

图 3-34 地下人防通道、障碍物、管道的处理
(a)、(b)地下人防通道及基础深于邻近基础的处理；
(c)、(d)基础下遇局部障碍物的处理；
(e)基础上或基础下遇管道的处理
1—人防通道；2—新基础；3—原基础；4—拆除障碍物；
5—凿去500mm；6—土砂混合物；7—管道
s—预留净距,不小于100mm

3.3.2 异常地基的处理

异常地基的处理措施、方法　　　表 3-65

名称(现象)	形成原因条件	防治措施、方法
橡皮土 当地基为黏性土，且含水量很大趋于饱和时，夯(拍)打后，使地基土变成踩上去有一种颤动的感觉，称为"橡皮土"	在含水量很大的黏土、粉质黏土、淤泥质土、腐殖土等原状土上进行夯(拍)实或回填土，或采用这类土进行回填土工程时，由于原状土被扰动，颗粒之间的毛细孔遭到破坏，水分不易渗透和散发。当气温较高时，对其进行夯击或碾压，特别是用光面碾(夯锤)滚压(或夯实)，表面形成硬壳，更加阻止了水分的渗透和散发，形成软塑状的橡皮土。埋藏深的土，水分散发慢，往往长时间不易散失	1. 暂停一段时间施工，使"橡皮土"含水量逐渐降低；或将土层翻起进行晾槽 2. 如地基已成橡皮土，可在上面铺一层碎石或碎砖后进行夯击，将表土层挤紧 3. 橡皮土较严重时，可将土层翻起并粉碎均匀，掺入石灰粉以吸收水分产生水化，同时改变原土结构成为灰土，使其具有一定强度和水稳性 4. 当为荷载大的房屋地基，可采取打石桩的方法，将毛石(块度为20~30cm)依次打入土中，或垂直打入M10机砖，纵距26cm，横距 30cm，直至打不下去为止(图3-35)，最后在上面满铺厚50mm的碎石后再夯实 5. 采取换土的方法，挖去"橡皮土"，重新填好土或级配砂石后再夯实
流砂 当基坑(槽)开挖深于地下水位0.5m以下，采用坑内抽水时，坑(槽)底下面的土产生流动状态，随地下水一起涌进坑内，边挖边冒，使基坑无法继续挖深的现象，称为流砂	当坑外水位高于坑内抽水后的水位，坑外水压向坑内流动的动水压力等于或大于颗粒的浮比重，使土粒悬浮失去稳定变成流动状态，随水从坑底或两侧涌入坑内。如施工时采取强挖，抽水愈深，动水压就愈大，流砂就愈严重 易产生流砂的条件是： 1. 地下水动水压力的水力坡度较大；2. 土层中有较厚的粉砂土；3. 土的含水率大于30%以上或空隙率大于43%；4. 土的颗粒组成中，黏土粒含量小于10%，粉砂粒含量大于75%；5. 当砂土的渗透系数很小，排水性能很差时；6. 砂土中含有较多的片状矿物，如云母、绿泥石等	主要是"减小或平衡动水压力"或"使动水压力向下"，使坑底土粒稳定，不受水压干扰 常用处理措施有：1. 安排在全年最低水位季节施工，使基坑内动水压减小；2. 采取水下挖土(不抽水或少抽水)，使坑内水压与坑外地下水压相平衡或缩小水头差；3. 采用井点降水，将水位降至基坑底 0.5m 以下，使动水压力的方向朝下，坑底土面保持无水状态；4. 沿基坑外围四周打板桩，深入坑底下面一定深度，增加地下水从坑外流入坑内的渗流路线和渗水量，减小动水压力；5. 往坑底抛大石块，增加土的压重，减小动水压力，同时组织快速施工；6. 当基坑面积较小，也可采取在四周设钢板护筒，随着挖土不断加深，直到穿过流砂层

续表

名称(现象)	形 成 原 因 条 件	防 治 措 施、方 法
滑坡 边坡的土、岩体由于本身存在滑坡的内在因素,在外界因素诱发下,土、岩体因重力作用,沿一定的软弱结构面或软弱带整体向下滑动的现象	1. 边坡坡度不够,倾角过大,土体因雨水或地下水浸入,剪切应力增加,内聚力减弱,使土体失稳而滑动 2. 开垦挖方,不合理的切割坡脚;或坡脚被地表、地下水掏空;或斜坡地段下部被冲沟所切,地表、地下水浸入坡体;或开坡放炮将坡脚松动等原因,使坡体坡度加大,破坏了土(岩)体的内力平衡,使上部土(岩)体失去稳定而滑动 3. 斜坡土(岩)体本身存在倾度相近、层理发达、破碎严重的裂隙或内部夹有易滑动的软弱带,如软泥、黏土质岩层,受水浸后,滑动或塌落 4. 土层下有倾斜度较大的岩层或软弱土夹层;或土层下的岩层虽近于水平,但距边坡过近,边坡倾度过大,在堆土或堆置材料、设置建筑物荷重和地表水作用下,增加了土体的负担,降低了土与土、土体与岩面之间的抗剪强度而引起滑动或塌方 5. 在坡体上不适当的堆土或填土,设置建筑物;或土工构筑物(如路堤、土坝)设置在尚未稳定的古(老)滑坡上,或易滑动的坡积土层上,填方或建筑物增荷后,重心改变,在外力(堆载、振动、地震等)和地表地下水作用下,坡体失去平衡或触发古(老)滑坡复活,而产生滑坡	1. 做好泄洪系统,在滑坡范围外设置多道环形截水沟,以拦截附近的地表水。在滑坡区域内,修设或疏通原排水系统,疏导地表及地下水,阻止渗入滑坡体内。主排水沟宜与滑坡滑动方向一致,支排水沟与滑坡方向成 30°~45°斜交,防止冲刷坡脚 2. 处理好滑坡区域附近的生活及生产用水,防止浸入滑坡地段 3. 如因地下水活动有可能形成山坡浅层滑坡时,可设置支撑盲沟、渗水沟、排除地下水,盲沟应布置在平行于滑坡滑动方向有地下水露头处;做好植被工程 4. 保持边坡有足够的坡度,避免随意切割坡脚。土体尽量削成较平缓的坡度,或做成台阶形,使中间有1~2个平台,以增加稳定(图3-36a)。土质不同时,视情况做成2~3种坡度(图3-36b)。在坡脚处有弃土条件时,将土石方填至坡脚,使起反压作用,筑挡土堆或修筑台地,避免在滑坡地段切去坡脚或深挖方。如整平场地必须切割坡脚,且不设挡土墙时,应按切割深度,将坡脚随原自然坡度由上而下削坡,逐渐挖至要求的坡脚深度 5. 尽量避免在坡脚下取土,在坡肩上弃土、设置建筑物。在斜坡地段挖方时,应遵守由上而下分层的开挖程序;在斜坡上填方时,应遵守由下往上分层填压的施工程序;避免在斜坡上集中弃土,同时避免对滑坡体的各种振动作用 6. 发现滑坡裂缝应及时填平夯实;沟渠有开裂漏水时,应及时修复

3.3 局部地基的处理

续表

名称(现象)	形成原因条件	防治措施、方法
		7. 倾斜岩层下有裂隙滑动面的,可在基础下设置混凝土锚桩(墩)(图 3-37a)。土层下有倾斜岩层,将基础设置在基岩上,并做成阶梯形或用锚栓锚固(图 3-37b、c),或采用灌注桩基,减轻土体负担
8. 对已滑坡工程,稳定后再设置混凝土抗滑锚桩、锚固排桩、挡土墙、抗滑明洞、抗滑锚杆或混凝土墩与挡土墙相结合的方法加固坡脚(图 3-38~图 3-39),并在下段做截水沟、排水沟,陡坎部分采取去土减重,保持适当坡度

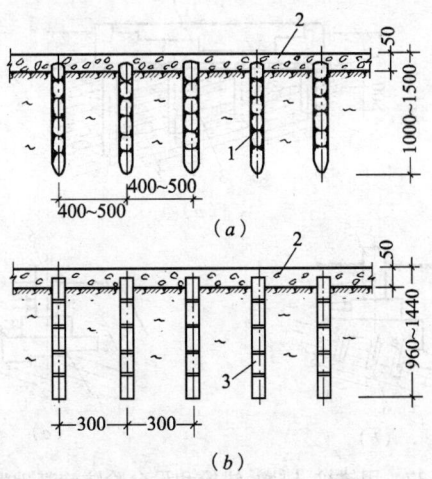

图 3-35 橡皮土打石桩、机砖处理

(a)打石桩;(b)打机砖挤密桩

1—毛石或条石;2—表面碎石夯实;

3—M10 砖纵距 260mm;横距 300mm 梅花形布置

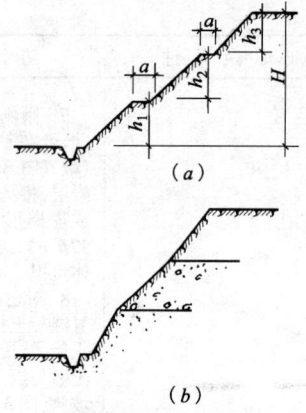

图 3-36 边坡处理
（a）做台阶式边坡；（b）不同土层留设不同坡度
a—台阶宽度，一般为 1000~2000mm

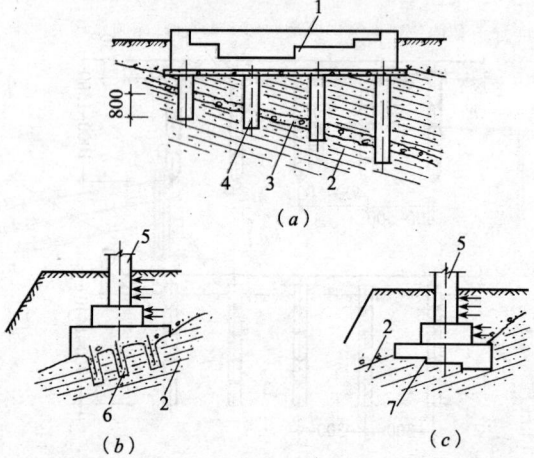

图 3-37 用锚桩、锚墩、锚栓和设台阶防治基础滑动
（a）用锚桩、锚墩处理基岩裂隙滑坡；
（b）、（c）用锚栓和设台阶防止基础滑动
1—设备基础；2—基岩；3—裂隙；
4—C10 毛石混凝土锚桩或锚墩，直径 600~1000mm；
5—柱基；6—钢筋锚桩；7—台阶

3.3 局部地基的处理

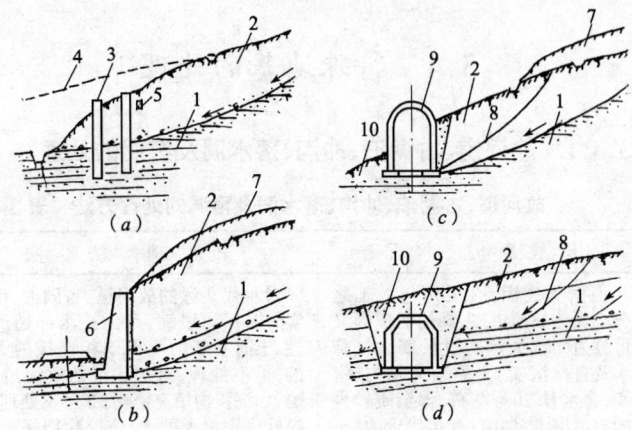

图 3-38 用锚桩、挡土桩与卸荷结合、明洞与恢复土体平衡结合整治滑坡
(a)用钢筋混凝土锚桩(抗滑桩)整治滑坡;(b)用挡土墙与卸荷结合整治滑坡;
(c)、(d)用钢筋混凝土明洞(涵洞)和恢复土体平衡整治滑坡
1—基岩滑坡面;2—滑动土体;3—钢筋混凝土锚固排桩;4—原地面线;
5—排水盲沟;6—钢筋混凝土或块石挡土墙;7—卸去土体;
8—土体滑动面;9—混凝土或钢筋混凝土明洞(涵洞);10—恢复土体

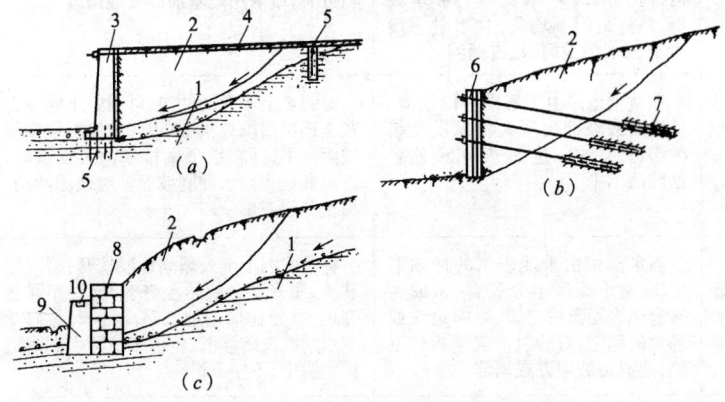

图 3-39 用挡土墙(挡土板、柱)与岩石(土层)锚杆、混凝土墩结合整治滑坡
(a)用挡土墙与岩石锚杆结合整治滑坡;
(b)用挡土板、柱与土层锚杆结合整治滑坡;(c)用混凝土墩与挡土墙结合整治滑坡
1—基岩滑坡面;2—滑动土体;3—挡土墙;4—岩石锚杆;5—锚桩;6—挡土板、柱;
7—土层锚杆;8—块石挡土墙;9—混凝土墩,间距 5m;10—钢筋混凝土横梁

3.4 特殊地基的处理

3.4.1 故河道、古湖泊、冲沟、落水洞及窑洞的处理

故河道、古湖泊、冲沟、落水洞及窑洞的处理方法　　表 3-66

名称	形成原因、状况	处 理 方 法
故河道、古湖泊	根据其成因，有天然与人工之分。天然故河道、古湖泊的成因又可分为年代久远经过长期大气降水及自然沉实，土质较为均匀、密实，含水量20%左右，含杂质较少的故河道、古湖泊；有年代近的，土质结构较松散，含水量较大的，含较多碎块、有机物的故河道、古湖泊；人工故河道、古湖泊的成因，分老填土与新填土由老填土形成的为长期生活填积而成，内含砖瓦碎块、草木灰等杂物，土质较均匀、密实、稳定，由新填土形成的，其时间较短，沉降未稳定，土中含有较多的砖瓦碎块、草木灰、炉渣、垃圾等，结构组织不均匀，含水量一般大于20%的故河道、古湖泊	对年代久远的故河道、古湖泊，已被密实的沉积物填满，且无被水冲蚀的可能性，土的承载力不低于相连接的天然土的，可不处理；对年代近的故河道、古湖泊，如沉积物填充密实，亦可不处理；如为松软含水量大的土，应挖除用好土，分层夯实，在地基部位用灰土分层夯实；与河、湖边接触的部位，做成阶梯形接槎，阶宽不小于1m，接槎处应仔细夯实，回填应按先深后浅的顺序进行；老填土形成的故河道、古湖泊，如已被填积物填塞密实，承载力不低于相连接的天然土的，可不处理；新填土形成的故河道、古湖泊，要将松软填土挖除，视情况用素土或灰土分层回填夯实，或采用地基加固处理措施
冲沟	在黄土地区由于暴雨冲刷坡面，使地面或坡面出现大量纵横交错的沟道，有的深达5～6m，使地表面凹凸不平	对边坡上不深的冲沟，可用好土或三七灰土逐层回填夯实；或用浆砌块石填砌至坡面一平，并在坡顶做排水沟及反水坡，以阻截地表雨水冲刷坡面。对地面冲沟，用土分层夯填
落水洞	落水洞多由于地表水的冲蚀形成，在黄土地区十分发育，常成为排泄地表迳流的暗道，影响边坡或场地的稳定；有的表面成喇叭口下陷，造成边坡塌方或塌陷	将落水洞上部及塌陷地段挖开，清除松软土，用好土分层填土夯实，面层用黏土夯填，并使比周围地面略高，同时做好地表水的截流防渗漏，将地表迳流引到附近排水沟中，不使下渗
窑洞（土洞）	在山坡地段，常在下部或中部出现各种大小不等的已搬迁废弃的土窑洞；一般为人力开挖形成，作为生活居住的，有的年久失修废弃，形成埋藏较深的窑洞或土洞	对住人窑洞，一般采取人工分层回填至离顶1.8m左右，再从里向外分段回填至洞口2m处夯至洞顶，洞顶不好回填部分用块石堆砌填实；对废弃窑洞，多埋设在地下，在摸清部位后，用好土进行分层回填夯实处理

3.4 特殊地基的处理

3.4.2 岩石与岩溶地基的处理

岩石与岩溶地基处理　　　　　表 3-67

项次	名称(形式、状况)	处 理 措 施 、方 法
1	软硬地基 由于地形起伏,低洼处被冲积土填充所形成,造成基础局部遇基岩、大孤石,部分落于软弱土层上或基础落于厚度不一的软土层上,下部有倾斜较大的岩层	1. 当基础下局部遇基岩、大孤石(或旧墙基、老灰土、污土),尽可能挖去或将坚硬地基部分凿去 30~50cm 深,再回填土砂混合物或砂做软性褥垫(图 3-40a),使软硬部分可起到调整地基变形作用,避免裂缝 2. 当基础部分落于基岩或硬土层上,部分落于软弱土层上,可在软土层中采用现场钻孔灌注桩至基岩;或在软土部位做混凝土或砌块石支承墙(或支墩)至基岩(图 3-40b、c),或将基础以下基岩凿去 30~50cm 深,填以中粗砂或土砂混合物做软性褥垫,使能调整岩土交界部位地基的相对变形,避免应力集中出现裂缝;或采取加强基础和上部结构的刚度,来克服软硬地基的不均匀变形 3. 当基础落于厚度不一的软土层上,下部有倾斜较大的岩层,可在软土层采用现场钻孔做钢筋混凝土短桩直至基岩,或在基础底板下做砂石垫层处理(图 3-40d),使应力扩散,减少地基变形
2	高差地基 由于地壳构造运动造成地形起伏而形成。当基础落于高差较大的倾斜岩层上时,使一部分基础落于基岩上,一部分基础悬空;或基础底板标高较高,下部为厚度不一的土层及倾斜较大的岩层	1. 当基础部分落于基岩上、部分悬空时,可在较低部分基岩上做低强度等级混凝土或砌块石支承墙(或墩),中间用素土分层回填夯实;或将较高部分基岩凿去,使基础底板落于同一标高上;或在较低部分基岩上,用较低强度等级混凝土或毛石混凝土做填充造型(图 3-41a) 2. 当基础底部土层、岩层高差悬殊时,可采用扩大头桩或灌注桩至原土层或基岩(图 3-41b、c),基础底板与原土层间分层填土夯实;或清除原土层软弱部分后做砂砾石垫层,分层回填夯实至基础底部;或采用深基
3	裂隙 受地壳构造运动及风化等作用所形成,在岩层内部或两种岩层交错处出现许多不同长度的垂直、倾斜或水平的裂隙,将岩层分割成许多不规则形状的块体	宽度不大且填充密实的垂直、倾斜裂隙,可不进行处理;裂隙发育,裂隙宽度在 5cm 以上的,可在基础范围将上部 50cm 深裂隙中泥土碎块清除,每边凿宽 20~30cm,用混凝土填充或配少量横向钢筋拉结;地基下部已被土砂、岩石碎块填充密实的、无地下水潜流的水平裂隙,亦可不处理;如有地下水潜流,且上下脱空的水平裂隙,应钻孔用水泥压力灌浆的方法进行加固,使之密实

续表

项次	名称(形式、状况)	处理措施、方法
4	岩石软弱夹层 岩层裂隙长期受水的侵蚀、风化作用,在裂隙节理面存在软弱岩渣及泥土夹层	一般密实的软弱夹层可不处理。对倾斜度大的岩石边坡,如裂隙宽度较大,倾向相近,且夹有软弱破碎岩渣和软弱土夹层,可采取钻孔灌注钢筋混凝土桩加固处理,借桩的抗剪强度来抵抗岩层沿软弱夹层面的顺层滑动,夹杂物可不处理
5	断层 由于地壳构造运动、褶皱及地质等地球内力的作用,使岩层断裂成为不连续的两断块,使大断面岩层发生显著相对位移和错动	建筑物、构筑物应尽可能避开建在大断层上;对较小的、局部的、稳定的断层,可将断层中填充物清除,深不少于基础宽的1/3,清洗后用细石混凝土填灌密实,或进行水泥压浆处理
6	溶洞 由于可溶性石灰岩、泥灰岩、白云岩、大理岩、硫酸盐类岩层或氯盐类岩层,长期受雨水、含碳酸的地下水溶蚀作用以及地表水通过裂隙进入内部流动等原因而形成。常出现在斜坡断层附近背斜层的顶部	对裸露地面、强度低的溶洞,可挖除洞内的软弱填充物,用块石、碎石、砾石、灰土或毛石混凝土分层填实;对埋藏较浅、顶板破碎的溶洞,应清除覆土,爆开顶板,挖除充填软土,分层填碎石、土石混合物等 当洞体强度较高,洞顶岩体较好,可采用料石或预制混凝土块砌拱(图3-42a),外用素混凝土灌实;或砌石柱、浇灌注桩墩或沉井处理;其附近小洞,用浆砌块石找平等方法处理 对个别跨度不大、洞壁坚固、完整的裂隙状溶洞,可在顶部做钢筋混凝土梁板跨越,将结构置于梁板上(图3-42b);或采取调整柱距的办法避开溶洞 埋藏较深较大、顶板较厚的溶洞,可钻孔向洞内灌水泥砂浆或低强度等级混凝土填塞;如能进入洞内,亦可用石砌柱支承 洞顶无流动水、洞深5m左右,且无连续贯通溶道的溶洞,可在洞内埋压浆管,填块石、碎石至洞顶,再用压力灌浆方法压注M5水泥砂浆,将石间缝隙填实 有流动水的、岩石较破碎的深溶洞,挖除沉积物后,用浆砌石柱做基础,周围填块石灌浆填充,柱顶用梁、板支承上部结构,地下水用排水洞、渗水井、排水管等排除或改道(图3-42c)
7	土洞 岩溶地区上覆的黏土层,经地表水的冲蚀或地下水潜蚀作用,把黏土里的碳酸盐类溶解,将黏性弱的·	由地表水形成的土洞或塌陷地段,在采取地表截流防渗或堵漏措施后,再根据其埋深分别采用挖填、灌砂等办法处理 地下水形成陷及浅埋的土洞,应清除软泥底,填砂子或抛石块做反滤层,上部及面层用黏土加碎石夯实(图3-42d)。对地下水采取截流改道的办法,阻止土洞和地表塌陷的发展

续表

项次	名称(形式、状况)	处理措施、方法
7	细颗粒带走而形成。多出现在地区可溶性岩层、土层或碎石黏土混合层中	深埋土洞,可打洞用砂砾或细石混凝土填灌;对重要建筑物,可用桩或沉井穿过覆土层,将上部建筑物荷载传至基岩;或采用梁板跨越土洞,以支承上部建筑物,但应注意洞体的承载力和稳定性;或采取结构处理,加强上部结构刚度
8	石芽(石笋)、石林 在埋藏石灰岩、硫酸盐类岩石地区,地表岩体受地表水的长期溶蚀作用而形成,中间多被黏土填充。地表岩体露出,其顶端尖、下部粗的锥形岩体称"石芽",又称"石笋",石芽林立的称"石林"	基岩局部存在石芽,可将露出石尖凿至基底下 50～60cm,填以可压缩性炉渣、砂子或干土做褥垫(图 3-43a),如局部露出,可凿去部分石芽(图 3-43b)使平;石芽较密,中间为坚实原土,可不处理;如为软土,可挖去用碎石或土碎石混合物回填夯实;基础落在土层上,仅局部下卧层有石芽,可不处理;石芽密布均匀的,可在其上设梁、板以支承上部结构(图 3-43c)

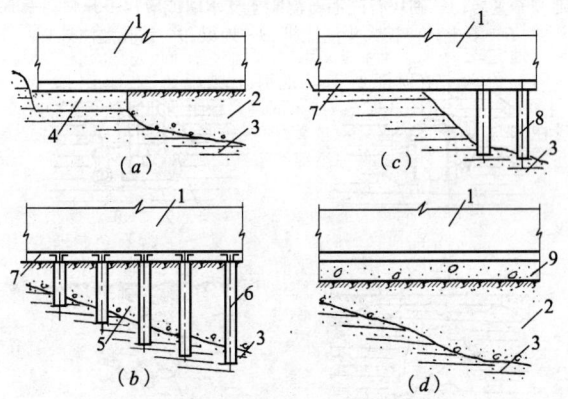

图 3-40 软硬地基的处理
(a)用软性褥垫处理;(b)用短桩基础处理;
(c)用支承墙或墩处理;(d)用砂卵石垫层处理
1—基础;2—原土层;3—基岩;4—软性褥垫;5—软土层;
6—混凝土灌注短桩;7—地梁;8—支承墙墩;9—砂石垫层

3 地基与基础工程

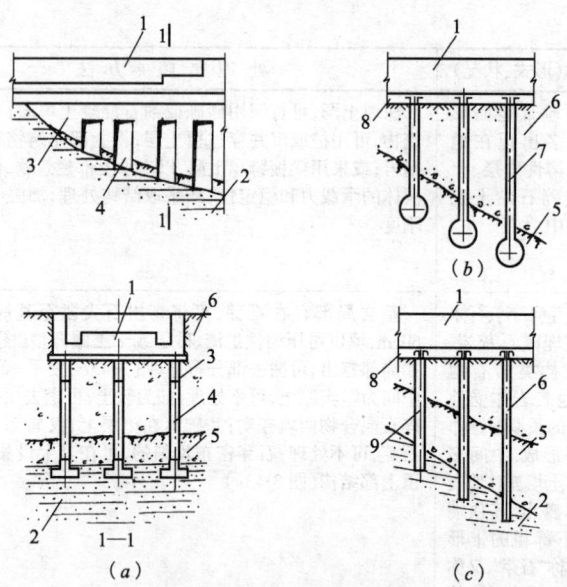

图 3-41 高差地基的处理
(a)用支承墙或墩处理；(b)用扩大头灌注桩处理；(c)用钻孔灌注桩处理
1—基础；2—基岩；3—砌块石或毛石混凝土支承墙或墩；4—开洞；5—原土层；
6—填土；7—扩大头灌注桩；8—地梁；9—钻孔灌注桩

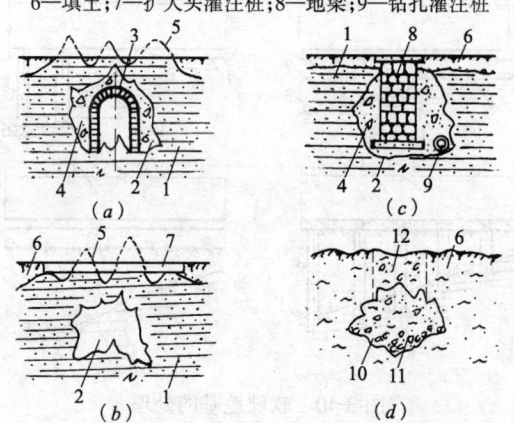

图 3-42 溶洞与土洞地基的处理
(a)用砌石拱处理溶洞；(b)用跨洞梁处理溶洞；
(c)用砌石柱处理溶洞；(d)用黏土掺碎石回填处理土洞

1—溶岩；2—溶洞；3—浆砌石拱；4—块石灌浆或填混凝土；5—凿去部分基岩；6—原土层；
7—跨洞梁；8—浆砌石柱；9—排水管；10—土洞；11—填砂或抛石块；12—黏土掺碎石回填

3.5 特殊土地基的处理

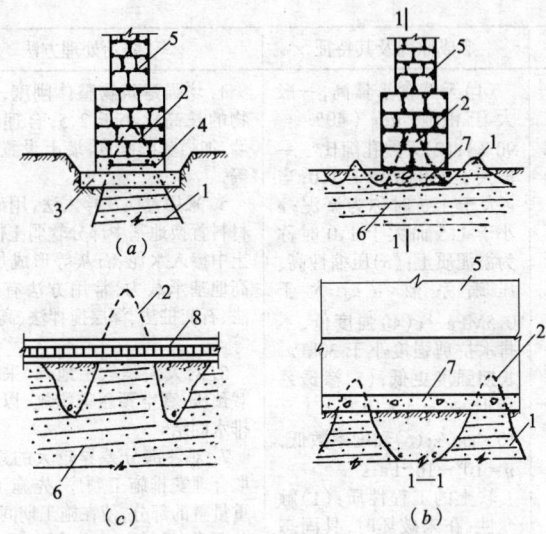

图 3-43 石芽地基的处理
(a)用砂垫层处理;(b)凿去部分石芽处理;(c)用地梁、板支承上部结构处理
1—石芽;2—石芽凿去部分;3—褥垫;4—钢筋混凝土带;
5—基础;6—基岩;7—混凝土填补;8—连续梁

3.5 特殊土地基的处理

3.5.1 软土地基

软土地基的处理　　　　　　　　　表 3-68

现　象	形成原因及其特征	防治处理方法
软土为一种高压缩性黏性土,这种土含水量大,透水性小,承载力低,呈软塑-流	软土是在静水或缓慢流水环境中沉积的,经生物化学作用形成的、天然含水量大的、承载力低的软塑到流塑状态的饱和黏性土,包括淤泥、淤泥质土、泥炭、泥炭质土等 软土具有以下特征:	1.建筑设计力求体型简单,荷载均匀。过长或体型复杂的建筑,应设置必要的沉降缝或在中间用连接框架隔开 2.选用轻型结构;采用浅基础,利用软土上部硬壳层作持力层 3.选用筏形或箱形基础,提高基础刚度,减小基底附加压力,减小不均匀沉降;采用架空地面,减少回填土重量

191

续表

现　象	形成原因及其特征	防治处理方法
塑状态,分布我国东南沿海地区、沿江和湖泊地区 建造在软土地基上的建筑物易产生较大的沉降和不均匀沉降,沉降速度快,且沉降稳定性往往需要很长时间,因此在软土地基上建造建(构)筑物必须采取有效技术措施,慎重对待	(1)天然含水量高,一般大于液限w_L(40%~90%);(2)天然孔隙比e一般大于1.0或等于1.0;当e大于1.5时称为淤泥;e小于1.5而大于1.0时称为淤泥质土;(3)压缩性高,压缩系数a_{1-2}大于$0.5MPa^{-1}$;(4)强度低,不排水抗剪强度小于30kPa,长期强度更低;(5)渗透系数小,$K=1\times10^{-6}\sim1\times10^{-8}cm/s$;(6)黏度系数低,$\eta=10^9\sim10^{12}Pa\cdot s$, 软土的工程性质:(1)触变性:在未破坏时,具固态特征,一经扰动或破坏,即转变为稀释流动状态;(2)高压缩性:压缩系数大,造成建筑物沉降量大;(3)低透水性:可认为是不透水的,排水固结时间长,使建筑物的沉降延续时间长,常在数年至10年以上;(4)流变性:在一定剪应力作用下,土发生缓慢长期变形	4.增强建筑物整体刚度,控制建筑物的长高比小于2.5;合理布置纵横墙,加强基础刚度,墙上设置多道圈梁等 5.采用置换及拌入法,用砂、碎石等材料置换地基中部分软弱土体,或在软土中掺入水泥、石灰等形成加固体,提高地基承载力,常用方法有振冲置换法、石灰桩法、深层搅拌法、高压喷浆法等 6.对大面积软土地基,采用砂井堆载预压、真空预压等措施,以加速地基排水固结 7.对各部分差异较大的建筑物,采取合理安排施工顺序,先施工高度大、重量重的部分,使在施工期间先完成部分沉降,后施工高度低和重量轻的部分,以减少部分差异沉降 8.对仓库建筑物或油罐、水池等构筑物,适当控制活荷载的施加速度,使软土逐步固结,地基强度逐步增长,以适应荷载增长的要求,同时可借以降低总沉降量,防止土的侧向挤出,避免建筑物产生局部破坏或倾斜

3.5.2 湿陷性黄土地基

湿陷性黄土地基的处理　　　　表3-69

现　象	形成原因及其特征	防治处理方法
天然黄土在覆土的自重应力作用下,或在自重应力和附加应力共同作用下,	黄土是在干旱条件下形成的黄色粉质土,并含有大量的碳酸盐类,在天然状态下,具有肉眼可见的大孔隙,并有竖向节理。天然含水量的黄土,如未受水浸湿,一般强度较	1.选用适应不均匀沉降的结构和基础类型(如框架结构和墩式基础);散水坡宜用混凝土,宽度不小于1.5m 2.加强建筑物的整体刚度,如控制长高比在3以内,设置沉降缝,增设横墙、钢筋混凝土圈梁等 3.将基础下的湿陷性土层全部或部分挖除,用灰土夯实换填

续表

现 象	形成原因及其特征	防 治 处 理 方 法
受水浸湿后土的结构迅速破坏而发生显著附加下沉的现象 湿陷性黄土由于水浸湿常会使建筑物出现不均匀沉降，引起边坡滑动，且这种破坏具有突发性，工程上难以预料其下沉部位	高，压缩性较小，但在受水浸湿后，由于充填在土颗粒之间的可溶盐类物质遇水溶解，使土的结构迅速破坏，强度迅速降低，并发生显著的附加下沉 湿陷性黄土具有以下特征： (1)在天然状态下，具有肉眼可见的大孔隙，孔隙比一般大于1，天然剖面呈竖直节理； (2)在干燥时呈淡黄色，稍湿时呈黄色，湿润时呈褐黄色；(3)土中含有石英、高岭土成分，含盐量大于0.3%； (4)透水性较强，土样浸入水中后，很快崩解，同时有气泡冒出水面；(5)土在干燥状态下，有较高的强度和较小的压缩性，但遇水后，土的结构迅速破坏，发生显著的附加下沉，产生严重湿陷	4. 对湿陷性土层用重锤夯实法或强夯法处理。前法能消除1.0~2.0m厚土层的湿陷性；后法可消除3~6m深土层的湿陷性 5. 采用灰土挤密桩，消除桩深度范围内黄土的湿陷性，处理深度一般为5~10m 6. 采用爆扩桩、灌注桩或预制桩将上部荷载传至非湿陷性土层上；爆扩桩长度一般不大于8m，扩大头直径1m左右 7. 采用硅化或碱液加固地基，方法是先在加固部位钻孔，将一定浓度的硅酸钠(或碱液)通过压力(或自重)灌入土中，与黄土进行化学反应生成钠、铝、钙复合物，使土粒胶结，增加土体强度 8. 做好总体的平面和竖向设计及防洪措施，保证场地排水畅通，保持水管与建筑物有足够的距离，防止管网渗漏水，做好屋面、地面防水、排水措施 9. 合理安排施工程序，先施工地下工程，后施工地上工程。敷设管道时，先施工防洪、排水管道并保证其畅通；临时防洪沟、洗料场等应距建筑物外墙不小于12m，严防地面水流入基坑或基槽内 10. 基础施工完毕用素土在基础周围分层回填夯实，其压实系数不得小于0.9；屋面施工完毕应及时安装天沟、水落管和雨水管道等，将雨水引至室外排水系统

3.5.3 膨胀土地基

膨胀土地基的处理 表3-70

现 象	形成原因	防 治 处 理 方 法
膨胀土为一种高塑性黏土，强度一般较高，具有吸水膨胀，失水收缩和反复胀缩变形，浸水强度衰减，干缩裂隙发育等特性，性质不稳定，常使建筑物	主要膨胀土成分中含有较多的亲水性强的蒙脱石(微晶高岭土)、伊利石(水云母)、硫化铁和蛭石等膨胀性物质，土的细颗粒含量较大，具有明显的湿胀干缩效应。遇水	1. 提前平整场地，使经雨水预湿，减少挖填方湿度过大的差别，使含水量得到新的平衡，大部分膨胀力得到释放 2. 尽量保持原自然边坡、场地的稳定条件，避免大挖大填，基础适当埋深或用墩式基础、桩基础，以增加基础附加荷载，减小膨胀土层厚度，减轻升降幅度。但成孔时切忌向孔内灌水，成孔后，宜当天浇注混凝土 3. 临坡建筑，不宜在坡脚挖土施工，避免改变坡体平衡，使建筑物产生水平膨胀位移

续表

现 象	形 成 原 因	防 治 处 理 方 法
产生不均匀的竖向或水平的胀缩变形，造成位移、开裂、倾斜，甚至破坏，而且往往成群出现，尤以低层平房严重，危害性较大。裂缝特征有外墙垂直裂缝，端部斜向裂缝和窗台下水平裂缝；内、外山墙对称或不对称的倒八字形裂缝等；地坪则出现纵向长条和网格状的裂缝。一般于建筑物完工后半年到五年出现	时，土体即膨胀隆起（一般自由膨胀率在40%以上），产生很大的上举力，使房屋上升（可高达10cm），失水时，土体即收缩下沉。由于这种体积膨胀收缩的反复可逆运动和建筑物各部挖方深度、上部荷载以及地基土浸湿、脱水的差异，因而使建筑物产生不均匀升、降运动而造成出现裂缝、位移、倾斜甚至倒塌	4. 采取换土处理，将膨胀土层部分或全部挖去，用灰土、土石混合物或砂砾回填夯实，或用人工垫层，如砂、砂砾做缓冲层，厚度不小于90cm 5. 在建筑物周围做好地表渗、排水沟等。散水坡适当加宽（可做成1.2~1.5m），其下做砂或炉渣垫层，并设隔水层。室内下水道设防漏、防湿措施，使地基土尽量保持原有天然湿度和天然结构 6. 加强结构刚度，如设置地箍、地梁，在两端和内外墙连接处设置水平钢筋加强连接等 7. 做好保湿防水措施，加强施工用水管理，做好现场施工临时排水，避免基坑（槽）浸泡和建筑物附近积水。基坑（槽）挖好，及时分段快速施工完成，及时回填覆盖夯实，减少基坑（槽）暴露时间，避免暴晒 处理方法：对已因膨胀土胀缩产生裂缝的建筑物，应迅速修复，由于断沟造成的漏水，堵住局部渗漏，加宽排水坡，做渗排水沟，以加快稳定。对裂缝进行修补加固，如加柱墩，抽砖加扒钉、配筋，压、喷浆，拆除部分砖墙重新砌筑等。在墙外加砌砖垛和加拉杆，使内外墙连成整体，防止墙体局部倾斜

3.5.4 盐渍土地基

盐渍土地基的处理　　表3-71

现 象	形 成 原 因	防 治 处 理 方 法
上层中含有石膏、芒硝、岩盐（硫酸盐或氯化物）等易溶盐，其含量大于0.5%，自然环境具有溶陷、盐胀等特性的土称为盐渍土 盐渍土在干燥时，盐类呈结	盐渍土遇水溶陷的主要原因有：(1)砂土、黏土为主的盐渍土，有的结构疏松，具有大孔隙结构特征，其孔隙直径可达40~50μ，构成孔隙的土颗粒直径一般小于孔隙直径，当浸水后，胶结土颗粒的盐类被溶解，土颗粒落入孔隙中导致土层溶陷；(2)天然状态下较紧密的	1. 做好场地竖向设计，避免大气降水、工业及生活用水、施工用水浸入地基，而造成建筑材料的腐蚀及盐胀 2. 室外散水坡适当加宽，一般不小于1.5m，下部做灰土垫层，防止水渗入地基造成溶陷；绿化带与建筑物距离应加大，严格控制绿化用水 3. 对基础采取防腐措施，如采用耐腐蚀建筑材料建造，或在基础外部做防腐处理等

续表

现　　象	形成原因	防治处理方法
晶状态,地基具有较高的强度,但当遇水后易崩解,出现土体失稳、强度降低、压缩性增大等情况,造成建筑物不均匀沉陷、裂缝、倾斜,甚至破坏 由于盐渍土浸水后不仅强度降低,而且伴随着土结构破坏,产生较大的溶陷变形,其变形速度一般较黄土湿陷变形快,所以危害更大。另外盐分渗入与其接触的基础或墙体,会在结晶过程中将材料鼓胀或腐蚀破坏	结构(盐也作为土颗粒的一部分)的盐渍土,土中的盐主要是硫酸盐和氯盐,而硫酸盐又主要是芒硝($Na_2SO_4 \cdot 10H_2O$),这种土在自然条件下紧密,主要原因是芒硝结晶时产生体积膨胀,一旦遇水后,土体积缩小,导致土体产生溶陷变形;(3)砂土为主的盐渍土,颗粒直径多数大于100μ,它是由较小或很小的土颗粒由盐胶结而成的集粒,遇水后,盐类被溶解,导致集粒体积缩小或解体,还原很多细小土粒,填充孔隙,因而产生土体溶陷。在有渗流条件下,盐和细土粒均被带走,造成严重的潜蚀变形;(4)土中含碳酸盐类时,液化使土松散,会破坏地基的稳定性	4. 将基础埋置于盐渍土层以下,或隔断有害毛细水的上升;或铺设隔绝层、隔离层,以防止盐分向上运移 5. 采用换填法、重锤夯实法或强夯法处理浅部土层;对厚度不大或渗透性较好的盐渍土,可采用浸水预溶,水头高度不小于30cm,浸水坑的平面尺寸,每边应超过拟建房屋边缘不小于2.5m 6. 对土层厚、溶陷性高的盐沼地,采用桩基、灰土墩、混凝土墩,埋置深度应大于临界深度 7. 做好现场排水、防洪等,防止施工用水、雨水流入地基或基础周围;各种用水点应离基础10m以上 8. 合理安排施工工程序,先施工埋置深、荷载大的基础,并及时回填好土料,夯实填土;管道敷设,先施工排水管道,并保证其畅通,防止管道漏水

3.6 桩基施工技术

3.6.1 打(沉)桩机械设备的选择

桩锤分类、特点及使用范围　　　　表3-72

类别	原理及特点	使用范围
落锤	系用人力或起重机拉起桩锤,然后自由落下,利用桩锤夯击桩顶使桩入土 机具简单,使用方便,冲击能量大,能随意调整落距,但锤击速度较慢(6~20次/min),效率较低	1. 用于打木桩或细长尺寸的钢筋混凝土桩 2. 在一般土层及黏土、含有砾石的土层均可使用

续表

类别	原 理 及 特 点	使 用 范 围
柴油桩锤	利用桩锤落下,柴油爆炸,推动活塞,引起锤头上下跳动,夯击桩顶,使桩入土 附有成套桩架、动力等设备,不需用外部能源,机架轻,移动方便,打桩快,燃料消耗低,但桩架高度低	1. 最适于打钢板桩、木桩 2. 在软弱土地基打长 20m 以下的钢筋混凝土桩 3. 坚硬土或软土不宜使用
振动桩锤	系利用放在桩顶的振动器、偏心轮引起激振,通过刚性连接的桩帽传到桩顶,使桩沉入土中 沉桩速度快,适应性强,施工操作简单、安全,能打各种预制桩和灌注桩,并能帮助卷扬机拔桩	1. 适于打钢板桩、钢管桩、长 15m 以内的打入式灌注桩 2. 用于粉质黏土、松散砂土和软土,不宜用于密实的砾石和密实的黏性土地基打桩 3. 不适于打斜桩
单动汽锤	利用蒸汽或压缩空气的顶力,将锤头上举,然后自由落下冲击桩顶,将桩打入土中 桩锤结构简单,落距小,对设备及桩头不易损坏,打桩速度和冲击力均较落锤大,效率较高	1. 适于打各种材料种类的桩 2. 最适于套管法现场就地灌注混凝土和钢筋混凝土桩
双动汽锤	系利用蒸汽或压缩空气的顶压力,将锤头上举及下冲,增大夯击能量,使桩入土 冲击次数多,冲击能量大,工作效率高,但设备笨重,移动较为困难	1. 适于各种材料、种类的桩 2. 使用压缩空气时,可用于水下打桩 3. 可用于吊锤打桩和拔桩
射水沉桩	在锤击沉桩的基础上,再辅以水压力冲刷桩尖处土层,加速下沉 能用于坚硬土层,打桩效率高,桩不易损坏,但设备较多,当附近有建筑物时,地基浸水易使建筑物产生不均匀下沉	1. 与锤击法联合使用,适于打大截面钢筋混凝土桩和空心管桩 2. 可用于各种土层,而以砂土、砂砾土或其他坚硬的土层最适宜 3. 不能用于粗卵石、极坚硬的黏土层或厚度超过 0.5m 的泥炭层;同时不能用于打斜桩
静力压桩	分机械式和液压式两种,前者利用桩架自重及附属设备的重量,通过滑轮组、卷扬机的牵引传至桩顶,将桩逐节压入土中,后者系利用压桩机自身的起重机将桩吊入夹持器内,夹持油缸将桩夹紧,再利用主机的压桩油缸冲程之力将桩压入地基土中 压桩无噪声、无振动、无污染,对周围无干扰,施工现场文明、干净,桩不易损坏;液压式压桩运转灵活,施工速度快(2m/min);桩配筋简单,短桩可接,便于运输,节约钢材。但用机械式压桩,需要桩架,设备自重大,运输安装不便	1. 适于软土地基及城市中不允许打桩的振动影响邻近建筑物及生产设备的情况 2. 可压截面 60cm×60cm,接桩长 35m 以内的钢筋混凝土桩及直径 60cm 以下预应力空心管桩 3. 特别适于城建深基础压桩、地铁工程连续墙、高架公路支架等工程

3.6 桩基施工技术

锤重选择表 表3-73

锤 型		柴 油 锤 (t)					
		2.0	2.5	3.5	4.5	6.0	7.2
锤的动力性能	冲击部分重(t)	2.0	2.5	3.5	4.5	6.0	7.2
	总重(t)	4.5	6.5	7.2	9.6	15.0	18.0
	冲击力(kN)	2000	2000~2500	2500~4000	4000~5000	5000~7000	7000~10000
	常用冲程(m)	1.8~2.3	1.8~2.3	1.8~2.3	1.8~2.3	1.8~2.3	1.8~2.3
适用的桩规格	预制方桩、预应力管桩的边长或直径(mm)	25~35	35~40	40~45	45~50	50~55	55~60
	钢管桩直径(cm)	ϕ40	ϕ40	ϕ40	ϕ60	ϕ90	ϕ90~100
持力层 黏性土、粉土	一般进入深度(m)	1~2	1.5~2.5	2~3	2.5~3.5	3~4	3~5
	静力触探比贯入阻力 p_s 平均值(MPa)	3	4	5	>5	>5	>5
持力层 砂土	一般进入深度(m)	0.5~1	0.5~1.5	1~2	1.5~2.5	2~3	2.5~3.5
	标准贯入击数 N (未修正)	15~25	20~30	30~40	40~45	45~50	50
锤的常用控制贯入度(cm/10击)			2~3		3~5	4~8	
设计单桩极限承载力(kN)		400~1200	800~1600	2500~4000	3000~5000	5000~7000	7000~10000

注:1. 本表仅供选锤用;
2. 本表适用于20~60m长预制钢筋混凝土桩及40~60m长钢管桩,且桩尖进入硬土层有一定深度。

3.6.2 打(沉)桩方法的选择

打(沉)桩方法及使用范围 表3-74

名称	打(沉)桩工艺方法	使 用 范 围
锤击法打桩	分落锤、柴油锤、蒸汽锤。主要设备包括桩锤、桩架、动力设备等 落锤打桩用钢或木制桩架,高一般5~15m,用0.5~2.0t的铸铁锤,用卷扬机提升。落锤高1m以内 柴油锤打桩有筒式、导杆式两种,其技术性能见表3-75和表3-76。打桩机带有桩锤、桩架、卷扬机等全部设备 蒸汽锤打桩分单动式锤和双动式锤,其技术性能分别见表3-77和表3-78	适用于软塑或可塑的黏性土中沉桩;对坚硬土层及砂土、砂砾石层亦可使用,当锤击法难以穿透时,应辅以射水法

续表

名称	打(沉)桩工艺方法	使用范围
锤击法打桩	单动式锤打桩时,锤直接放在桩顶,由导柱固定位置,重锤连接在筒内活塞杆上,在筒框内滑行,每分钟锤击 40~70 次,锤重在 3~15t 之间,落距 1m 以内。双动式汽锤的举起和下落都借助蒸汽压力,冲击力加大,每分钟达 100~135 次,锤重为 5~7t	
振动法沉桩	主要设备为一个大功率的振动器(箱)及附属加压装置和起吊机械设备、混凝土上料斗等。常用振动沉桩机主要技术性能见表 3-79 沉桩时,使桩头套入振动箱连同桩帽或液压夹桩器内夹紧,开动振动箱,使桩在振动和自重下沉入土中。如遇硬土下沉过慢,可加压下沉,或将桩略提高 0.6~1.0m,然后重新快速冲下。沉桩机需要的激振力,可根据土的性质、含水性及桩的种类构造而定,约为 100~400kN	适用沉拔钢板桩及钢管桩,在砂土中效率最高,在黏性土中较差,需用较大功率的振动器
射水法(水冲法)沉桩	在桩的两侧对称装射水管,用高压水流将桩尖附近的土体冲开,以减少土的阻力,使桩借自重或辅以锤击、振动沉入土中。射水管内径 38~63mm,最大 100mm,每节长 4.5~6m,用螺栓连接,空心桩则将射水管设在中间。射水喷嘴出口内径约 12.7~38mm,最大 75mm,侧孔与管壁成 30°~45°,射水管上端用 100mm 软管连于水泵上,管子用滑车组吊起使能顺桩身上下自由升降,水冲法所需射水管数目、直径、水压及消耗水量等可参考表 3-81 选用 水冲沉桩可采取先冲孔、后插桩;或一面射水,一面锤击或振动;或射水、锤击交替进行等方式。射水管应处于桩尖下 0.3~0.4m,水冲压力一般为 0.5~1.6N/mm^2,桩尖沉至最后 1~1.5m 应停止射水,拔出射水管,用锤击或振动打至设计标高	适用于淤泥、淤泥质土、软及中等密实黏土、粉质黏土、粉土、松散的砂、水饱和的砂、密实砂、混有砾石的砂,特别适于与锤击法、振动法配合使用,效果较显著;不能用于粗卵石、极坚硬的黏土层或厚度较大的泥炭层
插(钻、打)桩法沉桩	主要设备采用三点支撑式柴油打桩机,应具有可水平旋转的互相垂直的双向龙门导轨,一侧配挂筒式柴油桩锤,另一侧配挂长螺杆螺旋钻机(性能见表 3-82),使在钻孔后不用移动桩机,即可迅速插桩施打 沉桩时,桩机就位后,先将钻机转至桩架正前方对准桩位,开动钻机徐徐钻进,同时经由出土斗排土外运。钻时要保持钻杆不停地旋转,以防卡钻。钻至预定标高后即可清孔提钻,	适于在软土地基中打入大量密集预制桩时,对附近 30~90cm 范围内造成土体大量隆起和水位移,危害邻近的地下管线、地面交通和建筑物安全的情况下使用;对坚硬土层难以打入时,亦可采用

3.6 桩基施工技术

续表

名称	打(沉)桩工艺方法	使 用 范 围
插(钻打)桩法沉桩	然后再将打桩机水平旋转,使桩机导轨定位,吊桩插入孔中施打。一般钻孔深为 8～10m,剩余的部分用打桩机打入,钻孔后应在半小时内插桩施打,避免塌孔	
静力压桩法沉桩	有机械式和液压式两种设备: 机械式系利用钢桩架及附属设备重量、配重,通过卷扬机的牵引,由钢丝绳滑轮及扁担将整个压桩架重量传至桩顶,将桩逐节压入土中,压桩架一般高 16～20m,静压力 400～800kN。长桩须制成 2～4 节,每节长 6～7m,带桩尖一节可达 8～9m,然后分节压入,接头用L50×5 角钢与预埋铁件焊接或硫磺砂浆锚接成整体 压桩时,由卷扬机牵引使压桩架就位,吊首节桩至压桩位置,桩顶由桩架固定,下端有滑轮夹持,开动卷扬机,将桩压入土中,至露出地面 2m 左右,再将第二节桩接上,要求接桩的弯曲度不大于 1/100,然后继续压入,如此反复操作至全部桩段压入土中 液压式系采用液压式静力压桩机进行,国内常用液压静力压桩机型号及技术性能以及施工工艺方法见 3.6.3.2 一节	适用于软土、淤泥质土、沉设截面小于 40cm×40cm 以下的钢筋混凝土桩或空心桩;或打桩振动会影响邻近建筑物正常使用或设备安全的情况下使用 机械式静力压桩机体积庞大,比较笨重,操作较复杂,压桩速度较慢,工效较低,运输、安装、移动不便 液压式静力压桩机用液压操纵,自动化程度高,结构紧凑,行走方便,施压部位在桩的侧面,送桩定位方便、快速,压桩效率高,劳动强度低,移动方便、迅速,是一种新型的静力压桩方式,已逐步取代机械式静力压桩

筒式柴油锤的技术性能 表 3-75

性 能 规 格	型 号									
	D2-12 D12	D2-18 D18	D2-32 D32	D2-40 D40	D2-60 D60	BDH -15	BDH -25	BDH -35A	BDH -45	BDH 60/72
冲击能量(kN·m)	30	46	80	100	160	37.5	62.5	87.5	112.5	180/216
冲击次数(次/min)	40～60	40～60	40～60	40～60	35～60	40～60	40～60	40～60	40～60	38～53
冲击体重力(kN)	12	18	32	40	60	15	26	35	45	60/70
冲程(m)	2.5	2.5	2.5	2.5	2.67					
锤总重量(t)	2.7	4.2	7.2	9.3	15.0					
锤总高度(m)	3.83	3.95	4.87	4.87	5.77					

导杆式柴油打桩机规格与技术性能　　　　表 3-76

项　目		桩　锤　型　号		
		D_1-600	D_1-1200	D_1-1800
锤击部分重量	(kg)	600	1200	1800
锤击部分最大行程	(mm)	1870	1800	2100
锤击次数	(次/min)	50~70	55~60	45~50
最大锤击能量	(kN·m)	11.2	21.6	37.8
汽缸直径	(mm)	200	250	290
耗油量	(L/h)	3.1	5.5	6.9
燃油箱容量	(L)	11	11.5	22
桩的最大长度	(m)	8	9	12
桩的最大直径	(mm)	300	350	400
卷扬机:起重能力	(kN)	15	15	30
电机型号		JZ21-6	JZ21-6	JZ22-6
电机功率	(kW)	5	5	7.5
电机转速	(r/min)	915	915	920
外形尺寸(m)长×宽×高		4.34×3.90×11.4	5.4×4.2×12.45	7.5×5.6×17.5
全机总重	(t)	6.7	7.5	13.9

单作用蒸汽锤规格与技术性能　　　　表 3-77

性能指标	单位	汽　锤　型　号　(t)					
		2.5	3.0	6.5	7.0	10.0	15.0
冲击部分重量	t	2.5	2.4	3.35	5.4	6.59	13.5
冲击能力	kN·m	28.0	32.4	40.2	89.0	92.3	182.5
锤重量	t	2.8	3.1	6.5	6.6	8.98	15.63
冲击次数	次/min	15~25	60~90	50	24~30	60~70	35~40
外形尺寸(长×宽×高)	m	0.775×0.662×2.61	0.865×0.73×4.18	0.82×0.765×5.05	1.125×0.887×5.683	1.080×1.020×5.686	1.32×1.20×5.425
最大冲击高度	m	1.3	1.35	1.2	1.65	1.40	1.35
蒸汽压力	N/mm²	0.7	0.7~0.8	0.7~1.0	0.7~1.0	0.7~1.0	0.7~1.3

3.6 桩基施工技术

双作用蒸汽锤规格与技术性能 表 3-78

性能指标	单位	型号					
		CCCM-703	C-35	C-32	CCCM-742A	BP-28	C-231
总锤重	kg	2968	3767	4095	4450	6550	4450
冲击部分重量	kg	680	614	655	1130	1450	1130
冲程	mm	406	450	525	508	500	508
冲击能	N·m	9060	10830	15880	18170	25000	18000
冲击次数	次/min	123	135	125	105	120	105
需压缩空气	m³/min	12.74	12.75	17	17	30	17
锤的外形尺寸(高)		2491	2375	2390	2689	3190	2765
(长)	mm	560	650	632	660	650	660
(宽)		710	710	800	810	1003	810

振动沉拔桩锤规格与技术性能 表 3-79

项 目	DZ60型(DZ90)	DZ60A型(DZ90A)	VX-40型(VX-80)	DZ30Y型(DZ60Y)	DZJ37Y型(DZJ60Y)
静偏心力矩(N·m)	360(500)	360(460)	130(360)	170(300)	300(450)
偏心轴转速(r/min)	1100(1100)	1100(1050)	900~1500	980(1000)	870(870)
激振力(kN)	486(677)	486(570)	252(553)	180(350)	250(380)
空载振幅(mm)	9.4(9.0)	9.8(10.3)	4.0(5.5)	8.4(10.1)	10.4(12.2)
电动机功率(kW)	60(90)	60(90)	30(75)	30(55)	45(60)
允许加压力(kN)	—	—	—	100(120)	80(100)
允许拔桩力(kN)	250(300)	200(240)	—	100(120)	120(180)
外形尺寸(m)	1.37×1.27 ×2.34	1.37×1.27 ×2.5	2.08×1.3 ×0.98	1.33×1.01 ×1.77	1.4×1.1 ×2.4
长×宽×高	(1.52×1.36 ×2.68)	(1.33×1.36 ×2.64)	(2.48×1.55 ×1.21)	(1.42×1.04 ×2.05)	(1.5×1.2 ×2.5)
重量(t)	4.49(5.86)	3.3	4(7.4)	3.1(3.95)	3.8(4.3)

注：DZ60(90)、DZ60(90)A 型锤，采用 DJB60 型桩架，由甘肃兰州建筑通用机械总厂生产，VX-40(80)型锤为兰州建筑机械厂生产；DZ30(60)Y 型锤，用 DZ20(25)J 型桩架，为浙江瑞安市振中机械厂生产。

3 地基与基础工程

DJ型打桩架规格与技术性能　　　　表3-80

项　　目	DJ20J型	DJ25J型	DJB25型	DJB60型
沉桩最大深度(m)	20	25	20	26
沉桩最大直径(m)	400	500	500	600
最大加压力(kN)	100	160	—	—
最大拔桩力(kN)	200	300	250	350
配用振动锤最大功率(kW)	40	60	—	—
立柱允许前倾最大角度(°)	10	10	5	9
立柱允许后倾最大角度(°)	5	5	5	3
主卷扬机最大牵引力(kN)	30	50	—	—
主卷扬机功率(kW)	11	17	—	—
外形尺寸(长×宽×高)(m)	9.6×10×25	10×10×30	9.8×7.0×24.5	13.5×6.1×35
重量(不包括锤)(t)	17.5	20	30	60

注：DJ20J、DJ25J型为浙江振中机械厂生产；DJB25、DJB60型为甘肃兰州建筑通用机械总厂生产。

各种土层中水冲法沉桩的有关参数　　　　表3-81

土的种类	入土深度(m)	喷嘴处需要压力(MPa)	射水管数量、直径(mm) 桩径≤300mm	射水管数量、直径(mm) 桩径400~600mm	额定用水量(L/min) 桩径≤300mm	额定用水量(L/min) 桩径400~600mm	水泵水压(MPa)
淤泥、淤泥质黏土、软黏土、松散砂、水饱和砂	<8	0.4~0.6	2ϕ37	2ϕ50	400~700	700~1000	1.1
	8~16	0.6~1.0	2ϕ50	2ϕ50	900~1200	900~1400	1.75
	16~24	0.8~1.5	—	2ϕ63	—	1600~2000	1.75
密实砂、混有砾石的砂、中等密实黏土	<8	0.8~1.5	2ϕ50	2ϕ50	900~1200	1000~1700	2.4
	8~20	1.2~2.0	2ϕ63	2ϕ63	1800~2500	1800~2500	2.46

螺旋钻孔机规格与技术性能　　　　表3-82

项　目	LZ型长螺旋钻	长螺旋钻	BZ-1型短螺旋钻	ZKL400(ZKL600)钻孔机	ZK-2250钻孔机	BQZ型步履式钻孔机
钻孔最大直径(mm)	300、600	400、500	300～800	400(600)	350	400
钻孔最大深度(m)	15	12、10、8	8、11、8	12～16	3	8
钻杆长度(m)	—	15.5		22	11	9
钻头转速(r/min)	63～116	116、81、63	45	80	100	85
钻进速度(m/min)	1.0	—	3.1		0.5～1.0	1
电机功率(kW)	40	30	40	30～55	22	22
外形尺寸(m)(长×宽×高)	—	8.50(长) 22.27(高)			6.16(长) 8.67(高)	8×4×12.5

3.6.3 钢筋混凝土预制桩

3.6.3.1 打(沉)桩工艺方法

1. 桩的制作、起吊、运输和堆放

钢筋混凝土预制桩的制作、起吊、运输和堆放　　　表3-83

项次	项目	要　　点
1	制作程序	场地布置、压实、整平→地坪做三七灰土或浇筑混凝土→支模→绑扎钢筋骨架、安设吊环→浇筑混凝土→养护至30%强度拆模→支间隔端头模板、刷隔离剂、绑钢筋→浇筑间隔桩混凝土→同法间隔重叠制作第二层桩→养护至70%强度起吊→至100%强度运输堆放
2	制作方法与要求	现场预制采用工具式木模或钢模板，支在坚实平整的地坪上，用间隔重叠法生产，桩头部分使用钢模堵头板，并与两侧模板相互垂直，桩与桩间用油毡、水泥袋纸或废机油、滑石粉隔离剂隔开。邻桩与上层桩的混凝土浇筑须待邻桩或下层桩的混凝土达到设计强度的30%以后进行，重叠层数一般不宜超过4层。混凝土空心管桩采用成套钢管模胎，在工厂用离心法制成 桩钢筋应严格保证位置正确，桩尖应对准纵轴线，纵向钢筋顶部保护层不应过厚，钢筋网格的距离应正确，以防锤击时打碎桩头，同时桩顶平面与桩纵轴线倾斜不应大于3mm 桩混凝土强度等级应不低于C30，粗骨料用5～40mm碎石或卵石，用机械拌混凝土，坍落度不大于6cm，桩混凝土浇灌应由桩身向桩尖方向或两头向中间连续灌筑，不得中断，并用振捣器捣实，接桩的接头处要平整，使上下桩能互相贴合对准。浇灌完毕，应护盖洒水养护不少于7d，如用蒸汽养护，蒸养后，尚应适当自然养护30d方可使用

续表

项次	项目	要点
3	起吊要求	当桩的混凝土达到设计强度标准值的75%后方可起吊,吊点应系于设计规定之处,如无吊环,可按图3-44所示位置设置吊点起吊,以防断裂。在吊索与桩间应加衬垫,起吊应平稳提升,防止撞击和受振动
4	运输方法要求	桩运输时应达到设计强度标准值的100%,长桩运输可采用平板拖车、平台挂车或汽车后挂小炮车运输;短桩运输亦可采用载重汽车,现场运距较近,亦可采用轻轨平板车运输。装载时,桩支承应按设计吊钩位置或接近设计吊钩位置叠放,并垫实、支撑或绑扎牢固,以防运输中晃动或滑动;长桩采用挂车或炮车运输时,桩下宜设活动支座,行车应平稳,并掌握好行驶速度,防止任何碰撞和冲击
5	桩的堆放	堆放场地应平整坚实,排水良好,桩应按规格、桩号分层叠置,支承点应设在吊点或近旁处,上下垫木应在同一直线上并支承平稳,堆放层数不宜超过4层。运到打桩位置堆放应布置在打桩架附设的起重钩工作半径范围内,并考虑到起吊方向,避免转向

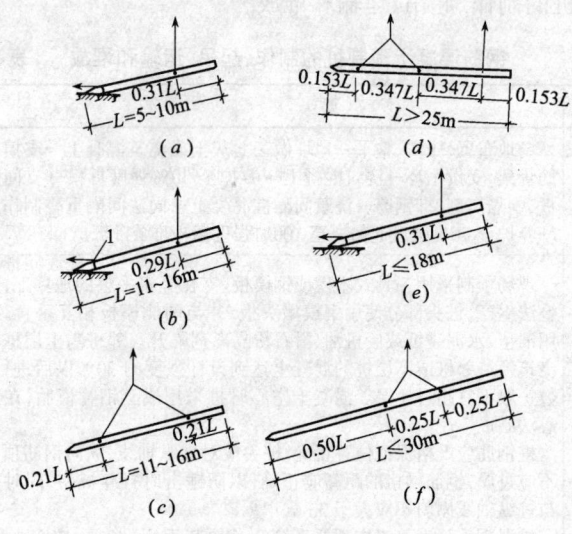

图 3-44 预制桩吊点位置
(a)、(b)一点吊法;(c)二点吊法;(d)三点吊法;
(e)、(f)预应力管桩一点和两点吊法
1—溜绳

2. 打(沉)桩方法

钢筋混凝土预制桩打(沉)桩方法 表3-84

项次	项目	要点
1	吊定桩位	打桩前,按设计要求进行桩定位放线,确定桩位,每根桩中心钉一小桩,并设置±0.00标志。桩的吊立定位,一般利用桩架附设的起重钩借桩机上卷扬机吊桩就位;或配1台履带式起重机送桩就位,并用桩架上夹具或落下桩锤借桩帽固定位置
2	打(沉)桩顺序	根据地基土质情况,桩基平面布置、尺寸,桩的密集程度、深度,桩移动方便等确定。图3-45为几种打桩顺序对土体的挤密情况。当基坑不大时,打桩应逐排打设或从中间开始分头向周边或两边进行。当基坑较大时,应将基坑分为数段,而后在各段范围内分别进行。但打桩应避免自外向内或从周边向中间进行,以避免中间土体被挤密,桩难以打入,或虽勉强打入,但使邻桩侧移或上冒。对基础标高不一的桩,宜先深后浅;对不同规格的桩,宜先大后小,先长后短,使土层挤密均匀,以防止位移或偏斜;在粉质黏土及黏土地区,应避免朝着一个方向进行,使土向一边挤压,造成入土深度不一,土体挤实程度不均,导致不均匀沉降。若桩距大于或等于4倍桩直径,则与打桩顺序无关
3	打(沉)桩方法	打桩方法有锤击法、振动法及静力压桩法等,以锤击法应用最普遍 打桩时,应用导板夹具或桩箍将桩嵌固在桩架两导柱中,桩位置及垂直度经校正后,始可将锤连同桩帽压在桩顶,开始沉桩,桩顶不平,应用厚纸板垫平或用环氧树脂砂浆补抹平整 开始沉桩应起锤轻压,并轻击数锤,观察桩身、桩架、桩锤等垂直一致,始可转入正常。打桩应用适合桩头尺寸之桩帽和弹性垫层,以缓和打桩时的冲击,桩帽用钢板制成,并用硬木或绳垫承托,桩帽与桩接触表面须平整,与桩身应在同一直线上,以免沉桩产生偏移。桩锤本身带帽者,则只在桩顶护以绳垫或木块 当桩顶标高较低,须送桩入土时,应用钢制送桩(图3-46)放于桩头上,锤击送桩,将桩送入土中 振动沉桩与锤击沉桩法基本相同,是用振动箱代替桩锤,将桩头套入振动箱连同桩帽用液压夹桩器夹紧,便可按照锤击法启动振动箱进行沉桩至设计要求的深度

续表

项次	项目	要点
4	接桩形式方法	预制钢筋混凝土长桩,受运输条件和打(沉)桩架高度限制,一般分成数段制作,分节打入,现场接桩。常用接头方式有图3-47所示几种。当采用硫磺胶泥接桩,其施工配合比及物理力学性能见表3-85 用硫磺胶泥接桩的方法是将熔化的硫磺胶泥注满锚筋孔内,并溢出桩面,然后迅速将上段桩对准落下,胶泥冷硬后,即可继续施打,比前4种接头形式接桩简便、快速
5	拔桩方法	当已打入的桩,因某种原因需拔出时,长桩可用拔桩机进行。一般桩可用人字架、卷扬机或用钢丝绳捆紧,借横梁用2台千斤顶抬起;采用汽锤打桩,可直接用蒸汽锤拔桩,将汽锤倒连在桩上,当锤的动程向上,桩受到一个向上的力,即可将桩拔出
6	桩的质量控制	桩至接近设计深度,应进行观测,一般以设计要求最后3次10锤的平均贯入度或入土标高为控制 如桩尖上为硬塑和坚硬的黏性土、碎石土、中密状态以上的砂类土或风化岩层时,以贯入度控制为主,桩尖设计标高或桩尖进入持力层作为参考;如桩尖土为其他较软土层时,以标高控制为主,贯入度作为参考 振动法沉桩是以振动箱代替桩锤,其质量控制是以最后3次振动(加压),每次10min或5min,测出每分钟的平均贯入度,以不大于设计规定的数值为合格,而摩擦桩则以沉到设计要求的深度为合格

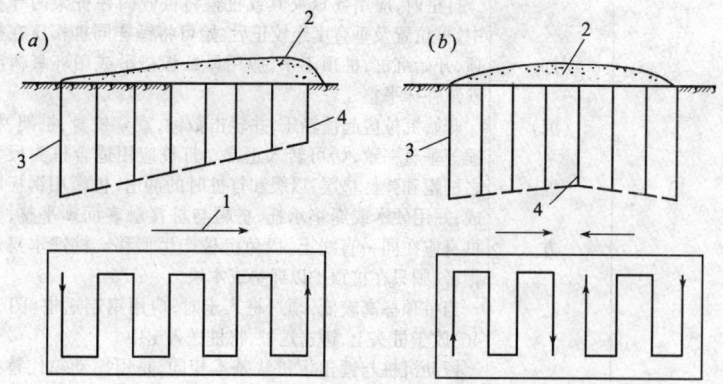

图3-45 打桩顺序和土体挤密情况(一)

3.6 桩基施工技术

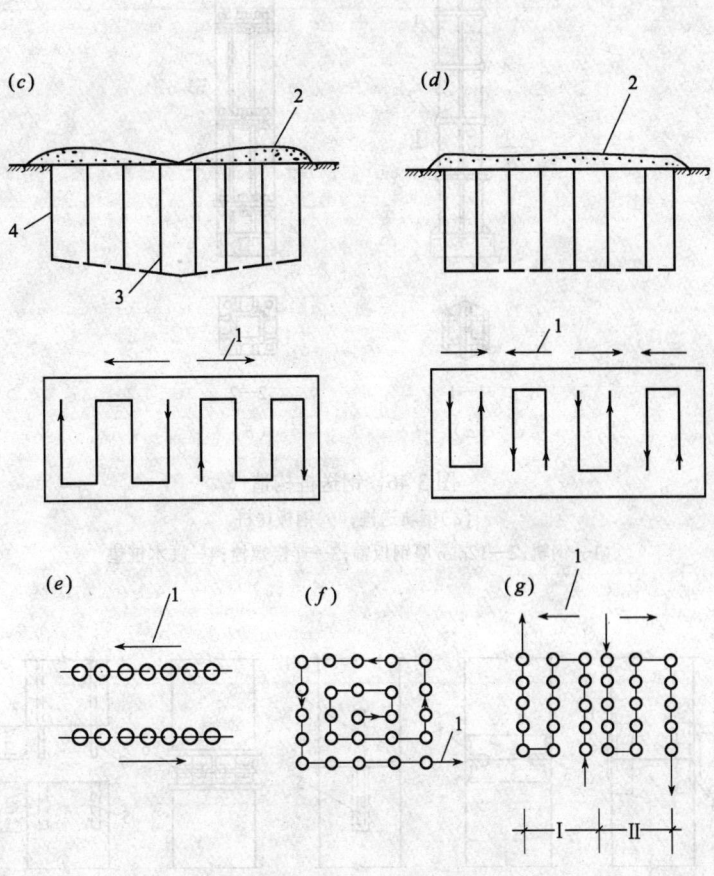

图 3-45 打桩顺序和土体挤密情况(二)
(a)逐排单向打设;(b)两侧向中心打设;
(c)中部向两侧打设;(d)分段相对打设;
(e)逐排打设;(f)自中部向两边打设;(g)分段打设
1—打设方向;2—土体挤密情况;
3—沉陷量大;4—沉陷量小

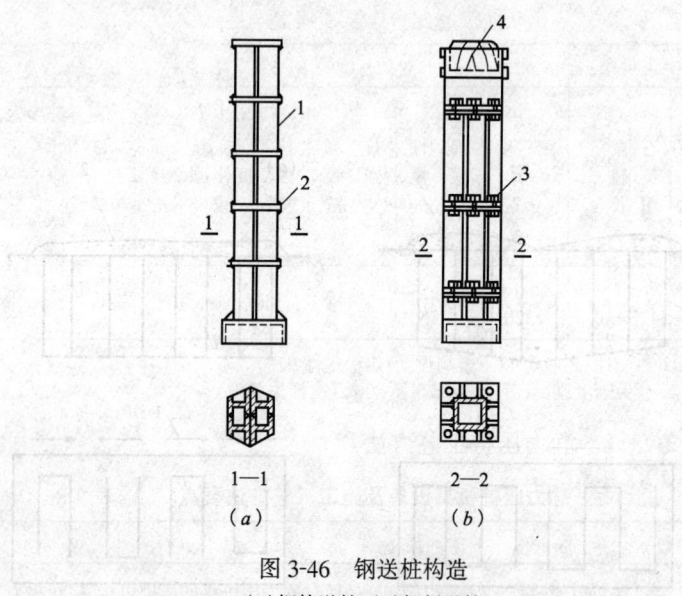

图 3-46 钢送桩构造

(a)钢轨送桩;(b)钢板送桩

1—钢轨;2—12mm 厚钢板箍;3—连接螺栓;4—硬木桩垫

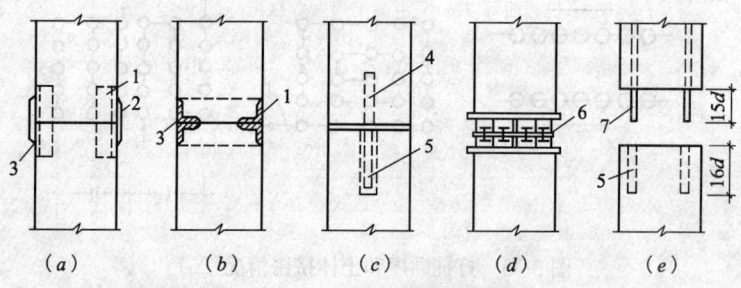

图 3-47 桩的接头形式

(a)、(b)焊接接合;(c)管式接合;(d)管桩螺栓接合;(e)硫磺砂浆锚筋接合

1—角钢与主筋焊接;2—钢板;3—焊缝;4—预埋钢管;

5—浆锚孔;6—预埋法兰;7—预埋锚筋

d—锚栓直径

3.6 桩基施工技术

硫磺胶泥的配合比及物理力学性能 表 3-85

配合比(重量比)						物理力学性能						
硫磺泥	水墨粉	石粉砂	石英粉	聚硫胶	聚硫甲胶	密度 (kg/m³)	弹性模量 (N/mm²)	抗拉强度 (N/mm²)	抗压强度 (N/mm²)	抗折强度 (N/mm²)	握裹强度(N/mm²)	
											与螺纹钢筋	与螺纹孔混凝土
44~60	11~5	40~34.3	—	1~0.7	—	2280~2320	5×10⁴	4	40	10	11	4

注：1. 热变性：在60℃以下影响强度；热稳定性92%。
  2. 疲劳强度：取疲劳应力0.38经200万次损失20%。

3.6.3.2 静力压桩工艺方法

静力压桩机具设备及施工工艺方法要点 表 3-86

项次	项目	要 点
1	成桩方式、特点及适用范围	1. 静压法沉桩又称静力压桩，是通过静力压桩机的压桩机构，以压桩机自重和桩机上的配重作反力而将混凝土预制桩分节压入地基土层中成桩 2. 静力压桩特点是：桩机全部采用液压装置驱动，自动化程度高，纵横移动方便，运转灵活；桩定位准确，可提高桩施工质量；施工无噪声、无振动、无污染；沉桩采用全液压夹持桩身向下施加压力，可避免锤击应力打碎桩头，桩截面可以减小，混凝土强度等级可降低1~2级，配筋比锤击法可省40%，成桩效率高，速度快，比锤击法可缩短工期1/3；压桩力能自动记录，可预估和验证单桩承载力；施工安全可靠。但存在压桩设备仍较笨重；挤土效应仍然存在等问题 3. 适用于软土、填土及一般黏性土层中应用，特别适合于居民稠密的地区沉桩，但不宜用于地下有较多孤石、障碍物或有4m以上硬夹层的情况
2	压桩机具设备	静力压桩主要机械设备为全液压式静力压桩机，系由压拔装置、行走机构及起吊装置等组成(图3-48)，采用液压操作，自动化程度高，结构紧凑，行走方便快速，施压部不在桩顶面，而在桩身侧面，常用的有YZY系列和ZYJ系列，其型号和主要技术参数见表3-87和表3-88。此外尚有配备10~15t履带式或轮胎式起重机1台作为运输卸桩、送桩之用
3	压桩工艺方法	1. 静压预制桩的施工，一般都采取分段压入，逐段接长的方法。其施工程序为：测量定位→压桩机就位→吊桩插桩→桩身对中调直→静压沉桩→接桩→再静压沉桩→送桩→终止压桩→切割桩头。静压预制桩施工前的准备工作，桩的制作、起吊、运输、堆放、施工流水、测量放线、定位等均同锤击法打(沉)预制桩

3 地基与基础工程

续表

项次	项目	要　　点
3	压桩工艺方法	2. 压桩时，桩机就位系利用行走装置完成，它是由横向行走（短船行走）、纵向行走（长船行走）和回转机构组成。把船体当作铺设的轨道，通过横向和纵向油缸的伸程和回程使桩机实现步履式的横向和纵向行走。当横向两油缸一只伸程，另一只回程，可使桩机实现小角度回转，这样可使桩机达到要求的位置 3. 静压预制桩每节长度一般在 13m 以内，插桩时先用起重机吊运或用汽车运至桩机附近，再利用桩机上自身设置的工作吊机将混凝土预制桩吊入夹持器中，夹持油缸将桩从桩侧面夹紧，即可开动压桩油缸，先将桩压入土中 1m 左右后停止，调整桩在两个方向的垂直度后，压桩油缸继续伸程把桩压入土中，伸长完后，夹持油缸回程松夹，压桩油缸回程，重复上述动作，可实现连续压桩操作，直至把桩压入预定深度土层中。在压桩过程中要认真记录桩入土深度和压力表读数的关系，以判断桩的质量及承载力。当压力表读数突然上升或下降时，要停机对照地质资料进行分析，判断是否遇到障碍物或产生断桩现象等 4. 压桩应连续进行，如需接桩，可至桩顶离地面 0.8~1.0m，用硫磺胶泥、砂浆锚接，一般在下部桩留 $\phi 50mm$ 锚孔，上部桩顶伸出锚筋，长 15~20d，硫磺胶泥、砂浆接桩材料和锚接方法同锤击法，但接桩时避免桩端停在砂土层上，以免再压桩时阻力增大压入困难。再用硫磺胶泥（或砂浆）接桩间歇不宜过长（正常气温下为 10~18min）；接桩面应保持干净，浇筑时间不超过 2min；上下桩中心线应对齐，偏差不大于 10mm；节点矢高不得大于 1‰桩长 5. 当压力表数值达到预先规定值，便可停止压桩。如桩顶接近地面，而压桩力尚未达到规定值，可以送桩。如桩顶高出地面一段距离，而压桩力已达到规定值时，则要截桩，以便压桩机移位 6. 压桩应控制好终止条件，一般可按以下进行控制： （1）对于摩擦桩，按设计桩长进行控制。但在施工前应先按设计桩长试压几根桩，待停置 24h 后，用与桩的设计极限承载力相等的终压力进行复压，如果桩在复压时几乎不动，即可以此进行控制 （2）对于端承摩擦或摩擦端承桩，按终压力值进行控制： 对于桩长大于 21m 的端承摩擦桩，终压力值一般取桩的设计极限承载力。当桩周土为黏性土，且灵敏度较高时，终压力可按设计极限承载力的 0.8~0.9 倍取值 当桩长小于 21m 而大于 14m 时，终压力按设计极限承载力的 1.1~1.4 倍取值；或桩的设计极限承载力取终压力的 0.7~0.9 倍 当桩长小于 14m 时，终压力按设计极限承载力的 1.4~1.6 倍取值，或设计极限承载力取终压力值的 0.6~0.7 倍，其中对于小于 8m 的超短桩，按 0.6 倍取值 （3）超载压桩时，一般不宜采用满载连续复压法，但在必要时可以进行复压，复压的次数不宜超过 2 次，且每次稳压时间不宜超过 10s 压桩工艺程序见图 3-49

3.6 桩基施工技术

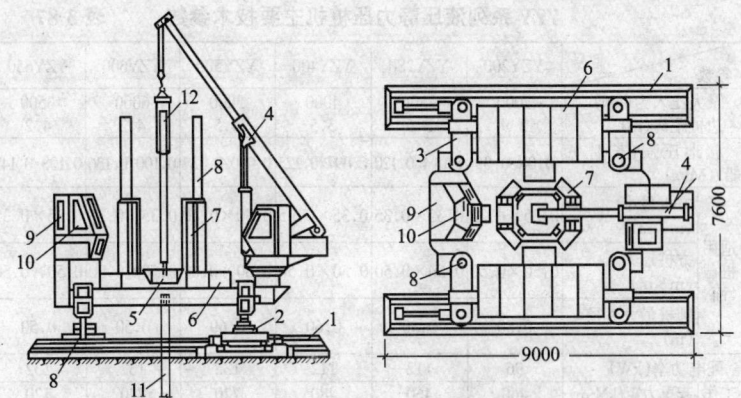

图 3-48　全液压式静力压桩机
1—长船行走机构；2—短船行走反回转机构；3—支腿式底盘结构；4—液压起重机；
5—夹持与压桩机构；6—配重铁块；7—导向架；8—液压系统；
9—电控系统；10—操纵室；11—已压入下节桩；12—吊入上节桩

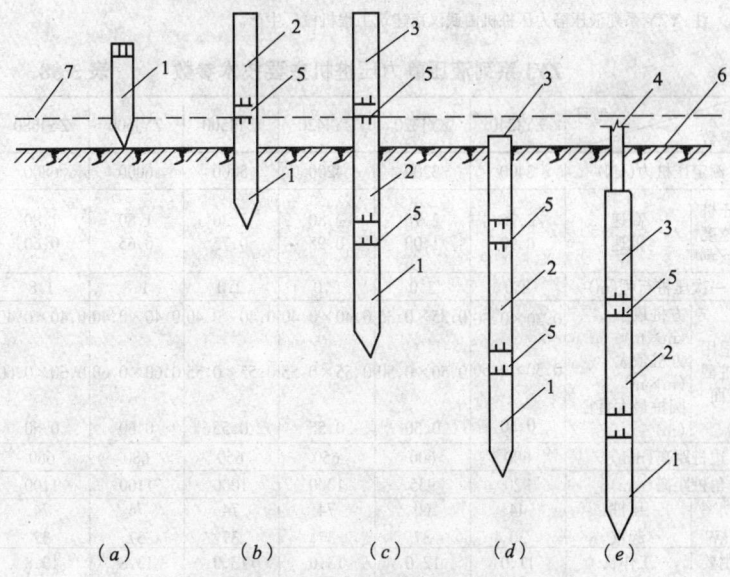

图 3-49　压桩工艺程序示意图
(a)准备压第一段桩；(b)接第二段桩；(c)接第三段桩；
(d)整根桩压平至地面；(e)采用送桩压桩完毕
1—第一段桩；2—第二段桩；3—第三段桩；4—送桩；
5—桩接头处；6—地面线；7—压桩架操作平台线

211

YZY系列液压静力压桩机主要技术参数　　　表3-87

参数 \ 型号		YZY200	YZY280	YZY400	YZY500	YZY600	YZY650
最大压入力(kN)		2000	2800	4000	5000	6000	6500
边桩距离(m)		3.9	3.5	3.5	4.5	4.2	4.2
接地压强(长船/短船)(MPa)		0.08/0.09	0.094/0.120	0.097/0.125	0.090/0.137	0.100/0.136	0.108/0.147
适用桩截面	方桩最小(m×m)	0.35×0.35	0.35×0.35	0.35×0.35	0.40×0.40	0.35×0.35	0.35×0.35
	方桩最大(m×m)	0.50×0.50	0.50×0.50	0.50×0.50	0.60×0.60	0.50×0.50	0.50×0.50
	圆桩最大直径(m)	0.50	0.50	0.60	0.60	0.50	0.50
配电功率(kW)		96	112	112	132	132	132
工作吊机	起重力矩(kN·m)	460	460	480	720	720	720
	用桩长度(m)	13	13	13	13	13	13
整机重量	自重(t)	80	90	130	150	158	165
	配重(t)	130	210	290	350	462	505
拖运尺寸(宽×高)(m×m)		3.38×4.20	3.38×4.30	3.39×4.40	3.38×4.40	3.38×4.40	3.38×4.40

注：YZY系列液压静力压桩机由武汉市建筑工程机械厂生产。

ZYJ系列液压静力压桩机主要技术参数　　　表3-88

参数 \ 型号		ZYJ240	ZYJ320	ZYJ420	ZYJ500	ZYJ600	ZYJ680
额定压桩力(kN)		2400	3200	4200	5000	6000	6800
压桩速度(m/min)	高速	2.76	2.76	2.80	2.20	1.80	1.80
	低速	0.90	1.00	0.95	0.75	0.65	0.60
一次压桩行程(m)		2.0	2.0	2.0	2.0	1.8	1.8
适用桩截面	方桩最小(m×m)	0.30×0.30	0.35×0.35	0.40×0.40	0.40×0.40	0.40×0.40	0.40×0.40
	方桩最大(m×m)	0.50×0.50	0.50×0.50	0.55×0.55	0.55×0.55	0.60×0.60	0.60×0.60
	圆桩最大直径(m)	0.50	0.50	0.55	0.55	0.60	0.60
边桩距离(mm)		600	600	650	650	680	680
角桩距离(mm)		920	935	1000	1000	1100	1100
功率(kW)	压桩	44	60	74	74	74	74
	起重	30	37	37	37	37	37
主要尺寸(m)	工作长	11.0	12.0	13.0	13.0	13.8	13.8
	工作宽	6.63	6.90	7.10	7.20	7.60	7.70
	运输高	2.92	2.94	2.94	2.94	3.02	3.02
总重量(t)		245	325	425	500	602	680

注：1. 起吊重量均为12t；变幅力矩均为600kN·m。
　　2. ZYJ系列液压静力压桩机由长沙三和工程机械制造有限公司生产。

3.6.3.3 预应力管桩打(沉)桩工艺方法

预应力管桩制作、规格、应用及打(沉)桩工艺方法

表 3-89

项次	项目	要 点
1	桩制作、规格及适用范围	1. 先张预应力管桩,简称管桩,系采用先张法预应力工艺和离心成型法,制成的一种空心圆柱体细长混凝土预制构件。主要由圆筒形桩身、端头板和钢套箍等组成,如图 3-50 所示 2. 管桩按桩身混凝土强度等级分为预应力混凝土管桩(代号 PC 桩)和预应力高强混凝土管桩(代号 PHC 桩),前者强度等级不低于 C60;后者不低于 C80。PC 桩一般采用常压蒸汽养护,脱模后移入水池再泡水养护,一般要经 28d 才能使用。PHC 桩,一般在成型脱模后,送入高压釜经 10 个大气压、180℃左右高温高压蒸汽养护,从成型到使用的最短时间为 3~4d 3. 管桩规格按外径分为 300mm、400mm、500mm、550mm、600mm、800mm 和 1000mm 等,壁厚由 60~130mm。每节长一般不超过 15m,常用节长 8~12m,有时也生产长达 25~30m 的管桩 4. 预应力管桩具有单桩承载力高,桩端承载力可比原状土提高 80%~100%;设计选用范围广,单载承载力可从 600kN 到 4500kN,既适用于多层建筑,也可用于 50 层以下的高层建筑;桩运输吊装方便,接桩快速;桩长度不受施工机械的限制,可任意接长;桩身耐打,穿透力强,抗裂性好,可穿透 5~6m 厚的密实砂夹层;造价低廉,其单位承载力造价仅为钢桩的 1/3~2/3,并节省钢材。但也存在施工机械设备投资大,打桩时振动、噪声和挤土量大等问题 5. 适用于各类工程地质条件如黏性土、粉土、砂土、碎石类土层以及持力层为强风化岩层、密实的砂层(或卵石层)等土层应用,但不适用于石灰岩、含孤石和障碍物多、有坚硬夹层的岩土层中应用
2	打(沉)桩工艺方法	1. 预应力管桩沉桩方法较多,目前国内主要采用锤击法,多采用爆发力强、锤击能量大、工效高的筒式柴油锤沉桩。但这种锤工作时振动和噪声大,有的地区如广东还采用大吨位静压预应力管桩施工工艺,采用 4000~6800kN 静力压桩机,可压 φ500、φ550mm 的管桩到设计持力层;亦有的采用预钻孔后植桩的施工工艺,先用长螺旋钻机引孔,然后用打(压)桩机将管桩打(压)到设计持力层 2. 预应力管桩常用打(沉)桩工艺流程如图 3-51 所示 3. 管桩施工应根据桩的密集程度与周围建(构)筑物的关系,合理确定打桩顺序。一般当桩较密集且距周围建(构)筑物较远,施工场地较开阔时,宜从中间向四周对称施打;若桩较密集、场地狭长、两端距建(构)筑物较远时,宜从中间向两端对称施打;若桩较密集且一侧靠近建(构)筑物时,宜从毗邻建(构)筑物的一侧开始向另一方向施打。若建(构)筑物外围设有支护桩,宜先打设工程桩,然后打设外围支护桩。根据桩的入土深度,宜先打深桩,后打浅桩;根据管桩的规格,宜先大后小,先长后短;根据高层建筑塔楼(高层)与裙房(低层)的关系,宜先高后低 4. 管桩施打应合理选择桩锤,桩锤选用一般应满足以下要求:

续表

项次	项目	要点
2	打(沉)桩工艺方法	(1)能保证桩的承载力满足设计要求；(2)能顺利或基本顺利地将桩下沉到设计深度；(3)打桩的破碎率能控制在1%左右，最多不超过3%；(4)满足设计要求的最后贯入度，最好为20～40mm/10击，每根桩的总锤击数宜在1500击以内，最多不超过2000～2500击 管桩施打一般多采用筒式柴油锤，其型号选用可参考表3-90 5. 预应力管桩打(沉)桩施工工艺程序为：测量定位→桩机就位→底桩就位、对中和调直→锤击沉桩→接桩→再锤击→再接桩→打至持力层→收锤 6. 打桩前应通过轴线控制点，逐个定出桩位，打设钢筋标桩，并用白灰在标桩附近地面上画上一个圆心与标桩重合、直径与管桩相等的圆圈，以方便插桩对中，保持桩位正确 7. 底桩就位前，应在桩身上划出单位长度标记，以便观察桩的入土深度及记录每米沉桩锤击数。吊桩就位一般用单点吊将管桩吊直，使桩尖插在白灰圈内，桩头部插入锤下面的桩帽套内就位，并对中和调直，使桩身、桩帽和桩锤三者的中心线重合，保持桩身垂直，其垂直度偏差不得大于0.5%。桩垂直度观测包括打桩架导杆的垂直度，可用两台经纬仪在离打桩架15m以外成正交方向进行观测，也可在正交方向上设置两根吊砣垂线进行观测校正 8. 锤击沉桩宜采取低锤轻击或重锤低打，以有效降低锤击应力，同时特别注意保持底桩垂直，在锤击沉桩的全过程中都应使桩锤、桩帽和桩身的中心线重合，防止桩受到偏心锤击，以免桩受弯受扭 9. 桩的接头过去多采用法兰盘螺栓连接，刚度较差。现今都在桩端头埋设端头板，四周用一圈坡口进行电焊连接。当底桩桩头(顶)露出地面0.5～1.0m时，即应暂停锤击，进行管桩接长。方法是先将接头上的泥土、铁锈用钢丝刷刷净，再在底桩桩头上扣上一个特制的接桩夹具(导向箍)，将待接的上节桩吊入夹具内就位，调直后，先用电焊在剖口圆周上均匀对称点焊4～6点，待上、下节桩固定后卸去夹具，再正式由两名焊工对称、分层、均匀、连续的施焊，一般焊接层数不少于2层，焊缝应饱满连续，待焊缝自然冷却8～10min，始可继续锤击沉桩 10. 在较厚的黏土、粉质黏土层中施打多节管桩，每根桩宜连续施打，一次完成，以避免间歇时间过长，造成再次打入困难，而需增加许多锤击数，甚至打不下而先将桩头打坏 11. 当桩尖(靴)被打入设计持力层一定深度，符合设计确定的停锤条件时，即可收锤停打，终止锤击的控制条件，称为收锤标准。收锤标准通常以达到的桩端持力层、最后贯入度或最后1m沉桩锤击数为主要控制指标。桩端持力层作为定性控制；最后贯入度或最后1m沉桩锤击数作为定量控制，均通过试桩或设计确定。一般停止锤击的控制原则是：桩端(指桩的全截面)位于一般土层时，以控制桩端设计标高为主，贯入度可作参考；桩端达到坚硬、硬塑的黏性土、中密以上粉土、砂土、碎石类土、风化岩时，以贯入度控制为主，桩端标高可作参考。当贯入度已达到而桩端标高未达到时，应继续锤击3阵，按每阵10击的贯入度不大于设计规定的数值加以确认，必要时施工控制贯入度应通过试验与有关单位会商确定 12. 为将管桩打到设计标高，需要采用送桩器，送桩器用钢板制作，长4～6m。设计送桩器的原则是：打入阻力不能太大，容易拔出，能将冲击力有效地传到桩上，并能重复使用

3.6 桩基施工技术

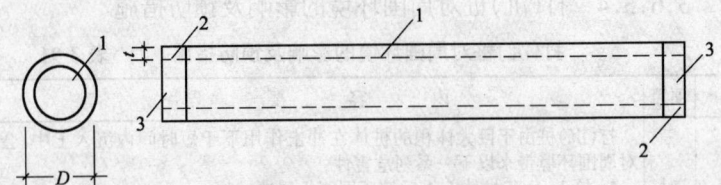

图 3-50　预应力管桩示意
1—桩身；2—钢套箍；3—端头板
D—外径；t—壁厚

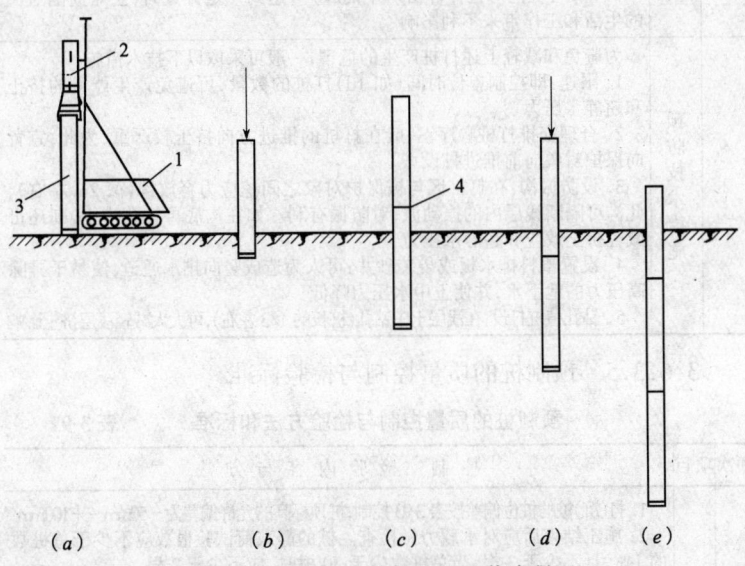

图 3-51　预应力管桩施工工艺流程
(a)测量放样,桩机和桩就位对中调直；(b)锤击下沉；(c)电焊接桩；
(d)再锤击、再接桩、再锤击；(e)收锤,测贯入度
1—打桩机；2—打桩锤；3—桩；4—接桩

选择筒式柴油打桩锤参考表　　　表 3-90

柴油锤型号	25型	32型～36型	40型～50型	60型～62型	70型～72型	80型
适用管桩规格（mm）	ϕ300	ϕ300	ϕ400	ϕ500 ϕ550	ϕ550	ϕ600
	ϕ400	ϕ400	ϕ500	ϕ600	ϕ600	ϕ800

3.6.3.4 打(沉)桩对周围环境的影响及预防措施

打(沉)桩对周围环境的影响及预防措施 表 3-91

项次	项目	内 容 要 点
1	对环境的影响	打(沉)桩由于巨大体积的桩体在冲击作用下于短时间内沉入土中,会对周围环境带来以下一系列危害性: 1. 挤土:由于桩体入土后挤压周围土层造成的 2. 振动:打桩过程中在桩锤冲击下,桩体产生振动,使振动波向四周传播,会给周围的设施造成危害 3. 超静水压力:土中含的水分在桩体挤压下产生很高的压力,此很高压力的水向四周渗透时亦会给周围设施带来危害 4. 噪声:桩锤对桩体冲击产生的噪声,达到一定分贝时,会对周围居民的生活和工作带来不利影响
2	预防技术措施	为避免和减轻上述打桩产生的危害,一般可采取以下技术措施: 1. 限速:即控制单位时间(如 1d)打桩的数量,可避免产生严重的挤土和超静水压力 2. 合理安排打桩顺序:一般在打桩的推进方向挤土较严重,为此,宜背向保护对象向前推进打设 3. 设防振沟:在打桩区与被保护对象之间挖应力释放沟(深 2m 左右),此沟可隔断浅层内的振动波,对防振有利。如在沟底再钻孔排土,则还可减轻挤土效应和超静水压力 4. 设置塑料排水板或袋装砂井:可人为造成竖向排水通道,使易于排除高压力的地下水,并使土中水压力降低 5. 钻孔植桩打设:在浅层土中钻孔(桩长的 1/3 左右),可大大减轻浅层挤土影响

3.6.3.5 预制桩的质量控制与检验标准

预制桩的质量控制与检验方法和标准 表 3-92

项次	项目	控 制 、检 验 内 容 与 方 法
1	打(沉)混凝土预制桩	1. 打(沉)桩的桩位偏差按表 3-93 控制,桩顶标高的允许偏差为 −50mm∼+100mm 2. 施工结束后应对承载力做检查。桩的静载荷试验根数应不少于总桩数的 1%,且不少于 3 根,当总桩数少于 50 根时,应不少于 2 根 3. 桩身质量应进行检验,检验数量不应少于总桩数的 10%,且不得少于 10 根,每个柱子承台下不得少于 1 根 4. 由工厂生产的预制桩应逐根检查,工厂生产的钢筋笼应抽查总量的 5%,但不少于 5 根 5. 现场预制成品桩时,应对原材料、钢筋骨架(表 3-94)、混凝土强度做检查;采用工厂生产的成品桩时,进场后应做外观及尺寸检查,并应附相应的合格证、复验报告 6. 施工中应对桩体垂直度、沉桩情况、桩顶完整状况和质量等做检查;对电焊接桩,重要工程应做 10% 的焊缝探伤检查 7. 对长桩或总锤击数超过 500 击的锤击桩,必须满足桩体强度及 28d 龄期的两项条件才能锤击 8. 钢筋混凝土预制桩的质量检验标准见表 3-95

3.6 桩基施工技术

续表

项次	项目	控制、检验内容与方法
2	静力压桩	1. 施工前应对成品桩做外观及内在质量检验。接桩用半成品硫磺胶泥应有出厂质保证明或送有关部门检验。硫磺胶泥半成品每100kg做一次试验（3块），做强度试验 2. 压桩过程中应检查压力、桩垂直度、接桩间歇时间、桩的连接质量及压入深度 3. 施工结束后，应做桩的承载力及桩体质量检验 4. 静力压桩质量检验标准如表3-96
3	打（沉）预应力管桩	1. 施工前应检查进入现场的成品桩、接桩用电焊条等产品质量 2. 施工过程中应检查桩的贯入情况、桩顶完整状况、电焊接桩质量、桩体垂直度、电焊后的停歇时间。重要工程应对电焊接头做10%的焊缝探伤检查 3. 施工结束后应做荷载试验，以检验设计承载力，同时应做桩体质量检验。荷载试验与桩体质量检验数量要求同本表项次1 4. 先张法预应力管桩的质量检验如表3-97所示。成品桩均在工厂生产，随产品出厂有质量保证资料，一般在现场仅对外形进行检验

预制桩(钢桩)桩位的允许偏差(mm)　　表 3-93

项	项　目	允许偏差
1	盖有基础梁的桩： (1)垂直基础梁的中心线 (2)沿基础梁的中心线	$100+0.01H$ $150+0.01H$
2	桩数为1~3根桩基中的桩	100
3	桩数为4~16根桩基中的桩	1/2桩径或边长
4	桩数大于16根桩基中的桩： (1)最外边的桩 (2)中间桩	1/3桩径或边长 1/2桩径或边长

注：H 为施工现场地面标高与桩顶设计标高的距离。

预制桩钢筋骨架质量检验标准(mm)　　表 3-94

项	序	检 查 项 目	允许偏差或允许值	检查方法
主控项目	1	主筋距桩顶距离	±5	用钢尺量
	2	多节桩锚固钢筋位置	5	用钢尺量
	3	多节桩预埋铁件	±3	用钢尺量
	4	主筋保护层厚度	±5	用钢尺量

续表

项序		检查项目	允许偏差或允许值	检查方法
一般项目	1	主筋间距	±5	用钢尺量
	2	桩尖中心线	10	用钢尺量
	3	箍筋间距	±20	用钢尺量
	4	桩顶钢筋网片	±10	用钢尺量
	5	多节桩锚固钢筋长度	±10	用钢尺量

钢筋混凝土预制桩的质量检验标准 表 3-95

项序		检查项目	允许偏差或允许值		检查方法
			单位	数值	
主控项目	1	桩体质量检验	按基桩检测技术规范		按基桩检测技术规范
	2	桩位偏差	见表3-93		用钢尺量
	3	承载力	按基桩检测技术规范		按基桩检测技术规范
一般项目	1	砂、石、水泥、钢材等原材料（现场预制时）	符合设计要求		查出厂质保文件或抽样送检
	2	混凝土配合比及强度（现场预制时）	符合设计要求		检查称量及查试块记录
	3	成品桩外形	表面平整，颜色均匀，掉角深度<10mm，蜂窝面积小于总面积0.5%		直观
	4	成品桩裂缝（收缩裂缝或起吊、装运、堆放引起的裂缝）	深度<20mm，宽度<0.25mm，横向裂缝不超过边长的一半		裂缝测定仪，该项在地下水有侵蚀地区及锤击数超过500击的长桩不适用
	5	成品桩尺寸：横截面边长	mm	±5	用钢尺量
		桩顶对角线差	mm	<10	用钢尺量
		桩尖中心线	mm	<10	用钢尺量
		桩身弯曲矢高		<1/1000l	用钢尺量，l为桩长
		桩顶平整度	mm	<2	用水平尺量
	6	电焊接桩：焊缝外观	无气孔、无焊瘤、无裂缝		直观
		电焊结束后停歇时间	min	>1.0	秒表测定
		上下节平面偏差	mm	<10	用钢尺量
		节点弯曲矢高		<1/1000l	用钢尺量，l为两节桩长
	7	硫磺胶泥接桩：胶泥浇注时间	min	<2	秒表测定
		浇注后停歇时间	min	>7	秒表测定
	8	桩顶标高	mm	±50	水准仪
	9	停锤标准	设计要求		现场实测或查沉桩记录

3.6 桩基施工技术

静力压桩质量检验标准　　表 3-96

项序		检查项目	允许偏差或允许值		检查方法
			单位	数值	
主控项目	1	桩体质量检验		按基桩检测技术规范	按基桩检测技术规范
	2	桩位偏差		见表 3-93	用钢尺量
	3	承载力		按基桩检测技术规范	按基桩检测技术规范
一般项目	1	成品桩质量:外观		表面平整,颜色均匀,掉角深度<10mm,蜂窝面积小于总面积0.5%	直观
		外形尺寸		见表 3-95	见表 3-95
		强度		满足设计要求	查出厂质保证明或钻芯试压
	2	硫磺胶泥质量(半成品)		设计要求	查出厂质保证明或抽样送检
	3	接桩:电焊接桩:焊缝外观		同表 3-95	同表 3-95
		电焊结束后停歇时间	min	>1.0	秒表测定
		硫磺胶泥接桩:胶泥浇筑时间		<2	秒表测定
		浇筑后停歇时间	min	>7	秒表测定
	4	电焊条质量		设计要求	查产品合格证书
	5	压桩压力(设计有要求时)	%	±5	查压力表读数
	6	接桩时上下节平面偏差 接桩时节点弯曲矢高	mm	<10 <1/1000l	用钢尺量 l 尺量(l 为两节桩长)
	7	桩顶标高	mm	±50	水准仪

先张法预应力管桩质量检验标准　　表 3-97

项序		检查项目	允许偏差或允许值		检查方法
			单位	数值	
主控项目	1	桩体质量检验		按基桩检测技术规范	按基桩检测技术规范
	2	桩位偏差		见表 3-93	用钢尺量
	3	承载力		按基桩检测技术规范	按基桩检测技术规范

续表

项序	检查项目		允许偏差或允许值		检查方法
			单位	数值	
一般项目	成品桩质量	外观		无蜂窝、露筋、裂缝、色感均匀、桩顶处无孔隙	直观
		桩径	mm	±5	用钢尺量
		管壁厚度	mm	±5	用钢尺量
		桩尖中心线		<2	用钢尺量
		顶面平整度	mm	10	用水平尺量
		桩体弯曲		<1/1000l	用钢尺量,l 为桩长
	2	接桩：焊缝外观		同表3-95	同表3-95
		电焊结束后停歇时间	min	>1.0	秒表测定
		上下节平面偏差	mm	<10	用钢尺量
		节点弯曲矢高		<1/1000l	用钢尺量,l 为两节桩长
	3	停锤标准		设计要求	现场实测或查沉桩记录
	4	桩顶标高	mm	±50	水准仪

3.6.4 混凝土灌注桩
3.6.4.1 泥浆护壁成孔灌注桩

泥浆护壁成孔灌注桩成孔机具和方法　　表 3-98

名称	项目	要　点
冲击钻成孔法	成孔方式及适用范围、特点	1. 冲击钻冲孔　系用卷扬机悬吊冲击锤连续上下冲的冲击力,将硬质土层或岩层破碎成孔,部分碎渣和泥浆挤入孔壁,大部用掏渣筒掏出 2. 具有设备简单,操作方便,适用范围广,所成孔壁较坚实、稳定,坍孔少等特点。但掏泥渣较费工时,不能连续作业,成孔速度较慢,使现场泥渣堆积,文明施工较差 3. 适于有孤石的砂卵石层、坚硬土层、岩层等成孔,对流砂层亦能克服
	机具设备	冲击钻孔机有钢丝式和钻杆式两种。前者钻头为锻制或铸钢,式样有十字形和三翼形,锤重由0.5~3.0t,用钢桩架悬吊,卷扬机作动力,钻孔径有800、1000、1200mm 等几种；后者钻头带钻杆,钻孔径较小,效率低,应用较少。常用冲击钻型号、技术性能见表3-99
	成孔方法	成孔时,先在孔口设钢护筒或砖砌护圈,内径应大于钻头直径200mm,然后冲击机就位,冲锤对准护筒中心,开始低锤密击,锤高约0.4~0.6m,并及时加块石与黏土泥浆护壁,泥浆密度和冲程按表3-100 选用,使孔壁挤压密实,直至孔深达护筒下3~4m后,才可加快速度,将锤高提至1.5~2m以上,转入正常冲击,并随时测定和控制泥浆密度。每冲击3~4m掏渣一次,至设计深度后进行清孔,放入钢筋笼；清孔时,吊入清孔器,用水泵以清水置换泥浆

3.6 桩基施工技术

续表

名称	项目	要点
冲抓锥成孔法	成孔方式、特点及适用范围	1. 冲抓锥成孔 系用卷扬机悬吊冲抓锥,钻头内有压重铁块及活动抓片,下落时,抓片张开,钻头下落锥入土中,然后提升钻头,抓头闭合抓土,提升至地面卸去,如此循环作业直至形成需要桩孔 2. 具有设备、操作简单方便,适于多种土层,所成孔壁完整,能连续作业,生产效率较高(每台班可冲深5~8m孔5~6个)等特点。但也有现场泥渣混杂,文明施工较差等问题 3. 适于一般较松散黏土、粉质黏土、砂卵石层及其他软质土层成孔
	机具及成孔方法	冲抓锥成孔机由冲渣锥、卷扬机、钢丝绳及机架等组成。成孔直径一般为450~600mm,成孔深度5~10m,常用冲抓锥成孔机型号及技术性能见表3-101,冲抓锥成孔的护筒安设要求和泥浆密度控制,清渣、清孔方法与冲击钻冲孔基本相同,在一般松散土层落锥高度为1.0~1.5m,对坚实的砂卵石层为2~3m
回转钻成孔法	成孔方式、特点及适用范围	1. 回转钻成孔,系用一般地质钻机在泥浆护壁条件下,慢速钻进,通过泥浆排渣成孔,灌注混凝土成桩 2. 具有可利用地质部门常规钻机,可用于各种地质条件、各种大小孔径(300~2000mm)和深度(40~100m);护壁效果好,成孔质量可靠;施工无噪声、无振动、无挤压;机具设备简单,操作方便,费用较低,但成孔速度较慢,用水量大,泥浆排放量大,扩孔率较难控制 3. 适用于高层建筑中,地下水位较高的较硬土层,如淤泥、黏性土、砂土、软质岩等土层应用
	机具设备	主要机具设备为回转钻机,多用转盘式,常用型号及技术性能见表3-102。钻架多用龙门式(高6~9m),钻头常用三翼式或四翼式钻头;配套机具有钻杆、卷扬机、泥浆泵(或离心式水泵)、空气压缩机(6~9m³/h)、测量仪器以及混凝土配制、钢筋加工系统设备等
	成孔方法	钻机就位前在桩位埋设6~8mm厚钢板护筒,内径比孔口大100~200mm,埋深1.0~1.5m,同时挖好水源坑、排泥槽、泥浆池等。成孔多用正循环,孔深大于30m宜用反循环工艺。土质情况良好可采取清水钻进,或加入红黏土或膨润土泥浆护壁,泥浆密度为1.3t/m³。钻进时应适当加压,开始应轻压力,慢转速,逐步转入正常,一般土层按钻具自重钢绳加压,不超过10kN;基岩中为15~25kN。钻进程序,可采用单机跳打法或单机双打等。钻完桩孔,应用空气压缩机洗井,可将直径30mm左右石块排出,直至井内沉渣厚度小于50mm(对端承桩)或150mm(对摩擦桩)。清孔后泥浆密度应不大于1.2t/m³

续表

名称	项目	要点
潜水电钻成孔法	成孔方式、特点及适用范围	1. 潜水电钻成孔 系利用潜水电钻机构中密封的电动机、变速机构,直接带动钻头在泥浆中旋转削土,同时用泥浆泵压送高压泥浆(或用水泵压送清水),使从钻头底端射出,与切碎的土颗粒混合,然后不断由孔底向孔口溢出,或用砂石泵或空气吸泥机以反循环方式排泥渣,如此连续钻进,排泥渣,直至形成需要深度的桩孔 2. 具有设备定型,体积小,移动灵活,维修方便,无噪声,无振动,可钻深孔,成孔精度和效率高,劳动强度低等特点。但需设备较复杂,费用较高 3. 适于地下水位较高的软硬土层,如淤泥、黏土、粉质黏土、砂土、砂夹卵石及风化页岩层中使用
	机具设备	潜水钻孔机由潜水电机、齿轮减速器、密封装置加上配套设备,如机架、卷扬机、泥浆制备设备等组成。 钻孔直径由 500~1500mm,深 20~30m,最深可达 50m,常用潜水电钻的型号及技术性能见表 3-103
	成孔工艺方法	1. 成孔工艺程序如图 3-52 2. 钻孔前,孔口应埋设比桩孔径大 20cm 的钢板护筒,高出地面 30cm,埋深 1~1.5m,护筒与孔壁间缝隙用黏土填实,以防止漏水、塌口。钻进速度在黏性土中不大于 1m/min,较硬土层以钻机无跳动,电机不超荷为准。钻进达设计深度后,应进行清孔,放置钢筋笼。清孔可用循环换浆法,即让钻头继续在原位旋转,继续注水,用清水换浆,使泥浆密度控制在 1.1 左右;如孔壁土质较差,宜用泥浆循环清孔,使泥浆密度控制在 1.15~1.25;清孔过程中及时补给稀泥浆,并保持浆面稳定

冲击式钻机规格与技术性能 表 3-99

项目\型号	CZ-30型	CZ-22型	CZ-20型	YKC-31型	YKC-30型	YKC-22型	YKC-20型
钻孔深度(m)	500	300	300	500	500	300	300
钻孔直径(mm)	763	559	508	400	400	559	508
动力机功率(kW)	40	22	20	60	40	20	20
卷扬机 卷筒个数(个)	3	3	2	2	3	3	2
卷扬机 起重力(kN)	30、20	20、15	20、13	55、25	30、20	13~20	10~15
卷扬机 提升速度(m/s)	1.24~1.56	1.18~1.47	0.52~0.65		1.24~1.56	1.18~1.45	0.52~0.65
冲击次数(次/min)	40~50	40~50	40~50	29~31	40~50	40~50	40~50
冲程(m)	1.0	0.35~1.0	1.0	0.6~1.0	0.5~1.0	0.35~1.0	0.45~1.0
钻具最大重量(t)	13	7.4	6.2	—	11.2	6.9	6.3

3.6 桩基施工技术

续表

项目＼型号	CZ-30型	CZ-22型	CZ-20型	YKC-31型	YKC-30型	YKC-22型	YKC-20型
生产单位	洛阳矿山机械厂			洛阳矿山机械厂		洛阳、太原矿山机械厂	北京探矿机械厂

注：YKC型为简易钻机。

各类土层中的冲程和泥浆密度选用表　　表 3-100

项次	项目	冲程(m)	泥浆密度(t/m^3)	备注
1	在护筒中及护筒脚下3m以内	0.9~1.1	1.1~1.3	土层不好时宜提高泥浆密度，必要时加入小片石和黏土块
2	黏土	1~2	清水	或用稀泥浆，经常清理钻头上泥块
3	砂土	1~2	1.3~1.5	抛黏土块，勤冲勤掏渣，防坍孔
4	砂卵石	2~3	1.3~1.5	加大冲击能量，勤掏渣
5	风化岩	1~4	1.2~1.4	如岩层表面不平或倾斜，应抛入20~30cm厚块石使之略平，然后低锤快击使其成一紧密平台，再进行正常冲击，同时加大冲击能量，勤掏渣
6	塌孔回填重成孔	1	1.3~1.5	反复冲击，加黏土块及片石

冲抓锥成孔机的规格与技术性能　　表 3-101

性能指标		型号	
		A-3型	A-5型
成孔直径	(m)	480~600	450~600
最大成孔深度	(m)	10	10
抓锥长度	(mm)	2256	2365
抓片张开直径	(mm)	450	430
抓片数	(个)	4	4
提升速度	(m/min)	15	18
卷扬机起重量	(t)	2.0	2.5
平均工效(孔/台班)		5~6(深5~8m)	5~6(深5~8m)
适用土质条件		黏土夹石或砂卵石类土	—

回转式(转盘式)钻机技术性能 表 3-102

性能 \ 钻机型号			SPC-150	SPJ-300	SPC-300Q	红星-300	SPC-600R	SPC-600
钻孔直径(mm)			350~500	500	200~330	560~400	190~600	350~650
钻孔深度(m)			100~200	200~300	200~300	300	600	600
钻杆直径(mm)			60~114	89	73~60	89~114	—	—
转盘	转速(r/min)	正转	32.6~166	40~128	25~195	21~83	25~120	32~153
		反转	30	40~128	24		190~52	38~180
	最大扭矩(kN·m)		4.9	—	6.73	—	11.23	
卷扬机	主卷扬	最大提升力(kN)	19.6	29.4	19.6		44.1	34.3
		提升速度(m/s)	0.6~2.8	0.65~2.08	1.3	19.6		
	副卷扬	最大提升力(kN)	19.6	19.6	9.8	0.368~1.46	19.6	19.6
		提升速度(m/s)	0.22~1.4	0.46~1.44	—	4.9		0.5~2.39
泵			3/4C-AH 泥渣泵	BW850	BW600/30		BW600/300/R	BW-1200
钻架(高/荷载)(m/kN)			8.5~78.5	10.5/23.5	10.5	9.4	15/245	18/352.8
生产单位				上海探矿机械厂	天津探矿机械厂	郑州勘察机械厂	天津探矿机械厂	上海探矿机械厂

潜水钻机的规格、型号及技术性能 表 3-103

性能指标	钻机型号						
	KQ-800	GZQ-800	KQ-1250A	GZQ-1250A	KQ-1500	GZQ-1500	KQ-2000
钻孔深度(m)	80	50	80	50	80	50	80
钻孔直径(mm)	450~800	800	450~1250	1250	800~1500	1500	800~2000
主轴转速(r/min)	200	200	45	45	38.5	38.5	21.3
最大扭矩(kN·m)	1.90	1.07	4.60	4.76	6.87	5.57	13.72
潜水电机功率(kW)	22	22	22	22	37	22	44
潜水电机转速(r/min)	960	960	960	960	960	960	960

3.6 桩基施工技术

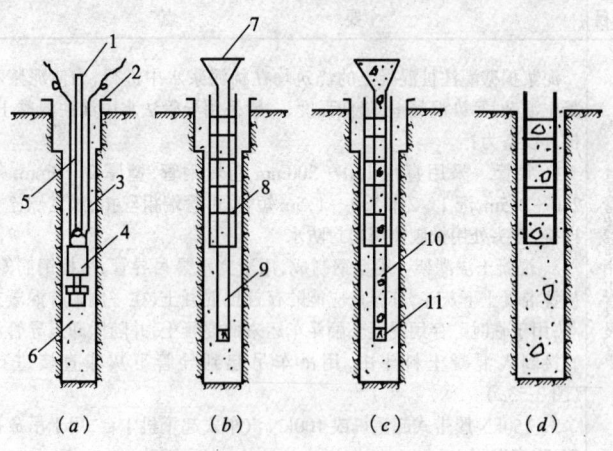

图 3-52 潜水电钻成桩工艺
(a)潜水电钻水下成孔；(b)下钢筋笼、导管；
(c)灌注水下混凝土；(d)成桩
1—钻杆(可分节)；2—护筒；3—电缆；4—潜水电钻；
5—输水胶管；6—泥浆；7—料斗；8—钢筋笼；
9—导管；10—混凝土；11—隔水栓

泥浆护壁灌注桩钢筋笼安装与导管法
水中灌注混凝土方法 表 3-104

项次	项目	要　　　点
1	钢筋笼安装	1. 钢筋笼主筋不宜少于 6ϕ10～16mm，长度不小于桩孔长的 1/3～1/2，箍筋直径宜用 ϕ6～10mm，间距 20～30cm，保护层厚 4～5cm，在骨架外侧绑扎水泥垫块控制，骨架在地面平卧一次绑好，直径 1m 以上桩的钢筋骨架、箍筋与主筋应间隔点焊，防止变形 2. 吊放钢筋笼可用起重机或三木搭借卷扬机进行，应注意勿碰孔壁，以防止坍孔，并防止将泥沙杂物带入孔内，如钢筋笼在 8m 以上，可分段绑扎、吊放，并宜用钢管加强骨架刚度，需要焊接时，可先将下段借钢管挂在孔口，再吊上第二段进行搭接或帮条焊接，逐段焊接，逐段下放。吊入后应校正轴线位置垂直度，勿使扭曲变形。钢筋笼定位后，应在 4h 内浇筑混凝土，以防坍孔

续表

项次	项目	要　　　点
2	导管法需用机具设备	泥浆护壁灌注桩混凝土的浇筑均在稀泥浆水中进行,为使泥浆不与混凝土混杂,污染混凝土,降低强度,一般采用导管法水中灌注混凝土,需用机具设备为: 1. 导管　采用直径 150～300mm 卷焊钢管,壁厚 2～3mm,每节长 2.0～2.5m,配 1～2 节长 1～1.5m 短管,由管端粗丝扣、法兰螺栓或卡扣连接,接头处用橡胶垫圈密封防水 2. 混凝土浇灌架　用型钢制成,用于支承悬吊导管,吊挂钢筋笼,上部放置混凝土下灰斗,其容量应能贮存首批混凝土,在一侧附有混凝土卸料斗,用于临时贮存用混凝土翻斗车运来的混凝土,并随即卸入导管浇筑或直接倒入混凝土料斗中,用吊车吊起到导管下灰斗直接进行浇灌（图 3-53a） 3. 150kN 履带式起重机或 100kN 汽车式起重机 1 台,用于吊放拆卸导管、浇灌混凝土
3	混凝土要求	1. 混凝土强度等级应比设计强度等级提高 0.5N/mm^2;粗骨料宜用卵石,最大粒径不大于导管内径的 1/6,且不大于 40mm;如使用碎石,粒径宜为 0.5～20mm;砂用中砂 2. 混凝土配制水灰比在 0.6 以下,水泥用量不大于 370kg/m^3,并宜用 32.5 级或 42.5 级普通水泥或矿渣水泥,含砂率宜为 40%～45%,坍落度为 18～20cm,扩散度宜为 34～38cm。混凝土初凝时间宜为 3～4h;远距离运输时,宜在混凝土中掺加木质素磺酸钙减水剂或 UNF 早强型减水剂,一般掺量为水泥用量的 0.3%～0.5%
4	水中灌注混凝土方法	1. 浇灌时先灌入首批混凝土,其数量要经计算,使有一定冲击量,能把泥浆从导管中排出 2. 开导管方法采用混凝土塞(图 3-53b),塞预先用 8 号铁丝悬吊,在混凝土漏斗下口,当混凝土装满漏斗后,剪断铁丝,混凝土即下落到孔底,排开泥浆,并使导管和塞子埋入混凝土中一定深度 3. 浇灌应连续进行,随浇随拔管,中途停歇时间一般不超过 15min,在整个浇灌过程中,导管在混凝土里埋深应有 1.5～4m,但不宜大于 6m,利用导管内混凝土的超压力使混凝土的浇灌面逐渐上升,上升速度不应低于 2m/h,直至高于设计标高 300～500mm 4. 在浇灌将近结束时,应在孔内注入适量清水,使槽内泥浆稀释,排出槽外,并使管内混凝土柱有一定高度(一般 2m 以上),以保证泥浆全部排出

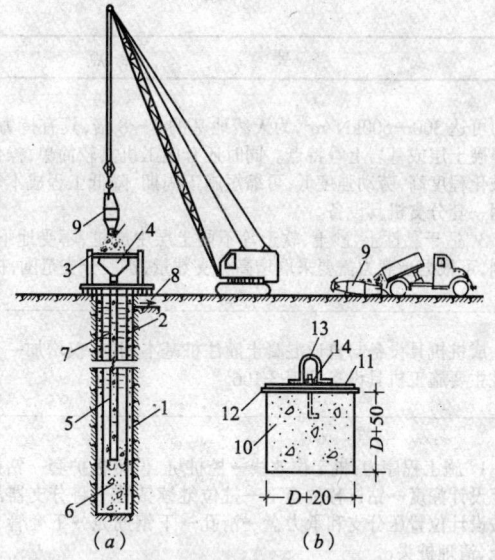

图 3-53 导管法水中浇注混凝土工艺
(a)水中浇筑混凝土;(b)预制混凝土塞
1—桩孔;2—钢筋笼;3—混凝土浇灌架;4—下灰斗;5—混凝土导管;6—混凝土;
7—桩孔内稀泥浆水;8—排浆沟;9—混凝土料斗;10—导管预制混凝土塞;
11—4mm 厚钢板;12—4mm 厚橡皮垫;13—ϕ6mm 钢筋吊环;14—ϕ8mm 螺栓
D—导管内径

3.6.4.2 挤扩多分支承力盘与多支盘灌注桩

挤扩多分支承力盘与多支盘灌注桩构造特点及施工要点 表 3-105

项次	项目	要点
1	组成、特点、适用范围	1. 多分支承力盘灌注桩系在普通混凝土灌注桩的基础上，根据承载力要求，在桩身下部增加 1~2 道承力盘，在中部增加多个对称分支而成，形似树根(图 3-54)，是一种介于摩擦桩与端承桩之间的变截面新桩型 2. 具有承载力高，桩由主桩、分支、承力盘和主桩、分支和承力盘周围的挤压的增加固结料组成，其每立方米混凝土承载力大于 350kN，为普通混凝土灌注桩的 1~3 倍，有良好的承压、抗水平冲剪和抗拔能力，在同等承载力情况下，桩长可缩短 50~70%，节省材料 30%左右，桩的周围和底部经外部加压挤压密实，可消除土的软化、湿陷、易压缩变形等缺陷，地耐

续表

项次	项目	要 点
1	组成、特点、适用范围	力可达 $300\sim500kN/m^2$,为天然地基的 $5\sim8$ 倍,具有持力层可不需落到坚硬土层或基岩上等特点。同时还有施工机具较简单,操作维修方便,机械化程度高,劳动强度低,可缩短施工周期,降低工程成本等特点;但需采用一套分支机具设备 3. 适于黏性土、砂土、软土等不同土层中成桩,不受地下水位高低的限制,可根据承载力需要采取增高分支数量,扩展分支范围,提高桩承载力
2	机具设备	成桩机具设备与普通混凝土灌注桩基本相同,仅增加一套分支机具,成桩主要施工机具设备见表 3-106
3	成桩程序、工艺方法	1. 施工程序为:桩定位放线→挖桩坑、设钢板护套→钻机就位→钻孔,至设计深度→钻机移位至下一桩位继续钻孔→将分支器吊入已钻孔内,按设计位置压分支和承力盘→清孔→下钢筋笼→下套管、水中灌注混凝土、清理桩头 2. 成桩工艺(图 3-55)方法同一般潜水电钻和回转钻机成桩方法,采用泥浆护壁,泥浆密度控制在 $1.2\sim1.3t/m^3$,用正循环或反循环排渣 3. 钻孔达到要求深度后,将钻机移至下一桩位继续钻进,紧接着用吊车将特制分支器吊入桩孔内,由上而下按设计深度在分支部位通过液压泵加压,使分支器下部扩成伞形,对土挤压形成分支(图 3-56),对一般黏性土液压控制在 $6\sim7N/mm^2$;对坚硬密实砂层为 $22\sim25N/mm^2$。每完成一组对称分支,将分支器落于至下一部位继续分支。压承力盘只需将钢管插入分支器上部孔内旋转 $45°$角,在同一高度继续分支,连续压 4 次即成承力圆盘 4. 压完分支承力盘后,将分支器吊出,用稀泥浆注入孔内置换浓泥浆,使其密度降到 $1.1g/cm^3$,再吊入钢筋笼,用短钢管插入上部悬挂在孔口上,下导管,按浇灌法,按常规水中灌注混凝土方法浇筑桩混凝土(略)
4	注意事项	1. 施工中遇地质变化,不能满足设计要求持力层深度时,可根据具体情况,适当加深或增加分支,以保证要求的承载力 2. 桩孔分支成盘时,对土层施加很大侧压力,当桩距小于 $3d$ 时,宜间隔成孔,以免造成缩颈或塌孔 3. 桩的分支未配钢筋,靠混凝土的剪力传递压应力,为保证该处混凝土密实,除应使混凝土的坍落度控制为 $16\sim18cm$ 外,还应借卷扬机吊套管上下翻插使其密实

3.6 桩基施工技术

续表

项次	项目	要 点
5	质量要求	1. 灌注桩用的原料和混凝土强度必须符合设计要求和施工规范的规定 2. 成孔深度、分支及承力盘位置必须符合设计要求,沉渣厚度不得大于100mm 3. 桩体不得有缩颈、夹层、混凝土不密实等缺陷 4. 桩的位置偏移不得大于 $D/6$(D 为桩的直径),且不大于100mm,垂直度偏差不得大于 $H/100$(H 为桩长) 5. 桩应取总数 1%,且不少于 3 根做静载试验,取桩总数的 10%~15%做动力测试,检验桩体质量及承载力

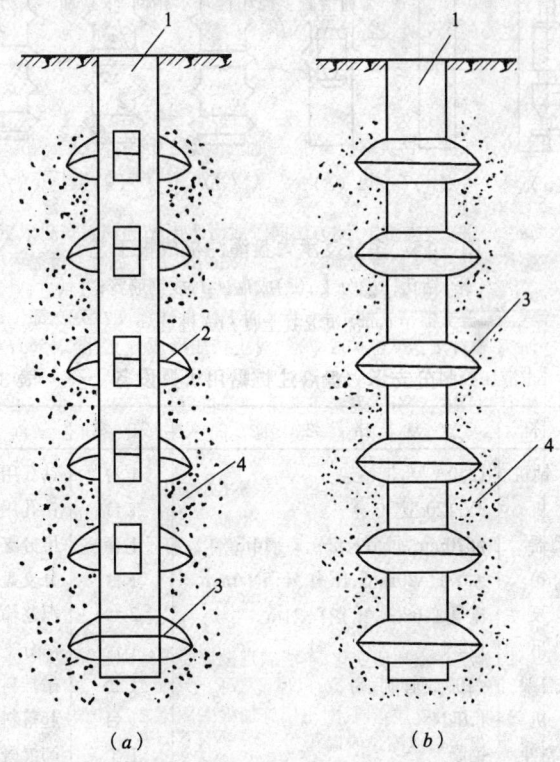

图 3-54 挤扩多分支承力盘和多承力盘桩
(a)挤扩多分支承力盘桩;(b)挤扩多承力盘桩
1—主桩;2—分支;3—承力盘;4—压实(挤密)土料

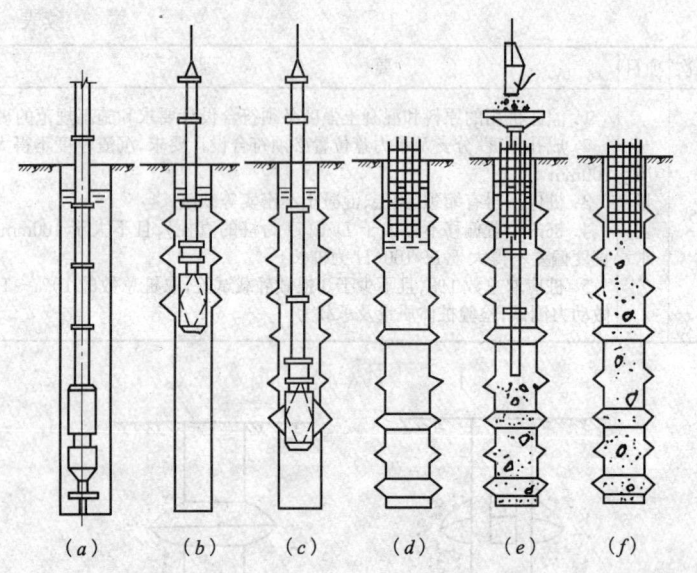

图 3-55 多分支承力盘灌注桩成桩工艺
(a)钻孔;(b)分支;(c)成盘;(d)放钢筋笼;
(e)浇筑混凝土;(f)成桩

多分支承力盘灌注桩需用机具设备　　表 3-106

名　　称	规　格　性　能	数　量	备　　注
KQ 型潜水钻机	1250A 型,带钻架	1 台	钻孔用
钻井机	SY-120 型	1 台	钻孔用
支盘成型器	ϕ570mm,每节长 2m,l=14m	1 套	压分支用
油压箱	A_1Y-HA20B 型,压力 31.5N/mm^2	1 台	分支盘加压用
离心泵	流量 1.08m^3/h,扬程 21m	2 台	泥浆输送
轮胎吊	12kN	1 台	吊分支器
三木搭浇灌架	ϕ100 钢管制,高 5m	1 套	吊挂料斗导管
卷扬机	1.0kN	1 台	起落料斗导管
混凝土受料斗	钢制	1 个	卸混凝土
混凝土导管	ϕ200~300mm,每节长 1.5m	1 套	下混凝土
机动翻斗车	1t	2 台	运送混凝土
混凝土搅拌机	J_1-400 型	1 台	拌制混凝土

3.6 桩基施工技术

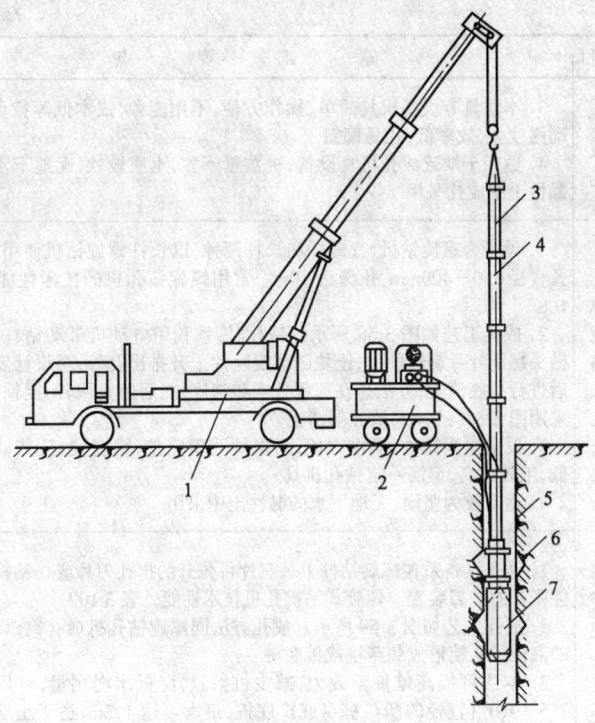

图 3-56 起重机吊分支器压桩分支情形
1—12t 轮胎式起重机;2—电动液压泵;3—分支器;4—插孔;
5—桩孔;6—已压分支;7—压分支

3.6.4.3 干作业成孔灌注桩

干作业成孔灌注桩成孔机具与方法　　表 3-107

项次	项目	施　工　要　点
1	人工成孔法	1. 人工成孔有洛阳铲成孔和手摇钻成孔两种方法。前者工具主要用洛阳铲;后者主要机具有三角架、手摇卷扬机、钻杆、钻头等,钻头多用螺旋钻头或鱼尾式钻头 2. 洛阳铲成孔系用人力手持洛阳铲向土中上下边捅边掏土成孔。洛阳铲构造如图 3-57(a),铲头直径由 160～250mm,另配探锤(图 3-57b)夯实基底松土 　手摇钻成孔用人力旋转钻具钻进,提钻排土成孔。成孔直径 200～300mm,深 3～5m

231

续表

项次	项目	施 工 要 点
1	人工成孔法	3. 本法具有设备机具简单,操作方便,不用能源,成本低等特点。但劳动强度大,效率低,孔易偏斜 4. 适用于缺乏成孔机具设备,桩数量不多,土质较软,无地下水的均质黏性土中成孔采用
2	螺旋钻成孔法	1. 设备为螺旋钻机,有短杆和长杆两种,以长杆螺旋钻机使用较广,钻孔直径250~400mm,孔深达10m。常用螺旋钻孔机的技术性能见表3-108 2. 成孔工艺如图3-58所示。钻孔时,系利用电动机带动钻杆转动,使钻头螺旋叶片旋转削土,土块随螺旋叶片上升排出孔外,至设计要求深度后进行孔底清土,方法是在原深处空转清底,然后停止回转,提钻卸土,或采用图3-57(c)、(d)清孔器清土 3. 设备较为简单,操作方便,易保持孔型完整,精度较好,劳动强度较低,工效较高,但需一定钻孔机具 4. 适于较为坚硬、无地下水的黏性土中采用
3	螺旋钻扩底成孔法	1. 钻孔设备系在螺旋钻杆上装三片可张开的扩孔刀片或在钻杆端部设能张开的护刀装置。螺旋式钻扩孔机技术性能见表3-109 2. 成孔工艺如图3-59所示。成孔方法同螺旋钻孔机成孔,在设计要求的部位扩孔使形成葫芦桩或扩底桩 3. 本法可提高单桩承载力,减少桩数量,降低水泥用量,可用于扩大2.5~3.0倍直径的葫芦桩身或扩底桩,最大可达1.2m,适于土层与螺旋成孔法同

螺旋钻孔机规格与技术性能 表 3-108

项 目		LZ型长螺旋钻	长螺旋钻	BZ-1型短螺旋钻	ZKL400(ZKL600)钻孔机	ZK-2250钻孔机	BQZ型步履式钻孔机
钻孔最大直径	(mm)	300 600	400 500	300 800	400 (600)	350	400
钻孔最大深度	(m)	15	12 10 8	8 11 8	12~16	3	8
钻杆长度	(m)	—	15.5		22	11	9
钻头转速	(r/min)	63~116	116 81 63	45	80	100	85
钻进速度	(m/min)	1.0		3.1		0.5~1.0	1
电机功率	(kW)	40	30	40	30~55	22	22
外形尺寸(m) (长×宽×高)		—	8.50(长) 22.27(高)			6.16(长) 8.67(高)	8×4 ×12.5

3.6 桩基施工技术

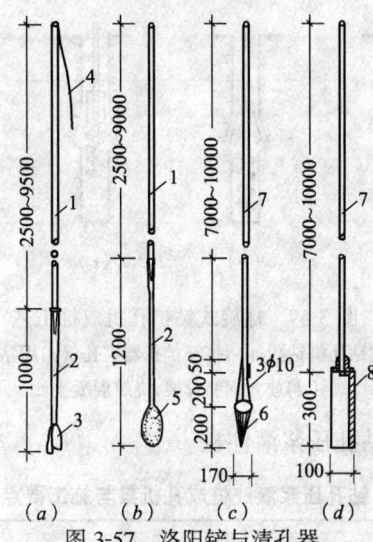

图 3-57 洛阳铲与清孔器
(a)洛阳铲;(b)孔底夯实探锤;(c)旋转取土器;(d)冲击取土器
1—木探杆;2—铁杆;3—铲头;4—绳;5—锤头;6—2mm 钢板;
7—$\phi 25 \sim 32$mm 钢管;8—$\phi 100$mm 钢管

螺旋式钻扩孔机技术性能 表 3-109

项 目		ZK120-1	ZK120-2
钻孔最大直径	(mm)	350	350
钻孔最大深度	(m)	4	5
孔底扩大头最大直径	(mm)	1000	1200
钻头转速	(r/min)	34	17.5~40
电机功率	(kW)	13	—

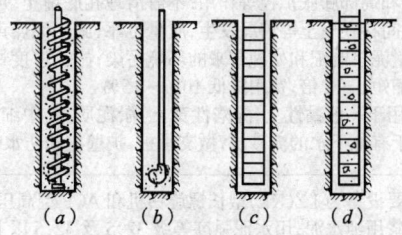

图 3-58 螺旋钻孔机成桩工艺
(a)螺旋钻机成孔;(b)空转或用掏土器清孔;(c)投入钢筋笼;(d)浇筑混凝土

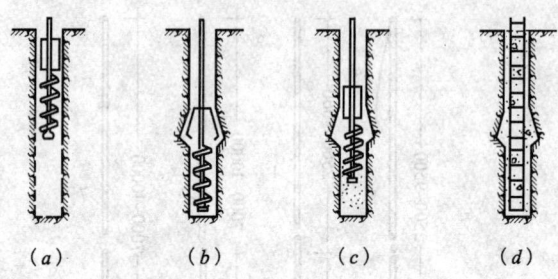

图 3-59 螺旋式钻扩孔机成桩工艺
(a)螺旋式钻孔机钻孔;(b)打开扩孔器扩孔;(c)用钻扩机清土;
(d)放入钢筋骨架,浇筑混凝土

3.6.4.4 钻孔压浆灌注桩

钻孔压浆灌注桩成孔机具与施工要点　　表 3-110

项次	项目	要　　点
1	成桩方式、特点、适用范围	1. 成孔压浆灌注桩系用长臂螺旋钻机钻孔,在钻杆纵向设有一个从上到下的高压灌注水泥浆系统(压力 10～30MPa),钻孔深度达到设计深度后,开动压浆泵,使水泥浆从钻头底部喷出,借助水泥浆的压力,将钻杆慢慢提起,直至出地面后,移开钻杆,在孔内放钢筋笼,再另外放入 1 根直通孔底的压力注浆塑料管或钢管,与高压管接通,同时向桩孔内投放粒径 2～4cm 碎石或卵石直至桩顶,再向孔内胶管进行二次补浆,把带浆的泥浆挤压干净,至浆液溢出孔口,不再下降,至此桩的钻孔和灌注工作全部完成。桩径可达 300～1000mm;深 30m 左右,一般常用桩径为 400～600mm,桩长 10～20m;桩混凝土为无砂混凝土,强度等级为 C20 2. 钻孔压浆灌注桩的特点是:桩体致密,局部能膨胀扩径,单桩承载力高,沉降量小,比普通灌注桩承载力提高一倍以上;不用泥浆护壁,可避免水下灌注混凝土;采用高压灌浆,对桩孔周围地层有明显的扩散、渗透、挤密、加固和局部膨胀扩径等作用,不需清理孔底虚土,可有效地防止断桩、缩颈、桩间存在虚土等情况发生,质量可靠;施工无噪声、无振动、无排污,没有大量泥浆制配和处理带来的环境污染;施工速度快,比普通打预制桩工期可缩短 1～2 倍,费用降低 10%～15% 3. 适用于一般黏性土、湿陷性黄土、淤泥质土、中细砂、砂卵石等地层,还可用于有地下水的流砂层,做支承桩、护壁桩和防水帷幕桩等
2	机具设备及材料要求	1. 主要设备为 LZ(KL)型长螺旋钻机和 ACF 型高压泵车 2. 压浆用纯水泥,用水泥强度等级 32.5 及 32.5 以上普通水泥,新鲜无结块,水灰比为 0.55。骨料采用粒径 20～40mm 碎石或卵石,含泥量小于 3%。石子和浆液的体积比为石子:水泥浆液 = 1:0.75

3.6 桩基施工技术

续表

项次	项目	要 点
3	成桩方法及注意事项	1．钻孔压浆灌注桩的施工工艺流程如图3-60 2．钻孔可按常规方法，提钻压浆应慢速进行，一般控制在0.5~1.0m/min，过快易塌孔或缩孔 3．当在软土层成孔，桩距小于3.5d 时（d—桩径），宜跳打成桩，以防高压使邻桩断裂，中间空出的桩须待其邻桩的混凝土达到设计强度等级的50%以后方可成桩 4．钻孔时应随钻随清理钻进排出的土方。成孔后应立即投放钢筋笼和碎石进行补桩，间隔时间不少于30min 5．当钻进遇到较大的漂石、孤石卡钻时，应做移位处理。当土质松软，拔钻后塌孔不能成孔，可先灌注水泥浆，经2h后再在已凝固的水泥浆上二次钻孔 6．配制水泥浆应在初凝时间内用完，不得隔日使用或掺水泥后再用 7．钢筋笼通常由主筋、加强箍筋和螺栓式箍筋组成。钢筋笼应加工成整体、螺旋式箍筋应绑扎；过长可分段制作，接头应采用焊接 8．为控制混凝土的质量，在同一水灰比的情况下，每班做二组试块

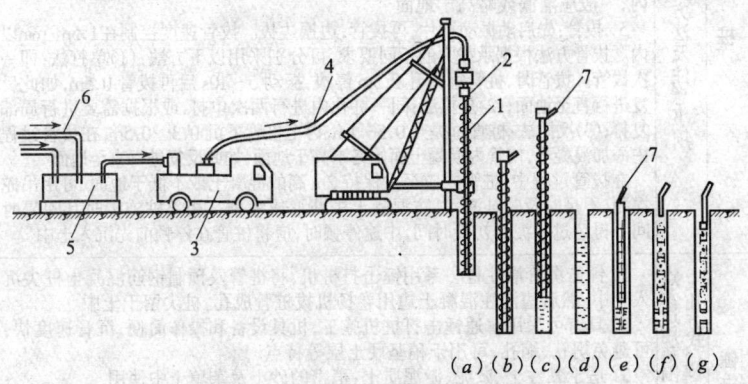

图3-60 钻孔压浆灌注桩成桩工艺流程
(a)钻机就位；(b)钻进；(c)一次压浆；
(d)提出钻杆；(e)下钢筋笼；(f)下碎石；(g)二次补浆
1—长螺旋钻机；2—导流器；3—高压泵车；4—高压输浆管；
5—灰浆过滤池；6—接水泥浆搅拌桶；7—注浆管

3.6.4.5 套管成孔灌注桩

套管成孔灌注桩成孔机具与方法 表 3-111

名称	项目	要点
振动沉管灌注桩	成孔方式、特点及适用范围	1. 振动沉管灌注桩 系用振动沉桩机将带有活瓣式桩靴或预制钢筋混凝土桩尖的钢管沉入土中,然后边灌注混凝土边振动拔管而成 2. 具有沉管速度快,能пик拔,能用小桩管打出大截面桩(一般单打法的桩截面比桩管扩大30%;复打法扩大80%;反插法扩大50%左右);可防止坍孔、缩孔,施工操作简单安全等特点;但由于振动会使土体受到扰动,会大大降低地基强度。因此当为软黏土或淤泥时,土体至少需养护30d,砂层或硬土层需养护15d,才能恢复地基强度 3. 适用于杂填土、软弱的黏性土层和稍密及松散的砂土中使用;在淤泥层中,为解决混凝土缩颈,宜用反插法,但在坚硬土层中易损坏桩尖,不宜采用
	机具设备	主要设备为振动成桩机,由桩架、振动箱、卷扬机、加压装置、桩管、混凝土下料斗、桩尖等组成。桩管直径220~370mm,长10~28m。常用振动沉拔桩锤的型号与技术性能见表3-79
	成桩方法及注意事项	1. 振动沉管灌注桩工艺程序如图3-61 2. 桩机就位:将桩管桩尖合拢,对准桩位中心,将振动锤压于桩顶,借自重把桩尖压入土中 3. 沉管:开动振动箱,使桩管在振动下沉入土中 4. 上料:桩管沉到设计标高后,停止振动,用上料斗将混凝土灌入桩管内,一般应灌满或略高于地面 5. 拔管:先启动振动箱片刻,再拔管,边振边拔。拔管速度控制在1.5m/min以内。拔管方法根据承载力的不同要求,可分别采用以下方法:(1)单打法:即一次拔管。拔管时,桩管每提升0.5m停拔,振动5~10s后再拔管0.5m,如此反复进行直至地面;(2)复打法:同一桩孔内进行两次单打,或根据需要进行局部复打;(3)反插法:桩管每提升0.5~1m,再把桩管下沉0.3~0.5m,在拔管过程中添加混凝土,使管内混凝土面始终不高于地面,如此反复进行直至地面 在拔管过程中,桩管内应至少保持2m高的混凝土或不低于地面,可用吊砣探测,不足时及时补灌,以防混凝土中断形成缩颈。相邻桩施工时其间隔时间不得超过水泥的初凝时间,中途停顿时,应将桩管在停顿前先沉入土中
锤击沉管灌注桩	成孔方式、特点及适用范围	1. 锤击沉管灌注桩 系用锤击打桩机,将桩管及预制钢筋混凝土桩尖沉入土中,然后边灌注混凝土边用卷扬机拔桩管成孔,桩尖留于土中 2. 具有可采用普通锤击打桩机施工,机具设备和操作简便,沉管速度快,可避免坍孔、缩孔,可用于稍坚硬土层等特点 3. 适于黏性土、淤泥、淤泥质土、稍密的砂土及杂填土中使用
	机具设备	主要设备为一般锤击打桩机,由桩架、桩锤、卷扬机、桩管、混凝土下料斗组成。桩管直径270~370mm,长8~12m。常用锤击打桩机型号及技术性能见表3-75~表3-78
	成桩方法及注意事项	1. 锤击沉管灌注桩成桩工艺程序如图3-62 2. 桩机就位:吊起桩管对准预先埋好的预制钢筋混凝土桩尖,放置麻(草)绳垫与桩尖连接处,套入桩尖,压入土中 3. 沉管:管顶上桩帽,先低锤轻击,直至设计深度,如桩尖损坏应拔出桩管,回填后,另安桩尖,重新沉管

3.6 桩基施工技术

续表

名称	项目	要点
锤击沉管灌注桩	成桩方法及注意事项	4. 上料:将混凝土灌满桩管 5. 拔管:拔管速度一般控制在 0.8~1m/min,应均匀连续低锤密击,锤击次数不少于 70 次/min,初次拔管不宜过高,以后始终保持使管内混凝土量略高于地面 6. 放入钢筋骨架:继续灌注混凝土及拔管,直到全部拔完为止 7. 成桩可按施工顺序依次退打,桩中距小于 5 倍管外径或 2m 时,应跳打,中间桩待邻桩混凝土达到 50% 强度后,方可施打。当需扩大桩径或作为补救措施时,亦可采用复打、半复打或局部复打方式 8. 灌注不低于 C15 的混凝土,骨料粒径小于 30mm,坍落度为 5~7cm,钢筋笼构造和安装与干作业成孔灌注桩相同

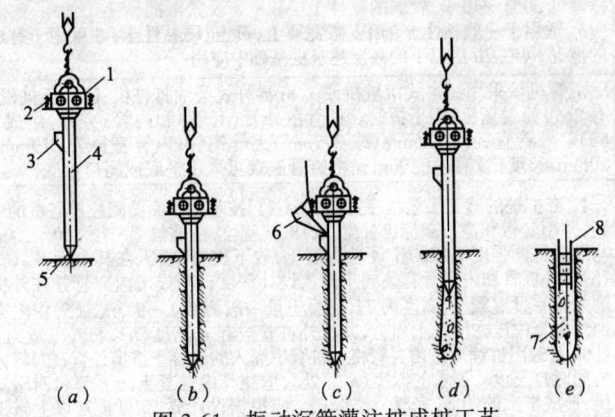

图 3-61 振动沉管灌注桩成桩工艺

(a)桩机就位;(b)沉管;(c)上料;(d)拔出桩管;(e)在桩顶部混凝土内插入短钢筋并灌满混凝土
1—振动锤;2—加压减振弹簧;3—加料口;4—桩管;
5—活瓣桩尖;6—上料斗;7—混凝土桩;8—短钢筋骨架

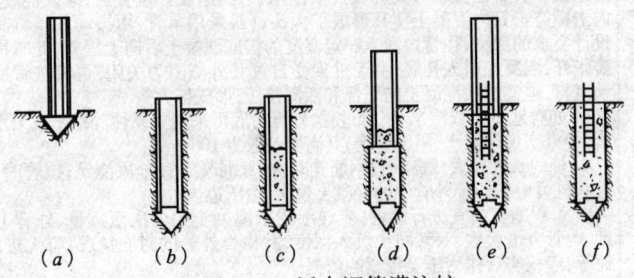

图 3-62 锤击沉管灌注桩

(a)套管就位;(b)沉入套管;(c)开始灌注混凝土;
(d)边锤击边拔管,并继续灌注混凝土;(e)下钢筋笼,并继续灌注混凝土;(f)桩成型

3.6.4.6 夯压成型灌注桩

夯压成型灌注桩成孔机具与施工要点　　　表 3-112

项次	项目	要　　点
1	成型、特点、适用范围	1. 夯压成型灌注桩又称夯扩桩,是在桩管内增加 1 根与外桩管长度基本相同的内夯管,以代替钢筋混凝土预制桩靴,与外管同步打入设计深度,并作为传力杆将桩锤击力传至桩端夯扩成大头形 2. 夯扩桩特点是:增大桩端支承面积,提高地基的密实度,同时利用内管和桩锤的自重将外管内的现浇桩身混凝土压密成型,使水泥浆压入桩侧土中,使桩的承载力大幅度提高;另本法设备简单,上马快,操作方便,可消除一般灌注桩易出现缩颈、裂缝、混凝土不密实、回淤等疵病,保证工程质量;且技术可靠,工艺合理,经济实用,单桩承载力可达 1100kN,工程造价比一般混凝土灌注桩基降低 30%～40% 3. 适用于一般黏性土、淤泥、淤泥质土、黄土、硬黏性土;亦可用于有地下水的情况,可在 20 层以下的高层建筑桩基础中应用
2	机具设备	沉管机械采用锤击式沉桩机或 1.8t 导杆式柴油打桩机、静力压桩机,并配有 2t 慢速卷扬机,用于拔管。桩管由外管(套管)和内管(夯管)组成(图 3-63)。外管直径为 325mm(或 377mm)无缝钢管;内管直径为 219mm,壁厚 10mm,长度比外管短 100mm,内夯管底端可采用平底或闭口锥底
3	成桩方法及注意事项	1. 夯扩桩的施工工艺程序见图 3-64:(1)按基础平面图测放出各桩的中心位置,并用套板和撒石灰标出桩位;(2)桩架就位,在桩位垫一层 150～200mm 厚与灌注桩同强度等级的干硬性混凝土,放下桩管,紧压在其上面,以防回淤;(3)将外桩管和内套管套叠同步打入设计深度;(4)拔出内夯管并在外桩管内灌入第一批混凝土,高度为 H,混凝土量一般为 $0.1 \sim 0.3 m^3$;(5)将内夯管放回外桩管中压在混凝土面上,并将外桩管拔起 h 高度($h<H$),一般为 $0.6 \sim 1.0m$;(6)用桩锤通过内夯管将外桩管中灌入的混凝土挤出外管;(7)将内外管同时打至设计要求的深度(h 深处),迫使其内部和四周基土挤压,形成扩大的端部,完成一次夯扩。或根据设计要求,可重复以上施工程序进行二次夯扩;(8)拔出内夯管在外管内灌第二批混凝土,一次性浇筑桩身所需的高度;(9)再插入内夯管压紧管内的混凝土,边压边徐徐拔起外桩管,直至拔出地面。以上 H、h、c 等参数要通过试验确定,作为施工中的控制依据 2. 端夯扩沉管灌注桩亦可应用于以下两种方法形成:(1)沉管由桩管和内击锤组。沉管在振动力及机械自重作用下,到达设计位置后,灌入混凝土,用内击锤夯击使外内混凝土使其形成扩大头;(2)采用单管,用振动加压将其沉到设计要求的深度,往管内灌入一定高度的扩底混凝土后向上提管,此时桩尖活瓣张开,混凝土进入孔底,由于桩尖受自重和外侧阻力关闭,再将桩管加压振动复打,迫使扩底混凝土向下部和四周挤压,形成扩大头 3. 如有地下水或渗水,沉管过程,外管封底可采用干硬性混凝土或无水混凝土,经夯实形成阻水、阻泥管塞,其高度一般为 100mm 4. 桩的长度较大或需配置钢筋笼时,桩身混凝土宜分段浇筑;拔管时,内夯管和桩锤应施压于外管中的混凝土顶面,边压边拔 5. 工程施工前宜进行试桩,应详细记录混凝土的分次灌入量、外管上拔高度、内管夯击次数、双管沉入深度,并检查外管的封底情况,有无进水、涌泥等,经核实后作为施工控制的依据 6. 桩端扩大头进入持力层的深度不小于 3m;当采用 2.5t 锤施工时,要保证每根桩的夯扩锤击数不少于 50 锤,当不能满足此锤击数时,须再投料一次,扩大头采用干硬性混凝土,坍落度应在 1～3cm 左右

3.6 桩基施工技术

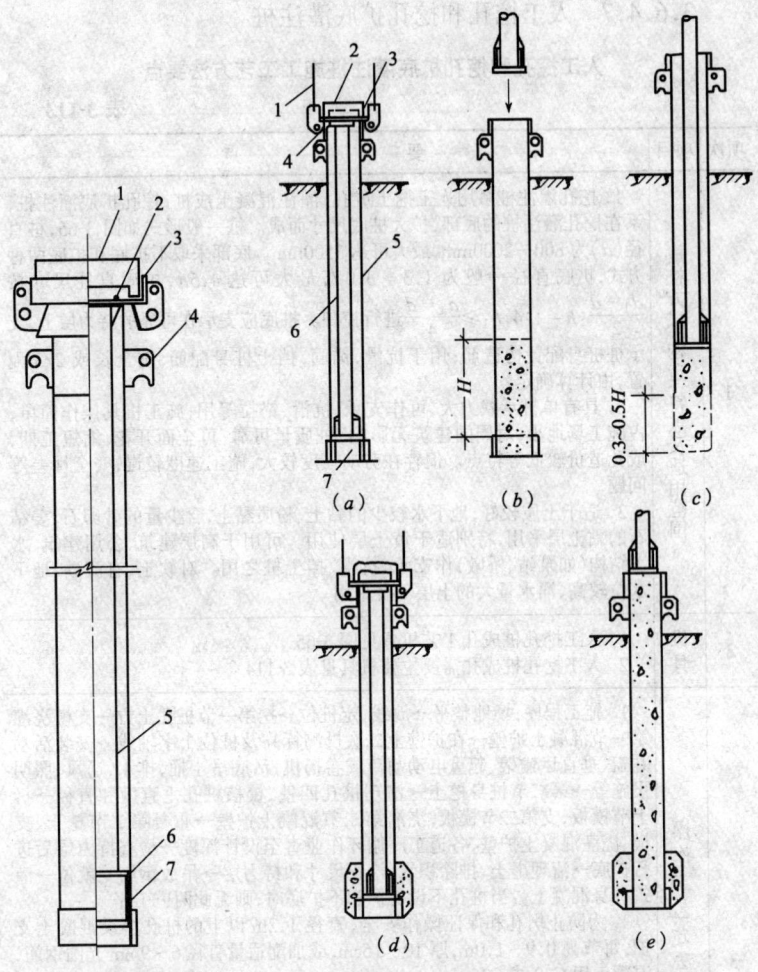

图 3-63 夯压成型灌注桩
桩管构造

1—柴油打桩机桩帽；
2—8M16×16 螺栓；
3—附加桩帽；4—套管吊耳；
5—ϕ219mm 套管；
6—ϕ290×10mm 夯头；
7—ϕ325×10 套管

图 3-64 夯压成型灌注桩施工工艺流程
(a)内外管同步夯入土中；(b)提升内夯管，
除去防淤管，浇筑第一批混凝土；(c)插入内夯管；
(d)夯扩；(e)提升内夯管，浇筑第二批混凝土，
放下内夯管加压，拔起外管
1—钢丝绳；2—原有桩帽；3—特制桩帽；
4—防淤套管；5—外管；6—内夯管；
7—干硬性混凝土

3.6.4.7 人工挖孔和挖孔扩底灌注桩

人工挖孔和挖孔扩底灌注桩施工工艺方法要点

表 3-113

项次	项目	要　　　点
1	成桩方式、构造、特点及适用范围	1. 挖孔灌注桩系用人工挖土成孔,灌注混凝土成桩;挖孔扩底灌注桩,系在挖孔灌注桩的底部,扩大桩底尺寸而成。桩一般形式如图 3-65,桩直径(d)为 800~2000mm,最大可达 3500mm。底部采取不扩底和扩底两种方式,扩底直径一般为 1.3~$3.0d$,最大可达 $4.5d$,扩底直径尺寸按 $\frac{d_1-d}{2}:h=1:4, h_1 \geqslant \frac{d_1-d}{4}$ 进行控制。桩底应支承在可靠的持力层上,支承桩桩身配置构造筋,用于抗滑、锚固,挡土桩桩身配筋,按全长或 2/3 配置,由计算确定 2. 具有单桩承载力大,可作支承、抗滑、锚拉等用;施工机具操作简单,占施工场地小,对周围建筑无影响,桩质量可靠,可全面开花,缩短工期,成孔造价较低等特点。但存在劳动强度较大,施工速度较慢,安全性差等问题 3. 适于土质较好,地下水较少的黏土、粉质黏土,含少量的砂卵石、姜结石的黏土层采用,特别适于黄土层使用。可用于高层建筑、公用建筑、水工结构(如泵站、桥墩)作支承、抗滑、挡土桩之用。对软土、有流砂、地下水位较高、涌水量大的土层不宜采用
2	机具	1. 人工挖孔桩成孔工艺机具见图 3-65 2. 人工挖孔桩成孔需要主要机具见表 3-114
3	操作工艺方法及注意事项	1. 施工程序:场地整平、放线、定桩位→挖第一节桩孔土方→支模浇灌第一节混凝土护壁→在护壁上二次投测标高及桩位十字轴线→安装活动井盖、垂直运输架、起重电动葫芦或卷扬机、活底吊土桶、排水、通风、照明设施等→第二节桩身挖土→清理桩孔四壁、校核桩孔垂直度和直径→拆上节模板,支第二节模板,浇灌第二节混凝土护壁→重复第二节挖土、支模、浇灌混凝土护壁,各道工序循环作业直至设计深度→检查持力层后进行扩底→清理虚土、排除积水、检查尺寸和持力层→吊放钢筋笼就位→灌筑桩身混凝土。当桩孔不设支护和不扩底时,则无此两道工序 2. 为防止坍孔和保证操作安全,直径 1.2m 以上的桩孔多设混凝土支护,每节高 0.9~1.0m,厚 10~15cm,或加配适量直径 6~9mm 光圆钢筋,混凝土用 C20 或 C25 3. 护壁施工采取一节组合式钢模板拼装而成,拆上节支下节,循环周转使用,模板用 U 形卡连接,上、下设两道半圆组成的钢圈顶紧,不另支设;混凝土用吊桶运输,人工浇筑,上部留 100mm 高作浇灌口,拆模后用砌砖或混凝土堵塞,混凝土强度达 $1.2N/mm^2$ 即可拆模 4. 挖孔由人工从上到下逐层用镐锹进行,遇坚硬土层用锤、钎破碎。挖土次序为先挖中间部分,后挖周边,允许尺寸误差 3cm,扩底部分采取先挖桩身圆柱体,再按扩底尺寸自上而下削土修成扩底形。弃土装入活底吊桶或箩筐内。垂直运输,在孔上口安支架、工字轨道、电葫芦或搭三木搭,用 1~2t 慢速卷扬机提升(图 3-66),吊至地面上后,用机动翻斗车或手推车运出

3.6 桩基施工技术

续表

项次	项目	要点
3	操作工艺方法及注意事项	5. 桩中心线控制是在第一节混凝土护壁上设十字控制点,每一节吊大线坠作中心线,用尺杆找圆周 6. 对直径1.2m内的桩的钢筋笼制作,同一般灌注桩方法;对直径和长度大的钢筋笼,一般在主筋内侧每隔2.5m加设一道直径25~30mm的加强箍,每隔一箍在箍内设一井字加强支撑,与主筋焊接牢固组成骨架(图3-67)。为便于吊运,一般分二节制作,主筋与箍筋间隔点焊固定,控制平整度误差不大于5cm,钢筋笼四侧主筋上每隔5m设置耳环,控制保护层为7cm,钢筋笼外形尺寸比孔小11~12cm 钢筋笼就位用小型吊运机具(图3-68)或履带式起重机(图3-69)进行,上下节主筋采用帮条双面焊接,整个钢筋笼用槽钢悬挂在井壁上,借自重保持垂直度正确 7. 混凝土用粒径小于50mm石子,水泥用32.5级普通水泥或矿渣水泥,坍落度8~10cm,用机械拌制。混凝土用翻斗汽车、机动车或手推车向桩孔内灌筑。混凝土下料采用串桶,深桩孔用混凝土导管,如地下水大,应采用混凝土导管水中灌注混凝土工艺,混凝土要垂直灌入桩孔内,并应连续分层灌筑,每层厚不超过1.5m。小直径桩孔,6m以下利用混凝土的坍落度和下冲力使密实,6m以内分层捣实;大直径桩应分层捣实

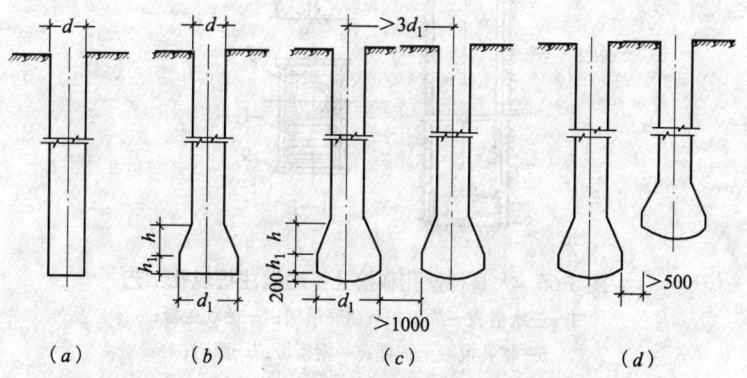

图3-65 人工挖孔和挖孔扩底灌注桩截面形式
(a)圆柱形;(b)扩底桩;(c)、(d)扩底桩群布置

241

挖孔灌注桩成孔需用主要机具　　　表 3-114

名　称	规　格	数　量	备　注
卷扬机	1.0 或 2.0t	1 台	带磁力抱闸,起重用
三木搭	高 5.5~6.5m	1 套	起重架,3 根 $\phi160$ 脚手杆搭成
滑车	1.0 或 2.0t	2 个	起重定向、导向用
钢丝绳	$\phi13mm$	100m	吊活底桶,起重用
活动井盖及底座	3700mm×1500mm	1 套	井上、下提土、卸土,安全装置
活底吊桶	$\phi600mm×600mm$	1 个	装土往下运混凝土用
定型组合钢模板	$\phi2000mm×900mm$	1 套	带槽钢圈、U 形卡,护壁支模用
手推胶轮车	$0.125m^3$	1 台	人工水平运土用

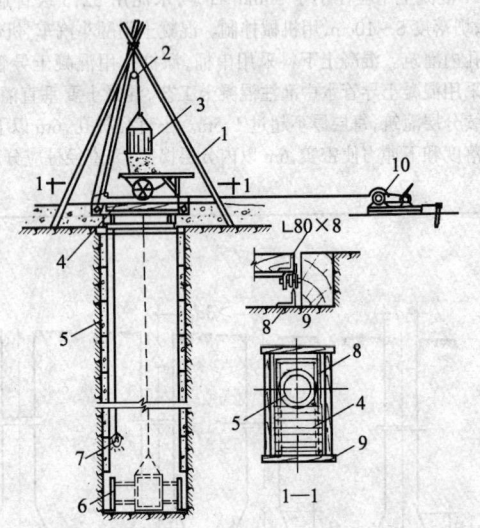

图 3-66　大直径挖孔和挖孔扩底灌注桩成孔工艺
1—三木搭;2—滑车;3—活底吊桶;4—活动盖板;
5—桩孔混凝土护壁;6—钢模板;7—照明;
8—角钢轨道;9—枕木;10—卷扬机

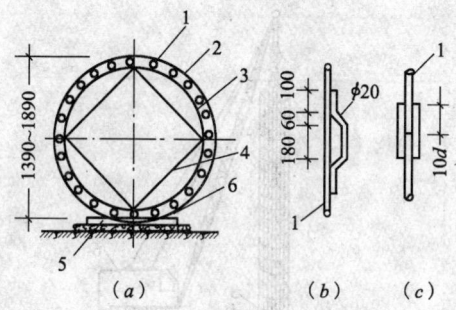

图 3-67 钢筋笼的成型与加固
(a)钢筋笼成型与加固;(b)耳环;(c)钢筋笼对接
1—钢筋笼纵向主筋;2—钢筋笼螺栓箍筋;
3—ϕ30mm 加强箍@2.5m;4—ϕ30mm@5.0m 加劲支撑;
5—枕木;6—轻轨

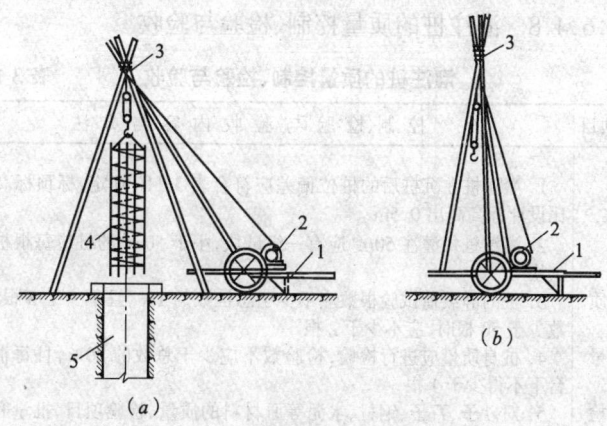

图 3-68 小型钢筋笼的吊放
(a)小型钢筋笼吊放;(b)三木搭移动
1—双轮手推车;2—0.5~1.0t 慢速卷扬机;
3—三木搭;4—钢筋笼;5—桩孔

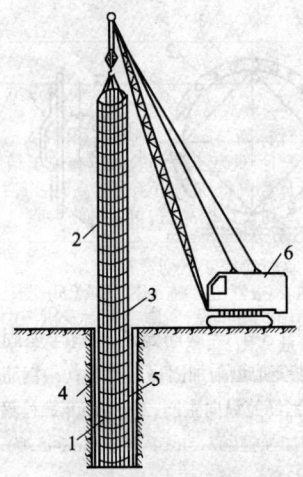

图 3-69 大直径挖孔桩钢筋笼吊放
1—下节钢筋笼；2—上节钢筋笼；3—接头；4—混凝土护壁；
5—桩孔；6—15t 履带式起重机

3.6.4.8 灌注桩的质量控制、检验与验收

灌注桩的质量控制、检验与验收   表 3-115

项次	项目	控 制、检 验 与 验 收 内 容 与 方 法
1	质量检验	1. 灌注桩在沉桩后的桩位偏差应符合表 3-116 规定，标顶标高至少要比设计标高高出 0.5m 2. 灌注桩每灌注 50m³ 应有一组试块，小于 50m³ 的桩应每根桩有一组试块 3. 桩的静载荷试验根数应不少于总桩数的 1%，且不少于 3 根，当总桩数少于 50 根时，应不少于 2 根 4. 桩身质量应进行检验，检验数不应少于总数的 20%，且每根柱子承台下不得少于 1 根 5. 对砂子、石子、钢材、水泥等原材料的质量、检验项目、批量和检验方法，应符合国家现行有关标准的规定 6. 施工中应对成孔、清渣、放置钢筋笼、灌注混凝土等全过程检查；人工挖孔桩尚应复验孔底持力层土(岩)性。嵌岩桩必须有端持力层的岩性报告 7. 施工结束后，应检查混凝土强度、桩体完整性及荷载试验结果 8. 混凝土灌注桩的质量检验标准见表 3-117 和表 3-118

3.6 桩基施工技术

续表

项次	项目	控制、检验与验收内容与方法
2	桩位验收	桩基工程桩位验收应按下列规定进行： 1. 当桩顶设计标高与施工场地标高相同时，或桩基施工结束后，有可能对桩位进行检查时，桩基工程的验收应在施工结束后进行 2. 当桩顶设计标高低于施工场地标高时，可对护筒位置做中间验收，待承台或底板开挖到设计标高后，再做最终验收
3	提交资料	桩基工程验收时应提交下列资料 1. 工程地质勘察报告、桩基施工图、图纸会审纪要、设计变更及材料代用单等 2. 经审定的施工组织设计、施工方案及执行中的变更情况 3. 桩位测量放线图，包括工程桩位线复核签证单 4. 成桩质量检查报告 5. 单桩承载力检测报告 6. 基坑挖至设计标高的基桩竣工平面图及桩顶标高图

灌注桩的平面位置和垂直度的允许偏差　　表 3-116

序号	成孔方法		桩径允许偏差(mm)	垂直度允许偏差(%)	桩位允许偏差(mm)	
					1～3根、单排桩基垂直于中心线方向和群桩基础的边桩	条形桩基沿中心线方向和群桩基础的中间桩
1	泥浆护壁钻孔桩	$D \leqslant 1000mm$	±50	<1	$D/6$，且不大于100	$D/4$，且不大于150
		$D > 1000mm$	±50		$100+0.01H$	$150+0.01H$
2	套管成孔灌注桩	$D \leqslant 500mm$	−20	<1	70	150
		$D > 500mm$			100	150
3	干成孔灌注桩		−20	<1	70	150
4	人工挖孔桩	混凝土护壁	+50	<0.5	50	150
		钢套管护壁	+50	<1	100	200

注：1. 桩径允许偏差的负值是指个别断面。
2. 采用复打、反插法施工的桩，其桩径允许偏差不受上表限制。
3. H 为施工现场地面标高与桩顶设计标高的距离，D 为设计桩径。

混凝土灌注桩钢筋笼质量检验标准(mm)　　表 3-117

项	序	检查项目	允许偏差或允许值	检查方法
主控项目	1	主筋间距	±10	用钢尺量
	2	长　度	±100	用钢尺量

续表

项	序	检查项目	允许偏差或允许值	检查方法
一般项目	1	钢筋材质检验	设计要求	抽样送检
	2	箍筋间距	±20	用钢尺量
	3	直径	±10	用钢尺量

混凝土灌注桩质量检验标准 表 3-118

项	序	检查项目	允许偏差或允许值		检查方法
			单位	数值	
主控项目	1	桩位	见表 3-116		基坑开挖前量护筒,开挖后量桩中心
	2	孔深	mm	+300	只深不浅,用重锤测,或测钻杆、套管长度,嵌岩桩应确保进入设计要求的嵌岩深度
	3	桩体质量检验	按基桩检测技术规范。如钻芯取样,大直径嵌岩桩应钻至桩尖下50cm		按基桩检测技术规范
	4	混凝土强度	设计要求		试件报告或钻芯取样送检
	5	承载力	按基桩检测技术规范		按基桩检测技术规范
一般项目	1	垂直度	见表 3-116		测套管或钻杆,或用超声波探测,干施工时吊垂球
	2	桩径	见表 3-116		井径仪或超声波检测,干施工时用钢尺量,人工挖孔桩不包括内衬厚度
	3	泥浆比重(即密度)(黏土或砂性土中)	1.15～1.20		用比重计测,清孔后在距孔底50cm处取样
	4	泥浆面标高(高于地下水位)	m	0.5～1.0	目测
	5	沉渣厚度:端承桩 摩擦桩	mm mm	≤50 ≤150	用沉渣仪或重锤测量
	6	混凝土坍落度:水下 灌注干施工	mm mm	160～220 70～100	坍落度仪
	7	钢筋笼安装深度	mm	±100	用钢尺量
	8	混凝土充盈系数	>1		检查每根桩的实际灌注量
	9	桩顶标高	mm	+30 −50	水准仪,需扣除桩顶浮浆层及劣质桩体

4 墙体工程

4.1 砖 墙

4.1.1 实心墙

实心砖墙组砌形式和砌筑方法要点　　　　　表 4-1

名 称	组 砌 形 式	砌 筑 方 法 要 点
烧结普通砖墙	一砖墙	墙厚240mm,常用于内、外承重墙,为最广泛使用的砖墙。组砌形式有: 1. 一顺一丁砌法:一皮顺砖与一皮丁砖相间,上下皮间的竖缝相互错开 $\frac{1}{4}$ 砖长(图 4-1a) 2. 三顺一丁砌法:三皮顺砖与一皮丁砖相间,上下皮顺砖间竖缝错开 $\frac{1}{2}$ 砖长;上下皮顺砖与丁砖间竖缝错开 $\frac{1}{4}$ 砖长(图 4-1b) 3. 梅花丁砌法(又名沙包式):每皮顺砖与丁砖相间,上皮丁砖坐中于下皮顺砖,上下皮间竖缝相互错开 $\frac{1}{4}$ 砖长(图 4-1c) 4. 三七缝砌法:每皮转角都设七分头丁砖(图 4-1d) 5. 全丁砌法:用于圆形砌体上砌筑。上下皮间竖缝相互错开 $\frac{1}{4}$ 砖长(图 4-2a、b) 门窗过梁当洞口跨度小于 1m 时,多用平拱式过梁(图 4-3a);洞口跨度为 1～3m 时用弧拱式过梁或钢筋砖过梁。前者拱脚伸入墙内 2～3cm,并在拱底有 1%	常用砌筑方法有: 1. 三一砌砖法:一铲灰,一块砖,一挤揉,随时将砂浆刮去 2. 满刀灰法:用瓦刀或大铲将砂浆刮满在砖面和头缝上,随即砌上 3. 挤浆法:用灰勺、大铲或铺灰器,在墙顶面铺一段砂浆,然后双手(或单手)拿砖将砖挤在砂浆中,平推前进把砖放平。下齐边,上齐线,挤砌一段后,用稀浆灌缝,动作要快,以防砂浆干硬 4. 灌浆法:在每皮砖顶面上铺完一层砂浆,随即砌砖,然后满灌稀浆,用瓦刀或大铲填满砖缝 5. 过梁砌法:砌筑时,过梁底支设模板,中间起拱,用不低于 M5 砂浆砌筑,用满刀灰法 6. 过梁厚度均等于墙厚,拱或梁高度为一砖或一砖半,钢筋砖过梁不少于 6 皮砖或跨度的 $\frac{1}{4}$

续表

名称		组砌形式	砌筑方法要点
烧结普通砖墙	一砖墙	以上的起拱;后者由砖平砌而成,底部配置 $\phi 6\sim 8mm$ 钢筋,每半砖放1根,但不少于3根,两端伸入墙内24cm,弯成向上方钩(图4-3b)	
	一砖半墙	墙厚370mm,主要用于外墙或高层承重内墙、圆形结构,组砌形式有: 1. 一顺一丁砌法(又名满丁满顺法或十字缝法);立面上与平面上均一顺一丁,上下皮间的竖缝错开 $\frac{1}{4}$ 砖(图4-4) 2. 全丁砌法:用于砌筑圆形砌体,上下皮间竖缝相互错开 $\frac{1}{4}$ 砖长(图4-2c) 门窗过梁设置同一砖墙	常用砌筑方法有: 1. 三一砌砖法:一铲灰,一块砖,一揉挤,随时将砂浆刮去 2. 满刀灰法:用瓦刀或大铲将砂浆刮满在砖面上和头缝上,一次铺灰,长度不应超过500mm,随即砌上 3. 挤浆法:在墙顶面铺一段砂浆,将砖挤在砂浆中,平推前进把砖放平,挤砌一段后,用稀浆灌缝
	半砖墙	墙厚120mm,多用于内隔墙。组砌形式主要采用全顺砌法:每皮均为顺砌,上下皮竖缝相互错开1/2砖长(图4-5) 门窗过梁多用钢筋砖过梁	1. 三一砌砖法:一铲灰,一块砖,一挤揉,随手浆砂浆刮去 2. 满刀灰法:用瓦刀或大铲将砂浆刮满在砖面上,随即砌上 3. 竖向灰缝挤浆法和加浆法:用挤或加浆打头缝,使竖缝填满灰浆
特殊厚度砖墙	3/4砖墙	墙厚180mm,用于三层以下内外砖墙或工业建筑围护墙。组砌形式主要采用两平一侧砌法:立面上为两皮顺砖与一皮侧砖相间,顺砖为平砌。上下皮竖缝相互错开1/4砖长(图4-6) 门窗过梁可采取两皮一组的组砌方法,或采用钢筋砖过梁(图4-3c、d)	1. 三一砌砖法:一铲灰,一块砖,一挤揉,随时将砂浆刮去 2. 满刀灰法:用瓦刀或大铲将砂浆刮满在砖面上,随即砌上 3. 竖向灰缝挤浆法和加浆法 4. 承重3/4砖墙在楼板下应砌两皮240mm厚墙顶砌
	$1\frac{1}{4}$ 砖墙	墙厚300mm,用于承重外墙或内墙,由于组砌较为复杂,应用较少 组砌形式,平砌部位为两侧或两丁砖,侧砌仍为一顺砖,而在其上第二个砌结面,则将平砌与侧砖的位置相互交换(图4-7)	1. 三一砌砖法:一铲灰,一块砖,一挤揉,随时将砂浆刮去 2. 满刀灰法:用瓦刀或大铲将砂浆刮满在砖面上,随即砌上

注:二砖墙有一顺一丁、三顺一丁等,组砌形式与一砖半墙基本相同。圆形构筑物二砖墙砌法见图4-2(d)。

4.1 砖 墙

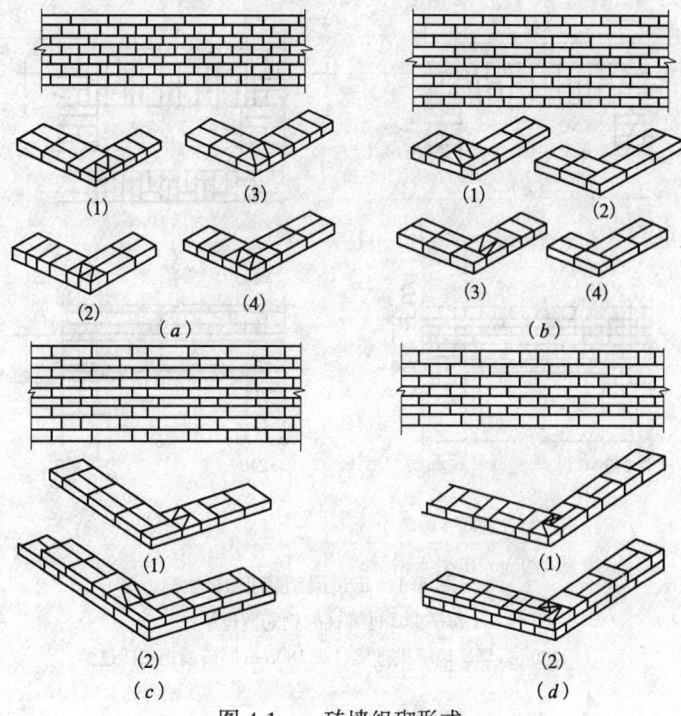

图 4-1 一砖墙组砌形式
(a)一顺一丁砌法;(b)三顺一丁砌法;(c)梅花丁砌法;(d)三七缝砌法

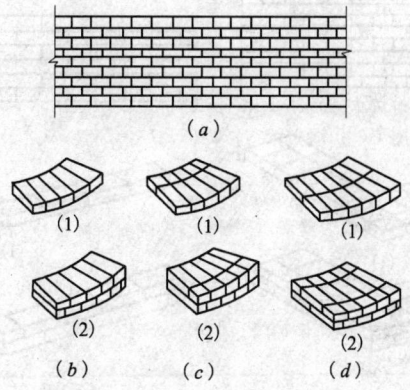

图 4-2 圆形构筑物顶砌法
(a)立面图;(b)一砖墙排法;(c)一砖半墙排法;(d)二砖墙排法

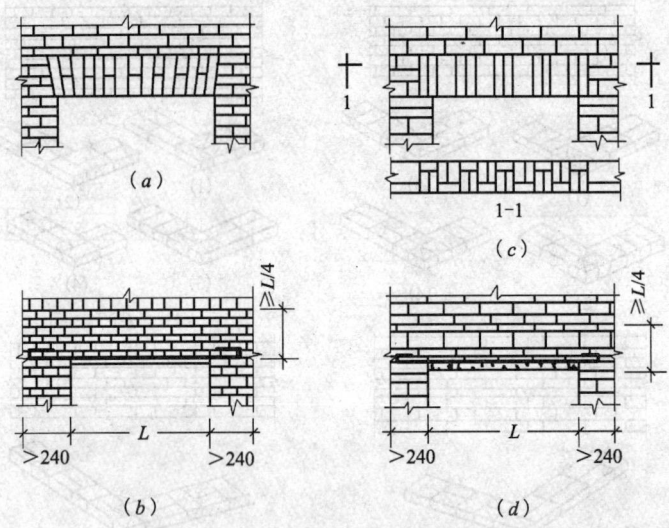

图 4-3 砖过梁组砌形式
(a)平拱式过梁;(b)钢筋砖过梁;
(c)180mm厚砖墙平拱过梁;(d)180mm厚砖墙钢筋砖过梁

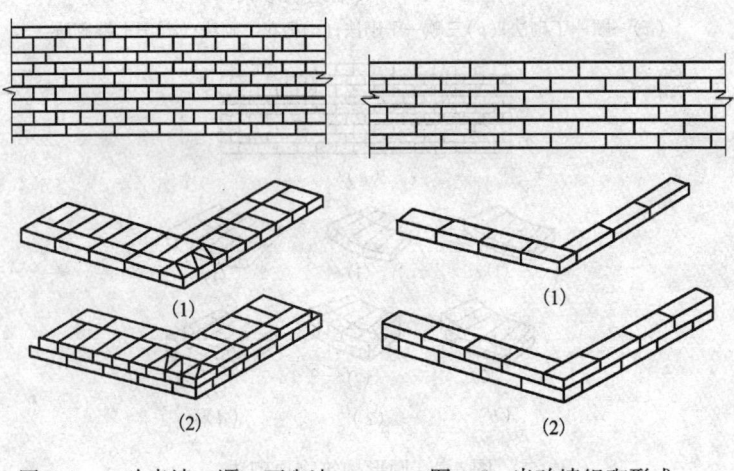

图 4-4 一砖半墙一顺一丁砌法　　图 4-5 半砖墙组砌形式

4.1 砖 墙

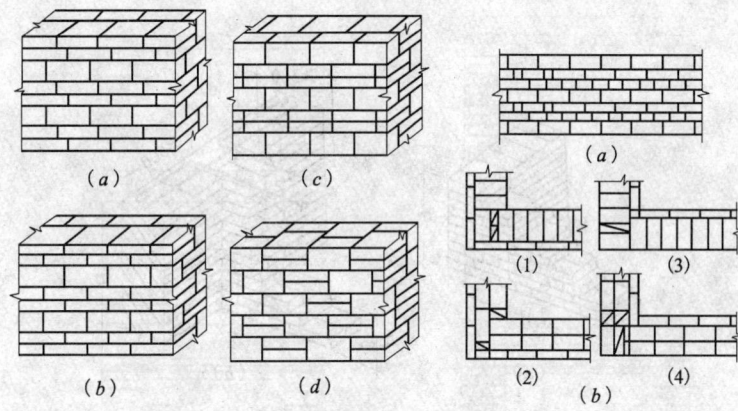

图 4-6 常用 180mm 厚砖墙类型
(a)隔两皮砖对缝;(b)隔一皮砖对缝;
(c)平侧砖对缝;(d)一平一侧砖对缝

图 4-7 300mm 厚砖墙组砌形式
(a)立面图;(b)组砌方法

砖墙留槎方法及使用 表 4-2

名 称	留 槎 方 法	使 用 场 合
斜槎	砖墙转角交接处砌成斜槎(踏步式),斜槎长度不应小于高度的 2/3(图 4-8a)	多用于砖墙转角处和交接处
直槎	砖墙直立交接面砌成阴槎,并加设拉结钢筋,其数量为每 1/2 砖墙厚放置 1 根(全厚至少 2 根),直径 4mm 或 6mm,间距不大于 500mm,每边埋入不小于 500mm,末端设 90°弯钩(图 4-8b)	多用于砖墙交接处,不得用于砖墙转角处及抗震设防地区
隔墙与墙接槎	隔墙与墙接槎时,在墙中引出阳槎,于灰中预埋拉结钢筋,其构造同直槎,每道不少于 2φ4 或 2φ6mm(图 4-8c)	适用于墙与不承重的隔墙交接处
承重墙丁字接槎	承重墙丁字接头处,在接槎处下部约 1/3 接槎高砌成斜槎,上部留成直槎,并加设拉结钢筋(图 4-8d)	适用于纵横墙均为承重墙交接处
墙与构造柱接槎	墙与构造柱接头处,沿墙高每 50cm 设置 2φ6mm 水平拉结钢筋,每边伸入墙内不少于 1m。当设计烈度为 8 度、9 度时,砖墙应砌成马牙槎,每一马牙槎高度不宜超过 30cm(图 4-9)	用于墙与构造柱接头处

4 墙体工程

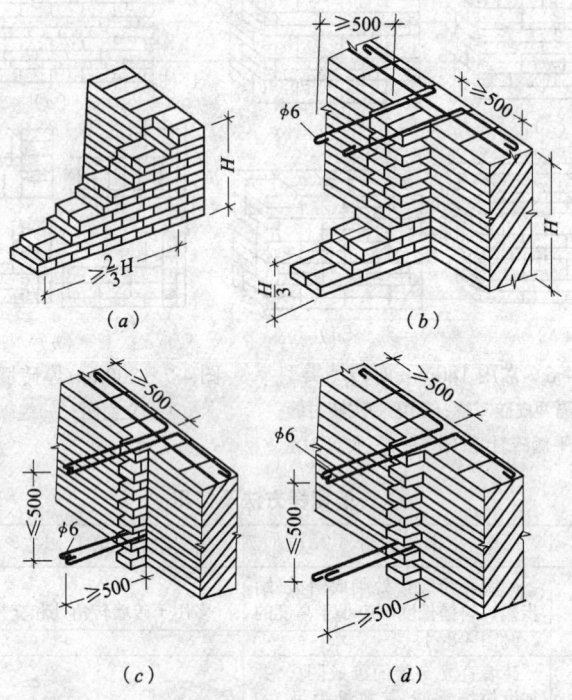

图 4-8 砖墙留槎方法
(a)斜槎;(b)直槎;(c)承重墙丁字接头处接槎;(d)隔墙与墙接槎

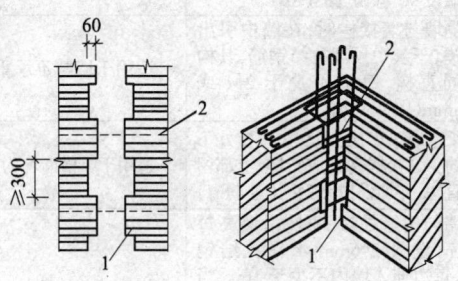

图 4-9 墙与构造柱接头处接槎
1—马牙槎;2—钢筋

4.1 砖 墙

4.1.2 砖柱、砖垛

砖柱、砖垛、丁字墙、十字墙组砌形式及砌筑方法要点　　表 4-3

名 称	组砌尺寸、形式方法	砌 筑 方 法 要 点
砖柱	砖柱组砌尺寸有 240mm×240mm、370mm×370mm、490mm×490mm、370mm×490mm 等种。各种砖柱组砌形式见图 4-10 砖柱立面以一顺一丁为主,上下竖缝至少错开 1/4 砖长,柱心无通缝,少打砖并尽量利用 1/4 砖,不得采用先砌四周后填心的包心砌法,对称清水柱子砖层排列应对称	1. 柱表面应选用边角整齐、颜色均匀、规格一致的砖,砖柱灰缝要与砖墙相同 2. 成排柱应拉通线砌筑,使皮数位置正确,高低进出一致,要求灰缝饱满,不得用水冲浆灌缝 3. 每日砌筑高度不得超过 1.8m,砖柱上不得留脚手眼 4. 柱与隔墙如不同时砌筑,可于柱中引出阳槎,并于柱灰缝中预埋 ϕ6 钢筋拉结条,每道不少于 2 根
砖垛	常用砖垛有一砖墙附 240mm×360mm、240mm×490mm 砖垛;一砖半墙附 240mm×360mm、360mm×490mm 砖垛,其组砌形式见图 4-11 组砌时应使砖垛与墙身逐皮搭接,搭接长不少于 1/2 砖长,亦可根据错缝需要,加砌 3/4 砖或半砖	砌筑方法与砖墙、砖柱相同,但还应注意砖垛必须与砖墙同时砌筑,不得先砌墙,后砌垛,或先砌垛后砌墙,亦不宜留槎,以避免降低砖垛承载力
丁字墙、十字墙	常用有 240mm 砖墙、370mm 砖墙丁字及十字交接墙,其组砌形式见图 4-12、图 4-13 组砌时应使丁字及十字交接墙逐皮搭接	砌筑方法与砖柱、附墙砖垛相同。不能同时砌筑时,应按表 4-2 方法要求留槎

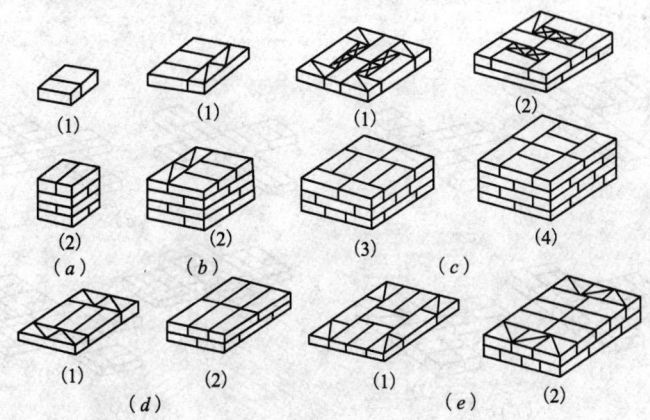

图 4-10　砖柱的排砖方法

(a)240mm×240mm 砖柱;(b)370mm×370mm 砖柱;(c)490mm×490mm 砖柱;
(d)370mm×490mm 砖柱;(e)490mm×620mm 砖柱

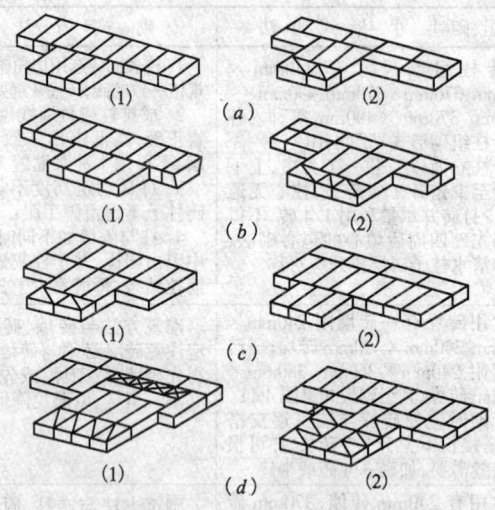

图 4-11 附墙砖垛排砖法

(a)一砖墙附 240mm×360mm 砖垛;(b)一砖墙附 240mm×490mm 砖垛;
(c)一砖半墙附 240mm×360mm 砖垛;(d)一砖半墙附 360mm×490mm 砖垛

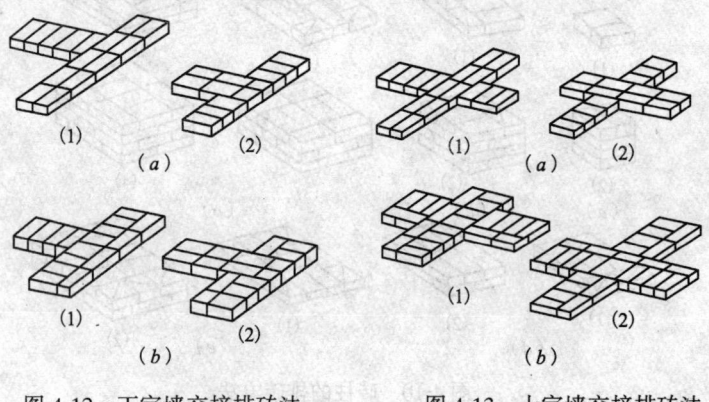

图 4-12 丁字墙交接排砖法

(a)一砖墙排法;(b)一砖半墙排法

图 4-13 十字墙交接排砖法

(a)一砖墙排法;(b)一砖半墙排法

4.1.3 空斗砖墙

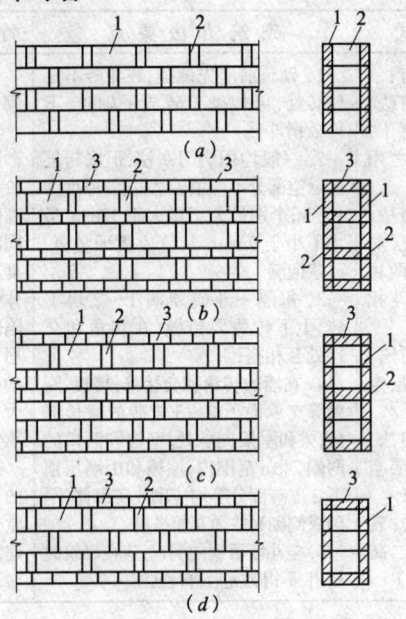

图 4-14 空斗墙类型
(a)无眠空斗墙；(b)一眠一斗空斗墙；(c)一眠两斗空斗墙；(d)一眠三斗空斗墙
1—斗砖；2—丁砖；3—眠砖

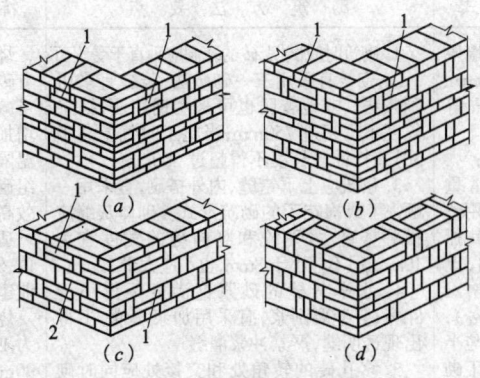

图 4-15 空斗砖墙转角处砌法
(a)一眠一斗砌法；(b)一眠二斗砌法；(c)一眠三斗砌法；(d)无眠空斗砌法
1—7/8砖；2—3/4砖

空斗砖墙组砌形式、砌筑方法要点及使用　　　　表 4-4

组 砌 形 式	砌 筑 方 法 要 点	特 点 及 使 用
常用组砌形式有： 1. 无眠空斗砌法：在同一皮上有斗有丁，砖作为横向拉结之用（图 4-14a） 2. 一眠一斗砌法：一皮丁砖平砌，一层侧立一块丁砖，侧立两块墙面斗砖，砌成空斗相间（图 4-14b） 3. 一眠二斗砌法：一皮丁砖平砌，二层空斗相间（图 4-14c） 4. 一眠三斗砌法：一皮丁砖平砌，三层空斗相间（图 4-14d） 5. 转角处砌法：转角处加砌一砖到二砖宽实砌体（图 4-15）	1. 砌筑前应先试摆，在斗砖不足整砖处，可加砌丁砖或平砌砖，不得砍凿半砖 2. 一般均用满刀灰法，但眠砖层的悬空部分不应填砂浆，灰缝厚度为 10mm，个别最大不得大于 13mm，最小不于 7mm。灰缝应横平竖直，砂浆饱满 3. 每隔一斗砖须泅 1~2 块丁砖，上下砖块要错缝，在转角和交接处互相搭砌 4. 在墙的转角和交接处；楼板、圈梁等支承面下 2~3 皮砖的通长部分；梁和屋架支承处；壁柱和洞口的两侧 24cm 范围内；屋檐和山墙压顶下 2 皮砖部分等均应砌成实砌体（平砌或侧砌），并须互相搭砌 5. 空斗墙留置的洞口，应在砌筑时留出，不得砌完后再行砍凿	空斗墙采用普通砖砌成有空气间层的墙 具有可节约砖材、砂浆、劳动力，降低造价，减轻墙身重量，提高隔热和保温性能，同时砌体标准抗压强度可提高 40%。但整体性较差，对地基沉陷的敏感性大，不宜用于偏心太大和受振动荷载的工业厂房和大、中型公共建筑的承重墙 适于建造 1~3 层的民用住宅、宿舍、食堂、办公楼以及工业建筑围护结构

4.1.4 烧结多孔砖墙

烧结多孔砖墙组砌形式和砌筑方法要点及使用　　　表 4-5

规格、组砌形式	砌 筑 方 法 要 点	特点及使用
烧结多孔砖墙厚有 115mm、180mm、190mm、240mm 等种 组砌形式有： 1. KM1 型承重多孔砖一般采用整砖顺（平）砌，其抓孔平行于墙面，上下皮竖缝错开 1/2 砖长（图 4-16a），也可采用顺砖与半砖相间的梅花丁砌筑形式（图 4-16b），上下皮竖缝错开 1/4 砖长	1. 砌筑时应试摆，砖的孔洞应垂直于受压面 2. 砌筑宜采用三一砌砖法，竖缝宜采用刮浆法。非地震区也可采用铺浆法，铺浆长度不得超过 750mm；当施工时气温高于 30℃时，铺浆长度不得超过 500mm 3. 砌筑应上下错缝，内外搭砌，宜采用一顺一丁或梅花丁的砌筑形式。砌体灰缝应横平竖直，水平缝和竖向缝的宽度宜为 10mm，但不应大于 8mm，不应大于 12mm 4. 水平灰缝的砂浆饱满度不得小于 80%；竖缝要刮浆，宜采用加浆填灌，不得出现透明缝，严禁冲浆灌缝 5. 多孔砖的转角处和交接处应同时砌，不能同时砌筑又必须留置的临时间断处应砌成斜槎。对 KM1 型多孔砖斜槎长度应不小于斜槎高度 h；对于 KP1 型、KP2	烧结多孔砖墙具有砖块大、自重轻，可减轻墙体重量，增加使用空间，保温隔热性能良好，组砌简便，砌筑工效高等优点 适用于民用建筑内、外墙、隔墙及工业建筑围护墙使用 烧结多孔砖规格为：190mm×190mm×90mm（代号 M）；240mm × 115mm ×90mm（代号 P）；分为 MU30、MU25、

4.1 砖 墙

续表

规格、组砌形式	砌筑方法要点	特点及使用
2.KP1型承重烧结多孔砖可砌成一砖或一砖半,一般采用一顺一丁或梅花丁两种砌筑形式。一顺一丁是一皮顺砖与一皮丁砖相隔砌筑,上下皮竖缝相互错开1/4砖长;梅花丁是每皮中顺砖与丁砖相隔,丁砖坐中于顺砖,上下皮竖缝错开1/4砖长,如图4-17所示 3.KP2型承重烧结多孔砖采用全顺式全丁砌筑形式	型多孔砖斜槎长度应不小于斜槎高度的2/3。砌体接槎时,必须将接槎处的表面清理干净,浇水湿润并填实砂浆,保持灰缝平直 6.烧结多孔砖中,不足整块多孔砖部位,应用烧结普通砖来补砌,不得用砍断的多孔砖填补 7.烧结多孔砖的底部三皮及门口两侧一砖范围及外墙勒脚部分应用烧结普通砖砌筑。当墙较高,宜在墙中加砌一皮烧结普通砖带或设2~3根φ8mm钢筋拉结条 8.烧结多孔砖墙每天砌筑高度不应超过1.8m,雨天应不超过1.2m	MU20、MU15、MU10五个强度等级

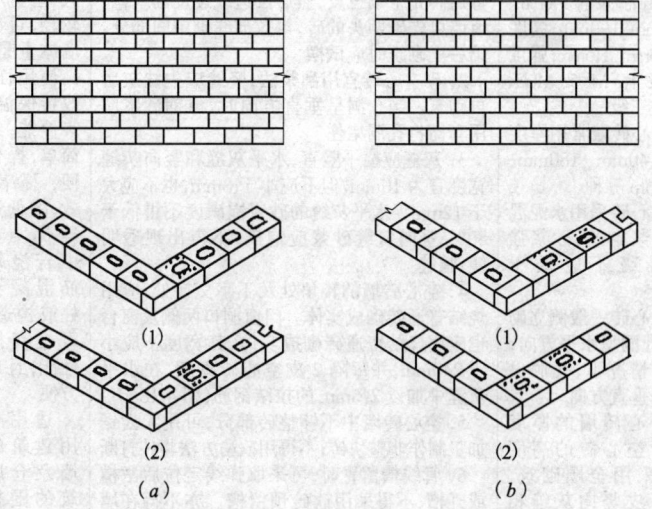

图4-16 KM1型烧结多孔砖墙组砌形式
(a)整砖顺砌;(b)梅花丁砌法

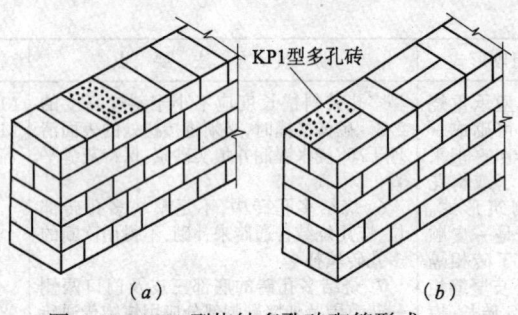

图 4-17 KP1 型烧结多孔砖砌筑形式
(a)一顺一丁砌法；(b)梅花丁砌法

4.1.5 烧结空心砖墙

烧结空心砖墙组砌形式和砌筑方法要点及使用　　表 4-6

规格、组砌形式	砌 筑 方 法 要 点	特点及使用
烧结空心砖(简称空心砖，下同)的规格，长度有 240mm、290mm；宽度有 140mm、180mm、190mm；高度有 90mm、115mm；强度等级有 MU5、MU3、MU2 三级 空心砖墙常用厚度有 140mm、180mm、190mm 等种 空心砖采用水泥混合砂浆砌筑，砂浆强度等级不应低于 M2.5 空心砖一般侧立砌筑，孔洞呈水平方向，特殊情况下，孔洞也可呈垂直方向 空心砖墙的厚度等于空心砖的高度时，采用全顺砌筑，上下皮竖向灰缝相互错开长度不应小于空心砖长的 1/3（图 4-18a）	1. 砌筑前，先在楼地面上放出空心砖墙的边线，并在相接的承重墙上同时放出空心砖墙的边线，然后依边线位置，在楼面上用烧结普通砖先平砌三皮，然后按边线逐皮砌筑，一道墙可先砌两头的砖，再拉准线砌中间部分。第一皮砌筑时应试摆 2. 砌空心砖宜用刮浆法，竖缝应先挂灰后再砌筑。当孔洞呈垂直方向时，摊铺砂浆应用套筒将孔洞堵住 3. 灰缝应横平竖直，水平灰缝和竖向灰缝宽度宜为 10mm，但不应小于 8mm，也不应大于 12mm。水平灰缝的砂浆饱满度不得低于 80%；竖向灰缝砂浆应饱满，不得出现透明缝、瞎缝 4. 空心砖墙的转角处及丁字交接处，应用烧结普通砖砌成实体。门窗洞口两侧及窗台也应用烧结普通砖砌成实体，其宽度不应小于 240mm，并每隔 2 皮空心砖高度，在水平灰缝中加设 2φ6mm 的拉结钢筋（图 4-18b） 5. 空心砖墙中不够整砖部分，可用无齿锯加工制作非整块砖，不得用砍凿方法将砖打断 6. 管线槽留置时，可采取弹线定位后凿槽或开槽，不得采用砍砖预留槽。亦不得在墙中留脚手眼 7. 空心砖墙应同时砌起，不得留斜槎，每天砌筑高度不得超过 1.8m	烧结空心砖墙具有砖规格多，块大，重量相对较轻，可减轻墙体重量，提高使用面积；改善保温、隔声性能；组砌简单，操作方便，提高工效，降低造价等优点。孔中若浇筑钢筋混凝土芯柱或构造柱，可提高抗震性能，且施工方便 适用于民用建筑的内墙及仓库建筑的围护墙使用

4.1 砖 墙

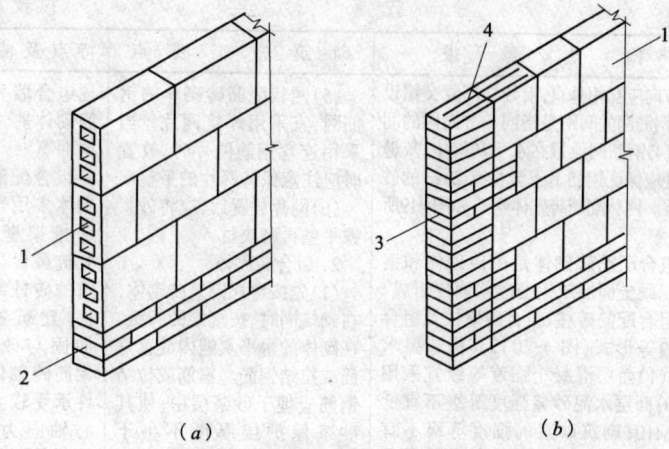

图 4-18 烧结空心砖组砌形式
(a)烧结空心砖墙；(b)洞口边砌法
1—烧结空心砖；2—烧结实心砖；3—洞口边烧结实心砖；4—ϕ6mm 钢筋

4.1.6 配筋砖砌体

配筋砖砌体构造要求及砌筑施工要点　　表 4-7

构　造　要　求	砌　筑　施　工　要　点	特点及使用
常用配筋砌体有网状配筋砖砌体和组合砖砌体两类： 网状配筋砖砌体是指在水平灰缝内配置一定数量和规格的钢筋网片的砖砌体，其构造要求是：(1)网状配筋砖柱是用烧结普通砖与砂浆砌成，钢筋网片铺设在水平灰缝中。所用的砖不应低于 MU10，砂浆不应低于 M5。钢筋数量应按设计要求确定；(2)钢筋网片有方格网和连弯网两种形式。方格网多用 ϕ3～4mm、间距为 30～120mm 的 HPB235 钢筋或低碳冷拔钢丝点焊制成。连弯网是用 1 根 ϕ6mm 或 8mm 的钢筋连弯成格栅形，可分为纵向连弯网和横向连弯网；(3)钢筋沿砌体高度方向的间距不应大于 5 皮砖，且不应大于 400mm。当采用连弯网时，网的钢	1．网状配筋砖砌体 (1)钢筋的品种、规格、数量和性能必须符合设计要求 (2)钢筋在运输、堆放和使用过程中，应防止被泥土、油污污染，影响钢筋与砂浆的粘结 (3)设置在砌体水平灰缝内的钢筋，应放在砂浆层中间，水平灰缝厚度不宜超过 15mm。当配置钢筋时，钢筋直径应大于 6mm；当配置钢筋网片时，灰缝厚度应大于钢筋网片厚度 4mm。砌体外露面砂浆保护层的厚度不应小于 5mm。 (4)伸入砌体内的锚拉钢筋，从接缝处算起，不得少于 500mm	在砌体中配置钢筋或与钢筋混凝土组合构成配筋砌体结构或构件，具有提高砌体结构承载力，改善结构变形性能，扩大砌体结构工程应用范围等特点；同时施工简单方便，材料简易，工效高，降低工程造价 网状配筋砖砌体适用于民用、工业和公共建筑砖柱、壁柱、砖砌体与钢筋混凝土构造

续表

构 造 要 求	砌 筑 施 工 要 点	特点及使用
筋方向应互相垂直,沿砖柱高度交错设置,钢筋网的间距是指同一方向网的间距;(4)钢筋网设置在水平灰缝中,灰缝厚度应保证钢筋上下至少有2mm的砂浆层。网状配筋砖砌体构造如图4-19所示 组合配筋砖砌体是由砖砌体和钢筋混凝土面层或钢筋砂浆面层组成。有组合配筋砖柱、组合砖壁柱及组合砖墙等形式(图4-20),其构造要求是:(1)面层混凝土强度等级宜采用C20;面层水泥砂浆强度等级不宜低于M10;砌筑砂浆的强度等级不宜低于M7.5;(2)竖向受力钢筋宜采用HPB235级钢筋;对于混凝土面层亦可采用HRB335级钢筋。竖向受力钢筋的直径,不应小于8mm,钢筋的净间距,不应小于30mm;(3)箍筋的直径不宜小于4mm及0.2倍的受压钢筋直径,并不宜大于6mm。箍筋的间距不应大于20倍受压钢筋直径及500mm,并不应小于120mm;(4)竖向受力钢筋的混凝土保护层厚度,不应小于表4-10中的规定。竖向受力钢筋距砖砌体表面的距离不应小于5mm;(5)砂浆面层的厚度,可采用30~45mm。当面层厚度大于45mm时,其面层宜采用混凝土;(6)当组合配筋砖柱、砖壁柱一侧的竖向受力钢筋多于4根时,应设置附加箍筋或拉结钢筋,其直径、间距同箍筋;(7)对于组合墙等,应采用穿通墙体的拉结钢筋作为箍筋,同时应设置水平分布钢筋,其竖向间距及拉结钢筋的水平间距均不应大于500mm,拉结筋两端应设弯钩;(8)组合配筋砖砌体的顶部及底部,以及牛腿部位必须设置钢筋混凝土垫块。竖向受力钢筋伸入垫块的长度必须满足锚固要求,即不应小于30d。垫块的厚度一般为200~400mm	(5)网状配筋砖砌体的钢筋网,宜采用焊接网片。当采用连弯钢筋网片时,放置时应注意保持网片的平整 (6)网片放置后,应将砂浆摊平整再砌块材 2.组合砖砌体 (1)先按常规砌筑砖砌体,在砌筑同时,按规定的间距,在砌体的水平灰缝内放置箍筋或拉结钢筋。箍筋或拉结钢筋应埋于砂浆层中,使其砂浆保护层厚度不小于2mm,两端伸出砖砌体外的长度应一致 (2)受力钢筋按规定间距竖立,与箍筋或拉结钢筋绑牢。组合砖墙中的水平分布钢筋按规定间距与受力钢筋绑牢 (3)面层施工前,应清除面层底部的杂物,并浇水湿润砖砌体表面(指面层与砖砌体的接触面) (4)砂浆面层施工不用支模板,只需从下而上分层涂抹即可,一般应分两层涂抹,第一次主要是刮底,使受力钢筋与砖砌体有一定的保护层;第二次主要是抹面,使面层表面平整 (5)混凝土面层施工时应支设模板,每次支设高度宜为500~600mm。在此段高度内,混凝土还应分层浇筑,用插入式振捣器或捣钎捣实混凝土。待混凝土强度等级达到设计强度等级的30%以上才能拆除模板。模板应做成工具式,以备周转使用	柱组合墙和配筋砌体剪力墙构件等 组合配筋砖砌体多用于厂房排架壁柱,有抗震设防要求的砖柱或壁柱,建筑物的加固与改造,无筋砖砌体构件承受较大偏心轴向力,采用网状配筋砖砌体不再满足要求,截面尺寸又不能增加时的加强措施等情况

4.1 砖 墙

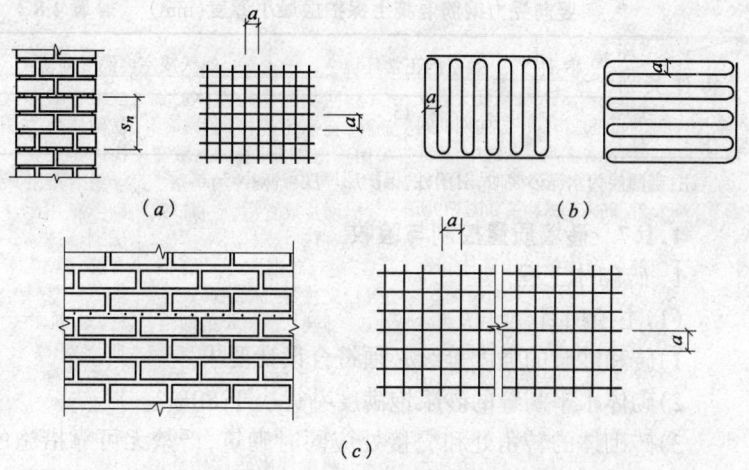

图 4-19 网状配筋砖砌体构造
(a)用方格网配筋的砖柱;(b)连弯钢筋网片;(c)用方格网配筋的砖墙
a—网格尺寸;s_n—钢筋网的竖向间距

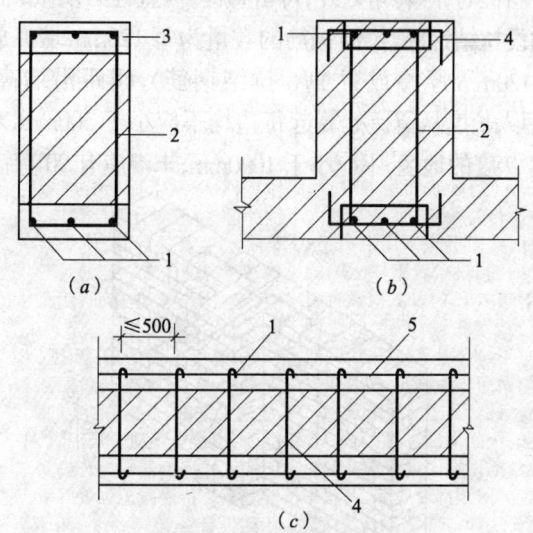

图 4-20 组合配筋砖砌体
(a)组合砖柱;(b)组合砖壁柱;(c)组合砖墙
1—纵向受力钢筋;2—箍筋;3—混凝土或砂浆层;4—拉结钢筋;5—水平分布筋

竖向受力钢筋混凝土保护层最小厚度(mm)　　　表 4-8

环境条件 构件类别	室内正常环境	露天或室内潮湿环境
墙	15	25
柱	25	35

注：当面层为水泥砂浆时，对于柱，保护层厚度可减小 5mm。

4.1.7　砖墙质量控制与验收

1. 砖砌体工程

(1)主控项目

1)砖和砂浆的强度等级必须符合设计要求。

2)砌体水平灰缝的砂浆饱满度不得小于 80%。

3)砖砌体的转角处和交接处应同时砌筑，严禁无可靠措施的内外墙分砌施工。对不能同时砌筑而又必须留置的临时间断处应砌成斜槎，斜槎水平投影长度不应小于高度的 2/3。

4)非抗震设防及抗震设防烈度为 6 度、7 度地区的临时间断处，当不能留斜槎时，除转角处外，可留直槎，但直槎必须做成凸槎。留直槎处应加设拉结钢筋，拉结钢筋的数量为每 120mm 墙厚放置 1φ6 拉结钢筋(120mm 厚墙放置 2φ6 拉结钢筋)，间距沿墙高不应超过 500mm；埋入长度从留槎处算起每边均不应小于 500mm，对抗震设防烈度 6 度、7 度的地区，不应小于 1000mm，末端应有 90°弯钩(图 4-21)。

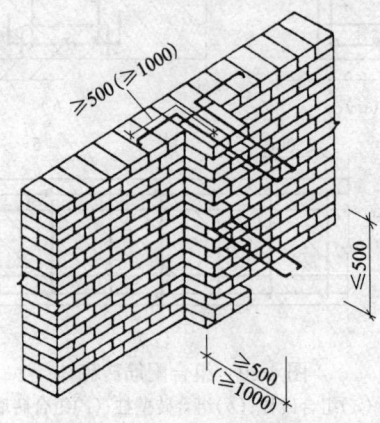

图 4-21　留直槎处的拉结钢筋

5)砖砌体的位置及垂直度允许偏差应符合表 4-9 的规定。

砖砌体的位置及垂直度允许偏差　　　　表 4-9

项次	项　目		允许偏差(mm)	检　验　方　法
1	轴线位置偏移		10	用经纬仪和尺检查或用其他测量仪器检查
2	垂直度	每　层	5	用 2m 托线板检查
		全高 ≤10m	10	用经纬仪、吊线和尺检查,或用其他测量仪器检查
		全高 >10m	20	

（2）一般项目

1)砖砌体组砌方法应正确,上、下错缝,内外搭砌,砖柱不得采用包心砌法。

2)砖砌体的灰缝应横平竖直,厚薄均匀。水平灰缝厚度宜为 10mm,但不应小于 8mm,也不应大于 12mm。

3)砖砌体的一般尺寸允许偏差应符合表 4-10 的规定。

砖砌体一般尺寸允许偏差　　　　表 4-10

项次	项　目		允许偏差(mm)	检 验 方 法	抽 检 数 量
1	基础顶面和楼面标高		±15	用水平仪和尺检查	不应少于 5 处
2	表面平整度	清水墙、柱	5	用 2m 靠尺和楔形塞尺检查	有代表性自然间 10%,但不应少于 3 间,每间不应少于 2 处
		混水墙、柱	8		
3	门窗洞口高、宽(后塞口)		±5	用尺检查	检验批洞口的 10%,且不应少于 5 处
4	外墙上下窗口偏移		20	以底层窗口为准,用经纬仪或吊线检查	检验批的 10%,且不应少于 5 处
5	水平灰缝平直度	清水墙	7	拉 10m 线和尺检查	有代表性自然间 10%,但不应少于 3 间,每间不应少于 2 处
		混水墙	10		
6	清水墙游丁走缝		20	吊线和尺检查,以每层第一皮砖为准	有代表性自然间 10%,但不应少于 3 间,每间不应少于 2 处

2. 配筋砌体工程

(1)主控项目

1)钢筋的品种、规格和数量应符合设计要求。

2)构造柱、芯柱、组合砌体构件、配筋砌体剪力墙构件的混凝土或砂浆的强度等级应符合设计要求。

3)构造柱与墙体的连接处应砌成马牙槎,马牙槎应先退后进,预留的拉结钢筋应位置正确,施工中不得任意弯折。

4)构造柱位置及垂直度的允许偏差应符合表 4-11 的规定。

构造柱尺寸允许偏差　　　表 4-11

项次	项　目		允许偏差(mm)	抽　检　方　法
1	柱中心线位置		10	用经纬仪和尺检查或用其他测量仪器检查
2	柱层间错位		8	用经纬仪和尺检查或用其他测量仪器检查
3	柱垂直度	每层	10	用2m托线板检查
		≤10m	15	用经纬仪、吊线和尺检查,或用其他测量仪器检查
		>10m	20	

5)对配筋混凝土小型空心砌块砌体,芯柱混凝土应在装配式楼盖处贯通,不得削弱芯柱截面尺寸。

(2)一般项目

1)设置在砌体水平灰缝内的钢筋,应居中置于灰缝中。水平灰缝厚度应大于钢筋直径4mm以上。砌体外露面砂浆保护层的厚度不应小于15mm。

2)设置在砌体灰缝内的钢筋的防腐保护应符合下述规定:设置在潮湿环境或有化学侵蚀性介质的环境中的砌体灰缝内的钢筋应采取防腐措施。

3)网状配筋砌体中,钢筋网及放置间距应符合设计规定。

4)组合砖砌体构件,竖向受力钢筋保护层应符合设计要求,距砖砌体表面距离不应小于 5mm;拉结筋两端应设弯钩,拉结筋及箍筋的位置应正确。

5)配筋砌块砌体剪力墙中,采用搭接接头的受力钢筋搭接长度不应小于 $35d$,且不应少于 300mm。

4.2 石 墙

4.2.1 毛石墙

毛石墙组砌形式、砌筑方法要点及注意事项　　表 4-12

组　　成	组砌形式	砌筑方法要点及注意事项
毛石墙是用平毛石或乱毛石与水泥混合砂浆或水泥砂浆砌成的灰缝不规则墙体,当墙面外观要求整齐时,其外皮石材可适当加工。毛石墙的转角可用料石或平毛石砌筑。毛石墙的厚度一般为 350~500mm 常用石材的种类、规格、用途及质量要求见表4-13 毛石砌体适用于一般民用建筑的外墙或内墙,也可用作墙下条形基础或柱下独立基础;毛石墙不宜用于有地震区域	通常采用交错组砌法,按石料形状挂双线分皮卧砌。第一层石块大面向下,平整的一面朝下,上下石块相互错缝,内外搭接。摆铺稳定。分皮叠砌,每皮高度约 300~400mm,每皮中间隔 2m 左右应砌与墙同宽或 3/4 墙宽的拉结丁石,上下层间的拉结石位置应错开(图 4-22),一般每 $0.7m^2$ 墙面至少设置一块;墙厚度大于 400mm,可用两块拉结石内外搭接,搭接长度不小于 150mm,且其中一块长度不小于墙厚的 2/3;墙转角处,丁字接头处和洞口处,均应选用直角形和较大平毛石纵横搭砌,上下皮咬槎	1. 砌筑前应立好皮数杆,组砌时双面挂线;第一皮按墙边线砌筑,以上各皮按准线砌筑 2. 先砌角石,再砌面石,最后填砌腹石,石块必须大面朝下放稳,大石块下不得用小石支垫 3. 砌石采用铺浆法,灰缝厚度一般为 20~30mm,铺浆厚度约 40~60mm,较大空隙应用碎石嵌合于砂浆中,不允许先摆碎石块后塞砂浆或干填碎石块的做法。砂浆必须饱满,叠砌面的砂浆饱满度应大于 80% 4. 毛石墙应分皮卧砌,每皮高约 300~400mm,各皮石块间利用自然形状,经敲打修整使其能与先砌石块基本吻合,搭砌紧密、上下错缝、内外搭砌,不得采用外面侧立石块,中间填心的砌筑方法;墙中应防止出现过桥式、填心式、对合式、铲口式、斧刀式、劈合式、马槽式、分层式等错误砌石方式(图 4-23),毛石墙面必须设置拉结石,并均匀分布,相互错开 5. 每皮砌筑高度不宜超过 1.2m;临时间断处接槎时,应将不牢的石块及砂浆清除干净,用水冲洗干净后再铺砂浆砌筑 6. 每层楼最上一皮,应选用较大的石块砌筑,顶面应用 1:3 水泥砂浆全面找平,以达到顶面平整

4 墙体工程

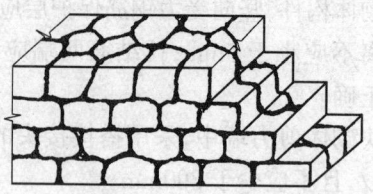

图 4-22 毛石墙组砌方法

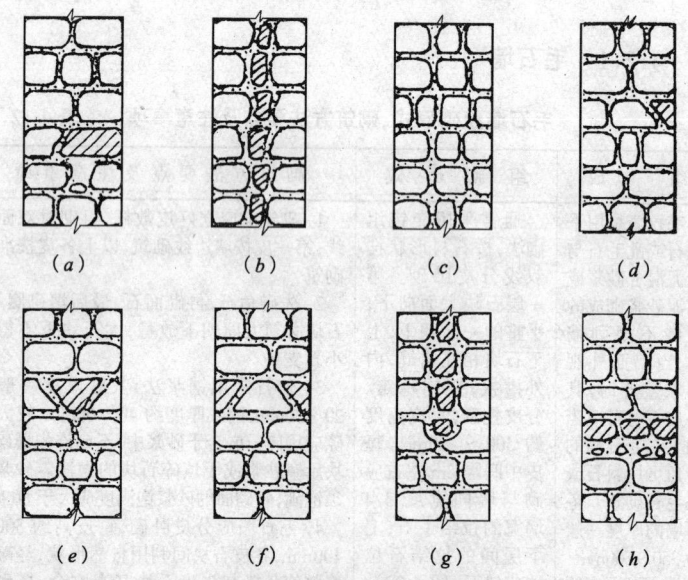

图 4-23 错误的砌石形式
(a)过桥式;(b)填心式;(c)对合式;(d)铲口式;(e)斧刀式;
(f)劈合式;(g)马槽式;(h)分层式

石材的种类、规格、用途及质量要求　　　　表 4-13

种 类	规 格	用 途	质 量 要 求
平毛石	为人工或爆破开采形状不规则之石块,大致有两个平面,在一个方向尺寸应有 300～400mm,中部厚不小于 150mm	基础、勒脚、墙身、挡土墙堤坝、毛石混凝土等	1. 外观要求石质一致,无裂纹、风化等现象

4.2 石 墙

续表

种类	规格	用途	质量要求
乱毛石	形状不规则,厚度不小于150mm	基础、挡土墙、毛石混凝土等	2. 重要部位使用应做强度试验,抗压强度不得小于20MPa 3. 严寒(-15℃以下)地区使用应做抗冻性试验,要求石材经15、25或50次冻融循环试验后,无贯穿裂缝,重量损失不超过5%,强度降低不大于25%为合格
料石 (细料石)	六面加工较规则,表面凹凸深不大于2mm,长宽均不小于200mm,长度不大于厚的3倍	墙身、踏步、地坪、拱石、纪念石料	
块石 (粗料石)	毛石去掉棱角打成六面,顶面及底面较平整,并相互平行,表面凹凸深度不大于20mm,长、宽尺寸同料石	基础、勒脚、墙身、涵洞、桥墩等	

4.2.2 料石墙

料石墙组砌形式、砌筑方法要点及注意事项　　表4-14

组 成	组 砌 形 式	砌筑方法要点及注意事项
料石墙是用料石(条石)与水泥混合砂浆或水泥砂浆砌成的墙体。由于料石的不同,可分为毛料石墙、粗料石墙、半细料石墙和细料石墙四种;墙体厚度一般为200~300mm 料石各面的加工要求及允许偏差应符合表4-15的要求 料石墙多用于民用和公共建筑装饰要求高的承重外墙	常用组砌形式有以下三种: 1. 全顺砌法:料石上下皮错缝搭砌,搭砌长度宜为料石长的1/2,而不得小于该料石长的1/3。双轨条石采取顺砌,上下左右竖缝均应错开,交错搭接的长度应大于100mm,每砌二皮后,应顺砌一皮丁砌层(图4-24a) 2. 丁顺叠砌法:一皮顺石与一皮丁砌石相间砌成,上下皮顺石与丁间竖缝相互错开1/2宽,一般不小于100mm,角石不小于150mm(图4-24b) 3. 丁顺组砌法:同皮内每1~3块顺石与一块丁石相间砌成,上皮丁石坐中于下皮顺石,上下皮竖缝相互错开至少1/2石宽,丁石中距不超过2m(图4-24c)	1. 砌料石墙应立皮数杆,双面拉准线(除全顺砌筑形式外),第一皮可按所放墙边线砌筑,以上各皮均按准线砌筑,可先砌转角和交接处,后砌中间部分 2. 料石墙的第一皮及每个楼层的最上一皮丁砌 3. 一般采用铺浆法砌筑,灰缝厚度按石料表面平整程度而定,细料石不宜大于5mm,半细料石不宜大于10mm,粗料石和毛料石砌体不宜大于20mm。铺浆应加厚,细料石、半细料石加厚3~5mm,粗料石、毛料石加厚6~8mm,边缘不铺浆,竖缝应填满砂浆,石块压下,缝隙灰浆饱满,使灰缝厚度符合规定 4. 料石砌体应上下错缝搭砌,砌体厚度等于或大于两块料石宽度时,如同皮内全部采用顺砌,每砌两皮后,应砌一皮丁砌层;如同皮内采用丁顺组砌,丁砌石应交错设置,其中心距不应大于2m 5. 当在厚薄不同的两种条石砌筑双轨条石墙时,下一皮为内薄外厚,则上一皮应为内厚外薄,上下皮石料应内外交错 6. 转角处和交接处应同时砌筑,不能同时砌筑时应砌成斜槎 7. 料石墙每天砌筑高度不宜超过1.2m;料石清水墙中不得留脚手眼

料石各面的加工要求及允许偏差　　　　表 4-15

料石种类	外露面及相接周边的表面凹入深度(mm)	叠切面和接砌面的表面凹入深度(mm)	允许偏差(mm)	
			宽度、厚度	长度
细料石	不大于 2	不大于 10	±3	±5
半细料石	不大于 10	不大于 15	±3	±5
粗料石	不大于 20	不大于 20	±5	±7
毛料石	稍加修整	不大于 25	±10	±15

注：1. 相接周边的表面系指叠砌面、接砌面与外露面相接 20～30mm 范围内的部分。
2. 如设计对外露面及允许偏差值有特殊要求，应按设计要求加工。
3. 外观要求石质一致，无裂缝、风化等现象。
4. 重要部位使用应做强度试验，抗压强度不得低于 20MPa。

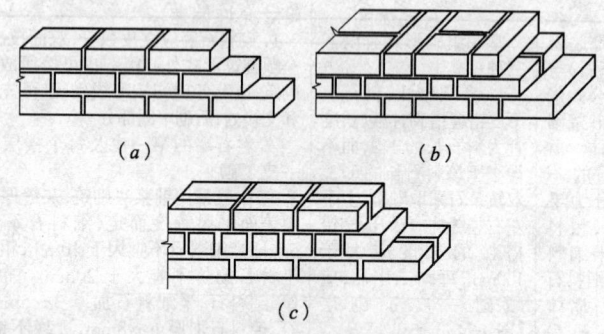

图 4-24　料石墙组砌形式
(a)全顺砌法；(b)丁顺叠砌法；(c)丁顺组砌法

4.2.3　石砌体工程质量控制与验收

1. 主控项目

(1)石材及砂浆强度等级必须符合设计要求。

(2)砂浆饱满度不应小于 80%。

(3)石砌体的轴线位置及垂直度允许偏差应符合表 4-16 的规定。

4.2 石 墙

石砌体的轴线位置及垂直度允许偏差　　表4-16

项次	项目		允许偏差（mm）						检验方法
			毛石砌体		料石砌体				
					毛料石		粗料石		细料石	
			基础	墙	基础	墙	基础	墙	墙、柱	
1	轴线位置		20	15	20	15	15	10	10	用经纬仪和尺检查，或用其他测量仪器检查
2	墙面垂直度	每层	—	20	—	20	—	10	7	用经纬仪、吊线和尺检查或用其他测量仪器检查
		全高	—	30	—	30	—	25	20	

2．一般项目

(1)石砌体的一般尺寸允许偏差应符合表4-17的规定。

石砌体的一般尺寸允许偏差　　表4-17

项次	项目		允许偏差（mm）						检验方法
			毛石砌体		料石砌体				
			基础	墙	基础	墙	基础	墙	墙、柱	
1	基础和墙砌体顶面标高		±25	±15	±25	±15	±15	±15	±10	用水准仪和尺检查
2	砌体厚度		+30	+20 -10	+30	+20 -10	+15	+10 -5	+10 -5	用尺检查
3	表面平整度	清水墙、柱	—	20	—	20	—	10	5	细料石用2m靠尺和楔形塞尺检查，其他用两直尺垂直于灰缝拉2m线和尺检查
		混水墙、柱	—	20	—	20	—	15	—	
4	清水墙水平灰缝平直度		—	—	—	—	—	10	5	拉10m线和尺检查

(2)石砌体的组砌形式应符合下列规定：

1)内外搭砌，上下错缝，拉结石、丁砌石交错设置；

2)毛石墙拉结石每0.7m² 墙面不应少于1块。

4.3 小型砌块墙

4.3.1 混凝土小型空心砌块墙

混凝土小型空心砌块规格、类型、施工要点及使用　　表 4-18

规格类型	施 工 方 法 要 点	特点及使用
混凝土小型空心砌块系以水泥、砂、石子为原料加水搅拌振动加压或冲压成型和养护制成。承重小型空心砌块主规格为 390mm×190mm×190mm，墙厚等于砌块的宽度。辅助规格，长度有：290、190、90mm，最大壁（肋）厚度为 30（25）mm；非承重砌块宽度为 90～190mm。砌块强度等级有：MU3.5、MU5.0、MU7.5、MU10.0、MU15.0、MU20.0 等六种 砌体立面砌筑形式只有全顺一种，即各皮砌块均匀顺砌，上、下皮竖缝相互错开 1/2 砌块长度，上下及砌块孔洞相互对准（图 4-25）	1. 砌块装卸应堆放整齐，运到现场砌块应按不同型号、规格，分别堆放整齐，高度不超过 1.6m，垛间应有通道，场地应做好排水 2. 砌筑前应按砌块高度和灰缝厚度计算皮数，立好皮数杆，间距不大于 15m 3. 砌时应尽量采用主规格，底面朝上砌筑，从转角或定位处开始向一侧进行，内外墙同时砌筑，纵横墙交错搭接。要求对孔错缝搭砌，个别不能对孔时，允许错孔砌筑，但搭接长度不应小于 90mm，如不能做到时，应在灰缝中设拉结钢筋或钢筋网片。拉结筋可用 2φ6mm 的钢筋；钢筋网片可用 φ4mm 的钢筋焊接而成，拉结钢筋或钢筋网片的长度不应小于 700mm。但竖向通缝不得超过两皮小型砌块 4. 砌体灰缝应横平竖直，水平和竖直灰缝的宽度宜为 10mm，但不应小于 8mm，也不应大于 12mm。水平灰缝的砂浆饱满度不得低于 90%；砌筑时的一次铺灰长度不宜超过 2 块主规格块体的长度 5. 空心砌块墙的转角处，应隔皮纵、横墙砌块相互搭砌，即隔皮纵、横墙砌块端面露头 6. 空心砌块墙的丁字交接处，应隔皮使横墙砌块端面露头。当该处无芯柱时，应在纵墙交接处砌两孔一孔半的辅助规格砌块，隔皮砌在横墙露头砌块下，其半孔应位于中间（图 4-26a）。当该处有芯柱时，应在纵墙上交接处砌大块三孔大规格砌块，砌块的中间孔正对横墙露头砌块靠外的孔洞（图 4-26b）。 7. 空心砌块墙的十字交接处，当该处无芯柱时，在交接处应砌一孔半砌块，隔皮相互垂直相交，其半孔应在中间。当该处有芯柱时，在交接处应砌三孔砌块，隔皮相互垂直相交，中间孔相互对正。移动空心砌块要重新铺浆砌筑 8. 空心砌块墙的转角处和纵横墙交接处应同时砌筑，否则，应留置斜槎，斜槎水平投影长度不小于斜槎高度的 2/3（图 4-27a） 9. 在非抗震设防地区，除外墙转角处，空心砌块墙的临时间断处可从墙面伸出 200mm 砌成直槎，并每隔三皮砌块高在水平灰缝设 2 根直径 6mm 的拉结筋；拉结筋埋入长度，从留槎处算起，每边均不应小于 600mm（图 4-27b） 10. 预制梁、板安装应坐浆垫平。墙上预留孔洞、管	小型砌块墙与普通砖墙比较，具有适应性强，能满足使用要求，块大、体轻、高强，组砌方便，提高工效，加速工程进度，且施工成本较低等特点 适用于一般六层以下民用房屋及工业建筑仓库、围护墙等

4.3 小型砌块墙

续表

规格类型	施 工 方 法 要 点	特点及使用
	道、沟槽和预埋件,应在砌筑时预留或预埋,不得在砌好的墙体上打凿 11.底层室内地面以下的砌体,楼板支承处如无圈梁时,板下一皮砌块、次梁支承处等部位,空心砌块应用混凝土填实。对五、六层房屋,应在四大角及外墙转角处用混凝土填实三个孔洞以构成芯柱。混凝土坍落度应不小于5cm,每浇灌40~50cm高度应捣实一次 12.每砌完一楼层后,应校核墙体的轴线尺寸和标高,允许偏差可在楼板面上予以纠正	

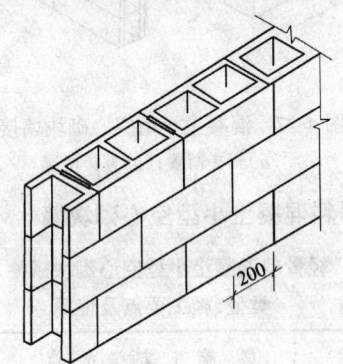

图 4-25 混凝土小型空心砌块墙组砌形式

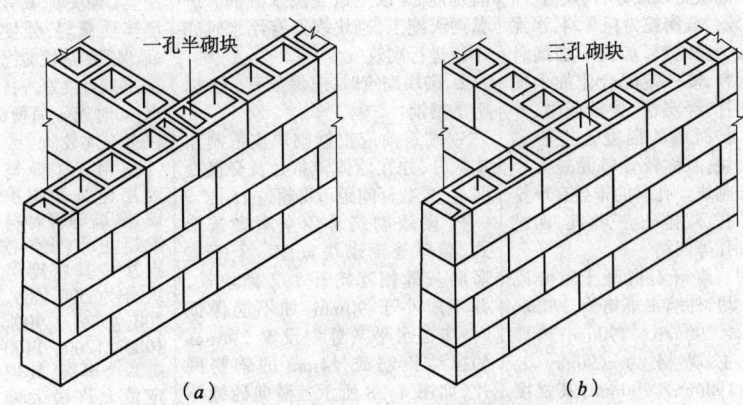

图 4-26 混凝土小型空心砌块墙丁字交接处砌法
(a)无芯柱时;(b)有芯柱时

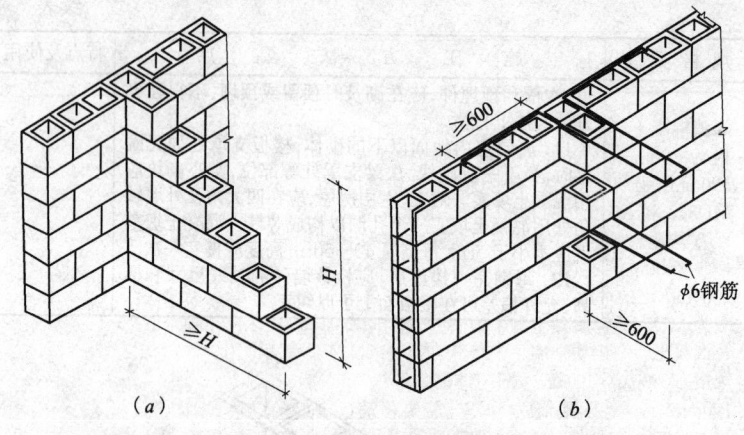

图 4-27 混凝土小型空心砌块墙接槎
(a)斜槎留置;(b)直槎留置

4.3.2 轻骨料混凝土小型空心砌块墙

轻骨料混凝土小型空心砌块规格、类型、施工要点及使用　　　　表 4-19

规格、类型	施工方法要点	特点及使用
轻骨料混凝土小型空心砌块是以煤矸石、煤渣、浮石、或陶粒为粗骨料,水泥为胶结料,加或不加细骨料,按一定配合比加水搅拌,经浇注、振动成型、养护而成的混凝土空心砌块,简称轻骨料混凝土小砌块。孔洞的排数有单排孔、双排孔、三排孔、四排孔等四类 煤矸石混凝土空心砌块,外墙主规格为 290mm×290mm×190mm;内墙主规格为 290mm×190mm×190mm,其强度等级有 MU3.5～MU10;	1. 轻骨料混凝土空心砌块砌筑,宜提前 2d 以上适当浇水湿润。严禁雨天施工,砌块表面有浮水时亦不得进行砌筑 2. 砌块砌筑时,应保证有 28d 以上的龄期 3. 砌筑前应根据砌块皮数制作皮数杆,并在墙体转角处及交接处竖立,皮数杆间距不得超过 15m 4. 砌块砌筑常用全顺砌筑形式,墙厚等于砌块宽度。上下皮竖向灰缝相互错开 1/2 砌块长,并不应小于 90mm,如不能保证时,应在水平灰缝中设置 2ϕ6mm 的拉结钢筋或 ϕ4mm 的钢筋网片,如图 4-28 所示。竖向通缝不应大于 2 皮	轻骨料混凝土小型空心砌块墙,具有墙体质量轻,强度高,保温隔热性能优良,抗震性能好等特点;同时施工简便、快速,成本较低 适用于工业与民用建筑做围护墙、隔墙等轻骨料混凝土小型空心砌块按其密度等级分为 500、600、700、800、900、1000、1200、1400 等八个等级,其规定值允许最大偏差为 100kg/m³

4.3 小型砌块墙

续表

规格、类型	施 工 方 法 要 点	特点及使用
煤渣混凝土空心砌块主规格为 390mm×190mm×190mm，强度等级有 MU3.0 和 MU5.0 两种；浮石混凝土空心砌块主规格为 600mm×(125～300)mm×250mm，强度等级为 MU2.5；轻质黏土陶粒混凝土空心砌块外墙主规格为 390mm×190mm×190mm，内墙主规格为 390mm×90mm×190mm，其强度等级有 MU3.5 和 MU5.0 等；粉煤灰陶粒混凝土空心砌块分全轻(用轻砂)和砂轻(用重砂)两类，砌块主规格均为 390mm×190mm×190mm，强度等级前者有 MU2.5 和 MU3.0，后者为 MU3.5～MU10	5. 砌筑时，必须遵守"反砌"原则，即使砌块底面向上砌筑。上下皮应对孔错缝搭砌 6. 砌体灰缝应为 8～12mm。水平灰缝应平直，砂浆饱满，按净面积计算的砂浆饱满度不应低于 80%。竖向灰缝应采用加浆法，使其砂浆饱满，严禁用水冲浆灌缝，不得出现瞎缝、透明缝，其砂浆饱满度不宜低于 80% 7. 需要移动已砌好的砌块或对被撞动的砌块进行修整时，应清除原有砂浆后，再重新铺浆砌筑 8. 墙体转角处及交接处应同时砌起，如不能同时砌起时，留槎的方法及要求同混凝土小型空心砌块墙砌筑的有关规定 9. 在砌筑砂浆终凝前后的时间，应将灰缝刮平 10. 轻骨料混凝土空心砌块墙每天砌筑高度不应超过 1.8m	

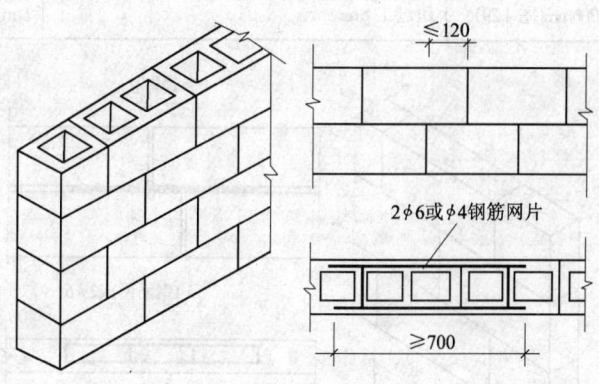

图 4-28 轻骨料混凝土空心砌块墙砌筑形式

4.3.3 蒸压加气混凝土砌块墙

蒸压加气混凝土砌块墙形式、施工要点及使用　　　　表 4-20

规格、类型	施 工 方 法 要 点	特点及使用
加气混凝土砌块是以水泥、矿渣、砂、石灰等为主要原料加入发气剂，经搅拌成型、蒸压、养护而成的实心砌块。砌块主规格的长度为600mm，高度有 200、250、300mm 三种；宽度有 100、120、125、150、180、200、240、250、300mm 等种；强度级别分 A1.0、A2.0、A2.5、A3.5、A5.0、A7.5、A10.0 七个级别；干体积密度由 300~850kg/m³；体积密度分 B03、B04、B05、B06、B07、B08 六个级别 墙厚一般等于砌块宽度，其立面砌筑形式只有全顺式一种。上下皮竖缝相互错开不小于砌块长度的 1/3，并应不小于 150mm。当不能满足时，在水平灰缝中设置 2 根直径 6mm 的钢筋或直径 4mm 钢筋网片，钢筋长度不大于 700mm（图 4-29）	1. 砌筑前，按砌块每皮高度和灰缝厚度制作皮数杆，竖立于墙的两端，杆间拉准线。在砌筑部位放出墙身边线 2. 砌块砌筑时，应在砌结面适量浇水。在砌块墙底部应用烧结普通砖或多孔砖砌筑，其高度不应小于 300mm 3. 灰缝应横平竖直，砂浆饱满。水平灰缝厚度不得大于 15mm。竖向灰缝宽度不大于 20mm，宜在墙内外两面用夹板夹住后灌缝 4. 砌块墙的转角处，应隔皮纵横墙砌块相互搭砌。砌块墙在丁字交接处，应使横墙砌块隔皮墙面露头 5. 砌块砌筑接近上层梁、板底时，宜用普通砖斜砌挤紧，砖斜度为 60°左右，砂浆应饱满 6. 墙体洞口上部应放置 2 根直径 6mm 钢筋，伸过洞口两边长度每边不小于 500mm 7. 砌块墙与承重墙或柱交接处，应在承重墙或柱的水平灰缝内预埋拉结钢筋，沿墙或柱每 1m 左右设一道，每道为 2 根直径 6mm 的钢筋（带弯钩），伸出墙或柱面长度不小于 700mm，在砌筑砌块时，将此拉结钢筋伸出部分，埋置于砌块墙的水平灰缝中 8. 加气混凝土砌块墙上不得留脚手眼。锯块应使用专门工具，不得用斧或瓦刀任意砍劈 9. 加气混凝土砌块墙，每天砌筑高度不宜超过 1.8m	加气混凝土砌块墙具有可减轻墙体重量，提高工效，同时具有隔声、抗震等特性 适用于工业与民用建筑做围护墙、填充墙、隔墙。 干体积密度（500±50）kg/m³ 砌块用于横墙承重时不超过 3 层，10m；体积密度（700±50）kg/m³ 砌块用于横墙承重时不超过 5 层，16m

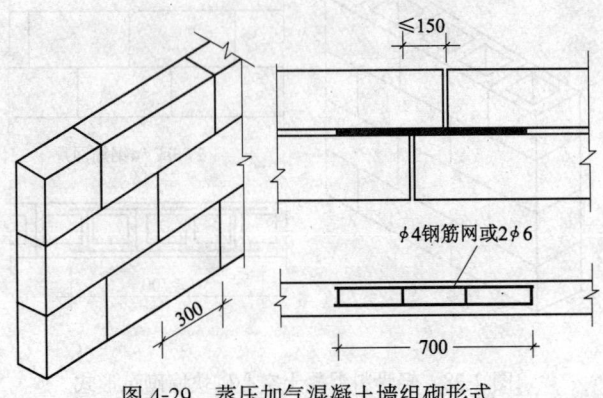

图 4-29 蒸压加气混凝土墙组砌形式

4.3.4 粉煤灰砌块墙

粉煤灰砌块墙形式、施工要点及使用　　表 4-21

规格、类型、形式	施 工 方 法 要 点	特点及使用
粉煤灰砌块是以粉煤、石灰、石膏和煤渣、硬矿渣等骨料为原料，按照一定比例加水搅拌，振动成型，再经蒸汽养护而制成的密实砌块 粉煤灰砌块的主规格尺寸为 880mm×380mm×240mm、880mm×430mm×240mm（长度×高度×宽度）。墙厚等于砌块宽度，即每皮砌块均为顺砌，上下竖缝相互错开砌块长度的 1/3 以上，并不小于 150mm，如不能满足时，在水平灰缝中应设置 2 根直径 6mm 钢筋或直径 4mm 钢筋网片加强，加强筋长度不小于 700mm（图 4-30）。砌块的端面设灌浆槽、坐浆面，并设抗剪槽	1. 粉煤灰砌块自生产之日算起，应放置一个月以上，方可用于砌筑 2. 严禁使用干的粉煤灰砌块上墙，一般应提前 2d 浇水，砌块含水率宜为 8%～12%；不得随砌随浇 3. 砌筑用砂浆应用水泥混合砂浆。灰缝应横平竖直，砂浆饱满。水平灰缝厚度不得大于 15mm，竖向灰缝宜用内外临时夹板灌缝，在灌浆槽中的灌浆高度应不小于砌块高度，个别竖缝宽度大于 30mm 时，应用细石混凝土灌缝 4. 砌块墙的转角处，应隔皮纵、横墙砌块相互搭砌，隔皮纵横墙砌块端面露头。在 T 形交接处，隔皮使横墙砌块端面露头。凡露头砌块应用粉煤灰砂浆将其填补抹平（图 4-31） 5. 砌块墙与烧结普通砖承重墙或柱交接处，应沿墙高 1m 左右设置 3ϕ4mm 的拉结钢筋，伸入砌块墙内长度不小于 700mm 6. 砌块墙与半砖厚烧结普通砖墙交接处，应沿墙高 800mm 左右设置 ϕ4mm 钢筋网片，其形状依照两种墙交接情况而定。置于半砖墙水平灰缝中的钢筋为 2 根，伸入长度不小于 360mm；置于砌块墙水平灰缝中的钢筋为 3 根，伸入长度不小于 360mm 7. 墙体洞口上部应放置 2ϕ6mm 钢筋，伸过洞口两边长度不小于 500mm 8. 洞口两侧的砌块应锯掉灌浆槽。锯割应用专用手锯，不得用斧或瓦刀任意砍劈 9. 粉煤灰砌块墙上不得留脚手眼。每天砌筑墙高度不应超过 1.5m 10. 构造柱间距不大于 8m，墙与柱之间应沿墙高每皮水平灰缝中加设 2ϕ6mm 连接筋，伸入墙内不小于 1m。构造柱应与墙连接 11. 砌块墙体做内外粉刷前，应对墙面上的孔洞和缺损砌块进行修补填实；墙面应清除干净，并用水泥砂浆拉毛，以利粘结。通常内墙面用白灰砂浆和纸筋灰罩面，外墙用混合砂浆，墙根和踢脚板用水泥砂浆粉刷	粉煤灰砌块墙具有可大量利用工业废料，保温隔热、抗震性能好，节省砌筑和抹灰砂浆，施工效率高，可缩短工期，降低工程造价等优点 适用于低层和多层房屋建筑、工业厂房仓库做围护墙、隔墙、框架结构的填充墙等；不宜用于具有酸性介质侵蚀的建筑部位，当其采取有效防护措施时，可使用于非承重结构部位；同时不宜用于经常处于高温影响下的建筑物

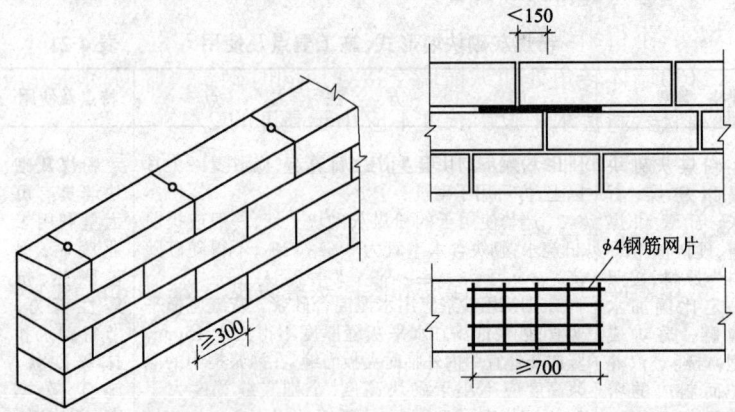

图 4-30 粉煤灰砌块墙组砌形式

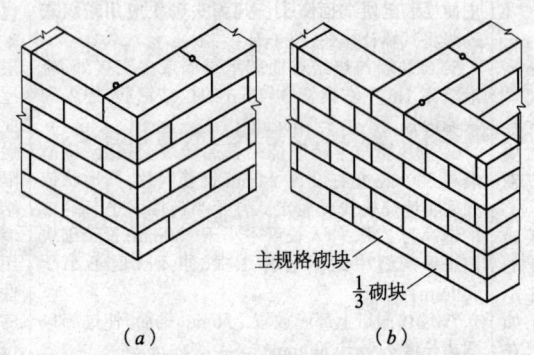

图 4-31 粉煤灰砌块墙转角处及交接处砌法
(a)转角处;(b)交接处

4.3.5 砌块墙体工程质量控制与验收

4.3.5.1 混凝土小型空心砌块砌体工程

本部分适用于普通混凝土小型空心砌块和轻骨料混凝土小型空心砌块(以下简称小砌块)工程的施工质量验收。

1. 主控项目

(1)小砌块和砂浆的强度等级必须符合设计要求。

(2)砌体水平灰缝的砂浆饱满度,应按净面积计算不得低于

90%;竖向灰缝饱满度不得小于80%,竖缝凹槽部位应用砌筑砂浆填实;不得出现瞎缝、透明缝。

(3)墙体转角处和纵横墙交接处应同时砌筑。临时间断处应砌成斜槎,斜槎水平投影长度不应小于高度的2/3。

(4)砌体的轴线偏移和垂直度偏差应按4.1.7节表4-9的规定执行。

2.一般项目

(1)墙体的水平灰缝厚度和竖向灰缝宽度宜为10mm,但不应大于12mm,也不应小于8mm。

(2)小砌块墙体的一般尺寸允许偏差应按表4-10中1~5项的规定执行。

4.3.5.2 填充墙砌体工程

本部分适用于房屋建筑采用空心砖、蒸压加气混凝土砌块、轻骨料混凝土小型空心砌块等砌筑填充墙砌体的施工质量验收。

1.主控项目

砖、砌块和砌筑砂浆的强度等级应符合设计要求。

2.一般项目

(1)填充墙砌体一般尺寸的允许偏差应符合表4-22的规定。

(2)蒸压加气混凝土砌块砌体和轻骨料混凝土小型空心砌块砌体不应与其他块材混砌。

填充墙砌体一般尺寸允许偏差 表4-22

项次	项目		允许偏差(mm)	检验方法
1	轴线位移		10	用尺检查
	垂直度	小于或等于3m	5	用2m托线板或吊线、尺检查
		大于3m	10	
2	表面平整度		8	用2m靠尺和楔形塞尺检查
3	门窗洞口高、宽(后塞口)		±5	用尺检查
4	外墙上、下窗口偏移		20	用经纬仪或吊线检查

(3)填充墙砌体的砂浆饱满度及检验方法应符合表4-23的规定。

填充墙砌体的砂浆饱满度及检验方法 表 4-23

砌体分类	灰缝	饱满度及要求	检 验 方 法
空心砖砌体	水平	≥80%	采用百格网检查块材底面砂浆的粘结痕迹面积
	垂直	填满砂浆,不得有透明缝、瞎缝、假缝	
加气混凝土砌块和轻骨料混凝土小砌块砌体	水平	≥80%	
	垂直	≥80%	

(4)填充墙砌体留置的拉结钢筋或网片的位置应与块体皮数相符合。拉结钢筋或网片位置于灰缝中,埋置长度应符合设计要求,竖向位置偏差不应超过一皮高度。

(5)填充墙砌筑时应错缝搭砌,蒸压加气混凝土砌块搭砌长度不应小于砌块长度的1/3;轻骨料混凝土小型空心砌块搭砌长度不应小于90mm;竖向通缝不应大于2皮。

(6)填充墙砌体的灰缝厚度和宽度应正确。空心砖、轻骨料混凝土小型空心砌块的砌体灰缝应为8~12mm。蒸压加气混凝土砌块砌体的水平灰缝厚度及竖向灰缝宽度分别宜为15mm和20mm。

(7)填充墙砌至接近梁、板底时,应留一定空隙,待填充墙砌筑完并应至少间隔7d后,再将其补砌挤紧。

4.4 砖烟囱施工技术

砖烟囱施工机具选择及砌筑方法要点 表 4-24

材料与施工质量要求	筒身施工机具和方法	筒身内衬砌筑方法
筒身砖材应选用MU10以上烧结普通砖或楔形砖,要求尺寸一致,棱角整齐、火候充足,无裂缝、翘曲等疵病。使用烧结普通砖,	按所采用砌筑脚手架不同,有下列施工方法 1.外脚手施工法 沿筒身外围搭设双排或三排脚手架作操作平台及上料提升架用。适于砌筑30m以下的烟囱 2.外部提升式脚手施工法	1.砌筑前,先在基础上排砖,外径小于7m时,采用顶砌;大于7m时,可采用顺砌或一顺一丁砌法(图4-36),上下与内外砖缝应交错,上下两皮辐射砖缝错开1/4砖,环状砖缝错开1/2砖。

续表

材料与施工质量要求	筒身施工机具和方法	筒身内衬砌筑方法
要按筒身高度、半径，分段计算规格，制作样板，在砖的一个侧面加工成楔形，以使灰缝均匀适度 砌筑砂浆用M2.5、M5、M10水泥混合砂浆，并用机械拌制。黏土砖内衬，当烟气温度在400℃以内，用M2.5混合砂浆砌筑；高于400℃，应用1:1或1:1.5黏土砂浆砌筑；耐火砖内衬灰浆，一般用1:1:3(水泥:耐火泥:砂)或1:1.5~2(耐火泥:耐火砖砂)，或用耐火生黏土30%~35%和黏土熟料70%~65%调水配成。砌硅藻土砖用1:1.5~2(耐火生黏土:砂)耐火黏土砂浆 已施工完的烟囱筒身，中心线垂直偏移应不大于筒身高度的0.15%；筒身任何截面上的直径误差不得超过该截面筒身直径的1%，同时最大不得超过50mm。筒身外表面的凹凸不平不得超过该截面外直径的1%	在筒身外设钢管或型钢构架式龙门架一座，或竖井架(带悬臂式桅杆)一座，或按等边三角形立三座竖井架用脚手杆联成一整体，高比烟囱高5~8m，外拉缆风绳，在筒身与龙门架(或竖井架)之间(宽0.8~1.2m)悬吊提升或外操作台(图4-32)，用卷扬机(竖井架用捯链)提升操作台进行操作。适于30m以下的烟囱施工 3. 内脚手施工法　系在烟囱内部操作台进行砌筑，本法又有两种方式： (1)竖井架与升降工作台施工法　在烟囱内设1~9孔木或钢制并架，作为运输材料、悬挂工作台、人员上下及定中心之用。在井架上用8~12个0.5~1.0t捯链借钢丝绳悬挂升降式工作台(图4-33)，供施工操作和堆放材料，随着筒身砌筑升高，用捯链不断提升工作台。适用于砌筑40m以上顶部口径大于2m的烟囱 (2)悬臂起重架(或龙门架)与插杆式工作台的施工方法　在筒身的一侧安悬臂式(或龙门式)起重架作为垂直运输材料之用(图4-34)，起重杆借木楔固定在内爬梯上，随筒身升高在顶部筒壁上搭方木，用捯链逐次提升，用7.5~11kW卷扬机可起重350kg；龙门架由内部提升运输材料，可起重500kg 插杆式工作台是在砌筒身时每隔1.25m高留脚手眼，用2根方木或能伸缩的工具式钢插杆插入眼内，在上面铺板(图4-35)作为操作和堆料之用，用二套工作台循环作业，操作工人从外爬梯上下，梯外部设保护遮网，亦可不用悬臂起重架，而在烟囱外搭设竖井架作运料和人员上下之用。本法适于砌筑高30~40m，顶部口径在2m以内的烟囱	筒身为一砖时应用整砖，其余可用1/2砖，但上下层与整砖交替砌筑，水平灰缝应为8~10mm，垂直灰缝厚为10~12mm，垂直缝里口不小于5mm，外口不大于15mm，砂浆饱满度应达到95%以上 2. 砌筑可用刮浆法或挤浆法，不宜采用灌浆法，每砌3~5皮砖应随即勾缝，内壁灰缝要刮平，外壁勾平缝或凹缝 3. 筒身每砌完一步架(1.2m)，应检查一次筒身中心线、圆周垂直度和坡度；测中心线系以大线坠对准基础中心点，上端固定在筒壁木杠或井架横梁上，以此作中心轴线，用带水平尺的木杆测定半径，尺杆按每砌5~10皮砖检查一次，控制圆周垂直度和坡度。采用插杆式工作台施工，用图4-37所示工具来控制，用铁水平检查上口水平，如发现过大偏差应及时纠正 4. 筒身上埋设件应于砌砖时埋入，不得砍凿 5. 内衬砌筑，一般与筒身同时进行，亦可在筒身完成后进行，半砖内衬用顺砌法，互相咬槎1/2砖，一砖厚用丁砌，或丁顺分层砌法，互相咬槎1/4砖 6. 内衬应逐层砌筑，不得用齿形或阶梯形接缝，内表面要平整。筒身与内衬之间的空隙不得落入砂浆或砖屑，当填隔热材料，每4~5皮砖应填塞一次并轻轻捣实，每隔2~2.5m砌一皮减荷带。每隔10皮砖在水平距离1m左右排出一砖与筒壁相顶，砖与筒壁之间留1cm的温度缝，上下两层顶砖应错开

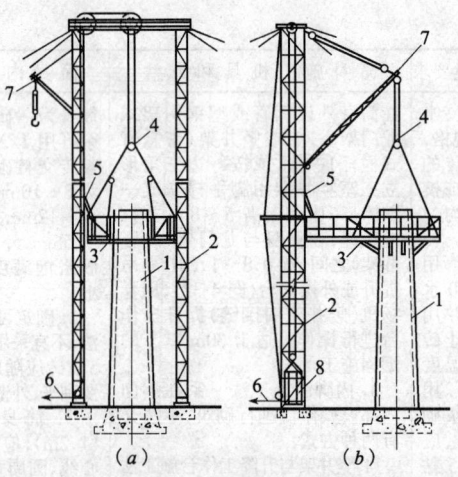

图 4-32 龙门架、竖井架及提升式外操作台

(a)龙门架吊提升式外操作台;(b)竖井架、悬臂式桅杆吊提升式外操作台
1—砖烟囱;2—龙门架或钢竖井架;3—提升式外操作台;4—提升滑轮系统;
5—临时挂钩或捯链;6—接卷扬机或绞磨;7—悬臂式桅杆;8—上料升降平台

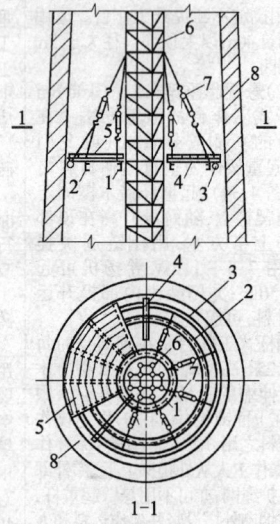

图 4-33 钢竖井架与升降式内工作台

1—内槽钢圈;2—外槽钢圈;3—附加圆钢圈;4—60mm×100mm 或 90mm×120mm 木楞;
5—50mm 厚铺板;6—钢管或木竖井架;7—捯链;8—筒壁

4.4 砖烟囱施工技术

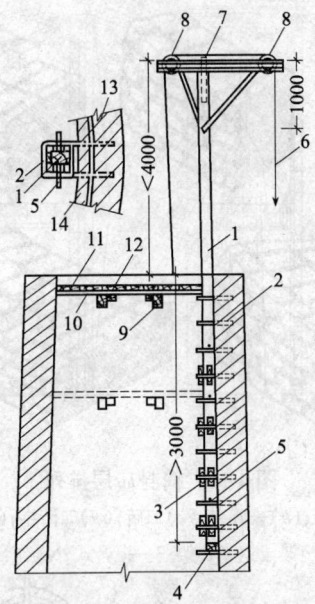

图 4-34 悬臂式起重架构造及安设

1—长 7m 以内、截面 160mm×160mm 木桅杆;2—埋入筒壁内的内爬梯;
3—木楔;4—木垫板;5—插销;6—$\phi 9 \sim 11$mm 起重钢丝绳;7—悬臂旋转轴;
8—滑轮;9—木插杆;10—下铺板;11—上铺板;12—平台;13—筒壁;14—内衬

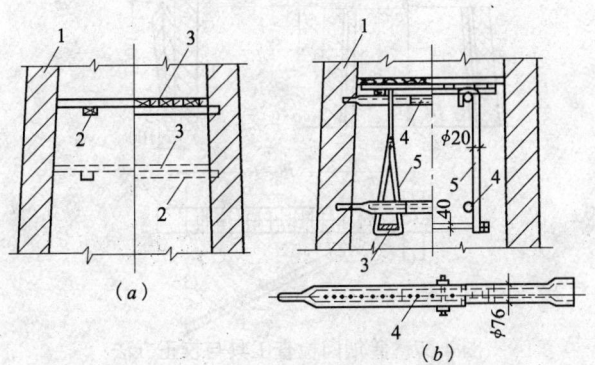

图 4-35 插杆式或插管式工作台
(a)插杆式工作台;(b)插管式工作台
1—筒壁;2—方木;3—铺板;4—插管;5—吊梯

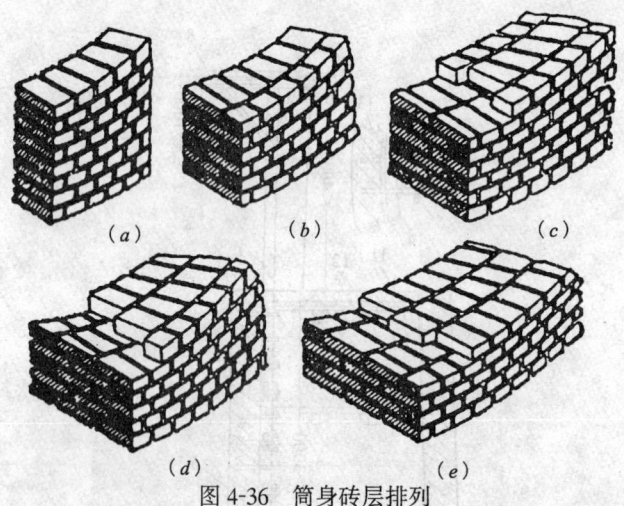

图 4-36 筒身砖层排列
(a)一砖;(b)一砖半;(c)二砖;(d)二砖半;(e)三砖

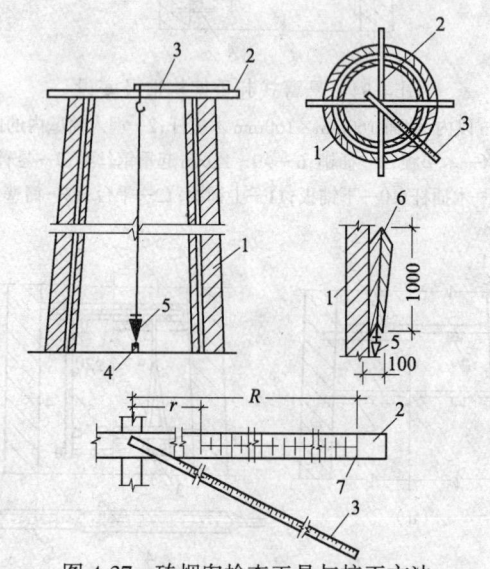

图 4-37 砖烟囱检查工具与校正方法
1—筒壁;2—十字杠;3—活动轮杆;4—中心桩;5—线坠;
6—检查筒身坡度用靠尺;7—每米收分刻度
R—基础上口外径;r—烟囱顶外径

5 脚手架工程

5.1 木和竹脚手架

木和竹脚手架构造、搭设要求及注意事项　　　　表 5-1

名称	材料要求及规格	构造及要求	注意事项
木脚手架（图5-1）	材质应用剥皮杉木杆或其他各种坚韧硬木杆。不得用杨木、柳木、桦木、椴木、油松及腐朽、折裂、枯节的木材作脚手杆 立杆：梢径不小于70mm 大横杆、小横杆：梢径均不小于80mm 抛撑、十字撑、斜撑：梢径均不小于70mm	纵向间距1.5～1.8m；横向间距：单排，离墙面1.2～1.5m；双排外立杆离墙不小于2m，内立杆离墙0.4～0.5m。埋深不小于0.5m；当地面难以挖坑栽杆时，应沿立杆底部绑扫地杆 大横杆绑于立杆里面，第一步离地面1.8m，以上各步间距为1.2m左右 小横杆绑于大横杆上，间距0.8～1.0m；双排架端头离墙5～10cm，单排架搁入墙内不小于240mm，伸入大横杆外100mm 抛撑每隔7根立杆设一道，与地面夹角为60°左右，防止架子外倾。三步以上的架子，每隔7根立杆设一道十字撑。从底到顶，杆与地面夹角为45°～60° 斜撑设在脚手架的拐角处，杆与地面夹角为45°方向往上，绑在架子的外面，防止架子纵向倾斜 木脚手架一般用8号镀锌铁丝绑扎，如架子使用期在三个月内，可用直径10mm的三股麻绳或棕绳绑扎。立杆和大横杆的搭接长度不小于1.5m，绑扎时小头应压在大头上，绑扎不少于3道（压顶立杆，可大头朝上，以增大立杆截面）。如三杆相交，应先绑两根，再绑第3根，切勿一扣绑3根	1. 埋设立杆坑底应垫大块石、砖块；如遇松土或无法挖坑时，要设扫地杆 2. 双排脚手架的立杆应先立里排，后立外排，每排先立两头的，后立中间的，相互看齐。立杆如接长，应先接外排的，后接里排的，大横杆设在立杆的里面 3. 单排脚手架的小横杆应进墙，但在下列部位不能留脚手眼： （1）空心砖墙、空斗墙（实砌部位除外）、半砖墙和柱； （2）砖过梁上与过梁成60°角的三角形范围内； （3）宽度小于1m的窗间墙； （4）梁或梁垫下及其左右各0.5m的范围内； （5）门窗洞口两侧3/4砖和转角处$1\frac{3}{4}$砖的范围内

续表

名称	材料要求及规格	构造及要求	注意事项
竹脚手架（图5-2）	材质应采用生长三年以上的毛竹。不得用青嫩、枯脆、裂纹、白麻、虫蛀的竹材或断裂、大节疤和受潮发霉的材篾 立杆：梢径不小于75mm 大横杆：梢径不小于75mm 小横杆：梢径不小于90mm 抛撑、十字撑、顶撑：梢径均不小于75mm	立杆纵向间距不小于1.3m；双排架外立杆离墙不小于1.8m，搭接长度不小于1.5m。不宜采用单排架子 大横杆间距一般为1.2～1.4m，搭接长度不小于2m 小横杆间距不大于0.75m。如梢径介于60～90mm之间，可双根合并或单根加密使用 抛撑每隔7根立杆设一道，与地面夹角为60°左右。三步架以上的架子，每隔7根立杆设一道十字撑，从底到顶，杆与地面的夹角为45°～60°。顶撑沿立杆旁并紧，至少绑扎3道，顶住小横杆 竹脚手架绑扎用的竹篾应坚韧带青，其宽度不小于8mm，厚度为1mm左右。使用前1d在水中浸泡。每一搭接处至少绑扎4道竹篾。如无竹篾，也可用8号铁丝绑扎	4．同一截面内的立杆和大横杆的接头应错开，距离为50cm以上。 5．脚手架上料斜道的铺设宽度应不小于1.5m，坡度不大于1:3，上钉防滑条，间距不大于300mm 6．脚手架站人操作高度应满铺脚手板，板搭接不小于200mm；对头接时，应搭设双排小横杆，间距不大于200mm 7．拆除脚手架，应按顺序由上而下一步一清，不能上下同时作业，拆除大横杆、十字撑应先拆中间扣，再拆两头

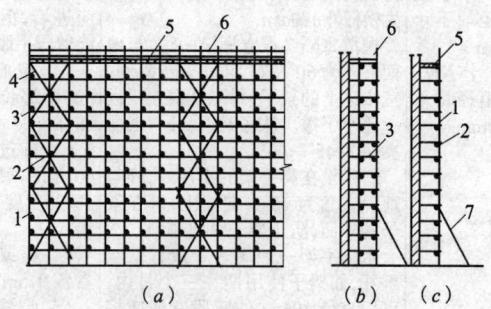

图5-1 木脚手架
(a)立面图；(b)双排架；(c)单排架
1—立杆；2—大横杆；3—小横杆；4—剪刀撑；5—脚手板；6—栏杆；7—抛撑

5.1 木和竹脚手架

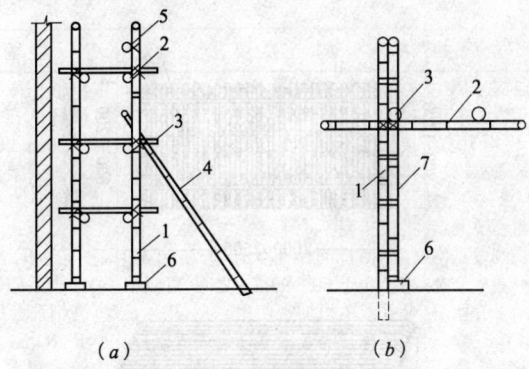

图 5-2 竹脚手架
(a)竹脚手架;(b)竹脚手架顶撑
1—立杆;2—大横杆;3—小横杆;4—抛撑;5—栏杆;6—砖(石)块;7—顶撑

脚手板材质、铺设和构造要求　　　表 5-2

名　称	材质要求及规格	铺设和构造要求
木脚手板	用杉木或松木板,腐朽、扭纹、破裂及透节的木板不能使用 脚手板长 3~6m,宽 200~350mm,厚 50mm	距板端8cm处,用10号铁丝箍绕2~3圈,并用钉子卡住,或用铁皮箍钉牢
竹脚手板 (图5-3)	用生长三年以上毛竹,青嫩、枯脆、裂纹、白麻、虫蛀的竹不能使用 分竹笆板和竹片板两种 竹笆板,长 2.0~2.5m,宽 0.8~1.2m 竹片板,长 2.0、2.5、3.0m,宽 250mm,厚 50mm	竹笆用平放的竹片,纵横编织,横竹片一正一反,边缘处纵横竹片相交点用铁丝扎牢。用于作斜道板时,应将横竹片作纵筋,竹黄向上,以防滑 竹片板子将并列的竹片,用直径8~10mm的螺栓挤紧,螺栓间距 50~60cm,离板端 20~25cm
钢脚手板 (图5-4)	用无严重锈蚀、弯曲的1.5~2.0mm厚的薄钢板 脚手板长 1.5、2.0、2.5、3.0m,宽 250mm,厚 50mm	用薄钢板冷加工冲压而成。板面上冲有梅花形布置的 $\phi 25mm$ 凸包或翻边圆孔防滑。钢跳板的连接方式有挂钩式、插孔式及U形卡式(图5-5),接头处安装两根小横杆,悬出部分大于 0.15m,小横杆间的最大间距为 1.5m,在斜道上连接采用挂钩式或U形卡连接件。每块钢跳板容许线荷载为 1.75kN/m 或集中荷载 2kN

5 脚手架工程

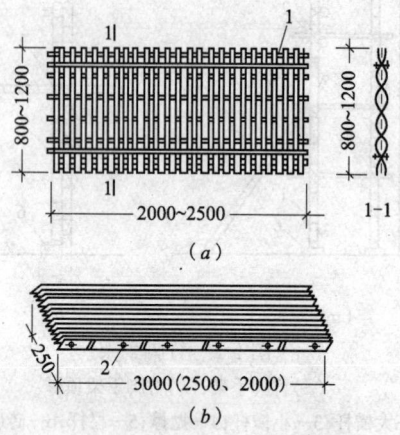

图 5-3 竹脚手板形式与构造
(a)竹笆板;(b)竹片并列脚手板
1—用铁丝扎紧;2—φ8~10mm 螺栓

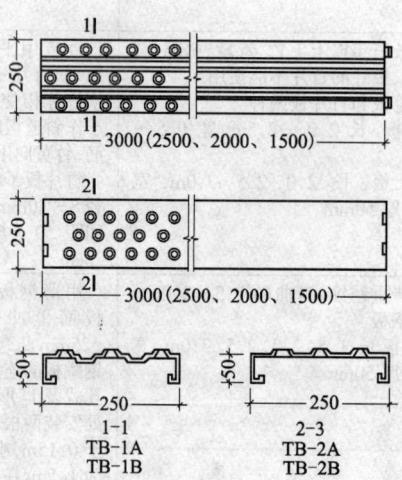

图 5-4 钢脚手板形式与构造

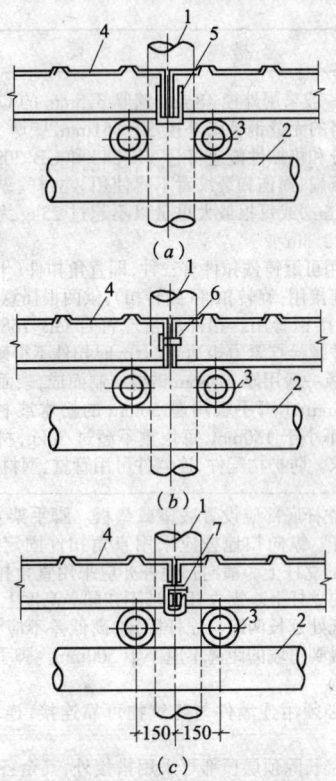

图 5-5 钢脚手板连接方式
(a)钩挂式;(b)插孔式;(c)U形卡式
1—立杆;2—大横杆;3—小横杆;4—脚手板;5—挂钩;6—插销;7—U形卡

5.2 扣件式钢管脚手架

扣件式钢管脚手架组成及搭设要点　　　表 5-3

项次	项目	搭 设 要 点
1	基本组成	1. 扣件式钢管脚手架系以标准钢管扣件(立杆、横杆和斜杆),以特制的扣件作连接件组成的脚手骨架,与脚手板、防护构配件、连墙件等搭设而成(图 5-6)

续表

项次	项目	搭 设 要 点
1	基本组成	2．钢管一般采用外径48mm、壁厚3.5mm的Q235钢焊接钢管,亦可采用同规格的无缝钢管或外径50～51mm、壁厚3～4mm的焊接钢管。其化学成分和机械性能应符合YB 242和GB 3092标准规定,有严重锈蚀、弯曲、压扁、损伤和裂纹者不得使用。立杆、纵向水平杆的钢管长度一般为4～6m,或每根最大重量以不超过25kg为宜。横向水平杆一般长为1.9～2.3m 3．连接用可锻铸铁扣件有三种,即直角扣件(十字扣),供两根垂直相交的钢管连接用;旋转扣件(四转扣),供两根任意相交钢管连接用;对接扣件,供对接钢管用。扣件质量应符合GB 15831—1995中有关的规定。当扣件螺栓拧紧力矩达40N·m时扣件不得破坏 4．脚手板一般用厚2.0mm钢板压制而成,表面压有防滑孔,板长2～4m,宽250mm;木脚手板用厚50mm的松木或杉木制成,板长一般为3～6m,宽不小于150mm,每块重不超过30kg,材质应符合国家标准二等材的要求。防护构配件、连墙件可用管材、型材或线材
2	立杆搭设	1．每根立杆底部应设置底座或垫板。脚手架立杆底部必须设置纵、横向扫地杆。纵向扫地杆应采用直角扣件固定在距底座上皮不大于200mm处的立杆上。横向扫地杆亦应采用直角扣件固定在紧靠纵向扫地杆下方的立杆上。当立杆基础不在同一高度上时,必须将高处的纵向扫地杆向低处延长两跨与立杆固定,高低差不应大于1m。靠边坡上方的立杆轴线到边坡的距离不应小于500mm。脚手架底层步距不应大于2m(图5-7) 2．立杆必须用连墙件与建筑物可靠连接,连墙件布置间距可参见表5-4 3．立杆接长除顶层顶部可采用搭接外,其余各层各部接头必须采用对接扣件连接。立杆上的对接扣件应交错布置:两根相邻立杆的接头不应设置在同步内,同步内隔1根立杆的两个相隔接头在高度方向错开的距离不宜小于500mm;各接头中心至主节点的距离不宜大于步距的1/3 4．立杆采用搭接时,搭接长度不应小于1m,应采用不少于2个旋转扣件固定,端部扣件盖板的边缘至杆端距离不应小于100mm 5．立杆顶端宜高出女儿墙上皮1m,高出檐口上皮1.5m
3	纵向水平杆搭设	1．纵向水平杆宜设置在立杆内侧,其长度不宜小于3跨 2．纵向水平杆接长宜采用对接扣件连接,也可采用搭接。采用对接时,扣件应交错布置,两根相邻纵向水平杆的接头不宜设置在同步或同跨内;不同步或不同跨两个相邻接头在水平方向错开的距离不应小于500mm;各接头中心至最近主节点的距离不宜大于纵距的1/3(图5-8);当采用搭接时,搭接长度不应小于1m,应等间距设置3个旋转扣件固定,端部扣件盖板边缘至搭接纵向水平杆端的距离不应小于100mm 3．当使用冲压钢脚手板、木脚手板时,纵向水平杆应作为横向水平杆的支座,用直角扣件固定在立杆上

5.2 扣件式钢管脚手架

续表

项次	项目	搭 设 要 点
4	横向水平杆搭设	1. 脚手架立杆主节点处必须设置 1 根横向水平杆,用直角扣件扣接且严禁拆除。主节点处两个直角扣件的中心距不应大于 150mm。在双排脚手架中,靠墙一端的外伸长度 a 不应大于 $0.4l$(l—计算跨度),且不应大于 500mm 2. 作业层上非主节点处的横向水平杆,宜根据支承脚手板的需要等间距设置,最大间距不应大于纵距的 1/2 3. 当使用冲压钢脚手板、木脚手板时,双排脚手架的横向水平杆两端均应采用直角扣件固定在纵向水平杆上
5	脚手板设置	1. 作业层脚手板应满铺、铺稳,离开墙面 120~150mm 2. 钢(木)脚手板应设置在 3 根横向水平杆上。当脚手板长度小于 2m 时,可采用两根横向水平杆支架,但应将脚手板两端与其可靠固定,严防倾翻。两种脚手板均可采用对接平铺,或搭接铺设。采用对接平铺时,接头处必须设两根横向水平杆,脚手板外伸长应取 130~150mm,两块脚手板外伸长度的和不应大于 300mm;脚手板搭接铺设时,接头必须支在横向水平杆上,搭接长度应大于 200mm,其伸出横向水平杆的长度不应小于 100mm 3. 作业层端部脚手板探头长度应取 150mm,其板长两端均应与支承杆可靠地固定
6	连墙件设置	1. 连墙件布置的最大间距应符合表 5-4 要求。其布置宜靠近主节点设置,偏离主节点的距离不应大于 300mm,且应从第一步纵向水平杆处开始设置,当该处设置有困难时,可改用抛撑。对于一字形、开口形脚手架的两端必须设置连墙件,它的垂直距离不应大于建筑物的层高,也不应大于 4m(2 步) 2. 对高度在 24m 以下的脚手架宜采用刚性连墙件与建筑物可靠连接(图 5-9a、b、c),亦可采用拉筋与顶撑配合使用的附墙柔性连接方式(图 5-9d)。严禁使用仅有拉筋的柔性连墙件。对高度 24m 以上的双排脚手架,必须采用刚性连墙件与建筑物可靠连接。连墙件应与墙面垂直,不得向上倾斜,下倾角度不宜超过 15℃。当连墙件与框架梁、柱中预埋连接件连接时,必须待梁、柱混凝土达到不低于 15MPa 的强度
7	支撑的设置	1. 脚手架纵向支撑应设在脚手架的外侧,沿高度由下而上连续设置。搭设高度 24~50m 的脚手架,每 15m 设置一道,且在转角或两端必须设置;搭设高度 50m 以上的脚手架,沿长度连续设置 2. 纵向剪刀支撑的宽度不应小于 4 跨,且不应小于 6m,斜杆与地面的夹角宜在 45°~60°之间。纵向支撑应用旋转扣件与立杆和横向水平杆扣牢,连接点距脚手架节点不大于 150mm;纵向支撑钢管接长宜采用搭接,搭接长度不小于 400mm,并用两只旋转扣件扣牢

续表

项次	项目	搭 设 要 点
7	支撑的设置	3. 当脚手架搭设高度在 50m 以上时,每隔 6 跨要设置横向支撑,横向支撑的斜杆应在同一节间,由底到顶层以"之"字形连续布置,以提高脚手架的横向刚度。非封闭形脚手架两端必须设置横向支撑,中间宜每隔六个立杆纵距设置一道。为便于施工,操作层处的横向支撑可临时拆除,待施工转入另一操作层时再补上
8	门洞设置	脚手架遇有需开施工通行的门洞时,可按以下要求处理: 1. 门洞口抽取 1 根立杆时,应在脚手架内外两侧搭设人字斜杆 2. 门洞口抽取两根立杆时,应在架手架内、外两侧加设斜杆,必要时再将门洞口上的内、外排纵向水平杆用两根钢管加强。门洞上两侧立杆应验算其稳定性。验算时应将抽取立杆所承担的荷载分别由门洞两侧立杆承受,如验算结果稳定性不够,应将门洞两侧立杆改用双钢管加强
9	斜道设置	1. 高层脚手架斜道宜附着外脚手架设置。多作为人员上下之用,其宽度不宜小于 1.0m,坡度宜采用 1:3。斜道为"之"字形,拐弯处应设置平台,其宽度应不小于斜道宽度。斜道两侧及平台外围均应设置栏杆及挡脚板。栏杆高度应为 1.2m,挡脚板高度不应小于 180mm 2. 斜道两侧、端部及平台外围,必须设置纵向剪刀支撑,同时还相应设置连墙件 3. 斜道脚手板铺设,当采用横铺时,应在横向水平杆上增设纵向支托杆,纵向支托杆间距不应大于 500mm;当脚手板顺铺时,接头宜采用搭接;下面的板头应压住上面的板头,板头的凸棱处宜采用三角木填顺。斜道脚手板上应每隔 250~300mm 设 1 根防滑木条,木条厚度宜为 20~30mm
10	搭设质量要求	1. 立杆垂直偏差: (1) 搭设高度 $H \leqslant 40m$ 时: 纵向偏差不大于 $H/400$,且不大于 100mm;横向偏差不大于 $H/600$,且不大于 50mm (2) 搭设高度 H 为 40~60m 时: 纵向偏差不大于 $H/600$,且不大于 100mm;横向偏差不大于 $H/800$,且不大于 50mm (3) 搭设高度 H 为 60~80m 时: 纵向偏差不大于 $H/800$,但不大于 100mm;横向偏差不大于 $H/1000$,但不大于 50mm 2. 纵向水平杆水平偏差不大于总长度的 1/300,且不大于 20mm,同跨内外高度差不大于 10mm;横向水平杆水平偏差不大于 10mm,外伸尺寸的误差不应大于 50mm 3. 脚手架的步距、立杆横距偏差不大于 20mm;立杆纵距偏差不大于 50mm 4. 扣件紧固力矩宜在 45~55N·m 范围内,不得低于 40N·m 或高于 65N·m 5. 连墙点的数量、位置要正确,连接牢固,无松动现象

5.2 扣件式钢管脚手架

续表

项次	项目	搭 设 要 点
11	脚手架的拆除	1. 拆除前应全面检查脚手架的牢固情况,并根据检查结果补充完善施工组织设计中的拆除方案 2. 单位工程负责人应认真、仔细地向操作人员进行拆除安全技术交底 3. 清除脚手架上的杂物及地面障碍物。设警戒区,设置明显标志,安排专人警戒 4. 拆除作业必须由上而下逐层进行,严禁上下同步作业。连墙件必须随脚手架逐层拆除,严禁先将连墙件整层或数层拆除后再拆脚手架;分段拆除高差不应大于2步,如高差大于2步,应增设连墙件加固 5. 当脚手架拆至下部最后1根立杆的高度(约6.5m)时,应先在适当位置搭设临时抛撑加固后,再拆除连墙件 6. 拆下的扣件和配件应及时运至地面码堆存放,严禁高空抛掷

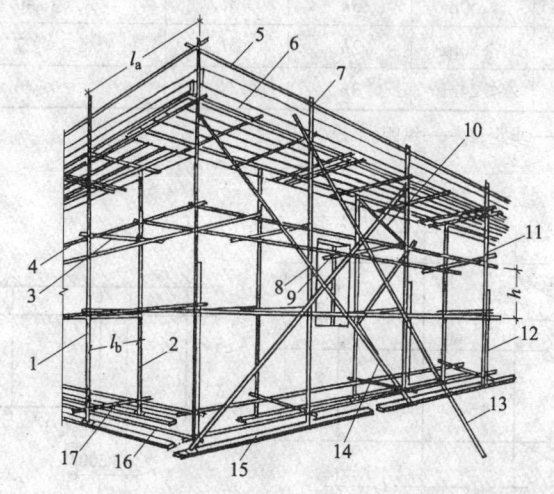

图 5-6 扣件式钢管脚手架的组成

1—外立杆;2—内立杆;3—横向水平杆;4—纵向水平杆;5—栏杆;
6—挡脚板;7—直角扣件;8—旋转扣件;9—连墙件;
10—横向斜撑;11—主立杆;12—副立杆;13—抛撑;14—剪刀撑;
15—垫板;16—纵向扫地杆;17—横向扫地杆

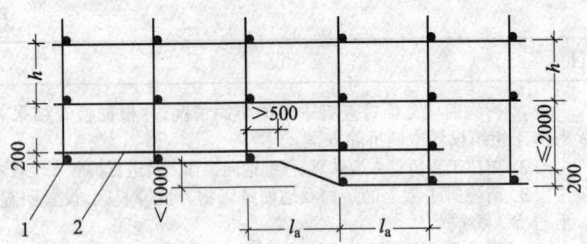

图 5-7 纵、横向扫地杆构造
1—横向扫地杆；2—纵向扫地杆

连墙件布置最大间距   表 5-4

脚手架高度		竖向间距 (h)	水平间距 (l_a)	每根连墙件覆盖面积 (m^2)
双排	≤50m	$3h$	$3l_a$	≤40
	>50m	$2h$	$3l_a$	≤27
单排	≤24m	$3h$	$3l_a$	≤40

注：h——步距；l_a——纵距。

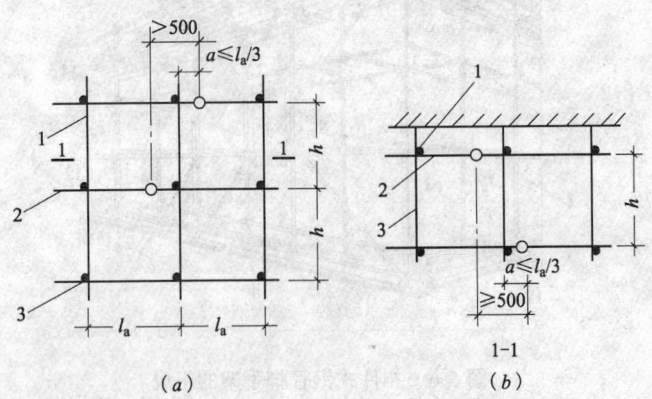

图 5-8 纵向水平杆对接接头布置
(a) 接头不在同步内(立面)；(b) 接头不在同跨内(平面)
1—立杆；2—纵向水平杆；3—横向水平杆

5.3 碗扣式钢管脚手架

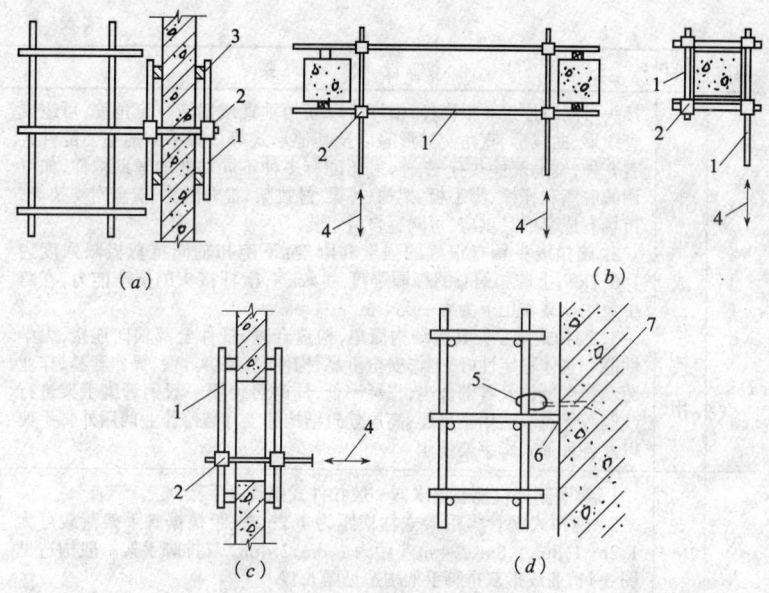

图 5-9 脚手架与主体结构的连接
(a)双排架与墙的刚性连接(平面);(b)与框架柱的刚性连接;
(c)与门窗洞口处墙的刚性连接;(d)双排架与主体结构柔性连接(立面)
1—短钢管及附加钢管;2—直角扣件;3—抱木;4—连向立杆或横向水平杆;
5—双股8号铁丝与预埋件拉紧;6—顶紧;7—预埋铁件

5.3 碗扣式钢管脚手架

碗扣式钢管脚手架组成、搭设方法及构造要求　　表 5-5

项次	项目	搭　设　要　点
1	基本组成及使用	1. 碗扣式钢管脚手架,又称多功能碗扣型脚手架,是我国参考国外同类型脚手架接头和配件构造自行研制而成的一种多功能脚手架。脚手架由钢管立管、横管、碗扣接头组成。其核心部件为碗扣接头,是由上、下碗扣、横杆接头和上碗扣限位销等组成(图5-10)。在立杆上焊接下碗扣和上碗扣的限位销,上、下碗扣和限位销的间距为600mm,将上碗扣套入立杆内。在横杆和斜杆上焊接接头。组装时,将上碗扣的缺口对准限位销后,即可将上碗扣拉起(沿立杆向上滑动),把横杆接头插入下碗扣圆槽内,随后将上碗扣沿限位销滑下,并顺时针旋转以扣紧横杆接头(用锤敲击几下即可达到扣紧要求),利用限位销固定上碗扣即成。碗扣

续表

项次	项目	搭 设 要 点
1	基本组成及使用	接头可同时连接4根横杆,横杆可以互相垂直或偏转一定角度,可组成直线形、曲线形、直角交叉形等以及其他形式等。脚手架的主要配件共有8种,辅助配件共有17种,另还配有多种不同功能的辅助构件,如可调的底座和托撑、脚手板、架梯、挑梁、悬挑架、提升滑轮、安全网支架等,市场有成套成品供应,可购置自行组装 2. 碗扣接头具有很好的强度和刚度:下碗扣轴向抗剪极限强度为166.7kN,上碗扣偏心的极限强度为42kN;横杆接头的抗弯能力,在跨中集中荷载作用下为6~9kN·m 3. 碗扣式脚手架具有结构简单,构造合理,杆件全部轴向连接,力学性能和整体稳定性好,工作安全可靠,构件轻,装拆方便,操作容易,作业劳动强度低以及零部件少,损耗率低,同时可使用一般钢管脚手架进行改制等优点。适用于多层、高层建筑结构施工和装修作业两用外脚手架以及各种形式脚手架使用
2	搭设方法及构造要求	1. 脚手架搭设地基要求同一般扣件式钢管脚手架 2. 碗扣式钢管脚手架立柱横距为1.2m;纵距根据脚手架荷载可为1.2m、1.5m、1.8m、2.4m;步距为1.8m、2.4m。双排脚手架一般构造见图5-11,曲线形双排脚手架构造见图5-12 3. 搭设时立杆的接长缝应错开,第一层立杆应用长1.8m和3.0m的立杆错开布置,往上均用3.0m长杆,至顶层再用1.8m和3.0m两种长杆找平 4. 脚手架除立杆和横杆外,一般还设斜杆,以增强脚手架的稳定。斜杆同立杆的连接与横杆与立杆的连接相同,其节点构造如图5-13所示。对于不同尺寸的框架,应配备相应长度斜杆。斜杆可装成节点斜杆或装成非节点斜杆,其构造如图5-14所示 斜杆应尽量布置在框架节点上,对于高度30m以上的高层脚手架设置斜杆的框架面积要不小于整架面积的1/2。在拐角边缘及端部必须设置斜杆,中间可均匀间隔布置。此外对于一字形及开口形脚手架,应在两端横向框架内沿全高连续设置节点杆。对30m以上的脚手架,中间应每隔5~6跨设置一道沿全高连续设置的廊道横杆 5. 连接点(撑)应按规定和要求设置。一般每层楼均设附连连接点,连接点水平距离为框架结构的柱距,用钢管和扣件将脚手架与柱锁紧。支撑架(剪刀撑)应每4~6跨设置一组,每道剪刀撑跨越5~7根立杆,沿高度连续设置(双杆),并应对称布置,与地面夹角为45°~60°,用扣件与脚手架连接,设剪刀撑的跨内可不再设碗扣式斜杆。对于30m以上的高层脚手架,还应每隔3~5步设置一层连续闭合的纵向水平剪刀撑 6. 脚手架搭设高度应与施工高度同步,超过部分不得大于二步架的高度 7. 在全高范围内,一般允许铺3层脚手板,1层铺在第2层楼面作安全防护层,2层为施工操作层,随施工进度向上转移 8. 脚手架搭设垂直度要求:高30m以下脚手架垂直度应在1/200以内;高30m以上脚手架垂直度应控制在1/400~1/600,总高垂直度偏差不大于100mm

5.3 碗扣式钢管脚手架

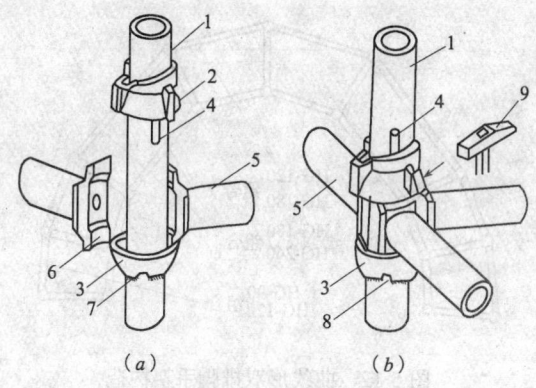

图 5-10 碗扣接头构造示意图
(a)连接前;(b)连接后
1—立杆;2—上碗扣;3—下碗扣;4—限位销;
5—横杆;6—横杆接头;7—焊缝;8—流水槽;9—小锤

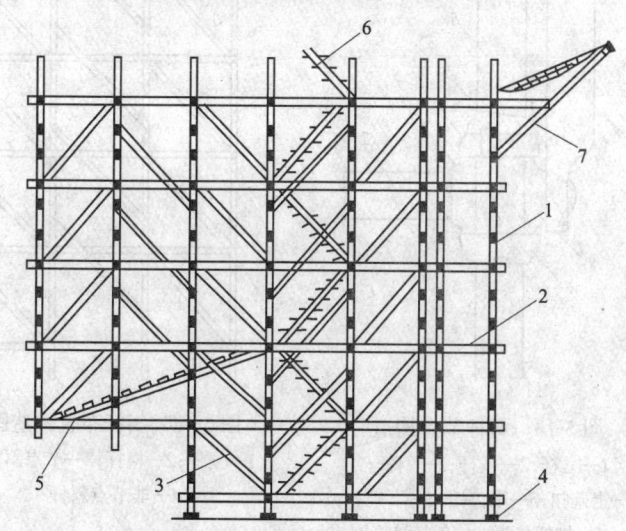

图 5-11 碗扣式双排脚手架一般构造
1—立杆;2—横杆;3—斜杆;4—垫座;
5—斜脚手板;6—梯子;7—安全网支架

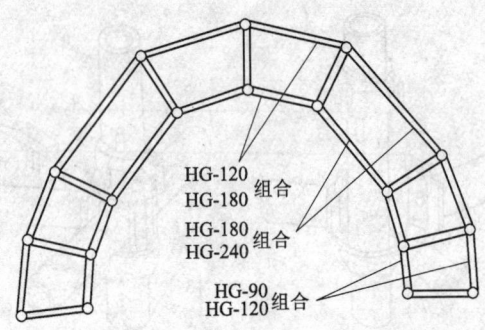

图 5-12 曲线形双排脚手架构造

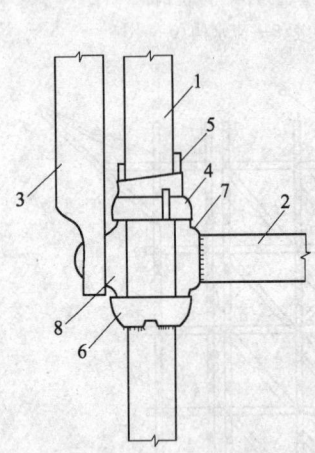

图 5-13 斜杆节点构造
1—立杆；2—横杆；3—斜杆；
4—上碗扣；5—限位销；6—下碗扣；
7—横杆接头；8—斜杆接头

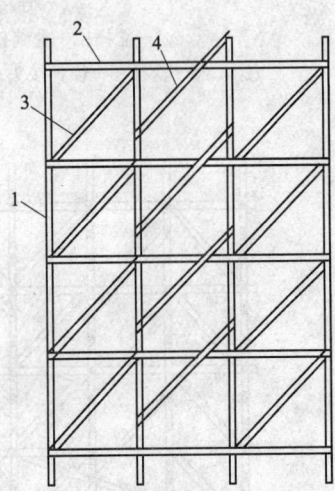

图 5-14 斜杆布置构造图
1—立杆；2—横杆；3—节点斜杆；
4—非节点斜杆

5.4 门式钢管脚手架

门式钢管脚手架组成、构造、搭设方法及技术要求　　表 5-6

项次	项目	搭　设　要　点
1	基本组成与构造	1. 门式钢管脚手架，或称门型脚手架，是我国从日本引进并生产的一种新型工具式脚手架，它是用普通钢管材料制成工具式标准件，在施工现场组合而成，其基本单元是由一对门型架、二副剪刀撑、一副平架(踏脚板)和四个连接器组合而成(图 5-15)，若干基本单元通过连接棒在竖向叠加，扣上锁臂，组成一个多层框架，在水平方向，用加固杆和平梁架(或脚手板)使与相邻单元联成整体，加上剪刀撑斜梯、栏杆柱和横杆组成上下步相通的外脚手架，并通过连墙件与建筑结构拉结牢固，形成整体稳定的脚手架结构(图 5-16) 2. 底座有三种：即可调节底座，能调高 200～550mm；固定底座，无调高功能；带滚轮底座，多用于操作平台 脚手板一般用钢脚手板，两端搁置在门架横梁上，用挂扣扣紧，为加强脚手架水平刚度的主要构件，应每隔 3～5 层设置一层脚手板 各通道口用小桁架来构成。梯子为设有梯步的斜梯，分别挂在上下两层门架的横梁上 3. 门架跨距要符合《门式钢管脚手架》(JGJ 76—91)规定，并与交叉支撑规格配合；门架立杆离墙净距不应大于 150mm，门架的内外两侧应设置交叉支撑，并应与门架立杆的锁销锁牢；上下两榀门架相连必须设置连接棒和锁臂；作业层应满铺挂扣或脚手板，并扣紧挡板。水平架的设置：当脚手架搭设高度 $H \leqslant 45m$ 时，间距不应大于二步架；在脚手架的转角处，端部和间断处应在一个跨距范围内每步一设；搭设高度 $H > 45m$ 时，水平架应每步一设，且应交圈设置，但在有脚手板部位及门架两侧设置水平加固杆处，可以不设。当因施工需要，临时局部拆除脚手架内侧交叉支撑时，应在拆除交叉支撑的门架上方及下方设置水平架 4. 门式脚手的搭设高度一般限制在 35m 以内，采取措施可达 60m。架高在 40～60m 范围内，结构架可一层同时操作，装修架可二层同时操作；架高在 19～38m 范围内，结构架可二层同时操作，装修架可三层同时作业；架高 17m 以下，结构架可三层同时作业，装修架可四层同时作业 5. 施工荷载限定为：均布荷载结构架为 $3.0kN/m^2$；装修架 $2.0kN/m^2$，架上不应走手推车 6. 门式脚手架的特点是：结构简单，组装方便、轻便，并可调高度；同时具有使用安全，周转次数高，组装形式变化多样(还可作里脚手架和支顶模板)，部件种类不多，操作方便，便于运输、堆放、装卸；可在工厂批量生产，市场有成品供应，造价低廉等优点。但组装件接头大部分不是螺栓紧固性的连接，而是插销或搭扣形式的连接，对高度或荷载较大的脚手架，需要采取一定附加钢管拉结紧固措施，否则稳定性较差。这种脚手架适用于作高层外脚手架和里脚手架与模板支架

续表

项次	项目	搭 设 要 点
2	搭设方法及技术要求	1. 脚手架的地基应具有足够的承载力,以防发生不均匀沉降或塌陷。当采用可调底座时,其地基处理和加设垫板的要求同扣件式钢管脚手架;当采用非可调式底座时,基底必须严格抄平。如基底处于较深的填土层上或架高超过40m时,应加做厚度不小于400mm的灰土垫层,或沿纵向设置厚度不小于200mm的钢筋混凝土条梁,上面再加设垫板或垫木,并严格控制第一步门架的标高,其水平误差不大于5mm;同时采取在下部三步架内外加设 $\phi 48mm$ 钢管横杆加强 2. 脚手架搭设顺序是:铺放垫木→拉线、放底座→自一端开始立门架,并随即装交叉支撑→装水平梁架(或脚手板)→装梯子→装通长大横杆(需要时装)→装设连墙杆→插上连接棒→安装上一步门架→装上锁臂→按以上步骤逐层向上安装→装加强整体刚度的长剪刀撑→装设顶部栏杆。梁按其所处部位相应装上 3. 搭设时要严格控制首层门架的垂直度,要使门架竖杆在两个方向的垂直偏差均在2mm以内,顶部水平偏差控制在5mm以内。安装门架时上下门架竖杆之间要对齐,对中偏差不应大于3mm,同时注意调整好门架的垂直度和水平度 4. 脚手架下部内外侧要加设通长的 $\phi 48mm$ 水平加固杆(用扣件与门架立杆卡牢)应不少于三步,且内外侧均需设置,并形成水平闭合圈。然后往上每隔四步设置一道,最高层顶部和最低层底部应各加设一道,并宜在有连墙件的水平层设置,以加强整个脚手架的稳定 5. 在脚手板外侧应设置通长剪刀撑(用 $\phi 48mm$ 钢管长6~8m与门架立柱卡牢),高度和宽度分别为3~4个步距与架距,其与地面的夹角为45°~60°,并应沿高度和长度连续设置。相邻长剪刀撑之间应相隔3~5个架距 6. 为防止架子发生向外偏斜,要及时装设连墙件与建筑结构紧密连接。连墙件的最大间距应满足表5-7的要求,连墙件的一般做法如图5-17所示 7. 在脚手架的转角处,要用 $\phi 48mm$ 钢管和旋转扣件把处于相交处的两门架连接成一体,并在转角处适当增加连墙件的密度(图5-18) 8. 门架架设超过10层,应加设辅助支架,一般在高8~11层门架之间,宽在5个门架之间,加设一组,使部分荷载由墙体分担(图5-18c) 9. 当门型脚手架不能落地架设或搭设高度超过规定(45m或轻载的60m)时,可分别采取从楼板伸出支挑构造的分段搭设方式或支挑卸载方式(图5-19),或前述相适合的挑支方式,并经设计计算验算后始可加以实施 10. 脚手架开通道洞口高不宜大于2个门架,宽不宜大于1个门架跨距。当洞口宽为一个跨距时,应在脚手架上方的内外侧设置水平加固杆,在洞口两个上角加斜撑杆;当洞口宽为两个及两个以上跨时,应在洞口上方设置经专门设计和制作的托架,并加强洞口两侧的门架立杆 11. 作业人员上下脚手架的斜梯应采用挂扣式钢梯,并宜采用"之"字形式,一个梯段宜跨越两步或三步 12. 脚手架搭设的垂直度要求:每步架垂直度允许偏差不大于 $h/1000$ (h—步距)及±2.0mm;脚手架整体垂直度允许偏差不大于 $H/600$ (H—脚手架高度)及±50mm。脚手架的水平度要求:一跨距内水平架两端高差允许偏差不大于± $l/600$ (l—跨距)及±3.0mm;脚手架整体水平度不大于± $L/600$ (L—脚手板长度)及±50mm

5.4 门式钢管脚手架

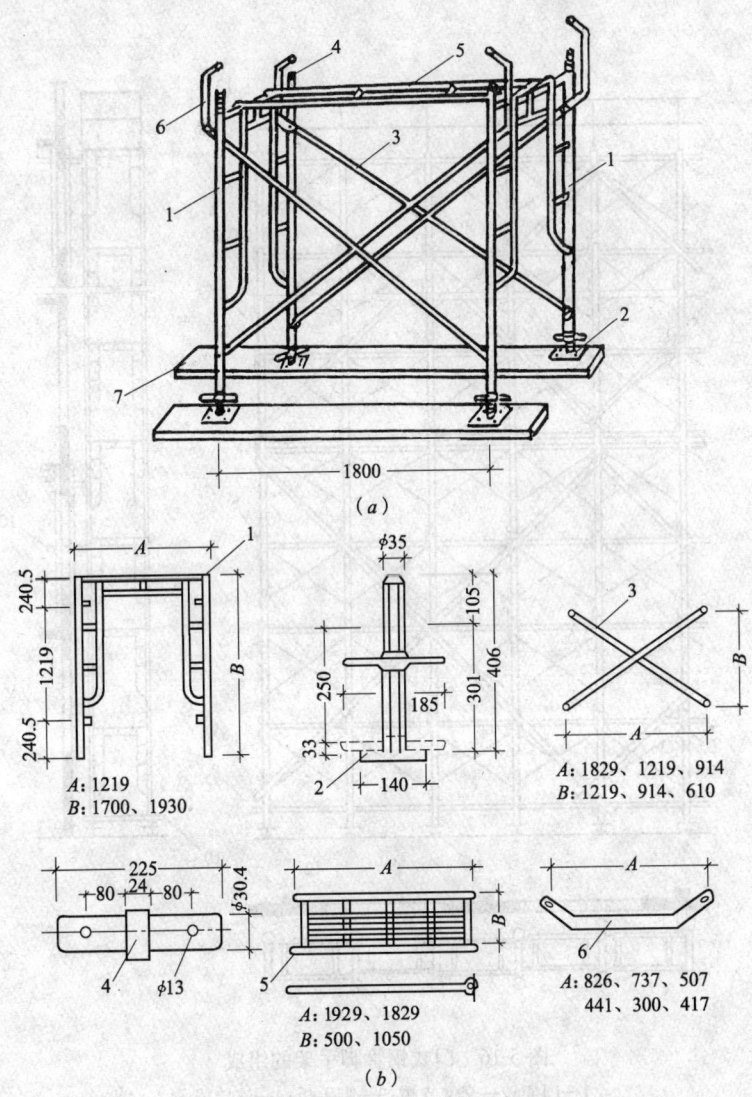

图 5-15 门型脚手架组合图
(a)门型脚手架基本组合单元；(b)基本单元部件
1—门型架；2—螺栓基脚；3—剪刀撑；4—连接棒；
5—平架(踏脚板)；6—锁臂；7—木板

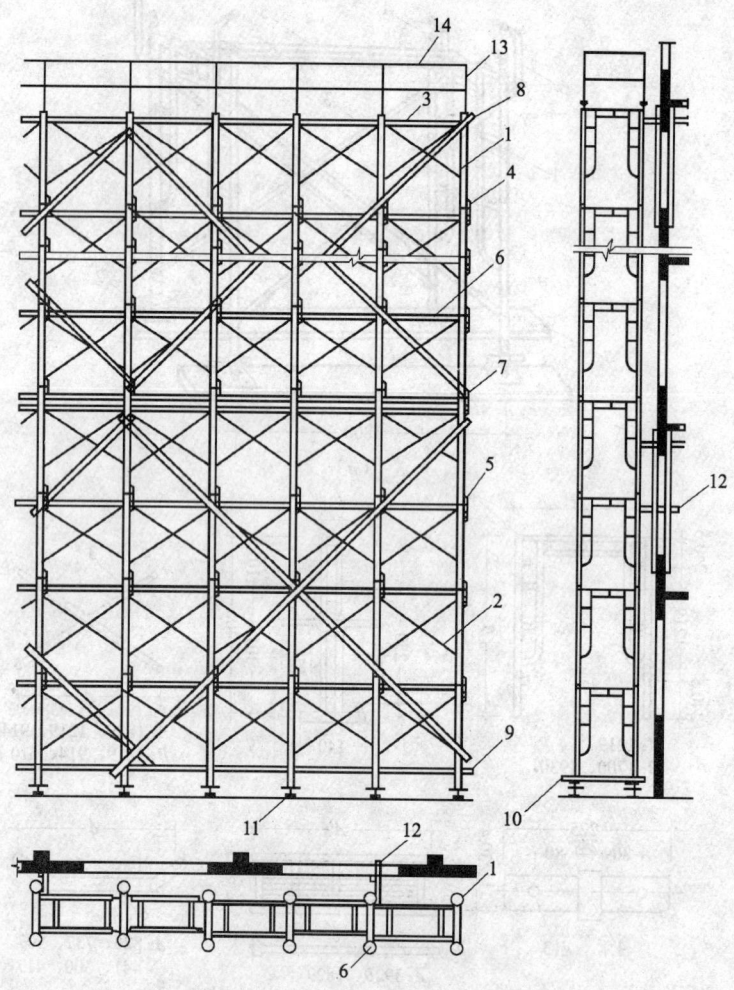

图 5-16 门式钢管脚手架的组成
1—门架;2—交叉支撑;3—脚手板;4—连接棒;
5—锁臂;6—水平架;7—水平加固杆;8—剪刀撑;9—扫地杆;
10—封口杆;11—底座;12—连墙件;13—栏杆;14—扶手

5.4 门式钢管脚手架

连墙件的间距 表 5-7

脚手架搭设高度 (m)	基本风压 w_0 (kN/m²)	连墙件的间距(m)	
		竖 向	水 平 向
≤45	≤0.35	≤6.0	≤8.0
	>0.35	≤4.0	≤6.0
>45		≤4.0	≤6.0

注：1. 在脚手架的转角处、独立脚手架的两端，其竖向间距不应大于 4.0m。
2. 在脚手架外侧因设置防护棚或安全网而承受偏心荷载的部位，其水平间距不应大于 4.0m。

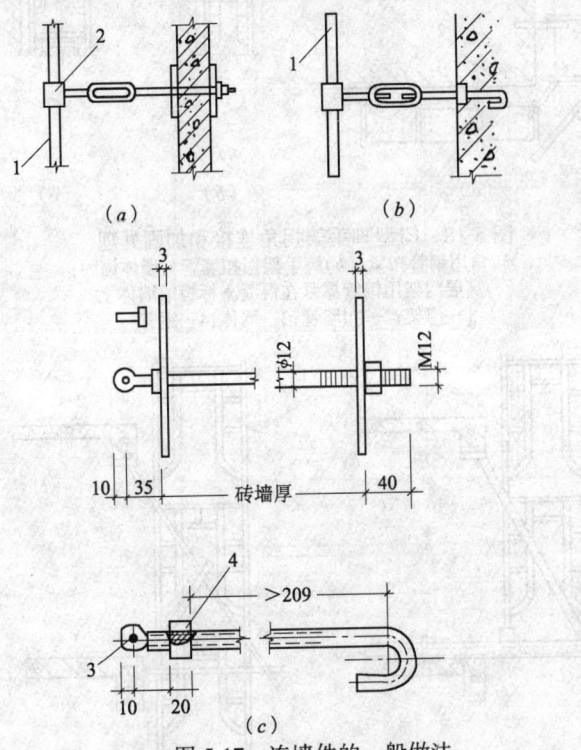

图 5-17 连墙件的一般做法
(a)夹固式；(b)锚固式；(c)预埋连墙件
1—门架立杆；2—扣件；3—接头螺钉；4—连接螺母

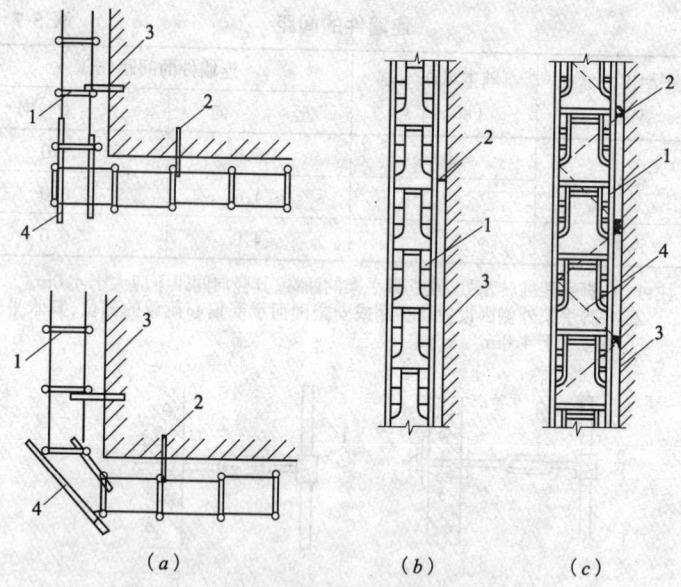

图 5-18 门型脚手架拐角连接和加固处理
(a)转角用钢管扣紧;(b)脚手架用扣墙管与墙体锚固;
(c)高层门架用钢管撑紧在混凝土标板或墙体上
1—门架;2—扣墙管;3—墙体;4—钢管

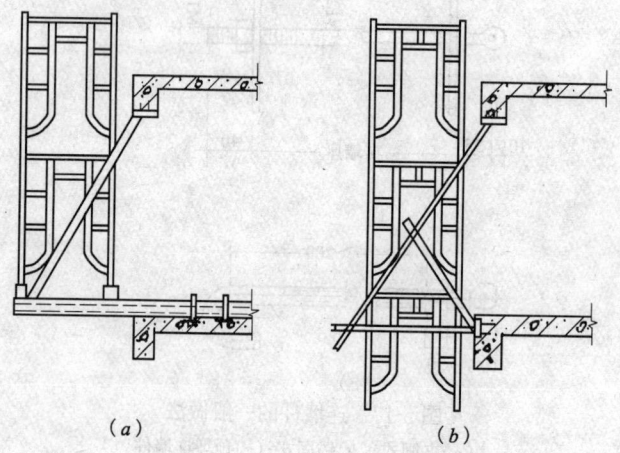

图 5-19 架设的非落地支承形式
(a)分段搭设构造;(b)分段卸载构造

5.5 悬挑式脚手架

悬挑式脚手架类型、构造与搭设施工要点　　　　表 5-8

项次	项目	要点
1	组成、类型及构造	1. 悬挑式脚手架系利用建筑结构外边缘向外伸出的悬挑构架作施工上部结构，或作外装修用。脚手架的荷载全部或大部分传递给已施工完的下部建筑物承受。这种脚手架要求必须有足够的强度、刚度和稳定性，并能将脚手架的荷载有效的传给建筑结构 2. 悬挑式脚手架的形式构造，大致分为三类： （1）钢管悬挑式脚手架 系在每层楼用钢管搭设外伸钢管架来施工上部结构，包括支模、绑钢筋、浇筑混凝土、砌筑外墙、进行墙外装修。图 5-20 为三种搭设形式。其中：(a)系在已完成楼层上悬挑钢管，在下层设钢管斜撑，形成外伸悬挑架来施工上层结构，设 1～2 层量周转向上；(b)系利用支模钢管架将横杆外挑出柱外，下部钢管加斜撑，组成挑架代替双排外架，进行边梁及边柱的支模和现浇混凝土施工，设 2～3 层量周转向上，外装饰施工另用吊架；(c)在建筑物边部搭悬挑架，主要用作外装饰施工使用。这类脚手架的优点是：搭设简单便利，利用常备钢管材料，每次只搭设 2～3 层流水作业，节省大量脚手材料 （2）下撑式悬挑脚手架 系用型钢焊接三角桁架作为悬挑支承架，支承架的上部搭设双排外脚手架（图 5-21），搭设方法与一般扣件式钢管外脚手架相同，并按要求设置连墙点，脚手架的高度（或分段的高度）不得超过 25m。在每层楼应在柱梁上预埋与三角架和脚手架连接件连接的铁件，规格尺寸由计算确定。这种脚手架装设简便，节省脚手材料，安全可靠。存在问题是：三角架的斜撑为受压杆件，其承载能力由压杆稳定性控制，因此需用较大截面，钢材用量较多，且笨重 （3）斜拉式悬挑脚手架 系用型钢作梁挑出，端头加钢丝绳（或用钢筋法兰螺栓拉杆）斜拉，组成悬挑支承结构，在其上搭设双排扣件式钢管脚手架（图 5-22），方法与要求同下撑式悬挑脚手架。这种脚手架装设较下撑式悬挑脚手架简便、快速，由于其悬出端支承杆件是斜拉索（或拉杆），其承载能力由拉杆的强度控制，因此截面较小，能节省 35% 钢材，自重轻，装、拆省工省时
2	搭设要求	1. 钢管悬挑式脚手架搭设须控制使用荷载，搭设要牢固。搭设时应先搭好里架子，使横杆伸出墙外，再将斜杆撑起与挑出横杆连接牢固，随后再搭设悬挑部分，铺脚手板，外围要设栏杆和挡脚板，下面支设安全网，以保安全 2. 多层支挑脚手架应一层一层地搭设，并与结构拉结好，斜撑杆上端应用旋转扣件与悬挑杆相连接，不得用铁丝绑扎

续表

项次	项目	要点
2	搭设要求	3.支撑式、斜拉式、悬挑脚手架各杆件应根据使用荷载进行认真设计和验算,应保证杆件有足够的强度和刚度 4.脚手架组装应编制施工组织设计,明确使用荷载,确定平面、立面布置和安装程序,并按设计要求进行搭设,使牢固可靠,并且有足够的稳定性 5.悬挑梁和连接件与柱、墙体结构的连接,应按设计预先埋设铁件或留好孔洞,保证混凝土密实,锚固可靠,不得漏埋、漏留孔洞而打凿孔洞,破坏柱墙体结构 6.脚手架立杆与挑梁(或横梁)的连接,应在挑梁或横梁上焊短钢管(长150~200mm),其外径应比脚手架立杆内径小1.0~1.5mm,用接长扣件与立管连接,同时在立杆下部绑1~2道扫地杆,以确保脚手架底部的稳定 7.钢支架焊接应保证焊缝高度和质量符合要求。支架上部脚手架应用连接件与柱、墙牢固拉结,并应随脚手架的升高而设置 8.脚手架搭设完后应经全面检查、验收,牢固性、垂直性、整体稳定性均合格后,方可投入使用

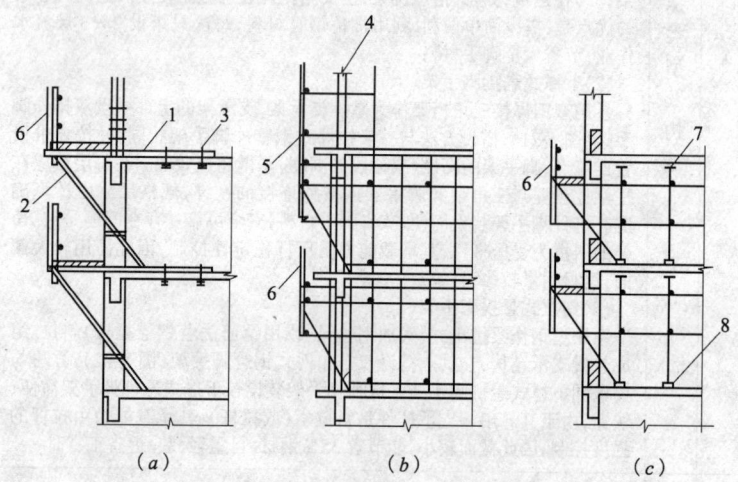

图 5-20 钢管悬挑式外脚手架
(a)在已完楼层上悬挑钢管;(b)利用支模钢管架
将横杆外挑;(c)在建筑物边部搭悬挑架
1—悬挑脚手钢管;2—钢管斜撑;3—锚固用U形螺栓;
4—现浇钢筋混凝土;5—悬挑管架;6—安全网;7—木垫板;8—木楔

5.6 悬吊(挂)式脚手架

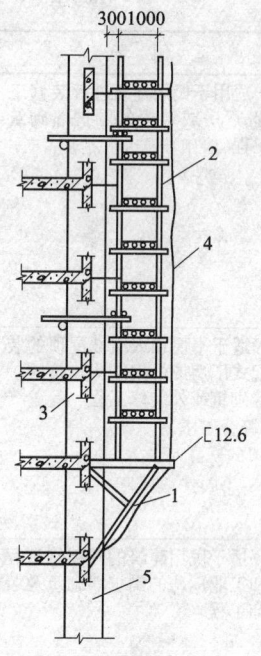

图 5-21 下撑式悬挑外脚手架
1—三角支架 2∟63×63×6mm（每8层楼设1层）；2—双排扣件式钢管脚手架；3—8号铁丝拉结；4—安全网；5—柱

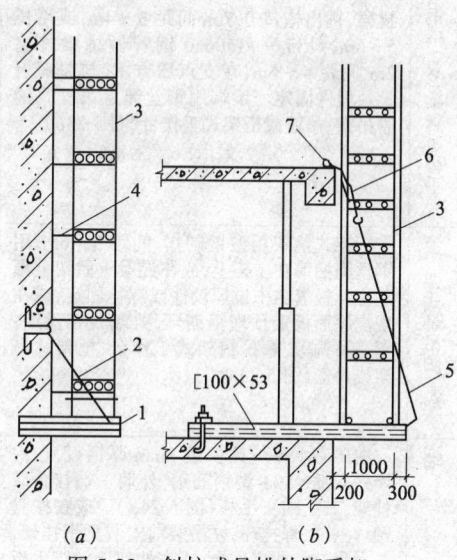

图 5-22 斜拉式悬挑外脚手架
1—轻型槽钢；2—钢丝绳斜拉索；3—双排钢管脚手架；4—8号铁丝拉结；5—ϕ10mm 拉筋；6—法兰螺栓；7—ϕ14mm 吊环

5.6 悬吊(挂)式脚手架

悬吊(挂)式脚手架搭设技术要求及构造参数　　表 5-9

种类	搭设及构造要求	适用场合
木单梁悬吊脚手架	系用长大于 3.5m，梢径 ϕ160mm 杉杆固定在屋面上做挑梁，挑出檐口 700mm，间距 2～3m，在挑梁端部和中部分别设通长杉杆压木和垫木，压木通过屋面板吊环或板缝中预埋螺栓固定，挑梁端用钢丝绳吊框式木或钢管吊架（图 5-23a）	适用于民用建筑或工业建筑外装修工程

5 脚手架工程

续表

种类	搭设及构造要求	适用场合
型钢单(双)梁悬吊脚手架	用长2～3m I 12工字钢或2 ⊏ 12槽钢做挑梁,挑出檐口0.7m,间距3～4m,或用长5～6m、$\phi 135 \sim \phi 150$mm钢管做挑梁挑出2m,间距4～6m,在支点压方木,与屋面板上预埋件固定。梁端用钢丝绳悬吊框式钢管吊架、吊篮或桁架式工作台(图5-23b)	适用于民用建筑外墙装修工程,厂房或结构的围护墙砌筑工程
桁架式悬吊脚手架	桁架式挑架用型钢制作,间距3～6m,用钢丝绳捆缚在屋架上,或在混凝土屋架上预制屋面板缝隙中设埋设件或螺栓固定,或在现浇屋面板上预埋钢环,梁端设钢丝绳、钢筋吊钩等,悬吊桁架式工作台、框架式吊架或吊篮(图5-23c)	适于平屋顶或缓坡屋顶的装配式厂房或框架结构建筑围护墙砌筑或外装修工程
墙(柱)身悬挂脚手架	在砖墙水平缝内安设8mm厚钢板,在内墙一端插ϕ10T型钢筋销,外墙一端挂金属挂架,其上铺脚手板(图5-24a)。或在柱身预埋铁件,焊挂环,柱吊装前安装型钢挂架,悬吊吊篮架或工作台,或在挂架上铺脚手板操作(图5-24b)	适于民用建筑的外装修工程和工业厂房的围护墙砌筑及装饰工程

注:吊挂脚手架的升降方法有手扳葫芦、捯链、电动机械升降、液压提升、手动工具分节提升等。

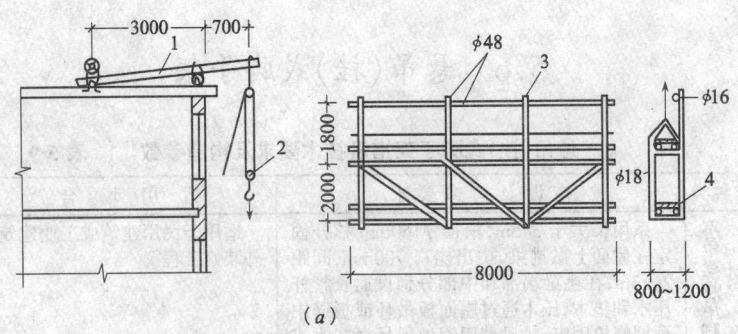

图 5-23 悬吊脚手架(一)

5.6 悬吊(挂)式脚手架

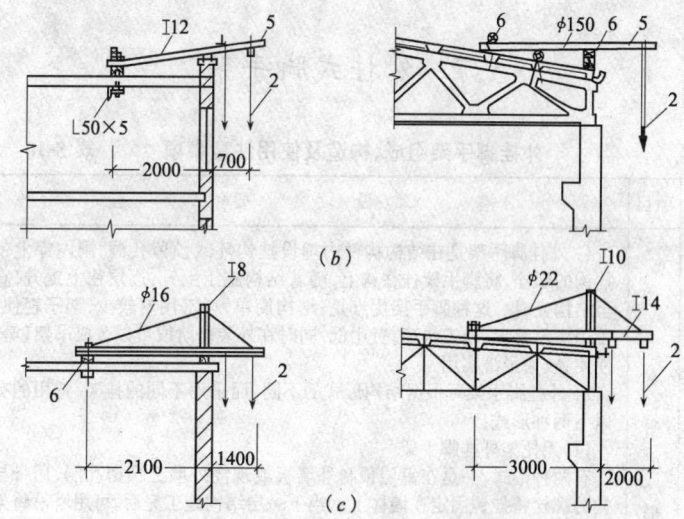

图 5-23 悬吊脚手架(二)
(a)木单梁悬吊脚手架;(b)型钢单(双)梁悬吊脚手架;(c)桁架式悬吊脚手架
1—φ16mm 木挑梁;2—吊挂吊篮架或工作台;
3—钢管吊篮架;4—脚手板;5—型钢挑梁;6—木杆或方木

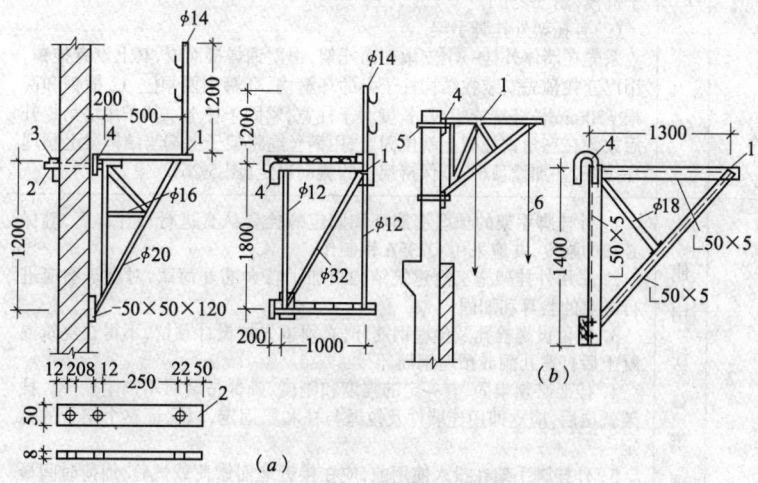

图 5-24 悬挂脚手架
(a)墙身悬挂脚手架;(b)柱身悬挂脚手架
1—型钢挂架;2—平放钢板;3—φ10mmT 形插销;
4—φ20mm 挂钩;5—挂环;6—悬吊吊篮架或工作台

5.7 外挂式脚手架

外挂脚手架组成、构造及使用注意事项 表 5-10

项次	项目	搭 设 要 点
1	组成、形式及构造	1. 外挂脚手架是在结构构件内埋设挂钩环或预留孔洞,洞内穿上带挂钩的螺栓,将脚手架挂在钩上,随着结构施工上升,逐层往上提升,直至结构完成。这种脚手架优点是:结构简单,耗工用料较少,架子轻便,可用塔吊移置,施工快速,费用低,同时在外装修阶段可以改成吊架(篮)使用,较为经济实用 2. 外挂脚手架可根据结构形式的不同,而采用不同的挂架,常用的有以下两种形式: (1)无托架外挂脚手架 有两种形式,一是在每层预制外墙板或现浇外墙上预留孔洞,用带挂钩的螺栓将挂钩固定在墙体上。当下一层结构施工完后,可用塔吊将架子挂在固定于墙体上的挂钩上(图 5-25a),以便于进行上一层作业;一是在四周现浇柱子外侧每层预埋 1 个 ϕ20mm 钢筋环,角柱则预埋 2 个钢筋环,挂架子用塔吊提升后用钢丝绳及卡环与预埋钢筋环连接。每个挂架子设四层操作平台,上两层用于支模绑钢筋、浇筑混凝土,下两层用于拆模(图 5-25b) (2)有托架外挂脚手架 系先在墙体外挂一个支承三角托架,由型钢焊接而成,其上设有挂钩,用以套在预先安装在结构柱子上的环箍内,环箍由两根 ⊏ 12 槽钢和两根 ϕ30mm 长杆螺栓组成;长度大于柱宽,紧固于柱上。架子用塔吊提升后放置在三角钢托架上就位固定,用钢丝绳将架子上端与结构梁上预埋环拉好,并加设顶杆,以保持架子的侧向稳定(图 5-26)
2	使用注意事项	1. 外挂脚手架的预埋钢筋环和固定螺栓要认真进行设计计算,确保必须的强度,并应采用 Q235A 钢制作 2. 采用外挂架施工给建筑结构附加了较大的外荷载,对建筑物应进行必要的验算和加固 3. 预留设螺栓孔及预埋钢筋环,必须事先按设计预留,不得在浇筑混凝土后打凿孔洞或预埋钢筋环 4. 挂架必须牢固,有一定的强度和刚度,确保吊装时不产生变形。挂架就位后,应立即用连墙件及拉绳与柱和梁固定,以保证整个架子的稳定 5. 外挂脚手架在投入使用前,应在接近地面做荷载试验,加荷时间最少持续 4h,以检验悬挂点的强度、焊接及预埋件的质量,经检验合格,方可正式使用

5.7 外挂式脚手架

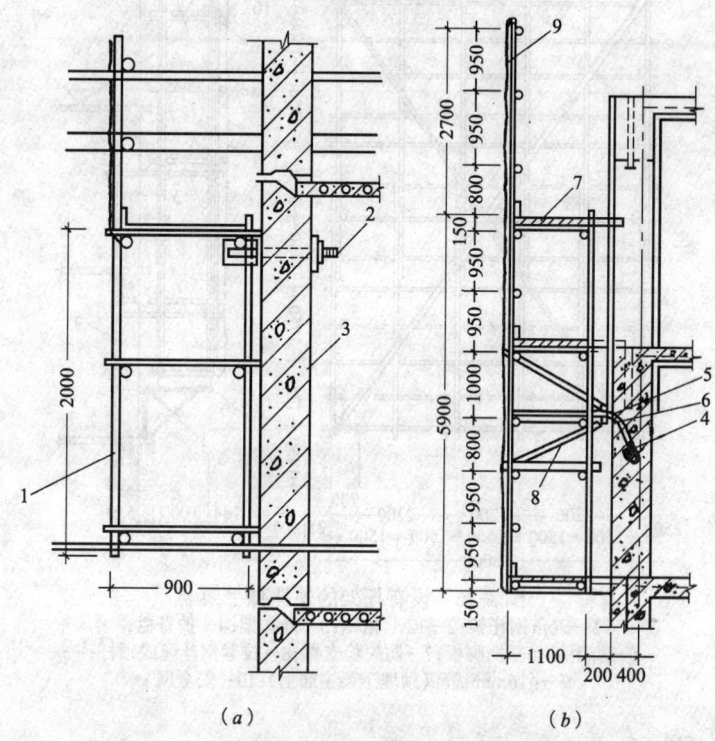

图 5-25 无托架外挂脚手架
(a)用于预制外墙板;(b)用于现浇混凝土墙体
1—外挂架;2—穿墙吊钩;3—预制墙板;4—预埋 ϕ20mm 钢筋挂环;
5—挂钩;6—保险钢丝绳;7—轻钢脚手板;8—斜撑;9—安全网

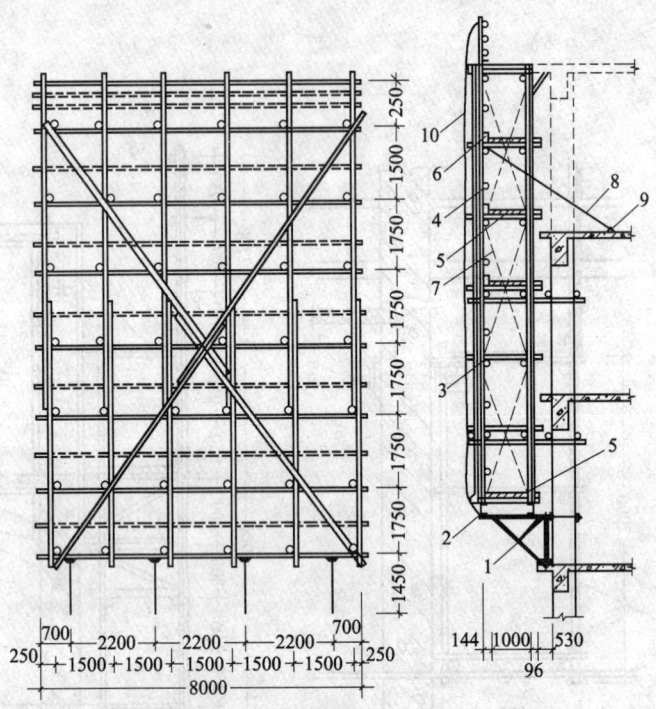

图 5-26 设有托架的外挂脚手架
1—三角钢托架；2—12号槽钢；3—外挂架；4—护身栏；
5—脚手板；6—挡脚板；7—防失稳支撑；8—拉紧钢丝绳或顶杆；
9—φ16mm 锚环(预埋于梁主筋上)；10—安全网

5.8 插口式脚手架

插口式脚手架组成、构造及搭设要求　　表 5-11

项次	项目	搭　设　要　点
1	组成原理及构造	1. 插口式脚手架又称插口飞架脚手架，简称插口架。是利用建筑物的外墙门窗洞口或框架柱间空隙，在结构内侧设置别杠或别环，将架子挂住(图 5-27)，架子可随着结构施工层逐层往上提升。这种架子的优点是：脚手架组装、解体、提升、固定均简便易行，使用安全可靠，可充分利用现场机械，操作方便，施工进度快，费用低等。适用于外墙有窗洞口(不受建筑物外形限制)的高层、超高层全现浇结构(如框架剪力墙、框筒、筒中筒等)施工，也可用于外挂(预)内浇大板剪力墙结构施工

5.8 插口式脚手架

续表

项次	项目	搭 设 要 点
1	组成原理及构造	2. 根据工程平面结构形式及外墙洞口尺寸,将整体式悬挑架子化为单元段,在建筑外地面上用 $\phi 48mm$ 钢管和扣件组成单体脚手架(图5-27),借助塔吊将单体脚手架吊起插入建筑物的窗洞口内,并与室内别杠固定,而后将单体脚手架相连接,脚手架随主体结构施工逐层上提,直至工程完成 3. 一般插口架的尺寸根据洞口尺寸而定,长度相当洞口宽度加300~600mm,宽度为0.8~1.0m。立杆纵向间距不大于1.0m,纵向水平杆间距随洞口高度而定,一般取洞口高度减300mm。支承脚手板的横向水平杆杆距,当采用30mm厚木脚手板时,横向间距不应大于500mm;当采用500mm厚脚手板时,横杆间距不应大于1m。纵向水平杆与横向水平杆之间,脚手板与横杆之间均应固定牢靠。各杆件端头伸出扣件不应小于100mm。插口架的外侧面和两端应设剪刀撑或斜撑,以保证插口架形成稳定空间结构。插口架外侧的护身栏杆应超过操作层1.0m以上,并设挡脚板,架外用密目安全网封闭严密 4. 用于插口架的横向钢管或木别杠的截面尺寸,应通过计算确定,一般木别杠截面不应小于100mm×100mm,每侧压墙长度不应小于200mm,并应贴紧墙面,如有空隙应用垫板或木楔塞紧;当洞口宽度很大,亦可考虑采用加设竖向别杠,竖向别杠下端置于楼面,上端顶紧楼盖并与横别杠相互卡牢固定,或仅采用竖向别杠,在上下层楼板上预留洞,再将别杠插入洞内(图5-28)
2	搭设要求	1. 插口架施工工艺流程为:依外墙面窗洞口尺寸计算并设计插口架组装图→按图在地面上组装单体插口架→在窗口内固定别杠→提升单体插口架插入洞口并固定→连接单体插口架→施工上一层结构→拆除连接脚手架、固定吊钩→拆除别杠连接件→提升插口架并固定,依此循环作业至工程施工完成 2. 插口架提升前要将架子清理干净。提升时应有专人指挥,作业人员将吊钩与插口架钩好离开后,方可拆除别杠和架子固定扣件 3. 当插口架用起重机吊运安装就位时,必须用卡环卡牢,待插口架与建筑物结构全部固定牢固,经检查各节点固结牢固无误后,方能脱钩 4. 安装时,相邻插口架的间隙不应大于200mm,间隙处用盖板封严,并固定牢靠。脚手板之间要衔接严密,平稳无大缝隙,无高低错台。架子外侧和底面要全部用安全网封严 5. 架子搭成并经安全员验收合格,下达施工通知单后,方可进行模板施工

5 脚手架工程

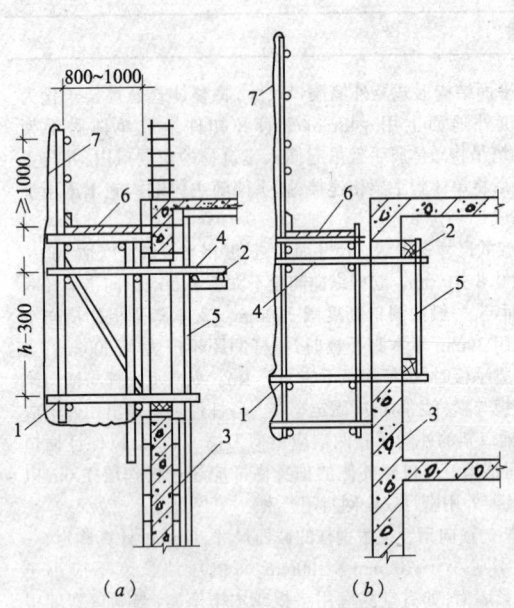
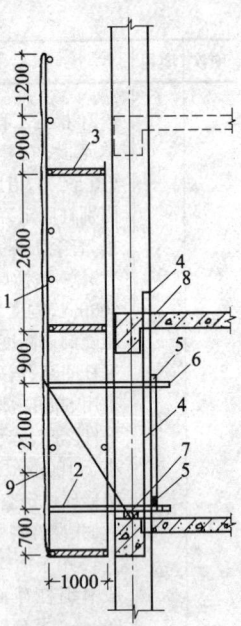

图 5-27 插口脚手架构造
1—插口架;2—水平别杠(钢管桁架或方木);
3—外墙;4—上臂;5—立杆;6—脚手板;
7—安全网;h—窗口高度

图 5-28 竖向别杠固定插口架
1—插口架;2—双管;
3—脚手板;4—竖向别杠;
5—50mm×100mm方钢管;
6—防滑卡扣;7—100mm×
100mm垫木;8—留洞150mm×
150mm;9—安全网

5.9 附着式升降脚手架

附着升降脚手架组成、升降原理及搭设要点　　　表 5-12

名称	组成和升降原理	搭设要点、特点及适用范围
套管式爬升脚手架	套管式爬升脚手架是由脚手架系统和提升设备两部分组成,其基本结构见图 5-29(a)。脚手架系统由升降框和连接升降框的纵向水平杆剪刀撑、脚手板以及安全网等组成。升降框由固定框	1. 架子安装应根据爬架的设计图进行,宜采用现场拼装的方法。组装顺序为:地面加工组升降框→检查建筑物预留连接点位置→吊装升降框就位→校正升降框并与建

5.9 附着式升降脚手架

续表

名称	组成和升降原理	搭设要点、特点及适用范围
套管式爬升脚手架	(大爬架)、滑动框(小爬架)、附墙支座、吊钩等组成。其中滑动框套在固定框上,并可沿固定框上、下滑动,滑动框和固定框均带有附墙支座和吊钩 脚手架组装高度宜为 2.5~3.5 倍楼层高度;架子宽度不大于 1.2m;一般由 2~3 片升降框组成一个爬升单元。当由两个升降框组成一个爬升单元时,间距宜小于 4m;当由多个升降框组成一个爬升单元时,间距宜小于 4.5m;各升降单元体之间应留有 100mm 左右的间隙。在墙体拐角处,外伸量不宜大于 1200mm。每次爬升高度为 0.5~1.0 倍楼层高;施工荷载宜按 3 层考虑,每层为 $2kN/m^2$ 脚手架的升降原理如图 5-29(b)。系通过固定框和滑动框的交替爬升或下降来实现。固定框和滑动框可以相对滑动,并且分别与建筑物固定。在固定框固定的情况下,可以松开滑动框同建筑物之间的连接,利用固定框上的吊点,用捯链(葫芦)将滑动框提升一定高度,并与建筑物固定,然后,再松开固定框同建筑物之间的连接,利用滑动框上的吊点再将固定框提高一定高度并固定,从而完成一个提升过程;下降则反向操作	筑物固定→组装横杆→铺脚手板→组装栏杆、挂安全网 2. 组装时上下两预留连接点的中心线应在一条直线上,垂直度偏差应在 5mm 以内。升降框吊装就位时,应先连接固定框,然后滑动框,连接好后应对升降框进行校正,其与地面及建筑物的垂直度偏差均应控制在 5mm 以内,校正好后应立即固定,并随即组装横杆,其他组装要求同普通扣件式钢管脚手架 3. 爬架拆除时,应先清理架子上的垃圾杂物,然后自上而下顺序逐步拆除,最后拆除升降框。拆下的杆件应及时清理整修并分类集中堆放 性能特点:结构构造简单,可自行加工,操作简便,易于掌握,不产生外倾;可分段升降,造价低廉,经济适用;但只能组装单片或大片爬升脚手架 适用于剪力墙结构的高层建筑,对框架结构及带阳台的高层建筑也能应用
挑梁式爬升脚手架	挑梁式爬式脚手架由脚手架、爬升机构和提升系统 3 部分组成。脚手架多用普通扣件式钢管脚手架。架子最下一步为承力桁架,用以将脚手架及施工荷载传递给承力盘,搭设方法同钢管脚手架,但增加纵向横杆和纵横向斜杆,以增强架体的整体刚度,其他设置均同普通外脚手架。爬升机构由承力盘、提升挑梁、导向轮及防倾、防坠落安全装置等部件组成。承力盘由型钢制作,里端通过预埋螺栓或铁件与建筑物外墙边梁、柱或楼板固定,外端则用钢筋斜拉杆与上层相同部位固定;其上搭设脚手架。提升挑梁为安装升降设备的承力构件,由型钢制作,与建筑物的固定位置同承力托盘,并上下相对,与承力盘相隔两个楼层,并且利用同一列预留孔或预埋件。导向轮主要用于防止爬架在升降过程中与建筑物发生碰撞,一	1. 本脚手架在安装阶段可作为结构物施工外脚手架,即自使用爬架楼层开始,先搭设爬架,再进行结构施工,待爬架搭设至设计高度后,再随结构施工进行逐层提升 2. 脚手架组装应按设计图进行,组装顺序是:确定爬架搭设位置→安装操作平台→安装承力盘→搭设承力桁架→随工程进度逐层搭设脚手架→安装挑梁→安装导杆及导向轮→安装电控框并布置电缆线→在挑梁上安装电动葫芦并连接电缆线 3. 承力托盘应严格按设计位置,内外侧固定后,应调平。在承力盘上搭设脚手架时,应先安装其上的立杆,然后搭设承力桁架,并应在两承力托盘中间适当起拱。其他杆件设置要求同钢管脚手架 4. 位于挑梁两侧的脚手架,内排

续表

名称	组成和升降原理	搭设要点、特点及适用范围
挑梁式爬升脚手架	端固定在爬架上,轮子可沿建筑物外墙、柱滚动。导向杆用于防止爬架在升降过程中发生倾覆,系在架子上固定一钢管,在其上套一套环,再将套环固定在建筑物上。脚手提升设备一般使用环链式电动葫芦和控制框,其额定荷载不小于70kN,提升速度不宜超过250mm/min 脚手架可整体或分段组装,高度一般为3.5～4.5倍楼层高,宽度不超过1.2m,立杆纵距和横杆步距不宜超过1.8m;两相邻提升点之间的间距不宜超过8m;在建筑物拐角处应相应增加提升点,每次升降高度为一个楼层 脚手架的升降原理见图5-30,先将电动葫芦挂在挑梁上,吊钩挂在承力盘上,使各电动葫芦受力,松开承力盘与建筑物的固定连接,开动电动葫芦,则爬架即沿建筑物上升(或下降),待爬架升高(或下降)一层,达到预定位置时,再将承力盘同建筑物固定,并将架子同建筑物连接好,则架子完成一次升(或降)过程。再将挑梁移至下一个位置,同法进行下一次升降	立杆之间的横杆应采用短横杆,以便升降时随时拆除,升降后再连接好 5.脚手架的拆除同普通钢管外脚手架,应按自上而下的顺序逐层拆除,最后拆除承力桁架和承力托盘 性能特点:结构构造简单,架子整体稳定性、安全感好,升降快速,易于掌握,电动控制升降同步性好,造价较低 适用于作整体提升的框架或剪力墙结构的高层、超高层建筑外脚手架
互爬式爬升脚手架	互爬式爬升脚手架由单元脚手架、附墙支撑机构和提升装置等组成。单元脚手架多由扣件式钢管脚手架搭设而成,在架体上部设有固定提升设备的横梁;附墙支撑机构是将单元脚手架固定在建筑物上的装置,多用穿墙螺栓或预埋件;提升装置一般使用手拉葫芦,其额定荷载不小于20kN 脚手架组装高度宜为2.5～4.0倍楼层高,宽度不超过1.2m,架长不大于5.0m,两单元脚手架之间的间隙不宜超过500mm;每次升降高度1～2倍楼层高 脚手架的升降原理如图5-31。每一个单元脚手架单独提升,当提升某一单元时,先将葫芦挂在与被提升单元相邻的两架体上,吊钩则钩住被提升单元底部,解除被提升单元的连接固定点,操作工人即可在两相邻的架体上进行升降操作。当该升降单元升降到位后,将	1.脚手架的组装有两种方式,一是在地面组装好单元脚手架,再用塔吊吊装就位;一是在设计爬升位置搭设操作平台,在平台上逐层安装。组装顺序及要求同常规落地式脚手架,但组装固定后的允许偏差不宜超过以下数值:架子垂直度:沿架子纵向30mm;沿架子横向20mm;架子水平度:30mm 2.升降操作应统一指挥:架子同步升降到位后,及时将架子与建筑物固定;并同法进行相邻单元脚手架的升降操作,至预定位置后,将相邻两单元脚手架连接起来,铺脚手板,使其保持稳定 3.爬架拆除应清除架上杂物。拆除有两种方式:一是同常规脚手架方法,自上而下按顺序逐步拆除;一是用起重设备吊至地面拆除 性能特点:结构简单,易于操作控

5.9 附着式升降脚手架

续表

名称	组成和升降原理	搭设要点、特点及适用范围
互爬式脚手架	其与建筑物固定好，再将葫芦挂在该单元横梁上，进行与之相邻的脚手架单元的升降操作。相隔的单元脚手架可同时进行升降操作	制，一次升降幅度不受限制；对同步性要求不高；操作人员不在被升降的架体上，较安全，架子搭设高度低，用料省；但只能组装单片升降脚手架 适用于作框架或剪力墙结构的高层建筑外脚手架
导轨式爬升脚手架	导轨式爬升脚手架由脚手架、爬升机构和提升系统3部分组成。脚手架用碗扣式或扣件式钢管脚手架标准杆件搭设而成，搭设方法及要求同常规方法。最底一步架横杆步距为600mm，或用钢管扣件增设纵向水平横杆并设纵向水平剪刀撑，以增强承载能力。爬升机构由导轨、导轮组、提升滑轮组、提升挂座、连墙支杆、连墙支杆座、连墙挂板、限位锁、限位锁挡块及斜拉钢丝绳等定型构件组成。导轨是导向承力构件，通过连墙支杆座、支杆和挂板同建筑物固定拉结，每根导轨长度一定(有3.0、2.8、1.2、0.9m等几种，或标准层层高)可竖向接长。提升系统可用手拉或电动葫芦提升 脚手架组装高度宜为3.5～4.5倍楼层高度；宽度不大于1.25m；立杆间距不大于1.85m，横杆步距1.8m；爬升机构水平间距宜在7.4m以内，在拐角处适当加密；葫芦额定提升荷载50kN；当提升挂座两侧各挂一个提升葫芦(或一侧挂提升葫芦另一侧挂钢丝绳)时，架子高度可取3.5倍(4.5倍)楼层高，导轨选用4倍(5倍)楼层高，上下导轨之间的净距应大于1倍(2倍)楼层加高2.5m(1.8m)；架子允许三层同时作业，每层作业荷载20kN/m²；每次升降高度为一个楼层 脚手架爬升原理如图5-32所示。导轨沿建筑物竖向布置，其长度比脚手架高一层，架子上部和下部装有导轮，提升挂座固定在导轨上，其一侧挂提升葫芦，另一侧固定钢丝绳，钢丝绳绕过提升滑轮组同提升葫芦的挂钩连接；启动提升葫芦，架子沿导轨上升，提升到位后固定；将底部突出的导轨及连墙挂板拆除接到顶部，将提升挂座移到上部，即可进行下一次提升过程。脚手架的下降原理与提升相同，操作相反	1. 脚手架对于组装的要求较高，必须严格按设计要求进行组装，组装顺序为：搭设操作平台→搭设底部架→搭设上部脚手架→安装导轨→在建筑物上安装连墙支板、支杆和支杆座→安提升挂座→装提升葫芦→装斜拉钢丝绳→装限位锁→装电控操作台(仅电动葫芦用) 2. 爬架升降前应进行检查，要求底部架横杆的水平偏差小于$L/400$，立杆的垂直度偏差小于$H/500$，架子纵向的直线度大于$L/200$；导轨的垂直度应控制在$H/400$以内，连接均应牢靠，检查合格后方可进行升降作业 3. 在升降过程中应注意观察各提升点的同步性，当高差超过1个孔位(即100mm)时，应停机调整 4. 爬架的拆除，同普通钢管外脚手架，当架子降至底面时，逐层拆除脚手架和导轨等爬升机构件，拆下的材料、构件集中堆放，清理后入库 性能特点：可单片、大片或集体升降；同步性易于控制；架子沿导轨滑动升降平稳，不会发生倾覆；使用安全可靠，费用较低 适用于作框架或剪力墙结构的超高层、高层建筑，特别是一些结构复杂建筑的外脚手架

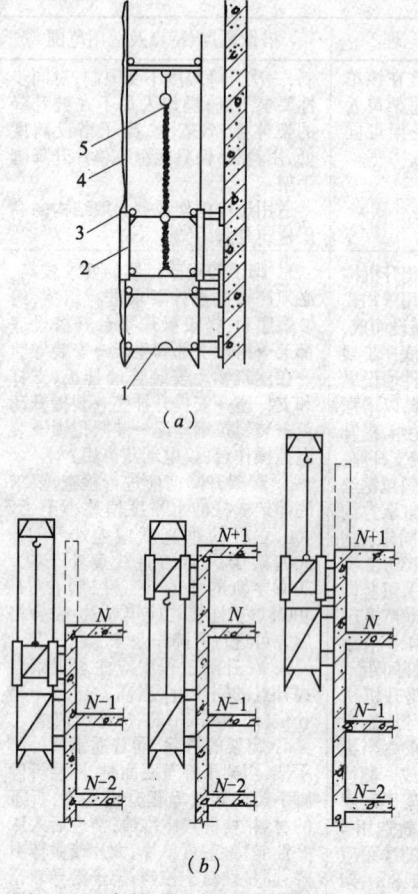

图5-29 套管式爬架基本结构及升降原理
(a)套管式爬架基本结构；
(b)爬架的升降原理
1—固定框(大爬架)，$\phi48\times3.5mm$ 钢管焊接；
2—滑动框(小爬架)，$\phi63.5\times4mm$ 钢管焊接；
3—纵向水平杆，$\phi48\times3.5mm$ 焊接钢管；
4—安全网；5—提升机具(葫芦)

图5-30 挑梁式爬升
脚手架的基本构造
1—承力托盘；
2—基础架(承力桁架)；
3—导向轮；4—可调拉杆；
5—脚手板；6—连墙件；
7—提升设备；8—提升挑梁；
9—导向杆(导轨)；10—小葫芦；
11—导杆滑套

5.9 附着式升降脚手架

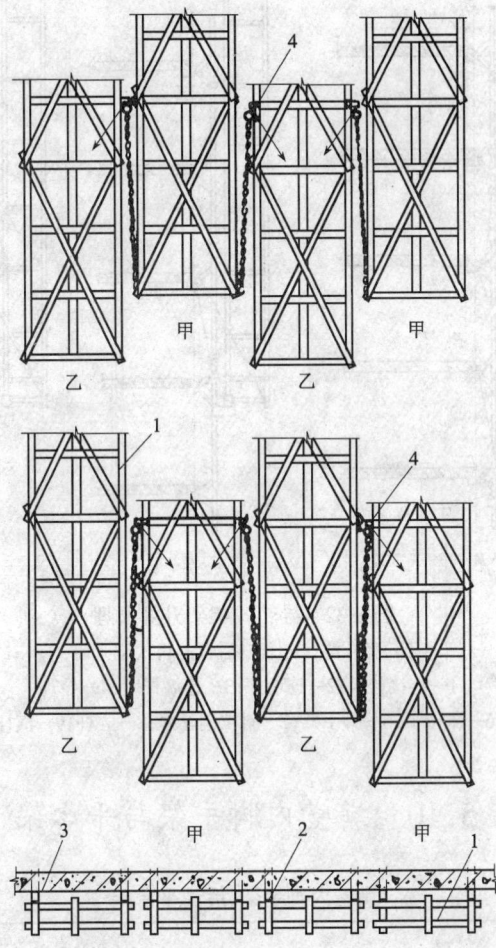

图 5-31 互爬式脚手架基本结构及升降原理
1—提升单元；2—提升横梁；3—连墙支座；4—手拉葫芦

5 脚手架工程

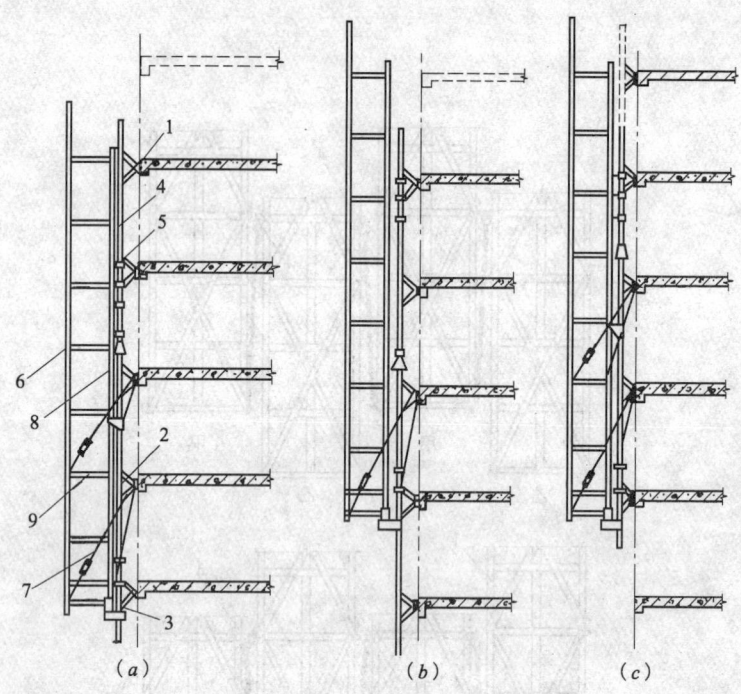

图 5-32 导轨式爬架升降原理
(a)爬升前;(b)爬升后;(c)再次爬升前
1—连接挂板;2—连墙杆;3—连墙杆座;4—导轨;
5—限位锁;6—脚手架;7—斜拉钢丝绳;8—立杆;9—横杆

5.10 满堂内脚手架与平台架

满堂内脚手架、活动平台架　　　　　表 5-13

项次	项目	要　　点
1	应用	1. 多层和高层建筑门厅(大厅)、会议厅、多功能厅、游泳池等的平顶,多在 4m 以上,施工宜采用整体式满堂脚手架,以方便施工和保证操作安全 2. 高大厅堂的顶棚涂(喷)刷涂料、局部处理和装修工程施工,多设置活动操作平台,可在地坪上移动,以节省脚手架用料,方便施工操作

5.10 满堂内脚手架与平台架

项次	项目	要 点
2	扣件式满堂脚手架	1. 脚手架的构造与扣件钢管外脚手架基本相同，其构造参数随工程用途而有所不同，参见表 5-14 2. 搭设时应先将地面整平夯实。立杆底座根据土质情况，铺设厚度不小于 50mm、有足够支承面积的垫板。搭设方法基本同扣件式钢管外脚手架，在四角应设包角斜撑，四侧设剪刀撑，中间每隔四排立杆沿纵长方向设一道剪刀撑，所有斜撑及剪刀撑均须由底到顶连续设置。另在垂直面设有斜撑及剪刀撑的部位，于顶层、底层及每隔两步应在水平方向设水平剪刀撑。对层高较低的房间作抹灰用的脚手架，可只在四角设一道包角斜撑，中间每隔四排立杆设一道剪刀撑；凡有斜撑、剪刀撑的部位于顶面设一水平剪刀撑
3	碗扣式满堂脚手架	1. 碗扣式满堂脚手架可以根据需要组成不同组架密度、不同组架高度，其一般组架结构形式如图 5-33 所示。它由立杆垫座(或立杆可调座)、立杆、横杆和斜杆(或斜撑、剪刀撑)等组成 2. 立杆应用长 1.8m 和 3.0m 杆件错开布置，不得将接头布置在同一位置上。立杆间距取决于所要求的形状尺寸和标准横杆(或现有横杆)的长度，一般采用 1.2~1.8m；横向水平杆按双向设置，竖向间距从扫地杆算起每步不大于 1.8m。斜杆的设置，随架高和宽而定，当高宽比较大，应每一层从底到顶设置斜撑，当高宽比较小，可仅两侧及中间从底到顶设置斜撑。一般群柱的高宽比不宜大于 5 3. 脚手架搭设，杆件的水平度不得大于 $H/2000$；立杆的垂直偏差不得大于 $H/600$(H—脚手架高度)
4	门架式满堂脚手架	1. 门架布置一般按纵排和横排均匀排开，门架间的间距一个方向为 1.83m，用剪刀撑连接；另一个方向为 1.5~2.0m，用脚手钢管连接，其上满铺脚手板，其高度调节方法，可采用小型门架或用可调底座(可调节 0.25m 高)。当层高大于 5.2m 时，可使用两层以上的标准门架搭起，用于高层建筑物的高大厅堂顶棚的装修(图 5-34) 2. 搭设满堂脚手架时，应根据脚手高度、使用面积、承受荷载进行设计和验算，并绘出设计图，编制施工组织设计，按设计进行搭设 3. 门架的跨距和间距应根据实际荷载经设计确定，间距不宜大于 1.2m。交叉支撑应在每列门架两侧设置，并应采用锁销与门架立杆锁牢，施工期间不得随意拆除。水平架或脚手板应每步设置。顶部作业层应满铺脚手板，并应采用可靠连接方式与门架横梁固定，大于 200mm 的缝隙应挂安全网。水平加固杆应在满堂脚手架的周边顶层、底层及中间每 5 列、5 排通长连续设置，并应采用扣件与门架立杆扣牢。剪刀撑应在满堂脚手架外侧周边和内部每隔 15m 间距设置，剪刀撑宽度不应大于 4 个跨距或间距，斜杆与地面倾角宜为 45°~60°

续表

项次	项目	要点
4	门架式满堂脚手架	4．满堂脚手架距墙或其他结构物边缘距离应小于0.5m,周围应设置栏杆。满堂脚手架中间设置通道时,通道处底层门架可不设纵(横)方向水平加固杆,但通道上部应每步设置水平加固杆。通道两侧门架应设斜撑杆 5．满堂脚手架高度超过10m时,上下层门架间应设置锁臂,外侧应设置抛撑或缆风绳与地面拉结牢固 6．满堂脚手架的搭设可采用逐列逐排和逐层搭设的方法,并应随搭随设剪刀撑、水平纵横加固杆、抛撑(或缆风绳)和通道板等安全防护构件 搭设、拆除满堂脚手架时,施工操作层应铺设脚手板,工人应系安全带
5	扣件钢管活动平台架	平台架搭设方法及构造参数同扣件式满堂脚手架。其搭设高度可达6~10m,平台面积15~40m²。在平台架底部装设胶轮或将平台架设在若干辆架子车底盘上,使整个平台借人力或卷扬机在地坪上移动
6	门式钢管活动平台	系用门式钢管架搭设活动操作平台,在底部设有带丝杠千斤顶的行走轮,以调节高度,并利用门式架的梯步上下人,可不用设上下人梯。图5-35为采用两榀门式钢管架组成的活动平台。当小平台操作面积不能满足要求时,也可以用n排n行梯型门式钢管架组成大的活动平台

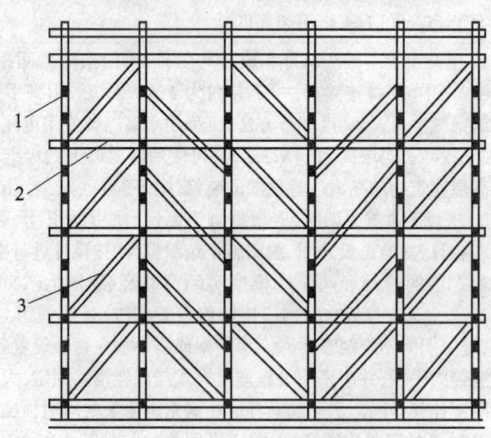

图 5-33　碗扣式满堂脚手架
1—立杆；2—横杆；3—斜杆

5.10 满堂内脚手架与平台架

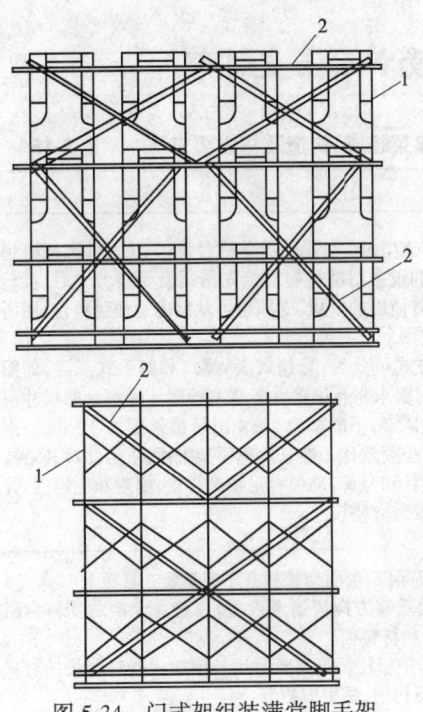

图 5-34 门式架组装满堂脚手架
1—门式架；2—加强杆

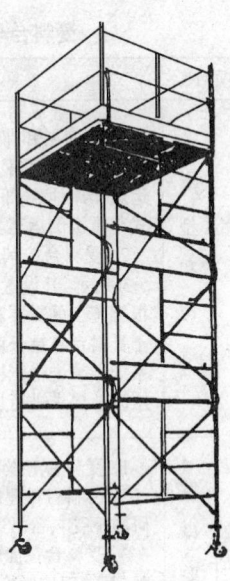

图 5-35 门式架组装
活动操作平台

吊顶、抹灰施工满堂架的构造参数　　　　　　表 5-14

用途	立杆纵横间距(m)	横杆竖向步距(m)	纵向水平拉杆设备	操作层小横杆间距(m)	靠墙立杆离开墙面的距离(m)	脚手板铺设(m)	
						架高 4m 以内	架高大于 4m
一般装饰用	≤2	≤1.7	两侧每步一道，中间每两步一道	≤1.0	0.5～0.6	板间空隙不大于 0.2	满铺
承重较大时	≤1.5	≤1.4	两侧每步一道，中间每两步一道	≤0.75	根据需要定	满铺	满铺
抹灰用	≤2.0	≤1.6	两侧每步一道，中间每两步一道	≤1.0	0.5～0.6	板间空隙不大于 0.2	满铺

5.11 受料台与支撑架

受料台与支撑架组成、构造及搭设要求 表 5-15

项目		施 工 要 点
受料台	类型和构造	1. 在多层和高层建筑施工中,常需设置受料台,将无法用井架或电梯提运的大件材料、器具和设备由塔式起重机先吊运至受料台上后,再转运至使用地点;下层周转使用的模板、支撑也可从室内运往受料台,用塔式起重机倒运至上层使用 2. 受料台按其悬挑方式可分为:悬挂式、斜撑式和脚手式三类,如图 5-36 所示,其设置方法与要求与悬挑脚手架基本相同。受料台的尺寸应根据施工的需要和经验确定,一般宽为 2~4m,悬挑长度为 3~6m。由于受料台悬挑长度和所受荷载比一般悬挑脚手架大得多,因此对其结构系统必须进行严格的设计和验算,确保有足够的强度、刚度和稳定性,并按设计要求进行加工、安装和搭设
	搭设要点	1. 受料台应设在窗口部位,台面与楼板齐平或搁置在楼板上 2. 受料台在建筑物的垂直方向应错开设置,以避免上面的受料台阻碍向下受料台吊运物品和材料 3. 受料台三面应设防护栏杆。当需要吊长度超过受料台长的材料时,其端部护栏可做成格栅门,需要时打开 4. 使用期间应加强检查。操作人员上受料台时,必须采取有效的安全防护措施
支撑架	类型和构造	1. 在建筑安装工程施工中,常用脚手材料搭设不同结构形式和构造的支撑架,以用作模板支撑架,物料存放架、转运桥桥架、结构物件的临时支撑架等 2. 支撑架应按其用途和受力情况选择适合的构架结构形式,常用的有图 5-37 所示几种
	搭设要求	1. 支撑架可用塔式脚手架、门式架及其他框组式钢管脚手架、扣件式钢管脚手架搭设,其材质应符合有关标准要求 2. 每组支撑架必须成为独立的稳定单元,使在荷载作用下有足够的强度、刚度和稳定性 3. 用作工具式的支撑架应在底部装底座,上部装可调顶托,杆件交接处用扣件拧紧,并设置必要的斜撑,使其具有足够的整体刚度和稳定性,在移动或吊运过程中不致脱开或产生较大变形

5.11 受料台与支撑架

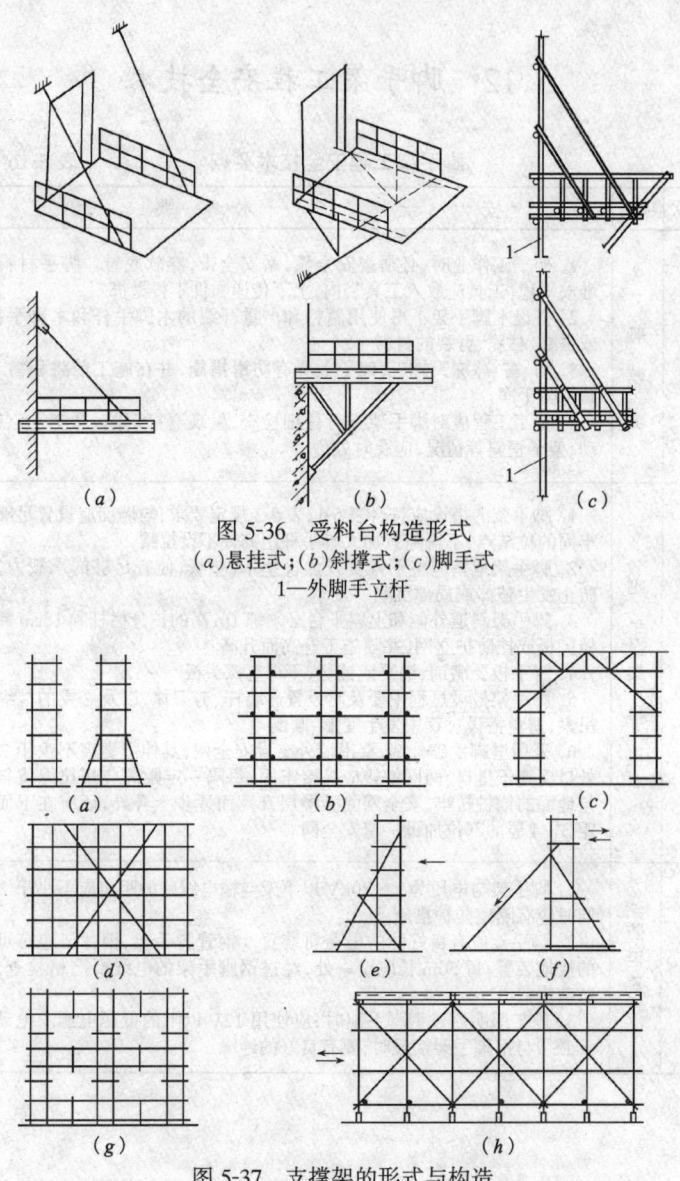

图 5-36 受料台构造形式
(a)悬挂式;(b)斜撑式;(c)脚手式
1—外脚手立杆

图 5-37 支撑架的形式与构造
(a)单柱式格构架;(b)群柱式格构架;(c)柱梁式支撑架;
(d)满堂格构架;(e)斜撑式格构架;(f)拉撑式格构架;
(g)箱形格构架;(h)飞模格构架

5.12 脚手架工程安全技术

脚手架工程安全技术要点　　　　表5-16

项次	项目	安　全　技　术　要　点
1	一般要求	1. 架子工作业时,必须戴安全帽,系安全带,穿软底鞋。脚手材料应堆放平稳,工具应放入工具袋内,上下传递物件不得抛掷 2. 搭设木脚手架不得使用腐朽和严重开裂的木脚手杆和木脚手板,或虫蛀、枯脆、劈裂的材料 3. 雨、雪、冰冻天施工,架子上要有防滑措施,并在施工前将积雪、冰碴清除干净 4. 复工工程应对脚手架进行仔细检查,发现立杆沉陷、悬空、接点松动、架子歪斜等情况,应及时处理
2	脚手架搭设	1. 脚手架的搭设应符合表5-1、表5-3规定要求,与墙面应设置足够和牢固的拉结点,不得随意加大脚手杆距离或不设拉结 2. 脚手架地基应整平夯实或加设垫木、垫板,使有足够的承载力,以防止发生整体或局部沉陷 3. 脚手架斜道外侧和上料平台必须绑1m高的护身栏杆和18cm高的挡脚板或挂防护立网,并随施工升高而升高 4. 脚手板要满铺、铺平或铺稳,不得有探头板 5. 脚手架搭设过程中要及时设置连墙杆、剪刀撑,以及必要的拉绳和吊索,避免搭设过程中发生变形、倾倒 6. 采用里脚手砌外墙,要沿墙外支设安全网,其伸出宽度不少于2m,外口要高于里口,两网搭接应扎接牢固,每隔一定距离应用绳将斜杆与地面的锚桩拉牢,安全网除随楼层升高而逐步上升外,还应在下面间距3～4层的部位加设一道安全网
3	防电、避雷	1. 脚手架与电压为1～20kV以下架空输电线路的距离应不小于2m,同时应有隔离防护措施 2. 脚手架应有良好的防电避雷装置。钢管脚手架、钢井架应有可靠的接地装置,每50m长应设一处,经过钢脚手架的电线要严格检查,谨防破皮漏电 3. 施工照明通过钢脚手架时,应使用12V以下的低压电源。电动机具必须与钢脚手架接触时,要有良好的绝缘

6 混凝土工程

6.1 模板工程

6.1.1 模板结构种类
6.1.1.1 整体式结构模板

整体式结构模板组成、用料及配板要求　　表 6-1

项次	项目	方　法　要　点
1	模板组成、用料尺寸及使用	1. 整体式结构模板，又称组合式模板、现浇结构模板。系用木板、组合钢模板、胶合板或薄钢板做底模或侧模；木方或钢楞做立档或横档；木方、钢管、型钢、钢卡具做支撑系统拼装(装配)而成 2. 整体式结构木模板用料规格参见表 6-2～表 6-5；组合钢模板规格及连接工具参见表 6-6～表 6-8 3. 适用于建筑工程各种现浇整体式结构，如基础、柱、墙、梁、雨棚、肋形楼板、楼梯以及屋盖等的模板
2	配板要求及制作安装注意事项	1. 用于模板和支撑系统的木材不宜低于Ⅲ等；不得使用扭曲十分严重和脆性木材；腐朽和虫蛀的部分应剔除或截去；木材不宜过干或过湿，宜用半干木材，含水率以 18%～25% 为宜；含水量高的木材应适当风干后使用，以免引起过大的收缩翘曲或裂缝 2. 模板所用材料的截面尺寸，需根据各部位不同受力情况选择。对浇筑高度大的结构应进行强度验算 3. 配板时应注意节约材料，避免大材小用，不考虑周转使用和以后的适当改制使用，以及模板拼装结合的需要，适当加长或缩短某一部分长度 4. 拼制模板时，板边要找平刨直，接缝严密不使漏浆。模板接头应错开；主梁与次梁、梁与柱交接处应做好安装的连接缺口，并标出中心线 5. 与混凝土相接触的木模板宽度不宜大于 200mm，工具式木模板宽度不宜大于 150mm 6. 对外形复杂的结构构件模板配制，应采用计算尺寸或采取放大样的方法，用足尺寸绘出结构构件的实样，经复核无误后，再行配制 7. 配制标准化定型模板时，每块模板所用的横档或框材的截面厚度应尽可能一致，以利安装方便快速 8. 模板配制好以后，不同部位的模板要进行编号，注明部位，分别堆放。安装前，靠混凝土一面的表面应刷隔离剂

6 混凝土工程

基础模板用料尺寸　　　　　　　表6-2

基础高度(mm)	木档间距(mm)(侧板厚25mm)	木档截面(mm)	木档钉法
300	600～700	50×50	平摆
400	500～600	50×50	平摆
500	500～600	50×75	平摆
600	400～500	50×75	平摆
700	400～500	50×75	立摆

注:本表为振动器捣固,如用人工捣固,木档截面相同,间距可适当增大。

墙模板用料尺寸　　　　　　　表6-3

墙厚(mm)	侧板厚(mm)	立档(mm) 间距	立档(mm) 截面	横档(mm) 间距	横档(mm) 截面	拼装方法
200以下	50 25	900～1000 500	80×80 50×100	900～1000 1000	50×100 100×100	两侧板间用8～10号铁丝或φ10～12mm螺栓加固(纵横间距不大于1m,交错排列)
200以上	50 25	900×1000 500	80×80 50×100	900×1000 700	50×100 100×100	

注:1. 50厚侧板指定型模板装配的墙板;25厚侧板指木板拼装成的墙板。
　　2. 同表6-2注。

柱、梁模板用料规格　　　　　　　表6-4

柱厚度或梁高(mm)	柱横档间距(mm)(侧板厚度25,底板厚度50)	柱横档截面(mm)	梁侧板(mm)(厚度不小于25) 木档间距	梁侧板(mm) 木档截面	梁底板(mm)(厚度40～50) 木档间距	梁底板(mm) 木档截面	梁夹木截面(mm)
300	450	50×50	550	50×50	550	50×50	50×50
400	450	50×50	500	50×50	500	50×50	50×50
500	400	50×75	500	50×75	500	50×50	50×50
600	400	50×75	450	50×75	450	50×50	50×80
700	400	50×100	450	50×75	450	50×50	50×80
800	400	50×100	450	50×75	450	50×50	50×80
1000	—	—	400	50×75	400	50×50	50×80
1200	—	—	400	50×75	400	50×50	50×80

注:同表6-2注。

6.1 模板工程

肋形楼板、平台板模板用料尺寸 表 6-5

平台板净跨(mm)	底楞截面(mm)		托板截面(mm)		附 注
	平台板厚度(mm)				
	60~80	80~120	60~80	80~120	
1600	50×100	50×100	50×100	50×100	1. 模板厚度 25mm,如用定型模板,拼制宽度分 500 与 700mm 两种,长度分 500、1000、1500、2000mm 四种 2. 底楞间距一律采用 500mm 3. 横档木截面为 50×140(mm),间距为 1200~1500(mm),支柱截面为 100×100(mm),或 ϕ80~120mm 圆木
1800	50×100	50×100	50×120	50×120	
2000	50×120	50×120	50×120	50×120	
2200	50×120	50×120	50×140	50×140	
2400	50×140	50×140	50×140	50×140	

6.1.1.2 工具式结构模板

工具式模板的种类、构造及规格 表 6-6

项目	构 造 及 规 格	特点及使用
组合钢模板	组合钢模板是用 2.3mm 或 2.5mm 厚的钢板冷轧冲压整体成型,肋高 55mm,中间点焊 2.8mm 厚中纵肋、横肋而成。在边肋上设有 U 形卡连接孔,端肋上设有 L 形插销孔,孔径 13.5mm,使纵(竖)横向均能拼接(图 6-1a、b、c)。与平面模板配套使用的有阴角模板、阳角模板和连接角模(图 6-1d、e、f),它能与平面模板任意连接。模板常用规格见表 6-7,可以根据需要拼成宽度模数以 50mm 进级、长度模数以 150mm 进级(长度超过 900mm 时,以 300mm 进级)的各种尺寸的模板,如将模板横竖混合拼装,则可组成长宽各以 50mm 为模数的各种尺寸平面模板 组合钢模板使用的连接件、支承件形式、构造及规格见表 6-8;组合钢模板配板设计、模板组装要求及注意事项见表 6-9	通用性强,可灵活组装,装拆方便;强度高,刚度大,变形小;制作外形尺寸精度高,接缝严密,表面光洁;可组合拼装成大块,实现机械化施工;周转次数高(200 次以上);节约木材,降低成本,现场施工文明等。但一次投资性较高,重量较大 适于各种整体式结构和预制构件模板,为国内当前大力推广并较普遍使用的一种模板形式
钢框胶合板模板	钢框同组合钢模板,板面用 12mm 厚覆膜胶合板或高强胶合板。钢框结构有明框、暗框两种(图 6-10a、b),明框的框边与板面齐平;暗框的边框位于板面之下。规格有:宽 150、200、250、300mm;长度 900、1200、1500、1800、2100、2400mm,同时有配套角模;厚度 55mm,连接孔径为 13mm,孔距 150mm。连接件及支承件同组合钢模板	市场有商品供应。它与组合钢模板相比,用钢量减少 45%,重量减轻 30%;可加工成较大面积的模板,拼缝和连接相应减少;表面光滑平整,自身刚度好,施工的混凝土质量好;装拆方便,效率高,保温隔热性能好。但刚度和耐久性稍差;一次性投资较高 可用于各种现浇结构和预制构件模板,并能与组合模板混用

续表

项目	构造及规格	特点及使用
钢框竹胶合板模板	是以竹胶合板为面板的钢框覆面模板(图6-10c)。竹胶合板是以竹篾纵横交错编织，用酚醛胶或脲醛胶作胶粘剂热压而成。边框采用2.5～3.5mm厚板材，中间肋板用3mm厚钢板折成L形，竹胶面板厚9mm，用平头螺栓固定在框上连成整体，模板规格有300×1200、450×1200、600×1200、400×900(mm)等。连接件及支承件同组合钢模板	市场有商品供应。它与组合式钢模板相比，可降低用钢量39%～47%；降低成本20%～30%；其强度、刚度和硬度比木材高，吸水率低，不易变形，耐磨、耐冲击，使用寿命长，能多次周转使用，重量轻，加工方便，适用性强 可用于各种现浇结构和预制构件模板，并能与组合模板混用
钢框木模板	用L 40×4角钢或冷压2.5mm厚薄板做边框，刨光木板做面板，借扁钢压条用沉头螺栓固定在边框上，边框上连接孔同组合钢模板(图6-11)，规格有500×1000、300×900、450×900(mm)等	可利用短、窄、废、旧木料，制作简便，节约木材，费用较低，但精度较差，重量较大 可用于各种结构和构件的模板
木定型模板	用40×50或50×50(mm)方木做边框，上面铺钉20～25mm表面刨光木板，四角钉三角铁或三角木包角(图6-12)以防止变形。其常用规格为：宽度150、250、300、450、500、600mm，长900、1000mm。其连接方式与整体式模板的连接和支模基本相同	制作简单，维修方便，可利用短、窄、废、旧方木做边框，节约木材，成本较低，装钉连接方便，但尺寸准确性较差，易于变形损坏，周转次数较少 适于做柱、梁、板、楼板、圈梁等模板
木框混合模板	系因地制宜就地取材，采用竹片、秫秸、铁皮、刨花板、菱苦土板或纤维板等代替木板做面板，铺钉在木框边框上做成定型模板使用(图6-13)。规格及拼装方式同木定型模板	可就地取材，利用地方材料，节约木材，降低成本，但表面质量较粗糙 适于做现浇结构、地下结构及有装饰护盖的结构模板
塑料模板(壳)	系采用玻璃纤维增强的聚丙烯为主要原料一次注射成形。模板结构外形尺寸与组合钢模板基本相同 对现浇密肋楼板，多制成组装式聚丙烯M型系列塑料模壳(图6-14)，规格为825～1200mm×825～1125mm，高350mm	模板能适应结构外形的多种变化，根据需要可进行切割、钉刨、焊接和热补，具有重量轻(仅钢模板的1/3)，脱模容易(不需刷隔离剂)，装putation运方便，清理简便，表面光滑，回收率高，耐腐蚀性好等特点。但强度和刚度较低，耐火性稍差，价格较贵，综合经济效果与组合钢模板相近 适于做密肋楼板的底模
玻璃钢模板	模板系采用低碱或中碱玻璃纤维布为原材料，不饱和聚酯树脂为胶粘剂，用阳模为模具，用手糊成型工艺生产而成(图6-15)。可根据工程结构构件需要制成各种形状和规格尺寸；还可按照拟浇筑柱子的圆周周长和高度制成整张卷曲直径600～1000mm，厚3mm的玻璃钢圆柱模板	具有重量轻，施工方便，易脱模，表面光滑，易成型加工，制作简单，强度高，可多次周转使用等特点。但一次成本较高，不能再改制使用 适于做小曲面率圆柱模板及密肋的模壳及预制槽形板的底模

6.1 模板工程

表 6-7

钢模板规格编码表(mm)

<table>
<tr><th rowspan="3">模板名称</th><th colspan="12">模 板 长 度</th></tr>
<tr><th colspan="2">450</th><th colspan="2">600</th><th colspan="2">750</th><th colspan="2">900</th><th colspan="2">1200</th><th colspan="2">1500</th><th colspan="2">1800</th></tr>
<tr><th>代号</th><th>尺寸</th><th>代号</th><th>尺寸</th><th>代号</th><th>尺寸</th><th>代号</th><th>尺寸</th><th>代号</th><th>尺寸</th><th>代号</th><th>尺寸</th><th>代号</th><th>尺寸</th></tr>
<tr><td>平面模板宽度代号 P — 600</td><td>P6004</td><td>600×450</td><td>P6006</td><td>600×600</td><td>P6007</td><td>600×750</td><td>P6009</td><td>600×900</td><td>P6012</td><td>600×1200</td><td>P6015</td><td>600×1500</td><td>P6018</td><td>600×1800</td></tr>
<tr><td>550</td><td>P5504</td><td>550×450</td><td>P5506</td><td>550×600</td><td>P5507</td><td>550×750</td><td>P5509</td><td>550×900</td><td>P5512</td><td>550×1200</td><td>P5515</td><td>550×1500</td><td>P5518</td><td>550×1800</td></tr>
<tr><td>500</td><td>P5004</td><td>500×450</td><td>P5006</td><td>500×600</td><td>P5007</td><td>500×750</td><td>P5009</td><td>500×900</td><td>P5012</td><td>500×1200</td><td>P5015</td><td>500×1500</td><td>P5018</td><td>500×1800</td></tr>
<tr><td>450</td><td>P4504</td><td>450×450</td><td>P4506</td><td>450×600</td><td>P4507</td><td>450×750</td><td>P4509</td><td>450×900</td><td>P4512</td><td>450×1200</td><td>P4515</td><td>450×1500</td><td>P4518</td><td>450×1800</td></tr>
<tr><td>400</td><td>P4004</td><td>400×450</td><td>P4006</td><td>400×600</td><td>P4007</td><td>400×750</td><td>P4009</td><td>400×900</td><td>P4012</td><td>400×1200</td><td>P4015</td><td>400×1500</td><td>P4018</td><td>400×1800</td></tr>
<tr><td>350</td><td>P3504</td><td>350×450</td><td>P3506</td><td>350×600</td><td>P3507</td><td>350×750</td><td>P3509</td><td>350×900</td><td>P3512</td><td>350×1200</td><td>P3515</td><td>350×1500</td><td>P3518</td><td>350×1800</td></tr>
<tr><td>300</td><td>P3004</td><td>300×450</td><td>P3006</td><td>300×600</td><td>P3007</td><td>300×750</td><td>P3009</td><td>300×900</td><td>P3012</td><td>300×1200</td><td>P3015</td><td>300×1500</td><td>P3018</td><td>300×1800</td></tr>
<tr><td>250</td><td>P2504</td><td>250×450</td><td>P2506</td><td>250×600</td><td>P2507</td><td>250×750</td><td>P2509</td><td>250×900</td><td>P2512</td><td>250×1200</td><td>P2515</td><td>250×1500</td><td>P2518</td><td>250×1800</td></tr>
<tr><td>200</td><td>P2004</td><td>200×450</td><td>P2006</td><td>200×600</td><td>P2007</td><td>200×750</td><td>P2009</td><td>200×900</td><td>P2012</td><td>200×1200</td><td>P2015</td><td>200×1500</td><td>P2018</td><td>200×1800</td></tr>
<tr><td>150</td><td>P1504</td><td>150×450</td><td>P1506</td><td>150×600</td><td>P1507</td><td>150×750</td><td>P1509</td><td>150×900</td><td>P1512</td><td>150×1200</td><td>P1515</td><td>150×1500</td><td>P1518</td><td>150×1800</td></tr>
<tr><td>100</td><td>P1004</td><td>100×450</td><td>P1006</td><td>100×600</td><td>P1007</td><td>100×750</td><td>P1009</td><td>100×900</td><td>P1012</td><td>100×1200</td><td>P1015</td><td>100×1500</td><td>P1018</td><td>100×1800</td></tr>
</table>

6 混凝土工程

续表

模板名称	模板长度 450		600		750		900		1200		1500		1800	
	代号	尺寸	代号	尺寸	代号	尺寸	代号	尺寸	代号	尺寸	代号	尺寸	代号	尺寸
阴角模板(代号E)	E1504	150×150×450	E1506	150×150×600	E1507	150×150×750	E1509	150×150×900	E1512	150×150×1200	E1515	150×150×1500	E1518	150×150×1800
	E1004	100×150×450	E1006	100×150×600	E1007	100×150×750	E1009	100×150×900	E1012	100×150×1200	E1015	100×150×1500	E1018	100×150×1800
阳角模板(代号Y)	Y1004	100×100×450	Y1006	100×100×600	Y1007	100×100×750	Y1009	100×100×900	Y1012	100×100×1200	Y1015	100×100×1500	Y1018	100×100×1800
	Y0504	50×50×450	Y0506	50×50×600	Y0507	50×50×750	Y0509	50×50×900	Y0512	50×50×1200	Y0515	50×50×1500	Y0518	50×50×1800
连接角模(代号J)	J0004	50×50×450	J0006	50×50×600	J0007	50×50×750	J0009	50×50×900	J0012	50×50×1200	J0015	50×50×1500	J0018	50×50×1800

6.1 模板工程

组合钢模板连接件、支承件形式、构造、规格及使用　表 6-8

类别	名称	组成形式、规格及使用
连接件	U形卡等	定型钢模板的组装,横向用U形卡,间距不大于300mm;纵(竖)向用L形插销连接,转角处用阴角模板、阳角模板或连接角模,借U形卡拼接,组成需要形式截面,再用钩头螺栓、对拉螺栓、紧固螺栓、拉杆或板条式拉杆、碟形(或弓形)扣件等连成整体(图6-2、图6-3)
组合钢模板支承件	支承钢楞	采用Q235钢管、钢板制成(图6-2h),常用规格有$\phi 48\times 3.5$钢管;□$80\times 40\times 2$、□$100\times 50\times 3$矩形钢管;⊏$80\times 40\times 3$、⊏$100\times 50\times 3$轻型槽钢;⊏$80\times 40\times 15\times 3$、⊏$100\times 50\times 20\times 3$内卷边槽钢;⊏$80\times 40\times 5$普通槽钢
	型钢柱箍	由夹板、插销和限位器组成(图6-4a)。夹板用-70×5扁钢;∟$75\times 25\times 3$或∟$80\times 35\times 3$角钢;或□$80\times 40\times 3$及□$100\times 50\times 3\times 5.3$冷弯槽钢或⊏$80\times 43\times 5$、⊏$100\times 48\times 5.3$槽钢制作。其中扁钢和角钢柱箍适用于柱宽小于700mm的柱;槽钢柱箍适用于较大截面柱
	钢管柱箍	由夹板、对拉螺栓、3形扣件(或直角扣件)等组成(图6-4b),钢管柱箍的夹板用$\phi 48\times 3.5$或$\phi 51\times 5.3$钢管,用单根或双根,可利用短脚手管。适用于组合钢模板组装的大中型截面的柱
	型钢、钢管梁卡具	三角架用角钢或钢管,底座用角钢、槽钢或钢管加工制成(图6-5)。梁卡具的高度和宽度可以调节。适用于截面700×600(mm)以内的梁
	钢管支柱及组合支柱	采用$\phi 60\times 2.5$、$\phi 48\times 2.5$两种规格钢管承插构成(图6-6a、b、c),沿钢管孔眼(间距100mm)用一对销子插入固定。上下钢管承插搭接长度不小于300mm,柱帽用钢板焊成。CH型下管上端焊有螺栓管式滑盘,转动滑盘可以微升微降使其顶紧。YJ型下管上端设有螺栓套,以保护螺纹不碰坏或污染。组合支柱由管柱、螺栓千斤顶、托盘、$\phi 48\times 3.5$钢管或$\phi 25\sim 30$mm钢筋、小规格角钢焊成(图6-6d),螺栓千斤顶由M45螺栓和上下托板组成,调距为250mm。四管支柱高度有1.2、1.5、1.75、2.0和3.0m五种,可组合成以250mm进级的各种不同高度,承载力为$180\sim 250$kN。适用做梁、板、阳台等模板的垂直支撑;组合支柱用作荷载较大的支撑
	钢撑	其材料和构造与钢管支柱基本相同(图6-7),只两端分别设活动卡座,以使与墙或梁钢楞等连接并卡牢
	平面可调桁架	用各种型钢焊接加工制成(图6-8)。有梯形或平行弦等形式,多做成两个半榀,以便调节跨度。常用规格为2.0、2.6m,相互拼接,搭接长度不小于500mm,上下弦2个以上U形卡卡紧,间距不大于400mm,使用跨度(L)在$2.1\sim 4.2$m间变换。控制荷载,当L为$3\sim 3.5$m、高300mm时,为$20\sim 150$kN;当L为$3.5\sim 4.2$m、高400mm时,为$25\sim 160$kN。桁架多支承在墙上,或钢筋托具上,梁侧模板横楞上或柱顶梁底横楞上。用于支承梁板、墙类结构模板,以扩大施工空间,节省支撑材料

续表

类别	名称	组成形式、规格及使用
组合钢模板支承件	曲面可调桁架	系由 5×25(mm)扁钢和 ϕ16V 形钢筋组合焊接制成(图 6-9)。内弦与腹筋焊接固定,外弦可以伸缩,曲面弧度可以自由调节,最小曲率半径为 3m。桁架长度有 2、3、4、5m,两端设角钢连接件,桁架间用螺栓连接。适用于曲面、椭圆或圆形结构筒壁等的支模

组合钢模板配板设计、模板组装要求及注意事项 表 6-9

项次	项目	方 法 要 点
1	配板设计要求	1. 配板应绘制配板图,标明钢模板的型号、位置和数量;拼装大模板应划出界线。对于特殊部位应注明;预埋件的位置应用虚线标出,并标明固定方法 2. 配板应先用几种主规格模板纵横拼配,配成以 50mm 为模数的平面,个别不足尺寸部位,则用同厚度木模板拼齐。模板拼接接头应互相错开 3. 尽可能使用 P3015 或 P3012 钢模板为主模板,以减少拼接,便利拆模 4. 钢模板横放或立放,应以钢模板的长度沿墙及梁、板的长度方向、柱子的高度方向排列,以利于钢楞或桁架支承合理布置 5. 内钢楞配置方向应与钢模板垂直,以承受钢模板传来的荷载;外钢楞承受内钢楞传来的荷载,其间距和对拉螺栓、扣件的布置应由计算确定 6. 模板结构的刚度在组合荷载作用下变形应小于 2mm,其中桁架的变形应不大于跨度的 1%
2	模板组装要求及注意事项	1. 模板组装前,应检查标高轴线,在底板上弹出模板内侧位置线。底板凸凹不平处,用 1:3 水泥砂浆找平,回填土地面应夯实,支柱下应加设垫板,以防下沉 2. 模板应自下而上顺序组装,每块模板要求位置正确,板面平整,连接件上紧,模板间应拼缝严密,必要时应用腻子嵌缝(或夹马粪纸,或用干稠度漆贴水泥袋纸),防止漏浆 3. 梁、板、阳台、楼梯底部应设置足够的支柱,上下层楼面支柱应在同一竖向中心线上,每排支柱间应用拉条或剪刀撑互相连系,斜撑的角度不宜小于 60°,柱模板亦应用木斜撑或剪刀撑与相邻柱拉结,以保证整个楼层柱、梁、板等模板成为一个稳定单元 4. 同一拼缝上的 U 形卡应避免同一方向设置,以防钢模板整体变形 5. 模板支设应与钢筋、配管、混凝土浇筑等工序密切配合,为便于下道工序操作,应留出必要的检查口、清扫口、捣固孔等

6.1 模板工程

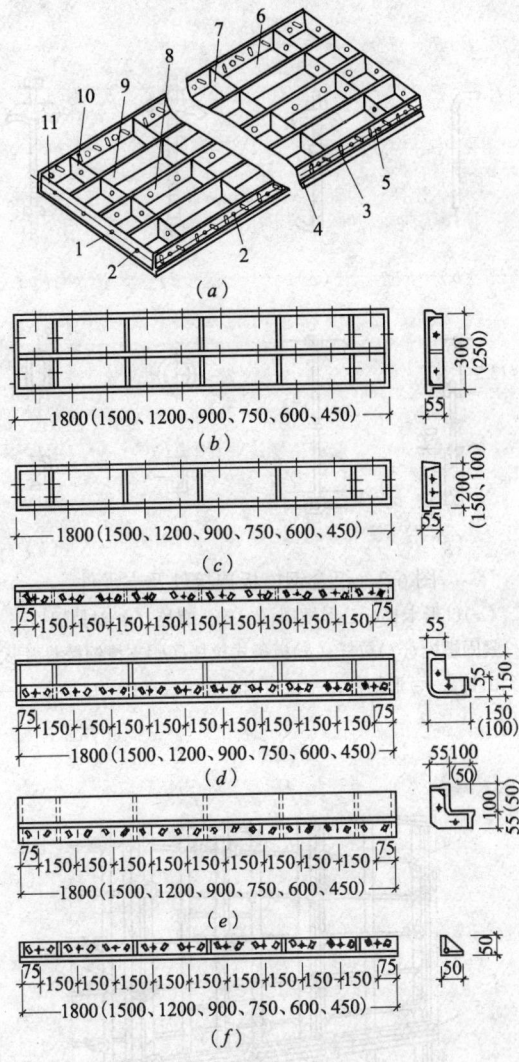

图 6-1 组合式钢模板构造与规格
(a)平面模板透视图;(b)、(c)平面模板;
(d)阴角模板;(e)阳角模板;(f)连接角模
1—插销孔;2—U 形卡孔;3—凸鼓;4—凸棱;5—边肋;
6—主板;7—无孔横肋;8—有孔纵肋;
9—无孔纵肋;10—有孔横肋;11—端肋

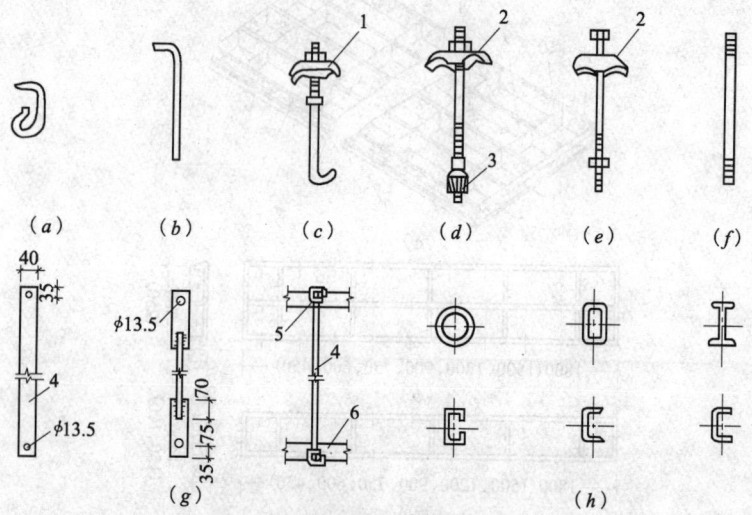

图 6-2 组合钢模板连接件及支承件
(a)U形卡;(b)L形插销;(c)钩头螺栓;(d)对拉螺栓;
(e)紧固螺栓;(f)拉杆;(g)板条式拉杆;(h)支撑钢楞截面形式
1—碟形扣件;2—弓形扣件;3—顶帽;4—扁钢拉杆;5—U形卡;6—钢模板

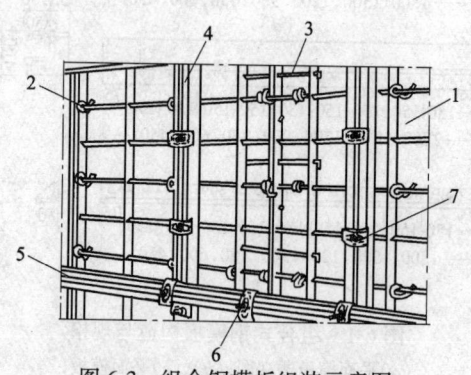

图 6-3 组合钢模板组装示意图
1—组合钢模板;2—U形卡;3—L形插销;4—纵连杆;5—横连杆;
6—对拉螺栓及碟形扣件或3形扣件;7—钩头螺栓及碟形扣件或3形扣件

6.1 模板工程

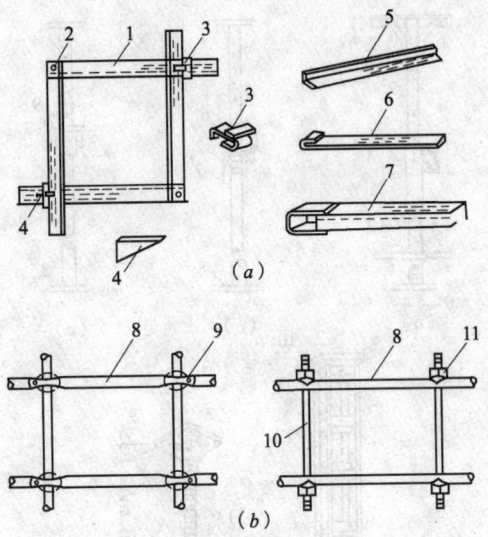

图 6-4 型钢和钢管柱箍

(a)型钢柱箍;(b)钢管柱箍

1—夹板;2—插销;3—限位器;4—钢楔;5—∟75×25×3角钢夹板;6—70×50扁钢夹板;
7—[80×40槽钢夹板;8—钢管;9—直角扣件;10—对拉螺栓;11—3形扣件

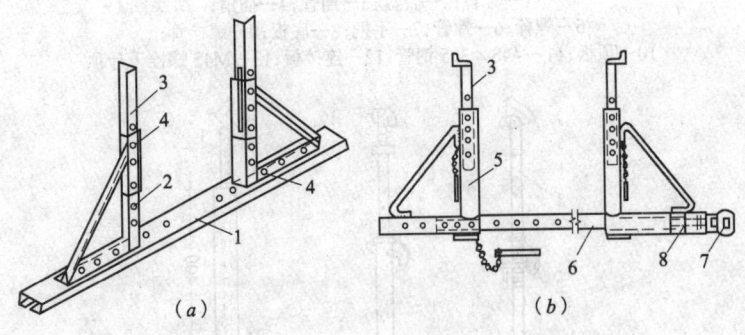

图 6-5 型钢和钢管梁卡具

(a)型钢梁卡具;(b)钢管梁卡具

1—[80×40×15×13底座;2—角钢三角架;3—调节杆;
4—螺栓;5—φ48×3三角架;6—钢管底座;7—钢筋环;8—插销

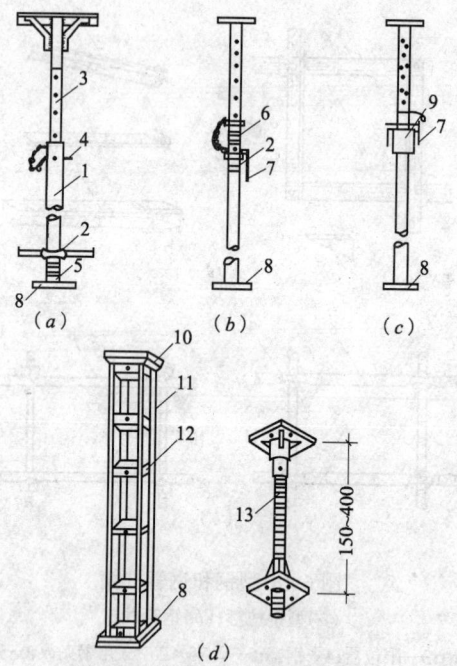

图 6-6 钢管支柱及组合支柱
(a)钢管支柱;(b)CH 型钢管支柱;(c)YJ 型钢管支柱;(d)组合支柱
1—套管;2—转盘;3—插管;4—插销;
5—螺栓;6—螺管;7—手柄;8—底板;9—螺栓管;
10—顶板;11—$\phi 48\times 3.5$ 钢管;12—连接板;13—M45 螺栓千斤顶

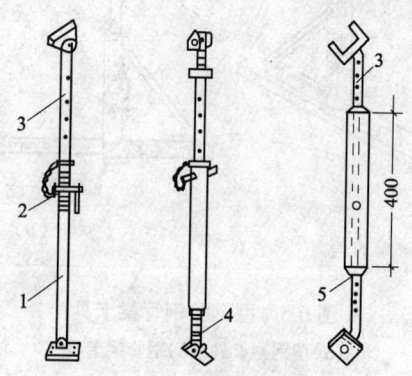

图 6-7 工具式钢管撑
1—套管;2—转盘;3—插管;4—螺杆;5—螺母

6.1 模板工程

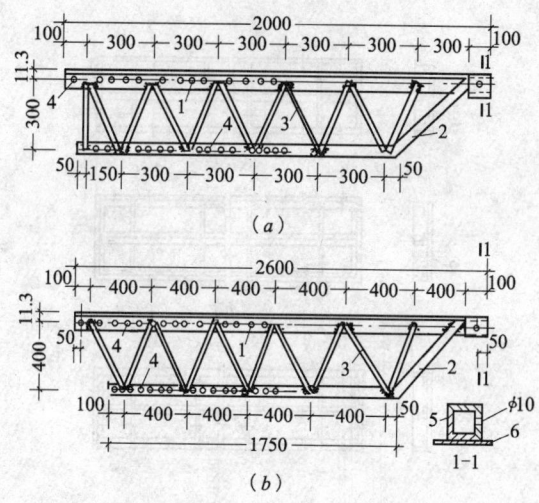

图 6-8 平面可调桁架
(a)2m 跨半榀桁架;(b)2.6m 跨半榀桁架
1—上弦∟40×4;2—下弦∟40×4 或 40×4 扁钢;3—ϕ12 钢筋腹杆;
4—钻孔 ϕ10;5—支座加固∟40×4;6—钢板-100×80×4(mm)

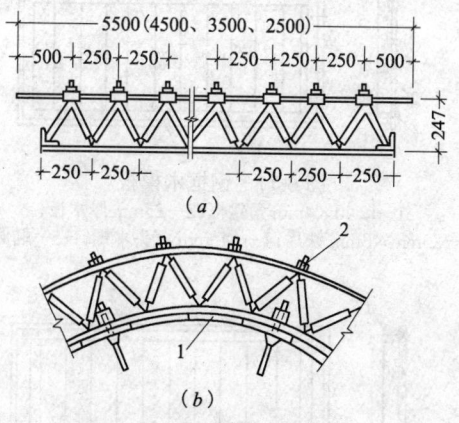

图 6-9 圆形结构用变曲面式桁架
(a)桁架平面;(b)弯成曲面情形
1—组合钢模板;2—可变曲面式钢桁架

6 混凝土工程

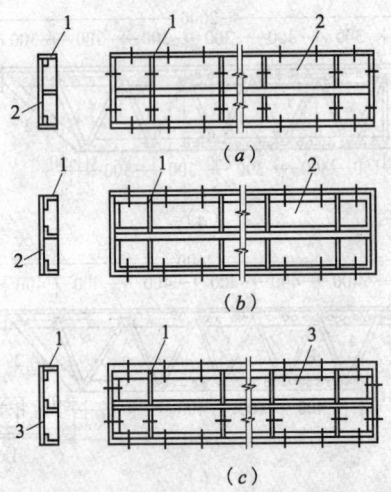

图 6-10 钢框胶合板和竹胶合板模板
(a)明框型钢框胶合板模板；(b)暗框型钢胶合板模板；(c)钢框竹胶合板模板
1—钢框；2—覆膜木胶合板；3—竹胶合板

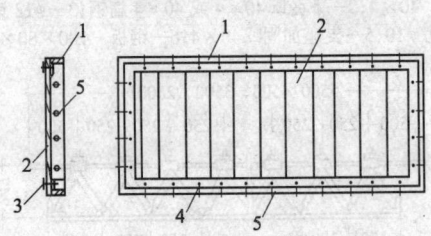

图 6-11 钢框木模板
1—∟40×4mm 角钢框；2—25mm 厚木板；
3—25mm×3mm 铁片；4—ϕ45mm 沉头木螺钉；5—椭圆孔

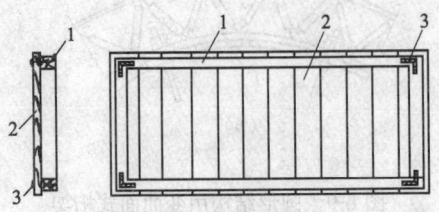

图 6-12 木定型模板
1—40mm×50mm 木框；2—25mm 厚木板；3—角铁

6.1 模板工程

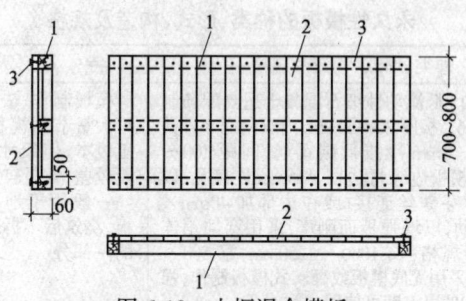

图 6-13 木框混合模板

1—木框；2—竹片、秫秸、铁皮、刨花板、菱苦土板或纤维板；3—铁钉

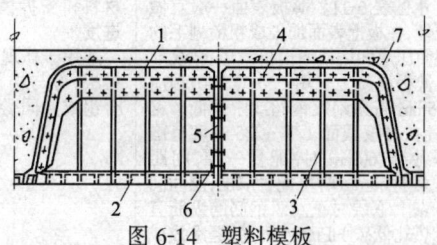

图 6-14 塑料模板

1—双向密肋塑料模壳面板；2—模壳底肋；3—塑料模加强刚度肋；4—连接孔；5—拼装肋；6—四小块拼装螺栓；7—现浇密肋楼板

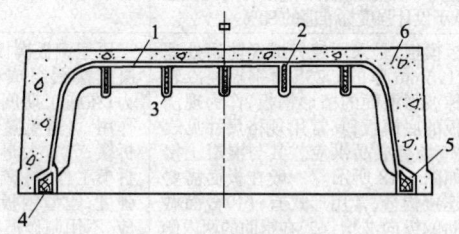

图 6-15 玻璃钢模板

1—玻璃钢模壳面板；2—加强肋芯材；3—面板加强肋；4—边肋芯材；5—模壳边肋；6—槽板类构件

6.1.1.3 永久性模板

永久性模板的种类、形式、构造及规格　　　　　表 6-10

项目	种类、形式、构造及规格	特 点 及 使 用
地下混凝土模板	采用 C15 低流动性细石混凝土适配配筋制成(图 6-16)，板厚 20～30mm，内双向配 8 号铁丝或 $\phi 3\sim 4$mm 冷拔低碳钢丝，间距 100～150mm。模板边缘每边留 $\phi 15$mm 连接孔，以便安装时穿铁丝连接；或在边部加 40mm×50mm 小肋，以增强模板面刚度，采用穿插销连接。常用规格：长 1000～1250mm、宽 500～750mm。采用无底模板或翻转式模板制作，强度达到 70% 以上即可使用	模板制作、安装简单、快速，可大量节约模板木材，降低施工成本，但尺寸精度和表面质量较差，重量较大 一般用于地下结构的外模板，浇筑后不拆除，作为结构物的一部分
混凝土薄板模板	品种有预应力混凝土、双钢筋混凝土和冷轧扭钢筋混凝土等；预应力混凝土薄板模板还有单向单层、单向双层、双向单层、无侧向伸出钢筋的单向单层配筋等形式，其构造见图 6-17；常用规格尺寸见表 6-11。薄板表面一般宜做抗剪构造处理，在板上表面加工成粗糙划毛的表面或用辊筒压成凹坑或增设折线形、波纹形抗剪钢筋。薄板混凝土采用 C30 或 C40；预应力筋采用 $\phi 5$mm 高强刻痕钢丝或中强低碳钢丝，一般配置在薄板截面 1/3～2/5 高度范围内。当板厚小于 60mm 时，配置一层，间距 50mm；板厚大于 60mm 时可配置双层，层间间距 20～30mm，上下层对正。双钢筋的纵筋宜采用 $\phi 8$mm 热轧低碳 HPB235 钢筋，经冷拔成 $\phi 5$A 级冷拔低碳钢丝，横筋用 $\phi 4$ 或 $\phi 3.5$B 级冷拔低碳钢丝。冷轧扭钢筋用 $\phi 6.5\sim 8$mm，配置在板厚 1/2 位置；当叠合后楼板厚度 $h\leqslant 150$mm 时，主筋间距不应大于 200mm；$h>150$mm 时，不应大于 1.5h，且每米板宽不少于 3 根。薄板在工厂台座上生产、出池、放张和起吊时的混凝土强度不得低于设计强度标准值的 80%	薄板模板在施工期间起永久性模板作用，可简化楼板模板支拆模工艺，减少支拆模工作量和劳动量，节省大量模板材料和支拆模费用，加快施工进度 适用于作现浇混凝土楼板的模板，可与楼板现浇混凝土叠合组成共同受力构件
压型钢板模板	压型钢板模板，是采用镀锌或经防腐处理的 0.75～1.6mm 厚的 Q235 薄钢板经冷轧而成具有梯波形截面的槽形钢板，作为现浇混凝土楼板的底模板，其常用规格尺寸见表 6-12，一般市场有成品供应。其与混凝土楼板的组合见图 6-18 所示。一般在板面需要做成抗剪连接构造，常用形式有：(1) 截面做成楔形肋的纵向波槽；(2) 在板肋的两内侧和上、下表面压成压痕、开小洞或冲成不闭合的孔眼；(3) 在板肋的上表面焊接与肋相垂直的横向钢筋。此外，在端头均要设置锚固栓钉；在楼板周边做封沿处理(图6-19)。非组合式压型钢板，则可不做抗剪连接构造	压型钢板模板在设计上与混凝土楼板组成叠合板共同受力；在施工期间起永久性模板作用，可避免漏浆，并减少支拆模，节省大量模板材料和支拆模工作量，减轻支拆模劳动强度；压型钢板市场有成品供应，不用制作模板，有利加快施工进度 压型钢板模板多用于多层和高层钢结构工程的混凝土楼板作底模板，亦可用于作钢结构的楼板模板

6.1 模板工程

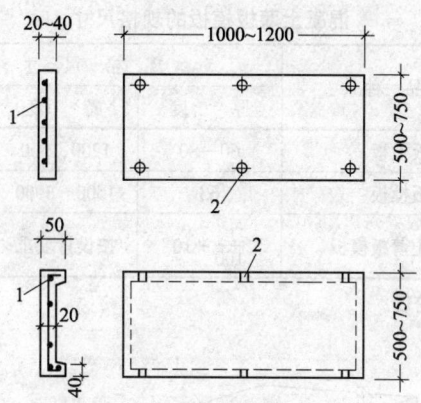

图 6-16 地下混凝土模板
1—配筋 φ4@100~150mm 双向；2—φ15mm 孔

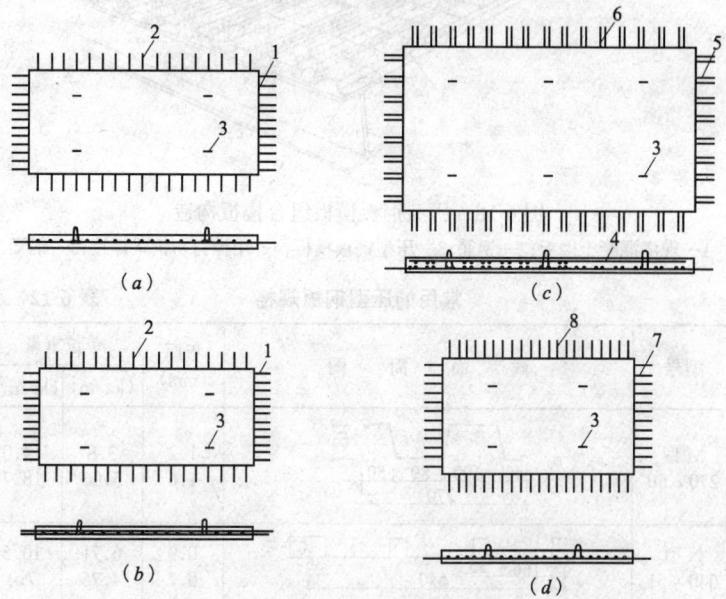

图 6-17 混凝土薄板模板
(a)单向单层配筋预应力混凝土薄板；(b)单向双层配筋预应力混凝土薄板；
(c)双钢筋混凝土薄板；(d)冷轧扭钢筋混凝土薄板
1—预应力筋；2—分布钢筋；3—φ8mm 吊环；4—双钢筋纵筋；
5—双钢筋横筋；6—双钢筋构造网片；7—纵向冷轧扭钢筋；8—横向冷轧扭钢筋

混凝土薄板模板的规格尺寸   表 6-11

模板品种	规格尺寸 (mm)		
	厚 度	宽 度	跨 度
预应力混凝土薄板模板	60~80	1200、1500	2700~7800
双钢筋混凝土薄板模板	63	1500~3900	4000~7200
冷轧扭钢筋混凝土薄板模板	$\dfrac{L}{100}+10$	按设计要求	4000~6000

注:L 为模板跨度。

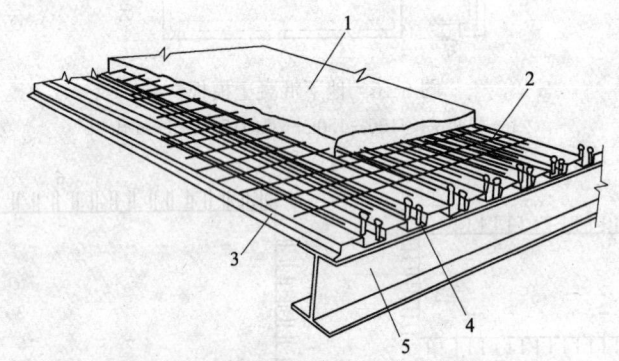

图 6-18 压型钢板模板组合楼板构造
1—现浇混凝土楼板;2—钢筋;3—压型钢板模板;4—用栓钉与钢梁焊接;5—钢梁

常用的压型钢板规格   表 6-12

型号	截 面 简 图	板厚 (mm)	单位重量	
			(kg/m)	(kg/m²)
M 型 270×50		1.2	3.8	14.0
		1.6	5.06	18.7
N 型 640×51		0.9	6.71	10.5
		0.7	4.75	7.4
V 型 620×110		0.75	6.3	10.2
		1.0	8.3	13.4

6.1 模板工程

续表

型号	截 面 简 图	板厚 (mm)	单位重量 (kg/m)	单位重量 (kg/m²)
V型 670×43		0.8	7.2	10.7
V型 600×60		1.2	8.77	14.6
		1.6	11.6	19.3
U型 600×75		1.2	9.88	16.5
		1.6	13.0	21.7
U型 690×75		1.2	10.8	15.7
		1.6	14.2	20.6
W型 300×120		1.6	9.39	31.3
		2.3	13.5	45.1
		3.2	18.8	62.7

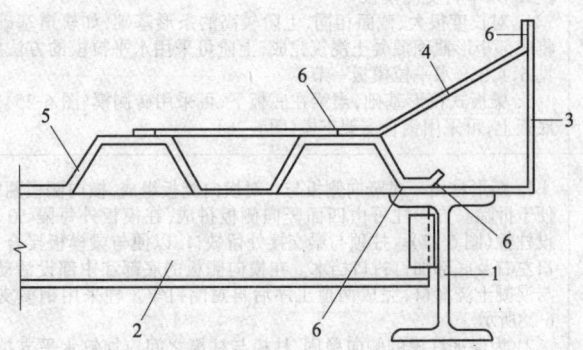

图 6-19 楼板周边封沿模板安装

1—主钢梁；2—次钢梁；3—封沿模板；4—φ6mm拉结钢筋；5—压型钢板；6—焊点

6.1.2 支模方法
6.1.2.1 现浇整体式结构支模方法

现浇整体式结构模板形式、构造和支设方法 表 6-13

项次	项目	支 模 方 法 要 点
1	柱阶梯形、杯形基础模板	柱基础形式有阶梯形和杯形两种： 1. 阶梯形柱基础模板支设，第一阶由4块边模拼成，其一对侧板与基础边尺寸相同，另一对侧板比基础边尺寸长 150～200mm，在两端加钉木档，用以拼装固定另一对模板，并用斜撑撑牢固定。在模板上口钉轿杠木，将第二阶模板置于轿杠上(图 6-20)，安装时应找准基础轴线及标高，上下阶中心线互相对准，在安装第二阶模板前应绑好钢筋 2. 杯形柱基础模板由下部台阶模板、杯颈模板和杯芯模板组成(图 6-21a)，第一阶和杯颈模板的支模方法同阶梯形柱基础模板。杯芯模板有整体式和装配式两种，可用木模或用组合钢模板与异形角模拼成(图 6-21b、c、d)。杯芯模板借轿杠支承在杯颈模板上口中心固定，混凝土浇筑后在初凝后终凝前取出。对长颈杯形柱基础长颈部分的模板，应用夹木借螺栓或钢管柱箍夹紧，以防胀模。颈部较高时，模板底部应设混凝土支柱或铁脚支承，上部用斜撑适当撑固(图 6-22、图 6-23)
2	墙矩形、条形、筏形基础模板	墙基础形式有矩形条形基础和带地梁条形基础两种 1. 矩形截面条形基础模板，由两侧的木或组合钢模板组成(图 6-24a)，支设应拉通线，将侧模校正后，用斜撑支牢，间距 600～800mm，上口加顶搭头木撑固 2. 带地梁条形基础模板，下台阶可按矩形截面相同方法支模，上部地梁采用吊模方法支模，模板由侧模、轿杠、斜撑、吊木等组成(图 6-24b、c)，轿杠设在侧板上口，用斜撑吊木将侧模吊起加以固定；当基础上阶高度较大，应在侧模底部加设混凝土或铁脚支承 3. 矩形基础带地梁等条形基础的下台阶，如土质较好，可利用原土切削成形，不再支侧模板 4. 对长度很大、截面相同、上阶较高的条形基础(如轨道基础)，可先将底部矩形截面混凝土浇筑完成，上阶可采用水平拉模的方法施工，参见 6.1.3.8 水平拉模一节 5. 梁板式筏形基础，当梁在底板下，可采用砖侧模(图 6-25)；当梁在底板上，可采用钢管支架支模(图 6-26)
3	矩形、方形柱模板	1. 矩形柱由一对竖向侧板与一对横向侧板组成，横向侧板两端伸出，便于拆除。方形柱可由四面竖向侧板拼成，在模板外每隔 50～100cm 设柱箍(图 6-27)。柱顶与梁交接处留缺口，以便与梁模板接合，并在缺口左右及底部加钉衬口档木。在横向侧板的底部和中部设活动清扫口与混凝土浇灌口，完成两道工序后再封闭钉牢。柱采用钢模支设如图 6-28 所示 2. 为保证柱模的侧向稳固，柱模与柱模之间应加钉水平支撑和剪刀撑，同时在外排柱模外侧设置成对的斜撑，斜撑下端用木桩钉牢，使柱群模板连成整体并保持稳定

6.1 模板工程

续表

项次	项目	支 模 方 法 要 点
4	墙体模板	墙体支模方法有以下几种： 1. 斜撑支模法：通常先浇筑墙基底板，在离底板 10～20cm 墙上留水平施工缝，然后再支墙模板，沿上阶放置水平垫木，将外侧板紧贴墙凸出部分支起吊正，再用水平撑与斜撑固定，钢筋绑扎完后，再同法安装另一面侧板，用斜撑支牢，两侧板之间加设长度与墙体同厚的撑头木，再用8号铁丝对拉拧紧。如墙体较高，下部多采用 $\phi8～12mm$ 对拉螺栓固定，侧板上口钉搭头木固定。如墙与底板同时浇筑时，内模板应用铁脚支承(图 6-29)。本法适于在高度低于 5m 的墙体上支模 2. 桁架支模法：系在墙两侧设竖向桁架作立楞，两端用螺栓或钢筋套拉紧，对厚度大的墙可利用墙内主筋焊成桁架与模板螺栓连接，以承受混凝土侧向荷载，而不设斜撑(图 6-30a)，只在顶部设搭头木和少量斜支撑，使模板保持竖向稳定。本法适于在高度大于 5m 的墙体上支模 3. 大模板支模法：系采用工具式模板，模板高相当墙高，长等于分段长度。面板采用组合钢模板，用 U 形卡、L 形插销、钩头螺栓等固定在纵横向钢楞上，外侧设操作台，模板上下口设对拉螺栓固定(图 6-30b)，当一段伸缩缝混凝土浇筑完毕，再用起重机吊到上一节或吊出移到下一段安装。钢筋先绑好，橡胶伸缩缝带采取一次埋好，并用钢板夹紧固定，以保持位置正确。本法适于在长度较大、截面一致的墙体支模
5	矩形、T形、十字（花篮）梁模板	梁截面形式有矩形、T形、十字(花篮)等多种： 1. 矩形梁模板由底模、侧板、夹木和斜撑等组成，下面用顶撑(支柱)支承，间距 1m 左右；当梁较大时，应在侧板上加钉斜撑(图 6-31)。顶撑(柱)间设拉杆，一般离地面 50cm 设一道，以上每隔 2m 设一道，互相拉撑成一整体 2. T形梁支模时，一般按截面形状尺寸制作竖向小木档，钉完并校正好两侧模板后，再钉翼缘部分的斜板和立板，最后顶斜撑支牢，并在模板上口钉搭头木，以保持上口位置正确，用钢模板时，可用钢管脚手架支承并固定(图 6-32) 3. 花篮梁支模方法与T形梁基本相同，但支设上部模板应在水平搭木上加吊档木及短撑木，以支承固定上部侧模。亦可采取先安装好圆孔板的支模方法，即先按板安装标高，用T形梁的支模方法，然后安装圆孔板，临时支承于梁模板上，再在底部用支柱支牢(图 6-33) 4. 主次梁同时支模时，一般先支好主梁模板，经轴线标高检查校正无误后，加以固定，在主梁上留出安装次梁的缺口，尺寸与次梁截面相同，缺口部分加钉衬口档木，以便与次梁模板相接，主梁、次梁的支设和支撑方法同矩形单梁支模方法 5. 高度较大的框架梁施工，在梁钢筋骨架中适当增加悬索筋和加固筋与主筋组成悬索结构式桁架骨架，在其上焊接吊挂螺栓来悬吊模板，并支承其全部荷载(图 6-34)。梁要保持 0.2%～0.3% 的起拱。本法需增加一些钢筋，但省去全部支承 6. 对采用工字梁作劲性筋的梁板结构，梁和板的模板支设可在钢梁上焊口型吊挂螺栓以悬吊梁模板，同时在梁侧设托木，支承桁架和板底模

续表

项次	项目	支 模 方 法 要 点
6	肋形楼板模板	肋形楼板常用支模方法有以下几种： 1. 支撑支模法：主次梁支模方法同项次第 4 项。模板安装时，先在次梁模板的外侧弹托木底水平线，再按线钉托木，并在侧板木档上钉竖向小木方顶住托木，然后放置搁栅，再在底部用牵杠撑牢（图 6-35）。铺设模板从一侧向另一侧密铺，在两端及接头处用钉钉牢 2. 桁架支模法：在梁底及板面下部采用工具式桁架支承上部模板，以代替顶撑，在梁两端设双支柱支撑或排架，将桁架置于其上。如柱子先浇筑，亦可在柱上预埋型钢，上放托木支撑梁桁架（图 6-36）支承 3. 钢管脚手架支模法：在梁底设满堂红脚手架，间距根据梁荷载来定，一般在梁侧应设两根脚手杆，以固定梁侧模，立管横管交接处用扣件或铁丝扎牢（图 6-37），梁板支模同一般梁板支模方法 4. 压型钢板支模法：基本同支撑支模法（图 6-38）
7	圈梁模板	圈梁常用支模方法有以下几种： 1. 扁担支模：系在圈梁底面下一皮砖处，每隔 0.75～1.0m 留一顶砖洞口，穿 100mm×50mm 底楞或钢管作扁担，在其上紧靠砖墙两侧支侧模，用夹木或钢管夹头和斜撑支牢，侧板上口设撑木或拉铁固定（图 6-39） 2. 钢筋拉结法：采用连接角模和拉结螺栓作梁侧模的底座或采用扁钢作底座，在扁钢上开数个孔眼，用楔块插入扁钢孔内，用以固定侧模板的下部，梁侧模的上部均用拉铁固定（图 6-40） 3. 硬架支模法：系先支圈梁模板，绑钢筋，安装圆孔板，圈梁和板缝混凝土同时浇筑。方法是在墙两侧安夹木，借螺栓与墙体紧夹住，以支承侧模和预制板（图 6-41），侧模厚度不小于 50mm
8	楼梯模板	模板支设应先根据层高放大样，一般先支基础和平台梁模板，再装楼梯斜梁或楼梯底模板、外帮侧板。在外帮侧板内侧弹出楼梯底板厚度线，用样板划出踏步侧板的档木，再钉侧板。如楼梯宽度大，则应沿踏步中间向上设反扶梯基加顶 1～2 道吊木加固（图 6-42）

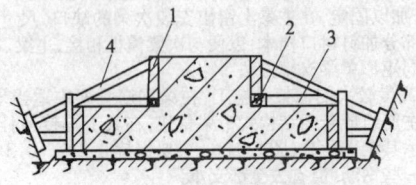

图 6-20 阶梯形柱基础模板
1—木或钢侧模；2—轿杠木；3—顶撑；4—斜撑

6.1 模板工程

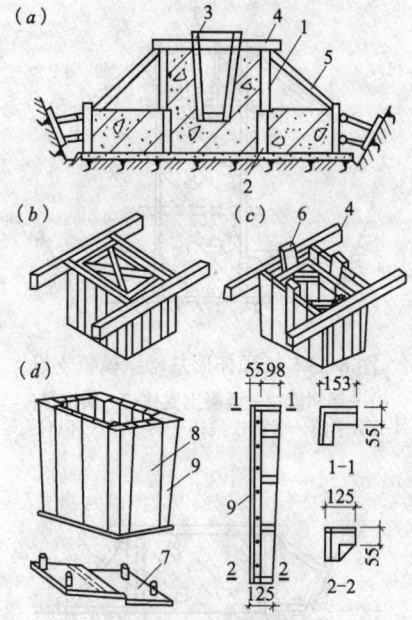

图 6-21 杯形基础模板
(a)杯形柱基础模板支设；(b)整体式杯芯；(c)装配式杯芯；(d)钢模杯芯
1—木或钢侧模；2—混凝土支柱；3—杯芯模板；
4—轿杠；5—斜撑；6—抽芯板；7—底板；8—组合钢模板；9—角模

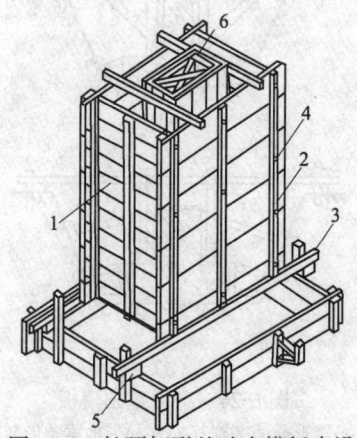

图 6-22 长颈杯形基础木模板支设
1—木侧模；2—立档；3—吊帮方木；4—对拉螺栓；5—托木；6—杯芯模板

6 混凝土工程

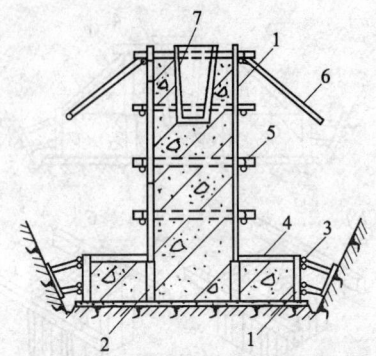

图 6-23 长颈杯形基础钢模板支设
1—钢侧模；2—混凝土支柱；3—横钢楞；
4—顶撑；5—钢管柱箍；6—斜撑；7—杯口芯模

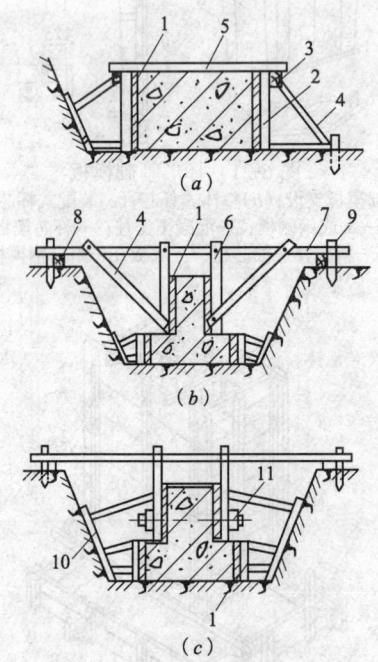

图 6-24 条形基础模板
(a)矩形截面基础；(b)、(c)带地梁条形基础
1—侧模；2—立档；3—横楞；4—斜撑；5—搭头木；
6—吊木；7—轿杠木；8—垫木；9—木桩；10—垫板；11—对拉螺栓

6.1 模板工程

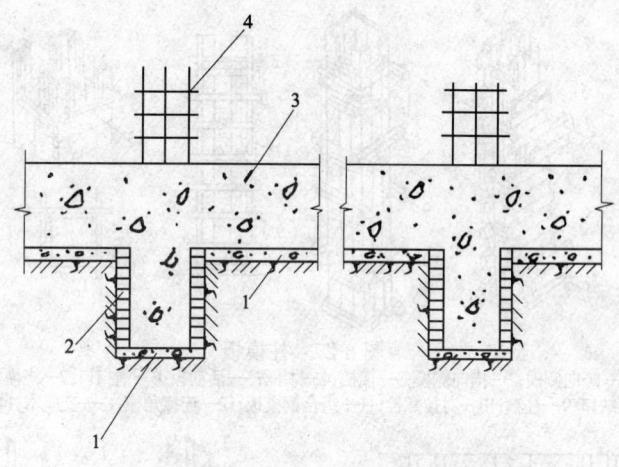

图 6-25 梁板式筏形基础砖侧模板
1—混凝土或 3:7 灰土垫层；2—半砖侧模；
3—基础底板；4—柱钢筋

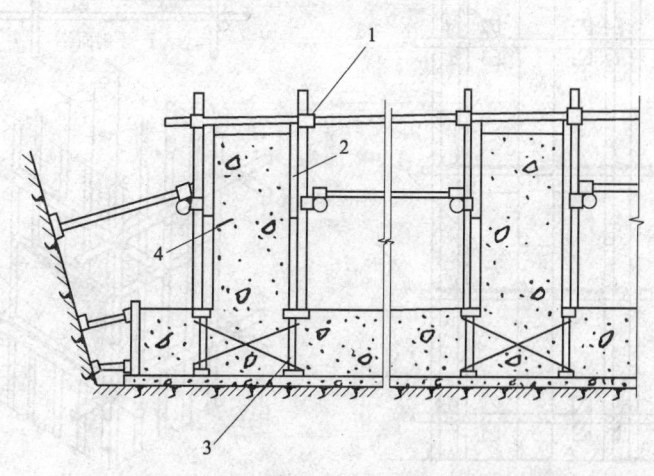

图 6-26 梁板式筏形基础钢管支架支模
1—钢管支架；2—木或组合钢模板；3—钢支承架；4—基础梁

6 混凝土工程

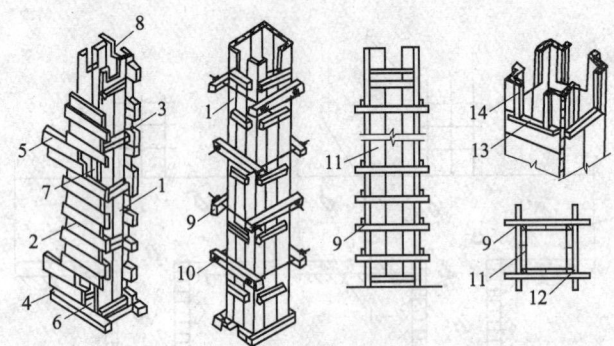

图 6-27 柱模板
1—竖向侧模;2—横向侧模;3—横档;4—木框;5—活动板;6—清扫口;7—浇灌口;
8—梁缺口;9—柱箍;10—对拉螺栓;11—组合钢模板;12—连接角模;13—支座木;14—档木

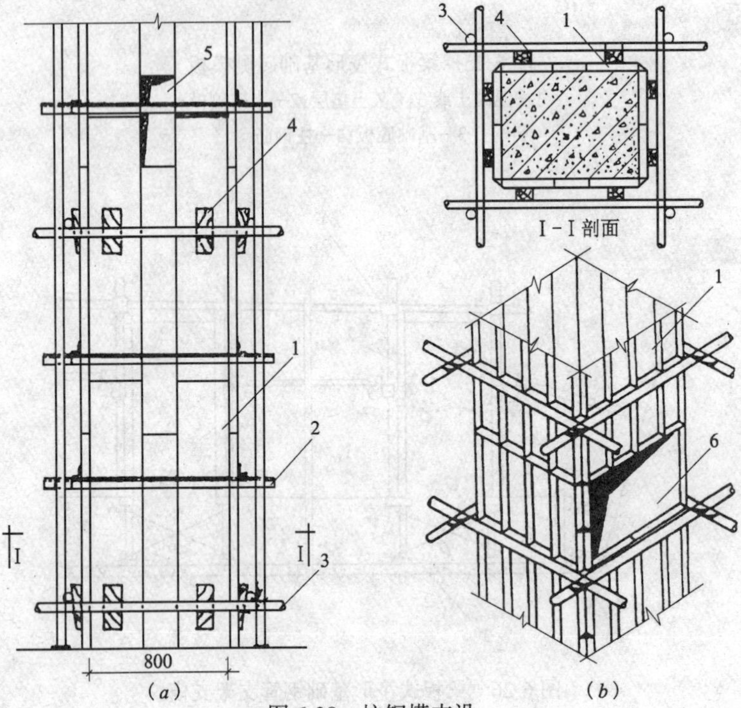

图 6-28 柱钢模支设
(a)柱模分片支设;(b)柱模门子板留设
1—组合钢侧模;2—钢管或角钢柱箍;3—φ51mm 钢管;
4—木楔;5—插振捣器口;6—门子板孔

6.1 模板工程

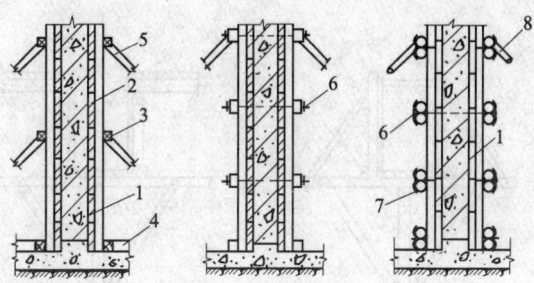

图 6-29 墙斜撑支模法
1—木或钢侧模；2—立档；3—横档；4—顶撑；
5—斜撑；6—ϕ10mm 对拉螺栓；
7—3 形扣件；8—钢管斜撑

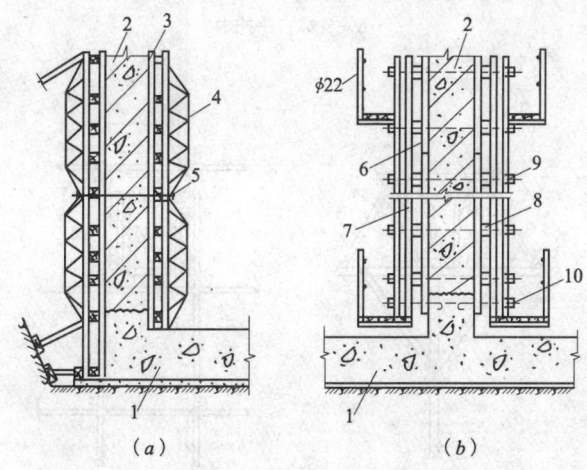

图 6-30 墙桁架和大模板支模法
(a)桁架支模法；(b)大模板支模法
1—墙底板；2—墙壁；3—墙侧模板；4—桁架；
5—钢筋套；6—墙大模板；7—纵钢楞⊏ $100 \times 50 \times 2 \times 3$；
8—横钢楞⊏ $80 \times 40 \times 15 \times 3$；
9—对拉螺栓；10—ϕ6mm 预埋拉筋

351

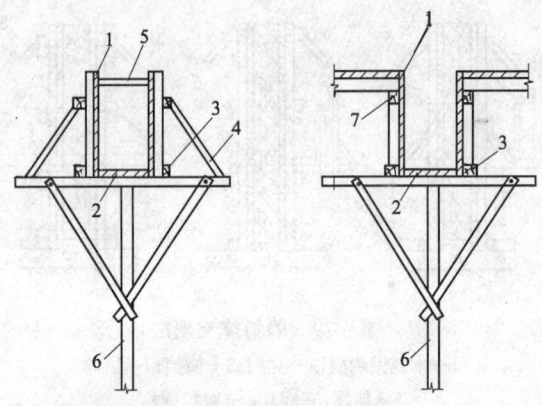

图 6-31 矩形单梁模板
1—侧模;2—底模;3—夹木;4—斜撑;5—撑木;
6—支撑;7—托木

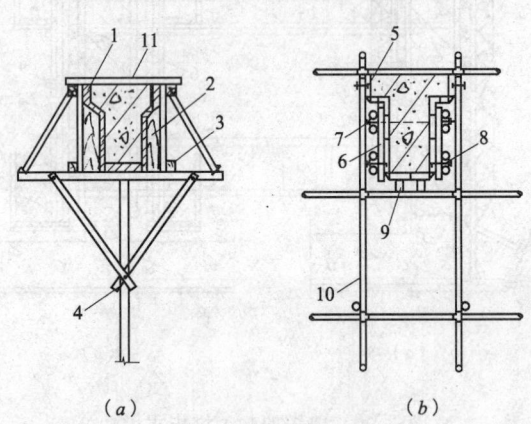

图 6-32 T形梁模板
(a)木模板支设;(b)组合钢模板支设
1—木侧模;2—木档;3—夹木;4—支撑;5—钢侧模;
6—内钢楞;7—对拉螺栓;8—钩头螺栓;
9—钢楞;10—钢管脚手;11—搭头木

6.1 模板工程

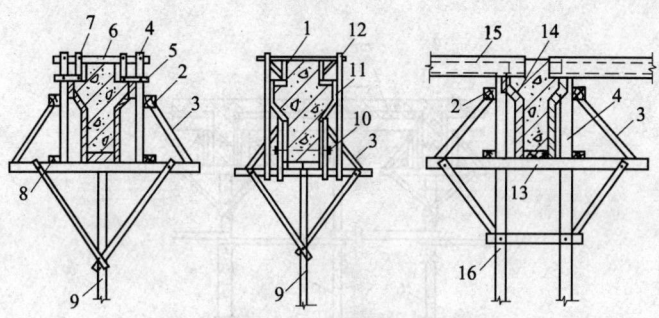

图 6-33 花篮梁模板
1—梁侧模；2—横档；3—斜撑；4—木档；5—撑木；
6—搭木；7—吊档；8—夹木；9—支撑；10—对拉螺栓；
11—花篮边模；12—钢管夹楞；13—横梁；14—斜板；15—圆孔板；16—支柱

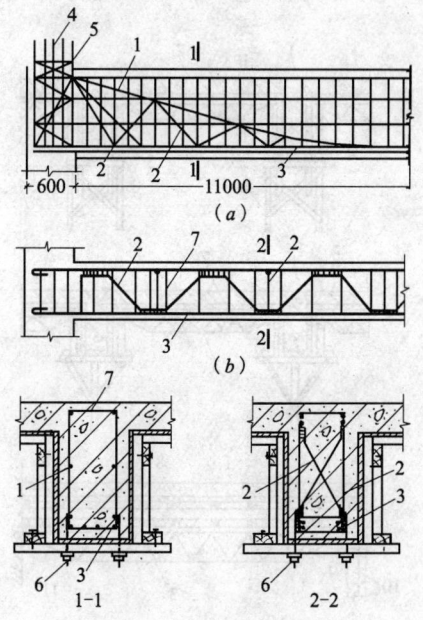

图 6-34 悬吊支模
(a)悬索筋悬吊支模；(b)加固筋悬吊支模
1—悬索筋；2—加固筋；3—梁内主筋；4—柱钢筋；
5—柱内加固筋；6—吊挂螺栓，焊挂在梁主筋上；7—箍筋

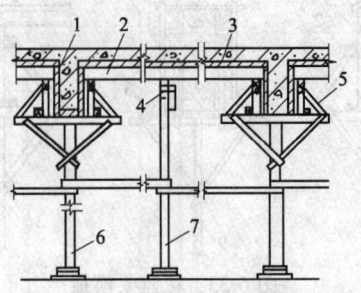

图 6-35　肋形楼板模板

1—梁侧模；2—搁栅；3—楼板底板；
4—牵杠；5—托木；6—顶撑；7—牵杠撑

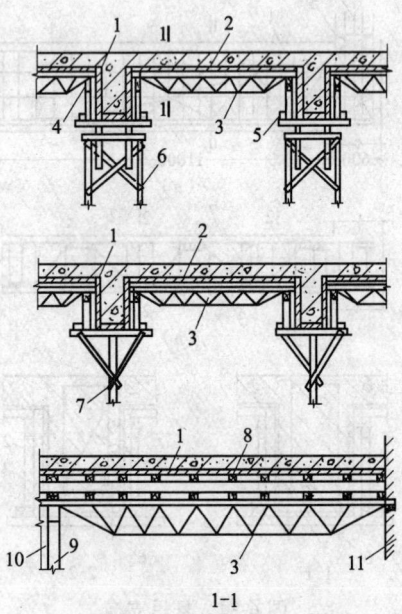

图 6-36　肋形楼板桁架支模法

1—侧模；2—底模；3—钢桁架；4—托木；5—夹木；
6—排架；7—支撑；8—搁栅；9—支柱；10—柱模；11—砖墙

6.1 模板工程

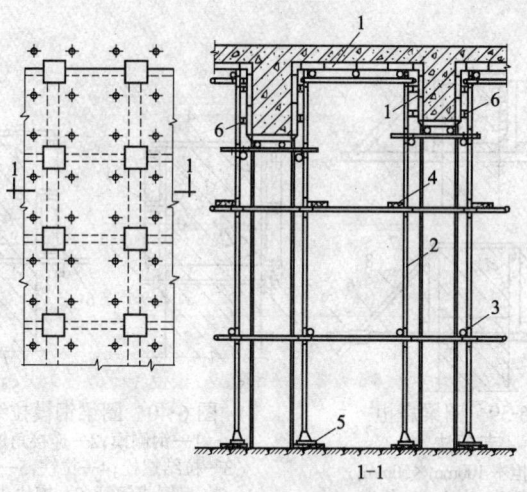

图 6-37 组合钢模配合钢管脚手支肋形楼板模板
1—组合钢模板；2—钢管脚手；3—直角扣件；
4—脚手板；5—垫板；6—木楔

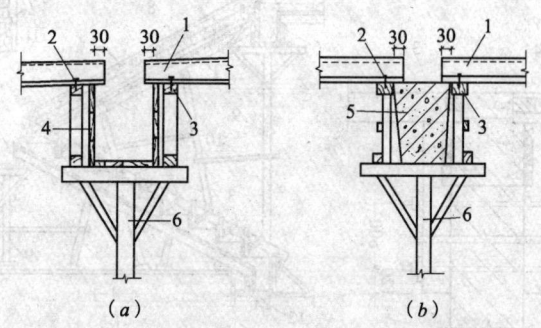

图 6-38 压型钢板模板用于肋形楼板支模法
(a) 压型钢模板与现浇混凝土梁搭接；
(b) 压型钢模板与预制混凝土梁搭接
1—压型钢模板；2—模板与托木钉固；
3—托木；4—梁侧模；5—预制混凝土梁；6—支撑

6 混凝土工程

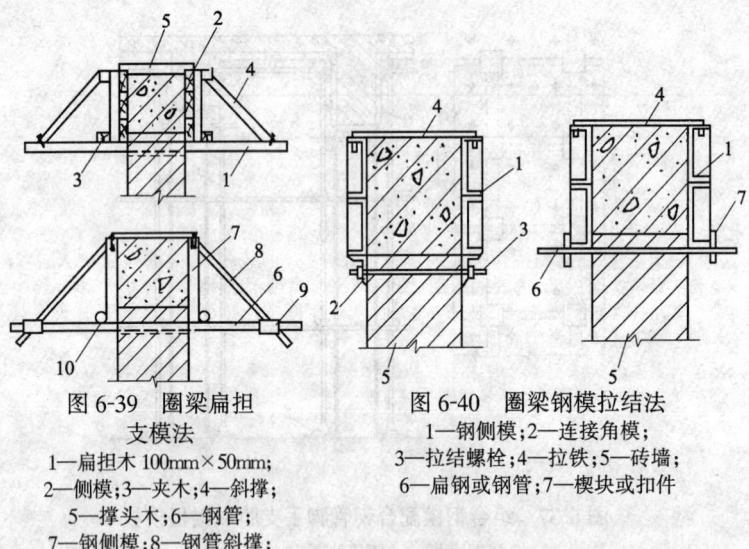

图 6-39 圈梁扁担支模法
1—扁担木 100mm×50mm；
2—侧模；3—夹木；4—斜撑；
5—撑头木；6—钢管；
7—钢侧模；8—钢管斜撑；
9—扣件；10—钢管夹头

图 6-40 圈梁钢模拉结法
1—钢侧模；2—连接角模；
3—拉结螺栓；4—拉铁；5—砖墙；
6—扁钢或钢管；7—楔块或扣件

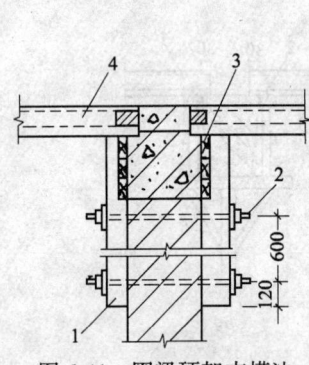

图 6-41 圈梁硬架支模法
1—夹木 40mm×60mm@1.5m；
2—$\phi 16mm$ 螺栓；
3—侧模；4—圆孔板

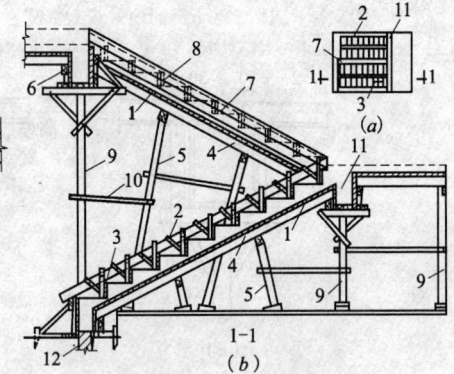

图 6-42 楼梯模板
(a)平面示意；(b)1-1 截面
1—楼梯底板；2—反三角木；
3—踏步侧板；4—搁栅；5—牵杠撑；
6—夹木；7—外帮板；8—木档；9—顶撑；
10—拉杆；11—平台梁模；12—梯基础

6.1.2.2 现场预制构件支模方法

预制构件模板形式、构造及支模方法　　　　表 6-14

名称	支模方法	特点及使用
土胎模	按成型方式不同有以下三种形式： 1. 地下式土模：系用土胎作底模，土壁作侧模。成型方法有两种：当土质较差，采取放线、挖槽、支木胎后四周培土夯实成型；当土质较好时，则按构件放线形状尺寸开挖，原槽抹面成型，内表面抹石（图 6-43a）。常用抹面材料及配合比见表 6-15，抹灰表面再刷隔离剂或铺塑料薄膜 2. 地上式土模：系用土胎作底模，侧模则有木胎培土夯实成型和采用工具式侧模板两种形式。前者按构件平面尺寸放线，将模底铲平，然后支木胎夯筑土模，土料宜用粉质黏土，内表面进行抹面；后者先将地面局部夯实，按构件尺寸分层铺土、夯实、找平、弹线，沿周边切土，表面抹 20mm 厚白灰黏土砂浆或 1:1:4 水泥黏土砂混合砂浆，侧模紧贴土芯模安装，下部铺通长横楞，用螺栓或斜撑固定，定型侧模用卡具固定（图 6-44） 3. 半地下式土模：系将构件埋入地下 1/2～1/3，成型方法下部同地下式土胎模，上部同地上式土模（图 6-43b）。须先支胎模，并做到挖填土基本平衡，下部挖槽，上部支模，内铺塑料薄膜作隔离层（图 6-43c、d）	具有节约材料（可省 90%～95%）、铁钉（约 90%）；施工简便，构件表面平整；便于养护，降低施工成本等特点。但用工较多（约 20%～30%），表面较为粗糙 地下式、半地下式土胎模适于制作体积大、外形较简单的梁、柱构件；地上式土模适于制作外形比较复杂和表面积较大的构件，如工字柱、双肢柱、薄腹梁、鱼腹式吊车梁及屋架等构件
混凝土(石砌)胎模	按构件的外形和尺寸，浇筑混凝土阴模成型，表面原浆抹光，转角抹成光滑圆角，便于脱模，侧模采用钢或木模用卡具固定（图6-45）。亦可用砌石代替混凝土制作底胎模（图6-46），上表面抹水泥砂浆压光，以节省混凝土和便于拆除	制作材料易得，胎模刚度大，不易变形，经久耐用，但不易改制、拆除 适于做生产数量大的大型屋面板、墙板、槽瓦等的底模
砖胎模	系用夯实土铺砖做底模或芯膜，砌砖做侧模，如侧模较高，再在外面适当培土，内表面抹灰，表面刷隔离剂（图 6-47）。砌砖用强度等级不大于 M2.5 砂浆，以便于拆除。为节约砖材，亦可用土坯代替，做法与砖胎模相同	材料简单，制作方便、快速，拆除容易，可保证外形尺寸准确 适于生产量大的定型构件（如肋形板）的底模或现场预制构件（如柱）的底模或侧模
钢胎模	采用 1.5～3.0mm 厚薄钢板做底板、侧板，型钢做骨架，加劲肋焊接制成，侧模和底模用铰链连接，便于装拆。常用吊车梁钢模板和圆孔板钢模板构造如图 6-48 和图 6-49 所示	模板刚度好，坚固耐用，强度高，刚度大，变形小，不漏浆，生产的构件尺寸准确，表面光滑，易于脱模，周转次数高，但一次投资高 适于制作生产量大的大型屋面板、吊车梁、圆孔板的模板，特别适用于作蒸汽窑养护的构件模板

续表

名称	支模方法	特点及使用
混合胎模	系用灰土、砖成型,上部抹面做底模或芯模,用工具式木或钢模做侧模,或上部芯模。常用工字柱、吊车梁和屋面梁模板构造如图6-50~图6-52	胎模制作方便快速,能保证精度要求,应用最广 适于现场制作梁、柱、屋架、托架等构件
混合式钢胎模	系用组合钢模板配以连接件,组装成各种形式预制构件模板,尺寸不足部分,适当配以55mm厚木模补齐。常用梁模板构造如图6-53、图6-54,柱子牛腿部分模板构造如图6-55	规格配套齐全,组装灵活快速,装拆方便,是应用最广的一种胎模板 适于制作各种截面较简单的柱、梁、屋架构件模板
木胎模	系在整个夯实的场地地面上铺底楞或垫板,在其上铺底板,上侧板,钉斜撑支撑牢固,侧板上口钉搭头木。对截面宽度大的构件,亦可用拉紧螺栓固定以代替斜撑(图6-56、图6-57)	支设简单、方便、快速,但需较多木材 适于制作各种截面构件模板,特别是复杂形状构件模板

胎模抹面材料及配合比参考表　　　表 6-15

名　称	配合比及使用方法	适用场合
净土浆	原土过筛加水调成糊状,抹面	土模做找平层
砂泥浆	砂:黏土=1:3~4 拌和后,加水调至糊状,抹面	土模面找平层
柴泥浆	泥土浆加熟草筋拌和,或用锯末:黄泥=1:3~4	土模及砖模找平
水泥石灰浆	水泥:石灰膏=1:0.5~1,泥浆找平后罩面,边刮边抹,厚3~5mm	含泥量较大的土模面层
水泥黏土浆	水泥:黏土=1:2,制成稠灰浆抹面,厚3mm左右	土模棱角
水泥黏土砂浆	水泥:黏土:砂=1:3:8~10(或1:1:4),抹面后,表面撒一层干水泥压光	土模、砖模面层
石灰砂浆	石灰膏:中细砂=1:3~5,调成灰浆抹面	较粘、湿的土模及砖模
石灰黏土砂浆	石灰:黏土:砂=1:3:2,制成适当稠度抹面,厚3~5mm	原槽土模
水泥砂浆	水泥:砂=1:3,制成适当稠度抹面压光	土模边角、砖模及混凝土胎模抹面

6.1 模板工程

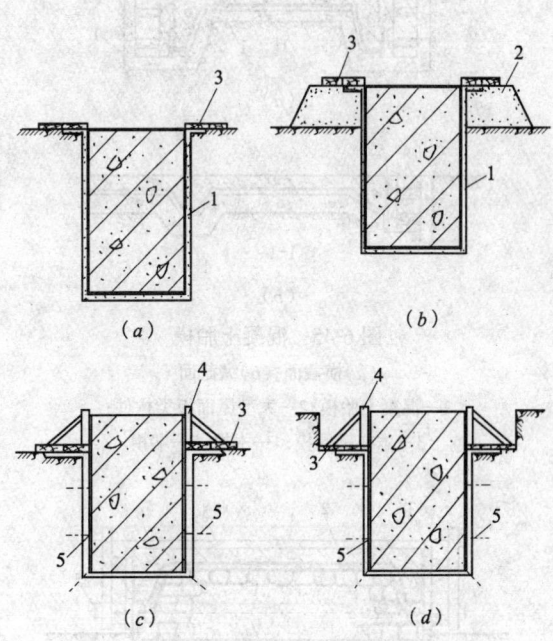

图 6-43 地下和半地下式土胎模制作地梁
(a)地下式土胎模；(b)、(c)、(d)半地下式土胎模
1—抹面；2—培土夯实；3—脚手板；4—侧挡板；
5—塑料薄膜、铁丝钉子固定

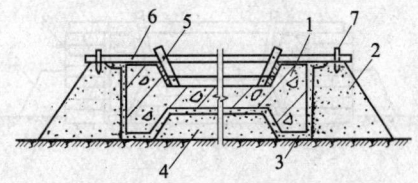

图 6-44 地上式土胎模
1—工字柱类构件；2—培土夯实；3—抹面；
4—灰土芯模；5—木芯模；6—吊帮方木；7—木桩

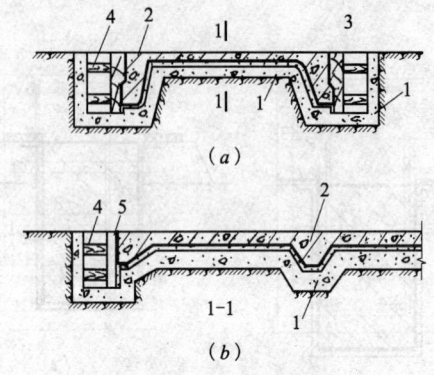

图 6-45 混凝土胎模
(a)横截面;(b)纵截面
1—混凝土胎模;2—大型屋面板类构件;
3—木或钢侧模;4—木撑;5—端模

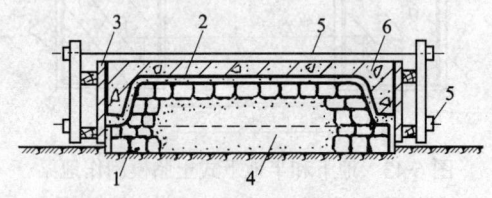

图 6-46 石胎模
1—石胎模;2—抹砂浆;3—木侧模;
4—灰土夯实;5—对拉螺栓;6—槽板类构件

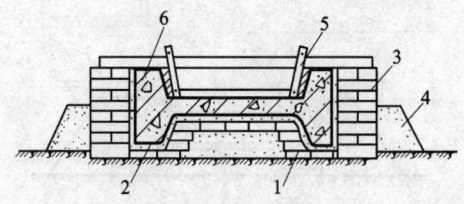

图 6-47 砖胎模
1—砖芯模;2—抹砂浆;3—砖侧模;
4—培土夯实;5—木芯模;6—工字柱类构件

6.1 模板工程

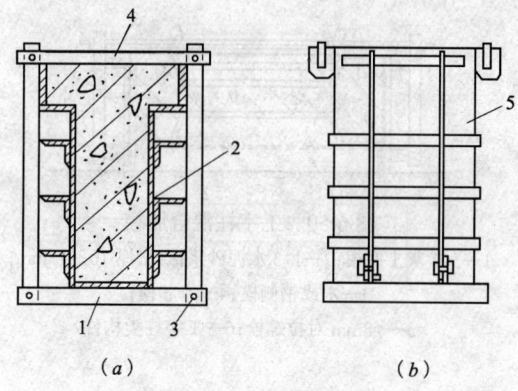

图 6-48 吊车梁钢胎模
(a)横截面;(b)端模
1—底模;2—活动侧模;3—铰轴;4—拉杆;5—端模

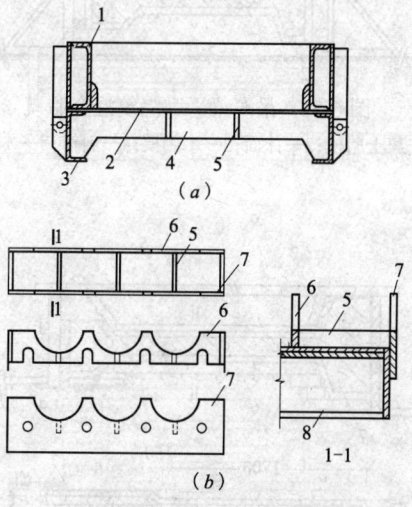

图 6-49 圆孔板钢模胎
(a)钢模构造;(b)张拉端模板构造
1—侧模;2—底板;3—底座纵梁;
4—横劲板;5—纵劲板;
6—堵头板;7—承托板;8—底座纵梁

6 混凝土工程

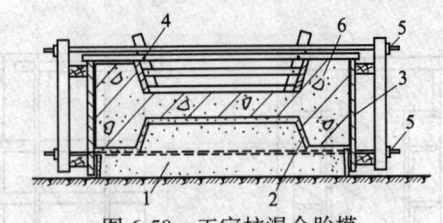

图 6-50 工字柱混合胎模
1—3:7 灰土底模;2—1:3 水泥砂浆抹面,厚 10~15mm;
3—木或钢侧模;4—木芯模;
5—φ8mm 对拉螺栓;6—工字柱类构件

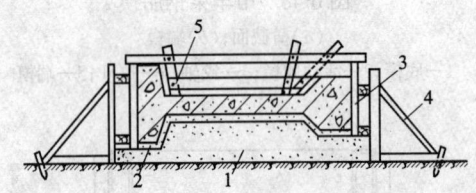

图 6-51 吊车梁平卧浇筑混合胎模
1—灰土胎模;2—抹面;3—木侧模;4—斜撑;5—木芯模

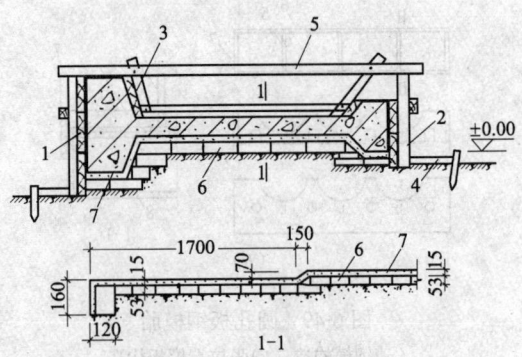

图 6-52 屋面梁混合胎模
1—木或钢侧模;2—木档;3—木芯模;
4—水平支撑;5—木拉杆;
6—砖(或石或 3:7 灰土)底模;7—砂浆找平

6.1 模板工程

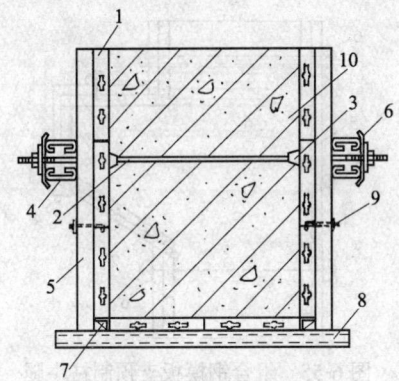

图 6-53 梁组合钢胎模

1—钢模板；2—对拉螺栓；3—顶模；4—横连杆；5—纵连杆；
6—碟形扣件；7—连接角模；8—型钢底楞；
9—钩头螺栓；10—梁类构件

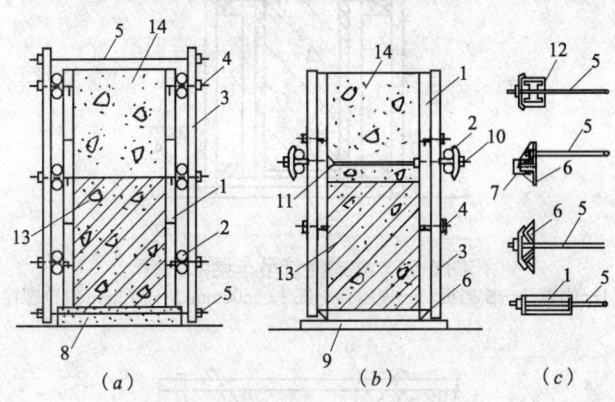

图 6-54 组合钢模板支双层预制梁模

(a)、(b)梁模板；(c)纵横连杆形式

1—组合钢模板；2—横连杆；3—纵连杆；4—钩头螺栓；
5—ϕ12mm 对拉螺栓；6—连接角模；7—U 形卡；
8—3:7 灰土垫层上抹麻刀灰；9—型钢底楞；10—拉杆；
11—顶模；12—内卷边槽钢；13—第一次浇筑梁；14—第二次浇筑梁

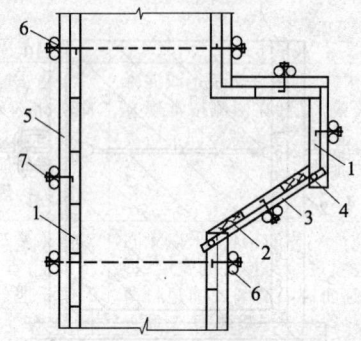

图 6-55 组合钢模板支预制柱牛腿
1—组合钢模板；2—木模板；3—拉铁；
4—穿钉；5—横连杆；6—纵连杆；7—钩头螺栓

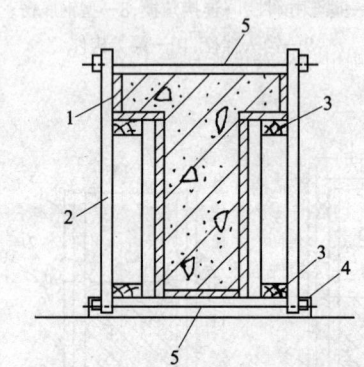

图 6-56 立式浇筑吊车梁木胎模
1—侧模；2—横挡板；3—夹木；4—底木@600mm；5—ϕ12mm 对拉螺栓

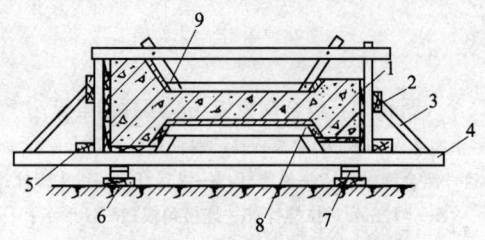

图 6-57 卧式浇筑屋面梁木胎模
1—侧模；2—托木；3—斜撑；4—横楞；
5—夹木；6—垫木；7—木楔；8—下芯模；9—上芯模

6.1 模板工程

预制构件节约模板、快速支脱模工艺方法　　表 6-16

项目	工艺方法	特点及使用
无底模板	对底面平整的构件,利用夯实灰土或混凝土地坪作底模,设隔离层,在两侧按常规方法支工具式侧模板,用卡具或螺栓固定后浇筑构件(图 6-58)	可省去全部底模材料,支设简便、快速,脱模容易 适于表面积大、高度不大的大型屋面板、圆孔板、槽形板及柱梁类构件
间隔支模法	对外形简单、截面对称的构件,采取先间隔支模浇筑,间隔宽度恰为构件的宽度,拆模后,在两构件侧面刷隔离剂或铺塑料薄膜,不再支模板,仅在两端支端模,下钢筋骨架,浇筑混凝土(图 6-59) 对梯形、三角形、T字形等异形构件,可利用其倒置的互补的几何图形,将构件翻转 180°或 90°排列,使其间距恰等于构件尺寸,可利用其作为下一批相同构件的混凝土模板制作构件(图 6-59b),当构件的外形尺寸不能完全吻合时,则用衬木、砖模或土胎(上抹砂浆)来补足(图 6-59c)	省去第二批构件部分或全部支模,节省工料,降低施工成本 适于地梁、檩条、过梁、肋条、圈梁、桩等构件
重叠浇筑法	系先按常规方法支模、浇筑混凝土构件,然后利用已浇构件的表面作底模,刷隔离剂或铺塑料薄膜、油毡纸,紧靠构件外侧,支侧模重叠浇筑构件(图 6-60)。重叠层数,一般不超过 4 层,但对薄板构件可达 6~10 层。上一层构件应在下一层构件强度达到 30%以后,才可支模浇筑混凝土。模板可利用下层拆下来的,加做支脚即可。亦可根据构件重叠总高度,将构件内侧模板一次支好,而外模仍采取分层支模方法(图 6-61),以节省支底模和侧模工作量	可节约底模,省去支模放线、找平工作,加快支模速度 适于外形尺寸相同、上下主要面平整的构件,如柱、梁、吊车梁、板、屋架的制作
预制腹杆法	对腹杆多的空腹构件,采取先将水平、垂直和斜腹杆预制好,在杆件两端预留出锚固钢筋,腹杆长度以能伸入模板内 50mm 为度。支模时,先将预制好的腹杆按放线设计位置支垫就位,伸出锚固筋分别插入柱双肢或屋架上、下弦钢筋骨架内,然后支设构件的双肢或上下弦侧模板,接头处缝隙堵严,浇筑混凝土即形成整体。双肢柱和屋架采用整体支模和预制腹杆法支模的比较见图 6-62、图 6-63	可省去支腹杆模板,简化支模工艺,提高工效,加快进度,节省材料,并有利于保证质量 适于制作双肢柱、屋架、托架等桁架式构件

续表

项目	工 艺 方 法	特 点 及 使 用
分节快速脱模法	系在构件的吊环或支承处设置固定的砖垫墩或木垫座，宽度等于构件宽度，长度不小于24cm，其余部分设置便于拆除的活动底模，待浇筑混凝土后，强度达到40%～50%时拆除（图6-64）。亦可将构件底模分成若干长2m以内的小段，构件达一定强度后，松动底模横档与下部垫板之间的木楔，抽出底模后，改用砖或木垫板、木楔支承，依次抽换全部底模，由2～4个支点来支承	能加速拆除部分底模，便于周转使用，节约模板 适于制作细长柱、梁等构件
拉模板	对平面较大，侧面高度、表面积不大的构件，可利用混凝土台座作无底模板，侧模用钢或木模做成工具式，并带一定锥度，用卡具固定，在混凝土浇筑后，立即用卷扬机或绞磨抽出，拉到下一构件位置应用（图6-65）	一套模板可以很快移到下一构件应用，可加快脱模速度，增加周转使用次数，节约支拆模时间和模板材料，一套模板可使用数百次 适于长线台座生产预应力圆孔板类构件

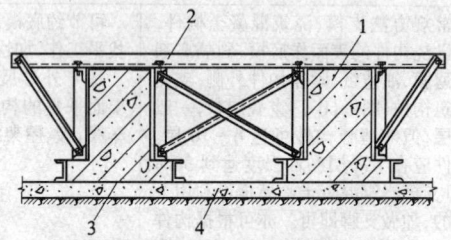

图 6-58 无底模板支模
1—T形梁类构件；2—钢模及卡具；3—隔离层；
4—混凝土地坪或夯实灰土地坪

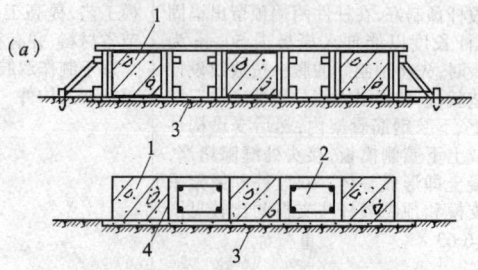

图 6-59 间隔和倒置法浇筑构件支模（一）

6.1 模板工程

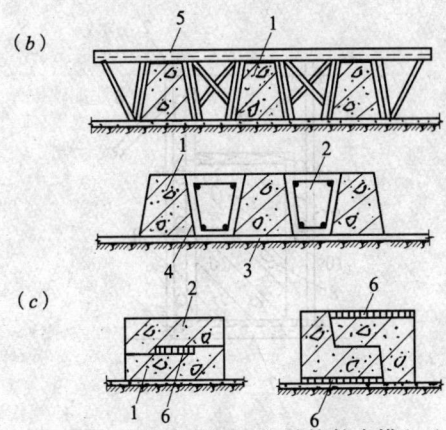

图 6-59 间隔和倒置法浇筑构件支模（二）
(a)间隔浇筑法；(b)、(c)倒置浇筑法
1—第一批浇筑构件；2—第二批浇筑构件；
3—砂土或灰土夯实垫层；4—隔离层；5—钢模及卡具；6—砖模或灰土

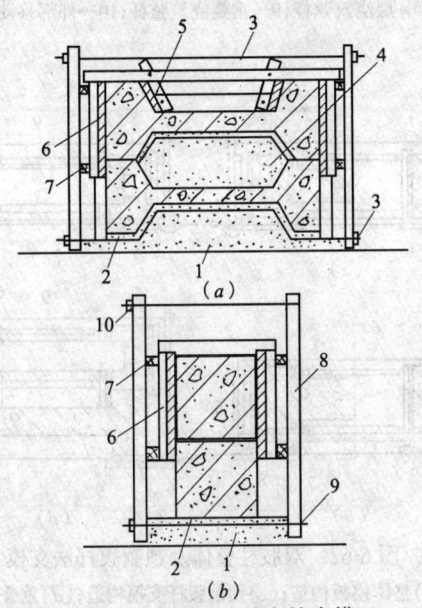

图 6-60 柱、梁重叠浇筑支模
(a)柱重叠浇筑；(b)梁重叠浇筑
1—灰土或砖底模；2—砂浆抹面；3—ϕ10mm 螺栓；4—土芯模；
5—木芯模；6—侧模；7—横档；8—长夹木或钢管；9—ϕ10mm 钢筋箍；10—木楔

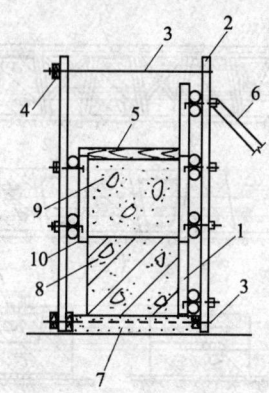

图 6-61 屋架重叠浇筑模板

1—内部固定钢模板；2—48mm 钢管夹；3—ϕ12mm 钢筋箍；
4—木楔；5—临时撑木；6—斜撑；7—3:7 灰土，上抹砂浆；
8—第一层浇筑弦杆；9—重叠浇筑弦杆；10—外部移动钢模板

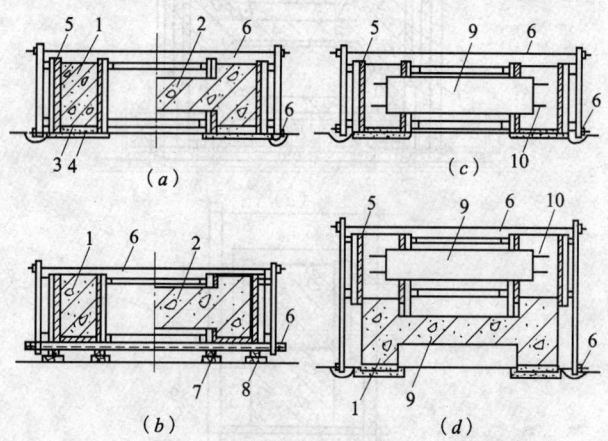

图 6-62 双肢柱整体及预制腹杆法支模

(a)、(b)整体模板构造；(c)预制腹杆支模构造；(d)重叠制作支模
1—柱肢；2—肢杆；3—白灰砂浆找平层；4—3:7 灰土夯实 70mm 厚；
5—侧模；6—ϕ12mm 螺栓；7—底楞；8—垫板；
9—预制腹杆；10—伸出钢筋

6.1 模板工程

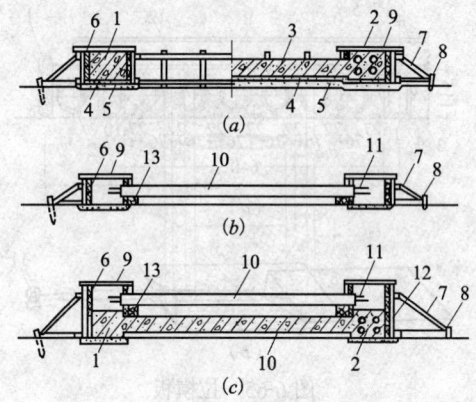

图 6-63 屋架整体及预制腹杆法支模
(a)整体模板构造;(b)预制腹杆支模构造;(c)重叠制作支模
1—上弦;2—下弦;3—腹杆;4—白灰砂浆找平层;
5—3:7灰土夯实;6—侧模;7—斜撑;8—木桩;9—拉条;
10—预制腹杆;11—伸出锚筋;12—支脚;13—木块或砖

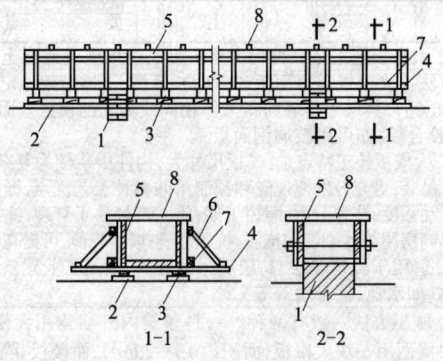

图 6-64 分节脱模法
1—砖墩;2—垫木;3—木楔;4—底楞;
5—侧模;6—斜撑;7—夹木;8—木拉条

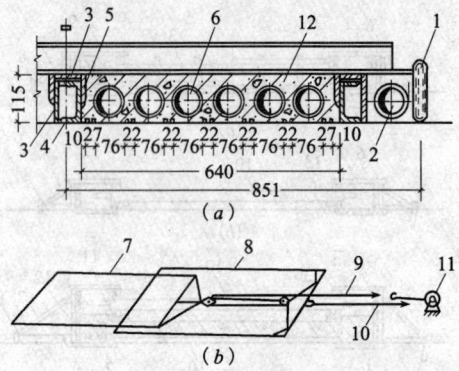

图 6-65 拉模板
(a)拉模横截面图;(b)拉模穿绳、绕线示意图
1—φ150mm 铁轮;2—φ114mm×4mm 钢管外框架;
3—10mm 厚钢板;4—10 号槽钢;5—10mm×75mm 钢板;6—φ76mm×4mm 芯管;
7—内模框;8—外模框;9—拉芯管;10—拉支架;11—卷扬机;12—圆孔板类构件

6.1.3 特种模板工艺方法

6.1.3.1 大模板

大模板施工工艺方法要点　　　　　表 6-17

项次	项目	施 工 要 点
1	组成、特点及使用	1. 大模板施工是一种用大块工具式模板现浇混凝土墙体的工业化施工方法。大模板是由面板、加劲肋、竖楞、支撑桁架稳定机构及附件组成(图6-66),其尺寸与墙面积大体相同或为它的模数。面板材料多采用钢板、胶合板,亦可用玻璃钢面板 2. 大模板施工特点是:模板尺寸大,构件拼装较为复杂;重量大,需用起重机吊装;可充分发挥现浇和预制吊装两种工艺优点,提高机械化程度;降低劳动强度,节省劳力,缩短工期;施工现场易于管理,施工方便,从设计上可提高房屋整体刚度和抗震、抗风性能;墙体较薄,可提高使用面积 3. 适用于浇筑多层、高层房屋的墙体,以及工业建筑上长度大的大块墙体(如水池、挡土墙等等)
2	组装施工工艺方法	1. 施工方法一般有两种。一是建筑内外墙均用大模板现浇混凝土,一块墙面用一块大模板(面积约15~20m²),而楼板、隔墙板、楼梯平台、楼梯段、阳台等均采用预制吊装;另一是内纵墙、横墙采用大模板现浇混凝土,而外墙板、隔墙板、楼板等均为预制吊装(简称"一模三板") 2. 大模板组合有平模、大角模、小角模三种方式。平模组合是一块墙面采用一块平模,纵横墙分别施工;大角组合是房间的墙角的内模由四个大角模组成,自成一个封闭体系;对于长方形房间则四角采用大角模后,不足部分配以小平模组合的方式;小角模组合基本上是以平模为主,转角处采用∟100×10 的小角模

6.1 模板工程

续表

项次	项目	施工要点
2	组装施工工艺方法	3. 内墙一对大模板的连接如图6-66,外墙大模板的连接可采用悬挂在内模板上的方法或安装在脚手架上,用穿墙螺栓与内模拉紧(图6-67a),外墙的阳角大模板连接如图6-67(b) 4. 大模板施工一般将建筑物划分为2~4个施工段或采取两栋楼房同时施工,每栋楼房每层作为一个施工段,各施工段的工程量大体相等,并使模板在各个施工段能够充分周转,减少模板配置的数量 5. 配合大模板施工,钢筋亦应按施工段划分顺序依次绑扎。一般先横墙,后纵墙。绑扎主筋时,应根据楼板上放的墙身线立直。水平钢筋的间距(一般200mm)、标高抄放在垂直钢筋上,按划线绑扎
3	操作要点及注意事项	1. 大模板组装前,应弹好楼层墙身线、门口线、模板位置标高线,安完预埋管线,浇好导墙混凝土。模板面要涂刷隔离剂 2. 每个单元的安装顺序为:先安内墙模板,后安外墙模板,先安横墙模板,后安纵墙模板,先正号,后反号,不得混淆 3. 纵横内墙应连续一次浇筑完成,待混凝土强度达到1.2N/mm² 后,将螺栓卸开,拆模,用塔式起重机吊至下一段安装 4. 模板就位后,应立即调整螺栓千斤顶,使其垂直平稳后,再安设穿墙螺栓和固定安装零件,最后应对整个墙模板进行一次尺寸和垂直度检查,其允许垂直偏差为±1mm;标高偏差为±2mm,轴线偏差为±2mm 5. 大模板水平度的校正在每次浇筑墙体混凝土后,墙顶按测量标高随做塌饼并予以找平。楼板吊装后,楼面立模位置应以砂浆找平,垂直度的校正用2.0m长的靠尺,上挂线坠进行检查,如有偏差,用螺栓千斤顶进行校正或用撬杠拨动校正 6. 有关混凝土浇筑按常规方法,参见6.3.4一节

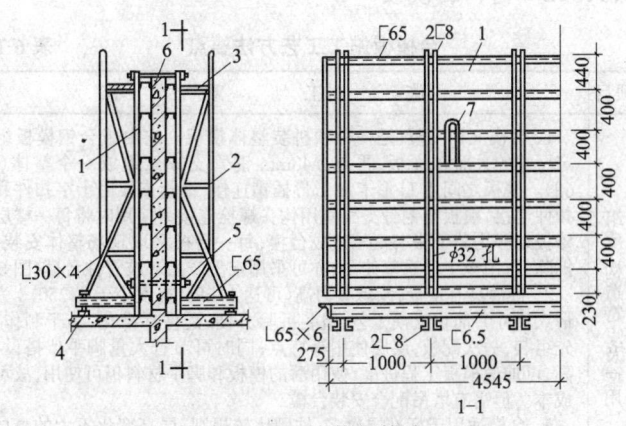

图6-66 大模板构造

1—大模板;2—支撑桁架;3—操作台;4—调整器;
5—活络支撑管;6—混凝土内墙;7—φ16mm吊环

371

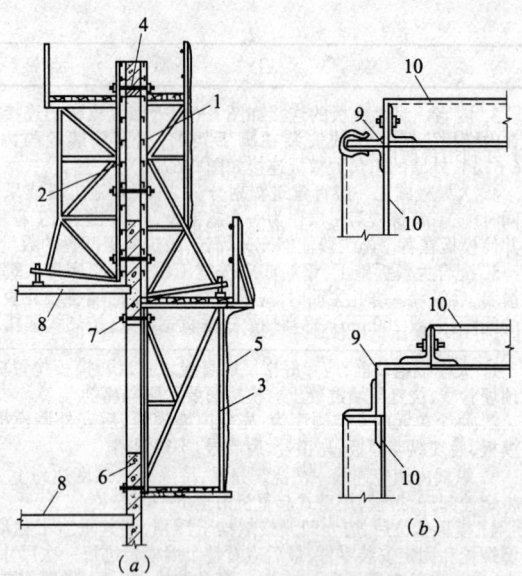

图 6-67 外承式外模及外墙阳角模板构造
(a)外承式外模构造;(b)外墙阳角模板连接
1—外墙外模;2—外墙内模;3—附墙脚手架;4—穿墙螺栓;
5—安全网;6—现浇外墙;7穿墙卡具;8—楼模;9—外角模;10—大模板

6.1.3.2 台(飞)模板

台模板施工工艺方法要点　　　　表 6-18

项次	项目	施　工　要　点
1	组成构造特点及使用	1. 台模又称飞模,是一种预拼装整体模板。它由组合钢模板组成一定尺寸的大面积面板,再与 $\phi 48mm$ 钢管支撑架组成一个整体(图6-68)。模板之间用 U 形卡和 L 形插销连接,钢管支架用十字扣件和回转扣件连接,模板与钢骨支架间用钩头螺栓连接。使用时将每一楼层柱网楼板划分为若干张"台子"组成台模,每一台模采取现场整体安装、整体拆除,再吊至上层重复使用;亦可采用定型产品双肢管柱台模(图6-69) 2. 台模具有重量轻、承载力高(可达11kPa,挠度小于 $l/250$,l 为台模最大尺寸),简化支模工艺,组装拆除方便,配件标准化,易于制作,可预先组装,一次配板,层层使用等特点;同时可节省大量脚手架搭设,工效高,可加速模板工程进度,使用后的模板和脚手材料仍可使用,故可降低成本。但需有塔吊配合安装台模 3. 台模适用于标准层次多、柱网比较规则、层高变化不大的高层建筑和板柱与剪力墙结构体系使用,特别适于柱帽尺寸一致的多层无梁楼盖使用

6.1 模板工程

续表

项次	项目	施 工 要 点
2	模板支设工艺方法	1. 台模支模前,在地面按布置图弹出各台模边线,以控制台模位置。先绑柱钢筋,将组装好的柱筒子模套上,再将台模吊装就位,表面刷隔离剂,并利用台模作平台浇筑柱子混凝土。然后进行台模校正。标高调整用小型液压千斤顶配合,每根立柱下用一砖墩和木楔垫起,以防下沉 2. 当有柱帽时应制作整体斗模,系用 4 块 3mm 厚梯形钢板组成,每块钢板均用∟50mm×5mm 角钢与钢板焊接,板与板之间用螺栓连接,组成上口和下口要求的尺寸。安装时,斗模下口支承于柱子筒模口上,上口用 U 形卡与台模连接(图 6-70) 3. 在楼板混凝土浇筑并养护达到强度后,即可拆除台模。台模拆除方法可用小液压千斤顶顶住台模下部水平连接管,拆除木楔及砖墩,推入可任意转向的四轮台车,松开千斤顶使台模落于台车上,即可推运至楼板外侧搭设的平台上,用塔吊吊至上屋楼面上就位,重复上述工序使用,直至全部结构施工完成;图 6-71 为台模脱模及转移情形
3	使用注意事项	1. 台模平面设计尺寸要适应柱网开间尺寸,减少镶补工作量,尽量选用统一高度(比层高低 300～500mm) 2. 台模面板、配件尽量采用标准件,规格要少,大小、重量要适应平面移动和满足塔吊吊装刚度与起重量的要求 3. 台模板要求平整,模板间的连接、钢管支架本身及与台面之间的连接均应用 U 形卡与扣件一正一倒对卡连接牢固,要求有一定的强度和刚度,可重复使用 4. 柱(墙)楼板施工应分别组织流水施工,按一定程序作业,使有条不紊、有节奏地进行 5. 台模起吊前,应检查支架、模板连接有无松动,台面上有无散落构件,起吊点受力是否均匀,以免发生高空脱落打击事故

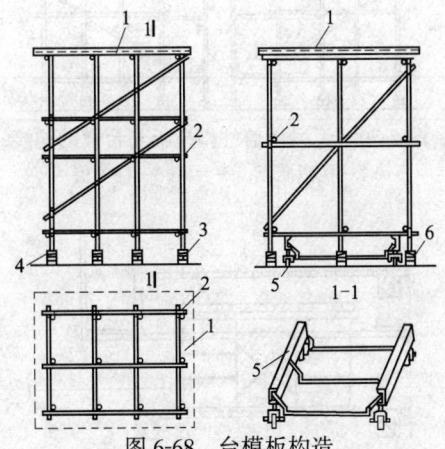

图 6-68 台模板构造
1—组合钢模板台面;2—钢管支架;3—砖墩或钢套筒;
4—木楔;5—四轮台车;6—拆除的砖墩

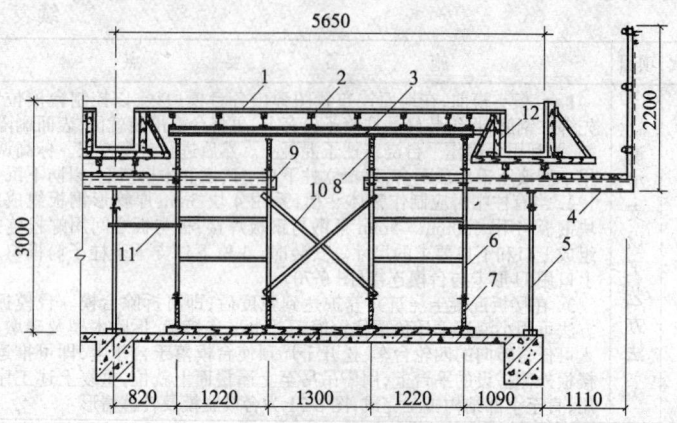

图 6-69 双肢管柱台模
1—胶合板；2—J400 铝合金梁；3—I 16 纵梁；
4—[16 挑梁；5—单腿支柱；6—双肢管柱；7—底部调节支腿；
8—顶部调节螺丝；9—U 形螺栓；10—纵向剪刀撑；11—拉杆；12—梁组合钢模

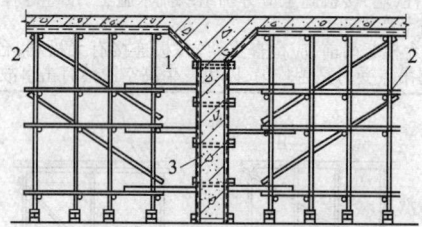

图 6-70 无梁楼盖柱帽模板与台模的连接
1—柱帽模板；2—台模；3—柱模板

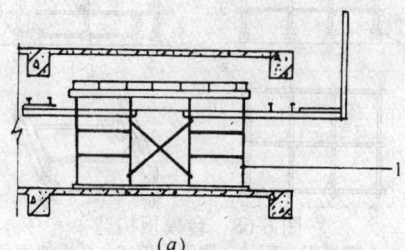

(a)

图 6-71 台模脱模及转移(一)

6.1 模板工程

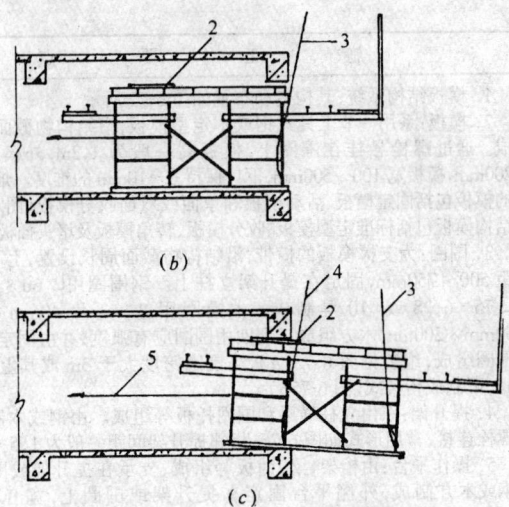

图 6-71 台模脱模及转移(二)
(a)台模脱模下沉;(b)台模绑扎移出;(c)台模起吊转移
1—台模;2—木板;3—前吊索;4—后吊索;5—安全绳

6.1.3.3 液压滑动模板

液压滑动模板施工工艺方法要点　　表 6-19

项次	项目	施 工 要 点
1	组成特点及使用	1. 液压滑模是现浇竖向钢筋混凝土结构的一项先进施工工艺。是在建筑物、构筑物的基础上,按照平面图,沿结构周边一次装设高 1.2m 左右的一段模板,随着模板内不断浇筑混凝土和绑扎钢筋,不断提升模板来完成整个建筑物、构筑物的浇筑和成型。整个液压滑模是由内模板结构系统(包括操作平台系统)和液压提升设备系统两大部分组成 2. 液压滑模的特点是整个结构用一套液压滑动模板和提升设备来完成。模板结构与操作平台一次组装,用多台小型液压千斤顶提升;滑升过程不用再支模、拆模、搭设脚手和运输等工作;混凝土保持连续浇筑,施工速度快,可避免施工缝。同时具有节省大量模板、脚手材料(70%以上),节约劳动力(30%~50%),减轻劳动强度,降低施工成本,施工安全等优点。但需一整套提升设备系统,一次性投资大,同时支承杆需耗用一定数量钢材(约为结构总用钢量的 18%~21%),操作技术要求较为严格 3. 适用于高度较大的等截面及截面变化不大的钢筋混凝土整体式结构,如烟囱、贮仓、水塔、油罐、竖井、沉井等特种工程构筑物;对于截面变化较大的构筑物,如水塔、电视塔筒体、多层框架结构、大截面独立柱群以及高层房屋建筑墙边结构等,亦可应用

续表

项次	项目	施 工 要 点
2	模板结构系统构造	1. 模板结构系统:其构造和布置如图 6-72 所示 2. 模板:系用一节工具式钢或木定型模板,沿结构物截面周界围组而成。通过螺栓悬挂在围圈上,模板高一般为 1.2m,外模比内模应高 200mm,模板宽 100～500mm,下口保持 6～10mm 的锥度。烟囱和筒仓用的模板包括固定模板、活动模板和单面或双面收分模板(图 6-73)。框架结构模板包括标准定型模板、收分模板、转角模板及堵头插板等(图 6-74) 3. 围圈:为支撑模板的横带,沿结构物截面周长设置,上下各一道,间距 500～750mm,固定在提升架立柱上。钢围圈用∟60×5、∟65×5、∟75×6、[8 或 [10 等制成。木围圈用 2～3 片 40mm×200mm 或 50mm×200mm 木方组成。烟囱用围圈应有弧度,并由固定围圈和活动围圈组成,组装见图 6-75(a),当围圈跨度大于 3m 或其上有较大荷载时,可制成桁架式(图 6-75b) 4. 提升架:系由立柱横梁和围圈托板等组成。由钢或木制成,节点用螺栓连接,常用形式如图 6-76;相邻提升架间距一般为 1.5～2.5m 5. 操作平台:由桁架、梁、铺板等组成,支承在提升架或围圈上,用型钢或木方制成,外侧平台固定在提升架或围圈上,宽 0.8m,平台铺 40mm 厚木板,与模板上口齐平 6. 吊架:由钢筋、链子或扁钢制成,悬挂在操作平台上,每隔 1.2m 一个上铺木板,外设安全围栏及绳网
3	液压提升设备系统	1. 液压千斤顶:是滑模系统的提升工具,常用型号有 HQ-30 型和 GYD-35 型;卡头有滚珠式与楔块式两种,后者可用螺纹钢筋做支承杆 2. 支承杆:一般用直径 25mm 的 Q235 圆钢筋,经冷拉调直,其延伸率控制在 2%～3% 以内,长度为 4～6m。为使接头不超过 25%,第一节支承杆用 4 种不同长度。支承杆接头有丝扣式、插杆式榫接及焊接式三种(图 6-77),以丝扣式使用方便可靠,每根支承杆承载力一般取 15kN 左右 3. 输油管路:包括油管、接头、阀门、油液。油管一般采用高压橡胶管,主油管亦可用无缝钢管。油管接头宜用滚压式接头。各部件使用前应单体试压。油液一般冬期用 10 号,夏期用 20 号、30 号机械油,黏度为 $7\sim33\times10^{-3}$Pa·s;恩氏黏度为 1.86～4.59°E 4. 液压控制装置:包括低压表、细滤油器、电磁换向阀、减压阀、溢流阀、油箱、回油阀、分油器针形阀、单级齿轮泵、高压表、粗滤网以及电动机等
4	操作程序、工艺方法及注意事项	1. 滑动模板及提升设备组装次序一般为:提升架→围圈→绑钢筋→支模板→操作平台大梁(或桁架)、小梁→三角架→铺平台板及安全栏杆→千斤顶→液压控制装置及管路→支承杆→内外吊架及各部位安全绳网。组装质量要求见表 6-20 2. 混凝土初次浇筑高度一般为 60～70cm,分 2～3 层进行浇筑,待最下层混凝土贯入阻力值达到 0.5～3.5N/mm²(相当立方体抗压强度为 0.05～0.25N/mm²)时,一般养护 3～5h,即可初次提升 3～5 个千斤顶行程,并对模板和液压系统进行一次检查,一切正常后即继续浇筑,每灌 20～30cm,再提升 3～5 个行程,直至混凝土距模板上口 10cm 时,即转入正常滑升。继续绑扎钢筋,浇筑混凝土,开动千斤顶,提升模板,如此昼夜循环操作连续作业,至结构完成为止。平均每昼夜滑升 2.4～7.2m

续表

项次	项目	施 工 要 点
4	操作程序、工艺方法及注意事项	3. 每次浇筑混凝土应分段、分层、交圈均匀地进行,分层厚度为20～30cm,每次浇筑至模板上口以下10cm为止 4. 滑升速度应与混凝土凝固程度相适应,同时使支承杆不发生失稳,一般当出模的混凝土贯入阻力值达到$0.5～3.5N/mm^2$或手摸有硬的感觉,手指按出深度1mm左右印子即可滑升,滑升速度一般为20～50cm/h,最大可达60cm/h 5. 在模板滑升中各工序间要紧密配合,因故停滑时,应采取停滑措施,混凝土应浇筑至同一标高,每隔0.5～1h至少提升一个行程,以防模板与混凝土粘结,导致再行滑升时出现裂缝,再滑时,接缝应作施工缝处理 6. 滑升时,标高的控制一般是在支承杆上每隔1m测设一次标高,并依次测各千斤顶高差,控制高差最大不得大于40mm,相邻两个提升架上的千斤顶高差不得大于20mm。变截面结构,每滑升1m高度,应即进行一次中心线找正,每滑升一个浇筑层进行一次模板收分。模板找中心采用吊线坠或采用激光导向仪找准 7. 液压滑动模板施工常遇质量问题及防治方法参见表6-21 8. 为保证液压滑动模板施工中的安全,应遵行《液压滑动模板施工安全技术规程》(JGJ 65—89)的规定

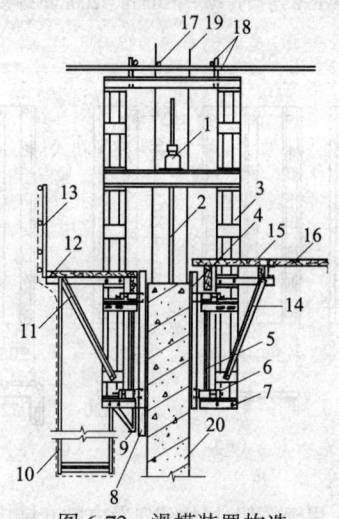

图6-72 滑模装置构造

1—液压千斤顶;2—支承杆;3—提升架;4—滑动模(围)板;
5—围圈;6—连接挂钩;7—围圈托板;8—接长外模板;9—附加角钢围圈;
10—吊脚手;11—外挑架;12—外平台;13—护栏;14—内挑架;15—固定平台;
16—活动平台;17—钢筋支架;18—水平钢管拉杆;19—竖向钢筋;20—混凝土墙体或筒壁

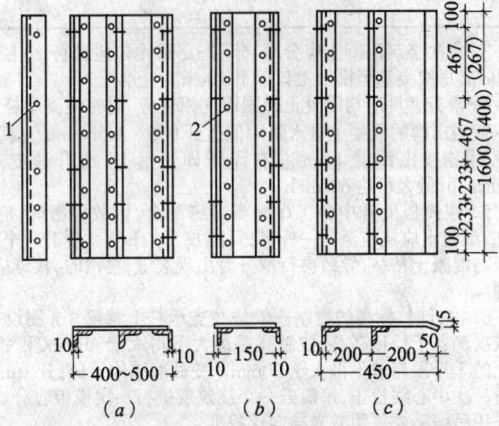

图 6-73 用于烟囱及筒仓结构的模板构造
(a)固定模板；(b)活动模板；(c)单侧收分模板
1—φ7mm 连接孔；2—φ10mm@200mm 焊接孔

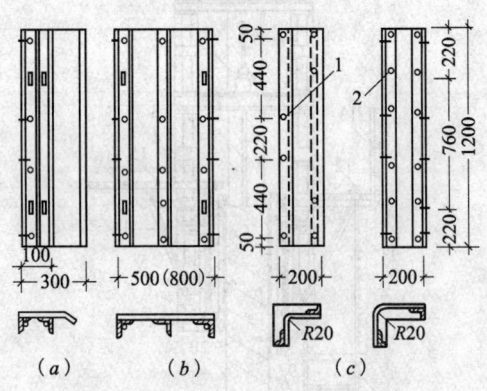

图 6-74 用于框架、民用建筑及方贮仓结构的模板
(a)收分模板；(b)定型模板；(c)整体转角模板
1—φ12mm 连接孔；2—φ10@200mm 焊接孔

6.1 模板工程

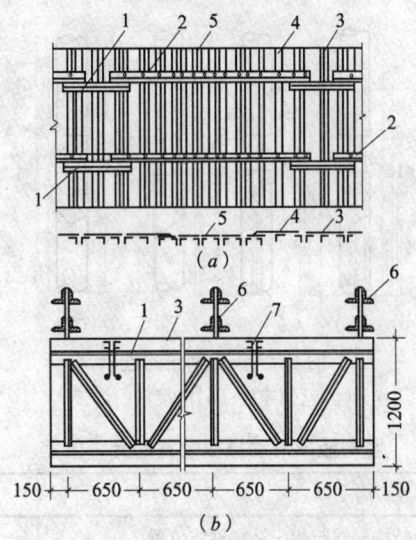

图 6-75 围圈组装
(a)模板、围圈组装;(b)桁架式钢围圈
1—固定围圈;2—活动围圈;3—固定模板;
4—收分模板;5—活动模板;6—提升架;7—平台桁架

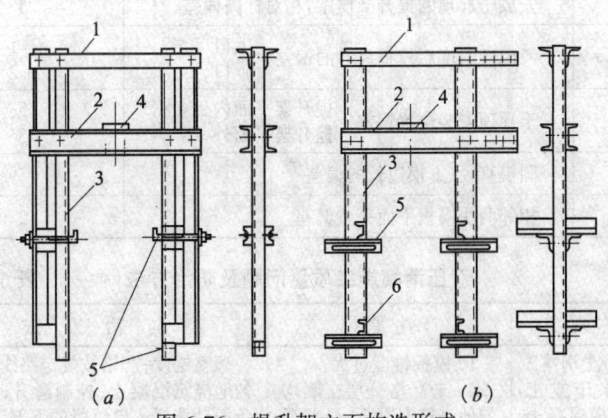

图 6-76 提升架立面构造形式
(a)一般开形提升架;(b)变截面工程用开形提升架
1—上横梁;2—下横梁;3—立柱;4—千斤顶座;5—围圈支托;6—调整支架

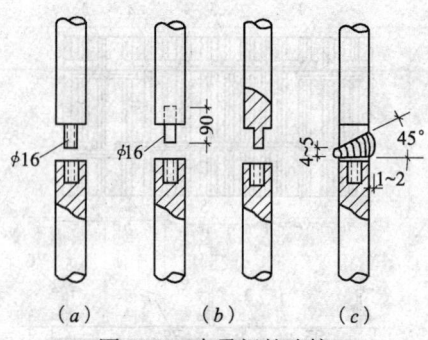

图 6-77 支承杆的连接
(a)丝扣连接;(b)榫接;(c)焊接

竖向液压滑动模板装置的允许偏差　　表 6-20

项次	内　　　　容		允许偏差(mm)
1	模板结构轴线与相应结构轴线位置		3
2	围圈位置偏差	水平方向 垂直方向	3 3
3	提升架垂直偏差	平面内 平面外	3 2
4	安放千斤顶的提升架横梁,相对标高偏差		5
5	考虑倾斜度后模板尺寸的偏差	上口 下口	−1 +2
6	千斤顶安装位置偏差	提升架平面内 提升架平面外	5 5
7	圆模直径、方模边长的偏差		5
8	相邻两块模板平面平整偏差		2

液压滑模施工质量问题及防治方法　　表 6-21

名称现象	产生原因	防治方法
混凝土坍落 (滑升施工中,出现混凝土坍落现象)	1.模板锥度过大 2.未严格分层交圈均匀地浇筑混凝土,局部混凝土尚未凝固 3.滑升速度太快,出模强度低于 0.05N/mm² 4.振动棒插入太深	调整锥度;严格按规定路线交圈均匀地浇筑混凝土;控制滑升速度,避免振动棒插入已终凝的下部混凝土 将坍陷处清除干净,补上比原强度等级高一级的细石混凝土,终凝后抹平压光

6.1 模板工程

续表

名称现象	产生原因	防治方法
斜裂缝 （混凝土出现双斜向八字裂缝）	1.模板被结构的水平钢筋挂住 2.模板出现反锥度 3.平台扭转被卡住后强行滑升	清除挂住物，增设保护层或保护装置；逐步纠正升差，用收分装置调整，继续提升后逐步调整，平台扭转纠正后再滑升
水平裂缝 （混凝土表面局部出现横向裂缝或被拉断出现贯穿裂缝）	1.模板变形，锥度过小或出现反锥度；或圆度不一致 2.提升间隔时间太长，混凝土强度太高，摩阻力过大 3.混凝土结构截面太小，自重不能克服模板摩阻力 4.模板口有凝结物，钢筋、石子卡住模板，模板粘结砂浆 5.提升架倾斜，平台扭转	纠正模板锥度，不断缓慢地升动千斤顶；加大结构截面尺寸；清除挂住物及粘结砂浆，调整提升架和平台；对带起的未凝固混凝土进行二次振捣 对一般裂缝进行修补；严重裂缝，须凿除裂缝以上部位混凝土，清除干净重新灌混凝土
蜂窝麻面及露筋 （滑升后，混凝土表面出现蜂窝麻面露筋现象）	1.局部钢筋过密 2.石子堵塞 3.漏振或振捣不实	钢筋过密部位，注意加强振捣或防止漏振 用与混凝土同配合比的去石子水泥砂浆修补；较严重孔洞，需用压力灌浆法补强
混凝土表面外凸 （混凝土表面出现不同程度的鱼鳞状外凸）	1.模板空滑过高，一次浇筑混凝土太厚 2.模板刚度不够 3.模板锥度太大 4.模板随提升架倾斜	提高模板结构刚度，调整模板锥度；控制模板提升高度和混凝土浇筑厚度；避免提升架倾斜 对已出现鱼鳞状墙面，用水泥砂浆抹面修补平整
缺棱掉角 （墙、柱及梁滑升后，出现缺棱掉角现象）	1.转角处摩擦阻力较大 2.模板锥度过小；模板转角为直角 3.滑升间隔时间过长 4.保护层过厚或过薄 5.平台提升不均匀 6.振动墙角、柱角钢筋	转角处模板做成圆角或八字形；调整模板锥度；掌握好滑行速度，使平台提升均匀；控制保护层厚度适度，避免振动钢筋 局部掉角，可用相同配合比去粗石子混凝土进行修补

续表

名称现象	产生原因	防治方法
倾斜（结构物滑升后，出现较大垂直度偏差）	1. 浇筑混凝土不均匀 2. 操作平台倾斜、扭转，荷载不均匀 3. 千斤顶上升不同步，出现高差，使操作平台上升不均匀 4. 操作平台刚度差，平整度、垂直度难以控制	注意均匀地浇筑混凝土，使施工荷载均匀分布，加强结构物中心线控制，及时发现及时纠正；对千斤顶升差通过针形阀及千斤顶行程进行调整，将发生倾斜一边的模板多提高20～50mm，再按正常提升模板和浇筑混凝土，至达到正常垂直度为止
支承杆弯曲（操作台支承爬杆产生局部弯曲现象）	1. 支承杆本身不直 2. 安装位置不正 3. 偏心荷载过大；超负荷使用；脱空高度过高 4. 相邻两台千斤顶升差较大，互相别劲，使支承杆失稳发生弯曲 5. 水泥初凝时间长，滑升过快，使支承杆自由长度超过而失稳弯曲	可针对产生原因防治，在混凝土内部发生弯曲时，可将该支承杆的千斤顶油门关闭，使其卸荷，待滑过后再升油门供油；如弯曲严重，可将该部分切断，再加帮条焊接，或加垫板用钩头螺栓将弯曲部位固定（图6-78a）；混凝土上部发生弯曲，如弯曲不大，可用绑扎焊接；如弯曲过大，则将弯曲部位切断，用帮条焊接，或在底部加垫钢靴，将上部支承杆插入套管（图6-78b）
操作平台扭转（操作平台产生扭转，使支承杆和钢筋随筒体混凝土产生旋转性位移）	1. 平台荷载不匀 2. 千斤顶顶升不同步，出现高差，调整不及时，中心纠偏过急 3. 提升架自由度较大，使提升架倾斜和扭转；支承杆刚度小，自由长度过大 4. 操作平台本身刚度不够，组装位置不好	平台上荷载应尽可能均匀分布；调整千斤顶使顶升同步；中心纠偏不要过急；提高操作平台刚度；已出现扭转，可用链式起重机将提升架校直纠扭；在提升架间设支撑，将所有提升架连成整体
操作平台偏移（操作平台产生整体单向水平位移，造成结构倾斜）	1. 操作平台扭转 2. 两边模板收分不均 3. 混凝土浇筑偏向一侧，使平台受的侧向荷载不匀 4. 日照、风力、雨雪等外力影响	按以上方法防止操作平台扭转；使两边模板收分均匀一致；混凝土浇筑应均匀对称下料 已出现偏移，采用油泵顶升高差纠正；先浇半径小的一侧混凝土，放松圆半径大的一侧收分螺栓，同时顶紧圆半径小一侧的收分螺栓，利用混凝土对平台的反力将平台纠正，然后顶紧大的一侧收分螺栓，浇另一侧混凝土，往复几次即可纠正

6.1 模板工程

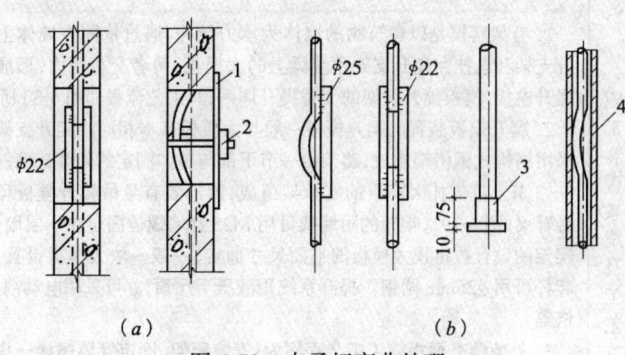

图 6-78 支承杆弯曲处理
(a)混凝土内部的处理;(b)混凝土上部的处理
1—垫板;2—ϕ20mm 钩头螺栓;3—ϕ20mm 钢靴;4—钢套管

6.1.3.4 爬升模板

爬升模板组成、施工装置、工艺方法及注意事项　　表 6-22

项次	项目	施 工 要 点
1	组成、构造、特点及使用	1. 爬升模板是综合大模板和滑动(升)模板的优点,而形成的一种适用于现浇钢筋混凝土竖直或倾斜结构施工的模板工艺。可分为有架爬模(即模板爬架子,架子爬模板)和无架爬模(即模板爬模板)两种,以前一种使用最广。它由大模板、爬升支架和爬升设备三部分组成(图 6-79) 2. 爬升模板的特点是:模板的提升可不用塔式起重机吊运,自身可以借助爬架逐层提升;模板上楼支设后,不需拆卸再落地存放,可以逐层提升,直至结构施工完毕,不占用施工场地;由于模板的装拆处于相对固定状态,因此操作方便,此外,它装有操作脚手架,施工安全可靠,不用搭设外脚手架;再由于模板是逐层分块安装,垂直度和平整度易于调整和控制,可避免施工误差的积累;也不会出现墙面被拉裂现象 3. 适用于浇筑多层、高层建筑房屋的墙体及桥墩、塔柱等工程,特别适合于在较狭的场地上建造多层和高层建筑的墙体工程

续表

项次	项目	施 工 要 点
2	施工装置系统及工艺方法	1. 有架爬模是以建筑物的墙体为承力结构,通过依附在墙体上的爬升支架和悬挂在爬升支架顶端梁上的大模板,两者交替受力,形成爬架提升模板,模板提升爬架的交替提升体系,其工艺流程如图 6-80 所示 2. 爬升模板装置的爬升模板一般与大模板基本相同。爬升支架一般采用格构式钢桁架制成,爬架由一节下部与整体固定的附墙架(底架)和 2～3 节上部支托大模板的支承架组成,顶部装有悬吊爬升模板爬杆的悬臂梁(图 6-79),爬架的附墙架可用 M25 穿墙螺栓固定在下层墙体上。爬架的设置数量视大模板的平面尺寸而定,一般一块大模板设置一个。爬杆可用 $\phi 25mm$ 圆钢。提升系统用液压千斤顶,亦可采用电动葫芦、捯链等 3. 外墙爬升模板施工工艺程序为:安装爬架、固定穿墙螺栓→提升外侧模板→门窗模板固定→绑扎外墙钢筋→隐蔽工程验收→安装外侧模板→楼板支模绑扎钢筋→模板安装校正→浇筑混凝土→提升爬架、拆模、养护→重复以上工序直至墙体完成
3	施工注意事项	1. 爬升模板系统(包括大模板、爬升支架、爬升设备、脚手架、附件等)应按施工组织设计及有关图纸验收,合格后方可使用。同时检查工程结构上预埋螺栓孔的直径和位置是否符合图纸要求。有偏差时应在纠正后方可安装爬升模板 2. 模板爬升前,要仔细检查爬升设备,在确认符合要求后方可正式爬升。爬升时要稳起、稳落和平稳就位,防止大幅度摆动和碰撞。每个单元的爬升,应在一个工作班内完成,不宜中途交接班;爬升完毕应及时固定 3. 每层大模板应按位置线安装就位,并注意标高,层层调整 4. 爬升时,所有穿墙螺栓孔都应安装螺栓,都必须以 40～50N·m 力矩紧固。穿墙螺栓受力处的混凝土强度应在 $10N/mm^2$ 以上。每爬升一次应全面检查一次,以保证螺栓与建筑结构的紧固 5. 爬模基本点是:爬升时分块进行,爬升完毕固定后又连成整体。因此在爬升前必须拆除全部相互间的连接件,使爬升时各单元能独立爬升。爬升完毕及时安装好连接件,保证爬升模板固定后的整体性 6. 遇六级以上大风,一般应停止爬升作业 7. 拆除爬升模板应有拆除方案,一般拆除顺序是:先拆爬升设备,再拆大模板,最后拆除爬升支架。拆除时要设置警戒区,要设专人统一指挥、专人监护,严禁交叉作业,拆下的物件,要及时清理、运走、整修和保养,以便重复利用

6.1 模板工程

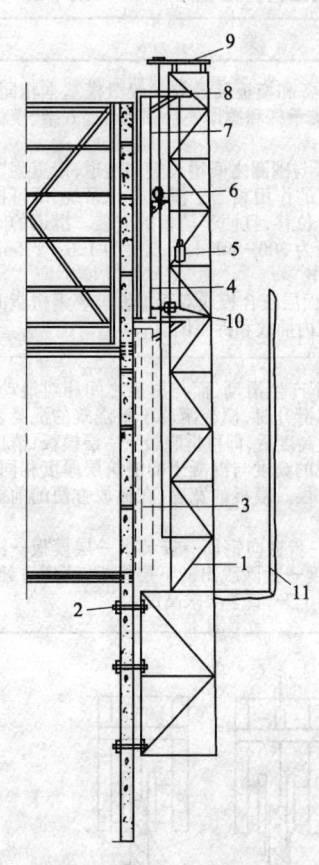

图 6-79 爬模的组成与构造
1—爬升支架；2—螺栓；
3—预留爬架孔；4—爬模；
5、6—爬升千斤顶；7—爬杆；
8—模板挑横梁；9—爬架挑横梁；
10—脱模千斤顶；11—吊挂脚手架

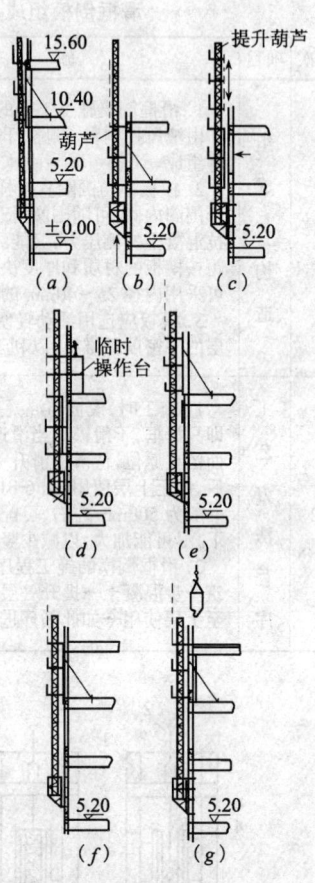

图 6-80 外墙爬模工艺示意图
(a)混凝土浇筑完成；(b)爬架提升并固定；
(c)大模脱开，大模提升，清理，大模下降复位；
(d)绑钢筋；(e)外模提升并固定；
(f)支内模，内外模连接；
(g)浇筑混凝土

6.1.3.5 滑框倒模

滑框倒模组成、构造及工艺方法程序　　　表 6-23

项次	项目	施 工 要 点
1	组成与构造	1. 滑框倒模施工工艺的提升设备和模板装置与一般滑模基本相同，亦由液压控制台、油路、千斤顶及支承杆和操作平台、围圈、提升架、模板等组成 2. 模板不与围圈直接挂钩，模板与围圈之间增设竖向滑道，滑道固定于围圈内侧，可随围圈滑升。滑道的作用相当于模板支承系统，既可抵抗混凝土的侧压力，又能约束模板位移，且便于模板的安装。滑道的间距按模板的材质和厚度决定，一般为 300～400mm；长度为 1.0～1.5m，可采用内径 25～40mm 的钢管制作 3. 模板应选用活动轻便的复合面层胶合板或双面加涂玻璃钢树脂面层的中密度纤维板，以利于向滑道内插放和拆模倒模
2	工艺方法程序	1. 施工时，模板与混凝土之间不产生滑动，而与滑道之间相对滑动，即只滑框，不滑模。当滑道随围圈滑升时，模板附着于新浇筑的混凝表面留在原位，待滑道滑升一层模板高度后，即可拆除最下一层模板，清理后，倒至上层使用(图 6-81)。模板的高度与混凝土的浇筑层厚度相同，一般为 500mm 左右，可配置 3～4 层。模板的宽度，在插放方便的前提下，尽可能加大，以减少竖向接缝 2. 滑框倒模的施工程序为：绑一步横向钢筋→安装上一层模板→浇筑一步混凝土→提升一层模板高度→拆除脱出的下层模板，清理后，倒至上层使用→如此循环进行，层层上升，直至要求高度

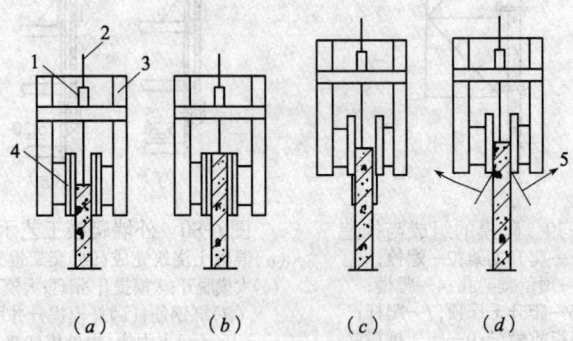

图 6-81　滑框倒模工艺程序
(a)插板；(b)浇混凝土；(c)提升；(d)拆倒模板
1—千斤顶；2—支承杆；3—提升架；4—滑道；5—向上倒模

6.1.3.6 隧道模

隧道模组成、构造及施工工艺方法要点　　　表 6-24

项次	项目	施　工　要　点
1	组成与构造	1. 隧道模是一种用于现场同时浇筑墙体和楼板的大型空间模板体系，它是大模板与台模的组合。隧道模分为全隧道模和半隧道模两种。全隧道模的基本单元是一个完整的隧道模板；半隧道模则是由若干个单元角模组成，然后用两个半隧道模对拼而成为一个完整的隧道模板，在使用上较全隧道模轻便、灵活，移动方便、快速，对起重设备的要求不高，因此使用最为广泛；最适用于施工标准设计的高层住宅建筑 2. 半隧道模的基本构件为单元角模，它是由横墙模板、顶板摸板、斜支撑、垂直支撑等组成（图 6-82）。半隧道模是由若干个单元角模对拼而成（图 6-83a）。施工时，一般是按进深尺寸组成一个半隧道模做整体吊装，其长度视起重设备能力而定。用两个开间相同的半隧道模板，可以组拼成一个符合需要的全隧道模（图 6-83b） 3. 半隧道模由钢胶合模板制作墙模板与不到 1/2 楼板宽的楼板组合拼接成"Γ"形整体模板，即组合式半隧道模（图 6-83a）。墙面所受侧压力较大，可选用 18mm 厚的覆膜胶合板，楼板模板可选用 15mm 厚的胶合板，有条件时，亦可采用冷轧薄钢板。半隧道模采取整装整拆；在墙模底下设置 2～4 个千斤顶，就位调整时升起千斤顶，拆模时降下千斤顶。为便于水平方向就位，在模板长度方向沿墙模设置 2 个轮子，在模板宽度方向设置 1 个轮子，3 个轮子位置对称于模板长度的中心线，以保证行走平稳 4. 两个半隧道模的连接可在"Γ"形模端设连接螺栓或在拼缝间设中间模板。中间模板的宽度为 300、600、900mm。设中间模板的好处是：既可调节开间尺寸，减少半隧道模的型号，又可在中间模板下用可调支柱撑住，拆模时，中间模板带保留，两侧半隧道模降落拆除，使楼板的拆模跨度减少一半，使半隧道模能够做到提早拆模，加速模板周转
2	施工工艺方法	1. 半隧道模与全隧道模的施工工艺流程大致相同，其流程为：施工放线→导墙支模、浇筑混凝土、拆模→绑扎墙体钢筋→安装走道芯模、门窗及各种预留孔洞模框→隧道模吊装就位、校正、紧固连接件和支承件等→绑扎楼板钢筋→浇筑墙、板混凝土→养护（同时做上一层的导墙）→脱模、吊运至下一个支模位置 2. 用隧道模施工，应先在楼板上弹线，支模、浇筑墙下部距楼地面约 100mm 高范围内的一段混凝土导墙，要控制好其几何尺寸、中心线标高、门洞尺寸等，保证混凝土浇筑质量；拆模后，用水平仪将楼层标高线投测在导墙两侧并弹线，作为安装隧道模时控制标高的依据 3. 隧道模的组装，应在平整场地上进行。先立墙模板，装上行走机构，然后吊装楼板模板，架设临时垂直支撑，用螺栓临时将墙模和楼板模两端连接，最后安装垂直和水平模板的斜撑，调平楼板模板，拧紧全部连接螺栓，模板组装即告完成 4. 模板安装应在墙钢筋绑扎后，按顺序逐个房间进行。在将隧道摸吊装就位后，先放置于方垫木上，再调整底座千斤顶，使墙模离开方垫木，模板下口与导墙的水平标高线齐平，用木楔楔紧，调紧水平支撑杆和

续表

项次	项目	施工要点
2	施工工艺方法	斜撑杆等。相邻两房间的隧道模安装后，即可用穿墙对拉螺栓将两墙模拉结紧固在一起。全套隧道模安装完毕后，应对模板间的几何尺寸、模板的垂直和水平偏差等进行一次详细检查并校正 5.墙板混凝土浇筑，应按先墙后板顺序进行。浇筑墙体混凝土时，先浇走道墙，后浇横墙；先浇中部墙，后浇边缘墙；并注意分组对称进行。在浇筑墙体混凝土时，可穿插进行楼面上的预埋电线管以及绑扎板面负弯矩钢筋等作业，在浇完墙体混凝土后，即可接着浇筑楼板混凝土，并按先浇筑走道后房间，先中部后边缘的次序进行 6.隧道模的拆模时间由楼板混凝土实际强度控制。当板跨为2~8m时，应达到设计强度的75%；当板跨度小于2m时，应达到设计强度的50%，方可拆模。拆模顺序可按照先走道后房间，先外模后内模以及混凝土先浇筑的模板先拆，后浇筑的后拆的原则进行。拆模方法为：先松开所有对拉螺栓和不需保留的垂直支撑，松动底座千斤顶，取去木垫块，使隧道模借自重脱模，降落在混凝土楼地面上 7.全隧道摸脱模后，用人工撬动墙模下的滚轮，将隧道模滑移出房间，临时放置在提升外承式脚手平台上，直接用塔吊吊运至新的支模位置。在吊运中为保持模板平衡，两副吊装钢丝绳上各装1个，1t手拉葫芦，用以调节吊绳的长短。半隧道模则多在移出房间时，采用图6-84所示几种方法直接用塔吊吊运至新的支模位置

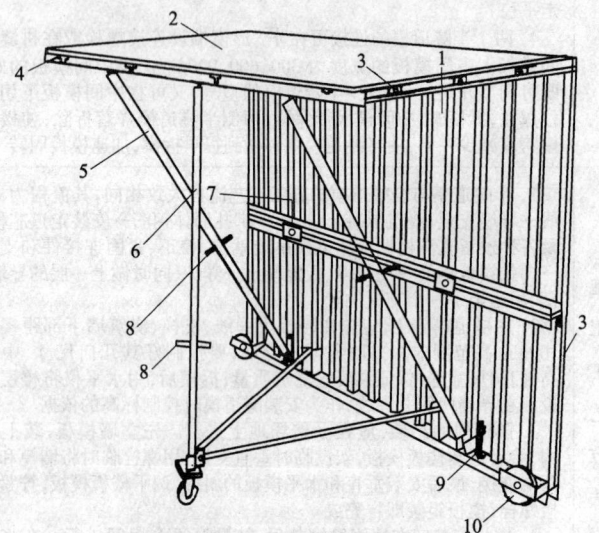

图6-82 半隧道模单元角模构造
1—横墙板；2—顶板模板；3—定位块；4—连接螺栓；
5—斜支撑；6—垂直支撑；7—穿墙螺栓；8—旋转把手；9—千斤顶；10—滚轮

6.1 模板工程

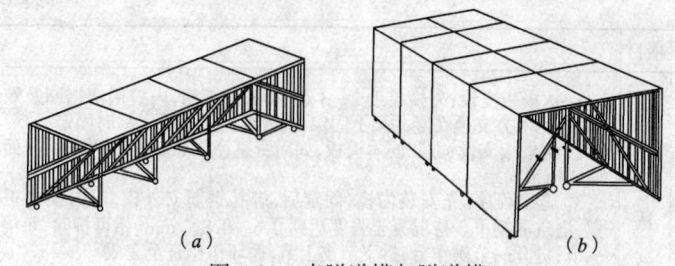

图 6-83 半隧道模与隧道模
(a)单元角模组成的半隧道模;(b)两个半隧道模拼成的全隧道模

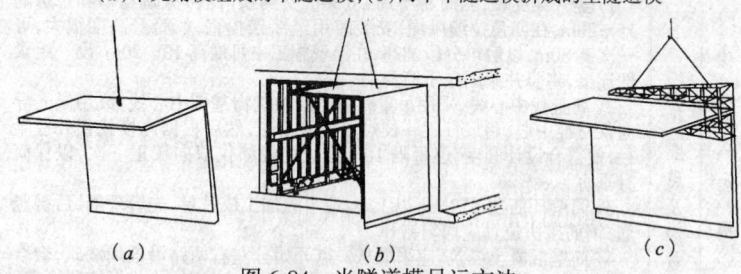

图 6-84 半隧道模吊运方法
(a)单点吊法;(b)两点吊法;(c)鸭嘴吊具吊法

6.1.3.7 移动式模板

移动式模板施工工艺方法要点　　　　表 6-25

项次	项目	施　工　要　点
竖向移动式模板	组成、特点及使用	1. 竖向移动式模板,系采用钢管(角钢或木)制竖井架、升降操作台、捯链、卷扬机等机具设备提升多节移置式木模板或钢模板(图 6-85),每浇筑一节混凝土,向上移一节模板,直至整个结构完成 2. 采用移动式模板施工具有:模板构造、支设、脱模简单,节省模板材料和劳力,不需特种提升机具,一次性费用低,脱模不损伤结构混凝土,表面质量好;采用多节翻转,养护期相对较长,施工速度快,操作安全,降低施工费用等优点,但需竖井架、升降操作台等设备 3. 适于施工高度和直径较大的、截面圆形的工业贮仓、烟囱、水塔等筒形构筑物
	模板系统构造	1. 竖井架:根据构筑物内径可选用 4～9 孔,孔内装运料、上人、提升罐笼和上下爬梯 2. 操作台:由两个匚 10 槽钢圈和辐射支撑组成骨架,上铺方木和铺板,内外挂吊梯,同 12～24 个捯链及钢丝绳悬挂在竖井架上,随筒壁升高而不断提升 3. 移动式模板:用木或钢模板。木模板用长 1250mm、宽 120mm、厚 40mm 单面刨光木板,每三块用铁丝连成一组(图 6-86a),两端装有连接铁件。钢模板用 2mm 厚钢板制成(图 6-86b),亦可采用组合钢模板。模板节数根据施工进度和要求的脱模强度而定,一般为 3～5 节

续表

项次	项目	施 工 要 点
竖向移动式模板	工艺方法	1. 木模板支设：外模借助 2~3 道 ϕ16mm 钢筋，内模用槽钢圈及螺栓箍紧，用木方支顶在竖井架上固定，内外模间用撑头木临时固定 2. 钢模板支设：方法同木模板，如筒身直径在 8m 以上，可采用曲面可调式桁架固定 3. 施工程序：先安装内模，固定后，绑扎钢筋安外模，以内模找正外模，浇筑混凝土。待混凝土强度达到 0.6~0.8N/mm^2 始可拆除，每浇筑一节，提升一节操作台，拆下节支上节，循环作业直至完成
	操作要点及注意事项	1. 竖井架支设，当筒身不高，可一次支到顶（比筒身高 6~8m），每隔 15~20m，在四角拉缆风绳，安装时用经纬仪找直，如筒身高度很大，可一次支 30m，以后再分段加高，在筒壁施工中每增高 10~20m，设一组柔性连接，将竖井架固定于筒身上 2. 筒身找中心线，采用吊重线坠对准构筑物基础中心线，或用激光导向仪对准中心，用尺杆逐一校对内模并找正，然后根据内模找正外模半径，使符合设计圆度，但每隔 10m 还应用经纬仪双向校正一次，以保筒身垂直 3. 筒壁环筋在 ϕ12mm 以上时，应事先加工成弓形，先绑环筋，后绑竖筋，钢筋接头位置应均匀错开 4. 筒壁混凝土浇筑，应采取从一点开始分左右两路沿圆周浇筑，会合后再反向浇筑，均匀分层进行，每层厚 25~30cm，用插入式振捣器捣实 5. 混凝土脱模后如有缺陷，及时用同强度等级砂浆或细石混凝土修补 6. 混凝土养护，可用高压水泵通过 ϕ50mm 水管送到顶部，再通过胶皮管及操作台下部带孔环形管向筒壁定时喷水养护，夏季每天不少于 3 次
水平移动式模板	组成、特点及使用	1. 水平移动式模板系将模板做成可移动的工具式模板，混凝土浇筑达到一定强度后，将模板松开沿水平方向做周期性的移动，至结构全部完成 2. 施工特点是一套模板可完成整个结构，可节省大量模板材料，模板采用机械移动，节省人工，加快进度，模板刚度大，分段浇筑，易于保证混凝土质量，同时可降低施工费用 3. 适于施工长度较大的、截面对称的整体式钢筋混凝土结构，如沟道、地道、隧道
	模板系统构造	1. 内模板用型钢或方木做成立楞，用螺栓连接，以便于装卸，在两侧及顶部设置槽钢横梁，内模板借木楔固定在型钢内构架悬臂上，松动木楔，可使顶部模板提升或降落，两侧模板左右可移动 100~150mm 范围，以便于支模或脱模，转角设活动的楔口板条，构架制成 6~9m 长度，下部设滚轮，底部设轻轨，使可做纵向移动（图 6-87） 2. 外模板固定在角钢或槽钢上，亦可用组合钢模板与横竖向槽钢楞借 U 形卡、钩头螺栓、对拉螺栓、碟形扣件等连成整体，下部用底板上预埋螺栓固定，上部用对拉螺栓固定

6.1 模板工程

续表

项次	项目	施工要点
水平移动式模板	操作方法要点	1. 模板安装前,先将底板施工完成,底部两侧预埋螺栓,底板上铺设轨道,模板支设处用砂浆找平、放线 2. 模板先安装内模架和内模板,然后绑扎钢筋,安装外模板(或外模板和外模架),上下用螺栓固定,并安装端头模板 3. 混凝土浇筑采取两侧同时下料,待混凝土达到自立强度后松开螺栓,将外模脱开,内模可旋转螺栓起重器,使模板与混凝土脱离,借安放在结构物一端的卷扬机或绞磨牵引,使整个模架沿轨道移至下一工段,清理表面,刷隔离剂后使用,外模则用吊车移动位置和安装

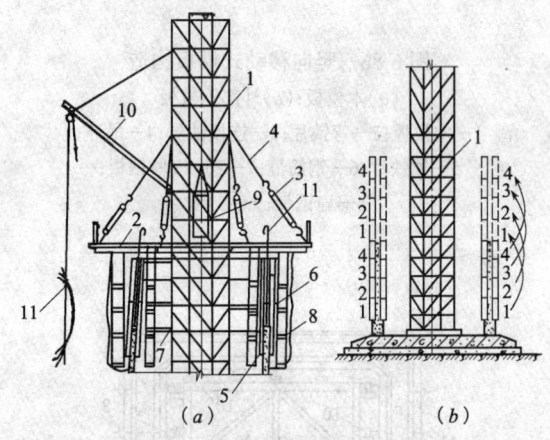

图 6-85 竖向移动式模板
(a)提升装置及模板;(b)四节模板移动次序
1—钢管竖井架;2—操作台;3—捯链;4—钢丝绳扣;
5—内模板;6—外模板;7—内支撑;8—吊梯;
9—提升罐笼;10—桅杆;11—钢筋
1、2、3、4—为模板移动次序

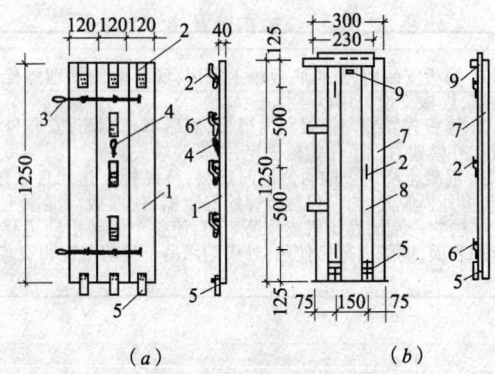

图 6-86 竖向移动式模板构造
(a)木模板;(b)外部钢模板
1—木模板;2—弯铁片;3—连接铁丝;4—吊环;
5—插铁片;6—钢筋箍;7—20mm厚钢板;
8—扁钢带;9—挂钩

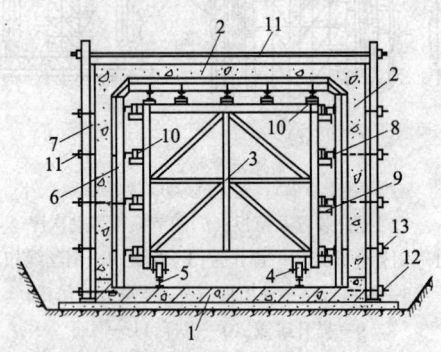

图 6-87 水平移动式模板构造
1—已浇筑结构底板;2—新浇筑混凝土立壁、顶板;
3—型钢内构架;4—行走轮;5—轻轨;6—内模板;
7—外模板;8—槽钢横梁;9—构架悬臂;10—木楔;
11—拉紧螺栓;12—预埋拉紧螺栓;13—钩头螺丝

6.1.3.8 水平拉模板

水平拉(滑动)模板构造及施工方法要点　　表 6-26

项次	项目	施 工 要 点
1	组成、特点及使用	1. 水平拉(滑动、下同)模板，系采用一节整体式模板，用支架固定，不断在模板内浇筑混凝土，绑扎钢筋，模板不断沿结构做水平滑动，逐步完成整个结构的混凝土浇筑工作 2. 拉模板施工的特点是：模板尺寸大，一次组装成型；模板结构做成可左右微动，以便于脱模，模板向前移动采用卷扬机或电动小车牵引施工。它具有模板用量少，省去多次组装拆模工序，操作简单，劳动强度低，工效高，现场文明，进度快，节约大量模板、材料，降低施工成本等优点 3. 适用于长度和截面尺寸较大，形状简单、对称的结构，如挡土墙、管沟、排水沟、电缆沟、渠道、轨道基础等
2	模板结构形式构造	1. 水平拉模板长度根据墙壁高度、施工工艺、材料性能及工期要求等确定。一般单侧立壁水平拉模板，通常由7～8榀型钢制成的门形钢桁架平行连接组成7m左右长的骨架，顶部设操作平台，在骨架的内侧立柱上安装组合钢模板，用反正丝扣和法兰螺栓调节，后部比前部约宽30mm的锥度，以减少摩阻力，骨架通过下部行走轮，用两台液压千斤顶(锁在钢轨的卡块上)，或用卷扬机或电动小车推动或拉动(图6-88) 2. 当为双侧立壁，采用7榀门形钢桁架组成长6m的整体式模板，构造做法同单侧立壁模板，要求位置和尺寸准确，整个模架借两台设在前进方向后面的5t慢速卷扬机(或绞磨)和滑轮组牵引(图6-89)
3	施工工艺	1. 拉模施工应先浇筑底板，再在底板上组装拉模板浇筑立壁，混凝土采取沿纵向由下向斜上方做阶梯形(成45°坡度)分层浇筑，用插入式振捣器捣实，使接槎良好，每层厚250～300mm，浇筑完一段，待顶部混凝土还呈现塑性，用手按有印痕时，紧接着拉(推)动模板水平向前滑动200mm 2. 拉模后，顶面至少应保持有1m长的混凝土，顶面混凝土达2m长时，可向前滑动1m，如此循环作业，直至完成 3. 拉模亦可采取一边浇筑混凝土，一边慢速滑动，每班完成长度5～6m
4	操作要点及注意事项	1. 钢筋加工尺寸及绑扎位置要正确，并设卡具固定，避免摆动和变形 2. 严格控制模板纵向中心线，应设线坠观测，如偏差超过10mm，应予调整 3. 严格掌握混凝土坍落度(一般为2～4cm)，坍落度过大或气温低时，要适当延长滑模时间或减少滑模长度 4. 拉模宜每小时进行一次，强度低，可少拉，防止混凝土与模板粘结，把立壁拉断。停止浇筑混凝土后，一般要使模板拉动三次，至顶部混凝土在模板内约剩60cm，始可停止拉动 5. 遇意外情况停止浇筑混凝土时，每隔15～20min牵引模板拉动5～10cm。如停歇时间过长，要松动丝杠、模板，再滑时，要重新调整模板。浇筑前，接缝处应先浇一层砂浆或减半石混凝土 6. 伸缩缝处木丝板应固定，其宽度应比立壁小2～4cm。浇筑混凝土时，伸缩缝两侧要同时下料振捣，混凝土在模内仍按斜面进行浇捣 7. 模板内侧应经常清理粘着的残渣，加刷隔离剂 8. 混凝土出模后，如出现麻面、裂纹，要及时压光或用同强度等级砂浆修补，混凝土要及时覆盖，24h后开始洒水养护

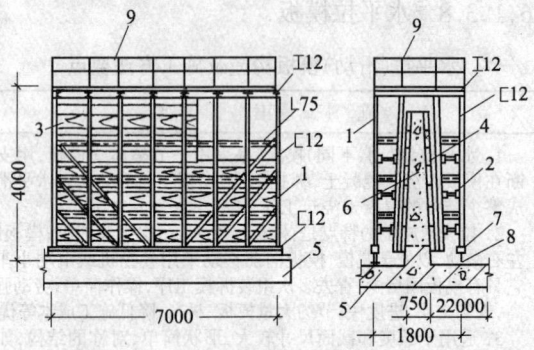

图 6-88 单侧水平滑动模板构造

1—型钢骨架；2—T 型反正丝杠；3—外模板；4—内模板；
5—已浇结构底板；6—新浇混凝土墙壁；
7—滑轮；8—轻轨；9—扶栏

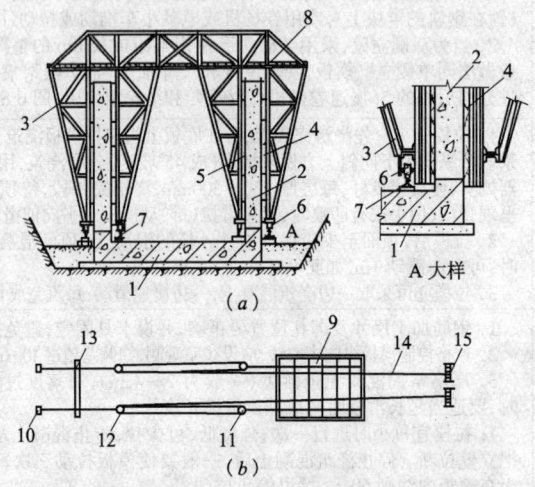

图 6-89 双侧水平滑动模板构造及牵引系统

(a) 双侧水平滑动模板结构；(b) 卷扬牵引系统

1—已浇结构底板；2—新浇混凝土立壁；3—型钢骨架；4—内模板；
5—外模板；6—行走轮；7—轻轨；8—操作台；9—整体水平滑动模板；
10—地锚；11—动滑轮；12—定滑轮；13—横担；14—钢丝绳；15—卷扬机

6.1 模板工程

6.1.4 基础地脚螺栓埋设方法

6.1.4.1 预留孔洞埋设地脚螺栓方法

预留孔洞埋设地脚螺栓方法 表 6-27

原理、特点及使用	埋 设 方 法	注 意 事 项
系在基础支模时,按螺栓设计位置埋入螺栓孔洞盒并加以固定,混凝土浇筑后,将螺栓盒拔出,在基础内形成孔洞,安装设备前或设备安装后,将螺栓放入孔内进行校正,二次灌浆固定 本法施工工艺简单,不需用钢固定架,可节省钢材,并能保证一定精度。但操作麻烦,增加抽拔塞体、二次灌浆工序,螺栓的抗拔力和抗震强度较低,预埋螺栓套管能提高螺栓抗拔力,但价格较高 预埋塞体留孔适于埋设直径 36mm 以下的螺栓,用波形套管可埋设直径 64mm 以上螺栓	螺栓孔盒多采用木方、15mm 厚木板、薄钢板或其他材料制成易抽拔的塞体(图 6-90),支悬固定于模板上,混凝土终凝后,用捯链或杠杆拔出。或采用预埋预制混凝土钢丝网水泥螺栓孔盒或特制的波形地脚螺栓套管(系由 0.4~1mm 厚钢板卷成 ϕ100mm × 275mm 的波形套管,上下加盖封堵,两侧加焊固定板带,点焊固定于钢筋骨架上),混凝土浇筑后,预留于基础内不拔出 预埋螺栓盒或套管内径一般应比螺栓直径大 70~120mm,深度比螺栓深 100mm;预埋塞体做成上大下小的锥度	1. 抽拔式螺栓孔塞体做成装拆式,并有一定锥度,以便拔出或拆除,木芯就位前,应浸泡 2~3h 湿润 2. 预埋于基础内不拔出的孔盒,应做成上小下大的反锥度,以增强与基础的锚固,提高抗拔力 3. 螺栓盒埋设应准确测量、放线,以保证位置、标高、垂直度偏差在允许范围内,并固定牢靠 4. 基础浇筑完毕,混凝土终凝后,应适当松动塞体,并准确掌握抽拔时间,防止抽拔不出或破坏混凝土 5. 安装螺栓前,应将孔洞清理干净、湿润;螺栓安装应复测位置、标高,灌浆应分层一次浇筑完成并护盖;养护期间应防止碰动

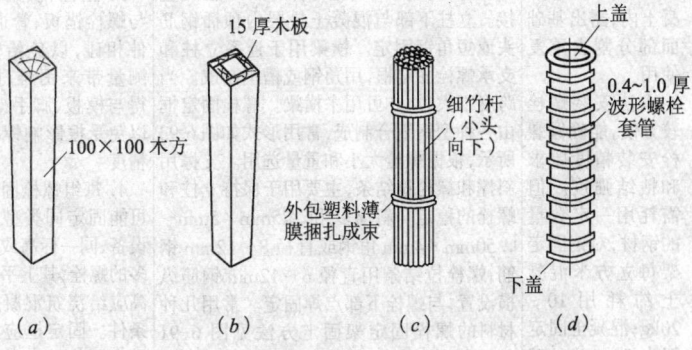

图 6-90 地脚螺栓预留孔塞体(一)
(a)木方;(b)木盒;(c)细竹杆束;(d)波纹管;

6 混凝土工程

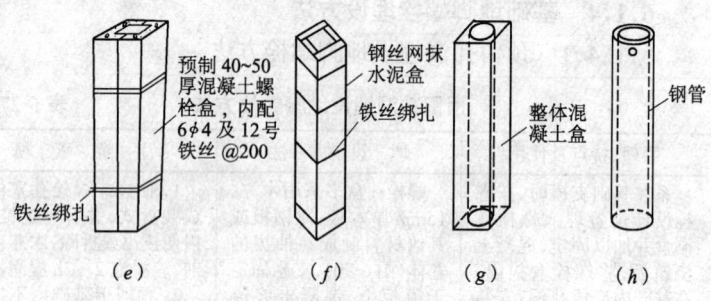

图 6-90 地脚螺栓预留孔塞体(二)
(e)预制混凝土盒;(f)钢丝网抹水泥盒;
(g)整体预制混凝土孔盒;(h)钢管

6.1.4.2 固定架(钢筋骨架)固定地脚螺栓方法

用固定架(钢筋骨架)固定地脚螺栓方法　　　表 6-28

原理、特点及使用	埋 设 方 法	注 意 事 项
系在基础支模绑扎钢筋的同时,在基础内设置固定架,将螺栓固定在设计位置,与基础一块浇筑混凝土。施工完毕,部分固定架埋入混凝土内,露出基础面部分割去重复使用 本法安装螺栓较方便,能确保螺栓安装精度要求和粘结强度。但需耗用一定数量的钢材,对钢固定架每立方米混凝土约耗用10~20kg;混凝土固定架为5~10kg,较费工费时,成本较高	地脚螺栓固定架多用钢或钢与混凝土混合制成,对直径 36mm 以下的螺栓,亦可用木或钢木混合制成 固定架由立柱、横梁、螺栓固定框、支撑系统和螺栓拉结条组成。立柱多用型钢制成,间距 1.5~3.0m,大直径螺栓固定多用混凝土单柱和梯形架(图 6-91a、图 6-92a),高度 2m 以上时,用 2~3 榀相叠接。立柱下部与混凝土垫层内预插钢筋头或短角钢固定。横梁用于连系立柱和支承螺栓固定框,用角钢或槽钢制成。当跨度不大时,亦可用木横梁。螺栓固定框由各种型钢组成,常用形式如图 6-93所示,根据螺栓大小和重量选用。支撑用斜撑和螺栓拉结条,主要用于保持立柱和螺栓的稳定。斜撑多用∟75mm×5mm~∟50mm×4mm 角钢或直径 8~12mm 钢筋;螺栓拉结条用直径 6~12mm 钢筋纵横设置,与螺栓下部点焊固定。常用几种材料的螺栓固定架固定方法见图 6-91(b)、图 6-92(b)、图 6-94、图 6-95	1. 固定架固定螺栓应进行细致设计,绘制平面图和固定架制作详图,按要求尺寸制作安装 2. 固定架杆件排列应有规律,荷重尽量对称,使受力均匀 3. 立柱、横梁应避免与螺栓锚板、管道、埋设件相碰,以免给安装和测量带来困难,同时不得与模板、脚手架相连,以免受振影响螺栓埋设精度 4. 每组螺栓固定框尽可能固定同类型和同一设备、同一标高或高差不多的螺栓,其上平面的标高应给浇筑混凝土创造条件。固定框应露出基础表面100mm,以便于回收,应避免一半埋入混凝土内,一半露在外面

6.1 模板工程

续表

原理、特点及使用	埋 设 方 法	注 意 事 项
固定架适于埋设直径36～180mm的各种地脚螺栓；利用钢筋骨架固定地脚螺栓，只适于固定直径36mm以下长度不大的地脚螺栓	在钢筋很密的基础中安固定架不便，亦可利用钢筋骨架来固定地脚螺栓，此时可将竖向钢筋同水平钢筋适当焊连，并增加一些加固钢筋（如剪刀撑等），或上下钢筋网片接短钢筋支撑在模板上固定，使形成刚度大而牢固的骨架，以固定钢筋（图6-96） 固定架和螺栓的安装程序和方法是：在基础垫层内按固定架立柱位置预埋固定立柱铁件→按固定架平面在垫层上放线、安设立柱并临时固定→绑基础底板钢筋、焊固定架横梁及螺栓固定框→安装螺栓、用钢尺测量仪器找正位置和垂直度，控制偏差在规范允许范围内→将螺栓点焊固定	5. 基础落在软土地基上时，应考虑固定架的下沉及挠度，地脚螺栓应抬高10～30mm，以备下沉和便于设备安装时调整 6. 浇筑混凝土应分层对称均匀下料，仔细振捣，避免碰动地脚螺栓和固定架

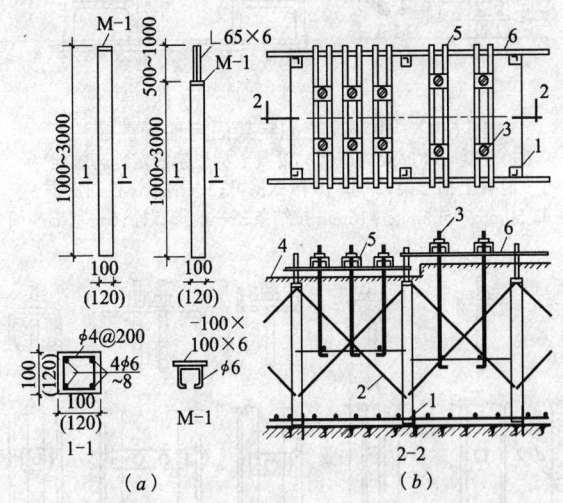

图6-91 用混凝土立柱固定地脚螺栓
(a)混凝土立柱构造；(b)用混凝土立柱固定螺栓
1—混凝土立柱；2—钢筋拉条；3—螺栓；4—基础面；
5—螺栓固定框；6—角钢横梁

6 混凝土工程

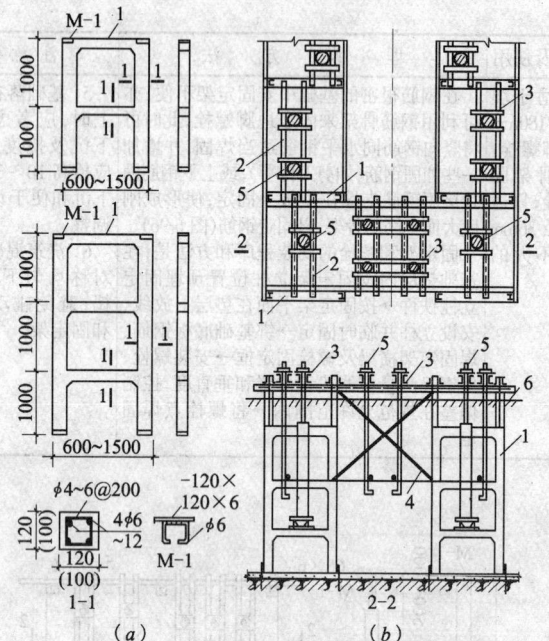

图 6-92 用混凝土固定架固定地脚螺栓
(a)混凝土梯形架构造;(b)混凝土梯形架固定地脚螺栓
1—混凝土梯形架;2—∟10槽钢横梁;3—钢制螺栓固定框;
4—∟50mm×5mm 或 φ16mm 拉结条;5—地脚螺栓;6—基础表面

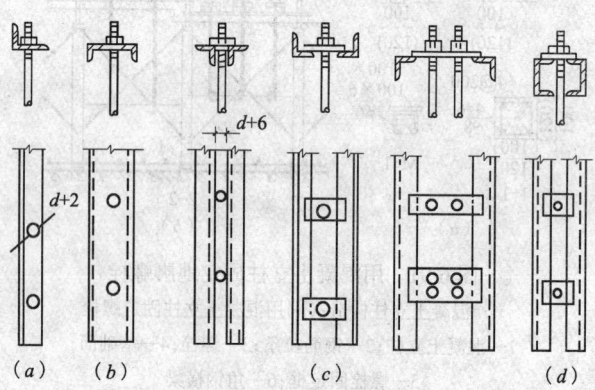

图 6-93 螺栓固定框形式(一)

6.1 模板工程

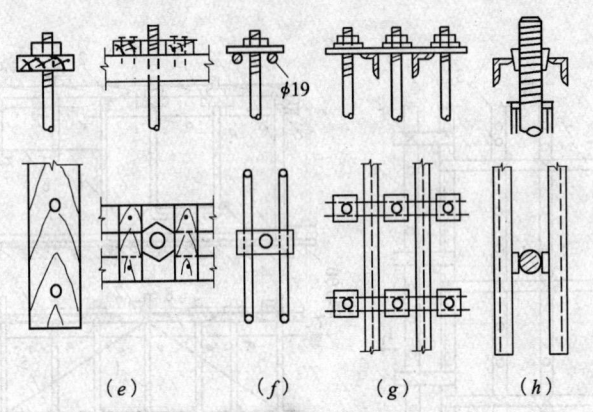

图 6-93 螺栓固定框形式(二)
(a)单角钢;(b)单槽钢;(c)双角钢;(d)双槽钢;
(e)木固定框;(f)钢筋固定框;(g)角钢与钢筋组合;(h)大螺栓固定

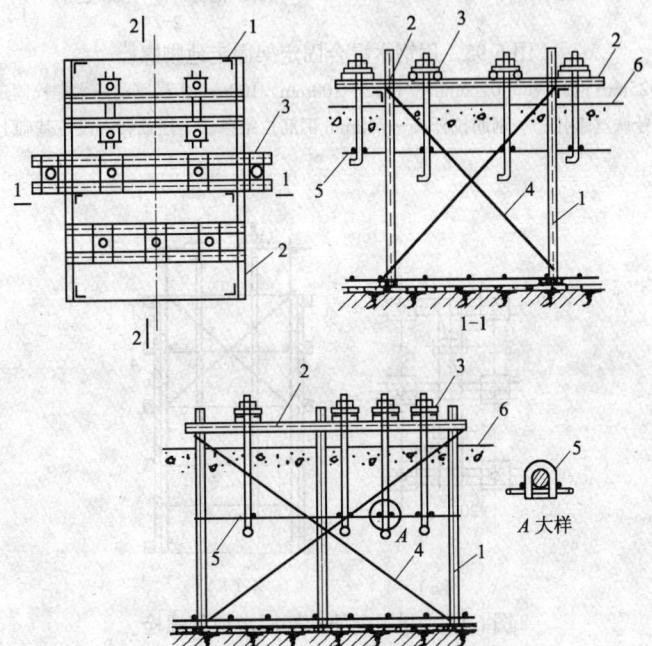

图 6-94 用钢固定架固定地脚螺栓
1—角钢或槽钢立柱;2—角钢横梁;3—螺栓固定框;
4—角钢或钢筋斜拉条;5—钢筋拉结条;6—基础面

6 混凝土工程

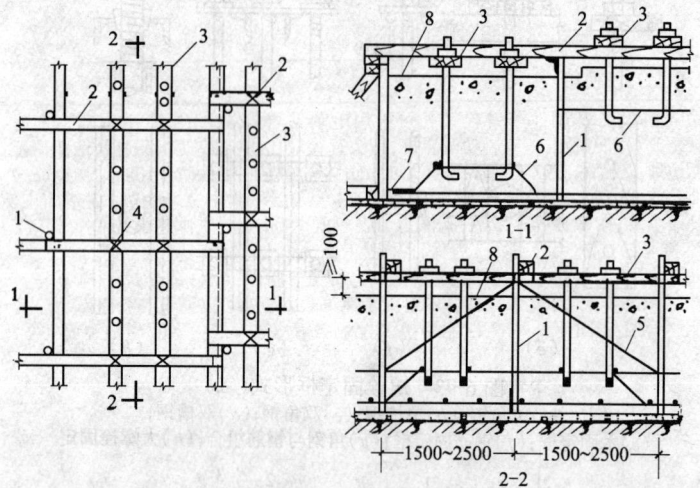

图 6-95 用钢木混合固定架固定地脚螺栓

1—ϕ25mm 钢筋或∟50×6mm 立柱；2—100mm×100mm 木横梁；3—木螺栓固定框；
4—8 号铁丝绑扎；5—钢筋拉杆；6—ϕ12mm 钢筋拉结条；7—短筋；8—设备基础上表面

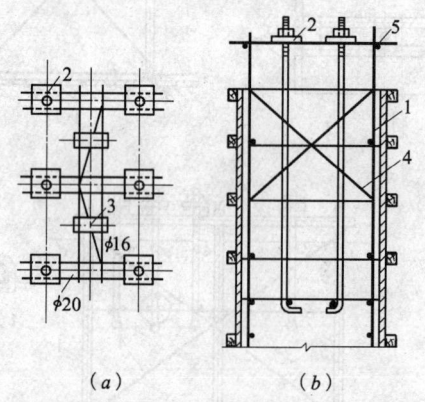

图 6-96 利用钢筋骨架固定地脚螺栓

(a)粗样板固定框；(b)地脚螺栓固定方法
1—原结构钢筋；2—6mm 厚固定框钢板；
3—刻中心线；4—ϕ16mm 加固剪刀撑；5—ϕ12mm 支承钢筋

6.1.4.3 树脂(膨胀)砂浆粘结地脚螺栓方法

后钻孔树脂砂浆(膨胀砂浆)粘结地脚螺栓方法 表 6-29

原理、特点及使用	埋 设 方 法	注 意 事 项
系先将设备基础浇筑完成,待混凝土强度达到50%后,在基础上放线,定出螺栓设计位置,按螺栓直径和埋深要求用钻机钻孔,然后用树脂砂浆或膨胀砂浆将地脚螺栓锚固于钻孔中,经3～5d养护后,即可安装设备;亦可在设备安装定位后进行安装螺栓和灌注砂浆锚固 本法可省去埋设固定架,保证螺栓安装精度和粘结质量(抗拔能力大于螺栓本身钢材计算强度),同时施工操作简便,可减轻劳动强度,埋设螺栓不占绝对工期,加快工程进度,减少地脚螺栓埋深。但施工多一道钻孔、埋设螺栓工序 适于埋设直径25～64mm的地脚螺栓,直径过大的地脚螺栓钻孔较困难,且常带锚板,不宜使用	螺栓钻孔可采用电动钻岩机或风动凿岩机,钻头直径应比螺栓直径(d)大15mm左右,成孔直径为 $d+2\delta$($\delta=0.5～1.5d$);孔深为 $10d+20～50$mm即可,为保证位置正确,宜用定位板定位(图6-97),所用树脂砂浆和膨胀砂浆配合比见表6-30,材料性能要求及配制方法参见"10 树脂类防腐蚀工程施工"一节 浇注时用手工或压力把树脂砂浆注入孔深约80%,然后将螺栓缓慢转动插入,使树脂砂浆由下往上挤出,并从两个方向校正位置、标高,用钢楔予以固定。用膨胀砂浆灌孔,砂浆系用浇筑水泥或普通水泥掺水泥用量0.02‰～0.03‰的铝粉与粒径小于2.5mm的砂,按1:1配成,水灰比为0.4～0.41;浇筑时,将地脚螺栓插入孔中,随即灌入膨胀砂浆,借用人工或借助振捣器振实1～1.5min,至汽泡甩出即可,在振捣即将完成时,校正位置,复核标高,用钢楔加以临时固定(图6-98),并覆盖养护	1. 绑扎基础钢筋时,应使钢筋避开钻孔位置,以防止切断结构钢筋 2. 钻孔时在基础表面应弹好螺栓位置线并认真复核。钻孔应设定位板,钻孔机钻杆要垂直,以避免钻孔歪斜 3. 灌注树脂砂浆时,钻孔应清理或清洗干净并干燥。当孔壁潮湿或进水,应用棉纱擦干,再用热电偶或喷灯进行烘烤使干燥;灌注膨胀砂浆时,孔壁应清理干净并湿润。螺栓要除锈,油污应用丙酮擦洗干净,使砂浆与螺栓和孔壁粘结良好 4. 砂浆材料应按配合比准确称量。树脂砂浆一次配制量以不超过1.5kg为宜,并应在0.5h内用完;膨胀砂浆宜随调随用,并在1h内用完 5. 灌注完砂浆后应养护,在硬化前防止碰撞

树脂砂浆材料和配合比(重量计) 表 6-30

砂浆名称	材料名称	规 格	用量(%)
环氧树脂砂浆	环氧树脂	6011 号(E-44)	100
	邻苯二甲酸二丁酯	工业用	11～20
	乙二胺	无水(含胺98%以上)	8～10
	中砂	粒径(自然级配)0.25～0.5mm	200～250

6 混凝土工程

续表

砂浆名称	材料名称	规格	用量(%)
聚酯树脂砂浆	不饱和聚酯树脂 过氧化环己酮糊 二甲基苯胺液 砂	3201号 N型 D型 粒径0.25~1.0mm	100 4 2~3 250

注：环氧树脂砂浆抗拉强度为 $15\sim20N/mm^2$；抗压强度为 $70\sim90N/mm^2$；抗压弹性模量 $(0.7\sim1.5)\times10^4N/mm^2$；密度为 $1.7\sim1.8g/cm^3$；可耐75℃。聚酯树脂砂浆握裹力大于混凝土对拉螺栓的2倍，可耐100℃温度。

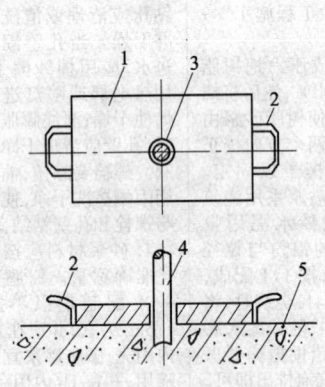

图 6-97 开孔模具
1—40mm厚钢板；2—手把；
3—开孔，孔径比钻头大2mm；
4—钻头；5—基础面

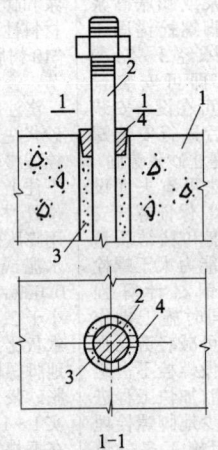

图 6-98 地脚螺栓临时固定
1—混凝土设备基础；2—地脚螺栓；
3—树脂砂浆；4—钢楔

6.1.4.4 地脚螺栓偏差的处理

地脚螺栓偏差处理方法 表 6-31

项次	项目	偏差情况及处理方法
	螺栓平面位置（垂直度）偏差的处理	调整孔法	当螺栓中心线与设计位置中心线偏差在10mm以内，可采用调整设备底座的螺栓孔位置或搪(割)孔来调整，但要特别仔细，避免损伤底座

6.1 模板工程

续表

项次	项目	偏差情况及处理方法
螺栓平面位置(垂直度)偏差的处理	烘烤撅弯法	螺栓直径(d)在 36mm 以内,中心偏差小于 $1.5d$ 时,一般可用弯螺栓法处理,即用氧乙炔枪烘烤螺栓,将螺栓撅弯(图 6-99a)加热温度应在 700~800℃范围内,应避免浇水冷却,以防冷淬。如螺栓直径等于或大于 36mm 时,还应在弯曲部位加焊钢板或钢筋等锚固件(图 6-99b),以增加与混凝土的锚固力
	过渡框架法	当螺栓偏差很大时,可采用设上渡钢框架的方法(图 6-100),将新设置的螺栓,通过槽钢或工字钢与原有埋设在基础中偏位的螺栓牢固的焊接在一起,以传递上部机械设备产生的水平和垂直振动力。框架设计应保证足够的强度和刚度,使成为一可靠整体
	换埋法	当地脚螺栓偏差过大,无法安装设备,或因图纸尺寸错误,预埋地脚螺栓位置、标高与设备孔或设备图纸不符,或设备底座(盘)加工误差过大,需要将已埋设的地脚螺栓更换另埋设新螺栓,此时可采用用人工或风动工具凿去螺栓周边混凝土,另安设新螺栓;或用钻机取出原地脚螺栓;或在原螺栓附近钻孔,重新在孔内埋设地脚螺栓
	钻孔更换法	当地脚螺栓偏差很大,埋设较深,采用以上方法处理比较复杂,并难以保证质量时,可采用表 6-29 后钻孔树脂砂浆(膨胀砂浆)粘结地脚螺栓方法,按设计位置另行钻孔重新埋设新地脚螺栓。当预埋的 1 台螺栓套筒发生偏斜或移位,影响设备安装,亦可用钻机在设计位置钻孔解决
螺栓标高偏差的处理	垫板法	当地脚螺栓标高偏差低于 10mm 以内或高于 30mm 以内,但设备安装仍能保证其丝扣有两个螺帽的长度,则可不处理;丝扣高的可加钢垫板进行调整
	接长法	当地脚螺栓标高低于 10mm 以上,不能保证设备的紧固要求时,可将螺栓周围混凝土凿成凹形坑,用同直径的螺栓,上下割坡口对焊将其接长(图 6-101a),或对接后再在两侧或三侧加焊帮条钢筋(图 6-101b、c),但帮条不应露在基础表面,以便于基座安装;当螺栓直径在 36mm 以内时,一般焊两根帮条钢筋;螺栓直径大于 36mm 时,焊 3 根帮条钢筋,附加帮条钢筋截面积应不小于原钢筋截面积的 1.3 倍,亦不得小于 16mm 的钢筋,焊缝长度一般上下各取 $2.5d$
	套丝接长法	当螺栓标高低于设计 100mm 以上时,亦可采用比原螺栓直径加大一倍的螺栓加工成内丝扣,套在原有螺栓上(图 6-102a),或加螺丝套(图 6-102b),或焊上套管接上新螺栓头。本法比较准确,但较费工。适于支座高的螺栓接长使用
	其他方法	如螺栓埋设高度由于测量或设备变更等原因,偏差很大(60~300mm)时,可采用两个加劲槽钢垫起用螺栓固定后,再加钢筋网片,浇筑混凝土包裹起来,或割断重新焊接新螺栓

6 混凝土工程

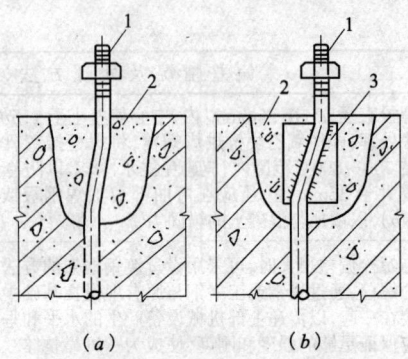

图 6-99 撅弯法处理地脚螺栓偏差
(a)撅弯法；(b)撅弯加焊钢板法
1—已撅弯螺栓；2—凿开混凝土，用细石混凝土填补；3—加焊 10~25mm 厚钢板

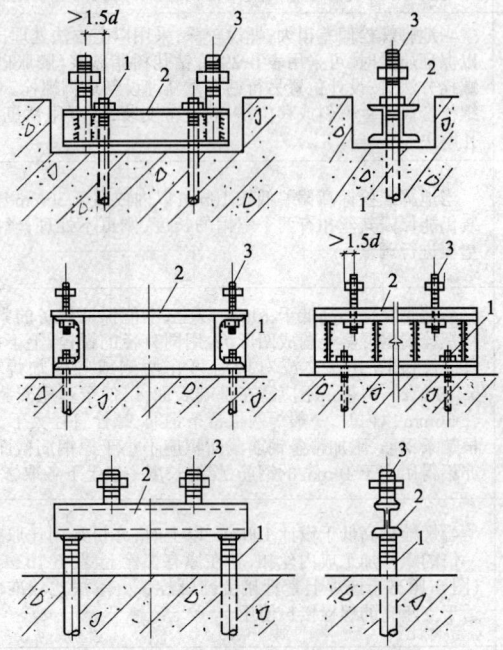

图 6-100 用过渡钢架法处理地脚螺栓偏差
1—原有螺栓；2—过渡钢架；3—新接地脚螺栓

6.1 模板工程

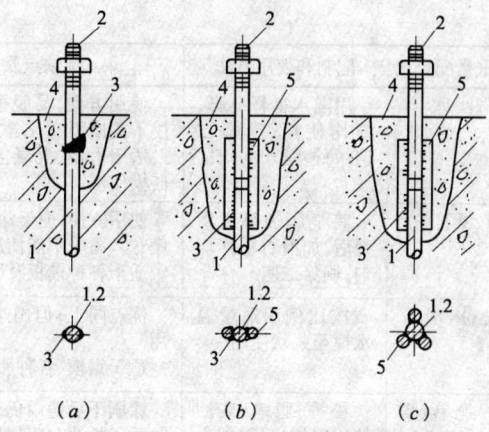

(a)　　　　(b)　　　　(c)

图 6-101　焊接接长法处理地脚螺栓偏差
(a)对焊接长；(b)、(c)帮条焊接接长
1—原有螺栓；2—新接长螺栓；3—焊接；
4—凿开混凝土，用细石混凝土填补；5—圆钢帮条

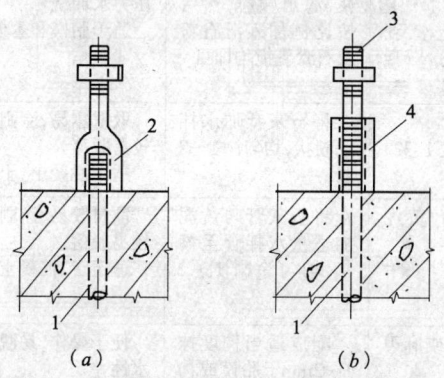

(a)　　　　　　(b)

图 6-102　用套丝接长法处理地脚螺栓偏差
1—原有螺栓；2—新接螺套；3—新接螺栓；4—螺栓套管

6.1.5　模板隔离剂

常用模板隔离剂配合比、配制及使用　　表 6-32

类别	材料及重量配合比	配制和使用方法	优缺点及使用
水质类隔离剂	肥皂液	用肥皂切片泡水，涂刷模板1~2遍	涂刷方便，易脱模，价廉；但冬、雨季不能使用　适于木模、混凝土、砖胎模使用

续表

类别	材料及重量配合比	配制和使用方法	优缺点及使用
水质类隔离剂	皂脚:水 = 1:5~7	用温水稀释皂脚,搅均使用;涂刷二遍,每遍隔0.5~1h	使用方便,易脱模,价廉;冬、雨季不能使用 适于木模、混凝土台座台面、土砖模使用
	皂脚:滑石粉:水 = 1:2:5	将皂脚加热水稀释后,加滑石粉拌均匀,刷涂二遍	使用方便,便于涂刷,易脱模,价廉;冬、雨季不能使用 适于各种模板及胎模使用
	洗衣粉:滑石粉 = 1:5	按比例用适量温水搅至浆状使用	优点同上;但雨季、冬季不能使用 适于钢模、各种胎模使用
	松香:肥皂:柴油:水 = 15:12:100:800	松香、肥皂、柴油按比例加好后,加入水搅拌均匀使用	涂刷干后遇雨仍保持隔离效果 适于长线台座使用
	黄黏土膏(或石灰膏)乳液:滑石粉 = 10:1 黄黏土膏乳液:滑石粉:石膏乳 = 5:5:1	将黄黏土打碎成粉状,加水调成稠泥浆,滤出颗粒,然后按比例加入滑石粉及石膏乳搅均即可	板缝能堵塞密实,不漏浆,易于脱模;但影响构件表面美观,须用压力水冲洗 适于胎模和木模使用
	石灰水(密度1.32)	将石灰膏加水拌成糊状,均匀涂1~2遍	取材容易,涂刷方便,成本低;但较易脱落 适于混凝土、土砖胎模使用
	石灰膏:黄泥 = 1:1	将石灰膏与黄泥加适量水拌合至糊状,均匀涂刷1~2遍	取材较易,涂刷方便,成本低;但较易脱落 适于土、混凝土脱模使用
	石灰膏或麻刀灰	配成适当稠度抹1~2mm于胎模或构件表面	便于操作,易脱模,成本低;但耐水性差 适于土模、重叠制作构件隔离层使用
	108建筑胶:滑石粉:水 = 1:1:1	将建筑胶与水调均,再将滑石粉加入调均,涂刷1~2遍	材料易得,操作方便,易于脱模 适于钢模板使用
	海藻酸钠:滑石粉:洗衣粉:水 = 1:13.3~40:1:53.3	将固体海藻酸钠用水浸泡2~3d后,再与其他材料混合调均匀使用	喷刷较方便,易干,易脱模;但须脱模一次喷刷一次 适于钢模板使用

6.1 模板工程

续表

类别	材料及重量配合比	配制和使用方法	优缺点及使用
油质类隔离剂	机油:滑石粉:汽油=100:15:10	在容器中按配合比搅拌均匀,涂刷1~2遍	便于涂刷,易脱模 适于混凝土胎模使用
	清油:火碱=11:1	将火碱加少量水溶化,倒入清油内拌至凝固状,再加40%的水煮沸后使用	便于涂刷,易脱模;但成本较高 适于土模及混凝土胎模使用
	松香:肥皂:废机油(柴油):水=15:12:100:800	将松香肥皂加入柴油中溶解,加水搅拌均匀,即可使用	便于涂刷,易脱模,干后下雨仍有效 适于钢、木模、混凝土台面使用
	废机油(机油):柴油=1:1~4	将较稠废机油掺柴油稀释搅匀,涂刷1~2遍	隔离较稳定,可利用部分废料,易沾污钢筋和构件表面 适于钢、木模、各种胎模使用
	废机油(重柴油):肥皂=1:1~2	将废机油(或重柴油)和肥皂水混合搅均,刷1~2遍	涂刷方便,构件较清洁,颜色近灰白 适于各种固定胎模使用
	废机油(机油)(滑石粉):水=1:1.4(1.2):0.4	将三种组份拌合至乳状,刷1~2遍	材料易得,便于涂刷,表面光滑;但钢筋和构件较易沾油 适于各种固定胎模使用
	废机油:肥皂:滑石粉:水=1:1:2:5	按组分依次加入,混合搅拌均匀使用	便于涂刷,易脱模,表面光滑,但钢筋和构件较易沾油 钢木模板、混凝土胎模使用
石蜡类隔离剂	石蜡	将石蜡均匀涂于模板面,用喷灯熔化,干布均匀涂擦,再均匀喷烤至渗入木质内	易脱模,板面光滑;但成本较高,蒸汽养护时不能使用 适于木定型模板使用
	石蜡:煤油=1:2	将石蜡加入煤油中溶化,涂刷模板表面	便于涂刷,易脱模,板面光滑;但成本稍高,蒸汽养护时不能使用 适于钢模板、混凝土台座使用
	石蜡:柴油:滑石粉=1:3:4	将石蜡与2份柴油混合用水浴加热溶化,再加入剩余柴油拌均,最后加入滑石粉拌匀,涂刷1~2遍	易脱模,板面光滑;但成本略高,蒸汽养护时不能使用 适于木、钢模板、混凝土台座使用

续表

类别	材料及重量配合比	配制和使用方法	优缺点及使用
乳剂类隔离剂	乳化机油：水 =1:5	在容器中按配合比混合搅均，涂刷1~2遍	有商品供应，使用方便，易脱模 适于木模使用
	Tm型乳化油：水=1:10~20	将矿物油的混合物加热，皂化后加入稳定剂、缓蚀剂而成	有商品供应，使用方便，易脱模 适于木模、胎模使用
	石蜡：汽油 =3:7	将石蜡熔化，稍凉后掺加汽油，徐徐搅拌即成。用时加温水稀释，以利涂刷	使用方便，易脱模；但成本较高，蒸汽养护不能使用 适于木、钢、混凝土胎模使用
	高分子有机酸+矿物油	即金属切削加工使用的润滑冷却剂	有商品供用，使用方便，易脱模 适于钢模、混凝土胎模使用

注：对表面装饰要求高的混凝土，不宜使用油质类隔离剂。

6.1.6 模板的拆除

6.1.6.1 拆模强度要求

现浇结构底模拆模时所需混凝土强度 表 6-33

项次	结构类型	结构跨度(m)	按设计的混凝土强度标准值的百分率计(%)
1	板	≤2 >2,≤8 >8	≥50 ≥75 ≥100
2	梁、拱、壳	≤8 >8	≥75 ≥100
3	悬臂构件	—	≥100

注：1. 本表指底模拆除应达到的强度，侧模在混凝土强度能保证其表面及棱角不因拆除模板而损坏，即可拆除。
2. "设计的混凝土强度标准值"系指与设计混凝土强度等级相应的混凝土立方体抗压强度标准值。

预制构件拆模时所需的混凝土强度 表 6-34

项次	预制构件的类别	按设计的混凝土强度标准值的百分率计(%)	
		拆 侧 模 板	拆 底 模 板
1	普通梁、跨度在 4m 及 4m 以内及分节脱模	25	50

6.1 模板工程

续表

项次	预制构件的类别	按设计的混凝土强度标准值的百分率计(%)	
		拆侧模板	拆底模板
2	普通薄腹梁、吊车梁、T形梁、柱、跨度在4m以上	40	75
3	先张法预应力屋架、屋面板、吊车梁等	50	建立预应力后
4	先张法各类预应力薄板重叠浇筑	25	建立预应力后
5	后张法预应力块体竖立浇筑	40	75
6	后张法预应力块体平卧重叠浇筑	25	75

拆除承重模板达到要求百分率需要期限表　　表 6-35

水泥品种	水泥强度等级	混凝土达到设计强度标准值的百分率	硬化时昼夜的平均温度(℃)					
			5	10	15	20	25	30
			模板拆除时间(d)					
普通水泥 硅酸盐水泥、普通水泥	32.5 42.5~52.5	50%	12 9	8 6	7 5.5	6 4.5	5 4	4 3
矿渣水泥及火山灰质水泥	32.5 42.5	50%	21 15	13 10	9 8	7 6	6 5	5 4
普通水泥 硅酸盐水泥、普通水泥	32.5 42.5~52.5	75%	28 20	20 14	14 11	10 8	9 7	8 6
矿渣水泥及火山灰质水泥	32.5 42.5	75%	32 30	25 20	17 15	14 13	12 12	10 10
普通水泥 硅酸盐水泥、普通水泥	32.5 42.5~52.5	100%	45 40	40 35	33 30	28 28	22 20	18 16
矿渣水泥及火山灰质水泥	32.5 42.5~52.5	100%	60 55	50 45	40 37	28 28	25 23	21 19

注：本表系指在(20±3)℃的温度下经过28d硬化后达到强度等级的混凝土。

6.1.6.2 拆除方法及注意事项

模板拆除施工注意事项　　　　　　　表 6-36

项次	项目	施 工 要 点
1	拆模程序	1. 模板拆除一般是先支的后拆,后支的先拆,先拆非承重部位,后拆承重部位,并做到不损伤构件或模板 2. 肋形楼盖应先拆柱模板,再拆楼板底模、梁侧模板,最后拆梁底模板。拆除跨度较大的梁下支柱时,应先从跨中开始分别拆向两端。侧立模的拆除应按自上而下的原则进行 3. 工具式支模的梁、板模板的拆除,应先拆卡具、顺口方木、侧板,再松动木楔,使支柱桁架等平稳下降,逐段抽出底模板和横档木,最后取下桁架、支柱、托具 4. 多层楼板模板支柱的拆除应注意,当上层楼板正在浇筑混凝土时,下一层楼板的支柱不得拆除,再下一层楼板支柱仅可拆除一部分,跨度4m 及 4m 以上的梁,均应保留支柱,其间距不得大于 3m;其余再下一层楼板的模板支柱,必须待楼板混凝土达到设计强度时,始可全部拆除
2	操作要点及注意事项	1. 拆除模板不得站在正拆除模板的正下方,或正拆除的模板或支架上 2. 模板拆除要注意讲究技巧,不得硬撬或用力过猛,防止损坏结构和模板 3. 拆下的模板不得乱丢乱扔,高空脱模要轻轻吊放。木模要及时起钉、修理,按规格分类堆放。钢模板要及时清除粘结的灰渣,修理、校正变形和损坏的模板及配件,板面应刷隔离剂,背面补涂脱落的防锈漆 4. 已拆除的结构应在混凝土达到设计强度等级后,才允许承受全部计算荷载 5. 预制构件芯模抽出时,应保证不得有向上下、左右偏移和较大的振动,以免造成孔壁损伤、裂缝或混凝土坍陷、疏松 6. 脱模应注意使各部分受力均匀,不损伤构件边角或避免造成构件裂缝

6.1.7 模板安装的质量控制与标准

1．一般规定

(1)模板及其支架应根据工程结构形式、荷载大小、地基土类别、施工设备和材料供应等条件进行设计。模板及其支架应具有足够的承载能力、刚度和稳定性,能可靠地承受浇筑混凝土的重量、侧压力以及施工荷载。

(2)在浇筑混凝土之前,应对模板工程进行验收。

模板安装和浇筑混凝土时,应对模板及其支架进行观察和维护。发生异常情况时,应按施工技术方案及时进行处理。

(3)模板及其支架拆除的顺序及安全措施应按施工技术方案执行。

2. 模板安装

模板安装 表 6-37

项目	内容
主控项目	1. 安装现浇结构的上层模板及其支架时,下层楼板应具有承受上层荷载的承载能力,或加设支架;上、下层支架的立柱应对准,并铺设垫板 2. 在涂刷模板隔离剂时,不得沾污钢筋和混凝土接槎处
一般项目	1. 模板安装应满足下列要求: (1)模板的接缝不应漏浆;在浇筑混凝土前,木模板应浇水湿润,但模板内不应有积水; (2)模板与混凝土的接触面应清理干净并涂刷隔离剂,但不得采用影响结构性能或妨碍装饰工程施工的隔离剂; (3)浇筑混凝土前,模板内的杂物应清理干净; (4)对清水混凝土工程及装饰混凝土工程,应使用能达到设计效果的模板 2. 用作模板的地坪、胎模等应平整光洁,不得产生影响构件质量的下沉、裂缝、起砂或起鼓 3. 对跨度不小于 4m 的现浇钢筋混凝土梁、板,其模板应按设计要求起拱;当设计无具体要求时,起拱高度宜为跨度的 1/1000~3/1000 4. 固定在模板上的预埋件、预留孔和预留洞均不得遗漏,且应安装牢固,其偏差应符合表 6-38 的规定 5. 现浇结构模板安装的偏差应符合表 6-39 的规定 6. 预制构件模板安装的偏差应符合表 6-40 的规定

预埋件和预留孔洞的允许偏差 表 6-38

项 目		允许偏差(mm)
预埋钢板中心线位置		3
预埋管、预留孔中心线位置		3
插 筋	中线线位置	5
	外露长度	+10,0
预埋螺栓	中心线位置	2
	外露长度	+10,0
预 留 洞	中心线位置	10
	尺 寸	+10,0

注:检查中心线位置时,应沿纵、横两个方向量测,并取其中的较大值。

6 混凝土工程

现浇结构模板安装的允许偏差及检验方法　　　表 6-39

项　　目		允许偏差(mm)	检　验　方　法
轴线位置		5	钢尺检查
底模上表面标高		±5	水准仪或拉线、钢尺检查
截面内部尺寸	基　　础	±10	钢尺检查
	柱、墙、梁	+4,-5	钢尺检查
层高垂直度	不大于5m	6	经纬仪或吊线、钢尺检查
	大于5m	8	经纬仪或吊线、钢尺检查
相邻两板表面高低差		2	钢尺检查
表面平整度		5	2m靠尺和塞尺检查

注：检查轴线位置时,应沿纵、横两个方向量测,并取其中的较大值。

预制构件模板安装的允许偏差及检验方法　　　表 6-40

项　　目		允许偏差(mm)	检　查　方　法
长度	板、梁	±5	钢尺量两角边,取其中较大值
	薄腹梁、桁架	±10	
	柱	0,-10	
	墙板	0,-5	
宽度	板、墙板	0,-5	钢尺量一端及中部,取其中较大值
	梁、薄腹梁、桁架、柱	+2,-5	
高(厚)度	板	+2,-3	钢尺量一端及中部,取其中较大值
	墙板	0,-5	
	梁、薄腹梁、桁架、柱	+2,-5	
侧向弯曲	梁、板、柱	$l/1000$ 且≤15	拉线、钢尺量最大弯曲处
	墙板、薄腹梁、桁架	$l/1500$ 且≤15	
板的表面平整度		3	2m靠尺和塞尺检查
相邻两板表面高低差		1	钢尺检查
对角线差	板	7	钢尺量两个对角线
	墙板	5	
翘曲	板、墙板	$l/1500$	调平尺在两端量测
设计起拱	薄腹梁、桁架、梁	±3	拉线、钢尺量跨中

注：l 为构件长度(mm)。

3. 模板拆除

模板拆除 表 6-41

项目	内容
主控项目	1. 底模及其支架拆除时的混凝土强度应符合设计要求;当设计无具体要求时,混凝土强度应符合下表的规定 **底模拆除时的混凝土强度要求** | 构件类型	构件跨度(m)	达到设计的混凝土立方体抗压强度标准值的百分率(%)
---	---	---
板	≤2	≥50
板	>2,≤8	≥75
板	>8	≥100
梁、拱、壳	≤8	≥75
梁、拱、壳	>8	≥100
悬臂构件	—	≥100	 2. 对后张法预应力混凝土结构构件,侧模宜在预应力张拉前拆除;底模支架的拆除应按施工技术方案执行,当无具体要求时,不应在结构构件建立预应力前拆除 3. 后浇带模板的拆除和支顶应按施工技术方案执行
一般项目	1. 侧模拆除时的混凝土强度应能保证其表面及棱角不受损伤 2. 模板拆除时,不应对楼层形成冲击荷载。拆除的模板和支架宜分散堆放并及时清运

6.2 钢筋工程

6.2.1 钢筋的品种、规格与性能

6.2.1.1 普通钢筋

热轧钢筋的力学性能 表 6-42

表面形状	强度等级代号	公称直径 d (mm)	屈服点 σ_s (MPa)	抗拉强度 σ_b (MPa)	伸长率 δ_5 (%)	冷弯		符号
			不大于			弯曲角度	弯心直径	
光圆	HPB 235	8~20	235	370	25	180°	d	Φ

续表

表面形状	强度等级代号	公称直径 d (mm)	屈服点 σ_s (MPa)	抗拉强度 σ_b (MPa)	伸长率 δ_5 (%)	冷弯 弯曲角度	冷弯 弯心直径	符号
			不 大 于					
月牙肋	HRB 335	6~25 28~50	335	490	16	180° 180°	$3d$ $4d$	Φ
月牙肋	HRB 400	6~25 28~50	400	570	14	180° 180°	$4d$ $5d$	Φ
月牙肋	HRB 500	6~25 28~50	500	630	12	180° 180°	$6d$ $7d$	

注：1. HRB 500 级钢筋尚未列入《混凝土结构设计规范》(GB 50010—2002)。
  2. 采用 $d>40$mm 钢筋时，应有可靠的工程经验。

热轧钢筋的化学成分　　表 6-43

强度等级代号	牌号	化 学 成 分 （%）							
		C	Si	Mn	V	Nb	Ti	P	S
								不大于	
HPB 235	Q235	0.14~0.22	0.12~0.30	0.30~0.65	—	—	—	0.045	0.050
HRB 335	20MnSi	0.17~0.25	0.40~0.80	1.20~1.60	—	—	—	0.045	0.045
HRB 400	20MnSiV	0.17~0.25	0.20~0.80	1.20~1.60	0.04~0.12	—	—	0.045	0.045
HRB 400	20MnSiNb	0.17~0.25	0.20~0.80	1.20~1.60	—	0.02~0.04	—	0.045	0.045
HRB 400	20MnTi	0.17~0.25	0.17~0.37	1.20~1.60	—	—	0.02~0.05	0.045	0.045

冷轧带肋钢筋的直径、横截面积和重量　　表 6-44

公称直径 d (mm)	公称横截面积 (mm²)	理论重量 (kg/m)
4	12.6	0.099
4.5	15.9	0.125
5	19.6	0.154
5.5	23.7	0.186
6	28.3	0.222
6.5	33.2	0.261

6.2 钢筋工程

续表

公称直径 d(mm)	公称横截面积(mm^2)	理论重量(kg/m)
7	38.5	0.302
7.5	44.2	0.347
8	50.3	0.395
8.5	56.7	0.445
9	63.6	0.499
9.5	70.8	0.556
10	78.5	0.617
10.5	86.5	0.679
11	95.0	0.746
11.5	103.8	0.815
12	113.1	0.888

注：重量允许偏差±4%。

冷轧带肋钢筋力学性能和工艺性能　　表 6-45

牌号	σ_b (MPa) 不小于	伸长率(%) 不小于		弯曲试验 180°	反复弯曲次数	松弛率 初始应力 $\sigma_{con}=0.7\sigma_b$	
		δ_{10}	δ_{100}			1000h(%) 不大于	10h(%) 不大于
CRB 550	550	8.0	—	$D=3d$	—	—	—
CRB 650	650	—	4.0	—	3	8	5
CRB 800	800	—	4.0	—	3	8	5
CRB 970	970	—	4.0	—	3	8	5
CRB 1170	1170	—	4.0	—	3	8	5

注：表中 D 为弯心直径，d 为钢筋公称直径。

冷轧带肋钢筋的化学成分　　表 6-46

级别代号	牌号	化　学　成　分　(%)					
		C	Si	Mn	Ti	P	S
CRB 550	Q215	0.09~0.15	≤0.30	0.25~0.55	—	≤0.050	≤0.045
CRB 650	Q235	0.14~0.22	≤0.30	0.30~0.65	—	≤0.050	≤0.045
CRB 800	24MnTi	0.19~0.27	0.17~0.37	1.20~1.60	0.01~0.05	≤0.045	≤0.045

余热处理钢筋的力学性能 表 6-47

表面形状	强度等级代号	公称直径 d (mm)	屈服点 σ_s (MPa)	抗拉强度 σ_b (MPa)	伸长率 δ_5 (%)	冷弯 弯曲角度	冷弯 弯心直径	符号
月牙肋	RRB 400	8~25 28~40	440	600	14	90° 90°	3d 4d	⊕^{R}

注:化学成分与 20MnSi 钢筋相同。

6.2.1.2 预应力钢丝、钢筋、钢绞线

光圆钢丝尺寸及允许偏差、参考重量 表 6-48

公称直径 d_n(mm)	直径允许偏差 (mm)	公称横截面积 s_n(mm²)	参考重量 (kg/m)
3.00	±0.04	7.07	0.058
4.00		12.57	0.099
5.00		19.63	0.154
6.00	±0.05	28.27	0.222
6.25		30.68	0.241
7.00		38.48	0.302
8.00	±0.06	50.26	0.394
9.00		63.62	0.499
10.00		78.54	0.616
12.00		113.1	0.888

冷拉钢丝的力学性能 表 6-49

公称直径 d_n (mm)	抗拉强度 σ_b (MPa)	规定非比例伸长应力 $\sigma_{p0.2}$ (MPa)	最大力下总伸长(L_0=200mm)δ(%)	弯曲次数 次/180°	弯曲次数 弯曲半径 R(mm)	断面收缩率 (%)	每210mm扭距的扭转次数 n	初始应力相当于70%公称抗拉强度时,1000h后应力松弛率(%)
		不小于						不大于
3.00	1470	1100	1.5	4	7.5	35	—	8
4.00	1570 1670	1180 1250		4	10		8	
5.00	1770	1330		4	15		8	

6.2 钢筋工程

续表

公称直径 d_n (mm)	抗拉强度 σ_b (MPa)	规定非比例伸长应力 $\sigma_{p0.2}$ (MPa)	最大力下总伸长 (L_0=200mm) δ(%)	弯曲次数 次/180°	弯曲半径 R(mm)	断面收缩率(%)	每210mm扭距的扭转次数 n	初始应力相当于70%公称抗拉强度时,1000h后应力松弛率(%)
		不小于					不小于	不大于
6.00	1470	1100	1.5	5	15	30	7	8
7.00	1570	1180		5	20		6	
	1670	1250						
8.00	1770	1330		5	20		5	

注:1. 规定非比例伸长应力 $\sigma_{p0.2}$ 值不小于公称抗拉强度的75%。
2. 除抗拉强度、规定非比例伸长应力外,对压力管道用钢丝还需进行断面收缩率、扭转次数、松弛率的检验;对其他用途钢丝还需进行断后伸长率、弯曲次数的检验。

消除应力光圆及螺旋肋钢丝的力学性能 表 6-50

公称直径 d_n (mm)	抗拉强度 σ_b (MPa) 不小于	规定非比例伸长应力 $\sigma_{p0.2}$ (MPa) 不小于		最大力下总伸长率 (L_0=200mm) δ_{gt}(%) 不小于	弯曲次数(次/180°) 不小于	弯曲半径 R (mm)	应力松弛性能		
		WLR	WNR				初始应力相当于公称抗拉强度的百分数(%)	1000h后应力松弛率 r(%) 不大于	
								WLR	WNR
							对所有规格		
4.00	1470	1290	1250	3.5	3	10	60	1.0	4.5
	1570	1380	1330						
4.80	1670	1470	1410						
	1770	1560	1500		4	15			
5.00	1860	1640	1580						
6.00	1470	1290	1250		4	15	70	2.0	8
6.25	1570	1380	1330		4	20			
	1670	1470	1410						
7.00	1770	1560	1500		4	20	80	4.5	12
8.00	1470	1290	1250		4	20			
9.00	1570	1380	1330		4	25			
10.00	1470	1290	1250		4	25			
12.00					4	30			

注:规定非比例伸长应力 $\sigma_{p0.2}$ 值对低松弛钢丝应不小于公称抗拉强度的88%,对普通松弛钢丝应不小于公称抗拉强度的85%。

6 混凝土工程

消除应力的刻痕钢丝的力学性能　　表 6-51

公称直径 d_n (mm)	抗拉强度 σ_b (MPa) 不小于	规定非比例伸长应力 $\sigma_{p0.2}$ (MPa) 不小于		最大力下总伸长率 (L_0=200mm) δ_{gt}(%) 不小于	弯曲次数(次/180°) 不小于	弯曲半径 R (mm)	应力松弛性能		
		WLR	WNR				初始应力相当于公称抗拉强度的百分数(%)	1000h后应力松弛率 r(%) 不大于	
								WLR	WNR
							对所有规格		
≤5.0	1470	1290	1250	3.5	3	15	60	1.5	4.5
	1570	1380	1330						
	1670	1470	1410						
	1770	1560	1500						
	1860	1640	1580				70	2.5	8
>5.0	1470	1290	1250			20	80	4.5	12
	1570	1380	1330						
	1670	1470	1410						
	1770	1560	1500						

注：规定非比例伸长应力 $\sigma_{p0.2}$ 值对低松弛钢丝应不小于公称抗拉强度的88%，对普通松弛钢丝应不小于公称抗拉强度的85%。

低合金钢丝力学性能和工艺性能　　表 6-52

公称直径 d (mm)	强度级别	抗拉强度 (MPa)	伸长率 l_0=100mm(%)	反复弯曲	
				弯曲半径 r(mm)	弯曲次数
5	YD 800	800	4	15	4
6	YD 1000	1000	3.5	20	4
7	YD 1200	1200	3.5	20	4

精轧螺纹钢筋外形尺寸、重量及允许偏差(mm)　　表 6-53

公称直径		18	25	28	32
基圆直径	D_h	18±0.3	25±0.4	28±0.5	32±0.5
	D_v	18 +0.2 −0.6	25 +0.4 −0.8	28 +0.4 −0.8	32 +0.4 −0.8
牙高 h		1.2±0.2	1.6±0.3	1.8±0.4	2.0±0.4
牙底宽 b		4±0.5	6.0±0.5	6±0.5	7±0.5
螺距 t		9±0.2	12±0.3	14±0.3	16±0.3
牙根弧 r		1.0	1.6	1.8	2.0

6.2 钢筋工程

续表

公称直径(mm)	18	25	28	32
导角 α	\multicolumn{4}{c}{81°31′}			
基圆截面积(mm^2)	254.5	490.9	615.8	804.2
理论重量(kg/m)	2.11	4.05	5.12	6.66

注:1. 理论重量考虑7牙的重量;
2. 重量允许偏差为±4%

精轧螺纹钢筋的力学性能　　　　表 6-54

级别	屈服点(MPa)	抗拉强度(MPa)	伸长率 δ_5(%)	冷弯 90°	松弛值 10h
	不	小	于		不大于
JL 785	785	980	7	$D=7d$	80% $\sigma_{0.1}$, 1.5%
JL 835	835	1035	7	$D=7d$	
RL 540	540	835	10	$D=5d$	

注:1. D—弯心直径,d—钢筋公称直径;
2. RL 540 级钢筋,$d=32$mm 时,冷弯 $D=6d$;
3. 钢筋弹性模量为 $1.95 \times 10^5 \sim 2.05 \times 10^5$ MPa。

热处理钢筋力学性能　　　　表 6-55

公称直径 d(mm)	牌 号	屈服点(MPa)	抗拉强度(MPa)	伸长率(%)
		不	小	于
6 8.2 10	40Si2Mn 48Si2Mn 45Si2Cr	1325	1470	6

热处理钢筋化学成分　　　　表 6-56

牌号	化 学 成 分 (%)					
	C	Si	Mn	Cr	P	S
					不大于	
40Si2Mn	0.36~0.45	1.40~1.90	0.80~1.20	—	0.045	0.045
48Si2Mn	0.44~0.53	1.40~1.90	0.80~1.20	—	0.045	0.045
45Si2Cr	0.41~0.51	1.55~1.95	0.40~0.70	0.30~0.60	0.045	0.045

6 混凝土工程

1×3 结构钢绞线尺寸及允许偏差、每米参考质量　　表 6-57

钢绞线结构	公称直径		钢绞线测量尺寸 A(mm)	测量尺寸 A 允许偏差(mm)	钢绞线参考截面积 S_n(mm²)	每米钢绞线参考重量(g/m)
	钢绞线直径 D_n(mm)	钢丝直径 d(mm)				
1×3	6.20	2.90	5.41	+0.15 −0.05	19.8	155
	6.50	3.00	5.60		21.2	166
	8.60	4.00	7.46		37.7	296
	8.74	4.05	7.56		38.6	303
	10.80	5.00	9.33	+0.20 −0.10	58.9	462
	12.90	6.00	11.2		84.8	666
1×3 I	8.74	4.05	7.56		38.6	303

1×7 结构钢绞线的尺寸及允许偏差、参考重量　　表 6-58

钢绞线结构	公称直径 D(mm)	直径允许偏差(mm)	钢绞线参考截面积 S_n(mm²)	钢绞线参考重量(kg/m)	中心钢丝直径 d_0 加大范围(%)不小于
1×7	9.50	+0.30 −0.15	54.8	0.430	
	11.10		74.2	0.582	
	12.70		98.7	0.775	
	15.20	+0.40 −0.20	140	1.101	2.5
	15.70		150	11.78	
	17.80		190	1.500	
(1×7)C	12.70	+0.40 −0.20	112	0.890	
	15.20		165	1.295	
	18.00		223	1.750	

注：C—模拔钢绞线。

6.2 钢筋工程

1×3 结构钢绞线力学性能

表 6-59

钢绞线结构	钢绞线公称直径 D_n(mm)	抗拉强度 R_m(MPa) 不小于	整根钢绞线的最大力 F_m(kN) 不小于	规定非比例延伸力 $F_{p0.2}$(kN) 不小于	最大力总伸长率（$L_0 \geq 400mm$）A_{gt}(%) 不小于	应力松弛性能 初始负荷相当于公称最大力的百分数（%）	应力松弛性能 1000h 后应力松弛率 r(%) 不大于
1×3	6.20	1570	31.1	28.0	对所有规格	对所有规格	对所有规格
		1720	34.1	30.7			
		1860	36.8	33.1			
		1960	38.8	34.9			
	6.50	1570	33.3	30.0		60	1.0
		1720	36.5	32.9			
		1860	39.4	35.5			
		1960	41.6	37.4			
	8.60	1470	55.4	49.9	3.5	70	2.5
		1570	59.2	53.3			
		1720	64.8	58.3			
		1860	70.1	63.1			
		1960	73.9	66.5			
	8.74	1570	60.6	54.5			
		1670	64.5	58.1			
		1860	71.8	64.6			
	10.80	1470	86.6	77.9		80	4.5
		1570	92.5	83.3			
		1720	101	90.9			
		1860	110	99.0			
		1960	115	104			
	12.90	1470	125	113			
		1570	133	120			
		1720	146	131			
		1860	158	142			
		1960	166	149			
1×3 Ⅰ	8.74	1570	60.6	54.5			
		1670	64.5	58.1			
		1860	71.8	64.6			

注：规定非比例延伸力 $F_{p0.2}$ 值不小于整根钢绞线公称最大力 F_m 的 90%。

1×7 结构钢绞线力学性能   表 6-60

钢绞线结构	钢绞线公称直径 D_n(mm)	抗拉强度 R_m(MPa) 不小于	整根钢绞线的最大力 F_m(kN) 不小于	规定非比例延伸力 $F_{p0.2}$(kN) 不小于	最大力总伸长率 (L_0≥500mm) A_{gt}(%) 不小于	应力松弛性能 初始负荷相当于公称最大力的百分数(%)	应力松弛性能 1000h 后应力松弛率 r(%) 不大于
1×7	9.50	1720	94.3	84.9	对所有规格	对所有规格	对所有规格
	9.50	1860	102	91.8			
	9.50	1960	107	96.3			
	11.10	1720	128	115		60	1.0
	11.10	1860	138	124			
	11.10	1960	145	131			
	12.70	1720	170	153	3.5	70	2.5
	12.70	1860	184	166			
	12.70	1960	193	174			
	15.20	1470	206	185		80	4.5
	15.20	1570	220	198			
	15.20	1670	234	211			
	15.20	1720	241	217			
	15.20	1860	260	234			
	15.20	1960	274	247			
	15.70	1770	266	239			
	15.70	1860	279	251			
	17.80	1720	327	294			
	17.80	1860	353	318			
(1×7)C	12.70	1860	208	187			
	15.20	1820	300	270			
	18.00	1720	384	346			

注:规定非比例延伸力 $F_{p0.2}$ 值不小于整根钢绞线公称最大力 F_m 的 90%。

6.2.1.3 冷轧扭钢筋

冷轧扭钢筋轧扁厚度和节距 表6-61

类型	标志直径 d(mm)	轧扁厚度 t(mm)不小于	节距 l_1(mm)不大于
Ⅰ型	6.5	3.7	75
	8	4.2	95
	10	5.3	110
	12	6.2	150
	14	8.0	170
Ⅱ型	12	8.0	145

冷轧扭钢筋公称截面积和理论重量 表6-62

类型	标志直径 d(mm)	公称截面积 A_s(mm^2)	理论重量(kg/m)
Ⅰ型	6.5	29.5	0.232
	8	45.3	0.356
	10	68.3	0.536
	12	93.3	0.733
	14	132.7	1.042
Ⅱ型	12	97.8	0.768

冷轧扭钢筋力学性能 表6-63

抗拉强度 σ_b(N/mm^2)	伸长率 δ_{10}(%)	冷弯 180° $D=3d$
≥580	≥4.5	受弯曲部位表面不得产生裂纹

注：1. D 为弯芯直径；d 为冷轧扭钢筋标志直径。
2. δ_{10} 为标距为10倍标志直径的试样拉断伸长率。

6.2.2 钢筋的检验与保管

钢筋的检验与保管方法及要求 表6-64

项次	项目	方法与要求
1	检查项目和方法	1. 主控项目 (1)钢筋进场时，应按现行国家标准《钢筋混凝土用热轧带肋钢筋》(GB 1499)等的规定抽取试件做力学性能检验，其质量必须符合有关标准的规定 检查数量：按进场的批次和产品的抽样检验方案确定。检验方法：检查产品合格证、出厂检验报告和进场复验报告 (2)对有抗震设防要求的框架结构，其纵向受力钢筋的强度应满足设计要求，当设计无具体要求时，对一、二级抗震等级，检验所得强度的实测值应符合以下规定：

续表

项次	项目	方 法 与 要 求
1	检查项目和方法	1)钢筋的抗拉强度实测值与屈服强度实测值的比值不应小于1.25； 2)钢筋的屈服强度实测值与强度标准值的比值不应大于1.3 检查数量与方法：同(1) (3)当发现钢筋脆断、焊接性能不良或力学性能显著不正常等现象时，应对该批钢筋进行化学成分检验或其他专项检验 2．一般项目 钢筋应平直、无损伤，表面不得有裂纹、油污，颗粒状或片状老锈 检查数量和方法：进场时和使用前全数检查。观查检查
2	热轧钢筋检验	热轧钢筋进场时，应按批进行检查和验收。每批由同一牌号、同一炉罐号、同一规格的钢筋组成，重量不大于60t。允许由同一牌号、同一冶炼方法、同一浇注方法的不同炉罐号组成混合批，但各炉罐号含碳量之差不得大于0.02%，含锰量之差不大于0.15% 1．外观检查：从每批钢筋中抽取5%进行外观检查。钢筋表面不得有裂纹、结疤和折叠。钢筋表面允许有凸块，但不得超过横肋的高度，钢筋表面上其他缺陷的深度和高度不得大于所在部位尺寸的允许偏差 钢筋可按实际重量或公称重量交货。当按实际重量交货时，应随机抽取10根(6m长)钢筋称重，如重量偏差大于允许偏差，则应与生产厂交涉，以免损害用户利益 2．力学性能试验：从每批钢筋中任选两根钢筋，每根取两个试件分别进行拉伸试验(包括屈服点、抗拉强度和伸长率)和冷弯试验。拉伸、冷弯、反弯试验试件不允许进行车削加工。计算钢筋强度时，采用公称横截面面积。反弯试验时，经正向弯曲后的试件应在100℃温度下保温不少于30min，经自然冷却后再进行反向弯曲。当供方能保证钢筋的反弯性能时，正弯后的试件也可在室温下直接进行反向弯曲 有一项试验结果不符合表6-42要求，则从同一批中另取双倍数量的试件重做各项试验。如仍有1个试件不合格，则该批钢筋为不合格品。对热轧钢筋的质量有疑问或类别不明时，在使用前应做拉伸和冷弯试验。根据试验结果确定钢筋的类别后，才允许使用。抽样数量应根据实际情况确定。但这种钢筋不宜用于主要承重结构的重要部位 余热处理钢筋的检验同热轧钢筋
3	冷轧带肋钢筋检验	冷轧带肋钢筋进场时，应按批进行检查和验收。每批由同一钢号、同一规格和同一级别的钢筋组成，重量不大于50t 1．每批抽取5%(但不少于5盘或5捆)进行外形尺寸，表面质量和重量偏差的检查。检查结果应符合表6-44的要求，如其中有一盘(捆)不合格，则应对该批钢筋逐盘或逐捆进行检查 2．钢筋的力学性能应逐盘、逐捆进行检验。从每盘或每捆取2个试件，1个做拉伸试验，1个做冷弯试验。试验结果如有一项指标不符合表6-45的要求，则该盘钢筋判为不合格；对每捆钢筋，尚可加倍取样复验判定

6.2 钢筋工程

续表

项次	项目	方 法 与 要 求
4	冷轧扭钢筋检验	冷轧扭钢筋进场时,应分批进行检查和验收。每批由同一钢厂、同一牌号、同一规格的钢筋组成,重量不大于10t。当连续检验10批均为合格时检验重量可扩大一倍 1.外观检查:从每批钢筋中抽取5%进行外形尺寸、表面质量和重量偏差的检查。钢筋表面不应有影响钢筋力学性能的裂纹、折叠、结疤、压痕、机械损伤或其他影响使用的缺陷。钢筋的压扁厚度和节距、重量等应符合表6-61、表6-62的要求。当重量偏差大于5%时,该批钢筋判定为不合格。当仅轧扁厚度小于或节距大于规定值,仍可判定为合格,但需降直径规格使用,例如公称直径为$\phi^t 14$降为$\phi^t 12$ 2.力学性能试验:从每批钢筋中随机抽取3根钢筋,各取1个试件。其中,2个试件做拉伸试验,1个试件做冷弯试验。试件长度宜取偶数倍节距,且不应小于4倍节距,同时不小于500mm 当全部试验项目均符合表6-62的要求,则该批钢筋判为合格。如有一项试验结果不符合表6-63的要求,则应加倍取样复验判定
5	预应力钢丝检验	1.外观检查:外观质量应逐盘检查。表面不得有油污、氧化铁皮、裂纹或机械损伤,但表面上允许有浮锈和回火色 2.力学性能试验:应抽样试验。每验收批应由同一牌号、同一规格、同一生产工艺制度的钢丝组成,重量不大于60t 钢丝外观检查合格后,从同一批中任意先取10%盘(不少于6盘)钢丝,每盘在任意位置截取2根试件,1根做拉伸试验(抗拉强度与伸长率),1根做反复弯曲试验。如有某一项试验结果不符合GB 5223—2002标准的要求(表6-49),则该盘钢丝为不合格品;并从同一批未经试验的钢丝盘中再取双倍数量的试件进行复验,如仍有一项试验结果不合格,则该批钢丝判为不合格品,或逐盘检验取用合格品。对设计有指定要求的疲劳性能、可镦性等,应再进行抽样试验
6	钢绞线检验	1.外观检查:外观质量应逐盘检查。捻距应均匀,切断后不松散,其表面不得带有油污、锈斑或机械损伤,但允许有浮锈和回火色。镀锌或涂环氧钢丝线、无粘结钢绞线等涂层表面应均匀、光滑、无裂纹、无明显折皱 2.力学性能试验:应抽样检验。每验收批应由同一牌号、同一规格、同一生产工艺制度的钢绞线组成,重量不大于60t 钢绞线外观检查合格后,从同一批中任意选取了盘钢绞线,每盘在任意位置截取1根试件进行拉伸试验。如有某一项试验结果不符合GB/T 5224—2003标准的要求(见表6-59和表6-60),则不合格盘报废。再从未试验过的钢绞线中取双倍数量的试件进行复验。如仍有一项不合格,则该批钢绞线判为不合格品。对设计文件有指定要求的疲劳性能、偏斜拉伸性能等,应再进行抽样试验

续表

项次	项目	方 法 与 要 求
7	精轧螺纹钢筋检验	1. 外观检查:外观质量应逐根检查。钢筋表面不得有锈蚀、油污、横向裂纹、结疤。允许有不影响钢筋力学性能、工艺性能以及连接的其他缺陷 2. 力学性能试验:应抽样试验。每验收批重量不大于60t。从中任取2根,每根取2个试件分别进行拉伸和冷弯试验。当有一项试验结果不符合 Q/SG 53.3—1999 标准规定时,应取双倍数量试件重做试验。复验仍有一项不合格时,该批高强精轧螺纹钢筋判为不合格品
8	普通钢筋保管	1. 钢筋在运输和储存时,不得损坏标志。在施工现场必须按批分不同等级、牌号、直径、长度分别挂牌堆放整齐,并注明数量,不得混淆 2. 钢筋应尽量堆放在仓库或料棚内,在条件不具备时,应选择地势较高、较平坦坚实的露天场地堆放。在场地或仓库周围设置排水沟,以防积水。堆放时,钢筋下面要填以垫木,离地不宜少于 200mm,也可用钢筋堆放架堆放,以免钢筋锈蚀和污染 3. 钢筋堆放,应防止与酸、盐、油等类物品存放在一起,同时堆放地点不要和产生有害气体的车间靠近,以免钢筋被油污和受到腐蚀 4. 已加工的钢筋成品,要分工程名称和构件名称,按号码顺序堆放,同一项工程与同一构件的钢筋要放在一起,按号牌排列,牌上注明构件名称、部位、钢筋形式、尺寸、钢号、直径、根数,不得将几项工程的钢筋叠放在一起
9	预应力钢筋保管	1. 预应力筋出厂时,在每捆(盘)上都应挂有标牌,并附有出厂质量证明书。成盘卷的预应力筋,宜在出厂前加防潮纸、麻布等材料包装 2. 装卸无轴包装的钢绞线、钢丝时,宜采用 C 形钩或 3 根吊索,也可采用叉车。每次吊运一件,避免碰撞损坏钢绞线 3. 在室外存放时,不得直接堆放在地面上,必须采取支垫枕木并用苫布覆盖等有效措施,防止雨雪和各种腐蚀性气体、介质的影响 4. 长期存放应设置仓库,库内应干燥、防潮、通风良好、无腐蚀气体和介质 5. 如储存时间过长,宜用乳化防锈剂喷涂预应力筋表面保护

6.2.3 钢筋的配料

6.2.3.1 钢筋构造的一般规定

钢筋构造的一般规定　　　　表 6-65

项次	项目	构 造 规 定 要 求
1	钢筋的保护层	1. 混凝土结构的最小保护层厚度取决于构件的耐久性和受力钢筋粘结锚固性能的要求,并应根据所处的环境类别(表 6-66)加以确定 2. 纵向受力的普通钢筋及预应力钢筋,其混凝土保护层厚度(钢筋外边缘至混凝土表面的距离)不应小于钢筋的公称直径,且应符合表 6-67 的规定

6.2 钢筋工程

续表

项次	项目	构 造 规 定 要 求
1	钢筋的保护层	3. 处于一类环境且由工厂生产的预制构件,当混凝土强度等级不低于C20时,其保护层厚度可按表6-67中规定减少5mm,但预应力钢筋的保护层厚度不应小于15mm;处于二类环境且由工厂生产的预制构件,当表面采取有效保护措施时,保护层厚度可按表6-67中一类环境数值取用 4. 预制钢筋混凝土受弯构件钢筋端头的保护层厚度不应小于10mm;预制肋形板主肋钢筋的保护层厚度应按梁的数值取用 5. 板、墙、壳中分布钢筋的保护层厚度不应小于表6-67中相应数值减10mm,且不应小于10mm;梁、柱中箍筋和构造钢筋的保护层厚度不应小于15mm。 6. 当梁、柱中纵向受力钢筋的混凝土保护层厚度大于40mm时,应对保护层采取有效的防裂构造措施
2	钢筋的锚固	1. 当计算中充分利用钢筋的抗拉强度时,构件中受拉钢筋的锚固长度应按以下计算,不应小于表6-68规定的数值: 普通钢筋 $l_a = \alpha \dfrac{f_y}{f_t} \cdot d$ 预应力钢筋 $l_a = \alpha \dfrac{f_{py}}{f_t} \cdot d$ 式中 l_a——受拉钢筋的锚固长度; f_y、f_{py}——普通钢筋、预应力钢筋的抗拉强度设计值; f_t——混凝土轴心抗拉强度设计值,当混凝土强度等级高于C40时,按C40取值; d——钢筋公称直径; α——钢筋的外形系数,对光面钢筋取0.16;带肋钢筋取0.14;刻痕钢丝取0.19;三股钢绞线取0.16;七股钢绞线取0.17 2. 当符合下列条件时,计算的(表6-68)锚固长度应进行修正: (1)当HRB 335、HRB 400和RRB 400级钢筋直径大于25mm时或当钢筋在施工中易受扰动(如滑模施工)时,其锚固长度应乘以修正系数1.1;(2)当HRB 335、HRB 400和RRB 400级钢筋在锚固区的混凝土保护层厚度大于3d且配有箍筋时,其锚固长度可乘以修正系数0.8 3. 当HRB 335、HRB 400和RRB 400级纵向受拉钢筋末端采用机械锚固措施时,包括附加锚固端头在内的锚固长度可取表6-68所列的锚固长度的0.7倍。锚固范围内的箍筋不应小于3个,其直径不应小于纵向钢筋的0.25d,其间距不应大于纵向钢筋的5d;当纵向钢筋的混凝土保护层厚度不小于5d时,可不配置上述箍筋。钢筋机械锚固的形式及构造要求宜按图6-103采用 4. 当计算中充分利用纵向钢筋的抗压强度时,其锚固长度不应小于表6-68所列受拉锚固长度的0.7倍

续表

项次	项目	构 造 规 定 法 与 要 求
3	钢筋的连接（绑扎与机械连接、焊接接头）	1. 钢筋的连接可分为绑扎搭接、机械连接或焊接两类，为节约钢筋，直径大于 12mm 的钢筋宜优先采用机械连接或焊接 2. 钢筋的接头宜设置在受力较小处，同一纵向受力钢筋不宜设置两个或两个以上接头。接头末端至钢筋弯起点的距离不应小于 $10d$ 3. 轴心受拉及小偏心受拉杆件（如桁架和拱的拉杆）的纵向受力钢筋不得采用绑扎搭接接头。当受拉钢筋的直径 $d>28$mm 及受压钢筋的直径 $d>32$mm 时，不宜采用绑扎搭接接头 4. 同一构件中相邻纵向受力钢筋的绑扎搭接接头宜相互错开。绑扎搭接接头中钢筋的横向净距不应小于钢筋直径，且不应小于 25mm 钢筋绑扎搭接接头连接区段的长度为 $1.3l_l$（l_l 为搭接长度），凡搭接接头中点位于该连接区段长度内的搭接接头均属于同一连接区段。同一连接区段内，纵向钢筋搭接接头面积百分率为该区段内有搭接头的纵向受力钢筋截面面积与全部纵向受力钢筋截面面积的比值（图 6-104） 位于同一连接区段内的受拉钢筋搭接接头面积百分率：对梁、板及墙类构件，不宜大于 25%；对柱类构件，不宜大于 50%。当工程中确有必要增大受拉钢筋搭接接头面积百分率时，对梁类构件，不应大于 50%；对板类、墙类及柱类构件，可根据实际情况放宽 纵向受力钢筋绑扎搭接接头的最小搭接长度应符合表 6-69 的规定 5. 在纵向受力钢筋搭接长度范围内应配置箍筋，其直径应不小于搭接钢筋较大直径的 0.25 倍。当钢筋受拉时，箍筋间距不应大于搭接钢筋较小直径的 5 倍，且不应大于 100mm；当钢筋受压时，箍筋间距不应大于搭接钢筋较小直径的 10 倍，且不应大于 200mm。当受压钢筋直径 $d>25$mm 时，尚应在搭接接头两个端面外 100mm 范围内各设两个箍筋，其间距宜为 50mm 6. 纵向受力钢筋机械连接接头宜互相错开。钢筋机械连接接头连接区段的长度为 $35d$（d 为纵向受力钢筋的较大直径，下同），凡接头中点位于该连接区段长度内的机械连接接头均属于同一连接区段。在受力较大处设置机械连接接头时，位于同一连接区段内的纵向受拉钢筋接头面积百分率不宜大于 50%。纵向受压钢筋的接头面积百分率可不受限制 7. 纵向受力钢筋的焊接接头应互相错开。钢筋焊接接头连接区段的长度为 $35d$ 且不小于 500mm，凡接头中点位于该连接区段长度内的焊接接头均属同一连接区段。位于同一连接区段内纵向受力钢筋的焊接接头面积百分率，对纵向受拉钢筋接头，不应大于 50%。纵向受压钢筋的接头面积百分率可不受限制 8. 当直接承受吊车荷载的吊车梁、屋面梁及屋架下弦的纵向受拉钢筋必须采用焊接接头时，必须采用闪光接触对焊，并去掉接头的毛刺及卷边；同一连接区段内纵向受拉钢筋焊接接头面积百分率不应大于 25%，此时，焊接接头连接区段的长度应取 $45d$

6.2 钢筋工程

续表

项次	项目	方　法　与　要　求
4	最小配筋率	1. 钢筋混凝土结构构件中纵向受力钢筋的配筋百分率不应小于表6-70规定的数值 2. 对卧置于地基上的混凝土板,板中受拉钢筋的最小配筋率可适当降低,但不应小于0.15%

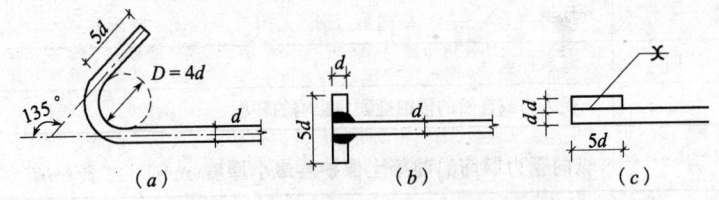

图6-103　钢筋机械锚固的形式及构造要求

(a)末端带135°弯钩;(b)末端与钢板穿孔塞焊;
(c)末端与短钢筋双面贴焊

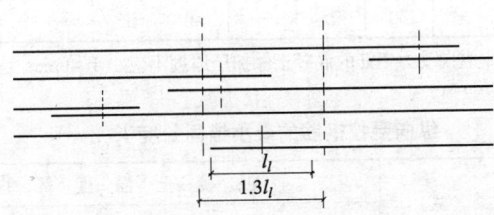

图6-104　钢筋绑扎搭接接头连接区段及接头
面积百分率

注:图中所示搭接接头同一连接区段内的搭接钢筋为
　　两根,当各钢筋直径相同时,接头面积百分率为50%。

6 混凝土工程

混凝土结构的环境类别   表 6-66

环境类别		条 件
一		室内正常环境
二	a	室内潮湿环境;非严寒和非寒冷地区的露天环境、与无侵蚀性的水或土直接接触的环境
二	b	严寒和寒冷地区的露天环境、与无侵蚀性的水或土直接接触的环境
三		使用除冰盐的环境;严寒和寒冷地区冬季水位变动的环境;滨海室外环境
四		海水环境
五		受人为或自然的侵蚀性物质影响的环境

纵向受力钢筋的混凝土保护层最小厚度(mm)   表 6-67

环境类别		板、墙、壳			梁			柱		
		≤20	C25~C45	≥C50	≤C20	C25~C45	≥C50	≤C20	C25~C45	≥50
一		20	15	15	30	25	25	30	30	30
二	a	—	20	20	—	30	30	—	30	30
	b	—	25	20	—	35	30	—	35	30
三		—	30	25	—	40	35	—	40	35

注:基础中纵向受力钢筋的混凝土保护层厚度不应小于 40mm;当无垫层时不应小于 70mm。

纵向受拉钢筋的最小锚固长度 l_a(mm)   表 6-68

钢 筋 类 型	混 凝 土 强 度 等 级			
	C15	C20~C25	C30~C35	≥C40
HPB 235 级	40d	30d	25d	20d
HRB 335 级	50d	40d	30d	25d
HRB 400 与 RRB 400 级	—	45d	35d	30d

注:1. 当圆钢筋末端应做 180°弯钩,弯后平直段长度不应小于 3d;
　　2. 在任何情况下,纵向受拉钢筋的锚固长度不应小于 250mm;
　　3. d—钢筋公称直径。

6.2 钢筋工程

纵向受拉钢筋的最小搭接长度　　　　表 6-69

钢筋类别		混凝土强度等级			
		C15	C20~C25	C30~C35	≥C40
光圆钢筋	HPB 235 级	45d	35d	30d	25d
带肋钢筋	HRB 335 级	55d	45d	35d	30d
	HRB 400 级、RRB 400 级	—	55d	40d	35d

注：1. 两根直径不同的钢筋的搭接长度，以较细钢筋的直径计算。
2. 本表为当纵向受拉钢筋的绑扎搭接接头面积百分率不大于 25% 时使用。当纵向受拉钢筋搭接接头面积百分率大于 25%，但不大于 50% 时，其最小搭接长度应按本表中的数值乘以系数 1.2 取用；当接头面积百分率大于 50% 时，应按本表中的数值乘以系数 1.35 取用。
3. 当符合下列条件时，纵向受拉钢筋的最小搭接长度应根据本表和注 2 条确定后，按下列规定进行修正：
(1) 当带肋钢筋的直径大于 25mm 时，其最小搭接长度应按相应数值乘以系数 1.1 取用；
(2) 当在混凝土凝固过程中受力钢筋易受扰动时（如滑模施工），其最小搭接长度应按相应数值乘以系数 1.1 取用；
(3) 对末端采用机械锚固措施的带肋钢筋，其最小搭接长度可按相应数值乘以系数 0.7 取用；
(4) 当带肋钢筋的混凝土保护层厚度大于搭接钢筋直径的 3 倍且配有箍筋时，其最小搭接长度可按相应数值乘以系数 0.8 取用；
(5) 对有抗震设防要求的结构构件，其受力钢筋的最小搭接长度对一、二级抗震等级应按相应数值乘以系数 1.15 采用；对三级抗震等级应按相应数值乘以系数 1.05 采用。
在任何情况下，受拉钢筋的搭接长度不应小于 300mm。
4. 纵向受压钢筋搭接时，其最小搭接长度应根据以上规定确定相应数值后，乘以系数 0.7 取用。在任何情况下，受压钢筋的搭接长度不应小于 200mm。

钢筋混凝土结构构件中纵向受力钢筋的最小配筋百分率(%)

表 6-70

受 力 类 型		最小配筋百分率
受 压 构 件	全部纵向钢筋	0.6
	一侧纵向钢筋	0.2
受弯构件、偏心受拉、轴心受拉构件一侧的受拉钢筋		0.2 和 $45f_t/f_y$ 中的较大值

注:1. 受压构件全部纵向钢筋最小配筋百分率,当采用 HRB 400 级、RRB 400 级钢筋时,应按表中规定减小 0.1;当混凝土强度等级为 C60 及以上时,应按表中规定增大 0.1;
2. 偏心受拉构件中的受压钢筋,应按受压构件一侧纵向钢筋考虑;
3. 受压构件的全部纵向钢筋和一侧纵向钢筋的配筋率以及轴心受拉构件和小偏心受拉构件一侧受拉钢筋的配筋率,应按构件的全截面面积计算;受弯构件、大偏心受拉构件一侧受拉钢筋的配筋率,应按全截面面积扣除受压翼缘面积$(b'_f-b)h'_f$后的截面面积计算;
4. 当钢筋沿构件截面周边布置时,"一侧纵向钢筋"系指沿受力方向两个对边中的一边布置的纵向钢筋。

6.2.3.2 钢筋配料及注意事项

钢筋配料及注意事项　　表 6-71

项次	项目	配 料 方 法 及 要 点
1	下料长度	钢筋应准确下料,其长度按以下规定: 1. 直钢筋下料长度 = 构件长度 - 保护层厚度 + 弯钩增加长度 2. 弯起钢筋下料长度 = 直段长度 + 斜段长度 + 弯钩增加长度 - 弯曲调整值 3. 箍筋下料长度 = 箍筋周长 + 弯钩增加长度 ± 弯曲调整值
2	钢筋的弯钩(或弯折)	1. HPB 235 级钢筋末端应做 180°弯钩,其弯弧内直径 D 不应小于 $2.5d$(d—钢筋直径,下同),弯钩的弯后平直部分长度不应小于 $3d$(图 6-105a) 2. 当设计要求钢筋末端需做 135°(或 90°)弯钩时,HRB 335 级、HRB 400 级钢筋的弯弧内直径 D 不应小于 $4d$(图 6-105b),弯钩的弯后平直部分长度应符合设计要求 3. 钢筋做不大于 90°的弯折时,弯折处的弯弧内直径不应小于 $5d$ 4. 弯起钢筋中间部位弯折处的弯曲内直径 D,不应小于 $5d$(图 6-105c)

6.2 钢筋工程

续表

项次	项目	配 料 方 法 及 要 点
2	钢筋的弯钩(或弯折)	5. 除焊接封闭环式箍筋外,箍筋的末端应做弯钩,弯钩形式应符合设计要求;当设计无具体要求时,应符合下列规定:(1)箍筋弯钩的弯弧内直径除满足 1 条的规定外,尚不小于受力钢筋直径;(2)箍筋弯钩的弯折角度:对一般结构,不应小于 90°(图 6-106 a,b);对有抗震等要求的结构,应为 135°(图 6-106 c);(3)箍筋弯后平直部分长度:对一般结构不宜小于 $5d_0$(d_0—箍筋直径);对有抗震等要求的结构,不应小于 $10d_0$ 钢筋弯钩增加长度、弯曲调整值参见表 6-72 和表 6-73;箍筋弯钩长度增加值参见表 6-74
3	钢筋代用原则和要求	1. 必须充分了解设计意图和代用钢材性能,严格遵守现行钢筋混凝土设计规范和其他有关技术规定的各项要求,并应征得设计单位同意 2. 不同种类钢筋的代换应按钢筋受拉承载力设计值相等的原则进行 3. 当构件要求不出现裂缝,或受裂缝宽度和挠度控制时,钢筋代换后应进行抗裂、裂缝宽度和挠度验算 4. 钢筋代换后,应满足混凝土结构设计规范中所规定的钢筋间距、锚固长度、最小钢筋直径、根数和配筋最小百分率等要求 5. 对重要受力构件,不宜用 HPB 235 级光面钢筋代换变形(带肋)钢筋 6. 梁的纵向受力钢筋与弯起钢筋应分别进行代换,以保证正截面与斜截面强度 7. 偏心受压构件或偏心受拉构件(如框架柱、有吊车厂房柱、桁架上弦等)的钢筋代换时,应按受力面(受压或受拉)分别代换,不得取整个截面配筋量计算 8. 同一截面内配置不同种类和直径的钢筋代换时,每根钢筋拉力差不宜过大(同品种钢筋直径差一般不大于 5mm),以免构件受力不均 9. 对有抗震要求的框架,不宜以强度等级较高的钢筋代替原设计中的钢筋;当必须代换时,其代换的钢筋检验所得的实际强度应符合表 6-64 中 1 项的要求 10. 预制构件的吊环,必须用未经冷拉的 HPB 235 级热轧钢筋制作,严禁以其他钢筋代换
4	配料要求	1. 钢筋配料,除钢筋的形状和尺寸满足图纸要求外,还应考虑有利于钢筋的加工、运输和安装 2. 对外形复杂的构件,应用放 1:1 足尺或放大样的办法用尺量得钢筋长度 3. 在设计图纸中,钢筋配置的细节未注明时,一般可按构造要求处理 4. 在满足设计要求的前提下,尽可能利用库存规格材料、短料,以节约钢材。当使用搭接焊和绑扎接头时,下料长度计算应考虑搭接长度 5. 配料时还应考虑施工需要的附加钢筋,如支承钢筋网的钢筋撑脚、撑铁以及梁的垫铁等 6. 钢筋配料计算完毕,应填写配料表,每一编号钢筋应制作一块料牌,前者作为钢筋加工的依据;后者则系在加工好的钢筋上

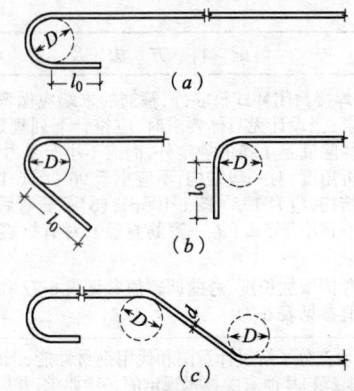

图 6-105 钢筋的弯钩与弯折
(a)钢筋末端180°弯钩;(b)钢筋末端90°或135°弯折;(c)钢筋弯折加工
d—钢筋直径;D—钢筋的弯曲直径;l_0—平直长度

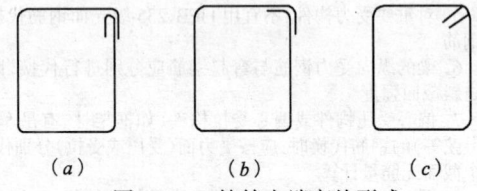

图 6-106 箍筋末端弯钩形式
(a)90°/180°;(b)90°/90°;(c)135°/135°

各种规格钢筋弯钩增加长度参考表　　表 6-72

钢筋直径 d(mm)	半圆弯钩(mm)		半圆弯钩(mm)(不带平直部分)		直弯钩(mm)		斜弯钩(mm)	
	1个钩长	2个钩长	1个钩长	2个钩长	1个钩长	2个钩长	1个钩长	2个钩长
6	40	75	20	40	35	70	75	150
8	50	100	25	50	45	90	95	190
9	60	115	30	60	50	100	110	220
10	65	125	35	70	55	110	120	240
12	75	150	40	80	65	130	145	290
14	90	175	45	90	75	150	170	170
16	100	200	50	100	—	—		
18	115	225	60	120				
20	125	250	65	130				

6.2 钢筋工程

续表

钢筋直径 d(mm)	半圆弯钩(mm)		半圆弯钩(mm)(不带平直部分)		直弯钩(mm)		斜弯钩(mm)	
	1个钩长	2个钩长	1个钩长	2个钩长	1个钩长	2个钩长	1个钩长	2个钩长
22	140	275	70	140				
25	160	315	80	160				
28	175	350	85	190				
32	200	400	105	210				
36	225	450	115	230				

注:1. 半圆弯钩计算长度为 $6.25d$;半圆弯钩不带平直部分为 $3.25d$;直弯钩计算长度为 $5.5d$;斜弯钩计算长度为 $12d$。
2. 半圆弯钩取 $l_0=3d$;直弯钩 $l_0=5d$;斜弯钩 $l_0=10d$;直弯钩在楼板中使用时,其长度取决于楼板厚度。
3. 本表为 HPB 235 级钢筋,弯曲直径为 $2.5d$,取尾数为 5 或 0 的弯钩增加长度。

钢筋弯曲调整值(mm)　　　　表 6-73

直径(mm) \ 角度 调整值	30° $0.35d_0$	45° $0.5d_0$	60° $0.85d_0$	90° $2d_0$	135° $2.5d_0$
6	—	—	—	12	15
8	—	—	—	16	20
10	3.5	5.0	8.5	20	25
12	4.0	6.0	10.0	24	30
14	5.0	7.0	12.0	28	35
16	5.5	8.0	13.5	32	40
18	6.5	9.0	15.5	36	45
20	7.0	10.0	17.0	40	50
22	8.0	11.0	19.0	44	55
25	9.0	12.5	21.5	50	62.5
28	10.0	14.0	24.0	56	70
32	11.0	16.0	27.0	64	80
32	12.5	18.0	30.5	72	90

注:d_0 为弯曲钢筋直径,表中角度是指钢筋弯曲后与水平线的夹角。

6 混凝土工程

箍筋弯钩长度增加值参考表 表 6-74

钢筋直径 d(mm)	一般结构箍筋两个弯钩增加长度(mm)		抗震结构两个弯钩增加长度($27d$)
	两个弯钩均为 90°($14d$)	一个弯钩 90°另一个弯钩 180°($17d$)	
≤5	70	85	135
6	84	102	162
8	112	136	216
10	140	170	270
12	168	204	324

注：箍筋一般用内皮尺寸标示，每边加上 $2d$，即成为外皮尺寸，表中已计入。

6.2.4 钢筋冷加工

6.2.4.1 钢筋冷拉

钢筋冷拉原理、装置、工艺方法及操作要点 表 6-75

项次	项目	冷 拉 内 容 要 点
1	原理及应用	1. 钢筋冷拉是利用冷拉装置，将热轧钢筋在常温下强力拉伸至超过屈服点，并小于抗拉强度的某一应力，然后放松，由于钢筋的冷硬"强化作用"及塑性变形的产生，使屈服点提高（一般提高 25%～30%），流幅缩短，伸长率降低，抗拉强度相应稍有提高，抗压强度不变 2. 钢筋经冷拉后的长度 HPB 235 级钢筋被拉长 8%左右；HRB 335 级、HRB 400 级钢筋拉长 3%～5%；强度提高，因此，可大量节约钢材，同时使开盘、除锈、调直、冷拉合成一道工序，简化施工工艺；设备简单，操作容易，应用较为广泛 3. 冷拉 HPB 235 级钢筋适用于钢筋混凝土结构中的受拉钢筋；冷拉 HRB 335 级、HRB 400 级钢筋适用预应力混凝土结构构件中的预应力筋
2	机具设备	冷拉装置有卷扬机式钢筋冷拉装置和液压式钢筋冷拉装置两种。 1. 常用卷扬机式钢筋冷拉装置构造如图 6-107 所示。其主要技术性能见表 6-76。适于大量加工，场地充裕，永久性或半永久性使用 2. 常用液压式冷拉装置构造如图 6-108 所示。其主要技术性能见表 6-77。适用于短线台座，单根或成束、施工现场临时性冷拉使用，由于其自动化程度及生产效率较高，是近年发展的一种新冷拉方法

6.2 钢筋工程

续表

项次	项目	冷 拉 内 容 要 点
3	钢筋冷拉工艺	1．钢筋冷拉主要工艺流程为：**钢筋上盘→开盘→切断→夹紧夹具→冷拉→观察控制值→停止冷拉→卸夹→捆扎、堆放→时效→使用** 2．钢筋冷拉方法按所用控制方法不同分为单控制冷拉法和双控制冷拉法两种。前者只控制钢筋的冷拉率；本法设备简单，并能达到等长或定尺要求，但对材质不均匀的钢筋，冷拉率波动大，不易保证质量；多用于冷拉普通钢筋。后者既控制冷拉应力，又控制冷拉率，以控制冷拉应力为主；本法易于保证质量，采用较多；但要设置应力控制装置；多用于冷拉预应力钢筋 3．采用单控冷拉法时，钢筋冷拉率(按总长计)必须由试验确定。测定同炉批钢筋冷拉率，其试样不少于4个，并取其平均值作为该批钢筋实际采用的冷拉率。测定冷拉率时钢筋的冷拉应力应符合表6-78的规定 冷拉时钢筋的伸长值 Δl 可按下式计算： $$\Delta l = \gamma \cdot L$$ 式中 γ——钢筋的冷拉率(%)； L——钢筋冷拉前的长度。 冷拉后，钢筋的实际伸长应扣除弹性回缩值，其数值由试验确定，一般为0.2%～0.5% 4．采用双控冷拉钢筋时，其冷拉控制应力下的最大冷拉率应符合表6-78的规定。冷拉时应检查钢筋的冷拉率，当超过表6-78的规定时，应进行力学性能检验 冷拉时，钢筋的冷拉力 N(N)可按下式计算： $$N = \sigma_{con} \cdot A_s$$ 式中 σ_{con}——钢筋冷拉控制应力(N/mm^2)，见表6-79； A_s——钢筋冷拉前的公称面积(mm^2)。 5．冷拉多根连接的钢筋，冷拉率可按总长计算，但冷拉后每根钢筋的冷拉率，应符合表6-79的规定
4	冷拉操作技术	1．对钢筋的炉号、原材料的质量进行检查，不同炉号的钢筋应分别进行冷拉，不得混杂 2．冷拉前，应对各项设备和各项冷拉参数，特别是测力计进行校验和复核，并做好记录，以确保冷拉质量 3．钢筋应先拉直(约为冷拉应力的10%)，然后量其长度再行冷拉 4．钢筋冷拉速度不宜过快或过慢，过快回缩大，且易拉断，过慢则影响生产率。一般小冷拉(直径 $\phi6$～$12mm$ 盘圆钢筋)控制为6～8m/min；大冷拉(直径 $\phi12mm$ 钢筋)控制为0.7～1.5m/min。冷拉速度也可用应力控制，以5MPa/s左右为宜。待拉到规定的控制应力(或冷拉率)后，须稍停2～3min，然后再放松，以免弹性回缩值过大 5．钢筋伸长的起点应以钢筋发生初应力时为准。如无仪表观测时，可观测钢筋表面的浮锈或氧化皮，以开始剥落时起算 6．预应力钢筋应先对焊后冷拉，以免后焊因高温而使冷拉后的强度降低。如焊接头被拉断，可切除该焊区总长约为200～300mm，重新焊接后再冷拉，但一般不超过两次

6 混凝土工程

续表

项次	项目	冷 拉 内 容 要 点
4	冷拉操作技术	7. 钢筋在负温下冷拉时,环境温度不得低于-20℃。当用应力控制法进行钢筋冷拉时,冷拉应力应较常温提高 30N/mm^2;当采用冷拉率控制法进行,钢筋冷拉率的确定,与常温条件相同 8. 钢筋时效可采用自然时效,冷拉后宜在常温(15~20℃)下放置一段时间(一般为 7~14d)后使用 9. 钢筋冷拉后应防止经常雨淋、水湿,因钢筋冷拉后性质尚未稳定,遇水易变脆,且易生锈 10. 钢筋冷拉线两端必须装置防护设施
5	质量要求	1. 冷拉钢筋的外表面不得有裂纹、起层和局部缩颈。当用做预应力筋时,应逐根检查 2. 冷拉钢筋应分批检查力学性能,每批重量不大于 10t(d≤12mm)~20t(d≥14mm),按规定做拉力(屈服强度、抗拉强度和伸长率)、冷弯试验,应符合表 6-80 冷拉钢筋的力学性能要求

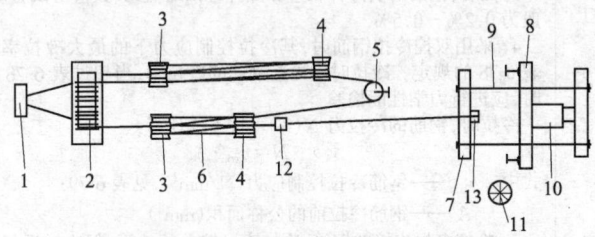

图 6-107 卷扬机式钢筋冷拉装置
1—地锚;2—卷扬机;3—定滑轮组;4—动滑轮组;
5—导向滑轮;6—钢丝绳;7—活动横梁;8—固定横梁;
9—传力杆;10—测力器;11—放盘架;12—前夹具;13—后夹具

卷扬机式钢筋冷拉机主要技术性能　　表 6-76

项　　目	粗 钢 筋 冷 拉	细 钢 筋 冷 拉
卷扬机型号规格	JJM-5(5t 慢速)	JJM-3(3t 慢速)
滑轮直径及门数	计算确定	计算确定
钢丝绳直径(mm)	24	15.5
卷扬机速度(m/min)	小于 10	小于 10
测力器形式	千斤顶式测力器	千斤顶式测力器
冷拉钢筋直径(mm)	12~36	6~12

6.2 钢筋工程

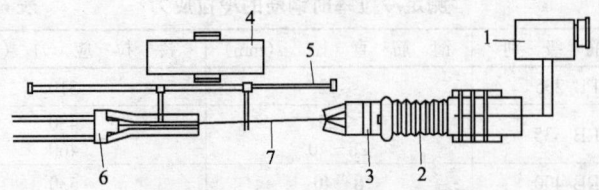

图 6-108 液压式钢筋冷拉装置
1—泵阀控制器；2—液压冷拉机；3—前端夹具；
4—装料小车；5—翻料架；6—后端夹具；7—冷拉钢筋

液压式钢筋冷拉机主要技术性能 表 6-77

项 目		单 位	性 能 参 数
冷拉钢筋直径		mm	$\phi12\sim\phi18$
冷拉钢筋长度		mm	9000
最大拉力		kN	320
液压缸直径		mm	220
液压缸行程		mm	600
液压缸截面积		cm^2	380
冷拉速度		m/s	0.04~0.05
回程速度		m/s	0.05
工作压力		MPa	32
台班产量		根/台班	700~720
油箱容量		L	400
总重		kg	1250
高压油泵	型号		ZBD40
	压力	MPa	21
	流量	L/min	40
	电动机型号		Y 型 6 级
	电动机功率	kW	7.5
	电动机转速	r/min	960
低压油泵	型号		CB-B50
	压力	MPa	2.5
	流量	L/min	50
	电动机型号		Y 型 4 级
	电动机功率	kW	2.2
	电动机转速	r/min	1430

测定冷拉率时钢筋的冷拉应力　　　　表 6-78

钢 筋 级 别	钢 筋 直 径 d(mm)	冷 拉 应 力 (MPa)
HPB 235	≤12	310
HRB 335	≤25 28～40	480 460
HRB 400	8～40	530

注：当钢筋平均冷拉率低于1%时，仍应按1%进行冷拉。

冷拉控制应力及最大冷拉率　　　　表 6-79

钢筋级别	钢筋直径 d(mm)	冷拉控制应力(MPa)	最大冷拉率(%)
HPB 235	≤12	280	10.0
HRB 335	≤25 28～40	450 430	5.5 5.5
HRB 400	8～40	500	5.0

冷拉钢筋的力学性能　　　　表 6-80

钢筋级别	钢筋直径 d(mm)	屈服点 (MPa)	抗拉强度 (MPa)	伸长率 (%)	冷 弯	
		不小于			弯曲角度	弯曲直径
HPB 235	≤12	280	370	11	180°	3d
HRB 335	≤25 28～40	450 430	510 490	10 10	90° 90°	3d 4d
HRB 400	8～40	500	570	8	90°	5d

注：计算屈服点和抗拉强度，应采用冷拉前的截面面积。

6.2.4.2 钢筋冷轧扭

钢筋冷轧扭原理、装置、加工工艺方法要点　　　　表 6-81

项次	项目	冷 轧 扭 内 容 要 点
1	制成、原理及规格性能	1. 钢筋冷轧扭是用低碳钢热轧圆盘条，通过专用钢筋冷轧扭机，在常温下调直、冷轧并冷扭一次轧制成型，其具有规定截面形状和节距的连续螺旋状钢筋 2. 由于冷轧扭钢筋具有连续不断的螺旋曲面，使钢筋与混凝土间产生较强的机械咬合力和法向应力，提高了二者的粘结力。当构件承受荷载时，钢筋与混凝土互相制约，可增加共同工作的能力，改善构件弹塑性阶段性能，提高构件的强度和刚度，使钢筋强度得到充分发挥 3. 冷轧扭钢筋按其截面形状分为矩形截面（Ⅰ型）和菱形截面（Ⅱ型）两种类型。其轧扁厚度、节距、公称截面面积和理论重量及力学性能分别见表6-61、表6-62和表6-63

6.2 钢筋工程

续表

项次	项目	冷 轧 扭 内 容 要 点
2	优点及应用	1. 冷轧扭钢筋加工工艺简单,设备可靠,集冷拉、冷轧、冷扭于一身,能大幅度提高钢筋的强度与混凝土之间的握裹力。使用时,末端不需弯钩。冷轧扭钢筋的设计强度为 $460N/mm^2$,为 HPB 235 级钢筋的 1.92 倍,用它代替 HPB 235 钢筋,可节约钢材 42.6%,扣除其他因素,可节约 35% 左右,如按等规格代用,亦可节约 20% 以上,具有明显的技术经济效果。冷轧扭钢筋混凝土构件的生产不需要预加应力,因此投资少,适于中、小型构件生产 2. 适于做圆孔板(最大跨度 4.5m、厚 120、180mm)、双向叠合楼板(最大跨度 6m×5.4m,长×宽、下同)、加气混凝土复合大楼板(跨度 4.8m×3.4m,厚 145mm)预制薄板以及现浇大楼板(最大跨度 5.1m、厚 110~130mm)、圈梁等
3	机具设备及加工工艺程序	1. 加工设备主要采用 GQZ 10A 型钢筋冷轧扭机,由放盘架、调直箱、轧机、扭转装置、切断机、落料架、冷却系统及控制系统等组成,其技术性能如表 6-82 所列;其加工工艺平面布置如图 6-109 所示 2. 加工工艺程序为:圆盘钢筋从放盘架上引出后,经调直箱调直并清除氧化铁皮,再经轧机将圆钢筋轧扁;在轧辊推动下,强迫钢筋通过扭转装置,从而形成表面为连续螺旋曲面的麻花状钢筋,再穿过切断机的圆切刀刀孔进入落料架的料槽,当钢筋触到定位开关后,切断机将钢筋切断落到落料架上。钢筋长度的控制可调整定位开关在落料架上的位置获得。钢筋调直、扭转及输送的动力均来自轧辊在轧制钢筋时产生的摩擦力
4	质量控制	1. 原材料必须经过检验,应符合《低碳钢热轧原盘条》(GB/T 701)的规定 2. 轧扁厚度对钢筋力学性能影响很大,应控制在允许范围内,螺距亦应符合规定要求 3. 冷轧扭钢筋定尺长度允许偏差:单根长度大于 8m 时为 ±15mm;单根长度不大于 8m 时为 ±10mm 4. 冷轧扭钢筋表面不应有影响钢筋力学性能的裂纹、折叠、结疤、机械损伤或其他影响使用的缺陷 5. 轧制品的检验应按《冷轧扭钢筋应用技术规程》有关规定进行,严格检验成品,把好质量关 6. 成品钢筋不宜露天堆放,以防止锈蚀;储存期不应过长,宜尽可能做到随轧制随使用

6 混凝土工程

钢筋冷轧扭机技术性能 表 6-82

加工钢筋范围 (mm)	轧扁厚度及螺距值	钢筋切断长度 (m)	冷轧线速度 (m/min)	轧制电机型号及功率 (kW)	切断机型号及功率 (kW)	冷却电泵型号及功率 (kW)	外形尺寸 (m)	总重量 (t)
φ6.5~φ10	连续可调,可满足不同钢筋规格工艺要求	0.5~6.5	24	Y180M-4 18.5	Y1325-6 3.0	JCB-22 2.0	13.0×2.4×1.3	3.0

注:台班产量:φ6.5 为 2t;φ8.3 为 3t;φ10 为 4.3t。

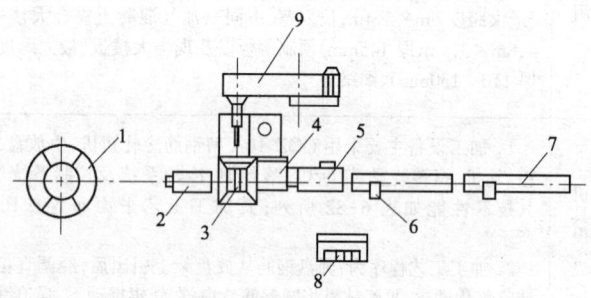

图 6-109 钢筋冷轧扭机工艺平面
1—放盘架;2—调直箱;3—轧机;4—扭转装置;5—切断机;
6—落料架;7—冷却系统;8—控制系统;9—传动系统

6.2.5 钢筋加工工艺方法

钢筋的加工工艺方法 表 6-83

项次	项目	施工方法要点
1	钢筋的除锈	1. 钢筋表面上的油渍、漆污和锤击能剥落的浮皮、铁锈应清除干净。带有颗粒状或片状老锈的钢筋不得使用 2. 除锈方法:对大量的钢筋,可通过钢筋冷拉或钢筋调直机调直过程中完成;少量的钢筋除锈可采用电动除锈机或喷砂方法;钢筋局部除锈可采取人工用钢丝刷或砂轮等方法进行。亦可将钢筋通过砂箱往返搓动除锈 3. 电动除锈机多自制,圆盘钢丝刷有成品供应(也可用废钢丝绳头折开编成),直径 20~30cm,厚 5~15cm,转速 1000r/min,电动机功率为 1.0~1.5kW,上设排尘罩和排尘管道 4. 如除锈后钢筋表面有严重的麻坑、斑点等已伤蚀截面时,应降级使用或剔除不用;带有蜂窝状锈迹的钢丝不得使用

6.2 钢筋工程

续表

项次	项目	施 工 方 法 要 点
2	钢筋的调直	1. 对局部曲折、弯曲或成盘的钢筋应加以调直 2. 钢筋调直普遍使用慢速卷扬机拉直和用调直机调直,常用钢筋调直机型号及技术性能见表6-84,在缺乏调直设备时,粗钢筋可采用弯曲机、平直锤或卡盘、扳手、锤击矫直;细钢筋可用绞磨拉直或用导轮、蛇形管调直装置来调直(图6-110) 3. 采用钢筋调直机调直冷拔低碳钢丝和细钢筋时,要根据钢筋的直径选用调直模和传送辊,并要恰当掌握调直模的偏移量和压辊的压紧程度 4. 用卷扬机拉直钢筋时,应注意控制冷拉率:HPB 235级钢筋不宜大于4%;HRB 335、HRB 400和RRB 400级钢筋及不准采用冷拉钢筋的结构,不宜大于1%。用调直机调直钢丝和用锤击法平直粗钢筋时,表面伤痕不应使截面积减少5%以上 5. 调直后的钢筋应平直,无局部曲折;冷拔低碳钢丝表面不得有明显擦伤。应当注意:冷拔低碳钢丝经调直机调直后,其抗拉强度一般要降低10%～15%,使用前要加强检查,按调直后的抗拉强度选用 6. 已调直的钢筋应按级别、直径、长短、根数分扎成若干小扎,分区整齐地堆放
3	钢筋的切断	1. 钢筋成型前,应根据配料表要求长度截断,一般用钢筋切断机进行。切断机分机械式切断和液压式切断两种。前者为固定式,能切断 $\phi 40mm$ 钢筋;后者为移动式,便于现场流动使用,能切断 $\phi 32mm$ 以下钢筋,常用两种钢筋切断机的技术性能如表6-85、表6-86和表6-87,在缺乏设备时,可用丝钳(剪断钢丝)、克丝钳子(切断 $\phi 6\sim 32mm$ 钢筋)和手动液压切断器(切断不大于 $\phi 16mm$ 钢筋)切断钢筋;对 $\phi 40mm$ 钢筋可用氧乙炔焰割断 2. 钢筋切断应合理统筹配料,将相同规格钢筋根据不同长短搭配,统筹排料;一般先断长料,后断短料,以减少短头、接头和损耗。避免用短尺量长料,以防止产生累积误差;应在工作台上标出尺寸刻度并设置控制断料尺寸用的挡板。切断过程中如发现劈裂、缩头或严重的弯头等必须切除 3. 向切断机送料时,应将钢筋摆直,避免弯成弧形。操作者应将钢筋握紧,并应在冲切刀片向后退时送进钢筋;切断长300mm以下钢筋时,应将钢筋套在钢管内送料,防止发生人身或设备安全事故 4. 操作中,如发现钢筋硬度异常,过硬或过软,与钢筋级别不相称时,应考虑对该批钢筋进一步检验;热处理预应力钢筋切料时,只允许用切断机或氧乙炔断料,不得用电弧切割 5. 切断后的钢筋端口不得有马蹄形或起弯等现象;钢筋长度偏差应小于±10mm
4	钢筋的弯曲成型	1. 钢筋的弯曲成型是钢筋加工中的一道主要工序,宜用弯曲机进行。常用弯曲机、弯箍机型号及技术性能见表6-88、表6-89。在缺乏设备或少量钢筋加工时,可用手工弯曲成型。手工弯曲系在成型台上用手摇扳手,每次弯4～8根 $\phi 8\sim 10mm$ 以下细钢筋,或用卡盘和扳手,可弯曲 $\phi 12\sim 32mm$ 粗钢筋,当弯曲直径 $\phi 28mm$ 以下钢筋时,可用两个板柱加不同厚度钢套。钢筋扳手口直径应比钢筋大2mm

续表

项次	项目	施 工 方 法 要 点
4	钢筋的弯曲、成型	2. 钢筋弯曲时应将各弯曲点位置划出。划线工作宜从钢筋中线开始向两边进行，两边不对称的钢筋可从一端开始划线。划线尺寸应根据不同的弯曲角度和钢筋直径扣除钢筋弯曲调整值，其扣法是从相邻两段长度中各扣一半 3. 划线应在工作台上进行，如无划线台而直接以尺度量进行划线时，应使用长度适当的木尺，不宜用短尺(木折尺)接量，以防发生差错 4. 钢筋在弯曲机上成型时，心轴直径应为钢筋直径的2.5倍，成型轴宜加偏心轴套，以适应不同直径的钢筋弯曲需要 5. 第1根钢筋弯曲成型后与配料表进行复核，符合要求后再成批加工；对于复杂的弯曲钢筋，如预制柱牛腿、屋架节点等宜先弯1根，经过试组装后，方可成批弯制 6. 曲线形钢筋成型可在原钢筋弯曲机的工作盘中央，加装一个推进钢筋用的十字架和铜套，另在工作盘4个孔内插上顶弯钢筋用的短轴和成型铜套与中央铜套相似，在插座板上加上挡轴圆套(图6-111)，插座板上挡轴钢套尺寸可根据钢筋曲线形状选用 7. 螺旋形钢筋成型，小直径可用手摇滚筒成型，较粗($\phi16\sim30$mm)钢筋可在钢筋弯曲机的工作盘上安设一个型钢制成的加工圆盘(图6-112)，圆盘外直径相当于需加工螺旋筋(或圆箍筋)的内径，插孔相当于弯曲机扳柱间距。使用时将钢筋一端固定，即可按一般钢筋弯曲加工方法弯成所需要的螺旋形钢筋 8. 钢筋弯曲均应在常温下进行，不允许将钢筋加热后弯曲 9. 成型后的钢筋要求形状正确，平面上无凹凸、翘曲不平现象，弯曲点处无裂缝，对HRB 335级及HRB 335级以上的钢筋，不能弯过头再弯过来。钢筋弯曲成型后的允许偏差为：全长±10mm；弯起钢筋起弯点位移20mm；弯起钢筋的起弯点高度±5mm；箍筋边长±5mm

钢筋调直机技术性能 表6-84

型号	可调钢筋直径(mm)	断料长度(mm)	调直速度(m/min)	电机功率(kW)	外形尺寸(mm)	重量(kg)
GJ6-4/8	4~8	300~6000	40	5.5	7250×550×1150	740
GJ6-4/14	4~14	300~7000	30,54	2×4.5	8860×1010×1365	1500

钢筋调直切断机主要技术性能 表6-85

参 数 名 称	型 号			
	GT1.6/4	GT3/8	GT6/12	GTS3/8
调直切断钢筋直径(mm)	1.6~4	3~8	6~12	3~8
钢筋抗拉强度(MPa)	650	650	650	650
切断长度(mm)	300~3000	300~6500	300~6500	300~6500
切断长度误差(mm/m)	≤3	≤3	≤3	≤3

6.2 钢筋工程

续表

参数名称	型号			
	GT1.6/4	GT3/8	GT6/12	GTS3/8
牵引速度(m/min)	40	40、65	36、54、72	30
调直筒转速(r/min)	2900	2900	2800	1430
送料、牵引辊直径(mm)	80	90	102	
电机型号:调直	Y100L-2	Y132M-4	Y132S-2	J02-31-4
牵引	Y100L-6		Y112M-4	
切断		Y90S-6	Y90S-4	J02-31-4
功率:调直(kW)	3	7.5	7.5	2.2
牵引(kW)	1.5		4	
切断(kW)		0.75	1.1	2.2
外形尺寸:长(mm)	3410	1854	1770	
宽(mm)	730	741	535	
高(mm)	1375	1400	1457	
整机质量(kg)	1000	1280	1263	

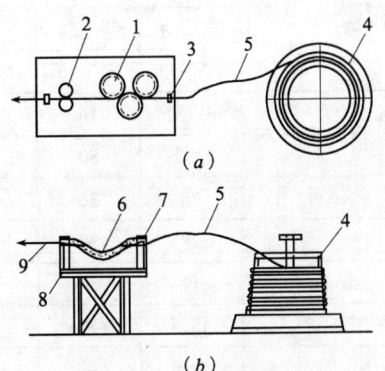

图 6-110 导轮和蛇形管调直装置
(a)导轮调直装置;(b)蛇形管调直装置
1—辊轮;2—导轮;3—旧拔丝模;4—盘条架;
5—细钢筋或钢丝;6—蛇形管;7—旧滚珠轴承;8—支架;9—人力牵引

445

6 混凝土工程

机械式钢筋切断机主要技术性能　　　　表 6-86

参 数 名 称	型　　　号				
	GQL40	GQ40	GQ40A	GQ40B	GQ50
切断钢筋直径(mm)	6~40	6~40	6~40	6~40	6~50
切断次数(次/min)	38	40	40	40	30
电动机型号	Y100L2-4	Y100L-2	Y100L-2	Y100L-2	Y132S-4
功率(kW)	3	3	3	3	5.5
转速(r/min)	1420	2880	2880	2880	1450
外形尺寸　长(mm)	685	1150	1395	1200	1600
宽(mm)	575	430	556	490	695
高(mm)	984	750	780	570	915
整机质量(kg)	650	600	720	450	950
传动原理及特点	偏心轴	开式、插销离合器曲柄	凸轮、滑键离合器	全封闭曲柄连杆转键离合器	曲柄连杆传动半开式

液压传动及手持式钢筋切断机主要技术性能　　　　表 6-87

参 数 名 称	形　式　与　型　号			
	电动	手动	手　持	
	DYJ-32	SYJ-16	GQ-12	GQ-20
切断钢筋直径 d(mm)	8~32	16	6~12	6~20
工作总压力(kN)	320	80	100	150
活塞直径 d(mm)	95	36		
最大行程(mm)	28	30		
液压泵柱塞直径 d(mm)	12	8		
单位工作压力(MPa)	45.5	79	34	34
液压泵输油率(L/min)	4.5			
压杆长度(mm)		438		
压杆作用力(N)		220		
贮油量(kg)		35		

6.2 钢筋工程

续表

参数名称		形式与型号			
		电动	手动	手持	
		DYJ-32	SYJ-16	GQ-12	GQ-20
电动机	型号 功率(kW) 转数(r/min)	Y型 3 1440		单相串激 0.567	单相串激 0.570
外形尺寸	长(mm) 宽(mm) 高(mm)	889 396 398	680	367 110 185	420 218 130
总重(kg)		145	6.5	7.5	14

钢筋弯曲机主要技术性能　　表 6-88

参数名称		型号				
		GW32	GW32A	GW40	GW40A	GW50
弯曲钢筋直径 d(mm)		6~32	6~32	6~40	6~40	25~50
钢筋抗拉强度(MPa)		450	450	450	450	450
弯曲速度(r/min)		10/20	8.8/16.7	5	9	2.5
工作盘直径 d(mm)		360		350	350	320
电动机	型号 功率(kW) 转速(r/min)	YEJ100L1-4 2.2 1420	柴油机、 电动机 4	Y100L2-4 3 1420	YEJ100L2-4 3 1420	Y112M-4 4 1420
外形尺寸	长(mm) 宽(mm) 高(mm)	875 615 945	1220 1010 865	870 760 710	1050 760 828	1450 800 760
整机质量(kg)		340	755	400	450	580
结构原理及特点		齿轮传动，角度控制半自动双速	全齿轮传动，半自动化双速	蜗轮蜗杆传动单速	齿轮传动，角度控制半自动单速	蜗轮蜗杆传动，角度控制半自动单速

6 混凝土工程

钢筋弯箍机主要技术性能　　　　表 6-89

项　目		SGWK8B	GJG4/10	GJG4/12	LGW60Z
弯曲钢筋直径 d(mm)		4～8	4～10	4～12	4～10
钢筋抗拉强度(MPa)		450	450	450	450
工作盘转速(r/min)		18	30	18	22
电动机	型号	Y112M-6	Y100L1-4	YA100-4	
	功率(kW)	2.2	2.2	2.2	3
	转速(r/min)	1420	1430	1420	
外形尺寸	长(mm)	1560	910	1280	2000
	宽(mm)	650	710	810	950
	高(mm)	1550	860	790	950

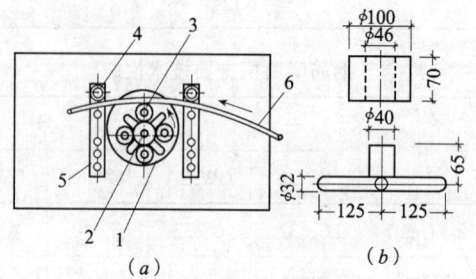

图 6-111　曲线形钢筋成型装置
(a)曲线成型工作简图；(b)十字撑及圆套详图
1—工作盘；2—十字撑及圆套(另制)；3—桩柱及圆套(另制)；
4—挡轴圆套；5—插座板；6—加工的曲线形钢筋

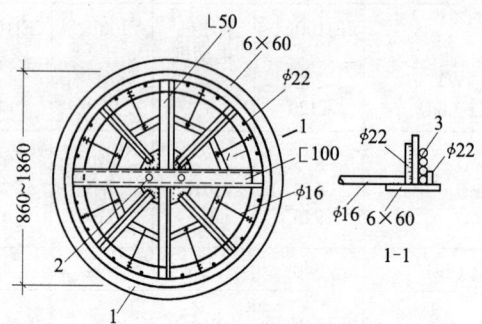

图 6-112　大直径螺旋箍筋成型装置
1—加工圆盘；2—板柱插孔，间距 250mm；3—螺旋箍筋

6.2.6 钢筋连接工艺方法

6.2.6.1 闪光对焊

钢筋闪光对焊原理、机具设备、工艺及操作要点　　表 6-90

项次	项目	施 工 内 容
1	原理、优点及应用	1. 钢筋闪光对焊系将两钢筋安放成对接形式，利用强大电流通过钢筋端头而产生的电阻热，使钢筋端部熔化，产生强烈飞溅，形成闪光，迅速施加顶锻力，使两根钢筋焊成一体 2. 对焊分电阻焊和闪光焊。由于闪光焊接触面积小，接触点电流密度大，热量集中，热影响区小，接头质量好，钢筋两端面不需磨平，可简化操作，提高工效；又因采用了预热方法，可在较小的对焊机上焊接较大直径的钢筋；特别是可用于焊接各种品种钢筋的接头，是钢筋接头焊接中操作工艺简单、效率高、施工速度快、质量好、成本低的一种优良焊接方法，因此使用较普遍 3. 适用于焊接直径 10~40mm 的热轧光圆及带肋钢筋，直径 10~25mm 的余热处理钢筋
2	机具设备及工艺参数	1. 对焊机具设备最常用的为 UN 系列对焊机，其主要技术性能见表 6-91 2. 根据钢筋品种、直径和所用焊机功率大小不同可分为连接闪光焊、预热闪光焊、闪光-预热-闪光焊三种工艺。对可焊性差的钢筋，焊后尚应通电处理，以消除热影响区内的淬硬组织。其工艺过程及适用范围见表 6-92 3. 为获得良好的对焊接头，应选择恰当的焊接参数，包括闪光留量、闪光速度、顶锻留量、顶锻速度、顶锻压力、调伸长度及变压器级次等。采用预热闪光焊时，还需增加预热留量 4. 闪光留量应使闪光结束时，钢筋端部能均匀加热，并达到足够的温度，一般取值 8~10mm；闪光速度开始时近于零，而后约 1mm/s，终止时约 1.5~2mm/s 顶锻留量应使顶锻结束时，接头整个截面获得紧密接触，并有适当的塑性变形，一般宜取 4~6.5mm；顶锻速度，开始 0.1s 应将钢筋压缩 2~3mm，而后断电并以 6mm/s 的速度继续顶锻至结束；顶锻压力应足以将全部的熔化金属从接头内挤出，不宜过大或过小，过大焊口会产生裂缝；过小焊口不紧密，易夹渣。调伸长度应使接头区域获得均匀加热，并不产生旁弯，一般取值：HPB 235 级钢筋为 $0.75d$~$1.25d$（d—钢筋直径），HRB 335、HRB 400、RRB 400 级钢筋为 $1.0d$~$1.5d$，直径小的钢筋取较大值；变压器级次对钢筋级别高或直径大的，其级次要高。连续闪光焊钢筋上限直径见表 6-93
3	操作要点及注意事项	1. 焊接前应检查焊机各部件和接地情况，调整变压器级次，开放冷却水，合上电闸，才可开始工作 2. 钢筋端头应顺直，在端部 15cm 范围内的铁锈、油污等应清除干净，避免因接触不良而打火烧伤钢筋表面。端头处如有弯曲，应进行调直或切除。两钢筋应处在同一轴线上，其最大偏差不得超过 0.5mm

续表

项次	项目	施 工 内 容
3	操作要点及注意事项	3. 对 HRB 335、HRB 400、RRB 400 级钢筋采用预热闪光焊时,应做到一次闪光,闪平为准;预热充分,频率要高;二次闪光,短、稳、强烈;顶锻过程,快而有力。对 HRB 500 级钢筋,为避免在焊接和热影响区产生氧化缺陷、过热和淬硬脆裂现象,焊接时,要掌握好温度、焊接参数,操作要做到一次闪光,闪平为准,预热适中,频率中低;二次闪光、短、稳、强烈;顶锻过程,快而用力得当。对 45 硅锰钒钢筋,尚需焊后进行通电热处理 4. 不同直径的钢筋焊接时,其直径之比不能大于 1.5;同时应注意使两者在焊接过程中加热均匀。焊接时按大直径钢筋选择焊接参数 5. 负温(不低于 -20℃)下闪光对焊,应采用弱参数。焊接场地应有防风、防雨措施,使室内保持 0℃ 以上温度,焊后接头部位不应骤冷,应采用石棉粉保温,避免接头冷淬、脆裂 6. 对焊完毕,应稍停 3～5s,待接头处颜色由白红色变为黑红色后,才能松开夹具,平稳取出钢筋,以防焊区弯曲变形;同时要趁热将焊缝的毛刺打掉 7. 当调换焊工或更换钢筋级别和直径时,应按规定制作对焊试样(不少于 2 个)做冷弯试验,合格后才能成批焊
4	质量要求	1. 外观检查:在同一台班内,由同一焊工完成的 300 个同牌号、同直径钢筋对焊接头应作为一批。每批抽查 10%,且不得少于 10 个;当同一台班内焊接的接头数量较少,可在一周内累计计算;仍不足 300 个接头,应按一批计算 外观检查:接头处不得有横向裂纹;与电极接触处的钢筋表面不得有明显烧伤;接头处的弯折角不得大于 3°;接头处的轴线偏移,不得大于钢筋直径的 0.1 倍,且不得大于 2mm 2. 强度检验:按同一焊接参数完成的 300 个同类型接头作为一批,应从每批接头中随机切取 6 个试件,3 个做拉伸试验,3 个做弯曲试验。对焊接头的抗拉强度均不得小于该牌号钢筋规定的抗拉强度;RRB 400 级钢筋接头的抗拉强度均不得小于 570MPa;应至少有 2 个试件断于焊缝之外,并呈延性断裂。弯曲试验时,弯心直径和弯曲角应符合表 6-94 的规定,当弯至 90°,至少有 2 个试件不得发生破断

常用对焊机技术性能 表 6-91

项　　目	焊　机　型　号			
	UN_1-75	UN_1-100	UN_2-150	UN_{17}-150-1
额定容量(kVA)	75	100	150	150
初级电压(V)	220/380	380	380	380
次级电压调节范围(V)	3.52～7.94	4.5～7.6	4.05～8.1	3.8～7.6
次级电压调节级数	8	8	15	15
额定持续率(%)	20	20	20	50

6.2 钢筋工程

续表

项 目	焊 机 型 号			
	UN_1-75	UN_1-100	UN_2-150	UN_{17}-150-1
钳口夹紧力(kN)	20	40	100	160
最大顶锻力(kN)	30	40	65	80
钳口最大距离(mm)	80	80	100	90
动钳口最大行程(mm)	80	50	27	80
连续闪光焊时钢筋最大直径(mm)	12~16	16~20	20~25	20~25
预热闪光焊时钢筋最大直径(mm)	32~36	40	40	40
生产率(次/h)	75	20~30	80	120
外形尺寸(长×宽×高)(m)	1520×550×1080	1800×550×1150	2140×1360×1380	2300×1100×1820
焊机重量(kg)	445	465	2500	1900

钢筋闪光对焊工艺过程及适用范围　　表6-92

工艺名称	工艺及适用条件	操 作 方 法
连续闪光焊	连续闪光顶锻 适用于直径18mm以下的HPB 235、HRB 335、HRB 400级钢筋	1. 先闭合一次电路,使两钢筋端面轻微接触,促使钢筋间隙中产生闪光,接着徐徐移动钢筋,使两钢筋端面仍保持轻微接触,形成连续闪光过程 2. 当闪光达到规定程度后(烧平端面,闪掉杂质,热至熔化),即以适当压力迅速进行顶锻挤压
预热闪光焊	预热、连续闪光顶锻 适于直径20mm以上的HPB 235、HRB 335、HRB 400级钢筋	1. 在连续闪光前增加一次预热过程,以扩大焊接热影响区 2. 闪光与顶锻过程同连续闪光焊
闪光-预热-闪光焊	一次闪光、预热 二次闪光、顶锻 适用于直径20mm以上的HPB 235、HRB 335、HRB 400级钢筋及HRB 500级钢筋	1. 一次闪光:将钢筋端面闪平 2. 预热:使两钢筋端面交替地轻微接触和分开,使其间隙发生断续闪光来实现预热,或使两钢筋端面一直紧密接触用脉冲电流或交替紧密接触与分开,产生电阻热(不闪光)来实现预锻 3. 二次闪光与顶锻过程同连续闪光焊
电热处理	闪光-预热-闪光,通电热处理,适用于HRB 500级钢筋	1. 焊毕松开夹具,放大钳口距,再夹紧钢筋 2. 焊后停歇30~60s,待接头温度降至暗黑色时,采取低频脉冲通电加热(频率0.5~1.5次/s,通电时间5~7s) 3. 当加热至550~600℃呈暗红色或桔红色时,通电结束松开夹具

6 混凝土工程

连续闪光焊钢筋上限直径 表 6-93

钢筋类别	焊机容量 (kVA)			
	160(150)	100	80(75)	40
	钢筋直径(mm)			
HPB 235	20	20	16	10
HRB 335	22	18	14	10
HRB 400、RRB 400	20	16	12	10

钢筋闪光对接接头弯曲试验指标 表 6-94

钢筋级别	弯心直径(mm)	弯曲角(°)	钢筋级别	弯心直径(mm)	弯曲角(°)
HPB 235	$2d$	90	HRB 400、RRB 400	$5d$	90
HRB 335	$4d$	90	HRB 500	$7d$	90

注：1. 直径大于 25mm 的钢筋对焊接头，做弯曲试验时，弯心直径应增加 $1d$。
2. d 为钢筋直径。

6.2.6.2 气压焊

钢筋气压焊工艺及操作要点 表 6-95

项次	项目	施工内容
1	原理及应用	1. 气压焊是用氧乙炔火焰作为热源，对钢筋接头端部进行加热，使之达到塑性(固熔)状态后，通过卡具给钢筋的接合面施加一顶锻压力，使之焊合形成牢固的对焊接头。这种焊接的机理是在还原性气体的保护下，发生塑性流变后，相互紧密地接触，促使端面金属晶体相互扩散渗透，使其再结晶、再排列，形成牢固的连接 2. 钢筋气压焊具有设备简单轻便，操作方便灵活，能用于各种位置焊接，工效高，投资少，质量可靠，节约钢材，节省电能，经济效益显著(可降低成本 60%～70%)等优点；但对焊工要求严，焊前对钢筋端面处理要求高 3. 适于高层框架结构和烟囱、筒仓等高耸结构物的竖向钢筋现场焊接，直径(d)可达 16～32mm
2	机具设备	主要设备为 TJA-Ⅱ型(或 WY20-40 型、YH-32 型)气压式钢筋焊接机(包括多嘴环管焊炬、焊接卡具、加压器)、氧乙炔供气设备(氧气瓶、乙炔瓶)、无齿锯、角向磨光机等
3	焊接工艺及参数	1. 工艺流程为：钢筋配料、下料、切断→接头端面清理、磨光→接头机具检查→安装卡具、接钢筋→施加预压力、碳化火焰加热接缝→缝隙闭合后用中性焰加热→压接镦粗→灭火冷却→拆除卡具→自检及外观检查→抽样做机械试验

6.2 钢筋工程

续表

项次	项目	施 工 内 容
3	焊接工艺及参数	2. 焊接分为两个阶段进行,首先对钢筋适当预压($10\sim20N/mm^2$),用强碳化火焰对焊面加热,约 $30\sim40s$,当焊口呈桔黄色(有油性亮光,温度 $1000\sim1100℃$),立即再加压($30\sim40N/mm^2$)到使缝隙闭合,然后改用中性焰对焊口往复摆动进行宽幅(范围约 $2d$)加热,当表面出现黄白色珠光体(温度达到 $1050℃$)时,再次顶锻加压($30\sim40N/mm^2$)镦粗,当粗头达到 $1.4d$ 停止加热,变形长度为 $1.3\sim1.5d$,待焊头冷至暗红色,拆除卡头,焊接即告完成,整个时间约 $100\sim120s$
4	操作要点及注意事项	1. 钢筋配料时相邻两个接头位置应错开 $30\sim40d$,下料长度应加 $1d$ 的焊接后缩量,钢筋宜用无齿锯或砂轮切割机切断,切面应与钢筋的纵轴线垂直,其最大倾斜度不得大于 $1.5mm$,钢筋 $10d$ 内不能有弯曲现象 2. 钢筋的接头端面应采用角向磨光机打磨平整、倒角,除去其上氧化膜、锈污、毛边、飞刺。清除长度不应小于 $100mm$,切割打磨的钢筋接头应保护好,并宜在当天用完,以防过夜弄脏和生锈 3. 连接卡具内径应比钢筋直径大 $5mm$;多嘴环管焊炬当加热 $\phi32mm$ 以上钢筋应选用 $10\sim12$ 个焊嘴;$\phi28mm$ 以下应用 $6\sim8$ 个焊嘴。在进行焊接时,氧气的工作压力宜为 $0.5\sim0.7N/mm^2$,乙炔气的工作压力宜为 $0.05\sim0.07N/mm^2$ 4. 安卡具应将上下钢筋分别卡紧,以防滑移。接头应位于卡具中间,上下钢筋应保持同心,两端面应紧密接触,局部缝隙不得大于 $3mm$,如缝隙过大,应旋转对正或重新磨平
5	质 量 要 求	1. 外观检查:每一批钢筋焊接完毕应对焊接接头外观质量逐个检查,要求偏心量 e 不得大于钢筋直径(d)的 0.15 倍,且不得大于 $4mm$(图 6-113a);两钢筋轴线弯折角不得大于 $3°$;镦粗直径,不得小于 $1.4d$(图 6-113b);镦粗长度不得小于 $1.0d$,且凸起部分平缓圆滑(图 6-113c)。如不符合要求切除重焊或重新加热矫正 2. 强度检验:在一般结构施工中,以 300 个接头作为一批。从每批成品中采取随机取样方法,取 3 个试件进行抗拉强度试验,均不得小于该牌号钢筋规定的抗拉强度,并应断于压焊面之外,呈延性断裂 气压焊接头进行弯曲试验时,弯心直径应符合表 6-96 的规定。压焊面应处在弯曲中心点,弯至 $90°$,3 个试件均不得在压焊面发生破断

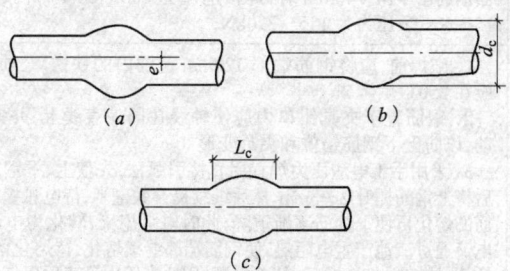

图 6-113 钢筋气压焊接头外观质量图解
(a)轴线偏移;(b)镦粗直径;(c)镦粗长度

6 混凝土工程

气压焊接头弯曲试验弯心直径   表 6-96

钢 筋 等 级	弯 心 直 径 (mm)	
	$d \leqslant 25mm$	$d > 25mm$
HPB 235	$2d$	$3d$
HRB 335	$4d$	$5d$
HRB 400	$5d$	$6d$

注：d 为钢筋直径(mm)。

6.2.6.3 电渣压力焊

电渣压力焊原理、机具设备、工艺及操作要点   表 6-97

项次	项目	施 工 内 容
1	原理及应用	1. 钢筋电渣压力焊系两钢筋安放成竖向或斜向对接形式，利用焊接电流通过两钢筋端面间隙，在焊剂层下形成电弧过程和电渣过程，产生电弧热和电阻热，将钢筋端部熔化，然后利用机具施加一定压力使钢筋焊合 2. 电渣压力焊接方法较电弧焊易于掌握，工效高，可节约钢材 80%，工作条件好，质量可靠，成本低 3. 适用于现浇钢筋混凝土结构竖向或斜向(倾斜度在 4:1 以内) HPB 235、HRB 335、HRB 400、RRB 500 级、钢筋直径 16～40mm 范围内的钢筋接长
2	机具设备	自动电渣压力焊设备包括：焊接电源、控制箱、操作箱、焊接机头等。手工电渣压力焊设备包括：焊接电源、控制箱、焊接夹具、焊剂盒等。焊接电源可采用 BXC-500、700、1000 型；焊接变压器亦可用较小容量的同型号焊接变压器并联使用。焊接机头由电动机、减速箱、凸轮、夹具、提升杆、焊剂盒等组成。常用半自动焊接机型号有 LDZ-32、LDZ32-2、LDZ-3-36。焊剂一般采用 431 焊药
3	焊接工艺参数	1. 焊接工艺过程包括引弧、电渣和顶压等 2. 焊接参数包括：渣池、电压、焊接电流、焊接通电时间、顶压力、钢筋熔化量、钢筋压缩量等，可参见表 6-98 渣池电压一般取 25～40V；当钢筋由 $\phi 14～40mm$ 时，焊接电流为 200～800A，焊接通电时间为 15～60s，顶压力为 1.5～2.0kN
4	操作要点及注意事项	1. 施焊前，应将钢筋端部 120mm 范围内的铁锈、杂质刷净。焊药应在 250℃烘烤 2h 2. 钢筋置于夹具钳口内应使轴线在同一直线上，并夹紧，不得晃动，以防上下钢筋错位和夹具变形 3. 采用手工电渣压力焊宜用直接引弧法，先使上、下钢筋接触，通电后将上钢筋提升 2～3mm，然后继续提升数毫米，待电弧稳定后，随着钢筋的熔化再使上钢筋逐渐下降，此时电弧熄灭，转化为电渣过程，焊接电流通过渣池产生电阻热，使钢筋端部继续熔化，待熔化留量达到规定数值(约 30～40mm)后，切断电源，用适当压力迅速顶压使之挤出，熔化金属形成坚实接头，冷却 1～3min 后，方可卸掉夹具并敲掉熔渣

6.2 钢筋工程

续表

项次	项目	施 工 内 容
4	操作要点及注意事项	4. 采用自动电渣压力可采用 10~20mm 高铁丝引弧,焊接工艺操作过程由凸轮自动控制,应预先调试好控制箱的电流、电压时间信号,并事先试焊几次,以考核焊接参数的可靠性,再批量焊接 5. 焊接时应加强对电源的维护管理,严禁钢筋接触电源。焊机必须接地,焊接导线及钳口接线处应有可靠绝缘,变压器和焊机不得超负荷使用
5	质量要求	1. 外观检查:每一批钢筋焊接完毕,应对焊接接头外观质量逐个检查,要求四周焊包凸出钢筋表面的高度不得小于 4mm;钢筋与电极接触处,应无烧伤缺陷;接头处的弯折角不得大于 3°;接头处的轴线偏移不得大于 $0.1d$,且不得大于 2mm。外观检查不合格的接头应切除重焊,或采取补强焊接措施 2. 强度检验:以 300 个同牌号钢筋接头作为一批,切取 3 个试件作抗拉强度试验,其抗拉强度均不得小于该牌号钢筋规定的抗拉强度,并不得断在焊口上

电渣压力焊焊接参数　　表 6-98

钢筋直径 (mm)	焊接电流 (A)	焊接电压(V)		焊接通电时间(s)	
		电弧过程 $U_{2.1}$	电渣过程 $U_{2.2}$	电弧过程 t_1	电渣过程 t_2
14	200~220	35~45	18~22	12	3
16	200~250			14	4
18	250~300			15	5
20	300~350			17	5
22	350~400			18	6
25	400~450			21	6
28	500~550			24	6
32	600~650			27	7

6.2.6.4 电弧焊

电弧焊原理机具设备、焊接工艺及操作要点 表6-99

项次	项目	施 工 内 容
1	原理及应用	1. 电弧焊是利用两个电极(焊条与焊件)的末端放电现象,产生电弧高温,集中热量熔化钢筋端面和焊条末端,使焊条金属熔化在接头焊缝内,冷凝后形成焊缝,将金属结合在一起 2. 电弧焊焊接设备简单,价格低廉,维护方便,操作技术要求不高,可用于各种形状、品种钢筋的焊接,是钢筋或预埋件焊接较广泛采用的一种手工焊接方法 3. 适于没有对焊设备,或因电源不足或者其他原因不能采用接触对焊时采用,但电弧焊接头不能用于承受动力荷载的构件(如吊车梁等);搭接帮条电弧焊接头不宜用于预应力钢筋接头
2	机具设备	1. 主要设备为弧焊机,分交流、直流两类。交流弧焊机结构简单,价格低廉,保养维修方便;直流弧焊机焊接电流稳定,焊接质量高;但价格高。常用两类电焊机的主要技术性能见表6-100和表6-101。当有的焊件要求采用直流焊条焊接时,或网路电源容量很小,要求三相用电均衡时,应选用直流弧焊机。弧焊机容量的选择可按照需要的焊接电流选择(型号后的数字即表示其容量) 2. 焊接所用焊条强度应与钢筋的强度相适应,可参见表6-102选用
3	焊接工艺	1. 焊接接头形式分为帮条焊、搭接焊和坡口焊,后者又分平焊和立焊,其接头形式及焊接要求参见表6-103 2. 帮条焊:两主筋端面之间的间隙应为2~5mm,帮条与主筋之间应先用四点定位焊固定,施焊打弧应在帮条内侧开始,将弧坑填满。多层施焊第一层焊接电流宜稍大,以增加熔化深度,每焊完一层应即清渣。焊接时应按焊件形状、接头形式、施焊方法、焊件尺寸等确定焊条直径与焊接电流的强弱,可参照表6-104采用 3. 搭接焊:应先将钢筋预弯,使两钢筋的轴线位于同一直线上,用两点定位焊固定。施焊要求同帮条焊 4. 坡口焊:焊前应将接头处清除干净,并进行定位焊,由坡口根部引弧,分层施焊作之字形运弧,逐层堆焊,直至略高出钢筋表面,焊缝根部、坡口端面及钢筋与钢垫板之间应熔合良好,咬边应予补焊。为防止接头过热,采用几个接头轮流焊接 5. 坡口立焊:先在下部钢筋端面上引弧堆焊一层,然后快速短小的横向施焊,将上下钢筋端部焊接。当采用K形坡口焊时,应在坡口两面交替轮流施焊,坡口宜成45°角左右
4	操作要点及注意事项	1. 焊接前须清除焊件表面油污、铁锈、熔渣、毛刺、残渣及其他杂质 2. 帮条焊应用四条焊缝的双面焊,有困难时,才采用单面焊。帮条总截面面积不应小于被焊钢筋截面积的1.2倍(HPB 235级钢筋)和1.5倍(HRB 335、HRB 400、RRB 400级钢筋)。帮条宜采用与被焊钢筋同钢种、直径的钢筋,并使两帮条的轴线与被焊钢筋的中心处于同一平面内,如和被焊钢筋级别不同时,应按钢筋设计强度进行换算 3. 搭接焊亦应采用双面焊,在操作位置受阻时才采用单面焊 4. 钢筋坡口加工宜采用氧乙炔焰切割或锯割,不得采用电弧切割

6.2 钢筋工程

续表

项次	项目	施 工 内 容
4	操作要点及注意事项	5. 钢筋坡口焊应采取对称、等速施焊和分层轮流施焊等措施,以减少变形 6. 焊条使用前应检查药皮厚度,有无脱落,如受潮,应先在100~350℃下烘3~1h或在阳光下晒干 7. 中碳钢焊缝厚度大于5mm时,应分层施焊,每层厚4~5mm。低碳钢和20锰钢焊接层数无严格规定,可按焊缝具体情况确定 8. 要注意调节电流,焊接电流过大,容易咬肉、飞溅、焊条发红;电流过小,则电流不稳定,会出现夹渣或未焊透现象 9. 引弧时应在帮条或搭接钢筋的一端开始;收弧时应在帮条或搭接钢筋的端头上。第一层应有足够的熔深,主焊缝与定位缝结合应良好,焊缝表面应平顺,弧坑应填满 10. 负温条件下进行HRB 335、HRB 400、RRB 400级钢筋焊接时,应加大焊接电流(较夏季增大10%~15%),减缓焊接速度,使焊件减小温度梯度并延缓冷却。同时从焊件中部起弧,逐步向端步运弧,或在中间先焊一段焊缝,以使焊件预热,减小温度梯度
5	质量要求	1. 外观检查:应在接头清渣后逐个进行目测或量测,要求焊缝表面平整,不得有凹陷或焊瘤;焊接接头区域不得有肉眼可见的裂纹;坡口焊缝余高不得大于3mm;接头尺寸偏差及缺陷允许值,应符合表6-105的规定。外观不合格的接头,应进行修整或补强 2. 强度检验:以每300个同接头形式,同钢筋牌号的接头作为一批,切取3个接头进行拉伸试验,其抗拉强度均不得小于该牌号钢筋规定的抗拉强度;RRB 400级钢筋接头的抗拉强度均不得小于570MPa;试件均应断于焊缝之外,并应至少有2个试件呈延性断裂

常用交流电焊机主要性能　　　　表 6-100

项　　目		BX_3-120-1	BX_3-300-2	BX_3-500-2	BX_2-1000 (BC-1000)
额定焊接电流(A)		120	300	500	1000
初级电压(V)		220/380	380	380	220/380
次级空载电压(V)		70~75	70~78	70~75	69~78
额定工作电压(V)		25	32	40	42
额定初级电流(A)		41/23.5	61.9	101.4	340/196
焊接电流调节范围(A)		20~160	40~400	60~600	400~1200
额定持续率(%)		60	60	60	60
额定输入功率(kVA)		9	23.4	38.6	76
各持续率时功率	100%(kVA)	7	18.5	30.5	—
	额定持续率(kVA)	9	23.4	38.6	76

续表

项 目		BX_3-120-1	BX_3-300-2	BX_3-500-2	BX_2-1000 (BC-1000)
各持续率时焊接电流	100%(A)	93	232	388	775
	额定持续率(A)	120	300	500	1000
功率因数($\cos\varphi$)		—	—	—	0.62
效率(%)		80	82.5	87	90
外形尺寸(长×宽×高)(mm)		485×470×680	730×540×900	730×540×900	744×950×1220
重量(kg)		100	183	225	560

常用直流电焊机主要性能　　表 6-101

项 目		AX_1-165	AX_4-300-1	AX-320	AX_5-500	AX_3-500
弧焊发电机	额定焊接电流 (A)	165	300	320	500	500
	焊接电流调节范围 (A)	40~200	45~375	45~320	60~600	60~600
	空载电压 (V)	40~60	55~80	50~80	65~92	55~75
	工作电压 (V)	30	22~35	30	23~44	25~40
	额定持续率 (%)	60	60	50	60	60
	各持续率时功率 100%(kW)	3.9	6.7	7.5	13.6	15.4
	额定持续率(kW)	5.0	9.6	9.6	20	20
	各持续率时焊接电流 100%(A)	130	230	250	385	385
	额定持续率(A)	165	300	320	500	500
使用焊条直径(mm)		ϕ5 以下	ϕ3~7	ϕ3~7	—	ϕ3~7
电动机	功 率(kW)	6	10	14	20	26
	电 压(V)	220/380	380	380	380	220/380
	电 流(A)	21.3/12.3	20.8	27.6	50.9	89/51.5
	频 率(Hz)	50	50	50	50	50
	转 速(r/min)	2900	2900	1450	1450	2900
	功率因数($\cos\varphi$)	0.87	0.88	0.87	0.88	0.90
	机组效率(%)	52	52	53	54	54
外形尺寸(长×宽×高)(mm)		932×382×720	1140×500×825	1202×590×992	1128×590×1000	1078×600×805
机组重量(kg)		210	250	560	700	415

6.2 钢筋工程

钢筋电弧焊焊条型号　　　　　　　　　　　表 6-102

钢筋牌号	电 弧 焊 接 头 型 式			
	帮条焊 搭接焊	坡口焊 熔槽帮条焊 预埋件穿孔塞焊	窄间隙焊	钢筋与钢板搭接焊 预埋件T型角焊
HPB 235	E4303	E4303	E4316 E4315	E4303
HRB 335	E4303	E5003	E5016 E5015	E4303
HRB 400	E5003	E5503	E6016 E6015	E5003
RRB 400	E5003	E5503	—	—

钢筋焊接方法的适用范围　　　　　　　　表 6-103

焊接方法		接 头 型 式	适 用 范 围	
			钢筋牌号	钢筋直径(mm)
电阻点焊			HPB 235	8～16
			HRB 335	6～16
			HRB 400	6～16
			CRB 550	4～12
闪光对焊			HPB 235	8～20
			HRB 335	6～40
			HRB 400	6～40
			RRB 400	10～32
			HRB 500	10～40
			Q 235	6～14
电弧焊	帮条焊	双面焊	HPB 235	10～20
			HRB 335	10～40
			HRB 400	10～40
			RRB 400	10～25
		单面焊	HPB 235	10～20
			HRB 335	10～40
			HRB 400	10～40
			RRB 400	10～25
	搭接焊	双面焊	HPB 235	10～20
			HRB 335	10～40
			HRB 400	10～40
			RRB 400	10～25
		单面焊	HPB 235	10～20
			HRB 335	10～40
			HRB 400	10～40
			RRB 400	10～25

6 混凝土工程

续表

焊接方法		接头型式	适用范围	
			钢筋牌号	钢筋直径(mm)
电弧焊	熔槽帮条焊		HPB 235 HRB 335 HRB 400 RRB 400	20 20~40 20~40 20~25
	坡口焊 平焊		HPB 235 HRB 335 HRB 400 RRB 400	18~20 18~40 18~40 18~25
	坡口焊 立焊		HPB 235 HRB 335 HRB 400 RRB 400	18~20 18~40 18~40 18~25
	钢筋与钢板搭接焊		HPB 235 HRB 335 HRB 400	8~20 8~40 8~25
	窄间隙焊		HPB 235 HRB 335 HRB 400	16~20 16~40 16~40
	预埋件电弧焊 角焊		HPB 235 HRB 335 HRB 400	8~20 6~25 6~25
	预埋件电弧焊 穿孔塞焊		HPB 235 HRB 335 HRB 400	20 20~25 20~25
电渣压力焊			HPB 235 HRB 335 HRB 400	14~20 14~32 14~32
气压焊			HPB 235 HRB 335 HRB 400	14~20 14~40 14~40

6.2 钢筋工程

续表

焊接方法	接头型式	适用范围	
		钢筋牌号	钢筋直径(mm)
预埋件钢筋埋弧压力焊		HPB 235 HRB 335 HRB 400	8~20 6~25 6~25

注：1. 电阻点焊时，适用范围的钢筋直径系指2根不同直径钢筋交叉叠接中较小钢筋的直径；
2. 当设计图纸规定对冷拔低碳钢丝焊接网进行电阻点焊，或对原RL 540钢筋（Ⅳ级）进行闪光对焊时，可按《钢筋焊接及验收规程》JGJ 18—2003相关条款的规定实施；
3. 钢筋闪光对焊含封闭环式箍筋闪光对焊。

焊条直径与焊接电流的选择　　表6-104

帮条焊、搭接焊				坡 口 焊			
焊接位置	钢筋直径(mm)	焊条直径(mm)	焊接电流(A)	焊接位置	钢筋直径(mm)	焊条直径(mm)	焊接电流(A)
平 焊	10~12 14~22 25~32 36~40	3.2 4.0 5.0 5.0	90~130 130~180 180~230 190~240	平 焊	16~20 22~25 28~32 36~40	3.2 4.0 5.0 5.0	140~170 170~190 190~220 200~230
立 焊	10~12 14~22 25~32 36~40	3.2 4.0 5.0 5.0	80~110 110~150 120~170 170~220	立 焊	16~20 22~25 28~32 36~40	3.2 4.0 5.0 5.0	120~150 150~180 180~200 190~210

钢筋电弧焊接头尺寸偏差及缺陷允许值　　表6-105

名 称	单位	接头型式		
		帮条焊	搭接焊	坡口焊窄间隙焊熔槽帮条焊
帮条沿接头中心线的纵向偏移	mm	$0.3d$	—	—
接头处弯折角	(°)	3	3	3
接头处钢筋轴线的偏移	mm	$0.1d$	$0.1d$	$0.1d$
焊缝厚度	mm	$+0.05d$ 0	$+0.05d$ 0	—
焊缝宽度	mm	$+0.1d$ 0	$+0.1d$ 0	—

续表

名　称	单位	接　头　型　式		
		帮条焊	搭接焊	坡口焊窄间隙焊熔槽帮条焊
焊缝长度	mm	$-0.3d$	$-0.3d$	—
横向咬边深度	mm	0.5	0.5	0.5
在长 $2d$ 焊缝表面上的气孔及夹渣	数量 个	2	2	—
	面积 mm^2	6	6	—
在全部焊缝表面上的气孔及夹渣	数量 个	—	—	2
	面积 mm^2	—	—	6

注：1. d 为钢筋直径(mm)。

6.2.6.5 套筒挤压连接

钢筋套筒挤压连接成形、特点、构造、材料要求及施工工艺　　表 6-106

项次	项目	施　工　内　容
1	成形特点及应用	1. 钢筋套筒挤压连接系在常温下将连接的两根钢筋端部套上钢套筒，然后用便携式液压挤压机沿径向挤压，使套筒产生塑性变形，将两根钢筋压接成一体形成接头 2. 套筒挤压连接接头具有接头强度、刚度好，韧性均匀（与母材相当），连接快，性能可靠，质量稳定，技术易于掌握，无明火作业，不受气候条件影响，可做到全天候施工等特点 3. 适用于工业与民用建(构)筑物、高层建筑工程中直径 16～40mm 的热轧带肋钢筋和余热处理钢筋中应用
2	连接构造要求	1. 挤压接头按静力单向拉伸性能以及高应力和大变形条件下反复拉压性能分级，其性能应符合接头性能检验指标（表 6-107、表 6-108）的规定 2. 挤压接头的混凝土保护层最小厚度应满足表 6-67 受力钢筋保护层最小厚度的要求，且不得小于 15mm。连接套筒之间的横向净距不宜小于 25mm 3. 设置在同一结构构件内的挤压接头宜相互错开。在任一接头中心至长度为钢筋 $35d$ 的区段内，直接头的受力钢筋截面积占受力钢筋总截面面积的百分数：受拉区的受力钢筋接头百分率不宜超过 50%；在受拉区的钢筋受力小的部位，A级接头百分率可不受限制；接头宜避开有抗震设防要求的框架的梁端和柱端的箍筋加密区；当无法避开时，接头应采用 A级，且接头百分率不应超过 50%；受压区和装配式构件中钢筋受力较小部位，A级和 B级接头百分率可不受限制 4. 不同直径的带肋钢筋可采用挤压接头连接。当套筒两端外径和壁厚相同时，被连接钢筋直径相差不应大于 5mm 5. 接头端头距钢筋弯曲点不得小于钢筋的 $10d$

6.2 钢筋工程

续表

项次	项目	施 工 内 容
3	套筒材料要求	1. 套筒材料应选用适于压延加工的优质碳素钢,其力学性能应满足屈服强度 $\sigma_s = 225 \sim 350 \text{N/mm}^2$;抗拉强度 $\sigma_b = 375 \sim 500 \text{N/mm}^2$;延伸率 $\delta \geqslant 20\%$;硬度(HRB)$60 \sim 80$ 或(HB)$102 \sim 133$;钢套表面不得有裂缝、折叠、结疤等缺陷。套筒尺寸允许偏差应符合表 6-109 的要求 2. 套筒应有出厂合格证,在运输和储存中,应按不同规格分别堆放整齐,不得露天堆放,防止锈蚀和沾污
4	机具设备	主要机具设备为 GYJ 径向挤压连接机,由超高压泵站、钢筋压接钳、超高压软管、压模、辅助机具等组成。辅助机具有悬挂平衡器(手动葫芦)、吊挂小车、划标志工具以及检查压痕卡板等。常用径向挤压连接机主要技术参数见表 6-110
5	施工操作工艺	1. 挤压连接前应清除钢套筒和钢筋被挤压部位的铁锈和泥土杂质;同时将钢筋与钢套筒进行试套,如钢筋有马蹄弯折或鼓胀套不上时,用手动砂轮修磨矫正 2. 钢筋应按标记插入钢套筒内,并确保接头长度,同时连接钢筋与钢套筒的轴心应保持在同一轴线,以防止压空、偏心和弯折 3. 挤压时,挤压机的压接应垂直于被压钢筋的横肋,同时挤压应从钢套筒中央开始,依次向两端部挤压,如对Φ32mm钢筋每端压6道压痕(图 6-114) 4. 为加快压接速度,减少现场高空作业,可先在地面压接半个压接接头,在施工作业区把钢套筒另一段插入预留钢筋,按工艺要求挤压另一端 5. 钢筋半接头连接工艺是:先装好高压油管和钢筋配用限位器、套管压模,并在压模内涂润滑油,再按手控上开关,使套筒对正压模内孔,再按关闭开关,插入钢筋顶到限位器上扶正;再按手控上开关,进行挤压;当听到液压油发出溢流声,再按手控下开关,退回柱塞,取下压模,取出半套管接头,即完成半接头的挤压作业 6. 连接钢筋挤压工艺是:先将半套管插入结构待连接的钢筋上,使挤压机就位,再放置与钢筋配用的压模和垫块;然后按下手控上开关,进行挤压,同样当听到液压油发出溢流声,按下手控下开关;再退回柱塞及导向板,装上垫块;按下手控上开关,进行挤压;按下手控下开关,退回柱塞再加垫块,然后再按手控上开关,进行挤压,再按手控下开关退回柱塞;最后取下垫块、压模,卸下挤压机,钢筋连接即告完成
6	质量检验	1. 工艺检验:取每种规格钢筋的接头试件不少于 3 根;接头试件的钢筋母材(试件不应少于 3 根)应进行抗拉强度试验;3 根接头试件的抗拉强度均应符合接头抗拉强度指标(表 6-107)中的强度要求;对于Ⅰ级接头,试件抗拉强度尚应大于或等于 0.95 倍钢筋母材的实际抗拉强度;对于Ⅱ级接头应大于 0.9 倍

续表

项次	项目	施 工 内 容
6	质量检验	2. 现场检验：包括外观质量检验和单向拉伸试验 （1）外观检查：以 500 个同等级、同形式、同规格接头为一个检收批，每批中随机抽取 10% 的挤压接头做外观质量检验。要求外形尺寸：挤压后套筒长度应为原套筒长度的 1.10～1.15 倍；或压痕处套筒的外径波动范围为原套筒外径的 0.80～0.90 倍。挤压接头的压痕道数应符合型式检验确定的道数。接头处弯折不得大于 4°。挤压后的套筒不得有肉眼可见裂缝。当不合格数超过抽检数的 10% 时，应对该批挤压接头逐个进行复验，对外观不合格的挤压接头采取补救措施 （2）单向拉伸试验：在每批中随机切取 3 个试件做单向拉伸试验，其强度及变形性能均应符合接头抗拉强度及变形性能检验指标（表 6-107、表 6-108）的要求

接头的抗拉强度 表 6-107

接头等级	Ⅰ级	Ⅱ级	Ⅲ级
抗拉强度	$f_{mst}^0 \geqslant f_{st}^0 \geqslant 1.10 f_{uk}$	$f_{mst}^0 \geqslant f_{uk}$	$f_{mst}^0 \geqslant 1.35 f_{yk}$

注：f_{mst}^0——接头试件实际抗拉强度；
　　f_{st}^0——接头试件中钢筋抗拉强度实测值；
　　f_{uk}——钢筋抗拉强度标准值；
　　f_{yk}——钢筋屈服强度标准值。

接头的变形性能 表 6-108

接头等级		Ⅰ级、Ⅱ级	Ⅲ级
单向拉伸	非弹性变形（mm）	$u \leqslant 0.10 (d \leqslant 32)$ $u \leqslant 0.15 (d > 32)$	$u \leqslant 0.10 (d \leqslant 32)$ $u \leqslant 0.15 (d > 32)$
	总伸长率（%）	$\delta_{sgt} \geqslant 4.0$	$\delta_{sgt} \geqslant 2.0$
高应力反复拉压	残余变形（mm）	$u_{20} \leqslant 0.3$	$u_{20} \leqslant 0.3$
大变形反复拉压	残余变形（mm）	$u_4 \leqslant 0.3$ $u_8 \leqslant 0.6$	$u_4 \leqslant 0.6$

注：u——接头的非弹性变形；
　　u_{20}——接头经高应力反复拉压 20 次后的残余变形；
　　u_4——接头经大变形反复拉压 4 次后的残余变形；
　　u_8——接头经大变形反复拉压 8 次后的残余变形；
　　δ_{sgt}——接头试件总伸长率。

6.2 钢筋工程

套筒尺寸允许偏差 表 6-109

套筒外径 D(mm)	外径允许偏差 D(mm)	壁厚(t)允许偏差	长度允许偏差 L(mm)
≤50	±0.5	+0.12t -0.10t	±2
>50	±0.01	+0.12t -0.10t	±2

径向挤压连接机技术参数 表 6-110

组成	项目	主要技术参数		
		GYJ25	GYJ32	GYJ40
压接钳	额定压力(MPa)	80	80	80
	额定挤压力(kN)	760	760	760
	外形尺寸(mm)	$\phi150\times433$	$\phi150\times480$	$\phi170\times530$
	重量(kg)	23(不带压模)	27(不带压模)	34(不带压模)
压模	可配压模型号	M18、M20、M22、M25	M20、M22、M25、M28、M32	M32、M36、M40
	可连接钢筋的直径 d(mm)	$\phi18\sim\phi25$	$\phi20\sim\phi32$	$\phi32\sim\phi40$
	重量(kg/副)	5.6	6	7
超高压泵站	电机	输入电压:380V 50Hz 功率:1.5kW		
	高压泵	额定压力:80MPa 高压流量:0.8L/min		
	低压泵	额定压力:2.0MPa 低压流量:4~6L/min		
	外形尺寸(mm)	790×540×785		
	重量(kg)	96		
超高压软管	额定压力(MPa)	100		
	内径 d(mm)	6.0		
	长度 L(mm)	3.0		

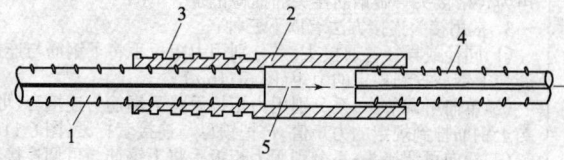

图 6-114　钢筋套筒挤压连接示意图
1—已挤压的钢筋;2—钢套筒;3—压疤道数;
4—未挤压的钢筋;5—钢筋与套筒的轴线

6.2.6.6 锥螺纹套筒连接

锥螺纹套筒连接成形、特点、构造、材料要求及施工工艺　　表6-111

项次	项目	施 工 内 容
1	成形、特点及应用	1. 钢筋锥螺纹套筒连接是将被连接的两根钢筋端头切平,用套丝机制出锥形螺纹(简称丝头),然后用带锥形内丝的连接套把两根带丝头的钢筋,按规定的力矩值连接成一体形成钢筋接头 2. 这种机械连接具有操作简单、快速,工效高,质量稳定,安全可靠,节约钢材,不用电源,无明火作业,不受季节影响等特点 3. 适用于工业与民用建筑的混凝土结构中,直径16~40mm的热轧带肋钢筋和余热处理钢筋的同径和异径的竖向与水平钢筋锥螺纹套筒连接。但不能用于预应力钢筋和经受反复动荷载及承受高压应力疲劳荷载的结构构件
2	连接构造及材料要求	1. 连接构造要求同"6.2.6.5套筒挤压连接" 2. 套筒材料用45号优质碳素结构钢或其他经试验确认符合要求的钢材。锥螺纹套的受拉能力不应小于被连接钢筋的受拉承载力标准值的1.1倍。套筒表面应有规格标志
3	机具设备	1. 主要机械设备为SZ-50A型锥螺纹套丝机、砂轮切割机、角向磨光机、台式砂轮机等 2. 主要工具有力矩扳手、量规(牙形规、卡规、锥螺纹塞规)等
4	施工操作工艺	1. 锥形螺纹连接套连接钢筋施工工艺如图6-115所示 2. 钢筋预加工在钢筋加工棚进行,其施工程序是:钢筋除锈、调直→钢筋端头切平(与钢筋轴线垂直)→下料→磨光毛刺、封边→将钢筋端头送入套丝机卡盘开口内→车出锥形丝头→测量和检查丝头质量→合格的按规定力矩值拧上锥螺纹连接套,在两端分别拧上塑料保护盖和帽→编号、成捆分类、堆放备用 施工现场钢筋安装连接程序是:钢筋就位→回收待连接钢筋上的密封盖和保护帽→用手拧上钢筋,使手尾对接拧入连接套→按锥螺纹连接的力矩值扭紧钢筋接头,直到力矩扳手发出响声为止→用油漆在接好的钢筋上标记→质检人员按规定力矩值检查钢筋连接质量,力矩扳手发出响声为合格接头→做钢筋接头的抽检记录 3. 常用接头连接方法有以下三种: (1)同径或异径普通接头:系分别用力矩扳手将下钢筋与连接套、连接套与上钢筋拧到规定的力矩(图6-116a) (2)单向可调节头:系分别用力矩扳手将下钢筋与连接套、可调连接器与上钢筋拧到规定的力矩值,再把锁母与连接套拧紧(图6-116b) (3)双向可调接头:系分别用力矩扳手将下钢筋与可调连接器、可调连接器与上钢筋拧到规定的力矩值,且保持可调连接器的外露丝扣数相等,然后分别夹住上、下可调连接器,把连接套拧紧(图6-116c)

续表

项次	项目	施 工 内 容
4	施工操作工艺	4．连接钢筋时，应对正轴线将钢筋拧入连接套，然后用力矩扳手拧紧。接头拧紧值可按表6-112规定的力矩值采用，不得超拧，拧紧后的接头应做上标记 5．钢筋接头位置应互相错开，其错开间距不应少于35d，且不大于500mm，接头端部距钢筋弯起点不得小于10d 6．接头应避开结构拉应力最大的截面和有抗震设防要求的框架梁端与柱端的箍筋加密区。在结构受拉区段同一截面上的钢筋接头不得超过钢筋总数的50% 7．在同一构件的跨间或层高范围内的同1根钢筋上，不得超过两个以上接头 8．钢筋连接应做到表面顺直、端面平整，其截面与钢筋轴线垂直，不得歪斜、滑丝
5	质量检验	1．工艺检验：要求每种规格钢筋母材进行抗拉强度试验；每种规格钢筋接头的试件数量不应少于3根；接头试件应达到接头性能检验指标中相应等级的强度要求。计算钢筋实际抗拉强度时，应采用钢筋的实际横截面积计算 2．现场检验：包括外观检查、接头连接质量和单向拉伸试验 （1）外观检验：随机抽取同规格接头数的10%进行外观检查，要求钢筋与连接套规格一致，接头丝扣无完整丝扣外露 （2）接头连接质量：用质检的力矩扳手，按规定的接头拧紧力矩值抽检。抽检数量：梁、柱构件按接头数的15%，且每个构件的接头抽检数不得少于1个接头；基础、墙、板构件按各自接头数，每100个接头作为一批，每批抽检3个接头。抽检的接头应全部合格，如有1个接头不合格，则该批接头应逐个检查，对不合格的接头应进行补强，并填写接头质量检查记录 （3）单向拉伸试验：以500个同等级同规格接头为一批，切取3个试件做试验，按设计要求的接头性能等级进行检验与评定，并填写接头拉伸试验报告

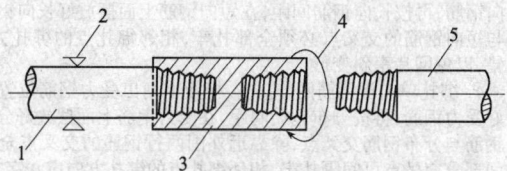

图6-115 螺纹套与钢筋的连接

1—已接好的钢筋；2—固定；3—拧上螺纹连接套；
4——次拧紧；5—待接的另一段钢筋

6 混凝土工程

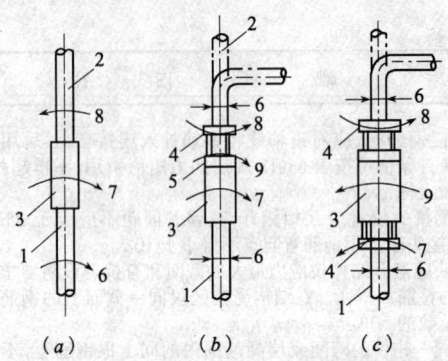

图 6-116 锥螺纹接头连接方法

(a)同径或异径普通接头;(b)单向可调接头;(c)双向可调接头

1—下钢筋;2—上钢筋;3—连接套;4—可调连接器;5—锁母;6—夹住;7—首次拧紧;8—二次拧紧;9—三次拧紧

接头拧紧力矩值　　　　表 6-112

钢筋直径(mm)	16	18	20	22	25~28	32	36~40
拧紧力矩(N·m)	118	145	177	216	275	314	343

6.2.7 钢筋绑扎与安装方法

钢筋绑扎与安装施工操作要点　　　　表 6-113

项次	项目	施 工 操 作 要 点
1	钢筋的现场安装	1. 钢筋绑扎前,应熟悉施工图纸,核对钢筋配料表和料牌,核对成品钢筋的钢种、直径、形状、尺寸和数量,如有错漏,应纠正增补。准备绑扎用的铁丝、绑扎工具、绑扎架等 2. 绑扎形式复杂的结构部位时,应研究好钢筋穿插就位的顺序及与模板等其他专业的配合先后序次,以减少绑扎困难 3. 绑扎基础钢筋网,应先在基底划出短向钢筋位置线,依线摆放好短向钢筋,再按长向钢筋间距,在短向钢筋上面摆放好长向钢筋,长向钢筋与短向钢筋的交叉点必须全部扎牢,相邻绑扎点的绑扎方向应八字交错,以免网片歪斜变形 4. 绑扎单向板钢筋网,应先在模板上划出受力钢筋位置线,依线摆放好受力钢筋,再按分布钢筋间距,在受力钢筋上面摆放好分布钢筋,受力钢筋与分布钢筋交叉点,除靠近外围两行钢筋的交叉点全部扎牢外,中间部分交叉点可间隔扎牢,相邻绑扎点的绑扎方向应八字交错 绑扎双向板钢筋网,应先在模板上划出短向钢筋位置线,依线摆放好短向钢筋,再按长向钢筋间距,在短向钢筋上面摆放好长向钢筋,长向钢筋与短向钢筋的交叉点必须全部扎牢,相邻绑扎点的绑扎方向应八字交错

6.2 钢筋工程

续表

项次	项目	施工操作要点
1	钢筋的现场安装	5. 绑扎墙钢筋网,宜先支设一侧模板,在模板上划出竖向钢筋位置线,依线立起竖向钢筋,再按横向钢筋间距,把横向钢筋绑牢于竖向钢筋上,可先绑两端的扎点,再依次绑中间扎点,靠近外围两行钢筋的交叉点应全部扎牢,中间部分交叉点可间隔扎牢,相邻绑扎点的绑扎方向应八字交错 6. 绑扎柱钢筋骨架,应先立起竖向受力钢筋,与基础插筋绑牢,沿竖向钢筋按箍筋间距划线,把所用箍筋套入竖向钢筋中,从上到下逐个将箍筋划线与竖向钢筋扎牢 7. 梁与板纵向受力钢筋采用双层排列时,两排钢筋之间应垫以直径25mm或25mm以上的短钢筋,以保持其设计距离正确 8. 结构采用双排钢筋网时,上、下两排钢筋网之间应设置钢筋撑脚或混凝土撑脚,每隔1m放置一个,墙壁钢筋网之间应绑扎 $\phi6\sim10mm$ 钢筋制成的撑钩,间距约为1m,相互错开排列,以保证双排钢筋间距正确。大型基础底板或设备基础,应用 $\phi16\sim25mm$ 钢筋或型钢焊成的支架来支持上层钢筋网,支架间距为0.8~1.5m 9. 柱、梁、箍筋应与主筋垂直,箍筋的接头应交错布置在四角纵向钢筋上,箍筋转角与纵向钢筋的交叉点均应扎牢。箍筋平直部分与纵向交叉点可间隔扎牢,以防骨架歪斜 10. 板、次梁与主梁交叉处,板的钢筋在上,次梁的钢筋居中,主梁的钢筋在下,当有圈梁或垫梁时,主梁的钢筋应放在圈梁上。主筋两端的搁置长度应保持均匀一致。框架梁、牛腿及柱帽等钢筋,应放在柱的纵向钢筋内侧,同时要注意梁顶面主筋间的净距要有30mm,以利灌筑混凝土 11. 预制柱、梁、屋架等构件常采取底模上就地绑扎,应先排好箍筋,再穿入受力钢筋等,然后绑扎牛腿和节点部位钢筋,以减少绑扎困难和复杂性 12. 各受力筋绑扎接头要求见表6-65,混凝土保护层厚度的控制见表6-67 混凝土保护层的水泥砂浆垫块或塑料卡,每隔600~900mm 设置1个,钢筋网的四角处必须设置 13. 钢筋网弯钩方向:对基础钢筋的弯钩应向上;对板钢筋的弯钩,钢筋在板下部时弯钩向上;钢筋在板上部时弯钩向下;对柱、墙钢筋的弯钩应向柱、墙里侧;柱角钢筋弯钩应为45°角
2	绑扎钢筋骨架和绑扎网的安装	1. 预制钢筋绑扎网与钢筋绑扎骨架,一般宜分块或分段绑扎,应根据结构配筋特点及起重运输能力而定,网片分块面积以 6~20m² 为宜,骨架分段长度以8~12m为宜,安装时再予以焊接或绑扎。为防止运输安装中歪斜变形,在斜向应用钢筋拉结临时加固,大型钢筋网或骨架应设钢筋桁架或型钢加固 2. 钢筋网与钢筋骨架的吊点应根据其尺寸、重量和刚度确定。宽度大于1m的水平钢筋网宜采用4点起吊,跨度小于6m的钢筋骨架宜采用两点起吊,跨度大、刚度差的钢筋骨架宜采用横吊梁4点起吊。为防止吊点处钢筋受力变形,可采取兜底或用短筋加强 3. 对较大型预制构件,为避免模内绑扎困难,常在模外或模上部位绑扎成整体骨架,再用吊车或设三木搭借捯链缓慢放入模内 4. 绑扎钢筋骨架和钢筋网片的交接处做法与钢筋的现场绑扎相同

续表

项次	项目	施工操作要点
3	焊接钢筋骨架和焊接网的安装	1. 焊接网与焊接骨架沿受力钢筋方向的搭接接头宜位于受力小的部位,如承受均布荷载的简支受弯构件,接头宜放在跨度两端各1/4跨长范围内,其搭接长度应符合表6-114规定 2. 在梁中焊接骨架的搭接长度内应配置箍筋或短的槽形焊接网。箍筋或网中的横向钢筋间距不得大于 $5d_0$。轴心受压或偏心受压构件中的搭接长度内,箍筋或横向钢筋的间距不得大于 $10d_0$ 3. 在构件宽度内有若干焊接网或焊接骨架时,其接头位置应错开,在同一截面内搭接的受力钢筋的总截面面积不得大于构件截面中受力钢筋全部截面面积的50%;在轴心受拉及小偏心受拉构件(板和墙除外)中,不得采用搭接接头 4. 焊接网在非受力方向的搭接长度宜为100mm。当受力钢筋直径≥16mm时,焊接网沿分布钢筋方向的接头宜辅以附加钢筋网,其每边的搭接长度为 $15d_0$

焊接网和受拉焊接骨架绑扎接头的搭接长度　　表6-114

项　次	钢 筋 类 型		混凝土强度等级		
			C20	C25	≥C30
1	HPB235级		$30d$	$25d$	$20d$
2	月牙肋	HRB335级	$40d$	$35d$	$30d$
		HRB400级	$45d$	$40d$	$35d$
3	冷拔低碳钢丝		250mm		

注:1. d 为受力钢筋直径。当混凝土强度等级低于C20时,对HPB235级钢筋最小搭接长度不得小于 $40d$;表中HRB335级钢筋不得小于 $50d$;HRB400级钢筋不宜采用。

2. 搭接长度除应符合本表要求外,在受拉区不得小于250mm,在受压区不得小于200mm。

3. 当月牙肋钢筋直径 $d>25$mm时,其搭接长度应按表中数值增加 $5d$ 采用;当月牙肋钢筋直径 $d≤25$mm时,其搭接长度应按表中数值减小 $5d$ 采用。

4. 轻骨料混凝土的焊接骨架和焊接网绑扎接头的搭接长度,应按普通混凝土搭接长度增加 $5d$,对冷拔低碳钢丝,增加50mm。

5. 当混凝土在凝固过程中受力钢筋易受扰动时,其搭接长度宜适当增加。

6. 当有抗震要求时,对一、二级抗震等级搭接长度应增加 $5d$。

6.2 钢筋工程

6.2.8 钢筋工程质量检验

1. 原材料

表 6-115

项次	项目	内容
1	主控项目	1. 钢筋进场时,应按现行国家标准《钢筋混凝土用热轧带肋钢筋》GB 1499等的规定抽取试件作力学性能检验,其质量必须符合有关标准的规定 2. 对有抗震设防要求的框架结构,其纵向受力钢筋的强度应满足设计要求;当设计无具体要求时,对一、二级抗震等级,检验所得的强度实测值应符合下列规定: (1)钢筋的抗拉强度实测值与屈服强度实测值的比值不应小于1.25; (2)钢筋的屈服强度实测值与强度标准值的比值不应大于1.3 3. 当发现钢筋脆断、焊接性能不良或力学性能显著不正常等现象时,应对该批钢筋进行化学成分检验或其他专项检验
2	一般项目	钢筋应平直、无损伤,表面不得有裂纹、油污、颗粒状或片状老锈

2. 钢筋加工

表 6-116

项次	项目	内容
1	主控项目	1. 受力钢筋的弯钩和弯折应符合下列规定: (1)HPB 235级钢筋末端应作180°弯钩,其弯弧内直径不应小于钢筋直径的2.5倍,弯钩的弯后平直部分长度不应小于钢筋直径的3倍; (2)当设计要求钢筋末端需作135°弯钩时,HRB 335级、HRB 400级钢筋的弯弧内直径不应小于钢筋直径的4倍,弯钩的弯后平直部分长度应符合设计要求; (3)钢筋作不大于90°的弯折时,弯折处的弯弧内直径不应小于钢筋直径的5倍 2. 除焊接封闭环式箍筋外,箍筋的末端应作弯钩,弯钩形式应符合设计要求;当设计无具体要求时,应符合下列规定: (1)箍筋弯钩的弯弧内直径除应满足本规范第5.3.1条的规定外,尚应不小于受力钢筋直径; (2)箍筋弯钩的弯折角度:对一般结构,不应小于90°;对有抗震等要求的结构,应为135°; (3)箍筋弯后平直部分长度:对一般结构,不宜小于箍筋直径的5倍;对有抗震等要求的结构,不应小于箍筋直径的10倍

6 混凝土工程

续表

项次	项目	内 容
2	一般项目	1. 钢筋调直宜采用机械方法,也可采用冷拉方法。当采用冷拉方法调直钢筋时,HPB235 级钢筋的冷拉率不宜大于 4%,HRB335 级、HRB400 级和 RRB400 级钢筋的冷拉率不宜大于 1% 2. 钢筋加工的形状、尺寸应符合设计要求,其偏差应符合表中的规定 **钢筋加工的允许偏差** | 项 目	允许偏差(mm)
---	---
受力钢筋顺长度方向全长的净尺寸	±10
弯起钢筋的弯折位置	±20
箍筋内净尺寸	±5	

3. 钢筋连接

表 6-117

项次	项目	内 容
1	主控项目	1. 纵向受力钢筋的连接方式应符合设计要求 2. 在施工现场,应按国家现行标准《钢筋机械连接通用技术规程》JGJ 107、《钢筋焊接及验收规程》JGJ 18 的规定抽取钢筋机械连接接头、焊接接头试件作力学性能检验,其质量应符合有关规程的规定
2	一般项目	1. 钢筋的接头宜设置在受力较小处。同一纵向受力钢筋不宜设置两个或两个以上接头。接头末端至钢筋弯起点的距离不应小于钢筋直径的 10 倍 2. 在施工现场,应按国家现行标准《钢筋机械连接通用技术规程》JGJ 107、《钢筋焊接及验收规程》JGJ 18 的规定对钢筋机械连接接头、焊接接头的外观进行检查,其质量应符合有关规程的规定 3. 当受力钢筋采用机械连接接头或焊接接头时,设置在同一构件内的接头宜相互错开 纵向受力钢筋机械连接接头及焊接接头连接区段的长度为 35 倍 d(d 为纵向受力钢筋的较大直径)且不小于 500mm,凡接头中点位于该连接区段长度内的接头均属于同一连接区段。同一连接区段内,纵向受力钢筋机械连接及焊接的接头面积百分率为该区段内有接头的纵向受力钢筋截面面积与全部纵向受力钢筋截面面积的比值 同一连接区段内,纵向受力钢筋的接头面积百分率应符合设计要求;当设计无具体要求时,应符合下列规定: (1)在受拉区不宜大于 50%; (2)接头不宜设置在有抗震设防要求的框架梁端、柱端的箍筋加密区;当无法避开时,对等强度高质量机械连接接头,不应大于 50%; (3)直接承受动力荷载的结构构件中,不宜采用焊接接头;当采用机械连接接头时,不应大于 50%

6.2 钢筋工程

续表

项次	项目	内　　　　容
2	一般项目	4. 同一构件中相邻纵向受力钢筋的绑扎搭接接头宜相互错开。绑扎搭接接头中钢筋的横向净距不应小于钢筋直径，且不应小于25mm 　钢筋绑扎搭接接头连接区段的长度为$1.3l_l$（l_l为搭接长度），凡搭接接头中点位于该连接区段长度内的搭接接头均属于同一连接区段。同一连接区段内，纵向钢筋搭接接头面积百分率为该区段内有搭接接头的纵向受力钢筋截面面积与全部纵向受力钢筋截面面积的比值（见图6-104） 　同一连接区段内，纵向受拉钢筋搭接接头面积百分率应符合设计要求；当设计无具体要求时，应符合下列规定： 　(1) 对梁类、板类及墙类构件，不宜大于25%； 　(2) 对柱类构件，不宜大于50%； 　(3) 当工程中确有必要增大接头面积百分率时，对梁类构件，不应大于50%；对其他构件，可根据实际情况放宽 　纵向受力钢筋绑扎搭接接头的最小搭接长度应符合表6-69的规定 　5. 在梁、柱类构件的纵向受力钢筋搭接长度范围内，应按设计要求配置箍筋。当设计无具体要求时，应符合下列规定： 　(1) 箍筋直径不应小于搭接钢筋较大直径的0.25倍； 　(2) 受拉搭接区段的箍筋间距不应大于搭接钢筋较小直径的5倍，且不应大于100mm； 　(3) 受压搭接区段的箍筋间距不应大于搭接钢筋较小直径的10倍，且不应大于200mm； 　(4) 当柱中纵向受力钢筋直径大于25mm时，应在搭接接头两个端面外100mm范围内各设置两个箍筋，其间距宜为50mm

4. 钢筋安装

表 6-118

项次	项目	内　　　　容
1	主控项目	钢筋安装时，受力钢筋的品种、级别、规格和数量必须符合设计要求
2	一般项目	钢筋安装位置的偏差应符合下表的规定 **钢筋安装位置的允许偏差和检验方法** <table><tr><td colspan="2">项　目</td><td>允许偏差 (mm)</td><td>检　验　方　法</td></tr><tr><td rowspan="2">绑扎钢筋网</td><td>长、宽</td><td>±10</td><td>钢尺检查</td></tr><tr><td>网眼尺寸</td><td>±20</td><td>钢尺量连续三档，取最大值</td></tr><tr><td rowspan="2">绑扎钢筋骨架</td><td>长</td><td>±10</td><td>钢尺检查</td></tr><tr><td>宽、高</td><td>±5</td><td>钢尺检查</td></tr></table>

续表

项次	项目	内容		

续表

<table>
<tr><th colspan="2">项　目</th><th>允许偏差
(mm)</th><th>检 验 方 法</th></tr>
<tr><td colspan="2">间距</td><td>±10</td><td>钢尺量两端、中间各一点，取最大值</td></tr>
<tr><td colspan="2">排距</td><td>±5</td><td></td></tr>
<tr><td rowspan="3">受力钢筋保护层厚度</td><td>基础</td><td>±10</td><td>钢尺检查</td></tr>
<tr><td>柱、梁</td><td>±5</td><td>钢尺检查</td></tr>
<tr><td>板、墙、壳</td><td>±3</td><td>钢尺检查</td></tr>
<tr><td colspan="2">绑扎箍筋、横向钢筋间距</td><td>±20</td><td>钢尺量连续三档，取最大值</td></tr>
<tr><td colspan="2">钢筋弯起点位置</td><td>20</td><td>钢尺检查</td></tr>
<tr><td rowspan="2">预埋件</td><td>中心线位置</td><td>5</td><td>钢尺检查</td></tr>
<tr><td>水平高差</td><td>+3,0</td><td>钢尺和塞尺检查</td></tr>
</table>

项次 2，项目：一般项目

注：1. 检查预埋件中心线位置时，应沿纵、横两个方向量测，并取其中的较大值；
2. 表中梁类、板类构件上部纵向受力钢筋保护层厚度的合格点率应达到 90% 及以上，且不得有超过表中数值 1.5 倍的尺寸偏差。

6.3　混凝土工程

6.3.1　混凝土组成材料及技术要求

6.3.1.1　水泥

常用水泥的品种、制成、特性及适用范围　　表 6-119

品种	制成及主要特性	适 用 范 围
硅酸盐水泥	是由硅酸盐水泥熟料、0～5%石灰石或粒化高炉矿渣和适量石膏磨细制成的。分为两类，不掺加混合材料的称Ⅰ类硅酸盐水泥，代号 P·Ⅰ；掺加不超过水泥重量5%混合材料的称Ⅱ类硅酸盐水泥，代号 P·Ⅱ。主要	适于普通混凝土和预应力混凝土的地上、地下和水中结构，其中包括反复冰冻作用及早期强度要求较高的结构 不适于受侵蚀水(海水、矿物水、工业废水等)及压力水作用的结构；大体

6.3 混凝土工程

续表

品种	制成及主要特性	适用范围
硅酸盐水泥	特性为:早期及后期强度均较高,低温环境下(10℃以下)强度增长比其他水泥块,抗冻、耐磨性较好;但水化热较高,耐硫酸盐、碱类、酸盐等化学腐蚀性差,耐水性较差	积混凝土工程
普通硅酸盐水泥	简称普通水泥,是由硅酸盐水泥熟料、6%~15%混合材料、适量石膏磨细制成的。混合材料有粉煤灰、火山灰质混合材料和粒化高炉矿渣等,水泥代号P·O。主要特性为:除早期强度比硅酸盐水泥稍低外,其他性质接近硅酸盐水泥	适用范围同硅酸盐水泥
矿渣硅酸盐水泥	简称矿渣水泥,是由硅酸盐水泥熟料和粒化高炉矿渣和适量石膏磨细制成的,代号P·S。主要特点为:早期强度较低,低温环境中强度增长较慢,但后期强度增长快,水化热较低,抗硫酸盐腐蚀性强,耐热性、耐水性较好;但干缩变形较大,和易性较差,常有泌水现象,抗冻性、耐磨性较差	适于普通混凝土和预应力混凝土的地上、地下和水中及海水中结构以及抗硫酸盐侵蚀的结构、大体积混凝土工程;蒸养构件;配制耐热混凝土 不适于对早期强度要求较高的工程;经常受冻融交替作用的工程;在低温环境中硬化的混凝土
火山灰质硅酸盐水泥	简称火山灰水泥,是由硅酸盐水泥熟料和火山灰质混合材料、适量石膏磨细制成的。代号P·P。主要特点为:早期强度较低,低温环境中强度增长较慢,蒸养强度增长较快,水化热低,潮湿环境中后期强度增长率较大,抗硫酸盐类腐蚀性强,耐热性较好;但抗冻性、耐磨性较差,干缩性比普通水泥大,吸水性比普通水泥稍大	适于普通混凝土的地上及水中结构;大体积混凝土工程;蒸养构件;高温条件下的混凝土地上结构 不适于受反复冻融及干湿变化作用的结构;处于干燥环境中的结构;对早期强度要求较高的结构
粉煤灰硅酸盐水泥	简称粉煤灰水泥,是由硅酸盐水泥熟料和粉煤灰、适量石膏磨细制成的。代号为P·F。主要特点为:早期强度较低,水化热比火山灰水泥还低,和易性比火山灰水泥还好,干缩性也较小,抗腐蚀性能好;但抗冻、耐磨性能较差	适于普通混凝土的地上、地下和水中的结构;抗硫酸盐侵蚀的结构;大体积水工结构 不适于对早期强度要求较高的结构
复合硅酸盐水泥	简称复合水泥,是由硅酸盐水泥熟料、两种或两种以上的混合材料、适量石膏磨细制成的。代号为P·C。其主要特点同掺加相应混合材料的水泥	适用范围同掺加相应混合材料的水泥

6 混凝土工程

水泥的品质检验标准   表 6-120

项次	项目	品质标准
1	细度	80μm方孔筛筛余量不得超过10%
2	凝结时间	初凝不得早于45min,终凝不得迟于10h(硅酸盐水泥不得迟于6.5h)
3	安定性	用沸蒸法检验试饼,没有裂缝,用直尺检验没有弯曲为合格
4	强度	各龄期强度均不得低于表6-121的数值
5	氧化镁	熟料中氧化镁的含量不得超过5%,如水泥经蒸压安定性试验合格,则允许放宽到6%
6	三氧化硫	硅酸盐水泥、普通水泥、火山灰质水泥、粉煤灰水泥的三氧化硫含量不得超过3.5%;矿渣水泥中的含量不得超过4%

常用水泥的强度等级和各龄期的强度要求   表 6-121

品种	强度等级	抗压强度(MPa)		抗折强度(MPa)	
		3d	28d	3d	28d
硅酸盐水泥	42.5	17.0	42.5	3.5	6.5
	42.5R	22.0	42.5	4.0	6.5
	52.5	23.0	52.5	4.0	7.0
	52.5R	27.0	52.5	5.0	7.0
	62.5	28.0	62.5	5.0	8.0
	62.5R	32.0	62.5	5.5	8.0
普通硅酸盐水泥	32.5	11.0	32.5	2.5	5.5
	32.5R	16.0	32.5	3.5	5.5
	42.5	16.0	42.5	3.5	6.5
	42.5R	21.0	42.5	4.0	6.5
	52.5	22.0	52.5	4.0	7.0
	52.5R	26.0	52.5	5.0	7.0
矿渣硅酸盐水泥、火山灰质硅酸盐水泥、粉煤灰硅酸盐水泥	32.5	10.0	32.5	2.5	5.5
	32.5R	15.0	32.5	3.5	5.5
	42.5	15.0	42.5	3.5	6.5
	42.5R	19.0	42.5	4.0	6.5
	52.5	21.0	52.5	4.0	7.0
	52.5R	23.0	52.5	4.5	7.0
复合硅酸盐水泥	32.5	11.0	32.5	2.5	5.5
	32.5R	16.0	32.5	3.5	5.5
	42.5	16.0	42.5	3.5	6.5
	42.5R	21.0	42.5	4.0	6.5
	52.5	22.0	52.5	4.0	7.0
	52.5R	26.0	52.5	5.0	7.0

6.3 混凝土工程

水泥的保管及受潮后的处理和使用　　　　　表 6-122

项次	项目	保 管 使 用 要 求 及 处 理 方 法
1	堆放、保管与使用	1. 水泥进场必须附有出厂合格证或进场试验报告，并应对其品种、强度等级、包装或散装仓号、出厂日期等检查验收，分别堆放，防止混杂使用 2. 存放袋装水泥的仓库应保持干燥；屋顶、墙壁、门窗不得有漏雨、渗水等情况，地面应铺垫木板和油毡隔离，以防水泥受潮。临时露天堆放，应用防雨篷布遮盖 3. 存放袋装水泥，应整齐堆放，堆放高度一般不宜超过 10 包，堆宽以 5~10 袋为限。应合理安排堆垛位置和通道，以保证先进先出，合理周转，以避免部分放在角落水泥长期积压，造成受潮变质 4. 散装水泥应储存在专门密封的中转防潮仓库、接受库或钢板罐内，并需有严格的防潮、防漏措施；临时性储存可用简易储库，库内地面应高出室外地面 30cm 以上，并铺砖或木板或油毡隔潮 5. 水泥贮存期间一般不应超过 3 个月（快硬水泥为 1 个月）。一般水泥在正常干燥环境中存放 3 个月，强度将降低 20%；存放 6 个月，强度将降低 15%~30%。水泥出厂超过 3 个月（快硬水泥超过 1 个月），或对水泥质量有怀疑时，使用前应复查试验，并按试验结果使用
2	受潮后的处理	水泥应防止受潮，如发现受潮结块，可按以下情况进行处理： 1. 如水泥有松块，可以捏成粉末，当没有硬块时，可通过试验后，根据实际强度等级使用，松块压成粉末，使用时加强搅拌 2. 如水泥部分结成硬块，可通过试验后根据实际强度等级使用，使用时筛去硬块，压碎松块，加强搅拌，但只能用于次要的或受力小的部位，或用于配制砌筑砂浆 3. 如水泥受潮结成硬块，一般不得直接使用，可压成粉末后，掺入新鲜水泥（至多不超过 25%），经试验后使用

6.3.1.2 砂子

砂的分类和技术要求及使用　　　　　表 6-123

作用、制成	品 种 分 类	技 术 要 求 及 使 用
砂又称细骨料，在混凝土中主要用来填充石子空隙，与石子共同起骨架作用 一般用自然形成的天然砂	1. 按产源不同，分为河砂、海砂和山砂 2. 按细度模数不同，分为粗砂（细度模数在 3.7~3.1，平均粒径 0.5mm 以上）、中砂（细度模数在 3.0~2.3，平均粒径 0.5~0.35mm）、细砂（细度模数在 2.2~1.6，平均粒径 0.35~	1. 对细度模数为 3.7~1.6 的砂，按 0.63mm 筛孔的累计筛余量（以重量百分率计）分为三个级配区，砂的颗粒级配应处于其中的任何一个级配区。级配良好的砂，其空隙率不应超过 40% 2. 配制混凝土一般采用粗砂或中砂，细砂亦可使用，但比同等条件下用粗砂配制的混凝土强度降低 10% 以上，而其和易性较用粗、中砂好。一般在粗砂中掺入 20% 的细砂使用，以改善和易性

6 混凝土工程

续表

作用、制成	品种分类	技术要求及使用
	0.25mm)和特细砂(细度模数在1.5~0.7,平均粒径0.25mm以下)四级	3. 特细砂亦可用于配制混凝土,但在使用时要采取一定的技术措施,如采用低砂率、低稠度,掺塑化剂,模板缝隙严密,养护不少于14d等 4. 砂子应按品种、规格分别堆放,不得混杂,严禁混入杂质 5. 砂中常含有泥土和杂质,含量过大会降低混凝土强度和耐久性 6. 砂的质量要求应符合表6-124的要求

注:细度模数为砂子通过0.15、0.3、0.6、1.2、2.5mm等筛孔的全部筛余量之和除以100。细度模数值大,表示砂子较粗,反之较细。

普通混凝土用砂的技术要求 表6-124

项目			大于或等于C30混凝土				小于C30混凝土		
颗粒级配	筛孔尺寸(m)		10.0	5.0	2.5	1.25	0.63	0.315	0.16
	累计筛余 (以重量%计)	1区	0	10~0	35~5	65~35	85~71	95~80	100~90
		2区	0	10~0	25~0	50~10	70~41	92~70	100~90
		3区	0	10~0	15~0	25~0	40~16	85~55	100~90
含泥量(按重量计%)			≤3				≤5		
云母含量(按重量计%)			≤2				≤2		
轻物质含量(按重量计%)			≤1				≤1		
硫化物及硫酸盐含量 (折算成SO_3按重量计%)			≤1				≤1		
泥块含量(按重量计,%)			≤1				≤2		
有机质含量 (用比色法试验)			颜色不应深于标准色,如深于标准色,则应按水泥胶砂强度试验方法,进行强度对比试验,抗压强度比不应低于0.95						

注:1. 对于有抗冻、抗渗或其他特殊要求的混凝土用砂,其含泥量不应大于3%,云母含量不应大于1%。但对C10和C10以下的混凝土,其含泥量可酌情放宽。
2. 砂中如含有颗粒状的硫酸盐或硫化物,则要求经专门检验,确认能满足混凝土耐久性要求时方能采用。
3. 如砂的实际颗粒级配与表中所列的累计筛余百分率相比,除5.0mm和0.63mm筛号外,允许稍有超出分界线,但其总量不应大于5%。
4. 砂的坚固性,用硫酸钠溶液法检验,试样经5次循环后,其重量损失应不大于10%。
5. 密度:干燥状态下平均1500~1600kg/m³;紧密状态1600~1700kg/m³。

6.3.1.3 石子

石子分类和技术要求及使用　　　　　表 6-125

作用、制成	品 种 分 类	技术要求及使用
石子又称粗骨料,在混凝土中起主要骨架作用 拌制混凝土用的石子有碎石和卵石两种。碎石是由硬质岩石(如花岗岩、辉绿岩、石灰岩或砂岩等)经轧细、筛分而成。卵石为天然岩石风化而成	1. 按制成方式分碎石和卵石;卵石按其来源,分为河卵石、海卵石和山卵石 2. 碎石和卵石的颗粒尺寸,一般在 5~80mm 之间,按颗粒大小分为粗(40~80mm)、中(20~40mm)、细(5~20mm)和特细(5~10mm)四级 3. 按配方式分连续级配石子和间断级配石子两种,前者是从最大粒径开始,由大到小各级相连,其中每一级石子都有一定数量,一般工程上采用之;后者的大颗粒和小颗粒间有相当大的空挡(如最大粒径为 40mm,其分级可为 5~10mm, 20~40mm),大颗粒间的空隙直接由比它小很多的小骨粒填充,使空隙率降低,组合更密实,强度更高,多用于有特殊要求,(如抗冻、抗渗、高级)的混凝土。碎石或卵石常用颗粒级配范围见表 6-126	1. 石子颗粒之间应具有适当级配,其空隙及总表面积尽量减少,以保持一定的和易性并减少水泥用量。级配组合比例应通过试验确定 2. 在石子级配适合的条件下,选用颗粒较大尺寸的,可使其空隙率及总表面积减少,节省水泥,并可充分利用石子强度;但石子粗颗粒的最大颗粒尺寸不得超过结构截面最小尺寸的1/4,且不得超过钢筋间最小净距的3/4;对混凝土实心板,石子的最大粒径不宜超过板厚的1/2,且不得超过50mm 3. 石子应按品种、规格分别堆放,不得混杂,骨料中严禁混入煅烧过的白云石或石灰石 4. 碎石或卵石中允许有害杂质含量应符合表 5-127 的要求

碎石或卵石的颗粒级配范围　　　　　表 6-126

级配情况	公称粒级(mm)	累计筛余,按重量计(%)							
		筛孔尺寸(圆孔筛)(mm)							
		2.5	5	10	15(20)	25(30)	40	50(60)	80(100)
连续粒级	5~10	97~100	80~100	0~15	0				
	5~15	95~100	90~100	30~60	0~10(0)				
	5~20	95~100	90~100	40~70	(0~10)	0			
	5~30	95~100	90~100	70~90	(15~45)	(0~5)	0		
	5~40	—	95~100	75~90	(30~65)		(0~5)	0	

续表

级配情况	公称粒级(mm)	累计筛余,按重量计(%)							
		筛孔尺寸(圆孔筛)(mm)							
		2.5	2	10	15(20)	25(30)	40	50(60)	80(100)
单粒级	10~20	—	95~100	85~100	(0~15)	0	—	—	—
	15~30	—	95~100	—	85~100	(0~10)	0	—	—
	20~40	—	—	95~100	(80~100)	—	0~10	0	—
	30~60	—	—	—	95~100	(75~100)	45~75	(0~10)	0
	40~80	—	—	—	(95~100)	—	70~100	(30~60)	(0~10)(0)

注:1. 公称粒级的上限为该粒级的最大粒径。单粒级一般用于组合成具有要求级配的连续粒级。它也可与连续粒级的碎石或卵石混合使用,以改善它们的级配或配成较大粒度的连续粒级。
2. 根据混凝土工程和资源的具体情况,进行综合技术经济分析后在特定的情况下允许直接采用单粒级,但必须避免混凝土发生离析。

碎石或卵石中允许有害杂质含量 表 6-127

项　　目	大于或等于C30混凝土	小于C30混凝土
针、片状颗粒含量,按重量计(%)	15	25
含泥量按重量计(%)	1.0	2.0
泥块含量按重量计(%)	0.5	0.7
硫化物及硫酸盐含量(折算成SO_3按重量计)(%)	1.0	1.0
卵石中有机质含量(用比色法试验)	颜色应不深于标准色,如深于标准色,则应配制成混凝土,进行强度对比试验,抗压强度比应不低于0.95	

注:1. 针片状颗粒系指颗粒的长度大于该颗粒所属粒级的平均粒径2.4倍者,称为针状颗粒;厚度小于平均粒径0.4倍者,称为片状颗粒(平均粒径是指该粒级上下限粒径的平均值)。
2. 对有抗冻、抗渗或其他特殊要求的混凝土,其石子的含泥量不应大于1%。
3. 对C10及C10以下的混凝土,其粗骨料中的针、片状颗粒含量可放宽到40%,含泥量亦可酌情放宽。
4. 如含泥基本上属非黏土质的石粉时,其总含量可由1.0%及2.0%分别提高到1.5%和3.0%。
5. 碎石或卵石的坚固性用硫酸钠溶液法检验,试样经5次循环后,其重量损失应不大于12%。
6. 表中内容适用于普通混凝土用碎石和卵石。

6.3 混凝土工程

6.3.1.4 水

水的技术要求及使用　　　　　　　　　　　　　表 6-128

作用、来源	技 术 要 求	使用要求
在混凝土中与水泥起水化作用，湿润砂、石子，增加粘结，改善和易性 可用一般饮用的水或洁净的天然水	水中不得含有影响水泥正常凝结与硬化的有害杂质或油类、糖类等 对于工业废水、污水及 pH 值小于 4 的酸性水和含硫酸盐量按 SO_4^{2-} 计超过水重 1% 的水，不允许使用	钢筋混凝土和预应力混凝土，均不得采用海水拌制

6.3.1.5 掺合料

常用掺合料种类及使用　　　　　　　　　　　表 6-129

名称	种 类、掺 量 及 技 术 效 果	使用要点
矿物质混合材料	在混凝土中掺和一些天然或人工的矿物混合材料，可改善和易性，减少混凝土的泌水和离析现象，并可节约水泥，如石英粉、石灰石粉、白云石粉、火山灰、粉煤灰、尾矿粉等，在混凝土中主要起填充和降低水泥强度等级和用量的作用 掺量应根据水泥品种及对混凝土强度和耐久性的要求，通过试验确定。一般掺量为水泥用量的 5%～20%，掺加粉煤灰时其品质指标要求见表 6-130	选用时，应尽量就地取材，利用廉价的地方材料或工业废料。掺加时，按比例均匀地掺到水泥和砂石中，加水拌合即可

粉煤灰品质指标和分类　　　　　　　　　　　表 6-130

指　　　标	粉 煤 灰 级 别		
	Ⅰ	Ⅱ	Ⅲ
细度(0.08mm 方孔筛的筛余%)不大于	5	8	25
烧失量(%)不大于	5	8	15
吸水量比(%)不大于	95	105	115
三氧化硫(%)不大于	3	3	3
含水率(%)不大于	1	1	不规定

注：1. Ⅰ级粉煤灰允许用于后张预应力钢筋混凝土构件及跨度小于 6m 的先张预应力钢筋混凝土构件；Ⅱ级粉煤灰主要用于普通钢筋混凝土和轻集料钢筋混凝土；Ⅲ级主要用于无筋混凝土和砂浆。
2. 代替细骨料或用于改善和易性的粉煤灰不受此规定的限制。

6.3.1.6 外加剂

常用外加剂种类及使用　　　　　　表6-131

名称	种类、掺量及技术效果	使 用 要 点
早强剂、速凝剂	在混凝土中掺加早强剂、速凝剂，可以加快混凝土的硬化过程，提高早期强度，缩短养护时间，加快模板周转，常用早强剂、速凝剂的种类及掺量见表6-132	早强剂主要用于冬期施工，提高早期强度，提前达到抗冻强度和节约冬期施工费用；速凝剂用于工程补漏和喷射混凝土施工，防止脱落回弹
缓凝剂	在混凝土中掺加缓凝剂，可推迟混凝土的凝结硬化时间（如运输距离过长、搅拌设备不足等），防止和易性的降低，减缓大体积混凝土的浇筑速度，有利于水化热的散发，降低混凝土的温升值。常用缓凝剂的种类及掺量见表6-133	常用于夏季混凝土的施工，降低搅拌、运输、浇筑混凝土强度，控制温度收缩裂缝出现
减水剂	减水剂是一种表面活化剂，加入混凝土中能对水泥颗粒起分散作用，把水泥凝聚体中所包含的游离水释放出来，使水泥达到充分水化，因而能保持混凝土的工作性不变，而显著减少拌合水量，降低水灰比，改善和易性，增加流动性，有利于混凝土强度的增长及物理性能的改善。减水剂的种类繁多，常用减水剂的种类、掺量及技术经济效果见表6-134	用于普通混凝土、大体积混凝土、高强混凝土中，增大坍落度，降低水灰比，节省水泥
引气剂	在混凝土中掺入加气剂，能产生大量微小封闭气泡，可改善混凝土的和易性，增加流动性，提高抗渗性和抗冻性。常用引气剂的种类、配制方法及掺量见表6-135	用于配制防水混凝土、抗冻混凝土、耐低温混凝土，提高其抗渗性、防水性、抗冻性。铝粉加气剂还可用于作膨胀剂
界面处理剂	在水泥或砂浆中掺入界面处理剂，涂刷或喷涂于硬化混凝土接缝表面，可有效地提高新老混凝土界面的粘结强度，增强整体结构性。常用界面处理剂种类、性能及使用见表6-136	与水泥或砂浆拌合，涂于界面，作间歇缝，用于新旧混凝土的表面处理，代替凿毛处理

常用早强剂、速凝剂的种类及掺量　　　　　　表6-132

种　类	掺量（占水泥量的%）	适用范围	早　强　效　果
氯化钙	1～3	低温或常温硬化	2d强度提高40%～65%（50%～100%） 3d强度提高30%～50%（40%～70%）

续表

种 类	掺 量（占水泥量的%）	适 用 范 围	早 强 效 果
硫酸钾	0.5~2.0	低温硬化	与氯化钙相当
硫酸钠	1~2	低温硬化	2d强度提高84%~138% 7d强度提高28%~34%
NC早强剂	2~4	低温或常温硬化	可缩短养护期1/2~3/4
三乙醇胺	0.05	常温硬化	3~5d可达到设计强度的70%
硫酸钠 食盐 生石膏	2 1 2	低温或常温硬化	在正负温交替期1.5d可达设计强度的70%
硫酸钠 亚硝酸钠 生石膏	2 2 2	低温或常温硬化	在正负温交替期，矿渣水泥3.5d可达设计强度的70%
硫酸钠 石膏	2 1	蒸汽养护	蒸汽养护6h，强度约可提高30%~100%
FDN减水剂	0.25	常温硬化	3d强度可提高30%~80%
SM高效减水剂	0.2~0.5	常温硬化	1d强度可提高30%~100%
木钙减水剂	1.5~2.5	低温或常温硬化	
711速凝剂	2.5~3.5	低温或常温硬化	5min初凝，10min终凝，用于喷射混凝土工程
红星Ⅰ型速凝剂	2.5~4.0	低温或常温硬化	3.5min初凝，7min终凝，4h强度为$1N/mm^2$，1d强度为$5N/mm^2$

注：括号内数字为矿渣水泥拌制的混凝土强度增长情况。

常用缓凝剂品种及掺量 表6-133

类 别	品 种	掺 量(%)	效果(初凝延长,h)
木质素磺酸盐	木质素磺酸钙	0.25~0.5	3~5
羟基羟酸	柠檬酸 酒石酸 葡萄糖酸	0.03~0.1 0.03~0.1 0.03~0.1	2~4 2~4 1~2
糖类及碳水化合物	糖蜜 淀粉	0.1~0.3 0.1~0.3	2~4 1.5~3
无机盐	锌盐、硼酸盐、磷酸盐	0.1~0.2	1~1.5

注：缓凝效果与掺量、水泥品种有关，应以试验为准，本表仅供参考。

6 混凝土工程

常用减水剂的种类及掺量　　　　　表 6-134

种　类	主　要　原　料	掺量(占水泥重量的%)	减水率(%)	提高强度(%)	研制或生产单位
木质素磺酸钙（M 型减水剂）	纸浆废液	0.2～0.3	10～15	10～20	吉林开山屯化纤浆厂、广州造纸厂
MF 减水剂	聚次甲基萘磺酸钠	0.5～0.7	10～30	10～30	建材研究院、江苏江都染料厂等
N 系减水剂	工业萘	0.5～0.8	10～17	10	南京水科所等
NNO 减水剂	精萘	0.5～0.75	10～25	20～25	江苏江都染料厂、大连红卫化工厂
NF 减水剂	精萘	1.5	20	—	武汉化学助剂厂
UNF 减水剂	油萘	0.5～1.5	15～20	15～30	天津建研所
FON 减水剂	工业萘	0.5～0.75	16～25	20～50	广州湛江外加剂厂
JN 减水剂	萘残油	0.5	15～27	30～50	镇江焦化厂
SN-Ⅱ 减水剂	萘	0.5～1.0	14～25	15～40	上海市建科所、五四助剂厂
磺化焦油减水剂	煤焦油	0.5～0.75	10	35～57	宁夏回族自治区
糖蜜减水剂	废蜜、糖渣	0.2～0.3	7～11	10～20	浙江瑞安糖厂
AU 减水剂	蒽油	0.5～0.75	15～20	10～36	三燉化工厂
HM 减水剂	纸浆废液	0.2	5～10	≥10	华丰造纸厂
SM 减水剂	密胺树脂	0.2～0.5	10～27	30～50	山西万荣化工总厂
建Ⅰ减水剂	聚烷基芳烃磺酸盐	0.5～0.7	10～30	—	北京焦化厂、江都染料厂

注：掺减水剂的技术效果：在水泥用量、坍落度保持不变时，可减少用水量和提高强度。

6.3 混凝土工程

常用引气剂的种类和掺量　　　　　　　　表 6-135

种　类	配　制　方　法	掺量及效果 （占水泥重量的%）
松香热聚物引气剂	1. 配合比为松香 70g、石碳酸 35g、硫酸 2mL、氢氧化钠 4g，以上配方可制成 100g 成品 2. 将松香、石碳酸和硫酸按比例投入大烧瓶中，边搅拌边徐徐加热，控制温度 70～80℃，时间 5～8h 3. 暂停加热，将氢氧化钠溶液按比例加入，继续加热 2h，控制温度 100℃ 4. 停止加热，静置片刻，趁热倒入贮器中即成。拌合混凝土时再将引气剂配成：氢氧化钠：引气剂：热水＝1:5:150，热水温度 70～80℃	0.005～0.015 抗渗强度等级可达 0.8～3.0 N/mm^2。可配制防水混凝土
松香酸钠引气剂	1. 将松香碾细过 3～5mm 筛，同时将氢氧化钠溶于水中，使其相对密度为 1.12～1.16（视松香皂化值而定，一般松香的皂化系数为 160～180，取 180 为宜），再放入双层锅内煮沸 2. 在沸腾的氢氧化钠溶液中边搅拌边加入松香粉（每升氢氧化钠溶液加入 1kg 松香粉） 3. 松香粉溶解后再继续煮 0.5～1h，然后缓慢冷却至 80～90℃，再放入 60～70℃ 热水配成 5% 浓度	0.01～0.05 抗渗强度等级可达 0.8～3.0 N/mm^2。可配制防水混凝土、抗冻混凝土以及耐低温混凝土
铝粉引气剂	将铝粉与少量洗衣粉和少量温水拌匀，进行脱脂处理后使用	0.01～0.05 用于预应力筋孔道灌浆

常用界面处理剂种类、性能及使用　　　　表 6-136

种　类	性　能　及　使　用	适　用　范　围
JD-601 型 (JD-601B 型) 混凝土界面粘结剂	乳白色液体，相对密度 1.008～1.010，pH 7.5～9.0，剪切强度 ≥ 0.4N/mm^2。按水泥:砂:界面粘结剂＝1:1:1 喷涂或刷涂于结合表面	新老混凝土粘结及混凝土与抹灰砂浆的粘合；水泥砂浆粘贴面砖、马塞克、大理石等与基层的界面处理
YJ-302 型 YJ-303 型 混凝土界面粘结剂	混凝土与水泥砂浆粘结强度为 1.3～1.5N/mm^2(YJ-302) 和 0.5～0.7N/mm^2(YJ-303) YJ-302 由甲、乙组分配合而成，按甲组分:乙组分:石英粉(100 目)＝1:3:3～5 配合 YJ-303 为单组分，可直接涂刷于基层，或按界面处理剂:水泥:砂＝1:1:1 涂刷于基层	新老混凝土粘结；混凝土基层抹灰；水泥砂浆粘贴面砖、陶瓷锦砖、大理石等与基层的界面处理

续表

种 类	性能及使用	适用范围
EC-Ⅰ型表面处理剂	硬化混凝土上抹水泥砂浆,粘结强度为 $0.12 \sim 0.15 N/mm^2$;按表面处理剂:水泥:细砂 = 1:1:1.5 喷涂厚 $2 \sim 3mm$,或在表面直接涂刷表面处理剂	新老混凝土粘结;加气混凝土表面抹水泥砂浆,粘贴面砖、陶瓷锦砖等;泡沫板、沥青、钢板上抹水泥砂浆的表面处理

6.3.2 混凝土拌制

混凝土拌制机具选择,工艺布置及施工要点 表 6-137

项次	项目	施 工 内 容
1	搅拌机的选择	1. 混凝土搅拌机类型较多,按其搅拌原理分为自落式和强制式两大类,其主要区别,前者搅拌叶片与拌筒之间没有相对运动。自落式搅拌机按其形式和卸料方式又分鼓筒式、锥形反转出料式、锥形倾翻出料式,其中鼓筒式为逐渐淘汰产品。强制式搅拌机分为立轴强制式和卧轴强制式两种,其中卧轴式又有单卧轴和双卧轴之分 自落式搅拌机构造简单,操作维修方便,易于清理,筒体和叶片磨损较小,移动方便,经久耐用,使用可靠;但动力消耗大,搅拌时间长,生产效率低;强制式搅拌机搅拌时间短,生产效率高,质量好,操作简便、安全;但搅拌筒的衬板及叶片磨损较快 2. 自落式搅拌机适于现场、预制厂搅拌塑性混凝土及低流动性混凝土;强制式搅拌机多用于工厂或现场集中搅拌站、预制厂生产低流动性和干硬性混凝土、轻骨料混凝土 3. 一般常用搅拌机型号及性能见表 6-138
2	现场搅拌站设置和工艺布置	1. 现场搅拌站的布置形式,应根据工程任务大小、场地情况和设备条件等而定,一般宜采用工具式、流动性组合方式,使用机械设备装置,采用装配式联结结构,使组装、拆卸、搬运方便,以利施工的转移 2. 搅拌装置的设计应尽可能做到自动或机动上料,自动计量,集中操作控制,使搅拌站后台上料做到机械化、自动化 3. 混凝土搅拌装置主要包括砂、石材料的贮存、装运、提升、计量、搅拌等部分。搅拌系统的布置是以混凝土搅拌机为中心,前后台分别配置上料及出料装置 4. 混凝土搅拌装置按竖向布置和物料提升次数不同,大体可分为单阶式、双阶式和落地式三种。单阶式多用于专门预制厂和供应商品混凝土的大型搅拌站,一般有专门设计工艺布置成套设备供应,其基本工艺布置如图 6-117 所示;施工现场搅拌站通常采用双阶式和落地式两种布置方式 5. 双阶式搅拌装置,系将原材料分二阶提升,第一阶为上料、贮存、称量配料、卸料至集料斗;第二阶为从集料斗提升到搅拌机中搅拌后

6.3 混凝土工程

续表

项次	项目	施 工 内 容
2	现场搅拌站设置和工艺布置	出料。第一阶因上料高度不大，上料方法可因地制宜，常用的有装载机、皮带运输机、拉铲或门式吊等；第二阶多利用搅拌机自备的进料装置，双阶搅拌站的基本工艺流程如图 6-118；常用双阶式搅拌站的工艺布置方式如图 6-119～图 6-121。本装置设备安装简单，上马快，投资少，设备易组装和迁移，也能实现自动化，但辅助设备较多，占地面积大，动力消耗较多，劳动条件较差，适于现场集中搅拌站使用 6. 落地式搅拌装置，系在地上称量材料，用手推车送到搅拌机料斗中，然后提升装料斗将材料装进搅拌机中，搅拌后倾入机动翻斗车或手推车装料斗运出，常用落地式搅拌装置如图 6-122 本装置设备安装简单，准备工作少，上马快，投资省，但生产人员较多，劳动强度较大，粉尘污染严重；适于工程量不大的临时性搅拌站应用
3	施工使用要点	1. 搅拌机停放的场地应有良好的排水条件，机械近旁应有水源，机棚内应有良好的通风、采光及防雨、防冻条件，并不得积水 2. 固定式搅拌机应设在可靠的基础上。移动式搅拌机设在平坦坚硬的地坪上，并用方木或撑架支牢，保持水平 3. 混凝土配料应采用重量配合比，并称量准确；材料的配合比允许偏差为：水泥、外掺混合材料±2%；砂石±3%；水、外加剂溶液±2% 4. 砂、石子应经常测定含水率，并在配合比中扣除，根据材料变动情况，随时调整配合比 5. 机械搅拌向料斗中装料顺序是：先加石子，后加水泥，最后加砂和水；用人工搅拌，应在拌板上先将砂子和水泥干拌三遍至颜色一致，然后倒入石子，一面加水，一面拌合，至少拌合三次至颜色一致为止。加水应用喷壶，并按规定的水量均匀喷洒 6. 混凝土搅拌时间从投料完毕后，组成材料在搅拌机中延续搅拌的最短时间应不少于表 6-139 要求。外加剂应事先溶化在水中，待拌合物加水搅拌到规定时间的二分之一后，再加入继续搅拌至规定时间即可 7. 采用强制式搅拌机搅拌轻骨料混凝土的加料顺序是：当轻骨料在搅拌前预湿时，先加粗、细骨料和水泥搅拌 30s，再加水继续搅拌；当轻骨料在搅拌前未预湿时，先加 1/2 的总用水量和粗、细骨料搅拌 60s，再加水泥和剩余用水量继续搅拌 8. 向搅拌筒内加料应在运转中进行，添加新料必须先将搅拌机内原有的混凝土全部卸出后才能进行。不得中途停机或在满载时启动搅拌机，反转出料者除外。每次加入的拌合料，不得超过搅拌机额定进料容量的 10% 9. 工作完毕，应及时将机内、水箱内、管道内的存料、积水放尽，并清洁保养机械，清理工作场地，切断电源，锁好电闸箱

6 混凝土工程

常用混凝土搅拌机的主要技术性能 表 6-138

型号\项目		J1-250 自落式	JGZR350 自落式	JZC350 双锥自落式	J1-400 自落式	J4-375 强制式	JD250 单卧轴强制式	JS350 双卧轴强制式	JD500 单卧轴强制式	TQ500 强制式	JW500 涡浆强制式	JW1000 涡浆强制式	S4S1000 双卧轴强制式
进料容量(L)		250	560	560	400	375	400	560	800	800	800	1600	1600
出料容量(L)		160	350	350	260	250	250	350	500	500	500	1000	1000
拌合时间(min)		2	2	2	2	1.2	1.5	2	2	1.5	1.5-2.0	1.5-3.0	3.0
平均搅拌能力 (m^3/h)		3-5		12-14	6-12	12.5	12.5	17.5-21	25.30	20	20		60
拌筒尺寸(直径×长×宽)(mm)		1218×960	1447×1096	1560×1890	1447×1178	1700×500				2040×650	2042×646	3000×830	
拌筒转速(r/min)		18	17.4	14.5	18	10	30	35	26	28.5	28	20	36
电动机	kW	5.5		5.5	7.5		11	15	5.5	30	30	55	
	r/min	1440		1440	1450	1450	1460				980		
配水箱容量(L)		40			65					20 20			
外形尺寸(mm)	长	2280	3500	3100	3700	4000	4340	4340	4580	2375	6150	3900	3852
	宽	2200	2600	2190	2800	1865	2850	2570	2700	2138	2950	3120	2385
	高	2400	3000	3040	3000	3120	4000	4070	4570	1650	4300	1800	2465
整机重量(kg)		1500	3200	2000	3500	2200	3300	3540	4200	3700	5185	7000	6500

注：估算搅拌机的产量，一般以出料系数表示，其数值为 0.55~0.72，通常取 0.66。

6.3 混凝土工程

混凝土搅拌的最短时间(s) 表 6-139

混凝土坍落度 (mm)	搅拌机类型	搅拌机容积 (L)		
		<250	250~500	>500
≤3	自落式	90	120	150
	强制式	60	90	120
>3	自落式	90	90	120
	强制式	60	60	90

注：掺有外掺剂时，搅拌时间应适当延长。

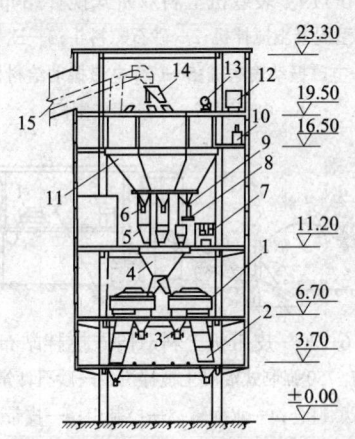

图 6-117 单阶式混凝土搅拌楼(站)工艺布置
1—J_4-1500 强制式混凝土搅拌机；2—溜管；3—混合料贮斗；4—集料斗；
5—砂石称量斗；6—电子秤；7—外加剂和水称量器；8—水泥称量斗；
9—弹簧给料器；10—外加剂搅拌罐；11—贮料斗；12—水箱；
13—水泥输送管两路阀门；14—漏斗；15—皮带输送机

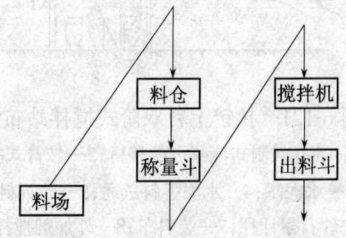

图 6-118 双阶式搅拌站工艺流程

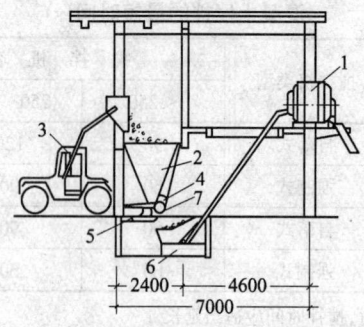

图 6-119 装载机上料双阶式搅拌站布置

1—J_4-100 型混凝土搅拌机;2—砂石贮料斗;3—E_4-2 装载机;
4—电磁振动输送机;5—DZ_2 电磁振动给料机;
6—电子秤;7—手动螺旋闸门

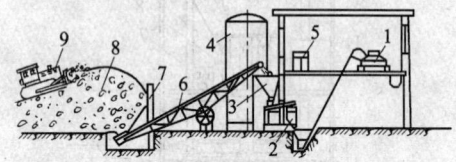

图 6-120 皮带机上料双阶式搅拌站布置

1—J_4-750 强制式混凝土搅拌机;2—砂石计量斗;
3—砂石贮料仓;4—水泥罐;5—控制柜;6—皮带运输机;
7—挡墙;8—砂、石料,用推土机上料;9—T_2-60 型推土机

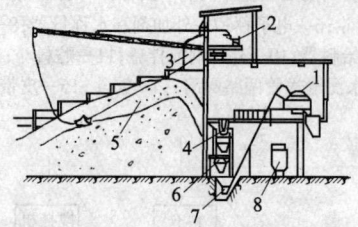

图 6-121 拉铲上料双阶式搅拌站布置

1—J_4-1500 强制式混凝土搅拌机;2—悬臂式拉铲;
3—水泥罐;4—水泥下料三通;5—砂石料;
6—砂石累计秤;7—装料车;8—外加剂搅拌机

6.3 混凝土工程

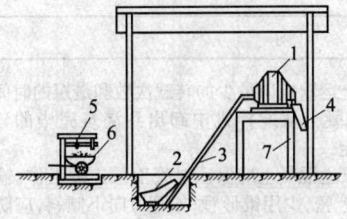

图 6-122 落地式搅拌站布置

1—混凝土搅拌机;2—装料车;3—轨道;4—溜槽;5—磅秤;6—手推车;7—支架

6.3.3 混凝土运输

混凝土运输机具设备及施工要点　　　表 6-140

项次	项目	内容
1	运输工具设备的选择与应用	1. 混凝土运输机具的选择,应根据结构物特点、混凝土浇灌量、运距、现场道路情况以及工地运输设备条件等而定 2. 混凝土水平运输,短距离多用双轮手推车、1t 机动翻斗车、轻轨翻斗车,其中以机动翻斗车使用最为广泛;长距离多用自卸汽车、混凝土搅拌运输车 3. 混凝土垂直运输可用各种井式提升机、卷扬机、履带式吊车、塔式吊车以及桅杆等,并配合采用钢吊斗等容器来装运混凝土。钢吊斗为一种混凝土水平与垂直运输的转运工具,其常用形式见图 6-123 4. 对于浇筑工业建筑大体积混凝土和高层建筑混凝土,混凝土的水平和垂直运输可采用 1 台或多台皮带运输机联合作业或风动运输器、混凝土搅拌运输车与混凝土泵车(或固定式混凝土输送泵)配合使用进行水平和垂直运输 5. 混凝土泵车有挤压式和柱塞式两类,以后者使用广泛,一般都带折叠式或伸缩式布料杆,可做 360°全回转,在其工作范围内,可将混凝土输送至任何地点,1 台泵配 2~3 台混凝土搅拌运输车配送混凝土。当距离较远、场地较狭,可用多台接力运送。高层建筑多用固定式混凝土泵,铺设管道进行水平和垂直运输混凝土 6. 常用机动翻斗车、混凝土搅拌运输车和混凝土泵车、固定式混凝土泵的主要技术性能见表 6-141~表 6-144
2	运输施工操作方法要点	1. 混凝土在运输中,应保持其匀质性,做到不分层、不离析、不漏浆;运到浇筑地点时,应具有要求的坍落度,当有离析现象时,应进行二次搅拌方可入模 2. 运送混凝土应使用不漏浆和不吸水的钢制容器,使用前须湿润,运送过程中要清除容器内粘着的残渣。装料要适当,避免过满而溢出 3. 现场运输道路应坚实平坦,防止造成混凝土分层离析;并应根据浇筑的结构情况,采用环形回路,主干道与支道相结合,来回运输主道与单向支道相结合等布置方式,以保持运输道路畅通

续表

项次	项目	内容
2	运输施工操作方法要点	4. 混凝土运输应以最少的转载次数和最短的时间,从搅拌地点运至浇筑地点。混凝土从搅拌机中卸出到浇筑完毕的延续时间不宜超过表6-145的规定 5. 采用泵送混凝土应保证混凝土泵连续工作;输送管线宜直,转弯宜缓,接头应严密,少用锥形管;如管道向下倾斜,应防止混入空气,产生阻塞;泵送前应先用适量的与混凝土内成分相同的水泥浆或水泥砂浆润滑输送管内壁; 6. 泵送混凝土从卸料、运输到泵送完毕时间不得超过1.5h,夏季还应缩短。用混凝土搅拌运输车的运输时间应在1h以内,泵送应在45min以内,如泵送间歇延续时间超过45min或当混凝土出现离析现象时,应立即用压力水或其他方法冲洗管内残留的混凝土,保持正常输送;在泵送过程中受料斗内应具有足够的混凝土,以防止吸入空气,产生阻塞 7. 运输转送混凝土时,应注意避免混凝土产生离析

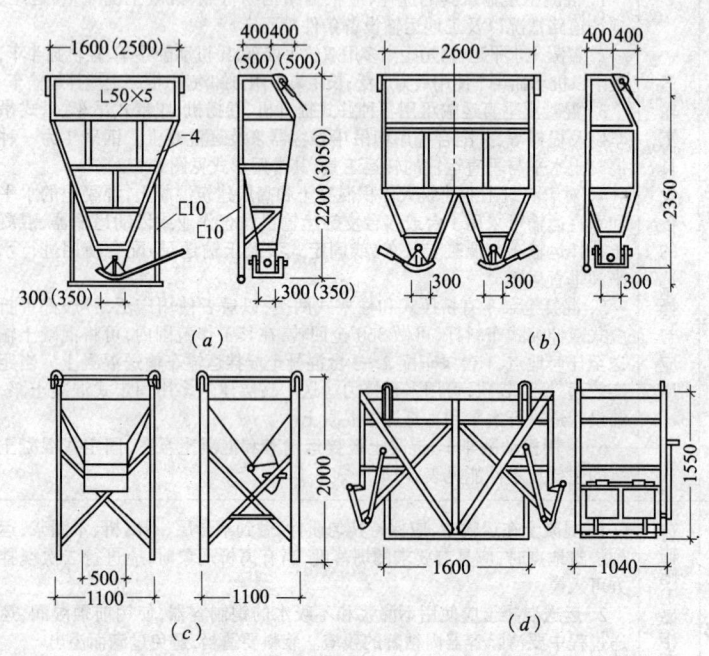

图 6-123 混凝土吊斗形式

(a)单口布料吊斗;(b)双口布料吊斗;(c)高架方形吊斗;(d)双向出料吊斗

6.3 混凝土工程

混凝土机动翻斗车主要技术性能 表6-141

项　　目		建设牌 JS-1B	建设牌 F-15	建设牌 FJZ20	建设牌 FJ30	北斗牌 FC10
装载量 (kg)		1000	1500	2000	3000	1000
空载量 (kg)		890	1090	2300	—	1014
料斗容积 (m^3)		—	0.75	1.0	1.4	0.467
最小转弯直径(m)		7.6	8.0	8.0	8	8
最小爬坡度 (%)		24	25	36	36	12
行驶速度 (km/h)	Ⅰ挡	—	6	6.8~3.4	7.9~3.8	6.7
	Ⅱ挡	—	13	14.7~7.2	16.8~8.8	11.7
	Ⅲ挡	23	23	26.3~13	30~14.8	20.7
	倒挡	—	5	5.5~2.7	6.4~3.1	5.5
轮距 (mm)		1500	1320	1465	1465	
轴距 (mm)		1320	1630	1900	1900	
最小离地间隙(mm)		220	205	225	255	
柴油机	型号	—	S1100A$_1$	295K-Ⅱ	FD2100	S195
	功率 (kW)	9.7	12	19.4	24.4	8.8
	转速 (r/min)		2200	2000	2200	2000
外形尺寸(m) (长×宽×高)		2.5×1.57 ×1.4	2.68×1.6 ×2.1	3.78×1.71 ×1.61	3.84×1.71 ×1.61	2.65×1.65 ×2.0

混凝土搅拌运输车主要性能 表6-142

项　　目	JBC-1.5C	JBC-3T	JC6Q (JC7Q、JC8Q)	TY-3000	FV112JML	MR45
拌筒容积(m^3)	—	—	19.3(10.4、11.8)	5.7	8.9	8.9
额定装料容量(m^3)	1.5	3~4.5	6(7,8)	4.5	5.0	
拌筒尺寸 (直径×长)(mm)	—	—		2020×2813	2100×3600	
拌筒转速(r/min) 运行搅拌	2~4	2~3	5(5、15)	2~4	8~12	2~4
进出料搅拌	6~12	8~12		6~12	1~14	8~12
卸料时间(min)	1.3~2	3~5	5~9	2~5	2~5	3~5

续表

项　目	JBC-1.5C	JBC-3T	JC6Q (JC7Q,JC8Q)	TY-3000	FV112JML	MR45
最大行驶速度(km/h)	70	—	—	—	91	86
最小转弯半径(m)	9	—	—	—	7.2	—
爬坡能力(%)	20	—	—	—	26	—
外形尺寸(m)(长×宽×高)	—	—	8.62×3.65×2.5	7.44×2.40×3.40	7.90×2.49×3.55	7.78×2.49×3.73
重量(空车)(t)	—	0.48	—	0.95	9.8	总量24.64
产　　地	一冶机械修配厂	一冶机械修配厂	北京城建工程机械厂	—	日本三菱	上海华东建筑机械厂

混凝土输送泵车主要技术性能　　表6-143

项　目	WNP65/60	WNP50/75	IPF-185B	DC-S115B	IPF-75B	BRF36.09
形　式	—	—	360°全回转三段液压折叠式	360°全回转全液压垂直三级伸缩	360°全回转全液压三级伸缩	360°回转三级乙型
最大输送量(m^3/h)	65	50	10～25	70	10～75	90
最大输送距离(水平×垂直)(m)	120垂直	150垂直	520×110	530×100	600×95	—
骨料粒径(mm)	50	50	—	40	40(砾石50)	40
泵送压力(MPa)	6.0	7.5	4.71	—	3.87	7.5
布料杆工作半径(m)			17.4	15.8～17.7	16.5～17.4	23.7
布料杆离地高度(m)			20.7	19.3～21.2	19.8～20.7	27.4
外形尺寸(长×宽×高)(mm)			9000×2485×3280	8840×4900×3400	9470×2450×3230	10910×7200×3850
重量(t)				15.35	15.46	19.0
产　地	北京城建工程机械厂	北京城建工程机械厂	湖北建筑机械厂	日本三菱	日本石川岛	德国普茨玛斯特

6.3 混凝土工程

固定式混凝土泵技术性能 表 6-144

型号 项目	HJ-TSB 9014	BSA2100 HD	BSA140 BD	PTF-650	ELBA- B5516E	DC- A800B
形 式	—	卧式单动	卧式单动	卧式单动	卧式单动	卧式单动
最大液压泵压力（MPa）	—	28	32	21～10	20	13～18.5
输送能力(m³/h)	80	97/150	85	4～60	10～45	15～80
理论输送压力（MPa）	70/110	80～130	65～97	36	93	44
骨料最大粒径（mm）	—	40	40	40	40	40
输送距离水平/垂直（m）	—	—	—	350/80	100/130	440/125
混凝土坍落度（mm）	—	50～230	50～230	50～230	50～230	90～230
缸径、冲程长度（mm）	200、1400	200、2100	200、1400	180、1150	160、1500	205、1500
缸 数	双缸活塞式	双缸活塞式	双缸活塞式	双缸活塞式	双缸活塞式	双缸活塞式
加料斗容量（m³）	0.50	0.90	0.49	0.30	0.475	0.35
动力(功率hP/转速 r/min)	—	130/2300	118/2300	55/2600	75/2960	170/2000
活塞冲程次数（次/min）	—	19.35	31.6	—	33	—
重量(t)	5.25	5.6	3.4	6.5	4.42	15.5
产 地	上海华东建筑机械厂	德国普茨玛斯特	德国普茨玛斯特	日本石川岛	德车爱尔巴	日本三菱

混凝土从搅拌机中卸出后到浇筑完毕的延续时间(min) 表 6-145

混凝土强度等级	气温低于 25℃	气温高于 25℃
C30 及 C30 以下	120	90
C30 以上	90	60

注:掺用外加剂或采用快硬水泥拌制混凝土时,应按试验确定。

6.3.4 混凝土浇筑
6.3.4.1 混凝土结构浇筑的基本方法

混凝土浇筑方法及施工要点　　表 6-146

项次	项目	施 工 方 法 要 点
1	混凝土浇筑的一般要求	1. 混凝土浇筑前,应对模板及其支架、钢筋和预埋件等进行细致的检查,并做好自检和工序交接记录;大型设备基础浇筑,尚应进行各专业综合检查和会签。基土上的污泥、杂物,钢筋上的泥土、油污,模板内的垃圾等应清理干净;木模板应洒水湿润,缝隙应堵严,基坑内的积水应排除干净;如有地下水,应有排水、降水和防水措施。混凝土浇筑时的坍落度,宜按表 6-147 采用 2. 混凝土浇筑自高处倾落时,其自由倾落高度不宜过高,如高度超过 2m,应设串筒、斜槽、溜管,在柱、墙模板上应留适当孔洞下料,以防止混凝土产生分层离析 3. 混凝土浇筑应分段、分层进行,浇筑层的厚度,应符合表 6-148 的规定 4. 混凝土应连续浇筑,以保证结构良好的整体性,如必须间歇,间歇时间不应超过表 6-149 的规定,当超过时,可按表 6-151 在适当位置留施工缝。施工缝宜留置在结构受剪力较小,且便于施工的部位,并应待混凝土的抗压强度达到 $1.2N/mm^2$ 以上,按规定对缝面进行处理后,才允许继续浇筑,以免已浇筑的混凝土结构因振动而受到破坏。混凝土强度达到 $1.2N/mm^2$ 所需时间可参考表 6-150 数值采用 5. 混凝土振捣宜用机械振捣,常用振动设备、振捣方法及使用要点参见表 6-152～表 6-155。当混凝土量小、缺乏机具时,亦可用人工借助钢钎进行振捣,要求仔细捣实 6. 在降雨雪时,不宜露天浇筑混凝土,必须浇筑时,应采取有效地防雨雪措施,确保混凝土质量 7. 混凝土捣实方法的正误见图 6-124
2	台阶式、杯形、锥形、条形基础等的浇筑	1. 浇筑台阶式基础应按台阶分层一次浇筑完毕,每层先浇边角,后浇中间。为防止上下台阶交接处混凝土出现脱空、蜂窝(即吊脚、烂脖子)现象,第一台阶捣实后,继续浇筑第二台阶前,应先沿第二台阶模板底圈做成内外坡度,待第二台阶混凝土浇筑完后,再将第一台阶混凝土铲平、拍实、拍平。或在第一台阶浇筑完后,沉实 1.0～1.5h,再浇上一台阶 2. 杯形基础,应注意杯底标高和杯口模的位置,防止杯口模上浮和倾斜。浇筑时,先将杯口底混凝土振实并稍停片刻待沉实,再对称均衡浇筑杯口模四周的混凝土 3. 锥形基础应注意斜坡部位的混凝土要捣固密实,振捣完后,再用人工将斜坡表面修正拍平、拍实 4. 浇筑柱下部基础,应保证柱子插筋位置的准确,防止位移和倾斜。浇筑时,先满铺一层 5～10cm 厚的混凝土并捣实,使柱子插筋下端与钢筋网片的位置基本固定后,再继续对称浇筑,并避免碰撞钢筋 5. 条形基础应分段分层连续浇筑,各段各层间应互相衔接,每段长 2～3m,使逐段逐层呈阶梯形推进,并注意使先浇筑混凝土充满模板边角,然后浇筑中间部分

6.3 混凝土工程

续表

项次	项目	施 工 方 法 要 点
3	框架柱(墙)、梁、板、无梁楼盖等的浇筑	1. 浇筑多层框架混凝土应按结构层次和结构平面分层分段流水作业。通常水平方向以伸缩缝分段,竖向以楼层分层,每层先浇柱子,后浇梁、板 2. 柱子浇筑宜在梁、板模板安装完毕,钢筋未绑扎前进行,以利稳定柱模和上部操作。浇筑一排柱的顺序宜从两端向中间推进,不宜从一端推向另一端,以免模板吸水膨胀产生横向推力,累积到最后一根导致弯曲变形 3. 柱应沿高度一次浇筑完毕,如柱高超过 3.0m,应采用串筒下料,或在柱侧面开门子洞作浇筑口,分段浇筑,每段高不得超过 2m 4. 浇筑每层柱(墙)时,在底部应先铺一层 50~100mm 厚减半石子混凝土或去石子水泥砂浆,以避免底部产生蜂窝,并保证接缝质量 5. 肋形梁、板宜同时浇筑,先将梁的混凝土分层浇筑成阶梯形向前推进,当达到板底标高时,再与板的混凝土一起浇捣,随着阶梯不断延长,板的浇筑也不断向前推进。当梁高度大于 1m 时,可先将梁单独浇筑至距板底以下 20~30mm 处施工缝,然后再浇板 6. 柱(墙)与梁板、或柱与基础的混凝土同时浇筑时,应在柱(墙)、基础浇筑完毕,停歇 1.5h,使混凝土初步沉实后,再继续浇筑,以防止接缝处出现裂缝,柱根部出现"烂脖子"现象 7. 浇筑无梁楼盖时,在离柱帽下 50mm 处暂停,然后分层浇筑柱帽,下料应对准柱帽中心,待混凝土接近楼板底面时,再连同楼板一起浇筑。大面积楼板浇筑可采取分条段由一端向另一端进行(图 6-125) 8. 在浇筑柱、梁及主、次梁交接处,由于钢筋较密集,要加强振捣,以保证密实。必要时该处采用部分同强度等级的细石混凝土浇筑,采用片式振动棒振捣或辅以人工捣固
4	地坑和池槽的浇筑	1. 面积大且深的地坑和池槽,一般底板和立壁分开浇筑,底板施工缝设在距板面 300~500mm 处的立壁上,并做成凸缝、企口缝或埋 2mm 厚薄钢板止水带 2. 面积小而浅的地坑和池槽,可将底板和立壁的混凝土一次浇筑完成,内模应做成整体式,并设铁脚支承,其高度等于底板厚度,并在中间设止水板 3. 地坑、池槽深 3m 以内,应先用锹下料,待底板混凝土达到一定厚度始可用手推车下料,以免将钢筋压弯变形;对深 3m 以上的底板,要用串筒或溜槽送料 4. 浇筑立壁要在内模适当高度上留混凝土浇筑口或浇筑带,设串筒或溜槽下料。浇筑顺序是:底板沿长度方向从一端向另一端推进;当面积较大时,可多组并排浇筑;也可分组由两端向中间会合浇筑。立壁宜成环形回路分层浇筑,视立壁周长采用单组循环或双组循环(图 6-126)

续表

项次	项目	施 工 方 法 要 点
5	大体积混凝土设备基础的浇筑	1. 浇筑应在室外气温较低时进行，混凝土浇筑温度不宜超过28℃（指混凝土振捣后，在混凝土50～100mm深处的温度） 2. 混凝土一般应水平分段、分层或斜面分层连续浇筑完成（图6-127），不留施工缝，每层厚200～300mm；顺序宜从低处开始沿长边方向由一端向另一端推进，或采取从中间向两边或从两边向中间推进，保持混凝土沿高度均匀上升。亦可采取踏步式分层推进，推进长度一般为1.0～1.5m。浇筑时，要在下一层混凝土初凝之前浇捣上一层混凝土，并将表面泌水及时排出 3. 大面积浇筑混凝土，倾落高度超过2m应设溜槽、串筒，串筒布置应考虑浇筑速度、摊平能力，间距一般为2.5～3m，可采取行列或交叉布置。串筒下料后，应迅速摊平并捣实 4. 对地脚螺栓、预留螺栓孔、预埋管道等的浇筑，四周混凝土应均匀上升，同时应避免碰撞，以免发生位移或歪斜 5. 对大型设备基础常要求一次连续浇筑完成，不留施工缝。由于体积大，水泥水化热高，积集在内部热量不易散发，温度峰值常在45～55℃，而表面散热较快，使内外产生较大温差，受混凝土的自约束，易使基础产生表面温度收缩裂缝；在混凝土降温阶段，混凝土逐渐冷却，加上混凝土本身的收缩，当受到外部（岩基或厚大老混凝土垫层或周围结构）的约束亦会产生裂缝，有的裂缝贯穿整个截面。因此对于大体积设备基础，浇筑混凝土前应采取有效的防裂技术措施和进行必要的混凝土裂缝控制的施工计算（参见简明施工计算手册第二版、10.12一节），以控制裂缝的出现
6	现场预制构件的浇筑	1. 一般将运来的混凝土先倒在拌板上，再用铁锹投入模内，或在构件上部搭临时脚手平台，用手推车通过串筒直接向模内下料 2. 柱、梁、板类构件通常采用赶浆法，由一端向另一端进行，对长度较大的构件，亦可由中间向两端同时浇筑；对厚度大于400mm的构件，应分层浇筑，上下两层浇筑距离约3～4m，用插入式振捣器仔细捣实，边角两端预埋件等部位，注意慢浇、多插、轻捣，以做到浆料饱满密实，振动器达不到的部位，辅以人工振捣 3. 每1根（榀）构件应一次浇筑完成，不得留设施工缝。采用重叠浇筑构件，底层构件浇筑完毕表面抹完后，待构件混凝土强度达到设计强度的30%以上，才可铺设隔离层、支模、绑钢筋，浇筑上层构件 4. 屋架浇筑一般由两个成型小组分别浇筑上弦和下弦，由一端向另一端进行，对腹杆浇筑则共同分担（图6-128a），如腹杆为预制，亦采用由一端向另一端进行，或由两端开始向中间进行（图6-128b），亦可由上弦顶点开始至下弦中央结束（图6-128c）。每榀屋架应一次浇筑完成

6.3 混凝土工程

混凝土浇筑时的坍落度 表 6-147

项次	结构种类	坍落度(mm)
1	基础或地面等的垫层、无配筋的大体积结构(挡土墙、基础等)或配筋稀疏的结构	10~30
2	板、梁和大型及中型截面的柱子等	30~50
3	配筋密列的结构(薄壁、斗仓、筒仓、细柱等)	50~70
4	配筋特密的结构	70~90

注:1. 本表系采用机械振捣混凝土时的坍落度,当采用人工捣实混凝土时其值可适当增大;
2. 当需要配制大坍落度混凝土时,应掺用外加剂;
3. 曲面或斜面结构混凝土的坍落度应根据实际需要另行选定;
4. 轻骨料混凝土的坍落度,宜比表中数值减少 10~20mm。

混凝土浇筑层厚度 表 6-148

捣实混凝土的方法		浇筑层的厚度(mm)
插入式振捣		振捣器作用部分长度的 1.25 倍
表面振捣		200
人工捣固	在基础、无筋混凝土或配筋稀疏的结构中	250
	在梁、墙板、柱结构中	200
	在配筋密列的结构中	150
轻骨料混凝土	插入式振捣	300
	表面振动(振动时需加荷)	200

混凝土运输、浇筑和间歇的允许时间(min) 表 6-149

混凝土强度等级	气温	
	不高于 25℃	高于 25℃
不高于 C30	210	180
高于 C30	180	150

注:当混凝土中掺有促凝或缓凝型外加剂时,其允许时间应根据试验结果确定。

6 混凝土工程

普通混凝土达到1.2MPa强度所需龄期参考表 表6-150

外界温度(℃)	水泥品种强度等级	混凝土的强度等级	期限(h)	外界温度(℃)	水泥品种强度等级	混凝土的强度等级	期限(h)
1~5	普通32.5	C15	48	10~15	普通32.5	C15	24
		C20	44			C20	20
1~5	矿渣32.5	C15	60	10~15	矿渣32.5	C15	32
		C20	50			C20	24
5~10	普通32.5	C15	32	15以上	普通32.5	C15	20以上
		C20	28			C20	20以下
5~10	矿渣32.5	C15	40	15以上	矿渣32.5	C15	20
		C20	32			C20	20

注:水灰比采用普通水泥为0.65~0.8;采用矿渣水泥为0.56~0.68。

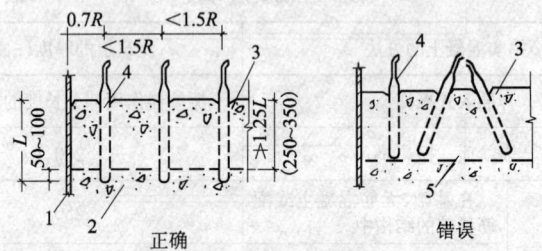

图6-124 混凝土捣实方法
1—模板;2—下层已振捣未初凝的混凝土;3—新浇筑的混凝土;4—振动棒;5—分层接缝
R—有效作用半径;L—振动棒长

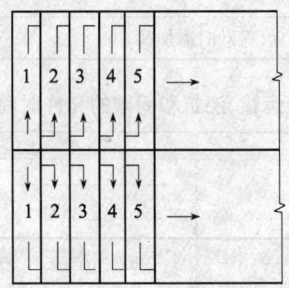

图6-125 楼板平台分段浇筑方法
1、2、3……—分段浇筑次序

6.3 混凝土工程

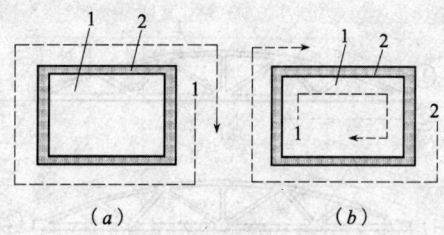

图 6-126 坑、池壁浇筑次序
(a)单组循环;(b)双组循环
1—坑、池底板;2—坑、池立壁

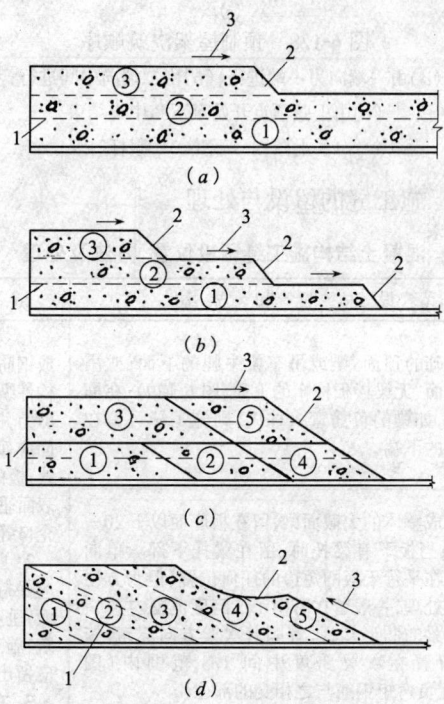

图 6-127 大体积混凝土底板浇筑方式
(a)全面分层;(b)、(c)分段分层;(d)斜面分层
1—分层线;2—新浇灌的混凝土;3—浇筑方向

6 混凝土工程

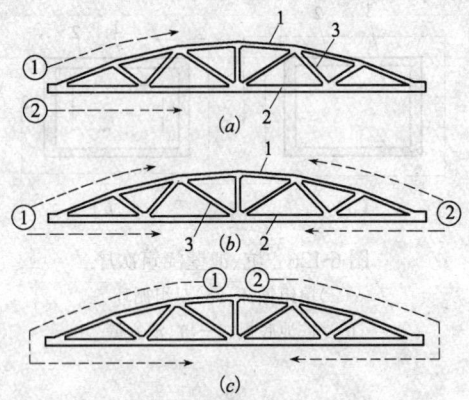

图 6-128 预制屋架浇筑顺序
(a) 由一端向另一端进行；(b) 由二端向中间进行；
(c) 由上弦顶点开始至下弦中央结束
1—上弦；2—下弦；3—腹杆

6.3.4.2 施工缝的留设与处理

混凝土结构施工缝留设位置、方法及处理　　　表 6-151

名称	留设位置和方法	缝面的处理
柱	留在基础的顶面、梁或吊车梁牛腿的下面；或吊车梁的上面、无梁楼板柱帽的下面（图 6-129）；在框架结构中，如梁的负筋弯入柱内，则施工缝可留在这些钢筋的下端	1. 为防止在混凝土或钢筋混凝土内产生沿构件纵轴线方向错动的剪力，柱、梁施工缝的表面应垂直于构件的轴线；板的施工缝应与其表面垂直；梁板亦可留企口缝，不得留斜槎 2. 所有水平施工缝应保持水平，并做成毛面，垂直缝处应支模浇筑；施工缝处的钢筋均应留出，不得切断 3. 在施工缝处继续浇筑混凝土前，已浇筑的混凝土，其抗压强度不应小于 $1.2N/mm^2$；在已硬化的混凝土表面上，应清除水泥薄膜（约
梁板、肋形楼板	与板连成整体的大截面梁，留在板底面以下 20～30mm 处；当板下有梁托时，留在梁托下部。单向板可留置在平行于板的短边的任何位置（但为方便施工缝的处理，一般留在跨中 1/3 跨度范围内） 有主次梁的肋形楼板，宜顺着次梁方向浇筑，施工缝应留置在次梁跨度中间 1/3 范围内（图 6-130），无负弯矩钢筋与之相交的部位	
墙	留置在门洞口过梁跨中 1/3 范围内，也可留在纵横墙的交接处	

6.3 混凝土工程

续表

名称	留设位置和方法	缝面的处理
楼梯、圈梁	楼梯施工缝留设在楼梯段跨中1/3跨度范围内无负弯矩筋的部位 圈梁施工缝留在非砖墙交接处、墙角、墙垛及门窗洞范围内	1mm)和松动石子以及较弱混凝土层,并加以充分湿润和冲洗干净,且不得积水;在浇筑混凝土前,宜先在施工缝处铺(刮)一层水泥浆或与混凝土内成分相同的厚15~25mm水泥砂浆,或先铺一层减半石子的混凝土,再正式继续浇筑混凝土,并细致捣实,使新旧混凝土紧密结合
箱形基础	箱形基础一般由底板、顶板、外墙和内隔墙组成。底板和顶板应一次浇筑完成。底板、顶板与外墙的水平施工缝应设在底板顶面以上及顶板底面以下300~500mm为宜,接缝宜设钢板、橡胶止水带或凸形企口缝;底板与内墙的施工缝可设在底板与内墙交接处;而顶板与内墙的施工缝,位置应视剪力墙插筋的长短而定,一般1000mm以内即可;箱形基础外墙垂直施工缝可设在离转角1000mm处,采取相对称的两块墙体一次浇筑施工,间隔5~7d,待收缩基本稳定后,再浇另一相对称墙体。内隔墙可在内墙与外墙交接处留施工缝,一次浇筑完成,内墙本身一般不再留垂直施工缝(图6-131)	4. 承受动力作用的设备基础的施工缝,在水平施工缝上继续浇筑混凝土前,应对地脚螺栓进行一次观测校准;标高不同的两个水平施工缝,其高低结合处应留成台阶形,台阶的高宽比不得大于1.0;垂直施工缝应加插钢筋,其直径为12~16mm,长度为500~600mm,间距为500mm,在台阶式施工缝的垂直面上也应补插钢筋;施工缝的混凝土表面应凿毛,在继续浇筑混凝土前,应用水冲洗干净、湿润后,在表面上抹10~15mm厚与混凝土内成分相同的一层水泥砂浆;继续浇筑混凝土时,该处应仔细捣实
地坑、水池	底板与立壁施工缝,可留在立壁上距坑(池)底板混凝土面上部200~500mm的范围内,转角宜做成圆角或折线形;顶板与立壁施工缝留在板下部20~30mm处(图6-132a);大型水池可从底板、池壁到顶板在中部留后浇缝(或称后浇带、间隔缝)使之形成环状(图6-132b)	
地下室、地沟	地下室梁板与基础连接处,外墙底板以上和上部梁板下部20~30mm处可留水平施工缝(图6-133a),大型地下室可在中部留环状后浇缝 较深基础悬出的地沟,可在基础与地沟、楼梯间交接处留垂直施工缝(图6-133b);很深的薄壁槽坑,可每4~5m留设一道水平施工缝	
大型设备基础	受动力作用的设备基础互不相依的设备与机组之间、输送辊道与主基础之间可留垂直施工缝,但与地脚螺栓中心线间的距离不得小于250mm,且不得小于螺栓直径的5倍(图6-134a) 水平施工缝可留在低于地脚螺栓底端,其与地脚螺栓底端的距离应大于150mm;当地脚螺栓直径小于30mm时,水平施工缝可留置在不小于地脚螺栓埋入混凝土部分总长度的3/4处(图6-134b);水平施工缝亦可留置在基础底板与上部块体或沟槽交界处(图6-134c) 对受动力作用的重型设备基础不允许留施工缝时,可在主基础与辅助设备基础、沟道、辊道之间受力较小部位留后浇缝(图6-135)	5. 后浇缝宜做成平直缝或阶梯缝,钢筋不切断。后浇缝应在其两侧混凝土龄期达30~40d后,将接缝处混凝土凿毛、洗净、湿润,刷水泥浆一度,再用强度不低于两侧混凝土的补偿收缩混凝土浇筑密实,并养护14d以上

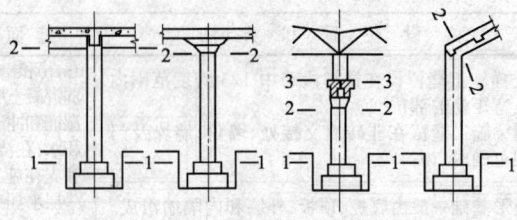

图 6-129 柱子施工缝留置
1-1、2-2、3-3 为施工缝位置

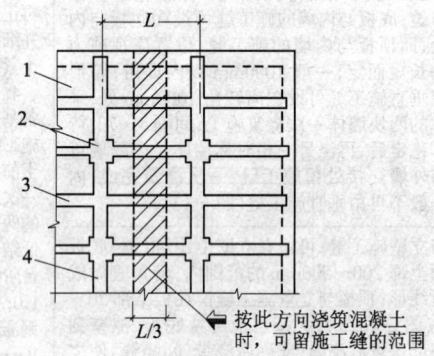

图 6-130 有主次梁楼板施工缝留置
1—楼板;2—柱;3—次梁;4—主梁;
L—次梁跨度

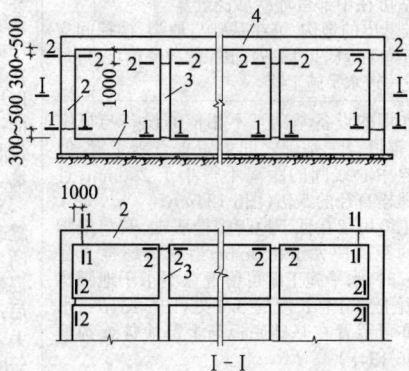

图 6-131 箱形基础施工缝的留置
1—底板;2—外墙;3—内隔墙;4—顶板
1-1、2-2—施工缝位置

6.3 混凝土工程

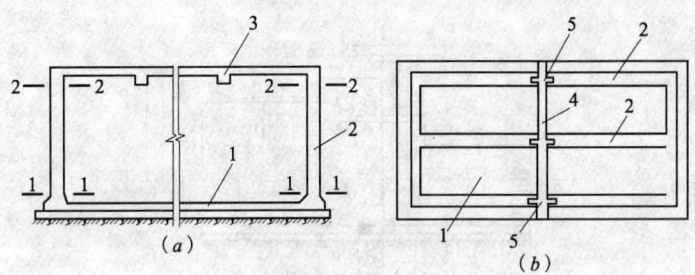

图 6-132 地坑、水池施工缝的留置
(a)水平施工缝留置；(b)后浇缝留置(平面)
1—底板；2—墙壁；3—顶板；4—底板后浇缝；5—墙壁后浇缝
1-1、2-2—施工缝位置

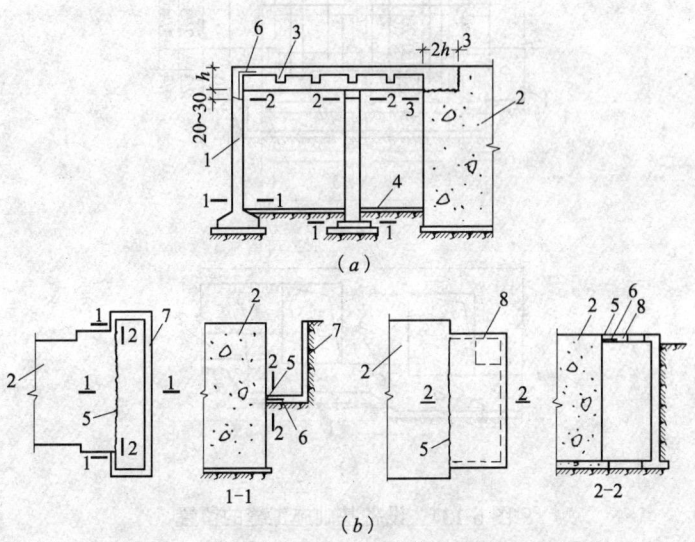

图 6-133 地下室、地沟、楼梯间施工缝的留置
(a)地下室；(b)地沟、楼梯间
1—地下室墙；2—设备基础；3—地下室梁板；
4—底板或地坪；5—施工缝；
6—伸出钢筋；7—地沟；8—楼梯间
1-1、2-2—施工缝位置

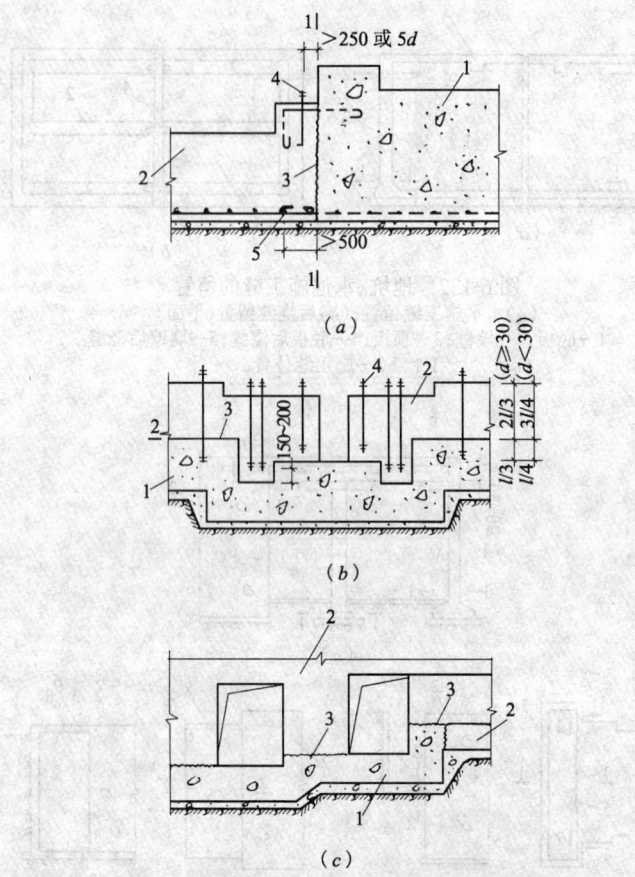

图 6-134 设备基础施工缝的留置
(a)两台机组之间适当地方留置施工缝;(b)基础分两次浇筑施工缝留置;
(c)基础底板与上部块体、沟槽施工缝留置
1—第一次浇筑混凝土;2—第二次浇筑混凝土;3—施工缝;
4—地脚螺栓;5—钢筋
d—地脚螺栓直径;l—地脚螺栓埋入混凝土长度

6.3 混凝土工程

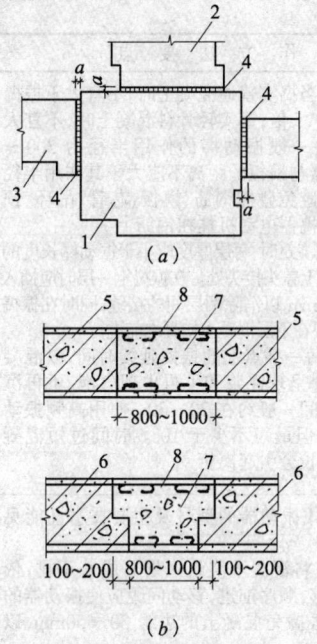

图 6-135 后浇缝留置及构造

(a)后浇缝的留置;(b)后浇缝构造
1—主体基础;2—辅肋基础;3—辊道或沟道;4—后浇缝;
5—先浇筑立壁;6—先浇筑底板;7—后浇筑混凝土缝带;8—附加钢筋
a—后浇缝宽度,$a=800\sim1000$mm;用于设橡胶止水带断开,$a=30\sim50$mm

6.3.4.3 振捣机具设备及操作要点

混凝土振动器种类、操作方法及适用范围　　表 6-152

名称	操 作 方 法 要 点	特点及适用范围
插入式振捣器（内部振捣器）	1. 振动棒部分有棒式、片式、针式等种，以棒式使用最为广泛。现场常用插入式振捣器的型号及主要技术性能见表 6-153 2. 插振方法可根据结构情况采用垂直插振或斜向插振。前者与混凝土表面垂直;后者与混凝土表面成 40°～45°角度。但二者不宜混用。振捣时，要快插慢拔，上下略为抽动，插点均匀排列，逐点移动，顺序进行，不得遗漏，达到均匀振实 3. 振动棒插点移动次序可采用行列式或交错式（图 6-136），二者不得混用，以免造成混乱而发生漏	插入式振捣器是通过棒体将振动能量直接传给混凝土。振动密实，效率高，结构简单，使用维修方便，只用一人操作，但劳动强度较大 适于基础、柱、梁、墙或厚度较大的板、大体积混凝土以及预制构

续表

名称	操 作 方 法 要 点	特点及适用范围
插入式振捣器（内部振捣器）	振。插点间距：当捣实普通混凝土时，不宜大于振捣器作用半径的1.5倍；捣实轻骨料混凝土时，不宜大于其作用半径（一般振动棒的作用半径为300~400mm）；振捣器与模板的距离不应大于其作用半径的0.5倍，并应避免碰撞钢筋、模板、芯管、吊环、预埋件等，或将振捣器电动机挂在钢筋上 4. 混凝土分层浇筑时，每层厚度应小于振动棒长度的1.25倍或振动棒以盖头接头处。在振捣上一层时应插入下一层不小于50mm，以消除两层间的接缝，同时在振捣上层混凝土时，要在下层混凝土初凝之前进行 5. 振动器在每一插点上的振捣延续时间，以混凝土表面呈水平并呈现浮浆和不再出现气泡、不再沉落为度，振捣时间一般约在20~30s，使用高频振动器可酌予缩短，但最短不少于10s。时间过短混凝土不易振实，过长会引起离析	件等的捣实；对钢筋较密集的结构，可根据情况使用片式或针式棒头进行振捣 对配筋特别稠密或厚度很薄的结构和构件不宜使用
平板式振动器（表面振动器）	1. 常用平板式振动器的型号及主要技术性能见表6-154 2. 使用时，应将混凝土浇筑区划分成若干排，依次成排平拉慢移，顺序前进，移动间距应使振动器的平板能覆盖已振捣完混凝土的边缘30~50mm，以防止漏浆 3. 振捣倾斜混凝土表面时，应由低处逐渐向高处移动，以保证混凝土振实 4. 平板振动器在每一位置上振捣延续时间，以混凝土停止下沉并往上泛浆，或表面平整并均匀出现浆液为度，一般约在25~40s 5. 平板振动器的有效作用深度，在无筋及单层配筋平板中约为200mm；在双层配筋平板中约120mm 6. 大面积混凝土楼地面，可将1~2台振捣器安在两条木杠上，通过木杠的振动使混凝土密实	平板式振动器是通过平板将振动能量传给混凝土。护盖面积大，振动的密实效果较好，由二人操作，劳动强度低，生产效率高 适于振捣平面面积大、表面平整、而厚度较小的结构件，如楼板、屋面板、地坪、路面、机场跑道以及预制梁板类构件上层表面振捣使用。不适于钢筋稠密、厚度较大的板类构件使用
附着式振动器（外部振动器）	1. 常用附着式振动器的型号及主要技术性能见表6-154 2. 使用时模板应支撑牢固，振动器应与模板外侧紧密连接（图6-137），以使振动作用能通过模板间接地传递到混凝土中，并保证模板不变形、不漏浆 3. 振动器的侧向影响深度约为25cm左右，如构件较厚时，须在构件两侧同时安装振动器进行振捣，它们的振动频率必须一致，其相对应的位置必须错开，使振捣均匀 4. 混凝土浇筑入模高度高于振动器安装部位方可开始振捣。但当钢筋较密和构件截面较深、较狭时，亦可采取边浇筑边振捣的方法	附着式振动器是通过模板来将振动能量传递给混凝土。其振动效果与模板的重量、刚度、面积以及混凝土结构构件的厚度有关，配置得当，振实效果好，振动器体积小，结构简单，操作方便，劳动强度低，但安装固定较为费事 适于振捣钢筋较密、

6.3 混凝土工程

续表

名称	操作方法要点	特点及适用范围
附着式振动器（外部振动器）	5. 振动器的设置间距（有效作用半径）及振捣时间宜通过试验确定，振动器一般安装距离为1.0～1.5m 6. 当混凝土振捣时，成一水平面并不再出现气泡，即可停止振捣移至下一处使用	厚度在300mm以下的柱、梁、板、墙以及不宜使用插入式振捣器的结构
振动台	1. 常用振动台的型号及主要技术性能见表6-155 2. 当构件厚度小于200mm时，可将混凝土一次装满振捣，如厚度大于200mm时，则宜分层浇筑，每层厚度不大于200mm，或随加料摊平随振捣 3. 振动时间根据混凝土构件的形状、大小及振动能力而定，一般以混凝土表面呈水平并出现均匀的水泥浆和不再冒气泡时，表示已振实，即可停止振捣 4. 振实干硬性混凝土和轻骨料混凝土时，宜采用加压振动的方法，压力为1～3kN/m²	振动台只产生上下方向的定向振动，对混凝土拌合物的密实成型非常有利 适于振捣干硬性混凝土构件及试验室制作试块的捣实

常用插入式振动器主要技术性能　　表 6-153

项目		HZ-50A 行星式	HZ$_6$X-30 行星式	HZ$_6$X-50 行星式	HZ$_6$X-60 插入式	HZ$_6$-50 插入式	Z×30(Z×50) 插入式
振动棒	直径(mm)	53	33	50	62	50	33(50)
	长度(mm)	529	413	500	470	500	—
	振动力(N)	4800～5800	2200	5700	9200	—	220(500)
	频率(次/min)	12500～14500	19000	14000	14000	6000	19000(12000)
	振幅(mm)	1.8～2.2	0.5	1.1	1.4	1.5～2.5	0.4(1.1)
软轴软管	软管直径(mm)	13	10	13	13	13	29(36)
	软管长度(m)	4	4	4	4	4	4(8)
	软轴直径(mm)	外径36、内径20		外径40、内径20	40	42	10(13)
电动机	功率(kW)	1.1	1.1	1.1	1.1	1.5	1.1(1.1)
	转速(r/min)	2850	2850	2850	—	2860	2850
总重(kg)		34	26.4	33	35.2	48	26(34)

6 混凝土工程

常用附着式及平板式振动器主要技术性能 表 6-154

项目	附着式					平板式	
	HZ_2-4	HZ_2-5	HZ_2-7	HZ_2-10	HZ_2-20	PZ-50	N-7
振动力(N)	3700	4300	5700	9000	18000	4700	3400
振动频率(次/min)	2800	2850	2800	2800	2850	2800	2850
振幅(mm)	—	—	1.5	2	3.5	2.8	—
振板尺寸(mm)	500×400	600×400	700×500	面积<0.4m²	1000×700	600×400	900×400
电动机功率(kW)	0.5	1.1	1.5	1.0	2.2	0.5	0.4
外形尺寸(mm)(长×宽×高)	365×210×218	425×210×220	420×280×260	410×325×246	450×270×290	600×400×280	950×550×270
重量(kg)	23	27	38	57	65	36	44

注：1. 附着式振动器可安置振板，装成平板式振动器。
　　2. PZ-50 平板振动器作用深度 250mm 以上。
　　3. 对厚度 100mm 以下混凝土面层振捣可采用 XD-B 型电动微型振动器，其技术性能为：振动频率 3000 次/min，振幅 1～2mm，振动力 400N，外形尺寸(长×宽×高)：250mm×118mm×110mm，重 3kg。

混凝土振动台主要技术性能 表 6-155

项目	型号		
	HZ_9-1×2	HZ_9-1.5×6	HZ_9-2.4×6.2
台面尺寸 (mm)	1000×2000	1500×6000	2400×6200
载重量 (kg)	1000	3000	5000
振动力 (N)	14600～3070	18000～35000	15000～23000
振幅 (mm)	0.2～0.7	0.2～0.7	0.2～0.7
频率 (次/min)	2850～2950	2940	1490～2940
偏心动力矩 (N·cm)	130～730	500～1400	1600～2400
电动机功率 (kW)	7.5	30	55
电动机转速 (r/min)	2900	2940	1470
外形尺寸 (mm)	2000×1000×515	6000×1500×750	6200×2400×870
重量 (kg)	640	4000	6500

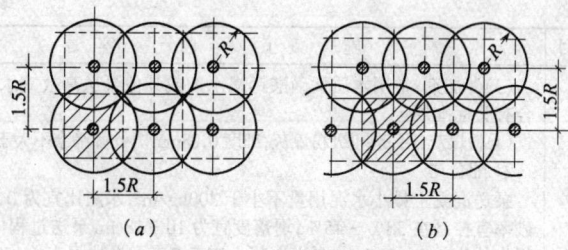

图 6-136 插入式振捣器插点排列方式
(a)行列式；(b)交错式
R—振动棒作用半径

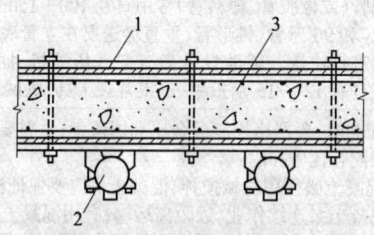

图 6-137 附着式振动器安装方法
1—模板；2—附着式振动器；3—钢筋混凝土墙体

6.3.4.4 泵送混凝土工艺

泵送混凝土特点、材料要求、机具及施工要点 表 6-156

项次	项目	施工内容
1	特点及使用	1. 泵送混凝土指用混凝土泵车或固定式混凝土泵沿管道输送和浇筑混凝土拌合物 2. 泵送混凝土的基本技术是混凝土应具有可泵性，即有一定的流动性和较好的黏聚性、泌水小、不易分离，以免造成堵管，同时保证要求的强度和经济合理 3. 泵送混凝土具有可一次连续完成水平和垂直运输，可以直接进行混凝土浇筑，施工速度快、工效高，劳动强度低，占用场地小等特点；但对原材料要求严格，对配合比要求高，施工组织要求严密 4. 适于大体积混凝土筏形基础、大型设备基础、高层建筑结构以及隧洞、桥墩等工程使用
2	材料要求及配合比	1. 材料要求： (1)水泥：宜用强度等级 32.5 及 32.5 级以上硅酸盐水泥或普通水泥，用矿渣水泥宜掺加适量粉煤灰，不得使用过期或受潮结块水泥 (2)粗细骨料：碎石的最大粒径与输送管径之比不宜大于 1:3；卵石不宜大于 1:2.5；粗骨料应采用连续级配，针片状颗料含量不宜大于 10%。细骨料宜采用中砂，通过 0.315mm 筛孔的砂，不应少于 15%

续表

项次	项目	施 工 内 容
2	材料要求及配合比	(3)外加剂:常用木质素磺酸钙减水剂或其他泵送高效减水剂,应符合有关标准规定 (4)粉煤灰:用工业Ⅱ级粉煤灰,细度 0.08mm 方孔筛筛余不大于8% 2.配合比 泵送混凝土最小水泥用量不小于 $300kg/m^3$,水灰比宜为 $0.4\sim0.6$;砂率宜控制在 $38\%\sim45\%$;坍落度宜为 $10\sim18cm$,泵送过程中坍落度损失约为 $1.0\sim2.5cm$;泵送混凝土施工参考配合比见表 6-157
3	施工机具	混凝土输送多用混凝土搅拌运输车及液压活塞式混凝土输送泵车或固定式混凝土输送泵,其技术性能见表 6-142、表 6-143 和表 6-144;输送钢管(或橡胶管、塑料管)常用直径 $100\sim150mm$,每段长约 3m,另配有 45°和 90°弯管、锥形管,垂直输送要在立管底部增设逆流阀,以保证连续进行输送。辅助设备尚有空气压缩机、插入式混凝土振捣器等。工具有 12″~15″活扳手、电工常规工具、机械常规工具等
4	施工工艺方法要点	1. 配制时,要严格控制配合比和坍落度;材料要准确称量;砂石含水量要在配合比中扣除 2. 混凝土必须用机械搅拌,混凝土供应要保证混凝土输送泵车或固定式混凝土泵连续作业,远距离运输,宜用混凝土搅拌运输车 3. 布置输送管道宜直、转弯宜缓,接头要严密,不漏气、不漏浆,使混凝土保持流动性。泵送管道的铺设应注意以下几点:(1)管道的配置应最短,尽量少用弯管和软管;(2)泵机出口应有一定长度的水平管,然后再接弯管;(3)管路布置应使泵送的方向与混凝土浇筑方向相反,使在浇筑时只需拆除管段而不需增设管段;(4)铺管向下斜输送混凝土时,若倾斜度为 $4°\sim7°$,应在下斜管的下端设置相当于 $5H$(H—落差)长度的水平配管(图 6-138a),若倾斜度大于 $7°$,还应在下斜管的上端设置排气活塞,以便放气(图 6-138b);(5)输送管道不得放在模板、钢筋上,以免受振动产生变形,应用支架、台垫或吊具等支承并固定牢固 4. 泵送混凝土前应先用水、水泥浆或 1:2 水泥砂浆润滑泵和输送管道 5. 泵车、混凝土输送泵开始压送混凝土时,速度宜慢,待混凝土送出管子端部时,速度可逐渐加快,并转入用正常速度进行泵送。压送要连续进行,如混凝土供应不及时,需降低泵送速度。如有问题,应每隔 $5\sim10min$ 反泵一次,以防堵管;如间歇超过 45min,或混凝土已出现离析,应立即用压力水或压缩空气冲洗输送管道内残留的混凝土 6. 在泵送过程中,受料斗内应具有足够的混凝土,以防止吸入空气产生阻塞 7. 泵送混凝土浇筑入模时,浇筑顺序有分层浇筑法和斜面分层法两种,要将端部软管均匀移动,使每层布料厚度控制在 $30\sim50cm$,不得成堆浇筑;当水平结构的混凝土浇筑层厚度超过 50cm 时,可按 $1:6\sim1:10$ 坡度分层浇筑,且上层混凝土,应超前覆盖下层混凝土 50cm 以上 8. 用固定泵送浇筑大体积基础,应分段分层进行,用钢管退缩布料,每层高约 90cm,每次浇筑宽度 1.5m 左右,以一定的坡度循序推进(图 6-139a、b),从 A 到 B,每层保持盖住下层混凝土不超过初凝;为 防 止

6.3 混凝土工程

续表

项次	项目	施 工 内 容
4	施工工艺方法要点	混凝土自流,使表面不平,采用支设模板隔挡(图6-139c),每段浇筑完后,立即拆除支挡模板。这种分段分层踏步式推进的浇筑方法,适用于厚度在1.5m以内的基础浇筑 9. 当基础厚度在1.5m以上,泵送采用不分层浇筑大体积混凝土时,一般采用"分段定点、一个坡度、薄层浇筑、循序推进、一次到顶"的方法,如图6-140所示。这种自然流淌形成斜坡的浇筑方法,能较好地适应泵送工艺,避免泵送管道经常拆除、冲洗和接长,从而提高了泵送效率,简化了混凝土的泌水处理,保证了上下层混凝土不超过初凝时间 10. 混凝土分层铺设后,应随即用插入式振捣器振捣密实。当混凝土坍落度大于15cm时,振捣一遍即可;当坍落度小于15cm时,应与普通混凝土一样振捣,以机械振捣为主,人工捣固为辅;振动棒移动间距宜为400mm左右,振捣时间宜为15~30s,且隔20~30min后,进行第二次复振。当采用斜面分层一个坡度浇筑时,应在每个浇筑带的前、后布置两道振捣棒;第一道布置在混凝土卸料点,用于解决上部混凝土的捣实;由于底部钢筋较密,第二道布置在混凝土坡脚处,确保下部混凝土振捣密实(图6-140) 11. 泵送混凝土在浇筑、振捣过程中,上涌的泌水和浮浆应排除,以免影响基础表面强度,常用泌水处理方法如图6-141所示 12. 泵送混凝土时,输送管道内存在压力,并呈弱喷射状态,混凝土输送管口应距模板500~1000mm,以免分离骨料堆在边角,造成蜂窝、麻面等疵病 13. 泵送结束时,应计算好混凝土需要量,以便决定拌制混凝土量,避免剩余混凝土过多 14. 混凝土泵送完毕,应进行混凝土泵、泵罐、布料杆及管路清洗。管道清理可采用空气压缩机推动清洗球清洗。方法是先安好专用清洗管,再启动空压机,渐渐加压,其压力不应超过0.7MPa。清洗过程中,应随时敲击输送管,了解混凝土是否接近排空。管道拆卸后按不同规格分类整齐堆放备用

泵送混凝土参考配合比 表 6-157

混凝土强度等级	碎石粒径 (mm)	配 合 比 （kg/m³）					
		水泥	砂	碎石	木钙减水剂	粉煤灰	水
C20	5~40	310	816	1082	0.775	0	192
C25	5~40	350	780	1078	0.875	0	192
C20	5~40	326	745	1071	0.960	58	200
C25	5~40	361	710	1065	1.062	64	200
C20	5~25	326	825	1047	0.815	0	202
C25	5~25	369	786	1043	0.922	0	202
C20	5~25	342	750	1037	1.007	61	210
C25	5~25	379	715	1029	1.118	67	210
C30	5~25	480	644	974	1.20	—	220

注:坍落度为11~13cm。

6 混凝土工程

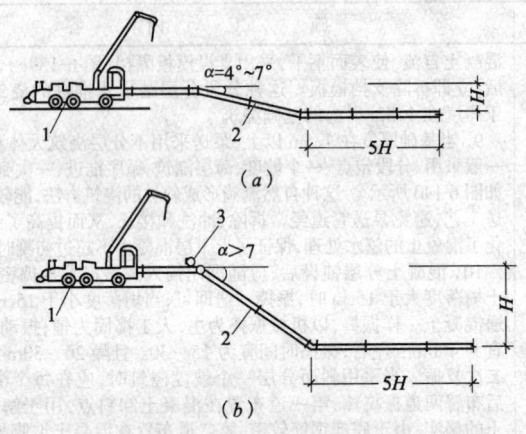

图 6-138 配管布置
(a)下弯 4°~7°;(b)下倾大于 7°
1—泵车或固定式混凝土泵;2—输送管道;3—放气阀

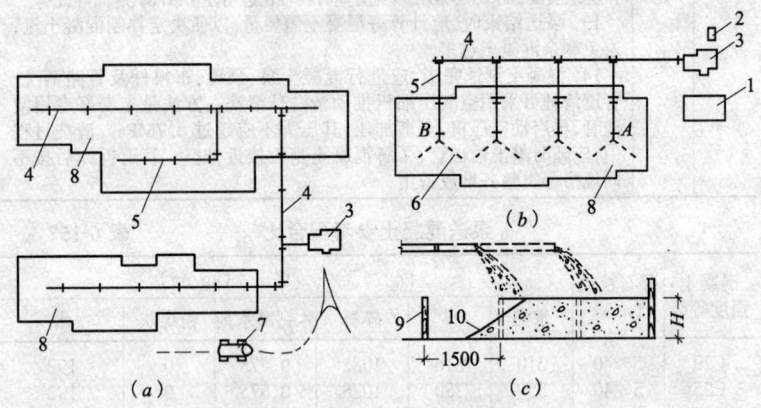

图 6-139 泵送混凝土分层浇筑布置
(a)纵向布置;(b)横向布置;(c)支设临时隔挡模板
1—搅拌站或受料台;2—主控室;3—混凝土输送泵;4—输送;5—输送支管;
6—软管;7—自卸翻斗车;8—大体积混凝土基础;9—临时隔挡模板;
10—拆除临时隔挡模板后混凝土自流平坡度
H—分层浇筑厚度,900mm

6.3 混凝土工程

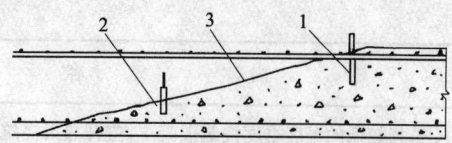

图 6-140 斜面分层混凝土浇筑和振捣
1—卸料点混凝土振捣；2—坡脚处混凝土振捣；3—混凝土振捣后形成的坡度

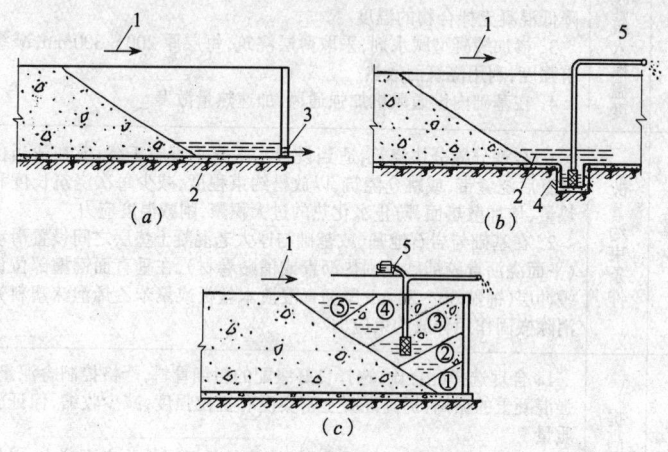

图 6-141 混凝土泌水处理
(a)模板留孔排除泌水；(b)设集水坑用泵排除泌水；(c)用软轴水泵排除泌水
1—浇筑方向；2—泌水；3—模板留孔；4—集水坑；5—软轴水泵
①、②、③、④、⑤—浇筑次序

6.3.4.5 大体积混凝土裂缝控制技术措施

常用大体积混凝土浇筑裂缝控制技术措施　　表 6-158

项次	技术措施	内　　　　容
1	降低水泥水化热量	1. 选用中低热水泥(如矿渣水泥、火山灰质水泥、粉煤灰水泥或硫酸盐水泥)配制混凝土，以减少混凝土凝结时的发热量 2. 合理配料，使用较粗骨料，掺加粉煤灰等掺合料；或掺加减水剂、缓凝型减水剂，改善和易性，降低水灰比，控制坍落度，减少水泥用量以降低水化热量 3. 利用混凝土后期(90d、180d)强度，降低水泥用量 4. 在基础内部预埋冷却水管，通入循环冷水，降低水泥水化热温度 5. 在厚大无筋或稀筋的大块体积混凝土中，掺加 20% 以下的块石吸热，并可节省混凝土

515

续表

项次	技术措施	内 容
2	降低混凝土浇筑入模温度	1．选择较低的温度季度浇筑混凝土,避开热天浇筑混凝土;对浇筑量不大的块体安排在下午3时以后或夜间浇筑 2．夏季采用低温水或冰水拌制混凝土;对骨料喷冷水雾或冷气进行预冷;或对骨料进行覆盖或设置遮阳装置;运输工具加盖,防止日晒,降低混凝土拌合物的温度 3．掺加缓凝型减水剂,采取薄层浇筑,每层厚200～300mm,减缓浇筑强度,利用浇筑面散热 4．在基础内设通风机加强通风,加速热量散发
3	改善约束条件	1．合理分缝分块浇筑,适当设置水平或垂直施工缝,或在适当位置设置后浇缝带,或跳仓浇筑,以放松约束程度,减少每次浇筑长度和蓄热量,增加散热面,防止水化热的过大积聚,削减温度应力 2．在基础与岩石地基、或基础与厚大老混凝土垫层之间设置滑动层(平面浇沥青胶铺砂或刷热沥青或铺贴卷材),在垂直面键槽部位设置缓冲层(铺贴30～50mm厚沥青浸渍木丝板或聚苯乙烯泡沫塑料),以消除嵌固作用释放约束应力
4	提高混凝土的极限拉伸强度	1．合理选择配合比,选择良好级配的粗细骨料,严格控制含泥量,加强混凝土的振捣,提高混凝土密实度和抗拉强度,减少收缩,保证施工质量 2．采取二次投料法、二次振捣法、浇筑后及时排除表面泌水,以提高混凝土强度 3．在结构物内适当配置温度、构造钢筋,在结构物截面突然变化、转折部位,底(顶)板与墙转折处,孔洞转角及周边,增加斜向构造配筋,以防应力集中 4．在基础与墙、地坑等接缝部位适当增大配筋率,设置暗梁,以减轻边缘效应,提高抗拉伸强度,控制裂缝开展 5．加强混凝土的早期养护,提高早期相应龄期的抗拉强度和弹性模量
5	加强施工的温度控制	1．搞好混凝土的保温保湿养护,缓慢降温,充分发挥徐变特性,减低温度收缩应力;夏季避免暴晒;冬期采用保温覆盖,以减低混凝土表面的温度梯度,防止温度突变引起的降温冲击 2．采取较长时间养护,规定合理的拆模时间,延缓降温时间和变形速度,充分发挥混凝土的"应力松弛效应",以削减温度收缩应力 3．加强测温和温度监测与管理,实行情报信息化施工,控制混凝土表面和内部温差不超过25℃;层面温差和基层底面温差均在20℃以内;随时调整保温及养护措施,不使混凝土温度梯度和湿度过大 4．合理安排施工程序,控制混凝土均匀上升,避免过大高差

6.3 混凝土工程

续表

项次	技术措施	内容
6	其他技术措施	1. 避免降温与干缩共同作用，导致应力累加。采取及时回填土，避免结构侧面长期暴露，同时尽快搞好防水设施，使地下水位上升，预防在降温危险期内产生过大的脱水干缩和湿度变化 2. 在混凝土中掺加水泥用量 1% 的 UEA 混凝土微膨胀剂，配制微膨胀补偿收缩混凝土，以抵销或部分抵消混凝土后期由于干缩和降温引起的混凝土收缩，避免或减轻混凝土开裂的可能 3. 采取"双控计算"措施，控制结构温度收缩应力在允许安全范围内，即在施工前按施工条件和拟采取的裂缝控制措施，计算可能产生的最大降温收缩拉应力，当超过该龄期的混凝土抗拉强度，则采取调整措施，使应力控制在允许范围内；混凝土浇筑后，根据实测温度和温度升降曲线，计算每阶段降温时混凝土的累计拉应力，当大于该龄期的混凝土抗拉极限强度时，则采取保温养护措施，控制内外温差在 25℃ 范围内，使缓慢降温，提高其弹性模量，充分发挥徐变特性，使应力小于该龄期混凝土允许的抗拉强度，以达到控制裂缝出现的目的

6.3.5 混凝土的养护

6.3.5.1 自然养护

自然养护方法　　　　　　　　　表 6-159

做法、适用场合	养护方法要点	注意事项
自然养护是在露天气温（+5℃）条件下，在混凝土表面进行覆盖、浇水养护，或在结构平面上四周砌 1~2 皮砖，或在池槽结构内灌水养护，使混凝土在潮湿条件下养护，强度正常发展 本法具有养护简单，不消耗能源等优点，但养护期长 适用于各种混凝土结构构件的养护	1. 对于普通塑性混凝土，应在浇筑完毕后 6~12h 内（夏季可缩短至 2~3h）；对于干硬性混凝土应在浇筑后 1~2h 内，用麻袋、草垫、苇席、锯末或砂进行覆盖，并及时洒水保持润湿养护 混凝土湿润养护对混凝土强度的影响见图 6-142 2. 浇水养护时间以达到标准条件下养护 28d 强度的 60% 左右为度，一般不少于 7d；用火山灰水泥、粉煤灰水泥、掺用缓凝型外加剂或有抗渗要求的混凝土，不得少于 14d 3. 浇水次数应能保持混凝土处于润湿状态，一般以气温 15℃ 左右，每天浇水 2~4 次，炎热及气候干燥时适当增加 4. 蓄水养护应经 24h，拆除内模板后进行，以防起皮 5. 自然养护温度的混凝土强度增长百分率参见表 6-160	1. 当平均气温低于 5℃ 时，不得浇水养护，以防突然降温使结构构件受冻 2. 混凝土养护过程中，如发现覆盖不好，浇水不足，表面出现泛白、细小干缩裂缝，应立即仔细遮盖，充分浇水，加强养护，并延长浇水时间，加以补救

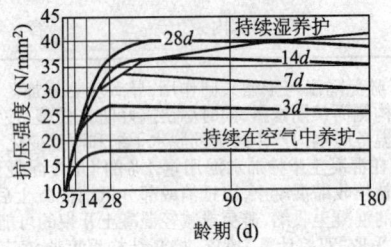

图 6-142 湿养护对混凝土强度的影响
（水灰比为 0.5）
3d、7d、14d、18d 为分别经 3d、7d、14d、28d
湿养护后在空气中养护强度的发展曲线

自然养护不同温度与龄期的混凝土强度增长百分率（%） 表 6-160

水泥品种及强度等级	硬化龄期(d)	混凝土硬化时的平均温度(℃)							
		1	5	10	15	20	25	30	35
32.5级普通水泥	2	—	—	19	25	30	35	40	45
	3	14	20	25	32	37	43	48	52
	5	24	30	36	44	50	57	63	66
	7	32	40	46	54	62	68	73	76
	10	42	50	58	66	74	78	82	86
	15	52	63	71	80	88	—	—	—
	28	68	78	86	94	100	—	—	—
32.5级矿渣水泥火山灰质水泥	2	—	—	—	15	18	24	30	35
	3	—	—	11	17	22	26	32	38
	5	12	17	22	28	34	39	44	52
	7	18	24	32	38	45	50	55	63
	10	25	34	44	52	58	63	67	75
	15	32	46	57	67	74	80	86	92
	28	48	64	83	92	100	—	—	—

6.3.5.2 蒸汽养护

蒸汽养护方法 表 6-161

做法、适用场合	养护方法要点	注 意 事 项
蒸汽养护是在工厂养生窑(坑)内铺设蒸汽管道,内放构件,或在现场结构构件周围采用临时性围护,上盖护罩或简易的帆布、油布,通以低压饱和蒸汽,使混凝土在较高温度和湿度条件下,迅速硬化,达到要求的强度,以缩短养护时间,加速模板或台座周转,提高生产效率,在寒冷地区可做到常年均衡生产 适于工厂生产预制构件或冬期施工现场养护预制构件或现浇结构	蒸汽养护制度一般分 4 个阶段进行,即静停、升温、恒温和降温(图 6-143) 1. 静停:指构件浇筑完毕至升温前在室温下静置一段时间,以增强混凝土对升温阶段结构破坏作用的抵抗能力,一般为 2~6h,对干硬性混凝土为 1h 2. 升温:是混凝土的定型阶段,一般为 2~3h,升温速度为 10~25℃/h,对干硬性混凝土为 35~40℃/h 3. 恒温:是混凝土强度主要增长阶段,一般为 5~8h,温度随水泥品种不同而异,普通水泥的恒温温度不得超过 80℃,矿渣水泥、火山灰质水泥可高至 90~95℃,并保持 90%~100%的相对湿度 4. 降温:一般为 2~3h,降温速度不大于 20~30℃/h。降温后构件出槽温度与室外气温之差不得大于 30℃,当室外为负温时不得大于 20℃,以防温度骤降使构件产生裂缝 5. 蒸汽养护的混凝土强度增长百分率参见表 6-162	1. 采用蒸汽养护应用低压饱和蒸汽,温度不超过 100℃,气压小于 $0.07N/mm^2$,湿度 90%~95% 2. 混凝土经 70°~80℃蒸汽养护,第一天可达 60%左右强度,第二天可增加 20%,第三天只能增加 8%左右的强度。混凝土最终强度与标准条件养护的强度比较:普通水泥为标准养护强度的 85%~90%,矿渣水泥为 115%,火山灰质水泥为 100%~110%。因此选择水泥时应考虑最终强度的影响 3. 混凝土中掺普通减水剂或加气剂,一般不宜采用蒸汽养护,如由于某种原因需要掺加时,应通过试验后确定 4. 采用简易篷布覆盖式或罩式养护,篷布之间搭接要求严密,与地面接触部位用土或砂压住使密闭,同时篷罩内应有排除冷凝水的沟道 5. 对先张法施工的预应力混凝土构件采用蒸汽养护,应考虑预应力筋张拉时的温度与蒸汽养护的温差所引起的钢筋应力值的损失,应对蒸养的最高温度按计算进行控制

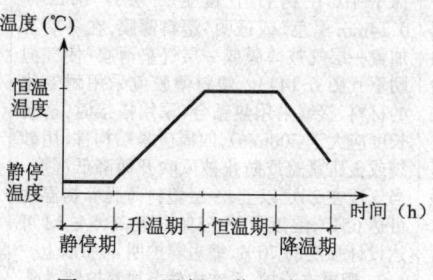

图 6-143 混凝土蒸汽养护制度

6 混凝土工程

蒸汽养护的混凝土强度增长百分率(%) 表6-162

养护时间(h)	混凝土硬化时的平均温度(℃)										
	普通水泥					矿渣水泥					
	40	50	60	70	80	40	50	60	70	80	90
8	—	—	24	28	35	—	—	—	32	35	40
12	20	27	32	39	44	—	26	32	43	50	63
16	25	32	40	45	50	20	30	40	53	62	75
20	29	40	47	51	58	27	39	48	60	70	83
24	34	45	50	56	62	30	46	54	66	77	90
28	39	50	55	61	68	36	50	60	71	83	94
32	42	52	60	66	71	40	55	65	75	87	97
36	46	58	64	70	75	43	60	68	80	90	100
40	50	60	68	73	80	48	63	70	83	93	—
44	54	65	70	75	82	51	66	75	86	96	—
48	57	66	72	80	85	53	70	80	90	100	—
52	60	68	74	82	87	57	71	82	91	—	—
56	63	70	77	83	88	59	75	84	93	—	—
60	66	73	80	84	89	61	77	87	97	—	—
64	68	76	81	85	90	63	80	89	99	—	—
68	69	77	82	86	90	66	81	90	100	—	—
72	70	79	83	87	90	67	82	91	—	—	—

6.3.5.3 太阳能养护

太阳能养护方法 表6-163

做法、适用场合	养护方法要点	注意事项
太阳能养护是在结构或构件周围表面用塑料薄膜或透光材料搭设的棚覆盖,用以吸收太阳光的热能,对结构、构件进行加热蓄热养护,使混凝土在强度增长的过程中有足够的湿度,促进水泥水化获得早强 本法具有工艺	有覆盖式、棚罩式、窑式和箱式等几种方法,以前两种使用较广 1. 覆盖式养护:系在结构、构件成型表面抹平后,在构件上覆盖一层厚0.12～0.14mm黑色(或透明)塑料薄膜,在冬期再加盖一层气被薄膜或一层气垫薄膜(使气泡朝下)(图6-144)。塑料薄膜应采用耐老化的材料,接缝采用热粘合(采用搭接时,搭接长度应大于300mm),四周应紧贴构件,用砂袋或土压紧盖严防止被风吹开而降低湿度。当气温在20℃以上,一层塑料薄膜养护温度可达65℃,湿度可达65%以上,1.5～3d可达设计强度的70%,缩短养护期40%以上 2. 棚罩式养护:系在构件上加养护棚罩或	1. 养护时要加强管理,根据气候情况,随时调整养护制度,当湿度不够时,要适当喷水 2. 塑料薄膜较易损坏,要经常检查修补。修补方法是,将损坏部分擦洗干净,然后用刷子蘸点塑料胶涂刷在破损部位,再将事先剪好的塑料薄膜贴上去,

6.3 混凝土工程

续表

做法、适用场合	养护方法要点	注意事项
简单,劳动强度低,投资少、节省费用(为自然养护的 45% ~ 65%；蒸汽养护的 30%),缩短养护周期30% ~ 50%,节省能源和养护用水等,但需消耗一定量塑料薄膜材料,而棚罩式不便保管,占场地较多 适于中、小型构件的养护,亦可用于现浇楼板、路面等的养护	再在构件上加一层黑色塑料薄膜。棚罩材料有玻璃、透明玻璃钢、聚酯薄膜、聚乙烯薄膜等,以透明玻璃钢和塑料薄膜为佳。罩的形式有单坡、双坡、拱形等(图 6-145),每节长4m,搭接长 300mm,罩内空腔比构件略大一些,一般夏季罩内温度可达 60~75℃；春秋季可达 35~45℃；冬季为 15~20℃。罩内湿度一般在 50%左右 3. 窑式养护:因太阳照射有适当倾角,建造成双层窑,顶部用太阳能养护,窑底是带其他热源的养护；有日照时,利用太阳能辐射热养护；无日照时,在窑面护盖棉垫贮热养护 4. 箱式养护:由箱体和箱盖两部分组成(图 6-146),箱体是一平板型太阳能集热器箱盖,主要反射聚光以增加箱内的太阳辐射能量,定时变换角度,基本可达到全天反射聚光目的。当白天气温 15~18℃,夜间气温 1~16℃时,箱内养护温度白天可达 80℃以上,夜间保持32℃以上；在阴雨天效果也较好,阴雨天白天气温 21℃,箱内最高温度可达 52℃,夜间最低 14℃,箱内仍可保持 27℃以上	用手压平即可 3. 采用太阳能集热箱养护混凝土,应注意使玻璃板斜度与太阳光垂直或接近垂直射入效果最好；反射角度可以调节,以反射光能全部射入为佳；反射板在夜间宜闭合,盖在玻璃板上,以减少箱内热介质传导散热的损失；吸热材料要注意防潮 4. 当遇阴雨天气,收集的热量不足时,可在构件上加铺黑色薄膜,提高吸收效率

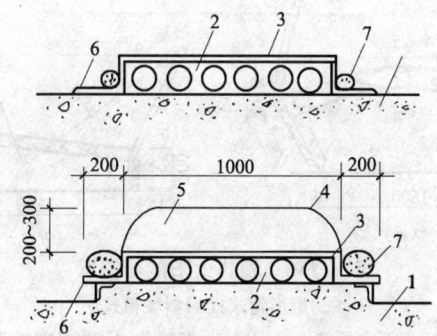

图 6-144 护盖式太阳能养护
1—台座；2—构件；3—覆盖黑色塑料薄膜；4—透明塑料薄膜；
5—空气层；6—压封边；7—砂袋

521

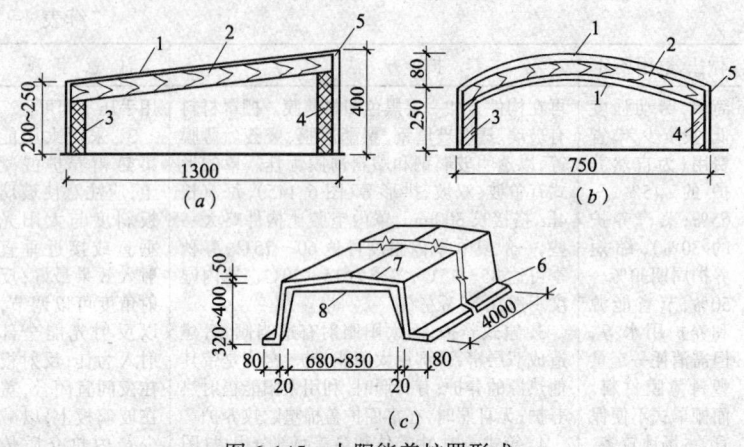

图 6-145　太阳能养护罩形式
(a)单坡式;(b)双坡拱式;(c)双坡式
1—透明塑料薄膜一层;2—25mm×50mm 方木或 12mm×80mm 弧形板@750mm;
3—黑色塑料薄膜一层;4—30～50mm 厚旧棉花;5—20mm 厚木板(外刷黑色油漆);
6—橡胶包底;7—透明聚酯玻璃钢;8—玻璃钢肋

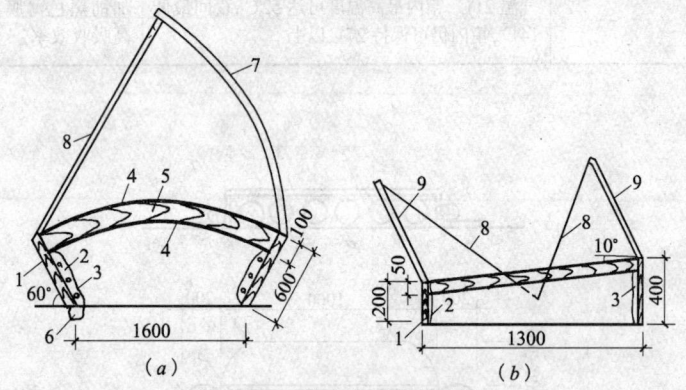

图 6-146　箱式太阳能养护罩
(a)扇形箱式;(b)斜坡箱式
1—10mm 厚木板;2—30～50mm 旧棉花;3—黑色塑料薄膜;
4—透明塑料薄膜;5—25mm×100mm 弧形木方;6—橡胶内胎皮;
7—箱盖(胶合板内刷铝粉);8—撑杆;9—镀铝涤纶反射盖

6.3.5.4 养护剂养护

养护剂养护法 表 6-164

做法、适用场合	养护方法要点	注意事项
养护剂养护又称喷膜养护,是在结构构件表面喷涂或刷涂养护剂,溶液中水分挥发后,在混凝土表面上结成一层塑料薄膜,使混凝土表面与空气隔绝,阻止内部水分蒸发,而使水泥水化作用完成 具有结构构件不用浇水养护,节省人工和养护用水等优点。但28d龄期强度要偏低8%左右 适于表面面积大,不便浇水养护的结构(如烟囱筒壁、间隔浇筑的构件等)、地面、路面、机场跑道或缺水地区使用	1. 混凝土养护液常用的有过氯乙烯、氯乙烯—偏氯乙烯醇酸树脂、沥青乳剂,以前两种使用较广,配合比见表6-165 2. 养护液系用喷枪或农药喷枪喷涂,其喷洒设备及工具见表6-166,无设备工具时,亦可用刷子刷涂 3. 喷(刷)涂结构上表面,可于混凝土浇筑后2~4h,在不见浮水,用手指轻按无指印时,即可进行喷洒;立壁于拆模后立即进行 4. 喷洒时,空气压缩机的工作压力以 $0.4 \sim 0.5 N/mm^2$ 为宜,容罐压力以 $0.2 \sim 0.3 N/mm^2$ 为宜,溶液喷洒厚度以 $2.5 m^2/kg$ 为度,厚薄要求均匀	1. 喷(刷)涂时应掌握合适时间,过早会影响薄膜与混凝土表面的结合,过晚则混凝土水分蒸发过多,影响水化作用 2. 溶液喷洒后会很快形成薄膜,应加强保护,防止硬物在表面拖拉碰撞损坏,或在其上行驶车辆。发现破裂损坏,应及时补喷养护液 3. 养护剂配制有毒、易燃,操作要注意防护等问题 4. 工作完后,应将设备及工具清理干净,避免腐蚀堵塞

混凝土养护剂品种及施工配合比(重量比) 表 6-165

材 料 名 称	过氯乙烯养护剂(%)		氯乙烯—偏氯乙烯养护剂(%)
	配合比1	配合比2	
过氯乙烯树脂	9.5	10	—
氯乙烯—偏氯乙烯(LP-37)乳液	—	—	100
苯二甲酸二丁酯	4	2.5	—
磷酸三钠(10%浓度)	—	—	5
粗苯	86	—	—
轻溶剂油	—	87.5	—
丙酮	0.5	—	—
磷酸三丁酯	—	—	适量
水	—	—	100~300

注:1. 氯乙烯—偏氯乙烯(LP-37)乳液系生产成品,有商品供应。
  2. 此外,养护剂品种尚有:(1)合成橡胶液溶液(配合比为:汽油:丁二烯苯乙烯热弹性塑胶:铝粉=93.5:3.5:3,重量比%,下同);(2)水玻璃水溶液,浓度为10%,其用量为 $0.3 kg/m^2$;(3)PJ乳液(配合比为:石蜡:熟亚麻仁油:三乙醇胺:硬脂酸:水=3.75:5.65:1.0:1.25:18.35)。

喷膜养护设备及工具表　　　　表 6-166

机具名称	规格技术性能	数量
空气压缩机	$0.18\sim0.6m^3$,工作压力 $0.4\sim0.5N/mm^2$,双闸门带电动机	1台
高压容罐	$0.5\sim1.0m^3$,$6\sim8$气压,带压力表、气阀、安全阀,均为 $\phi12.7mm$,$0.4\sim0.6N/mm^2$	$1\sim2$台
高压橡胶管	$\phi12.7mm$(乙炔氧焊管)	视场地而定
喷枪	$\phi12.7mm$(喷涂料或农药喷枪)	$1\sim2$副

6.4 特种混凝土

6.4.1 防水混凝土

防水混凝土组成、配制及施工要点　　　表 6-167

分类组成、特性及适用范围	原材料要求及配合比	施工要点
防水混凝土分骨料级配防水混凝土、普通防水混凝土、外加剂防水混凝土、膨胀水泥防水混凝土等 骨料级配混凝土是用三种或三种以上不同级配砂石,按不同比例混合而成,并加入一些粉料使其达到最小孔隙率和最大的密实度,来提高混凝土的抗渗性,因配制繁琐,应用较少 普通防水混凝土是通过调整普通混凝土组分的方法来提高自身密实度和抗渗性 外加剂防水混凝土是在混凝土混合物中掺入少量外加剂(如引气剂、密实剂、早强剂或减水剂),以提高混凝土的密实性、抗渗性 膨胀水泥防水混凝土	1. 材料要求 (1)水泥:在不受侵蚀性介质和冻融作用时,宜用普通水泥、火山灰水泥、粉煤灰水泥;如采用矿渣水泥应掺外加剂;在受冻融时,应选用普通水泥;水泥强度等级不宜低于32.5级,不得使用过期或受潮结块的水泥 (2)石子:粒径不宜大于40mm,吸水率不大于1.5%,含泥量不大于1% (3)砂:宜采用中砂,含泥量不大于3% (4)外加剂:常用的有引气剂、密实剂、早强剂、减水剂,其性能及掺量见表6-168 (5)膨胀剂:种类及性能见表6-188 (6)粉细料:防水混凝土可掺入一定数量的磨细粉	1. 防水混凝土配料应按重量配合比准确称量 2. 防水混凝土拌合物应用机械搅拌,搅拌时间不应少于2min,掺外加剂时,可延长 $1\sim1.5min$ 3. 模板要求拼缝严密,支撑牢固;固定模板用的螺栓、套管及埋于结构中的管道等应加焊止水环(图6-147、图6-148),并须满焊 4. 防水混凝土运输后,如出现离析,应二次搅拌,浇筑高度超过1.5m,应设串筒、溜槽或开门子下料 5. 混凝土应分段、分层、均匀、连续浇筑,用振动器振捣密实,振捣时间宜为 $10\sim30s$,至开始泛浆和不冒气泡为准,并应避免漏振、欠振和超振

6.4 特种混凝土

续表

分类组成、特性及适用范围	原材料要求及配合比	施工要点
是用膨胀水泥、无收缩水泥、塑化水泥或普通水泥中掺加膨胀剂，使混凝土密实，并提高抗渗性 防水混凝土用于工程可兼起结构物的承重、围护与防水三重作用，与一般卷材防水相比，防水混凝土结构防水具有使用耐久，能承受一定温度和冲击作用，施工工序少，操作简便，进度快，材料来源广，造价低等特点 适用于各种形状的刚度较大、表面温度不高（小于100℃）的整体钢筋混凝土结构和构筑物，如地下室、地下通廊、地坑、泵房、隧道、沉井、水池、水塔、贮油罐、设备基础等，但不宜用于受冲击振动或高温作用的结构	煤灰或磨细砂、石粉等。粉煤灰掺量应不大于20%，磨细砂、石粉的掺量不宜大于5%，粉细料应全部通过0.15mm筛孔 2. 配合比 防水混凝土的抗渗等级根据结构设计壁厚与地下水的最大水头的比值可按表6-169选用 普通防水混凝土配制主要是以抗渗强度等级为控制指标，一般要求水灰比小于0.63，水泥用量不小于300kg/m³，砂率不小于35%，灰砂比不小于1：2.5，坍落度为3～5cm 常用普通防水混凝土、掺外加剂防水混凝土、掺膨胀剂防水混凝土施工参考配合比见表6-170～表6-172	6. 混凝土浇筑宜少留或不留施工缝，必须留设时，水平施工缝可按图6-149所示形式，其位置应在底板上表面200mm以上；垂直施工缝应避开地下水和裂隙水较多的地段，并宜与变形缝相结合；继续浇筑时，施工缝处应凿毛扫净、湿润，再铺上一层20～25mm厚的1：1水泥砂浆 7. 防水混凝土终凝后应立即进行养护，时间不少于14d，并保持表面湿润 8. 大体积防水混凝土施工，应采取降低水化热温度、浇筑温度、加快散热等措施（参见表6-158），以避免产生温度和收缩裂缝

防水混凝土用外加剂性能及掺量参考表　　表 6-168

类别	名称	性能	掺量（占水泥量）	掺入混凝土后的性能	备注
引气剂	松香酸钠	深绿色液体，易溶于水	0.03%～0.05%	拌合时产生大量均匀微小的封闭气泡，破坏了毛细管作用，改善混凝土的和易性、泌水性、抗冻性。抗渗等级：松香酸钠防水混凝土可达P10～P25，掺松香热聚物可达P7～P15	使用时控制含气量在3%～5%，使密度降低不超过6%，强度降低不超过25%
	松香热聚物	微透明胶体，易溶于水	0.005%～0.015%		
密实剂	氢氧化铁防水剂	黏性胶状物质，不溶于水；食盐含量小于12%	2%	能生成一种胶状悬浮颗粒，填充混凝土中微小孔隙和毛细管路，因而有效地提高混凝土的密实性和不透水性。抗渗等级可达P15～P35	掺加后对凝结时间及钢筋锈蚀无显著变化
	氧化铁防水剂	深棕色液体，密度大于1.4，$FeCl_2 : FeCl_3 = 1:1～1.13$，二者含量大于400g/L	2.5%～3.0%		

续表

类别	名称	性能	掺量(占水泥量)	掺入混凝土后的性能	备注
早强剂	三乙醇胺	无色或淡黄色透明油状液体，密度1.12～1.13，pH＝8～9，纯度70%～80%，无毒，不易燃，易溶于水，呈碱性	0.02%～0.05%	能促使水泥胶体极端活泼性，加快水化作用，水化生成物增加，水泥石结晶变细，结构密实，因而提高混凝土的抗渗性和不透水性，抗渗等级可达P28～P40	冬期常与氯化钠、亚硝酸钠复合使用，其掺量为：氯化钠0.5%，亚硝酸钠1%
减水剂	M型减水剂(木质素磺酸钙)	黄褐色粉末状固体，易溶于水，密度0.54，pH＝5	0.2%～0.3%	对水泥有分散作用，显著改善混凝土拌合物和易性，可降低水灰比，减少用水量，同时有加气作用，提高抗渗性。其抗渗等级可达P30以上	使用时注意掌握掺量，控制含气量3.5%左右
减水剂	MF型减水剂(次甲基α甲基萘磺酸钠)	褐色粉末或棕蓝色液体，pH＝7～9，易溶于水，有一定吸湿性，无毒、不燃	0.3%～0.7%	对水泥有极好的扩散效应，因而改善混凝土拌合物的和易性，减少用水量，减少由于多余水分蒸发而留下的毛细孔体积，且孔径变细，结构致密，同时水化生成物分布均匀，因而提高混凝土的密实性和抗渗性，其抗渗等级可达P40以上	使用时可根据对混凝土的不同要求，与早强剂、加气剂、消泡剂复合使用，效果更好
减水剂	NNO减水剂(亚甲基二萘磺酸钠)	米棕色粉末或棕黑色液体，pH＝7～9，无毒、不燃，易溶于水	0.5%～1.0%		

防水混凝土抗渗等级 表6-169

最大水头(H)与防水混凝土壁厚(h)的比值$\left(\dfrac{H}{h}\right)$	＜10	10～15	15～25	25～35	＞35
设计抗渗等级(MPa)	0.6(P6)	0.8(P8)	1.2(P12)	1.6 P16	2.0(P20)

注：1. 地下结构应以设计最高地下水位作为最大计算水头。
　　2. 储水结构应以建筑物的蓄水高度或最高水位作为最大计算水头。

6.4 特种混凝土

骨料级配防水混凝土配合比 表 6-170

混凝土等级	水泥品种、强度等级	石子规格(mm)	坍落度(cm)	砂率(%)	配合比(kg/m³) 水	水泥	砂	石子	抗渗等级
C30	普通32.5	5~25	4~6	38	207	390	664	1082	P4
C20	普通32.5	5~40	3~5	36	185	360	659	1172	P6
C30	普通32.5	5~40	3~5	35	186	380	634	1177	P8
C20	普通42.5	5~40	3~5	41	189	310	794	1144	P10
C20	普通32.5	5~20 20~40		41	190	360	800	415 735	P12

掺外加剂的防水混凝土配合比 表 6-171

混凝土强度等级	水泥强度等级	坍落度(cm)	配合比(kg/m³) 水	水泥	砂	石子	松香酸钠(三乙醇胺)(%)	氯化钙(氯化铁)(%)	木质素磺酸钙(氯化钠)(%)	抗渗等级
C15	32.5	3~5	160	300	540	1238	0.05	0.075	—	P6
C20	32.5	3	170	340	640	1210	0.05	0.075	—	P8
C30	42.5	—	195	350	665	1182	(3)			>P12
C40	42.5	—	201	437	830	1162	(2)			>P30
C25	32.5	—	180	300	879	1062	(0.05)			>P20
C25	32.5	—	200	334	731	1169	(0.05)			>P35
C30	42.5	1~3	190	400	640	1170	(0.05)		(0.5)	>P12
C30	32.5	3~5	168	330	744	1214			0.25	P8

注:1. 石子规格均为 5~40mm。
2. 外加剂掺量均为水泥重量百分比(%)计。

6 混凝土工程

掺膨胀剂的防水混凝土配合比   表 6-172

水泥强度等级	膨胀剂掺量（%）	水泥用量（kg/m³）	配合比（重量计）水泥＋膨胀剂:砂:石子:水	f_{28}（N/mm²）	抗渗等级
42.5级普通	0	313	1:2.21:3.99:0.625	27.7/100	P10
	15	268	(0.85＋0.15):2.27:3.95:0.57	34.6/127	P20
32.5级矿渣	0	380	1:1.8:3.08:0.49	27.14/100	P5
	15	323	(0.85＋0.15):1.8:3.08:0.49	27.7/122	＞P7
42.5级普通	0	312	1:2.87:3.969:0.61	—	P10
	15	265	(0.85＋0.15):2.287:3.969:0.59	—	P26
42.5级普通	0	356	1:2.1:3.3:0.6	39/100	—
	15	303	(0.85＋0.15):2.1:3.3:0.6	38/97.4	—

注：膨胀剂用明矾石膨胀剂。

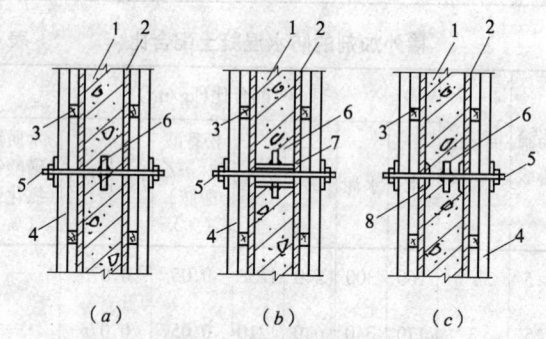

图 6-147 预埋螺栓、套管方法
(a)螺栓加焊止水环；(b)预埋套管；(c)螺栓加堵头
1—防水结构；2—模板；3—横撑木；4—立楞木；5—螺栓；
6—止水环；7—套管（拆模后，螺栓拔出，内用膨胀水泥砂浆封堵）；
8—堵头（拆模后，将螺栓沿坑底割去，用膨胀水泥砂浆封堵）

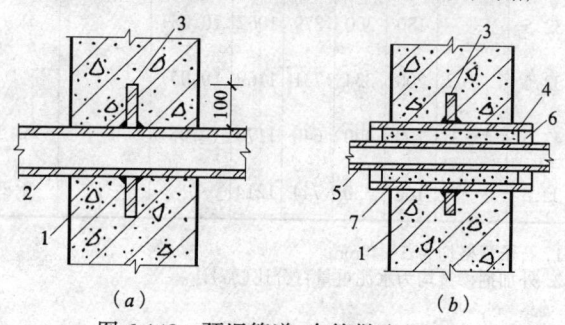

图 6-148 预埋管道、套管做法(一)

6.4 特种混凝土

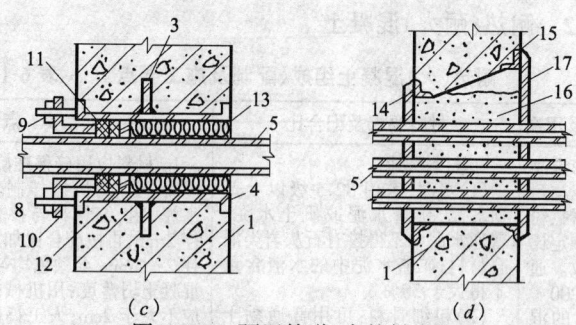

(c)   (d)

图 6-148 预埋管道、套管做法(二)
(a)固定式穿墙管;(b)、(c)套管式穿墙管;(d)群管做法
1—地下结构;2—预埋管道;3—止水环;4—预埋套管;5—安装管道;
6—防水油膏;7—细石混凝土或砂浆;8—双头螺丝;9—螺帽;10—压紧法兰;11—橡胶圈;
12—挡圈;13—嵌填材料;14—封口钢板;15—固定角钢;16—柔性材料;17—浇筑孔

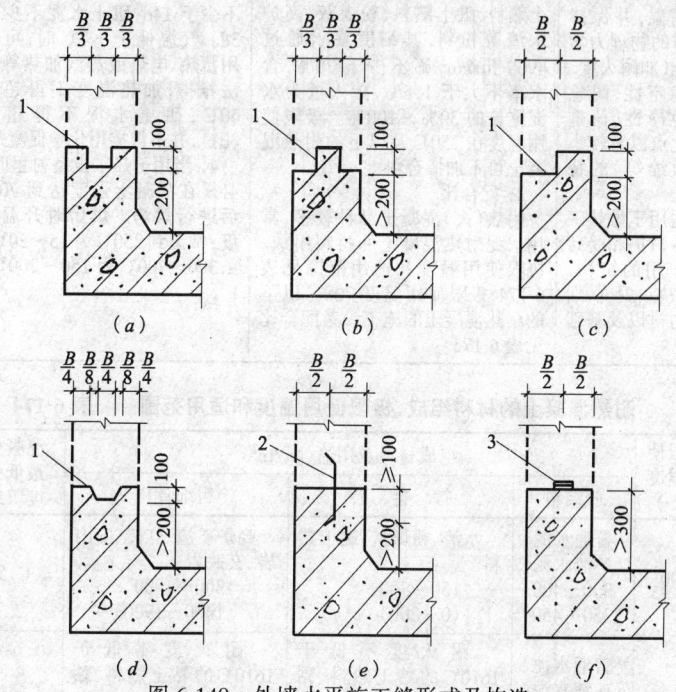

图 6-149 外墙水平施工缝形式及构造
(a)凹缝;(b)凸缝;(c)阶梯缝;(d)楔形缝;(e)嵌钢板止水片(带)平缝;(f)嵌 BW 止水条
1—施工缝;2—镀锌钢板止水片或塑料止水带;3—BW 止水条

6.4.2 耐热(耐火)混凝土

耐热(火)混凝土组成、配制及施工要点　　表6-173

组成、特性及用途	材料要求及配合比	施 工 要 点
耐热(火)混凝土系用水泥与耐火粗、细骨料、粉料和水按一定比例配制而成。通常能承受200~900℃高温的混凝土，称耐热混凝土，能承受900℃以上高温的混凝土，称耐火混凝土 具有能长期经受高温，并保持所需的物理力学性能(如耐火度、热稳定性、耐急热急冷性、荷重软化点以及较小的收缩等)的特性 适用于做热工设备衬护和受高温作用的结构，如炉墙、炉坑、烟囱内衬以及基础等	1. 材料要求 (1) 水泥：系用32.5级以上普通水泥、矿渣水泥或矾土水泥。普通水泥中不得掺有石灰岩类混合材料；矿渣水泥中的水渣含量不得大于50% (2) 粗细骨料：可用普通黏土砖、耐火黏土砖、高铝砖等碎块、黏土熟料、矾土熟料、安山岩、玄武岩碎块等粗骨料，粒径一般为5~25mm，细骨料粒径为0.15~5mm (3) 掺合料：可用黏土砖粉、黏土熟料、矾土熟料、粉煤灰、水渣等粉料，其细度要求通过4900孔/cm² 筛不少于70%，含水率不大于1.5%，掺入量为水泥重量的30%~100%。极限使用温度在350℃及以下的耐热混凝土可不加掺料 2. 配合比 耐热(火)混凝土品种较多，常用水泥耐热混凝土的材料组成、极限使用温度和适用范围见表6-174；极限使用温度700℃以下的耐热混凝土的施工参考配合比见表6-175	1. 材料应用磅秤准确称量。混凝土宜用机械拌制。先将水泥，粗、细骨料与掺合料搅拌2min，再按配合比加入水搅拌2~3min，至颜色均匀为止。混凝土坍落度：用机械振捣时应不大于2cm；人工捣固时不大于4cm 2. 浇筑应分层进行，每层厚度为25~30cm 3. 普通水泥耐热混凝土浇筑后，宜在15~25℃的潮湿环境中养护不少于7d；矿渣水泥不少于14d；矾土水泥不少于3d。气温低于+7℃时，可采用蓄热、电热或蒸汽加热等方法养护，加热温度不得超过60℃；矾土水泥不得超过30℃，并不得掺用化学促凝剂 4. 当用于热工设备衬里时，必须在混凝土强度达到70%后进行烘烤。烘烤时升温速度：常温到250℃为15~20℃/h；300~700℃为150~200℃/h

耐热混凝土的材料组成、极限使用温度和适用范围　　表6-174

极限使用温度(℃)	组成材料及用途(kg/m³)			混凝土最低强度等级
	胶结料	掺合料	粗细骨料	
700	普通水泥 (矿渣水泥) 300~400 (350~450)	水渣、粉煤灰、黏土熟料 150~300 (0~200)	高炉矿渣、红砖、安山岩、玄武岩 1300~1800 (1400~1900)	C15
900	普通水泥 (矿渣水泥) 300~400 (300~400)	耐火度不低于1610℃的黏土熟料、黏土砖 150~300 (100~200)	耐火度不低于1610℃的黏土熟料、黏土砖 1400~1600 (1400~1600)	C15

6.4 特种混凝土

续表

极限使用温度(℃)	组成材料及用途(kg/m³)			混凝土最低强度等级
	胶结料	掺合料	粗细骨料	
1200	普通水泥 300~400	耐火度不低于1670℃的黏土熟料、黏土砖、黏土熟料 150~300	耐火度不低于1670℃的黏土熟料、黏土砖、黏土熟料 1400~1600	C20
1300	矾土水泥 300~400	耐火度不低于1730℃的黏土熟料、矾土熟料 150~300	耐火度不低于1730℃的黏土砖、矾土熟料、高铝砖 1400~1700	C20

注：1. 表中括号内数字为以矿渣水泥为胶结料的材料用量。极限使用温度为平面受热时的温度，对双面或全部受热结构，应经计算或试验后确定，耐热混凝土强度等级为以100mm×100mm试块的烘干抗压强度乘以系数0.9而得。
2. 普通水泥耐热混凝土用于无酸碱侵蚀的工程；矾土水泥耐热混凝土用于厚度小于400mm的结构，无酸碱侵蚀的工程。

水泥耐热混凝土参考配合比　　　表 6-175

混凝土强度等级	配合比（kg/m³）					
	水	水泥		耐火砂（红砖砂）(0.15~5mm)	耐火砖块（红砖块）(5~25mm)	粉煤灰
		等级	用量			
C15	400	普通32.5	350	(484)	(591)	150
C20	232	矿渣32.5	340	850	918	—
C20	300	普通32.5	350	810	990	—
C20	236	矿渣32.5	393	707	983	—

注：表中配合比适用于极限使用温度700℃以下。

6.4.3 抗冻混凝土

抗冻混凝土组成、配制及施工要点　　　表 6-176

组成原理及使用	材料要求及配合比	施 工 要 点
抗冻混凝土系在普通级配混凝土中掺入少量松香酸钠泡沫剂配制而成 由于泡沫剂在混凝土中产生大量松小而较为稳定的微泡，能填充混凝土的空隙并堵塞毛细管道路，使外部水分不易渗	1. 材料要求 （1）水泥：采用32.5级硅酸盐水泥或普通水泥 （2）砂：采用中砂，含泥量应小于3% （3）碎石：粒径5~40mm，经15次冻融循环	1. 材料应准确称量；粗细骨料的含水量使用前应测定，并在配合比中扣除 2. 混凝土应用机械拌制，搅拌顺序为先加50%的水和泡沫剂搅

6 混凝土工程

组成原理及使用	材料要求及配合比	施工要点
入。当微泡周围混凝土毛细管中水分受冻膨胀时，微泡又能起一定地缓冲作用，免除或减少水泥石因受冻而出现裂缝或防止裂缝继续扩大，因而具有良好的抗冻、抗渗性能，抗渗强度等级可达到 P8～P12 抗冻混凝土适用于制冷设备基础工程；抗冻砂浆适于结构或基础表面抹面	试验合格(总重损失小于5%)的坚实级配花岗岩或石英岩碎石，不应有风化颗粒，含泥量小于1% (4)泡沫剂：用不加胶质的松香酸钠泡沫剂，原材料要求及配制方法见表6-135 2.配合比 参见表6-177	拌1min，再加水泥搅拌1min，最后加砂、石和余下的50%水，搅拌时间为3～4min 3.浇筑方法及养护要求与松香酸钠防水混凝土相同

F150 抗冻混凝土(砂浆)参考配合比　　表 6-177

配合比 (kg/m³)					技术性能		
水	水泥	砂	碎石		泡沫剂(占水泥重)(%)	抗压强度(MPa)	冻融150次强度损失(%)	抗渗等级(MPa)
			规格(mm)	用量				
184	368	578	20～40	1229	0.037	219	16.0	0.8
192	384	603	5～15 20～40	223 898	0.038	238	1.2	1.2
190	380	619	5～25 20～40	228 912	0.038	315	9.6	1.2
173	385	681	5～15 15～20 20～40	243 366 604	0.289	327	10.0	0.8～1.2
271	590	1180	—		0.118	320	1.2	

注：1. 按试验方法规定，混凝土冻后强度降低值不大于25%即认为合格。抗冻等级 F150 表示冻融循环150次其强度降低值合格。
　　2. 抗渗试验按每8h 递增一个水压进行。

6.4.4 耐低温混凝土

耐低温混凝土组成、配制及施工要点　　表 6-178

组成、特性及用途	材料要求及配合比	施工要点
耐低温混凝土又称膨胀珍珠岩混凝土、	1.材料要求 (1)水泥：采用42.5级或52.5级硅酸盐水泥或普通水泥，要求无结	1.混凝土应采用机械拌制，一次搅拌量为搅拌机容量的80%。投料顺序为：先把水和

6.4 特种混凝土

续表

组成、特性及用途	材料要求及配合比	施 工 要 点
珠光砂混凝土。系采用水泥、膨胀珍珠岩砂和泡沫剂加水配制而成 具有密度小、导热系数低、耐低温、耐火、隔热、隔声、耐冻、断冷等优良性能 适用于深冷（0～－196℃）工程做隔热保温材料以及管道、屋面、隧道等的隔热、吸音、减噪、保温等工程上使用	块，夏期宜用水化热较低的矿渣水泥 （2）膨胀珍珠岩砂：白色或灰白色颗粒，平均粒径 0.33～0.44mm，一般三级品，密度以 160～220kg/m³ 为合适 （3）泡沫剂：自行配制，用浓度 2%～3%的碱液加温后，掺入松香粉末（为水重的 1/20～1/30），缓慢掺入溶解，待松香粉末全部溶解，适当搅动后即成 2．配合比 施工参考配合比及物理力学性能见表 6-179 耐低温混凝土的导热系数与含水率有关（表 6-180），抗压强度随含水率的提高而降低，随水泥用量增大而提高，而水泥用量对导热系数的影响十分敏感，因此应尽可能的缩减水泥用量，采用高强度等级水泥，而对强度的满足可选择合适的珍珠岩砂密度等级来适应	泡沫剂同时倒入搅拌筒内拌 1min，使其发泡，再倒入水泥搅拌 1min，最后倒入膨胀珍珠岩砂，搅拌 2～3min，使均匀、颜色一致，圆锥体稠度为 3～5cm，即可使用 2．拌好的混凝土应立即浇筑，以保证充足的气泡存在。浇筑应分层进行，每层厚度不大于 30cm，用人工捣固。每浇完一层，在表面用方锹、刮尺或木抹轻轻拍实并划毛，最后一层用木抹抹平，如有护面层，应做成粗糙面 3．混凝土应连续浇筑，不宜留施工缝 4．终凝后，用湿草袋覆盖养护。做护面层前应进行风干

耐低温混凝土参考配合比 表 6-179

水泥膨胀珍珠岩砂（体积比）	水泥用量（kg/m³）	膨胀珍珠岩砂用量（kg/m³）	泡沫剂掺量（占水泥重）（%）	技 术 性 能			
				湿密度（kg/m³）	导热系数[W/(m·K)]	抗压强度（N/mm²）	
						f_{28}	－196℃
1∶2.0	647	205	0.05	1100	0.307	11.9	14.2
1∶2.5	520	206	0.02	990	0.251	8.4	9.8
1∶2.5	550	217	0.05	1100	0.269	11.0	8.4
1∶3.0	480	228	0.05	750	0.175	6.6	—
1∶3.0	440	209	0.05	936	0.211	7.8	7.4
1∶3.0	405	192	0.03	879(干)	0.267	10.7	10.2
1∶3.5	—	—	0.05	800	0.174	6.2	—
1∶4.0	360	228	0.05	—	—	—	—

注：水灰比以混合时加水，可用手握成球蛋时为宜，一般为 0.7～0.80。

耐低温混凝土不同含水率的导热系数　　　　表 6-180

含水率(%)	0	10	20	28	38	50
导热系数[W/(m·K)]	0.198	0.278	0.350	0.395	0.462	0.492

6.4.5 耐酸混凝土

耐酸混凝土参见"11.3 水玻璃类防腐蚀工程"一节。

6.4.6 耐碱混凝土

耐碱混凝土组成、配制及施工要点　　　　表 6-181

组成、特性及应用	材料要求及配合比	施 工 要 点
耐碱混凝土是用普通硅酸盐水泥与耐碱的粗细骨料、粉料配制成可耐50℃以下、浓度25%的氢氧化钠和50～100℃、浓度12%的氢氧化钠和铝酸钠溶液的腐蚀以及任何浓度的氨水、碳酸钠、碱性气体和粉尘等的腐蚀 用于做耐碱地坪面层、贮碱池槽、罐体结构以及受碱腐蚀的基础等	1. 原材料要求 (1) 水泥:采用32.5级以上普通水泥,水泥熟料中的铝酸三钙含量不应大于9%;碳酸盐水泥由水泥熟料和石灰石粉按1∶1混合而成 (2) 粗细骨料和粉料:用耐碱密实的石灰石类(石灰岩、白云岩、大理岩)、石英岩等制成的碎石;砂和粉料亦可用石英质砂。砂中小于0.15mm的粉末含量不宜大于20%,砂的细度模数在2.47～3.59;粉料的细度宜小于0.16mm,要求干净无杂质,加入量宜占总骨料的6%～8%,水泥用量大时,亦可少加或不加。粗骨料、粉料的碱溶率应不大于1g/L 2. 配合比 应经试验确定。Ⅰ级耐碱混凝土水泥用量不宜少于360kg,水灰比不宜大于0.50;Ⅱ级耐碱混凝土水泥用量不宜少于300kg,水灰比不宜大于0.55。耐碱混凝土施工参考配合比见表6-182	1. 原材料应准确称量,粗细骨料、粉料的含水量使用前应测定,并在配合比中扣除 2. 混凝土应用机械拌制,搅拌时间不少于2min。混凝土坍落度不宜大于40mm。浇筑时,应用振捣器仔细捣实 3. 混凝土应一次连续浇筑完成,避免留施工缝,楼地面应一次找坡抹平、压实、压光,并在砂浆终凝前完成,不得铺撒干水泥 4. 混凝土应加强养护,已浇筑完的混凝土应在12h内加以覆盖并浇水养护,养护时间不少于14d 5. 质量要求:不应有露筋、裂缝和漏浆等现象以及蜂窝、麻面等缺陷。混凝土试块的抗压强度:Ⅰ级耐碱混凝土不宜小于30N/mm²;Ⅱ级不小于25N/mm²;抗渗强度等级:Ⅰ级耐碱混凝土不宜小于1.8N/mm²;Ⅱ级不小于1.2N/mm²

6.4 特种混凝土

耐碱混凝土施工配合比　　　表 6-182

项次	配合比 (kg/m³) 水泥等级	水泥用量	石灰石粉	中砂	碎石粒径(mm)	碎石用量	水	坍落度(cm)	自然养护(d)	浸碱养护(d)	抗压强度(N/mm²)
1	32.5级普通水泥	360	—	780	5~40	1170	178	5	28	14	21.0
2	32.5级普通水泥	340	110	740	5~40	1120	182	5	24	28	23.8
3	32.5级普通水泥	330	—	637	15~15 5~40	366 855	188	—	—	—	30.0
4	32.5级普通水泥	420	40	650	10~30	1070	205	3	28	28	30.0
5	碳酸盐水泥	340	—	600	10~40	1405	150	2	28	28	13.8

注：1. 项次 4 另掺加水泥用量 0.5‰的三乙醇胺、0.4‰的 YT-1 型早强引气减水剂，抗渗等级为 1.8N/mm²。
 2. 耐碱砂浆重量配合比为水泥∶砂加石灰石粉料=1∶2，粉料占骨料总重的 15%，水灰比 0.5。
 3. 浸碱养护的碱液为浓度 25%的氢氧化钠溶液。

6.4.7　耐油混凝土

耐油混凝土组成、配制及施工要点　　　表 6-183

组成、特性及用途	材料要求及配合比	施工要点
耐油混凝土是一种不与矿物油起化学作用并能阻抗其渗透的混凝土（又称抗油渗混凝土）。它是在普通混凝土中掺入密实剂氢氧化铁、三氯化铁或三乙醇胺复合剂经充分搅拌配制而成。具有良好的密实性、抗油渗性能，可防止油质渗入混凝土中破坏界面粘结力，使混凝土松软	1. 材料要求 (1) 水泥：32.5级及 32.5级以上硅酸盐水泥或普通水泥，要求无结块 (2) 粗细骨料：采用粒径 5~40mm 的符合筛分曲线、质地坚硬的碎石，空隙率不大于 43%，吸水率小；砂中中砂，平均粒径 0.35~0.38mm，不含泥块杂质。砂石混合后的级配空隙率不大于 35% (3) 水：一般洁净水 (4) 外加剂： 1) 氢氧化铁：采用 1kg 纯三氯化铁溶解于水，再加入 0.74kg 纯氢氧化钠（或 0.68kg 生石灰）充分中和，至 pH=7~8 为止，可制得 0.66kg 纯氢氧化铁，再用 6 倍清水分三次清洗、沉淀、滤净达到氯化钠含	1. 配合比应准确称量；材料中含水量应在配合比中扣除。外加剂应测定其固体含量和纯度 2. 混凝土应用机械拌制，搅拌时间不少于 2~3min；运输应有防离析、分层措施 3. 浇筑应分层均匀下料，振捣插点应均匀密实，表面应刮平、压光

6 混凝土工程

续表

组成、特性及用途	材料要求及配合比	施工要点
抗油渗等级可达到P8~P12(抗渗中间体为工业汽油或煤油) 适用于在石油、冶金工程中建造贮存轻油类、重油类的油槽、油罐及耐油底板、地坪面层等	量小于12%制得 2)三氯化铁混合剂:为三氯化铁溶液掺加一定木质素的木醋浆(固体含量为33%~37%)而成。三氯化铁溶液配制方法为:将三氯化铁溶于三倍水中,再加入其重量10%的明矾(先溶于5倍水中),徐徐倒入三氯化铁溶液中搅匀即成。木醋浆与水按1:2溶解,使用时三氯化铁与木醋浆分别加入 3)三乙醇胺复合剂:为淡黄色透明油状液体,密度1.12~1.13,pH=8~9,纯度70%~80% 2.配合比(见表6-184)	4.浇筑完12h后,表面应覆盖草袋,浇水养护不少于14d,冬期要及时采取保温措施 5.如混凝土结构处于地下,应预先处理好地下水,使混凝土在养护期间不受地下水浸泡

耐油混凝土(砂浆)参考配合比 表6-184

名称	混凝土强度等级	配合比 (kg/m³)						抗渗等级
		水	水泥	砂	石子(白石子)	三氯化铁(三乙醇胺)(%)	明矾(氢氧化铁)(%)	木醋浆(氯化钠)(%)	
混凝土	C30	195	355	613	1143	1.58	0.1	—	P8
混凝土	C30	189	350	608	1233	1.58	0.1	0.43	P8
混凝土	C30	203	370	644	1190	1.5	—	0.15	P12
混凝土	C30	153	390	626	1020	(0.05)	—	(0.5)	P24
混凝土	C30	200	370	640	1190	—	(2)	—	
砂浆		275	550	1100	—	1.5	—	0.15	
砂浆		275	550	1100	—	—	(2)	—	P6

注:外加剂的掺量均以水泥重量的百分比(%)计。

6.4.8 钢纤维混凝土

钢纤维混凝土组成、配制及施工要点 表6-185

组成、特性及用途	材料要求及配合比	施工要点
钢纤维混凝土是在普通混凝土中掺入一定量短钢纤维配制而成 具有改善和提高普通混凝土的抗拉	1.材料要求 (1)水泥:使用32.5级以上普通水泥 (2)砂石:使用中砂或中粗砂,含泥量小于3%;石子用5~15mm的碎石,最大不超过20mm	1.宜用机械拌合。配制时,先投入砂、石、水泥干拌,然后加水(或外加剂水溶液)湿拌的同时,徐徐将钢纤维均匀分散到拌合料中搅拌均匀为

6.4 特种混凝土

续表

组成、特性及用途	材料要求及配合比	施 工 要 点
强度、弯曲抗拉强度（1.3～2倍）、抗弯曲韧性（40～60倍）、抗冲击性能（4～9倍）、耐磨性能（1倍）、耐冻性（0.9倍）、抗疲劳强度以及抗裂缝开展、结构刚度、承载力等性能 适用于薄壁悬臂结构、工业地坪、结构加固、高速公路、桥面、飞机跑道护面、隧道、喷射支护、岩石护坡、桩帽、桩尖,抗震基础等	（3）钢纤维：应用直径0.3～0.6mm,长20～40mm的普通碳素钢丝,长(l)径(d)比宜为60～80;l/d过大,拌制易结团;过小不利于控制裂缝开展;要求无油渍和杂质 （4）水：一般饮用水,不含有害杂质 2．配合比 水泥用量应在380～430kg/m³;水灰比0.42～0.48;钢纤维使用量为混凝土体积的1%～2%（其重量约为80～150kg/m³),最大不超过2.5%；施工参考配合比见表6-186	止。搅拌时间比普通混凝土延长1～2min 2．混凝土运输不宜超过30min,如发现有分层离析或过干现象,应在浇筑前用人工进行二次拌合 3．浇筑应连续进行,每层铺筑厚度20～30cm,如有间歇,时间不应超过30min,随浇随用插入式振动器或表面振动器捣实,表面压光 4．加强养护,终凝后浇水养护不少于14d

钢纤维混凝土参考配合比　　　　表 6-186

项次	配 合 比 （kg/m³）						性 能	
	水	水泥	砂	碎石 规格(mm)	碎石 用量	钢纤维	减水剂（%）	抗压强度（N/mm²）	抗折强度（N/mm²）
1	184	400	750	5～12	1050	100	0.25	39.1	15.7
2	185	430	787	5～12	1045	150	0.25	44.4	18.6
3	198	396	686	5～12	1120	30	—	—	—
4	161	700	—	5～10 10～20	40% 60%	100～150	1	90.0～100	17.5

注：1. 减水剂用量为占水泥重量百分比,配合比1～2为木质素磺酸钙减水剂,配合比4为MF减水剂。
2. 钢纤维与混凝土的粘结强度为5.0～6.0N/mm²。
3. 配合比4的钢纤维混凝土与钢筋粘结强度为8.52N/mm²。
4. 配合比1、2用于薄壳、折板屋面；配合比3用于吊车轨道垫层；配合比4用于薄壁结构、结构加固、桥面、机场跑道、护面等。

6.4.9 补偿收缩混凝土

补偿收缩混凝土组成、配制及施工要点　　表6-187

组成、机理及用途	材料要求及配合比	施工要点
补偿收缩混凝土,又称微膨胀混凝土。是用膨胀水泥或在普通水泥中掺入适量膨胀剂与粗细骨料和水配制而成 混凝土在硬化过程中产生微膨胀,对膨胀加以限制,即可使混凝土产生不大的压应力,从而可抵消(补偿)混凝土的全部或大部分收缩,避免或大大减轻混凝土开裂;此外在限制条件下,还可以提高混凝土的强度(10%~20%)、抗渗性和抗冻性等 适用于作屋面防水,高级路面,地下室防水,液气贮罐,水池,水塔,梁、柱接头,设备底座灌浆,地脚螺栓锚固及构件补强等材料使用	1. 材料要求 (1)膨胀水泥:应用最多的是硫铝酸钙类膨胀水泥,常用品种有明矾石膨胀水泥、硫酸盐水泥、硅酸盐自应力水泥、低热微膨胀石膏矿渣水泥等,而以明矾石膏膨胀水泥应用最多 (2)水泥:采用32.5级以上硅酸盐水泥、普通水泥,新鲜无结块 (3)膨胀剂:常用膨胀剂及掺量见表6-188,不得与氯盐类外加剂复合使用 (4)粗细骨料:与普通混凝土相同,粗骨料宜用间断级配 2. 配合比 补偿收缩混凝土的性能要求见表6-189,补偿收缩混凝土参考配合比见表6-190	1. 配制时,水泥用量必须准确,误差不得大于1% 2. 混凝土宜用强制式搅拌机搅拌,投料顺序是:砂、水泥、膨胀剂、石子,逐步加水搅拌,搅拌时间2~3min,必须均匀搅拌;运输时间不应太长,防止坍落度损失过大,如坍落度降低,不得再添加拌合水 3. 浇筑前,与混凝土接触的物件应充分湿润,与老混凝土的接触面应先保湿12~24h 4. 混凝土应分层快速浇筑,用机械振捣,浇筑温度不宜超过35℃,浇筑间歇不得超过2h 5. 混凝土不泌水,凝结时间较短,抹面和修整应在硬化前1~2h进行 6. 混凝土应加强早期养护,混凝土终凝后2h,即应洒水养护,潮湿养护时间不少于7d;最宜采取蓄水养护或采取洒水和用塑料薄膜覆盖

常用膨胀剂制成、机理及掺量　　表6-188

名　称	制　成　及　机　理	掺量(%)
氧化钙类膨胀剂	用石灰石、黏土和石膏做原料制成。水化时,由氧化钙结晶转化为氢氧化钙产生体积膨胀,同时可提高抗压、抗拉强度	8~9
氧化铁膨胀剂	用铁粉加氧化剂(过铬酸盐、高锰酸盐等)拌匀而成。它是由金属铁氧化而产生体积膨胀。耐热性好,膨胀稳定较早。适用于干燥环境中	6~8
氧化镁膨胀剂	用白云石经800~900℃煅烧后粉磨而成。水化时,氧化镁生成氢氧化镁,体积增大造成混凝土膨胀	5~9
复合膨胀剂	由氧化钙、天然明矾和石膏共同磨细而成。水化时,生成氢氧化钙、钙矾石产生体积膨胀。强度、抗渗性、抗冻性均提高	7~10

6.4 特种混凝土

续表

名 称	制 成 及 机 理	掺量(%)
矾土石膏膨胀剂	用矾土水泥与生石膏粉按1:1配合而成。与水作用产生微膨胀	10~14
铝粉膨胀剂	金属铝磨细加分散剂而成。加入后产生氢气,发泡而引起体积膨胀	0.01左右
UEA膨胀剂	由硫酸盐或铝酸盐熟料或硫酸铝熟料与明矾石、石膏外加剂共同粉磨而成。密度2.85,颜色呈灰白	10~14

注:掺量以水泥重量的%计。

补偿收缩混凝土的性能要求　　　　　　表 6-189

限制膨胀率不小于	限制收缩率不大于	28d 抗压强度不小于(N/mm^2)
1.5×10^{-4}	4.5×10^{-4}	20.0

注:在配筋或其他限制下,混凝土产生的体积膨胀率称限制膨胀率;混凝土产生的体积收缩率称限制收缩率。

补偿收缩混凝土参考配合比　　　　　　表 6-190

编号	混凝土强度等级	配合比(kg/m^3)				膨胀剂掺量(%)	减水剂掺量(%)	坍落度(cm)
		水泥	砂	石子	水			
1	C30	450	662	1188	198	0	0.5	12~14
2	C30	450	630	1220	198	0	0.5	10~12
3	C40	367	712	1211	180	10	0.5	8~10
4	C38	370	665	1142	159	12	0.5	8~10

注:1. 编号1、2水泥用625号明矾石膨胀水泥;编号3~4水泥为普通水泥;膨胀剂用复合膨胀剂;减水剂用MF减水剂。
　　2. 编号1为泵送;编号2~4为人工。

6.4.10 不发火混凝土

不发火花混凝土配制及施工要点　　　　　　表 6-191

组成及用途	原材料要求配合比	施 工 要 点
不发火花混凝土是一种与坚硬金属、石块等冲击或摩擦而不会发生火花的混凝土。采用水泥与不易发生火花的粗细骨料	1. 原材料要求 (1)水泥:用32.5级硅酸盐水泥或普通水泥 (2)粗细骨料:应以含有碳酸盐为主要成分的大理石、白云石、石灰石或MU10黏土砖	1. 材料严格称量,用机械拌制。如用人工拌制,应干拌3次,湿拌4次至混合均匀,颜色一致为止 2. 混凝土分仓摊铺,直尺刮平,并用滚筒压实至

续表

组成及用途	原材料要求配合比	施工要点
和水配制而成 适于冶金、化工等严禁火种的防爆车间、危险品仓库以及其他严禁产生火花的车间做地坪和墙裙	破碎的砂和碎石；砂粒粒径5~20mm。加工时应吸铁检查，不含铁屑和杂质 （3）水：一般洁净水 2．配合比 施工参考配合比见表6-192	表面泛浆，用铁抹子抹平、压光，待吸水后再压光二至三遍，或用磨光机进行磨光 3．养护方法与普通混凝土要求相同

不发火混凝土（砂浆）参考配合比　　表6-192

混凝土、砂浆强度等级	配合比（kg/m³）				备注
	水	水泥	细骨料	粗骨料	
C15	226	390	437	850	粗细骨料均使用黏土砖碎块
C20	219	377	656	1067	粗细骨料使用大理石碎块
C20	223	360	673	1098	
M	302	464	1114	—	细骨料用黏土碎砖块，用于表面抹面
M	378	600	1350	—	细骨料用大理石砂，用于表面抹面

6.4.11　钢屑混凝土

钢屑混凝土组成、配制及施工要点　　表6-193

组成、特性及用途	材料要求配合比	施工要点
钢屑混凝土采用水泥、砂、钢屑和水配制而成 具有强度高（抗压强度可达40~80N/mm²），导热性能、耐磨性能好（其耐磨性与花岗岩相当）等特点 适于做地坪耐磨面层、矿仓的衬面、楼梯踏步以及吊车梁、轨道的垫层等	1．材料要求 （1）水泥：采用32.5级以上普通水泥或矿渣水泥 （2）砂：用普通河砂或石英砂，应洁净无杂质 （3）钢屑：用金属切削的废屑，粒径0.5~5mm，如有油污，用10%浓度的氢氧化钠溶液煮沸去油，再用热水清洗干燥 （4）水：一般洁净水 2．配合比（见表6-194）	1．混凝土配制方法与普通混凝土相同 2．基层要求洁净、湿润 3．混凝土随浇随用人工强力捣实、压光 4．终凝后覆盖锯屑或草袋浇水养护14d

6.4 特种混凝土

钢屑混凝土施工参考配合比 表 6-194

混凝土强度等级	水泥等级	配合比(kg/m³)				抗压强度(N/mm²)	抗折强度(N/mm²)
		水泥	砂子	钢屑	水		
C40	32.5	1150	345	1150	323.1	45.4	6.68
C50	32.5	929	464	1858	343.7	64.88	14.66
C50	32.5	1051	329	1544	361	54.5	—
C40	32.5	978	—	1467	350	48.0	—

6.4.12 蛭石混凝土

蛭石混凝土组成、配料及施工要点 表 6-195

组成、特性及用途	材料要求及配合比	施 工 要 点
蛭石混凝土是以水泥(或沥青)与不同颗粒膨胀蛭石和水配制而成的一种轻骨料混凝土。具有质量密度小,有优良的保温、隔热、隔声与耐火性能和一定的强度。适用于做屋面、炉墙、烟道的隔热层及恒温室、蒸汽管道和热工设备的保温	1. 材料要求 (1)水泥:用 32.5 级或 42.5 级硅酸盐水泥或普通水泥 (2)沥青:用 30 号或 55 号石油沥青 (3)蛭石:粒径5~15mm,密度115~380kg/m³,导热系数 0.058 W/(m·K) 2. 配合比及性能 蛭石混凝土参考配合比及技术性能见表 6-196	1. 配制可采用人工或机械。拌制时先将水泥和蛭石干拌均匀,再加水拌至混合料干湿一致即可。加水量以拌合物用手捏紧成团,稍有水珠挤出把手放开不松散为宜 2. 混凝土捣固可用木夯拍实(体积压缩一般约 40%~50%)至表面平整即可 3. 混凝土养护采用自然养护(保持一定湿度);自然养护 24h 后,再在 80~100℃下干燥养护 4. 沥青蛭石混凝土拌制时,先将蛭石预热至 100~140℃,再按比例加入已熔化脱水热至 200℃左右的沥青,边加边搅拌,直到均匀一致,然后分装模或摊铺压实,待降至室温时即可拆模

蛭石混凝土施工参考配合比及技术性能 表 6-196

项次	配 合 比			密度(kg/m³)	吸水率(%)	吸湿率(%)	抗压强度(N/mm²)	导热系数[W/(m·K)]
	水泥	沥青	蛭石					
1	1	—	6~10	440~500	63.8	1.7	0.3~0.4	0.105~0.174
2	1	—	0.43~0.67	700~990	—	—	1.0~1.9	0.086~0.349
3	1	—	1.0~1.5	650~800	—	—	0.4~0.5	0.086~0.349
4	—	1	15	346	89.7	1.18		0.044

注:1. 项次 1 为体积比,用于高温做隔热保温层;项次 2、3 为重量比,用于做墙板或砌块;项次 4 亦为体积比,用于低温做保温层。
2. 如以矾土水泥为胶结料,蛭石和耐火材料为骨料,可制成耐热蛭石混凝土,用做炉膛、炉衬等耐火隔热的砌筑。
3. 蛭石砂浆配合比为:水泥:蛭石粉:石灰膏=1:5:1(体积比)。

6.4.13 大孔混凝土

大孔混凝土组成、配制及施工要点　　表 6-197

组成、特性及用途	材料要求及配合比	施 工 要 点
大孔混凝土又称无砂混凝土。是用卵石或碎石（或陶粒、炉渣、浮石、碎砖等轻骨料）和水泥加水配制浇筑而成的一种轻混凝土；有时为提高强度，可加入少量砂，称少砂混凝土 具有密度小（1400～1900kg/m³，用轻骨料为660～1300kg/m³），导热系数低，透气率大，隔热（相当于砖墙）、隔声、抗震、抗冻、耐火性能好，收（干）缩小（比普通混凝土小20%～30%），且迅速等特性。同时施工简单，可就地取材，造价低（比砖墙可降低造价25%～35%）。但强度一般较低，渗透性大 适于建造 4 层以下民用房屋内外墙体；用做承重墙，厚度一般为 18～20cm，非承重墙为 12～15cm，墙面宜抹灰，以增加耐久性，或做复合保温墙板；由于其易拆特性，亦可做临时建筑墙体，或用于做排水暗管或管井用井管等	1. 材料要求 (1) 水泥：采用 32.5 级以上普通水泥或硅酸盐水泥，新鲜无结块 (2) 骨料：用颗粒均匀、粒径为 10～40mm 的卵石或碎石（或陶粒、炉渣、浮石、碎石），洁净无杂质，含泥量小于 2% 2. 配合比 大孔混凝土强度等级有 C1.0、C1.5、C2.5、C3.5、C5.0、C7.5、C10 等七个等级。大孔混凝土决定强度的主要因素是水泥用量，而非水灰比。水泥用量一般介于 100～150kg/m³ 之间，高时达 200～300kg/m³，水灰比在 0.35～0.55 之间，水泥与骨料体积配合比波动于 1:6～1:15 之间，多采用 1:8～1:10。其施工参考配合比见表 6-198	1. 无砂混凝土流动性和侧压力小，对支模要求低，少量支撑即可；对直墙可用大块工具式定型提升模板浇筑；亦可采取分块支模浇筑 2. 混凝土可用机械或人工拌制。加料程序为先加 50% 的水湿润石子，再加全部水泥拌合，最后加入余下的水拌至石子表面均匀覆盖一层水泥浆为止。搅拌时间不少于 3min 3. 浇筑可用手推车或铁桶装料，按适当间距倒进，用三角锄扒开，用铁棒或木棍略加捣固，不宜用振动器，以免造成水泥浆流失，降低强度。混凝土下料高度不应大于 1.5m。施工缝留成一直槎 4. 浇筑应水平分层进行，每层厚 15～25cm，中途间歇留斜槎，避免留在承重处。继续浇筑时，应清除表面松动石子，加浇一层水泥浆，以加强连接 5. 浇筑后 8h 即应洒水养护，每日 4 次，连续 7d。正常气温（20～30℃）下，养护 6～12h 始可拆模

大孔（无砂）混凝土施工参考配合比　　表 6-198

项次	水泥:卵石（或碎石）（重量比）	水泥		卵石（或碎石）		水（kg/m³）	抗压强度(N/mm²)	
		强度等级	重量(kg/m³)	粒径(mm)	重量(kg/m³)		7d	28d
1	1:12.5	42.5	130	10～30	1630	62.4	40.1	53.3
2	1:14	42.5	110	10～30	1544	58.3	32.5	46.1
3	1:12.5	32.5	125	10～40	1600	70.0	—	35.0
4	1:8	32.5	201	5～30	1608	70.0	—	77.8
5	1:10	32.5	157	5～30	1570	57.0	—	57.0

续表

项次	水泥:卵石(或碎石)(重量比)	水泥 强度等级	水泥 重量(kg/m³)	卵石(或碎石) 粒径(mm)	卵石(或碎石) 重量(kg/m³)	水(kg/m³)	抗压强度(N/mm²) 7d	抗压强度(N/mm²) 28d
6	1:12	32.5	133	10～30	1597	54.4	43.2	—
7	1:12.3	32.5	130	20～40	1600	87.5	17.0	35.0
8	1:15	32.5	106.5	5～30	1598	44.0	—	30.0
9	1:6.3	42.5	230	20～40	1450	130	13d,42	—
10	1:5.8	32.5	250	20～40	1450	140	13d,41	—

注：1. 水泥为普通水泥。项次 1～3，骨料为卵石；项次 4～10 骨料为碎石。
2. 项次 9 和 10 另掺加粉煤灰 65、63kg/m³;坍落度为 1～3。

6.4.14 轻骨料混凝土

轻骨料混凝土组成、配制及施工要点　　表 6-199

组成特性及用途	材料要求及配合比	施 工 要 点
轻骨料混凝土采用轻质粗细骨料、水泥和水配制而成，其干密度不大于1950kg/m³ 具有密度小(比普通混凝土低1/3)、导热系数低、隔热、保温、隔声、耐火、防水、抗冻、抗震性能好等特性；可配制一定强度等级(LC5.0～LC60)混凝土；减轻建筑物自重(25%以上)；节省运输费用，减轻劳动强度，降低建筑造价 适于做各类受弯构件、大型墙板、预应力混凝土构件及大跨度桥梁等混凝土制品以及浇制其他要求自重轻的结构	1. 材料要求 (1)水泥：用 32.5 级以上矿渣水泥或普通水泥，要求新鲜无结块 (2)砂：普通砂或轻砂，要求洁净，无杂质 (3)轻骨料：粒径 5mm 以上，松散密度小于1100kg/m³；常用粉煤灰陶粒、黏土陶粒、页岩陶粒；用于制作保温制品时，粒径不大于 30mm；用于混凝土构件时，粒径不大于 20mm 2. 配合比 配合比设计与普通混凝土相似。混凝土强度随陶粒颗粒密度、砂浆强度和含量的增大而增加。砂浆含量以骨料的空隙率 1.0～1.05 倍为宜。施工参考配合比及技术性能见表 6-200	1. 混凝土配料应严格计量。配制宜用强制式搅拌机进行搅拌；用自落式搅拌机时，搅拌时间应比普通混凝土延长 50%，并应随伴随用 2. 因陶粒的吸水性强，加水量宜以坍落度控制。在搅拌前先适量浇水预湿，同时根据气候情况、运输距离长短，随时调整混凝土的坍落度 3. 混凝土应水平分层下料，采用插入式振动器时，每层厚度不应大于 300mm；应紧插慢拔，至表面层时应复振；采用平板式振动器时，每层厚度不应大于 200mm，应轻拖轻振，浇筑捣实后，表面用铁铲拍平 4. 混凝土浇筑完后，应及时覆盖浇水养护，防止表面失水快；采用加热养护时，成型后要静停不少于 1.5～2h，以避免表面起皮、酥松

轻骨料陶粒混凝土施工参考配合比及技术性能 表 6-200

项 目	名 称	粉煤灰陶粒混凝土 LC20	黏土陶粒混凝土 LC20	黏土陶粒混凝土 LC10	页岩陶粒混凝土 LC20
配合比（重量比）	水泥:砂:陶粒:水	1:2.1:2.55:0.54	1:2.0:2.61:0.55	1:3.2:4.45:0.85	1:1.45:1:48:0.45
水泥用量（kg/m³）		305	271	180	400
密度（kg/m³）	28d 标准养护干燥状态	1900 1780	— 1670	— 1620	1710 1635
抗压强度	（N/mm²）	20.3	20.0	10.7	21.7
抗拉强度	（N/mm²）	1.74	2.22	1.05	1.52
抗剪强度	（N/mm²）	2.65	3.30	3.13	2.21
与钢筋粘结强度	（N/mm²）	2.81	3.52	1.95	3.13
弹性模量	（N/mm²）	1.91×10^4	1.67×10^4	1.16×10^4	1.75×10^4
收缩值（90d）	（mm/m）	0.222～0.375	0.430	—	0.483
抗渗等级（工业大气压）		P6	P18	—	—
导热系数	[W/(m·K)]	0.754	0.650	0.661	0.626
软化系数		0.934	0.95	0.85	—
抗冻性（冻后强度损失%）		100 次损失 9.5	75 次损失 23.5	—	25 次损失 19.3

注：1. 粉煤灰陶粒筒压强度为 6.0N/mm²，黏土陶粒筒压强度为 5.9N/mm²。
    2. 粉煤灰陶粒、黏土陶粒为上海产；页岩陶粒为北京产。

6.4.15 流态混凝土

流态混凝土机理、材料配合比及施工要点 表 6-201

机理、特性及用途	材料要求及配合比	施 工 要 点
流态混凝土又称超塑性混凝土、大流动性混凝土。是在预拌坍落度为 8～12cm 的基准混凝土中加入流化剂或高效减水剂，配制成坍落度为 20～22cm，能像水一样流动的混凝土 在混凝土中加入流化剂或高效减水剂，能使水泥粒子间互相排斥，防止水泥粒子的凝聚，同时把水分释放出来，降低表面张力和界面张力，使水泥粒子易被水润湿，因而达到流态化的目的	1. 材料要求 （1）水泥及粗细骨料：要求与普通混凝土相同 （2）流化剂：常用的有三聚氰胺磺酸盐甲醛缩合物、萘磺酸盐甲醛缩合物、改性木质素磺酸盐，掺量为水泥用量的 0.3%～0.6% （3）高效减水剂：用 NNO 减水剂，掺量为水泥用量的 0.5%～1.0% 2. 配合比	1. 配制时应严格计量，特别是加水量和流化剂的掺量，差误应控制在 ±2% 以内 2. 流化剂和 NNO 减水剂添加方法有二：一是在混凝土搅拌过程中加入流化剂；一是先搅拌好基准混凝土，经 5～90min 静置后再加入拌合 1min。后法可减少流化剂用量，并有较好的流化效果

6.4 特种混凝土

续表

机理、特性及用途	材料要求及配合比	施工要点
具有在保证强度相同情况下,使混凝土坍落度增大,与钢筋粘结强度提高,改善其浇筑性能,对运输浇筑,特别是泵送非常方便,表面质量好,而弹性模量、收缩徐变、耐久性等性能与基准混凝土相同,同时还可节约水泥(10%),改善劳动条件,节省人工,降低成本 适于钢筋密集的结构或部位,以及截面窄小、振动器不易振到的部位,大型设备基础泵送混凝土、振动桩、灌注桩等使用	基准混凝土坍落度一般可取 8~12cm,砂率一般取 42%~44%,骨料最大粒径应小于 20mm 流态混凝土的最大水灰比:高级混凝土为 0.6~0.65;常用混凝土为 0.65~0.70;高强度混凝土为 0.55。单位水泥用量:高级混凝土为 270kg/m³,常用混凝土为 250kg/m³	3. 配制好的混凝土输送不应超过 1h,否则坍落度会急剧下降 4. 混凝土应分层浇筑,每层厚度以 40cm 为宜,用插入式振动器振捣,插入间距为 40~50cm,振捣时间以 15~30s 为宜。当浇筑要求表面无小气孔的结构,可采用二次振捣法 5. 其他要求均同普通混凝土

6.4.16 水下不分散混凝土

水下不分散混凝土组成、材料要求、配合比及施工要点　　　　表 6-202

组成、特性及用途	材料要求及配合比	施工要点
水下不分散混凝土是在普通混凝土中加入 UWB 絮凝剂拌制而成 具有混凝土拌合物遇水不离析,水泥不流失;可增加混凝土的黏度;可进行水中自落浇筑,不排水施工;落到水底混凝土可自流平、自密实,也可进行水下振捣,保证混凝土一定强度(可达 15~40N/mm²),抗冻性(300 次)和抗渗性(P4 以上)好,混凝土优质均匀,对施工水域无污染等特性 适用于沉井封底、人工筑岛、围堰水下结构浇筑、水下抛石	1. 材料要求 (1)水泥、砂、石子:同普通混凝土。砂多用中砂,石子粒径为 20~40mm (2)絮凝剂:由水溶性高分子聚合物和表面活性物质所组成,呈固体粉末,一般为浅棕色,常用掺量为水泥重量的 2%~2.5%,其制成混凝土质量指标必须符合表 6-203 的规定。絮凝剂与其他外加剂相容性好,可根据工程对水下混凝土的要求,掺加减水剂、引气剂、调凝剂、早强剂等,配制不同的品种,见表 6-204。产品需密封包装,储存期为一年 2. 配合比 混凝土配合比设计原则基本同普通混凝土。水泥用量:一般条件下振捣混凝土	1. 材料配合比应准确称量,混凝土用自落式搅拌机搅拌,投料程序同普通混凝土;絮凝剂在拌制混凝土时加入搅拌机内搅拌均匀;用机动翻斗车、自卸汽车或搅拌运输车输送 2. 浇筑方法可采取水中自落施工法、水下振捣施工法及水下自流灌浆施工法等。对深度很大的水下浇筑,一般采用导管法、泵送法输送混凝土;对较浅的水域中可用开口吊罐、手堆车、溜槽、自流灌浆等简易方法输送浇筑;能自流平、自密实、不用捣固。对重要工程亦可采用较干硬性的混凝土,在振动器所及的浅水中可采用振捣方法,可使不离析、表面平整 3. UWB 絮凝剂已形成系列

续表

组成、特性及用途	材料要求及配合比	施工要点
灌浆结构、止水锚固工程以及水下注浆、堵漏、固结,水下大体积混凝土浇筑等工程	不少于 400kg/m³;自流平混凝土不少于 450kg/m³;絮凝剂加入量为水泥用量的 0.5%~3%,混凝土配合比为:水泥:砂:石子:水 = 1:1.45:2:0.52;砂率一般为 35%~45%	产品,可根据设计要求选择不同品种使用,以保证工程质量 4. 浇筑混凝土前,要清除水下部位的浮泥,冲刷基底 5. 浇筑时,动水速度应小于 3m/s;水中落差一般应控制在 0.5m 以内

掺 UWB 絮凝剂的水下不分散混凝土质量指标　　表 6-203

项目		指标
坍落度(mm)		200±20
坍扩度(mm)		400~500
泌水率(%)		<0.1
凝结时间(h)	初凝	>5
	终凝	<30
水下落下实验	悬浮物(mg/L)	<150
	pH 值	<12
混凝土抗压强度	水中成型混凝土(MPa)	期龄 7d　16.0
		期龄 28d　24.0
	水中和空气中成型混凝土试件抗压强度比(%)	期龄 7d　>60
		期龄 28d　>70
混凝土抗折强度	水中和空气中成型混凝土试件抗折强度比(%)	期龄 7d　>50
		期龄 28d　>60

UWB 絮凝剂主要品种　　表 6-204

品种名称	质量指标	应用范围
UWB 普通型	同表 6-203	适用一般无特殊要求的水下工程
UWB 早强型	初凝<3h,终凝<20h,其余同表 6-203	适用于潮差地段,水流较大以及抢险等快硬早强的水下工程
UWB 泵送型	坍落度≥24cm,其余同表 6-203	适用于较大流动性,流动性损失小,长距离输送及灌注桩、狭壁、狭小异型结构混凝土

6.4 特种混凝土

续表

品种名称	质量指标	应用范围
UWB 低发热型	初凝>8h,终凝>36h,其余同表 6-203	适用于大体积水下混凝土浇筑、水下构筑物的连续浇筑
UWB 高性能型	坍落度≥24cm 水中混凝土强度≥40MPa 抗冻融≥250d 抗渗≥P9 其余同表 6-203	适用于水下落差大,强度要求高,具有良好的施工性和耐久性的水下混凝土

6.4.17 特种工艺混凝土

6.4.17.1 真空混凝土

真空混凝土机理、材料、机具及施工要点 表 6-205

机理、特性及用途	材料配比及机具	施 工 要 点
真空混凝土指用真空作业处理成型的混凝土。它是在刮平的混凝土上铺真空腔,使在真空机组的抽吸作用下形成负压,将刚成型的混凝土中的多余游离水排出,从而使混凝土水灰比降低,密实度增加,早期强度提高,并使多项物理力学性能得到改善 经真空作业处理的混凝土比普通混凝土抗压强度1~2d 可提高 40%~60%;5~7d 可提高 30%~40%;28d 可提高 28%;混凝土表面强度提高 50%~60%;抗冻性提高 2~2.5 倍;耐磨性提高 30%~50%;收缩性降低 15%;与钢筋或老混凝土之间的粘结力提高 30%~50%;并提高抗渗性(30%~50%)、抗裂性;同时成型方便,可加快模板周转,缩短养护期限,节约水泥 10%,降低施工成本 适用于道路、机场、跑道、楼地面、薄壳、水池、桥墩、水坝及高层建筑现浇楼面以及平面较大的预制构件等使用	1. 材料要求 (1)水泥:宜用硅酸盐水泥或普通水泥,新鲜无结块 (2)粗细骨料:要求同普通混凝土 2. 配合比 与普通混凝土配合比相同,水灰比宜为0.45~0.53,砂用中砂,砂率可比普通混凝土提高 5%~10%,混凝土坍落度一般为 2~4cm 3. 施工机具 主要机具设备有真空吸水机组、真空腔及吸水软管等。辅助机具有混凝土振动梁、抹光机、清洗槽等 真空吸水机组技术性能见表 6-206 真空腔有表面真空腔与内部真空腔两种。前者又有刚性吸盘和柔性吸盘(图 6-150)两种;而以柔性吸盘使用较方便、广泛;后者多为插入式,仅用于梁、柱的真空作业	1. 混凝土配料应准确称量,并严格控制配合比 2. 混凝土应连续浇筑完成,避免留施工缝;入模后要用振动器振捣密实,提浆刮平并立即进行真空作业 3. 铺设真空吸垫应按层次顺序进行,做到平整紧贴,有一定的护盖并压住,使周边形成一密封带。吸管应位于密封垫中间 4. 真空吸水时,真空度要求达到 65~80kPa;吸水时间一般 15min 左右,待混凝土表面明显抽干,手指压上无指痕,即完成吸水,此时,抓起吸垫边缘,继续进行短时间的真空吸水,以清除吸垫底层的残留水分,吸水后接着进行机械抹面,进一步对混凝土表面进行提浆研磨压实 5. 真空作业时间与构件厚度、所采用的真空度、环境温度、水泥品种以及混凝土中水泥用量、水灰比等因素有关。真空吸水深度最大可达 30~40cm,一般真空吸水的混凝土层以 15~20cm 厚较合适,厚层则宜分层进行 6. 真空吸水完毕,表面宜覆盖塑料薄膜养护

6 混凝土工程

混凝土真空吸水机组技术性能　　表 6-206

项　目	HZJ-40	HZJ-60	改型泵Ⅰ号	改型泵Ⅱ号
最大真空度 T(kPa)	95.8(98%)	99.1	95.8～98.4	99.8
抽气速率(L/s)	28	—	70	60
电机功率(kW)	4	4	5.5	5.5
转　速(r/min)	1440	2850	670	600
抽吸能力(m^2)	2×20	60	70	2×20
配套吸垫规格(m)	3×5	3×5	—	—
主机外形尺寸(mm)(长×宽×高)	1350×660×800	1400×650×838	1500×750×850	1700×750×1050
重　量(kg)	200	180	320	340

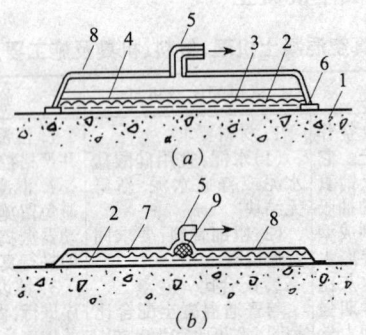

图 6-150　真空构造
(a)刚性吸盘；(b)柔性吸盘

1—混凝土拌合物；2—过滤层(滤布)；3—滤网；4—带孔钢板；
5—吸水接口；6—橡胶垫；7—骨架层；8—密封层；9—通道

6.4.17.2　喷射混凝土

喷射混凝土机理、材料、机具及施工要点　　表 6-207

机理特点及用途	材料、机具及工艺	施　工　要　点
是将按一定比例配合搅拌均匀的水泥、砂、石子、速凝剂干拌合料送入喷射机内，利用压缩空气将拌合料经管道压送至喷枪	1. 材料要求 (1)水泥：宜用 42.5 级硅酸盐水泥或普通水泥，新鲜无结块 (2)速凝剂：用红星Ⅰ型、73 型、711 型或 KP-P 型速凝剂；掺速凝剂的水泥净浆(水灰比	1. 混凝土材料应按配合比准确称量，砂子宜保持 5%～7% 的含水率，石子宜为 2%，以减少粉尘和堵管。干拌合料应搅匀，随搅随用；掺速凝剂后停放时间不得超过 20min 2. 喷射前应充分湿润被喷面。喷射次序应自下而上，以宽 1.5～2m、高 1～1.5m 为一个作业段

续表

机理特点及用途	材料、机具及工艺	施 工 要 点
嘴,在喷嘴后部与通入的压力水混合,以高速喷于结构物或岩石表面,硬化后形成一层密实混凝土,从而得到加强或保护 具有混凝土密度大,强度高,粘结力强,耐久性、抗冻、抗渗性好,可省混凝土;同时施工工艺简便,不用或少用模板,节省大量模板材料,省却支模工序,将水平、垂直运输和浇筑、振捣等工序合而为一,快速高效,成本降低(约30%)等优点。但作业条件和完后的表面平整度较差 适于地下水池、油罐、大型管道的抗渗;各种工业炉衬的快速修补;混凝土构筑物的浇筑和薄层加固以及巷道峒室支护或喷锚支护等	0.4)应有良好的流动性,初凝时间不应大于5min,终凝时间不大于10min (3)砂:用天然中粗砂,含泥量不大于5% (4)粗骨料:宜用卵石,粒径应小于输送管径的1/3～2/5,一般为5～15mm,用连续级配,含片状颗粒不大于15%,含泥量小于1% (5)减水剂:用木质素磺酸钙或NNO (6)早强剂:有氯化钙、氯化钠、亚硝酸钠、硫酸钠等,宜复合使用 2.配合比 一般用水泥:砂:石子:速凝剂=1:2:2～1.5:0.03～0.04;水灰比0.4～0.5;抗压强度29.5MPa,抗拉强度2.0MPa,粘结强度1.0MPa 3.施工机具 施工机具包括干式双罐式混凝土喷射机、喷枪、混凝土搅拌机、上料装置(皮带机)、压缩空气机、气罐、贮水容器及各种输送胶管等 4.喷射混凝土工艺流程(图6-151)	3.喷射时,喷嘴应按螺旋形轨迹一圈压半圈的方式沿横向移动,层层射捣,使混凝土均匀密实、表面平整;喷嘴与喷涂面尽量保持垂直,以减少回弹 4.喷嘴处工作风压应有$0.1N/mm^2$以上时;水平输送距离200m以内时,工作风压=0.1+0.0013×(输送管道长度)(N/mm^2),喷嘴处水压宜比风压大$0.1N/mm^2$左右,一次喷射厚度一般不宜小于粗骨料粒径的2倍。每隔3～4min给料一次,保持连续均匀上料,稳定连续喷射 5.撑握好喷射机的开停顺序。开动时,先给风后给水,最后送电给料;停止时,先停止给料,待罐中存料喷完再停电,然后关水、停风,同时要根据输送距离的变化,随时调整风压。喷嘴的操作,喷射开始时,先给水再送料,结束时,先停风,后停水,视喷层表面、回弹和粉尘等情况及时调整水灰比,处理堵管的工作风压不得超过$0.4N/mm^2$ 6.当用喷射混凝土加固时,为使梁喷射后底部有清晰楞角和保证混凝土密实,应采取简单支模喷射。喷梁底前,先在两个侧面支模(图6-152),模板下面保持平直,伸出面与要求喷射混凝土面和厚度一致。喷完梁底,隔3～4h,拆除侧模,再喷射梁两侧混凝土 7.在喷射混凝土终凝后,即应开始洒水养护,时间不少于7d

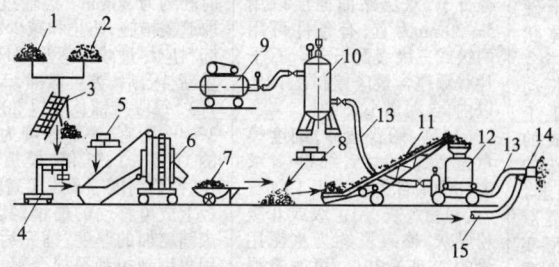

图6-151 喷射混凝土工艺
1—石子;2—砂;3—筛子;4—磅秤;5—水泥;6—搅拌机;
7—手推车;8—速凝剂;9—空气压缩机;10—压缩空气罐;11—皮带上料机;
12—混凝土喷射机;13—输送胶管;14—喷嘴;15—接水源

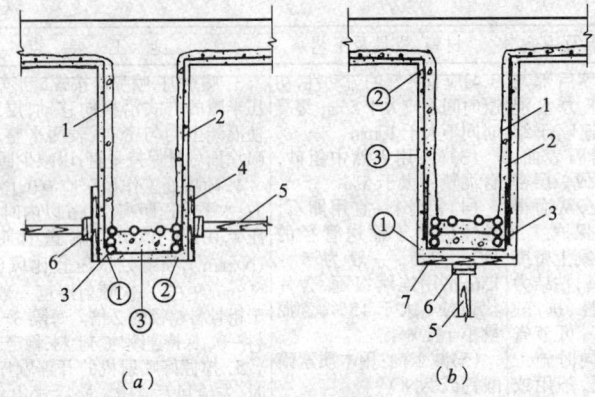

图 6-152 喷射混凝土加固梁简单支模
（a）梁底喷射支模；（b）梁侧喷射支模
1—原梁凿去表面；2—喷射混凝土；3—新增加固钢筋；4—20mm×350mm 侧模；
5—100mm×500mm 木支撑；6—木楔；7—35mm 厚木底板
①、②、③为喷射次序

6.4.17.3 碾压混凝土

碾压混凝土特点、材料要求、配合比、机具及施工要点　　表 6-208

特点及适用范围	材料要求、配合比及机具	施　工　要　点
碾压混凝土是以水泥、级配骨料、水以及掺和料和外加剂等组成的干硬性松散体状混凝土拌合物，经过振动碾压施工工艺而制成的一种特殊的水泥混凝土。 这种混凝土具有密实性、抗冲、耐磨性、耐火性能好，早期强度高，干缩率小	1. 材料要求 （1）水泥：宜用 42.5 级以上硅酸盐水泥或普通水泥，矿渣水泥亦可使用 （2）石子：用 5～40mm 粒径石子，双层路面面层用 5～20mm 为宜，有条件可用两级或三级级配石子。石子片状颗粒含量应控制在 10% 以内，含泥量小于 1% （3）砂：用普通砂，细度模量为 2.3～2.85，细粉（$d<0.16mm$）含量应小于 15% （4）粉煤灰：用Ⅰ级或Ⅱ级粉煤灰，掺入量约为水泥量的 25%～30%，可改善混凝土拌合物的和易性，提高混凝土的密实性和耐久性 （5）外加剂：常用木质素磺	1. 材料应严格计量，认真控制用水量；拌合时间为普通混凝土的 1.5 倍左右，要求拌合均匀 2. 运输用机动翻斗车或自卸汽车，运距控制在 15km 以内为合适，运输时间约为 30min。运输过程中要采取遮盖措施，防止和减少水分散失，卸料应尽量减少落差；如有离析，应重新拌合后，方可摊铺 3. 每段摊铺长度以 20～25m、宽 3～4m 为宜，虚铺厚度为压实厚度的 1.25～1.35 倍，模板用槽钢制作，模板高度等于压实高度，再在模板上放可移动的槽钢，其高度等于虚铺增加的厚度，铺完后在槽钢上角钢刮板刮平拌合料，随后用塑料薄膜覆盖，以待振碾，防止水分蒸发。大面积施工宜用摊铺机摊铺，摊铺速度以 1～3m/min 为宜，做到

续表

特点及适用范围	材料要求、配合比及机具	施工要点
(弹性模量为 $2.5×10^4$~$3.3×10^4 N/mm^2$，徐变较常态混凝土小 30%~60%)，可节约水泥(25%~30%)，施工工效高，适用性强，用于大体积混凝土，可降低水化热，同时造价较低(10%以上)等优点 适于大坝、道路、机场跑道、地坪、停车场、堤岸、明渠等工程使用，在国内应用日益广泛	酸钙。对有抗冻要求时，应采用复合引气剂 2. 配合比 配合比设计原则与普通混凝土基本相同，只是用水量约减少 1/4，掺加粉煤灰、减水剂，水泥可减少 30%~35%，砂率：当水灰比为 0.35~0.50 时，约为 30.34%~36.40%(对粒径 20mm 碎石)和 28.33%~34.38%(对粒径 40mm 碎石)；拌合物稠度一般为 10~15s 3. 施工机具 搅拌机械采用双锥型反转出料混凝土搅拌机或双轴式强制搅拌机。摊铺采用摊铺机或沥青摊铺机；压实采用 6~8t 静力压路机、10~12t 振动压路机、10~20t 轮胎压路机；此外尚有手持振动抹光机、圆盘混凝土抹平机、切缝机等	连续供料、均匀摊铺，松铺系数一般为 1.05~1.15。分层摊铺时，要求下层表面潮湿不干透，或在下层拉毛(槽深 1~3cm)后再摊铺上层拌合物或在下层刷水泥浆后再铺上层拌合物。上下层间断时间不得超过 2h，以利于层间结合 4. 混凝土应在 1.5h 内铺设完毕，然后再用振动压路机碾压，一般先无振碾压 2 遍，再有振碾压 6 遍，最后再无振碾压 1~2 遍。当采用静力式压路机、振动压路机、轮胎压路机组合时，则先用静力压路机无振静压 1~2 遍(速度为 1.5~2.0km/h)，再用振动压路机振压 2~6 遍(速度为 2~3km/h)，最后再用轮胎式压路机终压 4~6 遍(速度为 4~6km/h) 5. 在振碾平整抹光后，立即用塑料薄膜覆盖保湿养生，6h 后去掉薄膜，再用锯末、湿砂或草帘等覆盖，洒水湿润，养护时间不少于 7d 6. 路面在碾压完成后 12~48h，则可用切割机切缝，缝距一般为 10~20m

6.5 混凝土工程与现浇结构工程质量控制与检验

6.5.1 混凝土工程

1. 原材料

表 6-209

序号	项目	内容
1	主控项目	1. 水泥进场时应对其品种、级别、包装或散装仓号、出厂日期等进行检查，并应对其强度、安定性及其他必要的性能指标进行复验，其质量必须符合现行国家标准《硅酸盐水泥、普通硅酸盐水泥》GB 175 等的规定 当在使用中对水泥质量有怀疑或水泥出厂超过三个月(快硬硅酸盐水泥超过一个月)时，应进行复验，并按复验结果使用

6 混凝土工程

续表

序号	项目	内容
1	主控项目	钢筋混凝土结构、预应力混凝土结构中，严禁使用含氯化物的水泥 2. 混凝土中掺用外加剂的质量及应用技术应符合现行国家标准《混凝土外加剂》GB 8076、《混凝土外加剂应用技术规范》GB 50119 等和有关环境保护的规定 预应力混凝土结构中，严禁使用含氯化物的外加剂。钢筋混凝土结构中，当使用含氯化物的外加剂时，混凝土中氯化物的总含量应符合现行国家标准《混凝土质量控制标准》GB 50164 的规定 3. 混凝土中氯化物和碱的总含量应符合现行国家标准《混凝土结构设计规范》GB 50010 和设计的要求
2	一般项目	1. 混凝土中掺用矿物掺合料的质量应符合现行国家标准《用于水泥和混凝土中的粉煤灰》GB 1596 等的规定。矿物掺合料的掺量应通过试验确定 2. 普通混凝土所用的粗、细骨料的质量应符合国家现行标准《普通混凝土用碎石或卵石质量标准及检验方法》JGJ 53、《普通混凝土用砂质量标准及检验方法》JGJ 52 的规定 3. 拌制混凝土宜采用饮用水；当采用其他水源时，水质应符合国家现行标准《混凝土拌合用水标准》JGJ 63 的规定

2. 配合比设计

表 6-210

项次	项目	内容
1	主控项目	混凝土应按国家现行标准《普通混凝土配合比设计规程》JGJ 55 的有关规定，根据混凝土强度等级、耐久性和工作性等要求进行配合比设计 对有特殊要求的混凝土，其配合比设计尚应符合国家现行有关标准的专门规定
2	一般项目	1. 首次使用的混凝土配合比应进行开盘鉴定，其工作性应满足设计配合比的要求。开始生产时应至少留置一组标准养护试件，作为验证配合比的依据 2. 混凝土拌制前，应测定砂、石含水率并根据测试结果调整材料用量，提出施工配合比

3. 混凝土施工

表 6-211

项次	项目	内容
1	主控项目	1. 结构混凝土的强度等级必须符合设计要求。用于检查结构构件混凝土强度的试件，应在混凝土的浇筑地点随机抽取。取样与试件留置应符合下列规定：

6.5 混凝土工程与现浇结构工程质量控制与检验

续表

项次	项目	内容
1	主控项目	(1)每拌制 100 盘且不超过 100m³ 的同配合比的混凝土,取样不得少于一次; (2)每工作班拌制的同一配合比的混凝土不足 100 盘时,取样不得少于一次; (3)当一次连续浇筑超过 1000m³ 时,同一配合比的混凝土每 200m³ 取样不得少于一次; (4)每一楼层、同一配合比的混凝土,取样不得少于一次; (5)每次取样应至少留置一组标准养护试件,同条件养护试件的留置组数应根据实际需要确定 2．对有抗渗要求的混凝土结构,其混凝土试件应在浇筑地点随机取样。同一工程、同一配合比的混凝土,取样不应少于一次,留置组数可根据实际需要确定 3．混凝土原材料每盘称量的偏差应符合下表的规定 **原材料每盘称量的允许偏差** | 材料名称	允许偏差
---	---
水泥、掺合料	±2%
粗、细骨料	±3%
水、外加剂	±2%	 注：1．各种衡器应定期校验,每次使用前应进行零点校核,保持计量准确; 2．当遇雨天或含水率有显著变化时,应增加含水率检测次数,并及时调整水和骨料的用量。 4．混凝土运输、浇筑及间歇的全部时间不应超过混凝土的初凝时间。同一施工段的混凝土应连续浇筑,并应在底层混凝土初凝之前将上一层混凝土浇筑完毕 当底层混凝土初凝后浇筑上一层混凝土时,应按施工技术方案中对施工缝的要求进行处理
2	一般项目	1．施工缝的位置应在混凝土浇筑前按设计要求和施工技术方案确定。施工缝的处理应按施工技术方案执行 2．后浇带的留置位置应按设计要求和施工技术方案确定。后浇带混凝土浇筑应按施工技术方案进行 3．混凝土浇筑完毕后,应按施工技术方案及时采取有效的养护措施,并应符合下列规定： (1)应在浇筑完毕后的 12h 以内对混凝土加以覆盖并保湿养护; (2)混凝土浇水养护的时间：对采用硅酸盐水泥、普通硅酸盐水泥或矿渣硅酸盐水泥拌制的混凝土,不得少于 7d;对掺用缓凝型外加剂或有抗渗要求的混凝土,不得少于 14d; (3)浇水次数应能保持混凝土处于湿润状态;混凝土养护用水应与拌制用水相同;

续表

项次	项目	内 容
2	一般项目	(4)采用塑料布覆盖养护的混凝土,其敞露的全部表面应覆盖严密,并应保持塑料布内有凝结水; (5)混凝土强度达到 1.2N/mm² 前,不得在其上踩踏或安装模板及支架 注:1 当日平均气温低于 5℃时,不得浇水; 　　2 当采用其他品种水泥时,混凝土的养护时间应根据所采用水泥的技术性能确定; 　　3 混凝土表面不便浇水或使用塑料布时,宜涂刷养护剂; 　　4 对大体积混凝土的养护,应根据气候条件按施工技术方案采取控温措施。

6.5.2 现浇结构工程

1. 一般规定

现浇结构的外观质量缺陷,应由监理(建设)单位、施工单位等各方根据其对结构性能和使用功能影响的严重程度,按表 6-212 确定。

现浇结构外观质量缺陷　　表 6-212

名　称	现　　象	严 重 缺 陷	一 般 缺 陷
露筋	构件内钢筋未被混凝土包裹而外露	纵向受力钢筋有露筋	其他钢筋有少量露筋
蜂窝	混凝土表面缺少水泥砂浆而形成石子外露	构件主要受力部位有蜂窝	其他部位有少量蜂窝
孔洞	混凝土中孔穴深度和长度均超过保护层厚度	构件主要受力部位有孔洞	其他部位有少量孔洞
夹渣	混凝土中夹有杂物且深度超过保护层厚度	构件主要受力部位有夹渣	其他部位有少量夹渣
疏松	混凝土中局部不密实	构件主要受力部位有疏松	其他部位有少量疏松
裂缝	缝隙从混凝土表面延伸至混凝土内部	构件主要受力部位有影响结构性能或使用功能的裂缝	其他部位有少量不影响结构性能或使用功能的裂缝
连接部位缺陷	构件连接处混凝土缺陷及连接钢筋、连接件松动	连接部位有影响结构传力性能的缺陷	连接部位有基本不影响结构传力性能的缺陷

6.5 混凝土工程与现浇结构工程质量控制与检验

续表

名称	现象	严重缺陷	一般缺陷
外形缺陷	缺棱掉角、棱角不直、翘曲不平、飞边凸肋等	清水混凝土构件有影响使用功能或装饰效果的外形缺陷	其他混凝土构件有不影响使用功能的外形缺陷
外表缺陷	构件表面麻面、掉皮、起砂、沾污等	具有重要装饰效果的清水混凝土构件有外表缺陷	其他混凝土构件有不影响使用功能的外表缺陷

2. 外观质量

表 6-213

项次	项目	内容
1	主控项目	现浇结构的外观质量不应有严重缺陷 对已经出现的严重缺陷,应由施工单位提出技术处理方案,并经监理(建设)单位认可后进行处理。对经处理的部位,应重新检查验收
2	一般项目	现浇结构的外观质量不宜有一般缺陷 对已经出现的一般缺陷,应由施工单位按技术处理方案进行处理,并重新检查验收

3. 尺寸偏差

表 6-214

项次	项目	内容
1	主控项目	现浇结构不应有影响结构性能和使用功能的尺寸偏差。混凝土设备基础不应有影响结构性能和设备安装的尺寸偏差 对超过尺寸允许偏差且影响结构性能和安装、使用功能的部位,应由施工单位提出技术处理方案,并经监理(建设)单位认可后进行处理。对经处理的部位,应重新检查验收
2	一般项目	现浇结构和混凝土设备基础拆模后的尺寸偏差应符合表1、表2的规定 **现浇结构尺寸允许偏差和检验方法** 表1 | 项目		允许偏差(mm)	检验方法
---	---	---	---
轴线位置	基础	15	钢尺检查
	独立基础	10	
	墙、柱、梁	8	
	剪力墙	5		

续表

项次	项目	内容			

续表

项次	项目	项　目		允许偏差(mm)	检　验　方　法
2	一般项目	垂直度	层高 ≤5m	8	经纬仪或吊线、钢尺检查
			层高 >5m	10	经纬仪或吊线、钢尺检查
			全高(H)	$H/1000$ 且 ≤30	经纬仪、钢尺检查
		标高	层高	±10	水准仪或拉线、钢尺检查
			全高	±30	
		截面尺寸		+8,-5	钢尺检查
		电梯井	井筒长、宽对定位中心线	+25,0	钢尺检查
			井筒全高(H)垂直度	$H/1000$ 且 ≤30	经纬仪、钢尺检查
		表面平整度		8	2m靠尺和塞尺检查
		预埋设施中心线位置	预埋件	10	钢尺检查
			预埋螺栓	5	
			预埋管	5	
		预留洞中心线位置		15	钢尺检查

注：检查轴线、中心线位置时，应沿纵、横两个方向量测，并取其中的较大值。

混凝土设备基础尺寸允许偏差和检验方法　表2

项　目		允许偏差(mm)	检　验　方　法
坐标位置		20	钢尺检查
不同平面的标高		0,-20	水准仪或拉线、钢尺检查
平面外形尺寸		±20	钢尺检查
凸台上平面外形尺寸		0,-20	钢尺检查
凹穴尺寸		+20,0	钢尺检查
平面水平度	每米	5	水平尺、塞尺检查
	全长	10	水准仪或拉线、钢尺检查

6.5 混凝土工程与现浇结构工程质量控制与检验

续表

项次	项目	内	容

续表

项次	项目	项目		允许偏差(mm)	检 验 方 法
2	一般项目	垂直度	每米	5	经纬仪或吊线、钢尺检查
			全高	10	
		预埋地脚螺栓	标高(顶部)	+20,0	水准仪或拉线、钢尺检查
			中心距	±2	钢尺检查
		预埋地脚螺栓孔	中心线位置	10	钢尺检查
			深度	+20,0	钢尺检查
			孔垂直度	10	吊线、钢尺检查
		预埋活动地脚螺栓锚板	标高	+20,0	水准仪或拉线、钢尺检查
			中心线位置	5	钢尺位置
			带槽锚板平整度	5	钢尺、塞尺检查
			带螺纹孔锚板平整度	2	钢尺、塞尺检查

注：检查坐标、中心线位置时，应沿纵、横两个方向量测，并取其中的较大值。

7 预应力混凝土工程

7.1 张拉设备与工具的选用

预应力混凝土张拉需要主要设备工具、材料参考表　表7-1

方法	机具名称	规格技术性能	单位	数量
先张法	台座	槽式或墩式，单线60～100m，双线30～50m	座	1
	张拉架	钢制	套	1
	液压千斤顶或螺杆张拉机	规格性能见表7-2和表7-3	台	2
	高压油泵	规格性能见表7-4和表7-5	台	2
	油压表	压力40N/mm² 或 50N/mm²	块	2
	起重机	80～100kN	台	1
	夹具	夹片式、锥锚式或帮条式	套	12～22
后张法	冷拉台座	卷扬机或千斤顶装置	座	1
	成孔钢管或胶管	直径50～65mm	节	6～12
	液压千斤顶	规格性能见表7-2	台	2
	高压油泵	规格性能见表7-4和表7-5	台	2
	油压表	压力40N/mm² 或 50N/mm²	块	4
	灰浆泵	压力1.5N/mm²，输送量3m³/h 表7-6和表7-7	台	1
	灰浆搅拌机	容量200L	台	1
无粘结预应力法	涂包成束机或挤压涂层机		台	1
	穿心式千斤顶	压力50N/mm²，行程50mm	台	2
	高压油泵	压力63N/mm²，电动380V750W	台	2
	油压表	压力70N/mm²	块	4
	锚具	BUPC-甲型或BUPC-乙型	套	2/每根

7.1 张拉设备与工具的选用

常用液压千斤顶规格及技术性能　　表 7-2

千斤顶型号及名称	额定压力 (N/mm²)	张拉液压面积 (cm²)	顶压液压面积 (cm²)	最大张拉力 (kN)	最大顶压力 (kN)	张拉行程 (mm)	顶压行程 (mm)	穿心孔径 (mm)	外形尺寸 (mm)	净重 (kg)
YL60 型拉杆式（YDL650-150 型）	40 (60)	162.5	—	650	—	150	—	—	φ193×677	65 (69)
YC18 型穿心式	50	40.6	13.5	203	54	250	15	27	φ110×425	17
YC60 型穿心式	40	162.6	84.2	650	336	150	50	55	φ195×435	63
YC120 型穿心式	50	250	113	1200（公称）	—	300	40	70	φ250×910	196
YCD120 型穿心式	50	290	177	1450（公称）	—	180	—	128	φ315×500	200
YCQ100 型穿心式	63	219	—	138	—	150	—	90	φ258×440	110
YCQ200 型穿心式	63	330	—	208	—	150	—	130	φ340×458	190
YCQ350 型穿心式	63	550	—	346	—	150	—	140	φ420×446	320
YCW100B 型穿心式	51	191	78	973	—	200	—	78	φ214×370	65
YCW150B 型穿心式	50	298	138	1492	—	200	—	120	φ285×370	108
YCW250B 型穿心式	54	459	280	2480	—	200	—	140	φ344×380	164
YCW400B 型穿心式	52	761	459	3956	—	200	—	175	φ432×400	270
YDC240Q 型前卡式	50	—	—	240	—	200	—	18	φ104×580	18.2
YDC100N-100 内卡式	55	181.2	91.9	997	—	100	—	—	φ250×289	78
YDC1500N-100 内卡式	54	276.5	115.5	1493	—	100	—	—	φ305×285	116

7 预应力混凝土工程

续表

千斤顶型号及名称	额定压力 (N/mm²)	张拉液压面积 (cm²)	顶压液压面积 (cm²)	最大张拉力 (kN)	最大顶压力 (kN)	张拉行程 (mm)	顶压行程 (mm)	穿心孔径 (mm)	外形尺寸 (mm)	净重 (kg)
YDC2500N-100 内卡式	50	492.4	292.2	2462	—	100	—	—	φ399×289	217
YZ85-300型 锥锚式	46	—	—	850	390	300	65	—	φ326×890	180
YZ85-500型 锥锚式	46	—	—	850	390	500	65	—	φ326×1100	205
YZ150-300型 锥锚式	50	—	—	1500	769	300	65	—	φ360×1005	198
YDT120 台座式	50	—	—	1200	—	300	—	—	φ250×595	150
YDT300 台座式	50	—	—	3000	—	500	—	—	400×400×1025	—
YDT350 台座式	50	—	—	350	—	700	—	—	—	—

螺杆式张拉机规格及技术性能   表 7-3

千斤顶型号及名称	最大张拉力 (kN)	最大张拉行程 (mm)	张拉速度 (m/min)	张拉钢丝规格 (mm)	外形尺寸（长×宽×高）(mm)	重量 (kg)
SL₁型手动螺杆张拉机	10	400	—	$\phi^P 3\sim 5$	870×153×153	13
DL₁型电动螺杆张拉机	10	780	2	$\phi^P 3\sim 5$	200×90×50	143

2ZB4/50型、2ZB3/63型油泵技术性能   表 7-4

型号	额定流量 (L/min)	额定油压 (N/mm²)	油箱容量 (L)	电动机功率 (kW)	重量 (kg)
2ZB4/50	2×2	50	50	3	120
2ZB3/63	2×1.5	63	50	3	140

7.1 张拉设备与工具的选用

小型油泵技术性能　　　　　表 7-5

项　目	ZB0.8/50型	ZB0.6/63型	STDB-Ⅰ
额定流量(L/min)	0.8	0.6	0.25
额定油压(N/mm^2)	50	63	63
油箱容量(L)	12	12	4
电机功率(kW)	0.75	0.75	
自重(kg)	35	35	13
外形尺寸(mm)	402×230×500	402×230×500	210×230×350

BW型柱塞式灰浆泵技术性能　　　　　表 7-6

型　号	流量(L/min)	额定压力(N/mm^2)	功　率(kW)	重　量(kg)	形　式
BW-120	120	1.2	4	260	双缸单作用
BW-150/1.5	150	1.0	4	220	双缸单作用
BW-180/2	180	1.5	7.5	280	双缸单作用
BW-200/5	200	4.0	18.5	泵300	双缸单作用
BW-150	150~32	1.8~7.0	7.5	516	三缸单作用
BW-200	200~102	5.0~8.0	22	泵560	三缸单作用
BW-250	250~52	2.5~6.0	15	泵500	三缸单作用
BW-320	320~118	4.0~8.0	30	1000	三缸单作用

UBJ型挤压式灰浆泵技术性能　　　　　表 7-7

项　目	UBJ2	UBJ1.8	UBJ3	UBJ0.8
出浆量(m^3/h)	2	0.4,0.6,1.2,1.8	1,1.5,3	0.8
额定压力(N/mm^2)	1.5	1.5	2	1
水平输送距离(m)	120	100	120	80
料斗容量(L)	100	200	200	50

7.2 锚具与夹具的选用

常用锚具夹具的组成、材料要求及配套选用　　表 7-8

型式	类别	名称	组成及材质要求	适用范围
螺杆式	锚具	螺丝端杆锚具	由螺丝端杆、螺母及垫板组成(图 7-1a)。端杆用热处理 45 号钢制作，热处理硬度 HB 251~283，也可用冷拉 45 号钢或与预应力筋同级别的冷拉钢筋制作；螺母及垫板均用 Q235 钢制作，不做热处理	适用于先张法、后张法或电张法。用 YL60、YC60、YC20 型千斤顶或简易张拉机具，锚固直径 36mm 以下的冷拉 HPB235、HRB335 级钢筋
		锥形螺杆锚具	由锥形螺杆、套筒、螺母及垫板组成(图 7-1b)。锥形螺杆和套筒用 45 号钢制作，调质热处理硬度 HRC30~35，锥头 70mm 内硬度要求 HRC55~58，淬透深度 2~2.5mm。螺母及垫板用 Q235 制作，不做热处理	适用于后张法。用 YL60、YC60、YC20 型千斤顶或简易张拉机具，锚固 28 根以下的 ϕ5 碳素钢丝束
		精轧螺纹钢锚具	由螺杆与垫板组成，螺母、垫板分为平面与锥面两种，螺母采用 45 号钢制作	适用于后张法。用 YL60、YC60、YC20 千斤顶，锚固精轧螺纹钢筋
	夹具	单根镦头钢筋螺杆夹具	如图 7-1(c)所示，制作要求与螺丝端杆同，端杆用热处理 45 号钢制作，热处理硬度 HB251~283	适用于后张法。用 YL60、YC60、YC20 型千斤顶或简易张拉机具，夹持单根冷拉 HPB235、HRB335、HRB400 级钢筋
镦头式	锚具	钢丝束镦头锚具	分 A、B 型两种。A 型由锚环和螺母组成(图 7-2a)，用于张拉端；B 型为锚板，用于固定端(图 7-2b)。锚环和锚板用 45 号钢制作，调质热处理硬度 HB251~283，螺母用 30 号钢制作，不做热处理。工具拉杆和工具螺母材质同螺丝端杆	适用于后张法。用 YL60、YC60、YC20 型千斤顶，锚固 ϕ5 碳素钢丝
	夹具	单根镦头夹具	由镦头夹具和张拉套筒或抓钩式连接头组成(图 7-2c、d)。镦头夹具用 45 号钢制作，热处理硬度 HRC30~35，张拉套筒与抓钩式连接头补用 45 号钢制作，热处理硬度 HRC40~45	适用于大型屋面板等构件的模外张拉工艺或台座先张法。用 YL60、YC60 型千斤顶，夹持单根冷拉 HPB235、HRB335、HRB400 级钢筋

7.2 锚具与夹具的选用

续表

型式	类别	名称	组成及材质要求	适用范围
夹片式	锚具	JM12型锚具	由锚环和夹片组成(图7-3a),分机加工和精铸两种工艺成型。锚环分圆锚环及方锚环两种,均用45号钢制作。圆锚环用机加工成型,热处理硬度HRC32~37;方锚环用模锻成型,不须热处理。夹片由3~6片或5~6片组成,均机加工成型用45号制作热处理,硬度HRC40~45	适用于后张法。用YC60与120型千斤顶,锚固3~6根直径12mmHRB500光圆或螺纹钢筋束(精铸JM12锚固Φ^l12螺纹钢筋束)以及5~6根ϕ^s12(7ϕ4)钢绞线束
		JM5型锚具	有JM5~6及JM5~7两种规格,构造形式及技术性能均与JM12相仿	适用于后张法(也可做先张法夹具)。用YC60型千斤顶分别锚固6根和7根ϕ5碳素钢丝
		JM型锚具	由锚环与夹片组成(图7-3b)。锚环采用45号钢,调质热处理硬度HRC32~37。夹片形状为三片式,斜角4°。夹片用20铬钢,热处理表面硬度HRC55~58,齿形为短牙三角螺纹	适用于后张法。用YC60与120型千斤顶,锚固ϕ^s12和ϕ^s15钢绞线,也可做先张法夹具
		XM型锚具	由锚板与夹片组成(图7-4)。其特点是每根钢绞线都是分开锚固的。锚板采用45号钢,调质热处理硬度HB=285±15。夹片采用三片式,采用60SiMnA合金钢,整体淬火并回火后硬度为HRC53~58	适用于后张法。用YCD100与200型千斤顶,锚固1~12ϕ^s15钢绞线,也可用于锚固钢丝束
	夹具	圆锥形二片(三片)式夹具	由圆套筒及圆锥形夹片(二片或三片)组成(图7-5),均用45号钢制作,经热处理,硬度要求套筒为HRC35~40,夹片为HRC40~45	适用于先张法。用YC20型千斤顶夹持直径12~14mm的单根冷拉HRB335、HRB400、RRB400级钢筋
锥锚式	锚具	钢质锥形锚具(弗氏锚具)	由锚环及锚塞组成(图7-6)。用45号钢制作,锚塞热处理硬度HRC55~58,锚环热处理硬度HRC20~58,经磁力探伤,无内伤方可使用	适用于后张法。用YZ38、60和85型千斤顶,锚固18ϕ5碳素钢丝束或ϕ4碳素钢丝
	夹具	圆锥齿板式夹具	由套筒与齿板组成(图7-7a),均用45号钢制成,当夹冷拔低碳钢丝时,齿板须热处理,硬度为HRC40~45;当夹碳素(刻痕)钢丝,套筒热处理硬度HRC25~28,夹片采用倒齿形,热处理硬度HRC55~58	适用于先张法。用手动或电动螺杆张拉机,夹持ϕ3~5冷拔低碳钢丝和ϕ5碳素(刻痕)钢丝

续表

型式	类别	名称	组成及材质要求	适用范围
锥锚式	夹具	单根钢绞线夹具	由锚环、退楔片和夹片组成(图7-7b)。退楔片为合缝对开三片式,夹片与单根钢绞线夹具相同,锚环采用45号钢热处理,硬度HRC32~37,夹片采用20铬钢,热处理硬度HRC55~58	适用于夹持 ϕ^s12 和 ϕ^s15 钢绞线,也可作为千斤顶的工具锚使用
帮条式	锚具	帮条锚具	由1块方形或圆形衬板与3根帮条焊接组成(图7-8)。帮条应采用与预应力筋同级别的钢筋;衬板可用Q235;帮条的焊接可在预应力筋冷拉前或冷拉后进行	适用于先张法、后张法及电张法。锚固直径12~40mm的冷拉 HRB335、HRB400 级钢筋

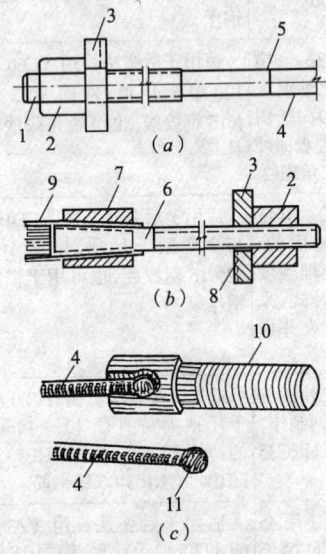

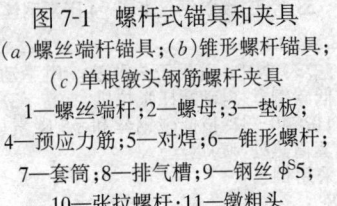

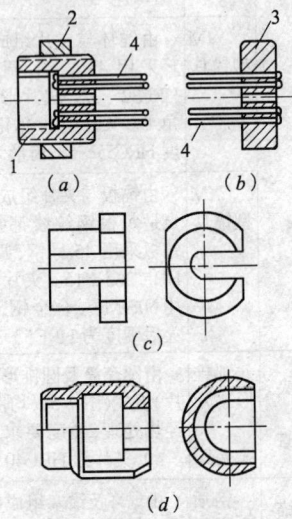

图 7-1 螺杆式锚具和夹具
(a)螺丝端杆锚具;(b)锥形螺杆锚具;
(c)单根镦头钢筋螺杆夹具
1—螺丝端杆;2—螺母;3—垫板;
4—预应力筋;5—对焊;6—锥形螺杆;
7—套筒;8—排气槽;9—钢丝 ϕ^s5;
10—张拉螺杆;11—镦粗头

图 7-2 镦头式锚具、夹具
(a)钢丝束A型锚具;
(b)钢丝束B型锚具;
(c)单根镦头夹具;
(d)抓钩式张拉连接头
1—A型锚环;2—螺母;
3—B型锚板;4—钢丝束

7.2 锚具与夹具的选用

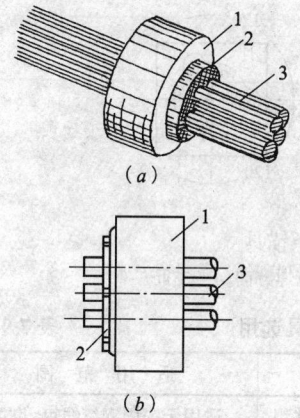

图 7-3 JM12 型及 JM 型锚具
(a)JM12 型锚具;(b)JM 型锚具
1—锚环;2—夹片;3—钢筋束或钢绞线束

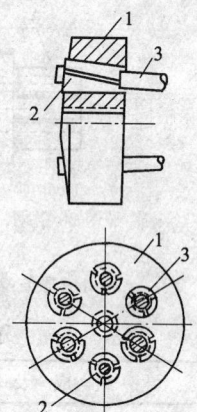

图 7-4 XM 型锚具
1—锚板;2—夹片;3—钢绞线

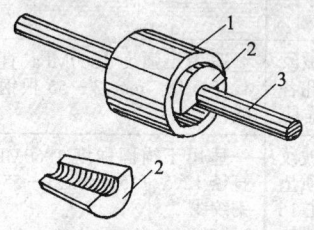

图 7-5 圆锥形二片式夹具
1—套筒;2—夹片;3—钢筋

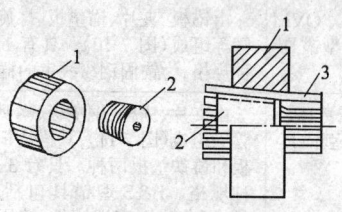

图 7-6 钢质锥形锚具
1—锚环;2—锚塞;3—钢丝束

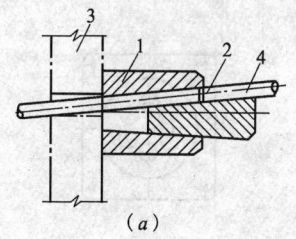

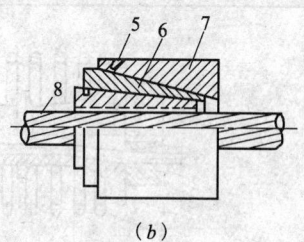

图 7-7 圆锥齿板式及单根钢绞线夹具
(a)圆锥齿板式夹具;(b)单根钢绞线夹具
1—套筒;2—齿板;3—定位板;4—钢丝;
5—锚环;6—退楔片;7—夹片;8—钢绞线

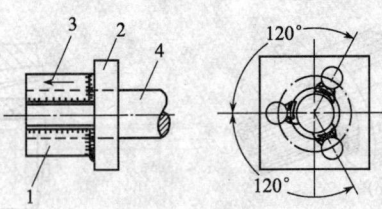

图 7-8 帮条锚具
1—帮条；2—衬板；3—施焊方向；4—主筋

改进新型锚具选用　　　　　　　　表 7-9

名　称	组　成　及　规　格	适　用　范　围
QM型锚具	由锚板、夹片(两片或三片)及配件组成(图7-9)。具有1～37孔14种规格。QM锚具包括张拉端锚具、连接器、扁形锚具，以及配套使用的张拉设备，已形成完整的QM预应力体系，得到了广泛的应用	适用于锚固钢绞线束，也可用于锚固7ϕ4、7ϕ5平行钢丝束
OVM型锚具	由锚板、夹片、锚垫板、螺旋筋及波纹管等组成(图7-10)。具有1～55孔各种规格，为锚固钢绞线束的群锚型锚具	适用于强度1860MPa、直径12.5～15.7mm、3～55根钢绞线
B&S型锚具	由夹片、锚板、钢垫板、喇叭管及波纹管等组成(图7-11)，其锚垫板有钢质垫板和铸铁垫板两种。具有3～14孔16种规格。B&S型锚具包括张拉端锚具、压花式固定端锚具、挤压式固定端锚具、扁锚、连接器等，形成了较为完整的预应力体系	适用于锚固强度1860MPa、直径12.5～15.7mm、3～55根钢绞线

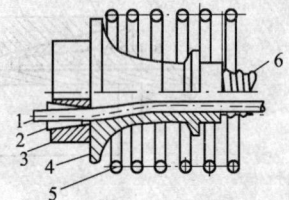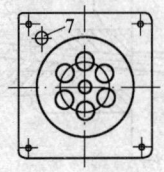

图 7-9　QM 型锚具
1—预应力筋；2—夹片；3—锚板；4—垫板；5—螺旋筋；
6—金属波纹管；7—灌浆孔

7.2 锚具与夹具的选用

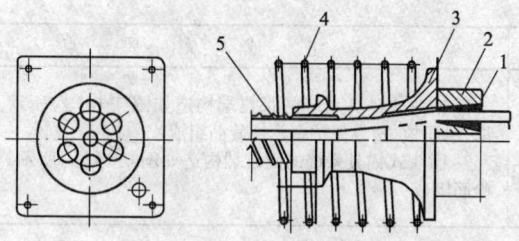

图 7-10　OVM 型锚具
1—夹片；2—锚板；3—锚垫板；4—螺旋筋；5—波纹管

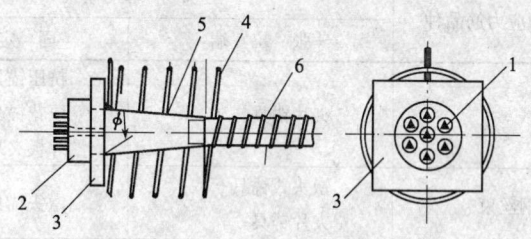

图 7-11　钢质垫板 B&S 型锚具
1—夹片；2—锚板；3—钢垫板；4—螺旋筋；5—喇叭管；6—波纹管

无粘结预应力筋锚具选用　　　　　　　　表 7-10

项次	项目	组 成 及 要 点
1	锚具选用	1. 无粘结预应力筋的锚具，应根据无粘结预应力筋的品种、张拉力大小，以及工程使用情况选定 2. 对常用的 $\phi15mm$、$\phi12mm$ 单根钢绞线，以及 $7\phi5mm$ 平行钢丝束无粘结预应力筋，其锚具可按表 7-11 选用 3. 由多根钢绞线组成的无粘结预应力束，其锚具可采用 QM 型、XM 型 B&S 型等群锚型锚具，锚具的结构与性能与有粘结预应力束的锚具相同
2	夹片锚具构造	1. 夹片锚具系统的张拉端构造如图 7-12 所示。锚具凸出混凝土表面时，由锚环、夹片、承压板与螺旋筋组成；锚具凹进混凝土表面时，由锚环、夹片、承压板、螺旋筋，塑料塞及钩螺栓等组成 2. 夹片锚具系统固定端构造如图 7-13 所示 (1) 挤压锚具(图 7-13a)：由挤压锚具、承压垫板与螺旋筋组成。挤压锚具是采用专用的挤压机将锚具套筒及内衬套压接在预应力筋的端部 (2) 压花锚具(图 7-13b)：由压花锚头及螺旋筋构成。压花锚是利用专用压花机压制而成 (3) 焊板夹片锚具(图 7-13c)：由夹片、锚环、承压垫板、螺旋筋构成。预先用开口式双作用千斤顶将夹片锚具组装在预应力筋端部，其预紧力为预应力筋张拉力的 75%

7 预应力混凝土工程

续表

项次	项目	组 成 及 要 点
3	镦头式锚具构造	1. 镦头式锚具系统的张拉端构造如图 7-14(a)所示。由锚杯、螺母、承压板、塑料保护套及螺旋筋组成 2. 镦头式锚具系统的固定端构造如图 7-14(b)所示。由锚板与螺栓筋组成

常用单根无粘结预应力锚具选用　　　表 7-11

无粘结预应力筋品种	锚　具	
	张　拉　端	固　定　端
钢绞线	夹片锚具	挤压锚具 压花锚具 焊板夹片锚具
7φ5 钢丝束	镦头式锚具 夹片锚具	镦头锚具夹板

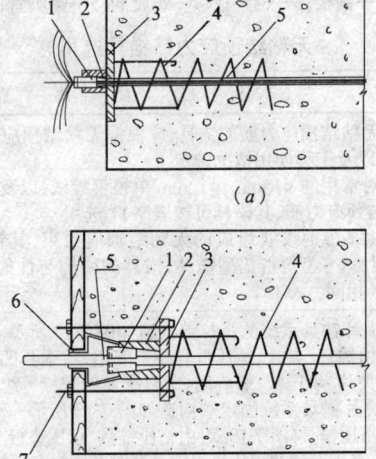

图 7-12　夹片锚具系统张拉端构造
(a)夹片锚具凸出混凝土表面；(b)夹片锚具凹进混凝土表面
1—夹片；2—锚环；3—承压板；4—螺旋筋；5—无粘结预应力筋；
6—塑料塞；7—钩螺栓

7.2 锚具与夹具的选用

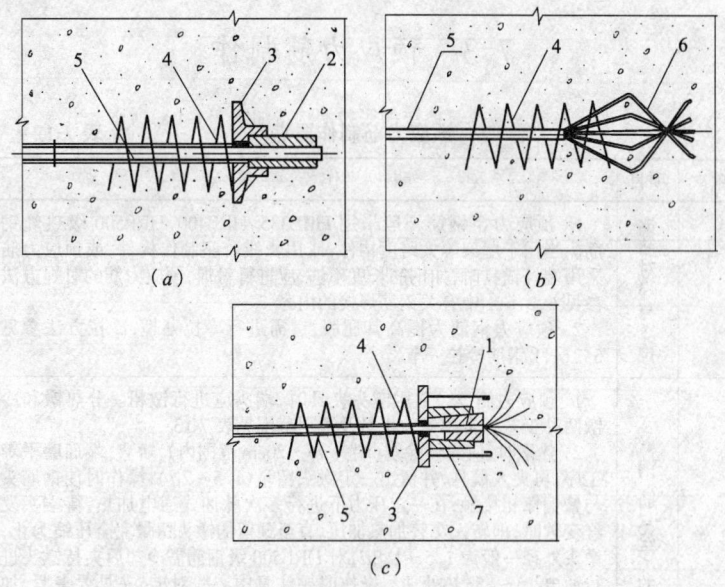

图 7-13 夹片锚具系统固定端构造
(a)挤压锚;(b)压花锚;(c)焊板夹片锚具
1—夹片;2—挤压锚具;3—承压垫板;4—螺旋筋;
5—无粘结预应力筋;6—压花锚;7—锚环

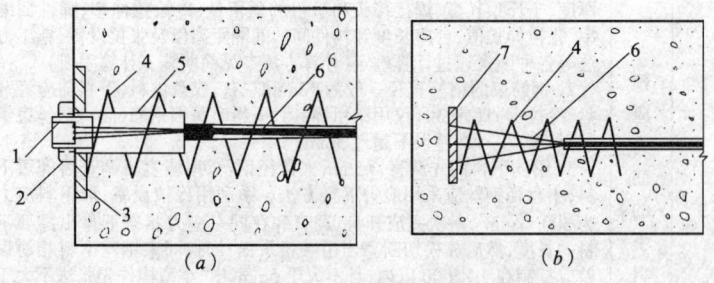

图 7-14 镦头式锚具系统端部构造
(a)张拉端构造;(b)锚固端构造
1—锚杯;2—螺母;3—承压板;4—螺旋筋;5—塑料保护套;
6—无粘结预应力筋;7—锚板

7.3 预应力筋制作

预应力筋制作要点 表 7-12

项次	项目	制 作 要 点
1	钢筋对焊与冷拉	1. 预应力粗钢筋一般采用 HRB335、HRB400、HRB500 级热轧钢筋。当用于屋架等大跨度构件，或用长线台座制作构件，或预应力筋采用端杆锚具时，如钢筋长度不够，应进行对焊，预应力筋的对焊方法参见 6.2.6.1 中有关钢筋焊接的内容 2. 预应力钢筋为提高其屈服点，需进行冷拉处理，冷拉方法参见 6.2.4.1 钢筋冷拉一节
2	钢筋(丝)的镦头	1. 预应力筋(丝)采用镦头夹具时，端头应进行镦粗。分热镦和冷镦两种工艺。常用镦头机具及适用范围见表 7-13 2. 热镦时，应先经除锈(端头 15～20cm 范围内)、矫直、端面磨平等工序，再夹入模具，并留出一定镦头留量($1.5\sim 2d$)，操作时使钢筋头与紫铜棒相接触，在一定压力下进行多次脉冲式通电加热，待端头发红变软时，即转入交替加热加压，直至预留的镦头留量完全压缩为止，镦头外径一般为 $1.5\sim 1.8d$，对 HRB500 级钢筋需冷却后夹持镦头进行通电 15～25s 热处理。操作时要注意中心线对准，夹具要夹紧，加热应缓慢进行，通电时间要短，压力要小，防止成型不良或过热烧伤，同时避免骤冷 3. 冷镦时，机械式镦头要调整好镦头模具与夹具间的距离，使钢筋有一定的镦头留量，$\phi3$、$\phi4$、$\phi5$ 钢丝的留量分别为 8～9、10～11、12～13mm。液压式镦头留量为 $1.5\sim 2.0d$，要求下料长度一致
3	预应力筋的下料要求	1. 预应力筋的下料长度，根据钢材品种、结构的孔道长度、锚夹具厚度、千斤顶长度、焊接接头和镦粗的预留量、冷拉伸长率、弹性回缩率、张拉伸长值、台座长度和构件间的间隔距离以及张拉设备、施工方法等各种因素通过计算确定(计算方法参见简明施工计算手册) 2. 钢筋束的钢筋直径一般为 12mm 左右，成盘供料，下料前应经开盘、冷拉、调直、镦粗(仅用镦粗锚具)，下料时每根钢筋(同一钢丝束钢丝)长度应一致，差误不超过 5mm 3. 钢丝下料前先调直，$\phi5mm$ 大盘径钢丝，用调直机调直后即可下料，小盘径钢丝应采用应力下料方法。系利用冷拉设备，取下料应力为 $300N/mm^2$，一次完成开盘、调直和在同一应力状态下量出需要下料的长度，然后放松切断。当用镦粗头锚具时，同束钢丝下料相对误差应控制在 $L/5000$ 以内，且不大于 5mm(中、小型构件先张法不大于 2mm)；当用锥形锚具时，只需调直，不必应力下料；夏季下料应考虑温度变化的影响 4. 钢绞线下料前，应进行预拉。预拉应力值取钢绞线抗拉强度的 80%～85%，保持 5～10min 再放松。如出厂前经过低温回火处理，则无须预拉。下料时，在切口的两侧各 5cm 处用 20 号铁丝扎紧后切割，切口应即焊牢

7.3 预应力筋制作

续表

项次	项目	制 作 要 点
4	预应力筋(丝)钢绞线编束	1. 钢筋编束系按规定根数逐根排列理顺,一端对齐,每隔1m左右用18~22号铁丝编织成片,然后每隔同等间距放置一个与钢筋束内径相同的弹簧衬圈,将钢筋片围捆在衬圈上扎紧即成。对镦粗头钢筋,在编束时,先将镦粗头相互错开5~10cm,穿入孔道后用锤敲齐 2. 钢丝束编束,应在平地上进行,按规定根数逐根排列理顺,一端在挡板上对齐,离端头20cm处安放梳子板,然后每隔1.5m间距安放梳子板,理顺钢丝,用20号铁丝在梳子板处按次序编织成片,再每隔1.5m放一个弹簧衬圈,将钢丝片合拢捆扎成束 3. 钢绞线编束方法同钢筋束,但须将钢绞线理直,并尽量使各根钢绞线松紧一致
5	切断	钢丝、钢绞线、热处理钢筋及HRB500级钢筋等切断,应采用切断机或砂轮锯,不得采用电弧切割

钢筋(丝)镦头机具及方法 表 7-13

项 目		常用镦头机具及方法	适 用 范 围
电热镦头法		UN-75型或UN$_1$-100型手动对焊机,附装一电极,顶头用的紫铜棒和一夹钢筋用的紫铜模具	适于 ϕ12~14mm 钢筋镦头
冷镦头法	机械镦头	SD$_5$型手动冷镦器,镦头次数5~6次/min,重量31.5kg	供预制厂长线台座上冷冲镦粗 ϕ3~ϕ5 冷拔低碳钢丝
		YD$_6$型移动式电动冷镦机,镦头次数18次/min,顶镦推杆行程25mm,电机功率1.1kW,重量91kg,并附有切线装置	供预制厂长线台座上使用,也可用于其他生产,冷镦 ϕ4、ϕ5 冷拔低碳钢丝
		GD$_5$型固定式电动冷镦机,镦头次数60次/min,夹紧力3kN,顶锻力20kN,电机功率3kW,重量750kg	适于机组流水线生产,冷镦 ϕ3~ϕ5 冷拔低碳钢丝
	液压镦头	型号有LD-100型、LD-200型及LD-45型。主要技术性能见表7-14、图7-15	适用于 ϕ5 高强钢丝和冷拔低碳钢丝及 ϕ8 调质钢筋、ϕ12 光圆或螺纹普通低合金钢筋

注:ϕ25mm 以上粗钢筋宜用汽锤镦头。

LD型液压镦头器技术性能 表 7-14

型 号	最大镦头力 (kN)	最大油压 (N/mm^2)	适用预应力筋		重 量 (kg)	外形尺寸 (mm)
			直径 (mm)	标准强度 (N/mm^2)		
LD100	90	40	ϕ5	1470~1770	12	279×107×190

续表

型 号	最大镦头力 (kN)	最大油压 (N/mm²)	适用预应力筋 直径 (mm)	适用预应力筋 标准强度 (N/mm²)	重量 (kg)	外形尺寸 (mm)
LD200	200	49	$\phi 7$	1470~1770	25	
LD45	450	40	$\phi 12$	HRB500级钢筋	30	

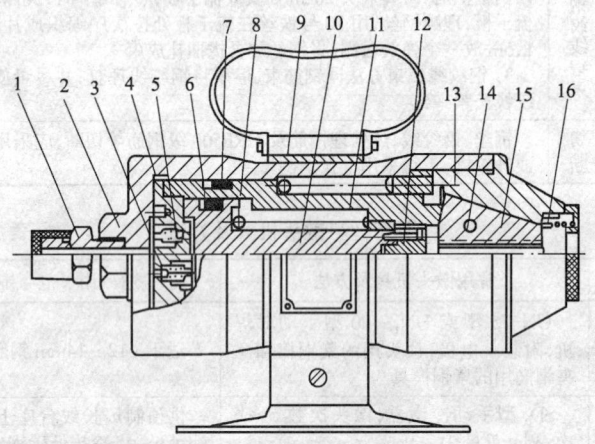

图 7-15 LD100 型液压镦头器构造简图
1—油嘴;2—缸体;3—顺序阀;4—O 形密封圈;5—回油阀;6、7—密封圈;
8—镦头活塞回程弹簧;9—夹紧活塞回程弹簧;10—镦头活塞;11—夹紧活塞;
12—镦头模;13—锚环;14—夹片张开弹簧;15—夹片;16—夹片回程弹簧

7.4 先张法施工工艺

7.4.1 工艺流程

先张法工艺及适用范围　　　　表 7-15

原　理	工　艺　流　程		适用范围、优缺点
先张法是将钢筋(丝)张拉到设计控制应力,用夹具临时固定在台座或钢模上,然后浇	预应力筋制作	→ 清理台座、支底模或涂隔离剂 → 安放钢筋骨架及预应力筋	适用于预制厂或现场,集中成批生产各种中小型预应力构件,如多孔板、槽形板、屋面板、檩条、薄腹梁、吊车梁、屋架、

7.4 先张法施工工艺

续表

原 理	工 艺 流 程	适用范围、优缺点
筑混凝土,待混凝土达到一定强度(一般不低于设计强度的70%)后,放松钢筋,钢筋回缩,通过混凝土和钢筋间的粘结力,使混凝土构件获得预压应力	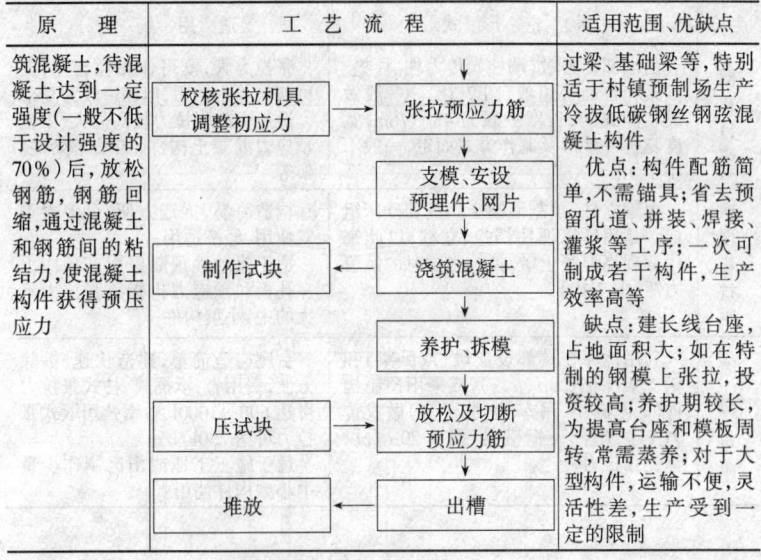	过梁、基础梁等,特别适于村镇预制场生产冷拔低碳钢丝钢弦混凝土构件 优点:构件配筋简单,不需锚具;省去预留孔道、拼装、焊接、灌浆等工序;一次可制成若干构件,生产效率高等 缺点:建长线台座,占地面积大;如在特制的钢模上张拉,投资较高;养护期较长,为提高台座和模板周转,常需蒸养;对于大型构件,运输不便,灵活性差,生产受到一定的限制

7.4.2 台座形式及构造

先张法台座形式、构造及适用场合　　表 7-16

名称	构 造 形 式	适 用 场 合
墩式台座	由台墩、台面、横梁、定位板等组成(图 7-16)。常用的为台墩与台面共同受力的形式。台座长度和宽度由场地大小、构件类型和产量等因素确定,一般长度不大于 150m,宽度不大于 2m,要求有足够的强度、刚度和稳定性。其抗倾覆系数不得小于 1.5;抗滑移系数不得小于 1.3。在台座的端部应留出张拉操作用地和通道,两侧应有构件运输和堆放的场地	张拉力大,一般可达 600～2000kN,适用范围广,可生产多种形式构件,或叠层生产或成组立模生产中小型构件,为国内应用最广泛的一种形式
构架式台座	构架式台座一般采用装配式预应力混凝土结构,由多个 1m 宽、重约 2.4t 的三角形块体组成(图 7-17a),每一块体能承受的张拉力约 130kN,可根据台座需要的张拉力,设置一定数量的块体组成台座。为提高张拉力,抵抗倾覆力矩,亦可在构架底部设短桩或爆扩灌注桩(图 7-17b、c)	采取预制装配形式,拆除转移方便,可周转使用,但张拉力较小 适于生产张拉力不大的中、小型构件

续表

名称	构 造 形 式	适 用 场 合
槽式台座	由端部传力墩(端柱)、传力柱、柱垫、横梁和台面等组成(图7-18)。一般做成装配式的,长度一般为45～76m,宽度随构件外形及制作方式而定,一般不小于1m	张拉力大,既可作张拉台座,又可兼作养生槽用,但构造较为复杂 适于生产张拉力较高的大、中型预应力混凝土构件,如吊车梁、屋架等
换埋式台座	由钢立柱、预制混凝土挡板和砂床组成。是用砂床埋住挡板、立柱,以此来代替现浇混凝土墩,抵抗张拉时的倾覆力矩(图7-19)	构造简易,拆迁方便,可多次重复使用,经济适用 适于流动性预制厂生产预应力多孔板和预应力折板等张拉力不大的中、小型构件
简易台座	利用地坪在端部设支墩(或卧梁)和钢支架(图7-20a、b、c),或采用预制构件(如基础梁、吊车梁、柱子等)做成传力支墩,端部设钢横梁(图7-20d),以承受张拉力	台座构造简单,建造快速,拆除方便,费用省;承插式、柱式张拉力可达600～1000kN,钢弦用墩式张拉力可达250kN/m 适于施工工地或山区制作少量中小型构件使用

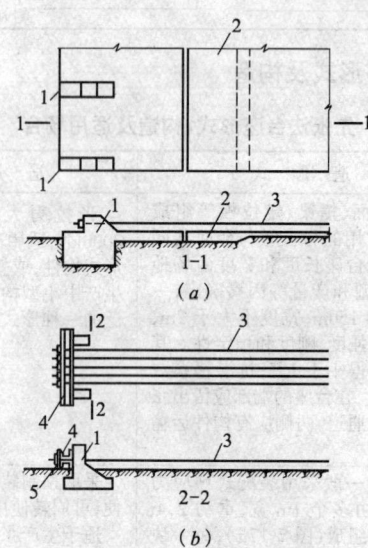

图7-16 墩式台座构造

(a)台座与台面共同受力墩式台座(600～1000kN);(b)独立墩式台座

1—传力墩;2—台面;3—预应力筋;4—横梁;5—定位板

7.4 先张法施工工艺

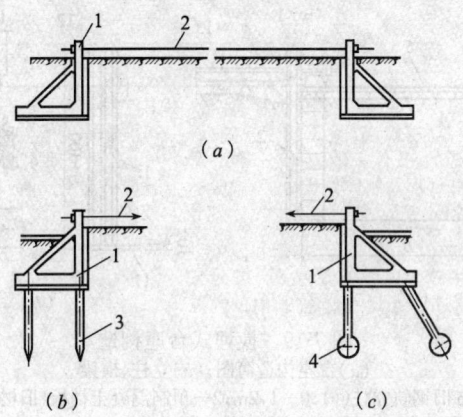

图 7-17 构架式台座构造
（a）构架式台座；（b）构架用预制短桩加固；（c）构架用爆扩灌注桩加固
1—构架；2—预应力钢筋；3—预制短桩；4—爆扩灌注桩

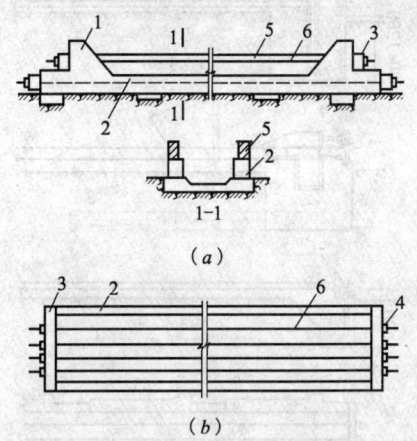

图 7-18 槽式台座构造
（a）槽式台座；（b）压杆承力槽式台座
1—传力墩；2—传力柱(传力压杆)；3—横梁(端柱)；4—定位板；
5—砖墙；6—预应力筋(丝)

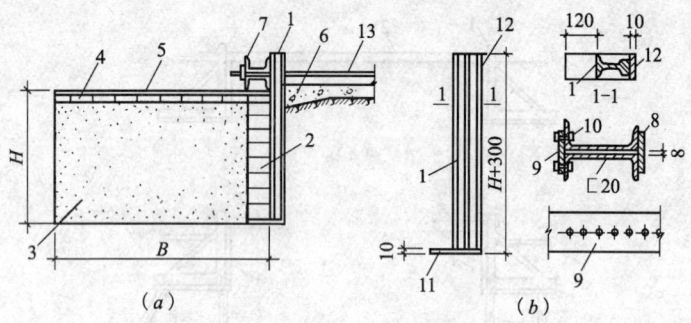

图 7-19 换埋式台座构造
(a)台座构造简图;(b)立柱、横梁

1—43kg/m 旧钢轨立柱@1.0～1.2m;2—预制混凝土挡板(旧楼板或小梁);
3—砂床,分层夯实;4—铺砌红砖;5—抹水泥砂浆 20～30mm;6—混凝土台面;
7—2⌐20 槽钢横梁;8—8mm 厚连接板;9—钢丝定位板;10—连接螺栓;
11—下托板;12—前贴板;13—预应力筋

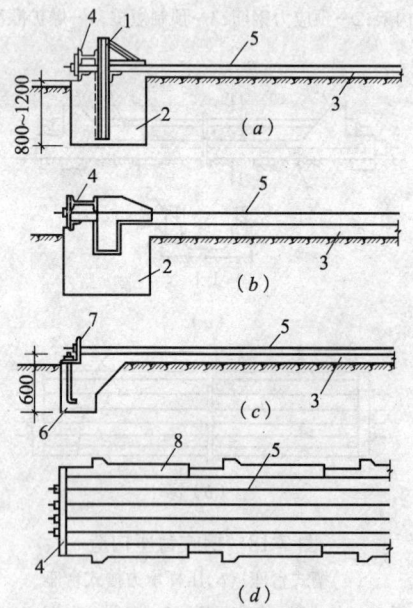

图 7-20 简易台座构造
(a)承插式;(b)柱式;(c)钢弦用墩式;(d)顶柱式

1—钢牛腿;2—混凝土墩;3—混凝土台面(地坪);4—横梁;5—预应力钢筋(丝);
6—混凝土卧梁;7—⌐120mm×12mm 角钢;8—预制柱

7.4 先张法施工工艺

7.4.3 工艺方法要点

先张法工艺方法要点 表7-17

项次	项目	工 艺 方 法 要 点
1	张拉程序	预应力筋的张拉程序一般按设计规定进行,无规定时,可按表7-18所列程序之一进行。张拉时,应严格按设计规定的张拉控制应力采用。张拉控制应力与钢筋品种及张拉方法有关,一般不得超过表7-19所列数值
2	预应力损失	预应力筋张拉时,应考虑预应力筋的应力损失,引起各种预应力损失的因素、预应力损失值估算及消除减少预应力损失措施见表7-21,如估算的总损失值小于下列数值时,按下列数值取用 先张法构件　　100N/mm² 后张法构件　　80N/mm² 预应力损失,一般设计者都已考虑,只在施工条件发生变化时,才需重算预应力损失值,调整张拉力
3	预应力钢筋(钢丝)张拉	1. 张拉前应确定预应力筋的张拉力及其相应的伸长值,方法见表7-23 2. 单根预应力钢筋张拉,可采用YC18、YC20D、YC60或YL60型千斤顶在双横梁式台座或钢模上单根张拉,螺杆式夹具或夹片式夹具锚固。热处理钢筋或钢绞线用优质夹片式夹具锚固 3. 在三横梁式或四横梁式台座上生产大型预应力构件时,可采用台座式千斤顶成组张拉预应力钢筋(图7-21),张拉前应调整初应力(可取5%～10% σ_{con}),使每根预应力筋的应力均匀一致,然后再进行张拉 4. 单根冷拔低碳钢丝张拉可采用10kN电动螺杆张拉机或电动卷扬张拉机,弹簧测力计测力,锥锚式夹具锚固(图7-22a)。单根刻痕钢丝可采用20～30kN电动卷扬张拉机单根张拉,优质锥销式夹具或镦头螺杆夹具锚固(图7-22b) 5. 在预制厂以机组流水法生产预应力多孔板时,可在钢模上用镦头梳筋板夹具成批张拉。钢丝两端镦粗,一端卡在固定梳筋板上,另一端卡在张拉端的活动梳筋板上,通过张拉钩和拉杆式千斤顶进行成组张拉 6. 单根张拉钢筋(丝)时,应按对称位置进行,并考虑下批张拉所造成的预应力损失 7. 预应力筋(丝)张拉完毕后,对设计位置的偏差不得大于5mm,也不得大于构件最短边长的4%
4	混凝土浇筑与养护	1. 台座内每条生产线上的构件,混凝土应一次连续浇筑完成。振捣混凝土时,要避免碰撞预应力筋 2. 预应力叠合梁的叠合面及预应力芯棒与后浇混凝土部分接触面应划毛,必要时做成凹凸面,以提高叠合面的抗剪能力

续表

项次	项目	工 艺 方 法 要 点
4	混凝土浇筑与养护	3. 混凝土养护可采用自然养护、蒸汽养护或太阳能养护等方法。用蒸汽养护时,应采用二阶段升温法,第一阶段升温的温差控制在20℃以内(一般以不超过 10~20℃/h 为宜),待混凝土强度达 10N/mm² 以上时,再按常规升温制度养护
5	预应力钢筋(钢丝)的放松	1. 当构件混凝土强度标准值达到设计规定的要求时(一般为 75%以上),始可放松预应力筋(丝) 2. 预应力筋放张顺序:(1)轴心受预压构件(如拉杆、桩等),所有预应力筋应同时放张;(2)偏心受预压构件(如梁等),应先同时放张预压力较小区域的预应力筋,再同时放张预压力较大区域的预应力筋;(3)如不能满足(1)、(2)两项要求时,应分阶段、对称、相互交错地进行放张,以防止放张过程中构件发生弯曲、裂纹和预应力筋断裂 3. 预应力筋放张方法,可采用千斤顶、楔块、螺杆张拉架或砂箱等工具(图 7-23) 4. 放张前应拆除模板,使放张时,构件能自由压缩,避免损坏模板或使构件开裂
6	预应力钢筋(钢丝)的切断	1. 放张后预应力筋的切断顺序,宜由放张端开始逐次切向另一端;钢丝的放张与切断宜在台座中部开始,采取逐根氧割、锯断、剪断等方法,并宜对称、交错地进行。切断粗钢筋、钢绞线,一般用氧乙炔焰、电弧或锯割;切断钢丝,一般用钢丝钳、无齿锯、放张板子等 2. 用氧乙炔焰或电弧切割时,应采取隔热措施,防止烧伤构件端部混凝土。电弧切割时的地线不得搭在另一头,以防止过电后预应力筋伸长,造成应力损失

预应力筋的张拉程序　　　　　　表 7-18

项　　次	张　拉　程　序
1	0→105% σ_{con}(持荷 2min)→σ_{con}(锚固)
2	0→103% σ_{con}(锚固)

注:1. 预应力筋的超张拉值不得大于:
　　(1)冷拉 HRB335、HRB400、HRB500 级钢筋屈服点的 95%;
　　(2)钢丝、钢绞线及热处理钢筋抗拉强度的 75%。
　2. 预应力筋伸长值的量测起点,应在初应力约为张拉控制应力的 10%时标出。
　3. 表中 σ_{con} 为张拉时的控制应力。

7.4 先张法施工工艺

张拉控制应力限值 σ_{con}　　　　表 7-19

钢 筋 种 类	张 拉 方 法	
	先 张 法	后 张 法
消除应力钢丝、钢绞线	$0.75f_{ptk}$	$0.75f_{ptk}$
热处理钢筋	$0.70f_{ptk}$	$0.65f_{ptk}$

注：1. f_{ptk} 为预应力筋的标准抗拉强度，见表 7-20。
　　2. 预应力钢筋的张拉控制应力不宜超过本表规定的限值，且不应小于 $0.4f_{ptk}$。
　　3. 在下列情况下，表中 σ_{con} 允许提高 $0.05f_{ptk}$：
　　　（1）要求提高构件在施工阶段的抗裂性能而在使用阶段受压区内设置的预应力钢筋；
　　　（2）要求部分抵消由于应力松弛、摩擦、钢筋分批张拉以及预应力钢筋与张拉台座之间的温差等因素，产生的预应力损失。

预应力钢筋强度标准值（N/mm²）　　　　表 7-20

种　类		符号	d(mm)	f_{ptk}
钢绞线	1×3	ϕ^S	8.6、10.8	1860、1720、1570
			12.9	1720、1570
	1×7		9.5、11.1、12.7	1860
			15.2	1860、1720
消除应力钢丝	光面螺旋肋	ϕ^P ϕ^H	4、5	1770、1670、1570
			6	1670、1570
			7、8、9	1570
	刻痕	ϕ^I	5、7	1570
热处理钢筋	40Si2Mn	ϕ^{HT}	6	1470
	48Si2Mn		8.2	
	45Si2Cr		10	

注：1. 钢绞线直径 d 系指钢绞线外接圆直径，即现行国家标准《预应力混凝土用钢绞线》GB/T 5224 中的公称直径 D_g，钢丝和热处理钢筋的直径 d 均指公称直径；
　　2. 消除应力光面钢丝直径 d 为 4～9mm，消除应力螺旋肋钢丝直径 d 为 4～8mm。

预应力损失原因、消除预应力损失措施及预应力损失值　　表 7-21

项　目	引起预应力损失原因	预应力损失值 (N/mm^2) 先张法	预应力损失值 (N/mm^2) 后张法	消除、减少预应力损失措施
张拉端夹具与锚具的变形和钢筋内缩	夹具、锚具在荷载作用下产生非弹性变形和预应力筋内缩	$\frac{a}{l}E_s$ (注1)		认真操作,使夹具、锚具的变形值控制不大于允许的变形数值
预应力筋与孔道壁之间的摩擦	预应力筋孔道制作形成曲线形,或在曲线孔道中张拉钢筋		30~150	正确掌握抽管时间,及时抽管和清孔;采用重复张拉
温度变化(温差)的影响	先张法混凝土加热养护时,受张拉的钢筋与承受拉力的设备之间的温差(Δt)的变化(以℃计),每度温差可引起 $2N/mm^2$ 预应力损失	$20\Delta t$ (注2)		严格按照设计图中规定的允许值升高温度 混凝土达到 $3 \sim 5N/mm^2$ 强度后再加强养护
钢筋(丝)的应力松弛	钢筋(丝)在荷载不变的情况下,应力随时间的增加而降低	在软钢中可达张拉力的5%;在硬钢中可达张拉力的7%		张拉时进行适当的超张拉,超张拉值取(103%~105%)σ_{con} 或重复张拉
混凝土的收缩	混凝土在空气中硬化,体积产生收缩,使钢筋随之收缩	60~135		适当选择混凝土骨料,准确控制水灰比,混凝土捣固密实,加强养护;混凝土达到规定强度时张拉,张拉后锚固牢靠
混凝土的徐变	混凝土在静载荷作用下,经一定时间要产生变形,使钢筋随之变形			
螺旋形预应力筋用于环形构件的预应力损失	用螺旋式预应力筋做配筋的环形构件,当直径≤3m 时,由于混凝土的局部压陷而造成应力降低		30	合理选择混凝土配合比,严格遵守操作规程,提高密实性,达到规定强度后张拉

注:1. 式中　a——夹具、锚具的允许变形值(cm),见表 7-22;
　　　　l——张拉端至锚固之间的距离(cm);
　　　　E_s——钢筋的弹性模量(N/mm^2)。
　　2. 蒸汽养护温差常在 20~25℃左右。
　　3. 钢管抽芯成型的直线孔道,其摩擦损失近似于零,当采用电张时,一般不考虑摩擦损失。

7.4 先张法施工工艺

张拉端预应力筋的内缩量限值　　　　表 7-22

锚　具　类　别		内缩量限值(mm)
支承式锚具(镦头锚具等)	螺帽缝隙	1
	每块后加垫板的缝隙	1
锥塞式锚具		5
夹片式锚具	有顶压	5
	无顶压	6～8

先张法张拉力及伸长值的确定　　　　表 7-23

项次	确 定 方 法	符 号 意 义
预应力筋的张拉力	先张法张拉前应确定预应力筋的张拉力，计算式如下： 控制张拉力：$P_j = \sigma_{con} \cdot A_p \cdot n$ 超张拉力：$P = (103\sim105)\%\sigma_{con} \times A_p \cdot n$	σ_{con}—预应力筋的张拉控制应力(N/mm^2)，按表7-19取用； A_p—预应力筋截面面积(mm^2)； n—同时张拉的预应力筋根数(根)； E_s—预应力筋的弹性模量(N/mm^2)； P_0—预应力筋的平均张拉力(kN)，直线筋取张拉端的拉力；两端张拉的曲线筋，取张拉端的拉力与跨中扣除孔道摩阻损失后拉力的平均值； l—预应力筋的长度(mm)； σ_2—预应力筋的实际张拉应力(N/mm^2)。对直线筋：取张拉端的张拉应力；对曲线筋：取全长度的平均张拉应力； σ_0—量测伸长值的初应力(N/mm^2)
预应力筋的伸长值	预应力筋的伸长值按下式确定： $$\Delta l = \frac{P_0}{A_p \cdot E_s} \cdot l$$	
预应力筋的实际伸长值	预应力筋的实际伸长值应在初应力约为控制应力的10%时量测，此时确定伸长值 $\Delta l'$ 可按下式： $$\Delta l' = \frac{\sigma_2 - \sigma_0}{E_s} \cdot l$$ 对后张法，$\Delta l'$ 尚应扣除混凝土构件在张拉过程中的弹性压缩值	

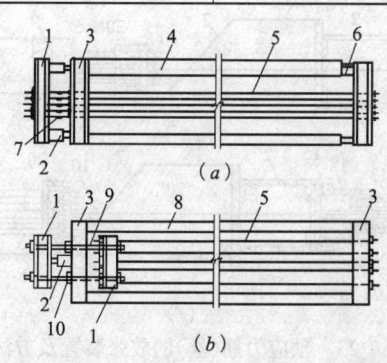

图 7-21　预应力筋的张拉
(a)三横梁式成组预应力筋张拉；(b)四横梁式成组预应力筋(丝)张拉
1—活动横梁；2—千斤顶；3—固定横梁；4—槽式台座；5—预应力筋(丝)；
6—放松装置；7—连接器；8—台座传力柱；9—大螺杆；10—螺母

7 预应力混凝土工程

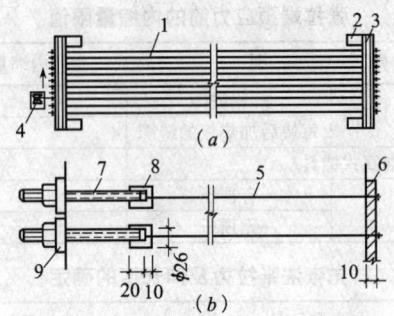

图 7-22 单根钢丝及刻痕钢丝张拉
(a)用电动卷扬机张拉单根钢丝；(b)用镦头螺杆夹具固定单根刻痕钢丝
1—冷拔低碳钢丝；2—台墩；3—钢横梁；4—电动卷扬机张拉；5—刻痕钢丝；
6—锚板；7—螺杆；8—锚环；9—U形垫板

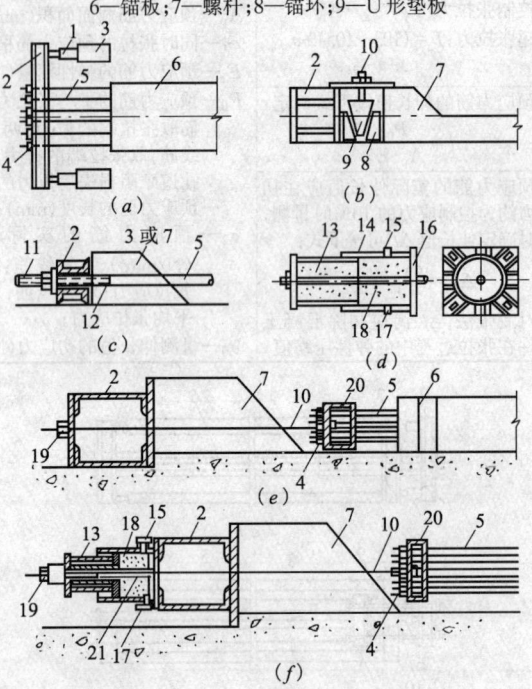

图 7-23 预应力筋(丝)的放张装置及方法
(a)千斤顶放张；(b)楔块放张；(c)、(e)螺杆放张；(d)、(f)砂箱放张
1—千斤顶；2—横梁；3—承力支架；4—夹具；5—预应力钢筋或钢丝；6—构件；
7—台座；8—钢块；9—钢楔块；10—螺杆；11—螺丝端杆；12—对焊接长；
13—活塞；14—钢箱套；15—进砂口；16—箱套底板；17—出砂口；18—砂箱；
19—螺母；20—传力架；21—套筒

7.5 后张法施工工艺

7.5.1 工艺流程

后张法工艺及适用范围 表 7-24

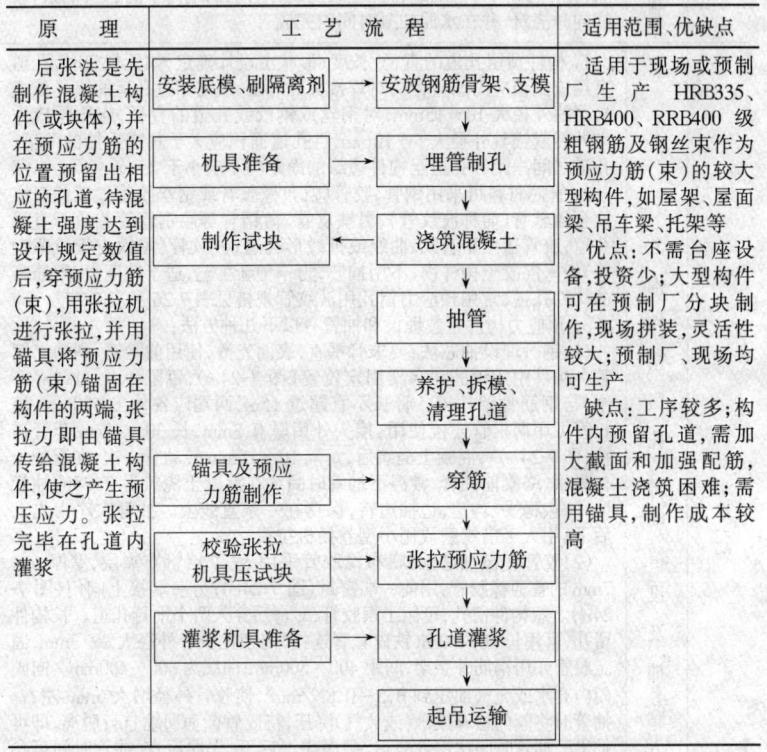

原 理	工 艺 流 程	适用范围、优缺点
后张法是先制作混凝土构件(或块体),并在预应力筋的位置预留出相应的孔道,待混凝土强度达到设计规定数值后,穿预应力筋(束),用张拉机进行张拉,并用锚具将预应力筋(束)锚固在构件的两端,张拉力即由锚具传给混凝土构件,使之产生预压应力。张拉完毕在孔道内灌浆	安装底模、刷隔离剂 → 安放钢筋骨架、支模 机具准备 → 埋管制孔 制作试块 ← 浇筑混凝土 ↓ 抽管 ↓ 养护、拆模、清理孔道 锚具及预应力筋制作 → 穿筋 校验张拉机具压试块 → 张拉预应力筋 灌浆机具准备 → 孔道灌浆 ↓ 起吊运输	适用于现场或预制厂生产 HRB335、HRB400、RRB400 级粗钢筋及钢丝束作为预应力筋(束)的较大型构件,如屋架、屋面梁、吊车梁、托架等 优点:不需台座设备,投资少;大型构件可在预制厂分块制作,现场拼装,灵活性较大;预制厂、现场均可生产 缺点:工序较多;构件内预留孔道,需加大截面和加强配筋,混凝土浇筑困难;需用锚具,制作成本较高

7.5.2 构件(块体)制作

后张法构件(块体)制作 表 7-25

项次	项目	要 点
1	构件(块体)的制作	1. 整榀预应力构件,如吊车梁、托架、12m 以下薄腹梁,一般在预制厂生产,跨度 15m 薄腹梁多在现场采取立式或平卧生产;跨度 18m 以上屋架多采取现场平卧、重叠生产,重叠不宜超过 4 层,高度不超过 1.2m;跨度 24m 以上屋架,经设计同意,采用拼装式构件时,可在预制场生产,制成两个半榀块体,运到现场拼装成整体

续表

项次	项目	要　点
1	构件(块体)的制作	2. 现场制作构件的布置应考虑混凝土浇捣、抽芯管、穿筋、张拉、吊装等工序的操作方便，留出一定的操作场地 3. 构件的模板构造与支设参见"6.1.2.2 现场预制构件支模方法"一节 4. 预应力构件(块体)混凝土应一次浇筑完成，不留施工缝，一般宜从构件一端向另一端进行。屋架浇筑亦可从两端向中间、上、下弦、腹杆同时浇筑，并在水泥初凝时间内完成
2	构件预留孔道的留设及抽芯方法	1. 构件预留孔道的直径、长度、形状由设计确定，如无规定时，孔道直径应比预应力筋直径的对焊接头处外径、或需穿过孔道的锚具或连接器的外径大 10～15mm；对钢丝或钢绞线孔道的直径，应比预应力束外径或锚具外径大 5～10mm，且孔道面积应大于预应力筋的两倍，孔道之间净距和孔道至构件边缘的净距均不应小于 25mm 2. 管芯材料可采用钢管、胶管(帆布橡胶管或钢丝胶管)、镀锌双波纹金属软管(简称波纹管)、黑铁皮管、薄钢管等。钢管管芯适于直线孔道；胶管适用于直线、曲线或折线形孔道；波纹管(黑铁皮管或薄钢管)埋入混凝土构件内，不用抽芯，为一种新工艺，适于跨度大、配筋密的构件孔道，常用预应力留孔用波纹管规格见表 7-26 和表 7-27 3. 预应力构件管芯埋设和抽芯有以下几种方法： (1) 钢管埋设抽芯法：要求管平直，表面光滑，使用前除锈、刷油。钢管在构件中用钢筋井字架固定位置(图 7-24a)，每隔 1.0～1.5m 一个，与钢筋骨架扎牢。管长不宜超入 15m，两端应各伸出 500mm，较长管可用两根管连接使用，接头处用厚 0.5mm、长 30～40cm 套管连接(图 7-24b)。混凝土浇筑后，每隔 10～15min 转动管一次，在混凝土初凝后、终凝前抽管，常温下抽管时间约在混凝土浇筑后 3～5h，抽管要平直、稳妥、均速，边抽边转，保持在一条直线上。抽管次序为先上后下；用人工借绞磨或用小型卷扬机拉拔 (2) 胶管埋设抽芯法：帆布橡胶管采用 5～7 层帆布夹层，壁厚 6～7mm 的普通橡胶管，用前一端密封(图 7-24c)，另一端接上阀门(图 7-24d)。短构件留孔，可用 1 根胶管，对弯后穿入两个平行孔道。长构件留孔，可用长 40～50cm 铁皮套管连接，内径比胶管外径大 2～3mm，固定胶管亦用钢筋井字架，间距 400～500mm，曲线为 300～400mm。向阀门内充水或充气加压到 0.5～0.8N/mm²，使胶管外径增大 3mm 左右。抽管时将阀门松开放水(或放气)降压；待胶管断面回缩自行脱离，即可抽出。抽管时间比钢管略迟，顺序先上后下，先曲后直，抽管时间可参照气温和浇筑后的小时数的乘积达 200℃·h 左右后进行抽管。当缺乏充水、充气设备时，短构件也可用 φ4～6mm 钢筋(丝)穿入管内塞满，端头露出 40cm，抽管时，先抽出 1/3 钢筋(丝)，余下的与胶管一起抽出 (3) 预埋管法：波纹管厚 0.25～0.3mm，内径 50～95mm 管，每根长 4～6m，连接采用大一号同型波纹管，长 200mm，用密封胶带或塑料热塑管封口图 7-25，做到严密不漏浆。波纹管用钢筋卡子(或井字架)每隔 60cm 焊(绑)在箍筋上固定，振捣混凝土时应避免振动波纹管 (4) 在构件两端及跨中应设置 φ20mm 灌浆孔、排气孔，其孔距不宜大于 12m。预埋波纹管不宜大于 24m。曲线孔道的曲线波峰部位宜设置泌水孔

7.5 后张法施工工艺

预应力构件预留孔用金属波纹管规格 表 7-26

内径(mm)	外径(mm)	毛重(kg/m)	内径(mm)	外径(mm)	毛重(kg/m)	内径(mm)	外径(mm)	毛重(kg/m)
36	41	0.38	66	71	0.78	100	105	1.46
39	44	0.42	69	74	0.82	105	110	1.56
42	47	0.45	72	77	0.88	110	115	1.66
45	50	0.48	75	80	0.95	115	120	1.80
48	53	0.53	84	89	1.11	120	125	2.02
51	56	0.58	87	92	1.18	125	130	2.30
54	59	0.62	90	95	1.26	130	135	2.55
57	62	0.68	95	100	1.36			

注：金属波纹管是用冷轧钢带或镀锌钢带在卷管机上压波后螺旋咬合而成。

SBG 塑料波纹管规格 表 7-27

内径(mm)	外径(mm)	壁厚(mm)	适 用
$\phi50$	$\phi61$	2	3～5S
$\phi70$	$\phi81$	2	6～9S
$\phi85$	$\phi99$	2	10～14S
$\phi100$	$\phi114$	2	15～22S
$\phi130$	$\phi145$	2.5	23～37S
$\phi140$	$\phi155$	3	38～43S
$\phi160$	$\phi175$	3	44～55S

注：S—$\phi^S15.2$ 钢绞线。

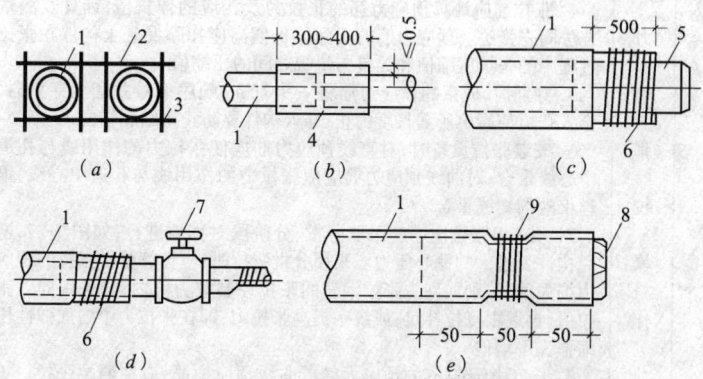

图 7-24 管芯的固定、连接与封端
(a)固定钢管或胶管位置用井架；(b)铁皮套管连接；(c)胶管封端；
(d)胶管与阀门连接；(e)胶管用木塞封堵
1—钢管或胶管芯；2—钢筋井架；3—点焊；4—铁皮管；5—钢管堵头；
6—20 号铁丝密缠；7—阀门；8—硬木塞；9—12 号铁丝缠绑

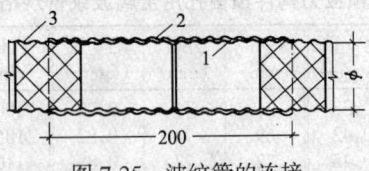

图 7-25 波纹管的连接
1—波纹管；2—接头管；3—密封胶带

7.5.3 工艺方法要点

后张法工艺方法要点　　　　　　　　　表 7-28

项次	项目	工 艺 方 法 要 点
1	预应力筋张拉操作	1. 预应力筋张拉时，构件混凝土强度不应低于设计强度标准值的 75% 2. 张拉程序按表 7-18 进行；预应力损失消除措施方法见表 7-21 3. 整体构件可平卧或直立张拉。分块制作的构件张拉前应进行拼装，先用拼装架将构件直立稳住，纵轴线对准，其直线偏差不得大于 3mm，立缝宽度偏差不得超过 10mm 或 -5mm。在两端及拼接处用垫木支承，相邻块体孔道用一段 10~15cm 长铁皮管连接。张拉前先焊接预拉部分的连接板(如屋架的上弦，拼缝后灌)，张拉后再焊接预压部分的连接板。接缝处砂浆(或细石混凝土)应密实，强度达到块体设计强度等级的 40%，且不低于 15N/mm^2 时，方可进行张拉 4. 张拉前应计算预应力筋的张拉力及相应的伸长值，计算及测量方法同先张法。预应力筋的实际伸长值尚应扣除混凝土构件在张拉过程中的张拉压缩值和锚具与垫板之间的压缩值 5. 穿筋时，成束的预应力筋将一头打齐，顺序编号并套上穿束器，穿入孔道使露出所需长度为止，穿入构件要防止扭结和错向 6. 安装张拉设备时，对直线预应力筋应使张拉力的作用线与孔道中心线重合；对曲线预应力筋应使张拉力的作用线与孔道中心线、钢丝束端的切线重合 7. 预应力张拉次序应采取分批、分阶段对称地进行，如图 7-27，避免构件受过大的偏心压力。采用分批张拉时，应计算分批张拉的预应力损失值，分别加到先张拉钢筋的张拉控制应力值内；或采用同一张拉值，再逐根复拉补足；或统一提高张拉力，即在张拉力中增加弹性压缩损失平均值 8. 长度大于 24m 的预应力筋或曲线预应力筋，应在两端张拉。长度等于或小于 24m 的直线预应力筋，可一端张拉，但张拉端宜分别设置在构件的两端。对预埋波纹管孔道的曲线预应力筋和长度大于 30m 的直线预应力筋，宜在两端张拉 9. 当同一截面中有多根一端张拉的预应力筋时，张拉端宜分别设置在结构的两端

7.5 后张法施工工艺

续表

项次	项目	工 艺 方 法 要 点
1	预应力筋张拉操作	10. 当两端张拉同一束预应力筋时,为减少预应力损失,应先在一端锚固,再在另一端补足张拉力后锚固。预应力筋锚固后的外露长度不宜小于30mm 11. 张拉平卧重叠生产的构件时,宜先上后下逐层进行。为减少上下层之间因摩阻引起的预应力损失,可逐层加大张拉力,但底层张拉力不宜比顶层张拉力大5%(钢丝、钢绞线及热处理钢筋)或9%(冷拉HRB335、HRB400、RRB400级钢筋),且不得超过表7-18注1的规定。如构件隔离效果好,亦可采用同一张拉值
2	预应力筋孔道灌浆	1. 预应力筋张拉完毕后,应及时灌浆,以防锈蚀。灌浆前用清水冲洗孔道;灌浆材料宜用不低于32.5级的普通水泥调制的水泥浆,水灰比为0.4左右,水泥浆的强度不应小于$20N/mm^2$。为增加密实性,可掺入水泥重量0.5‰的经脱脂处理的铝粉,或掺加0.25%的木质素磺酸钙,或0.25%FON,或0.5%NNO减水剂,可减水10%~15%,泌水小,收缩微,早期强度提高。灰浆必须过滤,并在灌时不断搅拌,以防沉淀、析水 2. 灌浆用设备多用灰浆搅拌机、灌浆泵、贮浆桶、过滤器、橡胶管和喷浆嘴等;橡胶管宜用带5~7层帆布夹层的厚胶管 3. 灌浆次序一般以先下层后上层孔道为宜。灌浆压力为0.4~$0.6N/mm^2$。灌浆宜从中部的灌浆孔灌入,从两端灌浆孔补满。灌浆应缓慢、均匀、连续地进行,不得中断,并应排气通顺,至构件两端的排气孔排出空气→水→稀浆→浓浆时为止,在灌满孔道并封闭排气孔后,宜再加压至0.5~$0.6N/mm^2$,稍后再用木塞将灌浆孔堵塞。从曲线孔道内的侧面灌浆时,应由最低的灌浆孔压入灰浆,由最高的排气孔排出空气溢出浓浆。波纹管灌浆孔的做法如图7-26所示 4. 灌浆如因故停歇,应立即将已灌入孔道的灰浆用水冲洗干净,以后重新灌入 5. 灌浆水泥浆强度不应低于M30,灌浆后应做6个灰浆试块,以便检查强度,当灰浆强度不小于75%时,方可移动构件

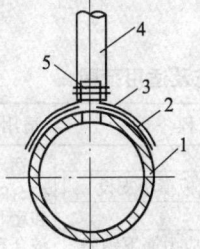 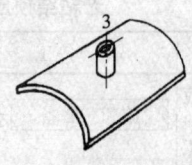

图7-26 波纹管上留灌浆孔
1—波纹管;2—海绵垫;3—塑料弧形压板;4—塑料管;5—铁丝扎紧

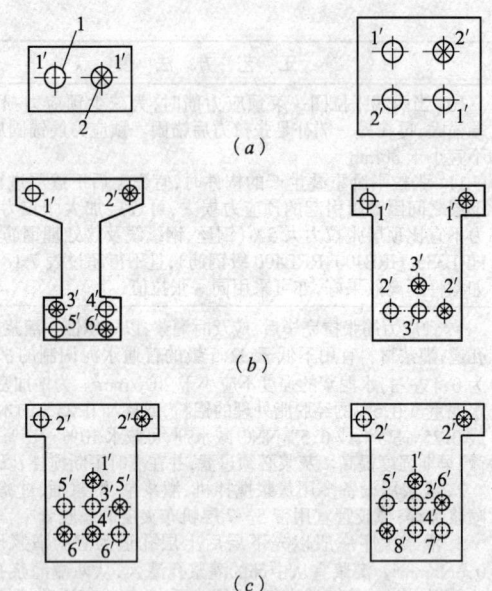

图 7-27 预应力筋张拉顺序
(a)屋架下弦张拉顺序;(b)、(c)吊车梁张拉顺序
1—张拉端;2—固定端
1′、2′、3′……为预应力筋分批张拉顺序

7.6 无粘结预应力法施工工艺

7.6.1 工艺流程

无粘结预应力法工艺及适用范围 表 7-29

原 理	工 艺 流 程	适用范围及优缺点
无粘结预应力混凝土是一项后张法新工艺。其工艺原理是利用无粘结筋与周围混凝土不粘结的特性,把预先组	施工准备 → 梁、板模板支设 非预应力筋制作 → 非预应力筋下钢筋铺放、绑扎 预应力筋制作 → 无粘结预应力筋铺放	适于一般板类结构,在双向连续平板和密肋板中更为经济合理,或用于大跨度现浇和预制梁式结构,在多跨连续梁中也可应用,或用于桥梁和机场跑道、大

续表

原 理	工 艺 流 程	适用范围及优缺点
装好的无粘结预应力筋(简称无粘结筋)在浇筑混凝土之前与非预应力筋一起按设计要求铺放在模板内,然后浇筑混凝土。待混凝土达到70%强度后,利用无粘结预应力筋在结构内可作纵向滑动的特性,进行张拉锚固,借助两端锚具,达到对结构产生预应力的效果	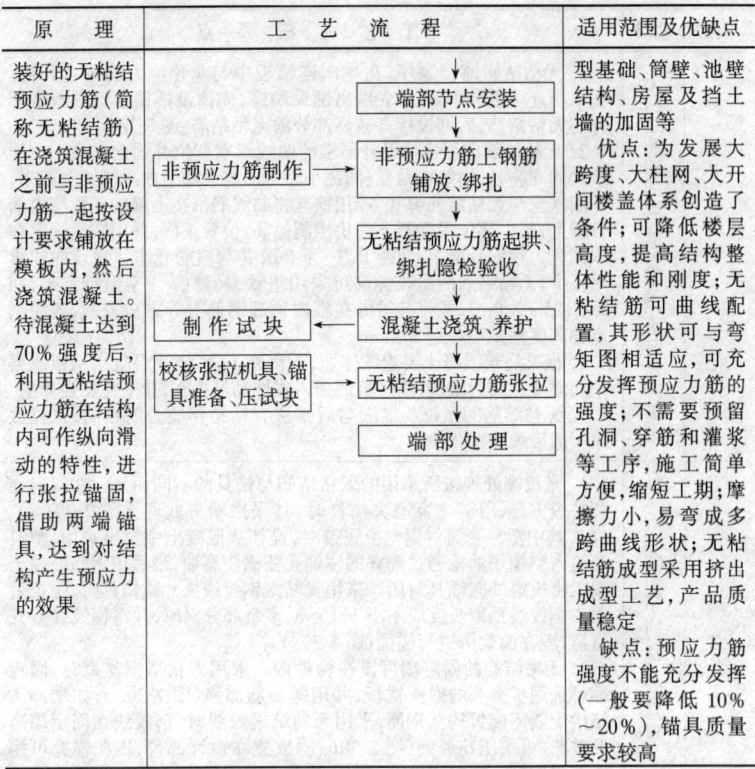	型基础、筒壁、池壁结构、房屋及挡土墙的加固等 优点:为发展大跨度、大柱网、大开间楼盖体系创造了条件;可降低楼层高度,提高结构整体性能和刚度;无粘结筋可曲线配置,其形状可与弯矩图相适应,可充分发挥预应力筋的强度;不需要预留孔洞、穿筋和灌浆等工序,施工简单方便,缩短工期;摩擦力小,易弯成多跨曲线形状;无粘结筋成型采用挤出成型工艺,产品质量稳定 缺点:预应力筋强度不能充分发挥(一般要降低10%~20%),锚具质量要求较高

7.6.2 工艺方法要点

无粘结预应力法工艺方法要点　　　　表7-30

项次	项目	工 艺 方 法 要 点
1	无粘结筋制作	1. 无粘结筋涂料用沥青、油脂等,沥青涂料是在沥青中掺以一定比例的聚丙烯无机物和柴油制成。市场有油脂涂料的专用成品供应 2. 无粘结筋的包裹物有高压聚乙烯塑料布、塑料管等。塑料布用厚0.17~0.2mm,宽度切成约70mm,分二层交叉缠绕在预应力筋上,每层重叠一半,实为4层,总厚为0.7~0.8mm,要求外观挺直规整。塑料管可用一般塑料管套在预应力筋上,或管子挤出成型包裹在预应力筋上,壁厚0.8~1.0mm 3. 无粘结筋的涂包成型可用手工完成,吨位较大和大规模生产无粘结钢筋束或钢丝束,宜用涂包成束机或挤压涂层机完成

7 预应力混凝土工程

续表

项次	项目	工 艺 方 法 要 点
2	无粘结筋的铺设、混凝土浇筑与张拉锚固	1. 无粘结筋铺设顺序，在单向连续板中与非预应力筋基本相同。在双向连续平板中，应事先编出铺设顺序，先铺设搭接点标高较低部分的无粘结筋，后铺设标高较高部分的无粘结筋（图7-28） 2. 无粘结筋应严格按设计要求的曲线形状就位并固定牢靠。在连续梁的支座处，用垫铁马凳（间距小于2m）将无粘结曲线筋立起来，并用铁丝与无粘结筋绑扎，或用铁丝将曲线筋吊在上部的非预应力筋骨架上；跨中部位用混凝土块控制标高、位置正确，并用铁丝固定在非预应力钢筋骨架上，间距0.7～1.0m，并与箍筋扎牢。在双向连续平板中，无粘结筋的曲线标高可采用垫铁、马凳（冂字形钢筋架，间距1.25～2.0m)，或将其吊绑在板内顶部钢筋上等方法控制，各控制点的高度偏差不超过±5mm 3. 板梁浇筑混凝土要连续作业，不留施工缝，浇筑混凝土从板或梁中间逐步往两边推进，用平板或插入式振动器捣实，抹平并加强养生 4. 无粘结筋的张拉及锚固与后张法有粘结预应力筋相同，张拉次序一般采取依次张拉
3	无粘结筋端部处理	1. 张拉端处理按所采用的无粘结筋与锚具的不同而异。在双向连续平板中，采用钢丝束镦头锚具时，其张拉端头处理见图7-29(a)、(b)，其中塑料套筒供钢丝束张拉时，锚杯从混凝土中拉出来用，塑料套筒内空隙用油枪通过锚杯的注油孔注满防腐油，最后用钢筋混凝土圈梁将板端外露锚具封闭。采用无粘结锚线夹片式锚具时，张拉后端头钢绞线预留长度应不小于15cm，多余部分割掉，并将钢绞线散开打弯，埋在圈梁内进行锚固（图7-29c） 2. 无粘结筋的固定端可设在构件内。采用无粘结钢丝束时，固定端可采用扩大头的镦头锚板，并用螺旋筋加强（图7-30a）；如端部无结构配筋需配置构造钢筋，采用无粘结锚绞线时，钢绞线在固定端需要散花，可用压花成型（图7-30b、c）放置在设计部位，压花锚亦可用压花机成型。浇筑固定端的混凝土强度等级应大于C30，以形成可靠的粘结式锚头

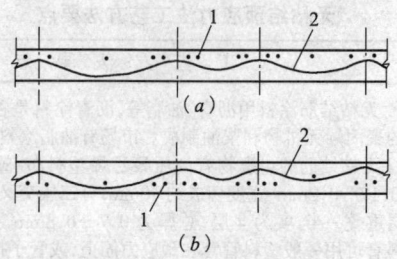

图 7-28 无粘结筋铺放顺序
(a)横筋先铺设；(b)纵筋先铺设
1—纵向筋；2—横向筋

7.6 无粘结预应力法施工工艺

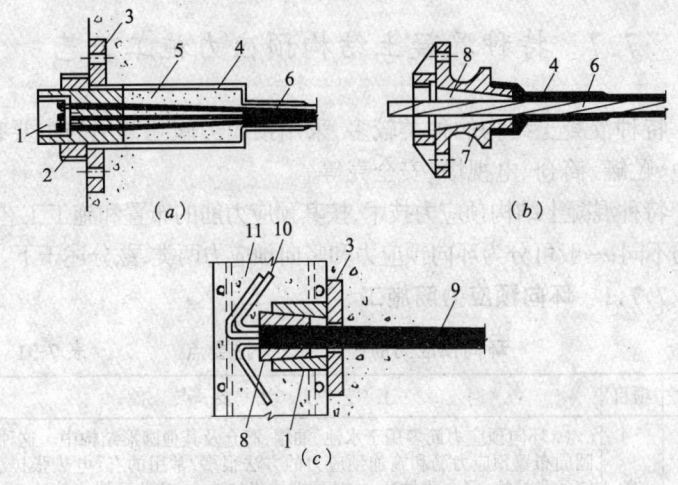

图 7-29 无粘结筋(丝)、钢绞线张拉端处理
(a)、(b)无粘结钢丝束用镦头锚具时的张拉端；
(c)无粘结钢绞线张拉端头打弯与封闭处理
1—锚杯；2—螺母；3—承压板；4—塑料保护套筒；5—油脂；6—无粘结钢丝束；
7—锚体；8—夹片；9—钢绞线；10—散开打弯钢丝；11—圈梁

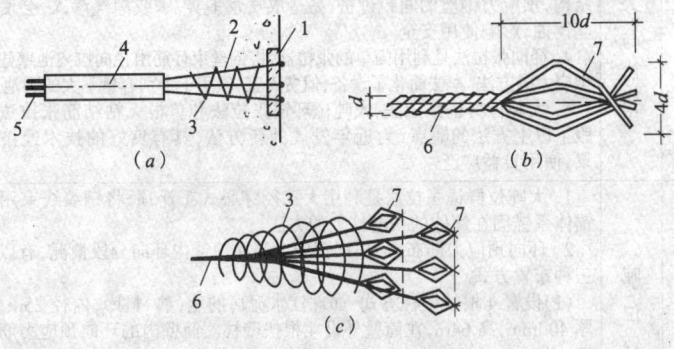

图 7-30 无粘结筋固定端处理
(a)无粘结钢丝束固定端；(b)钢绞线在固定端单股压花锚；
(c)钢绞线在固定端多股压花锚
1—锚板；2—钢丝；3—螺旋筋；4—塑料软管；
5—无粘结钢丝束；6—钢绞线；7—压花锚
d—钢筋直径

7.7 特种混凝土结构预应力施工工艺

特种混凝土结构的种类较多,采用预应力施工常用的主要有:贮池、贮罐、筒仓、电视塔、安全壳等。

特种混凝土结构预应力技术,按其预应力筋的布置和施工工艺方法的不同,一般可分为环向预应力和竖向预应力两类,兹分述于下。

7.7.1 环向预应力筋施工

环向预应力筋施工工艺方法要点　　　　表 7-31

项次	项目	工 艺 方 法 要 点
1	张拉方法分类与应用	1. 环向预应力筋多用于水池、油罐、筒仓及其他圆形结构中。这种沿圆周布置预应力筋和施加预应力的方法很多,常用的有:电热张拉法、绕丝张拉法、径向张拉法、大吨位群锚张拉法、大吨位环锚张拉法、单根无粘结张拉法等 2. 电热张拉法是将粗钢筋通电,分段锚固在壁外锚固肋的槽口内,冷却后建立预应力的方法。此法钢材强度低,耗电多,现很少应用 3. 绕丝张拉法是通过绕丝机沿池壁顶部圆周运行过程中,将预应力钢丝连续张行缠绕到圆形结构的筒壁上建立预应力的方法。本法在一般水池和油罐中采用较多,但设备复杂;对容量大,内压高或直径大的结构,预应力钢丝的间距过密,易造成喷浆不实,水或潮气渗入,会使钢丝锈蚀,影响使用安全 4. 径向张拉法是利用简单的张拉器,将钢丝束环向由径向拉离池壁建立预应力的方法。本法简化了设备,但费人工,仅用于个别容量不大的圆池 5. 大吨位群锚张拉法、大吨位环锚张拉法和单根无粘结筋张拉法克服了以上方法的缺点,为近年发展的新方法,具有良好的技术经济效果,使用日益广泛
2	大吨位群锚张拉法	1. 大吨位群锚张拉法是利用大孔径穿心式千斤顶,将钢绞线束用群锚体系锚固在筒体的扶壁柱上的方法 2. 环向预应力筋布置,根据预应力筋在筒壁内环向分段情况,有以下三种布置方式 (1)设置 4 根扶壁柱方式:如珠江水泥厂的生(熟)料库,内径 25m,壁厚 400mm,高 64m,在筒壁外设 4 根扶壁柱。筒壁内的环向预应力筋采用 9ϕ^s15.2 钢绞线束,间距为 0.3~0.6m,包角为 180°,锚在相对的 2 根扶壁柱上,上下束错开 90°(图 7-31a),采用 QM 型锚固体系,锚固区构造如图 7-31(b)所示 (2)设置 3 根扶壁柱方式:如秦山核电站安全壳,内径 36m,壁厚 1m,总高 73m,在壁外侧设 3 根扶壁柱。筒壁内的环向预应力筋采用 11ϕ^s15.7 钢绞线束,双排布置,竖向间距为 350mm,包角为 250°,锚固在壁柱侧面,相邻束错开 120°(图 7-32a)。遇闸门口或穿墙管道时,环向束需绕开孔口变为空间曲线束

7.7 特种混凝土结构预应力施工工艺

续表

项次	项目	工 艺 方 法 要 点
2	大吨位群锚张拉法	(3)设置两根扶壁柱方式:如大亚湾核电站安全壳,内径37m,壁厚0.9m,总高56.6m,在壁外侧设2根扶壁柱。筒壁内的环向预应力筋采用19ϕ^s15.7钢绞线束,包角为360°,锚固在壁柱外侧,相邻束错开180°(图7-32b)。 3. 环向预应力筋孔道的留设,宜采用预埋金属波纹管成型。在环向孔道向上隆起的高位处和下凹孔道的低点处设排气口、排水口及灌浆口。沿圆周方向每隔2～4m设置一榀ϕ12圆钢管道定位架。在扶壁柱区域、闸门及孔道曲率半径小于7m的区段宜用钢管成孔。钢管与金属波纹管的接头处,宜用套接并用密封胶带或塑料热塑管封裹 4. 环向预应力筋的穿束宜采用人力或穿束机单根穿入。当采用穿束机穿入,其流程为:钢绞线从放线盘架中引出,经导向滑轮由穿束机推送,再经组合导管进入孔道,待钢绞线到达孔道另端碰到定位器后停止推送,用砂轮切割机切断,钢绞线应外露适当长度。穿束时钢绞线端头应套有"子弹形"帽罩 5. 环向预应力筋张拉,当采用4根壁柱时,对包角180°的预应力筋,应配备4套张拉设备同时进行,即每根钢绞线的两端同时张拉,每圈2束也同时张拉。当采用3根扶壁柱时,对包角为250°的预应力筋,需要配备6套张拉设备同时进行,即每3束预应力筋同时两端张拉,组成2圈预应力筋。当采用2根扶壁柱时,对包角为360°的预应力筋,需要配套2套或4套张拉设备同时进行,即可组成1圈或2圈预应力筋。环向预应力筋由下向上进行张拉,但遇到闸门口的预应力筋加密区时,自闸门口中心向上、下两侧交替进行 6. 环向孔道灌浆,一般由一端进浆,另端排气排浆。当环向孔道有下凹或上隆段,可在低处进浆,高处排气排浆。对较大的上隆段顶部,还可采用重力补浆,以保证灌浆密实。浆液亦可根据需要采用缓凝浆或膨胀浆
3	大吨位环锚张拉法	大吨位环锚张拉法是利用环锚(又称游动锚具)将环向预应力筋连接起来用穿心式千斤顶变角张拉的方法,它又有以下两种方法 1. 分段有粘结预应力法 如济南污水处理厂蛋形消化池,容量为10536m³,外形为一三维变曲面蛋形壳体(图7-33a)。预应力体系为后张有粘结双向预应力钢绞线。竖向均布64道4ϕ^s15.2;环向为112道,$V_1 \sim V_{95}$为6ϕ^s15.2,$V_{96} \sim V_{112}$为4ϕ^s15.2。曲线包角为120°。每圈张拉口有3个,相邻张拉口错30°。张拉口做法是在池壁外侧设置凹陷槽口,通过弧形垫块变角将钢绞线引出张拉(图7-33b、c)。张拉后用混凝土封闭张拉口,使池外表保持光滑曲线。该工程采用人工整束穿环向束,辅以塔吊配合。预应力筋张拉层与混凝土浇筑层保持不小于5m的距离。环向束张拉采用3台千斤顶同步进行。张拉时分层(每10圈为一层)进行,张拉次序为$V_1 \rightarrow V_5 \rightarrow V_9$。然后旋转30°,张拉$V_2 \rightarrow V_6 \rightarrow V_{10}$。按此依次进行,完成该层后,再张拉上一层。为使张拉时初应力一致,采用单根张拉至20%σ_{con},然后整束张拉 2. 双圈无粘结预应力法 如黄河小浪底水利枢纽工程的3条排砂洞,每条长约1100m,内径为6.5m,壁厚为0.65m,采用双圈环锚无粘结预应力体系(图7-34)。每束预应力筋由8ϕ^s15.7无粘结钢绞线分内外两层绕两圈布置,两层间距

续表

项次	项目	工 艺 方 法 要 点
3	大吨位环锚张拉法	为130mm,钢绞线包角为$2\times360°$。沿洞轴线每1m布置2束预应力筋。环锚凹槽交错布置在洞内下半圆中心线两侧各45°的位置。施工时,采用装配式钢板锚具盒外贴塑料泡沫板的方法形成锚具槽。采用2台相同规格且油路并联的HOZ950千斤顶,通过2套板凳式偏转器直接支撑于锚具上进行变角张拉锚固。张拉顺序为:单号束先张拉0→50%力→双号束张拉σ→100%力→单号束张拉50%→100%力。张拉锚固后,割除防腐套管的外露部分钢绞线,重新穿套高密度聚乙烯防腐套管并注入防腐油进行防腐处理,最后用无收缩混凝土回填锚具槽
4	单根无粘结筋张拉法	环向无粘结预应力筋在筒壁内成束布置,在张拉端改为分散布置,单根张拉。根据筒(池)壁张拉端的构造不同,可分为有扶壁柱形式和无扶壁柱形式两种方法 1. 有扶壁柱形式 如南京污水处理厂圆形污泥消化池,直径为24.84m,高17.4m,壁厚400mm,壁外设有4根扶壁柱。环向预应力筋采用3~4ϕ^s12.7无粘结钢绞线束,间距为0.2~0.33m,每圈分为两束,包角180°。无粘结筋每隔一圈交错锚固在相邻的扶壁柱上(图7-35a)。 施工时,无粘结预应力筋成束绑扎在钢筋骨架上,要顺着铺设,不得打叉,在端部分散成单根布置(图7-35b)。为使池壁对称受力,采用4台前卡式千斤顶同时张拉一圈2根无粘结筋。张拉顺序从上而下,在同一束中应先张拉内圈的无粘结束。无粘结筋锚固后,沿扶壁柱用细石混凝土将锚具封裹 2. 无扶壁柱形式 如枣庄矿务局原煤筒仓,外径为30.6m,高度57.6m。在筒体内壁设四条凹槽,每条有两个槽口(图7-36)。 施工时,在无粘结筋布置中,每2根7ϕ^p5钢丝束组成1束,每圈分为2束,包角180°。其两端锚固在筒壁内的凹槽内;相邻两束的锚固应错开90°布置。为减少凹槽尺寸,应采用变角张拉工艺(图7-33c)。无粘结预应力筋张拉后,应对锚具进行防腐处理,并用微膨胀混凝土填补槽口,以使整个结构的内外表面仍能保持光滑的圆筒形

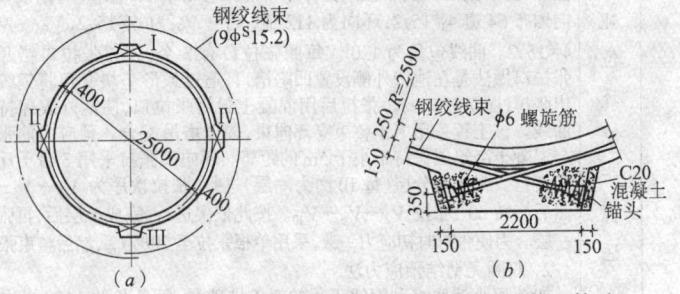

图 7-31 设4根扶壁柱的环向预应力筋布置及锚固区构造
(a)环向预应力筋布置;(b)扶壁柱处锚固区构造
Ⅰ、Ⅱ、Ⅲ、Ⅳ—扶壁柱

7.7 特种混凝土结构预应力施工工艺

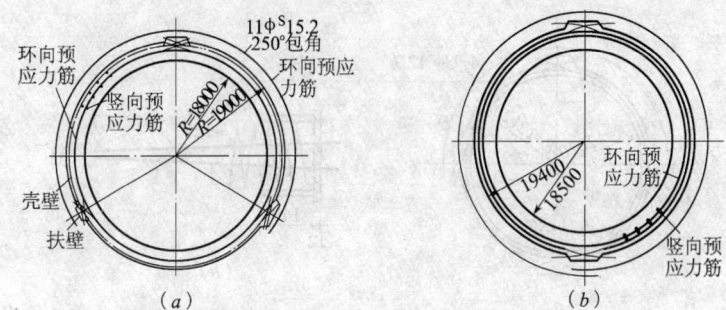

图 7-32 设 3 根、2 根扶壁柱的环向预应力筋布置
(a)秦山核电站安全壳布置；(b)大亚湾核电站安全壳布置

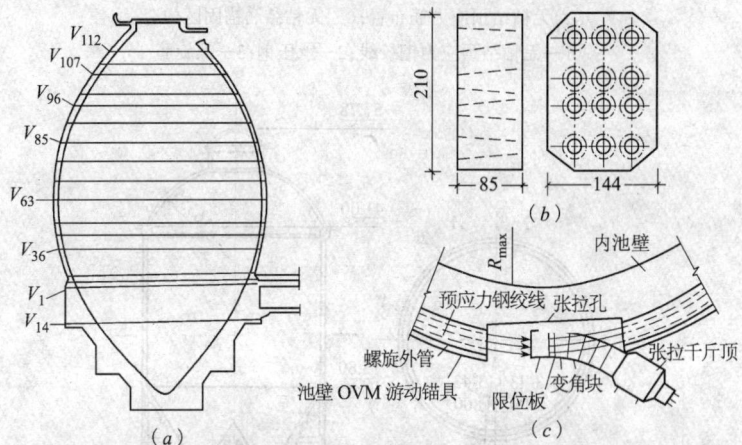

图 7-33 蛋形消化池环向预应力筋布置及锚具、变角张拉
(a)壳体环向预应力筋布置；(b)游动锚具；(c)环向变角张拉

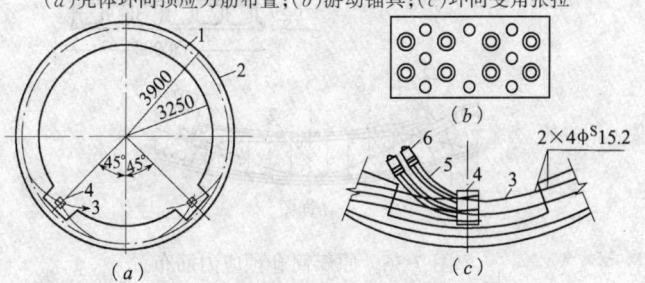

图 7-34 排砂洞双圈无粘结预应力筋布置及环锚张拉
(a)预应力筋布置；(b)环锚；(c)环锚张拉
1—无粘结预应力筋；2—混凝土衬砌；3—凹槽；
4—环锚；5—板凳式偏转器；6—HOZ950 千斤顶

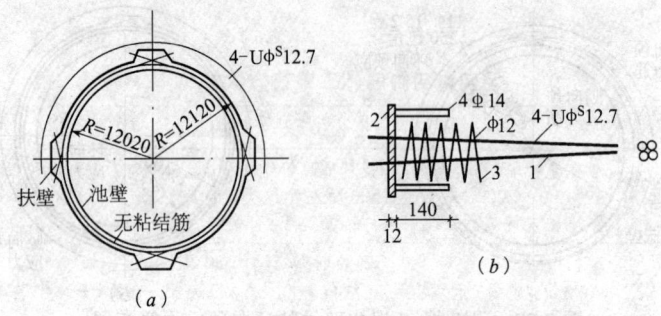

图 7-35 消化池预应力筋布置及锚固区构造
(a)无粘结预应力筋布置；(b)无粘结筋锚固区构造
1—无粘结预应力钢绞线；2—承压钢；3—螺旋筋

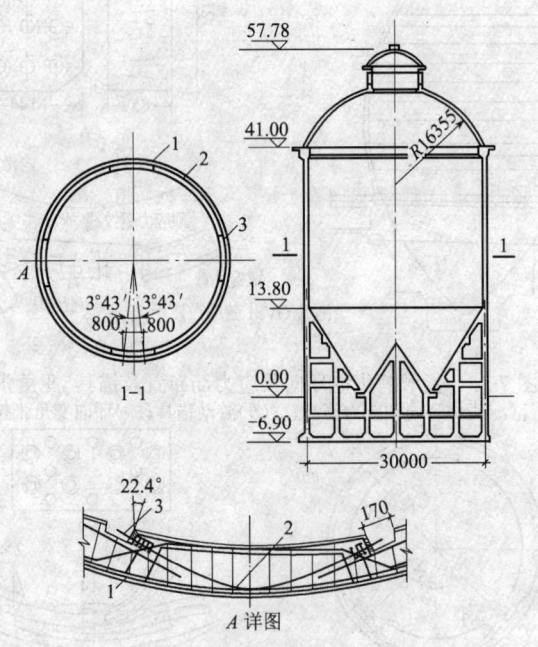

图 7-36 原煤筒仓预应力筋布置
1—筒壁；2—无粘结预应力筋；3—槽口

7.7 特种混凝土结构预应力施工工艺

7.7.2 竖向预应力筋施工

竖向预应力筋施工工艺方法   表 7-32

项次	项目	工 艺 方 法 要 点
1	张拉方式	在电视塔、安全壳、灯塔及其他高耸结构中,竖向预应力筋的长度一般为60～200m,最长达350m。对于这类竖向超长预应力筋的张拉,多采用大吨位钢绞线束夹片锚固体系,有粘结后张法施工
2	竖向预应力筋布置	1. 中央电视塔为变截面圆筒形高耸结构,塔高405m,壁厚为500～600mm。塔身的竖向预应力布置(图7-37):第一组从-14m至+112.0m,共20束;第二组从-14.3m至+257.5m,共64束。桅杆亦配置竖向预应力筋。所有竖向预应力筋均采用7ϕ^S15钢绞线束($f_{ptk}=1470N/mm^2$),用B&S体系Z15-7型锚具锚固 2. 南京电视塔为一座肢腿式高耸结构,塔高302m。塔身为3个独立的空腹肢腿,在肢腿外侧布置竖向预应力筋(图7-38);第一组从-7m至+60m,每肢6束;第二组从-7m至121.2m,每肢12束;第三组从-7m至193.5m,每肢12束。每束预应力筋均采用7ϕ^S15钢绞线束,用QM15-7锚具锚固 3. 上海电视塔为一座柱肢式带3个球形仓的高耸结构,塔高450m。塔身为3根直立的空心圆柱,用弧形钢箱梁连接。塔身的竖向预应力布置:第一组从-9.9m(-4.4m)至198m,102束;第二组从-9.9m(-4.4m)至+287m,102束。桅杆(单筒体)从261.7m至350m也配置竖向预应力筋。所有预应力筋均采用7ϕ^S15.24钢绞线束,用OVM15-7型锚具锚固,其端部构造如图7-39所示 4. 秦山核电站安全壳为一座钟罩形高耸结构,内径3.6m,壁厚1.0m,总高73m。筒壁内竖向预应力筋采用11ϕ^S15.7钢绞线束,336束,双排布置,锚固在反应堆厂房底板下的张拉廊道顶板上(图7-40)
3	竖向孔道留设	1. 超高竖向孔道的留设,为保证孔道的可靠,多采用预埋镀锌钢管。钢管长度为3～6m,连接方式采用螺纹套管连接加电焊,孔道上口均加盖,以防异物掉入堵塞孔道 2. 竖孔钢管的安装:先在地面上将钢管的一端拧上套管,周围用电焊焊实,然后吊至筒体上;接管时,先将前节顶端的盖帽拧下,再将上节钢管旋上拧紧,周围加电焊。每隔2.5m设一道竖管定位支架。竖管每段的垂直度应控制在5‰以内 3. 竖管上的灌浆孔间距为20～60m;灌浆孔上装有ϕ24mm短钢管。带有灌浆管的竖管应专门加工,单独安装
4	预应力筋穿入孔道	竖向预应力筋穿入孔道一般采用后穿法,有从下向上和从上向下两种方式;每种方式又有单根穿入和整束穿入两种工艺,可根据工程具体情况选用 1. 从下向上穿束方式:中央电视塔与天津电视塔的竖向预应力筋,采用卷扬机从下向上整束穿入工艺。为防止竖向预应力筋在穿束过程中滑落,应采用穿束网套或专用连接头,其安全系数应大于2.5。穿束的摩阻力约为预应力筋自重的2～3倍

7 预应力混凝土工程

续表

项次	项目	工 艺 方 法 要 点
4	预应力筋穿入孔道	2. 从上向下穿入方式:南京电视塔由于场地窄小,采用从上向下穿入工艺。第一组整束穿;第二、第三组由于上端操作场地更小,改为单根穿。在钢绞线端头装上弹头形套子,然后穿入。在孔道的入口处装有刹车,以防钢绞线脱落。上海电视塔则采取在地面上将钢绞线编束后盘入专用的放线盘,吊上高空施工钢平台,同时使放线盘与动力及控制装置连接,然后将整束慢慢放出,顺利送入孔道
5	竖向预应力筋张拉	1. 竖向预应力筋,一般采取一端张拉;其张拉端可设置在下端或上端,根据工程的具体条件确定 2. 中央电视塔与天津电视塔竖向预应力筋的张拉系在地下室内进行,分两组沿塔身截面对称张拉,必要时再在上端补张拉。 3. 南京电视塔的竖向预应力筋在上端进行张拉。为使 3 个塔肢受力均匀,组成 3 个张拉组,同时在 3 个塔肢上张拉。每个塔肢张拉时,以塔肢截面中轴为中心,对称于两边进行 4. 上海电视塔直筒体 +198m、+287m 标高处的钢绞线束长达 200~300m,二端都有一段曲线段,采用两端张拉。单筒体与 350m 标高处钢绞线束采用一端张拉(上端固定,下端张拉);张拉顺序原则上要求 3 个直筒体同时作业,单筒体则要求对称张拉 5. 在超长竖向预应力筋张拉过程中,由于张拉伸长值很大,需要多次倒换张拉行程,因此,锚具的夹片应能满足多次重复张拉的要求
6	竖向孔道灌浆	1. 灌浆用水泥采用 42.5 级普通水泥,水灰比为 0.40,掺 1% 的减水剂和 10% 的 U 型膨胀剂。其流动度达 23cm,3h 泌水率为零,可灌性良好 2. 灌浆设备工艺可根据现场设备条件、工程情况和操作经验选用 (1) 天津电视塔采用 UBJ-2 型挤压式灰浆泵,额定压力为 $1.5N/mm^2$。灌浆工艺采取逐层分段灌浆,每段高 20m,设置 2 个灌浆孔(间距 0.5m),任用一孔,每天灌浆一层 (2) 南京电视塔采用 UB-3 型活塞式灰浆泵,额定压力为 $1.5N/mm^2$。灌浆工艺采取一次接力灌浆。对第一组,从 -7m 至 +60m 一泵到顶。对第二组,用两台泵接力到顶,即从 -7m 至 +60m 为第一泵,当 60m 灌浆孔出浆后接上第二台,从 60m 灌至 121m。对第三组,同上程序灌至 193.5m。第一泵的工作压力为 $1.2\sim1.4N/mm^2$。由于孔道管高,管下压力大,首先用混凝土将下端管口及锚具封闭 (3) 上海电视塔采用德国 P13 型双活塞灰浆泵及国产 UB-3 型挤压式灰浆泵。灌浆工艺采取多级接力灌浆。对直筒体,第一台 P13 泵从 -9m 泵至 +78m;第二台 P13 泵从 +78m 泵至 +198m;然后用 UB-3 型泵分 2~3 次从 +198m 泵至 +287m。对单体,由一台 P13 泵在 +287m 施工平台泵至 +350m 3. 竖向孔道灌浆,由于泌水集中在顶端会产生一定孔隙,可再采用手压泵在顶部灌浆孔局部二次压浆或采用重力补浆

7.7 特种混凝土结构预应力施工工艺

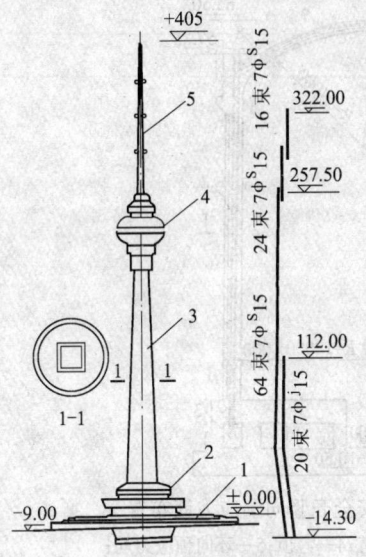

图 7-37 中央电视塔竖向
预应力筋布置

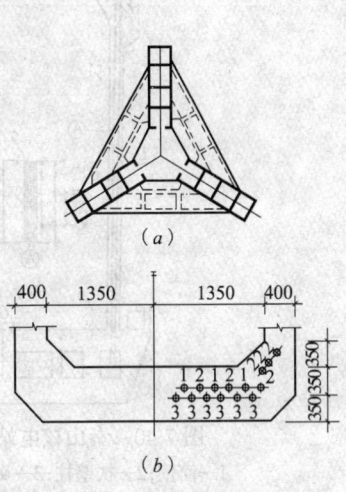

图 7-38 南京电视塔竖向
预应力筋布置

(a)横截面;(b)肢腿竖向预应力筋布置
图中1、2、3分别为第一、二、三组预应力筋

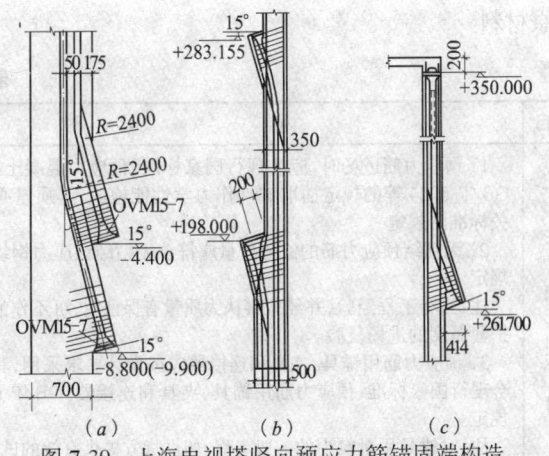

图 7-39 上海电视塔竖向预应力筋锚固端构造
(a)直筒体下锚固端;(b)直筒体上锚固端;(c)单筒体锚固端

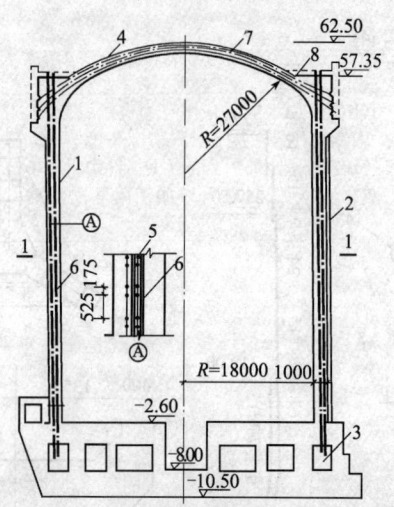

图 7-40 秦山核电站安全壳竖向预应力筋布置
1—筒壁；2—扶壁柱；3—廊道；4—穹顶；5—环向预应力筋；
6—竖向预应力筋；7—穹顶预应力筋；8—二次浇筑混凝土

7.8 预应力工程质量控制与检验

1. 原材料

表 7-33

项次	项目	内容
1	主控项目	1. 预应力筋进场时，应按现行国家标准《预应力混凝土用钢绞线》GB/T 5224 等的规定抽取试件作力学性能检验，其质量必须符合有关标准的规定 2. 无粘结预应力筋的涂包质量应符合无粘结预应力钢绞线标准的规定 注：当有工程经验，并经观察认为质量有保证时，可不作油脂用量和护套厚度的进场复检。 3. 预应力筋用锚具、夹具和连接器应按设计要求采用，其性能应符合现行国家标准《预应力筋用锚具、夹具和连接器》GB/T 14370 等的规定 注：对锚具用量较少的一般工程，如供货方提供有效的试验报告，可不作静载锚固性能试验。

7.8 预应力工程质量控制与检验

续表

项次	项目	内　　容
1	主控项目	4. 孔道灌浆用水泥应采用普通硅酸盐水泥，其质量应符合本手册 6.5.1 混凝土工程中主控项目第 1 条的规定。孔道灌浆用外加剂的质量应符合本手册 6.5.1 混凝土工程中主控项目第 2 条的规定 注：对孔道灌浆用水泥和外加剂用量较少的一般工程，当有可靠依据时，可不作材料性能的进场复验。
2	一般项目	1. 预应力筋使用前应进行外观检查，其质量应符合下列要求： (1) 有粘结预应力筋展开后应平顺，不得有弯折，表面不应有裂纹、小刺、机械损伤、氧化铁皮和油污等； (2) 无粘结预应力筋护套应光滑、无裂缝，无明显褶皱 注：无粘结预应力筋护套轻微破损者应外包防水塑料胶带修补，严重破损者不得使用。 2. 预应力筋用锚具、夹具和连接器使用前应进行外观检查，其表面应无污物、锈蚀、机械损伤和裂纹 3. 预应力混凝土用金属螺旋管的尺寸和性能应符合国家现行标准《预应力混凝土用金属螺旋管》JG/T 3013 的规定 注：对金属螺旋管用量较少的一般工程，当有可靠依据时，可不作径向刚度、抗渗漏性能的进场复验。 4. 预应力混凝土用金属螺旋管在使用前应进行外观检查，其内外表面应清洁，无锈蚀，不应有油污、孔洞和不规则的褶皱，咬口不应有开裂或脱扣

2. 制作与安装

表 7-34

项次	项目	内　　容
1	主控项目	1. 预应力筋安装时，其品种、级别、规格、数量必须符合设计要求 2. 先张法预应力施工时应选用非油质类模板隔离剂，并应避免沾污预应力筋 3. 施工过程中应避免电火花损伤预应力筋；受损伤的预应力筋应予以更换
2	一般项目	1. 预应力筋下料应符合下列要求： (1) 预应力筋应采用砂轮锯或切断机切断，不得采用电弧切割； (2) 当钢丝束两端采用镦头锚具时，同一束中各根钢丝长度的极差不应大于钢丝长度的 1/5000，且不应大于 5mm。当成组张拉长度不大于 10m 的钢丝时，同组钢丝长度的极差不得大于 2mm 2. 预应力筋端部锚具的制作质量应符合下列要求： (1) 挤压锚具制作时压力表油压应符合操作说明书的规定，挤压后预应力筋外端应露出挤压套筒 1～5mm； (2) 钢绞线压花锚成形时，表面应清洁、无油污，梨形头尺寸和直线段长度应符合设计要求；

7 预应力混凝土工程

续表

项次	项目	内容
2	一般项目	(3)钢丝镦头的强度不得低于钢丝强度标准值的98% 3．后张法有粘结预应力筋预留孔道的规格、数量、位置和形状除应符合设计要求外，尚应符合下列规定： (1)预留孔道的定位应牢固，浇筑混凝土时不应出现移位和变形； (2)孔道应平顺，端部的预埋锚垫板应垂直于孔道中心线； (3)成孔用管道应密封良好，接头应严密且不得漏浆； (4)灌浆孔的间距：对预埋金属螺旋管不宜大于30m；对抽芯成形孔道不宜大于12m； (5)在曲线孔道的曲线波峰部位应设置排气兼泌水管，必要时可在最低点设置排水孔； (6)灌浆孔及泌水管的孔径应能保证浆液畅通 4．预应力筋束形控制点的竖向位置偏差应符合下表的规定 **束形控制点的竖向位置允许偏差** | 截面高(厚)度(mm)	$h \leqslant 300$	$300 < h \leqslant 1500$	$h > 1500$
---	---	---	---
允许偏差(mm)	±5	±10	±15	 注：束形控制点的竖向位置偏差合格点率应达到90%及以上，且不得有超过表中数值1.5倍的尺寸偏差。 5．无粘结预应力筋的铺设除应符合4条的规定外，尚应符合下列要求： (1)无粘结预应力筋的定位应牢固，浇筑混凝土时不应出现移位和变形； (2)端部的预埋锚垫板应垂直于预应力筋； (3)内埋式固定端垫板不应重叠，锚具与垫板应贴紧； (4)无粘结预应力筋成束布置时应能保证混凝土密实并能裹住预应力筋； (5)无粘结预应力筋的护套应完整，局部破损处应采用防水胶带缠绕紧密 6．浇筑混凝土前穿入孔道的后张法有粘结预应力筋，宜采取防止锈蚀的措施

3．张拉和放张

表 7-35

项次	项目	内容
1	主控项目	1．预应力筋张拉或放张时，混凝土强度应符合设计要求；当设计无具体要求时，不应低于设计的混凝土立方体抗压强度标准值的75% 2．预应力筋的张拉力、张拉或放张顺序及张拉工艺应符合设计及施工技术方案的要求，并应符合下列规定：

7.8 预应力工程质量控制与检验

续表

项次	项目	内容
1	主控项目	(1)当施工需要超张拉时,最大张拉应力不应大于国家现行标准《混凝土结构设计规范》GB 50010 的规定; (2)张拉工艺应能保证同一束中各根预应力筋的应力均匀一致; (3)先张法施工中,当预应力筋是逐根或逐束张拉时,应保证各阶段不出现对结构不利的应力状态;同时宜考虑后批张拉预应力筋所产生的结构构件的弹性压缩对先批张拉预应力筋的影响,确定张拉力; (4)先张法预应力筋放张时,宜缓慢放松锚固装置,使各根预应力筋同时缓慢放松; (5)当采用应力控制方法张拉时,应校核预应力筋的伸长值。实际伸长值与设计计算理论伸长值的相对允许偏差为±6% 3.预应力筋张拉锚固后实际建立的预应力值与工程设计规定检验值的相对允许偏差为±5% 4.张拉过程中应避免预应力筋断裂或滑脱;当发生断裂或滑脱时,必须符合下列规定: (1)对后张法预应力结构构件,断裂或滑脱的数量严禁超过同一截面预应力筋总根数的3%,且每束钢丝不得超过一根;对多跨双向连续板,其同一截面应按每跨计算; (2)对先张法预应力构件,在浇筑混凝土前发生断裂或滑脱的预应力筋必须予以更换
2	一般项目	1.锚固阶段张拉端预应力筋的内缩量应符合设计要求;当设计无具体要求时,应符合表 7-22 的规定 2.先张法预应力筋张拉后与设计位置的偏差不得大于 5mm,且不得大于构件截面短边边长的 4%

4.灌浆及封锚

表 7-36

项次	项目	内容
1	主控项目	1.后张法有粘结预应力筋张拉后应尽早进行孔道灌浆,孔道内水泥浆应饱满、密实 2.锚具的封闭保护应符合设计要求;当设计无具体要求时,应符合下列规定: (1)应采取防止锚具腐蚀和遭受机械损伤的有效措施; (2)凸出式锚固端锚具的保护层厚度不应小于 50mm; (3)外露预应力筋的保护层厚度:处于正常环境时,不应小于 20mm;处于易受腐蚀的环境时,不应小于 50mm
2	一般项目	1.后张法预应力筋锚固后的外露部分宜采用机械方法切割,其外露长度不宜小于预应力筋直径的 1.5 倍,且不宜小于 30mm 2.灌浆用水泥浆的水灰比不应大于 0.45,搅拌后 3h 泌水率不宜大于 2%,且不应大于 3%。泌水应能在 24h 内全部重新被水泥浆吸收 3.灌浆用水泥浆的抗压强度不应小于 $30N/mm^2$

8 结构吊装工程

8.1 索具设备

8.1.1 绳索

绳索种类、性能与使用　　　　表 8-1

类别	种类、构造及性能	优缺点及使用
麻绳	麻绳又称白棕绳,按拧成的股数的多少,分为三股、四股和九股三种;按浸油与否,分浸油绳和素绳两种。吊装中多用不浸油素绳。常用白棕绳的技术性能见表8-2;麻绳常用的安全系数值见表8-3	浸油绳具有防潮、防腐蚀能力强等优点;但不够柔软、不易弯曲,强度较低;素绳弹性和强度较好(比浸油绳高10%~20%),但受潮后容易腐烂,强度要降低50%。主要用于绑扎吊装轻型构件和受力不大的缆风绳、溜绳等
钢丝绳	钢丝绳系由几股钢丝子绳和一根芯(一般为浸油麻芯或棉纱芯)捻成。结构吊装中常采用6股钢丝绳,每股由19、37、61根钢丝组成。通常表示方法是6×19+1、6×37+1、6×61+1,前两个数字表示钢丝绳的型号,如6×19,表示6股丝每股19丝,1表示一根绳芯。钢丝绳按捻制方法、分类及使用见表8-4,吊装常用的钢丝绳规格及荷重性能见表8-5;吊装钢丝绳安全系数及需用滑车直径见表8-6;钢丝绳使用方法要点见表8-7	具有强度高、韧性、耐磨性、耐久性好,磨损易于检查等优点;但质较硬,不易弯曲,重量较大,不经常涂油易锈蚀。6×19+1 钢丝绳较耐磨,不易弯曲,常用作缆风绳和吊索;6×37+1 钢丝绳较柔软,多用作穿滑车组捆绳和作吊索;6×61+1 钢丝绳主要用于重型起重机械中

白棕绳技术性能　　　　表 8-2

直径 (mm)	圆周 (mm)	每卷重量 (长250m)(kg)	破断拉力 (kN)	直径 (mm)	圆周 (mm)	每卷重量 (长250m)(kg)	破断拉力 (kN)
6	19	6.5	2.00	22	69	70	18.50
8	25	10.5	3.25	25	79	90	24.00

8.1 索具设备

续表

直径(mm)	圆周(mm)	每卷重量(长250m)(kg)	破断拉力(kN)	直径(mm)	圆周(mm)	每卷重量(长250m)(kg)	破断拉力(kN)
11	35	17	5.75	29	91	120	26.00
13	41	23.5	8.00	33	103	165	29.00
14	44	32	9.50	38	119	200	35.00
16	50	41	11.50	41	129	250	37.50
19	60	52.5	13.00	44	138	290	45.00
20	63	60	16.00	51	160	330	60.00

麻绳安全系数 表 8-3

项次	麻绳的用途		安全系数值 K
1	一般吊装	新绳 旧绳	3 6
2	作缆风绳	新绳 旧绳	6 12
3	作捆绑吊索或重要的起重吊装		8～10

钢丝绳捻制方法 表 8-4

名称	捻制简图	优缺点及使用
交互右捻 (股向右捻,丝向左捻)		强度高,吊重时不易产生旋转、卷曲、扭结、松弛、压扁和搭结,绳股断头不易散开,使用方便,但绳较硬,耐用程度稍差。吊装作业中广泛采用
交互左捻 (股向左捻丝向右捻)		不易产生旋转、卷曲、扭结、松弛、压扁和搭结,绳股断头不易散开,强度高,使用方便,但绳较硬,耐用程度稍差。吊装中应用很广
同向右捻 (股和丝同向右捻)		表面平整,有良好的柔软性、抗弯曲、疲劳性能,磨损小,较耐用,但吊重物时易产生旋转、卷曲、扭结、松弛、压扁和搭结,绳股断头时易散开。吊装中应用较少
同向左捻 (股和丝同向左捻)		表面平整,柔性、抗弯曲、疲劳性能好,磨损小,较耐用,但易产生旋转、卷曲、扭结、松弛、压扁和搭结,绳股断头时,易散开。吊装中应用较少
混合捻 (相互两股或相邻两层的丝捻向相反)		具有同向捻、交互捻的优点,机械性能较前两种好,但制造较困难,价格较贵,仅用于重要构件的吊装作业

钢丝绳规格及荷重性能 表8-5

直径(mm)		钢丝总断面积 (mm^2)	参考重量 (kg/100m)	钢丝绳公称抗拉强度(N/mm^2)				
钢丝绳	钢丝			1400	1550	1700	1850	2000
				钢丝破断拉力总和(kN)不小于				
一、钢丝6×19,绳芯1								
6.2	0.4	14.32	13.53	20.0	22.1	24.3	20.4	28.6
7.7	0.5	22.37	21.14	31.3	34.6	38.0	41.3	44.7
9.3	0.6	32.22	30.45	45.1	49.9	54.7	59.6	64.4
11.0	0.7	43.85	41.44	61.3	67.9	74.5	81.1	87.7
12.5	0.8	57.27	54.12	80.1	88.7	97.3	105.5	114.5
14.0	0.9	72.49	68.50	101.0	112.0	123.0	134.0	144.5
15.5	1.0	89.49	84.57	125.0	138.5	152.0	165.5	178.5
17.0	1.1	103.28	102.3	151.5	167.5	184.0	200.0	216.5
18.5	1.2	128.87	121.8	180.0	199.5	219.0	238.0	257.5
20.0	1.3	151.24	142.9	211.5	234.0	257.0	279.5	302.0
21.5	1.4	175.40	165.8	245.5	271.5	298.0	324.0	350.5
23.0	1.5	201.35	190.3	281.5	312.0	342.0	372.0	402.5
24.5	1.6	229.09	216.5	320.0	355.0	389.0	423.5	458.0
26.0	1.7	258.63	244.4	362.0	400.5	439.5	478.0	517.0
28.0	1.8	289.95	274.0	405.5	449.0	492.5	536.0	579.5
31.0	2.0	357.96	338.3	501.0	554.5	608.5	662.0	715.5
34.0	2.2	433.13	409.3	306.0	671.0	736.0	801.0	
37.0	2.4	515.46	487.1	721.5	798.5	876.0	953.5	
40.0	2.6	604.95	571.7	846.5	937.5	1025.0	1115.0	
43.0	2.8	701.60	663.0	982.0	1085.0	1190.0	1295.0	
46.0	3.0	805.41	761.1	1125.0	1245.0	1365.0	1490.0	
二、钢丝6×37,绳芯1								
8.7	0.4	27.88	26.21	39.0	43.2	47.3	51.5	55.7
11.0	0.5	43.57	40.96	60.9	67.5	74.0	80.6	87.1
13.0	0.6	62.74	58.98	87.8	97.2	106.5	116.0	125.0
15.0	0.7	85.39	80.57	119.5	132.0	145.0	157.5	170.5
17.5	0.8	111.53	104.8	156.0	172.5	189.5	206.0	223.0
19.5	0.9	141.16	132.7	197.5	213.5	239.5	261.0	282.0
21.5	1.0	174.27	163.3	243.5	270.0	296.0	322.0	348.5
24.0	1.1	210.87	198.2	295.0	326.5	358.0	390.0	421.5

8.1 索具设备

续表

直径(mm)		钢丝总断面积 (mm^2)	参考重量 (kg/100m)	钢丝绳公称抗拉强度(N/mm^2)				
钢丝绳	钢丝			1400	1550	1700	1850	2000
				钢丝破断拉力总和(kN)不小于				
26.0	1.2	250.95	235.9	351.0	388.5	426.5	464.0	501.5
28.0	1.3	294.52	276.8	412.0	456.5	500.5	544.5	589.0
30.0	1.4	341.57	321.1	478.0	529.0	580.5	631.5	683.0
32.5	1.5	392.11	368.6	548.5	607.5	666.5	725.0	784.0
34.5	1.6	446.13	419.4	624.5	691.5	758.0	825.0	892.0
36.5	1.7	503.64	473.4	705.0	780.5	856.0	931.5	1005.0
39.0	1.8	564.63	530.8	790.0	875.0	959.5	1040.0	1125.0
43.0	2.0	697.08	655.3	975.5	1080.0	1185.0	1285.0	1390.0
47.5	2.2	843.47	792.9	1180.0	1305.0	1430.0	1560.0	
52.0	2.4	1003.80	943.6	1405.0	1555.0	1705.0	1855.0	
三、钢丝 6×61,绳芯 1								
11.0	0.4	45.97	43.21	64.3	71.2	78.1	85.0	91.9
14.0	0.5	71.83	67.52	100.5	111.0	122.0	132.0	143.5
16.5	0.6	103.43	97.22	144.5	160.0	175.5	191.0	206.5
19.5	0.7	140.78	132.3	197.0	218.0	239.0	260.0	281.5
22.0	0.8	183.88	172.3	257.0	285.0	312.5	340.0	367.5
25.0	0.9	232.72	218.3	325.5	360.5	395.5	430.5	465.0
27.5	1.0	287.31	270.1	402.0	445.0	488.0	531.5	574.5
30.5	1.1	347.65	326.8	486.5	538.5	591.0	643.0	695.0
33.0	1.2	413.73	388.9	579.0	641.0	703.0	765.0	827.0
36.0	1.3	485.55	456.4	679.5	752.5	825.0	898.0	971.0
38.5	1.4	563.13	529.3	788.0	872.5	957.0	1040.0	1125.0
41.5	1.5	640.45	607.7	905.0	1000.0	1095.0	1195.0	1290.0
44.0	1.6	735.45	691.4	1025.0	1140.0	1250.0	1360.0	1470.0
47.0	1.7	830.33	780.5	1160.0	1285.0	1410.0	1535.0	1660.0
50.0	1.8	930.88	875.0	1300.0	1440.0	1580.0	1720.0	1860.0
55.5	2.0	1149.74	1080.3	1605.0	1780.0	1950.0	2125.0	2295.0

注:表中,粗线左侧可供应光面或镀锌钢丝绳,右侧只供应光面钢丝绳。

钢丝绳安全系数及需用滑车直径 表 8-6

项 次	钢丝绳的用途	安全系数 K	滑车直径
1	缆风绳及拖拉绳	3.5	$\geqslant 12d$

续表

项次	钢丝绳的用途	安全系数 K	滑车直径
2	用于滑车时:手动的 机动的	4.5 5~6	$\geqslant 16d$ $\geqslant 16d$
3	作吊索:无绕曲时 有绕曲时	5~7 6~8	— $\geqslant 20d$
4	作地锚绳	5~6	—
5	作捆绑吊索	8~10	—
6	用于载人升降机	14	$\geqslant 30d$

注:d—钢丝绳直径。

绳索使用方法要点　　　　　　　　　　表 8-7

项次	项目	使 用 方 法 要 点
1	麻绳	1. 麻绳在开卷时,应卷平放在地上,绳头一面放在底下,从卷内拉出绳头,然后按需要的长度切断。切断前应用细铁丝或麻绳将切断口两侧的绳扎紧 2. 麻绳穿绕滑车时,滑轮的直径应大于绳直径的 10 倍 3. 使用时,应避免在构件上或地上拖拉。与构件棱角相接触部位,应衬垫麻袋、木板等物 4. 使用中,如发生扭结,应抖直,以免受拉时易于折断 5. 绳应放在干燥和通风良好的地方,以免腐烂,不得和涂料、酸、碱等化学物品放在一起,以防腐蚀
2	钢丝绳	1. 钢丝绳均按使用性质、荷载大小、钢丝绳新旧程度和工作条件等因素,根据经验或经计算选用规格型号 2. 钢丝绳开卷时,应放在卷盘上或用人力推滚卷筒,不得倒放在地面上,人力盘(甩)开,造成扭结,缩短使用寿命。钢丝绳切断时,应在切口两侧 1.5 倍绳径处用细铁丝扎结,或用铁箍箍紧,扎紧段长度不小于 30mm,以防钢丝绳松捻 3. 新绳使用前,应以 2 倍最大吊重做载重试验 15min 4. 钢丝绳穿过滑轮时,滑轮槽的直径应比绳的直径大 1.0~2.5mm,滑轮直径应比钢丝绳直径大 10~12 倍,轮缘破损的滑轮不得使用 5. 钢丝绳在使用前应抖直理顺,严禁扭结受力。使用中不得抛掷,与地面、金属、电焊导线或其他物体接触摩擦,应加护垫或托绳轮;不能使钢丝绳发生锐角曲折,以免被夹、被砸而被压成扁平 6. 钢丝绳扣、8 字形千斤索和绳圈等的连接采用卡接法时,夹头常用规格见表 8-8,数量和间距符合表 8-9 规定。上夹时,螺栓要拧紧,直至钢丝绳被压扁 1/3~1/4 直径时为止,并在绳受力后,再将夹头螺栓拧紧一次。采用编接法时,插接的双绳和绳扣的接合长度应大于钢丝绳直径的 20 倍或绳头插入缠绕足够三圈,且最短不得少于 300mm 7. 钢丝绳与构件棱角相接触时,应垫上木板或橡胶板。起重物时,启动和制动均必须缓慢,不得突然受力和承受冲击荷重。在起重时,如绳股中有大量的油被挤出,应进行检查或更换新绳,以防发生事故

8.1 索具设备

续表

项次	项目	使用方法要点
2	钢丝绳	8.钢丝绳每工作4个月左右应涂滑润油一次。涂油前,应将钢丝绳浸入汽油或柴油中洗去油污,并刷去铁锈。涂油应在干燥和无锈情况下进行,最好用热油浸透绳芯,再擦去多余的油 9.库存钢丝绳应成卷排列,避免重叠堆置,并应加垫和遮盖,防止受潮锈蚀

钢丝绳骑马式夹头主要规格　　　表8-8

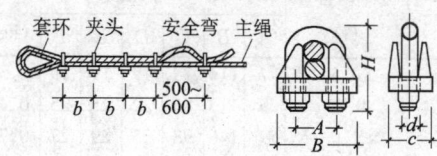

型号	常用钢丝绳直径(mm)	A	B	c	d	H	重量(kg)
Y3~10	11	22	43	33	10	55	0.092
Y4~12	13	28	53	40	12	69	0.156
Y5~15	15、17.5	33	61	48	14	83	0.31
Y6~20	20	39	71	55.5	16	96	0.50
Y7~22	21.5、23.5	44	80	63	18	108	0.68
Y8~25	26	49	87	70.5	20	122	0.92
Y9~28	28.5、31	55	97	78.5	22	137	1.37
Y10~32	32.5、34.5	60	105	85.5	24	149	1.68
Y11~40	37、39.5	67	112	94	24	164	2.52
Y12~45	43.5、47.5	78	128	107	27	188	3.65
Y13~50	52	88	143	119	30	210	5.00

钢丝绳卡接使用夹头数量和间距　　　表8-9

钢丝绳直径(mm)	骑马式夹头个数	夹头间距(mm)	钢丝绳直径(mm)	骑马式夹头个数	夹头间距(mm)
13	3	120	21	4	150
15	3	120	24	4	200
18	3	150	28	4	200

续表

钢丝绳直径(mm)	骑马式夹头个数	夹头间距(mm)	钢丝绳直径(mm)	骑马式夹头个数	夹头间距(mm)
32	5	250	39	5	300
35	5	250	42	6	300

8.1.2 吊钩、卡环

吊索用带环吊钩的主要规格　　表 8-10

吊索用吊钩简图	安全吊重量(t)	尺 寸(mm)						重量(kg)	适用钢丝绳直径(mm)
		A	B	C	D	E	F		
	0.5	7	114	73	19	19	19	0.34	6
	0.75	9	113	86	22	25	25	0.45	6
	1.0	10	146	98	25	29	27	0.79	8
	1.5	12	171	109	32	32	35	1.25	10
	2.0	13	191	121	35	35	37	1.54	11
	2.5	15	216	140	38	38	41	2.04	13
	3.0	16	232	152	41	41	48	2.90	14
	3.75	18	257	171	44	48	51	3.86	16
	4.5	19	282	193	51	51	54	5.00	18
	6.0	22	330	206	57	54	64	7.40	19
	7.5	24	356	227	64	57	70	9.76	22
	10.0	27	394	255	70	64	79	12.30	25

常用卡环规格(GB559)　　表 8-11

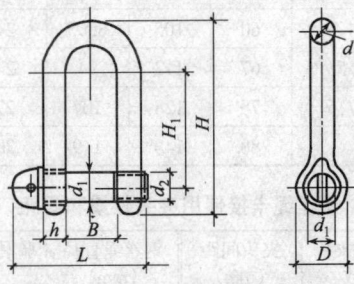

型 号	使用负荷(N)	D	H	H_1	L	d	d_1	d_2	B	重量(kg)
		(mm)								
0.2	2450	16	49	35	34	6	8.5	M8	12	0.04

8.1 索具设备

续表

型号	使用负荷(N)	D	H	H_1	L	d	d_1	d_2	B	重量(kg)
					(mm)					
0.4	3920	20	63	45	44	8	10.5	M10	18	0.09
0.6	5880	24	72	50	53	10	12.5	M12	20	0.16
0.9	8820	30	87	60	64	12	16.5	M16	24	0.30
1.2	12250	35	102	70	73	14	18.5	M18	28	0.46
1.7	17150	40	116	80	83	16	21	M20	32	0.69
2.1	20580	45	132	90	98	20	25	M22	36	1
2.7	26950	50	147	100	109	22	29	M27	40	1.54
3.5	34300	60	164	110	122	24	33	M30	45	2.20
4.5	44100	68	182	120	137	28	37	M36	54	3.21
6.0	58800	75	200	135	158	32	41	M39	60	4.57
7.5	73500	80	226	150	175	36	46	M42	68	6.20
9.5	93100	90	255	170	193	40	51	M48	75	8.63
11.0	107800	100	285	190	216	45	56	M52	80	12.03
14.0	137200	110	318	215	236	48	59	M56	80	15.58
17.5	171500	120	345	235	254	50	66	M64	100	19.35
21.0	205800	130	375	250	288	60	71	M68	110	27.83

8.1.3 吊索

常用吊索(千斤索)的形式、构造与使用　　　　表 8-12

名　称	简　图	构造与使用说明
万能吊索(环状吊索或闭式吊索)		是一个封闭的环形,用绳股 6×37 或 6×61、直径 19.5～30.0mm 钢丝绳镶成。吊索的末端用编接法连接,编接长度应不小于 20～24 倍钢丝绳直径 用于绑扎桁架、梁、管道等结构构件

8 结构吊装工程

续表

名 称	简 图	构造与使用说明
轻便吊索（8股头吊索）		是在两端做成环圈，或一端做成环圈，一端连接吊钩或卡环。用绳股6×37或6×61、直径19.5～30mm钢丝绳镶成。环圈的末端用接接法连接，编接长度不小于20～24倍钢丝绳直径。用于钩挂梁、板、桁架或绑扎柱等构件，常用作吊车的配套吊具
双肢或多肢吊索		由吊索与两肢或四肢、多肢8股头吊索组成，下部设吊钩，上部环圈用吊环连起来，吊环可直接挂在起重机吊钩上。用于吊挂梁、屋架、桁架、板等构件

吊索绳扣标准编接长度　　　　表 8-13

钢丝绳直径（mm）	9.5	12.7	16	19	22	25.4	32	38	50
编接长度 n（mm）	200	250	300	350	400	450	550	650	750
绳扣长度 s（mm）	300	350	400	450	500	550	650	750	850
吊索长度 l（m）	1～2	1～4	2～6	3～10	6～12	6～12	6～12	6～15	6～15
编接花数（个）	4	4	5	5	6	6	6	6	6

注：1. 编接长度与编接花数可互相参考。
　　2. 吊索长度应按需要决定。
　　3. 绳扣内如用套环时，其长度应以套环具体尺寸为准。
　　4. 钢丝绳的破头长度（m），一般为编接长度的2～2.5倍，按要求编接，长度插完后，多余部分再割去。

吊索在不同水平夹角时的内力　　　　表 8-14

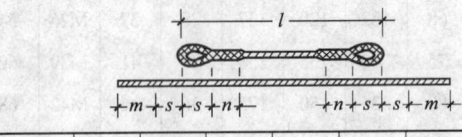

简 图	水平夹角 α	吊索拉力 F	水平压力 H	水平夹角 α	吊索拉力 F	水平压力 H
	25°	1.18Q	1.07Q	55°	0.61Q	0.35Q
	30°	1.00Q	0.87Q	60°	0.58Q	0.29Q
	35°	0.87Q	0.71Q	65°	0.56Q	0.24Q
	40°	0.78Q	0.60Q	70°	0.53Q	0.18Q
	45°	0.71Q	0.50Q	75°	0.52Q	0.13Q
	50°	0.65Q	0.42Q	90°	0.50Q	0

8.1 索具设备

吊重物用钢丝绳根数和直径选用   表 8-15

钢丝绳根数	1根	2根	4根	2根			4根			8根		
起吊构件的重量 (t)	与水平面夹角 α			与水平面夹角 α			与水平面夹角 α			与水平面夹角 α		
	90°	90°	90°	60°	45°	30°	60°	45°	30°	60°	45°	30°
钢丝绳选用直径 (mm)												
1	13	—	—	—	11	13	—	—	—	—	—	—
2	17.5	13	—	13	15	17.5	—	11	13	—	—	—
3	21.5	15	11	17.5	17.5	21.5	11	13	15	—	—	11
4	24	17.5	13	19.5	21.5	24	13	15	17.5	—	11	13
5	28	19.5	15	21.5	24	28	15	17.5	19.5	11	11	15
6	30	21.5	15	24	26	30	17.5	17.5	21.5	11	13	15
7	32.5	24	17.5	24	28	32.5	17.5	19.5	24	13	13	17.5
8	34.5	24	17.5	26	28	34.5	19.5	21.5	24	13	15	17.5
9	36.5	26	19.5	28	30	36.5	19.5	21.5	26	15	15	19.5
10	39	28	19.5	30	32.5	39	21.5	24	28	15	17.5	19.5
11	43	28	21.5	30	34.5	43	21.5	24	28	15	17.5	21.5
12	43	30	21.5	32.5	36.5	43	21.5	26	30	17.5	17.5	21.5
13	43	30	21.5	32.5	36.5	43	24	26	30	17.5	19.5	21.5
14	47.5	32.5	24	34.5	39	47.5	24	28	32.5	17.5	19.5	24
15	47.5	32.5	24	36.5	39	47.5	26	28	32.5	17.5	19.5	24

注：本表系采用 $6 \times 37 + 1$ 钢丝绳，钢丝极限强度为 $1400 N/mm^2$，安全系数 $K = 6$。

8.1.4 横吊梁(铁扁担)

横吊梁(铁扁担)的形式、构造与使用　　　表 8-16

名称	简图	构造与使用说明
滑轮横吊梁		由吊环、滑轮和轮轴、吊索等组成。吊环用 Q235 级钢锻制而成，环圈的大小要能保证直接挂上起重机吊钩。滑轮直径要大于起吊柱的厚度，吊环截面与轮轴直径应按起重量的大小由计算确定。它的优点是起吊和竖立柱时，可以使吊索受力平衡、均匀，使柱身容易保持垂直，便于安装就位 适用于吊 8t 重以下的各种形状的柱
钢板横吊梁		由钢板及加强板制成。钢板厚度按起吊柱的重量由计算确定。下部挂卡环孔的距离应比柱厚度大 20cm，使吊索不与柱相碰。它的优点是制作简单，可现场加工 适于吊 10t 重以下柱子
桁架横吊梁		由桁架、轮轴和横梁三部分组成。优点是吊索受力均匀，由于在桁架和横梁之间装有一个转轴，吊装柱子受力后，旋转柱身比较省力，易于就位 适于双机抬吊重型柱子
钢板多孔横吊梁		由钢板和钢管焊接制成。有多种模数孔距，可以根据不同柱厚，使用不同孔距。它的优点是可以吊装不同截面柱子而不需更换横吊梁 适于吊装大、中型混凝土柱或钢柱
型钢横吊梁		由槽钢和钢板焊接制成。上部有多种模数孔距，可以根据不同柱厚使用不同孔距，亦可倒过来使用，如钢板多孔横吊梁。优点是可双机抬吊不同截面柱而不需换横吊梁 适于双机抬吊重型混凝土柱或钢柱

续表

名称	简图	构造与使用说明
万能横吊梁	(槽钢横梁、吊环、止动螺栓、吊索、滑轮；尺寸 45、45、90、100、1000)	由槽钢、吊环、滑轮等组成。吊索穿过滑轮，滑轮挂在槽钢上，滑轮可以回转，自动平衡吊索荷重，并能借助螺栓将它固定。 适于柱、梁、板构件的水平起吊、斜吊以及由水平转到垂直位置的起吊（翻身起吊）
普通横吊梁	(吊索、槽钢或钢管)	由槽钢（或钢管）、吊耳、加强板等焊接制成。上部两端挂吊索，下部两端挂卡环或滑轮，长6~12m。制作时要根据吊重算稳定性。它的优点是可以减低起吊高度，降低吊索内力和对构件的压力，缩短绑扎构件时间，便于安装就位。 适于两点或四点起吊屋架或桁架等构件
桁架式带滑轮横吊梁	(吊环、型钢、2[12 长8000、滑轮)	由槽钢、型钢（或钢管）、吊环、滑轮等组成。吊环可直接挂在起重机吊钩上，梁两端设有滑轮，吊索穿过滑轮四点绑扎构件，可起到平衡荷载作用。 适于四点绑扎起吊大跨度屋架或桁架、梁类构件

8.1.5 滑车、滑车组

滑车、滑车组的种类、规格及使用注意事项　　　　表8-17

名称	种类及规格	使用注意事项
滑车	滑车按制作材料来分，有木制和钢制两种；按滑轮多少，分为单门滑车(一个轮)、双门滑车(两个轮)到八门滑车(八个轮)等八种。单门滑车用于起重和改变绳索方向，多门滑车用于滑车组。另有一种"开门滑车"，其夹板可以打开，便于穿入钢丝绳，一般用于桅杆脚部作导向用。按轴和轴接触情况不同，又分在轮轴间装滑动轴承和在轮轴间装滚动轴承两种；按使用方式不同，又可分为定滑车和动滑车。定滑车可改变力的方向，但不省力；动滑车在使用中随重	1．滑车与滑车组上应有铭牌，说明滑车的尺寸、种类和性能等 2．滑车的轮轴要经常保持清洁，涂润滑油脂，以减少磨损和防止锈蚀 3．使用前，应检查滑车、轮槽、轮轴、夹板、吊钩、吊环等各部分有无裂缝、损伤、严重磨损、滑轮不转等缺陷和超载情况，如有问题及时调换。严禁用焊接方法修补滑轮的缺陷 4．滑车吊钩中心应与起吊构件的重心在一条铅垂线上，以免起吊后发生倾斜和扭转现象。滑车组上下滑车

续表

名称	种类及规格	使用注意事项
滑车	物移动而移动,能省力,但不能改变力的方向。常用滑车规格及安全荷重量见表8-18	之间应保持一定距离,一般应不小于5倍滑轮直径
滑车组	滑车组是由一定数量的定滑车和动滑车及绕过它的绳索组成,既能省力,又能改变用力的方向,用于简单的起重和吊装设备 滑车组中动滑车上穿绕绳子的根数叫"走几",如动滑车穿绕3根绳索叫"走三",动滑车上穿绕4根绳索叫"走四" 常用滑车组的穿绕方式和提升时绕出绳(或称跑头)所需的拉力参见表8-19	5. 使用中应缓慢加力,绳索收紧后,如有卡绳、磨绳情况,应立即纠正。滑车等各部分使用情况良好,才能继续工作 6. 磨损标准:当轮轴磨损量达到轮轴公称直径的3%~5%,则需要更换;滑轮槽壁磨损量达到原厚的10%,在径向磨损量达到绳直径的25%时,均要检修或更换

常用钢滑车允许荷载 表8-18

滑轮直径 (mm)	允许荷载(kN)								使用钢丝绳直径(mm)	
	单门	双门	三门	四门	五门	六门	七门	八门	适用	最大
70	5	10	—	—	—	—	—	—	5.7	7.7
85	10	20	30	—	—	—	—	—	7.7	11
115	20	30	50	80	—	—	—	—	11	14
135	30	50	80	100	—	—	—	—	12.5	15.5
165	50	80	100	160	200	—	—	—	15.5	18.5
185	—	100	160	200	320	—	—	—	17	20
210	80	—	200	—	320	—	—	—	20	23.5
245	100	160	—	320	—	500	—	—	23.5	25
280	—	200	—	—	500	—	800	—	26.5	28
320	160	—	—	500	—	800	—	1000	30.5	32.5
360	200	—	—	—	800	1000	—	1400	32.5	35

常用滑车组的穿绕方式和提升时(跑头)的拉力 表8-19

过动滑车上绳的根数(走数)	走1	走2	走3	走4	走5	走6	走7	走8	走9	走10
绳头自定滑车绕出简图										
滑车数 K(门)	定滑车	1	1	2	2	3	3	4	4	5	5
	动滑车	0	1	1	2	2	3	3	4	4	5

续表

过动滑车上绳的根数(走数)	走1	走2	走3	走4	走5	走6	走7	走8	走9	走10
钢丝绳总数	2	3	4	5	6	7	8	9	10	11
需要钢绳长度相当重物移动的倍数	4	6	8	10	12	14	16	18	20	22
(跑头)的拉力 S	$1.04Q$	$0.53Q$	$0.36Q$	$0.28Q$	$0.23Q$	$0.19Q$	$0.17Q$	$0.15Q$	$0.13Q$	$0.12Q$

8.1.6 捯链、千斤顶

捯链、千斤顶种类、规格及使用　　　　表 8-20

名称	种类、特性及规格	使用注意事项
捯链(斤不落、链式起重机)	捯链按构造分正齿轮传动和行星摆线针轮传动两种。齿轮传动捯链制造简单,工作效率高,速度快,使用最为广泛。常用的 WA 型、SBL 型捯链的技术规格见表 8-21、表 8-22 常与三木搭配合使用,用来起重高度不大的轻型构件;或进行短距离水平运输;或拉紧缆风绳以及在构件运输中拉紧,捆绑构件的绳索等	1. 捯链使用前,应仔细检查吊钩、链条及轮轴是否有损伤,传动部分是否灵活 2. 捯链挂上重物后,先慢慢拉动链条,待起重链条受力后再检查一次,如齿轮啮合和自锁装置等良好,方可继续工作。使用中不得超过规定起重量 3. 千斤顶使用前应拆洗干净,并检查各部件是否灵活,有无损伤;油压千斤顶的阀门、活塞、皮碗是否良好,油液是否干净,如发现问题,应及时处理 4. 千斤顶应放在坚实平坦的地面上,如土质松软,应铺设垫板,以扩大承压面积,构件被顶部位应平整坚实,并加垫木板,荷载应与千斤顶轴线一致
千斤顶	千斤顶按构造不同和作用原理分齿条式、螺栓式和液压式三种。吊装中经常使用的为后两种,具有操作方便,比较省力,坚固耐用等优点。常用千斤顶的技术规格见表 8-23、8-24 千斤顶作为独立的简易工具,多用来校正构件的安装偏差和矫正钢结构构件的变形;或用于顶升或降落大跨度屋架	5. 应严格按照千斤顶的标定起重量顶重,每次顶升高度不得超过有效顶程 6. 千斤顶开始工作时,应先将构件稍微顶起一点后暂停,检查千斤顶、枕木垛、地面和构件等情况是否良好,如发现偏斜和枕木垛不稳等情况,应进行处理后才能继续工作 7. 顶升过程中,应设保险垫,并应随顶随垫,其脱空距离应小于 50mm,以防千斤顶倾倒或突然回油而造成安全事故 8. 用两台或两台以上千斤顶同时顶升一个构件时,应统一指挥,动作一致。不同类型的千斤顶应避免放在同一端使用

WA 型捯链的技术规格 表 8-21

型号	起重量 (t)	起升高度 (m)	上下两钩间最小距离 (mm)	手拉力 (N)	起重链直径 (mm)	起重链行数	重量 (kg)
WA$\frac{1}{2}$	0.5	2.5	235	195	5	1	7
WA1	1.0	2.5	270	310	6	1	10
WA1$\frac{1}{2}$	1.5	2.5	335	350	8	1	5
WA2	2.0	2.5	380	320	6	2	14
WA2$\frac{1}{2}$	2.5	2.5	370	380	10	1	—
WA3	3.0	3.0	470	350	8	2	24
WA5	5.0	3.0	600	380	10	2	38
WA7.5	7.5	3.0	650	390	10	3	—
WA10	10.0	3.0	700	390	10	4	68
WA15	15.0	3.0	830	415	10	6	—
WA20	20.0	3.0	1000	390	10	8	150
WA30	30.0	3.0	1150	415	10	12	—

SBL 型捯链的技术规格 表 8-22

型号	SBL$\frac{1}{2}$	SBL1	SBL2	SBL3	SBL5	SBL10
起重量(t)	0.5	1	2	3	5	10
起升高度(m)	2.5	2.5	3	3	3	3
两钩间最小距离 H(mm)	195	500	500	500	590	700
手拉力(N)	180	220	260	260	330	430
起重链条行数	1	2	2	2	2	3
起重链条直径(mm)	5	8	8	8.5	10	12
重量(kg)	7.5	23.5	27	27.5	40	73

QL 型螺旋千斤顶技术规格(JB 2592—91) 表 8-23

型号	起重量 (t)	高度(mm) 最低	高度(mm) 起升	自重 (kg)
QL2	2	170	180	5
QL5	5	250	130	7.5
QL10	10	280	150	11
QL16	16	320	180	17

8.1 索具设备

续表

型号	起重量(t)	高度(mm) 最低	高度(mm) 起升	自重(kg)
QLD16	16	225	90	15
QLG16	16	445	200	19
QL20	20	325	180	18
QL32	32	395	200	27
QL50	50	452	250	56
QL100	100	455	200	86

注：型号 QL—普通螺旋千斤顶，G—高型，D—低型。

QY型油压千斤顶技术规格(JB 2104—91)　　表8-24

型号	起重量(t)	最低高度	起升高度	螺旋调整高度	起升进程	自重(kg)
		(mm)				
QYL3.2	3.2	195	125	60	32	3.5
QYL5G	5	232	160	80	22	5.0
QYL5D	5	200	125	80	22	4.6
QYL8	8	236	160	80	16	6.9
QYL10	10	240	160	80	14	7.3
QYL16	16	250	160	80	9	11.0
QYL20	20	280	180	—	9.5	15.0
QYL32	32	285	180	—	6	23.0
QYL50	50	300	180	—	4	33.5
QYL71	71	320	180	—	3	66.0
QW100	100	360	200	—	4.5	120
QW200	200	400	200	—	2.5	250
QW320	320	450	200	—	1.6	435

注：1. 型号 QYL—立式油压千斤顶，QW—立卧两用千斤顶，G—高型，D—低型；
　　2. 起升进程为油泵工作10次的活塞上升量。

8.1.7 手扳葫芦

手扳葫芦技术规格　　　　　　　表 8-25

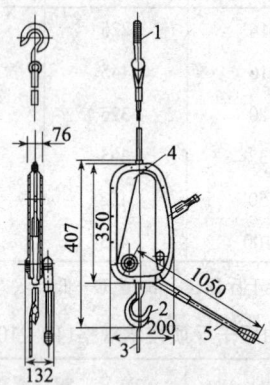

1、2—吊钩；3—牵引钢丝绳；4—收紧机构；5—扳把

型号	起重量 (t/kN)	钢丝绳长度 (m)	外形尺寸 长×宽×高 (mm)	自重 (kg)	生产厂
SB-1.5	1.5/14.7	20	407×132×200	16.5	天津手扳葫芦厂
SB-1.5	1.5/14.7	10	620×150×350		鞍山手扳起重机厂
QY3	3/29	按需而定	495×165×260	21.5	南京起重机械厂
GY3	3/29	绳径 φ13.5		14	天津林业工具厂
SB3	3/29	绳径 φ13.5	620×350×150	20	天津手扳葫芦厂

注：手扳葫芦常用作收紧缆风、校正屋架和升降吊篮之用。

8.1.8 卷扬机

卷扬机种类性能及使用　　　　　　　表 8-26

名称	种类、构造及性能	使用及注意事项
手摇卷扬机	手摇卷扬机由机架、大、小齿轮、卷筒、制动装置、手柄等部件组成。使用时摇动手柄转动齿轮带动卷筒而绞紧卷筒上的钢丝绳，即可将物件吊起或移动。用于无电源地区作垂直运输和起吊构件用	卷扬机使用时，一端必须设地锚或压重固定，以防起重时，产生滑动或倾覆。钢丝绳绕入卷筒的方向应与卷筒轴线垂直或成小于1.5°的偏角，使绳圈能排列整齐，不致斜绕和互相错叠挤压 卷扬机、钢丝绳绕入卷筒的方向应与卷筒轴线垂直，缠绕方式应根据钢丝绳的捻向和

8.1 索具设备

续表

名称	种类、构造及性能	使用及注意事项
电动卷扬机	电动卷扬机由卷筒、电动机、减速机和电磁抱闸等部件组成。有单筒和双筒两种。按卷扬速度有快速和慢速之分，结构吊装中常用慢速。电动卷扬机具有起重量大，速度快，操作轻便等优点。适于土法吊装构件和升降机等作牵引装置。 常用电动卷扬机的技术性能见表8-27～表8-29	卷扬的转向而采用不同的方法，使钢丝绳互相紧靠在一起成为平整一层，而不会自行散开，互相错叠，增加磨损。一般用右捻（或左捻）钢丝绳上卷时，绳一端固定在卷筒左边（或右边），由左（或右）向右（或向左）卷；如钢丝绳下卷时，则缠绕相反。为安全运行，卷筒上的钢丝绳不应全部放出，至少要保留3～4圈

单筒快速卷扬机技术参数　　　　　表8-27

项　目		JK0.5(JJK-0.5)	JK1(JJK-1)	JK2(JJK-2)	JK3(JJK-3)	JK5(JJK-5)	JK8(JJK-8)	JD0.4(JD-0.4)	JD1(JD-1)
额定静拉力(kN)		5	10	20	30	50	80	4	10
卷筒	直径(mm)	150	245	250	330	320	520	200	220
	宽度(mm)	465	465	630	560	800	800	299	310
	容绳量(m)	130	150	150	200	250	250	400	400
钢丝绳直径(mm)		7.7	9.3	13～14	17	20	28	7.7	12.5
绳速(m/min)		35	40	34	31	40	37	25	44
电动机	型号	Y112M-4	Y132M₁-4	Y160L-4	Y225S-8	JZR2-62-10	JR92-8	JBJ-4.2	JBJ-11.4
	功率(kW)	4	7.5	15	18.5	45	55	4.2	11.4
	转速(r/min)	1440	1440	1440	750	580	720	1455	1460
外形尺寸	长(mm)	1000	910	1190	1250	1710	3190		1100
	宽(mm)	500	1000	1138	1350	1620	2105		765
	高(mm)	400	620	620	800	1000	1505		730
整机自重(t)		0.37	0.55	0.9	1.25	2.2	5.6		0.55

双筒快速卷扬机技术参数　　　　　表8-28

项　目	2JK1(JJ₂K-1.5)	2JK1.5(JJ₂K-1.5)	2JK2(JJ₂K-2)	2JK3(JJ₂K-3)	2JK5(JJ₂K-5)
额定静拉力(kN)	10	15	20	30	50

续表

项目		型号				
		2JK1 (JJ₂K-1.5)	2JK1.5 (JJ₂K-1.5)	2JK2 (JJ₂K-2)	2JK3 (JJ₂K-3)	2JK5 (JJ₂K-5)
卷筒	直径(mm) 长度(mm) 容绳量(m)	200 340 150	200 340 150	250 420 150	400 800 200	400 800 200
钢丝绳直径(mm)		9.3	11	13~14	17	21.5
绳速(m/min)		35	37	34	33	29
电动机	型号 功率(kW) 转速(r/min)	Y132M₁-4 7.5 1440	Y160M-4 11 1440	Y160L-4 15 1440	Y200L₂-4 22 950	Y225M-6 30 950
外形尺寸	长(mm) 宽(mm) 高(mm)	1445 750 650	1445 750 650	1870 1123 735	1940 2270 1300	1940 2270 1300
整机自重(t)		0.64	0.67	1	2.5	2.6

单筒慢速卷扬机技术参数　　　表8-29

项目		型号							
		JM0.5 (JJM-0.5)	JM1 (JJM-1)	JM1.5 (JJM-1.5)	JM2 (JJM-2)	JM3 (JJM-3)	JM5 (JJM-5)	JM8 (JJM-8)	JM10 (JJM-10)
额定静拉力(kN)		5	10	15	20	30	50	80	100
卷筒	直径(mm) 长度(mm) 容绳量(m)	236 417 150	260 485 250	260 440 190	320 710 230	320 710 150	320 800 250	550 800 450	750 1312 1000
钢丝绳直径(mm)		9.3	11	12.5	14	17	23.5	28	31
绳速(m/min)		15	22	22	22	20	18	10.5	6.5
电动机	型号 功率(kW) 转速(r/min)	Y100L2-4 3 1420	Y132S-4 5.5 1440	Y132M-4 7.5 1440	YZR2-31-6 11 950	YZR2-41-8 11 705	JZR2-42-8 16 710	YZR225M-8 21 750	JZR2-51-8 22 720
外形尺寸	长(mm) 宽(mm) 高(mm)	880 760 420	1240 930 580	1240 930 580	1450 1360 810	1450 1360 810	1670 1620 890	2120 2146 1185	1602 1770 960
整机自重(t)		0.25	0.6	0.65	1.2	1.2	2	3.2	

8.1.9 地锚

地锚种类、规格及使用　　　　　　　　　　　　　　　表 8-30

名称	种类、构造及规格	使用注意事项
埋桩式地锚	系将圆木或方木成一排或两排斜放在挖好的锚坑内，并在桩的上方和后下方用挡木将桩围住，再回填土夯实，但每根桩的入土深度不得小于 1.5m。常用埋桩式地锚的规格及允许荷载见表 8-31、表 8-32	1. 地锚选用应根据地锚性能和所承受的荷载而定，一般桩式地锚适于固定荷载不大的情况；水平地锚和半埋式地锚适于固定荷载较大的情况；混凝土地锚适于永久性荷载不很大的情况；活地锚适于临时性、荷载较小的情况 2. 设置地锚基槽的前方（坑深 2.5 倍的范围内）不得有地沟、电缆、地下管线 3. 锚桩应设在坚实的土内，根据土质情况，按设计要求和尺寸开挖基槽，并做到规整 4. 地锚的拉绳应与桩卧木保持垂直。地锚与地面的水平夹角宜在 30°左右，避免地锚承受过大的竖向力 5. 地锚埋设地点应较为平整，不积水，不浸泡，以免软化回填土，降低摩擦力 6. 拉绳或拉杆与地锚木的连接处，要用薄铁板垫好，以防由于应力过于集中而损伤地锚木 7. 地锚基坑回填时，应每 30cm 厚夯实一次，并要高出基坑四周 40cm 以上 8. 重要地锚应经试拉以后，才可正式使用。使用时，应有专人定期检查，如发现变形，应及时采取措施修整，以防发生拔出事故 9. 地锚前面及附近不允许取土。山区设置地锚的位置在前坡时，坑底前的挡土长度不得小于基坑深的 3 倍 10. 利用建筑物或构筑物作地锚时，应经核算，证明安全可靠时才可使用，以防损坏结构 11. 旧地锚使用前，必须掌握其确切埋设情况、荷载大小、受力方向、埋设日期，否则不得使用 12. 地锚可用来固定缆风绳、溜绳、磨擦、卷扬机、起重滑车组的固定轮或导向轮，起重机及桅杆的平衡绳索等
打入桩式地锚	系将木桩斜向打入土中，桩长为 1.5～2.0m，入土深度不小于 1.2m，距地面 0.4m 处入 1 根挡木，根据荷载需要亦可打入 2 根或 3 根锚桩连在一起。常用打入桩式地锚规格及允许荷载见表 8-33	
卧式地锚（水平地锚）	分无挡板和有挡板两种。 无挡板地锚系用 1 根或几根圆木捆绑在一起，横卧着埋入挖好的锚坑内，用钢丝绳或钢筋环系在横木的一点或两点，从坑前槽中引出，并用土石回填夯实。当拉力超过 75kN 时，锚板横梁上应增加压板 有挡板地锚系在无挡板地锚的做法基础上另增加立柱和木挡板，以增强横向抵抗力 常用有挡板和无挡板水平地锚的规格及允许作用荷载见表 8-34	
混凝土地锚	系挖坑灌筑 C15 混凝土，在混凝土中埋入型钢横梁和拉杆（图 8-1a），依靠混凝土自重来平衡外部拉力，一般不考虑被动土压力作用。有条件时，亦可利用已施工混凝土基础、柱等作地锚	
岩石锚桩地锚	系在基岩上打（钻）孔，插入钢筋或型钢，在孔内灌入 1:2.5 水泥砂浆，利用岩石锚桩作地锚（图 8-1b）	
活地锚	系在钢底板上压一定的重量，如钢锭、混凝土块或石块（图 8-1c），或用推土机、起重机械作地锚，利用摩擦力或土的黏聚力及被动土压力作锚锭之用，具有减少土方量、少用材料、转移方便等特点	

续表

名称	种类、构造及规格	使用注意事项
半埋式地锚	系用工具式混凝土块堆叠组合而成(图8-1d),混凝土块内适当配筋,每块混凝土块的尺寸为 0.9m×0.9m×4m,重7.5t,堆叠时,将一块或几块混凝土块埋到地下,使混凝土的表面与地平面取平。地面上混凝土块数,则根据所承受的拉力而定	

圆木埋桩式地锚规格及允许作用荷载　　表 8-31

简图	作用荷载 N (kN)	10	15	20	30	40	50
	a_1(cm)	50	50	50	50	50	50
	b_1(cm)	160	160	160	160	160	160
	c_1(cm)	90	90	90	90	90	90
	d_1(cm)	18	20	22	18	20	22
	l_1(cm)	100	100	120	100	100	120
	a_2(cm)	—	—	—	50	50	50
	b_2(cm)	—	—	—	150	150	150
	c_2(cm)	—	—	—	90	90	90
	d_2(cm)	—	—	—	22	25	26
	l_2(cm)	—	—	—	100	100	100
	e(cm)	—	—	—	90	90	90

注:作用于土体的压力为 0.25N/mm^2;挡木直径与桩柱直径相同。

枕木埋桩式地锚规格及允许作用荷载　　表 8-32

作用荷载(垂直于桩柱)(kN)	30	50	100
桩柱根数(16cm×22cm×250cm,普枕)(根)	2	2	6
上挡木根数(16cm×22cm×250cm,普枕)(根)	2	3	5
下挡木根数(16cm×22cm×250cm,普枕)(根)	1	1	2
上挡木中点至荷载作用点间距(cm)	50	50	60
上、下挡木中距(cm)	120	120	120
土体承压力(N/mm²)	2	2	2.3

注:1. 枕木截面的宽边顺受力方向;桩柱应互相靠拢;100kN 锚桩的 6 根枕木组成宽 44(2×22)、长 48(3×16)的截面。
　　2. 坑内空隙应回填夯实,使回填土能支持横木受压。
　　3. 上、下挡木一律平放(枕木截面的短边贴靠于桩柱)。

8.1 索具设备

打入桩地锚规格及允许作用荷载　　　　　表 8-33

作用荷载(kN)		10	15	20	30	40	50	60	80	100
木桩根数(根)		1	1	2	2	2	3	3	3	3
木桩直径 (cm)	第一根	18	20	22	22	25	26	28	30	33
	第二根	—	—	20	20	22	24	22	25	26
	第三根	—	—	—	—	—	—	20	22	24
土体最小允许压力(N/mm²)		1.5	2.0	2.8	1.5	2.0	2.8	1.5	2.0	2.8

卧式地锚规格及允许作用荷载　　　　　表 8-34

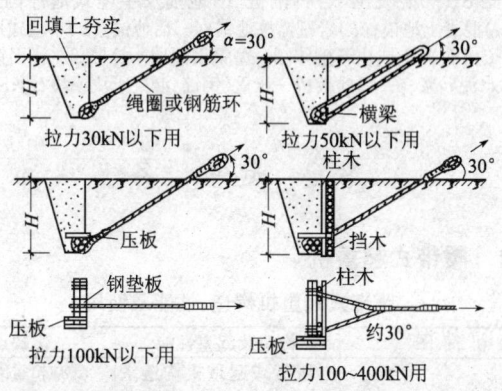

作用荷载(kN)	28	50	75	100	150	200	300	400
缆绳的水平夹角(°)	30	30	30	30	30	30	30	30
横梁(根数×长度)(直径24cm)(cm)	1×250	3×250	3×320	3×320	3×270	3×350	3×400	3×400
埋深 H(m)	1.7	1.7	1.8	2.2	2.5	2.75	2.75	3.5
横梁上系绳点数(点)	1	1	1	1	2	2	2	2
挡木(根数×长度)(直径20cm)(cm)	—	—	—	—	4×270	4×350	5×400	5×400
柱木(根数×长度×直径)(cm)	—	—	—	—	2×120×φ10	2×120×φ20	3×150×φ22	3×150×φ22
压板(长×宽)(cm)(密排φ10圆木)	—	—	80×320	80×320	140×270	140×350	150×400	150×400

注：本表计算依据夯填土密度 1.6t/m³；土的内摩擦角 45°；木料允许应力 110N/mm²。

8 结构吊装工程

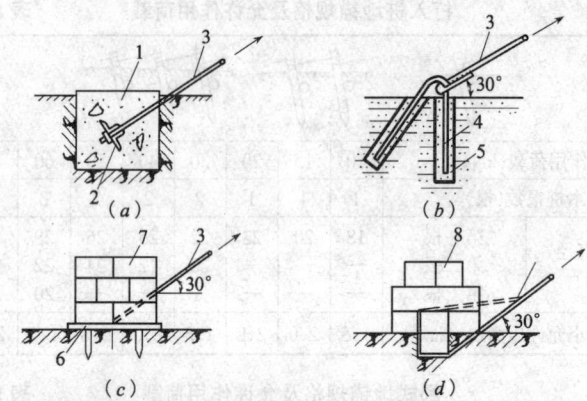

图 8-1 混凝土、岩石锚桩、活地锚及半埋式地锚构造
(a)混凝土地锚;(b)岩石锚桩地锚;(c)活地锚;(d)半埋式地锚
1—C15 混凝土或块石砌体;2—型钢横梁;3—拉杆;4—锚固钢筋;
5—1:2.5 水泥砂浆;6—钢插板;7—压重(钢锭、混凝土块或块石);8—混凝土块

8.2 起重设备

8.2.1 履带式起重机

履带式起重机构造、性能及使用　　　　表 8-35

起重机简图	构造及起重性能	优缺点及使用
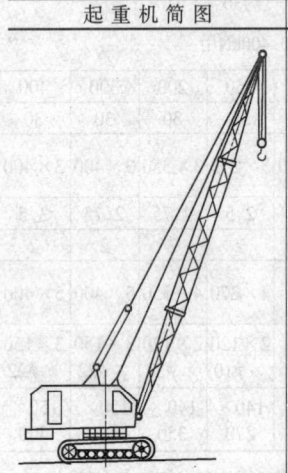	履带式起重机构造主要由动力装置、传动装置、行走机构(履带、底盘)、工作机构(起重臂杆、起重滑车组、变幅滑车组、卷扬机)及平衡重等组成。常用型号有 W_1-100、W-200A、QU 系列机械式履带起重机、QUY 系列液压履带起重机、KH180-3 型以及进口日产 KH300、KH700、60P、85P、IPD80、IDP90 型、德产 CC-2000 型等，国产常用的几种履带式起重机技术性能见表 8-36;部分国外生产的履带式起重机主要技术性能见表 8-37	具有起重能力大，自行走，全回转，工作稳定性好，操作灵活，使用方便，能把构件送到任何地方，在其工作范围内可载重行驶，对施工场地要求不严，可在不平整泥泞地或略加处理的松软场地(如垫道木、铺垫块石、厚钢板等)行驶和工作等优点；但行驶速度较慢，自重大，行走在较好的道路上，对路面破坏性较大，转移不够方便，起重臂杆为拼接式，长度改变较费工时；同时还需辅助机械配合 适于各种场合吊装大、中型构件，为结构安装工程中广泛使用的起重机械

8.2 起重设备

国内常用的几种履带起重机主要技术性能 表8-36

型号		W_1-100	QU20	QU25	QU32A	QU40	QUY50	W200A	KH180-3
最大起重量(t)	主钩	15	20	25	36	40	50	50	50
	副钩	—	2.3	3	3	3	—	5	50
最大起升高度(m)	主钩	19	11~27.6	28	29	31.5	9~50	12~36	9~50
	副钩	—	32.3	33	36.2			40	
臂长(m)	主钩	23	13~30	13~30	10~31	10~34	13~52	15;30;40	13~62
	副钩		5		4	6.2		6	6.1~15.3
起升速度(m/min)		—	23.4;46.8	50.8	7.95~23.8	6~23.9	35;70	2.94~30	35;70
行走速度(km/h)		1.5	1.5	1.1	1.26	1.26	1.1	0.36;1.5	1.5
最大爬坡度(%)		20	36	36	30	30	40	31	40
接地比压(MPa)		0.089	0.096	0.082	0.091	0.086	0.068	0.123	0.061	—
发动机	型号	6135	6135K-1	6135AK-1	6135AK-1	6135AK-1	6135K-15	12V1350	PD604
	功率(kW)	88	88.24	110	110	110	128	176	110
外形尺寸(mm)	长	5303	5348	6105	6073	6073	7000	7000	7000
	宽	3120	3488	2555	3875	4000	3300~4300	4000	3300~4300
	高	4170	4170	5327	3920	3554	3300	6300	3100
整机自重(t)		40.74	44.5	41.3	51.5	58	50	75;77;79	46.9
生产厂		抚顺挖掘机厂	抚顺挖掘机厂	长江挖掘机厂	江西采矿机械厂	江西采矿机械厂	抚顺挖掘机厂	杭州重型机械厂	抚顺、日立合作生产

部分国外生产的履带起重机的主要技术性能 表8-37

型号	CC300(德)	CC600(德)	CC1000(德)	CC2000(德)	7055(日)	7080(日)	999C(美)	9310(美)	LR1650(利渤海尔)
最大起重量(t)	90	140	200	300	55	80	100	204	750
最大起重力矩(kN·m)	3000	6000	10000	20000	2035	3200	4590	10000	89000
主臂起升高度(m)	55	75	80	93	52	56	62.2	81.1	110
幅度范围(m)	3~42	4~50	6~66	6~70	3.7~34	4~40	3.4~57.9	4.9~67.1	6~128

续表

型 号	CC300（德）	CC600（德）	CC1000（德）	CC2000（德）	7055（日）	7080（日）	999C（美）	9310（美）	LR1650（利渤海尔）
起升单绳速度(m/s)	2.0	1.83	1.6	1.5	1.5	1.5	0.84	0.84	1.67
行走速度(km/h)	1.9	1.5	1.4	1.4	1.6	1.4	1.28	1.29	1.35
接地比压(MPa)	0.066	0.078	0.099	0.095	0.065	0.076	0.095	0.090	0.128
发动机功率(kW)	157	196	241	335	132	180	211	211	385
外形尺寸(mm) 长度	7520	10175	—	11960	7450	8370	—	11830	18790
外形尺寸(mm) 宽度	4700	6600	—	8424	3300	3500	—	5660	12300
外形尺寸(mm) 高度	3300	3600	—	4700	3280	3400	—	4480	5840
自重(t)	69	130	198	272	51	78	118	159	500

8.2.2 汽车式起重机

汽车式起重机构造、性能及使用 表 8-38

起重机简图	构造及起重机性能	优缺点及使用
	汽车式起重机是把起重机构装在汽车底盘上，起重臂杆采用高强度钢板作成箱形结构，吊臂可根据需要自动逐节伸缩，并设有各种限位和报警装置，起重机动力由汽车发动机供给，汽车式起重机常用型号有 Q_1、Q_2 系列、QY 系列以及日产多田野 TG-350、TG-400E、TG-500E 和 TG900E 型液压汽车式起重机。常用国产的几种汽车式起重机技术性能见表 8-39	具有使用灵活，机动性高，转移迅速，对路面破坏性小，可高速和远距离行驶，自动控制灵敏、安全可靠等优点；但起重必须支腿，不能载重行驶，对工作场地要求平整、压实。适于装、卸构件和安装结构高度不大的构件

8.2 起重设备

几种常用汽车起重机的主要技术性能

表 8-39

项 目	单位	型号									
		QY12	QY16C	QY20H	QY32	QY40	QY50 (TG-500E)	QT75	加藤(日本) NK750	神户(日本) 9125TC	柯尔斯(德) L3000B
最大起重量	t	12	16	20	32	40	50	75	75	127	110
最大起重力矩	kN·m	417.5	484	602	990	1560	1530	2400			
工作速度 起升速度(单绳)	m/min	85	130	70	80	128	92	55.4		48	48
臂杆伸缩(伸/缩)	s	70/24	81/40	62/40	163/130	84/50		148/41			
支腿收放(收/放)	s	20/18	24/29	22/31	20/25	11.9/27.2					
行驶性能 最大行驶速度	km/h	68	70	60	64	65	71	30	57	65	62
爬坡能力	%	26	36	28	30		24	(15°)	27.1		
最小转弯半径	m	8.5	10.5	9.5	10.5	12.5			12	12	13.6
底盘 型号			QY16C专用	HY20QZ	4.94	CQ40D	KG53TXL	自制			
轴距	m	4.5	4.2	4.7	2.05	5.225					
前轮距	m	2.09	2.06	2.02	1.875						
后轮距	m	1.90		1.865							
支腿跨距(纵/横)	m	3.98/4.8	4.6/5	4.63/5.2	5.33/5.9	5.18/6.1	5.45/6.6	6.3/7			
发动机 型号			6135Q-2	F8L413F		NTC-290	RE$_8$	上车 6135Q$_a$			
功率	kW		161	174		216.3	224	163			
外形尺寸 长	m	10.2	10.69	12.35	12.45	13.7	13.26	15.5	15.21	10.30	14.52
宽	m	2.5	2.5	2.5	2.5	2.5	2.82	3.2	3.40	3.42	2.75
高	m	3.2	3.3	3.38	3.53	3.34	3.7	4.2	3.98	3.97	3.95
整机自重	t	15.7	21.7	26.3	32.5	40	38.35	67.85	56.7	80.7	88
生产厂		徐州重型机械厂	长江起重机厂	北京起重机厂	徐州重型机械厂	长江起重机厂	多田野-北京	长江起重机厂			

8.2.3 轮胎式起重机

轮胎式起重机构造、性能及使用　　　　表 8-40

起重机简图	构造及起重机性能	优缺点及使用
	起重机构造与履带式起重机基本相同,不同的是行驶装置把起重机构装在加重型轮胎和轮轴组成的特制底盘上,重心低,起重平稳,底盘结构牢固,车轮间距大,两侧装有可伸缩的支腿	具有操作方便,有较好的稳定性,机动性高,行驶速度快,转移方便、灵活,起重臂多为伸缩式,长度改变自由、快速,对路面无破坏性等优点;但在工作状态下不能行走,工作面受到限制,对构件布置、排放要求严格,施工场地需平整、碾压坚实,在泥泞场地行走困难
	常用型号有 QLY-8、QLY-16、QLY-25C、QLY-40、QLD16、QLD20、QLD25、QLD40 等以及日产多田野 TR-200F、TR-350E 和 TR-400E 型液压越野轮胎式起重机	适用于装卸和一般工业厂房吊装较高、较重的构件
	国内常用的轮胎式起重机技术性能见表 8-41	

常用轮胎式起重机技术性能　　　　表 8-41

项目		起重机型号								
		QL$_1$-16	QL$_2$-8	QL$_3$-16 (QLY-16)			QL$_3$-25 (QLY-25C)			QL$_3$-40 (QLD-40)
起重臂长度(m)		10	15	7	10(8)	15(13.5)	20(19)	12(13.9)	22(19.4)	32(24.9)	15	42
幅度	最大(m)	11	15.5	7	9.5(6)	15.5(16)	20(14)	11.5(12)	19(16)	21(22)	13	25
	最小(m)	4	4.7	3.2	4(3)	4.7(4)	5.5(5.5)	4.5(3)	7(4.5)	10(6)	5	11.5
起重量	最大幅度时(t)	2.8	1.5	2.2	3.5(8.7)	1.5(3.5)	0.8(2)	2.6(3.5)	1.4(1.9)	0.6(1.0)	9.2	1.5
	最小幅度时(t)	16	11	8	16(10)	11(12)	8(6.8)	25(16.3)	10.6(10.3)	5(6.1)	40	10
起重高度	最大幅度时(m)	5	4.6	1.5	5.3(6.3)	4.6(10.1)	6.85(14.1)	—	—	—	8.8	33.75
	最小幅度时(m)	8.3	13.2	7.2	8.3(9.2)	13.2(14.8)	17.95(20.1)				10.4	37.23

8.2 起重设备

续表

项 目	起重机型号					
	QL_1-16	QL_2-8	QL_3-16 (QLY-16)	QL_3-25 (QLY-25C)	QL_3-40 (QLD-40)
行驶速度 (km/h)	18	30	30	9~18	15
转弯半径 (m)	7.5	6.2	7.5	—	13
爬坡能力 (°)	7	12	7		13
发动机功率 (kW)	58.8	66.2	58.8	58.8	117.6
总重量(t)	23	12.5	22	28	53.7

8.2.4 塔式起重机

塔式起重机构造、性能及使用 表 8-42

项 目	形式、构造及性能	优缺点及使用
	是在金属塔架上装以起重臂和起重机构，沿钢轨运行或在地面固定 塔式起重机按用途可分为普通(地面)行走式和自升固定式两种；按其回转形式可分为上回转和下回转两种；按其变幅方式可分为水平臂架小车变幅和动臂变幅两种；按其安装形式可分为自升式、整体快速拆装和拼装式三种。当前应用最广的为下回转、快速拆装、轨道式塔式起重机和能够一机四用(轨道式、固定式、附着式和内爬式))的自升式塔式起重机 国内常用几种下回转快速拆装塔式起重机和上回转自升式塔式起重机的主要技术性能分别见表 8-43 和表 8-44 国外进口的塔式起重机型号有德国产 290HC、256HC、SK280-03S、SK560 型，法国产 GT491-B3、F0/23B、H3/36BSP 型，意大利产 AS22PA8、E1801、SG1740 型等，主要技术性能见表 8-45	下回转快速拆装塔式起重机属 600kN·m 以下中、小型塔机；具有结构简单，重心低，运转灵活，伸缩塔身可自行架设，速度快，效率高，采用整体拖运，转移方便，安装空间和半径大等优点；但起重机只能直线行走或移动，工作面受到一定限制 上回转自升塔式起重机具有吊装高度大，塔体自重轻，用液压顶升，平稳、稳定性好，操作维护方便，使用可靠，不用轨道(通过更换辅助装置，可改成固定式、轨道行走式、附着式、内爬式)等优点，但不能水平移动 下回转快速拆装塔式起重机适用于砖混砌块结构和大板建筑的工业厂房、民用住宅的垂直运输作业；上回转自升塔式起重机主要用于高层建筑吊装构件和运送材料

下回转式塔式起重机主要技术性能   表8-43

型号		红旗Ⅱ-16	QT25	QTG40	QT60	QTK60	QT70
起重特性	起重力矩(kN·m)	160	250	400	600	600	700
	最大幅度/起重载荷(m/kN)	16/10	20/12.5	20/20	20/30	25/22.7	20/35
	最小幅度/起重载荷(m/kN)	8/20	10/25	10/46.6	10/60	11.6/60	10/70
	最大幅度吊钩高度(m)	17.2	23	30.3	25.5	32	23
	最小幅度吊钩高度(m)	28.3	36	40.8	37	43	36.3
工作速度	起升(m/min)	14.1	25	14.5/29	30/3	35.8/5	16/24
	变幅(m/min)	4	—	14	13.3	30/15	2.46
	回转(r/min)	1	0.8	0.82	0.8	0.8	0.46
	行走(m/min)	19.4	20	20.14	25	25	21
电动机功率(kW)	起升	7.5	7.5×2	11	22	22	22
	变幅	5	7.5	10	5	2/3	7.5
	回转	3.5	3	4	4	4	5
	行走	3.5	2.2×2	3×2	5×2	4×2	5×2
重量(t)	平衡重	5	3	14	17	23	12
	压重	—	12				
	自重	13	16.5	29.37	25	23	26
	总重	18	31.5	43.37	42	46	38
轴距(m)×轨距(m)		3×2.8	3.8×3.2	4.5×4	4.5×4.5	4.6×4.5	4.4×4.4
转台尾部回转半径(m)		2.5			3.5	3.57	4
拖运尺寸(m)		22×3×4	19.35×3.8×3.42	解体拖运	24×3×4.3	13.8×3×4.2	解体拖运
生产厂		沈阳建筑机械厂	沈阳建筑机械厂	上海建工机械厂	沈阳建筑机械厂	哈尔滨工程机械厂	四川建筑机械厂

注:臂架结构除QTK60为小车变幅臂架外,其余型号均为俯仰变幅臂架;塔身结构均为伸缩式塔身,其中QT25、QTG40、QT60型为液压立塔。

上回转自升塔式起重机主要技术性能   表8-44

型号	TQ60/80(QT60/80)	QTZ50	QTZ60	QT80A	QTZ100	QTZ120
起重力矩(kN·m)	600/700/800	490	600	1000	1000	1200
最大幅度/起重载荷(m/kN)	30/20、25/32 20/40	45/10	45/11.2	50/15	60/12	50/20
最小幅度/起重载荷(m/kN)	10/60 10/70 10/80	12/50	12.25/60	12.5/80	15/80	16.45/80

8.2 起重设备

续表

型号		TQ60/80 (QT60/80)	QTZ50	QTZ60	QT80A	QTZ100	QTZ120
起升高度 (m)	附着式	—	90	100	120	180	120
	轨道行走式	65/55/45	36	—	45.5	—	50
	固定式	—	36	39.5	45.5	50	—
	内爬升式	—	—	160	140	—	140
工作速度 (m/min)	起升(2绳)	21.5	10~80	32.7~100	29.5~100	10~100	30~120
	(4绳)	(3绳)14.3	5~40	16.3~50	14.5~50	5~50	15~60
	变幅	8.5	24~36	30~60	22.5	34~52	5.5~60
	行走	17.5	—	—	18	—	20
电动机功率 (kW)	起升	22	24	22	30	30	30
	变幅(小车)	7.5	4	4.4	3.5	5.5	0.5~4.4
	回转	3.5	4	4.4	3.7×2	4×2	3.7×2
	行走	7.5×2	—	—	7.5×2	—	7.5×2
	顶升	—	4	5.5	7.5	7.5	7.5
重量 (t)	平衡重	5/5/5	2.9~5.04	12.9	10.4	7.4~11.1	14.2
	压重	46/30/30	12	52	56	26	—
	自重	41/38/35	23.5~24.5	33	49.5	48~50	(行走)55.8
	总重	92/73/70	—	97.9	115.9	—	—
起重臂长(m)		15~30	45	35/40/45	50	60	50
平衡臂长(m)		8	13.5	9.5	11.9	17.01	13.5
轴距(m)×轨距(m)		4.8×4.2	—	—	5×5	—	6×6
生产厂		北京、四川建筑机械厂	陕西建设机械厂	四川建筑机械厂	北京建工机械厂	陕西建设机械厂	哈尔滨工程机械厂

注：TQ60/80型是轨道行走、上回转、可变塔高(非自升)塔式起重机。

部分国外自升塔式起重机主要技术性能　　表8-45

参数	型号				
	290HC (德) LIEBHERR	256HC (德) LIEBHERR	SK280-03S (德) PEINER	SK560 (德) PEINER	GT491-B3 (法) BPR
起重力矩 (kN·m)	2900	2560	2450	6840	4440

续表

参　　数	型号				
	290HC (德) LIEBHERR	256HC (德) LIEBHERR	SK280-03S (德) PEINER	SK560 (德) PEINER	GT491-B3 (法) BPR
最大起重 载荷/幅度 (kN/m)	100/24～2.2	120/26.9～2.2	129/19～3	320/21.7～3.1	120/37.2～3.1
最小起重 载荷/幅度 (kN/m)	27/70	27/70	30/70.5	26/60	59/70
最大吊钩 高度(m)		60.7	82.4	内爬塔身高度 46m	80.1
起升速度 (m/min)	101/51/14	101/51/14	112/71/45/28	63/40/25/16	260/130/65
电动机功 率(kW)	61	61	66	102	38.3
变幅(小车) 速度(m/min)	90/50/16/8	90/50/16/8	80/40	68/27	86/43/4
电动机功 率(kW)	4.6	4.6	7.5	9.5	10.3
大车行走速 度(m/min)	25	25	25		30/16
电动机功 率(kW)	2×7.5	2×7.5	2×10		4×5.2
平衡重(t)		18	18.4		26
中心压重(t)	30	49.7	145.2		60
结构重(t)	95	92	118	91	148
臂架结构	正三角形断面	正三角形断面	正三角形断面		正三角形断面
塔身结构 (m)	2.4×2.4× 4.14	2.3×2.3× 12.4	2.32×2.42× 5.9		2.5×2.5× 5.78
轴距(m) ×轨距(m)	整体式 8×8	整体式 8×8	整体式 8×8		拼装式 6×6
(平衡臂) 尾部回转半 径(m)	22.0		22.4	22.4～25.6	21.18

8.2 起重设备

续表

参　数	型　号				
	FO/23B（法）POTAIN	H3/36BSP（法）POTAIN	A822PA8（意）ALFA	E1801（意）EDILMAC	SG1740（意）SOCEM
起重力矩(kN·m)	1450	2250	1880	1220	2170
最大起重载荷/幅度(kN/m)	100/14.5~2.9	120/19~2.9	80/11	100/12.25	120/18.5
最小起重载荷/幅度(kN/m)	23/61.6	30/70	13.5/51	17/55	30/60
最大吊钩高度(m)	61.6	72.5	50	54.2	60
起升速度(m/min)	64/32/32/16	260/130/65	70/35/5	78/48/24/5	60/30/7.4
电动机功率(kW)	33	88.3	30	25+15	45
变幅(小车)速度(m/min)	60/30/7.5	86/43/4	60	44/22/5	60/20
电动机功率(kW)	4.4	10.3	4	4	7.5
回转速度(r/min)	0.8	0.6	1.1	0.8	0.6
电动机功率(kW)	2×4.4	2×8.8	2×4.4	3×3	
大车行走速度(m/min)	30/15	27/13.5	30	32	20
电动机功率(kW)	4×3.7	4×5.2	2×2.8	2×5.5	2×4
平衡重(t)	16.7	18.6	8.5	12.35	14
中心压重(t)	116.6	96	66	48	110
结构重(t)	69	118	54	63	75
臂架结构	正三角形断面	正三角形断面	正三角形断面	正三角形断面	正三角形断面
塔身结构(m)	2×2×3	2.5×2.5×5.78	2.02×2.02×3.33	2.27×2.27×4	2.4×2.4×5.6
	拼装式	拼装式	拼装式	拼装式	拼装式
轴距(m)×轨距(m)	6×6	6×6	4.5×4.5	6×6	6×6
（平衡臂）尾部回转半径(m)		21.18			

8.3 构件的运输、堆放和拼装

8.3.1 构件的运输

8.3.1.1 构件运输准备

构件运输的准备工作要点　　　　　表8-46

项次	项目	准 备 工 作 要 点
1	技术准备	1. 制定运输方案：依据厂房结构构件的基本形式，结合现场起重设备和运输车辆的具体条件，制定切实可行、经济实用的装运方案 2. 设计、制作运输架：根据构件的重量、外形尺寸，设计制作各种类型构件的钢或木运输架（支承架）。要求构造简单，装运受力合理、稳定，重心低、重量轻，节约钢材，能适合多种类型构件通用、装拆方便 3. 验算构件的强度：对于预应力混凝土屋架、柱等构件，根据装运方案确定的条件，验算构件在最不利截面处的抗裂度，避免装运时出现裂缝，如抗裂度不够，应进行适当加固处理
2	运输工具准备	1. 选定运输车辆及起重工具：根据构件的形状、几何尺寸及重量、工地运输起重工具、道路条件以及经济效益，确定合适的运输车辆和吊车型号、台数和装运方式 2. 准备装运工具和材料：如钢丝绳扣、捯链、卡环、花篮螺栓、千斤顶、信号旗、垫木、木板、汽车旧轮胎等
3	运输条件准备	1. 修筑现场运输道路：按装运构件车辆载重量大小、车体长宽尺寸，确定修筑临时道路的标准等级、路面宽度及路基路面结构要求，修筑通入现场的运输道路 2. 察看运输路线和道路：组织运输司机及有关人员，沿途查勘运输线路和道路平整、坡道情况、转弯半径、有无电线等障碍物，过桥涵净空尺寸是否够高等 3. 试运行：将装运最大尺寸的构件的运输架安装在车辆上，模拟构件尺寸，沿运输道路试运行
4	构件准备	1. 清点构件：包括构件的型号和数量，按构件吊装顺序核对，确定构件装运的先后顺序 2. 检查构件：包括尺寸和几何形状，埋设件及吊环位置和牢固性，安装孔的位置和预留孔的贯通情况，混凝土构件的强度情况等 3. 检查钢结构连接焊缝情况：包括焊缝尺寸、外观及连接节点是否符合设计和规范要求，超出允许误差，应采取相应有效的措施进行处理 4. 构件的外观检查和修饰：发现存在缺陷和损伤，如裂缝、麻面、破边；焊缝高度不够、长度小；焊缝有灰渣或气孔等，应经修饰和补焊后，方可运输和使用

8.3.1.2 构件运输方法

构件的运输方法和注意事项 表 8-47

项目	运输工具和方法	一般要求和注意事项
柱子	长 8m 以内的柱,多采用载重汽车装运(图 8-2a);8m 以上的柱则采用半拖挂车或全拖挂车或汽车后挂小炮车装运(图 8-2b、c、d),每车装 1~3 根,一般设置钢支架,用钢丝绳、捯链拉牢使柱稳固,每柱下设两个支承点,长柱抗裂能力不足时,采用平衡架三点支承或设置一个辅助垫点(仅用木楔稍塞紧)。柱子搁置时,前端伸至驾驶室顶面距离不宜小于 0.5m,后端离地面应大于 1.0m。大型钢柱采用载重汽车、炮车、半拖挂车或全拖挂车(图 8-3),或铁路平台车装运	1. 运输道路应平整坚实,保证有足够的路面宽度和转弯半径,对载重汽车的单行道宽度不得小于 3.5m,拖挂车的单行道宽度不小于 4m,并应有适当的会车点;双行道的宽度不小于 6m。转弯半径:对载重汽车不得小于 10m;对半拖挂车不小于 15m;对全拖挂车不小于 20m。运输道路要经常检查和养护 2. 构件运输时,一般构件的混凝土强度应不小于设计的混凝土强度标准值的 75%;屋架和薄壁构件应达到 100% 强度 3. 构件运输应配套,应按吊装顺序、方式、流向组织装运,按平面布置卸车就位堆放,先吊的先运,避免混乱和二次倒运 4. 构件装运时的支承点和装卸车时的吊点应尽可能接近设计支承状态或设计要求的吊点,如支承吊点受力状态改变,应对构件进行抗裂度验算,裂缝宽度不能满足要求时,应进行适当加固 5. 根据构件的类型、尺寸、重量、工期要求、运距、费用和效率以及现场具体条件,选择合适的运输工具和装卸工具 6. 构件在装车时支承点应水平,放置在车辆弹簧上的荷载要均匀对称,构件应保持重心平衡,构件的中心须与车辆的装载中心重合,固定要牢靠。对刚度大的构件亦可平卧放置 7. 对高宽比大的构件或多层叠放装运构件,应根据构件外形尺寸、重量设置工具式支承框架、固定架支撑,或用捯链等予以固定,以防倾倒。严禁采取悬挂或堆放运输。对支承钢运输架应进行设计计算,保证有足够的强度和刚度,支承稳固牢靠和装卸方便 8. 大型构件采用半拖挂或炮车运输构件,在构件支承处应设有转向装置,使其能自由转动,同时应根据吊装方法及运输方向确定装车方向,以免现场调头困难
吊车梁	6m 吊车梁采用载重汽车装运,每车装 4~5 根;9m、12m 吊车梁采用 8t 以上载重汽车、半拖挂车或全拖挂车装运,平板上设钢支架,每车装 3~4 根,根据吊车梁侧向刚度情况,采取平放或立放(图 8-4)。重型钢吊车梁用载重汽车、全拖挂车设钢支架装运(图 8-5),或铁路平台车运输	
托架	12m 预应力混凝土或钢托架采用半拖挂或全拖挂车运输,采取正立装车,拖车板上垫以 300×400×400mm 截面大方木支承,每车装 6~8 榀,托架间用木板塞紧,用钢丝绳扣、捯链捆牢拉紧封车(图 8-6)	
屋架	根据屋架的外形、几何尺寸、跨度和重量大小,采用汽车或拖挂车运输,因屋架侧向刚度差,对跨度 15、18m 整榀屋架及跨度 24~35m 半榀屋架,可采用 12t 或 12t 以上载重汽车,在车厢板上安装钢运输架运输;跨度 21~33m 整榀屋架,则采用半拖挂车或全拖挂车上装钢运输支架装运,视路面情况,用拖车头拖拉机或推土机牵引。钢屋架可采取在载重汽车上部或两侧设钢运输支架装运(图 8-8);整榀大跨度钢屋架可用铁路平台车运运,下部设枕木支垫,上部用 8 号铁丝或木支柱在平台车两侧拴固	
层面梁	6m 屋面梁采用载重汽车运输;9~18m 屋面梁用半拖挂车或全拖挂车装运,有时也采用载重汽车设钢运输支架装运(图 8-9)	

续表

项次	运输工具和方法	一般要求和注意事项
屋面板、圆孔板、槽板	屋面板、圆孔板、槽形板等板类构件，可用马车、大板车、手推车、拖拉机挂大斗车装运；短距离可用双轮杠杆车运输大型屋面板等板类构件多用8t以上载重汽车装运，每次装4~5块（图8-10）；对长度较大的圆孔板类构件，亦可采用载重汽车装运（图8-11）	9. 在各构件之间应加隔板或垫木隔开，构件上下支承垫木应在同一直线上，并加垫楞木或草袋等物使其紧密接触，用钢丝绳和花篮螺栓连成一体，并挂牢于车厢上，以免构件在运输时滑动、变形或互碰损伤 10. 装卸车起吊构件应轻起轻放，严禁甩撂。运输中严防碰撞或冲击 11. 根据路面情况好坏掌握构件运输的行驶速度，行车必须平稳 12. 公路运输构件装运的高度极限为4m，如需通过隧道时，则高度极限为3.8m
大型墙板	大型墙板由于侧向刚度差，多在载重汽车厢板上装专用钢运输架支承固定墙板（图8-12），采取侧放运输；工业厂房围护用6m长墙板采用载重汽车运输，9m、12m长墙板采用半拖挂车或在小炮车上设钢支架水平放置运输（图8-13）	

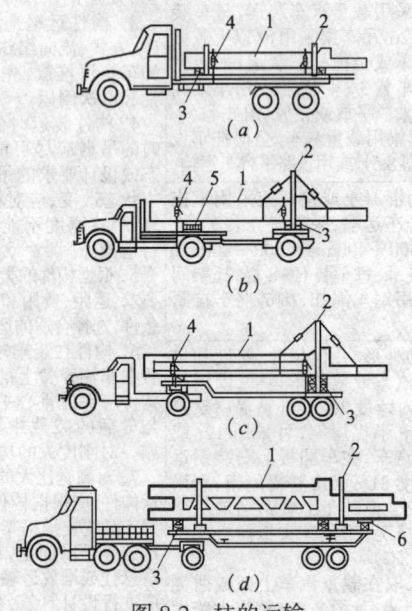

图 8-2 柱的运输

(a)汽车运输短柱；(b)炮车运输柱子；
(c)半拖挂运输柱子；(d)全拖挂运输重柱

1—柱；2—钢支架；3—垫木；4—钢丝绳、捯链捆紧；5—转向装置；6—木楔弹性垫具

8.3 构件的运输、堆放和拼装

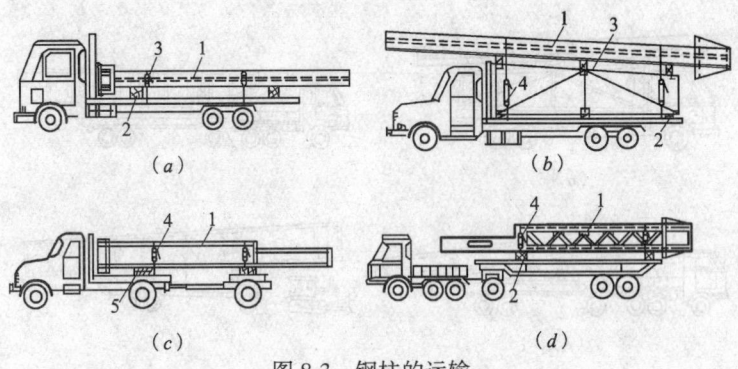

图 8-3 钢柱的运输
(a)汽车运输 6m 钢柱(每块 2 根);(b)汽车装钢运输支架运 12m 长钢柱(每次 1 根);
(c)炮车运输 10m 钢柱;(d)全拖挂车运输 10m 以上重型柱(每次 2 根)
1—钢柱;2—垫木;3—钢运输支架;4—钢丝绳、捯链拉紧;5—转向装置

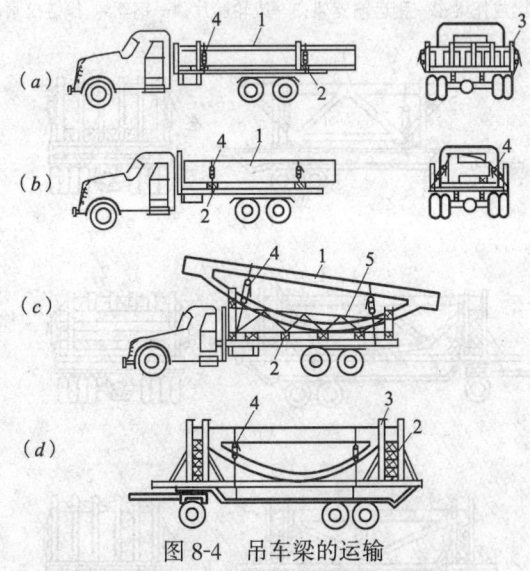

图 8-4 吊车梁的运输
(a)汽车运输普通吊车梁;(b)汽车运输重型吊车梁;
(c)12t 载重汽车运输 9m 长鱼腹式吊车梁(每次 3 根);
(d)用全拖挂车运输 12m 长重型吊车梁
1—吊车梁;2—垫木;3—钢支架;
4—钢丝绳、捯链拉紧;5—钢运输支架

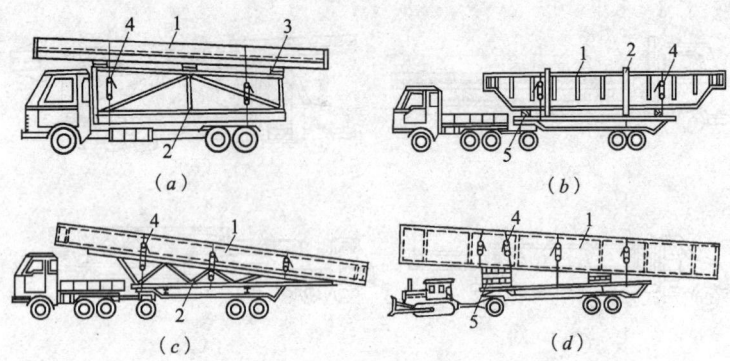

图 8-5 钢吊车梁的运输

(a)载重汽车运输 18m 长钢吊车梁;(b)全拖挂车运输长 24m、重 12t 钢吊车梁或托梁(每次 3 根);(c)全拖挂上设钢运输支架运长 24m、重 55t 箱形钢吊车梁(或托梁);(d)半拖挂运输长 24m、重 22t 钢吊车梁或托梁
1—钢吊车梁或托梁;2—钢运输支架;3—废轮胎片;4—钢丝绳、捯链拉紧;5—垫木

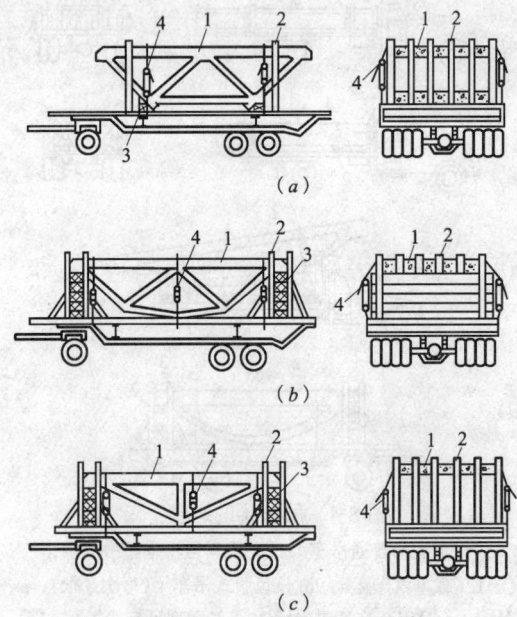

图 8-6 托架的运输(一)

8.3 构件的运输、堆放和拼装

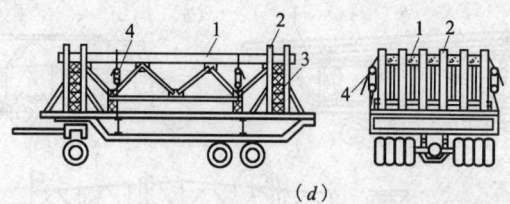

(d)

图 8-6 托架的运输(二)

(a)、(b)、(c)12m 预应力混凝土托架的运输(每根重 8t);(d)12m 组合托架的运输
1—托架;2—钢支架;3—大方木或枕木;4—钢丝绳、捯链拉紧

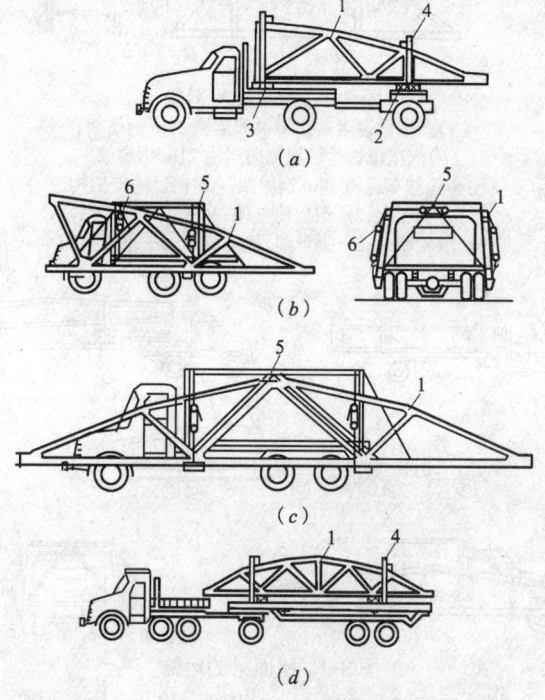

图 8-7 屋架的运输

(a)、(b)炮车、汽车运输 18m、24m、30m、33m 半榀屋架;
(c)汽车运输 15m、18m 整榀屋架;(d)全拖挂车运输 21m、24m 整榀屋架
1—屋架;2—垫木;3—转向装置;4—钢支撑杆;
5—钢运输支架;6—钢丝绳、捯链拉紧

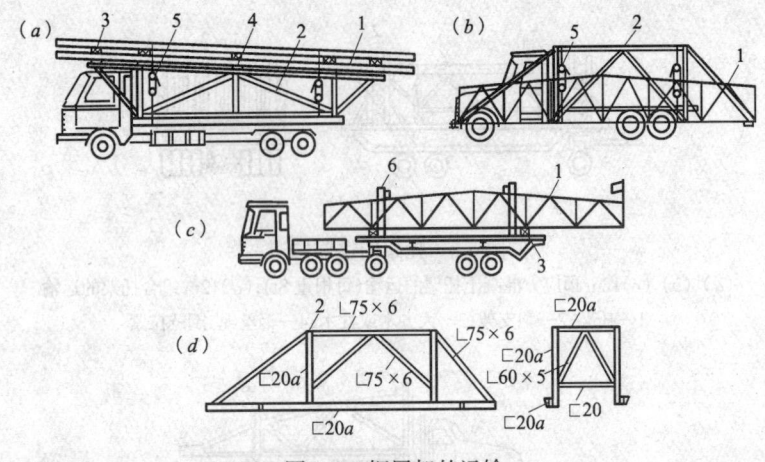

图 8-8 钢屋架的运输
(a)汽车设钢运输支架顶部运输 21m 钢屋架;
(b)汽车设钢运输架侧向运输 21m 钢屋架;
(c)全拖挂车运输 24m 钢屋架;(d)钢运输支架构造
1—钢屋架;2—钢运输支架;3—垫木或枕木;
4—废轮胎片;5—钢丝绳、倒链拉紧;6—钢支撑架

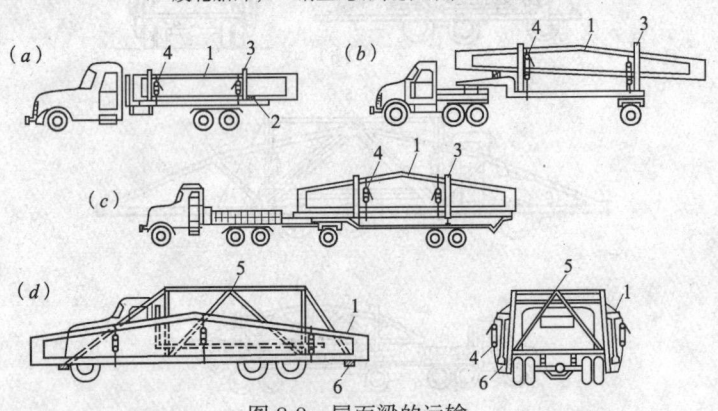

图 8-9 屋面梁的运输
(a)汽车运输 6m 屋面梁;(b)半拖挂车运输 9~15m 屋面梁;
(c)全拖挂车运输 15m、18m 屋面梁;
(d)汽车上装钢运输支架侧向运输 9~18m 双坡屋面梁
1—屋面梁;2—垫木;3—钢支撑架;4—钢丝绳、倒链捆紧;
5—钢运输支架;6—支点钢牛腿托

8.3 构件的运输、堆放和拼装

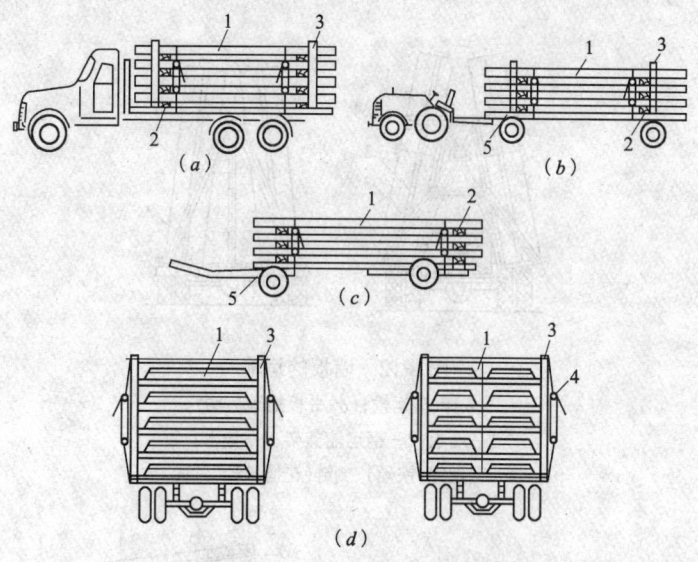

图 8-10 大型屋面板的运输
(a)汽车运输 3m×6m 大型屋面板；(b)拖拉机及挂车运输 1.5m×3m 屋面板；
(c)三匹马车运输 1.5m×3m 屋面板；(d)汽车装运 3m、1.5m 宽屋面板剖面
1—大型屋面板；2—垫木；3—钢支撑架；4—钢丝绳、捯链捆紧；5—转向装置

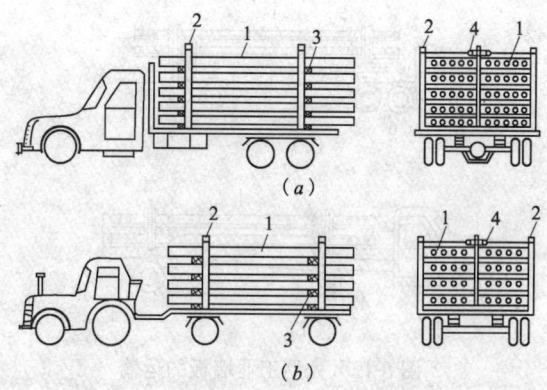

图 8-11 圆孔板的运输
(a)载重汽车运输圆孔板；(b)拖拉机运输圆孔板
1—圆孔板；2—钢支撑架；3—垫木；4—钢丝绳、捯链拉紧

643

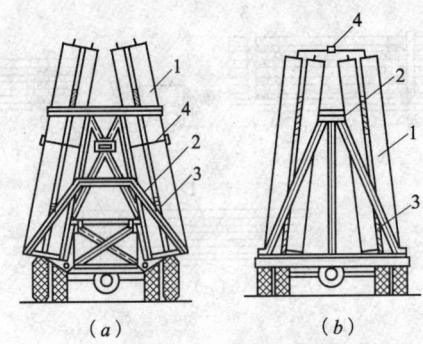

图 8-12 墙板的运输
(a)汽车运输;(b)平板拖车运输
1—墙板;2—钢运输支架;3—垫木;
4—钢丝绳(铁丝)、捯链(花篮螺栓)紧固

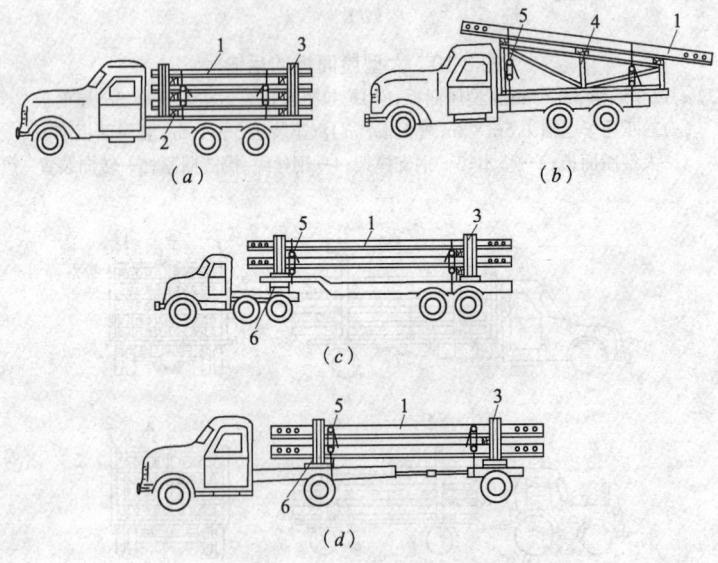

图 8-13 大型工业墙板的运输
(a)用汽车运输 6m 墙板;(b)汽车上装钢运输支架运输 9m 墙板;
(c)半拖挂车运输 9m、12m 墙板;(d)炮车运输 9m、12m 墙板
1—工业墙板;2—垫木;3—钢支撑架;4—钢运输支架;
5—钢丝绳、捯链捆紧;6—转向装置

8.3.2 构件的堆放

构件的堆放方法和注意事项　　　　　表 8-48

项目	堆 放 方 法	一般要求及注意事项
柱子	柱子可单层侧放，经抗裂度验算允许亦可多层平放。分层堆放柱间应用垫木隔开，并保证不产生不允许的变形或裂缝(图 8-14 a、b)	1. 堆放场地应平整坚实、排水良好，以防因地面不均匀下沉，造成构件裂缝或倾倒损坏 2. 构件应按型号、编号、吊装顺序、方向依次分类配套堆放。堆放位置应按吊装平面布置规定，并应在起重机回转半径范围内。先吊的放在靠近起重机一侧，后吊的依次排放，并考虑到吊装和装车方向，避免吊装时转向和二次倒运，影响效率，也易于损坏构件 3. 构件堆放应平稳，底部应设置垫木，避免搁空而引起翘曲。垫点应接近设计支承位置。等截面构件垫点位置可设在离端部 $0.207l$ (l—构件长度)处。柱子堆放应注意防止小柱断裂，支承点宜设在距牛腿 $30\sim40$cm 处 4. 对侧向刚度较差、重心较高、支承面较窄的构件，如屋架、托架、薄腹屋面梁等，宜直立放置，除两端设垫木支承外，并应在两侧加设撑木，或将数榀构件以方木、8 号铁丝绑扎连在一起，使其稳定，支撑及连接处不得少于 3 处 5. 成垛堆放或叠层堆放构件，应以 10cm × 10cm 方木隔开，各层垫木支点应在同一水平面上，并紧靠吊环的外侧，且在同一条垂直线上。堆放高度应根据构件形状、特点、重量、外形尺寸和堆垛的稳定性决定。一般柱子不宜超高 2 层；梁不超过 3 层；大型屋面板、圆孔板不超过 8 层；楼板、楼梯板不超过 6 层。钢屋架平放不超过 3 层；钢檩条不超过 6 层；钢结构堆垛高度一般不超过 2m，堆垛间需留 2m 宽通道 6. 构件堆放应有一定挂钩、绑扎操作净ират和净空。相邻构件的间距不得小于 0.2m；与建筑物相距 $2.0\sim2.5$m，构件堆垛每隔 $2\sim3$ 垛应有一条纵向通道，每隔 25m 留一道横向通道，宽应不小于 0.7m。堆放场应修筑环行运输道路，其宽度单行道不少于 4m；双行道不少于 6m。钢结构堆放应靠近公路、铁路，并配必要的装卸机械 7. 屋架运到安装地点就位排放(堆放)或二次倒运就位排放，可采用斜向或纵向排放。当单机吊装时，屋架应靠近柱子，平行于柱列排放。相邻屋架间的净距保持不小于 0.5m；屋架间应在上弦用 8 号铁丝、方木或木杆连接绑扎固定，并与柱适当绑扎连接固定，使屋架保持稳定。当采用双机抬吊时，屋架应与柱列成斜角排放，在地上埋设木杆稳定屋架，埋设深 $80\sim100$cm，数量为 $3\sim4$ 根
梁类构件	梁类构件一般按受力支承面采取 $2\sim3$ 层立放，支承点应保持水平，并在同一直线上 (图 8-14 c、d、e)	
大型屋面板、圆孔板类构件	大型屋面板、圆孔板、槽形板等板类构件，可采取多层平放(图 8-15 a、b)，或侧向立放(图 8-15 c、d)；立放应设支架，板间用木楔隔开塞紧；圆孔板可靠墙立放，可稍有一点倾斜度，但不得斜向倒放，避免板面受弯曲应力，使板产生裂缝或折断	
屋架、屋面梁等构件	屋架、托架、薄腹屋面梁及 T 形梁等构件，其侧向刚度较差，宜采取正立放置(图 8-16)，不得平放或斜放，以防止将弦杆折断，或发生倒排事故 钢屋架、桁架可稍靠厂房柱排放，或埋设木立柱紧靠立柱排放，立柱的间距为 $2\sim3$m	
大型墙板	民用大型墙板多采取侧立放置，但应设置钢筋混凝土靠放架或钢支承架，或钢插放架，构件间用木楔塞紧，以防晃动和倾倒(图 8-17) 工业大型墙板，可采取多层平放或侧向立放	

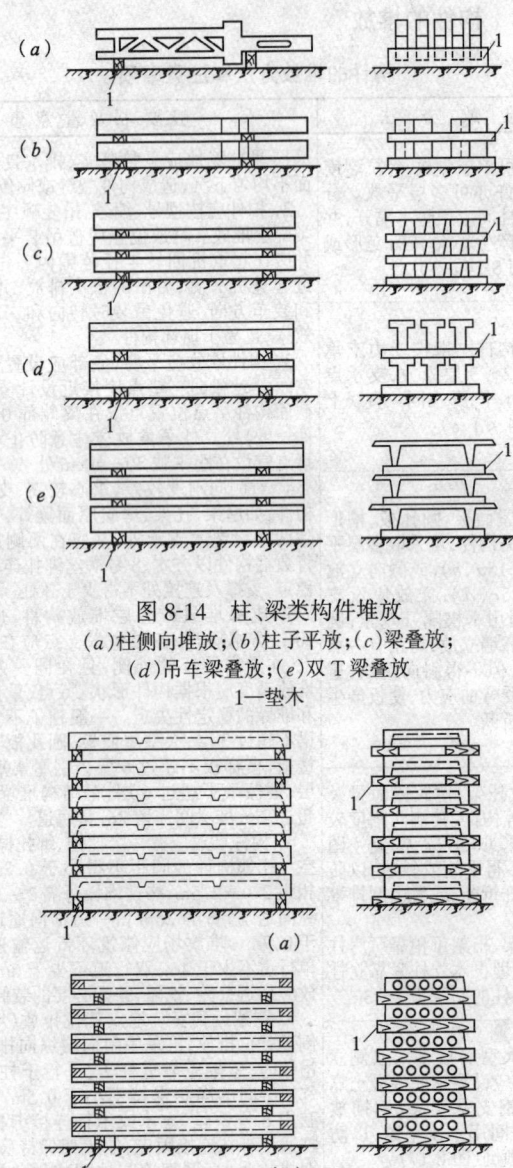

图 8-14 柱、梁类构件堆放
(a)柱侧向堆放;(b)柱子平放;(c)梁叠放;
(d)吊车梁叠放;(e)双 T 梁叠放
1—垫木

图 8-15 大型屋面板、圆孔板的堆放(一)

8.3 构件的运输、堆放和拼装

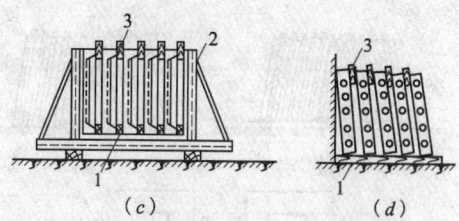

(c)　　　　　　　(d)

图 8-15　大型屋面板、圆孔板的堆放(二)

(a)、(b)板水平叠放;(c)、(d)板侧向堆放

1—垫木;2—钢支承架;3—木楔

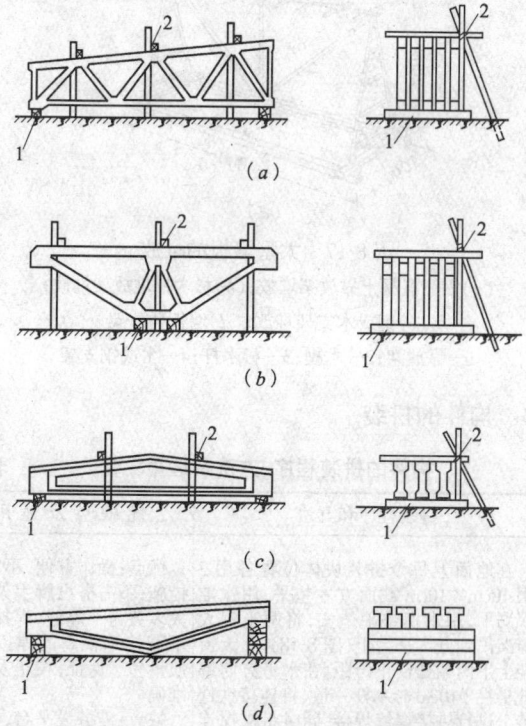

图 8-16　屋架、托架及屋面梁的堆放

(a)屋架的堆放;(b)托架的堆放;(c)、(d)屋面梁的堆放

1—垫木;2—木支撑架、铁丝绑牢

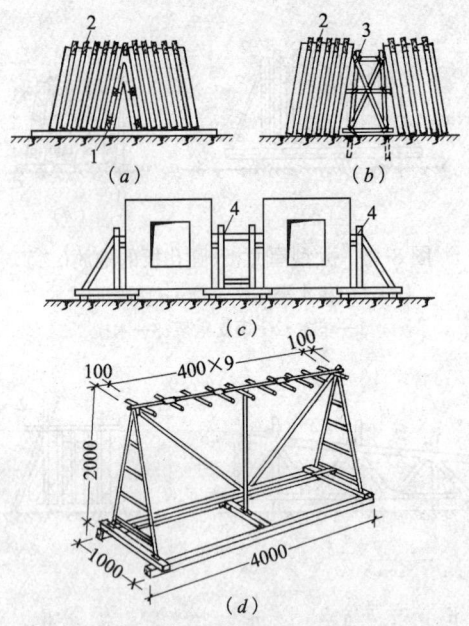

图 8-17 大型墙板的堆放
(a)钢筋混凝土靠放架堆放;(b)杉木杆堆放架堆放;
(c)钢或木支架堆放;(d)墙板插放架
1—靠放架;2—木楔;3—杉木杆;4—木或钢支架

8.3.3 构件的拼装

构件的拼装程序、方法及适用场合　　　表 8-49

名称		拼装程序和方法	优缺点及适用场合
平拼拼装法	钢筋混凝土天窗架	在地面上每个拼装块体位置各用 3 根 10cm×10cm 截面方木垫平,用水准仪测平,用木楔垫平垫实,将两半榀天窗架吊到方木平台上（图 8-18）,在天窗架上下两端处校正跨距,在水平方向绑扎梢径 ϕ10cm 杉木杆一道,将连接铁件装上进行拼装焊缝焊接,同时将支撑连接件焊上,检查有无变形,如有变形,经矫正后再翻身焊另一面。焊接时采取间隔、分段、分层施焊,以防变形,焊完后吊至吊装平面布置图规定的位置立放	优点：操作方便,不需稳定加固措施;不需搭设脚手架,焊缝焊接大多数为平焊缝,焊接操作简易,不需技术很高的焊接工人,焊缝质量易于保证;校正及起拱方便、准确 缺点：需搭设平台,需专设一台专供构件翻身焊接用的起重机,多一道翻身工序;24～36m 跨预应力混凝土屋架在翻身中,容易变形或损坏

8.3 构件的运输、堆放和拼装

续表

名称		拼装程序和方法	优缺点及适用场合
平拼拼装法	钢屋架、托架	搭设简易钢平台或枕木支墩平台(图8-19),进行找平放线,在屋架(托架,下同)四周设定位角钢或钢挡板,将两半榀屋架吊到平台上,拼缝处装上安装螺栓,检查并找正屋架的跨距和起拱值,安上拼接处连接角钢,用卡具将屋架和定位钢板卡紧,拧紧螺栓并对拼装连接焊缝进行施焊,要求对称进行,焊完一面,检查并纠正变形,用木杆二道加固,而后将屋架吊起翻身,再同法焊另一面焊缝,符合设计和规范要求,方可加固、扶直和起吊就位	适于拼装跨度较小,构件相对刚度较大的钢结构、钢筋混凝土和预应力混凝土构件,如长18m以内的钢柱、跨度6m以内的天窗架及跨度21m以内的钢屋架的拼装
立拼拼装法	预应力混凝土屋架	屋架立拼有平行于柱列、并靠近柱列放置及与柱列成10°~20°角度的斜向排放两种方式。在每个块体的两端设枕木或砖墩,高不小于30cm,找平、垫实(图8-20a、c),使标高一平,弹出屋架基准线(屋架的跨度、中轴及边线等),块体用吊车吊上就位,对准基准线合缝后,在上弦部位稳住,每个块体不少于2个,并用8号铁丝将上弦与人字架绑牢。然后穿入预应力筋,检查屋架跨度、垂直度、几何尺寸、侧向弯曲、起拱、上弦连接点及预应力筋孔洞是否对齐,如不符合要求,采用千斤顶顶起,打入木楔,用倒链慢拉等办法调整。校正好后,先焊上弦拼接板,同时进行下弦接点的砂浆灌缝工作,待砂浆达到强度,预应力筋张拉灌浆后,焊下弦拼接钢板,并进行上弦节点的灌缝工作	优点:可一次拼装多榀;块体占地面积小;不用铺设或搭设专用拼装操作平台或枕木墩,节省材料和工时;省却翻身工序,质量易于保证;不用增设专供块体翻身、倒运、就位、堆放的起重设备,缩短工期;块体拼装连接件或节点的拼接焊缝,可以采取两边对称施焊,可防止预制构件连接件或钢构件因节点焊接变形而使整个块体产生的侧弯 缺点:需搭设一定数量稳定的支架;块体校正、起拱较难;钢构件的连接节点及预制构件的连接件的焊接立缝较多,增加了焊接操作的难度 适于跨度较大、侧向刚度较差的钢结构、钢筋混凝土和预应力混凝土构件,如18m以上的钢柱、跨度9m及12m的天窗架、21~33m预应力混凝土屋架、24m以上的钢屋架以及屋架上的天窗架的拼装
	钢屋架、托架、天窗架	拼装与预应力混凝土屋架相同(图8-20b、d),采用人字架稳住屋架进行合缝,校正调整好跨距、垂直度、侧向弯曲和拱度后,安装节点拼接角钢,并用卡具和钢楔使其与上下弦角钢卡紧,复查后,用电焊进行定位焊,并按先后顺序进行对称焊接,至达到要求为止。当屋架平行并紧靠柱列排放,可以3~4榀为一组进行立拼装,借方木将屋架与柱子连接稳定	

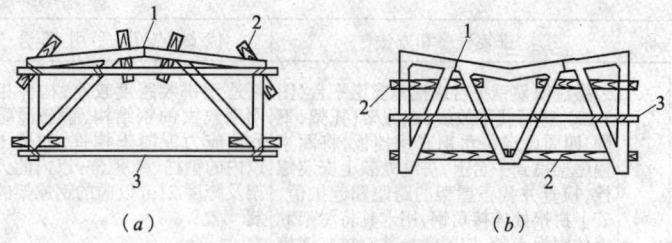

图 8-18 天窗架拼装
1—拼接点；2—垫木；3—加固木杆用铁丝绑扎

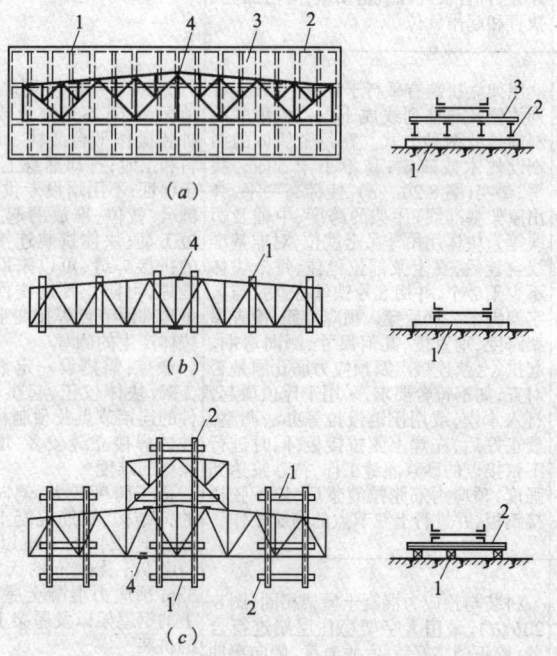

图 8-19 钢屋架、天窗架平拼装
(a)简易钢平台拼装；(b)枕木平台拼装；(c)钢木混合平台拼装
1—枕木；2—工字钢；3—钢板；4—拼接点

8.4 单层工业厂房结构吊装方法

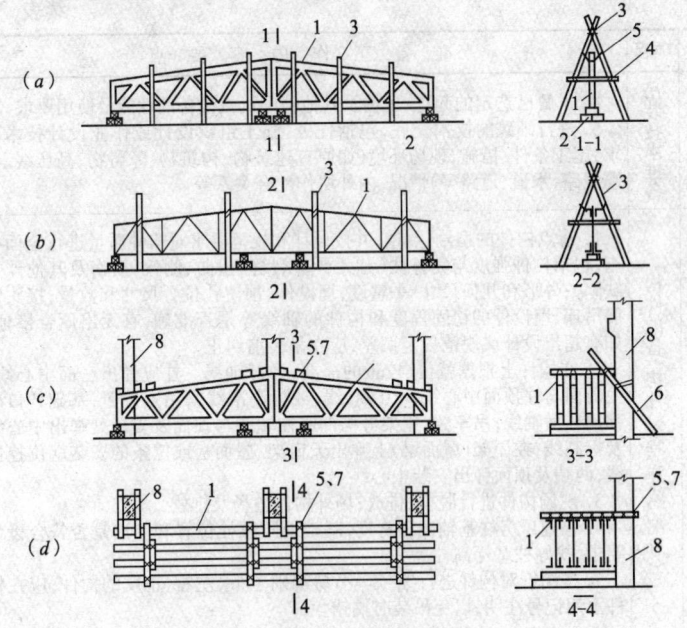

图 8-20 屋架的立拼装

(a)33m 预应力混凝土屋架立拼装;(b)36m 钢屋架立拼装;
(c)多榀预应力屋架立拼装;(d)多榀钢屋架立拼装
1—33m 预应力混凝土屋架块体、36m 钢屋架块体;2—枕木或砖墩;3—木人字架;
4—横挡木铁丝绑牢;5—8 号铁丝固定上弦;6—斜撑木;7—木方;8—柱

8.4 单层工业厂房结构吊装方法

8.4.1 构件吊装的准备

构件吊装准备工作　　　　　　　表 8-50

项次	项目	准 备 工 作 内 容 要 点
1	吊装技术准备	1. 认真细致地学习并全面掌握施工图纸、设计变更等内容。组织图纸审查和会审;核对构件的空间就位尺寸和互相间的关系 2. 计算并掌握吊装构件的数量、单体重量和安装就位高度,以及连接板、螺栓等吊装铁件数量;熟悉构件间的连接方法 3. 组织编制吊装工程施工组织设计或作业设计(内容包括工程概况、选择吊装机械设备;确定吊装程序、方法、进度;构件制作、堆放平面布置;构件运输方法、劳动组织;构件和物资机具供应计划;保证质量安全技术措施等)

651

8 结构吊装工程

续表

项次	项目	准 备 工 作 内 容 要 点
1	吊装技术准备	4. 了解已选定的起重、运输及其他辅助机械设备的性能及使用要求 5. 进行细致的技术交底，包括任务，施工组织设计或作业设计技术要求，施工条件、措施，现场环境(如原有建筑物、构筑物、障碍物、高压线、电缆线路、水道、道路等)情况，内外协作配合关系等
2	构件准备(构件检查、弹线、编号)	1. 清点构件的型号、数量，并按设计和规范要求对构件质量进行全面检查，包括构件强度与完整性(有无严重裂缝、扭曲、侧弯、损伤及其他严重缺陷)；外形和几何尺寸、平整度；埋设件、预留孔位置尺寸和数量；接头钢筋吊环、埋设件的稳固程度和构件的轴线等是否准确，有无出厂合格证。如有超出设计或规范规定偏差，应在吊装前纠正 2. 在构件上根据就位、校正的需要，弹好轴线。柱应弹出三面中心线；牛腿面与柱顶面中心线；±0.00线(或标高准线)，吊点位置；基础杯口应弹出纵横轴线；吊车梁、屋架等构件应在端头与顶面及支承处弹出中心线及标高线；在屋架(屋面梁)上弹出天窗架、屋面板或檩条的安装就位控制线，两端及顶面弹出安装中心线 3. 现场构件进行脱模、排放；场外构件进场及排放 4. 检查厂房柱基轴线和跨度，基础地脚螺栓位置和伸出是否符合设计要求，找好柱基标高 5. 按图纸对构件进行编号。不易辨别上下、左右、正反的构件，应在构件上用记号注明，以免吊装时搞错
3	吊装接头准备(组拼装、接头处理)	1. 准备和分类清理好各种金属支撑件及安装接头用连接板、螺栓、铁件和安装垫铁；施焊必要的连接件(如屋架、吊车梁、垫板、柱支撑连接件及其余与柱连接相关的连接件)，以减少高空作业 2. 清除构件接头部位及埋设件上的垃圾、污物、铁锈 3. 对需组装拼装及临时加固的构件，按规定要求使其达到具备吊装条件 4. 在基础杯口底部，根据柱子制作的实际长度(从牛腿至柱脚尺寸)误差，调整杯底标高，用1:2水泥砂浆找平，标高允许偏差为±5mm，以保持吊车梁的标高在同一水平面上；当预制柱采用垫板安装或重型钢柱采用杯口安装时，应在杯底设垫板处局部抹平，并加设小钢垫板 5. 柱脚或杯口侧壁未划毛的，要在柱脚表面及杯口内稍加凿毛处理 6. 钢柱基础，要根据钢柱实际长度、牛腿间距离、钢板底板平整度检查结果，在柱基础表面浇筑标高块(方块、十字式或四点式)，标高块强度不小于30N/mm²，表面埋设16～20mm厚钢板，基础上表面亦应凿毛
4	检查构件吊装稳定性	1. 根据起吊吊点位置，验算柱、屋架等构件吊装时的抗裂度和稳定性，防止出现裂缝和构件失稳 2. 对屋架、天窗架、组合式屋架、屋面梁等侧向刚度差的构件，在横向用1～2道杉木脚手杆或竹杆进行加固 3. 按吊装方法要求，将构件按吊装平面布置图就位，直立排放的构件，如屋架、天窗架等，应用支撑稳固 4. 高空就位构件应绑扎好牵引溜绳、缆风绳

续表

项次	项目	准备工作内容要点
5	吊装机具、材料、人员准备	1．检查吊装用的起重设备、配套机具、工具等是否齐全、完好，运输是否灵活，如有问题应进行维修并试运转 2．准备好并检查吊索、卡环、绳卡、横吊梁、捯链、千斤顶、滑车等吊具的强度和数量是否满足吊装需要 3．准备吊装用工具，如高空用吊挂脚手架、操作台、爬梯、溜եל、缆风绳、撬杠、大锤、钢(木)楔、垫木、铁垫片、线坠、钢尺、水平尺、测量标记以及水准仪、经纬仪等。做好埋设地锚等工作 4．准备施工用料，加加固脚手杆，电焊、气焊设备，材料等的供应准备 5．按吊装顺序组织施工人员进厂，并进行有关技术交底、培训、安全教育
6	道路临时设施准备	1．整平场地，修筑构件运输和起重吊装开行的临时道路，并做好现场排水设施 2．清除工程吊装范围内的障碍物，如旧建筑物、高压线路、地下电缆管线等 3．敷设吊装用供水、供电、供气及通讯线路 4．修建临时建筑物，如工地办公室，材料、机具仓库，工具房，电焊机房，工人休息室，开水房等

8.4.2 吊装方法的选择

吊装方法的选择　　　　　表 8-51

项目		吊装顺序及方法	优缺点及适用条件
按结构构件吊装顺序分	节间吊装法	起重机在厂房内一次开行中，顺序一次吊完一个节间各类型构件，即先吊完 4~6 根柱，并立即校正固定灌浆，然后接着吊装地梁、柱间支撑、墙梁(连续梁)、吊车梁、走道板、柱头系杆、托架(托梁)、屋架、天窗架、屋面支撑系统、屋面板和墙板等构件，一个(或几个)节间的构件全部吊装完后，起重机再向前移至下一个(或几个)节间，再吊装下一个(或几个)节间全部构件，直至整个厂房的主体结构构件吊装完成(图 8-22a)	优点：起重机开行路线短，停机一次至少吊完一个节间，厂房内可进行下道工序，可进行交叉平行流水作业，缩短工期；构件制作和吊装误差能及时发现并纠正；吊完一节间，校正固定一节间，结构整体稳定性好，有利于保证工程质量 缺点：需用起重量大的起重机同时吊各类构件，不能充分发挥起重机的效率，无法组织单一构件连续作业；各类构件必需交叉配合，场地构件堆放过密，吊具、索具更换频繁，准备工作复杂；校正工作零碎、困难，柱子固定需一定时间，难以组织连续作业，拖长吊装时间，吊装效率较低；操作面窄，较易发生安全事故 适于采用回转式桅杆进行厂房吊装，或特殊要求的结构(如门式框架)或某种原因局部特殊需要(如急需施工地下设施)时采用

续表

项　目		吊装顺序及方法	优缺点及适用条件
按结构构件吊装顺序分	分件吊装法	将构件按其结构特点、几何形状及其相互联系进行分类。同类或一、二类构件按顺序一次吊装完后，再进行另一类构件的安装，如起重机第一次开行中先吊装厂房内所有柱子，待校正、固定、灌浆后，再依次按顺序吊装地梁、柱间支撑、墙梁、吊车梁、托架(托梁)、屋架、天窗架、屋面支撑和墙板等构件，直至整个建筑物吊装完成。屋面板的吊装有时在屋面上单独用1~2台台灵桅杆或屋面小吊车来进行(图8-22b)	优点：起重机在一次开行中仅吊装一类构件，吊装内容单一，准备工作简单，校正方便，吊装效率高；柱子有较长的固定时间，施工较安全；与节间法相比，可选用起重量小一些的起重机吊装，可利用改变起重臂杆长度的方法，分别满足各类构件吊装起重量和起升高度的要求，能有效发挥起重机的效率；构件可分类在现场顺序预制排放，场外构件可按先后顺序组织供应；构件预制吊装、运输、排放条件好，易于布置。缺点：起重机开行频繁，增加机械台班费用；起重臂长度改换需一定时间，不能按节间及早为下道工序创造工作面，阻碍了工序的穿插，相对地吊装工期较长；屋面板吊装需有辅助机械设备适用一般中、小型厂房的吊装
	综合吊装法	系将厂房全部或一个区段的柱头以下部分的构件用分件法吊装，即柱子吊装完毕并校正固定，待柱杯口二次灌浆混凝土达到70%强度后，再按顺序吊装地梁、柱间支撑、吊车梁、走道板、墙梁、托架(托梁)，接着一个节间一个节间综合吊装屋面结构构件，包括屋架、天窗架、屋面支撑系统和屋面板等构件(图8-22c)。整个吊装过程按三次流水进行，根据不同的结构特点，有时采用两次流水，即先吊柱子，后分节间吊装其他构件，吊装通常采用2台起重机，1台起重量大的承担柱子、吊车梁、托架和屋面结构系统的吊装，1台吊装柱间支撑、走道板、地梁、墙梁等构件，并承担构件卸车和就位排放	本法取长补短，保持节间吊装法和分件吊装法的优点，而避免了其缺点，能最大限度地发挥起重机的能力和效率，缩短工期，为国内大、中型单层工业装配式厂房主体结构吊装中广泛采用的一种方法
按屋面结构吊装流程分	单向吊装法	系自厂房跨内一端开始，顺序退着吊装至吊一端(图8-21a)	施工条件好，操作方便，机械使用灵活，工效高，宜优先采用
	反向吊装法	系自厂房内中间某一节间开始，分别顺序向两端进行(图8-21b)，其选用原则是当跨内某一区段先施工大型设备基础，为加快进度，采取从设备基础中间向两端吊装	厂房采用敞开式施工方案，先施工厂房内大型设备基础，采取先吊两侧厂房时用

8.4 单层工业厂房结构吊装方法

续表

项目		吊装顺序及方法	优缺点及适用条件
按屋面结构吊装流程分	对向吊装法	系在厂房跨内两端分别开始顺序向中间某一跨间收口(图8-21c),起重机边吊边从某一柱列退出,收口一榀屋架和两节间吊车梁及其上部屋面构件吊装,因起重机臂杆回转困难,则采取将起重机退出跨外,在跨外两侧吊装该部分构件	本流程适用于在厂房两端有高坡、挡土墙或其他障碍物,且建筑物两端无条件进出起重机时选用。但退出起重机的一列柱间构件吊装较困难,同时要避免选在有柱间支撑、托架或有其他障碍物的柱间内
	一侧吊装法	系自厂房跨外一侧一端开始向另一端进行(图8-21d),另一侧屋面采用台灵桅杆在屋面上配合安装	本流程当起重机无法在跨内行驶,且跨度较小时选用,如跨内先施工设备基础或跨距小,辅助房屋多、且高,起重机在跨内无法行走或起重臂杆回转半径受限制时使用
	两侧吊装法	系自建筑物跨外两侧吊装,一般有两种方式:一为单机由一端向另一端进行(图8-21e),或双机由跨外两端同时进行(图8-21f)	本流程当起重机无法在跨内行驶,且跨度较大时使用。或为加快进度,同时解决单机吊装屋架起重量不足的困难,采用双机抬吊屋架时采用

注:多跨厂房通常先吊主跨,后吊辅助跨;先吊高跨,后吊低跨;有时为给下一工序创造施工条件,先吊装土建和安装工程量大、施工期长的跨间,后吊地下设施量和设备安装量小或无地下设施、施工期短的跨间;也有时先吊装技术难度大的跨间,后吊装较容易的跨间。

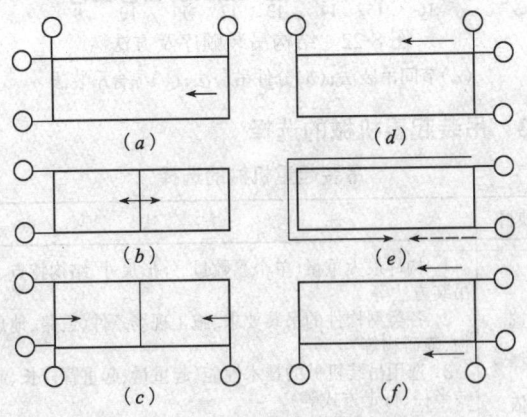

图 8-21 屋面构件吊装流程
(a)单向吊装法;(b)反向吊装法;(c)对向吊装法;
(d)一侧吊装法;(e)跨外单侧吊装法;(f)跨外两侧吊装法

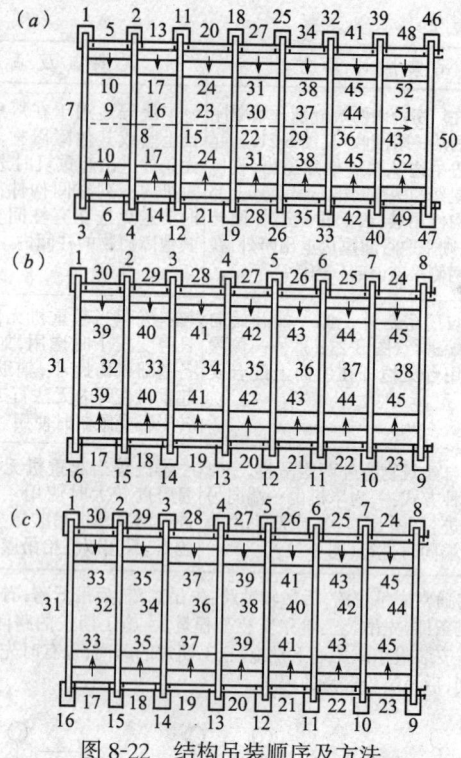

图 8-22 结构吊装顺序及方法
(a)节间吊装法；(b)分件吊装法；(c)综合吊装法

8.4.3 吊装起重机械的选择

吊装起重机械的选择　　　　表 8-52

项次	项目	选 择 方 法 要 点
1	选择依据	1. 构件最大重量(单个)、数量、外形尺寸、结构特点、安装高度及吊装方法等 2. 各类型构件的吊装要求、施工现场条件(道路、地形、邻近建筑物、障碍物等) 3. 选用吊装机械的技术性能(起重量、起重臂杆长、起重高度、回转半径、行走方式等) 4. 吊装工程量的大小、工程进度要求等 5. 现有或能租赁到的起重设备 6. 施工力量和技术水平 7. 构件吊装的安全和质量要求及经济合理性

8.4 单层工业厂房结构吊装方法

续表

项次	项目	选 择 方 法 要 点
2	选择原则	1. 选用时,应考虑起重机的性能(工作能力)、吊装效率、吊装工程量和工期等要求。常用吊装用起重机的性能及优缺点及适应性参见表8-35～表8-45 2. 能适应现场道路、吊装平面布置和设备、机具等条件,能充分发挥其技术性能 3. 能保证吊装工程质量、安全施工和有一定的经济效益 4. 避免使用大起重能力的起重机吊小构件,起重能力小的起重机超负荷吊装大的构件,或选用改装的未经过实际负荷试验的起重机进行吊装,或使用台班费高的设备
3	起重机形式的选择	1. 一般吊装多按履带式、轮胎式、汽车式、塔式的顺序选用。通常是:对高度不大的中、小型厂房,应先考虑使用起重量大、可全回转使用、移动方便的10～15t履带式起重机和轮胎式起重机吊装主体结构比较合理;大型工业厂房主体结构的高度和跨度较大,构件较重,宜采用50～75t履带式起重机和35～100t汽车式起重机吊装,跨度大、又很高的重型工业厂房的主体结构吊装,宜选用塔式起重机吊装 2. 对厂房大型构件,可采用重型塔式起重机和塔桅或桅桩起重机吊装 3. 缺乏起重设备或吊装工作量不大、厂房不高,可考虑采用独脚桅杆、人字桅杆、悬臂桅杆及回转式桅杆(桅杆式起重机吊装)等吊装,其中回转式桅杆最适于单层钢结构厂房进行综合吊装;对重型厂房亦可采用土洋结合的塔桅或塔桅式起重机进行吊装 4. 若厂房位于狭窄地段或厂房采取敞开式施工方案(厂房内设备基础先施工),宜采用双机抬吊,吊装厂房屋面结构,或在设备基础上铺设枕木垫道吊装 5. 对起重臂杆的选用,一般柱、吊车梁吊装宜选用较短的起重臂杆;屋面构件吊装宜选用较长的起重臂杆,且应以屋架、天窗架的吊装为主选择 6. 在选择时如起重机的起重量不能满足要求,可采取以下措施:(1)增加支腿或增长支腿,以增大倾覆边缘距离,减少倾覆力矩来提高起重能力;(2)后移或增加起重机的配重,以增加抗倾覆力矩,提高起重能力;(3)对于不变幅、不旋转的臂杆,在其上端增设拖拉绳或增设一钢管或格构式桅杆,或人字支撑桅杆,以增强稳定性和提高起重性能
4	吊装参数的选定	起重机的三个主要参数为:起重量(t)、起重高度(m)和起重半径(m)。起重量必须大于所吊最重构件加起重滑车组的重量;起重高度必须满足所需安装的最高的构件的吊装要求;起重半径应满足在起重量与起重高度一定时,能保持一定距离吊装该构件的要求。当伸过已安装好的构件上空吊装构件时,应考虑起重臂与已安装好的构件有0.3m的距离,按此要求确定起重杆的长度、起重杆仰角、停机位置等

续表

项次	项目	选 择 方 法 要 点
4	吊装参数的选定	求所需起重杆长度可用图解法,其步骤为(图 8-23): 1. 按比例绘出欲吊装厂房最高一个节间的纵剖面图及节间中心线 C-C 2. 根据拟选用起重机臂杆底部铰支点距地面距离 G,通过 G 点画水平线 H-H 3. 自天窗架或屋架(无天窗架厂房用)顶点的起重机的水平方向量出一水平距离 $g=1.0$m,可得 A 点 4. 通过 A 点画若干条与水平线近 60°角的斜线,被 C-C 及 H-H 两线所截得线段 S_1K_1、S_2K_2、S_3K_3…等,取其中最短的一根,即为吊装屋面板时的起重臂的最小长度,量出 α 角,即为所求的起重臂杆仰角。量出 R 即为起重半径 5. 按此参数复核能否满足吊装最边缘一块屋面板或屋面支撑要求,若不能满足要求时,可采取以下措施:(1)改用较长的起重臂杆及起重仰角;(2)使起重机由直线行走改为折线行走;(3)采取在起重臂杆头部(顶部)加一鸭嘴,以增加外伸距离吊装屋面板(适当增加配重) 起重机吊装参数,亦可由计算方法求得,参见"简明施工计算手册(第二版)"有关部分

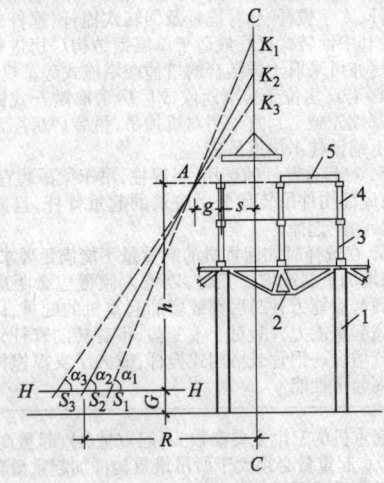

图 8-23 图解法求起重机臂杆最小长度

1—柱;2—托架;3—屋架;4—天窗架;5—屋面板

α—起重机臂杆的仰角

8.4 单层工业厂房结构吊装方法

8.4.4 构件的吊装

8.4.4.1 柱子的吊装

1. 柱子预制的现场布置

柱预制的现场布置方法　　　　　表 8-53

序号	布置简图	布置方法
1		用旋转法起吊。柱斜向布置,使吊点、柱脚与柱基杯口中心三者均在起重机半径 R 的圆弧上。a 值不得超过起重机吊装该柱时的最大起重半径 R。跨内吊装牛腿应朝向起重机,跨外吊装牛腿应背向起重机。适于场地较宽的情况
2		用旋转法起吊。柱斜向布置,使柱脚与杯口中心两点共弧,而将吊点放在起重机半径 R 之外,起吊时,先用较大的起重半径 R',吊起柱子并提升起重臂,当起重半径由 R' 变为 R 后,停止上升,再按旋转法吊装柱子。适用于长柱和场地较狭窄的情况
3		用滑行法或旋转法起吊。柱斜向布置,使吊点与杯口中心在起重机的同一旋转半径的圆弧上,且吊点靠近杯口,柱脚可斜向任意方向。适于场地很狭窄的情况
4		用旋转法起吊。柱纵向布置,若柱长小于 12m,两柱可以叠绕排成一行;若柱长大于 12m,两柱可排成两行,起重机位于两柱的中间,一次起吊两根柱。叠浇柱预制时要在上层柱侧面加吊环,以便绑扎吊索。适于短柱、场地很狭窄的情况

2. 柱子的绑扎

柱子绑扎方法　　　　　　　　　　　　　　　表 8-54

项目	绑 扎 方 法	注 意 事 项
翻身绑扎法	对现场重叠预制柱，上层一般设有二个吊环，可直接用带吊钩的吊索钩起翻身，下层柱在柱底留吊索孔，穿入吊索借卡环从柱侧面引出起吊翻身(图8-24a、b)；对细长柱则应采用三点绑扎，在上部设有滑车，使3根绳索受力基本均匀(图8-25a)；亦可在二点绑扎的基础上另加1根辅助吊索，中部设一个捯链，以调整绳索的长度和受力情况，使其重心与吊钩位置的垂线相重合，脱模后柱身呈水平状态(图8-25b)	1．绑扎所用的吊索卡环、绳扣等的规格应按计算确定。起吊前应分别进行检查和试验，必须具有足够的强度，以确保安全 2．绑扎点与构件的重心应相对称，绑扎点(吊钩)中心应对正构件重心，并高于构件的重心，以免起吊后摇摆、晃动或倾翻 3．柱绑扎应牢靠，多点绑扎应尽可能使各点受力均匀一致 4．绑扎时，吊索与柱面柱棱角之间应垫以木板、短方木、麻袋片或汽车废轮胎，以防吊索被磨断或构件被卡伤损坏 5．工字形截面柱绑扎时，吊点应在实心处(牛腿下部)，否则应在绑扎处用方木加固翼缘，同样双肢柱绑扎点应选在水平腹杆处 6．起吊点应按设计规定，如无规定时，应根据吊装中可能产生的最大正负弯矩进行抗裂度验算，其安全系数不得小于 1.8，如抗裂度不够，应在构件中加配适当的抗裂钢筋 7．采用双机抬吊柱子的绑扎，应根据各起重机的允许起重量进行合理的载荷分配，各起重机的载荷不宜超过其安全起重量的 80％，操作时，两台起重机要动作互相配合，避免一台失去重心，而另一台超载失稳 8．柱子绑扎宜采用自动或半自动卡环作脱钩装置，以减少高空作业。用斜吊法吊装柱子，应在柱一端绑扎溜绳，以控制起升时的摆动，并便于构件的就位和找正
垂直起吊绑扎法	有一点和二点绑扎两种。一般长度不大的中、小型柱多采用一点绑扎，位置在牛腿下部或接近牛腿的部位(图8-26)；两个牛腿柱绑扎点多在两牛腿之间；对多面牛腿柱，吊索应从对角线的两拐角处引出(图8-27)；重型柱或配筋较少的细长柱(如山墙柱)，为防止柱在吊装中断裂，应采用两点或多点绑扎(图6-28)，吊索借卡环从柱两侧引出，使柱子成垂直状态，便于就位和初步找正	
斜吊绑扎法	当起重高度不够，常采用一点斜吊绑扎法，有用吊索和钢销起吊两种方法(图8-29a、b)。位置应在柱重心以上，牛腿以下，绳索不绕过柱顶	
对长细柱，可采用两点(图8-29c)或四点绑扎，吊索从柱子的大面引出，可不用横吊梁，且可不必进行柱子翻身；当柱子长细比很大，宜采用单机四点吊的绑扎方法(图8-30a)或由四点过渡到两点绑扎(图8-30b)		
双机、三机抬吊绑扎法	可根据抬吊方法不同采用一点绑扎或两点绑扎(图8-31a)。一点绑扎当两台起重机起重量不等时，应在起重量小的起重机一侧垫以较厚的垫木，其厚度由力的平衡条件确定；两点绑扎时要求吊索的长度分别绕过柱顶和牛腿(图8-31b)，以保证柱身成直立状态。柱子有时采用三机抬吊，亦多采用两点绑扎(图8-32)，主吊索设在牛腿下面，递送吊索设在柱脚以上部位	

8.4 单层工业厂房结构吊装方法

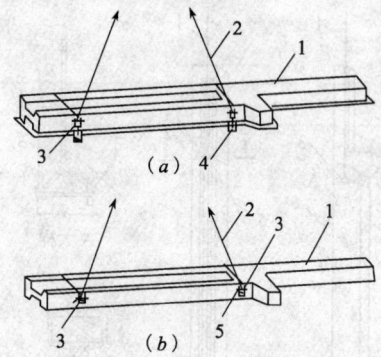

图 8-24 柱子的翻身绑扎
(a)底层柱的翻身绑扎;(b)上层柱用卡环法绑扎
1—柱;2—吊索;3—卡环;4—穿吊索孔洞;5—吊环

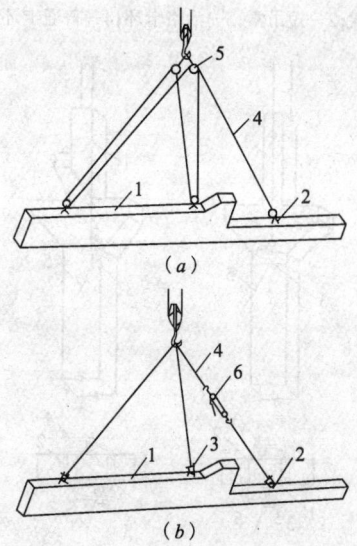

图 8-25 柱翻身脱模的三点绑扎
(a)滑车法;(b)捯链法
1—柱;2—吊环;3—卡环;
4—吊索;5—滑车;6—捯链

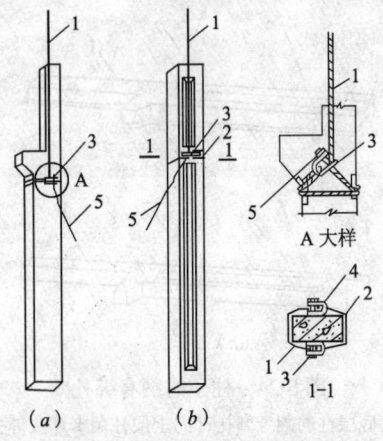

图 8-26 柱垂直起吊一点绑扎
(a)牛腿柱一点绑扎;(b)长短吊索一点绑扎
1—长吊索;2—短吊索;3—活络卡环;4—普通卡环;5—拉绳

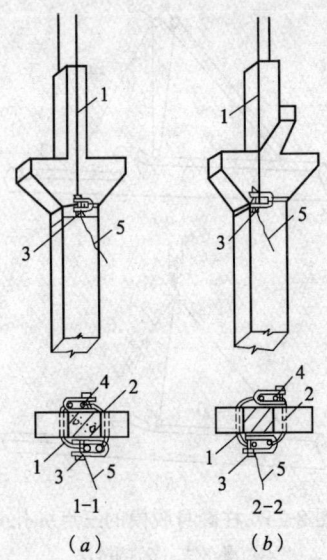

图 8-27 两面、三面牛腿柱的绑扎
(a)两面牛腿柱的绑扎;(b)三面牛腿柱的绑扎
1—长吊索;2—短吊索;3—活络卡环;4—普通卡环;5—拉绳

8.4 单层工业厂房结构吊装方法

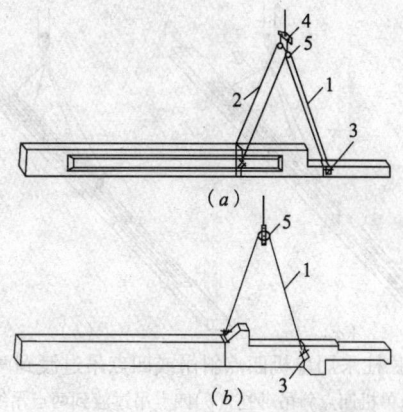

图 8-28 柱垂直起吊两点绑扎
(a)单牛腿柱(山墙柱)两点绑扎;(b)双牛腿柱两点绑扎
1—第一支吊索;2—第二支吊索;
3—活络卡环;4—横吊梁;5—滑车

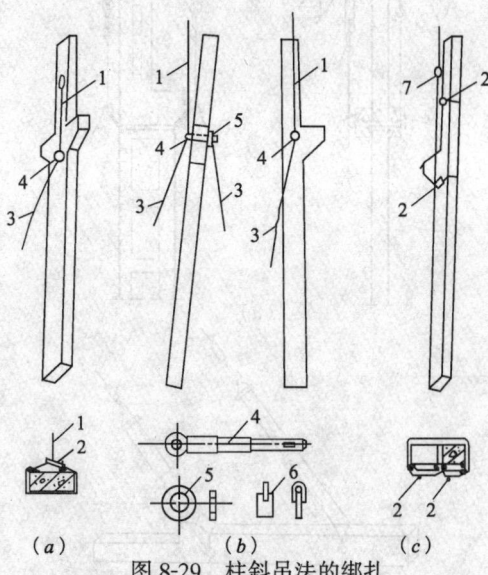

图 8-29 柱斜吊法的绑扎
(a)一点绑扎;(b)用钢销一点绑扎;(c)两点绑扎
1—吊索;2—活络卡环;3—拉绳;
4—钢销;5—垫圈;6—插销;7—滑车

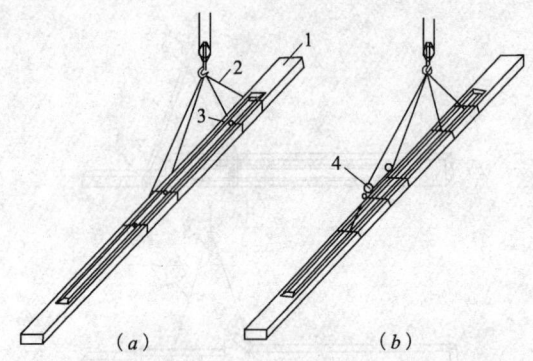

图 8-30 长柱采用单机四点斜吊或四点吊过渡到两点吊绑扎
(a)单机四点斜吊绑扎;(b)四点吊过渡到两点吊绑扎
1—柱;2—吊索;3—卡环;4—滑车

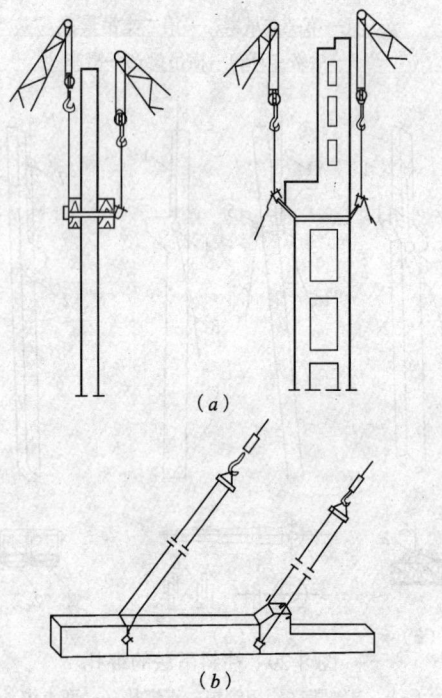

图 8-31 双机抬吊柱的绑扎
(a)双机抬吊柱一点绑扎;(b)双机抬吊柱两点绑扎

8.4 单层工业厂房结构吊装方法

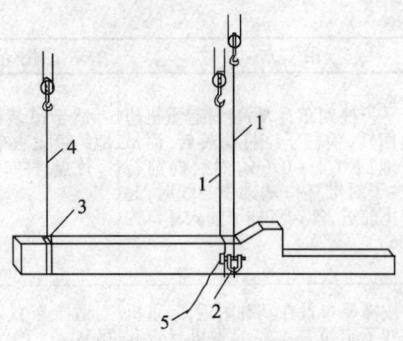

图 8-32 三机抬吊柱的绑扎
1—主机吊索；2—活络卡环；3—普通卡环；
4—递送起重机吊索；5—拉绳

3. 柱子的起吊方法

柱子起吊方法　　　　　　　　　　　表 8-55

名称		起 吊 方 法	适 用 范 围 、优 缺 点
单机垂直吊装法	旋转法	柱子斜向布置，牛腿朝向跨内，并使杯形基础中心 M 点、柱脚 K、绑扎点 S 三点位于起重机回转半径同一圆弧上（即三点共一圆弧）。吊装时，边起钩边回转臂杆，柱身随起重钩的上升及起重杆的回转绕柱脚旋转而成直立状态，然后将柱吊离地面 500mm 转向基础，将柱脚缓慢插入杯口就位（图 8-33）	用于起吊一般重 $2\sim10t$ 的中、小型柱 优点：柱脚与地面无摩阻力，起重臂杆受力合理，操作简单易行，生产效率高，柱子受振小。缺点：对起重机的站点及柱子就位要求严格
	滑行法	柱子与厂房纵轴线平行排列或略作倾斜布置。柱绑扎点宜靠近杯口，并和柱基中心同在起重机的回转半径上，以便柱子吊起后稍回旋臂杆就可就位。吊装时，起重机的起重臂不转动，起重钩缓慢上升，随着柱子的升起，使柱脚沿地面向杯口滑行，并将柱子吊离地面，然后将柱缓慢插入杯口就位（图 8-34 a、b）	用于就地预制条件受限制和起吊较重、较长的柱子 优点：起重机操作简单，只有一个提升过程，起重臂回转半径最小，施工较安全。缺点：场地须整平碾压坚实；对重型柱须设置托板、托木、滚杠，铺设滑行道等（图 8-34c），比较麻烦，再柱子滑行会产生不同程度振动，较易损坏柱脚
	斜吊法	柱子斜向布置，吊索偏在柱子一侧，吊钩不超过柱顶，柱身与地面成倾斜状态，当柱子吊到杯口，一般应用人力扶正柱脚缓慢落钩，插入杯口就位（图 8-35）。斜吊法亦采用旋转和滑行法吊装	用于吊装较重较长的柱子，起重机起吊高度不够，无法直立起吊的情况，但绑扎点必须超过柱身三分之二的高度 优点：柱子不需翻身即可起吊，不需较长臂杆，相对起重量大，可吊较重柱。缺点：柱呈倾斜状态，插入杯口就位较困难，需边插入边旋起重臂落钩，操作麻烦，效率较低

续表

名称		起 吊 方 法	适 用 范 围、优 缺 点
单机垂直吊装法	旋转行走法	柱子平行柱列布置，吊装时起重机边起钩边回转，使柱子绕柱脚旋转，而吊起离开地面 $0.4\sim0.6\mathrm{m}$，然后向前行车，待柱子对准杯口基础中心线时，起重机停止前进，落钩将柱子插入杯口内（图 8-36）	适于吊装柱身较长、受狭窄场地约束无法布置的柱 优点：柱布置较灵活，占场地少
	行走法	柱子按需要布置在基础附近，起重机臂杆及柱子定位基本靠起重机行走和提钩，将柱吊离地面缓慢插入杯口就位	适于布置困难、较长的边角柱吊装 优点：起重机基本不用旋转，柱子就位要求不严，柱脚与地面无摩擦阻力，但要求起重机行走的道路平整、坚实
	综合法	柱子按需要位置布置。吊装时，起重机根据吊装需要和可能随时提钩、回转、变幅或行走，最终达到柱子就位	适用于各种柱吊装，尤其适用于双机抬吊 优点：适用性能强，对起重机构件就位要求不严，它集中了旋转、滑行及行走方法的优点，操作灵活、适用
双机抬吊法	旋转抬吊法	柱子垂直基础纵轴线布置，使柱子的两个绑扎点与杯口中心点分别在两台起重机的回转圆弧上。起吊时，先将两台起重机同时以等速提升吊钩，使柱子离开地面 $h=a+0.2\mathrm{m}$（a—吊点至柱脚距离）左右时，然后两台起重机的起重臂同时向杯口旋转，起重机乙只旋转而不提升吊钩，起重机甲既旋转同时缓慢提升吊钩，直至柱子成垂直状态，最后双机同时缓慢落钩，将柱子插入杯口就位（图 8-37），用钢楔临时固定后脱钩	适于吊装重量较大（重 25t 以上）和不太长的柱子 优点：吊重量不需重型起重机械，工地可自行解决 缺点：操作难度大，难以做到双机同步，易引起超载，安全性差，同时柱子布置占地面积较大
	滑行抬吊法	柱子斜向、纵向或横向布置在柱列附近，并使起吊绑扎点尽量靠近杯口，两台起重机各居一侧。起吊前将柱子翻身，并在柱根垫滚杠。起吊时，两台起重机同时提升吊钩，使柱子底部在滚杠上滑向杯口，然后回转吊臂，将柱子竖直并转 90°插入杯口就位（图 8-38），用钢楔或缆风绳把柱临时固定后脱钩	适于起重量较大、柱子抗弯能力允许及起重臂不很长的情况下采用 优点：柱布置场地小，可用两台轻型起重机，费用省 缺点：亦难做到双机同步，易出现摇摆情况

8.4 单层工业厂房结构吊装方法

续表

名称		起 吊 方 法	适 用 范 围、优 缺 点
双机抬吊法	递送抬吊法	柱子呈斜向布置在轴线上,绑扎与旋转抬吊大体相同。起吊时,先将柱身平吊离开地面,然后起重机甲不动继续提升吊钩,起重机乙停止上升而向内侧旋转或适当跑车递送(图8-39),使柱子逐渐由水平转向竖直,其载荷也逐渐转至甲机吊钩上,当柱竖直后恰位于杯口上,乙机近于空载,接着将柱徐徐插入杯内就位,临时固定后脱钩	适于吊装不很重(25～35t)的柱子 优点:柱子布置方便,起吊操作较易,可解决起重机能力不足的困难 缺点:甲吊车起重能力乃需较大
三机抬吊法	滑行法	柱子平面布置、操作方法与双机滑行抬吊法基本相同。起吊时,先甲、乙双机抬吊,丙机递送,绑扎点设在柱根部,采用一点侧吊。当柱由水平转竖直位置后,丙机全部卸荷,柱重量全由甲、乙两机负担,抬吊到杯口就位(图8-40)	适于吊装重量、长度和截面特大的重型(40t以上)柱 优点:起吊轻便迅速,可省却滑行装置,可避免滑行时柱折断或产生裂缝或损坏起重臂杆 缺点:需多台起重设备

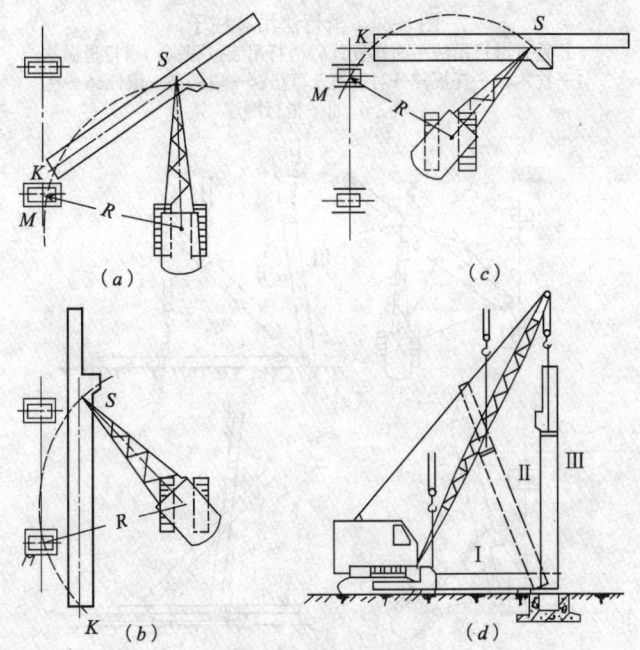

图 8-33 旋转法吊装柱子
(a)、(b)、(c)垂直旋转吊法平面布置;(d)旋转吊装过程
Ⅰ、Ⅱ、Ⅲ—旋转顺序

8 结构吊装工程

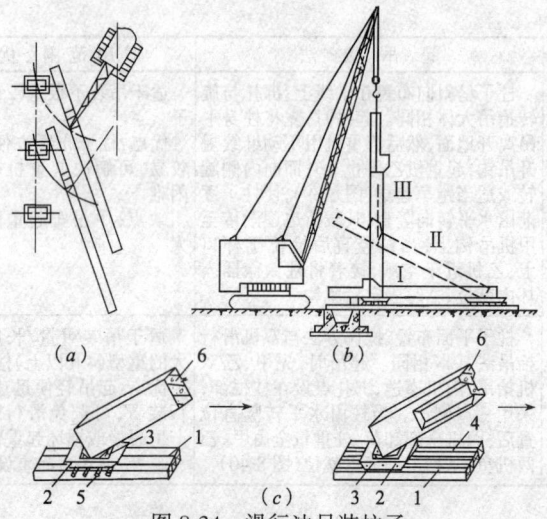

图 8-34 滑行法吊装柱子
(a)垂直滑行吊法平面布置;(b)滑行吊装过程;(c)滑行道做法
1—枕木;2—托板;3—对拔楔及草垫;4—扁铁;5—滚杠;6—柱
Ⅰ、Ⅱ、Ⅲ—滑行顺序

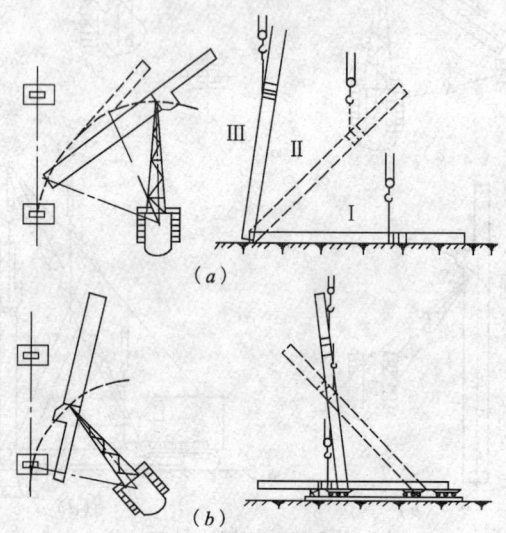

图 8-35 斜吊法吊装柱子
(a)旋转法斜吊柱平面布置及吊装过程;(b)滑行吊法斜吊柱平面布置及吊装过程
Ⅰ、Ⅱ、Ⅲ—旋转或滑行顺序

8.4 单层工业厂房结构吊装方法

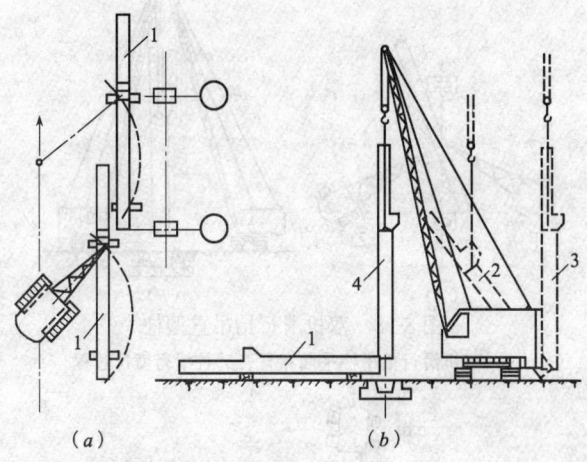

图 8-36 旋转行走法吊装柱子
(a)旋转行走法吊柱平面布置;(b)旋转前进吊装柱过程
1—柱起吊前位置;2—柱起吊变化位置;
3—柱垂直状态位置;4—柱对准杯口

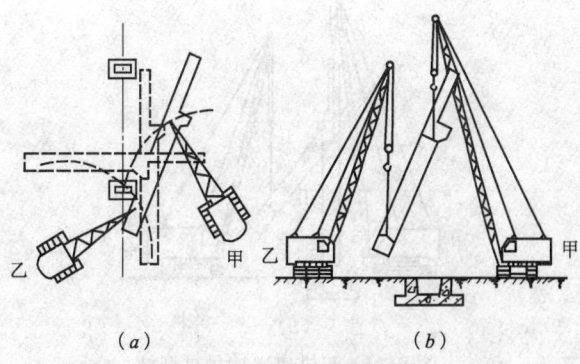

图 8-37 双机旋转抬吊重型柱
(a)双机旋转抬吊柱平面布置;(b)柱旋转起吊过程

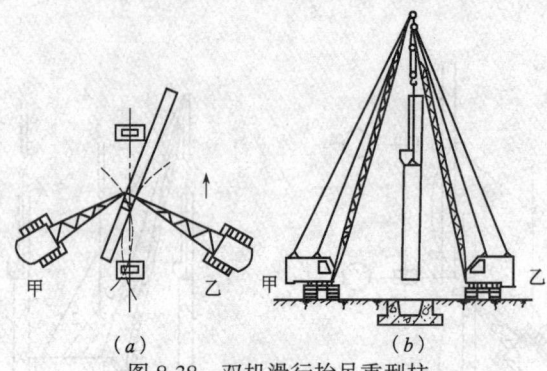

图 8-38 双机滑行抬吊重型柱
（a）双机滑行抬吊柱平面布置；（b）柱滑行就位过程

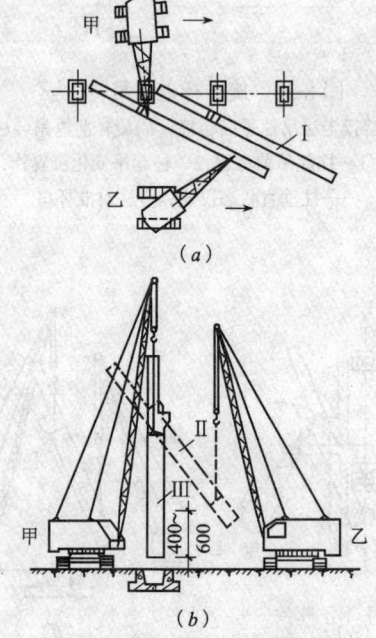

图 8-39 双机递送抬吊重型柱
（a）双机递送抬吊重型柱平面布置；
（b）柱递送抬吊就位过程
Ⅰ、Ⅱ、Ⅲ—双机递送抬吊过程

8.4 单层工业厂房结构吊装方法

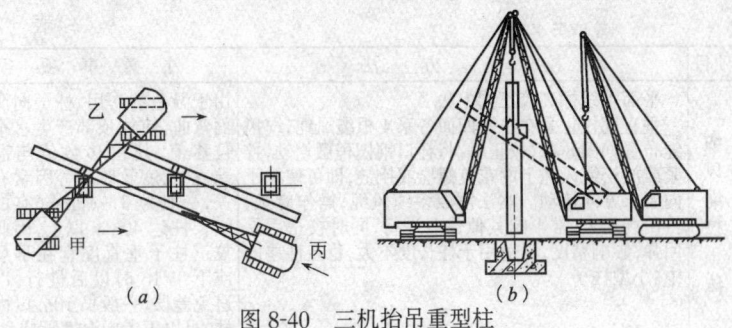

图 8-40 三机抬吊重型柱
(a)三机抬吊柱平面布置;(b)柱抬吊递送旋转过程

4. 柱子的校正方法

柱校正方法　　　　　　　　　　表 8-56

项目	校 正 方 法	注 意 事 项
松紧楔子和用千斤顶校正法	1. 柱平面轴线校正:系在吊车脱钩前将轴线误差调整到规范允许偏差范围以内,就位后,如有微小偏差,在一侧将钢楔稍松动,另一侧打紧钢楔或敲打插入杯口内的钢钎,或用千斤顶侧向顶移纠正(图 8-41)。 2. 标高校正:是在柱安装前,根据柱实际尺寸(以牛腿面为准),用抹水泥砂浆或设钢垫板来校正标高,使柱牛腿标高偏差在允许范围内。如安装时还有超差,则在校正吊车梁时,调整砂浆层、垫板厚度予以纠正;如偏差过大,则将柱拔出重新安装 3. 垂直度校正:是在杯口用紧松钢楔、设小型丝杠千斤顶或小型液压千斤顶等工具,给柱身施加水平或斜向推力,使柱子绕柱脚转动来纠正偏差(图 8-41),在此同时,缓慢松动对面楔子,并用坚硬石子把柱脚卡牢,以防发生水平位移,校正后打紧两面的楔子。对大型柱横向垂直度的校正,可用内顶或外设卡具外顶的方法。校正 10m 以上的柱,应考虑温差的影响,宜在早晨或阴天进行。柱子校正后灌浆前,应每边两点用小钢塞或小石子 2~3 块将柱脚卡住,以防受风力等影响转动或倾斜 本法工具简单,工效高,施工文明,适用于大、中型各种形式柱的校正,被广泛采用	1. 柱校正应先校正偏差大的一面,后校正偏差小的一面,如两个偏差数字相近,则应先校正小面,后校正大面 2. 柱在两个方向垂直校好后,应再复查一次平面轴线和标高,如符合要求,则打紧柱四周八个楔子,使其松紧一致,以免在风力作用下向松的一面倾斜 3. 柱垂直度校正须用两台精密经纬仪观测。观测的上测点应设在柱顶;仪器架设位置应使其望远镜的旋转面与观测面尽量垂直(夹角应大于 75°),以免产生测量差误 4. 柱子插入杯口应迅速对准纵横轴线并在杯底处用坚硬石子把柱脚卡牢,在柱子倾斜一面敲打楔子,对面楔子只能松动不得拔出,以防柱子倾倒 5. 在阳光下校正柱子的垂直度,须考虑温差影响,因柱子受太阳照射(特别在夏季上午 11 时至下午 16 时之间)后,阳面温度比阴面高,
撑杆校正法	平面轴线、标高校正同上法 垂直度校正,系利用木或钢管撑杆在牛腿下面校正(图 8-42)。校正时敲打木楔,拉紧倒链或转动手柄即可给柱身施加一斜向力,使柱子向箭头方向移动,同时应稍松动对面的楔子,待垂直后再楔紧两面的楔子。本法工具亦较简单,适于 10m 以下的矩形或工字形中、小型柱的校正	

续表

项目	校 正 方 法	注 意 事 项
缆风绳校正法	平面轴线标高校正同上法 垂直度校正系在柱头四面各系1根缆风绳,缆风绳布置如图8-43,校正时,将杯口钢楔稍微松动,拧紧或放松缆风绳上的花篮螺栓或捯链,即可使柱子向要求方向转动。本法需较多缆风绳,操作麻烦,占用场地大,常影响其他作业进行,同时校正后易回弹,影响精度,仅适用于柱长度不大,稳定性差的中、小型柱子	由于温差的作用,柱子向阴面弯曲,使柱顶部产生水平位移值,其位移数值与温差、柱长度及厚度等因素有关,一般为3~10mm,有的细长柱达40mm以上,因此校正柱子垂直度宜在早晨或下午16时以后进行,以避免差误,一般长10m以内柱,可以不考虑温度影响

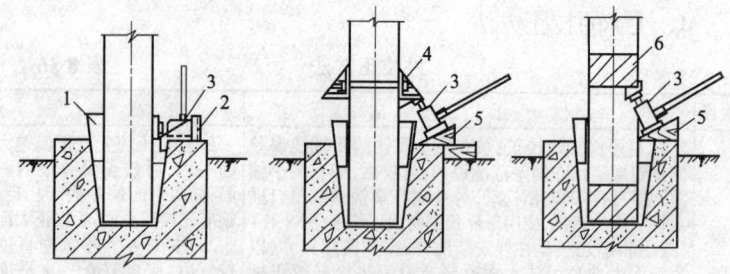

图 8-41 用千斤顶校正柱子
1—钢或木楔;2—钢顶座;3—小型液压千斤顶;4—钢卡具;5—垫木;6—柱水平肢

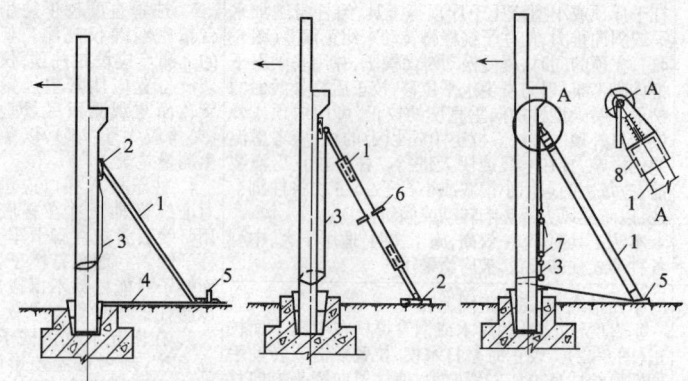

图 8-42 木杆或钢管撑杆校正垂直度
1—木杆或钢管撑杆;2—摩擦板;3—钢丝绳;4—槽钢撑头;
5—木楔或撬杠;6—转动手柄;7—捯链;8—钢套

8.4 单层工业厂房结构吊装方法

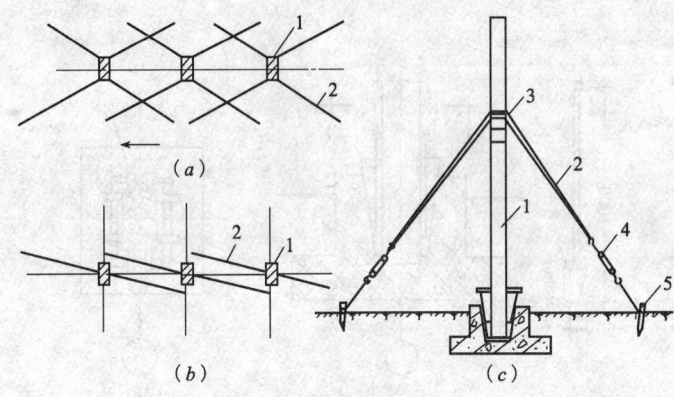

图 8-43 缆风绳校正法
(a)、(b) 缆风绳平面布置；(c) 缆风绳校正方法
1—柱；2—缆风绳用 3φ9～12mm 钢丝绳或 φ6mm 钢筋；3—钢箍；
4—花篮螺栓或 0.5t 捯链；5—木桩或固定在建筑物上

5. 柱子固定方法

柱子固定方法   表 8-57

项目	固 定 方 法	注 意 事 项
临时固定方法	柱子插入杯口就位，初步校正后，即用钢（或硬木）楔临时固定。方法是当柱插入杯口使柱身中心线对准杯口（或杯底）中心线后刹车，用撬杠拨正，在柱与杯口壁之间的四周空隙，每边塞入两个钢（或硬木）楔，再将柱子落到杯底并复查对线，接着将每两侧的楔子同时打紧（图 8-44），起重机即可松绳脱钩，进行下一根柱吊装 重型或高 10m 以上细长柱及杯口较浅的柱或遇刮风天气，有时还在大面两侧加缆风绳或支撑来临时固定	1. 柱应随校正随即灌浆，若当日校正的柱子未灌浆，次日复核后再灌浆，以防因刮风、受振动，楔子松动变形和千斤顶回油等因素产生新的偏差 2. 灌浆（灌缝）时应将杯口间隙内的木屑等建筑垃圾清除干净，并用水充分湿润，使能良好结合 3. 捣固混凝土时，应严防碰动楔子而造成柱子倾斜 4. 对柱脚底面不平（凹凸或倾斜）与杯底间有较大间隙时，应先浇一层同强度等级的稀砂浆，使其充满后，再灌细石混凝土 5. 第二次灌浆前须复查柱子垂直度，超出允许误差，应采取措施重新校正并纠正
最后固定方法	在柱子最后校正后立即进行。无垫板安装柱的固定方法是：在柱与杯口的间隙内浇筑比柱混凝土强度等级高一级的细碎石混凝土。浇筑前，清理并湿润杯口，浇筑分两次进行，第一次灌至楔子底面，待混凝土强度达到 25% 后，将楔子拔出，再次灌浆到杯口一平。采用缆风绳校正的柱子，待第二次浇筑的混凝土强度达到 70%，方可拆除缆风绳 有垫板安装柱（包括钢柱杯口插入式柱脚）的二次灌浆方法，通常采用赶浆法或压浆法	

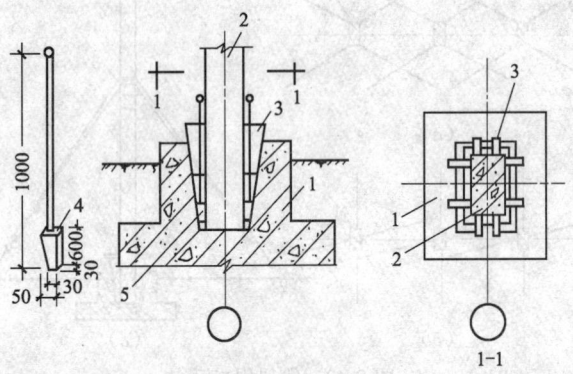

图 8-44 柱子临时固定方法
1—杯形基础；2—柱；3—钢或木楔；4—钢塞；5—嵌小钢塞或卵石

8.4.4.2 吊车梁的吊装
1. 吊车梁的绑扎

吊车梁的绑扎方法　　　　　　　表 8-58

项目	绑 扎 方 法	注 意 事 项
脱模绑扎法	平卧生产的普通吊车梁，在梁上一侧埋设吊环，然后挂卡环、绳索、脱模、翻身；重型（50t 以上）的 T 形、鱼腹式或折线形吊车梁，应在顶面预埋吊环，采用四点或多点绑扎脱模（图 8-45）	1. 绑扎时吊索应等长，左右扎点对称 2. 梁棱角边缘应衬以麻袋片、汽车废轮胎块、半边钢管或短方木护角 3. 在梁一端须拴好溜绳（拉绳），以防就位时左右摆动，碰撞柱子 4. 其他注意事项同柱绑扎方法
平吊绑扎法	一般绑扎两点。梁上设有预埋吊环的吊车梁，可用带钢钩的吊索直接钩住吊环起吊；自重较大的梁，应用卡环与吊环、吊索相互连接在一起；梁上未设吊环的，可在梁端靠近支点用轻便吊索配合卡环绕吊车梁（或梁）下部左右对称绑扎；或用两根对折绳索，从梁两端下部兜上来绑扎（图 8-46）	

8.4 单层工业厂房结构吊装方法

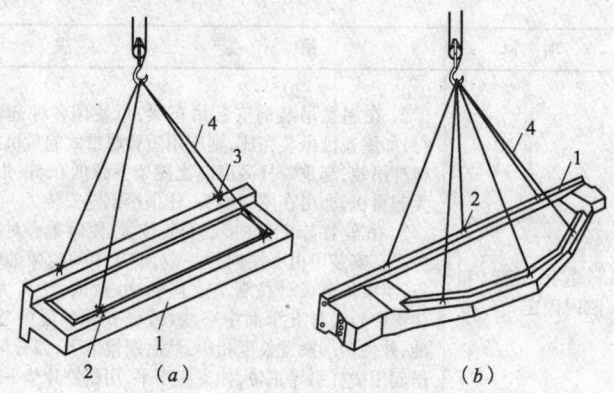

图 8-45 吊车梁脱模四点或多点绑扎
(a)T形吊车梁四点绑扎;(b)鱼腹式或折线形吊车梁六点绑扎
1—吊车梁;2—吊环;3—卡环;4—吊索

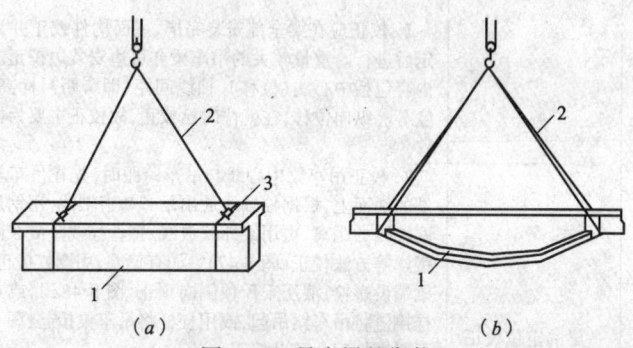

图 8-46 吊车梁的绑扎
(a)T形吊车梁的绑扎;(b)鱼腹式吊车梁的绑扎
1—吊车梁;2—吊索;3—卡环

2. 吊车梁的吊装方法

吊车梁的吊装方法　　　　表 8-59

项次	项 目	吊 装 方 法
1	起吊、就位和临时固定	1. 吊车梁吊装须在柱子最后固定、接头混凝土强度达到70%、柱间支撑安装后进行

续表

项次	项目	吊装方法
1	起吊、就位和临时固定	2. 在屋盖吊装前安装吊车梁,可使用各种起重机进行;如屋盖已吊装完成,则应用短臂履带式起重机或独脚桅杆吊装,起重臂杆高度应比屋架下弦低 0.5m 以上;如无起重机,亦可在屋架端头、柱顶拴捯链安装 3. 吊车梁应布置在接近安装位置,使梁重心对准安装中心。安装可由一端向另一端,或从中间向两端顺序进行,当梁吊至设计位置离支座面 20cm 时,用人力扶正,使梁中心线与支承面中心线(或已安相邻梁中心线)对准,并使两端搁置长度相等,然后缓慢落下,如有偏差,稍吊起用撬杠引导正位,如支座不平,用斜铁片垫平 4. 当梁高度与宽度之比大于 4 时,或遇五级以上大风时,脱钩前应用 8 号铁丝将梁捆于柱上临时固定,以防倾倒
2	梁的定位校正	1. 校正应在梁全部安装完毕、屋面构件校正并最后固定后进行。重量较大的吊车梁亦可边安装边校正。校正内容包括中心线(位移)、轴线间距(即跨距)、标高、垂直度等。纵向位移,在就位时已校正,故校正主要为横向位移 2. 校正吊车梁中心线与吊车跨距时,先在吊车轨道两端的地面上,根据柱轴线放出吊车轨道轴线,用钢尺校正两轴线的距离,再用经纬仪放线、钢丝挂线坠或在两端拉钢丝等方法校正(图 8-47)。如有偏差,用撬杠拨正,或在梁端设螺栓、液压千斤顶侧向顶正(图 8-48a),或在柱头挂捯链将吊车梁吊起,或用杠杆将吊车梁抬起(图 8-49),再用撬杠配合拨动拨正 3. 吊车梁标高的校正,可将水平仪放置在厂房中部某一吊车梁上或地面上,在柱上测出一定高度的水准点,再用钢尺或样杆量出水准点至梁面铺轨需要的高度,每根梁观测两端及跨中三点,根据测定标高进行校正。校正时,用撬杠撬起,或在柱头、屋架上弦端头节点上挂捯链将吊车梁需垫垫板的一端吊起。重型柱在梁一端下部用千斤顶顶起填塞铁片(图 8-48b)。在校正标高的同时,用靠尺或线坠在吊车梁的两端(鱼腹式吊车梁在跨中)测垂直度(图 8-50),当偏差超过规范允许偏差(一般为 5mm)时,用楔形钢板在一侧填塞纠正

8.4 单层工业厂房结构吊装方法

续表

项次	项目	吊装方法
3	最后固定	1. 吊车梁校正完毕,应立即将吊车梁与柱牛腿上的埋设件焊接固定,在梁柱接头处支侧模,浇筑细石混凝土并养护 2. 预应力鱼腹式吊车梁,一般应在安装半年后进行最后固定,以防由于混凝土的收缩、徐变等原因在梁端产生裂缝

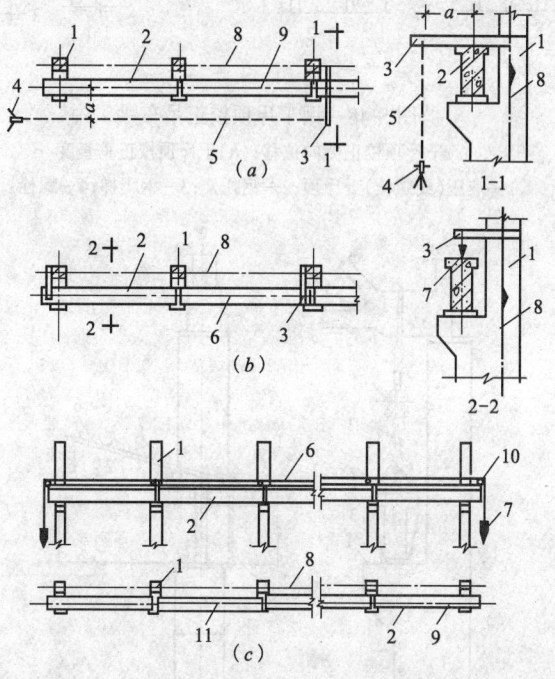

图 8-47 吊车梁轴线的校正
(a)仪器法校正;(b)线坠法校正;(c)通线法校正
1—柱;2—吊车梁;3—短木尺;4—经纬仪;
5—经纬仪与梁轴线平行视线;6—铁丝;7—线坠;8—柱轴线;
9—吊车梁轴线;10—钢管或圆钢;11—偏离中心线的吊车梁

8 结构吊装工程

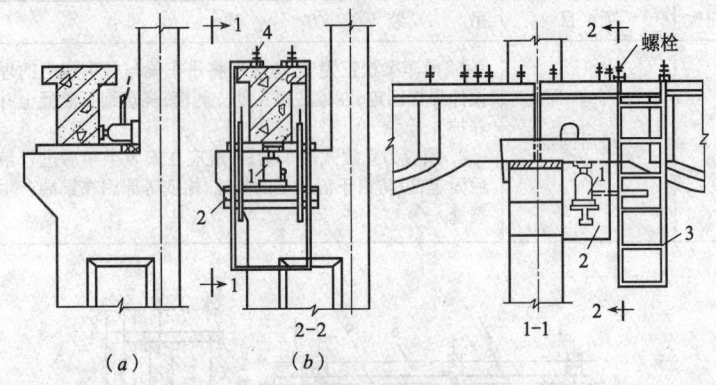

图 8-48 用千斤顶校正吊车梁
(a)千斤顶校正侧向位移；(b)千斤顶校正垂直度
1—液压(或螺栓)千斤顶；2—钢托架；3—钢爬梯；4—螺栓

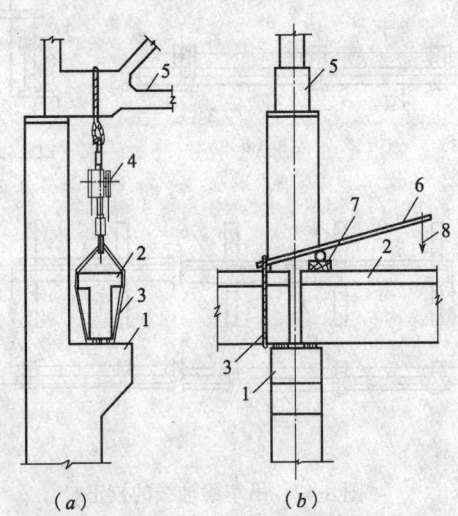

图 8-49 用悬挂法和杠杆法校正吊车梁
(a)悬挂法校正；(b)杠杆法校正
1—柱；2—吊车梁；3—吊索；4—捯链；
5—屋架；6—杠杆；7—支点；8—着力点

8.4 单层工业厂房结构吊装方法

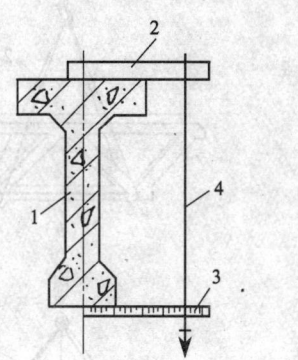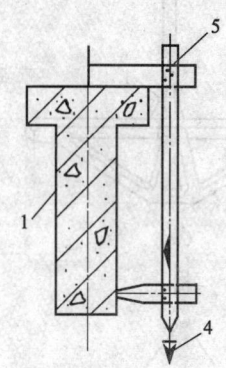

图 8-50　吊车梁垂直度的校正
1—吊车梁；2—水平尺；3—钢尺；4—线坠；5—靠尺

8.4.4.3 托架(托梁)的吊装

托架(梁)的绑扎与吊装方法　　　　　表 8-60

项次	项目	方　法　要　点
1	绑扎方法	12、18m柱网或不对称柱网，一般在柱头上设托架(托梁)支承屋架，其吊装多采取一点或两点绑扎(图 8-51)。两端吊索长度应保持一致，吊设牵引绳，防止摇摆，保持起吊平衡
2	吊装方法	1. 一般采取分件流水吊装法，在柱列固定(或吊车梁、柱间支撑安装)后接着进行。用一台起重机按柱列由一端向另一端顺序进行。吊装前，柱头应搭设临时操作小平台，以便就位对正、焊接固定和卸除吊索 2. 吊装时在托架两端拴溜绳，先将托架吊离地面50cm左右，使对中，然后缓慢升钩，吊至柱顶以上 0.3～0.5m，再拉溜绳旋转托架，使其对准柱头缓慢落钩，用人力扶正就位，随即进行校正，使支承平稳，两端支承长度相当，垂直度正确；如有偏差，在支承处垫铁片和砂浆调整 3. 校正时避免用铁棍撬动，以防柱头偏移。校正好后卸钩，最后按柱列支接头模板；清扫干净、湿润，浇筑接头混凝土固定

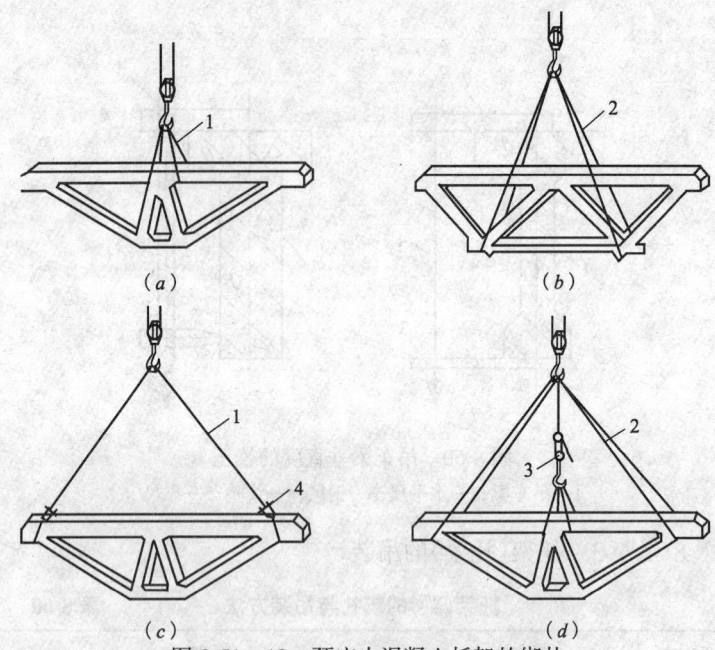

图 8-51 12m 预应力混凝土托架的绑扎
(a)一点绑扎;(b)两点绑扎在托架下弦上;
(c)两点绑扎在托架端头上;(d)两点绑扎,另在中间设辅助吊索
1—吊索;2—对折吊索;3—捯链;4—卡环

8.4.4.4 屋盖系统构件的布置、绑扎与吊装

1. 屋架预制、吊装的现场布置

屋架预制、吊装的现场布置、排放方法   表 8-61

项 目		布 置 排 放 方 式	注 意 事 项
屋架预制的布置	斜向布置法	屋架在厂房跨内平卧斜向布置(8-52a)。采取叠浇,每叠 3~4 榀。由于屋架大多采用后张预应力施工工艺,布置时要考虑抽芯穿预应力筋、张拉、灌浆等操作所需场地 本法便于屋架的扶直和排放,应用较多	1. 屋架采取在跨内平卧重叠预制时,平面布置除需考虑屋架制作、抽芯、张拉、灌浆的操作场地外,还应考虑起重机的行走路线,屋架的翻身、排放及其吊装的先后顺序和场地 2. 重叠堆放的构件应编出上、下顺序,先扶正吊装的屋架放在上面,后吊装的放在下面,以避免造成不必要的倒钩
	正反斜向布置法	屋架在跨内平卧正反向布置如图 8-52(b)。采取叠浇,每叠 3~4 榀,在屋架两端留出抽芯、穿筋所必须的最小距离,一般为 $l/2+3m$(l—屋架跨度,下同)	

8.4 单层工业厂房结构吊装方法

续表

项　　目		布　置　排　放　方　式	注　意　事　项
屋架预制的布置	正反纵向布置法	在跨内平卧正反纵向布置,如图 8-52 (c)。采取重叠预制,每叠 3~4 榀,在屋架两端预留 $l/2+3m$,以便抽芯和穿筋	3.注意屋架吊装就位时端头的朝向,使与吊装朝向一致,以省去大跨度屋架调头的困难 4.屋架排放场地应平整,支座处地基坚实,雨季施工应有排水措施 5.屋架的稳定要求支撑必须支设牢固,以防一榀屋架失稳倾倒,而引起连锁倒排事故
	相对向布置法	在跨内平卧相对向布置,采取重叠预制,每叠 2~3 榀,两叠相距 1m,以保证操作(图 8-52d) 本法预制较集中,但翻身扶直困难一些,需要较大场地	
屋架吊装的排放	斜向排放法	屋架排放与柱列呈一角度(一般为 130°左右)(图 8-53a、b)。优点在于屋架起吊后与安装中心同在一回转半径上,操作简单、易行,工效高。但屋架排放时,为满足其稳定性要求,每榀屋架都需两个支座及多道人字杆加扫地杆支撑,需大量枕木和撑杆材料,同时对排放场地要求较严,加固操作麻烦,稳定性较差 适于构件起吊后,起重机不能行走,如轮胎式(或汽车式)起重机或履带式起重机,在接近满负荷状态下的吊装	
	成组纵向(平行)排放法	屋架排放与柱列平行,一般靠柱边成组(4~5 榀为一组)纵向排放(图 8-53c、d)。优点是屋架成组排放并与已安装好的柱子相连,稳定性好;现场占地面积小,共用一个枕木支座,节省支承、支撑材料和人工,操作简便。但各排屋架起吊点不能全部满足与吊装就位处于同一回转半径上,起重机要稍作负荷行走和变幅,对起重机的性能要求严格 适于履带式起重机在正常负荷条件下,或汽车式(轮胎式)起重机在一定的回转半径内,能完成四榀屋架在同一起吊点的吊装作业的情况下使用	
	横向排放法	屋架排放与柱列轴线垂直 适于最后几榀屋架在受场地限制,无法进行斜向或纵向排放时采用	

681

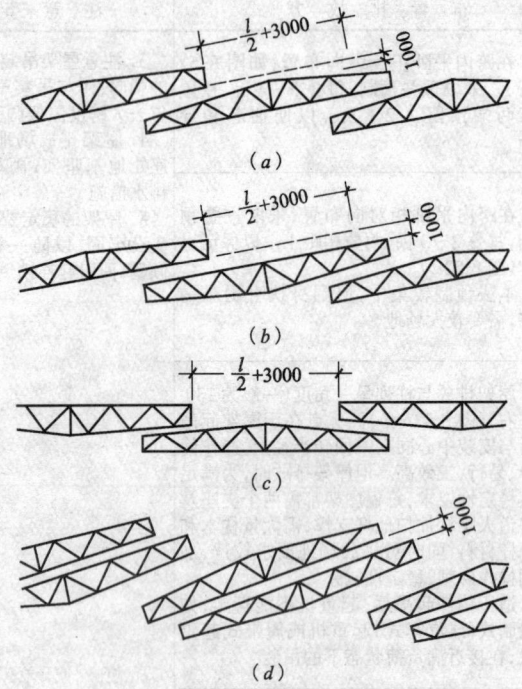

图 8-52 屋架预制的布置方式
(a)斜向布置法;(b)正反斜向布置法;
(c)正反纵向布置法;(d)相对向布置法

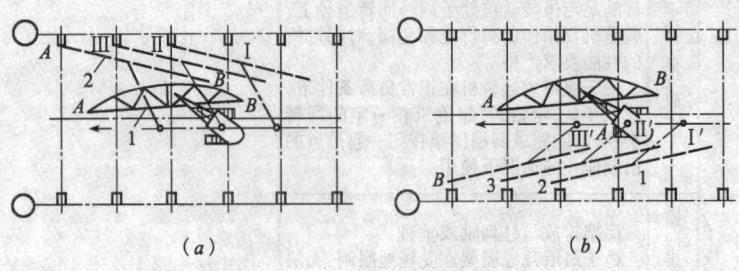

图 8-53 屋架吊装的排放(一)

8.4 单层工业厂房结构吊装方法

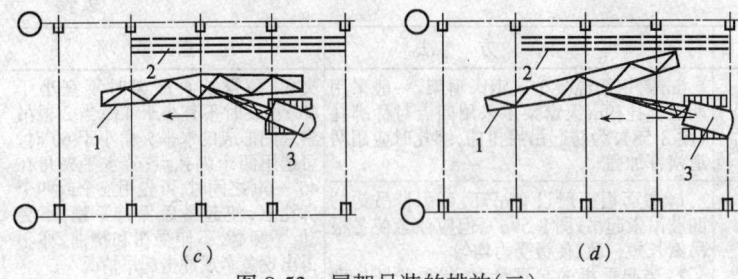

图 8-53 屋架吊装的排放(二)
(a)斜向同侧排放法;(b)斜向异侧排放法;
(c)正向扶直纵向排放法;(d)反向扶直纵向排放法
1—屋架叠层预制的位置;2—屋架就位排放的位置;3—起重机
Ⅰ、Ⅱ、Ⅲ—屋架叠层预制顺序;Ⅰ′、Ⅱ′、Ⅲ′—起重机停放的位置

2. 屋盖构件的绑扎

屋盖构件的绑扎方法　　　　　　　　　　表 8-62

项目	绑 扎 方 法	注 意 事 项
屋架及大跨度立体桁架、网片	1. 屋架翻身扶直,可根据侧向刚度情况,采用三点、四点或多点绑扎,使受力均匀 2. 屋架吊起,可根据屋架的跨度、安装高度及起重机的起重臂长确定。一般跨度小于18m的屋架,采用两点绑扎;跨度为 18～30m 的屋架,采用四点绑扎;或两点绑扎,另加1根辅助吊索(图8-54a、b、c),以避免倾斜、摇摆,但起吊时,辅助吊索只需稍微收紧,以免损伤屋架;跨度 30m 以上的屋架,采用四点或多点绑扎(图8-55a、b)。吊点一般左右对称绑扎在上弦节点处或靠近节点处 3. 当起重臂杆长度不够,或对下弦不宜受压的组合屋架,尚应采用带横吊梁的吊索起吊(图 8-55c、d),以降低吊装高度和减少吊索对屋架上弦的轴向压力,避免屋架产生过大的侧向弯曲 4. 在特殊情况下,因起重机的起重臂长度所限,无法满足起吊要求时,可选用下弦节点做吊点(图 8-54d),但中间两个吊点乃应设在上弦节点上,以防屋架起吊后倾覆 5. 跨度 30、33、36m 预应力混凝土屋架采用双机抬吊时,可采取四点或六点绑扎(图 8-56)	1. 构件的绑扎,要求在脱模翻身、移动、起吊和就位过程中,不发生永久变形,不倾翻,不晃动,构件的表面不出现裂缝,绳索和卡环不脱落,牢固可靠,并且绳索受力合理,绑扎方便,便于安装,易拆、易脱钩,确保起吊安全 2. 绑扎方法、绑扎位置和点数,应根据构件形状、跨度、长度、截面尺寸、重量、配筋状况、起重机性能、采用的吊具、选用的脱模和吊装方法及现场具体情况等来定 3. 为防止起吊过程中轴向力过大而引起屋架、梁等的过大侧向弯曲,甚至折断,绳索高度一般宜为屋架、屋面梁构件最大高度的1.5倍以上,如起重机起重臂升起的高度允许,其绳索高度越高越好 4. 当屋架利用吊环翻身时,为防止吊环断裂,损坏构件,宜先利用吊环脱模,待屋架上弦抬起 200mm 后,穿入钢丝绳用大绑法将屋架吊点绑扎,然后再放下,进行翻身扶直 5. 绑扎时,吊钩与屋架中心应处在同一铅垂线上。吊索与水平线的
屋面梁	屋面梁多采用两点绑扎,对 12m 以上跨度的双坡屋面梁,多采用二点或四点绑扎(图8-57),或采用横吊梁两点或四点绑扎	

续表

项目	绑 扎 方 法	注 意 事 项
天窗架	6m跨钢筋混凝土或钢天窗架,一般采用两点绑扎;9m天窗架多采用四点对称绑扎(图8-58),为防起吊后扭曲,绑扎时应用两道横杆加固	夹角:翻身扶直屋架时不宜小于60°;吊装时不宜小于45°;当2根吊索之间形成的水平夹角小于60°时,可选用两个绑扎点;若水平夹角在45°~60°之间时,可先用三个或四个绑扎点,使吊后保持平稳,不晃动,不倾斜,不使受扭和挠曲,亦不得出现急牵或冲击起吊情况 6. 翻身扶直之前,应在二端支座处搭设牢靠的道木垛,其高度应与翻身屋架底部齐平或略低 7. 屋架、屋面梁、天窗架等侧向刚度差的构件,应在横方向设置1~2道杉木杆进行临时加固(翻身扶直时,主要加固上弦,必须通长绑扎至屋架的端头),并在构件两端加绑溜绳,以控制屋架转动使屋架准确就位
屋面板及板类构件	1. 屋面板一般设有吊环,可用带吊钩的四肢吊索起吊(图8-59a),但应注意使各根吊索长短一致,使板受力均匀 2. 当起重机的起重量大,起重臂杆长度足够时,可用型钢吊架或横吊梁采取一钩多吊,一次吊2~6块(图8-59b、c),以发挥起重机效率 3. 对于异形截面构件,如雨搭板、天沟板、檐口板等,可采用对折吊索,从板底兜起两点起吊,或在板肋上预埋吊环,采用两点另加辅助平衡吊索三点绑扎起吊,使吊钩通过构件重心线而平稳起吊(图8-60),以保证构件起吊后平稳 4. 对不设吊环的大型空心板,用兜索起吊	

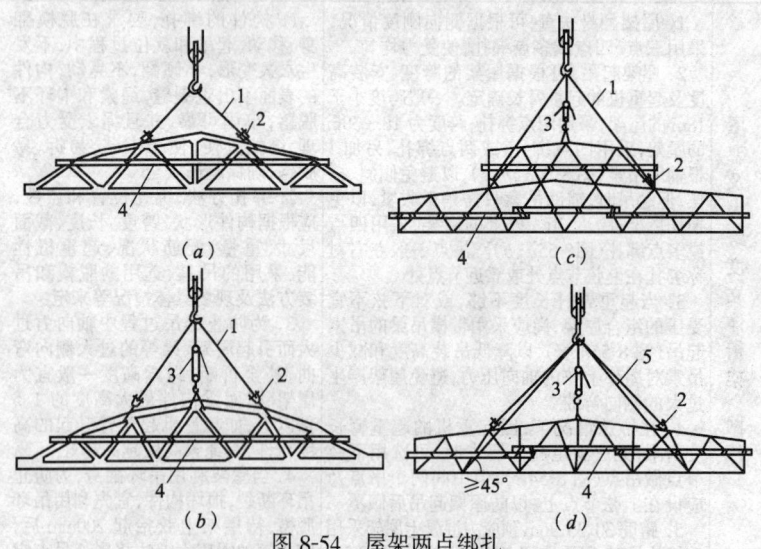

图 8-54 屋架两点绑扎

(a)18m屋架绑扎;(b)24m、30m、33m屋架绑扎;
(c)30m、33m、36m钢屋架绑扎;(d)在屋架下弦设吊索绑扎

1—吊索;2—卡环;3—捯链;4—脚手杆加固,铁丝绑牢;5—长吊索对折

8.4 单层工业厂房结构吊装方法

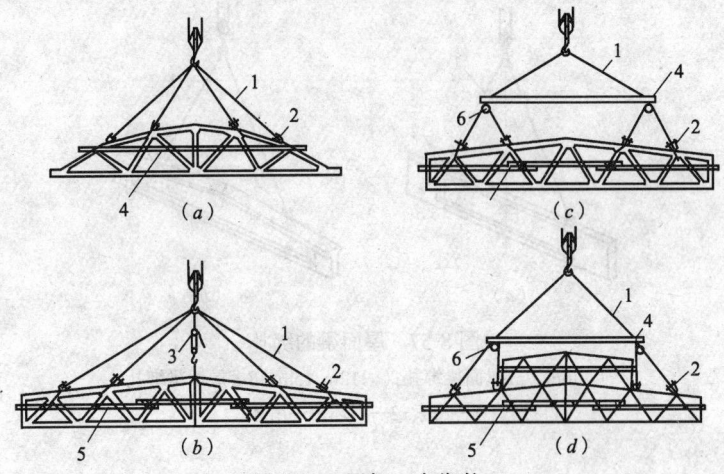

图 8-55 屋架四点绑扎
(a)24m、30m 屋架绑扎;(b)33m 屋架绑扎;
(c)30m、36m 屋架或钢屋架用横吊梁四点绑扎;
(d)带天窗架钢屋架用横吊梁四点绑扎
1—吊索;2—卡环;3—捯链;4—横吊梁;5—脚手杆铁丝绑牢;6—滑车

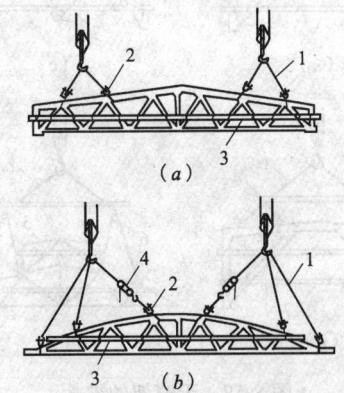

图 8-56 双机抬吊屋架的绑扎
(a)30m 屋架四点绑扎;(b)36m 屋架六点绑扎
1—吊索对折使用;2—卡环;
3—脚手杆用铁丝绑扎;4—捯链

8 结构吊装工程

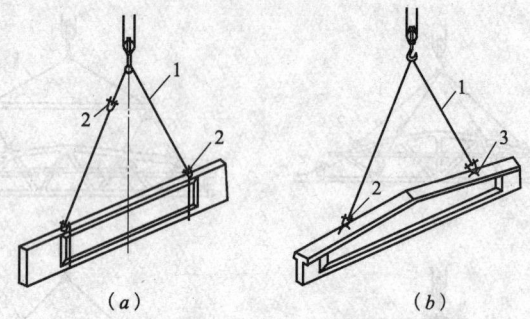

图 8-57 屋面梁的绑扎
(a)6m、9m屋面梁绑扎；(b)12m、15m、18m屋面梁绑扎
1—吊索；2—卡环；3—吊环

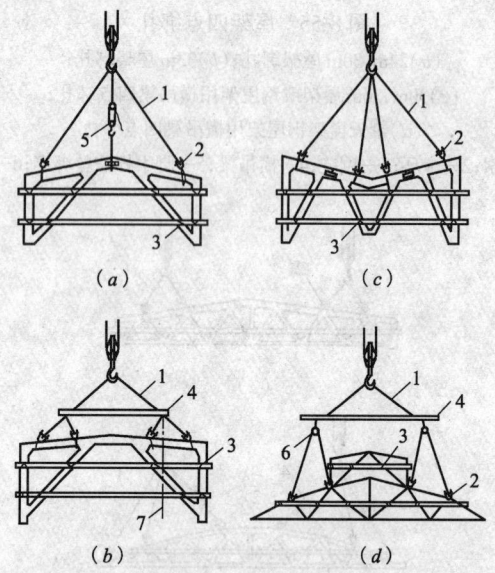

图 8-58 天窗架的绑扎
(a)6m天窗架两点绑扎；(b)6m天窗架用横吊梁四点绑扎；
(c)9m天窗架四点绑扎；(d)天窗架拼在屋架上四点绑扎
1—吊索；2—卡环；3—脚手杆用铁丝绑牢；4—横吊梁；
5—捯链；6—滑车；7—单榀重心线

8.4 单层工业厂房结构吊装方法

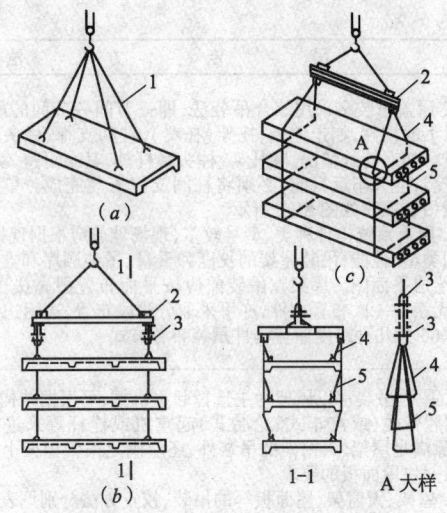

图 8-59 大型屋面板、圆孔板的钩挂
(a)单块钩挂；(b)大型屋面板一钩多吊；(c)圆孔板一钩多吊
1—带钩吊索；2—型钢吊架或横吊梁；3—卡环；
4—上面板的吊索；5—下面板的吊索

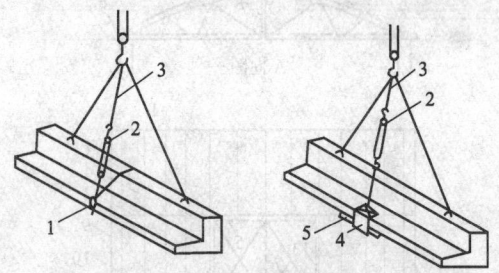

图 8-60 雨搭板或檐口板的绑扎
1—卡环；2—捯链；3—辅助平衡索；4—卡具；5—垫木

3. 屋盖结构的吊装顺序、布置与方法

屋盖结构的吊装顺序、布置与方法　　　表 8-63

项次	项目	吊　装　方　法
1	吊装顺序与布置	1. 屋盖构件吊装包括屋架(屋面梁)、屋架上下弦水平和垂直支撑、屋面板、天沟板(或挑檐板)等,带有天窗的屋盖还有天窗架、天窗架间垂直和水平支撑、天窗挡(上、中、下)、天窗侧板和天窗上屋面板、挑檐板等

续表

项次	项目	吊　装　方　法
1	吊装顺序与布置	2. 屋盖吊装多采用综合吊装法,即一节间一节间的吊装。吊装前,柱头以下的构件,如走道板、托架(托梁)、柱间支撑、柱头系杆应全部吊装完成。如遇特殊情况,除托架、柱头系杆外,其余可待屋面构件吊完后再行安装,但天车运行前,必须将柱间支撑安装完成。单层工业厂房屋盖一般吊装顺序如图8-61所示 3. 屋盖系统构件种类、型号较多,现场堆放应根据现场场地条件,起重机的类型、性能,吊装屋架的长度和重量、吊装顺序和方法等进行周密布置,绘成平面图。屋架在吊装前应按平面布置图先扶直就位,当现场较狭,无条件一次布置构件,亦可采取分阶段布置,边运边吊方式,图8-62、图8-63为几种跨度屋盖构件吊装布置方式
2	吊装机械选择与吊装方法	1. 屋盖吊装常以屋架为主选择起重机械,可根据结构情况和现场条件采用履带式(或汽车式、轮胎式)起重机或桅杆等来进行。在选择型号时,除满足屋架、天窗架的吊装外,还应满足吊天窗架上中间及厂房两侧边缘一块屋面板的要求 2. 屋架、天窗架、屋面板等的吊装、校正方法分别见表8-64~表8-66

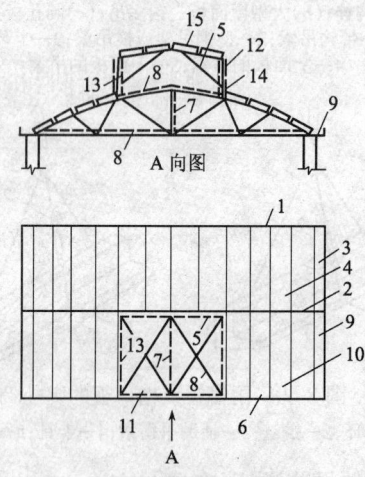

图 8-61 屋盖构件吊装顺序

1—第一榀屋架;2—第二榀屋架;3—天沟板;4—第一节间屋面板(全部);
5—第一榀天窗架;6—第三榀屋架;7—屋面垂直支撑;
8—屋面水平支撑;9—第二间天沟板;10—第二节间屋面板(全部);
11—第二节间天窗架;12—天窗上挡(或天沟板);
13—天窗垂直支撑;14—天窗侧板;15—天窗架上屋面板

8.4 单层工业厂房结构吊装方法

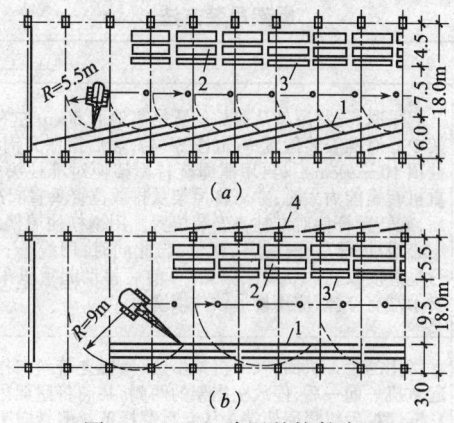

图 8-62 18m 跨屋盖构件布置
(a)用 W_1-50 型起重机吊装；
(b)用 W_1-100 型起重机吊装
1—屋架；2—屋面板；3—天窗侧板；4—天窗架

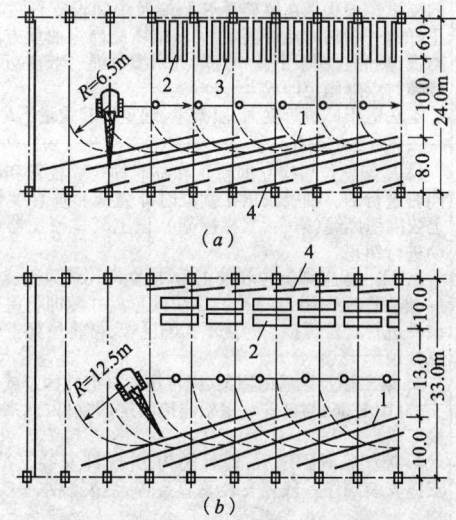

图 8-63 24m、33m 跨屋盖构件布置
(a)24m 跨屋盖构件布置；(b)33m 跨屋盖构件布置
1—屋架；2—屋面板；3—天窗侧板及支撑；4—天窗架

8 结构吊装工程

屋架吊装方法　　　　　　　　　　　　　　　　　　表 8-64

项次	项目		要　点
1	吊装方法	单机旋转吊装法	起吊时,先将屋架从排放位置吊离地面 50cm 左右,旋转臂杆使屋架中心对准安装位置中心(图 8-64),然后徐徐升钩将屋架吊至高于柱顶 10～20cm 后,再用溜绳旋转屋架使对准柱头安装位置。如起重机起重能力大时,亦可将屋架从排放位置垂直吊超过柱顶 20cm 后,旋转臂杆使对准柱头安装位置。用撬杠使屋架端头中心与柱头中心对准,然后徐徐落钩就位,与此同时,用线坠、卡尺或经纬仪进行垂直度校正。如屋架偏斜,可前后移动起重机吊钩使其垂直;如支承端有空隙,应用楔形铁片填塞
		双机抬吊法	常用的为一机回转、一机抬吊法,屋架立着斜向排放在跨中,两台起重机一前一后,停放在屋架的两侧,共同将屋架吊起,待吊离地面 1.5m 时,后机将屋架端头从起重臂杆下一侧转向另一侧,然后双机同时升钩将屋架吊至高空,最后前机旋转起重臂,后机则稍落起重杆或高空重载稍向前行驶,递送屋架至安装位置就位(图 8-65a);如布置不便,亦可将屋架布置在跨内一侧,采取双机跑吊安装就位(图 8-65b),此时双机均应长距离载重行驶,安全性较前差。校正方法同单机旋转法吊装。双机吊装屋架立面见图 8-65(c)。大跨度屋架除支座轴线(位移)、垂直度的校正外,还应进行屋架下弦侧向弯曲的校正。方法是在屋架下弦两端及中间设支杆、拉轴线,将轴线校正好的一端临时点焊固定,另一端在侧向弯曲反方向一侧焊一块钢挡板,然后在屋架下弦中点附近用缆风绳、捯链拉正,并随即将活动端临时点焊固定即成 本法适用于厂房跨度大、屋架重、起重机起重量不足时采用
2	固定方法		1. 屋架就位后应立即校正和临时固定。校正和临时固定一般是同时进行的。轴线校正在就位时即完成。垂直度校正一般采取在上弦绑缆风绳(第一、二榀屋架),设工具式校正器或绑木杆前后移动进行纠正 2. 第一榀屋架就位和校正后,应立即用缆风绳或脚手杆临时固定(一般固定点不少于 2 个),以防倾覆。并随即将屋架端头与柱顶埋设件进行定位焊接。跨度不大的屋架,可将屋架上弦固定在山墙抗风柱顶部 3. 第二榀及以后的屋架,则可用杉杆绑扎固定或用工具式校正器支撑(图 8-66)与已安装屋架连接固定,并可以此来校正屋架的垂直度 4. 屋架临时固定后,即可脱钩,并随即安装支撑系统和屋面板。支撑安装顺序一般先安装垂直支撑,后安装水平支撑,以保证屋架稳定 5. 对大跨度屋架经校正临时固定后,随即进行最后焊接固定。焊接时,屋架端头与柱顶埋设件缝隙用相应的斜铁垫实,然后在屋架两端对角线同时对称分段施焊,当焊完全部焊缝一半即可卸钩。屋面板吊完一个节间,才可拆除临时加固措施

8.4 单层工业厂房结构吊装方法

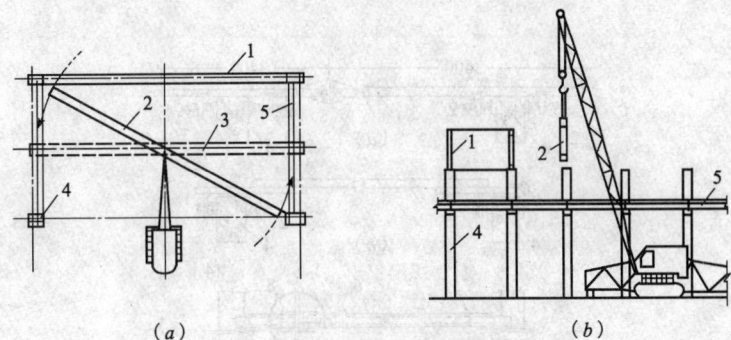

图 8-64 屋架的吊装就位
(a)升钩时屋架对准安装中心;(b)安装就位情况
1—已吊装的屋架;2—正吊装的屋架;3—正吊装屋架的安装位置;4—柱;5—吊车梁

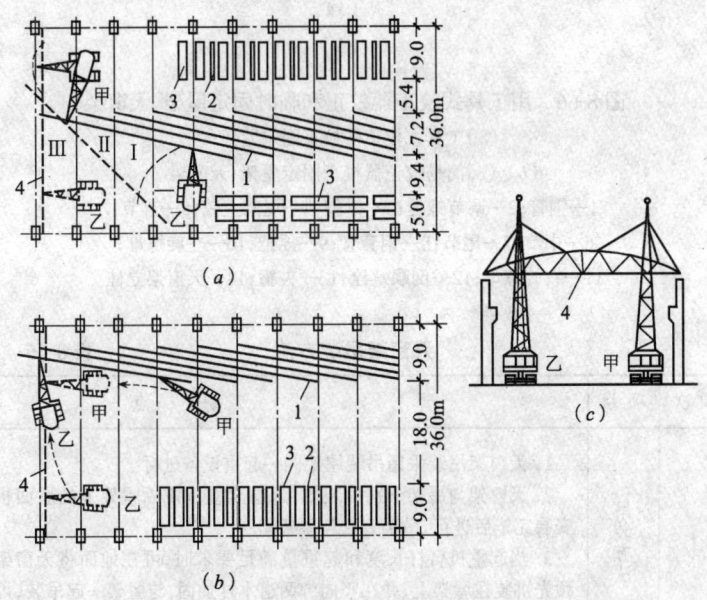

图 8-65 双机抬吊安装屋架
(a)一机回转、一机跑吊构件平面布置;(b)双机跑吊构件平面布置;(c)双机吊装屋架
1—准备起吊的屋架;2—支撑构件;3—屋面板;4—准备就位的屋架
Ⅰ、Ⅱ、Ⅲ—屋架就位程序

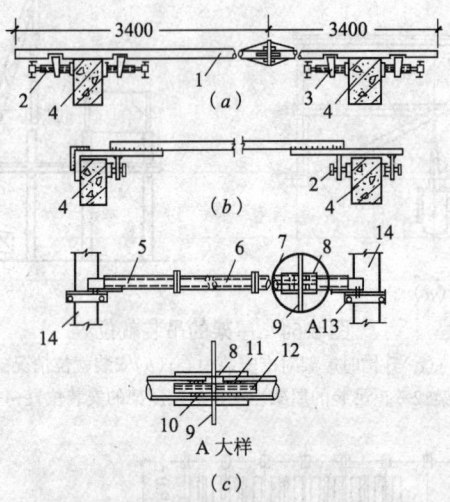

图 8-66 用工具式校正器校正和临时固定屋架、天窗架
(a) 工具式校正器校正固定屋架；
(b)、(c) 简易校正器校正固定屋架、天窗架
1—钢管；2—调节螺栓；3—撑脚；4—屋架上弦；5—首节；
6—中节；7—尾节；8—钢套管；9—摇把；10—左旋螺母；
11—右旋螺母；12—倒顺螺栓；13—夹箍；14—天窗架立柱

天窗架吊装方法 表 8-65

项次	项目	要点
1	吊装方法	1. 天窗架吊装采用吊装屋架同一起重设备进行 2. 天窗架与屋架分别吊装时，天窗架应待该榀屋架上的屋面板安装完毕后进行，吊装方法与屋架相同 3. 当起重机臂杆长度和起重量满足要求时，可在地面将天窗架预先拼装在屋架上，并在竖向绑两道木杆加固，与屋架一起吊装，可减少高空作业，加快吊装速度
2	临时固定	第一榀天窗架，用缆风绳或杉木杆支撑等与已安装的屋面板预埋吊环相连来临时固定和校正；第二榀安完以后，可以前后移动起重

8.4 单层工业厂房结构吊装方法

续表

项次	项目	要点
2	临时固定	机来调整校正,并绑杉杆临时固定,同时安装支撑系统;亦可在天窗架两侧立柱中部各安装1根工具式校正器临时固定和校正,然后脱钩焊接固定

屋面板吊装方法　　　　　　　　　　　　　　表 8-66

项次	项目	要点
1	吊装设备与顺序	1. 屋面板吊装可采用吊装屋架的起重机进行或在已安装的一跨屋面上设台灵桅杆进行(图 8-67) 2. 安装顺序:一般由厂房两侧檐头开始,向屋脊对称由低向高进行
2	吊装校正与固定	1. 吊装时,屋面板按照在屋架上弦弹出的轴线和板位置线就位,使两端搭接长度一致,板间空隙均匀 2. 就位后,位置有偏差或支承处如有空隙,可将板微微吊起,用撬杠拨正;支座空隙用铁片垫塞填实后卸钩,并立即电焊固定,以保证屋盖的纵向稳定,每块板与屋架上弦至少焊 3 点,焊缝长度不少于 60mm

8.4.4.5 拱板屋盖的吊装

拱板屋盖吊装方法　　　　　　　　　　　　　表 8-67

项次	项目	要点
1	组成与应用	1. 拱板屋盖是采用二次抛物线薄板非预应力拱板一种构件,沿建筑物纵向排列而成。拱板跨度一般为 18~24m,高度 1.8~2.0m,每榀宽 1.19~1.98m,上下弦板采用 C40 混凝土,厚度为 50mm 和 40mm,中间设隔板和钢筋斜拉杆 2. 拱板屋盖集屋架、屋面板与支撑系统于一体,具有构件规格、类型、数量少,吊装方便、快速,重量轻,隔热防寒性能好,造价较低等优点。适用于各类单层仓库屋盖
2	拱板运输	1. 拱板一般在预制场制作,其强度达到设计强度标准值的 100% 始可运输和吊装 2. 为防止拱板在运输过程中变形、损坏,一般采用自制简易托架台车(图 8-68)装车,用汽车或拖拉机牵引运输到施工现场排放或吊装

续表

项次	项目	要点
3	吊装工艺方法	拱板的吊装一般采用以下两种方法： 1. 单机吊装法：拱板在跨内斜向布置。采用 1 台 15t 履带式起重机或 25t 轮胎式起重机垂直起吊至墙壁顶高 50cm，然后机身就地在空中旋转落于墙顶上就位，方法同一般预应力混凝土屋架吊装，在拱板两端要设牵引绳使缓慢旋转就位 2. 双机抬吊法（图 8-69）：在仓库两侧铺设轨道，每侧安装 1 台红旗Ⅱ-16 塔式起重机。拱板运输到仓库山墙处，使距离满足吊装要求。吊装时塔吊按要求就位，调整好吊臂角度，放吊钩绳，用卡环连接两端拱板吊环然后拉紧钢丝绳，并使吊钩与拱板两吊环的重心在同一垂线上；检查绑扎牢靠后，方能开始起吊。先垂直起吊，高度应满足塔吊水平行走要求，然后停止，再水平行走，直至走到仓库的另一个山墙处安装第一块拱板位置，停止行走，再对准安装位置放绳，就位后再卸钩，按此法后退吊装直至全部吊完为止。并在第二块拱板吊装就位后，依次按设计要求焊好预埋件

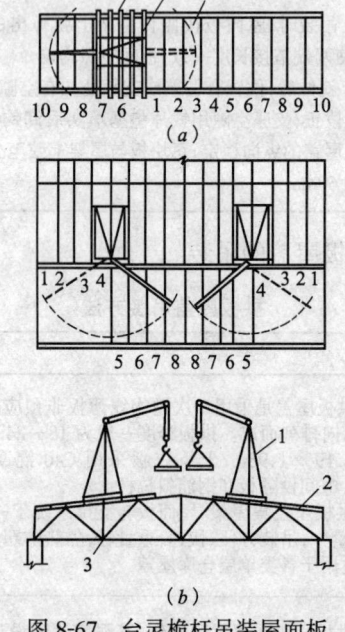

图 8-67 台灵桅杆吊装屋面板
（a）第一节间台灵桅杆装在承重方木上吊屋面板；
（b）二台台灵桅杆同时吊装屋面板
1—台灵桅杆；2—屋面板；3—屋架；4—承重方木
1、2、3—屋面板安装顺序

8.4 单层工业厂房结构吊装方法

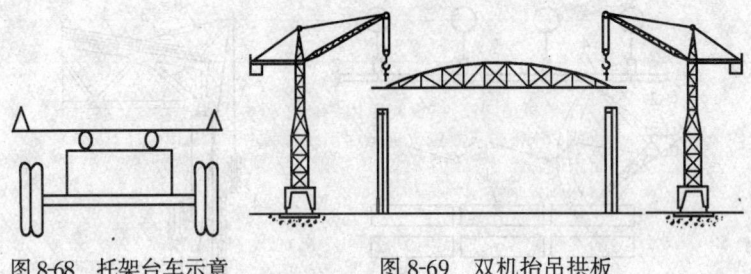

图 8-68 托架台车示意　　　　图 8-69 双机抬吊拱板

8.4.4.6 工业墙板的吊装

工业墙板的绑扎与吊装方法　　　表 8-68

项次	项目	要　点
1	吊装顺序	1. 墙板常用规格为 6m×1.5m×0.2m、9m×1.5m×0.3m、12m×1.5m×0.3m。有跨内和跨外吊装两种方式，以后者使用较普遍 2. 吊装顺序多从厂房外侧一端开始，由下往上安装，到另一端为止；或从厂房中间向两侧安装，但不可从两侧向中间安装，避免误差累积使最后一节间板安装困难。山墙板在厂房两侧墙板安装完后吊装，位于墙板之上的檐口板应在该节间最上一块墙板安装后进行
2	布置、绑扎与吊装	1. 履带式(汽车式)起重机吊装法：构件按吊装先后顺序靠近柱列布置，使节点、墙板中心与节间中心三者位于起重机回转半径上(图8-70)。板侧面均留有吊装孔，可直接用卡环吊索两点绑扎起吊，或用套索起吊。吊装时，起重机位于一侧，将墙板吊起旋转到安装位置，用人力扶正就位 2. 人字桅杆吊装法：在屋面板吊装完后进行。利用边缘一块屋面板作支点设置一钢管人字桅杆(图8-71)，以拉索做变幅，改变拉索距离即可调整支架的水平距离，以卷扬机或绞磨作为提升设备垂直吊板就位。下部用桅杆或轻型汽车吊将板递送到吊装节间，吊完后上部人字桅杆再移到下一节间使用
3	校正和固定	墙板就位后，随即校正，要求支承平稳，板面垂直、平整和纵横缝隙均匀。如两端支座不实，用适当厚度的钢垫板垫起，严禁板中部受力，支座悬空。板竖缝不均，可用撬杠轻微拨动得以校正；板横缝大小不均，可用调整支座标高纠正；墙面平整度可用调节连接件的长度来纠正，但主要还在于吊装柱子时，要严格控制柱自身标高、轴线和垂直度的正确
4	板与柱的连接固定	1. 墙板与柱的连接固定有螺栓连接和埋设件焊接两种方式。在柱未吊装前，应按设计尺寸事先将有关连接件焊在柱预埋件上，以减少高空作业。板校正完后，随即用螺栓或焊接固定 2. 墙板板缝设计一般已考虑防水构造。采用焊接刚性固定的墙板板缝，则用砂浆随时填塞更平，砂浆中掺少量铝粉膨胀剂，以减少收缩。采用螺栓柔性固定的墙板，吊装后嵌填油膏等韧性材料填充

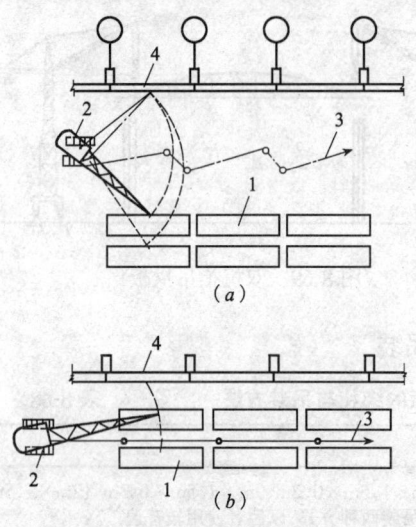
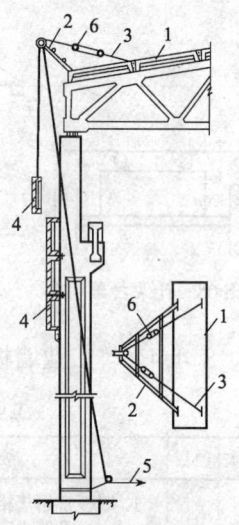

图 8-70 用履带式起重机吊装工业墙板
(a)施工场地允许时平面布置;
(b)施工场地狭窄时平面布置
1—12m×1.5m墙板堆放位置;
2—履带式起重机;
3—起重机开行路线;4—墙板安装位置

图 8-71 用人字桅杆
吊装工业墙板
1—大型屋面板;
2—钢管人字桅杆;
3—拉索;4—工业墙板;
5—接卷扬机;6—捯链

8.5 多层民用建筑结构的吊装

多层民用建筑结构的吊装方法 表 8-69

项目	要　　　点	注　意　事　项
吊装机具与顺序	1. 多层民用建筑结构的吊装主要为楼面和屋面,构件多用圆孔板或槽形板,或配以过梁开间梁、阳台、楼梯等预制构件 2. 吊装机具一般多用2～6t轻型塔式起重机、龙门式提升机、井架式提升机(带悬臂吊杆)或独脚桅杆(悬臂式桅杆或人字桅杆)配以杠杆小车安装	1. 吊运板时,要按规定设置吊点和支垫点,吊索应对称设置,使均匀平稳,防止板因悬臂过大,受力不匀,而产生裂缝。对已有横向裂缝的板,不得使用

8.5 多层民用建筑结构的吊装

续表

项目	要　　　　点	注 意 事 项
吊装机具与顺序	3.楼板(屋面板,下同)的安装顺序采用塔式起重机,一般从房屋一端向另一端一间一间地铺设,采用龙门式提升机、井架式提升机以及各种桅杆进行安装,多从中间向两端一间一间地铺设,以便利用已铺好的楼面作为运输操作平台	2.圆孔板安装前,应将板两端孔洞,用 MU10 砖或 C10 混凝土块,M5 砂浆堵砌好,其长度应为 1/2 墙厚 3.梁板吊装前,应在墙面弹出基准线,位于楼面板下 100mm 处,用水平尺或水准仪校准。板支承面要用砂浆进行找平,找平厚度在 20mm 以上时,宜用 C20 细石混凝土,硬化后再铺薄层稀浆安装楼板。梁的支座口下应有混凝土垫块。垫块和梁下均应坐浆找平 4.要按设计规定保证板在梁或墙上的搁置长度,在梁上不得少于 60mm;在墙上不得少于 90mm。板间纵、横缝隙要均匀,板下面纵缝宽度不得小于 20mm。相邻板面要平整,高低差不得大于 5mm 5.板应一次安好,防止就位后再用撬杠撬动,而使砖墙失稳或倾倒 6.板安装一段后,应立即进行灌浆,以保证整体性要求。灌缝前应将缝壁清理冲洗干净,板缝底应吊底模,并浇水湿润缝槽,先用 1:2 水泥砂浆封底(约为板厚的 1/4~1/3),然后灌 C20 细石混凝土,并用铁钎插捣密实,灌后湿润养护 2~3d 7.灌缝混凝土达到设计强度 70% 以上,始可在板上操作或堆放砖、砂浆等材料,重量不应超过板的承载力,且底部应铺一层脚手板,同时应避免冲击和振动 8.梁、板安装应在房屋的每一工作段按次序成套安装,以便在已安装好的工作段中进行下一工序
常用几种构件安装方法优缺点及使用	1.轻型塔式起重机安法法 起重机布置在拟建房屋一侧,使房屋平面和构件堆场均处在起重机伸臂回转半径范围内,运到现场的材料和构件,由起重机卸车、堆放,再按施工需要吊运安装就位(图 8-72)。本法安装空间和半径大,可进行各道工序综合作业,吊装效率高,进度快。但起重机装拆较费工、费时,需铺设轨道,费用高,适于 6 层以下住宅楼群的吊装 2.龙门提升机安装法 在楼房的一侧中部设置钢管或角钢龙门式提升架,构件在地面用双轮杠杆小车装车(图 8-73),用龙门提升架将杠杆小车连同构件一起用升降平台借卷扬机垂直运输到楼面上,再配以跳板,直接用杠杆小车进行水平运输和安装就位(图 8-74)。本法设备构造简单,可自行制造,装拆较易,操作方便、安全,费用低。但需设置一定数量的缆风和锚碇,适于 6 层以下房屋的吊装,为国内较广泛使用的方法 3.井架(带悬臂桅杆)或提升机安装法 在房屋的一侧中部设置型钢制井架式提升机,在靠房屋一侧设起重悬臂桅杆,直接将带有圆孔板(或槽板)的杠杆小车吊至楼面,再用杠杆小车将构件安装到设计位置就位(图 8-75)或仅垂直运输板、梁构件到楼面上,再装在杠杆小车上进行水平运输和安装。对 6 层以上楼房可采用 30~50m 高、截面 1500mm×1500mm 井架,15~20m 长悬臂桅杆进行构件的垂直运输和吊装(见图 8-76)。本法可利用工地常规设备机具,施工较简单、灵活,可进行运输吊装综合作业,进度快,成本低,适于在狭窄场地、缺乏较大型起重机具情况下吊装 10 层以下房屋 4.独脚桅杆(悬臂式桅杆或人字桅杆)安装法 一、二层房屋吊装可在房屋一侧地面设木或钢独脚桅杆(悬臂式桅杆或人字桅杆)作构件垂直运输,将板运到楼面上,开始在楼面临时铺 2~3 根钢管,钢管上焊两块小钢板卡入板缝限制钢管移动。用撬	

续表

项目	要　　点	注 意 事 项
常用几种构件安装方法优缺点及使用	杠、撬板（或用绳牵板）滑行就位，或用杠杆小车作水平运输和就位（图8-77）。二层以上可在安装楼面或一侧墙（或脚手架）上设简易人字桅杆，利用设在楼面或地面的小型卷扬机将构件垂直运输到楼面上，再用人力或杠杆小车运至铺设地点安装就位 本法机具简单，可就地取材，自行制作，操作容易，费用低，对1层最为适用，2层以上需每安装一层，搭设一次，较为麻烦，适于缺乏机具情况下吊装4层以下房屋	9．采用桅杆安装构件，应先在桅杆部位安好2～3块板或铺脚手板作为临时操作平台之用，以保证操作安全 10．板上如需凿孔，不得伤及板肋和主筋，如确难避免伤肋，数量应限制在1根以内，且应采取适当的加固补救措施

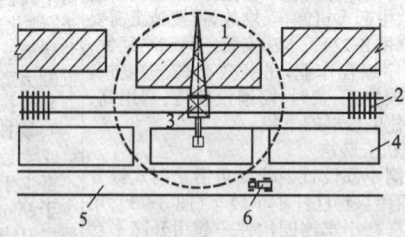

图 8-72　塔式起重机吊装平面布置
1—拟建多层楼房；2—塔式起重机行走轨道；
3—轻型塔式起重机；4—构件、材料堆放场；5—运输道路；6—运输汽车

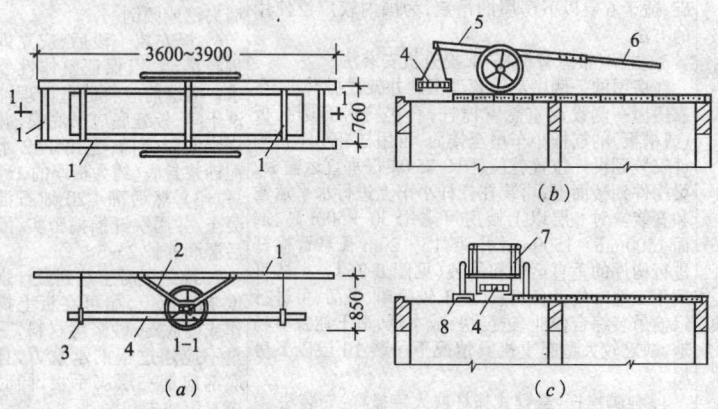

图 8-73　用双轮杠杆小车运输和安装圆孔板
（a）双轮杠杆小车构造；（b）横向安装圆孔板；（c）纵向安装圆孔板
1—ϕ50mm 钢管；2—∟45×4mm 角钢；3—ϕ16mm 活动吊钩；4—圆孔板；
5—ϕ73mm 钢管；6—可伸缩钢管；7—双轮杠杆小车；8—钢木跳板

8.5 多层民用建筑结构的吊装

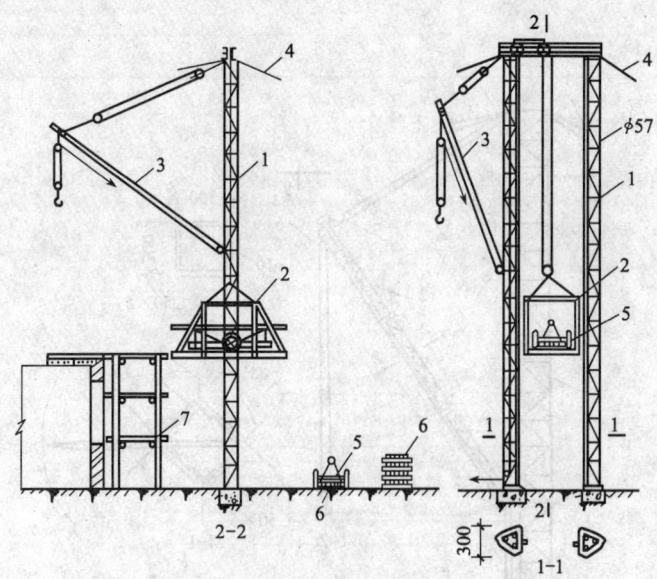

图 8-74 用龙门式提升机及杠杆小车安装楼板
1—龙门提升架；2—升降台；3—悬臂吊杆；4—缆风绳；
5—杠杆小车；6—圆孔板；7—脚手架

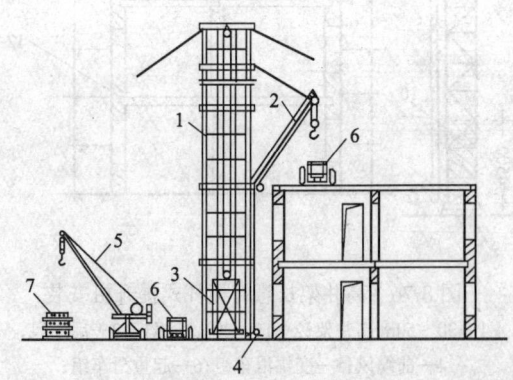

图 8-75 用井架带悬臂桅杆运输和安装圆孔板
1—井架式提升机；2—悬臂桅杆；3—升降平台；4—接卷扬机；
5—少先式起重机；6—杠杆小车；7—圆孔板

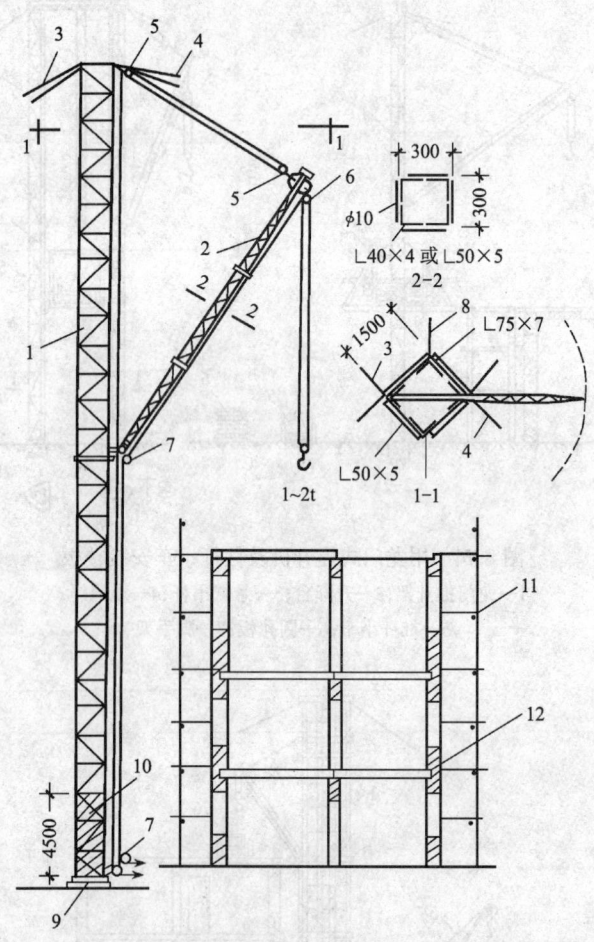

图 8-76 高井架长悬臂桅杆式提升机安装
1—30~50m 高井架；2—15~20m 长桅杆；3—后缆风；
4—前缆风；5—变幅滑车组；6—起重滑车组；
7—导向滑车组；8—侧缆风；9—枕木；
10—压重；11—脚手架；12—建筑物

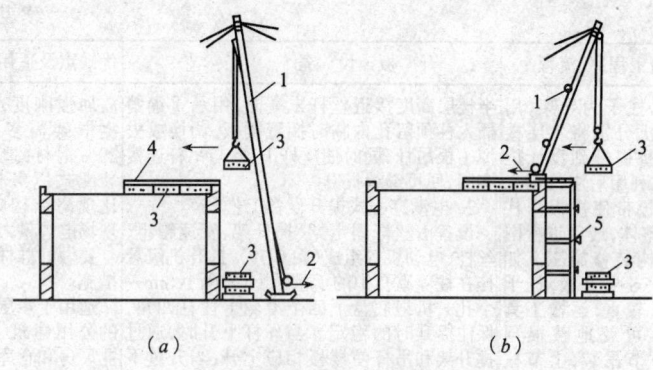

图 8-77 用独脚或人字桅杆吊装
（a）用独脚桅杆吊装；（b）用人字桅杆吊装
1—独脚桅杆或人字桅杆；2—接卷扬机或绞磨；
3—圆孔板；4—钢管滑道；5—脚手平台

8.6 多层建筑升板法施工

8.6.1 提升程序和提升设备

多层建筑升板法施工程序、设备和工艺　　　　表 8-70

施工程序、流程	升 板 设 备 、 工 艺	优缺点及适用条件
升板法是介于现浇混凝土与预制装配化之间的一种施工方法，其基础与柱的施工类似装配式结构，楼板、屋面板采用整块就地浇筑整块提升 升板施工程序是：先施工基础，将预制好的柱子吊装就位，预埋地下管道，回填土，平整地面，浇筑混凝土地坪，以地坪为底模支侧模，刷隔离层，就地重叠浇筑各层楼板及屋面板（以下统称楼板），然后在柱顶上或柱上一定位置安设升板设	升板设备种类较多，常用的有手动液压千斤顶、电动穿心式提升机、电动蜗轮蜗杆提升机、自动液压千斤顶四种，其技术性能如表 8-71。以前两种使用较广泛 1. 手动液压千斤顶提升设备工艺 设备由千斤顶、上横梁、下横梁、丝杆和上下螺母等组成（图 8-78）。其安装和操作工艺是：(1) 先将柱套套在柱顶上，将提升设备依次安装在柱套上；(2) 用丝杆的上下螺帽将楼板悬吊在上下横梁上；(3) 揿动千斤顶，使楼板随着上横梁的上升而上升，与此同时，将下螺帽 5 往下拧，以保持与下横梁接触；(4) 千斤顶完成一次冲程后，拧紧下螺帽，使楼板吊在下横梁上；(5) 打开千斤顶回油阀使活塞下降，上横梁随之下降，再拧紧上螺帽，使与上横梁接触，再开动千斤顶使楼板上升，如此反复循环操作，使楼板不断上升；(6) 当丝杆长度不够，提到一	优点：楼板、屋面板均在地面原位重叠生产，可节省预制场地和 95% 以上的模板木材；减少垂直运输和高空作业；梁板一块浇筑，简化施工程序；提高工效，加快施工进度；提升不需大型吊装设备，提升操作技术易于掌握，劳动强度低，施工安全文明。但本法需一定数量的提升设备；提升需在柱上增加预埋铁件，设提升环，柱子

续表

施工程序、流程	升板设备、工艺	优缺点及适用条件
备,以柱子为导架,用提升机分别将各层楼板交替提升到设计位置,并利用后浇柱帽和后浇板带使楼板与柱连成整体,最后进行围护结构装修施工。如为5~8层升板,柱子较长、较重,运输工具限制,可就地整根预制,下节吊装,上节柱随屋面板一同提升,用小型起重机吊装,或仅预制下节柱,进行吊装,上节柱采取现浇	半楼层高度接近丝杆末端时,用承重钢销插入柱预留孔内临时搁置楼板,调换或去掉1根吊杆,同时使丝杆下落,与吊杆连接牢固,便可继续提升 2. 电动穿心式提升设备工艺 设备由丝杆固定架、提升架、变速箱组、丝杆、电动机等组成(图8-79),提升机组悬挂在柱停歇孔中的承重销上(每隔1.8m一个孔),机组底盘下四个滑轮卡住柱四角,保住提升时的稳定。当丝杆上升时,通过提升架和吊杆使楼板相应上升,当升过下面的销孔后,穿入承重销,将楼板搁置其上,并将四个支撑支承在楼板上,使丝杆倒转,将机组顶到次一停歇孔位置,再将提升机组挂在次一停歇孔中的承重销上,如此反复进行,提升机组与楼板不断相互交替上升直到柱顶	需加强刚度,比现浇框架需多耗用20%钢材,造价与装配式厂房接近,比现浇结构略高;现场电焊量大;要做好群柱稳定措施 适用于多层结构的公用建筑、轻工业厂房和仓库等建筑工程施工,特别是多层混凝土无梁楼盖结构的施工

升板设备主要技术性能 表8-71

设备名称	起重量(t)	提升速度(m/h)	提升差异(mm)
手动液压千斤顶	50	1.45	20左右
电动穿心式提升机	15~20	1.89	≤10
电动蜗轮蜗杆提升机	18~25	1.4~1.92	≤10
自动液压千斤顶	50	0.56~0.60	基本同步上升

8.6.2 升板方法

升板法施工方法要点 表8-72

项次	项目	施工方法要点
1	提升单元划分和提升顺序	1. 提升单元是指一次提升楼板面的范围,由建筑结构平面布置、提升设备数量、技术状况、控制提升差异的水平、施工工艺及施工现场条件等确定,一般以16~20根柱范围内为一个提升单元。面积大的楼板可划分为数个单元提升,单元之间留1~1.5m左右的后浇带,其位置应在跨中(图8-80),待楼板提升完毕并固定后,再连接起来 2. 提升顺序根据升板设备、升板数量、柱截面和长度、最佳高度、柱子能承受荷载等具体情况来确定,一般分几次采取各层交替提升的办法,将板提升到设计位置。在提升前,要编制提升程序图,其内容包括:提升方式、步距、吊杆组配(排列)、群柱稳定措施及施工进度等,一般八层房屋工程升板顺序见图8-81

8.6 多层建筑升板法施工

续表

项次	项目	施 工 方 法 要 点
2	提升准备工作	1. 编制详细的提升方案,并进行技术交底 2. 施工柱基;预制并安装柱子;在每根柱上划出高度标志和各层楼板定位线 3. 基础分层回填,并夯实;浇筑混凝土地坪,要求平整光洁,养护不少于 7d 4. 以混凝土地坪为预制板底模,重叠浇筑各层钢筋混凝土楼板,要求升提孔留设准确。楼板与地坪及楼板与楼板之间的隔离剂用皂脚滑石粉溶液或柴油石蜡溶液(配合比和配制方法见模板工程隔离剂一节)刷(喷)两遍(或抹一遍纸筋灰或铺一层塑料薄膜),隔离剂干后,即可支侧模、绑钢筋、浇筑混凝土 5. 在柱顶安装工具式短钢柱,用柱顶预埋螺栓将提升架固定。在地面组装提升设备,用起重机吊至柱顶安装,用柱帽或柱顶预埋螺栓将提升设备固定 5~8 层升板,可按设在所需位置,用钢销挂在柱上的停歇孔上,对提升设备及其配件进行全面检查,并逐个试运转,一切正常后方可提升 6. 准备足够数量的承重销、钢垫板和硬木楔(或钢楔)等工具 7. 设置支撑系统,在柱顶架设一道钢桁架并铺脚手板,作临时水平支撑和走道之用 8. 检查板的混凝土强度,达到 100% 的设计强度方可提升
3	板的提升和就位	1. 一般提升法 (1)板的脱模顺序按角、边、中柱的次序,或由边柱向里逐排进行,每次提升高度不宜大于 5mm,使板顺利脱开 (2)同时开动提升设备,通过水平控制系统,使楼板均匀上升,提升差异控制在 10mm 以内 (3)每提升半个楼层,将承重销插入孔内作临时搁置,调换吊杆再开始第二阶段的提升,如此循环作业,直至需要固定的高度 (4)板提升时的同步控制是在各提升点做塌饼,放刻度标尺,对准柱子上的标记或刻度,即可量出提升高度和差异(图 8-82)。每 20~60cm 检查一次,要求板就位差异不超过 5mm,平面位移不超过 30mm。当出现差异时,可通过电子控制箱来调整,如采用手动液压千斤顶提升,控制各点提升速度,加快或减缓来调整 2. 盆式提升法 (1)将升板结构中柱各提升点降低,使板成为四个角边稍高,而中部稍低的盆子形状,在提升过程和搁置状态中始终保持盆形曲线(图 8-83) (2)板脱模顺序是:先依次提升四角柱,再后依次提升边柱,然后根据盆式要求,从外至内周循序脱模使成盆形,如图 8-83 所示。脱模时控制相邻柱高差不超过 5mm,严禁反盆脱模。脱模后应按设计盆式曲线要求调整盆形 (3)盆式提升时,应严格按盆式曲线控制,其提升差异的控制是在所有柱一边的每层板上设置固定测点;在每根柱上每隔 50cm 与板面测点相对应的位置,均做相对于板面原始状态的盆式曲线高程差标志,其刻度误差控制在 ±0.5mm 以内 (4)提升机在提升过程中,可按具体情况采取同步提升或单机提升。提升到搁置位置吊杆放松后,应按原先标定的标志加以校核,使符合设计盆式曲线,板在相邻柱间的提升差异不超过 5mm;搁置就位差异不应超过 3mm(平面位移不应超过 25mm);中柱处的板不得出现上升差值(即反盆现象)。如超过规定偏差值,应重新提起调整。其他要求均同"一般提升法"

续表

项次	项目	施 工 方 法 要 点
4	保持和提高群柱稳定性技术措施	1. 在提升阶段，应分别按提升程序对各个提升单元进行群柱稳定性验算，如不稳定，应采取措施加强操作控制和施工管理，以防止出现意外偏心荷载，导致群柱失稳 2. 选择合理的提升程序，使提升时柱所受的荷载作用点尽量降低，以避免出现头重脚轻现象 3. 楼板采用四点提升，使丝杆与吊杆的接头能通过楼板，使板距由3.6m压低到1.8m，有效地降低重心，提高柱的稳定性 4. 楼板每提升一段，楼板孔与柱子四周之间立即用钢楔打紧 5. 对四层以上的升板结构，在提升过程中，最上两层板至少有一层板交替与柱楔紧，并应尽早由下而上将板与柱永久固定而形成刚接 6. 采用柱顶式提升时，利用形式提升的临时走道将各柱顶连接固定。亦可利用水平短撑或拉条与已安好并固定的单元联系固定 7. 在柱安装时，边柱的停歇孔应与边柱互相垂直；相邻排的停歇孔宜互相垂直，使承重销的方向垂直交叉，可使柱与板之间在两个方向都有一定的抗弯能力 8. 当升板建筑设有电梯井、楼梯间、竖井等筒体时，其筒体采取先行施工，以便利用作为群柱侧向联系的支点。对五层或20m以上的升板结构，在提升和搁置时，至少有一层板与先行施工的抗侧力结构有可靠的连接（如空隙间用钢楔打紧或与电梯井、楼梯间的预埋铁件临时焊接等） 9. 如提升机能力较大，可采用叠层提升楼板，以降低楼板提升高度，降低重心，尽早固定下层楼板，以加快提升速度 10. 提升阶段，当实际风载大于验算取值时，应停止提升，并采取有效措施将板临时固定；如加柱间支撑、嵌木楔与相邻建筑连接、柱上部二块或三块板的四角用缆风绳进行临时固定，以改善柱的支承情况，适应较大的水平荷载，保证柱的稳定 11. 加强柱子垂直偏差的观测与校正，如发现过大或异常的变形和摇晃，特别是四角向同一方向出现过大变形，应立即加设支撑或缆风绳等措施使之稳定 12. 每层楼板就位后，立即现浇柱帽与楼板结成整体，以减少柱的计算长度
5	板的最后固定和设备拆除	1. 板的最后固定在每层楼板就位后立即进行 2. 固定方法，一般先用钢销插入柱的停歇孔内作临时固定。垂直和水平度校正后，在提升环与柱之间空隙，用一对钢楔对打楔紧，并焊牢。拉直附在柱四周的柱帽钢筋，焊上四角斜筋，扎上箍筋，同时将提升环与柱上预埋用件铁板焊牢，安装工具式钢或木柱帽模板，用比板的混凝土高一级的混凝土，从楼板预留孔灌入分层捣实。要求在8h内完成并加强养护 3. 板最后固定后，接着按常规方法施工后浇板带 4. 拆除提升设备可用三脚架或在可移动小车上装设门架用捯链进行。拆下的各部件随时整理、检查、维修、分类堆放，保管备用

8.6 多层建筑升板法施工

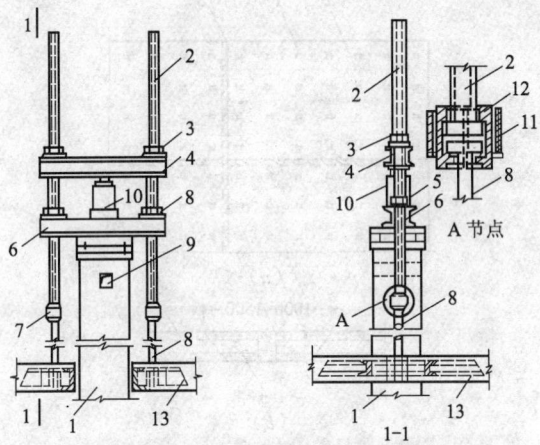

图 8-78 手动液压千斤顶提升装置
1—柱子;2—丝杆(螺杆);3—上螺帽;4—上横梁;5—下螺帽;
6—下横梁;7—套筒接头;8—吊杆;9—承重销孔;
10—千斤顶;11—套筒;12—半圆形铸钢接头;13—楼板

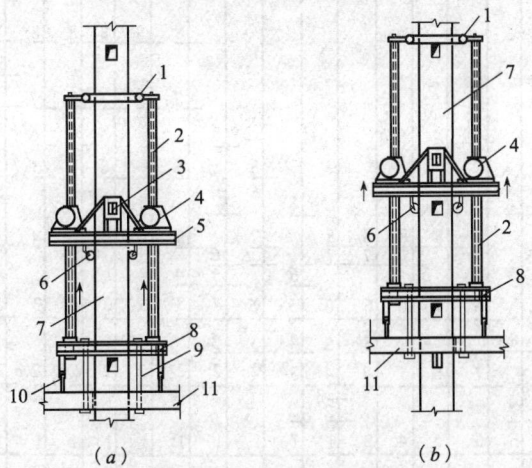

图 8-79 电动穿心式提升设备及提升情况
(a)楼板(屋面板)提升;(b)提升机自升情形
1—丝杆固定架;2—丝杆;3—承重销;4—变速箱组
(电动螺栓千斤顶);5—提升机底盘;6—导向轮;7—柱子;
8—提升架;9—吊杆;10—提升架支腿;11—楼板(或屋面板)

705

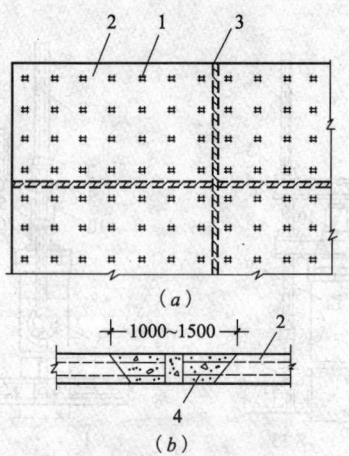

图 8-80 板的提升单元划分
(a)板的分块;(b)后浇板带
1—柱子;2—板;3—后浇板带;4—伸出钢筋

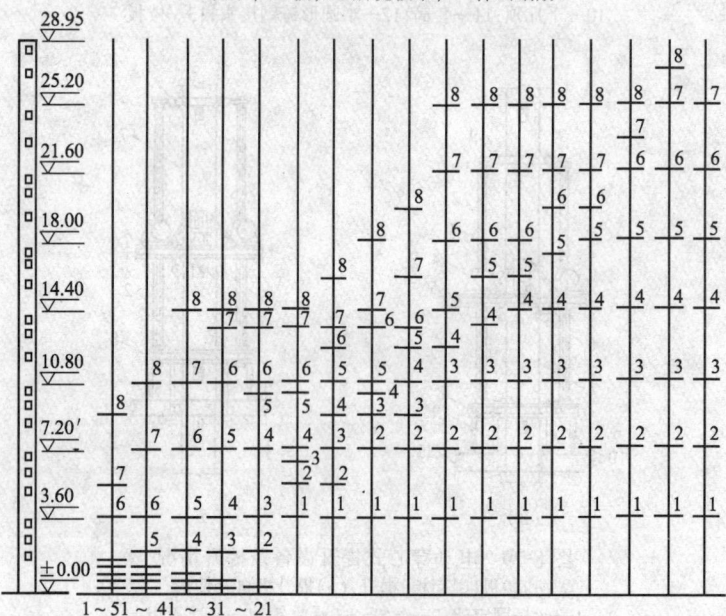

图 8-81 八层房屋的升板顺序
1~8—楼层号

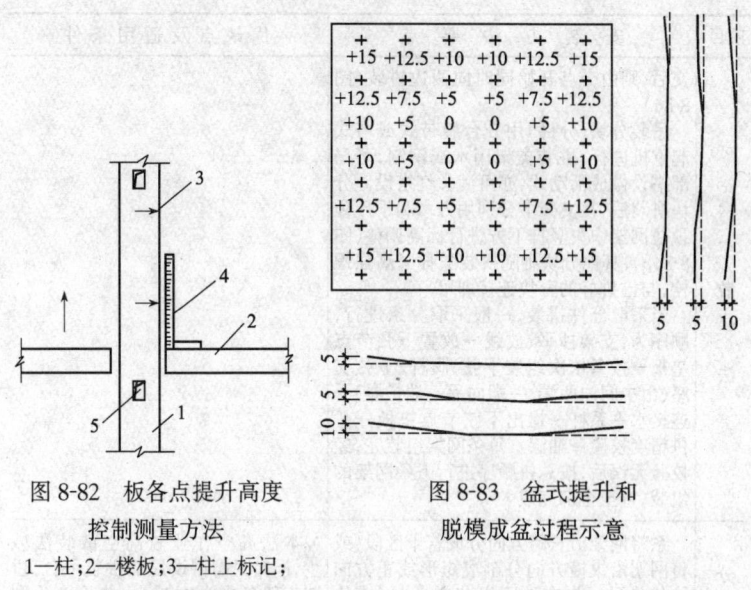

图 8-82 板各点提升高度
控制测量方法

1—柱；2—楼板；3—柱上标记；
4—标尺；5—停歇孔

图 8-83 盆式提升和
脱模成盆过程示意

8.7 大跨度钢网架、门式刚架、桁架的吊装

8.7.1 钢网架的安装

8.7.1.1 分件安装法

大跨度钢网架屋盖结构分件安装方法　　　　表 8-73

项目	安 装 方 法 要 点	优缺点及适用条件
高空散装法	先在地面上搭设拼装支架，将网架分块（小拼单元）或构件分件吊至支架上，直接在高空设计位置总拼装成整体 　　总的拼装顺序是：从建筑物一端开始向另一端以两个三角形同时推进，待两个三角形相交后，则按人字形逐榀向前推进，最后在另一端的正中合拢。每榀块体的安装顺序，在开始两个三角形部分是由屋脊部分开始分别向两边拼装，两三角形相	本法不需大型起重设备，对场地要求不高，但需搭设大量拼装支架，高空作业多 　　适于非焊接连接（如螺栓球节点、高强螺栓节点等）的各种网架的拼装；不宜用于焊接球网架的拼装，因焊接易引燃脚手板，操作不够安全，同时高空散装，不易控制标高、轴线和质量，工效降低

续表

项目	安 装 方 法 要 点	优 缺 点 及 适 用 条 件
高空散装法	交后,则由交点开始同时向两边拼装(图8-84) 吊装分块(分件)用2台履带式或塔式起重机进行,拼装支架用木或钢制,可局部搭设做成活动式,亦可满堂红搭设。分块拼装后,在支架上分别用方木和千斤顶顶住网架中央竖杆下方进行标高调整(图8-84c),其他分块则随拼装随拧高强螺栓,与已拼好的分块连接即可 当采取分件拼装,一般采取分条进行,顺序为:支架抄平、放线→放置下弦节点垫板→按条依次组装下弦、腹杆、上弦支座(由中间向两端,一端向另一端扩展)→连接水平系杆→撤出下弦节点垫板→总拼精度校验→油漆。每条网架组装完,经校验无误后,按总拼顺序进行下条网架的组装,直至全部完成	
分条分块安装法	系将网架沿长跨方向分成若干区段(或将网架沿纵横方向分割成矩形或正方块状单元),先在地面组装成条状(或块状)单元,再用起重机将单元体吊装到高空就位并拼成整体。分条(块)的大小视起重能力而定,但自身必须具有一定的刚度,当刚度不足时,应采取临时加固措施 吊装有单机跨内吊装和双机跨外抬吊两种方法(图8-85a、b)。在跨中下部设可调立柱、钢顶撑,以调节网架跨中挠度(图8-85c),吊上后即可将半圆球节点焊接和安设下弦杆件,待全部作业完成后,拧紧支座螺栓,拆除网架下立柱,即告完成	本法高空作业较高空散装法减少,同时只需搭设局部拼装平台,拼装支架量也大大减少,并可充分利用现有起重设备,比较经济。但施工应注意保证条(块)状单元制作精度和起拱,以免造成总拼困难 适于分割后刚度和受力状况改变较小的各种中、小型网架,如两向正交正放、正放四角锥、正放抽空四角锥等网架
高空滑移法	系在网架两支承端滑移方向的支座下设置临时槽钢滑道和导轨,在建筑物的一端搭设平台或支架,将小拼单元或杆件运至平台上,先在其上拼装两个节距的平移网架单元,两端设导轮,然后用牵引设备将它牵引出拼装平台,继续在其上接网架已滑出部分拼装,拼完一段向前水平滑移一段,直至整个网架拼装完毕,并滑移至设计位置(图8-86) 滑移平台由钢管脚手架或升降调平支撑组成,起始点尽量利用已建结构物,如门厅、观众厅,高度应比网架下弦低40cm,以	本法所需起重设备较简单,不需大型起重设备;可与室内其他工种平行作业,缩短总工期;同时用工省,劳动强度低,减少高空作业;施工速度快,费用低。但需搭设一定数量的拼装平台;再拼装容易造成轴线的累积偏差,一般要采取试拼装、套拼、散件拼装等措施来控制 适于安装的网架类型与分条(分块)安装法相同,对于场地狭小或跨越其他结构、起重机无法进入网架安装区域时尤为适宜

8.7 大跨度钢网架、门式刚架、桁架的吊装

续表

项目	安 装 方 法 要 点	优缺点及适用条件
高空滑移法	便在网架下弦节点与平台之间设置千斤顶，用以调整标高，上铺设安装模架 平台宽应略大于两个节间 网架先在地面将杆件拼装成两球一杆和四球五杆的小拼构件，然后用悬臂式桅杆、塔式或履带式起重机，按组合拼接顺序吊到拼接平台上进行扩大拼装，先就位点焊拼接网架下弦方格，再点焊立起横向跨度方向角腹杆，每节间单元网架部件点焊拼接顺序由跨中向两端对称进行，焊完后临时加固，牵引可用慢速卷扬机或绞磨进行，并设减速滑轮组，牵引点应分散设置，滑移速度应控制在 1m/min 以内，做到两边同步滑移，当网架跨度大于 50m，应在跨中增设一条平稳滑道或辅助支顶平台	

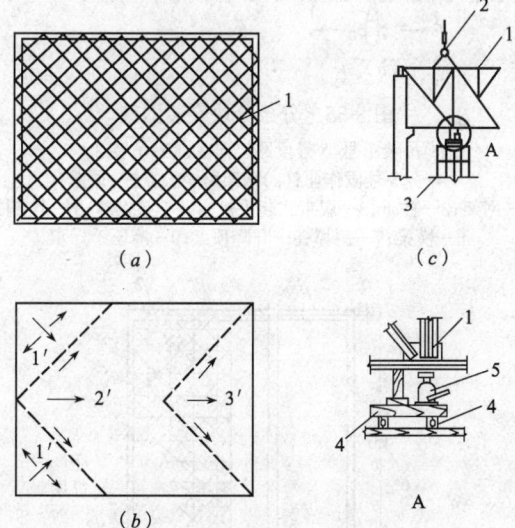

图 8-84 高空散装法安装网架
(a)网架平面；(b)网架安装顺序；(c)网架块体临时固定方法
1—第一榀网架块体；2—吊点；
3—支架；4—枕木；5—液压千斤顶
1′、2′、3′—安装顺序

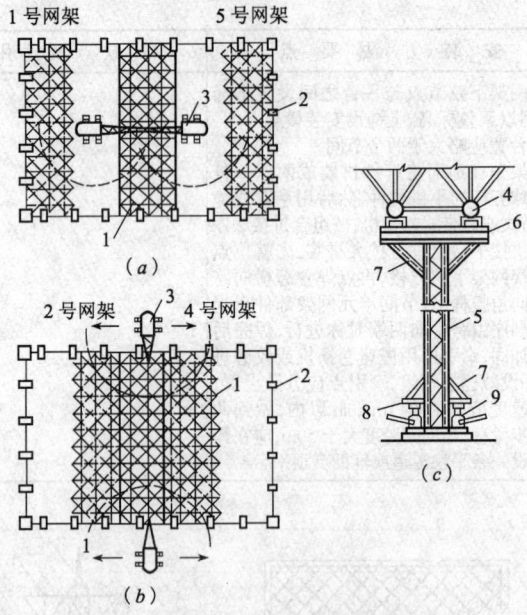

图 8-85 分条分块安装网架

(a)吊装 1 号、5 号段网架作业;(b)吊装 2 号、
4 号、3 号段作业;(c)网架跨中设立柱、顶撑
1—网架;2—柱子;3—履带式起重机;4—下弦钢球;5—钢支柱;
6—横梁;7—斜撑;8—升降顶点;9—液压千斤顶

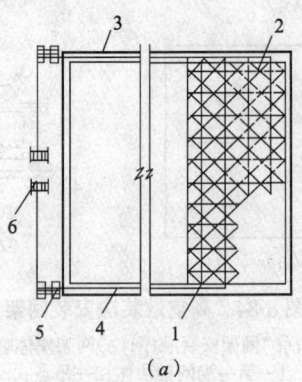

图 8-86 高空滑移法安装网架(一)

8.7 大跨度钢网架、门式刚架、桁架的吊装

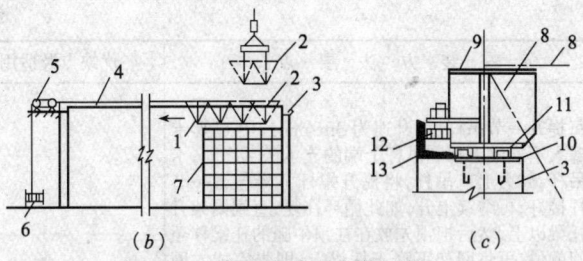

图 8-86 高空滑移法安装网架(二)
(a)高空滑移平面布置;(b)网架滑移安装;(c)支座构造
1—网架;2—网架分块单元;3—天沟梁;4—牵引线;5—滑车组;
6—卷扬机;7—拼装平台;8—网架杆件中心线;9—网架支座;
10—预埋铁件;11—型钢轨道;12—导轮;13—导轨

8.7.1.2 整体安装法

大跨度钢网架屋盖结构整体安装方法　　　　表 8-74

项目	安 装 方 法 要 点	优缺点及适用条件
多机抬吊法	系用 4 台起重机联合作业,将地面错位拼装好的网架整体抬升到柱顶后,在空中进行移位落下就位安装。一般有四侧抬吊和两侧抬吊两种方法(图 8-87)。四侧抬吊为防止起重机因升降速度不一而产生不均匀荷载,每台起重机设两个吊点,每两台起重机的吊索互相用滑轮串通,使各吊点受力均匀,网架均衡上升。当网架提到比柱顶高 30cm 时,进行空中移位,起重机甲一边落起重臂,一边升钩;起重机乙一边升起重臂,一边落钩,丙丁两台起重机则松开旋转刹车跟着旋转,待转到网架支座中心线对准柱子中心时,4 台起重机同时落钩,并通过设在网架四角的拉索和捯链拉动网架进行对线,将网架落到柱顶就位。两侧抬吊系用 4 台起重机将网架吊过柱顶,同时向一个方向旋转一定距离,即可就位	本法准备工作简单,安装较快速方便,四侧抬吊和两侧抬吊比较,前者移位较平稳,但操作较复杂;后者空中移位较方便,但平稳性较差一些。而两种吊法都需要多台起重设备条件,操作技术要求较严 适于跨度 40m 左右、高度 25m 左右、重量不很大的中、小型网架屋盖的吊装
提升机提升法	系在结构柱上安装升板工程用的电动穿心式提升机,将地面正位拼装的网架直接整体提升到柱顶横梁就位(图 8-88) 提升点设在网架四边的中部,每边 7~8 个。提升设备的组装系在柱顶加接短钢柱,上安工字钢上横梁,每一吊点安放一台 30t 电动穿心式提升机,提升机的螺杆下端连接多节长 1.8m 的吊杆,下面连接横梁,梁中间用钢销与网架支座钢球上的吊环相连接。在钢柱顶上的上横梁处,又用螺栓连接着一个下横梁,作为拆卸吊杆时的停歇装置。当提升	本法不需大型吊装设备,机具和安装工艺简单;提升平稳,提升差异小,同步性好;劳动强度低,工效高,施工安全。但需较多提升机和临时支承短钢柱、钢梁,准备工作量大 适用于跨度 50~70m、高度 40m 以上、重量较大的大、中型周边支承网架屋盖的安装

711

续表

项目	安装方法要点	优缺点及适用条件
提升机提升法	机每提升一节吊杆后(升速为 3m/min)，用 U 形卡板塞入下横梁上部和吊杆上端的支承法兰之间，卡住吊杆，卸去上节吊杆，将提升螺杆下降与下一节吊杆接好，再继续上升，如此循环往复，直到网架升至托梁以上，然后把预先放在柱顶牛腿的托梁移至中间就位，再将网架下降于托梁上，即告完成。网架提升时应同步，每上升 60～90cm 观测一次，控制相邻两个提升点高差不大于 25mm	
桅杆提升法	是将网架在地面错位拼装，用多根独脚桅杆将其整体提升到柱顶以上，然后进行空中旋转和移位，落下就位安装(图 8-89)。 柱和桅杆应在网架拼装前竖立，当安装长方、八角形网架，在网架三向直径接近支座处竖立 4 根钢格构独脚桅杆，每根桅杆两侧各挂一副起重滑车组，每副滑车组下设两个吊点，配一台卷筒直径、转速相同的电动卷扬机，使提升同步，每根桅杆设 6 根缆风绳与地面成 30°～40°夹角 网架拼装时，逆时针转角 2°5′，使支座偏离柱 1.4m，即用多根桅杆将网架吊过柱顶后，需要向空中移位或旋转 1.4m。提升时，4 根桅杆、八副起重滑车组同时收紧提升网架，使等速平稳上升，相邻两桅杆处的网架高差应不大于 100mm。当提升到柱顶以上 50cm 时，放松桅杆左侧的起重滑车组，使桅杆右侧的起重滑车组保持不动，则左侧滑车组松弛，拉力变小，因而其水平分力也变小，网架便向左移动，进行高空移位或旋转就位，经轴线、标高校正后，用电焊固定。桅杆利用网架悬架，采用倒装法拆除	本法安装设备一般，桅杆可自行制造，起重量大，可达 100～200t，桅杆高可达 50～60m，但所需设备数量大，准备工作和操作均较复杂，需熟练技术工人，耗用劳力较多 适用于安装高、重、大(跨度 80～110m)的大型网架屋盖安装
滑模提升法	系在地面一定高度正位拼装网架，利用框架柱或墙的滑模装置将网架随滑模顶升到设计位置(图 8-90)。顶升前，先将网架拼装在 1.2m 高的枕木垛上，使网架支座位于滑模提升架所在柱(或墙)截面内，每柱安 4 根 φ28mm 钢筋支承杆，4 台千斤顶，每根柱一条油路直接由网架上操作台控制。滑模装置同常规方法，千斤顶之间用[6 连接，在柱浇筑混凝土、滑升的同时，利用网架结构当作滑模操作平台随同滑升到柱顶就位，网架每提升一节，用水平仪、经纬仪检查一次水平度和垂直度，控制同步正位上升。网架提升到柱顶后，将钢筋混凝土连系梁与柱头一起浇筑混凝土，以增强稳定性	本法不用吊装设备，可利用网架作滑模操作平台，节省设备和脚手架费用，施工简便、安全。但需整套滑模设备，网架随滑模上升，安装速度较慢 适于安装跨度 30～40m 的中、小型网架屋盖

8.7 大跨度钢网架、门式刚架、桁架的吊装

续表

项目	安装方法要点	优缺点及适用条件
千斤顶顶升法	系利用支承结构和千斤顶将网架整体顶升到设计位置(图 8-91) 顶升用的支承结构一般多利用网架的永久性支承柱,或在原支点处或其附近设置临时顶升支架。顶升千斤顶可采用普通液压千斤顶或丝杠千斤顶,要求各千斤顶的行程和起重速度一致。网架多采用伞形柱帽的方式,在地面按原位整体拼装。由4根角钢组成的支承柱(临时支架)从腹杆间隙中穿过,在柱上设置缀板作为搁置横梁、千斤顶和球支座用。上下临时缀板的间距根据千斤顶的尺寸、冲程、横梁等尺寸确定,应恰为千斤顶使用行程的整数倍,其标高偏差不得大于 5mm,如用 32t 普通液压千斤顶,缀板的间距为 420mm,即顶一个循环的总高度为 420mm,千斤顶分三次(150+150+120mm)顶升到该标高。顶升时,每一项循环工艺过程如图 8-92 所示。顶升应做到同步,各顶升点的差异不得大于相邻两个顶升用的支承结构间距的 1/1000,且不大于 30mm,在一个支承结构上设有两个或两个以上千斤顶时,不大于 10mm。当发现网架偏移过大,可采用在千斤顶垫斜垫或有意造成反向升差逐步纠正。同时顶升过程中,网架支座中心对柱基轴线的水平偏移值,不得大于柱截面短边尺寸的 1/50 及柱高的 1/500,以免导致支承结构失稳	本法设备简单,不用大型吊装设备;顶升支承结构可利用结构永久性支承性,拼装网架不需搭设拼装支架,可节省大量机具和脚手、支墩费用,降低施工成本;操作简便、安全。但顶升速度较慢;且对结构顶升的误差控制要求严格,以防失稳 适于安装多支点支承的各种四角锥网架屋盖安装

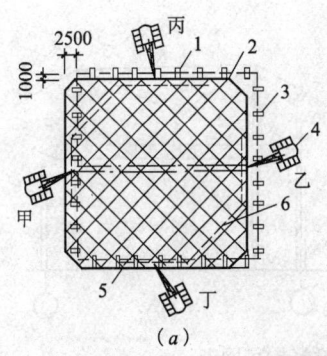 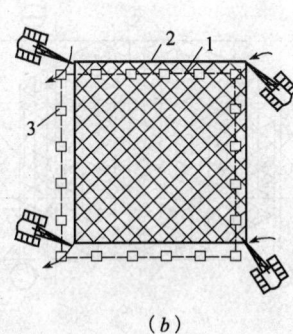

(a) (b)

图 8-87 四机抬吊网架

(a)四侧抬吊;(b)两侧抬吊

1—网架安装位置;2—网架拼装位置;3—柱;

4—履带式起重机;5—吊点;6—串通吊索

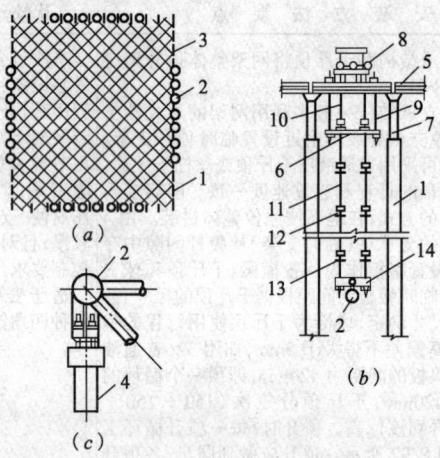

图 8-88 提升机随升网架

(a)网架平面;(b)网架提升装置;(c)支座构造

1—框架柱;2—钢球支座;3—网架;4—托梁;
5—上横梁;6—下横梁;7—短钢柱;8—电动穿心式提升机;
9—吊挂螺栓;10—提升螺栓;11—吊杆;
12—卡环接头;13—支承法兰;14—钢吊梁

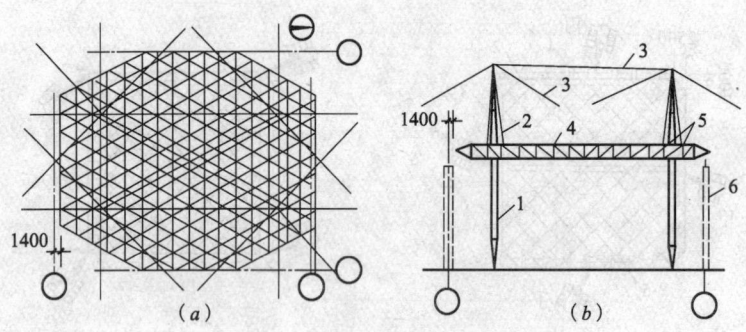

图 8-89 用 4 根独脚桅杆抬吊网架

(a)网架平面布置;(b)网架吊装

1—独脚桅杆;2—吊索;3—缆风绳;4—网架;
5—吊点(每根桅杆8个);6—柱子

8.7 大跨度钢网架、门式刚架、桁架的吊装

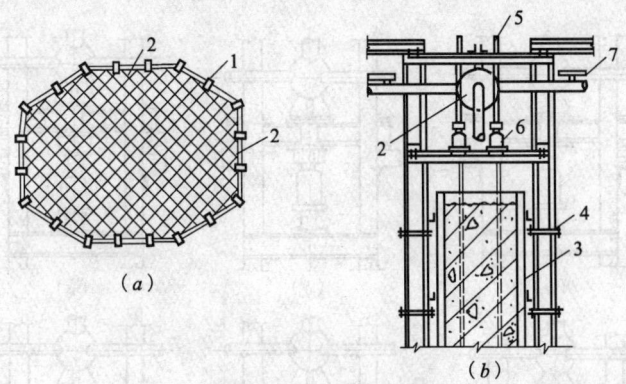

图 8-90 滑模提升法
(a)网架平面;(b)滑模装置
1—柱;2—网架;3—滑动模板;4—提升架;5—支承杆;
6—液压千斤顶;7—操作平台

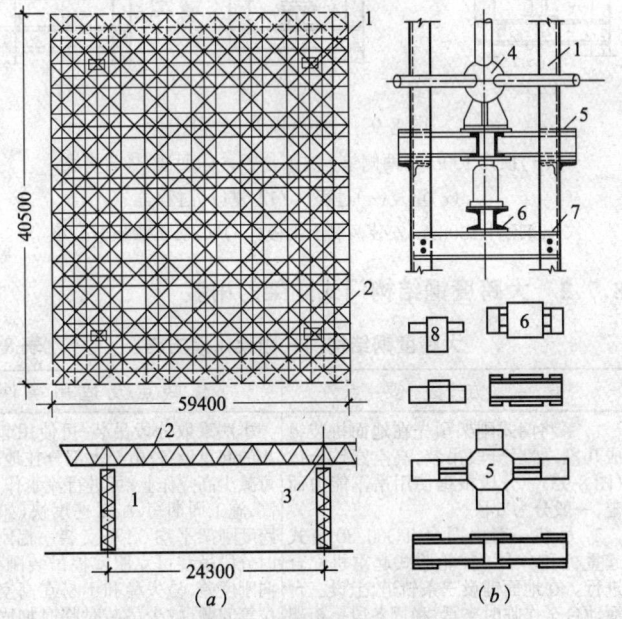

图 8-91 网架顶升施工图
(a)网架平面及立面;(b)顶升装置及安装图
1—柱;2—网架;3—柱帽;4—球支座;5—十字架;
6—横梁;7—[16槽钢制下缀板;8—上缀板

8 结构吊装工程

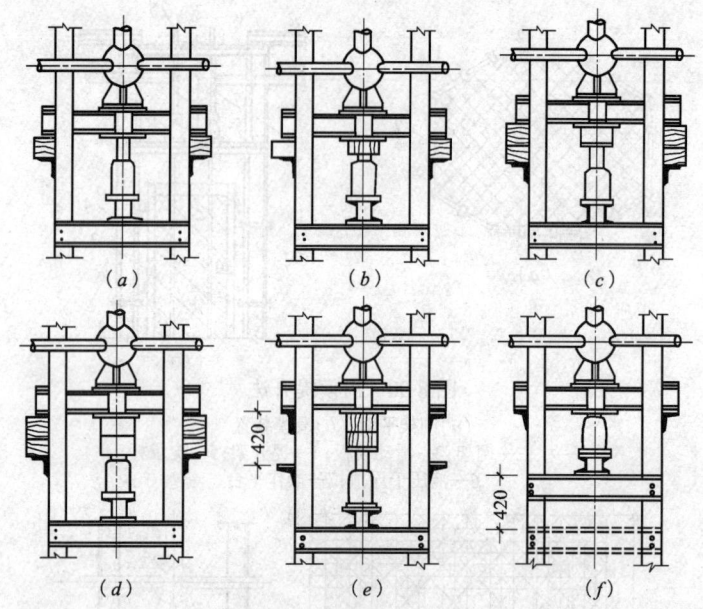

图 8-92 网架顶升过程图

(a)顶升 150mm,两侧垫上方形垫板;(b)回油,垫圆垫块;
(c)重复(a)过程;(d)重复(b)过程;
(e)顶升 130mm,安装两侧上缀板;(f)回油,下缀板升一级

8.7.2 大跨度钢结构门式刚架的吊装

大跨度钢结构门式刚架吊装方法　　　　　表 8-75

项目	吊装方法要点	优缺点及适用条件
分段组装、高空拼装合拢法	1. 系将门式刚架预先在地面拼装组成几段,然后分段吊装,高空穿铰合拢(图 8-93)。分段根据使用吊车能力而定,一般分为 6 段 2. 吊装一般由两台 TQ60/80 塔式起重机和一台 45t 轮胎式起重机配合进行。在地面铺设三条轨道,上设三台活动台车作临时支承,稳固各段桁架和高空操作平台之用,台车高度应比桁架底面低 30cm,以便安设千斤顶和垫木,做校正刚架标高之用。两边两条轨道同时作塔式起重机行走轨道。台车	本法采取分段吊装,可使用起重量较小的起重设备;桁架大部分在地面组装,可减少高空作业;可进行流水作业,效率高,施工周期短,施工速度快(如 75m 大跨度刚架平均 3d 可安装一榀刚架),同时分段吊装可克服整榀拼装刚架时,侧向刚度差,易失稳和不易在高空精确定位等问题,减少吊装时临时加固的复杂性;但需搭设一定数量的高架平台,仍有一定高空作业量,校正也较为复杂 适于吊装跨度 50m 以上的大型各类刚架

8.7 大跨度钢网架、门式刚架、桁架的吊装

续表

项目	吊装方法要点	优缺点及适用条件
分段组装、高空拼装合拢法	用卷扬机牵引,亦可在轨道上装6台液压穿心式千斤顶牵引 3. 刚架杆件在工厂制成小拼单元,运到现场,在现场组装成几大段平放就位。吊装前进行全面检查、校正 4. 吊装由下而上进行,刚架底节由2台起重机翻身,吊起后就位校正,下部用高强螺栓连接于底铰上,上部用钢管和扣件临时固定在操作平台上,第二、第三节间用1台塔式起重机分别吊装、穿铰合拢。节段均采用两点绑扎,上挂捯链,用以调节斜度,便于各段合拢连接 5. 当两半榀刚架吊装完后,再分别吊装两榀主刚架间的连接桁架、辅助桁架、剪刀撑及檩条。吊装亦由两侧向中间进行 6. 第一榀刚架每半榀两侧应拉两根缆风绳临时固定,第二榀以后在上弦装6~8根檩条固定。刚架的校正主要为纵横轴线,随吊随用经纬仪观测,有偏差随时纠正	
半榀刚架就地平拼、整体吊装同时合拢法	1. 系将门式刚架在地面按半榀平拼(图8-94),在跨两侧设履带式起重机各1台,承担两半榀刚架及两侧屋盖构件的吊装,在跨中设塔式起重机1台,承担吊装临时工作台、高空对铰以及刚架中间部位的桁架、支撑等的吊装 2. 半榀刚架的就位位置根据履带式起重机的回转半径和场地情况而定,并考虑起重机的开行路线,使正好在半榀刚架的重心位置处 3. 刚架吊装采用四点扶直(上、下弦各2点)两点起吊,钩头滑动的绑扎方法(图8-95),以便于扶直时旋转 4. 吊装时,左右两半榀刚架同时合吊,待吊到设计位置后,先将柱脚固定,然后人站在用塔式起重机悬吊的工作台上,安装固定两个半榀刚架用的顶铰销子 5. 其他施工要求同"分段组装高空拼装合拢法"	本法构件全部在地面组装,可减少高空作业,减轻劳动强度,安装速度快;但需起重量较大的起重设备,刚架较大较重,校正较为困难 适于吊装跨度在50m以内的中、小型刚架

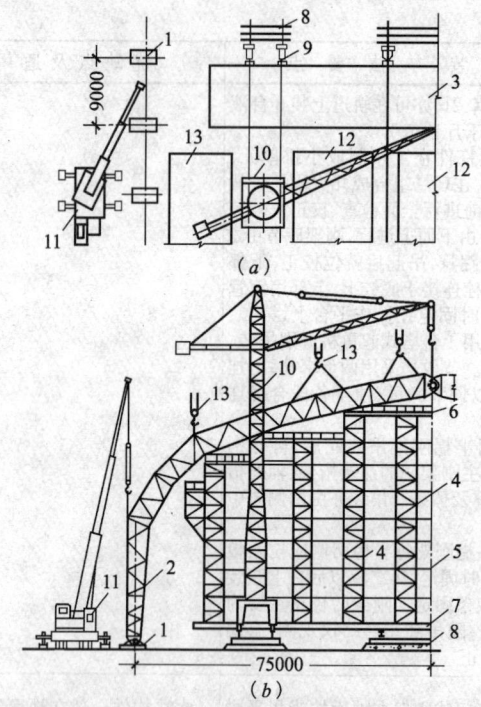

图 8-93 门式刚架分段组装高空拼装法
(a)安装平面布置;(b)刚架分段组装、高空拼装合拢
1—刚架基础;2—75m 跨三铰拱门式刚架;3—活动式拼装平台;
4—1983mm×1983mm 钢管井架;5—φ4mm 连接钢管;6—台阶式操作平台;
7—工字钢台车底座;8—塔式起重机及台车轨道;9—液压千斤顶;10—TQ60/80
塔式起重机;11—45t 轮胎式起重机;12—钢构件堆放场;13—分段桁架吊点

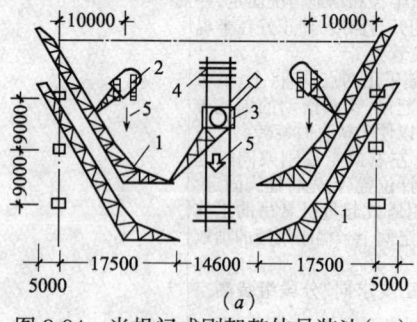

图 8-94 半榀门式刚架整体吊装法(一)

8.7 大跨度钢网架、门式刚架、桁架的吊装

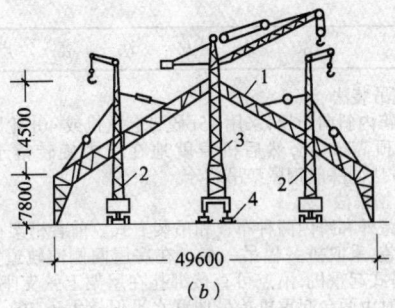

(b)

图 8-94 半榀门式刚架整体吊装法(二)

(a)构件平面布置;(b)半榀刚架单机整体吊装,同时合拢
1—半榀平拼刚架;2—W_1-100 型履带式起重机;3—QT_1-6型塔式起重机;4—塔式起重机轨道;5—起重机行走路线

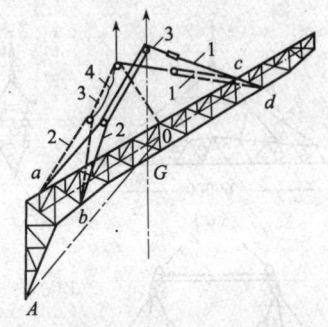

图 8-95 半榀门式刚架的绑扎
1、2—绑扎吊索;3—钩头吊索;4—附加安全索
a、b、c、d—绑扎点

8.7.3 大跨度钢立体桁架(网片)的吊装

大跨度钢立体桁架(网架片)吊装方法　　表 8-76

项次	项目	吊装方法要点
1	绑扎要求	大跨度钢立体桁架(钢网架片,下同)采用单机吊装一般采用六点绑扎,并设横吊梁以降低起吊高度和防止对桁架网片产生较大的轴向压力,使桁架、片片出现较大的侧向弯曲(图 8-96a、b);采用双机抬吊时,可采取在支座处两点起吊或四点起吊,另加两副辅助吊索(图 8-96c、d)

续表

项次	项目	吊 装 方 法 要 点
2	操作工艺方法	1. 单机吊装法 桁架在跨内斜向布置,采用15t履带起重机或40t轮胎式起重机垂直起吊至比柱顶高50cm,然后机身就地在空中旋转落于柱头上就位(图8-97a),方法同一般钢屋架吊装 2. 双机抬吊法 桁架有跨外和跨内两种布置和吊装方式。前者桁架在房屋一端设拼装台进行组装,采取拼一榀吊一榀。在房屋两侧铺轨道安装两台600/800(kN·m)塔式起重机,吊点可直接绑扎在屋架上弦支座处,每端用两根吊索。吊装时由两台起重机抬吊伸臂水平保持大于60°,起吊时,统一指挥两台起重机同步上升,将屋架缓慢吊起至高于柱顶50cm后,同时行走到屋架安装地点落下就位(图8-98),并立即找正固定,待第二榀吊上后,接着吊装支撑系统及檩条,及时校正形成几何稳定单元,此后吊一榀,上一节间檩条,临时固定,整个屋盖吊完后,再将檩条统一找平,加以固定,以保证屋面平整。后者桁架略斜向布置在房屋内,用两台履带式起重机或塔式起重机抬吊吊起旋转就位(图8-97b),方法同一般屋架双机抬吊法

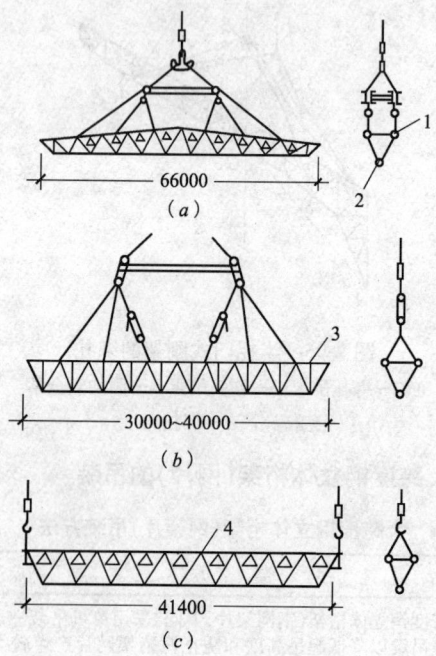

图 8-96 大跨度钢立体桁架、网架片的绑扎(一)

8.7 大跨度钢网架、门式刚架、桁架的吊装

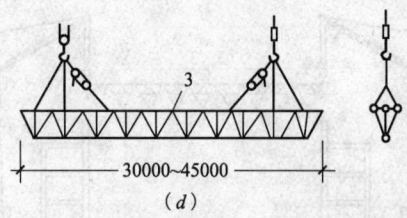

(d)

图 8-96 大跨度钢立体桁架、网架片的绑扎(二)
(a)、(b)单机吊装大跨度钢立体桁架、网架片的绑扎;
(c)、(d)双机抬吊大跨度钢立体桁架、网架片的绑扎
1—上弦;2—下弦;3—分段网架(30m×9m);4—立体钢管桁架

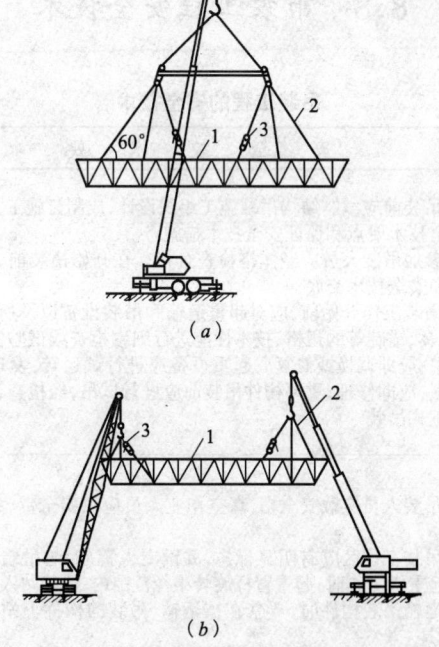

图 8-97 大跨度钢立体桁架、网架片的吊装
(a)单机吊装法;(b)双机抬吊法
1—大跨度钢立体桁架或网架片;2—吊索;3—3t 捯链

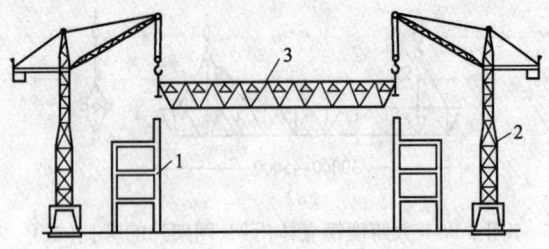

图 8-98 双机跨外抬吊大跨度钢立体桁架
1—框架柱；2—TQ60/80 型塔式起重机；
3—41.4m 跨钢管立体桁架

8.8 吊装工程安全技术

吊装工程的安全技术　　　表 8-77

项次	项目	安　全　技　术　要　求
1	安全技术的一般规定	1. 吊装前应编制结构吊装施工组织设计，或制订施工方案，明确起重吊装安全技术要点和保证安全技术措施 2. 参加吊装人员应经体格检查合格。在开始吊装前，应进行安全技术教育和安全技术交底 3. 吊装工作开始前，应对起重运输和吊装设备以及所用索具、卡环、夹具、卡具、锚碇等的规格、技术性能进行细致检查或试验，发现有损坏或松动现象，应即调换或修复。起重设备应进行试运转，发现转动不灵活，或有磨损，应即修理；重要构件吊装前应进行试吊，经检查各部位正常，才可进行正式吊装
2	防止高空坠落	1. 吊装人员应戴安全帽，高空作业人员应佩安全带、穿防滑鞋、带工具袋 2. 吊装工作区应有明显标志，并设专人警戒，与吊装无关人员严禁入内。起重机工作时，起重臂杆旋转半径范围内，严禁站人或通过 3. 运输吊装构件时，严禁在被运输、吊装的构件上站人指挥和放置材料、工具 4. 高空作业施工人员应站在操作平台或轻便梯子上工作。吊装屋架应在上弦设临时安全防护栏杆或采取其他安全措施 5. 登高用梯子、吊篮、临时操作台应绑扎牢靠，梯子与地面夹角应 60°～70° 为宜；操作台跳板应铺平绑扎，严禁出现挑头板

8.8 吊装工程安全技术

续表

项次	项目	安 全 技 术 要 求
3	防物体落下伤人	1. 高空往地面运输物件时，应用绳捆好吊下。吊装时，不得在构件上堆放或悬挂零星物件。零星材料和物件必须用吊笼或钢丝绳保险绳捆扎牢固，才能吊运和传递，不得随意抛掷材料、物件、工具，防止滑脱伤人或意外事故 2. 构件绑扎必须牢固，起吊点应通过构件的重心位置，吊升时应平稳，避免振动或摆动 3. 起吊构件时，速度不应太快，不得在高空停留过久，严禁猛升猛降，以防构件脱落 4. 构件就位后临时固定前，不得松钩、解开吊装索具。构件固定后，应检查连接牢固和稳定情况，当连接确实安全可靠，始可拆除临时固定工具和进行下步吊装 5. 风雪天、霜雾天和雨期吊装，高空作业应采取必要的防滑措施，如在脚手、走道、屋面铺麻袋或草垫，夜间作业应有充分照明
4	防止起重机倾翻	1. 起重机行驶的道路，必须平整、坚实、可靠，停放地点必须平坦 2. 起重机不得停放在斜坡道上工作，不允许起重机两条履带停留部位一高一低，或土质一硬一软 3. 起吊构件时，吊索要保持垂直，不得超出起重机回转半径斜向拖拉，以免超负荷和钢丝绳滑脱或拉断绳索，使起重机失稳，起吊重型构件，应牵拉牵拉绳 4. 起重机操作时，臂杆提升、下降、回转要平稳，不得在空中摇晃；同时要尽量避免紧急制动或冲击振动等现象发生。未采取可靠的技术措施，如在起重机尾部加平衡重、起重机后边拉缆风绳等和未经有关技术部门批准，起重机严禁进行超负荷吊装，以避免加速机械零件的磨损和造成起重机倾翻 5. 起重机应尽量避免满负荷行驶，在满负荷或接近满负荷时，严禁同时进行提升与回转（起升与水平移动或起升与行走）两种动作，以免因道路不平或惯性力等原因，引起起重机超负荷，而酿成翻车事故。如必须吊构件做短距离行驶时，应将构件转至起重机的正前方，构件离地面高度不超过50cm，拉好溜绳，防止摆动，而且要慢速行驶 6. 当两台吊装机械同时作业时，两机吊钩所悬构件之间应保持5m以上的安全距离，避免发生碰撞事故 7. 双机抬吊构件时，要根据起重机的起重能力进行合理的负荷分配（每1台起重机的负荷量不宜超过其安全负荷量的80%）。操作时，必须在统一指挥下，动作协调，同时升降和移动，并使两台起重机的吊钩、滑车组均应基本保持垂直状态；两台起重机的驾驶人员要相互密切配合，防止1台起重机失重，而使另1台起重机超载 8. 吊装时，应有专人负责统一指挥，指挥人员应位于操作人员视力能及的地点，并能清楚地看到吊装的全过程。起重机驾驶人员必须熟悉信号，按指挥人员的各种信号进行操作，不得擅自离开工作岗位；遵守现场秩序，服从命令听指挥。指挥信号应事先统一规定，发出的信号要鲜明、准确 9. 在风力等于或大于六级时，禁止在露天进行桅杆组立拆除、起重机移动和吊装作业 10. 起重机停止工作时，应刹住回转和行走机构，关闭和锁好司机室门。吊钩上不得悬挂构件，并升到高处，以免摆动伤人和造成吊车失稳

续表

项次	项目	安全技术要求
5	防止吊装结构失稳	1. 构件吊装应按规定的吊装工艺和程序进行,未经计算和可靠的技术措施,不得随意改变或颠倒工艺程序来安装结构构件 2. 构件吊装就位,应经初校和临时固定或连接可靠后始可卸钩,最后固定后始可拆除临时固定工具。宽高比很大的单个构件,未经临时或最后固定组成一稳定单元体系前,应设溜绳或斜撑拉(撑)固 3. 构件固定后,不得随意撬动或移动位置,如需重校时,必须回钩 4. 多层结构吊装或分节吊装,应吊装完一层(或一节柱),将下层(下节)灌浆固定后,方可安装上层(或上一节柱)
6	防止触电	1. 吊装现场应有专人负责安装、维护和管理用电线路和设备 2. 起重机在电线下进行作业时,工作安全条件应事先取得机电安装或有关部门的同意。吊杆最高点与电线之间应保持的垂直距离不应小于表8-78的规定。起重机在电线近旁行驶时,起重机与电线之间应保持的水平距离应不小于表8-79的规定 3. 构件运输时,距高压线路净距不得小于2m;距低压线路不得小于1.0m;如超过规定,应采取停电或其他措施 4. 使用塔式起重机或长吊杆的其他类型起重机及钢井架,应有避雷防触电设施。各种用电机械必须有良好的接地或接零,接地电阻不应大于4Ω,并定期进行接地电极电阻摇测试验

起重机吊杆最高点与电线之间应保持的垂直距离　　表 8-78

线路电压(kV)	距离不小于(m)	线路电压(kV)	距离不小于(m)
1以下	1.0	20以上	2.5
20以下	1.5		

起重机与电线之间应保持的水平距离　　表 8-79

线路电压(kV)	距离不小于(m)	线路电压(kV)	距离不小于(m)
1以下	1.5	154	5.0
20	2.0	220	6.0
25~110	4.0	—	—

9 钢结构工程

9.1 钢结构材料品种和性能

9.1.1 常用钢材化学成分和机械性能

普通碳素结构钢的表示方法　　　　表 9-1

表示方法	质量等级				脱氧方法			
	A级钢	B级钢	C级钢	D级钢	沸腾钢	镇静钢	半镇静钢	特殊镇静钢
字母代号	A	B	C	D	F	Z	b	T2

注：1. 钢的牌号由代表屈服点的字母、屈服点的数值、质量等级符号、脱氧方法符号等四个部分按顺序组成。如 Q235A·F，表示钢号为屈服点 235N/mm^2 的A级沸腾钢。在牌号组成表示方法中，"Z"与"TZ"代号予以省略。
2. "A"级为最低等级，"D"级为最高等级。
   (1) A级钢：不做冲击试验；
   (2) B级钢：做常温冲击试验，V型缺口；
   (3) C级钢：作为重要焊接结构用；
   (4) D级钢：作为重要焊接结构用。
3. 镇静钢是用铝、硅等充分脱氧的钢，浇铸时放出气体少，质量好，但价格贵。沸腾钢是用锰铁脱氧，由于脱氧不充分，浇铸时钢锭中有沸腾现象，质量不够均匀，但生产效率高。介于镇静钢与沸腾钢之间的是半镇静钢。

碳素结构钢的化学成分　　　　表 9-2

牌号	等级	化学成分(%)					脱氧方法
		C	Mn	Si	S	P	
					不大于		
Q215	A	0.09~0.15	0.25~0.55	0.30	0.050	0.045	F·b·z
	B	0.09~0.15	0.25~0.55	0.30	0.045	0.045	

9 钢结构工程

续表

牌号	等级	化学成分(%)					脱氧方法
		C	Mn	Si	S	P	
				不大于			
Q235	A	0.14~0.22	0.30~0.65	0.30	0.050	0.045	F·b·z
	B	0.12~0.20	0.30~0.70	0.30	0.045	0.045	
	C	≤0.18	0.35~0.80	0.30	0.04	0.040	Z
	D	≤0.17	0.35~0.80	0.30	0.035	0.035	TZ

注：Q235A、B级沸腾钢锰含量上限为0.60%。

低合金结构钢的化学成分　　　表 9-3

牌号	等级	化学成分(%)								
		C ≤	Mn	Si ≤	P ≤	S ≤	V	Nb	Ti	Al ≤
Q345	A	0.20	1.00~1.60	0.55	0.045	0.045	0.02~0.15	0.015~0.060	0.02~0.20	—
	B	0.20	1.00~1.60	0.55	0.040	0.040	0.02~0.15	0.015~0.060	0.02~0.20	—
	C	0.20	1.00~1.60	0.55	0.035	0.035	0.02~0.15	0.015~0.060	0.02~0.20	0.015
	D	0.18	1.00~1.60	0.55	0.030	0.030	0.02~0.15	0.015~0.060	0.02~0.20	0.015
	E	0.18	1.00~1.60	0.55	0.025	0.025	0.02~0.15	0.015~0.060	0.02~0.20	0.015

9.1 钢结构材料品种和性能

碳素结构钢机械性能 表 9-4

牌号	等级	拉伸试验									冲击试验		冷弯试验 $B=2a, 180°$				
		屈服点 σ_s(N/mm²)					抗拉强度 σ_b (N/mm²)	伸长率 δ_s(%)				V型冲击功(纵向)(J)	温度(℃)	试样方向	钢材厚度(直径)(mm)		
		钢材厚度(直径)(mm)						钢材厚度(直径)(mm)							60	>60~100	>100~200
		≤16	>16~40	>40~60	>60~100	>100~150	>150		≤16	>16~40	>40~60	>60~100	>100~150	>150			弯心直径 d	
		不小于							不小于						不小于			
Q215	A	215	205	195	185	175	165	335~410	31	30	29	28	27	26	—	—	纵	0.5a	1.5a	2a
	B														27	20	横	a	2a	2.5a
Q235	A	235	225	215	205	195	185	375~460	26	25	24	23	22	21	—	—	纵	a	2a	2.5a
	B														27	20	横	1.5a	2.5a	3a
	C															0				
	D															20				

注:B 为试样宽度,a 为钢材厚度(直径)。

低合金结构钢机械性能 表 9-5

牌号	等级	屈服点 σ_s (N/mm²) 厚度(直径、边长)(mm)				抗拉强度 σ_b (N/mm²)	伸长率 δ_s (%)	冲击功,Akv 纵向(J)				180°弯曲试验 $d=$弯心直径；$a=$试样厚度(直径) 钢材厚度(直径)(mm)	
		≤16	>16~35	>35~50	>50~100			120℃	0℃	-20℃	-40℃	≤16	>16~100
		不小于				不小于		不小于					
Q345	A	345	325	295	275	470~630	21					$d=2a$	$d=3a$
	B	345	325	295	275	470~630	21	34				$d=2a$	$d=3a$
	C	345	325	295	275	470~630	22		34			$d=2a$	$d=3a$
	D	345	325	295	275	470~630	22			34		$d=2a$	$d=3a$
	E	345	325	295	275	470~630	22				27	$d=2a$	$d=3a$

9.1.2 钢结构钢材的选择

钢结构钢材的选择 表 9-6

项次	结构类型		计算温度	选用牌号
1	焊接结构	直接承受动力荷载的结构 重级工作制吊车梁或类似结构	—	Q235Z 或 Q345
2		直接承受动力荷载的结构 轻、中级工作制吊车梁或类似结构	≤-20℃	Q235Z 或 Q345
3			>-20℃	Q235F
4		承受静力荷载或间接承受动力荷载的结构	≤-30℃	Q235Z 或 Q345
5			>-30℃	Q235F
6	非焊接结构	直接承受动力荷载的结构 重级工作制吊车梁或类似结构	≤-20℃	Q235Z 或 Q345
7			>-20℃	Q235F
8		轻、中级工作制吊车梁或类似结构		Q235F

9.1 钢结构材料品种和性能

续表

项次	结构类型		计算温度	选用牌号
9	非焊接结构	承受静力荷载或间接承受动力荷载的结构		Q235F

注：1. 表中的计算温度应按现行《采暖通风和空气调节设计规范》中的冬季空气调节室外计算温度确定。
2. 承重结构的钢材，应保证抗拉强度(σ_b)、伸长率($\delta_5\delta_{10}$)、屈服点(σ_s)和硫、磷的极限含量。焊接结构应保证碳的极限含量。必要时还应有冷弯试验的合格证。

  对重级工作制和吊车起重量≥50^t 的中级工作制焊接吊车梁或类似结构的钢材，应有常温冲击韧性的保证。计算温度≤-20℃时，Q235钢应具有-20℃下冲击韧性的保证。Q345钢应具有-40℃下冲击韧性的保证。重级工作制的非焊接吊车梁，必要时其钢材也应有冲击韧性的保证。
3. 高层建筑钢结构的钢材，宜采用牌号Q235中B、C、D等级和Q345中B、C、D等级的结构钢。

9.1.3 钢结构材料的代用

结构钢材的代用方法措施   表 9-7

项次	使用中遇到情况	代用变动方法措施
1	钢号满足设计要求，而生产厂提供的材质保证书中缺少设计提出的部分性能要求	应做补充试验，合格后方能使用。补充试验的试件数量，每炉钢材、每种型号规格一般不宜少于3个
2	钢材性能满足设计要求，而钢号的质量优于设计提出的要求，如镇静钢代沸腾钢、优质碳素钢代普碳钢等	应注意节约，不应任意以优代劣，不应使质量差距过大
3	钢材品种不全，需用其他专业用钢材代替建筑结构钢材	应把代用钢材生产的技术条件与建筑钢材的技术条件相对照，以保证代用的安全性和经济合理性
4	钢材品种不全，需普通低合金钢相互代用，如用Q390代Q345等	要十分谨慎，除机械性能满足设计要求外，在化学成分方面应注意可焊性，重要的结构要有可靠的试验依据
5	钢材性能可满足设计要求，而钢号质量低于设计要求	一般不允许代用。如结构性质和使用条件允许，在材质差距不大的情况下，经设计同意方可代用
6	钢材的钢号和技术性能都与设计提出的要求不符	应检查是否合理和符合有关规定，然后按钢材设计强度重新计算，改变结构截面、焊缝尺寸和有关节点构造

续表

项次	使用中遇到情况	代用变动方法措施
7	钢材规格(尺寸)与设计要求不符,需以小代大或以大代小	要经计算符合要求后才能代用,不能随意以大代小
8	材料规格、品种供应不全,需用不同规格、品种的钢材相互代换	可根据钢材选用原则灵活调整。一般是受拉构件高于受压构件;焊接结构高于螺栓或铆钉连接结构;厚钢板结构高于薄钢板结构;低温结构高于常温结构;受动力荷载的结构高于受静力荷载的结构
9	缺乏钢材品种,需采用进口钢材代用	应验证其化学成分和机械性能是否满足相应钢号的标准
10	成批钢材混合,不能确定钢材的钢号和技术性能	如用于主要承重结构时,必须逐根进行化学成分和机械性能试验,如试验不符合要求时,可根据实际情况用于非承重结构构件
11	钢材的化学成分与标准有一定偏差,高于或低于标准值	钢材的化学成分如在容许偏差范围以内(表9-8),可以使用,否则按甲类钢使用,化学成分对钢材性能的影响见表9-9
12	钢材机械性能所需的保证项目中,有一项不合要求	伸长率比表9-4和表9-5规定数值低1%时,允许使用,但不宜用于考虑塑性变形的构件;冲击功按一组三个试样单值的算术平均值计算,允许其中一个试样单值低于规定值,但不得低于规定值的70%;当冷弯合格时,抗拉强度之上限值可以不限

钢材化学成分允许偏差 表9-8

元素	规定化学成分范围(%)	允 许 偏 差(%)	
		上偏差	下偏差
C		0.03① 0.02①	0.02
Mn	≤0.80 >0.80	0.05 0.10	0.03 0.08
Si	≤0.35 >0.35	0.03 0.05	0.03 0.05
S	≤0.05	0.005	
P	≤0.05 0.05~0.15	0.005 0.01	0.01

9.1 钢结构材料品种和性能

续表

元素	规定化学成分范围(%)	允许偏差(%) 上偏差	允许偏差(%) 下偏差
V	≤0.20	0.02	0.01
Ti	≤0.20	0.02	0.02
Nb	0.015~0.050	0.005	0.005
Cu	≤0.40	0.05	0.05
Pb	0.15~0.35	0.03	0.03

①0.03适用于普通碳素结构钢;0.02适用于低合金钢。

化学成分对钢材性能的影响　　　　表 9-9

名称	在钢材中的作用	对钢材性能的影响
碳(C)	决定强度的主要因素。碳素钢含量应在 0.04%~1.7% 之间,合金钢含量大于 0.5%~0.7%	含量增高,强度和硬度增高,塑性和冲击韧性下降,脆性增大,冷弯性能、焊接性能变差
硅(Si)	加入少量能提高钢的强度和硬度、弹性,能使钢脱氧,使钢有较好的耐热性、耐酸性。在碳素钢中含量不超过 0.5%,超过限值则成为合金钢的合金元素	含量超过1%时,则使钢的塑性和冲击韧性下降,冷脆性增大,可焊性、抗腐蚀性变差
锰(Mn)	提高钢强度和硬度,可使钢脱氧去硫。含量在 1% 以下,合金钢含量大于 1% 时,即成为合金元素	少量锰可降低脆性,改善塑性、韧性、热加工性和焊接性能;含量较高时,会使钢塑性和韧性下降,脆性增大,焊接性能变坏
磷(P)	是有害元素,降低钢的塑性和韧性,出现冷脆性,能使钢的强度显著提高,同时提高大气腐蚀稳定性,含量应限制在 0.05% 以下	含量提高,在低温下,使钢变脆,在高温下,使钢缺乏塑性和韧性,焊接及冷弯性能变坏。其危害与含碳量有关,在低碳钢中影响较小
硫(S)	是极有害元素,使钢热脆性大,含量限制在 0.05% 以下	含量高时,焊接性能、韧性和抗蚀性将变坏,在高温热加工时,容易产生断裂,形成热脆性
钒、铌(V、Nb)	使钢脱氧除气,显著提高强度。合金钢含量应小于 0.5%	少量可提高低温韧性,改善可焊性,含量多时,会降低焊接性能

续表

名称	在钢材中的作用	对钢材性能的影响
钛 (Ti)	钢的强脱氧剂和除气剂,可显著提高强度,能和碳与氮作用,生成碳化钛(TiC)和氮化钛(TiN)。低合金钢含量在0.06%~0.12%	少量可改善塑性、韧性和焊接性能,降低热敏感性
铜 (Cu)	含少量铜对钢不起显著变化,可提高抗大气腐蚀性	含量增到0.25%~0.3%时,焊接性能变坏,增到0.4%时,发生热脆现象

9.1.4 钢材的检验与堆放

钢材的检验与堆放　　　　　表 9-10

项次	项目	操 作 要 点
1	钢材检验	1. 钢材的数量和品种是否与订货单符合 2. 钢材的质量保证书是否与钢材上打印的记号相符合。每批钢材必须具备生产厂提供的材质证明书,写明钢材的炉号、钢号、化学成分和机械性能。对钢材的各项指标可根据国标(GB 700—88)和《低合金高强度结构钢》(GB/T 1591—94)和本章表9-2~表9-5进行核对 3. 对属于下列情况之一的钢材,应进行抽样复验,其复验结果应符合现行国家产品标准和设计要求 (1)国外进口钢材; (2)钢材混批; (3)板厚等于或大于40mm,且设计有Z向性能要求的厚板; (4)建筑结构安全等级为一级,大跨度钢结构中主要受力构件所采用的钢材; (5)设计有复验要求的钢材; (6)对质量有疑义的钢材 4. 核对钢材的规格尺寸。各类钢材尺寸的允许偏差,可参照有关国标或冶标中的规定进行核对 5. 钢材表面质量检验,当钢材的表面有锈蚀、麻点或划痕等缺陷时,其深度不得大于该钢材厚度负允许偏差值的1/2。钢材端边或断口处不应有分层、夹渣等缺陷 钢材表面的锈蚀等级应符合现行国家标准 GB 8923 规定的 C 级及 C 级以上
2	钢材堆放	1. 钢材堆放要减少钢材的变形和锈蚀,节约用地,也要使钢材提货方便 2. 露天堆放时,堆放场地要平整,并高于周围地面,四周有排水沟,雪后易于清扫。堆放时尽量使钢材截面的背面向上或向外,以免积雪、积水 3. 仓库内堆放时,可直接堆放在地坪上(下垫楞木),对小钢材亦可堆放在架子上

续表

项次	项目	操作要点
2	钢材堆放	4. 堆放时每隔5~6层放置楞木,其间距以不引起钢材明显的弯曲变形为宜。楞木上下要对齐,在同一垂直平面内,堆与堆之间应留出通道,以便运输 5. 钢材堆放高度一般不应大于其宽度,当采用钢材互相钩连或其他措施保证其稳定性时,堆放高度可达其宽度的两倍。一堆内上、下相邻的钢材须前后错开,以便在其端部固定标牌和编号。标牌应表明钢材的规格、钢号、数量和材质验收证明书号,并在钢材端部根据其钢号涂以不同颜色的油漆,油漆的颜色可按表9-11选择。钢材的标牌应定期检查。选用钢材时,要顺序寻找,不准乱翻

钢材钢号和色漆对照　　表 9-11

钢号	Q195	Q215	Q235	Q255	Q275	Q345
油漆颜色	白+黑	黄色	红色	黑色	绿色	白色

9.1.5 钢材的质量控制与检验

表 9-12

项次	项目	内容
1	主控项目	1. 钢材、钢铸件的品种、规格、性能等应符合现行国家产品标准和设计要求。进口钢材产品的质量应符合设计和合同规定标准的要求 2. 对属于下列情况之一的钢材,应进行抽样复验,其复验结果应符合现行国家产品标准和设计要求 (1)国外进口钢材; (2)钢材混批; (3)板厚等于或大于40mm,且设计有Z向性能要求的厚板; (4)建筑结构安全等级为一级,大跨度钢结构中主要受力构件所采用的钢材; (5)设计有复验要求的钢材; (6)对质量有疑义的钢材
2	一般项目	1. 钢板厚度及允许偏差应符合其产品标准的要求。 检查数量:每一品种、规格的钢板抽查5处 2. 型钢的规格尺寸及允许偏差符合其产品标准的要求。 检查数量:每一品种、规格的型钢抽查5处 3. 钢材的表面外观质量除应符合国家现行有关标准的规定外,尚应符合下列规定: (1)当钢材的表面有锈蚀、麻点或划痕等缺陷时,其深度不得大于该钢材厚度负允许偏差值的1/2; (2)钢材表面的锈蚀等级应符合现行国家标准《涂装前钢材表面锈蚀等级和除锈等级》GB 8923规定的C级及C级以上; (3)钢材端边或断口处不应有分层、夹渣等缺陷

9.2 钢零件及钢部件加工

9.2.1 放样和号料

钢结构零件放样和号料要求　　　　表 9-13

项次	项目	加 工 要 点 及 要 求
1	零件放样	1. 放样工作包括：核对构件各部分尺寸及安装尺寸和孔距；以 1:1 的大样放出节点；制作样板和样杆作为切割、弯制、铣、刨、制孔等加工的依据 2. 放样应在专门的钢平台或平板上进行。平台应平整，尺寸应满足工程构件的尺度要求。放样划线应准确清晰 3. 放样常用量具与工具设备有：钢盘尺、钢卷尺、1m 钢板尺、弯尺。常用工具有：地规、划规、座弯尺、手锤、样冲、粉线、划针剪子、小型剪板、折弯机等 4. 放样时，要先划出构件的中心线，然后再划出零件尺寸，得出实样；实样完成后，应复查一次主要尺寸，发现差错应及时改正。焊接构件放样重点是控制好连接焊缝长度和型钢重心，并根据工艺要求预留切割余量、加工余量或焊接收缩余量(表 9-14、表 9-15)高层钢框架柱还应预留弹性压缩量(由设计确定压缩值)。放样时，桁架上下弦应同时起拱，竖腹杆方向尺寸保持不变，吊车梁应按 $L/500$ 起拱
2	样板、样杆制作	1. 样板分号料样板和成型样板两类。前者用于划线下料，后者多用于卡型和检查曲线成型偏差。样板多用 0.5~0.75mm 厚铁皮或塑料板制作，对一次性样板可用油毡、黄纸板制作 2. 对又长又大的型钢号料、号孔、批量生产时，多用样杆号料，可避免大量麻烦及出错。样杆多用 20mm×0.8mm 扁钢制作，长度较短时，可用木尺杆 3. 样板、样杆上要标明零件号、规格、数量、孔径等。其工作边缘要整齐，其上标记刻制应细、小、清晰。其几何尺寸允许偏差：平行线距离和分段尺寸±0.5mm；长度和宽度±0.5mm；矩形对角线之差不大于 1mm；相邻孔眼中心距偏差及孔心位移不大于 0.5mm；加工样板的角度±20′
3	零件号料(下料)	1. 号料采用样板、样杆，根据图纸要求在板料或型钢上划出零件形状及切割、铣、刨、弯曲等加工线，以及钻孔、打冲孔位置 2. 号料前要根据图纸用料要求和材料尺寸合理配料。尺寸大、数量多的零件，应统筹安排，长短搭配，先大后小，或套材号料，以节约原材料和提高利用率。大型构件的板材宜使用定尺料，使定尺的宽度或长度为零件宽度或长度的倍数 3. 配料时，对焊缝较多、加工量大的构件，应先号料；拼接口应避开安装孔和复杂部位；Ⅰ型部件的上下翼板和腹板的焊接口应错开 200mm 以上，同一构件需要拼接料时，必须同时号料，并要标明接料的号码、坡口形式和角度；气割零件和需加工(刨边、端铣)零件需预留加工余量，切割余量值见表 9-14

9.2 钢零件及钢部件加工

续表

项次	项目	加 工 要 点 及 要 求
3	零件号料（下料）	4．在焊接结构上号孔，应在焊接完毕经整形以后进行，孔眼应距焊缝边缘50mm以上 5．号料的允许偏差：零件外形尺寸±1.0mm；孔距±0.5mm

切割余量(mm) 表 9-14

加工余量	锯切	剪切	手工切割	半自动切割	精密切割
切割缝		1	4~5	3~4	2~3
刨边	2~3	2~3	3~4	1	1
铣平	3~4	2~3	4~5	2~3	2~3

焊接结构中各种焊缝的预放收缩量 表 9-15

项次	结构种类	特 点	焊缝收缩量(mm)
1	实腹结构	截面高度<1000mm 板厚<25mm	纵长焊缝：每条每米焊缝为0.1~0.5 接口焊缝：每一个接口为1.0 加劲板焊缝：每对加劲板为1.0
1	实腹结构	截面高度<1000mm 板厚>25mm及各种厚度的板材其截面高度>1000mm	纵长焊缝：每条每米焊缝为0.05~0.20 接口焊缝：每一个接口为1.0 加劲板焊缝：每对加劲板为1.0
2	格构式结构	轻型(屋架、架线塔等)	接口焊缝：每一个接口为1.0 搭接接头：每一条为0.5
2	格构式结构	重型(如组合截面柱子等)	组合截面的托架、柱的加工余量，按本表第1项采用 搭接接头焊缝：每一个接头为0.5
3	圆筒型结构	板厚<16mm	直焊缝：一条焊缝周长为1.0 环焊缝：一条焊缝长度为1.0
3	圆筒型结构	板厚>16mm	直焊缝：一条焊缝周长为2.0 环焊缝：一条焊缝长度为2.5~3.0

9.2.2 切割和平直

钢结构零件切割和平直要求 表 9-16

项次	项目	加 工 要 点 及 要 求
1	切割（剪切）	1. 在钢材号料之后，一般应接着进行切割工作。有机械切割、氧气切割和等离子切割等方法 2. 机械切割，剪切钢板多用龙门剪切机，剪切型钢一般用型钢剪切机，还有砂轮锯、无齿锯等切割方法。具有剪切速度快、精度高、使用方便等优点；氧气切割多用于长方形钢板零件下料较方便，且易保证平整，一般较长的直线或大圆弧的切割，多用半自动或自动氧气切割机进行，可提高工效和质量。气割主要应用于各种碳素结构钢和低合金结构钢材，对中碳钢采取气割时，应采取预热和缓冷措施，以防切口边缘产生裂纹或淬硬层，但对厚度小于 3mm 的钢板，因其受热后变形较大，不宜使用气割方法；等离子切割不受材质的限制，切割速度高，切口较窄，热影响区小，变形小，切割边质量好，可用于切割用氧乙炔焰和电弧所不能切割或难以切割的钢材 3. ≥8mm 板材可采用自动或半自动气割；>12mm 板材可采用剪板机剪切；≥∠90×10 角钢或其他型材可采用锯床切割；<∠90×10 角钢可采用剪切；吊车梁或 H 型钢的翼缘板应采用精密切割方法切割 4. 碳素结构钢在环境温度低于 -20℃ 时、低合金结构钢在环境温度低于 -15℃ 时，不得剪切和冲孔 5. 气割用氧气纯度应在 99.5% 以上，乙炔纯度应在 96.5% 以上，丙烷纯度应在 98% 以上 6. 切割前应将钢材表面距切割边缘约 50mm 范围内的铁锈、油污等清除干净。对高强度大厚度钢板的切割，在环境温度较低时应进行预热。切割后断口上不得有裂纹，并应清除边缘上的熔瘤和飞溅物等 7. 切割的质量要求：钢材切割面或剪切面应无裂纹、夹渣、分层和大于 1mm 的缺棱。气割和机械剪切的允许偏差应符合表 9-17 的规定
2	平直	1. 钢材在运输、装卸、堆放和切割过程中，有时会产生不同程度的弯曲波浪变形，当变形值超过钢结构工程施工质量验收规范（GB 50205—2001）的允许值时，必须在划线下料之前及切割之后予以平直矫正 2. 常用平直矫正方法有人工矫正、机械矫正、火焰矫正、混合矫正等，其方法和要求参见第 9.2.3 节。钢材矫正后的允许偏差应符合表 9-20 的规定

气割和机械剪切的允许偏差 表 9-17

项 目	允 许 偏 差 mm	
	气 割	机械剪切
零件宽度、长度	±3.0	±3.0
切割面平面度	0.05t，且不大于 2.0	

续表

项目	允许偏差 mm	
	气割	机械剪切
割纹深度	0.3	
局部缺口深度	1.0	
边缘缺棱		1.0
型钢端部垂直度		2.0

注：t 为切割面厚度。

9.2.3 变形矫正

9.2.3.1 变形原因分析

变形原因分析　　　　表 9-18

项次	变形原因	原因分析
1	钢材原材料变形	1. 原材料残余应力引起的变形。由于钢材在轧制时，轧辊的弯曲、间隙调整不一致等原因，会导致钢材在宽度方向压缩不均匀而形成钢材内部产生残余应力而引起变形 2. 存放不当引起变形。由于钢材长期堆放，地基不平或垫块垫得不平等会使钢材在自重力下引起钢材弯曲、扭曲等变形 3. 运输、吊运不当引起变形。钢材在运输或吊运过程中，安放不当或吊点、起重工夹具选择不合理会引起变形
2	成型加工后变形	1. 剪切变形。当采用斜口剪剪切钢板，特别是狭长钢板时，会引起钢板弯曲、扭曲等变形；采用圆盘剪剪切会形成钢板扭曲等复杂变形 2. 气割变形。用氧—乙炔气割时，切口处形成高温，切口边朝外弯曲；气割后逐渐冷却，由于内应力作用切口边向里弯曲 3. 弯曲加工后变形。冷加工时外力作用过大或过小；热加工时，钢材内部产生热应力作用，而使钢材未能达到所需弧度或角度等几何形状所要求的范围时，即产生弯曲加工后的变形
3	焊接变形	焊接时钢材受热部分膨胀，而受周围不受热部分约束而产生压缩塑性变形，冷却后焊缝及其附近因收缩而产生应力变形。焊接变形因焊接接头形式、材料厚薄、焊缝长短、构件形状、焊缝位置、焊接时电流大小、焊接顺序等原因而会产生不同形状的变形，如压缩变形、弯曲变形和角变形等
4	其他变形	如吊运构件时碰撞；钢结构工装模具热处理后产生热应力和组织应力超过工装模具材料的屈服强度；钢结构长期承受荷载等，也会引起变形

9.2.3.2 变形矫正

钢结构构件变形矫正方法　　　　　　表 9-19

项目	变形矫正方法	适用范围
人工矫正法	用锤击的方法进行，锤子用木锤，如用铁锤时，应设平垫，避免直接打击构件。对短小角钢可放在钢筒圈上，凸面向上，用大锤敲打凸出部分矫正；当型钢边缘局部弯曲时，亦可配合火焰加热，然后放在平垫上，在凸面部位垫上平锤，再用大锤趁热敲打矫正 采用本法应根据型钢截面尺寸和板料厚度，合理选择锤的大小，并根据变形情况，确定锤击点和锤击着力的轻重程度。打击下落要平，矫正后的钢材表面，不应有明显的凹面和损伤，锤痕深度不应大于 0.5mm	用于薄板件或截面比较小的型钢构件的弯曲、局部凸出的矫正 普通碳素钢在气温低于-16℃时，低合金结构钢在气温低于-12℃时，不得使用本法，以免产生裂纹
机械矫正法	板料变形用多辊平板机，其上下有两排轧辊轮，板料通过辊轮中间往复多次滚压矫正；当单靠辊轧难以矫正或矫直时，可视情况在两侧或中部垫厚 0.5～2mm、宽 150mm 左右、长度与板料等长的软钢板作为垫板矫平；对小板料可在轧辊之间放置 20～25mm 厚的钢板，然后将被矫正的小板料排列在大钢板上进行矫平。对于个别小板料，在辊轧过程中应翻动几次以便矫平。对型钢变形多用型钢调直机进行	用于一般板件和型钢构件的变形矫正 普通碳素钢温度低于-16℃时，低合金结构钢温度低于-12℃时，不得使用本法，以免产生裂纹
火焰矫正法	用氧乙炔焰或其他气体的火焰，对部件或构件变形部位进行局部加热，利用金属热胀冷缩的物理性能，钢材受热冷却时产生很大的冷缩应力来矫正变形 加热方式有点状加热、线状加热和三角形加热三种。点状加热（图 9-1）加热点呈小圆形，直径一般为 10～30mm，点距为 50～100mm，呈梅花状布局，加热后"点"的周围向中心收缩，使变形得到矫正；线状加热（图 9-2a、b），即带状加热，加热带的宽度不大于工件厚度的 0.5～2.0 倍，由于加热后上下两面存在较大的温差，加热带长度方向产生的收缩量较小，横方向收缩量较大，纵横方向产生不同的收缩使钢板变直，但加热红色区的厚度不应超过钢板厚度的一半，常用于 H 型钢构件翼板角变形的纠正（图 9-2c、d）；三角形加热（图 9-3a、b），加热面呈等腰三角形，加热面的高度与底边宽度一般控制在型材高度的 1/5	点状加热适于矫正板料局部弯曲或凹凸不平；线状加热多用于较厚板（10mm 以上）的角变形和局部圆弧、弯曲变形的矫正；三角形加热面积大，收缩量也大，适于型钢、钢板及构件（如屋架、吊车梁等成品）纵向弯曲及局部弯曲变形的矫正 火焰矫正变形一般只适用于低碳钢 16Mn 钢；对于中碳钢、高合金钢、铸铁和有色金属等脆性较大的材料，由于冷却收缩变形会产生裂纹，不得采用

续表

项目	变形矫正方法	适用范围
火焰矫正法	~2/3范围内,加热面应在工件变形凸出的一侧,三角顶在内侧,底在工件外侧边缘处,一般对工件凸起处加热数处,加热后收缩量从三角形顶点起沿等腰边逐渐增大,冷却后凸起部分收缩使工件得到矫正,常用于H型钢构件的拱变形和旁弯的矫正(图9-3c、d) 火焰加热温度一般为700℃左右,不应超过900℃;加热应均匀,不得有过热过烧现象 火焰矫正厚度较大的钢材时,加热后不得用凉水冷却,对低合金钢必须自然缓慢冷却,因水冷使钢材表面与内部温差过大,易产生裂纹;矫正时,应将工件垫平,分析变形原因,正确选择加热点、加热温度和加热面积等;同一加热点的加热次数不宜超过3次	
混合矫正法	系将零部件或构件两端垫以支承件,用压力压(或顶)其凸出变形部位,使其矫正,常用方法有用矫正胎借撑直机、压力机、油压机或冲压机等(图9-4a);或用小型液压千斤顶(或螺旋千斤顶)或加横梁配合热烤,对构件成品进行顶压矫正(图9-4b、c);对小型钢材弯曲,可用驾轨器将两个弯钩钩住钢材,用转动丝杆顶压凸弯部位矫正(图9-4d);较大的工件可采用螺旋千斤顶代替丝杆顶正。对成批型材可采取在现场制作支架,以千斤顶作动力进行矫正	适于型材、钢构件、工字梁、吊车梁、构架或结构件进行局部或整体变形矫正 普通碳素钢温度低于-16℃时,低合金结构钢温度低于-12℃时,不宜采用本法矫正,以免产生裂纹

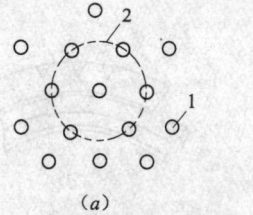
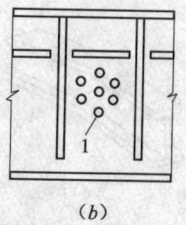

图9-1 火焰加热的点状加热方式

(a)点状加热布局;(b)用点状加热矫正吊车梁腹板变形
1—点状加热点;2—梅花形布局

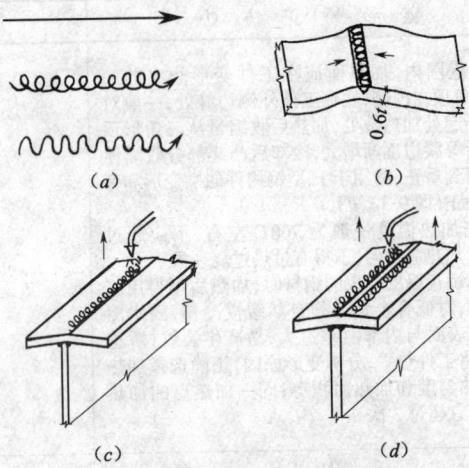

图 9-2 火焰加热的线状加热方法
(a)线状加热方式;(b)用线状加热矫正板变形;
(c)用单加热带矫正 H 形梁翼缘角变形;
(d)用双加热带矫正 H 形梁角变形
t—板材厚度

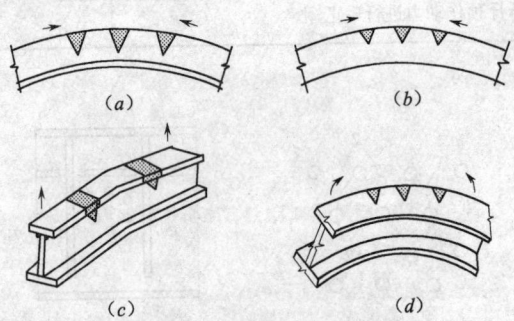

图 9-3 火焰加热的三角形加热方法
(a)、(b)角钢、钢板的三角形加热方法;
(c)、(d)用三角形加热矫正 H 形梁拱变形和旁弯曲变形

9.2 钢零件及钢部件加工

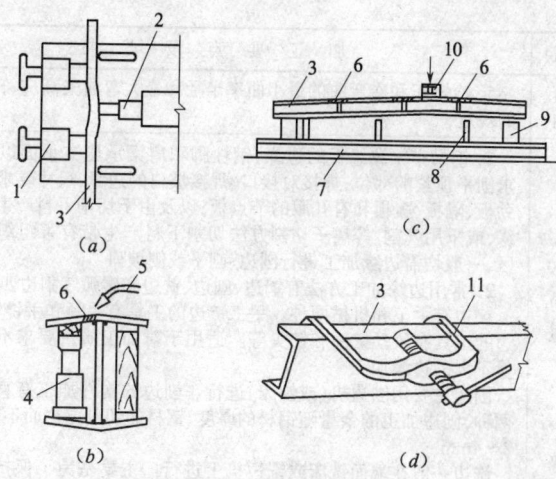

图 9-4 混合矫正法
(a)单头撑直机矫正(平面);(b)用千斤顶配合热烤矫正;
(c)用横梁加荷配合热烤矫正;(d)用弯轨器矫正
1—支撑块;2—顶头;3—弯曲型钢;4—液压千斤顶;5—烤枪;6—加热带;
7—平台;8—标准平板;9—支座;10—加荷横梁;11—弯轨器

9.2.4 弯曲和边缘加工

钢结构零件弯曲和边缘加工要求 表 9-20

项次	项目	加 工 要 点 及 要 求
1	弯曲	1. 弯曲按加工方法分为压弯、滚弯和拉弯。压弯是用压力机压弯钢板,适用于一般直角弯曲(V形件)、双直角弯曲(U形件),以及其他适宜弯曲的构件;滚弯是用滚弯机上滚弯钢板,适用于滚制圆筒形构件及其他弧形构件;拉弯是用转臂拉弯机或转盘拉弯机拉弯钢板,主要用于将长条板材拉制成不同曲率的弧形构件 弯曲按加热程度分为冷弯和热弯。冷弯是在常温下弯制加工,适用于一般薄板、型钢等加工;热弯是将钢材加热至 900~1000℃,在模上进行弯制加工,碳素结构钢和低合金结构在温度分别下降到 700℃ 和 800℃ 之前,应结束加工,低合金结构钢应自然冷却,适用于厚钢板及较复杂形状构件、型钢等加工 2. 各种弯曲工艺方法均应按型材的截面形状、材质、规格及弯曲半径制作相应的胎模,经试弯符合要求方准正式加工 3. 大型设备用模具压弯可一次成型;小型设备压较大圆弧应多次冲压成型,边压边移位,边用样板检查,至符合要求为止 4. 在弯曲理论计算时,要考虑材料的弯曲变形回弹量,要采取相应措施,掌握回弹规律,减少或基本消除回弹或使用弹后恰能达到设计要求

9 钢结构工程

续表

项次	项目	加 工 要 点 及 要 求
1	弯曲	5. 冷矫正和冷弯曲的最小曲率半径和最大弯曲矢高应符合表 9-21 的规定
2	边缘加工	1. 钢吊车梁翼缘板的边缘、钢柱脚和肩梁承压支承面以及其他要求刨平顶紧的部位；焊接对接口、焊接坡口的边缘，尺寸要求严格的加劲板、隔板、腹板和有孔眼的节点板；以及由于切割下料产生硬化的边缘，或采用气割、等离子切割方法切割下料产生带有害组织的热影响区，一般均需边缘加工进行刨边、刨平或刨坡口 2. 常用边缘加工方法有铲边、刨边、铣边和碳弧气割边四种 铲边有手工和机械两种。手工铲边的工具有手锤和手铲等；机械铲边的工具有风动铲锤和铲头等。适用于对加工质量要求不高且工作量不大的边缘加工 刨边主要用刨边机(或刨床)进行。刨边的构件加工有直边和斜边两种，刨边加工的余量随钢材的厚度、钢材的切割方法而不同，一般为 2～4mm 铣边一般在端面铣床或铣边机上进行。主要是为了保持构件的精度，如吊车梁、桥梁等接头部分，钢柱或塔架等金属抵承部位 碳弧气刨主要工具设备是碳弧气刨枪和直流电焊机(如 A×1-500)。用碳弧气刨挑焊根，比采用风凿生产率高，特别适用于仰位和立位的刨切，噪声比风凿小，并能减轻劳动强度；对翻修有焊接缺陷的焊缝时，容易发现焊缝中各种细小的缺陷 3. 焊接坡口加工形式和尺寸应根据图样和构件的焊接工艺进行。除机械加工方法外，对要求不高的坡口，亦可采用气割或等离子弧切割方法，用自动或半自动气割机切割。对于允许以碳弧气割方法加工焊接坡口或焊缝背面清根时，当能保证气刨槽平直深度均匀，可采用半自动碳弧气割 4. 当用气割方法切割碳素钢和低合金钢焊接坡口时，对屈服强度小于 400N/mm^2 的钢材，应将坡口熔渣氧化层等清除干净，并将影响焊接质量的凹凸不平处打磨平整；对屈服强度大于或等于 400N/mm^2 的钢材，应将坡口表面及热影响区用砂轮打磨，去除净硬层 5. 当用碳弧气割方法加工坡口或清焊根时，刨槽内的氧化层、淬硬层、顶碳或铜迹必须彻底打磨干净

冷矫正和冷弯曲的最小曲率半径和最大弯曲矢高(mm) 表 9-21

钢材类别	图 例	对应轴	矫正		弯曲	
			r	f	r	f
钢板扁钢		x-x	$50t$	$\dfrac{l^2}{400t}$	$25t$	$\dfrac{l^2}{200t}$
		y-y (仅对扁钢轴线)	$100b$	$\dfrac{l^2}{800b}$	$50b$	$\dfrac{l^2}{400b}$

9.2 钢零件及钢部件加工

续表

钢材类别	图例	对应轴	矫正 r	矫正 f	弯曲 r	弯曲 f
角钢		$x\text{-}x$	$90b$	$\dfrac{l^2}{720b}$	$45b$	$\dfrac{l^2}{360b}$
槽钢		$x\text{-}x$	$50h$	$\dfrac{l^2}{400h}$	$25h$	$\dfrac{l^2}{200h}$
槽钢		$y\text{-}y$	$90b$	$\dfrac{l^2}{720b}$	$45b$	$\dfrac{l^2}{360b}$
工字钢		$x\text{-}x$	$50h$	$\dfrac{l^2}{400h}$	$25h$	$\dfrac{l^2}{200h}$
工字钢		$y\text{-}y$	$50b$	$\dfrac{l^2}{400b}$	$25b$	$\dfrac{l^2}{200b}$

注：r 为曲率半径；f 为弯曲矢高；l 为弯曲弦长；t 为钢板厚度。

9.2.5 制孔

钢结构构件制孔方法　　表 9-22

项次	项目	加 工 要 点 及 要 求
1	制孔种类	1. 通常有钻孔和冲孔两种。钻孔能用于几乎任何规格的钢板、型钢的孔加工，一般在钻床上进行，当受条件限制时，可用电钻、风钻和磁座钻（吸铁钻）加工。孔壁损伤小，孔的精度高，是钢结构制造中普遍采用的方法 2. 冲孔是在冲孔机（冲床）上进行，一般只能在较薄的钢板和型钢上冲孔，且孔径一般不小于钢材的厚度，可用于不重要的节点板、垫板、加强板、角钢拉撑等小件孔加工，冲孔生产效率高，但由于孔壁周围产生冷作硬化，孔壁质量差，有孔口下塌，孔的下方增大的倾向，所以较少直接采用
2	钻孔	1. 钻孔加工方法有划线钻孔、钻模板钻孔、钻模钻孔和多轴与自动数控钻床钻孔等 (1)划线钻孔：系光在构件上划出孔的中心和直径，在孔的圆周上(90°位置)划四只孔眼，作为钻孔后检查用。孔中心冲较大较深的眼，作钻头定心用。为提高工效，可将数块钢板重叠一齐钻孔，但一般重叠板厚不超过 50mm，重叠板边必须用夹具夹紧或点焊固定

9 钢结构工程

续表

项次	项目	加 工 要 点 及 要 求
2	钻孔	（2）钻模板钻孔：当孔群中孔的数量较多，位置精度要求较高，批量小时采用。做钻模板的钢板多用硬度较高的低合金钢板，如16Mn钢板等 （3）钻模钻孔：当批量大，孔距要求较高时采用。钻模有通用型、组合式和专用钻模 （4）多轴与自动数控钻床钻孔法：其孔距精度直接由加工设备来保证，所以加工精度高，效率也高，但成本贵 2．钻孔方法选择应综合考虑其图纸精度要求、结构特点以及加工费用等因素 （1）普通厂房结构和一般对孔距要求不高的构件，采用划线钻孔。该法成本最低，加工方便，但精度较差。是普遍采用的方法 （2）对依靠群孔作为定位的构件与当孔距精度要求较高时，建议采用钻模板或钻模钻孔 （3）框架结构、高层建筑构件，节点上两个以上方向有高强螺栓连接的构件或设计上有特殊要求的构件，应用钻模板或钻模钻孔。钻模板和钻模钻孔，精度高、速度快，但成本高 3．构件钻孔前应进行试钻，经检查认可后方可正式钻孔
3	冲孔	1．冲孔是用冲孔机将板料冲出孔来，效率高，但质量较钻孔差，仅用于非圆孔和薄板制孔 2．冲孔的直径应大于板厚，否则易损坏冲头。冲孔下模上平面的孔应比上模的冲头直径大0.8～1.5mm 3．构件冲孔时，应装好冲模，检查冲模之间间隙是否均匀一致，并用与构件相同的材料试冲，经检查质量符合要求后，再正式冲孔 4．大批量冲孔时，应按批抽查孔的尺寸及孔的中心距，以便及时发现问题，及时纠正 5．当环境温度低于－20℃时，应禁止冲孔
4	扩孔	1．扩孔系将已有孔眼扩大到需要的直径。主要用于构件的拼装和安装，如叠层连接板孔，常先把零件孔钻成比设计小3mm的孔，待整体组装后再行扩孔，以保证孔眼一致，孔壁光滑，或用于钻直径30mm以上的孔，先钻小孔，加以扩成大孔，以减小钻端阻力，提高工效 2．扩孔工具用扩孔钻或麻花钻。用麻花钻扩孔时，需将后角修小，使切屑少而易于排除，可提高孔的表面光洁度
5	锪孔	1．锪孔系将已钻好的孔上表面加工成一定形状的孔，常用的有锥形埋头孔、圆柱形埋头孔等 2．锥形埋头孔应用专用锥形锪钻制孔，或用麻花钻改制，将顶角磨成所需要的大小角度；圆柱形埋头孔应用柱形锪钻，用其端面刀刃切削，锪钻前端设导柱导向，以保证位置正确
6	质量要求	板叠上所有螺栓孔用比孔的公称直径小1.0mm的量规检查，应通过每组孔数的85％；用比螺栓公称直径大0.3mm的量规检查，应全部通过。不能通过的孔应按规定扩孔，或用与母材材质相匹配的焊条补焊后重新钻孔，但扩钻后的孔径不得大于原设计孔径2mm。每组孔中补焊重新钻孔的数量不得超过20％

9.2.6 钢零件及钢部件加工质量控制与检验

1. 切割

表 9-23

项次	项目	内容
1	主控项目	钢材切割面或剪切面应无裂纹、夹渣、分层和大于 1mm 的缺棱
2	一般项目	1. 气割的允许偏差应符合表 9-17 的规定 2. 机械剪切的允许偏差应符合表 9-17 的规定

2. 矫正和成型

表 9-24

项次	项目	内容
1	主控项目	1. 碳素结构钢在环境温度低于 -16℃、低合金结构钢在环境温度低于 -12℃ 时,不应进行冷矫正和冷弯曲。碳素结构钢和低合金结构钢在加热矫正时,加热温度不应超过 900℃。低合金结构钢在加热矫正后应自然冷却 2. 当零件采用热加工成型时,加热温度应控制在 900~1000℃;碳素结构钢和低合金结构钢在温度分别下降到 700℃ 和 800℃ 之前,应结束加工;低合金结构钢应自然冷却
2	一般项目	1. 矫正后的钢材表面,不应有明显的凹面或损伤,划痕深度不得大于 0.5mm,且不应大于该钢材厚度负允许偏差的 1/2 2. 冷矫正和冷弯曲的最小曲率半径和最大弯曲矢高应符合表 9-21 的规定 3. 钢材矫正后的允许偏差,应符合表 9-25 的规定

钢材矫正后的允许偏差(mm) 表 9-25

项目		允许偏差
钢板的局部平面度	$t \leqslant 14$	1.5
	$t > 14$	1.0
型钢弯曲矢高		$L/1000$ 且不应大于 5.0

续表

项 目	允许偏差	
角钢肢的垂直度	b/100 双肢栓接角钢的角度不得大于90°	
槽钢翼缘对腹板的垂直度	b/80	
工字钢、H型钢翼缘对腹板的垂直度	b/100 且不大于2.0	

3. 边缘加工

表 9-26

项次	项目	内容
1	主控项目	气割或机械剪切的零件,需要进行边缘加工时,其刨削量不应小于2.0mm
2	一般项目	边缘加工允许偏差应符合下表的规定

边缘加工的允许偏差(mm)

项 目	允许偏差
零件宽度、长度	±1.0
加工边直线度	$l/3000$,且不应大于2.0
相邻两边夹角	±6′
加工面垂直度	$0.025t$,且不应大于0.5
加工面表面粗糙度	$\overset{50}{\triangledown}$

9.2 钢零件及钢部件加工

4. 制孔

表 9-27

项次	项目	内容
1	主控项目	A、B级螺栓孔（Ⅰ类孔）应具有 H12 的精度，孔壁表面粗糙度 R_a 不应大于 $12.5\mu m$。其孔径的允许偏差应符合表 1 的规定 C级螺栓孔（Ⅱ类孔），孔壁表面粗糙度 R_a 不应大于 $25\mu m$，其允许偏差应符合表 2 的规定 **A、B 级螺栓孔径的允许偏差（mm）**　　表 1 	序号	螺栓公称直径、螺栓孔直径	螺栓公称直径允许偏差	螺栓孔直径允许偏差
---	---	---	---
1	10～18	0.00 −0.18	+0.18 0.00
2	18～30	0.00 −0.21	+0.21 0.00
3	30～50	0.00 −0.25	+0.25 0.00	 **C 级螺栓孔的允许偏差（mm）**　　表 2 	项目	允许偏差
---	---
直径	+1.0 0.0
圆度	2.0
垂直度	$0.03t$，且不应大于 2.0	
2	一般项目	1. 螺栓孔孔距的允许偏差应符合表 3 的规定 **螺栓孔孔距允许偏差（mm）**　　表 3 | 螺栓孔孔距范围	≤500	501～1200	1201～3000	>3000
---	---	---	---	---
同一组内任意两孔间距离	±1.0	±1.5	—	—
相邻两组的端孔间距离	±1.5	±2.0	±2.5	±3.0	 注：1. 在节点中连接板与一根杆件相连的所有螺栓孔为一组； 　　2. 对接接头在拼接板一侧的螺栓孔为一组； 　　3. 在两相邻节点或接头间的螺栓孔为一组，但不包括上述两款所规定的螺栓孔； 　　4. 受弯构件翼缘上的连接螺栓孔，每米长度范围内的螺栓孔为一组。 2. 螺栓孔孔距的允许偏差超过表 3 规定的允许偏差时，应采用与母材材质相匹配的焊条补焊后重新制孔。

9.3 钢构件组装

9.3.1 钢构件组装方法

钢结构构件的组(拼)装方法要求　　表9-28

项次	项目	组（拼）装方法要点
1	组（拼）装的一般规定	1. 组装是将制备完成的零件或半成品，按要求的运输单元通过焊接或螺栓连接等工序，装配成部件或构件 2. 组装应按工艺方法的组装次序进行。当有隐蔽焊缝时，必须预先施焊，经检验合格后方可覆盖。当复杂部位不易施焊时，亦须按工序次序分别先后组装和施焊。严禁不按次序组装和强力组对 3. 为减少大件组装焊接的变形，一般应先采取小件组焊，经矫正后再整体大部件组装。胎具及装出的首件须经过严格检验，方可大批进行组装工作。拼装好的构件应立即用油漆在明显部位编号，写明图号、构件号和件数 4. 组装前，连接表面及焊缝每边30～50mm范围内的铁锈、毛刺和油污及潮气等必须清除干净，并露出金属光泽 5. 应根据金属结构的实际情况，选用或制作相应的装配胎具(如组装平台、铁凳、胎架等)和工(夹)具，如简易手动木工杆夹具、螺栓千斤顶、螺栓拉紧器、楔子矫正夹具和丝杆卡具等，应尽量避免在结构上焊接临时固定件、支撑件。工(夹)具及吊耳必须焊接固定在构件上时，材质与焊接材料应与该构件相同；用后需除掉时，不得用锤强力打击，应用气割或机械方法进行。对于残留痕迹，应进行打磨、修整
2	焊接结构组（拼）装	1. 钢板拼接系在装配平台上进行，将钢板零件摆列在平台板上，调整粉线，用撬杠等工具将钢板平面对接缝对齐，用定位焊固定。在对接焊缝的两端设引弧板，尺寸不小于100mm×100mm。重要构件的钢板需用埋弧自动焊接。焊后进行变形矫正，并需进行无损伤施测 2. 桁架是在装配平台上放实样拼装，应预放焊接收缩量（一般经验，放至规范公差上限值可满足收缩需要，$L \leqslant 24m$ 时放5mm，$L > 24m$ 时放8mm）。设计有起拱要求的桁架应预放出起拱线，无起拱要求的，也应起拱10mm左右，防止下挠。桁架拼装多用仿形装配法，即先在平台上放实样，据此装配出第一单面桁架，并施行定位焊，之后再用它做胎膜，在它上面进行复制，装配出第二个单面桁架，在定位焊完了之后，将第二个桁架翻面180°下胎，再在第二桁架上，以下面角钢为准，装完对称的单面桁架，即完成一个桁架的拼装。同样以第一个单面桁架为底样(样板)，依此方法逐个装配其他桁架 3. 工字形钢板构件(又称H型钢)拼装有水平组装和竖向组装两种方法。水平组装胎模如图9-5(a)所示，是利用翼缘板和腹板本身重力，使各零件分别放置在其工作位置上，然后用夹具5夹紧一块翼缘板作为定位基准面，从另一方向加一个水平推力，亦可用千斤顶或铁

9.3 钢构件组装

续表

项次	项目	组（拼）装方法要点
2	焊接结构组（拼）装	楔等工具横向施加水平推力至翼腹板三板紧密接触，最后用电焊定位点牢。该模具适于大批量H型钢组装，且装配质量好，速度快，但占用场地大 　　竖向组装胎膜（图9-5b）是先把下翼缘板放在工字钢横梁上，吊上腹板先进行腹板与下翼缘板组装定位点焊好，吊出胎模备用。在工字钢横梁上再铺好上翼缘板，然后吊上装配好的T形结构在胎膜上夹紧，用千斤顶顶紧上翼缘与腹板间隙并用电焊定位。该法占场地少，胎模结构简单，组装效率较高，但需二次成型 　4. 箱形构件是由上下盖板、隔板和两侧腹板组成。组装胎模如图9-6所示。是利用活动腹板定位靠模2产生的横推力，来使腹板紧贴接触其内部肋板，利用腹板重力使腹板紧贴下盖板，然后分别用焊接定位 　　组装顺序宜先组装上盖板与隔板（必要时尚应增加工艺隔板），定位并焊接后再组装两侧腹板，最后组装下盖板 　5. 钢柱组装时，柱底面到牛腿支承面间应预留焊接收缩量 　6. 组装的零件、部件应经检查合格，连接面和沿焊缝边缘约50mm范围内的铁锈、毛刺、污垢等应清除干净。钢材的拼接应在组装前进行。构件的组装应在部件组装、焊接并矫正后进行
3	铆接结构组（拼）装	1. 铆接结构的各部件在拼装前应清除表面的杂质和毛刺 　2. 铆接结构拼装胎模至少把构件下表面架离地面800mm以上，以便装卸零件和螺栓 　3. 原则上应每隔一个孔眼把紧一个螺栓。螺孔密集时，把紧螺栓的总数不得少于孔眼总数的25%～35%，其间距不大于300mm 　4. 构件用螺栓把紧后，应保证板叠之间的间隙小于0.3mm，磨光顶紧面的间隙亦不得超过0.3mm 　5. 当垫板厚度与翼缘厚度的偏差超过0.5mm时，应配用适当厚度的垫板，必要时垫板可用较厚的材料刨削加工
4	质量要求	1. 对于进行焊接连接的构件，其组装质量应符合表9-29、表9-30规定。低合金钢定位应用定位焊（不得用点焊）。采用定位焊所用的焊接材料的型号应与该构件的相同；定位焊高度，不宜超过设计焊缝高度的2/3且不大于8mm。长度不少于100mm，间距为300～400mm 　2. 磨光顶紧接触的部位应有75%的面积紧贴，用0.3mm塞尺检查，其塞入面积之和不得大于总面积的25%，边缘最大间隙不得大于0.8mm 　3. 用模架或按大样组装的构件，其轴线交点的允许偏差不得大于3.0mm

9 钢结构工程

焊接连接制作组装的允许偏差(mm) 表 9-29

项目		允许偏差	图例
对口错边 △		$t/10$ 且不应大于 3.0	
间隙 a		±1.0	
搭接长度 a		±5.0	
缝隙 △		1.5	
高度 h		±2.0	
垂直度 △		$b/100$ 且不应大于 3.0	
中心偏移 e		±2.0	
型钢错位	连接处	1.0	
	其他处	2.0	
箱形截面高度 h		±2.0	
宽度 b		±2.0	
垂直度 △		$b/200$ 且不应大于 3.0	

9.3 钢构件组装

焊接 H 型钢的允许偏差(mm)　　　　　表 9-30

项　目		允许偏差	图　例
截面高度 h	$h<500$	±2.0	
	$500 \leqslant h \leqslant 1000$	±3.0	
	$h>1000$	±4.0	
截面宽度 b		±3.0	
腹板中心偏移		2.0	
翼缘板垂直度 Δ		$b/100$, 且不应大于 3.0	
弯曲矢高(受压构件除外)		$l/1000$, 且不应大于 10.0	
扭曲		$h/250$, 且不应大于 5.0	
腹板局部 平面度 f	$t<14$	3.0	
	$t \geqslant 14$	2.0	

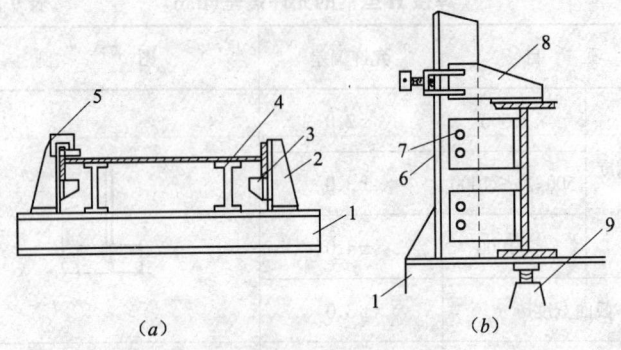

图 9-5 H型钢组装胎模
(a)H型水平组装胎模;(b)H型竖向组装胎模
1—下部工字钢组成的横梁平台;2—侧向翼板定位靠板;3—翼缘板搁置牛腿;
4—纵向腹板定位工字梁;5—翼缘板夹紧工具;6—胎模角钢立柱;
7—腹板定位靠模;8—上翼缘板定位限位;9—顶紧用的千斤顶

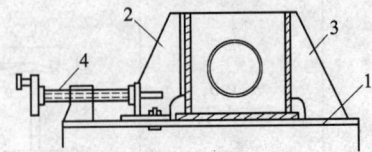

图 9-6 箱形构件组装胎模
1—工字钢平台横梁;2—腹板活动定位靠模;
3—腹板固定靠模;4—千斤顶

9.3.2 钢构件组装质量控制与检验

1. 焊接 H 型钢

表 9-31

项次	项目	内容
1	一般项目	1. 焊接 H 型钢的翼缘板拼接缝和腹板拼接缝的间距不应小于 200mm。翼缘板拼接长度不应小于 2 倍板宽;腹板拼接宽度不应小于 300mm,长度不应小于 600mm 2. 焊接 H 型钢的允许偏差应符合表 9-30 的规定

9.3 钢构件组装

2. 组装

表 9-32

项次	项目	内容
1	主控项目	吊车梁和吊车桁架不应下挠
2	一般项目	1. 焊接连接组装的允许偏差应符合表 9-29 的规定 2. 顶紧接触面应有 75% 以上的面积紧贴 3. 桁架结构杆件轴线交点错位的允许偏差不得大于 3.0mm,允许偏差不得大于 4.0mm

3. 端部铣平及安装焊缝坡口

表 9-33

项目	项次	内容
1	主控项目	端部铣平的允许偏差应符合表 1 的规定 **端部铣平的允许偏差(mm)** 表 1 <table><tr><th>项　目</th><th>允许偏差</th></tr><tr><td>两端铣平时构件长度</td><td>±2.0</td></tr><tr><td>两端铣平时零件长度</td><td>±0.5</td></tr><tr><td>铣平面的平面度</td><td>0.3</td></tr><tr><td>铣平面对轴线的垂直度</td><td>$l/1500$</td></tr></table>
2	一般项目	1. 安装焊缝坡口的允许偏差应符合表 2 的规定 **安装焊缝坡口的允许偏差** 表 2 <table><tr><th>项　目</th><th>允许偏差</th></tr><tr><td>坡口角度</td><td>±5°</td></tr><tr><td>钝边</td><td>±1.0mm</td></tr></table> 2. 外露铣平面应防锈保护

4. 钢构件外形尺寸

表 9-34

项次	项目	内 容
1	主控项目	钢构件外形尺寸主控项目的允许偏差应符合下表的规定 **钢构件外形尺寸主控项目的允许偏差(mm)** | 项 目	允许偏差
---	---
单层柱、梁、桁架受力支托(支承面)表面至第一个安装孔距离	±1.0
多节柱铣平面至第一个安装孔距离	±1.0
实腹梁两端最外侧安装孔距离	±3.0
构件连接处的截面几何尺寸	±3.0
柱、梁连接处的腹板中心线偏移	2.0
受压构件(杆件)弯曲矢高	$l/1000$,且不应大于 10.0	
2	一般项目	钢构件外形尺寸一般项目的允许偏差应符合《钢结构工程施工质量验收规范》GB 50205—2001 中附录 C 中表 C.0.3~表 C.0.9 的规定

9.4 钢结构连接

9.4.1 钢结构焊接连接

9.4.1.1 常用焊接方法的选择

焊接方法的选择　　　　表 9-35

焊接类别			使 用 特 点	适 用 场 合
电焊	手工焊	交流焊机	设备简单,操作灵活、方便,可进行各种位置的焊接,不减弱构件截面,保证质量,施工成本较低	焊接普通钢结构,为工地广泛应用的焊接方法
		直流焊机	焊接技术与使用交流焊机相同,焊接时电弧稳定,但施工成本比采用交流焊机高	用于焊接质量要求较高的钢结构
	埋弧自动焊		是在焊剂下熔化金属的,焊接热量集中,熔深大,效率高,质量好,没有飞溅现象,热影响区小,焊缝成形均匀美观,操作技术要求低,劳动条件好	在工厂中焊接长度较大、板较厚的直线状贴角焊缝和对接焊缝

9.4 钢结构连接

续表

焊接类别		使用特点	适用场合
电焊	半自动焊	与埋弧自动焊焊接基本相同,操作较灵活,但使用不够方便	焊接较短的或弯曲形状的贴角焊缝和对接焊缝
	CO_2气体保护焊	是用CO_2或惰性气体代替焊药保护电弧的光面焊丝焊接,可全位置焊接,质量较好,熔速快,效率高,省电,焊后不用清除焊渣,但焊时应避风	薄钢板和其他金属焊接、大厚度钢柱、钢梁的焊接
电渣焊		利用电流通过液态熔渣所产生的电阻热焊接,能焊大厚度焊缝	大厚度钢板、大直径圆钢和铸钢等的焊接
气焊		利用乙炔、氧气混合燃烧的火焰熔融金属进行焊接。焊接有色金属、不锈钢时需气焊粉保护	薄钢板、铸铁件、连接件和堆焊
接触焊		利用电流通过焊件时产生的电阻热焊接	钢筋对焊、钢筋网点焊、预埋铁件焊接
高频焊		利用高频电阻产生的热量进行焊接	薄壁钢管的纵向焊缝

9.4.1.2 常用焊条、焊丝、焊剂类型、型号的选择

低碳钢和普通低合金钢焊条类型、型号的选择 表 9-36

项次	使用要求	焊条类型、型号的选择
1	要求焊缝金属应与母材的机械强度和化学成分相接近	一般低碳钢和普通低合金钢应采用钛钙型焊条,如 E4303、E5003、E5503
2	要求塑性、韧性、抗裂性较高的重要结构	低碳钢和普通低合金钢采用低氢型焊条,如 E4315、E4316、E5015、E5016,并用直流电焊机施焊
3	焊缝表面要求光滑、美观和薄板结构	最好用钛型或钛钙型焊条,如 E4312、E4313
4	对施工时无法清除油污、铁锈等脏物,并要求熔深较大的结构	最好用氧化铁型焊条,如 E4320、E4322,也可用 E4303
5	遇有两种不同等级强度的钢材焊接,并为受力连接结构	一般选用适应两种钢材中强度较高的焊条
6	焊接较重要的低碳钢结构	宜用 E4301、E5001、E4303、E5003、E4323、E4327、E5027 焊条
7	焊接重要的低碳钢结构	宜用 E4320 焊条

续表

项次	使用要求	焊条类型、型号的选择
8	焊接重要的低碳钢结构及焊接与焊条强度相当的低合金钢结构	宜用 E4314、E5017、E4316、E5016、E5018、E5048、E4328、E5028 焊条
9	焊接一般的低碳钢结构,如管道的焊接或打底焊接	宜用 E4310 焊条
10	焊接一般的低碳钢结构、薄板结构或盖面焊	宜用 E4312、E4313、E5014、E4324、E5024、E4322 焊条

常用碳钢焊条的型号 表 9-37

系列	焊条型号	药皮类型	焊接位置	电流种类
E43	E4300	特殊型	全位置焊接	交流或直流正、反接
	E4301	钛铁矿型		交流或直流正、反接
	E4303	钛钙型		交流或直流正、反接
	E4310	高纤维钠型		直流反接
	E4311	高纤维钾型		交流或直流反接
	E4312	高钛钠型		交流或直流正接
	E4313	高钛钾型		交流或直流正、反接
	E4315	低氢钠型		直流反接
	E4316	低氢钾型		交流或直流反接
	E4320	氧化铁型	水平角焊	交流或直流正接
	E4322		平焊	交流或直流正、反接
	E4323	铁粉钛钙型	平焊、水平角焊	交流或直流正、反接
	E4324	铁粉钛型		交流或直流正、反接
	E4327	铁粉氧化铁型		交流或直流正接
	E4328	铁粉低氢型		交流或直流反接
E50	E5001	钛铁矿型	全位置焊接	交流或直流正、反接
	E5003	钛钙型		交流或直流正、反接
	E5011	高纤维钾型		交流或直流反接
	E5014	铁粉钛型		交流或直流正、反接

9.4 钢结构连接

续表

系列	焊条型号	药皮类型	焊接位置	电流种类
E50	E5015	低氢钠型	全位置焊接	直流反接
	E5016	低氢钾型		交流或直流反接
	E5018	铁粉低氢型		
	E5024	铁粉钛型	平焊、水平角焊	交流或直流正、反接
	E5027	铁粉氧化铁型		交流或直流正接
	E5028	铁粉低氢型		交流或直流反接
	E5048		全位置焊接	

注：1. 直径不大于 4mm 的 E5014、E5015、E5016、E5018 及直径不大于 5mm 的其他型号的焊条可适用于立焊和仰焊。E4322 型焊条适宜单道焊。
2. 字母 E 表示焊条，前两位数字表示熔敷金属抗拉强度最小值（$10N/mm^2$），第三位数表示焊条的焊接位置，第三、第四位数字组合时表示焊接电流种类及药皮类型。

常用的低合金钢焊条型号 表 9-38

系列	焊条型号	药皮类型	焊接位置	电流种类
E50	E5010-x	高纤维素钠型	全位置焊接	直流反接
	E5011-x	高纤维素钾型		交流或直流反接
	E5015-x	低氢钠型		直流反接
	E5016-x	低氢钾型		交流或直流反接
	E5018-x	铁粉低氢型		
	E5020-x	高氧化铁型	水平角焊	交流或直流正接
			平焊	交流或直流正、反接
	E5027-x	铁粉氧化铁型	水平角焊	交流或直流正接
			平焊	交流或直流正、反接
E55	E5500-x	特殊型	全位置焊接	交流或直流正、反接
	E5503-x	钛钙型		
	E5510-x	高纤维素钠型		直流反接
	E5511-x	高纤维素钾型		交流或直流反接
	E5513-x	高钛钾型		交流或直流正、反接

续表

系列	焊条型号	药皮类型	焊接位置	电流种类
E55	E5515-x	低氢钠型	全位置焊接	直流反接
	E5516-x	低氢钾型		交流或直流反接
	E5518-x	铁粉低氢型		交流或直流反接

注：1. 后缀符合 X 代表熔敷金属化学成分分类代号 A1、B1、B2 等。
  2. 同表 9-37 注 2。

常用焊条的化学成分 表 9-39

焊条种类	牌号	主要元素含量(%)						
		C	Mn	Si	Cr	Ni	S	P
							$\leqslant$	
碳钢焊条	H08	$\leqslant$0.10	0.30~0.55	$\leqslant$0.03	0.20	0.30	0.040	0.040
	H08A	$\leqslant$0.10	0.30~0.55	$\leqslant$0.03	0.20	0.30	0.030	0.030
	H08E	$\leqslant$0.10	0.30~0.55	$\leqslant$0.03	0.20	0.30	0.025	0.025
	H08Mn	$\leqslant$0.10	0.80~1.10	$\leqslant$0.07	0.20	0.30	0.040	0.040
	H08MnA	$\leqslant$0.10	0.80~1.10	$\leqslant$0.07	0.20	0.30	0.030	0.030
	H15A	0.11~0.18	0.35~0.65	$\leqslant$0.03	0.20	0.30	0.030	0.030
	H15Mn	0.11~0.18	0.80~1.10	$\leqslant$0.03	0.20	0.30	0.040	0.040
合金钢焊条	H10Mn2	$\leqslant$0.12	1.50~1.90	$\leqslant$0.07	0.20	0.30	0.040	0.040
	H08Mn2Si	$\leqslant$0.11	1.70~2.10	0.65~0.95	0.20	0.30	0.040	0.040
	H08Mn2A	$\leqslant$0.11	1.80~2.10	0.65~0.95	0.20	0.30	0.030	0.030
	H10MnSi	$\leqslant$0.14	0.80~1.10	0.60~0.90	0.20	0.30	0.030	0.040

常用焊剂牌号、主要化学成分及主要用途 表 9-40

国标型号	牌号	主要化学成分(%)	主要用途
	SJ101	$SiO_2 + TiO_2$25、$CaF_2$20 $CaO + MgO$30 $Al_2O_3 + MnO$25	配合 H08MnA、H08MnMoA、H10Mn2 等可焊接多种低合金钢重要结构，如锅炉压力容器、管道等，特别适合大直径容器双面单道焊
HJ402-H08MnA	SJ301	$SiO_2 + TiO_2$40、$CaF_2$10 $CaO + MgO$25 $Al_2O_3 + MnO$25	配合 H08MnA、H08MnMoA、H10Mn$_2$ 等可焊接普通结构钢、锅炉用钢等，多丝快速焊接大、小直径的钢管
HJ401-H08A	SJ401	$SiO_2 + TiO_2$45 $CaO + MgO$10 $Al_2O_3 + MnO$40	配合 H08A 焊丝可焊接低碳钢及某些低合金钢，如机车车辆、矿山机械等金属结构

续表

国标型号	牌号	主要化学成分(%)	主 要 用 途
HJ401-H08A	SJ501	$SiO_2 + TiO_2 30$ $CaF_2 5$ $Al_2O_3 + MnO 55$	配合 H08A、H08MnA 等焊条，焊接低碳钢及某些低合金钢（15Mn、15MnV 等），如锅炉、船泊、压力容器等，特别适合双面单道焊

9.4.1.3 焊接连接施工要点

钢结构构件焊接施工要点　　　　　表 9-41

项次	项目	要　　　　点
1	焊接一般要求	1. 焊接应在组装质量检查合格后进行。构件焊接应制定焊接工艺规程，并认真实施 2. 焊接设备应具有参数稳定、调节灵活、满足焊接工艺要求和安全可靠的性能。焊工应经过考试并取得合格证后，方可从事钢结构焊接 3. 焊接时应注意焊接顺序，采取防止和减少焊接应力与变形的可靠措施(参见第 9.4.1.4 节) 4. 首次使用的钢材、焊接材料、焊接方法、焊后热处理等，应进行焊接工艺评定，并应根据评定报告确定焊接工艺 5. 在高层和超高层钢结构工程中，还需对重要节点(柱-柱节点、梁-梁节点等)的焊接质量做工艺报告和评定 6. 当采用手工焊，风速>8m/s(气体保护焊>2m/s)时；或相对湿度>90%时；雨、雪天气或焊接环境温度<-10℃时，必须采取有效措施，确保焊接质量，否则不得施焊 7. 焊前需将焊缝两侧油污、铁锈、泥土、潮湿水气等清除干净，使表面露出金属光泽。同时需将焊条、焊剂在使用前按规定烘焙干燥(表 9-42)
2	焊接操作	1. 当普通碳素钢厚度大于 34mm 和低合金结构钢厚度大于或等于 30mm，工作地点温度不低于 0℃时，应进行预热，其预热温度及层间温度宜控制在 100~150℃，预热区应在坡口两侧各 80~100mm 范围内。工作地点温度低于 0℃时，低合金结构钢厚度 $t = 10~14$mm；在 -10℃以下，$t = 16~24$mm；在 -5℃以下，$t = 25~28$mm；在 0℃以下均需预热 100~150℃。在低温条件下焊接重要钢结构(如高层钢结构工程等)，还应做低温试验 2. 碱性焊条应使用直流焊机反接(焊条接正极)施焊 3. 多层焊接中，各遍焊缝应连续完成，每层焊缝应为 4~6mm，其中每一层焊道焊完后应及时清理，发现有影响焊接质量的缺陷，必须清除后再焊 4. 对重要构件，如 H 形吊车梁截面的 T 形焊缝及上下翼板、腹板的焊接焊缝，宜采用埋弧自动焊；四条 T 形纵缝宜采用船位焊接，在可翻转的胎具上进行(图 9-7)

续表

项次	项目	要　　　　　点
2	焊接操作	5.要求焊成凹面的贴角焊缝,如吊车梁加劲板与腹板的连接焊缝,必须采取措施使焊缝金属与母材呈凹型平缓过渡,不应有咬肉、弧坑 6.焊接时,严禁在焊缝区以外的母材上打火引弧,在坡口内起弧的局部面积应熔焊一次,不得留下弧坑。对接和T形接头的焊缝应在焊件的两端配置引入和引出板,其宽度不小于80mm,长度不小于100mm,其材质和坡口形式应与焊件相同,焊缝完毕气割切除,修磨平整,不得锤击落。对接和T形焊缝的反面均应用碳弧刨清根后再焊。对接焊口焊完后要磨平,要求其余高小于1mm;T型焊缝要求焊透 7.按焊件厚度确定焊条直径,见表9-43。焊接电流I与焊条直径d成正比,一般取$I=(33\sim55)d(A)$
3	焊缝质量检验	1.设计要求全焊透的一、二级焊缝应采用超声波探伤进行内部缺陷的检查,超声波探伤不能对缺陷做出判断时,应采用射线探伤,其内部缺陷分级及探伤方法应符合现行国家标准《钢焊缝手工超声波探伤方法和探伤结果分级》(GB 11345)或《钢熔化焊对接接头射线照相和质量分级》(GB 3323)的规定 一、二级焊缝的质量等级及缺陷分级应符合表9-44的规定 2.T形接头、十字接头、角接接头等要求熔透的对接和角对接组合焊缝,其焊脚尺寸不应小于$t/4$(图9-8a、b、c);设计有疲劳验算要求的吊车梁或类似构件的腹板与上翼缘连接焊缝的焊脚尺寸为$t/2$(图9-8d),且不应大于10mm,焊脚尺寸的允许偏差为$0\sim4mm$ 3.焊缝表面不得有裂纹、焊瘤等缺陷。一级、二级焊缝不得有表面气孔、夹渣、弧坑、裂纹、未焊满、根部收缩等缺陷。检查方法采用肉眼观察或使用放大镜、焊缝量规和钢尺检查,当存在疑义时,采用渗透或磁粉检查 4.焊缝外观质量标准应符合表9-45的规定。三级对接焊缝应按二级焊缝标准进行外观质量检验。焊缝尺寸允许偏差应符合表9-46、表9-47的规定 5.焊成凹形的角焊缝,焊缝金属与母材间应平缓过渡;加工成凹形的角焊缝,不得在其表面留下切痕 6.焊缝质量检验,碳素结构钢应在焊缝冷却到环境温度、低合金结构钢应在完成焊接24h以后,进行焊缝探伤检验
4	焊缝质量问题处理	1.经检查不合格的焊缝应进行返修。返修时,对于表面缺陷可进行修磨或补焊,修磨处母材的厚度不得小于设计厚度。对内部缺陷,返修部位的挖补长度不得小于50mm,两端必须均匀过渡,其坡度应在1/4以下,控制挖槽宜为U形;相邻两返修部位的挖补部位的挖补端部间距大于100mm,否则应通长补挖。缺陷的挖除深度应在板厚的2/3以内,如果超过该深度,应在该状态下进行补焊,然后再在板的另一侧再将缺陷挖除,并进行焊补 2.缺陷的消除,可采用砂轮磨削或碳弧气刨。低合金钢在同一处的返修不得超过两次

9.4 钢结构连接

焊条、焊剂烘焙要求 表 9-42

焊条、焊剂类型	烘焙			在烘箱或烤箱中贮存	
	母材强度等级 σ_s(MPa)	烘干温度 (℃)	烘干时间 (h)	保温温度 (℃)	保温时间 (d)
碱性焊条	>600 410~540 ≤410	450~470 420~402 350~400	2 2 2	100~150	≤30
酸性焊条	≤410	150~250	1~2	50	≤30
熔焊焊剂		300~450	2	80~100	≤30

注:1. 在使用中焊条的具体烘焙条件可参照焊条制造厂的要求或技术条件执行。
2. 酸性焊条如包装好,未受潮,贮存时间短者,可不经烘焙;碱性焊条应贮存在低温烘箱中,随用随取,如露天操作过夜者,应按上述规定重新烘焙。

按焊件厚度确定焊条直径 表 9-43

焊件厚度(mm)	2.0	3.0	4.0~5.0	6.0~12.0	≥13.0
焊条直径(mm)	2.0	3.2	3.2~4.0	4.0~5.0	4.0~6.0

注:在本表基础上,可根据以下情况适当调整:搭接焊缝和 T 字接头焊缝用较大直径的焊条;平焊时焊条直径可增大,但不得超过 6.0mm;立焊时焊条直径不大于 5.0mm;仰焊和横焊时最大直径为 4.0mm;多层焊时,第一层焊缝的焊条直径为 3.2~4.0mm。

一、二级焊缝质量等级及缺陷分级 表 9-44

焊缝质量等级		一级	二级
内部缺陷 超声波探伤	评定等级 检验等级 探伤比例	Ⅱ B级 100%	Ⅲ B级 20%
内部缺陷 射线探伤	评定等级 检验等级 探伤比例	Ⅱ AB级 100%	Ⅲ AB级 20%

注:探伤比例计数方法应按以下原则确定:
(1)对工厂制作焊缝,应按每条焊缝计算百分比,且探伤长度应不小于 200mm,当焊缝长度不足 200mm 时,应对整条焊缝进行探伤。
(2)对现场安装焊缝,应按同一类型、同一施焊条件的焊缝系数计算百分比,探伤长度应不小于 200mm,并应不少于 1 条焊缝。

9 钢结构工程

二、三级焊缝外观质量标准(mm) 表 9-45

项 目	允 许 偏 差	
缺陷类型	二级	三级
未焊满(指不足设计要求)	$\leqslant 0.2+0.02t$,且$\leqslant 1.0$	$\leqslant 0.2+0.04t$,且$\leqslant 2.0$
	每 100.0 焊缝内缺陷总长$\leqslant 25.0$	
根部收缩	$\leqslant 0.2+0.02t$,且$\leqslant 1.0$	$\leqslant 0.2+0.04t$,且$\leqslant 2.0$
	长度不限	
咬边	$\leqslant 0.05t$,且$\leqslant 0.5$;连续长度$\leqslant 100.0$,且焊缝两侧咬边总长$\leqslant 10\%$焊缝全长	$\leqslant 0.1t$ 且$\leqslant 1.0$,长度不限
弧坑裂纹	—	允许存在个别长度$\leqslant 5.0$的弧坑裂纹
电弧擦伤	—	允许存在个别电弧擦伤
接头不良	缺口深度 $0.05t$,且$\leqslant 0.5$	缺口深度 $0.1t$,且$\leqslant 1.0$
	每 1000.0 焊缝不应超过 1 处	
表面夹渣	—	深$\leqslant 0.2t$,长$\leqslant 0.5t$,且$\leqslant 20.0$
表面气孔	—	每 50.0 焊缝长度内允许直径$\leqslant 0.4t$,且$\leqslant 3.0$的气孔 2 个,孔距$\geqslant 6$倍孔径

注:表内 t 为连接处较薄的板厚。

对接焊缝及完全熔透组合焊缝尺寸允许偏差(mm) 表 9-46

项次	项 目	图 例	允 许 偏 差	
			一、二级	三级
1	对接焊缝余高 C		$B<20$:0~3.0 $B\geqslant 20$:0~4.0	$B<20$:0~4.0 $B\geqslant 20$:0~5.0
2	对接焊缝错边 d		$d<0.15t$ 且$\leqslant 2.0$	$d<0.15t$ 且$\leqslant 3.0$

9.4 钢结构连接

部分焊透组合焊缝和角焊缝外形尺寸允许偏差(mm) 表 9-47

项次	项目	图例	允许偏差
1	焊脚尺寸 h_f		$h_f \leqslant 6:0\sim1.5$ $h_f > 6:0\sim3.0$
2	角焊缝余高 C		$h_f \leqslant 6:0\sim1.5$ $h_f > 6:0\sim3.0$

注:1. $h_f > 8.0$mm 的角焊缝其局部焊脚尺寸允许低于设计要求值 1.0mm,但总长度不得超过焊缝长度 10%。
2. 焊接 H 形梁腹板与翼缘板的焊缝两端在其两部翼缘板宽度范围内,焊缝的焊脚尺寸不得低于设计值。

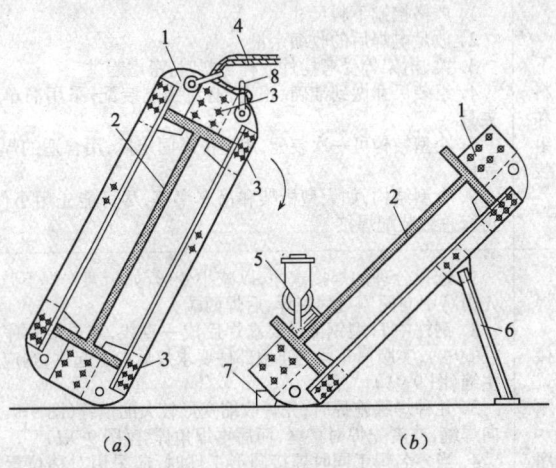

图 9-7 船位焊翻转胎具
(a)吊车梁、大梁的翻转;(b)船位自动焊接
1—翻转胎;2—吊车梁或大梁;3—连接螺栓;4—吊索;
5—自动焊机;6—支撑;7—固定挡块;8—卸甲

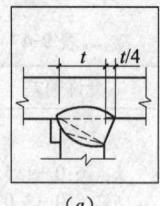 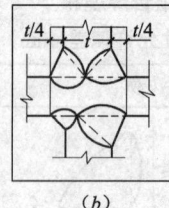 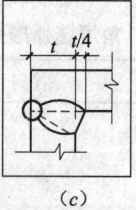 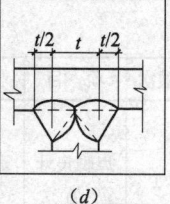

(a)　　　　　　(b)　　　　　　(c)　　　　　　(d)

图 9-8　焊脚尺寸

9.4.1.4　减少焊接应力和变形的方法

减少焊接应力和变形的方法　　　　　表 9-48

项次	项目	削减温度应力、预防焊接变形的措施
1	设计和构造	1．在保证结构安全的前提下，不使焊缝尺寸过大，焊缝过多 2．对接焊缝避免过高、过大 3．对称设置焊缝，减少交叉焊缝和密集焊缝 4．受力不大或不受力结构中，可考虑用间断焊缝 5．尽量使焊缝通过截面重心，两侧焊缝量相等
2	下料和组装	1．严格控制下料尺寸 2．放足电焊后的收缩余量 3．梁、桁架等受弯构件放下料时，考虑起拱 4．组装尺寸做到准确、正直，避免强制装配；采用简单装配胎具和夹具 5．小型结构可一次装配，用定位焊固定后，用合适的焊接顺序一次完成 6．大型结构，如大型桁架和吊车梁等，尽可能先用小件组焊之后，再行总组装配焊接
3	焊接顺序	1．选择合理的焊接次序，以减小变形，如桁架先焊下弦，后焊上弦；先由跨中向两侧对称施焊，后焊两端 2．钢柱中 H 型钢部件要求焊后成一直线，其焊接顺序应交错进行（图 9-9）；实腹吊车梁的 I 型部件要求焊后向上起拱，则应先焊下翼缘主缝（图 9-9b） 3．几种焊缝施焊时，先焊收缩变形较大的横缝（图 9-9c），而后焊纵向焊缝，或者先焊对接缝，而后再焊角焊缝（图 9-9d） 4．当多名焊工同时焊接圆形工件时，应采用对称位置同方向施焊法
4	焊接规范和操作方法	1．选用恰当的焊接工艺参数，尽量采用焊接工艺系数小的方法施焊 2．先焊焊接变形较大的焊缝，遇有交叉焊缝，设法消除起弧点缺陷

9.4 钢结构连接

续表

项次	项目	削减温度应力、预防焊接变形的措施
4	焊接规范和操作方法	3. 手工焊接长焊缝时,宜用分段退步焊接法(图9-10),或分层分段退步焊接法;减少分层次数,采用断续施焊 4. 尽量采用对称施焊,对大型结构更宜多焊工同时对称施焊,自动焊可不分段焊成,并采取焊缝缓冷措施 5. 对焊缝不多的节点,采用一次施焊完毕 6. 对主要受力节点,采取分层分段轮流施焊,焊头遍适当加大电流,减慢焊速;焊第二遍不使过热,以减小变形 7. 防止随意加大焊肉,引起过量变形和焊接应力集中 8. 构件经常翻动,使焊接弯曲变形相互抵消
5	反弯和刚性固定措施	1. 对角变形可用反弯法,如杆件对接焊时,将焊缝处垫高 $1°5'\sim 2°5'$ 2. 钢板 V 形坡口对接,焊前将对接口适量垫高,使焊后基本变平(图9-11) 3. H 型钢翼缘板在焊接角缝前,预压反变形,以减少焊后变形值(图9-12) 4. 焊接时在台座上或在重叠的构件上设置简单的夹具、固定卡具或辅助定位板,强制焊缝不使变形。此法宜用于低碳钢焊接,不宜用于中碳钢和可焊性更差的钢材,以免焊接应力集中,使焊件产生裂纹

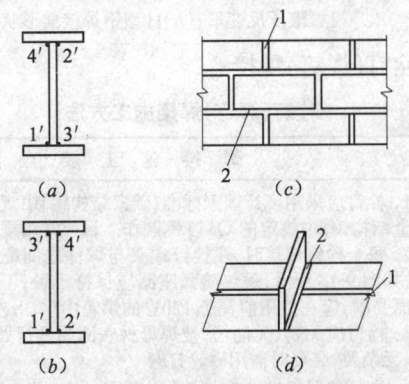

图 9-9 H 型钢、壁(底)板及 T 型构件焊接顺序
(a) H 型钢交叉焊接;(b) H 型钢起拱焊接;
(c) 壁(底)板纵横缝焊接;(d) T 型构件焊缝焊接
1—先焊焊缝;2—后焊焊缝
1′、2′、3′、4′——焊接顺序

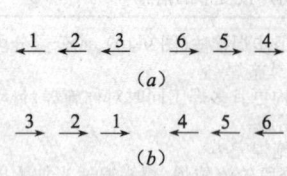
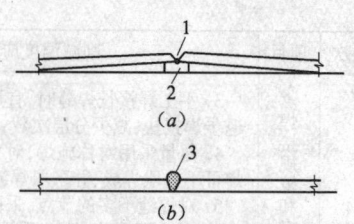

图 9-10 对称分段退步焊接法
(a) 由两头向中间退焊;
(b) 由中间向两头退焊

图 9-11 钢板 V 形坡口对接预变形
(a) 焊前预变形;(b) 焊后变平直
1—V 形坡口;2—垫板;3—V 形坡口焊缝

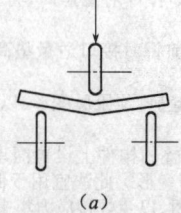

图 9-12 H 型钢翼缘板反变形
(a) 机械滚压反变形;(b) H 型钢焊接前形状

9.4.2 栓钉(焊钉)焊接

栓钉(焊钉)焊接施工方法　　　　表 9-49

项次	项目	焊接施工要点
1	一般要求	1. 栓钉应采用现行国家标准《碳素结构钢》中规定的 Q235 钢或《低合金结构钢》中规定的 Q345 钢制作。目前常用规格见表 9-50 2. 每个栓钉焊接时,在栓钉端头与焊件之间配用耐热陶瓷防弧座圈,如图 9-13 所示,耐热防弧座圈应保持干燥,不应有开裂现象。若表面受潮,应在使用前置于 120℃ 的烘箱中烘 2h 左右 3. 栓钉应无锈、无油污,被焊母材表面要进行处理,做到无锈、无油漆、无杂质,必要时需用砂轮打磨 4. 母材金属温度低于 -18℃ 不能施工,下雨下雪不能在露天焊接。母材金属温度在 0℃ 以下焊接时,每焊 100 只栓钉应增加 1 只栓钉做目检和做弯曲 30° 的试验 5. 每日或每班栓钉焊接前,应先焊两只栓钉进行目检和弯曲 30° 试验。试验可在一块与构件厚度和性能相同的材料上进行,也可在构件上进行。若目检所焊的栓钉挤出焊脚未充满四周 360° 或弯曲 30° 时其中任何 1 个栓钉出现断裂时,应修改工艺另做试验,直至合格为止,以做出符合设计要求和国家现行有关标准规定的工艺评定

9.4 钢结构连接

续表

项次	项目	焊接施工要点
2	焊接操作方法	1. 栓钉焊接时,将焊机同相应的焊枪电源接通,把栓钉套在焊枪上,防弧座圈放在母材上,栓钉对准防弧座圈钉紧,掀动焊枪开关,电源即熔断防弧座圈开始产生闪光,定时器调整在适当时间,经一定时间闪光,栓钉以预定的速度顶紧母材而熔化,电流短路。关闭开关即焊接完成。然后清除座圈碎片 2. 同一电源上接出 2 个或 2 个以上的焊枪,使用时必须将导线连接起来,以保证同一时间内只能由 1 只焊枪使用,并使焊枪在完成每只栓钉焊接后,迅速恢复到准备状态,进行下次焊接。焊接的工艺参数参见表 9-50 3. 焊接工序有高空焊接和地面焊接两种。高空焊接就是将钢构件先安装成钢框架,然后在钢架上焊栓钉。其优点是安装过程中梁面平整,操作个员行走方便安全,不受预埋栓钉的影响;缺点是高空焊接工效不高,需搭设操作脚手等。地面焊接就是钢架在安装前先将栓钉焊接上,然后再安装。其优点是工效高,操作条件好,质量易保证;缺点是对其他工种操作人员带来不安全和不方便。可根据实际情况选择 4. 焊接时应保持正确的操作姿势,紧固前不能摇动,直至熔化的金属凝固为止
3	质量检查	1. 外观检查:栓钉根部焊脚应均匀,焊脚立面的局部未熔合或不足 360° 的焊脚应进行修补。补焊可采用小直径低氢焊条,补焊的长度要求超过缺陷两边各 9.5mm。检查数量按总焊钉数的 1% 且不少于 10 个 2. 弯曲试验:采用锤击法将栓钉击弯 30°,其焊缝和热影响区不应有肉眼可见的裂纹。检查数量为每批同类构件抽查 10%,且不应少于 10 件,被抽查构件中,每件检查栓钉数量的 1%,但不应少于 1 个 3. 检验不合格的栓钉,在其旁侧应补得 1 只栓钉,该不合格栓钉可不做处理

栓钉(焊钉)的焊接条件与有关参数　　　表 9-50

栓钉	适用栓钉直径(mm)	13(1/2″)	16(5/8″)	19(3/4″)	22(7/8″)
	栓钉头部直径(mm)	25	29	32	35
	栓钉头部厚(mm)	9	12	12	12
	栓钉标准长度(mm)	80,100,130		80,100,130,150	
	栓钉单位重量(g)	159 ($L=130$)	245 ($L=130$)	345 ($L=130$)	450 ($L=130$)
	栓钉(每增减 10mm 重量)(g)	10	16	22	30
	栓钉焊最低长度(mm)	50	50	50	50
	适用母材最低厚度(mm)	5	6	8	10

续表

焊接药座	FS、一般标准型		YN-13FS	YN-16FS	YN-19FS	YN-22FS
	焊接药座尺寸	直径(mm)	23.0	28.5	34.0	38.0
		高(mm)	10.0	12.5	14.5	16.5
焊接条件	标准条件（向下焊接）	焊接电流(A)	900~1100	1030~1270	1350~1650	1470~1800
		弧光时间(s)	0.7	0.9	1.1	1.4
		熔化量(mm)	2.0	2.5	3.0	3.5
	焊接方向		全方向	全方向	下横向	下向
	最小用电容量(kVA)		90	90	100	120

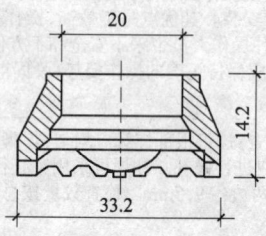

图 9-13　防弧座圈

9.4.3　普通螺栓和高强度螺栓的连接

普通螺栓和高强度螺栓连接施工要点　　表 9-51

项次	项目	要　点
1	螺栓连接构造要求	1. 每一杆件在节点上或拼装连接的一侧，永久性的螺栓数目不宜小于两个(抗震设计结构不宜小于 3 个)，对组合构件的缀条，其端部连接可采用 1 个螺栓 2. 高强度螺栓孔应采用钻成孔，其孔径应按表 9-52 采用普通 C 级螺栓孔孔径比螺栓公称直径大 1.0～1.5mm 3. 普通螺栓和高强度螺栓常采用并列和交错排列两种形式。螺栓行列之间以及螺栓与构件边缘的距离应符合表 9-53 的要求 4. 在高强螺栓连接范围内，构件接触面的处理方法应在施工图中说明，一般常采用喷砂、喷丸、酸洗或砂轮打磨等方法。用砂轮打磨时的方向应与构件受力方向垂直；喷砂处理时的喷砂范围应不小于 4t（t 为板厚）。处理加工后的摩擦面应进行摩擦系数测试，其数值必须满足设计要求

9.4 钢结构连接

续表

项次	项目	要点
1	螺栓连接构造要求	5. 高强度螺栓连接副,由制造厂按批配套制作供货。钢结构用大六角头高强度螺栓连接副由1个螺栓、1个螺母、2个垫圈组成;扭剪型高强度螺栓连接副由1个螺栓、1个螺母和1个垫圈组成。高强度螺栓连接副按包装箱注明的规格、批号、编号、供货时期进行清理、分类保管,存放于仓库内,领用时应按当天使用量发放
2	普通螺栓施工	1. 普通螺栓作为永久性连接螺栓时,当设计有要求或对其质量有疑义时,应进行螺栓实物最小拉力载荷复验,试验方法见《钢结构工程施工质量验收规范》(GB 50205—2001)附录B,其结果应符合《紧固件机械性能螺栓、螺钉和螺柱》(GB 3098.1)的规定 2. 垫置在螺母下面的垫圈不应多于2个;垫置螺栓头部下面的垫圈不应多于1个。螺栓拧紧后外露丝扣不应少于2扣 3. 精制螺栓的安装孔,在结构安装后应均匀地放入临时螺栓和冲钉,其放置数量应经计算确定,但不少于安装孔总数的1/3。每一个节点应至少放入2个临时螺栓,冲钉的数量不多于临时螺栓数量的30% 4. 永久螺栓及锚固螺栓的螺母应根据设计要求,采用有防松装置的螺母或弹簧垫圈 5. 螺栓紧固必须从中心开始,向两侧对称施拧 6. 永久螺栓拧紧的质量检验,采用锤敲或力矩扳手检验,要求螺栓不颤头和偏移。对接配件在平面上的高度差(不平度)用塞尺检查不应超过0.5mm,如超过0.5~3mm时,应对较高的配件高出部分做成1:10的斜坡,当超过3mm时,必须设置与连接配件相同加工方法和钢号的垫板
3	高强度螺栓施工	1. 钢结构制作单位和安装单位应按《钢结构工程施工质量验收规范》(GB 50205—2001)附录B的规定,分别进行高强度螺栓连接摩擦面的抗滑移系数试验和复验,现场处理的构件摩擦面应单独进行摩擦面抗滑移系数试验,其结果应符合设计要求 2. 钢结构拼装前,应清除飞边、毛刺、焊接飞溅物、焊疤、氧化铁皮、污垢,摩擦面应保持干燥、整洁,不得在雨中作业。除设计要求外,摩擦面不应涂漆 3. 高强度螺栓连接的板叠接触面应平整,当接触面有间隙时,小于1mm的间隙可不处理,1~3mm的间隙,应将高出的一侧磨成1:10的斜坡,打磨方向应与受力方向垂直,大于3mm的间隙应加垫板,垫板材质及两面的处理方法应与构件同 4. 施工前高强度大六角头螺栓连接副应按出厂批号复验扭矩系数,其平均值和标准差应符合国家现行标准《钢结构高强度螺栓连接的设计、施工及验收规程》(JGJ 82)的规定。扭剪型高强度螺栓连接副,应按出厂批号复验预拉力,其平均值和变异系数应符合上述规程的规定 5. 安装高强度螺栓时,螺栓应自由穿入孔内,不得强行敲打,且不得气割扩孔,穿入方向宜一致以便于操作。如确需扩孔时,扩孔数量

9 钢结构工程

续表

项次	项目	要　　　　点
3	高强度螺栓施工	应征得设计同意，扩张后的孔径不应超过 $1.2d$（d 为螺栓直径）。高强度螺栓不得作为临时安装螺栓 6. 高强度螺栓的安装应按一定顺序施拧，宜由螺栓群中央顺序向外拧紧，并应在当天终拧完成。拧紧应分初拧和终拧两阶段。对于大型节点应分初拧、复拧和终拧。复拧扭矩应等于初拧扭矩 7. 高强度大六角头螺栓的初拧扭矩宜为终凝扭矩的 50%；终拧扭矩应按式 $T_c = K \cdot P_c \cdot d$ 计算，式中 T_c—终拧扭矩(N·m)；K—扭矩系数；P_c—施工预拉力(kN)；$P_c = P + \Delta P$；P—高强度螺栓设计预拉力(kN)；ΔP—预拉力损失值(kN)，宜取设计预拉力的 10%；d—高强度螺栓的螺纹直径(mm) 扭剪型高强度螺栓的初拧扭矩宜按式 $T_0 = 0.065\ P_c d$ 计算，式中 T_0—初拧扭矩(N·m)；其他符号意义同上。终拧扭矩采用专用扳手将尾部梅花头拧掉。除因构造原因无法使用专门扳手终拧掉梅花头者外，未在终拧中拧梅花头的螺栓数不应大于该节点螺栓数的 5%。对所有尾部梅花头未被拧掉者应按《钢结构工程施工质量验收规范》(GB 50205—2001)附录 B 采用扭矩法或转角法检验 8. 高强度大六角头螺栓连接副扭矩检查，应在终拧 1h 后、48h 内完成。扭矩检查时，应将螺母退回 60°左右，再拧至原位测定扭矩，该扭矩值与施工扭矩值的偏差在 10% 以内为合格 9. 经检查合格的高强度螺栓节点，应及时用厚涂料或腻子封闭，对接触腐蚀介质的接头，应用防腐腻子封闭

高强度螺栓与孔径　　　　表 9-52

螺栓公称直径(mm)	M12	M16	M20	M22	M24	M27	M33
螺栓孔直径(mm)	13.5	17.5	22.0	24.0	26.0	30.0	33.0

注：承压型高强度螺栓孔径可按表中值减少 0.5～1.0mm。

螺栓的最大、最小容许距离　　　　表 9-53

名称	位　置　和　方　向			最大容许距离 （取两者的较小值）	最小容许距离
中心间距	外排（垂直内力方向或顺内力方向）			$8d_0$ 或 $12t$	$3d_0$
	中间排	垂直内力方向		$16d_0$ 或 $24t$	
		顺内力方向	构件受压力	$12d_0$ 或 $18t$	
			构件受拉力	$16d_0$ 或 $24t$	
	沿对角线方向			—	

9.4 钢结构连接

续表

名称	位置和方向			最大容许距离(取两者的较小值)	最小容许距离
中心至构件边缘距离	顺内力方向				$2d_0$
	垂直内力方向	剪切边或手工气割气		$4d_0$ 或 $8t$	$1.5d_0$
		轧制边、自动气割或锯割边	高强度螺栓		$1.5d_0$
			其他螺栓或铆钉		$1.2d_0$

注：1. d_0 为螺栓或铆钉的孔径，t 为外层较薄板件的厚度。
    2. 钢板边缘与刚性构件(如角钢、槽钢等)相连的螺栓的最大间距，可按中间排的数值采用。

9.4.4 钢结构连接质量控制与检验

1. 材料

(1)焊接材料

表 9-54

项次	项目	内容
1	主控项目	1. 焊接材料的品种、规格、性能等应符合现行国家产品标准和设计要求 2. 重要钢结构采用的焊接材料应进行抽样复验，复验结果应符合现行国家产品标准和设计要求
2	一般项目	1. 焊钉及焊接瓷环的规格、尺寸及偏差应符合现行国家标准《圆柱头焊钉》GB 10433 中的规定 2. 焊条外观不应有药皮脱落、焊芯生锈等缺陷；焊剂不应受潮结块

(2)连接用紧固标准件

表 9-55

项次	项目	内容
1	主控项目	1. 钢结构连接用高强度大六角头螺栓连接副、扭剪型高强度螺栓连接副、钢网架用高强度螺栓、普通螺栓、铆钉、自攻钉、拉铆钉、射钉、锚栓(机械型和化学试剂型)、地脚锚栓等紧固标准件及螺母、垫圈等标准配件，其品种、规格、性能等应符合现行国家产品标准和设计要求。高强度大六角头螺栓连接副和扭剪型高强度螺栓连接副出厂时应分别随箱带有扭矩系数和紧固轴力(预拉力)的检验报告 2. 高强度大六角头螺栓连接副应按《钢结构工程施工质量验收规范》GB 50205—2001 附录 B 的规定检验其扭矩系数，其检验结果应符合上述规范附录 B 的规定

续表

项次	项目	内容
1	主控项目	3. 扭剪型高强度螺栓连接副应按上述规范附录B的规定检验预拉力，其检验结果应符合上述规范附录B的规定
2	一般项目	1. 高强度螺栓连接副，应按包装箱配套供货，包装箱上应标明批号、规格、数量及生产日期。螺栓、螺母、垫圈外观表面应涂油保护，不应出现生锈和沾染赃物，螺纹不应损伤 2. 对建筑结构安全等级为一级，跨度40m及以上的螺栓球节点钢网架结构，其连接高强度螺栓应进行表面硬度试验，对8.8级的高强度螺栓其硬度应为HRC21～29；10.9级高强度螺栓其硬度应为HRC32～36，且不得有裂纹或损伤

2. 钢结构焊接工程
(1) 钢构件焊接工程

表 9-56

项次	项目	内容
1	主控项目	1. 焊条、焊丝、焊剂、电渣焊熔嘴等焊接材料与母材的匹配应符合设计要求及国家现行行业标准《建筑钢结构焊接技术规程》JGJ 81的规定。焊条、焊剂、药芯焊丝、熔嘴等在使用前，应按其产品说明书及焊接工艺文件的规定进行烘焙和存放 2. 焊工必须经考试合格并取得合格证书。持证焊工必须在其考试合格项目及其认可范围内施焊 3. 施工单位对其首次采用的钢材、焊接材料、焊接方法、焊后热处理等，应进行焊接工艺评定，并应根据评定报告确定焊接工艺 4. 设计要求全焊透的一、二级焊缝应采用超声波探伤进行内部缺陷的检验，超声波探伤不能对缺陷作出判断时，应采用射线探伤，其内部缺陷分级及探伤方法应符合现行国家标准《钢焊缝手工超声波探伤方法和探伤结果分级法》GB 11345 或《钢熔化焊对接接头射线照相和质量分级》GB 3323 的规定 焊接球节点钢网架焊缝、螺栓球节点钢网架焊缝及圆管T、K、Y形节点相关线焊缝，其内部缺陷分级及探伤方法应分别符合国家现行标准《焊接球节点钢网架焊缝超声波探伤方法及质量分级法》JBJ/T 3034.1、《螺栓球节点钢网架焊缝超声波探伤方法及质量分级法》JBJ/T 3034.2、《建筑钢结构焊接技术规程》JGJ 81 的规定 一级、二级焊缝的质量等级及缺陷分级应符合表9-44的规定 5. T形接头、十字接头、角接接头等要求熔透的对接和角对接组合焊缝，其焊脚尺寸不应小于 $t/4$(图9-8a、b、c)；设计有疲劳验算要求的吊车梁或类似构件的腹板与上翼缘连接焊缝的焊脚尺寸为 $t/2$ (图5.2.5d)，且不应大于10mm。焊脚尺寸的允许偏差为0～4mm 6. 焊缝表面不得有裂纹、焊瘤等缺陷。一级、二级焊缝不得有表面气孔、夹渣、弧坑裂纹、电弧擦伤等缺陷。且一级焊缝不得有咬边、未焊满、根部收缩等缺陷

9.4 钢结构连接

续表

项次	项目	内 容
2	一般项目	1. 对于需要进行焊前预热或焊后热处理的焊缝,其预热温度或后热温度应符合国家现行有关标准的规定或通过工艺试验确定。预热区在焊道两侧,每侧宽度均应大于焊件厚度的1.5倍以上,且不应小于100mm;后热处理应在焊后立即进行,保温时间应根据板厚按每25mm板厚1h确定 2. 二级、三级焊缝外观质量标准应符合表9-45的规定。三级对接焊缝应按二级焊缝标准进行外观质量检验 3. 焊缝尺寸允许偏差应符合《钢结构工程施工质量验收规范》GB 50205—2001附录A中表A.0.2的规定 4. 焊成凹形的角焊缝,焊缝金属与母材间应平缓过渡;加工成凹形的角焊缝,不得在其表面留下切痕 5. 焊缝感观应达到:外形均匀、成型较好,焊道与焊道、焊道与基本金属间过渡较平滑,焊渣和飞溅物基本清除干净

(2)焊钉(栓钉)焊接工程

表9-57

项次	项目	内 容
1	主控项目	1. 施工单位对其采用的焊钉和钢材焊接应进行焊接工艺评定,其结果应符合设计要求和国家现行有关标准的规定。瓷环应按其产品说明书进行烘焙 2. 焊钉焊接后应进行弯曲试验检查,其焊缝和热影响区不应有肉眼可见的裂纹
2	一般项目	焊钉根部焊脚应均匀,焊脚立面的局部未熔合或不足360°的焊脚应进行修补

3. 紧固件连接工程
(1)普通紧固件连接

表9-58

项次	项目	内 容
1	主控项目	1. 普通螺栓作为永久性连接螺栓时,当设计有要求或对其质量有疑义时,应进行螺栓实物最小拉力载荷复验,试验方法见《钢结构工程施工质量验收规范》GB 50205—2001附录B,其结果应符合现行国家标准《紧固件机械性能螺栓、螺钉和螺柱》GB 3098的规定 2. 连接薄钢板采用的自攻钉、拉铆钉、射钉等其规格尺寸应与被连接钢板相匹配,其间距、边距等应符合设计要求

续表

项次	项目	内容
2	一般项目	1. 永久性普通螺栓紧固应牢固、可靠,外露丝扣不应少于2扣 2. 自攻螺钉、钢拉铆钉、射钉等与连接钢板应紧固密贴,外观排列整齐

(2)高强度螺栓连接

表 9-59

项次	项目	内容
1	主控项目	1. 钢结构制作和安装单位应按本规范附录B的规定分别进行高强度螺栓连接摩擦面的抗滑移系数试验和复验,现场处理的构件摩擦面应单独进行摩擦面抗滑移系数试验,其结果应符合设计要求 2. 高强度大六角头螺栓连接副终拧完成1h后、48h内应进行终拧扭矩检查,检查结果应符合《钢结构工程施工质量验收规范》GB 50205—2001附录B的规定 3. 扭剪型高强度螺栓连接副终拧后,除因构造原因无法使用专用扳手终拧掉梅花头者外,未在终拧中拧掉梅花头的螺栓数不应大于该节点螺栓数的5%。对所有梅花头未拧掉的扭剪型高强度螺栓连接副应采用扭矩法或转角法进行终拧并作标记,且按2条的规定进行终拧扭矩检查
2	一般项目	1. 高强度螺栓连接副的施拧顺序和初拧、复拧扭矩应符合设计要求和国家现行行业标准《钢结构高强度螺栓连接的设计施工及验收规程》JGJ 82的规定 2. 高强度螺栓连接副终拧后,螺栓丝扣外露应为2～3扣,其中允许有10%的螺栓丝扣外露1扣或4扣 3. 高强度螺栓连接摩擦面应保持干燥、整洁,不应有飞边、毛刺、焊接飞溅物、焊疤、氧化铁皮、污垢等,除设计要求外摩擦面不应涂漆 4. 高强度螺栓应自由穿入螺栓孔。高强度螺栓孔不应采用气割扩孔,扩孔数量应征得设计同意,扩孔后的孔径不应超过 $1.2d$ (d 为螺栓直径) 5. 螺栓球节点网架总拼完成后,高强度螺栓与球节点应紧固连接,高强度螺栓拧入螺栓球内的螺纹长度不应小于 $1.0d$ (d 为螺栓直径),连接处不应出现有间隙、松动等未拧紧情况

9.5 成品堆放和装运

钢结构成品堆放和装运　　　　　　　　　表9-60

项次	项目	堆放和保护要点
1	成品堆放	1. 构件堆放场地应平整、坚实、干燥，并有一定的排水坡度，场地四周应有排水沟 2. 构件吊放和堆放，应选择好吊点和支承点，桁架类构件的吊点和支承点应选择在节点上，并应有防止扭曲、变形及损坏的措施 3. 构件堆放要放平、放稳，支座处设垫木并垫平实。多层水平堆放构件，构件之间应用垫木隔开，各层垫木应在同一垂钱上，以确保堆放时不发生变形。大型构件的小零件，应放在构件的空档内，用螺栓或铁丝固定在构件上 4. 构件在吊运、堆放过程中，不得随意在构件上开孔或切断任何杆件，不得遭受撞击 5. 重心高的构件立放时应设置临时支撑，或紧靠立柱绑扎牢固，以防倾倒 6. 同一工程的构件应分类堆放在同一地区，以便于发运
2	成品包装	1. 钢结构的加工面、轴孔和螺纹，均应涂以润滑油脂和贴上油纸，或用塑料薄膜包裹。螺孔应用木楔塞住 2. 钢结构有孔板形吊件，可穿长螺栓或用铁丝打捆；较小零件应涂底漆并装箱，用木方垫起，以防锈蚀、失散和变形 3. 构件摩擦面及构件涂刷的底漆未干前，在雨、雪天应采取必要的措施加以适当护盖保护，以防污染、锈蚀或损坏油漆 4. 细长构件可打捆发运，一般用小槽钢在外侧用长螺丝夹紧，其空隙处填以木条 5. 需海运的构件，除大型构件外，均需装箱或打捆
3	成品发运	1. 铁路运输应遵守国家火车装车限界 2. 公路运输，在一般情况下，框架钢结构产品多用活络拖斗车，实腹类或容器类多用大平板车辆。装运的高度极限为4.5m，如需通过隧道时，则高度极限为4m，构件长出车身不得超过2m 3. 海、河运输要考虑每件的重量和尺寸，以满足当地港口的起重能力和船体尺寸

9.6 钢结构安装

9.6.1 钢结构安装前的准备工作

钢结构安装前的准备工作　　　　　表 9-61

项次	项目	准 备 工 作 施 工 要 点
1	钢构件预检和配套	1. 钢构件出厂前，制造厂应根据制作规范、规定和设计图纸进行产品检验，填写质量报告和实际偏差值，提交接工资料。安装单位在此质量报告的基础上，根据构件种类分类，再进行复检和抽检 2. 构件预检宜由安装单位、制作单位和监理单位共同派人参加，以便预检出的质量偏差及时修复，同时现场安装也可根据预检数据预先采取相应措施 3. 构件制作过程中，监理单位和安装单位宜派驻厂代表随时掌握加工质量和采取的措施，将质量偏差消灭在制作过程中 4. 设置中转堆场，以便根据安装流水顺序进行配套供应。同时便于在中转堆场对构件进行预检和修复，保证合格的构件送到现场 5. 编制安装施工方案。拟订技术措施；确定施工顺序和流水段的划分；选择施工机械；确保工程质量和安全的措施等，努力提高机械化施工程度和装配程度，尽可能减少高空作业，采用流水施工组织，提高劳动生产率，降低工程成本
2	钢柱基础检查	1. 检查内容主要是柱基的定位轴线、柱基面标高和地脚螺栓预埋位置。其允许偏差应符合表 9-62 的要求 2. 先由土建在柱基表面弹出纵横轴线后，再由监理、安装、土建三方联合检查确认。柱距偏差应严格控制在 ±3mm 以内 3. 检查单独柱基中心线同定位轴线之间的误差，调整柱基中心线使其同定位轴线重合，然后以调整后的柱基中心线检查地脚螺栓位置，控制相邻两组地脚螺栓中心线之间的偏差在 3mm 以内；任何两只螺栓之间距离在 1mm 以内，如有偏差应采取措施纠正或补救 4. 检查地脚螺栓露出柱基表面长度、螺纹长度、螺栓垂直度，检查合格后，在螺纹部分涂油盖帽套加以保护 5. 检查基准标高点符合规定要求后，以基准标高点为依据，对钢柱柱基表面进行标高实测，将测得的标高偏差绘制平面图，作为临时支承标高块(标高块高度一般为 50mm)调整的依据
3	标高块设置	标高块的埋设方法如图 9-14 所示。柱基边长＜1m 时设一块，1m＜柱基边长＜2m 时设"十"字形块，柱基边长＞2m 时设多块。标高块形状有方、圆、"十"形都可。为了保证标高表面平整，标高块表面增设 16～20mm 预埋钢板。标高块用无收缩砂浆立模浇筑，并留置试块，其强度不宜小于 30N/mm²

9.6 钢结构安装

续表

项次	项目	准备工作施工要点
4	钢构件的现场堆放	1. 按照安装流水(一般以一节钢柱框架为一个安装流水段)顺序由中转堆场配套运入现场的钢构件,利用现场的装卸机械尽量就位到塔式起重机的回转半径内 2. 现场堆放主要包括构件运输道路、装卸机械行走路线、辅助材料堆放、工作棚、部分构件堆放等,一般情况下,结构安装阶段用地面积宜为结构工程占地面积的 1.0～1.5 倍 3. 由运输造成的构件变形,在施工现场均要加以矫正 4. 有关钢结构构件的运输、堆放和拼装参见第 8.3 节"构件的运输、堆放和拼装"一节
5	安装机械选择	1. 单层工业厂房钢结构安装多用履带式起重机、汽车式起重机。多层、高层钢结构安装皆用内爬式或附着式塔式起重机,要求塔式起重机的臂杆长度具有足够的覆盖面;要有足够的起重能力;钢丝绳容量要满足起吊高度;多机作业时臂杆要有足够的高差,各机之间应有足够的安全距离,确保臂杆不与塔身相碰 2. 塔式起重机型号选择,取决于构件重量、结构平面尺寸和工期,以及机械设备供应情况等,一般高层钢结构安装常用内爬式塔式起重机为 2000～3000kN·m 起重性能参数;常用附着式塔式起重机为 3000～6000kN·m 起重性能参数
6	安装流水段划分	1. 安装流水段应以建筑物平面形状、结构形式、安装机械数量和位置等来划分 2. 平面流水段划分应考虑钢结构安装过程中的整体稳定性和对称性。安装流水一般由中间的一个节间开始,以一个节间的柱网为一个安装单元,先吊装柱,后吊装梁,然后往四周扩展(图 9-15) 3. 立面流水段以一节钢柱高度内所有构件作为一个流水段。一般高层建筑一节柱的高度多为 2～4 个楼层,长度为 12m 左右,重量不大于 15t

支承面、地脚螺栓(锚栓)的允许偏差(mm) 表 9-62

项 目		允许偏差
支承面	标 高	±3.0
	水平度	$l/1000$
地脚螺栓 (锚栓)	螺栓中心偏移	5.0
	螺栓露出长度	+30.0,0.0
	螺纹长度	+30.0,0.0
预留孔中心偏移		10.0

9 钢结构工程

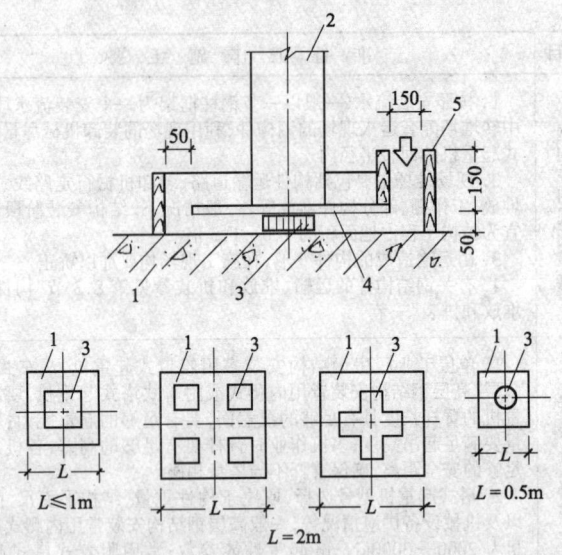

图 9-14 钢柱底脚二次灌浆方法
1—柱基；2—钢柱；3—无收缩水泥砂浆标高块；
4—12mm 厚钢板；5—模板

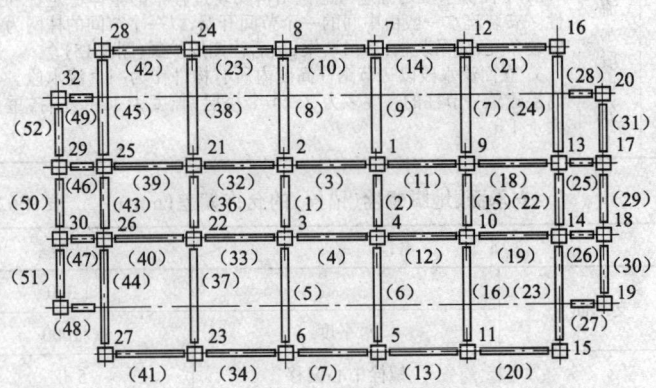

图 9-15 高层钢结钢柱、主梁安装顺序
1、2、3……钢柱安装顺序；
(1)、(2)、(3)……钢梁安装顺序

9.6.2 钢结构单层工业厂房安装

钢结构单层工业厂房安装方法　　　　表 9-63

项次	项目	要点
1	安装顺序和方法	1. 钢结构单层工业厂房由柱、柱间支撑、吊车梁、制动梁(桁架)、托架、屋架、天窗架、上下弦支撑、檩条及墙体骨架等构件组成。柱基则采用一般钢筋混凝土阶梯或独立基础 2. 安装顺序,一般从跨端一侧向另一侧进行。多跨厂房先吊主跨,后吊辅助跨;先吊高跨,后吊低跨。当有多台起重机时,亦可采取多跨(区)齐头并进的方法安装 3. 跨间安装通常采用综合吊装法,即先安装各列柱子及其柱间支撑,再安吊车梁、制动梁(或桁架)及托梁(或托架),随吊随调整,然后再一个节间一个节间地依次安装屋架、天窗架及其间水平和垂直支撑、屋面板等构件,随吊随调整固定,如此逐段逐节间进行,直至全部厂房结构安装完成。墙架、梯子、走台、拉杆和其他零星构件,可以与屋架、屋面板等构件的安装平行作业
2	钢柱的安装、校正与最后固定	1. 钢柱安装设备通常采用履带式起重机、轮胎式起重机、塔式起重机或桅杆式起重机 2. 钢柱的绑扎与安装与钢筋混凝土柱基本相同。采用单机旋转或滑行法起吊和就位。对重型钢柱可采用双机递送抬吊或二机抬吊一机递送的方法安装;对于很高和细长的钢柱,可采取分节安装的方法,在下节柱及柱间支撑安装并校正后,再安装上节柱 3. 钢柱柱脚固定方法,一般有两种形式,一是在基础上预埋螺栓固定,底部设钢垫板找平(图 9-16a);另一种是插入杯口灌浆固定方式(图 9-16b)。前者当钢柱吊至基础上部插进锚固螺栓固定后灌浆,多用于一般厂房钢柱的固定;后者当钢柱插入杯口后,支承在钢垫板上找平,最后固定方法同钢筋混凝土柱,用于大、中型厂房钢柱的固定 4. 钢柱起吊后,当柱脚距地脚螺栓或杯口约 30～24cm 时扶正,使柱脚的安装螺栓孔对准螺栓或柱脚对准杯口,缓慢落就、就位,经过初校,待垂直偏差在 20mm 以内,拧紧螺栓或打紧木楔临时固定,即可脱钩 5. 钢柱的垂直度用经纬仪或吊线坠检验,当有偏差,采用液压千斤顶或丝杠千斤顶进行校正(图 9-17),底部空隙用铁片垫塞,或在柱脚和基础之间打入钢楔子抬高,以增减垫板;位移校正可用千斤顶正;标高校正用千斤顶将底座少许抬高,然后增减垫板厚度使达到设计要求,柱脚校正后,应即紧固地脚螺栓,并将承重钢垫板上、下点焊固定,防止走动。当吊车梁、托架、屋架等结构安装完毕,并经总体校正,检查无误后,在结构节点固定之前,再在钢柱脚底板下浇筑细石混凝土固定。对杯口式柱脚在柱校正后,即二次灌浆固定,方法同钢筋混凝土柱杯口灌浆
3	吊车梁的安装、校正与固定	1. 钢柱安装经最后固定后,始可安装吊车梁 2. 吊车梁安装一般采用与柱子安装相同的起重机械或桅杆,用单机吊装;对 24m、36m 重型吊车梁,可采用双机抬吊方法

续表

项次	项目	要点
3	吊车梁的安装、校正与固定	3. 吊车梁一般采取分件安装方法,单机或双机安装均采用双绳套两点对称绑扎(图 9-18a、b)。当起重能力允许时,也可采用将吊车梁与制动梁(或桁架)及支撑等组成一个大部件进行整体吊装(图 9-18c) 4. 吊车梁可分区段进行校正,或在全部吊车梁安装完毕后进行总体一次校正。校正内容包括标高、垂直度、中心轴线和跨距。一般除标高外,应在屋盖安装完成并固定后进行,以免因屋架安装校正引起钢柱跨间移位,校正可用千斤顶、撬杠、钢楔、捯链、花篮螺栓等工具进行,方法与钢筋混凝土吊车梁的校正基本相同。当支承面出现空隙,应用楔形铁片塞紧,保证支承贴紧面不少于70%,且边缘最大间歇不应大于 0.8mm 5. 吊车梁校正完后,将螺栓旋紧,支座与牛腿上垫钢板焊接固定
4	屋架的安装、校正与固定	1. 钢屋架安装机械可用履带式起重机、塔式起重机或桅杆式起重机等进行,另配 1 台 12～15t 履带式或轮胎式起重机进行构件的装卸、拼装和倒运 2. 钢屋架安装方法亦用高空旋转法安装,用牵引溜绳控制就位,屋架的绑扎点要保证屋架吊装的稳定性,否则应在安装前进行临时加固 3. 当安装机械的起重高度、起重量和起重臂伸距允许时,可采取组合安装法,即在地面装配平台上将两榀屋架及其上的天窗架、檩条、支撑系统等按柱距拼装成整体,用横吊梁或多点吊索一次起吊安装,或两榀天窗架进行整体安装,或一榀屋架与垂直支撑组合安装,以提高效率 4. 钢屋架的临时固定方法是:第一榀屋架安装后,应用钢丝绳拉牢,第二榀屋架安装后,需用上、下弦支撑与第一榀屋架连接,以形成空间结构的刚性系统,以后安装屋架则用绑水平脚手杆与已安装屋架连系保持稳定。屋架临时固定如需用临时螺栓,则每个节点穿入数量不少于安装孔数的1/3,且至少应穿入两个临时螺栓,冲钉穿入数量不宜多于临时螺栓的30% 5. 当钢屋架与钢柱的翼缘连接时,应保证屋架连接板与柱翼缘板接触紧密,否则应垫入垫板使严密。如屋架的支承反力靠钢柱上的承托传递时,屋架端节点与承托板的接触要紧密,其接触面应不小于承压面积的 70%,缝隙应用钢板垫塞密实 6. 钢屋架的校正,垂直度可用挂线锤球检验,屋架的弯曲度检验,可用拉紧测绳进行检验 7. 钢屋架的最后固定用电焊(或高强螺栓)焊(栓)固
5	天窗架的安装	天窗架安装有三种方式 1. 将天窗架单榀组装,屋架安装上后,随即将天窗架吊上,校正并固定 2. 将单榀天窗架与单榀屋架在地面上组合(平拼或立拼),并按需要进行加固后一次整体安装 3. 当天窗架的间距在 6m 以上时,将 2～4 榀天窗架(包括支撑、檩条)组合在一起,并适当加固以保持构件的吊装稳定性,然后整体进行安装

9.6 钢结构安装

续表

项次	项目	要点
6	檩条、墙架的安装、校正与固定	1. 檩条与墙架等构件,其单件截面较小,重量较轻,为发挥起重机效率,多采用一钩多吊或成片吊装方法安装(图9-19)。对于不能进行平行拼装的拉杆和墙架、横梁等,可根据其架设位置,用长度不等的绳索进行一钩多吊,为防止变形,可用木杆加固 2. 檩条、拉杆、墙架的校正,主要是尺寸和自身平直度。间距检查可用样杆顺着檩条或墙架杆件之间来回移动检验,如有误差,可放松或拧紧檩条、墙架杆件之间的螺栓进行校正。平直度用拉线和长靠尺或钢尺检查,校正后,用电焊或螺栓最后固定

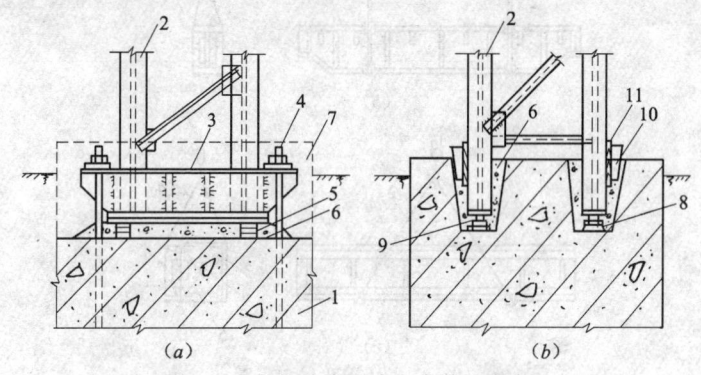

图9-16 钢柱柱脚形式和安装固定方法
(a)用预埋地脚螺栓固定;(b)用杯口二次灌浆固定
1—柱基础;2—钢柱;3—钢柱脚;4—地脚螺栓;5—钢垫板;
6—二次灌浆细石混凝土;7—柱脚外包混凝土;8—砂浆局部粗找平;
9—焊于柱脚上的小钢套墩;10—钢楔;11—35mm厚硬木垫板

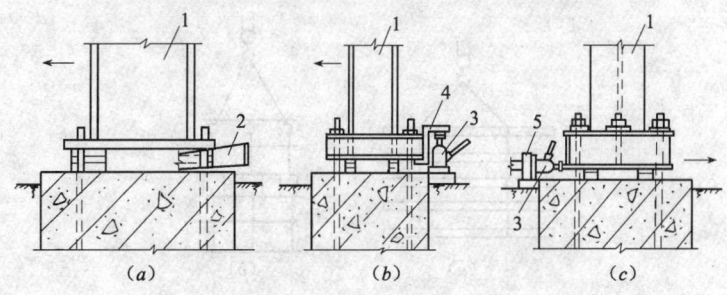

图9-17 钢柱校正
(a)、(b)用钢楔、千斤顶校正垂直度;(c)用千斤顶校正位移
1—钢柱;2—钢楔;3—液压千斤顶;4—工字钢顶架;5—千斤顶托座

9 钢结构工程

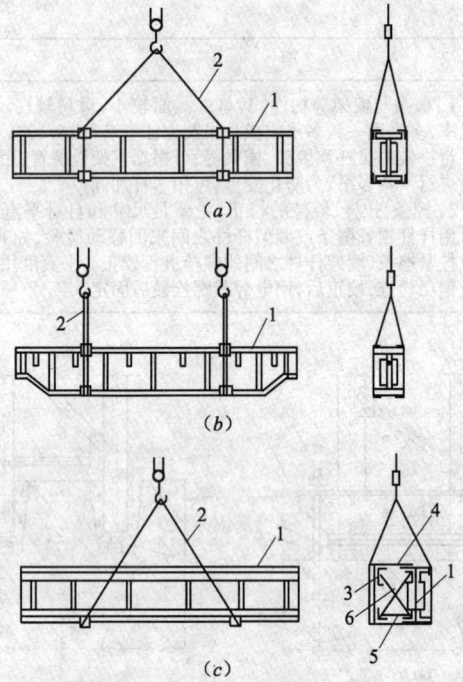

图 9-18 钢吊车梁的吊装绑扎
(a)单机起吊绑扎;(b)双机抬吊绑扎;(c)单机起吊组合绑扎吊装
1—钢吊车梁;2—吊索;3—侧面桁架;4—上平面桁架及走台;
5—底面桁架;6—斜撑

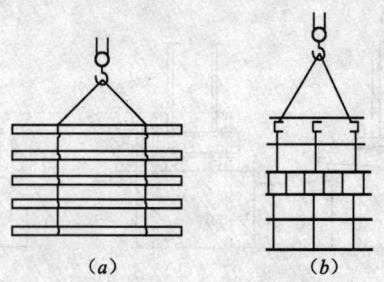

图 9-19 钢檩条、墙架吊装
(a)檩条-钩多吊;(b)墙架成片吊装

9.6.3 钢结构多层及高层建筑安装

钢结构多层及高层建筑安装方法　　　　表 9-64

项次	项目	要点
1	钢结构体系	钢结构高层建筑体系有框架体系、框架剪力墙体系、框筒体系、组合筒体系、交错钢桁架体系等多种，应用较多的是前二种，主要由框架柱、主梁、次梁及剪力板(支撑)等组成。高度很大的超高层钢结构多采用框筒体系和组合筒体系。钢结构用于高层建筑，具有强度高、结构轻、层高大、抗震性能好、布置灵活、节约空间、建造周期短、施工速度快等优点。但用钢量较大，防火要求高，工程造价较高
2	钢柱的安装、校正与固定	1. 安装前，先做好柱基的准备，进行找平，弹纵横轴线，设置基础标高块，并检查预埋地脚螺栓位置和标高 2. 钢柱多用宽翼工字形或箱形截面，前者用于高 6m 以下柱子，多用焊接 H 型钢，型号为 300mm×200mm～1200mm×600mm，翼缘板厚为 10～14mm，腹板厚度为 6～25mm；后者多用于高度较大的高层建筑柱，截面尺寸为 500mm×500mm～700mm×700mm，钢板厚 12～30mm。为充分利用吊车能力和减少连接，一般做成 3～4 层一节，节与节之间用坡口焊连接，一个节间的柱网必须安装三层的高度后，再安装相邻节间的柱 3. 钢柱的安装根据柱子重量、高度情况，采用单机吊装或双机抬吊。单机吊装时，需在柱根部垫以垫木，用旋转法起吊，防止柱根部拖地和碰撞地脚螺栓，损坏丝扣；双机抬吊多采用递送法，吊离地面后，在空中进行回直(图 9-20)。柱子吊点在吊耳处(制作时预先设置，吊装完割去)，钢柱安装前预先在地面挂上操作挂篮、爬梯 4. 钢柱就位后，立即对垂直度、轴线、牛腿面标高进行初校，安设临时螺栓，然后卸去吊索。钢柱上下接触面间的间隙一般不得大于 1.5mm，如间隙在 1.6～6.0mm 之间，可用低碳钢的垫片垫实间隙。柱间间距偏差可用液压千斤顶与钢楔或捯链与钢丝绳或缆风绳进行校正(图 9-21) 5. 在第一节框架安装、校正、螺栓紧固后，即应进行底层钢柱柱底灌浆(图 9-14)。先在柱脚四周立模板，将基础上表面清洗干净，清除积水，然后用高强度聚合物砂浆从一侧自由灌入至密实，灌浆后用湿草袋或麻袋护盖养护
3	钢梁和剪力板的安装、校正与固定	1. 安装前对梁的型号、长度、截面尺寸和牛腿位置、标高进行检查。装上安全扶手和扶手绳(就位后拴在两端柱上)；在钢梁上翼缘处适当位置开孔做为吊点 2. 安装用塔式起重机进行，主梁一次吊 1 根，两点绑扎起吊。次梁和小梁可采用多头吊索，一次吊装数根，以充分发挥吊车起重能力 3. 当一节钢框架安装完毕，即需对已安装的柱、梁进行误差检查和校正。对于控制柱网的基准柱用线坠或激光仪观测(基准柱子的垂直度偏差应校正到零)，其他柱根据基准柱用钢卷尺量测，校正方法同单层工业厂房钢柱、梁的校正

续表

项次	项目	要点
3	钢梁和剪力板的安装、校正与固定	4．梁校正完毕,用高强螺栓临时固定,再进行柱校正,紧固连接高强螺栓,焊接柱节点和梁节点,进行超声波检验 5．墙剪力板的安装在梁、柱校正固定后进行,板整体组装校正检验尺寸后从侧面吊入(图9-22),就位找正后用螺栓固定 6．安装楼层压型钢板时,先在梁上画出压型钢板的位置线。铺放时要对准相邻两排压型钢板的端头波形槽口
4	构件之间的连接固定	1．钢柱之间常用坡口电焊连接。主梁与钢柱的连接,一般上、下翼缘用坡口电焊连接,而腹板用高强螺栓连接。次梁与主梁的连接基本上是在腹板处用高强螺栓连接,少量再在上、下翼缘处用坡口电焊连接(图9-23) 2．焊接顺序:在上节柱和梁经校正和固定后,进行接柱焊接。柱与梁的焊接顺序,先焊接顶部柱、梁节点,再焊接底部柱,梁节点,最后焊接中间部分的柱、梁节点 3．坡口电焊连接应先做好准备(包括焊条烘焙、坡口检查、设电弧引入、引出板和钢垫板,并点焊固定,清除焊接坡口、周边的防锈漆和杂物,焊接口预热)。柱与柱的对接焊接,采用二人同时对称焊接(图9-24),柱与梁的焊接亦应在柱的两侧对称同时焊接,以减少焊接变形和残余应力 4．对于厚板的坡口焊,打底层多用直径4mm焊条焊接,中间层可用直径5mm或6mm焊条,盖面层多用直径5mm焊条。三层应连续施焊,每一层焊完后及时清理。盖面层焊缝搭坡口两边各2mm,焊缝余高不超过对接焊体中较薄钢板厚的1/10,但也不应大于3.2mm。焊后,当气温低于0℃以下,用石棉布保温使焊缝缓慢冷却。焊缝质量检验均按二级检验 5．高强螺栓连接的一般要求见表9-44 6．两个连接构件的紧固顺序是:先主要构件,后次要构件。工字形构件的紧固顺序是:上翼缘→下翼缘→腹板。同一节柱上各梁柱节点的紧固顺序是:柱子上部的梁柱节点→柱子下部的梁柱节点→柱子中部的梁柱节点。每一节点安设紧固高强螺栓顺序是:摩擦面处理→检查安装连接板(对孔、扩孔)→临时螺栓安装→高强螺栓紧固→初拧→终拧。其具体方法要求见表9-44 7．为保证质量,对紧固高强螺栓的电动扳手要定期检查,对终拧用电动扳手紧固的高强螺栓,以螺栓尾部是否拧掉作为验收标准。对用测力扳手紧固的高强螺栓,仍用测力扳手检查其是否紧固到规定的终拧扭矩值。抽查率为每节点处高强螺栓量的10%,但不少于2枚,如有问题应及时返工处理

9.6 钢结构安装

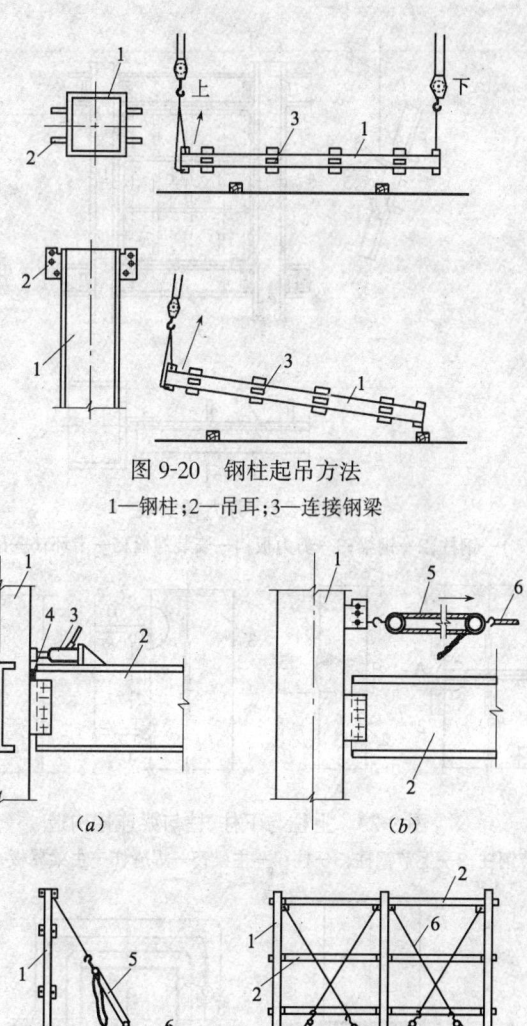

图 9-20 钢柱起吊方法
1—钢柱；2—吊耳；3—连接钢梁

图 9-21 钢柱的校正方法
(a)千斤顶与钢楔校正法；(b)捯链与钢丝绳校正法；
(c)单柱缆风绳校正法；(d)群柱缆风绳校正法
1—钢柱；2—钢梁；3—10t 液压千斤顶；4—钢楔；5—捯链；6—钢丝绳

9 钢结构工程

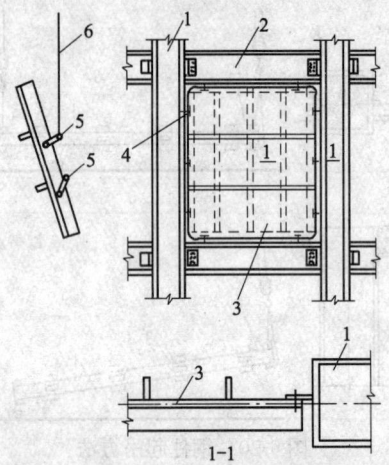

图 9-22 剪力板安装
1—钢柱；2—钢梁；3—剪力板；4—安装螺栓；5—卡环；6—吊索

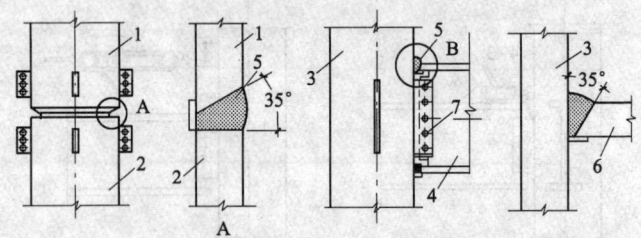

图 9-23 上柱与下柱、柱与梁连接构造
1—上节钢柱；2—下节钢柱；3—柱；4—主梁；5—焊缝；6—主梁翼板；7—高强螺栓

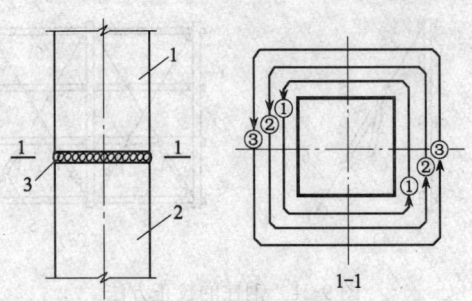

图 9-24 柱与柱焊缝的顺序
1—上柱；2—下柱；3—焊缝
①、②、③—焊缝起点顺序

9.6.4 钢结构安装工程质量控制与检验

1. 单层钢结构安装工程

(1)基础和支承面

表 9-65

项次	项目	内 容
1	主控项目	1．建筑物的定位轴线、基础轴线和标高、地脚螺栓的规格及其紧固应符合设计要求 2．基础顶面直接作为柱的支承面和基础顶面预埋钢板或支座作为柱的支承面时，其支承面、地脚螺栓（锚栓）位置的允许偏差应符合表1的规定 **支承面、地脚螺栓（锚栓）位置的允许偏差（mm） 表1** | 项　　目		允许偏差
支承面	标高	±3.0
	水平度	$l/1000$
地脚螺栓（锚栓）	螺栓中心偏移	5.0
预留孔中心偏移		10.0 | 3．采用坐浆垫板时，坐浆垫板的允许偏差应符合表2的规定 **坐浆垫板的允许偏差（mm） 表2** | 项　目	允　许　偏　差
---	---
顶面标高	0.0 −3.0
水平度	$l/1000$
位置	20.0 | 4．采用杯口基础时，杯口尺寸的允许偏差应符合表3的规定 **杯口尺寸的允许偏差（mm） 表3** | 项　目	允　许　偏　差
---	---
底面标高	0.0 −5.0
杯口深度 H	±5.0
杯口垂直度	$H/100$，且不应大于10.0
位置	10.0	

9 钢结构工程

续表

项次	项目	内容
2	一般项目	地脚螺栓(锚栓)尺寸的偏差应符合表4的规定。地脚螺栓(锚栓)的螺纹应受到保护 **地脚螺栓(锚栓)尺寸的允许偏差(mm)** 表4 | 项 目	允许偏差 | |---|---| | 螺栓(锚栓)露出长度	+30.0 0.0 | | 螺纹长度	+30.0 0.0	

(2)安装和校正

表 9-66

项次	项目	内容
1	主控项目	1. 钢构件应符合设计要求和本规范的规定。运输、堆放和吊装等造成的钢构件变形及涂层脱落,应进行矫正和修补 2. 设计要求顶紧的节点,接触面不应少于70%紧贴,且边缘最大间隙不应大于0.8mm 3. 钢屋(托)架、桁架、梁及受压杆件的垂直度和侧向弯曲矢高的允许偏差应符合表1的规定 **钢屋(托)架、桁架、梁及受压杆件垂直度和侧向弯曲矢高的允许偏差(mm)** 表1 | 项目	允许偏差	图 例 | |---|---|---| | 跨中的垂直度	$h/250$,且不应大于15.0	1-1 | | 侧向弯曲矢高 f	$l \leq 30\text{m}$: $l/1000$,且不应大于10.0	| |	$30\text{m} < l \leq 60\text{m}$: $l/1000$,且不应大于30.0	| |	$l > 60\text{m}$: $l/1000$,且不应大于50.0		

9.6 钢结构安装

续表

项次	项目	内容		
1	主控项目	4. 单层钢结构主体结构的整体垂直度和整体平面弯曲的允许偏差应符合表 2 的规定 **整体垂直度和整体平面弯曲的允许偏差(mm)　表 2**<table><tr><td>项目</td><td>允许偏差</td><td>图例</td></tr><tr><td>主体结构的整体垂直度</td><td>$H/1000$, 且不应大于 25.0</td><td></td></tr><tr><td>主体结构的整体平面弯曲</td><td>$L/1500$, 且不应大于 25.0</td><td></td></tr></table>		
2	一般项目	1. 钢柱等主要构件的中心线及标高基准点等标记应齐全 2. 当钢桁架(或梁)安装在混凝土柱上时,其支座中心对定位轴线的偏差不应大于 10mm;当采用大型混凝土屋面板时,钢桁架(或梁)间距的偏差不应大于 10mm 3. 钢柱等安装的允许偏差应符合《钢结构工程施工质量验收规范》GB 50205—2001 附录 E 中表 E.0.1 的规定 4. 钢吊车梁或直接承受动力荷载的类似构件,其安装的允许偏差应符合上述规范附录 E 中表 E.0.2 的规定 5. 檩条、墙架等次要构件安装的允许偏差应符合上述规范附录 E 中表 E.0.3 的规定 6. 钢平台、钢梯、栏杆安装应符合现行国家标准《固定式钢直梯》GB 4053.1、《固定式钢斜梯》GB 4053.2、《固定式防护栏杆》GB 4053.3 和《固定式钢平台》GB 4053.4 的规定。钢平台、钢梯和防护栏杆安装的允许偏差应符合上述规范附录 E 中表 E.0.4 的规定 7. 现场焊缝组对间隙的允许偏差应符合表 3 的规定 **现场焊缝组对间隙的允许偏差(mm)　表 3**<table><tr><td>项目</td><td>允许偏差</td></tr><tr><td>无垫板间隙</td><td>+3.0 0.0</td></tr><tr><td>有垫板间隙</td><td>+3.0 −2.0</td></tr></table>8. 钢结构表面应干净,结构主要表面不应有疤痕、泥沙等污垢		

2. 多层及高层钢结构安装工程
(1)基础和支承面

表 9-67

项次	项目	内容		
1	主控项目	1. 建筑物的定位轴线、基础上柱的定位轴线和标高、地脚螺栓(锚栓)的规格和位置、地脚螺栓(锚栓)紧固应符合设计要求。当设计无要求时,应符合下表的规定		
		建筑物定位轴线、基础上柱的定位轴线和标高、地脚螺栓(锚栓)的允许偏差(mm)		
		项目	允许偏差	图例
		建筑物定位轴线	$L/20000$,且不应大于3.0	
		基础上柱的定位轴线	1.0	
		基础上柱底标高	±2.0	
		地脚螺栓(锚柱)位移	2.0	
		2. 多层建筑以基础顶面直接作为柱的支承面,或以基础顶面预埋钢板或支座作为柱的支承面时,其支承面、地脚螺栓(锚栓)位置的允许偏差应符合表 9-65 中表 1 的规定		
		3. 多层建筑采用坐浆垫板时,坐浆垫板的允许偏差应符合表 9-65 中表 2 的规定		

9.6 钢结构安装

续表

项次	项目	内容
1	主控项目	4.当采用杯口基础时,杯口尺寸的允许偏差应符合表9-65中表3的规定
2	一般项目	地脚螺栓(锚栓)尺寸的允许偏差应符合表9-65中表4的规定。地脚螺栓(锚栓)的螺纹应受到保护

(2)安装和校正

表 9-68

项次	项目	内容		
1	主控项目	1.钢构件应符合设计要求和本规范的规定。运输、堆放和吊装等造成的钢构件变形及涂层脱落,应进行矫正和修补 2.柱子安装的允许偏差应符合表1的规定 **柱子安装的允许偏差(mm)　　表1** | 项目	允许偏差	图例
---	---	---
底层柱柱底轴线对定位轴线偏移	3.0	
柱子定位轴线	1.0	
单节柱的垂直度	$h/1000$,且不应大于10.0	| 3.设计要求顶紧的节点,接触面不应少于70%紧贴,且边缘最大间隙不应大于0.8mm 4.钢主梁、次梁及受压杆件的垂直度和侧向弯曲矢高的允许偏差应符合表9-66中表1中有关钢屋(托)架允许偏差的规定 5.多层及高层钢结构主体结构的整体垂直度和整体平面弯曲的允许偏差应符合表2的规定		

续表

项次	项目	内容		
1	主控项目	**整体垂直度和整体平面弯曲的允许偏差(mm)** 表2		
		项目	允许偏差	图例
		主体结构的整体垂直度	($H/2500+10.0$),且不应大于 50.0	
		主体结构的整体平面弯曲	$L/1500$,且不应大于 25.0	
2	一般项目	1. 钢结构表面应干净,结构主要表面不应有疤痕、泥沙等污垢 2. 钢柱等主要构件的中心线及标高基准点等标记应齐全 3. 钢构件安装的允许偏差应符合《钢结构工程施工质量验收规范》附录 E 中表 E.0.5 的规定 4. 主体结构总高度的允许偏差应符合上述规范附录 E 中表 E.0.6 的规定 5. 当钢构件安装在混凝土柱上时,其支座中心对定位轴线的偏差不应大于 10mm;当采用大型混凝土屋面板时,钢梁(或桁架)间距的偏差不应大于 10mm 6. 多层及高层钢结构中钢吊车梁或直接承受动力荷载的类似构件,其安装的允许偏差应符合上述规范附录 E 中表 E.0.2 的规定 7. 多层及高层钢结构中檩条、墙架等次要构件安装的允许偏差应符合上述规范附录 E 中表 E.0.3 的规定 8. 多层及高层钢结构中钢平台、钢梯、栏杆安装应符合现行国家标准《固定式钢直梯》GB 4053.1、《固定式钢斜梯》GB 4053.2、《固定式防护栏杆》GB 4053.3 和《固定式钢平台》GB 4053.4 的规定。钢平台、钢梯和防护栏杆安装的允许偏差应符合上述规范附录 E 中表 E.0.4 的规定 9. 多层及高层钢结构中现场焊缝组对间隙的允许偏差应符合表 9-66 中 11 条的规定		

9.7 轻型钢结构安装

9.7.1 圆钢、小角钢组成的轻钢结构

圆钢、小角钢组成的轻钢结构构造和制作　　表9-69

项次	项目	要　点
1	结构形式和构造要求	1. 圆钢、小角钢组成的轻钢结构是指采用圆钢筋、小角钢(小于∠45×4或小于∠56×36×4)和薄钢板(厚度一般≤4mm)等材料组成的屋架、檩条和托架以及施工用的简易支承托架等 2. 屋架的形式主要有：三角形屋架、三铰拱屋架和梭形屋架，见图9-25 　三角形屋架用钢量较省，跨度9～18m，用钢量为4～6kg/m²；节点构造简单，制作、运输、安装方便；适用于跨度和吊车吨位不太大的中、小型工业建筑 　三铰拱屋架用钢量与三角形屋架相近，能充分利用圆钢和小角钢，但节点构造较复杂，制作费工。由于刚度较差，不宜用于有桥式吊车和跨度超过18m的工业建筑中 　梭形屋架是由角钢和圆钢组成的空间桁架，属于小坡度的无檩屋盖结构体系。截面重心低，空间刚度较好，但节点构造复杂，制作费工。多用于跨度9～15m，柱距3.0～4.2m的民用建筑中 3. 檩条和托架的形式有实腹式、空腹式和桁架式等。桁架式的檩条和托架对压杆多用小型角钢，拉杆和压力较小的杆件用圆钢(图9-26) 4. 轻钢结构的桁架常用的节点构造如图9-27。在节点处应使杆件重心汇交于一点，否则构造偏心对结构承载力影响较大
2	构件制作	1. 小角钢和圆钢等在运输、堆放过程中易发生弯曲和翘曲等变形，配料前应矫直、整平。矫正一般用顶撑、杠杆压力机或顶床，并加衬垫使其达到合格要求 2. 放样号料应在平整平台或平整水泥地面上进行。平台常用钢板搭设，要求稳固，高差不大于3mm。以1∶1的尺寸放样，要求具有较高精度，减少节点偏心。号料时要根据杆件长度留出1～4mm的切割余量。号料允许偏差：长度1mm，孔距0.5mm 3. 切割宜用冲剪机、无齿锯或砂轮锯等进行。特殊形状可用氧乙炔气割，宜用小口径喷嘴，端头要求打磨、整修平整，并打坡口。圆钢筋弯曲宜用热弯加工，小直径也可用冷加工。杆件钻孔应用电钻或钻床借钻模制孔，不得用气割成孔 4. 桁架组装应在坚实平整的拼装台上进行。宜放样组装，并焊适当定位钢板(型钢)或用胎膜，以保证构件精度。桁架组装顺序是：先上、下弦杆，然后连接腹杆，最后端支座。双角钢桁架，先按放样将一面组装焊好，然后翻身组装并焊另一面，翻身时应适当加固。杆件截面由3根杆件组成的空间结构(如梭形桁架)时，可先装配成单片平面结构，然后用装配点焊进行组合

续表

项次	项目	要点
2	构件制作	组合时在构件表面的中心线偏差不得超过3mm,连接孔中心的误差不得大于2mm 5.焊接一般宜用小直径焊条(2.5~3.5mm)和较小电流进行,防止发生咬肉和焊透等缺陷。焊接次序宜由中央向两侧对称施焊,对焊缝不多的节点,应一次施焊完毕,并不得在焊缝以外的构件表面和焊缝的端部起弧和灭弧。同时焊接时应采取预防变形措施,参见表9-41 对于檩条等小构件,可使用一些辅助固定卡具或夹具或辅定位板,以保证结构几何尺寸正确

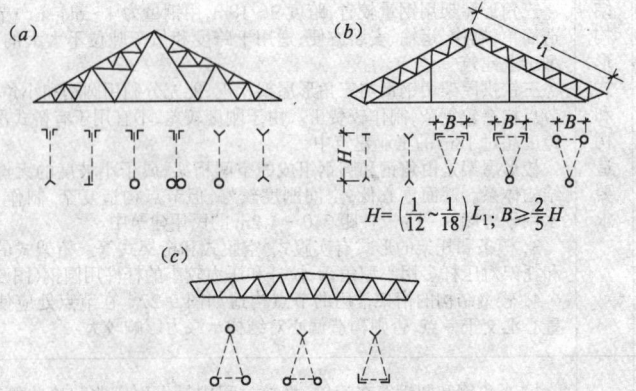

$H=\left(\dfrac{1}{12}\sim\dfrac{1}{18}\right)L_1; B\geqslant\dfrac{2}{5}H$

图 9-25 由圆钢与小角钢组成的轻钢屋架
(a)三角形屋架;(b)三铰拱屋架;(c)梭形屋架

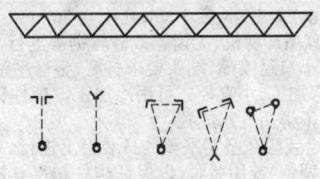

图 9-26 轻型檩条和托架

9.7 轻型钢结构安装

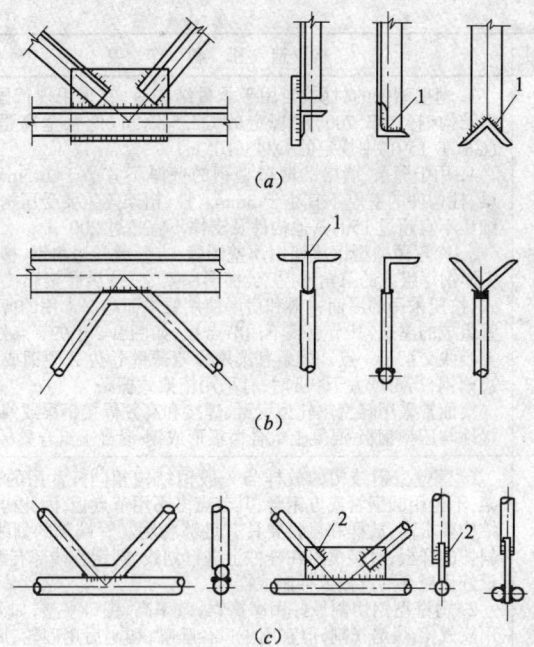

图 9-27 轻钢屋架节点构造
(a)单肢角钢的连接构造；(b)角钢与圆钢的连接构造；
(c)圆钢与圆钢的连接构造
1—二角钢相拼后焊接；2—圆钢插入后焊接

9.7.2 冷弯薄壁型钢组成的轻钢结构

冷弯薄壁型钢结构构造和制作　　　　表 9-70

项次	项目	构 造 和 制 作 要 点
1	结构形式和构造	1. 冷弯薄壁型钢结构是指厚度在 2～6mm 的钢板或带钢经冷弯或冷拔等方式弯曲而成的型钢。其截面形状分开口和闭口两类(图 9-28)，规格可参见《冷弯薄壁型钢结构技术规范》(GB 50018—2002)。目前钢厂生产的闭口圆管和方管是由冷弯的开口截面用高频焊焊接而成 2. 钢结构制造厂进行薄壁型钢成型时，钢板或带钢一般用剪切机下料，辊压机整平，用边缘刨床刨平边缘，然后用冷压成型。厚度 1～2mm 的薄钢板也可用弯板机冷弯成型。当要成型闭口矩形截面薄壁管时，大多用冷压或冷弯成槽形截面后，再用手工焊焊接拼合

续表

项次	项目	构 造 和 制 作 要 点
1	结构形式和构造	3. 薄壁型钢的材质，当用于承重结构时，宜采用现行国家标准《碳素结构钢》(GB 700)中规定的 Q235 钢和《低合金高强度结构钢》(GB/T 1591)中规定的 Q345(16Mn) 4. 用于檩条、墙梁的薄壁型钢的壁厚不宜小于 1.5mm；用于框架梁、柱构件的壁厚不宜小于 3mm。柱、桁架等主要受压构件的容许长细比不宜超过 150，其他构件及支撑不宜超过 200 5. 冷弯薄壁型钢屋架由薄壁圆管、方管或卷边角钢、槽钢、工形钢、T形钢等组成的三角形屋架、梯形屋架、三铰拱屋架和棱形屋架等形式，按所采用的屋面材料和房屋使用要求而定。常用的薄壁圆或方管组成的屋架，其节点多不用节点板，如图 9-29，在节点处，应使杆件重心线交汇于一点。檩条宜选用冷弯薄壁卷边 Z 型钢或冷弯薄壁卷边槽钢，当跨度大于 9m 时，宜采用桁架式檩条 楼面常采用轻型热轧型钢梁、焊接和高频焊接钢梁或蜂窝梁通过连接件与压型钢板-混凝土组合楼板形成钢-混凝土组合梁板
2	构件制作	1. 薄壁型钢结构的放样与一般钢结构相同。常用的薄壁型钢屋架，不论用圆钢管或方钢管，其节点多不用节点板，因此构造比普通钢结构要求高，放样和号料要具有足够精度。管端部的划线，应先制成斜切的样板，直接覆盖在杆件上进行划线，圆钢管端部有弧形断口时，最好用展开的方法放样制成样板 2. 薄壁型钢切割最好用摩擦锯，效率高，锯口平整，如无摩擦锯，可用氧气-乙炔焰气割，但宜用小口径喷嘴，切割后用砂轮、风铲整修，清除毛刺、熔渣等 3. 薄壁型钢屋架装配应在坚实、平整的拼装台上进行，保证使构件重心线在同一水平面上，高差不大于 3mm。装配时一般先拼弦杆，保证其位置准确。腹杆在节点上可略有偏差，但在构件表面的中心线不宜超过 3mm。三角形屋架由三个运输单元组成时，可先把下弦中间一段运输单元固定在胎模的小型钢支架上，随后进行左右两个半榀屋架的装配，装配时应注意左右两个半榀屋架的屋脊节点的螺栓孔位置，其中心线的误差不得大于 1.5mm 4. 薄壁型钢结构的焊接，应严格控制质量，焊前应熟悉焊接工艺、焊接程序和技术措施。并将焊接处附近的铁锈、污垢清除干净，焊条应烘干，并不得在非焊缝处的构件表面起弧或灭弧 薄壁型钢的装配点焊应严格控制壁厚方向的错位，不得超过板厚的 1/4 或 0.5mm 薄壁型钢的焊接参数，如缺乏经验可通过试验确定，一般可参考表 9-71 屋架节点的焊接，常因装配间隙不均匀而使一次焊成的焊缝质量较差，故宜采用二层焊，即先焊第一层，待冷却后再焊第二层，不使过热，以提高焊缝质量 5. 薄壁型钢和其结构件在运输和堆放时应轻吊轻放，尽量减少局部变形。规范规定薄壁方管的 $\delta/b \leqslant 0.01$，δ 为纵向量测的变形值，b 为局部变形的量测标距(图 9-30)，如超过此值，对杆件的承载力会有明显影响，且局部变形的矫正也困难

9.7 轻型钢结构安装

续表

项次	项目	构造和制作要点
2	构件制作	采用撑直机或锤击调直型钢或成品整理时,宜采取逐步顶撑调直,接触处应设垫模,如用锤击方法整理应设锤垫。成品用火焰矫正时,不宜浇水冷却。构件和杆件矫直后,挠曲矢高不应超过1/1000,且不得大于10mm
3	结构防腐蚀	1. 冷变薄壁型钢构件必须进行表面处理,要求彻底清除铁锈、污垢及其他附着物。除锈等级应达到 $Sa2\frac{1}{2}\sim Ss3$ 或 $St3$。酸洗除锈,应除至钢材表面全部呈铁灰色为止,并应清除干净,保证钢材表面无残余酸液存在,酸洗后宜做磷化处理或涂磷化底漆 2. 防腐应根据具体情况选用金属保护层(表面合金化镀锌、镀铝锌等)、防腐涂料或复合保护(即金属保护层外再涂防腐涂料)等。防腐涂料底、面漆应相互配套。结构在使用期间应定期进行检查和维护。维护年限应根据结构使用条件、表面处理方法、涂料品种及漆膜厚度而定

冷弯薄壁型钢焊接参数　　表 9-71

名称	钢板厚度(mm)	焊条直径(mm)	电流强度(A)	名称	钢板厚度(mm)	焊条直径(mm)	电流强度(A)
对接焊缝	1.5~2.0 2.5~3.5 4~5	2.5 3.2 4.0	60~100 110~140 160~200	贴角焊缝	1.5~2.0 2.5~3.5 4~5	2.5~3.2 3.2 4.0	80~140 120~170 160~220

注:1. 表中电流是按平焊考虑的,对于立焊、横焊和仰焊时的电流可比表中数字减少10%左右。
　　2. 焊接 Q345 中 16Mn 时,电流要减少 10%~15% 左右。
　　3. 不同厚度钢板焊接时,电流强度按薄的钢板选择。

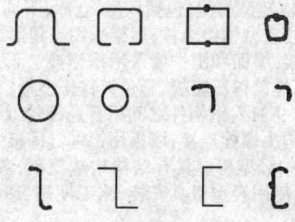

图 9-28　冷弯薄壁型钢截面形式

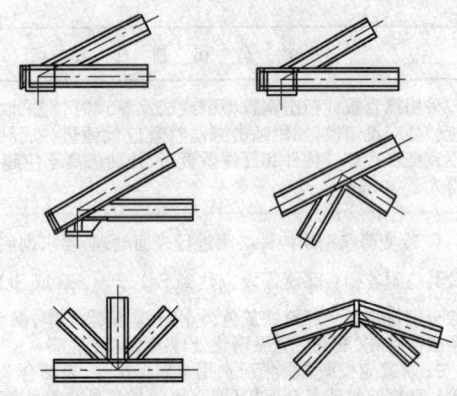

图 9-29 薄壁型钢圆管或方管屋架常用节点构造

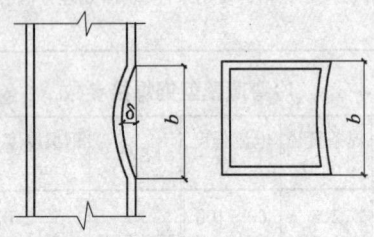

图 9-30 局部变形

9.7.3 钢结构轻型房屋安装

钢结构轻型房屋安装方法　　表 9-72

项次	项目	要　点
1	结构构造特点	1. 钢结构轻型房屋(包括厂房、仓库,下同)主体结构柱子多采用工字形实腹柱或型钢组合柱;屋架采用三角形或棱形钢屋架或人字式钢梁组合屋架,屋面和围护墙采用槽钢或 Z 形钢檩条和墙梁,用钢筋拉结,外表面挂镀锌压型板、彩色镀锌压型板、夹心压型复合板或铝合金压型板(图 9-31),钢构件之间用普通螺栓或高强度螺栓或焊接连接;屋面板用钩头螺栓连接;墙板用铝铆钉铆接 2. 钢结构轻型房屋具有结构构造简单,装拆容易,省钢材,制作运输方便,可使用轻型机具安装,施工期短,造价低等特点,在国内得到广泛应用
2	主体结构安装方法	1. 综合安装法:系按一节间一节间从下到上,一件一件地进行安装,安装顺序是:柱→柱间墙梁→拉结条→屋架(或组合屋面梁)→屋架间水平支撑→檩条、拉结条→压型屋面板→压型墙板

9.7 轻型钢结构安装

续表

项次	项目	要点
2	主体结构安装方法	构件采用汽车式起重机垂直起吊就位，安装校正后，构件间用螺栓固定；墙梁、檩条间及上弦水平支撑的拉杆应适当预张紧，在屋架与檩条安装完后拉紧，以增加墙面和屋面刚度。屋盖系统构件安装完后，再由上而下铺设屋面、墙面压型板。压型板安装用扁担式吊具成捆送到屋面，檐口铺设，要求紧密不透风 2. 组合安装法：系每两根柱和每两榀屋架一组进行预组装，将墙梁、檩条、拉条、屋面板安上，采取一节间隔一节间整体安装就位 安装前，在跨内地面错开一个节间预组装屋盖，在跨外两侧地面组装柱和墙梁，平面布置如图9-32对1-2、3-4、5-6、7-8……节间屋盖，采取在跨内整体组装；对2-3、4-5、6-7……节间屋盖在跨外半跨组装，1-2、3-4、5-6、7-8每两柱间为一组，均将螺栓拧紧 安装多用YQ20液压汽车式起重机。先将1-2线A、B列柱墙分别立起就位，在柱头上挂专用钢吊篮，以作高空校正屋面梁(屋架)、安装紧固螺栓之用。柱立起后，用测量仪器校正，垫平柱脚，并将基础螺栓拧紧固定 屋盖采用四点绑扎起吊，屋盖一端设牵引绳，吊起就位后，随即对正、拧紧螺栓，即可卸钩、落杆，起重机开行至第二节间，同法架第三节间柱排和屋盖，如此顺序前进，直至全部完成。每两组钢柱立起后，应在其间用捯链立即安上2～3根墙梁，以保持排架间纵向稳定。跨内吊完，起重机再转入跨外两侧采用专用吊架吊装2、4、6节间的半榀屋盖(图9-33)。当操作允许时，亦可在跨内与安装整榀屋架的同时，先安装其中一侧半跨屋面。本法可减少高空作业，发挥起重机效率，减轻劳动强度，加快进度，保证安全，一般多用之
3	围护墙板安装	墙体结构多为异型钢墙梁上挂V-125镀锌压型钢板，板与墙梁之间用抽芯铝铆钉(拉铆钉)铆接连接。墙梁与板的安装，一般在可行走的多层作业架上进行(图9-34)，每层作业平台上站两个操作，墙梁安装多在柱头挂滑车将墙梁吊起就位、固定；墙板用滑车从地面吊起就位后，一人在前用手电钻钻孔，一人在后用拉铆枪铆钉，采取各层同时作业方法

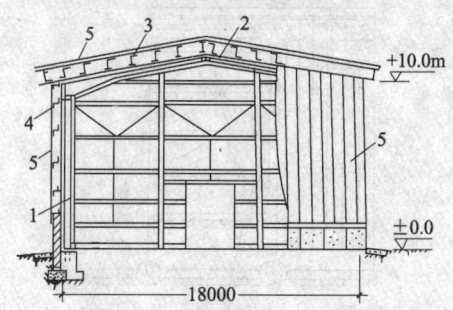

图9-31 轻型钢结构房屋构造

1—H型钢柱；2—H型钢梁；3—Z型钢檩条；4—Z型钢墙横梁；
5—镀锌、镀铝锌或铝合金压型板

799

9 钢结构工程

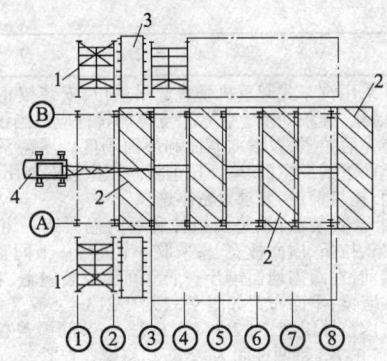

图 9-32 整体安装柱子及屋盖布置
1—已组装柱;2—整体组装的屋盖;3—已组装的半榀屋盖;4—汽车式起重机

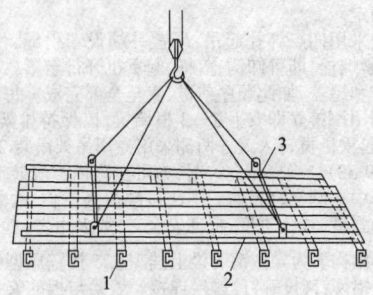

图 9-33 半榀屋盖整体安装
1—轻钢檩条;2—压型板;3—专用吊架

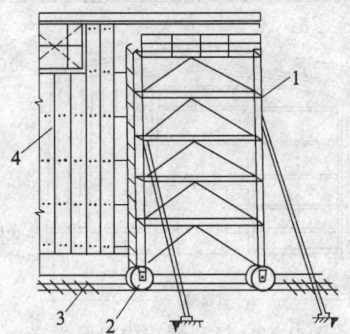

图 9-34 用移动式安装架安装压型墙板
1—移动式钢管架;2—架子车轮;3—槽钢轨道;4—镀锌压型墙板

9.8 钢结构涂装工程

9.8.1 钢结构涂装施工

钢结构成品涂装施工方法 表 9-73

项次	项目	要点
1	基层表面处理	1. 钢结构构件涂装前,应将表面锈皮、毛刺、焊渣、焊瘤、飞溅物、油污等清除干净。钢材基层上的水露、泥污应在涂漆前擦去 2. 构件除锈分喷射、抛射除锈和手工或动力工具除锈两大类。构件的除锈方法与除锈等级应与设计采用的涂料相适应,见表9-74。钢结构基层的各种除锈方法及除锈等级和质量要求,参见第11章"建筑防腐蚀工程"表11-2和表11-3 当设计无要求时,钢材表面的除锈等级应符合表9-74和表9-75的规定
2	涂料的选用	1. 涂料、涂装遍数、涂层厚度应按设计要求施工。当设计对涂层厚度无要求时,宜涂装4～5遍,涂层干漆膜总厚度应达到以下要求:室外应大于150μm;室内应大于125μm。涂层中几层在工厂涂装,几层在工地涂装,应在合同中明确规定 2. 钢结构防腐漆的使用,根据使用条件选用。底漆和面漆应配套使用,参见表9-76、表9-77。腻子亦应按不同品种的涂料选用相应品种的腻子 3. 钢结构防火涂料有薄涂型和厚涂型,应根据要求的耐火等级选择耐火涂料的品种,部分防火涂料品种性能见表9-78
3	防腐涂装操作	1. 调配好的涂料应立即使用,不宜存放过久,稀释剂的使用应按说明书的规定使用,不得随意添加 2. 涂装的环境温度和相对湿度应符合产品说明书的要求。当产品说明书无要求时,室内环境温度宜在5～38℃之间,相对湿度不应大于85%。构件表面有结露时,不得涂装。雨、雪天不得室外作业。涂装后4h之内不得淋雨 3. 涂漆可按漆的配套使用要求采用刷涂或喷涂。喷涂用的压缩空气应除去油和水气 4. 涂面漆时可将粘附在底漆上的油污、泥土清除干净后进行,如底漆起鼓、脱落,须返修后方能涂面漆 5. 涂漆每遍均应丰满,不得有漏涂和流指现象,前一遍油漆实干后方可涂下遍油漆。各种常用涂料的表干和实干时间见表9-79 6. 施工图中注明不涂漆部位,如安装节点处30～50mm宽范围、高强螺栓的摩擦面及其附近50～80mm范围内不应涂刷 7. 所有焊接部位、焊好需补符的涂层部位及构件表面被损坏的涂层,应及时补涂,不得遗漏 8. 涂装完毕后,应在构件上标注构件的原编号。大型构件应标明重量、重心位置和定位标记

9 钢结构工程

续表

项次	项目	要　　　点
4	防火涂装操作	1. 防火涂料涂装前应按设计要求和国家现行标准,对钢材表面清除灰尘、油污、浮锈,并根据需要进行防锈处理,对已涂防锈底漆的构件,应用干漆膜测厚仪检查漆膜厚度 2. 按所用防火涂料产品说明书的规定比例,进行涂料搅拌混合均匀后使用 3. 根据构件面积大小,可采用喷涂或抹涂方法 4. 涂层厚度按耐火级别和涂料品种而定。涂料应分次进行,等涂层干燥后(24h)再涂下层,每次涂层厚度不超过 0.5mm,分层涂刷至达到设计要求厚度后,再涂一层保护面料 5. 施工温度应为4℃以上,湿度不高于85%
5	质量要求	1. 防腐涂料、涂装遍数、涂层厚度均应符合设计要求。当设计对厚度无明确要求时,应用干漆膜测厚仪检测涂层干漆膜总厚度应达到室外为150μm,室内为125μm,其允许偏差为 $-25\mu m$。每遍涂层干漆膜厚度的允许偏差为 $-5\mu m$ 2. 防腐涂层外观质量:钢材表面不应误涂、漏涂。涂层不应脱皮和返修等。涂层应均匀,无明显皱皮、流坠、针眼和气泡等 3. 用涂层厚度测量仪、测针等检测薄涂型防火涂料的涂层厚度应符合有关耐火极限的设计要求。厚涂型防火涂料涂层的厚度,80%及以上面积应符合有关耐火极限的设计要求,且最薄处厚度不应低于设计要求的85% 4. 防火涂料涂层表面裂纹宽度,薄涂型涂料涂层不应大于0.5mm,厚涂型涂料涂层不应大于1mm 5. 防火涂料不应有误涂、漏涂,涂层应闭合无脱层、空鼓、明显凹陷、粉化松散和浮浆等外观缺陷,乳突已剔除

各种底漆或防锈漆要求最低的除锈等级　　表 9-74

项次	涂　料　品　种	除锈等级
1	油性酚醛、醇酸等底漆或防锈漆	St2
2	高氯化聚乙烯、氯化橡胶、氯磺化聚乙烯、环氧树脂、聚氨酯等底漆或防锈漆	Sa2
3	无机富锌、有机硅、过氯乙烯等底漆	Sa2$\frac{1}{2}$

除锈等级　　表 9-75

除锈方法	喷射或抛射除锈			手工和动力工具除锈	
除锈等级	Sa2	Sa2$\frac{1}{2}$	Sa3	St2	St3

9.8 钢结构涂装工程

防腐涂料底、面漆配套及维护年限　　表 9-76

部位	侵蚀作用类别	表面处理	涂料类别	底、面漆配套涂料					维护年限(年)
				底漆	道数	膜厚(mm)	面漆	道数	膜厚(mm)	
室内	无侵蚀性弱侵蚀性	喷砂(丸)除锈、酸洗除锈、手工或动力工具除锈	第一类	Y53-31 红丹油性防锈漆	2	60				15~20
				Y53-32 铁红油性防锈漆	2	60				
				F53-31 红丹酚醛防锈漆	2	60	C04-2 各色醇酸磁漆	2	60	
				F53-33 铁红酚醛防锈漆	2	60	C04-45 灰铝锌醇酸磁漆	2	60	10~15
室外	弱侵蚀性			C53-31 红丹醇酸防锈漆	2	60	C04-5 灰云铁醇酸磁漆	2	60	
				C06-1 铁红醇酸底漆	2	60				8~10
				F53-40 云铁醇酸防锈漆	2	60				
室内	中等侵蚀性	酸洗磷化处理、喷砂(丸)除锈	第二类	H06-2 铁红环氧酯底漆	2	60	灰醇酸改性过氯乙烯磁漆	2	60	10~15
				铁红环氧酸性 M 树脂底漆	2	60	灰醇酸改性氯化橡胶磁漆	2	60	
				H53-30 云铁环氧酯底漆	2	60	醇酸改性氯醋磁漆	2	60	5~7
室外							聚氯酯改性氯醋磁漆			

注：表中所列第一类或第二类中任何一种底漆可和同一类别中的任一种面漆配套使用。

9 钢结构工程

镀锌钢板底、面漆配套　　　表 9-77

侵蚀作用类别	表面处理	涂料类别	底、面漆配套涂料					
			底漆	道数	膜厚(μm)	面漆	道数	膜厚(μm)
无侵蚀性和弱侵蚀性	磷化底漆	第一类	F53-34 锌黄酚醛防锈漆	2	60	C04-2 各色醇酸磁漆 C04-42 各色醇酸磁漆 C43-31 醇酸船壳漆	2 2 2	60 60 60
			C53-33 锌黄醇酸防锈漆	2	60	C04-2 各色醇酸磁漆 C04-42 各色醇酸磁漆 C43-31 醇酸船壳漆	2 2 2	60 60 60
			G06-4 锌黄过氯乙烯底漆	2	60	G04-2 各色过氯乙烯磁漆 G04-9 各色过氯乙烯外用磁漆 G52-31 各色过氯乙烯防腐漆	2 2 2	60 60 60
			H06-2 锌黄环氧酯底漆	2	60	C04-2 各色醇酸磁漆 C04-42 各色醇酸磁漆 G04-2 各色过氯乙烯磁漆 G04-9 各色过氯乙烯外用磁漆 G52-31 各色过氯乙烯防腐漆	2 2 2 2 2	60 60 60 60 60
中等侵蚀性	直接涂装	第二类	铁红环氧改性 M 树脂底漆 (EM)①	2	60	B113 丙烯酸磁漆 B04-6 丙烯酸磁漆 S-10-1 丙烯酸磁漆 醇酸改性氯化橡胶磁漆	2 2 2 2	60 60 60 60

①该底漆可直接涂装合金铝板。

钢结构防火隔热涂料部分品种、性能　　　表 9-78

涂料名称	粘结材料	主要技术性能				
		质量密度 (kg/m^3)	抗压强度 (N/mm^2)	导热系数 [$W/(m \cdot K)$]	耐候性	耐火性能
ST1-A 型钢结构防火涂料	无机粘结材料	400	0.45	0.086	+65℃ -15℃ 15 循环	涂层厚 2.8mm 耐火极限 3h

9.8 钢结构涂装工程

续表

涂料名称	粘结材料	主要技术性能					
		质量密度 (kg/m³)	抗压强度 (N/mm²)	导热系数 [W/(m·K)]	耐候性	耐火性能
TN-LG 钢结构防火涂料	改性无机高温粘结剂	358	0.46	0.0907	+20℃、-20℃ 15循环不裂、不粉	涂层厚15mm 钢梁耐久极限1.5h
TN-LB 钢结构膨胀防火涂料	有机与无机复合乳胶					涂层厚4mm 耐火极限1.5h
JG-276 钢结构防火涂料	无机粉结材料	270～370	0.26～0.30	0.100	+65℃、-15℃ 15循环，不裂、不粉、不脱落	涂层厚20～25mm 耐火极限2h
BFG8911 钢结构膨型防火涂料	苯丙乳液等					涂层厚5mm 耐火极限1.8h

常用涂料的表干和实干时间　　表 9-79

涂料名称	表干(h)不大于	实干(h)不大于
红丹油性防锈漆	8	36
钼铬红环氧酯防锈漆	4	24
铝铁酚醛防锈漆	3	24
各色醇酸磁漆	12	18
灰铝锌醇酸磁漆	6	24

注：工作地点温度在25℃，湿度小于70%的条件下。

9.8.2 钢结构涂装施工质量控制与检验

1. 涂装材料

表 9-80

项次	项目	内容
1	主控项目	1. 钢结构防腐涂料、稀释剂和固化剂等材料的品种、规格、性能等应符合现行国家产品标准和设计要求 2. 钢结构防火涂料的品种和技术性能应符合设计要求,并应经过具有资质的检测机构检测符合国家现行有关标准的规定
2	一般项目	防腐涂料和防火涂料的型号、名称、颜色及有效期应与其质量证明文件相符。开启后,不应存在结皮、结块、凝胶等现象

2. 钢结构防腐涂料涂装

表 9-81

项次	项目	内容
1	主控项目	1. 涂装前钢材表面除锈应符合设计要求和国家现行有关标准的规定。处理后的钢材表面不应有焊渣、焊疤、灰尘、油污、水和毛刺等。当设计无要求时,钢材表面除锈等级应符合下表的规定 **各种底漆或防锈漆要求最低的除锈等级** | 涂料品种	除锈等级
---	---
油性酚醛、醇酸等底漆或防锈漆	St2
高氯化聚乙烯、氯化橡胶、氯磺化聚乙烯、环氧树脂、聚氨酯等底漆或防锈漆	Sa2
无机富锌、有机硅、过氯乙烯等底漆	Sa2$\frac{1}{2}$	 2. 涂料、涂装遍数、涂层厚度均应符合设计要求。当设计对涂层厚度无要求时,涂层干漆膜总厚度:室外应为 $150\mu m$,室内应为 $125\mu m$,其允许偏差为 $-25\mu m$。每遍涂层干漆膜厚度的允许偏差为 $-5\mu m$
2	一般项目	1. 构件表面不应误涂、漏涂,涂层不应脱皮和返锈等。涂层应均匀、无明显皱皮、流坠、针眼和气泡等 2. 当钢结构处在有腐蚀介质环境或外露且设计有要求时,应进行涂层附着力测试,在检测处范围内,当涂层完整程度达到 70% 以上时,涂层附着力达到合格质量标准的要求 3. 涂装完成后,构件的标志、标记和编号应清晰完整

3. 钢结构防火涂料涂装

表 9-82

项次	项目	内容
1	主控项目	1. 防火涂料涂装前钢材表面除锈及防锈底漆涂装应符合设计要求和国家现行有关标准的规定 2. 钢结构防火涂料的粘结强度、抗压强度应符合国家现行标准《钢结构防火涂料应用技术规程》CECS 24:90 的规定。检验方法应符合现行国家标准《建筑构件防火喷涂材料性能试验方法》GB 9978 的规定 3. 薄涂型防火涂料的涂层厚度应符合有关耐火极限的设计要求。厚涂型防火涂料涂层的厚度,80% 及以上面积应符合有关耐火极限的设计要求,且最薄处厚度不应低于设计要求的 85% 4. 薄涂型防火涂料涂层表面裂纹宽度不应大于 0.5mm;厚涂型防火涂料涂层表面裂纹宽度不应大于 1mm
2	一般项目	1. 防火涂料涂装基层不应有油污、灰尘和泥砂等污垢 2. 防火涂料不应有误涂、漏漆,涂层应闭合无脱层、空鼓、明显凹陷、粉化松散和浮浆等外观缺陷,乳突已剔除

10 防水工程

10.1 屋面防水

10.1.1 屋面工程防水等级和设防要求

屋面工程应根据建筑物的性质、重要程度、使用功能要求以及防水层合理使用年限,按不同等级进行设防,并应符合表 10-1 的要求。

屋面防水等级和设防要求　　　　　表 10-1

项目	屋面防水等级			
	Ⅰ 级	Ⅱ 级	Ⅲ 级	Ⅳ 级
建筑物类别	特别重要或对防水有特殊要求的建筑	重要的建筑和高层建筑	一般的建筑	非永久性的建筑
防水层合理使用年限	25 年	15 年	10 年	5 年
设防要求	三道或三道以上防水设防	二道防水设防	一道防水设防	一道防水设防
防水层选用材料	宜选用合成高分子防水卷材、高聚物改性沥青防水卷材、金属板材、合成高分子防水涂料、细石防水混凝土等材料	宜选用高聚物改性沥青防水卷材、合成高分子防水卷材、金属板材、合成高分子防水涂料、高聚物改性沥青防水涂料、细石防水混凝土、平瓦、油毡瓦等材料	宜选用高聚物改性沥青防水卷材、合成高分子防水卷材、三毡四油沥青防水卷材、高聚物改性沥青防水涂料、合成高分子防水涂料、细石防水混凝土、平瓦、油毡瓦等材料	可选用二毡三油沥青防水卷材、高聚物改性沥青防水涂料等材料

注:1. 表中采用的沥青均指石油沥青,不包括煤沥青和煤焦油等材料。
　　2. 石油沥青纸胎油毡和沥青复合胎柔性防水卷材,系限制使用材料。
　　3. 在Ⅰ、Ⅱ级屋面防水设防中,如仅作一道金属板材时,应符合有关技术规定。

10.1 屋面防水

各类建筑物的防水等级,参考表 10-2 选定。

各类建筑物的防水等级　　　　表 10-2

项次	防水等级	建筑物名称
1	Ⅰ级	国家级纪念性、标志性建筑物,国家政治、外交活动的场所,国家级图书馆、档案馆、展览馆、博物馆、核电站等,以及对防水有特殊要求的工业与民用建筑
2	Ⅱ级	重要的工业与民用建筑,高层、超高层建筑,大型车站、候机楼、重要的博物馆、档案馆、图书馆、医院、宾馆、影剧院、科研大楼、大型商场、重要的仓库、机关办公楼、重要的工业厂房
3	Ⅲ级	住宅、厂房、库房、办公楼、商店、旅馆、学校等
4	Ⅳ级	非永久性建筑或临时性建筑

不同建筑防水等级使用材料品种及厚度限值,见表 10-3。

不同建筑防水等级使用材料品种及厚度限值　　表 10-3

项次	材料类别	Ⅰ级(mm)	Ⅱ级(mm)	Ⅲ级(mm)	Ⅳ级(mm)
1	合成高分子防水卷材	不应小于1.5	不应小于1.2	不应小于1.2	—
2	高聚物改性沥青防水卷料	不应小于3.0	不应小于3.0	不应小于4.0	—
3	沥青防水卷材	—	—	三毡四油	二毡三油
4	合成高分子防水涂料	不应小于1.5	不应小于1.5	不应小于2.0	—
5	高聚物改性沥青防水涂料	—	不应小于3.0	不应小于3.0	不应小于2.0
6	设防层次	三道或三道以上	二道	一道	一道
7	细石混凝土	不应小于4.0	不应小于4.0	不应小于4.0	—
8	压型钢板	一层	一层	一层	一层
9	平 瓦	—	一层	一层	一层
10	油毡瓦	—	一层	一层	一层
11	设防层次	三道或三道以上设防	二道设防	一道设防	一道设防

10.1.2 屋面卷材防水
10.1.2.1 卷材和胶粘剂的质量指标

沥青防水卷材外观质量　　　　　表 10-4

项 目	质 量 要 求
孔洞、硌伤	不允许
露胎、涂盖不匀	不允许
折纹、皱折	距卷芯 1000mm 以外,长度不应大于 100mm
裂 纹	距卷芯 1000mm 以外,长度不应大于 10mm
裂口、缺边	边缘裂口小于 20mm,缺边长度小于 50mm,深度小于 50mm
每卷卷长的接头	不超过 1 处,较短的一段不应小于 2500mm,接头处应加长 150mm

沥青防水卷材物理性能　　　　　表 10-5

项 目	性 能 要 求	
	350 号	500 号
纵向拉力[$(25±2)℃$](N)	≥340	≥440
耐热度[$(85±2)℃,2h$]	不流淌,无集中性气泡	
柔度[$(18±2)℃$]	绕 ϕ20mm 圆棒无裂纹	绕 ϕ25mm 圆棒无裂纹
不透水性 压力(MPa)	≥0.10	≥0.15
不透水性 保持时间(min)	≥30	≥30

高聚物改性沥青防水卷材外观质量　　　　　表 10-6

项 目	质 量 要 求
孔洞、缺边、裂口	不允许
边缘不整齐	不超过 10mm
胎体露白、未浸透	不允许
撒布材料粒度、颜色	均匀
每卷卷材的接头	不超过 1 处,较短的一段不应小于 1000mm,接头处应加长 150mm

10.1 屋面防水

高聚物改性沥青防水卷材物理性能　　表10-7

项目	性能要求				
	聚酯毡胎体	玻纤毡胎体	聚乙烯胎体	自粘聚酯胎体	自粘无胎体
可溶物含量 (g/m^2)	3mm 厚≥2100 4mm 厚≥2900	纵向≥350 横向≥250	—	2mm≥1300 3mm 厚≥2100	—
拉力 (N/50mm)	≥450	纵向≥350 横向≥250	≥100	≥350	≥250
延伸率 (%)	最大拉力时 ≥30	—	断裂时 ≥200	最大拉力时 ≥30	断裂时 ≥450
耐热度 (℃,2h)	SBS 卷材 90,APP 卷材 110,无滑动、流淌、滴落		PEE 卷材 90,无流淌、起泡	70,无滑动、流淌、滴落	70,无起泡、滑动
低温柔度 (℃)	SBS 卷材 -18,APP 卷材 -5,PEE 卷材 -10			-20	
	3mm 厚, $r=15mm$; 4mm 厚, $r=25mm$; 3s, 弯 180°无裂纹			$r=15mm$, 3s, 弯 180°无裂纹	$\phi 20mm$, 3s, 弯 180°无裂纹
不透水性	压力 (MPa)	≥0.3	≥0.2	≥0.3	≥0.3	≥0.2
	保持时间 (min)	≥30				≥120

注：SBS 卷材——弹性体改性沥青防水卷材；
　　APP 卷材——塑性体改性沥青防水卷材；
　　PEE 卷材——高聚物改性沥青聚乙烯胎防水卷材。

合成高分子防水卷材外观质量　　表10-8

项目	质量要求
折痕	每卷不超过 2 处,总长度不超 20mm
杂质	大于 0.5mm 颗粒不允许,每 $1m^2$ 不超过 $9mm^2$
胶块	每卷不超过 6 处,每处面积不大于 $4mm^2$
凹痕	每卷不超过 6 处,深度不超过本身厚度的 30%,树脂类深度不超过 5%
每卷卷材的接头	橡胶类每 20m 不超过 1 处,较短的一段不应小于 3000mm,接头处应加长 150mm；树脂类 20m 长度内不允许有接头

合成高分子防水卷材物理性能 表 10-9

项 目		性 能 要 求			
		硫化橡胶类	非硫化橡胶类	树脂类	纤维增强类
断裂拉伸强度(MPa)		≥6	≥3	≥10	≥9
扯断伸长率(%)		≥400	≥200	≥200	≥10
低温弯折(℃)		−30	−20	−20	−20
不透水性	压力(MPa)	≥0.3	≥0.2	≥0.3	≥0.3
	保持时间(min)	≥30			
加热收缩率(%)		<1.2	<2.0	<2.0	<1.0
热老化保持率 (80℃,168h)	断裂拉伸强度	≥80%			
	扯断伸长率	≥70%			

胶粘剂物理性能 表 10-10

胶粘剂类型	项 目	性能要求
改性沥青胶粘剂	粘结剥离强度不应小于	8N/10mm
合成高分子胶粘剂	粘结剥离强度不应小于	15N/10mm
	浸水168h后的保持率不应小于	70%
双面胶粘带	剥离状态下的粘合性不应小于	10N/25mm
	浸水168h后的保持率不应小于	70%

10.1.2.2 常用防水卷材及其胶粘剂的品种和主要技术性能

常用石油沥青防水卷材的品种和主要技术性能 表 10-11

项 目		石油沥青纸胎防水卷材		石油沥青玻璃布胎防水卷材	石油沥青玻璃纤维胎防水卷材	
		350 号	500 号		25 号	35 号
单位面积浸涂材料总量(g/m²)		≥1000	≥1400	>380	≥1200	≥2000
不透水性	压力(MPa)	≥0.10	≥0.15	0.10	0.15	0.20
	保持时间(min)	≥30		15	30	
	耐热度 [(85±2)℃]	2h,涂盖层无滑动和集中性气泡		5h,涂盖层无滑动、气泡	2h,涂盖层无滑动	

10.1 屋面防水

续表

项 目	石油沥青纸胎防水卷材		石油沥青玻璃布胎防水卷材	石油沥青玻璃纤维胎防水卷材	
	350号	500号		25号	35号
柔 度	18±2℃，绕φ20mm圆棒或弯板，无裂纹	18±2℃，绕φ25mm圆棒或弯板，无裂纹	0℃，绕φ30mm圆棒，无裂纹	≤10℃，绕φ30mm弯板，无裂纹	≤10℃，绕φ50mm弯板，无裂纹
拉力 [(25±2)℃] (N)	纵向≥340	纵向≥440	纵向>360	纵向≥250 横向≥180	纵向≥270 横向≥200

常用高聚物改性沥青防水卷材品种和主要技术性能　表 10-12

项次	卷材名称	主 要 性 能
1	弹性体沥青防水卷材（亦称SBS改性沥青防水卷材）（有玻纤毡胎、聚酯无纺布胎等类别）	玻纤毡胎(分25号、35号、45号三种标号) 拉　　力：纵向≥300N；横向≥200N 耐 热 度：90℃，2h，涂盖层无滑动 柔　　度：-15℃，r=15mm(25号、35号)、r=25mm(45号)，3s，弯180°无裂纹 不透水性：压力≥0.15MPa(25号)、≥0.20MPa(35号、45号)，保持时间≥30min 聚酯无纺布胎(分25号、35号、45号、55号四种标号) 拉　　力：纵向≥400N 耐 热 度：92℃，2h，涂盖层无滑动 柔　　度：-15℃，r=15mm(25号、35号)、r=25mm(45号、55号)，3s，弯180°，无裂纹 不透水性：压力≥0.30MPa，保持时间≥30min
2	塑性体沥青防水卷材（亦称APP改性沥青防水卷材）（有玻纤毡胎、聚酯无纺布胎、麻布胎等类别）	玻纤毡胎(分25号、35号、45号三种标号) 拉　　力：纵向≥300N；横向≥200N 耐 热 度：110℃，2h，涂盖层无滑动 柔　　度：-5℃，r=15mm(25号、35号)、r=25mm(45号)，3s，弯180°，无裂纹 不透水性：压力≥0.15MPa(25号)、≥0.2MPa(35号、45号)，保持时间≥30min 聚酯无纺布胎(分35号、45号、55号三种标号) 拉　　力：纵横向≥400N 耐 热 度：110℃，2h，涂盖层无滑动 柔　　度：-5℃，r=15mm(35号)、r=25mm(45号、55号)，3s，弯180°，无裂纹 不透水性：压力≥0.30MPa，保持时间≥30min 断裂伸长率：纵横向≥20%

续表

项次	卷材名称	主 要 性 能
2	塑性体沥青防水卷材(亦称APP改性沥青防水卷材)(有玻纤毡胎、聚酯无纺布胎,麻布胎等类别)	麻布胎(分35号、45号、55号三种标号) 拉 力:纵横向≥400N 耐 热 度:110℃,2h,涂盖层无滑动 柔 度:-5℃,$r=15mm$(35号)、$r=25mm$(45号、55号),3s,弯180°,无裂纹 不透水性:压力≥0.15MPa(35号)、0.20MPa(45号、55号),保持时间≥30min 断裂伸长率:纵横向≤5%
3	自粘结改性沥青防水卷材	拉伸强度:≥200N(20号);≥250N(30号) 耐 热 度:85℃,2h,涂盖层不流淌、不滑动 柔 度:-20℃,绕$r=15mm$圆棒无裂纹 不透水性:压力0.1MPa(20号),0.15MPa(30号),保持时间≥30min 粘 结 力:25℃,≥10N
4	聚氯乙烯(PVC)改性煤焦油防水卷材(有纸胎PVC改性、玻纤毡胎PVC改性、麻布胎PVC改性等品种)	拉 力:≥440N(纸胎)、≥200N(玻纤毡胎)≥400N(麻布胎) 耐 热 度:90℃(纸胎、麻布胎)、85℃(玻纤毡胎),2h,涂盖层无滑动和集中性气泡 柔 度:-10℃,绕$\phi25mm$圆棒(纸胎)、绕$r=25mm$,弯180°(玻纤毡胎、麻布胎),无裂纹 不透水性:压力0.15MPa,保持时间≥30min 断裂伸长率:纵横向≥3%(玻纤毡胎)、≥5%(麻布胎)
5	改性沥青聚乙烯胎防水卷材(有OEE、MEE、PEE等类别)	拉 力:纵横向≥100N 耐 热 度:85℃(OEE、MEE)、90℃(PEE),2h,无流淌、起泡 柔 度:5℃(OEE)、-5℃(MEE)、-10℃(PEE),3mm厚$r=15mm$,4mm厚$r=25mm$,3s,弯180°,无裂纹 不透水性:压力0.3MPa,保持时间30min 断裂延伸率:纵横向≥200%

常用合成高分子防水卷材品种和主要技术性能　表10-13

项次	卷材名称	主 要 性 能
1	三元乙丙橡胶防水卷材	拉伸强度:常温≥7MPa 扯断伸长率:≥450% 直角撕裂强度:常温≥245N/cm 不透水性:压力0.10MPa,保持时间30min 脆性温度:≤-40℃ 热老化:80℃×168h,伸长率100%,无裂纹 臭氧老化:100PPhm,40℃×168h,伸长率40%,静态,无裂纹

10.1 屋面防水

续表

项次	卷材名称	主 要 性 能
2	丁基橡胶防水卷材	拉伸强度：≥3MPa 断裂伸长率：≥250% 直角撕裂强度：≥150N/cm 不透水性：压力0.25MPa，保持时间30min 低温弯折性：-50℃×1h，ϕ1.0mm钢丝，无裂纹 热老化保持率：拉伸强度20%~50% (80℃×96h) 断裂伸长率：≥50% 直角撕裂强度35%~45%
3	增强型氯化聚乙烯防水卷材（简称LYX-603防水卷材）	抗拉强度：≥9.8MPa 扯断伸长率：≥100%（胶断）；≥10%（布断） 撕裂强度：390N/cm 不透水性：压力0.3MPa，保持时间2h 脆性温度：-30℃，绕ϕ10mm圆棒不裂 耐热老化：80℃×168h，变化率≥-10% 耐臭氧性：1000PPhm，40℃×24h，无裂纹
4	氯化聚乙烯-橡胶共混防水卷材	拉伸强度：≥7.0MPa 断裂伸长率：≥400% 直角撕裂强度：≥245N/cm 不透水性：压力0.30MPa，保持时间30min 脆性温度：-40℃无裂纹 热老化保持率：拉伸强度≥80% (80±2℃,168h)断裂伸长率≥70% 耐臭氧老化：500PPhm，40℃×168h静态，伸长率40%，无裂纹
5	氯磺化聚乙烯防水卷材	拉伸强度：≥10MPa 断裂伸长率：≥100% 撕裂强度：≥350N/cm 不透水性：压力0.30MPa，保持时间600min 低温柔性：-25℃，绕ϕ10mm无裂纹
6	聚氯乙烯防水卷材（简称PVC防水卷材）	拉伸强度：≥7MPa 断裂伸长率：≥150% 不透水性：压力0.2MPa，保持24h 低温弯折性：-20℃，无裂纹 热处理尺寸变化率：≤3.0%

10 防水工程

卷材基层处理剂及胶粘剂选用表 表10-14

卷材类型	基层处理剂	卷材胶粘剂
石油沥青防水卷材	石油沥青冷底子油或橡胶改性沥青冷胶粘剂稀释液	石油沥青玛琋脂或橡胶改性沥青冷胶粘剂
改性石油沥青防水卷材	石油沥青冷底子油或橡胶改性沥青冷胶粘剂稀释液	石油沥青玛琋脂或橡胶改性沥青冷胶粘剂或卷材生产厂家指定产品
合成高分子防水卷材	卷材生产厂家随卷材配套供应产品或指定的产品	

常用合成高分子防水卷材配套胶粘剂 表10-15

项次	卷材名称	卷材与基层胶粘剂	卷材与卷材胶粘剂
1	三元乙丙橡胶防水卷材	CX-404胶粘剂	丁基胶粘剂 氯化乙丙橡胶胶粘剂
2	氯丁橡胶防水卷材	氯丁胶粘剂	丁基胶粘剂 氯化乙丙橡胶胶粘剂
3	丁基橡胶防水卷材	氯丁胶粘剂	丁基胶粘剂 氯化乙丙橡胶胶粘剂
4	LYX-603防水卷材	LYX-603-3(3号胶)	LYX-603-2(2号胶)
5	聚氯乙烯防水卷材	PL型胶粘剂	丁基胶粘剂 氯化乙丙橡胶胶粘剂
6	氯磺化聚乙烯防水卷材	配套胶粘剂	配套胶粘剂 氯化乙丙橡胶胶粘剂
7	氯化聚乙烯-橡胶共混防水卷材	CX-404或409胶粘剂	氯丁系胶粘剂

石油沥青冷底子油外观质量和物理性能 表10-16

项目	外观质量	干燥时间(h)
沥青硬块	不允许有未溶解的沥青硬块	
杂质	不应有草、木、砂、土等	
稠度	稠度适当,便于涂刷	
溶剂	应易于挥发	
软化点	溶剂挥发后的沥青,应具有一定的软化点	
慢挥发性冷底子油		终凝前的水泥基层上12~48
快挥发性冷底子油		终凝后的水泥基层上5~10

10.1 屋面防水

石油沥青玛琋脂外观质量 表10-17

项 目	外 观 质 量	项 目	外 观 质 量
未搅拌开的填料粉团	不允许有	杂 质	不得有草、木、砂、土等
填充料的含量	每批应均匀一致	涂刷性	规定温度下应易于涂刷

石油沥青玛琋脂物理性能 表10-18

指标名称\标号	S-60	S-65	S-70	S-75	S-80	S-85
耐热度	用2mm厚的沥青玛琋脂粘合两张沥青油纸,于不低于下列温度(℃)中,在1:1坡道上停放5h的沥青玛琋脂不应流淌,油纸不应滑动					
	60	65	70	75	80	85
柔韧性	涂在沥青油纸上的2mm厚沥青玛琋脂层,在(18±2)℃时,围绕下列直径(mm)的圆棒,用2s的时间以均衡速度弯成半周,沥青玛琋脂不应有裂纹					
	10	15	15	20	25	30
粘结力	用手将两张粘贴在一起的油纸慢慢地一次撕开,从油纸和沥青玛琋脂的粘贴面的任何一面的撕开部分,应不大于粘贴面积的1/2					

LQ冷玛琋脂物理性能 表10-19

项 目	性 能
耐热度(℃)1:1坡度	85
柔度(℃)ϕ20mm	-5
粘结力,揭开面积不大于	1/3

橡胶改性沥青胶粘剂主要技术性能 表10-20

项 目	Ⅰ 型	Ⅱ 型	Ⅲ 型	Ⅳ 型
含固量(%)	>50			
耐热度(℃)	85			
柔性,绕ϕ10mm圆棒(℃)	0	-10	-15	-20
粘结性(MPa)	>0.2			
耐酸性,1% H_2SO_4	无变形			
耐碱性,饱和 $Ca(OH)_2$	无变形			
不透水性(MPa×min)	0.1×30 不透水			

10.1.2.3 现场防水卷材与胶粘剂的抽样复验

防水卷材与胶粘剂现场抽样复验项目　　　　　　　表 10-21

项次	材料名称	现场抽样数量	外观质量检验	物理性能检验
1	沥青防水卷材	大于1000卷抽5卷,每500~1000卷抽4卷,100~490卷抽3卷,100卷以下抽2卷,进行规格尺寸和外观质量检验。在外观质量检验合格的卷材中,任取1卷作物理性能检验	孔洞,硌伤,露胎,涂盖不匀,折纹,裂纹,裂口,缺边,每卷卷材的接头	纵向拉力,耐热度,柔度,不透水性
2	高聚物改性沥青防水卷材	同1	孔洞,缺边,裂口,边缘不整齐,胎体露白,未浸透,撒布材料粒度,颜色,每卷卷材的接头	拉力,最大拉力时延伸率,耐热度,低温柔,不透水性
3	合成高分子防水卷材	同1	折痕,杂质,胶块,凹痕,每卷卷材的接头	断裂拉伸强度,扯断伸长率,低温弯折,不透水性
4	石油沥青	同一批至少抽一次	—	针入度,延度,软化点
5	沥青玛琋脂	每工作班至少抽一次	—	耐热度,柔韧性,粘结力
6	改性沥青胶粘剂	每2t为一批,不足2t按一批抽样	—	粘结剥离强度
7	合成高分子胶粘剂	同6	—	粘结剥离强度,粘结剥离强度浸水后的保持率

10.1.2.4 卷材防水屋面各构造层次及节点构造

1. 卷材防水屋面各构造层次见表10-22。

10.1 屋面防水

卷材防水屋面各构造层次 表 10-22

项次	构造层次	技术要求与做法
1	结构层	有条件时宜采用整体现浇钢筋混凝土结构；如采用预制屋面板时，板缝用大于 C20 微膨胀细石混凝土灌缝，当板缝大于 40mm 或上窄下宽时，缝中放置 $\phi 12 \sim \phi 14$ 构造钢筋；当板刚度较差时，板面应加做配筋细石混凝土整浇层
2	隔气层	隔气层应采用防水卷材空缝或防水涂料。当采用沥青防水涂料时，其耐热性应比室内、外最高温度高出 $20\sim25℃$
3	找坡层	平屋面结构找坡时，其坡度宜为 3%；材料找坡时，其坡度宜为 2%，并由轻质材料或保温层形成。天沟、檐沟的纵向坡度不小于 1%，沟底水落差不得超过 200mm
4	找平层	找平层直接铺抹在结构层上或保温层、找坡层上，并宜留设分格缝，且留在板端缝处，纵横间距不大于 6m，缝内嵌填密封材料。根据找平层下基层种类，确定找平层的类别、厚度和技术要求，见表 10-23 找平层要求不得有酥松、起砂、起皮、裂缝等现象，并应有足够的强度和表面平整度；与突出屋面结构（女儿墙、变形缝、烟囱等）的连接处，以及基层的转角处（如水落口、天沟、檐沟、屋脊等），均应做成圆弧，圆弧半径与基层种类有关，见表 10-24
5	隔离层	一般为低等级砂浆、纸筋灰、细砂、云母粉、滑石粉、塑料薄膜或干铺沥青卷材等，设在卷材防水层与刚性保护层之间，其目的是减少防水层与其他层次之间的粘结力和摩擦力
6	保温、隔热层	当采用封闭式保温层时，保温层的含水率应控制在相当于该材料在当地自然风干状态下的平衡含水率；当采用有机胶结材料时不得超过 5%；当采用无机胶结材料时，不得超过 20%。超过上述要求时，应采取排汽措施 隔热层较多采用大阶砖、预制混凝土板等，架空隔热，架空高度一般为 $100\sim300$mm
7	卷材防水层	1. 铺贴顺序应先高跨后低跨；先细部节点后大面；由檐向脊，由远及近 2. 铺设方向应根据屋面坡度、防水卷材种类而定，见表 10-25 3. 搭接法铺贴卷材时，上下层及相邻两幅卷材的搭接缝应错开。各种卷材搭接宽度应符合表 10-26 的要求 4. 卷材厚度选用应符合表 10-27 的规定 5. 卷材防水层施工环境气温应符合表 10-28 的规定
8	保护层	卷材防水层上必须设置保护层，以延长污水层的合理使用年限。各种保护层的做法和适用范围见表 10-29

10 防水工程

找平层厚度和技术要求　　　　　　　　表 10-23

类 别	基 层 种 类	厚度(mm)	技 术 要 求
水泥砂浆找平层	整体现浇混凝土	15~20	1:2.5~1:3(水泥:砂)体积比,宜掺抗裂纤维
	整体或板状材料保温层	20~25	
	装配式混凝土板	20~30	
细石混凝土找平层	板状材料保温层	30~35	混凝土强度等级C20
混凝土随浇随抹	整体现浇混凝土	—	原浆表面抹平、压光

找平层转角处圆弧最小半径　　　　　　表 10-24

项次	卷 材 种 类	圆弧半径(mm)
1	沥青防水卷材	100~150
2	高聚物改性沥青防水卷材	50
3	合成高分子防水卷材	20

卷材铺设方向　　　　　　　　　　　　表 10-25

屋面坡度 卷材种类	小于3%	3%~15%	大于15%或屋面有振动时
沥青防水卷材	平行于屋脊	既可平行于屋脊,又可垂直于屋脊	垂直于屋脊
高聚物改性沥青防水卷材			既可垂直于屋脊,也可平行于屋脊
合成高分子防水卷材			

注:当坡度大于25%时,卷材搭接缝处应有固定措施(如钉钉或钉压条等),以防止下滑,并将固定点密封严密。

卷材搭接宽度(mm)　　　　　　　　　表 10-26

铺贴方法 卷材种类	短边搭接		长边搭接	
	满粘法	空铺、点粘、条粘法	满粘法	空铺、点粘、条粘法
沥青防水卷材	100	150	70	100
高聚物改性沥青防水卷材	80	100	80	100
自粘聚合物改性沥青防水卷材	60	—	60	—

10.1 屋面防水

续表

卷材种类	铺贴方法	短边搭接 满粘法	短边搭接 空铺、点粘、条粘法	长边搭接 满粘法	长边搭接 空铺、点粘、条粘法
合成高分子防水卷材	胶粘剂	80	100	80	100
	胶粘带	50	60	50	60
	单缝焊	60,有效焊缝宽度不小于25			
	双缝焊	80,有效焊缝宽度10×2+空腔宽			

卷材厚度选用表　　　　表10-27

屋面防水等级	设防道数	合成高分子防水卷材	高聚物改性沥青防水卷材	沥青防水卷材和沥青复合胎柔性防水卷材	自粘聚酯胎改性沥青防水卷材	自粘橡胶沥青防水卷材
Ⅰ级	三道或三道以上设防	不应小于1.5mm	不应小于3mm	—	不应小于2mm	不应小于1.5mm
Ⅱ级	二道设防	不应小于1.2mm	不应小于3mm	—	不应小于2mm	不应小于1.5mm
Ⅲ级	一道设防	不应小于1.2mm	不应小于4mm	三毡四油	不应小于3mm	不应小于2mm
Ⅳ级	一道设防	—	—	二毡三油	—	—

屋面卷材防水层施工环境气温　　　　表10-28

项次	项目	施工环境气温
1	沥青防水卷材	不低于5℃
2	高聚物改性沥青防水卷材	冷粘法不低于5℃;热熔法不低于-10℃
3	合成高分子防水卷材	冷粘法不低于5℃;热风焊接法不低于-10℃

保护层类型、要求、特点和适用范围　　　　表10-29

名称	具体要求	特点	适用范围
涂膜保护层	在防水层上涂刷一层与卷材材性相容、粘结力强而又耐风化的浅色涂料	质轻、价廉、施工简便,但寿命短,耐久性差(3~5年),抗外力冲击能力差	常用于非上人卷材防水屋面

续表

名 称	具 体 要 求	特 点	适 用 范 围
金属膜保护层	在防水卷材上用胶粘剂铺贴一层镀铝膜,或最上一层防水卷材直接用带铝箔覆面的防水卷材	质轻,反射热辐射,抗臭氧,但寿命较短(一般5～8年)	常用于非上人卷材防水屋面和大跨度屋面
粒料保护层	在用热玛碲脂粘贴的沥青防水卷材上,铺一层粒径3～5mm、色浅、耐风化和颗粒均匀的绿豆砂;在用冷玛碲脂粘贴的沥青防水卷材上铺一层色浅、耐风化的细砂	传统做法,材料易得,但因是散状材料,施工繁琐、粘结不牢、易脱落	常用于一般工业与民用建筑的石油沥青防水卷材屋面和高聚物改性沥青防水卷材屋面
云母、蛭石保护层	用冷沥青玛碲脂粘贴的沥青防水卷材上铺一层云母或蛭石等片状材料	有一定的反射作用,但强度低,易被雨水冲刷	只能用于冷玛碲脂粘贴的沥青防水卷材非上人屋面
水泥砂浆保护层	在防水层上加铺一层厚20mm水泥砂浆(上人屋面应加厚),并应设表面分格缝,间距1～1.5m	价廉,效果较好,但可能延长工期,表面易开裂	常用于工业与民用建筑非大跨度的上人或非上人屋面
细石混凝土保护层	在防水层上先做隔离层,然后再在其上浇筑一层厚30～35mm厚的细石混凝土(宜掺微膨胀剂),分格缝间距不大于6mm	可与刚性防水层合一,与卷材构成复合防水,保护效果优良,耐外力冲击性强,但荷载大,造价高,维修不便	不能用于大跨度屋面
块材保护层	在防水层上先做隔离层,然后铺砌块材(水泥九格砖、异形地砖、缸砖等),嵌缝	效果优良,耐久性好,耐穿刺,但荷载大,造价高,施工麻烦	用于非大跨度的上人屋面
卵石保护层	在防水层上铺30～50mm厚、粒径20～30mm的卵石	工艺简单,易于维修,但荷载较大	用于有女儿墙的空铺卷材屋面

10.1 屋面防水

2. 卷材防水屋面节点构造如图 10-1~图 10-13。

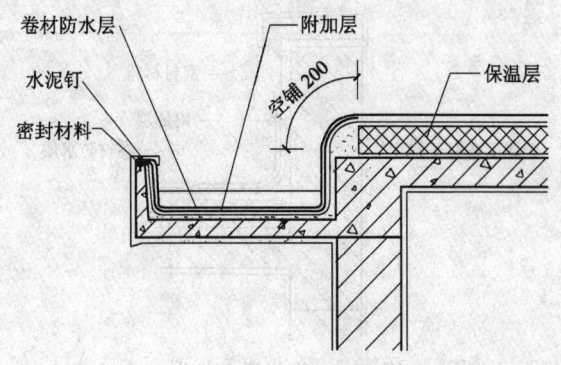

图 10-1 檐构

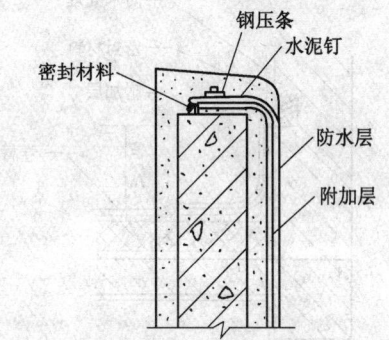

图 10-2 檐沟卷材收头

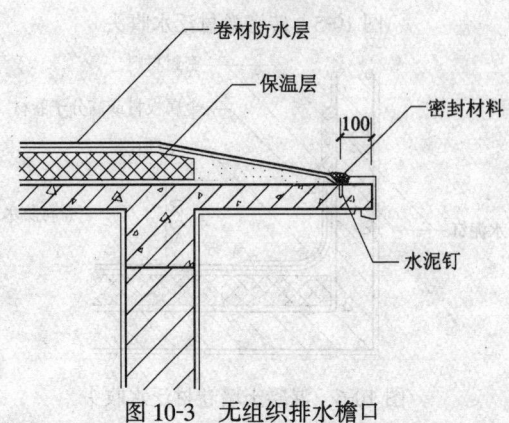

图 10-3 无组织排水檐口

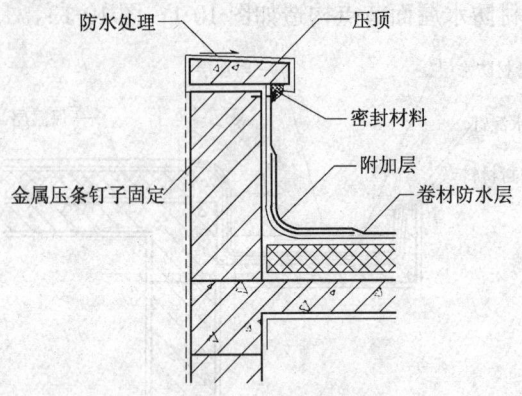

图 10-4 卷材泛水收头

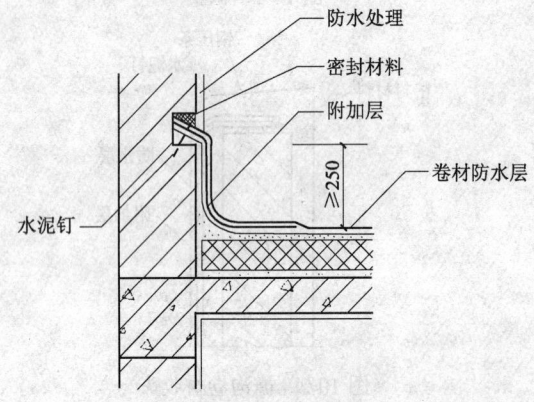

图 10-5 砖墙卷材泛水收头

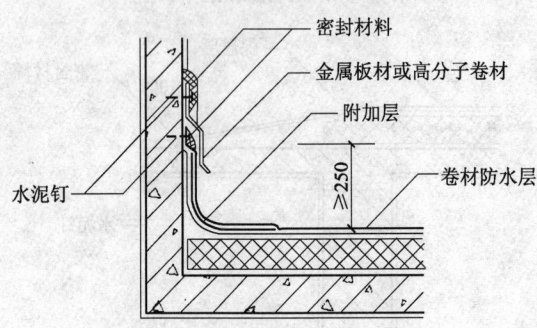

图 10-6 混凝土墙卷材泛水收头

10.1 屋面防水

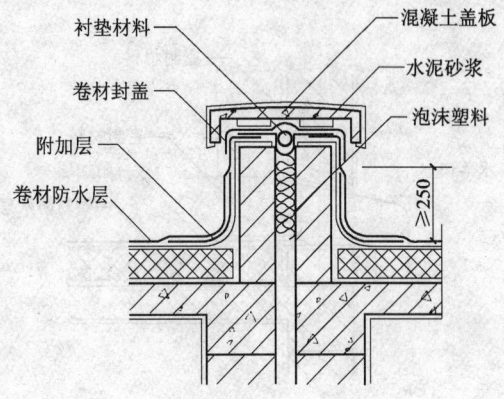

图 10-7　等高变形缝

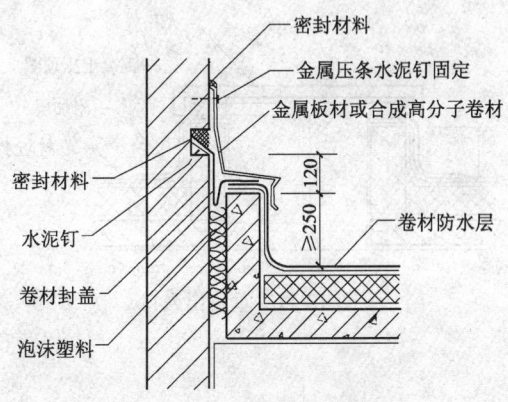

图 10-8　高低跨变形缝

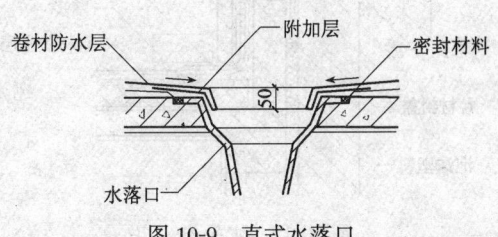

图 10-9　直式水落口

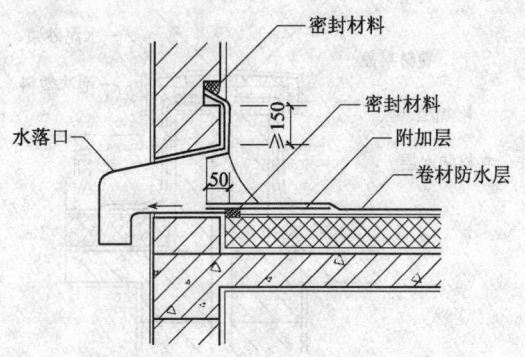

图 10-10　横式水落口

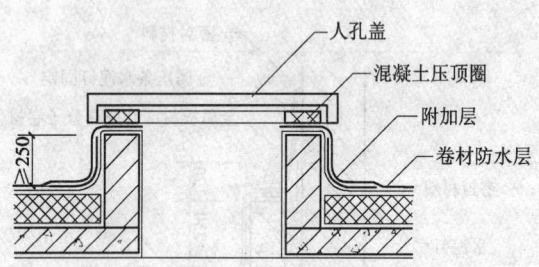

图 10-11　垂直出入口

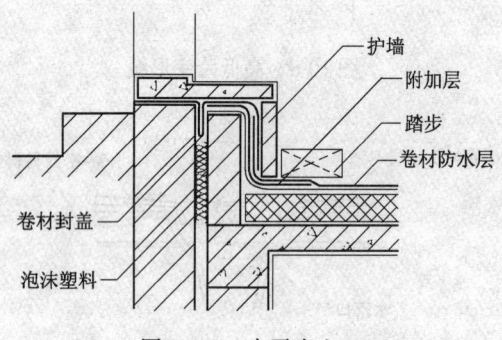

图 10-12　水平出入口

10.1 屋面防水

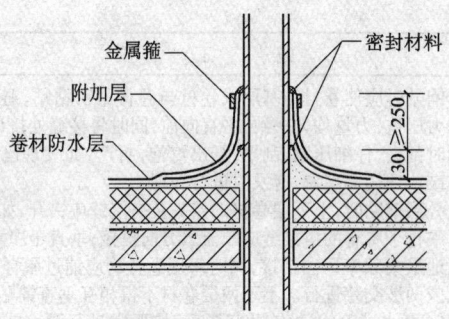

图 10-13 伸出屋面管道

10.1.2.5 沥青防水卷材铺贴施工

沥青防水卷材铺贴施工　　　　　　　表 10-30

项次	项目	施 工 要 点
1	施工准备	1. 施工前应准备好卷材、沥青、玛琋脂填料、绿豆砂等材料；对进场卷材按规定抽样复验合格；沥青及沥青玛琋脂的标号、配合比由相应资格的试验部门出具级配单 2. 施工机具应清洗干净，运转良好；玛琋脂、冷底子油熬制现场配有干粉灭火器、砂包等消防器材 3. 冷底子油和沥青玛琋脂的配合比和制备方法见表 10-31～表10-37 4. 基层砂浆找平层已基本干燥，含水率控制在 6%～9% 以下，粘贴试验合格，并应有 5MPa 以上强度 5. 根据基层干燥程度、屋面环境条件和设计要求，选用合适的卷材粘贴工艺，见表 10-38
2	热沥青玛琋脂铺贴卷材	1. 清理基层：将基层上的尘土、杂物清扫干净，节点处可用次风机辅助清理 2. 檐口防污：在檐口前沿刷一层较稠的滑石粉浆或粘贴防污塑料纸，待卷材铺贴完毕再去除，以防止热沥青玛琋脂施工时污染檐口 3. 刷冷底子油：在铺贴卷材前 1～2d 进行，涂刷时用长柄刷蘸油均匀涂刷一遍，待干燥后再涂刷第二遍。涂刷应均匀，愈薄愈好，但不得留有空白，冷底子油也可用机械喷涂 4. 节点附加增强处理：按设计要求，根据节点情况裁剪好卷材，铺贴增强层，见图 10-1～图 10-13。对装配式屋面，在板端缝还应做防裂措施，如图 10-14 5. 卷材铺贴：卷材铺贴方法有浇油法、刷油法、刮油法和撒油法等，其操作要点及适用范围见表 10-39，铺设时，沥青玛琋脂的使用温度见表 10-37

续表

项次	项目	施 工 要 点
2	热沥青玛琋脂铺贴卷材	铺贴时应使卷材与基层或卷材与卷材紧密粘贴，避免斜铺扭曲，并用力压毡，力量均匀一致，平直向前，同时将接缝处挤出的多余玛琋脂随时刮去，仔细压紧、刮平，赶出汽泡，封严，如发现已铺卷材有气泡、空鼓或翘边等现象，应及时进行处理 叠层铺贴时，上下层卷材的接头及搭接缝应错开，如图10-15所示 平行于屋脊的搭接缝应顺流水方向搭接；垂直于屋脊的搭接缝应顺当地最大频率风向搭接，同时每层卷材均应铺过屋脊不小于200mm，且应两坡交替进行。上下两层卷材不得相互垂直铺贴 6. 蓄水试验：卷材铺贴完毕后，按要求进行蓄水或淋水试验，蓄水时间不少于24h，雨后或淋水时间不少于2h，以屋面无渗漏和积水，排水系统通畅为合格 7. 保护层施工：一般选用绿豆砂，方法是先在卷材面上浇刷2～3mm厚热玛琋脂，趁热将洁净、预热（100℃）的砾砂撒布均匀，用小铁滚筒滚压一遍，使其表面平整，一半粒径嵌入玛琋脂中，多余的扫去
3	冷沥青玛琋脂铺贴卷材	1. 卷材宜采用石油沥青玻璃布胎防水卷材和石油沥青玻璃纤维胎防水卷材，如采用石油沥青纸胎防水卷材时，宜选用双面撒料的卷材，并事先裁剪成不长于10m，反卷后平放1～2d，避免铺设时起鼓 2. 铺贴宜用刮油法。将冷玛琋脂倒在基层上，用刮板按弹线部位摊刮，厚度约0.5～1.0mm，宽度与卷材宽度相同，涂料要均匀，然后将卷材端部与冷玛琋脂粘牢，随即双手用力向前滚铺，铺后用压辊或压板压实，将气泡赶出。夏季施工，基层上涂刮冷玛琋脂后，过10～30min，待落剂挥发一部分而稍有黏性再铺卷材，但不应迟于45min，每铺一层卷材，隔5～8h，再按压或滚压一遍，然后同法铺第二、第三层卷材 3. 在平面与立面交接处，应分别在卷材上与基层上同时薄刮玛琋脂，隔10～20min再粘贴卷材，并用刮板自上下两面往圆角中部挤压，使之伏贴，并将上部钉牢于预埋的木条上 4. 保护层一般采用云母粉。先在防水层上刮涂一层冷玛琋脂，厚约1.0～1.5mm，边刮冷玛琋脂边撒云母粉，待冷玛琋脂表面已干，能上人时将多余的云母粉扫去 5. 其余操作要点与热沥青玛琋脂铺贴基本相同

石油沥青冷底子油配合比（重量比%）　　表10-31

用 途	沥　青		溶　剂		
	10号或30号石油沥青	60号道路石油沥青	轻柴油或煤油	汽油	苯
涂刷在终凝前的水泥砂浆基层上	40		60		
		55		45	

10.1 屋面防水

续表

用 途	沥青		溶剂		
	10号或30号石油沥青	60号道路石油沥青	轻柴油或煤油	汽油	苯
涂刷在已硬化干燥的水泥砂浆基层上	50	50			
		30		70	
		60			40

石油沥青冷底子油的配制方法　　　　表 10-32

种类	配 制 方 法	优 缺 点
热配法	先将沥青加热熔化至180℃左右,脱水,然后盛入桶内冷却到一定温度(若加入快挥发性溶剂如汽油苯等,则沥青温度不超过110℃;若加入慢挥发性溶剂如轻柴油、煤油等,则沥青温度不超过140℃)时,分批缓慢加入溶剂,搅拌均匀即成。或将沥青溶液成细流状慢慢注入一定量的溶剂中,不停地搅拌至沥青全部溶化均匀为止	配制时间较短,含杂质、水分少,质量较好,大量配制时使用。应严加控制温度,注意防火
冷配法	将沥青打碎成5～10mm小块后,按重量比慢慢加入溶剂中,不停地搅拌至沥青全部溶化均匀为止	冷操作,较安全。但配制时间长,沥青中的杂质和水分难以除净,质量较差,仅在配制量较少时使用

石油沥青玛琋脂标号选用表　　　　表 10-33

屋 面 坡 度	历年室外极端最高气温	沥青玛琋脂标号
1%～3%	<38℃ 38～41℃ 41～45℃	S-60 S-65 S-70
3%～15%	<38℃ 38～41℃ 41～45℃	S-65 S-70 S-75
15%～25%	<38℃ 38～41℃ 41～45℃	S-75 S-80 S-85

注:1. 卷材层上有块体保护层或整体刚性保护层时,石油沥青玛琋脂的标号可降低5号。

2. 屋面受其他热源影响(如高温车间等)或屋面坡度超过25%时,应将石油沥青玛琋脂的标号适当提高。

3. 表中 S-60 指石油沥青玛琋脂的耐热度为60℃,余类推。

10 防水工程

石油沥青热玛琋脂施工配合比　　表 10-34

耐热度(℃)	成分(%)	石油沥青				填充料			韧性
		10号	30号或30号与10号混合	55号	60号	六级石棉	七级石棉或混合石棉	滑石粉	
65					85	15			合格
					70		30		合格
					70			30	合格
75			80		65	35			合格
			80				20		合格
				75				25	合格
85			82		65	18			合格
		15					20		合格
		20			55			25	合格

冷沥青玛琋脂施工配合比　　表 10-35

项次	按　重　量　组　成						
	10号建筑沥青	蒽油	轻柴油	熟石灰粉	6~7级石棉	清油	
1	50	24	—	15	10	1	
2	50	—	25~27	14~15	7~10	1	
3	55	24	—	20	—	1	
4	50	24	—	25	—	1	
性能	耐热性:70℃和100%的坡度下,5h不流淌 凝结时间:不超过24h 易刷性:600g的冷沥青玛琋脂在1min内能均匀地分布在1m^{2}的面积上 挥发物质含量:70℃,加热1h,沥青玛琋脂的重量损失不超过1%						

沥青玛琋脂的配制方法　　表 10-36

种类	配　制　方　法	注　意　事　项
热沥青玛琋脂	将沥青破碎成80~100mm小块,称量后放入沥青锅中加热至160~180℃,熔化脱水,并除去杂质,再缓慢加入经预热(120~140℃)干燥的填充料,同时不停地搅拌均匀,至达到规定温度(表10-37),表面无气泡疙瘩时即可	材料应按配合比称量准确,沥青玛琋脂加热时间不宜过长,以3~4h为宜,并应在8h用完。熬好的沥青玛琋脂应逐锅检查软化点和韧性,以保证要求的耐热度
冷沥青玛琋脂	在溶剂中预先混入定量的清油,然后缓慢注入已熔化脱水并冷却至120~140℃的石油沥青中,充分搅拌使其混合均匀,待温度降至70~80℃,再加入已预热干燥的熟石灰粉和石棉,不停搅拌至混合均匀	冷沥青玛琋脂夏季使用一般不需加热,低温下使用需加热至60~70℃。使用前需充分拌合

10.1 屋面防水

石油沥青玛琋脂的加热温度和使用温度 表 10-37

类别	加热温度(℃)	使用温度(℃)
普通石油沥青或掺配建筑石油沥青的普通石油沥青玛琋脂	不应高于 280	不宜低于 240
建筑石油沥青玛琋脂	不应高于 240	不宜低于 190

卷材防水层粘贴工艺及适用条件 表 10-38

工艺类别	做法	优缺点	适用条件
满粘法	又称全粘法,卷材铺贴时,基层上满涂粘结剂,使卷材与基层全部粘结。热熔法、冷粘法均可采用此法	当用于三毡四油沥青卷材施工时,每层均有一定厚度的玛琋脂满粘,可提高防水性能。但若找平层温度较大或屋面变形较大时,防水层易起鼓、开裂	适用于屋面面积较小、找平层干燥、屋面坡度较大或常有大风吹袭的屋面
空铺法	卷材与基层仅在四周一定宽度内粘结,其余部分不粘结。但在檐口、屋脊和屋面转角处及凸出屋面的连接处,卷材与找平层应满粘,其粘结宽度不小于800mm,卷材与卷材搭接缝应满粘,叠层铺贴时,卷材与卷材之间应满粘	能减小基层变形对防水层的影响,有利于解决防水层起鼓、开裂 但由于防水层与基层不粘结,一旦渗漏,水会在防水层下窜流而不易找到漏点	适于基层有较大变形、振动等屋面或湿度大,找平层水汽难以由排气道排入大气的屋面或用于压埋法施工的屋面 沿海大风地区不宜采用
条粘法	卷材与基层采用条状粘结,每幅卷材与基层粘结面不少于两条,每条宽度不小于150mm。卷材与卷材搭接缝应满粘,叠层铺贴也满粘	由于卷材与基层有一部分不粘结,故增大于防水层适应基层的变形能力,有利于防止卷材起鼓、开裂 操作比较复杂,部分地方减少一油,影响防水功能	适用于排气屋面或基层有较大变形的屋面
点粘法	卷材与基层采用点状粘结,要求粘结5点/m²,每点面积为 100mm × 100mm,卷材之间仍满粘	增大了防水层适应基层变形的能力 操作比较复杂	适用于排汽屋面或基层有较大变形的屋面

沥青卷材铺油方法和适用范围　　　　表 10-39

名　称	操 作 方 法 要 点	适 用 范 围
浇油法 (赶油法)	一般 3 人一组,浇油、铺毡、滚压收边各 1 人 　将沥青玛琋脂用油壶左右来回浇在卷材前的基层上,要求浇油均匀,不可浇得太多太长,铺毡者两手按住卷材,均匀地用力向前推滚来铺平压实卷材,将多余的热沥青玛琋脂挤压出来,浇油宽度比卷材每边约小 10～20mm,玛琋脂厚度控制在 1.0～1.5mm,最厚不得超过 2mm,如发现卷材有起鼓或粘结不牢之处,应即刺破开口,用玛琋脂贴紧压实 　紧跟铺毡者之后,1 人用重约 80～100kg 的表面包有 20～30mm 胶皮滚筒进行滚压,滚筒离铺毡保持 1m 左右距离,随铺随碾,不得来回拉动。挤出的玛琋脂用胶皮刮拔刮去,亦可用"卷芯铺贴",即在卷材中间卷进一个重约 5kg 的辊状卷芯进行滚平压实	该法优点是生产效率高、气泡少、粘贴密实;缺点是容易使玛琋脂铺得过厚 　适用于干燥基层上,一般屋面卷材防水层的铺贴
刷油法	一般 4 人一组,刷油、铺毡、滚压、收边各 1 人 　用长柄棕刷或毛刷将沥青玛琋脂在基层上均匀刷开,刷油长度以 300～500mm 为宜,出卷材宽度不应大于 50mm,然后迅速铺贴卷材,其铺毡、滚压、收边与浇油法相同	该法优点是油层薄而饱满,均匀一致,卷材平整压实,节约沥青玛琋脂;缺点是刷油铺毡需有熟练的技术,保持玛琋脂使用温度(190℃左右)有一定困难 　适用于干燥基层上,坡屋面或墙、檐口等或冷沥青玛琋脂施工
刮油法	一般 3 人一组,浇油、刮油 1 人,铺毡、滚压收边各 1 人 　1 人在前先用油壶浇油,随即用长柄胶皮刮板进行刮油,第 2 人紧跟着铺贴卷材,第 3 人进行滚压收边	该法是前两种方法的综合和改进,其质量好,工效高 　适于干燥基层上屋面细部卷材铺设或立面铺贴
撒油法	在卷材周围边部满涂沥青玛琋脂,中间用蛇形花撒的方法撒油(即不满涂油)铺设第一层卷材,其余各层仍需满涂,操作方法与浇油法相同	用于潮湿基层上屋面防水卷材的铺设

10.1 屋面防水

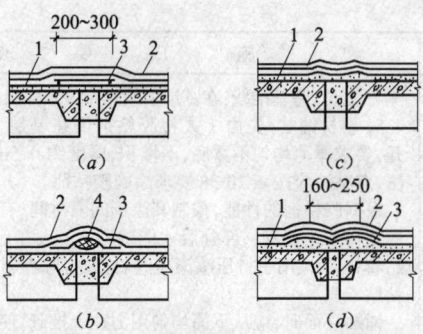

图 10-14 垂直屋脊板缝防裂措施
(a)加铺卷材条;(b)铺塑料条或橡胶带作缓冲层;(c)、(d)设波形脊条
1—砂浆找平层;2—卷材防水层;3—干铺卷材条点贴;4—塑料条或橡胶带

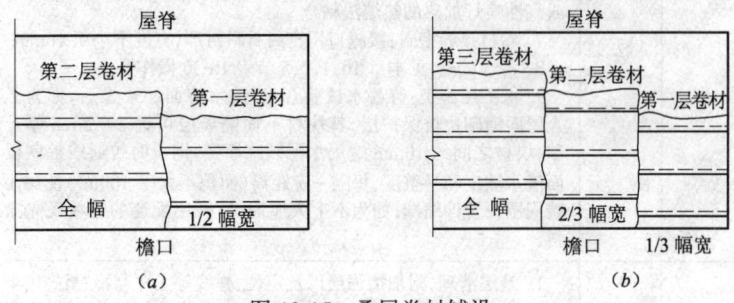

图 10-15 叠层卷材铺设
(a)一毡三油铺设;(b)三毡四油铺设

10.1.2.6 高聚物改性沥青防水卷材铺贴施工

高聚物改性沥青防水卷材铺贴施工 表 10-40

项次	项目	施 工 要 点
1	冷粘法	1. 清理基层:将基层上的灰尘、杂物清扫干净;基层经粘贴试验合格 2. 喷涂基层处理剂:常选用氯与沥青胶乳、橡胶改性沥青溶液和沥青冷底子油等。先涂刷节点部位然后大面,要求涂刷均匀,不得过厚过薄。一般涂刷 4h 后方可进行下道工序 3. 节点附加增强处理:在节点构造部位及周边扩大 200mm 范围内,均匀涂刷一层厚度不小于 1mm 的改性沥青胶粘剂,并铺一层聚酯无纺布,然后在其上再涂刷一层厚度不小于 1mm 的改性沥青胶粘剂,组成一布二涂防水涂膜增强层

833

续表

项次	项目	施 工 要 点
1	冷粘法	4. 定位、弹基准线：在基层上按排布位置弹出每幅卷材的位置线 5. 卷材铺贴：先由1人将胶粘剂倒在基层上，用胶皮刮板刮开，要求厚薄均匀不露底，不堆积，厚度约0.5mm。空铺法、条粘法、点粘法应按表10-38要求涂刷胶粘剂 根据胶粘剂的性能，控制其涂刷间隔时间(有的可立即铺贴，有的须待溶剂挥发一部分后才能铺贴)，1人在后均匀用力推赶铺贴卷材，1人用手持压滚滚压卷材面，排除卷材下面的空气，使之粘贴牢固 铺贴立面时，应从下面均匀用力往上推赶，使之粘贴牢固，当气温较低时，宜考虑用热熔法铺贴 6. 卷材搭接缝粘贴：卷材搭接缝处满涂胶粘剂，在合适的时间间隔后，使接缝处的卷材粘合，并用压滚滚压，溢出的胶粘剂随即刮平封口。卷材与卷材搭接缝也可采用热风焊机或火焰加热器或汽油喷灯加热的热熔法粘合 7. 卷材接缝密封：接缝口用密封材料封严，宽度不小于10mm 8. 蓄水试验：见本章10.1.2.5节表10-30操作要点 9. 保护层施工：待蓄水试验合格，放水待面层干燥后，如为上人屋面铺砌块材保护层，其块材下面隔离层可铺1～2mm厚干砂，块材之间约10mm缝用水泥砂浆灌实，铺设时拉通线控制板面流水坡度和平整度，每隔一定距离(面积不大于100m²)及女儿墙周围设置伸缩缝；如为不上人屋面，可采用配套的银粉反光涂料
2	热熔法	1. 基层清理、附加增强层以及定位、弹线等工序与冷粘法相同 2. 卷材热熔铺贴：热熔铺贴操作方法分为滚铺法和展铺法两种 (1)滚铺法 先把卷材按弹线展铺在预定的位置上，将卷材末端用火焰加热器加热熔融涂盖层和基层并粘贴牢固。然后把卷材其余部分重新卷起，1人用火焰加热器对准卷成卷的卷材与基层的结合面(图10-16)，同时加热卷材与基层，喷枪头距卷材面保持50～100mm距离，与基层成30°～45°角，当烘烤到沥青熔化，卷材底出现黑色光泽、发亮并有微泡现象时(此时沥青温度约200～230℃之间)，此时推滚卷材的工人跟着向前推滚，另1人紧跟其后，用棉纱团从中间向两边按压卷材，赶出气泡，并用抹布将溢出的热熔胶刮压抹平。再1人距1～2m处用压辊压实卷材。如此边烘烤边推压，当端头只剩下300mm左右时，将卷材翻放于隔热板上加热，如图10-17所示，同时加热基层表面，然后粘贴卷材并压实 (2)展铺法　主要适用于空铺法和条粘法 先把卷材平铺于基层表面，对准长边搭接缝的弹线位置，按滚

10.1 屋面防水

续表

项次	项目	施 工 要 点
2	热熔法	铺法相同方法熔贴好开始端部卷材。然后,在距开始端约1.5m的地方,由手持喷枪的工人掀开卷材边缘,加热卷材底边宽约200mm左右的底面胶和基层,边加热边沿长向后退;另1人拿棉纱团从卷材中间向两边赶出气泡,并将卷材抹平,最后1人,紧跟其后用手压辊压实两侧边卷材,并用抹刀将挤出的熔胶刮压平整。当两侧边卷材热熔贴只剩下末端1000mm长时,与滚铺法一样,熔贴好末端卷材 3.卷材搭接缝粘贴:搭接缝粘贴前,先熔贴下层卷材上表面搭接宽度内的防粘隔离层。操作时,操作者一手持烫板,一手持喷枪,使喷枪靠近烫板并距卷材50~100mm,边熔烧,边沿搭接缝后退(图10-18)。为防止火焰烧伤卷材其他部位,烫板与喷枪应同步移动 处理完毕隔离层,即可进行接缝粘结,其操作方法与卷材和基层的粘结相同 4.卷材接缝密封、蓄水试验、保护层等施工与冷粘法要求相同
3	自粘法	1.基层清理、涂刷基层处理剂、节点附加增强层以及定位、弹线等工序与冷粘法相同 2.铺贴卷材:按弹线位置,缓慢剥开卷材背面的粘结隔离纸,将卷材直接粘贴于基层上,随撕隔离纸,随将卷材向前滚铺。每铺完一段卷材,应立即用长柄刷从开始端起彻底排涂卷材下面的空气,然后再用胶皮压辊压实粘牢 当在立面或坡度较大的屋面上铺贴时,宜用手持汽油喷灯将卷材底面的胶粘剂适当加热后再进行铺贴和滚压,以防止流坠下滑 3.卷材搭接缝粘结:首先将搭接部位的防粘隔离层用手持汽油喷灯沿粉线熔烧掉,然后掀开卷材用扁头热风枪加热搭接卷材下面的胶粘剂,并逐渐前移,另1人紧随其后用棉纱团予以排气并抹压平整,再1人用手持压辊滚压搭接部位,使其接缝密实。当卷材的搭接边不带自粘胶时,则将卷材的搭接部位翻开,用油漆刷将相容的胶粘剂均匀地涂刷在卷材接缝的两个粘结面上进行粘结 4.接缝密封、蓄水试验、保护层等施工与冷粘法相同

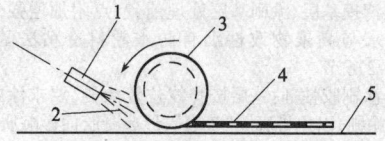

图 10-16 熔焊火焰与成卷卷材和基层表面的相对位置
1—喷嘴;2—火焰;3—成卷的卷材;4—已铺卷材;5—基层

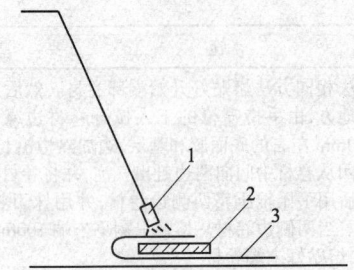

图 10-17　用隔热板加热卷材端头
1—喷枪；2—隔热板；3—卷材

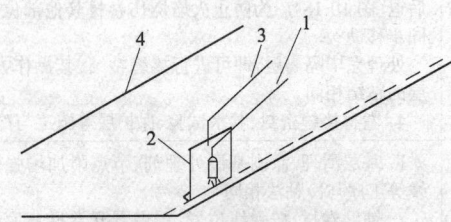

图 10-18　熔浇搭接缝隔离层
1—喷枪；2—烫板；3—烫板手柄；4—已铺下层卷材

10.1.2.7　合成高分子防水卷材铺贴施工

合成高分子防水卷材铺贴施工　　　　表 10-41

项次	项目	施　工　要　点
1	冷粘法	1. 基层处理剂及胶粘剂的调配：基层处理剂与胶粘剂一般均由卷材生产厂家配套供应，或指定产品。对于单组分基层处理剂和胶粘剂，只需开桶搅拌均匀即可使用；双组分则必须严格按厂家提供的配合比和配制方法进行计量、掺合，搅拌均匀后才能使用。同时有些卷材与基层、卷材与卷材所使用的胶粘剂各不相同，使用时不得混用，以免影响粘结效果 2. 清理基层、涂刷基层处理剂、节点附加增强处理以及定位、弹线等要求与高聚物改性沥青防水卷材冷粘法基本相同，参见本章 10.1.2.6 节 3. 涂刷胶粘剂：基层按弹线位置涂刷，要求涂刷均匀，切忌在一处反复涂刷，以免将底胶"咬起"，形成凝胶而影响质量。条粘法、点粘法按规定位置和面积涂刷胶粘剂；同时将卷材平铺于施工面旁的基层上，用湿布揩去浮灰，划出长边和短边各不涂刷胶粘剂的部位，然后均涂刷胶粘剂，涂刷按一个方向进行厚薄均匀，不露底，不堆积

10.1 屋面防水

续表

项次	项目	施 工 要 求
1	冷粘法	4. 铺贴卷材:胶粘剂大多需待溶剂挥发一部分后才能铺贴,因此须控制好胶粘剂涂刷与卷材铺贴的间隔时间,一般要求涂刷的胶粘剂达到表干程度,通常为10～30min,施工时以指触不粘手即可。操作工人将刷好胶粘剂并达到要求间隔时间的卷材抬起,使刷涂面朝下,将始端粘贴在定位线部位,然后沿基准线向前粘贴,并随即用胶辊有力向前、向两侧滚压,排除空气,使两者粘贴牢固,注意粘贴过程中卷材不得拉伸 5. 搭接缝粘结:卷材接缝宽度范围内(满粘法不小于80mm,其他不小于100mm)用油漆刷蘸满接缝专用胶粘剂涂刷在卷材接缝部位的两个粘结面上,待间隔一定时间(一般20～30min左右),以指触不粘时即进行粘贴。粘贴从一端顺卷材长边方向至短边方向进行,用手持压辊滚压,使卷材粘牢 6. 卷材接缝密封、蓄水试验、保护层施工等工序与10.2.1.6节高聚物改性沥青防水卷材冷粘贴施工要求相同,可参考施工
2	热风焊接法	1. 清理基层,节点附加增强处理以及定位弹线等工序与冷粘贴施工要求相同 2. 铺放卷材:操作方法有如下两种 (1)空铺加点式固定法 将卷材垂直于屋脊由上至下铺放平整,搭接部位尺寸要正确,并应排除卷材下面的空气,不得有皱折现象,在大面积上每 $1m^2$ 有 5 个点用胶粘剂与基层粘结固定(每点胶粘剂面积约 $400cm^2$),以及檐口、屋脊和屋面转角处及突出屋面的连接处宽度不小于 800mm 范围内,均应用胶粘剂将卷材与基层满粘结固定 如不采用胶粘剂点粘固定,则应采用机械点固定法。机械点固定需沿卷材之间的搭接进行,每隔 600～900mm 用冲击钻将卷材与基层钻眼,埋入 $\phi60mm$ 的塑料膨胀塞,加垫片用自攻螺钉固定,然后固定点上用 $\phi100～150mm$ 卷材覆盖焊接,将该点密封。也可将该点放在下层卷材的焊缝边,再在上层与下层卷材焊接时将固定点包焊在内 (2)空铺加覆盖法 首先根据屋面尺寸,计算并裁剪好卷材,然后边铺卷材,边在铺好的卷材上覆盖砂浆,但要留出搭接缝的位置。覆盖层用 1:2.5、20mm 厚的半硬性水泥砂浆一次压光,然后用 250mm 见方的分块器压槽,在槽内填мест砂,并对覆盖层进行覆盖养护 3. 搭接缝焊接:整个屋面卷材大面铺贴完毕后,将卷材焊缝处擦洗干净,用热风机将上、下两层卷材热粘,用砂轮打气,然后用温控热焊机进行焊接。注意在焊接过程中,不能粘污焊条 4. 收头处理、密封:用水泥钉或膨胀螺栓固定铝合金压条压牢卷材收头,并用厚度不小于 5mm 的油膏层将其封严,然后用砂浆覆盖,如坡度较大时应加设钢丝网。如有留槽部位,则可将卷材弯入槽内,加点固定,再用密封膏封闭,砂浆覆盖 5. 蓄水试验:同其他施工方法

10.1.2.8 排汽屋面构造及做法

排汽屋面构造及做法　　　　表 10-42

种类	构 造 做 法	适 用 范 围
保温层排汽屋面	在保温层内与山墙平行每隔 1.5~2.0m 预留 60~80mm 宽排汽槽，内填干泡沫混凝土碎块或炉渣、蛭石、膨胀珍珠岩等，其上单边点贴 200~300mm 宽油毡条，如图 10-19(a)所示。在檐口处设排汽孔与大气连通（图 10-19c）。当屋面跨度在 6m 以上时，除檐口外，另在屋脊或中部设排汽干道和排汽孔、排汽帽或排汽窗（图 10-20），间距 6m。排汽孔以每 36m² 设置一个为宜，排汽道必须纵横贯通，不得堵塞。另一种做法是仅将保温层排汽槽宽度改为 30~40mm，间距增密至 1.0~1.5m，槽内不填保温材料（图 10-19b）。其上仍按一般方法满铺油法铺贴卷材	当保温层含水率较大，干燥有困难，而又急需铺设屋面卷材时采用，以防止卷材出现鼓泡
找平层排汽屋面	在砂浆找平层内每隔 1.5~2.0m，留 30mm 宽的排汽槽与檐口排汽孔连通，跨度较大时，在屋脊部位增设排汽干道和排汽帽，无找平层的大型屋面板（仅局部找平），则在板缝处做排汽槽和排汽孔（图 10-21），上面各层卷材铺贴采用满铺油法	当砂浆找平层含水率较大，或虽无砂浆找平层屋面，但在阴雨季节施工板面干燥有困难，而急需铺设卷材时采用
卷材排汽屋面	卷材采取垂直屋脊铺贴。底层卷材采用空铺、花铺或半铺的撒油法铺贴第一层卷材(10-22)。空铺系在卷材一边宽 200~300mm 及檐口、屋面转角、屋脊、突出屋面的连接处 300~500mm 范围内满浇（刷）沥青胶与基层粘牢，利用卷材与基层之间的空隙作排汽支道，在屋脊部位，沿屋脊在找平层内预留通长凹槽，其上干铺（一面点贴）一层 300mm 宽油毡条，或不做凹槽，仅加一油毡条带，作为防水层内的排汽干道，其上每隔 6m 安排汽帽或排汽窗。当油毡平行屋脊铺设时，则先在板端缝干铺一层 300mm 宽油毡条，然后再用撒油法铺贴底层卷材，以沟通卷材排汽支道与屋脊干道的渠道，其上第二、第三层卷材均按一般满铺油方法铺贴，卷材排汽屋面基层仍宜刷冷底子油一遍，为加快铺贴，亦可在水泥砂浆找平层凝固初期喷一遍冷底子油，干燥后立即铺贴卷材	用于潮湿基层上或变形较大的屋面卷材，以防卷材鼓泡和开裂

10.1 屋面防水

续表

种类	构造做法	适用范围
带孔油毡排汽屋面	系在屋面基层上刷冷底子油后,干铺一层带孔卷材,再在其上满油实铺卷材一层,做一油一砂保护层即成。在满铺上层卷材时,沥青胶通过穿孔形成一个个沥青铆钉,与基层均匀平整地粘牢(粘结面积可达到 12%~15%,抗风吸力为 450~490kPa),未粘结部分形成彼此连通的排汽道,并与板缝或找平层上预设的排汽槽、排汽孔(帽)相连,与大气连通(图 10-23)。而在屋面边沿尽端以及与天窗、天沟、女儿墙交接处,带孔卷材仍实铺 200~300mm 宽(此部分不穿孔)。带孔卷材的孔径为 20~30mm,纵横向孔中心距为 100mm(每平立米布置 81~100 个孔),可切成小块使用	本法除防止油毡起鼓外,还增加油毡适应屋面变形能力。适于潮湿基层和振动及温度变形较大的屋面上铺贴卷材
架空找平层和双层屋面排汽屋面	在屋面构造上设置架空的砖或预制板或双层屋面,以形成空气间层,并在女儿墙、檐口等处设排汽孔或在中部设排汽窗与外界大气连通(图 10-24a、b)	适于屋面上设有架空隔热层的屋面上铺贴卷材
呼吸层排汽屋面	在保温层底部设置一层用铝、铂等金属材料制成的呼吸层(即压力平衡层)与外界大气连通,使保温层中水分能较快得到扩散,如图 10-24(c)	用于保温层含水率较大、干燥困难的基层上铺贴卷材

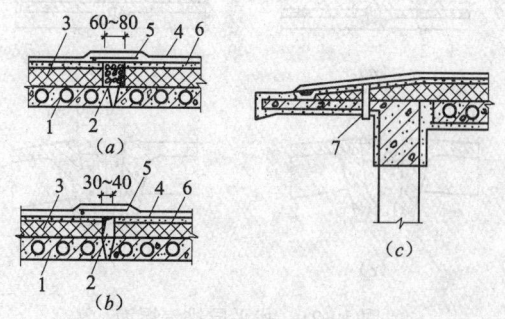

图 10-19 保温层排汽屋面
(a)、(b)保温层排汽屋面;(c)檐口排汽孔
1—屋面板;2—排汽槽;3—保温层;4—屋面卷材层;
5—单边点贴卷材条 300mm 宽;6—砂浆找平层;7—排汽孔与大气连通

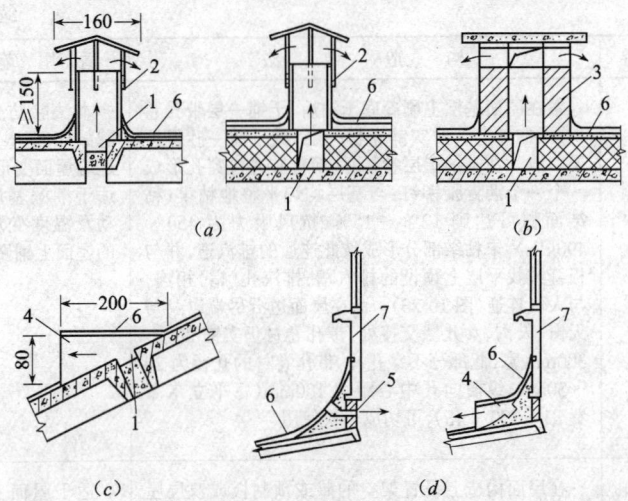

图 10-20 排汽帽、排汽窗做法
(a)排汽帽;(b)砖砌排汽窗;(c)铁皮制排汽窗;(d)天窗下壁排汽窗做法
1—排汽槽;2—φ80mm 铁皮排汽帽;3—半砖排汽窗;
4—铁皮制半圆排汽窗上铺卷材;5—出汽口;
6—屋面卷材防水层;7—天窗下壁预制板

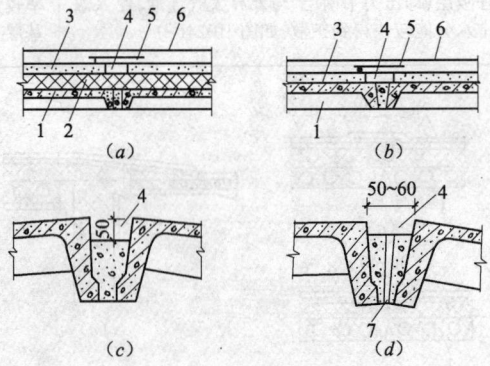

图 10-21 找平层排汽屋面
(a)有保温层的砂浆找平层排汽屋面;(b)无保温层的砂浆找平层排汽屋面;
(c)屋脊排汽槽;(d)屋脊排汽孔(洞口向内)
1—屋面板;2—保温层;3—砂浆找平层;4—排汽槽;
5—卷材附加层;6—卷材防水层;7—排汽孔

10.1 屋面防水

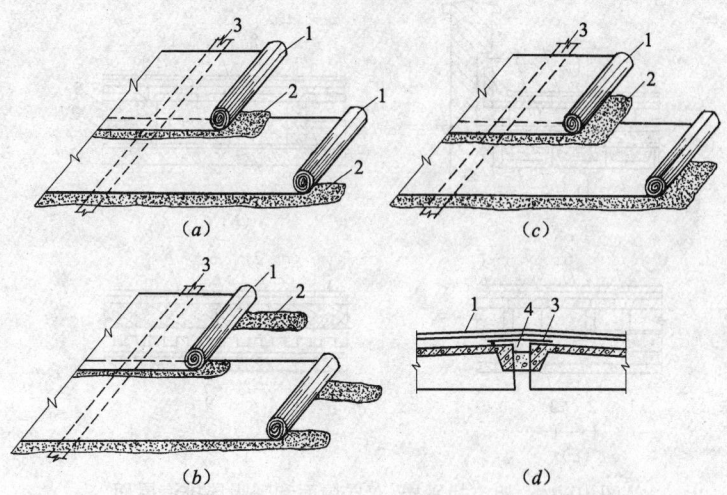

图 10-22 卷材排汽屋面
(a)空铺法;(b)条粘法;(c)半粘法;(d)排汽槽构造
1—卷材;2—沥青玛琋脂;3—附加 200mm 宽卷材条;4—排汽槽

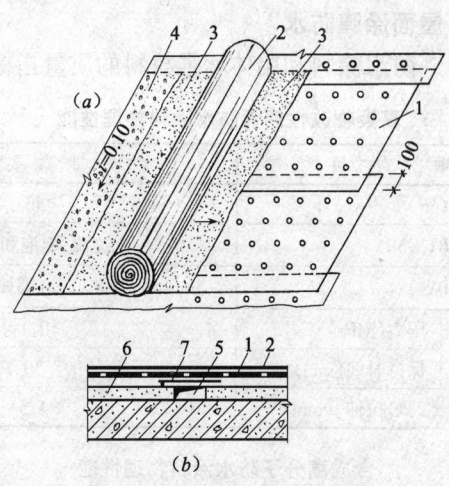

图 10-23 带孔卷材排汽屋面
(a)带孔卷材排汽屋面;(b)排汽槽
1—底层平铺带孔卷材;2—屋面卷材防水层;3—沥青玛琋脂;
4—绿石砂保护层;5—卷材排汽槽;6—砂浆找平层;7—附加卷材条

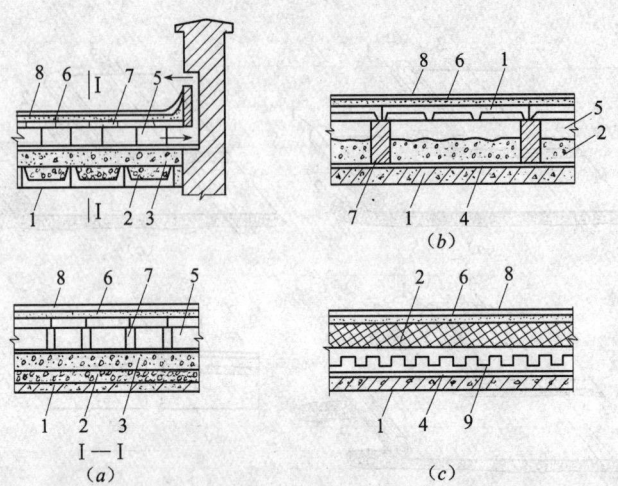

图 10-24 架空找平层、双层屋面和呼吸层排汽屋面
(a)架空找平层排汽屋面;(b)双层屋面排汽屋面;(c)呼吸层排汽屋面
1—预制槽形板、空心板或平板;2—保温层;3—炉渣混凝土 500mm 厚;4—隔汽层;
5—空气间层;6—砂浆找平层;7—砖或砖墩;8—卷材防水层;9—吸呼层

10.1.3 屋面涂膜防水

10.1.3.1 防水涂料和胎体增强材料的质量指标

高聚物改性沥青防水涂料物理性能　　　　表 10-43

项次	项目		性能要求
1	固体含量(%)		≥43
2	耐热度(80℃,5h)		无流淌、起泡和滑动
3	柔性(-10℃)		3mm 厚,绕 ϕ20mm 圆棒无裂纹、断裂
4	不透水性	压力(MPa)	≥0.1
		保持时间(min)	≥30
5	延伸[(20±2)℃拉伸](mm)		≥4.5

合成高分子防水涂料物理性能　　　　表 10-44

项目	性能要求		
	反应固化型	挥发固化型	聚合物水泥涂料
固体含量(%)	≥94	≥65	≥65

10.1 屋面防水

续表

项目		性能要求		
		反应固化型	挥发固化型	聚合物水泥涂料
拉伸强度(MPa)		≥1.65	≥1.5	≥1.2
断裂延伸率(%)		≥350	≥300	≥200
柔性(℃)		-30,弯折无裂纹	-20,弯折无裂纹	-10,绕φ10mm棒无裂纹
不透水性	压力(MPa)	≥0.3		
	保持时间(min)	≥30		

高聚物改性沥青防水涂料质量要求　　　表 10-45

项目		质量要求	
		水乳型	溶剂型
固体含量(%)		≥43	≥48
耐热性(80℃,5h)		无流淌、起泡、滑动	
低温柔性(℃,2h)		-10,绕φ20mm圆棒无裂纹	-15,绕φ10mm圆棒无裂纹
不透水性	压力(MPa)	≥0.1	≥0.2
	保持时间(min)	≥30	≥30
延伸性(mm)		≥4.5	—
抗裂性(mm)		—	基层裂缝0.3mm,涂膜无裂纹

合成高分子防水涂料(反应固化型)质量要求　　　表 10-46

项目		质量要求	
		Ⅰ类	Ⅱ类
拉伸强度(MPa)		≥1.9(单、多组分)	≥2.45(单、多组分)
断裂伸长率(%)		≥550(单组分) ≥450(多组分)	≥450(单、多组分)
低温柔性(℃,2h)		-40(单组分),-35(多组分),弯折无裂纹	
不透水性	压力(MPa)	≥0.3(单、多组分)	
	保持时间(min)	≥30(单、多组分)	
固体含量(%)		≥80(单组分),≥92(多组分)	

注：产品按拉伸性能分为Ⅰ、Ⅱ两类。

合成高分子防水涂料(挥发固化型)质量要求　　表 10-47

项　　目		质　量　要　求
拉伸强度(MPa)		≥1.5
断裂伸长率(%)		≥300
低温柔性(℃,2h)		-20,绕ϕ10mm 圆棒无裂纹
不透水性	压力(MPa)	≥0.3
	保持时间(min)	≥30
固体含量(%)		≥65

聚合物水泥防水涂料质量要求　　表 10-48

项　　目		质　量　要　求
固体含量(%)		≥65
拉伸强度(MPa)		≥1.2
断裂伸长率(%)		≥200
低温柔性(℃,2h)		-10,绕ϕ10mm 圆棒无裂纹
不透水性	压力(MPa)	≥0.3
	保持时间(min)	≥30

胎体增强材料质量要求　　表 10-49

项　　目		质　量　要　求	
		聚酯无纺布	化纤无纺布
外　　观		均匀,无团状,平整无折皱	
拉　力 (N/50mm)	纵　向	≥150	≥45
	横　向	≥100	≥35
延伸性 (%)	纵　向	≥10	≥20
	横　向	≥20	≥25

10.1.3.2 常用防水涂料的品种和主要技术性能

常用高聚物改性沥青防水涂料的品种和主要技术性能　　表 10-50

项　目	氯丁橡胶沥青防水涂料 溶剂型（水乳型）	再生橡胶沥青防水涂料 溶济型（水乳型）	丁基橡胶沥青防水涂料 溶剂型	丁苯橡胶沥青防水涂料 溶剂型（水乳型）	SBS 改性沥青防水涂料 溶剂型（水乳型）
含固量(%)	≥43	≥45	≥43	≥45(≥55)	≥50
耐热度(℃)	≥80	≥80	≥80	≥85	≥80
低温柔性(℃)	-10,2h,绕 φ10mm 棒无裂纹	-10,2h,绕 φ10mm 棒无裂纹	-10,1h,绕 φ10mm 棒无裂纹	-15,(-10),绕 φ10mm 棒无裂纹	-20,绕 φ10mm 棒无裂纹
不透水性 (MPa×min)	0.2(0.1)×30	0.2(0.1)×30	0.1×30	0.1×30	0.1×30
粘结力 (N/mm²)	≥0.2	≥0.2	≥0.2	≥0.2	≥0.2(≥0.3)
抗裂性	基层裂缝宽 2mm,涂膜不裂	基层裂缝宽 2mm,涂膜不裂	基层裂缝宽 2mm,涂膜不裂	基层裂缝宽 0.3mm,涂膜不裂	基层裂缝宽 2mm,涂膜不裂

常用合成高分子防水涂料品种和主要技术性能　　表 10-51

项　目	851 焦油聚氨酯防水涂料	硅橡胶防水涂料	丙烯酸酯防水涂料	PVC 防水涂料	SLR-691 防水涂料
含固量(%)	≥94	≥40	≥65	≥45	≥48
耐热度(℃)	150,5h	100,6h	80,5h	80,5h	80,2h
低温柔韧性(℃)	-30,绕 φ10mm,涂膜不裂	-30,绕 φ3mm,涂膜不裂	-20,绕 φ3mm,涂膜不裂	-20,绕 φ10mm,涂膜不裂	-10,绕 φ10mm,涂膜不裂
不透水性 (MPa×min)	0.3×30	-0.3×30	0.1×30	0.1×30	0.1×30
粘结力 (N/mm²)	≥1.0	≥0.5	≥1.2	≥0.2	≥0.1
抗裂性	基层裂缝宽 2mm,涂膜不裂	基层裂缝宽 4.5~6mm,涂膜不裂	基层裂缝宽 4~6mm,涂膜不裂	基层裂缝宽 4.5mm,涂膜不裂	基层裂缝宽 ≤1mm,涂膜不裂
延伸性(%)	≥350	≥640	≥400	≥350	
抗拉强度 (MPa)	≥1.65	2.2	≥0.5		

10 防水工程

常用水泥系列防水涂料品种和主要技术性能　　表 10-52

项　目	903聚合物水泥砂浆防水胶	JH-FS861防水胶乳	防水宝	确保时高效防水涂料	金汤JS复合防水涂料
抗压强度（MPa）	≥31	≥34		≥22	
抗拉强度（MPa）	≥4.5	≥5.3		≥1.0	≥2.0
粘结强度（MPa）	≥4.5	3.6~5.8	≥1.8	≥1.7	≥1.5
不透水性	抗渗等级≥0.8MPa	抗渗等级1.5MPa	0.5MPa×60min不透水	0.3MPa×30min不透水	0.3MPa×30min不透水
低温柔性			-13℃~+30℃循环50次	-40℃，无裂缝	-10℃~-20℃无裂缝

10.1.3.3 现场防水涂料和胎体增强材料的抽样复验

现场防水涂料和胎体增强材料抽样复验　　表 10-53

项次	材料名称	现场抽样数量	外观质量检验	物理性能检验
1	高聚物改性沥青防水涂料	每10t为一批，不足10t按一批抽样	包装完好无损，且标明涂料名称、生产日期、生产厂名、产品有效期；无沉淀、凝胶分层	固体含量，耐热度，柔性，不透水性，延伸
2	合成高分子防水涂料	同上	包装完好无损，且标明涂料名称、生产日期、生产厂名，产品有效期	固体含量，拉伸强度，断裂延伸率，柔性，不透水性
3	胎体增强材料	每3000m²为一批，不足3000m²按一批抽样	均匀，无团状，平整，无折皱	拉力，延伸率

10.1.3.4 涂膜防水屋面构造节点做法

涂膜防水屋面节点构造如图 10-25~图 10-31。

10.1 屋面防水

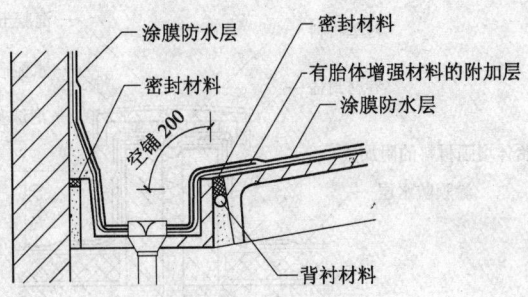

图 10-25 天沟、檐沟防水构造

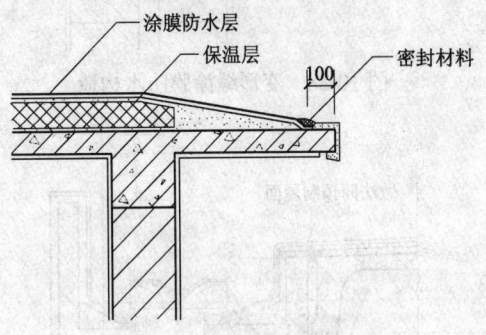

图 10-26 无组织排水构造

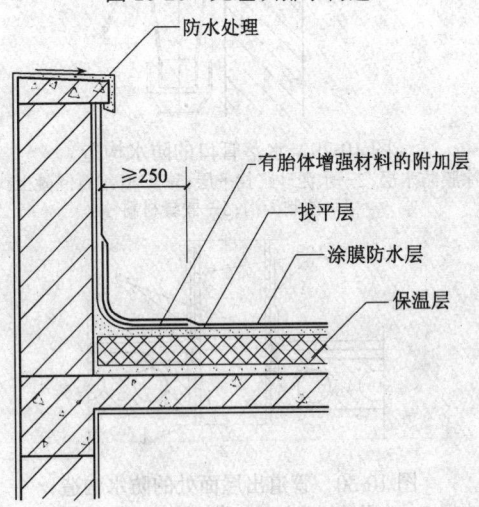

图 10-27 泛水构造

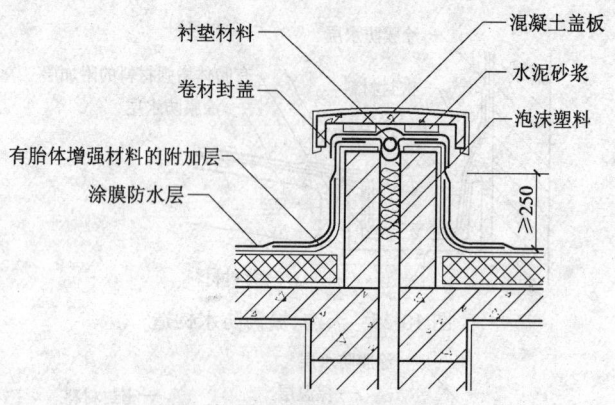

图 10-28 变形缝涂膜防水构造

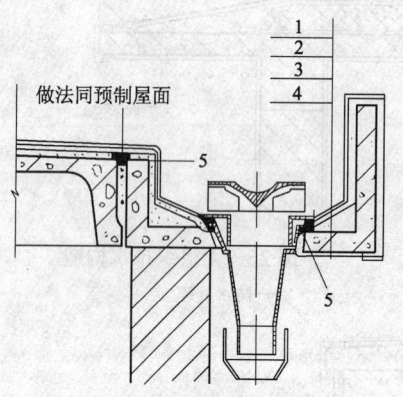

图 10-29 水落管口的防水构造
1—涂膜防水层；2—水泥砂浆找平层；3—C20 细石混凝土找坡；
4—预制天沟；5—嵌缝材料

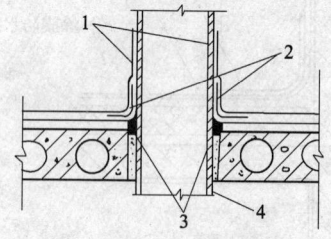

图 10-30 管道出屋面处的防水构造
1—涂膜防水层；2—有胎体增强材料的附加层；3—嵌缝材料；4—出屋面管道

10.1 屋面防水

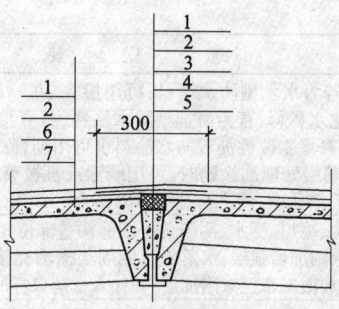

图 10-31 预制钢筋混凝土屋面板接缝处理
1—保护层；2—涂膜防水层；3—有胎体增强材料的附加层；4—嵌缝材料；
5—C20细石混凝土；6—砂浆找平层；7—预制钢筋混凝土屋面板

10.1.3.5 屋面涂膜防水层施工

屋面涂膜防水层施工　　　　表 10-54

项次	主要工序	施 工 要 点
1	操作工艺	涂膜总厚度在 3mm 以内的涂料称之为薄质涂料,在 3mm 以上的称之为厚质涂料。合成高分子防水涂料及高聚物改性沥青防水涂料大多为薄质防水涂料,施工工艺见图 10-32、图 10-33
2	施工准备	1. 基层处理：基层要求平整、密实、干净、干燥,不得有酥松、起砂、起皮现象。如有裂缝,当裂缝＜0.3mm 时,可刮嵌密封材料,然后增强涂布防水涂料；当缝宽 0.3～0.5mm 时,用密封材料刮缝,厚 2mm,宽 30mm,上铺塑料薄膜隔离条后,再增强涂布；当缝宽＞0.5mm时,应将裂缝剔凿成 V 字型,缝中嵌密封材料,再沿缝做 100mm 宽一布二涂增强层。找平层分格缝应用密封材料填严密,缝表面再加做 200～300mm 宽一布二涂增强层 2. 配料和搅拌：单组分涂料,一般用铁桶或塑料桶密闭包装,打开桶盖即可使用,但使用前应将桶内涂料反复滚动,以使桶内涂料混合均匀,达到浓度一致,或将桶内涂料倒入开口容器中用搅拌器搅拌均匀后使用；若为双组分涂料,则先各自搅拌均匀后,在容器中先倒入主剂,然后倒入固化剂,并立即搅拌 3～5min,以颜色均匀一致为准,每次搅拌量不宜过多,以免时间过长发生凝聚或固化无法使用 3. 涂层厚度控制试验：涂层厚度(按设计要求或根据防水等级、涂料品种按表 10-55 选用)是涂膜防水质量的关键之一,因此,根据设计要求的每平方米涂料用量、涂料材性,事先试验确定每遍涂料的涂刷厚度、用量、以及需要的涂刷遍(道)数(或参考表 10-56、表 10-57) 4. 涂刷间隔时间试验：各种涂料都有不同的干燥时间(表干和实干),因此还应根据气候条件测定每遍涂料的间隔时间

续表

项次	主要工序	施 工 要 点
3	涂刷基层处理剂	1. 若为水乳型防水涂料，可用掺 0.2%～0.5%乳化剂的水溶液或软化水稀释；若为溶剂型防水涂料，可直接用涂料薄涂作基层处理剂；高聚物改性沥青防水涂料也可用沥青冷底子油 2. 基层处理剂涂刷时，可用刷涂或机械喷涂，使其尽量渗入基层表面毛细孔中，使之与基层牢固结合
4	节点附加增强处理	天沟、檐口、泛水、阴阳角等细部构造部位，应根据设计要求加做一布二涂附加增强层；水落管口四周与檐沟交接处应先用密封材料密封，再加做二布三涂附加层，并伸入水落口杯的深度不少于 50mm
5	涂刷防水涂料	1. 涂层涂刷可用棕刷、长柄刷、圆辊刷、塑料或橡皮刮板等人工涂布，也可用机械喷涂 2. 涂布时先立面后平面，涂布立面时宜采用刷涂法，涂布平面时宜采用刮涂法，大面积施工时宜采用喷涂法，以提高工作效率，各种涂布方法参见表 10-58 3. 涂刷遍数、间隔时间、用量等，必须按事先试验确定的数据进行。在前一遍涂料干燥后，应将涂层上的灰尘、杂质清除干净，缺陷（如气泡、皱折、露底、翘边等）处理后，再进行后一遍涂料的涂刷。各遍涂料的涂刷方向应互相垂直，涂层之间的接槎，在每遍涂刷时应退槎 50～100mm，接槎时也应超过 50～100mm，避免在接槎处渗漏 4. 涂料涂布应分条按顺序进行，分条宽度 0.8～1.0m（与胎体增强材料宽度相一致），以免操作人员踩坏刚涂好的涂层
6	铺设胎体增强材料	1. 在涂料第二遍或第三遍涂刷时，即可铺设胎体增强材料，胎体增强材料当屋面坡度小于 15%时应顺屋脊方向铺贴；当屋面坡度大于 15%时应垂直屋脊铺贴。铺贴时可采用湿铺法或干铺法 （1）湿铺法就是边倒料边刮涂、边铺贴的方法，务必使胎体增强材料的网眼（或毡面上）充满涂料，使上下两层涂料结合良好。在铺贴时，应将布幅两边每隔 1.5～2.0m 间各剪一个 15mm 的小口，以利铺贴平整。湿铺法工序少，但技术要求高 （2）干铺法就是在上道涂层干燥后，边干铺胎体增强材料，边在已展平的胎体增强材料的表面上，用橡皮刮板均匀满刮一道涂料，也可待胎体增强材料展平后，先在边缘部位用涂料点粘固定后，然后在其上满刮涂料，使涂料浸入网眼渗透到下一层已固化的涂膜上而形成整体。因此，当渗透性较差的涂料与较密实的胎体增强材料配套使用时就不宜采用 2. 胎体增强材料可以选用单一品种，也可选用玻纤布与聚酯毡混合使用。混用时，应在上层采用玻纤布，下层采用聚酯毡。铺布时，不宜拉伸过紧或过松，过紧涂膜会有较大收缩而产生裂纹，过松会出现皱折，极易使网眼中涂膜破碎 3. 胎体增强材料长边搭接不少于 50mm，短边搭接不少于 70mm，采用二层胎体增强材料时，上下层不得互相垂直，且搭接缝应错开不少于 1/3 幅宽 4. 如面层做粒料保护层时，可在涂刷最后一遍涂料时，随即撒布覆盖保护材料

10.1 屋面防水

续表

项次	主要工序	施工要点
7	收头处理	所有收头均应用密封材料封严,封边宽度不得小于10mm。收头处的胎体增强材料应裁剪整齐,如有凹槽时应压入凹槽内,再用密封材料嵌严,不得有翘边、皱折和露白等现象

涂膜厚度选用表 表10-55

屋面防水等级	合理使用年限	设防道数	高聚物改性沥青防水涂料	合成高分子防水涂料和聚合物水泥防水涂料
Ⅰ级	25年	三道或三道以上设防	—	不应小于1.5mm
Ⅱ级	15年	二道设防	不应小于3mm	不应小于1.5mm
Ⅲ级	10年	一道设防	不应小于3mm	不应小于1.2mm
Ⅳ级	5年	一道设防	不应小于2mm	—

水乳型或溶剂型薄质防水涂料的厚度与用量参考 表10-56

层次	一层做法	二层做法		
	一毡二涂（一毡四胶）	二布三涂（二布六胶）	一布一毡三涂（一布一毡六胶）	一布一毡四涂（一布一毡八胶）
加筋材料	聚酯毡一层	玻纤布二层	聚酯毡、玻纤布各一层	聚酯毡、玻纤布各一层
涂料总量(kg/m²)	2.4	3.2	3.4	5.0
涂膜总厚度(mm)	1.5	1.8	2.0	3.0
第一遍(kg/m²)	刷涂料0.6	刷涂料0.6	刷涂料0.6	刷涂料0.6
第二遍(kg/m²)	刷涂料0.4 铺毡一层 毡面刷涂料0.4	刷涂料0.4 铺玻纤布一层 面刷涂料0.3	刷涂料0.6 铺毡一层 毡面刷涂料0.3	刷涂料0.6
第三遍(kg/m²)	刷涂料0.5	刷涂料0.4	刷涂料0.5	刷涂料0.4 铺毡一层 刷涂料0.3
第四遍(kg/m²)	刷涂料0.5	刷涂料0.4 铺玻纤布一层 布面刷涂料0.3	刷涂料0.4 铺玻纤布一层 布面刷涂料0.3	刷涂料0.6
第五遍(kg/m²)		刷涂料0.4	刷涂料0.5	刷涂料0.4 铺玻纤布一层 布面刷涂料0.3
第六遍(kg/m²)		刷涂料0.4	刷涂料0.4	刷涂料0.6
第七遍(kg/m²)				刷涂料0.6
第八遍(kg/m²)				刷涂料0.6

反应型薄质防水涂料的厚度与用量参考　　　表 10-57

层次	纯涂层		一毡二涂 (一毡三胶)
	二涂	三涂	
加筋材料			聚酯毡或化纤毡
涂料总量(kg/m²)	1.2~1.5	1.8~2.2	2.4~2.8
涂膜总厚度(mm)	1.0	1.5	2.0
第一遍(kg/m²)	刮涂料 0.6~0.7	刮涂料 0.9~1.1	刮涂料 0.8~0.9
第二遍(kg/m²)	刮涂料 0.6~0.8	刮涂料 0.9~1.1	刮涂料 0.4~0.5 铺毡一层 刮涂料 0.4~0.5
第三遍(kg/m²)			刮涂料 0.8~0.9

涂膜防水层涂布方法和适用范围　　　表 10-58

涂布方法	操作要点	适用范围
刷涂法	一般用棕刷、长柄刷、圆滚刷蘸防水涂料进行涂刷。也可边倒涂料于基层上边用刷子刷开刷匀,但倒料时要控制涂料均匀倒洒。涂布立面时则采用蘸刷法。 涂布应先立面、后平面,涂布采用分条或按顺序进行,分条时分条宽度应与胎体增强材料的宽度相一致。涂刷应在前一层涂层干燥后才可进行下一道涂层的涂刷,各道涂层之间的涂刷方向应相互垂直。涂层的接槎处,在每遍涂刷时应退槎 50~100mm,接槎时再超槎 50~100mm,以免接槎不严造成渗漏。 在每遍涂刷前,应检查前一遍涂层是否有缺陷,如气泡、露底、漏刷、胎体增强材料皱折、翘边,杂物混入涂层等不良现象,如有则应先进行修补处理合格后,再进行下道涂层的涂刷。 涂刷质量要求:涂膜厚薄一致,平整光滑,无明显接槎。同时不应出现流淌、皱折、漏底、刷花和气泡等弊病	用于涂刷立面和细部节点处理以及黏度较小的高聚物改性沥青防水涂料和合成高分子防水涂料的小面积施工

10.1 屋面防水

续表

除布方法	操 作 要 点	适 用 范 围
刮涂法	利用橡皮刮刀、钢皮刮刀、油灰刀和牛角刀等工具将厚质防水涂料均匀地批刮于防水基层上 刮涂时，先将涂料倒在基层上，然后用力按刀，使刮刀与被刮面的倾角为 50°～60°，来回将涂料刮涂 1～2 次，不能往返多次，以免出现"皮干里不干"现象 涂层厚度控制采用预先在刮刀上固定铁丝或木条，或在基层上做好标志的方法，一般需刮涂二至三遍，每遍须待前一遍涂料完全干燥后方可进行，一般以脚踩不粘脚、不下陷（或下陷能回弹）为准，干燥时间不少于 12h，前后两遍刮涂方向应相互垂直 为加快进度，可采用分条间隔施工，分条宽度一般为 0.8～1.0m，以便于刮涂操作，待先刮涂层干燥后，再刮涂空白处 刮涂质量要求：涂膜厚薄一致，不卷边，不漏刮，不露底，无气泡，表面平整无刮痕，无明显接槎	用于黏度较大的高聚物改性沥青防水涂料和合成高分子防水涂料在大面积上的施工
喷涂法	将涂料倒入贮料罐或供料桶中，利用压缩空气，通过喷枪将涂料均匀喷涂于基层上，其特点为涂膜质量好、工效高、劳动强度低，适于大面积作业。喷涂时，喷枪压力一般在 0.4～0.8MPa，喷枪移动速度一般为 400～600mm/min，且保持一致，喷枪头与被喷面的距离应控制在 400～600mm 左右。涂料出口应与被喷面垂直，喷枪移动时应与被喷面平行 喷涂行走路线可以是横向往返移动，也可以是竖向往返移动。喷枪移动范围一般直线 800～1000mm 后，拐弯 180°向后喷下一行 喷涂面搭接宽度一般应控制在喷涂宽度的 1/3～1/2，以使涂层厚度比较均匀一致。每层涂层一般要求二遍成活，且两遍互相垂直，每遍间隔时间由涂料的品种及喷涂厚度经试验而定 喷枪喷涂不到的地方，应用刷涂法刷涂 喷涂时涂料稠度要适中，太稠不便喷涂，太稀遮盖力差，影响涂层厚度，而且容易流淌 喷涂质量要求：涂膜应厚薄均匀，平整光滑，无明显接槎，不应出现露底、皱纹、起皮、针孔、气泡等弊病	用于黏度较小的高聚物改性沥青防水涂料和合成高分子防水涂料的大面积施工

10 防水工程

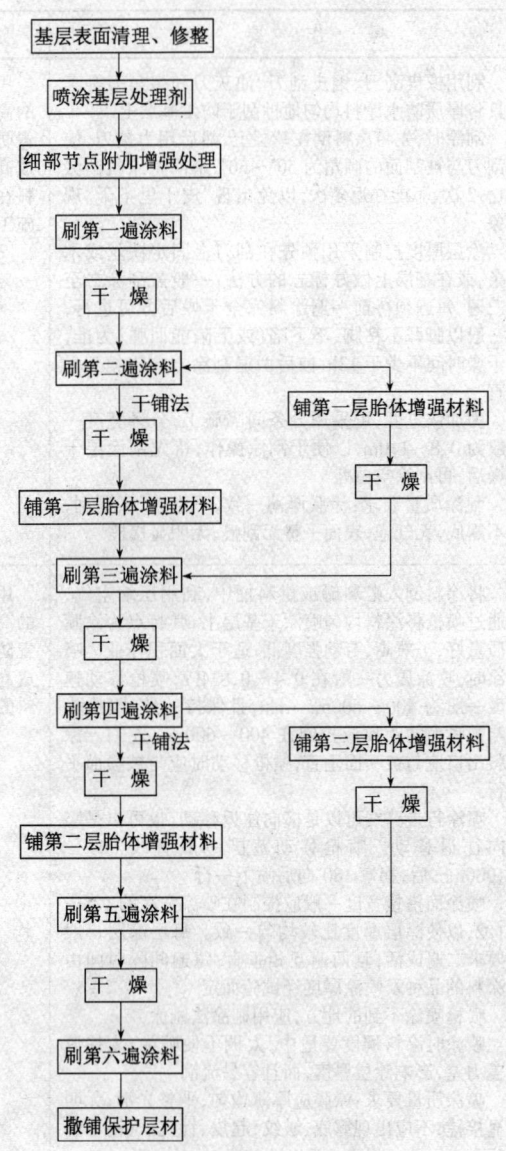

图 10-32 水乳型或溶剂型薄质防水涂料二布三涂工艺流程

10.1 屋面防水

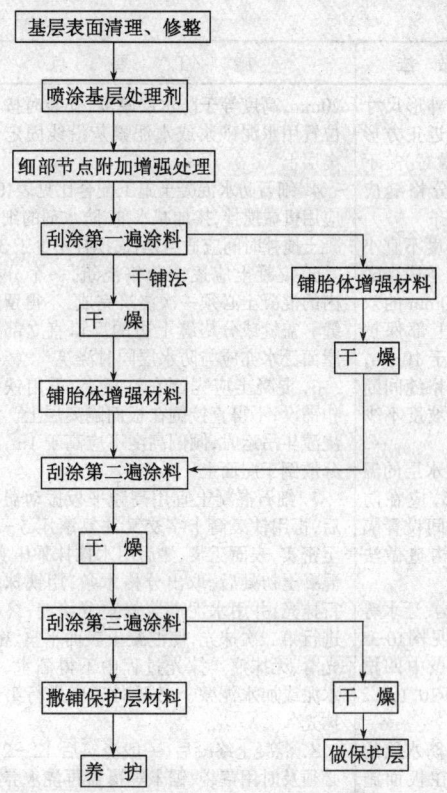

图 10-33 反应型薄质防水涂料—布三涂工艺流程

10.1.4 屋面刚性防水

10.1.4.1 细石混凝土刚性屋面防水层施工

细石混凝土刚性屋面防水层施工　　　　表 10-59

构造做法	施工要点	适用范围
1. 刚性防水层应设置分格缝,一般设在预制板的支承处或现浇板的支座处,屋脊及突出屋面的交接处。每格以 20~30m² 为宜,纵横分格缝构造如图 10-34 所示。	1. 施工前应将板面清洗并洒水湿润,表面先抹 1:1:9 石灰砂浆找平层,达一定强度后铺抹隔离层 2. 钢筋网片采用绑扎或点焊,绑扎铁丝应弯到主筋下,防止丝头外露引起锈蚀而引成漏水点 3. 分格缝木条一般上口宽 30mm,下口宽	适于温湿多雨地区,屋面结构刚度较大、地质条件较好且无振动、无高温、无

续表

构造做法	施工要点	适用范围
防水层分块的外形尺寸以正方形或接近正方形为宜，并应纵横对齐，不得错缝；所有分格缝应与结构板缝对齐 2. 防水层厚度不宜小于40mm，配置φ4～φ6，间距100～200mm的双向钢筋网片，上部保护层厚度不应小于10mm，钢筋网片在分格缝间断开。屋面排水坡度不少于3% 3. 为减少防水层的温度应力和变形，应在防水层与基层之间设置隔离层，隔离层构造做法见表10-60 4. 檐沟、天沟、泛水等细部节点构造见图10-35～图10-38，节点中凹槽密封处理见第10.1.4.2节 5. 为提高防水层的抗裂性能，可在板面施工预应力或用钢纤维混凝土 6. 装配式屋面，可配以屋面板面自防水与防水涂料或合成高分子防水卷材形成二道或三道防水层防水	20mm，高度等于防水层厚度，安装时按弹线位置用水泥砂浆或水泥素灰沿线固定于隔离层上 4. 细石防水混凝土施工配合比见表10-61。应用机械搅拌，掺加减水剂、防水剂的细石混凝土搅拌时间应适当延长，搅拌不少于3min 5. 混凝土应逐个分格浇筑，一个分格缝内的混凝土必须一次浇筑完成，不得留施工缝。盖缝或分格缝上边的反口直立部分和屋面泛水亦应与防水层同时浇筑 6. 混凝土应先倒在铁板上，再用铁锹反扣铺设，不得直接倒在板面隔离层上。如用浇灌斗吊运时，倾倒高度不应高于1m，且宜分散倒于屋面上 7. 细石混凝土宜用高频平板振动器振实后，再用铁滚筒十字交叉往复滚压5～6遍至密实，表面泛浆，然后用木抹抹平压实，待混凝土初凝后，取出分格木条，用铁抹平进行抹光，并用水泥砂浆修整分格缝；终凝前进行第二次抹光，使混凝土表面平整、密实、光滑、无抹痕。抹光过程中不得洒水、撒干水泥或加水泥浆。必要时还应进行第三次抹光 8. 混凝土终凝后（一般浇筑后12～24h），必须及时用草袋、锯末等覆盖后浇水养护或涂刷养护剂，有条件时采用蓄水养护，养护时间不少于14d 9. 待防水层混凝土养护完毕并干燥（含水率＜6%）后，清除分格缝缝口杂质污垢，进行胶泥嵌缝密封	保温层的装配式或整体式钢筋混凝土屋面 具有构造简单，施工方便，受气候影响小，取材容易，能够上人，经久耐用，造价低等优点。但其适应温度变形能力较差，施工操作技术要求严格

隔离层的构造做法 表10-60

序号	名称	做法	作用
1	黏土砂浆	石灰膏:砂:黏土＝1:2.4:3.6，厚度20mm	起找平隔离作用，克服防水层与基层之间的粘结力及机械咬合力
2	石灰砂浆	石灰膏:砂＝1:4，厚度20mm	

10.1 屋面防水

续表

序号	名称	做法	作用
3	毡砂隔离层	找平层干燥后,上铺干细砂一层,厚度4~8mm,并用滚动压实后再空铺一层卷材	消除防水层与基层之间的粘结力和咬合力
4	纸筋灰或麻刀灰	10~15mm厚纸筋灰或麻刀灰找平压光	起找平、隔离作用
5	卷材隔离层	找平层干燥后,干铺卷材一层,接缝用玛琋脂粘合,再在其上涂刷二道石灰水和一道掺10%水泥的石灰浆	起隔离和防水作用
6	薄膜隔离层	找平层干燥后,干铺0.14~0.15mm厚塑料薄膜一层,接缝搭接宽30~50mm,并用电热压接	起隔离和防水作用
7	粉状憎水材料隔离层	找平层干燥后,铺8~10mm厚防水粉一层,压实后约5mm	起隔离和防水作用

防水层细石混凝土施工配合比 表10-61

项次	水泥用量 (kg/m^3)	配合比 水泥:砂:石子:水	减水剂 名称	减水剂 掺量(%)	防水剂 名称	防水剂 掺量(%)	膨胀剂 名称	膨胀剂 掺量(%)	坍落度 (mm)
1	380	1:1.72:2.86:0.55							10~20
2	420	1:1.50:2.50:0.51							20~40
3	300	1:2.15:4.38:0.55	NNO	0.5					10~20
4	380	1:1.47:3.45:0.48	木钙	0.25					50~70
5	310	1:2.22:3.86:0.48			YE-3	4.0			70
6	300	1:2.40:4.02:0.55			FN粉	1.5			70
7	337	1:2.08:3.44:0.56					UEA	$45kg/m^3$	40~60
8	352	1:2.07:3.32:0.54					UEA	$48kg/m^3$	40~60
9	370	1:1.80:3.09:0.43	MF	0.5			复合	12	80~120

注:1. 水泥为普通硅酸盐水泥,强度等级42.5MPa。
2. 石子粒径为5~12mm。

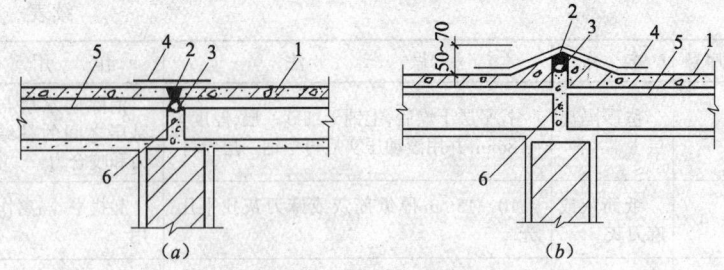

图 10-34 分格缝构造
(a)平缝；(b)凸缝
1—刚性防水层；2—密封材料；3—背衬材料；
4—防水卷材；5—隔离层；6—细石混凝土

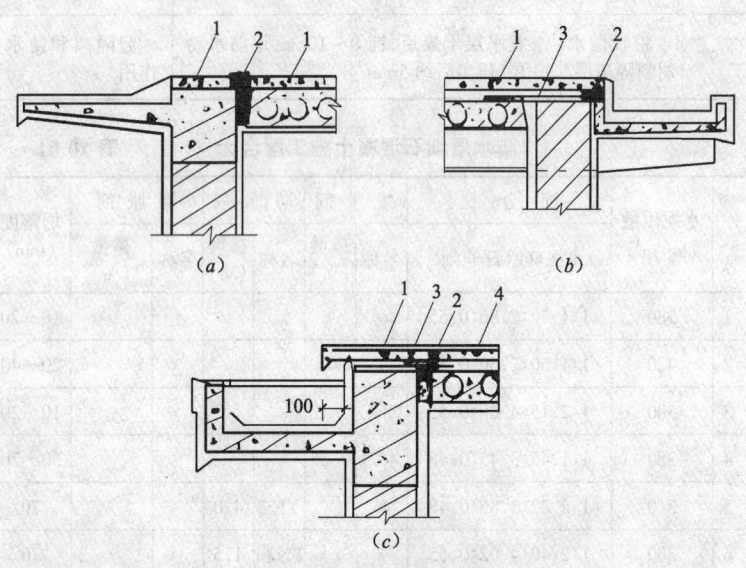

图 10-35 天沟、檐口构造
(a)自由落水檐口；(b)预制天沟檐口；(c)现浇天沟檐口
1—刚性防水层；2—密封材料；
3—隔离层；4—加强负钢筋 $\phi 6@200, l=1000$

10.1 屋面防水

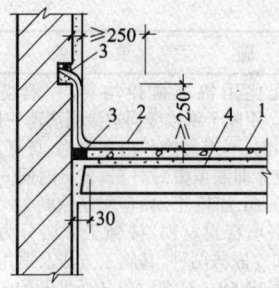

图 10-36 泛水构造
1—刚性防水层；2—防水卷材；
3—密封材料；4—隔离层

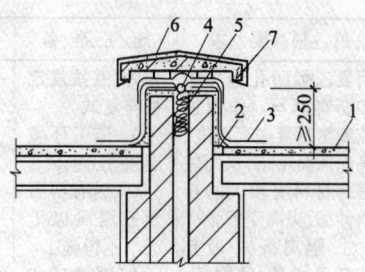

图 10-37 变形缝构造
1—刚性防水层　2—密封材料；
3—防水卷材；4—衬垫材料；5—沥青麻丝；
6—水泥砂浆层；7—混凝土盖

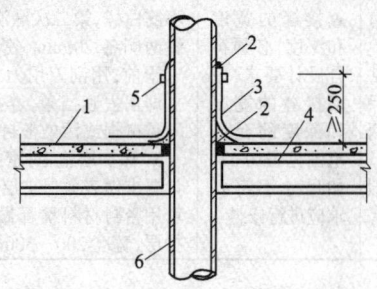

图 10-38 伸出屋面管道防水构造
1—刚性防水层；2—密封材料；3—防水卷材或防水涂膜；
4—隔离层；5—金属箍；6—管道

10.1.4.2 屋面接缝密封材料嵌缝施工

屋面接缝密封材料嵌缝施工　　　　表 10-62

材料要求	施工准备	施 工 要 点
1. 密封材料：常用的有改性沥青密封材料和合成高分子密封材料，见表10-63，其物理性质指标见表10-64、表10-65。设计时可按表10-66选用。 2. 背衬材料：常选	1. 根据密封材料的种类、施工方法选用施工机具 2. 按设计要求选择密封材料、背衬材料、隔离条和防污	1. 嵌填背衬材料：先将背衬材料加工成与接缝宽度和深度相符合的形状（或选购多种规格），然后将其压入到接缝里，如图 10-39 2. 铺设防污条：粘贴要成直线，保持密封膏线条美观，如图 10-40 所示 3. 涂刷基层处理剂：单组分基层处理剂摇匀后即可使用，双组分的须按产品说

859

续表

材料要求	施工准备	施工要点
用聚乙烯闭孔泡沫体和沥青麻丝。作用是控制密封膏嵌入深度，确保密封材料有较大的自由伸缩，提高变形能力 3. 隔离条：一般有四氟乙烯条、硅酮条、聚酯条、氯乙烯条和聚乙烯泡沫条等，其作用与背衬材料基本相同，主要用于接缝深度较浅的地方，如檐口、泛水卷材收头、金属管道根部等节点处 4. 防污条：要求粘性恰当，其作用是保持粘结物不对界面两边造成污染 5. 基层处理剂：一般与密封材料配套供应	条等，并按规定抽样复试 3. 施工环境温度宜为 5~35℃，遇有雨雪及五级风以上天气不得施工 4. 缝槽应清洁、干燥、表面应密实、牢固、平整，否则应予以清洗和修整 5. 用直尺检查接缝的宽度和深度，必须符合设计要求，一般接缝的宽度和深度的允许范围见表10-67，如尺寸不符要求应进行修整	明书配比用机械搅拌均匀，一般搅拌 10min。用刷子将接缝周边涂刷薄薄一层，要求刷匀，不得漏涂和出现气泡、斑点，表干后应立即嵌填密封材料，表干时间一般 20~60min，如超过 24h 应重新涂刷 4. 嵌填密封材料：按施工方法分为热灌法和冷嵌法两种，其施工方法及适用条件见表 10-68。热灌时应从低处开始向上连续进行，先灌垂直屋脊板缝，遇纵横交叉时，应向平行屋脊的板缝两端各延伸 150mm，并留成斜槎。灌缝一般宜分二次进行，第一次先灌缝深的 1/2~1/3，用竹片或木片将油膏沿缝两边反复操擦，使之不露白槎。第二次灌满并略高出板面和板缝两侧各 20mm。密封材料嵌填完毕但未干前，用刮刀用力将其压平与修整，并立即揭去遮挡条，养护 2~3d，养护期间不得碰损或污染密封材料 5. 保护层施工：密封材料表干后，按设计要求做表面保护层。如设计无规定时，可用密封材料稀释做一布二涂的涂膜保护层，宽度 200~300mm

常用密封材料的特点、性能及适用范围　　表 10-63

密缝材料类别	密封材料名称	特 点 性 能	适用范围	施工工艺
改性沥青密封材料	建筑防水沥青嵌缝油膏	以石油沥青为基料，加入改性材料及填充剂混合制成膏状材料。目前常用的品种有沥青废橡胶防水油膏、桐油橡胶防水油膏等。以塑性为主，延伸性好，回弹性差，有较好的耐久性、粘结性和防水性，70℃不流淌，－10℃不脆裂，施工简便，价格低廉	一般要求的屋面接缝密封防水及防水层收头处理	冷施工
	聚氯乙烯建筑防水接缝材料	以聚氯乙烯树脂为基料，加入适量的改性材料及其他添加剂配制而成。按施工工艺分为热塑型（指聚氯乙烯胶泥）与热溶型（指 PVC 油膏）两种。具有良好的粘结性、防水性和弹性，回弹率达 80% 以上，适应振动、沉降、拉伸引起的变形要求，－20~－30℃不脆不裂，并有较好的耐腐蚀性和耐老化性	适合各地区气候条件和各种坡度的屋面板缝密封	聚氯乙烯胶泥热嵌施工；PVC 油膏热熔施工

10.1 屋面防水

续表

密缝材料类别	密封材料名称	特点性能	适用范围	施工工艺
改性沥青密封材料	改性苯乙烯焦油密封膏	是采用不干性苯乙烯焦油，经熬制除去低沸点熔剂后，加入硫化鱼油、滑石粉、石棉绒等混合制成。具有粘结力强、防水性能好，耐热性高、耐寒性好，在气温为10℃时仍能保持其柔软性	一般要求的屋面接缝密封防水	冷施工
合成高分子密封材料	水乳型丙烯酸建筑密封膏	以丙烯酸酯乳液为胶粘剂，加入少量表面活性剂、增塑剂、改性剂及填充料等制成。产品为单组分水乳型，具有良好的粘结性、延伸性、施工性、耐热性及抗大气老化性、优异的低温柔性，无毒、无溶剂污染、不燃，操作方便，并可与基层配色，调制成各种颜色	用于屋面刚性防水层分格缝及混凝土或金属板缝的密封	冷施工，以水为稀释剂，且可在潮湿基层上施工
合成高分子密封材料	聚氯酯建筑密封膏	以异氰酸基（-NCO）为基料和含有活性氢化合物的固化剂组成的一种常温固化型弹性密封材料。产品分单组分和双组分，目前国内仅有双组分。具有弹性模量低、延伸率大、弹性高、粘结性好、耐温、耐水、耐油、耐酸钙、耐疲劳及使用年限长等优点，价格适中	可用于中、高级要求的屋面接缝密封防水	双组分，应按配合比拌合，避免在高温环境及潮湿基层上施工
合成高分子密封材料	硅酮密封膏（又名有机硅密封膏）	分单组分与双组分两种，目前常用的是单组分。单组分硅酮密封膏是由有机硅氧烷聚合物为主剂，加入硫化剂、硫化促进剂、填充材料和颜料等组成。具有优异的耐高低温性、柔韧性、耐疲劳性，粘结力强，延伸率大，耐腐蚀、耐老化，并能长期保持弹性，是一种高档密封材料，但价格较贵	中等模量（醇型）的密封膏，可用于屋面各种接缝的密封处理	被粘结物表面温度不得低于70℃

改性石油沥青密封材料物理性能　　表10-64

项　　目		性能要求	
		Ⅰ	Ⅱ
耐热度	温度(℃)	70	80
	下垂直(mm)	≤4.0	
低温柔性	温度(℃)	-20	-10
	粘结状态	无裂纹和剥离现象	

续表

项 目	性 能 要 求	
	Ⅰ	Ⅱ
拉伸粘结性(%)	≥125	
浸水后拉伸粘结性(%)	≥125	
挥发性(%)	≤2.8	
施工度(mm)	≥22.0	≥20.0

注:改性石油沥青密封材料按耐热度和低温柔性分为Ⅰ类和Ⅱ类。

合成高分子密封材料物理性能 表 10-65

项 目		技 术 指 标						
		25LM	25HM	20LM	20HM	12.5E	12.5P	7.5P
拉伸模量(MPa)	23℃	≤0.4 和 ≤0.6	>0.4 或 >0.6	≤0.4 和 ≤0.6	>0.4 或 >0.6	—		
	-20℃							
定伸粘结性		无破坏				—		
浸水后定伸粘结性		无破坏				—		
热压冷拉后粘结性		无破坏				—		
拉伸压缩后粘结性		—					无破坏	
断裂伸长率(%)		—					≥100	≥20
浸水后断裂伸长(%)		—					≥100	≥20

注:合成高分子密封材料按拉伸模量分为低模量(LM)和高模量(HM)两个次级别;按弹性恢复率分为弹性(E)和塑性(P)两个次级别。

屋面接缝密封材料选择参考 表 10-66

项次	接缝种类	主要确定因素	密封材料
1	屋面板板缝	1. 剪切位移 2. 耐久性 3. 耐热度	改性沥青、塑料油膏、聚氯乙烯胶泥
2	水落口杯节点	1. 耐热度 2. 拉伸压缩循环性能	硅酮系
3	天沟、檐沟节点	同屋面板板缝	

10.1 屋面防水

续表

项次	接缝种类	主要确定因素	密封材料
4	檐口、泛水卷材收头节点	1. 粘结性 2. 流淌性	改性沥青、塑料油膏
5	刚性屋面分格缝节点	1. 水平位移 2. 耐热度	硅酮系、聚氨酯密封膏、水乳丙烯酸

接缝尺寸的允许范围　　　　表 10-67

现有接缝间距 (m)	最小缝宽 (mm)	嵌缝深度 (mm)	现有接缝间距 (m)	最小缝宽 (mm)	嵌缝深度 (mm)
0~2.0	10	8±2	5.0~6.5	25	15±3
2.0~3.5	15	10±2	6.5~8.0	30	15±3
3.5~5.0	20	12±2			

接缝密封施工方法和适用条件　　　表 10-68

施工方法		作　　法	适用条件
热灌法		采用塑化炉加热,将锅内材料加温,使其熔化,加热温度为 110~130℃,然后用灌缝车或鸭嘴壶将密封材料灌入缝中,浇灌时温度不宜低于 110℃	适用于平面接缝的密封处理
冷嵌法	批刮法	密封材料不需加热,手工嵌填时可用腻子刀或刮刀将密封材料分次批到缝槽两侧的粘结面,然后将密封材料填满整个接缝	适用于平面或立面及节点接缝的密封处理
	挤出法	可采用专用的挤出枪,并根据接缝的宽度选用合适的枪嘴,将密封材料挤入接缝内。若采用管装密封材料时,可将包装筒塑料嘴斜向切开作为枪嘴,将密封材料挤入接缝内	适用于平面或立面及节点接缝的密封处理

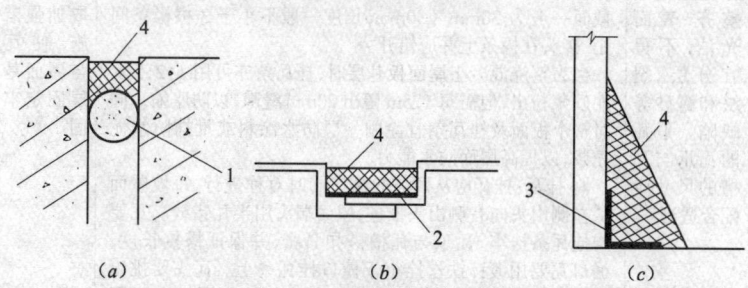

图 10-39　背衬材料的嵌填
(a)圆形背衬材料;(b)扁平隔离垫层;(c)三角形接缝"L"型隔离条
1—圆形背衬材料;2—扁平隔离条;3—L 形隔离条;4—密封材料

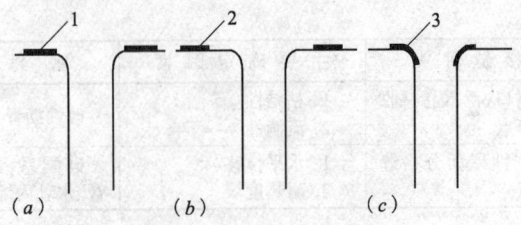

图 10-40 遮挡胶条的铺贴
(a)正确;(b)、(c)错误
1—离接缝边适中;2—离接缝边过远;3—贴到接缝内

10.1.5 屋面瓦材防水
10.1.5.1 平瓦屋面施工

平瓦屋面施工　　　　　　表 10-69

材料要求	施 工 要 点	适用范围
主要有黏土平瓦、水泥平瓦和其他各地就地取材的炉渣平瓦、硅酸盐平瓦、煤矸石平瓦等,其规格见表10-70 平瓦及其脊瓦应边缘整齐、表面光洁,不得有分层、裂纹和露砂等缺陷。平瓦的瓦爪与瓦槽的尺寸应配合适当	1. 清理基层、干铺卷材:基层上的灰尘、杂物清理干净,木基层需涂防火涂料两遍,干燥后自下而上平行屋脊干铺一层沥青卷材,长边搭接不少于100mm,短边搭接不少于150mm,搭口要钉住。 2. 钉顺水木条:用25mm×25mm 木条垂直屋脊方向钉位,间距不大于500mm 3. 钉挂瓦条:在顺水木条上拉通线钉挂瓦条,间距应根据瓦的尺寸和屋面坡面的长度经计算确定。檐口第一根挂瓦条,要保证瓦头出檐(或出封檐板)50～70mm,上下排平瓦的瓦头和瓦尾搭扣长度 50～70mm;屋脊处两个坡面上最上两根搭瓦条,要保证挂瓦后两个屋的间距在搭盖脊瓦时,脊瓦搭接瓦屋的宽度每边不少于40mm。挂瓦条截面一般是 30mm×30mm,长度一般不小于 3 根椽条间距,接头在椽条上并应错开 当为整浇混凝土屋面板基层时,挂瓦条亦可用1:2.5 水泥砂浆粉出,但需每 1.5m 留出 20mm 缝隙,以防胀缩。同时整个板面及挂瓦条宜涂刷一层防水涂料或批抹防水泥净浆,以提高屋面防水能力 4. 挂瓦:挂瓦应从两坡的檐口同时对称进行,每坡屋面从左侧山头向右侧山头推进,屋面端头用半瓦错缝。瓦要与挂瓦条拴牢,瓦爪与瓦槽搭扣紧密,并保证搭接长度。檐口瓦要用镀锌铁丝拴牢于檐口挂瓦条上。瓦头要挑出封檐板或伸入天沟、檐沟内长度 50～70mm(图 10-41、图10-42),与烟囱交接处,在迎水面中部应用砂浆抹出分水线,并应高出两侧各 30mm(图 10-43),突出屋面的墙或烟	适用于防水等级为Ⅱ级、Ⅲ级、Ⅳ级,屋面坡度为 20%～50%的屋面防水。在大风或地震地区,应采取加强措施,使瓦与屋面基层固定牢固

10.1 屋面防水

续表

材料要求	施 工 要 点	适用范围
	囪的侧面瓦伸入泛水宽度不小于 50mm。靠近屋脊处的第一排瓦应用水泥石灰砂浆窝牢,整坡瓦面要求平整,行列横平竖直,无翘角和张口现象 斜脊、斜沟铺设时,拉通长麻丝,先将整瓦挂上,沟瓦要求搭盖泛水宽度不小于 150mm,脊瓦搭盖平瓦每边不小于 40mm,然后弹出墨线,编好号码,将多余的瓦锯去,重新按号按次序挂上。扣脊瓦要用 1:2.5 石灰麻刀砂浆铺坐平实。脊瓦搭扣和脊瓦与坡面瓦的缝隙,要用麻刀灰嵌严刮平,平脊与斜脊的交接处要用麻刀灰封严,如为彩色灰时,外露的封口麻刀要用相近颜色的涂料抹涂,以保持色泽一致	

常用的几种平瓦规格　　　　表 10-70

项次	平 瓦 名 称	规 格 (mm)	重量 (kg/块)	每平方米数量 (块)
1	黏土平瓦	360~400×220~240×10~20	3.1	18.9~15.0
2	黏土脊瓦	455×190×20	3.0	2.4
3	水泥平瓦	385~400×235~250×15~16	3.3	16.1~14.3
4	水泥脊瓦	455×170×15	3.3	2.4
5	炉渣平瓦	390×230×12	3.0	16.1
6	水泥炉渣平瓦	400×240×13~15	3.2	15.0
7	煤矸石平瓦	390×240×14~15		15.4
		350×250×20		16.7
8	硅酸盐平瓦	400×240×16	3.2	15.0

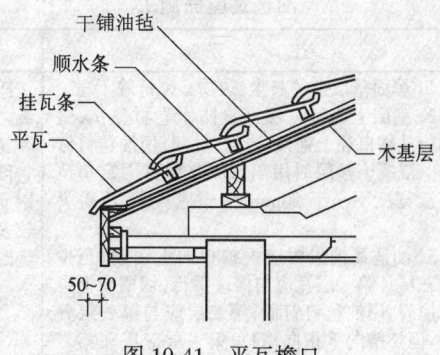

图 10-41　平瓦檐口

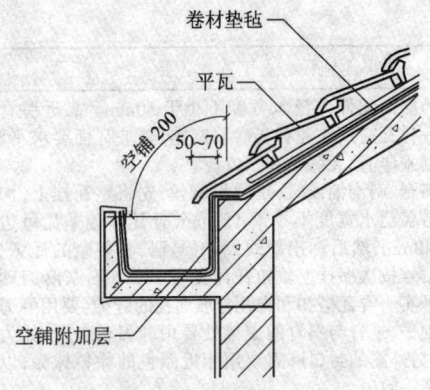

图 10-42 平瓦天沟、檐沟做法

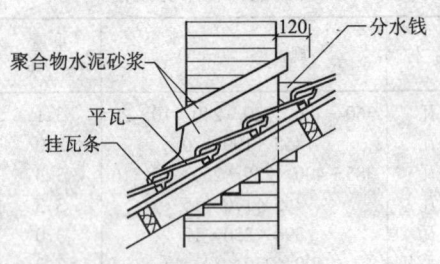

图 10-43 烟囱根泛水做法

10.1.5.2 油毡瓦屋面施工

油毡瓦屋面施工　　　　　　　　　表 10-71

材料要求	施 工 要 点	适用范围
油毡瓦是以玻璃纤维毡为胎基，经浸涂石油沥青后，一面覆盖彩色矿物粒料，另一面撒以隔离材料制成的瓦状防水片材，如	1. 屋面基层上的灰尘、杂物必须清除干净 2. 基层上先铺一层沥青防水卷材垫毡，垫毡应从檐口往上铺设，当木基层时用油毡钉钉牢。混凝土基层时用玛琋脂+射钉固定垫毡搭接宽度不小于 50mm，钉帽应打平，不得突出 3. 油毡瓦铺设时应由檐口向上铺设，至少铺三层。第一层瓦应与檐口平行，切槽向上指向屋脊，用油毡钉钉固；第二层应与第一层叠合，但切槽向下指向檐口；第三层应压在第二层上，并露出切槽 125mm。油毡瓦之间的对	适用于防水等级Ⅲ级、Ⅳ级、屋面坡度≥20% 的屋面防水，它可铺设在木基层或钢筋混凝土基层上，较多应用于仓库、住宅改建等工程屋面

10.1 屋面防水

续表

材料要求	施工要点	适用范围
图 10-44 示意,规格为(mm):1000×333×3.5(4.5)。技术性能见表 10-72	缝,上下层不应重合。每片油毡瓦钉 5 个油毡钉;当屋面坡度大于 150%时,应增加 1~2 个油毡钉 4. 铺设脊瓦时,应将油毡瓦沿槽切开,分成四块作为脊瓦,并用 2 个油毡钉固定,应搭盖住两坡面油毡瓦接缝的 1/3;脊瓦与脊瓦搭盖面不小于脊瓦面积的 1/2 5. 屋面与突出屋面的烟囱、管道等连接处,应先做二毡三油垫毡,再用高聚物改性沥青防水卷材做单层防水;女儿墙泛水处节点构造做法如图 10-45 6. 屋面与突出屋面结构的连接处以及屋面的转角处等应绘制构造详图并严格按详图施工	

油毡瓦主要技术性能   表 10-72

等级 项目	优 等 品	合 格 品
可溶物含量(g/m²)	1900	1450
拉力[(25±2)℃,纵向](N)	≥340	≥300
耐热度(85±2℃)	受热 2h,涂盖层应无滑动和集中性气泡	
柔度(10℃)	绕 $r=30mm$ 圆棒或弯板无裂纹	

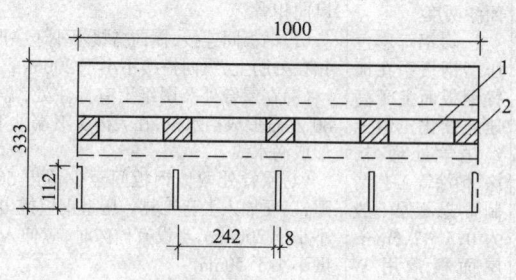

图 10-44 油毡瓦示意
1—防粘纸;2—自粘结点

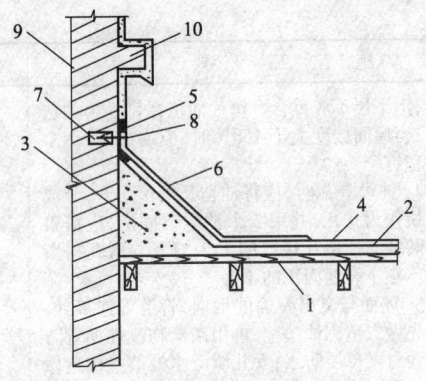

图 10-45 女儿墙泛水处理示意
1—木基层；2—垫毡(二毡三油)；3—八字坡砂浆；4—油毡瓦；5—密封材料；
6—镀锌薄钢板；7—预埋木砖；8—铁钉；9—女儿墙；10—挑砖

10.1.5.3 金属板材屋面施工

金属板材屋面施工　　　　　　　　　表 10-73

特点及适用范围	材料要求	施工要点
金属板材的种类很多，常用的有锌板、镀铝锌板，板的表层一般进行涂装。板的制作形状可多种多样，有的为复合板，有的为单板，外形有平板、波形板、带肋板。有的板在生产厂加工好后运到现场安装，板的长	1. 镀锌钢板要求镀锌量达 381g/m²，表面呈锌皮结晶的花纹，使用时应经风化或涂刷专用底漆后再涂刷罩面漆两度 2. 镀铝锌彩色压型钢板系在镀锌钢板面上于高速连续化机组上经化学处理、初涂、精涂等工艺精制而成，板厚一般为 0.5～1.5mm，屋面板常用 W 型、V 型、常肋形，如图10-46	1. 钢板搬运与存放：成捆钢板吊运，须使用吊杆，吊绳需与钢板垂直吊运，并应置于起吊点上；单张钢板搬运，视板的长度需 3～5 人抬运，不得随地拖拉。现场存放应以枕木或基地材料垫高，如放置室外，须用防水布覆盖 2. 安装一般要求： (1)钢板铺设要注意年风向，板肋搭接需与常年风向相背 (2)钢板间连接，横向搭接不小于一肋，必须母肋扣在公肋上，纵向搭接不小于 200mm (3)在屋脊处及图纸上有标注处，需将钢板上弯 80°左右形成挡水板，在天沟及下端处下弯 10°左右形成滴水线 (4)屋脊处两坡钢板间至少留出 50mm 左右空隙，以便插入上弯工具。压型钢板挑出墙面的长度不小于 200mm，当设有檐沟时，应伸入檐沟内的长度不小于 50mm (5)屋面板单层做法带钢丝网(或超强铝箔)时，钢丝网(或铝箔)必须拉直，并在两端固定，尽量减

10.1 屋面防水

续表

特点及适用范围	材料要求	施工要点
度受到运输条件限制,一般≤12m,有的板可以根据屋面工程需要在现场加工,板长可不受限制,可大大减少搭接量。保温层有在工厂复合好成夹心板的,也有在现场分层安装的 具有自重轻、强度好,且表面无须装饰,建筑平面布置灵活,安装施工快捷、方便,并可多次拆装重复使用,可按用户要求的规格、颜色、尺寸生产 适用于Ⅰ~Ⅲ级的保温或非保温的工业厂房、库棚、大型公共建筑展览馆、体育馆等,还有施工房、售货亭、移动式、组合	3. 保温材料:常采用玻璃丝棉、硬质聚氨酯泡沫、聚苯乙烯泡沫塑料等 4. 彩色压型夹心保温板系将里外层彩色钢板与内层保温材料通过自动成型机,用高强度胶粘剂将两者粘合,经加压、修正、开槽、落料而成夹心板材,如图10-47,其技术性能见表10-74 5. 配件材料: (1)屋脊板、包角板、泛水板等,采用屋面板相同的彩色钢板轧制而成 (2)自攻螺钉、铝质防水抽芯铆钉,须满足单面施工要求 (3)密封垫圈,用优质乙丙橡胶制品 (4)密封胶,采用丙烯酸、聚氨酯、硅酮或其他优质密封胶	少中间挠度,铝箔间连接采用专用铝箔胶带 (6)檩条(常用轻型冷弯薄壁型钢檩条,见表10-75),均为 M12 螺栓紧固并加垫片,螺栓紧固须达到紧固扭矩 55N·m,同时檩条系统安装工序应于压型板安装前完成,并应通过验收 3. 安装工艺流程: 屋面板单层做法:檩条→天沟托架→钢丝网或超强铝箔(如有)→保温棉→天沟板→天沟泛水→面板→泛水板(如泛水板需压在屋面钢板下的,需先安装泛水板) 屋面板双层做法:檩条系统→底层天沟→底层面板→底层收边板(如需压在底层钢板下的,则先安装)→天沟托架→保温棉→上层天沟板→天沟泛水→上层屋面板(如需压在上层屋面钢板下的,则先安装) 4. 板的固定及使用的固定座和螺钉 (1)暗扣式板(KL板):以 KL65 固定座扣合固定,除第一个固定座外,以后每个固定座需将前一张压型钢板的公肋扣压住,固定座用两颗平头自攻螺钉固定 (2)穿透式板(TD板):屋面外层钢板用六角头自攻螺钉于波峰与薄壁檩条固定,沿檩条每波峰固定1颗 (3)泛水板固定:与压型板连接用六角头自攻螺钉固定,与压型板肋相切方向 KL 板每一肋固定1颗,TD 板每隔一肋固定一颗;在与板肋同方向,每500mm固定一颗 (4)天沟托架:内天沟的托架一端以1颗平头螺钉与檩条固定,并交错分布;外天沟的托架以2颗平头螺钉与檩条固定,天沟托架间距 600mm (5)天沟泛水板:必须拉紧,紧靠天沟侧板,用2颗平头螺钉把每张泛水板与檩条临时固定 5. 板的搭接与封胶 (1)屋面板:屋面外层钢板搭接宽度 200mm,采光板搭接 300mm;施以二道封胶;屋面内层钢板搭接 100mm,无封胶 (2)泛水板:屋面所有外层泛水板搭接宽度均为 200mm,均需封胶一道,并都打一排防水铆钉@40mm;屋面内侧泛水板搭接宽度均为 100mm,无封胶 (3)天沟板及六沟堵头:天沟板搭接宽度为 100mm,天沟堵头与天沟板搭接宽度为 50mm,封胶

续表

特点及适用范围	材料要求	施工要点
式的活动房等		二道,并以防水铆钉连接搭接部位,铆钉单排中心距为80mm,排成两道,相错分布,铆钉要钉在胶线上 (4)落水口:与天沟板搭接50mm,打硅胶一圈,并在其上打一圈间距为40mm的防水铆钉 6. 屋面细部节点构造见图10-48～图10-50

彩色压型保温夹心屋面板主要技术性能　　　　表10-74

项次	项目	性　　　　能					
1	板厚(mm)	40		60		80	
2	钢板厚	0.5	0.6	0.5	0.6	0.5	0.6
3	重量(kg/m^2)	12	14	13	15	14	16
4	传热系 K(W/m·K)	0.58		0.41		0.30	
5	隔声(dB)	25		38		50	
6	耐水极限(h)	0.6					
7	适用温度(℃)	$-50\sim+120$					
8	抗压强度(MPa)	$\geqslant 0.25$					
9	淋水试验	板面升温70～75℃,伴风淋水四个循环20h,无渗漏					

轻型冷弯薄壁型钢檩条规格　　　　表10-75

图示	型号	尺寸(mm)				截面面积(cm^2)	每米重量(kg/m)	惯性矩(cm^4)
		h	b	h_1	δ			
	⊏12	120	50	20	3	7.5	6.24	163.55
	⊏14	140	50	20	3	8.4	6.72	235.68
	⊏16	160	70	20	3	10.2	8.16	397.83
	⊏18	180	70	20	3	10.8	8.64	523.36
	⊏20	200	70	20	3	11.4	9.12	669.77
	⊏22	220	70	20	3	12.0	9.60	838.25
	⊏24	240	100	20	3	14.4	11.52	1282.78
	⊏26	260	100	20	3	15.0	12.00	1543.49
	⊏28	280	100	20	3	15.6	12.48	1833.48
	⊏30	300	100	20	3	16.2	12.96	2153.95

注:檩条长度可依工程需要制作,截面如不能满足需要,可依需要加工异型檩条。

10.1 屋面防水

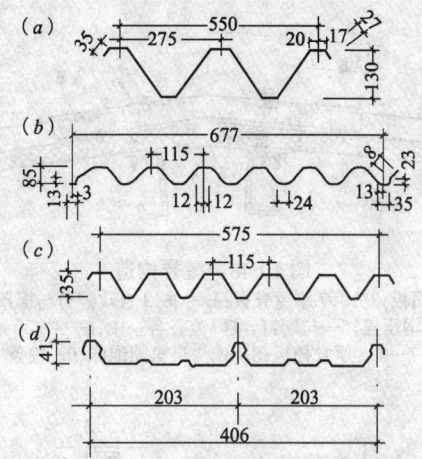

图 10-46 彩色压型钢板截面图
(a)W-550 型板;(b)V-115N 型;(c)V-115 型;(d)带肋型;

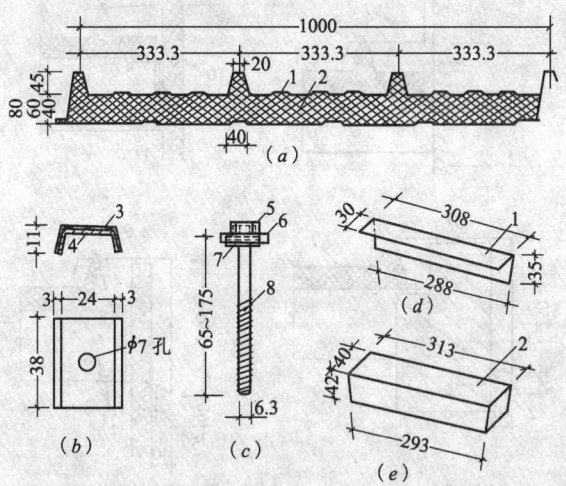

图 10-47 彩色压型保温夹心屋面板截面及配件
(a)压型保温夹心板;(b)压盖;(c)自攻螺钉;(d)挡水板;(e)泡沫堵头
1—彩色涂层钢板;2—聚氨酯或聚苯乙烯泡沫;3—1 厚不锈钢压盖;
4—2 厚乙丙橡胶垫;5—塑料帽;6—1 厚不锈钢垫圈;
7—1.5 厚乙丙橡胶垫圈;8—镀锌螺杆

871

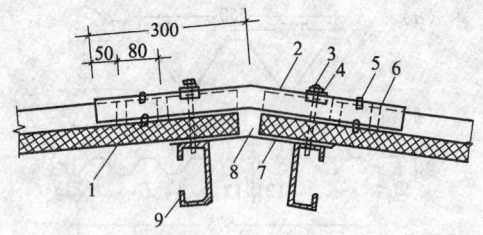

图10-48 屋脊构造
1—屋面板;2—0.7厚屋脊板;3—M6.3自攻螺钉与檩条固定;
4—1厚不锈钢压盖;5—拉铆钉,波峰波谷各一个;6—3×20通长密封带;
7—0.6厚脊托板;8—现浇聚氨酯泡沫;9—檩条

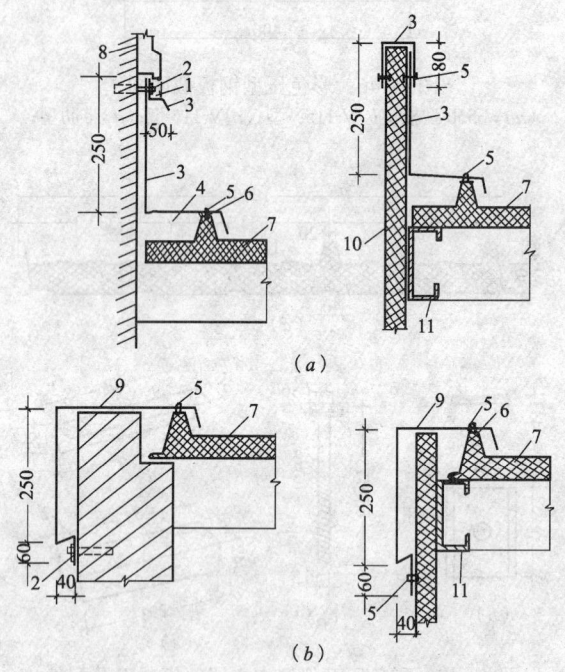

(a)

(b)

图10-49 山墙泛水及山墙包角节点
(a)山墙泛水;(b)山墙包角
1—密封膏;2—M8×80膨胀螺栓,中距500mm;3—0.7厚泛水板;
4—现浇聚氨酯泡沫;5—拉铆钉,中距40mm;6—3×20通长密封带;
7—屋面板;8—女儿墙;9—0.7厚包角板;10—夹心保温板墙;11—檩条

10.1 屋面防水

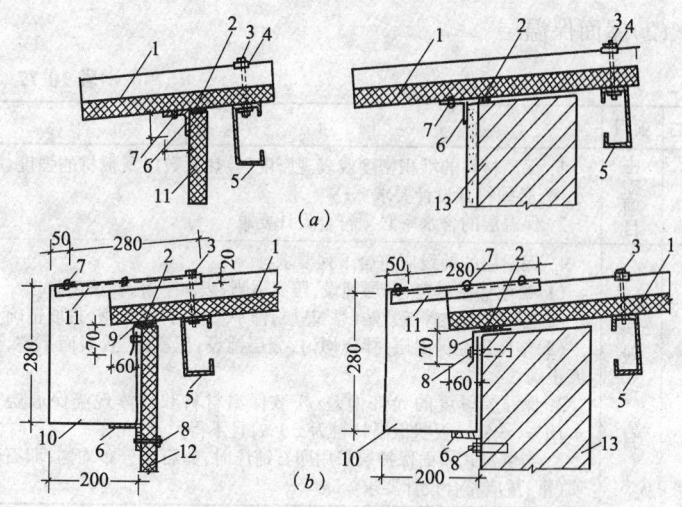

图 10-50 檐口与檐沟节点
(a)檐口；(b)檐沟
1—屋面板；2—10×20 通长密封条；3—M6.3 自攻螺钉；
4—1 厚不锈钢压盖；5—檩条；6—1 厚彩色钢板压条；7—拉铆钉，中距 40mm；
8—M8×80 膨胀螺栓中距 500mm；9—0.7 厚泛水板；10—0.7 厚彩色钢板檐沟；
11—1.2 厚槽形彩色钢板挂件；12—夹心保温板墙；13—砖墙

10.1.6 屋面工程施工质量控制与检验
1. 卷材防水屋面工程
(1) 屋面找平层

表 10-76

项次	项目	内　　容
1	主控项目	1. 找平层的材料质量及配合比，必须符合设计要求 2. 屋面(含天沟、檐沟)找平层的排水坡度，必须符合设计要求
2	一般项目	1. 基层与突出屋面结构的交接处和基层的转角处，均应做成圆弧形，且整齐平顺 2. 水泥砂浆、细石混凝土找平层应平整、压光，不得有酥松、起砂、起皮现象；沥青砂浆找平层不得有拌合不匀、蜂窝现象 3. 找平层分格缝的位置和间距应符合设计要求 4. 找平层表面平整度的允许偏差为 5mm

(2) 屋面保温层

表 10-77

项次	项目	内容
1	主控项目	1. 保温材料的堆积密度或表观密度、导热系数以及板材的强度、吸水率，必须符合设计要求 2. 保温层的含水率必须符合设计要求
2	一般项目	1. 保温层的铺设应符合下列要求： (1)松散保温材料：分层铺设，压实适当，表面平整，找坡正确 (2)板状保温材料：紧贴(靠)基层，铺平垫稳，拼缝严密，找坡正确 (3)整体现浇保温层：拌合均匀，分层铺设，压实适当，表面平整，找坡正确 2. 保温层厚度的允许偏差：松散保温材料和整体现浇保温层为 +10%、-5%；板状保温材料为±5%，且不得大于 4mm 3. 当倒置式屋面保护层采用卵石铺压时，卵石应分布均匀，卵石的质(重)量应符合设计要求

(3) 卷材防水层

表 10-78

项次	项目	内容
1	主控项目	1. 卷材防水层所用卷材及其配套材料，必须符合设计要求 2. 卷材防水层不得有渗漏或积水现象 3. 卷材防水层在天沟、檐沟、檐口、水落口、泛水、变形缝和伸出屋面管道的防水构造，必须符合设计要求
2	一般项目	1. 卷材防水层的搭接缝应粘(焊)结牢固，密封严密，不得有皱折、翘边和鼓泡等缺陷；防水层的收头应与基层粘结并固定牢固，缝口封严，不得翘边 2. 卷材防水层上的撒布材料和浅色涂料保护层应铺撒或涂刷均匀，粘结牢固；水泥砂浆、块材或细石混凝土保护层与卷材防水层间应设置隔离层；刚性保护层的分格缝留置应符合设计要求 3. 排汽屋面的排汽道应纵横贯通，不得堵塞。排汽管应安装牢固，位置正确，封闭严密 4. 卷材的铺贴方向应正确，卷材搭接宽度的允许偏差为 -10mm

2. 涂膜防水屋面工程

涂膜防水屋面找平层、保温层的质量应符合表 10-76、表10-77 的规定。

涂膜防水层的质量应符合表 10-79 的规定。

10.1 屋面防水

表10-79

项次	项目	内容
1	主控项目	1. 防水涂料和胎体增强材料必须符合设计要求 2. 涂膜防水层不得有渗漏或积水现象 3. 涂膜防水层在天沟、檐沟、檐口、水落口、泛水、变形缝和伸出屋面管道的防水构造，必须符合设计要求
2	一般项目	1. 涂膜防水层的平均厚度应符合设计要求，最小厚度不应小于设计厚度的80% 2. 涂膜防水层与基层应粘结牢固，表面平整，涂刷均匀，无流淌、皱折、鼓泡、露胎体和翘边等缺陷 3. 涂膜防水层上的撒布材料或浅色涂料保护层应铺撒或涂刷均匀，粘结牢固；水泥砂浆、块材或细石混凝土保护层与涂膜防水层间应设置隔离层；刚性保护层的分格缝留置应符合设计要求

3. 刚性防水屋面工程
(1)细石混凝土防水层

表10-80

项次	项目	内容
1	主控项目	1. 细石混凝土的原材料及配合比必须符合设计要求 2. 细石混凝土防水层不得有渗漏或积水现象 3. 细石混凝土防水层在天沟、檐沟、檐口、水落口、泛水、变形缝和伸出屋面管道的防水构造，必须符合设计要求
2	一般项目	1. 细石混凝土防水层应表面平整、压实抹光，不得有裂缝、起壳、起砂等缺陷 2. 细石混凝土防水层的厚度和钢筋位置应符合设计要求 3. 细石混凝土分格缝的位置和间距应符合设计要求 4. 细石混凝土防水层表面平整度的允许偏差为5mm

(2)密封材料嵌缝

表10-81

项次	项目	内容
1	主控项目	1. 密封材料的质量必须符合设计要求 2. 密封材料嵌填必须密实、连续、饱满，粘结牢固，无气泡、开裂、脱落等缺陷
2	一般项目	1. 嵌填密封材料的基层应牢固、干净、干燥，表面应平整、密实 2. 密封防水接缝宽度的允许偏差为±10%，接缝深度为宽度的0.5~0.7倍 3. 嵌填的密封材料表面应平滑，缝边应顺直，无凹凸不平现象

4. 瓦屋面工程
(1)平瓦屋面

表 10-82

项次	项目	内容
1	主控项目	1. 平瓦及其脊瓦的质量必须符合设计要求 2. 平瓦必须铺置牢固。地震设防地区或坡度大于50%的屋面,应采取固定加强措施
2	一般项目	1. 挂瓦条应分档均匀,铺钉平整、牢固;瓦面平整,行列整齐,搭接紧密,檐口平直 2. 脊瓦应搭盖正确,间距均匀,封固严密;屋脊和斜脊应顺直,无起伏现象 3. 泛水做法应符合设计要求,顺直整齐,结合严密,无渗漏

(2)油毡瓦屋面

表 10-83

项次	项目	内容
1	主控项目	1. 油毡瓦的质量必须符合设计要求 2. 油毡瓦所用固定钉必须钉平、钉牢,严禁钉帽外露油毡瓦表面
2	一般项目	1. 油毡瓦的铺设方法应正确;油毡瓦之间的对缝,上下层不得重合 2. 油毡瓦应与基层紧贴,瓦面平整,檐口顺直 3. 泛水做法应符合设计要求,顺直整齐,结合严密,无渗漏

(3)金属板材屋面

表 10-84

项目	项次	内容
1	主控项目	1. 金属板材及辅助材料的规格和质量,必须符合设计要求 2. 金属板材的连接和密封处理必须符合设计要求,不得有渗漏现象
2	一般项目	1. 金属板材屋面应安装平整,固定方法正确,密封完整;排水坡度应符合设计要求 2. 金属板材屋面的檐口线、泛水段应顺直,无起伏现象

10.2 建筑工程厕、浴、厨房间防水

10.2.1 厕、浴、厨房间防水等级和设防要求

厕、浴、厨房间防水应根据建筑物类型、使用要求划分防水等级，并按不同等级确定设防层次与选用合适的防水材料，见表10-85。

厕、浴、厨房间防水等级与设防要求　　　　表10-85

项目		防水等级		
		Ⅰ	Ⅱ	Ⅲ
建筑物类别		要求高的大型公共建筑、高级宾馆、纪念性建筑	一般公共建筑、餐厅、商住楼、公寓等	一般建筑
地面设防要求		二道防水设防	一般防水设防或刚柔复合防水	一道防水设防
选用材料	地面(mm)	合成高分子防水涂料厚1.5 聚合物水泥砂浆厚15 细石防水混凝土厚40		高聚物改性涂料2厚或防水砂浆20厚
			单独用 复合用	
			改性沥青防水涂料　　3　　2	
			合成高分子防水涂料　1.5　1.0	
			防水砂浆　　　　　　20　　10	
			聚合物水泥砂浆　　　7　　3	
			细石防水混凝土　　　40　　40	
	墙面(mm)	聚合物水泥砂浆10厚	防水砂浆20厚 聚合物水泥砂浆7厚	防水砂浆20厚
	顶棚	合成高分子涂料憎水剂	憎水剂	憎水剂

10.2.2 地面构造层次及施工要点

地面构造层次及施工要点　　　　表10-86

项次	层次	技术要求及施工要点
1	结构层	宜采用整体现浇钢筋混凝土或预制整开间钢筋混凝土板，并在四周墙身部位(除门口外)整浇150mm高混凝土导墙。如采用预制多孔板时，板缝应用微膨胀混凝土或防水砂浆嵌严离板面20mm，然后再嵌填密封材料与板面平，或板缝嵌填直接与板面平后，上表面做100mm宽一布二涂附加涂膜防水层，厚度不小于2mm

续表

项次	层次	技术要求及施工要点
2	找坡层	地面坡度应严格按设计要求施工，一般为2%坡向地漏，并在地漏边向外50mm范围内增大至5%，应做到坡度准确，排水通畅。找坡层厚度小于30mm时，可用水泥混合砂浆；大于30mm时，宜水泥炉渣混凝土，或用细石混凝土进行一次找坡、找平压实抹光。地面标高应低于门外地面标高不小于20mm
3	找平层	一般采用1:2.5~1:3水泥砂浆，采用边扫水泥浆边抹水泥砂浆，做到压实、找平、抹光。水泥砂浆宜掺防水剂，以形成一道防水层。管道根、转角处应抹成八字角，宽10mm，高15mm
4	防水层	由于厕浴间、厨房间管道多，工作面小，基层结构复杂，故一般宜采用涂膜防水材料，其常用涂膜防水材料有聚氨酯防水涂料，氯丁胶乳沥青防水涂料，SBS橡胶沥青防水涂料等，应根据工程性质、使用标准选用。地面防水层一般应做至墙面250mm以上高；墙面有防水要求时，防水层应做至墙顶
5	面层	地面装饰层按设计要求施工，一般常采用1:2水泥砂浆、陶瓷锦砖、防滑地砖等。地面构造一般做法见图10-51

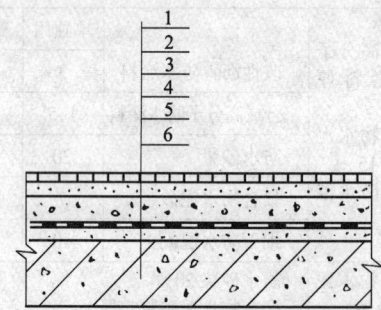

图10-51 厕浴间地面一般构造
1—饰面层；2—砂浆找平层；3—找坡层；4—防水层；5—找平层；6—结构层

10.2.3 厕、浴、厨房间主要节点构造与做法

厕、浴、厨房间主要节点构造与做法　　　表10-87

项次	节点名称	构造做法
1	穿楼板管道（一般包括冷、热水管、暖气管、	1. 一般均在楼板上预留管孔或采用手持式薄壁钻孔机钻成孔，然后再安装立管。管孔比立管外径宜大40mm以上，如为热水管、暖气管、煤气管时，则需在立管外加设钢套管，套管上口应高出地面20mm以上，下口与板底平，管缝留2~5mm

10.2 建筑工程厕、浴、厨房间防水

续表

项次	节点名称	构 造 做 法
1	污水管、煤气管、排水管、排气管等）	2．立管安装固定后，板底支模灌筑C20细石混凝土，比板面低15mm，细石混凝土宜掺微膨胀剂，然后洒水养护 3．待灌孔混凝土达一定强度，并清理干净使之干燥后，凹槽底部垫以牛皮纸或其他背衬材料，然后嵌填密封材料与板面平，如图10-52所示 4．待嵌缝密封材料固化后，在管四周筑堰蓄水试验24h，观察无渗漏水为合格 5．地面找坡、找平层时，在管根四周留出15mm宽缝隙，待地面施工防水层时，再二次嵌填密封材料，以使密封材料与地面防水层连接 6．将管道外壁200mm高，清除灰浆、油污、杂质后，涂刷基层处理剂，然后按设计要求与地面一起涂刷防水涂料 7．地面面层施工时，在管根四周50mm范围内向外有5%的坡度
2	地漏	1．地漏一般在楼板上预留孔，然后再安装地漏。地漏立管安装固定后，板底支模灌填C20细石混凝土，细石混凝土中宜掺微膨胀剂 2．地面找坡层应有1%～2%坡度坡向地漏。地漏处排水坡度，从地漏边向外50mm范围，增大至3%～5%；地漏口标高应根据门口至地漏处的坡度确定 3．地面找坡、找平时，在地漏上口四周留出20mm×20mm凹槽，待干燥后凹槽底垫以牛皮纸或其他背衬材料，凹槽四周涂刷基层处理剂，然后嵌填密封材料，如图10-53示
3	大便器	1．大便器立管安装后，与穿楼板管道一样做法用C20细石混凝土灌孔、抹平 2．立管接口处四周用密封材料交圈封严，尺寸20mm×20mm，上面防水层应做至管顶 3．大便器尾部进水处与管接口用沥青麻丝及水泥砂浆封严，外抹涂膜防水保护层，如图10-54示意。大便器蹲坑根部防水做法如图10-55所示
4	小便槽	1．地面防水在四周墙面至少卷起250mm高，小便槽防水层与地面防水层应交圈连通，立墙防水层做到花管处以上100mm，两端展开各500mm 2．小便槽地漏及地面地漏可采用图10-56做法 3．小便槽泛水坡度为2%，地面泛水为1%～2% 4．防水层宜采用涂膜防水材料 5．小便槽做法如图10-56所示
5	厨房间排水沟	排水沟防水层应与地面防水层连接，其构造做法见图10-57

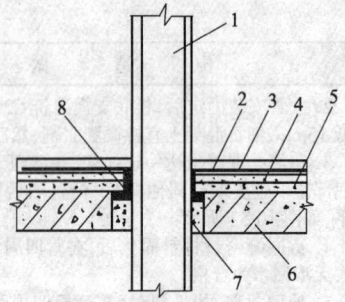

图 10-52 穿楼板管道防水构造
1—穿楼板管道;2—地面面层;3—地面防水层;4—地面找平层;
5—地面找坡层;6—地面结构层;7—灌孔细石混凝土;
8—20mm×20mm 凹槽内嵌填密封材料

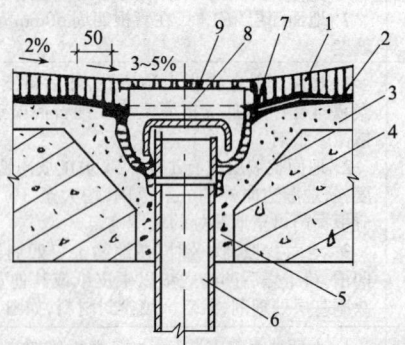

图 10-53 地漏防水构造
1—地面面层;2—地面防水层;3—找坡找平层;4—结构层;
5—1:3 水泥砂浆或 C20 细石混凝土灌孔;6—地漏立管;
7—20mm×20mm 密封材料嵌缝;8—地漏口;9—地漏箅子

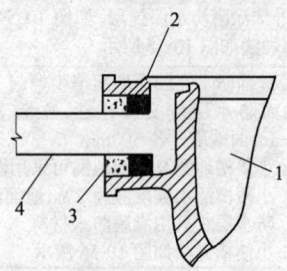

图 10-54 大便器进水管与管口连接
1—大便器;2—油麻丝密封材料;3—1:2 水泥砂浆;4—冲洗管

10.2 建筑工程厕、浴、厨房间防水

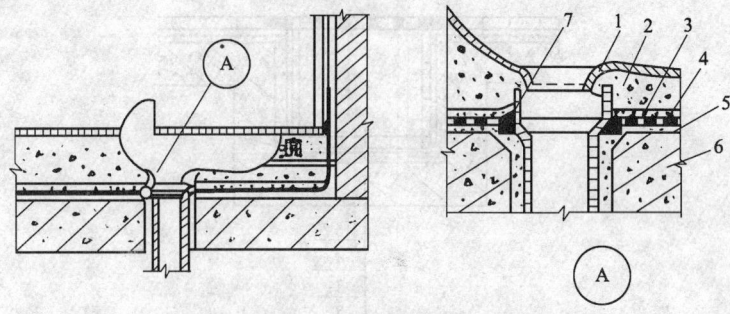

图10-55 大便器蹲坑防水构造
1—大便器底；2—1:6水泥炉渣或C20细石混凝土垫层；
3—1:2.5水泥砂浆保护层；4—涂膜防水层；
5—20mm厚1:2.5水泥砂浆找平层；6—结构层；
7—20mm×20mm密封材料交圈封严

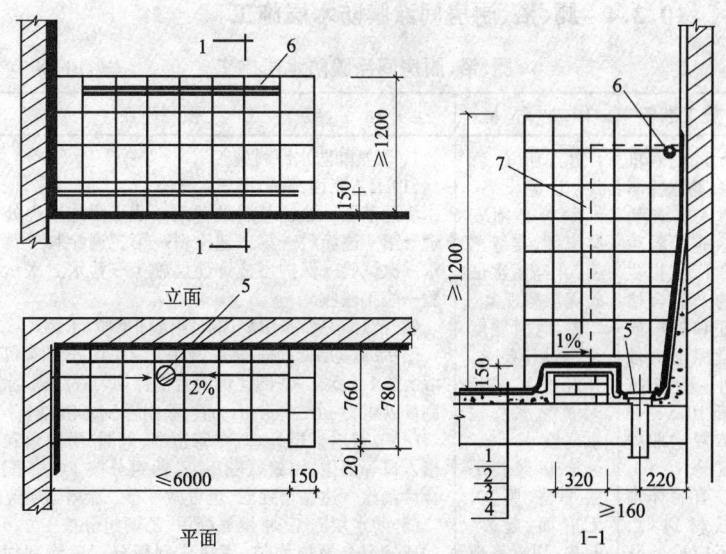

图10-56 小便槽防水平、立、剖面
1—地面面层；2—防水层；3—20mm厚1:3水泥砂浆找平层；
4—找坡垫层及结构层；5—地漏；6—花管；7—防水线

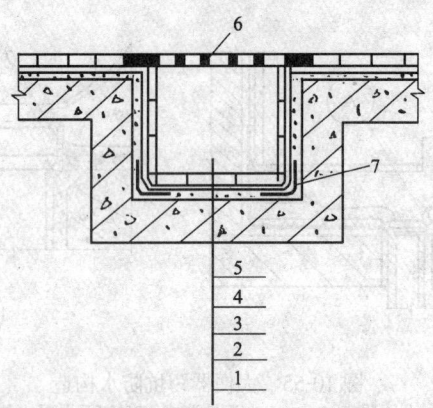

图 10-57 厨房间排水沟防水构造
1—结构层;2—防水砂浆刚性防水层;3—涂膜防水层;4—粘结层;
5—面砖面层;6—铁箅子;7—转角处卷材附加层或二布六涂涂膜附加层

10.2.4 厕、浴、厨房间涂膜防水层施工

厕、浴、厨房间涂膜防水层施工 表10-88

施工准备	作业环境	施 工 要 点
1.材料准备:防水涂料进入现场后,除应验看生产厂家提供的产品合格证和材料质量保证文件外,还应按第10.1.3.3节规定取样复验。 有胎体增强材料时,还应检验防水涂料与胎体增强材料的相容性。 2.机具准	1.所有管件、卫生设备、地漏等必须安装牢固,接缝严密,并经蓄水试验无渗漏现象。 2.地面坡度符合设计要求,并经泼水试验无倒泛水及积水现象。 3.砂浆找平层平整、坚实,无麻面、起砂、起皮、裂缝等现象。 4.基层所有转角做成半径为10mm的平	1.聚氨酯防水涂料施工 (1)工艺流程:常采用三涂做法 清理基层→涂刷基层处理剂→节点附加增强处理→第一遍涂料→第二遍涂料→第三遍涂料→蓄水一次试验→保护层或饰面层施工→蓄水二次试验→竣工验收 (2)清理基层:基层表面必须清理干净、干燥 (3)涂刷基层处理剂:将聚氨酯甲、乙两组分和有机溶剂按1:1.5:2~3的比例混合搅拌均匀后涂刷,涂刷量以0.15~0.20kg/m² 为宜,涂刷后干燥4h以上 (4)节点增强层处理:在管道根、地漏、阴阳角和出入口等部位,用聚氨酯甲、乙两组分按1:1.5配合后刮涂一边做增强层,也可做一布二涂增强层 (5)防水层施工:将聚氨酯甲、乙两组分按1:1.5的比例混合搅拌均匀,用橡皮刮板分三遍涂刮均匀,每遍均应在上遍涂膜固化后进行,并涂刷方向相互垂直,三遍涂膜总厚度1.5mm,总用料量2~2.5kg/m² (6)在第三遍涂膜未固化前,应在其表面稀撒一

续表

施工准备	作业环境	施工要点
备：一般应备有配料用的电动搅拌器、拌料桶、磅称等；涂刷涂料用的棕刷、油漆刷、滚动刷、油漆小桶、嵌刀、刮板等；铺贴增强材料用的剪刀、压碾辊等	滑圆角或八字角 5. 基层已干净、干燥,含水率不大于9%（能在潮湿基层上固化的涂料除外） 6. 自然光线较差时,应备照明；通风较差时,应增强通风设备；现场严禁烟火,并备有灭火器材 7. 防水涂料施工环境温度一般在5℃以上 8. 施工人员以2~3人一组较为合适	层干净砂粒,以增加与面层砂浆之间粘结 (7)在上述涂膜全部固化完全,即可进行蓄水试验和做保护层或饰面层 2. 氯丁胶乳沥青（或SBS改性沥青）防水涂料施工 (1)工艺流程：常用一布四涂和二布六涂做法,现以一布四涂做法为例,其程序为： 清理基层→满刮氯丁胶乳沥青水泥腻子→涂刷第一遍涂料→节点附加增强处理→铺贴玻璃纤维布,同时涂刷第二遍涂料→涂刷第三、四遍涂料→蓄水一次试验→保护层或饰面层施工→蓄水二次试验→竣工验收 (2)清理基层：将基层上浮灰、杂物等清理干净 (3)满刮氯丁胶乳沥青水泥腻子：将氯丁胶乳沥青防水涂料倒入水泥中,边倒边搅拌至稠浆状,即可涂刮于基层表面,厚度2~3mm,管道根、转角处要厚刮并抹平整 (4)涂刷第一遍涂料：待腻子干燥后,用毛刷或刮板蘸涂料满刮一遍,要求均匀,不堆积、不流淌,立面刮至设计高度 (5)节点附加增强处理：在阴阳角、管道根、地漏、大便器等部位分别做一布二涂附加增强层 (6)铺贴玻璃丝布同时涂刷第二遍防水涂料：附加增强层做完并干燥后,大面铺贴玻纤布,同时涂刮第二遍涂料,要求使涂料浸透布纹并渗入下层,玻纤布搭接宽度不小于100mm,顺水接槎,收口处贴牢,立面贴至设计高度 (7)涂刷第三、四遍防水涂料：待上述涂膜实干（一般24h）后,涂刮第三遍防水涂料,待第三遍涂膜表干（一般4h）后,再涂刮第四遍涂料 (8)待上述涂膜全部完全固化后,即可做蓄水试验和保护层或饰面层

10.3 地下防水工程

10.3.1 地下工程防水等级和设防要求

1. 地下工程防水等级

地下工程防水等级分为4级,各级标准应符合表10-89的规定。

地下工程防水等级标准 表 10-89

项次	防水等级	标 准
1	Ⅰ级	不允许渗水,结构表面无湿渍
2	Ⅱ级	不允许漏水,结构表面可有少量湿渍 工业与民用建筑:湿渍总面积不应大于总防水面积(包括顶板、墙面、地面)的 1‰,单个湿渍的最大面积不大于 $0.1m^2$,任意 $100m^2$ 防水面积上的湿渍不超过 1 处
3	Ⅲ级	有少量漏水点,不得有线流和漏泥砂 单个湿渍的最大面积不大于 $0.3m^2$,单个漏水点的最大漏水量不大于 2.5L/d,任意 $100m^2$ 防水面积上的漏水点不超过 7 处
4	Ⅳ级	有漏水点,不得有线流和漏泥砂 整个工程平均漏水量不大于 $2L/m^2 \cdot d$,任意 $100m^2$ 防水面积的平均漏水量不大于 $4L/m^2 \cdot d$

2. 渗漏水现象描述使用的术语、定义和标识符号(表 10-90)

渗漏水现象描述使用的术语、定义和标识符号 表 10-90

术语	定 义	标识符号
湿渍	地下混凝土结构背水面,呈现明显色泽变化的潮湿斑	♯
渗水	水从地下混凝土结构衬砌内表面渗出,在背水的墙壁上,可观察到明显的流挂水膜范围	○
水珠	悬垂在地下混凝土结构衬砌背水顶板(拱顶)的水珠,其滴落间隔时间超过 1min 称为水珠现象	◇
滴漏	地下混凝土结构衬砌背水顶板(拱顶)渗漏水的滴落速度,每分钟至少 1 滴,称为滴漏现象	▽
线漏	指渗漏成线或喷水状态	↓

3. 房屋建筑地下室渗漏水现象检测(表 10-91)

房屋建筑地下室渗漏水现象和检测方法 表 10-91

项次	项目	现 象	检 测 方 法
1	湿渍	湿渍主要是由混凝土密实度差异造成毛细现象或由混凝土允许裂缝(宽度小于 0.2mm)产生,在混凝土表面肉眼可见的"明显色泽变化的潮湿斑"。一般在人工通风条件下可消失,即蒸发量大于渗入量的状态	检查人员用干手触摸湿斑,无水分的浸润感觉。用吸墨纸或报纸贴附,纸不变颜色。检查时,要用粉笔勾划出湿渍范围,然后用钢尺测量高度和宽度,计算面积,标示在展开图上

续表

项次	项目	现象	检测方法
2	渗水	渗水是由于混凝土密实度差异或混凝土有害裂缝(宽度大于0.2mm)而产生的地下水连续渗入混凝土结构,在背水的混凝土墙壁表面肉眼可观察到明显的流挂水膜范围,在加强人工通风的条件下也不会消失,即渗入量大于蒸发量的状态	检查人员用干手触摸可感觉到水分浸润,手上会沾有水分。用吸墨纸或报纸贴附,纸会浸润变颜色。检查时,要用粉笔勾划出渗水范围,然后用钢尺测量高度和宽度,计算面积,标示在展开图上

注:1. 房屋建筑地下室只调查围护结构内墙和底板。
　2. 全埋于地下的结构(地下商场、地铁车站、军事地下库等),除调查围护结构内墙和底板外,背水的顶板(拱顶)系重点调查目标。

4. 地下工程的防水设防要求(表10-92)

建筑工程明挖法地下工程防水设防　　表10-92

工程部位	防水措施	防水等级			
		Ⅰ级	Ⅱ级	Ⅲ级	Ⅳ级
主体	防水混凝土	应选	应选	应选	宜选
	防水砂浆 防水卷材 防水涂料 塑料防水板 金属板	应选1至2种	应选1种	宜选1种	—
施工缝	遇水膨胀止水条 中埋式止水带 外贴式止水带 外抹防水砂浆 外涂防水涂料	应选2种	应选1至2种	宜选1至2种	宜选1种
后浇缝	膨胀混凝土	应选	应选	应选	应选
	遇水膨胀止水条 外贴式止水带 防水嵌缝材料	应选2种	应选1至2种	宜选1至2种	宜选1种
变形缝 诱导缝	中埋式止水带	应选	应选	应选	应选
	外贴式止水带 可卸式止水带 防水嵌缝材料 外贴防水卷材 外涂防水涂料 遇水膨胀止水带	应选2种	应选1至2种	宜选1至2种	宜选1种

5. 各类地下工程的防水等级(表10-93)

各类地下工程的防水等级　　　　表 10-93

项次	防水等级	工　程　名　称
1	Ⅰ级	医院、餐厅、旅馆、影剧院、商场、冷库、金库、档案库、通信工程、计算机房、电站控制室、配电间、防水要求较高的生产车间 指挥工程、武器弹药库、防水要求较高的人员掩蔽部 铁路旅馆、站台、行李房、地下铁道车站、城市人行地道
2	Ⅱ级	一般生产车间、空调机房、发电机房、燃料库 一般人员掩蔽工程 电气化铁路隧道、寒冷地区铁路隧道、地铁运行区间隧道、城市公路隧道、小泵房
3	Ⅲ级	电缆隧道 水下隧道、非电气化铁路隧道，一般公路隧道
4	Ⅳ级	取水隧道、污水排放隧道 人防疏散干道 涵洞

注：1. 地下工程的防水等级，可按工程或组成单元划分。
　　2. 对防潮要求较高的工程，除应按Ⅰ级防水等级外，还应采取相应的防潮措施。

10.3.2　防水混凝土结构防水

防水混凝土结构防水施工　　　表 10-94

组成、特性、适用范围	原材料要求及配合比	施　工　要　点
防水混凝土包括普通防水混凝土、外加剂或掺合料防水混凝土和膨胀水泥防水混凝土三类 　普通防水混凝土是以调整配合比的方法，提高混凝土自身的密实性和抗渗性 　外加剂防水混凝土是在混凝土拌合物中加入少量改善混凝土性能的有机	1. 材料要求 (1) 水泥：在不受侵蚀性介质和冻融作用时，宜选用火山灰水泥、粉煤灰水泥或普通水泥；掺加外加剂时可采用矿渣水泥；在受冻融作用时，应选用普通水泥；在受侵蚀性介质作用时，应按设计要求选用。水泥强度等级不应低于32.5级，并不得使用过期或受潮结块水泥	1. 拌制混凝土所用材料的品种、规格和用量，每工作班检查不应少于两次，每盘混凝土各组成材料计量结果的偏差应符合表10-100的规定。并应用机械搅拌，搅拌时间不应少于2min，掺入处加时，还应延长1～2min 2. 混凝土在运输过程中要防止产生分层离析和坍落度和含气量损失。在浇筑地点的坍落度，每工作班至少检查两次，其偏差应符合表10-101的规定 3. 模板要求拼缝严密，支撑牢固，固定模板用的螺栓套管及埋于结构

10.3 地下防水工程

续表

组成、特性、适用范围	原材料要求及配合比	施 工 要 点
或无机物,如减水剂、防水剂、引气剂等外加剂;掺合料防水混凝土是在混凝土拌合物加入少量硅粉、磨细矿渣粉、粉煤灰等无机粉料,以提高混凝土的密实性和抗渗性。其中外加剂和掺合料均可单掺,也可复合掺用 膨胀水泥防水混凝土(或膨胀剂混凝土)是利用膨胀水泥在硬化过程中形成大量体积增大的结晶(如钙矾石),改善了混凝土的孔结构,提高抗渗性,同时膨胀后产生的自应力使混凝土处于受压状态,提高了抗裂能力 防水混凝土用于工程,可兼起结构物的承重、围护与防水三重作用 适用于防水等级为Ⅰ~Ⅳ级的地下整体式混凝土结构和构筑物,如地下室、地下通廊、地坑、泵房、地下车站、设备基础、贮液罐、水池等,但不宜用于环境温度高于80℃或处于耐蚀系数小于0.8的侵蚀	(2)粗、细骨料:其技术要求见表10-95 (3)水:应采用不含有害物质的洁净水 (4)外加剂:常用的有引气剂、密实剂、防水剂、减水剂等,其技术性能应符合国家或行业标准一等品及以上的技术要求,它的掺量及效果见表10-96 (5)膨胀水泥及膨胀剂:其种类及性能见表10-97、表10-98 (6)掺合料:常用粉煤灰、硅粉等粉细料,属活性掺合料,可改善砂子级配(补充天然砂中部分小于0.15mm颗粒),填充混凝土部分空隙,还可减少水泥用量,降低水化热,防止和减少混凝土裂缝。粉煤灰的级别不应低于二级,掺量不宜大于20%,硅粉掺量不应大于3%,其他掺合料的掺量应通过试验确定 2.配合比 防水混凝土的抗渗等级按表10-99选用,在试配时应比设计值提高0.2MPa 普通防水混凝土配制主要是以抗渗强度等级为控制指标,一般要求水泥用量不得少于300kg/m³;掺有活性掺合料时,水泥用量不得少于280kg/m³	中的管道等应加焊止水环(图10-58、图10-59),并须满焊。模板应浇水湿润 4. 混凝土浇灌要控制自由落差小于1.5m,如落差大于1.5m时,应采用溜槽、半桶浇灌,或在模板上开设门子洞下料 5. 混凝土应分段、分层、均匀连续浇筑,一般每层厚200~400mm,采用插入式振捣器振捣密实,振捣时间10~30s,至开始泛浆和不冒气泡为准,并应避免漏振、欠振和超振 6. 混凝土宜少留或不留施工缝,必须留设时,水平施工缝可按图10-60所示形式;垂直施工缝应避开地下水和裂隙水较多的地段,并宜与变形缝相结合。继续浇筑时,施工缝处应凿毛扫净、湿润,再浇一层20~25mm厚1:1水泥砂浆接浆后方可继续浇筑。变形缝的构造、适用范围及施工要求见表10-102 7. 混凝土终凝后应立即覆盖浇水养护不少于14d,结束养护后仍应注意防止干缩裂缝,最好用喷涂养护剂或喷涂乙烯薄膜继续养护,直至投入使用与水接触为止 8. 防水混凝土不宜过早拆模,拆模时表面温度与周围气温之差不应超过15~20℃,以防止混凝土表面出现裂缝;对于地下部分,拆摸后应及时回填土,以利于混凝土后期强度增升和获得预期的抗渗性能 9. 防水混凝土不宜采用电热或蒸汽养护,冬期施工可采用蓄热法或暖棚法等保温措施 10. 大体积防水混凝土施工,应采取降低水化热温度、浇筑温度、加快散热等措施,以防止产生温度和收缩裂缝 11. 防水混凝土抗渗性能试件应

续表

组成、特性、适用范围	原材料要求及配合比	施工要点
性介质中使用的工程,以及受剧烈振动或冲击的结构	砂率宜为35%~45%,灰砂比宜为1:2~1:2.5;水灰比不得大于0.55;普通防水混凝土坍落度不宜大于50mm,泵送时入泵坍落度宜为100~140mm	在浇筑地点制作。连续浇筑混凝土每500m³留置一组抗渗试件(一组为6个),且每项工程不得少于两组

防水混凝土砂、石材质要求　　表10-95

项目	砂						石		
筛孔尺寸(mm)	0.16	0.315	0.63	1.25	2.5	5.0	5.0	$\frac{1}{2}D_{max}$	D_{max} $\not> 40mm$
累计筛余	100	70~95	45~75	20~55	10~35	0.5	95~100	30~65	0~5
泥块含量	含泥量$\not>$3%,泥块含量$\not>$1.0%						含泥量$\not>$1%,泥块含量$\not>$0.5%		
材质要求	1. 宜选用洁净的中砂,内含一定的粉细料 2. 颗粒坚实的天然砂或由坚硬的岩石粉碎制成的人工砂						1. 坚硬的卵石、碎石 2. 软弱颗粒含量$\not>$石子总量的5% 3. 石子粒径宜为5~40mm		

常用防水混凝土外加剂性能及掺量参考表　　表10-96

类别名称		技术性能	掺量(%)	掺入混凝土后的作用及效果	备注
引气剂	松香酸钠	红棕或橙黄色透明黏稠液体,易溶于水	0.3~0.05	拌合时产生大量、均匀、微小的封闭气泡,破坏了混凝土毛细管的渗水通路,提高了抗渗性,同时改善混凝土结构的性能,提高耐久性、抗冻性;改善施工混凝土的和易性、泌水性。抗渗等级:掺松香酸钠防水混凝土可达P1.0~P2.5;掺松香热聚物防水混凝土可达P0.7~P1.5	使用时控制含气量在3%~5%,使密度降低不超过6%;强度降低不超过25%
	松香热聚物	微透明黏稠胶体,易溶于水	0.005~0.015		

续表

类别名称		技术性能	掺量(%)	掺入混凝土后的作用及效果	备注
密实剂	氢氧化铁防水剂	黏稠性胶状物质,不溶于水,含食盐量应小于12%	2.0	能生成一种胶状不溶于水的含氢氧化铁、氢氧化亚铁、氢氧化铝悬浮颗粒,填充混凝土中微小孔隙和毛细管通路,因而有效地提高混凝土的密实性和不透水性。抗渗等级可达S1.5~S3.5	掺入混凝土中,对凝结时间及钢筋锈蚀均无显著变化
	氯化铁防水剂	深棕色液体,密度大于1.4,$FeCl_2$:$FeCl_3$=1.1~1.3;$FeCl_2$+$FeCl_3$含量大于400g/L,pH=1~2,硫酸铝含量为溶液重的5%~10%	2.0~3.0		
早强剂	三乙醇胺	无色或淡黄色透明油状液体,密度1.12~1.13;pH=8~9,纯度70%~80%,无毒,不易燃,易溶于水,呈碱性	0.02~0.05	能促使水泥胶体极端活泼性,加快水化作用,水化生成物增加,水泥石结晶变细,结构密实,因而可提高混凝土的抗冻性和不透水性。抗渗等级可达S2.8~S4.0	冬期常与氯化钠、亚硝酸钠复合使用,其掺量为氯为钠0.5%、亚硝酸钠1%
减水剂	M型减水剂	又称木质素磺酸钙减水剂,为黄色粉末状固体结晶,易溶于水,密度0.54;pH=5	0.2~0.3	对水泥有分散作用,显著改善混凝土拌合物的和易性,可降低水灰比,减少用水量,同时有加气作用,提高抗冻性。其抗渗等级可达S3以上	使用时注意掌握掺量,控制含气量3.5%左右
	MF减水剂	又称次甲基a甲基萘磺酸钠减水剂,为褐色粉末或棕蓝色液体,pH=7~9,易溶于水,有一定吸水性,无毒,不燃	0.3~0.7	对水泥有极好的扩散效应,可改善混凝土拌合物的和易性,减少用水量,减少由于多余水分蒸发而留下的毛细孔体积,且孔径变细,结构致密,同时水化生成物分布均匀,因而提高混凝土的密实性和抗渗性。其抗渗等级可达S4以上	使用时可根据对混凝土的不同要求,与早强剂、加气剂、消泡剂复合使用,效果更好
	NNO减水剂	又称亚甲基二萘磺酸钠减水剂,为米棕色粉末或棕黑色液体,pH=7~9,无毒,耐酸碱,不燃,易溶于水	0.5~1		

注:掺量以占水泥重量的%计。

膨胀水泥质量指标 表 10-97

项 目		明矾石膨胀水泥	石膏矾土膨胀水泥	硅酸盐膨胀水泥	低热微膨胀水泥
标 准 号		JC 311—82	JC 65—68	建标 55—61	GB 2938—82
细度	比表面积(cm/g)	≥4500	≥4500		≥3500
	4900 孔/cm² 筛余量			≤10%	
凝结时间	初凝(min)	≥45	>20	>20	>45
	终凝(h)	<6	<4	<10	<12
安 定 性		合格	合格	合格	合格
膨胀率	水养 1d	>0.15%	>0.15%	>0.3%	>0.05%
	水养 28d	≥0.35% ≤1.0%	≥0.30% <1.0%	<1.0%	<0.5%
强度(MPa)		软练 28d 42.5 52.5 62.5	硬练 28d 40 50 60	硬练 28d 40 50 60	软练 28d 32.5 42.5
不透水性		10个大气压力作用下应完全不透水	10个大气压力作用下应完全不透水	8个大气压力作用下应完全不透水	

常用膨胀剂性能及掺量 表 10-98

名 称	膨胀组成	限制膨胀率(%)	自应力(MPa)	掺量(C×%)	研制或生产单位
UEA 膨胀剂	明矾石、石膏	0.02~0.05	0.2~0.7	10~12	中国建材院
EA-L 膨胀剂	明矾石、石膏	0.05~0.10	0.2~0.8	13~17	安徽省建科所
复合膨胀剂	CaO、明矾石、石膏	0.03~0.07	0.3~1.0	10~12	中国建材院
FN-M 型膨胀剂	钙矾石	>0.02	0.2~0.7	12~15	东电三公司水泥厂
YS-PNC 型膨胀剂	钙矾石	0.02~0.04	0.2~0.7	10~14	青岛应用化学建材厂
铝酸钙膨胀剂	钙矾石		0.2~0.7	10~12	中国建材院
脂膜石灰膨胀剂	$Ca(OH)_2$			5~8	冶金建筑研究院
镁质膨胀剂	$Mg(OH)_2$			3~5	南京化工学院

注：掺量按内掺法计算。

10.3 地下防水工程

防水混凝土设计抗渗等级 表10-99

工程埋置深度(m)	设计抗渗等级
<10	P6
10~20	P8
20~30	P10
30~40	P12

注:1. 本表适用于Ⅳ、Ⅴ级围岩(土层及软弱围岩)。
2. 山岭隧道防水混凝土的抗渗等级可按铁道部门的有关规范执行。

混凝土组成材料计量结果的允许偏差(%) 表10-100

混凝土组成材料	每盘计量	累计计量
水泥、掺合料	±2	±1
粗、细骨料	±3	±2
水、外加剂	±2	±1

注:累计计量仅适用于微机控制计量的搅拌站。

混凝土坍落度允许偏差 表10-101

要求坍落度(mm)	允许偏差(mm)
≤40	±10
50~90	±15
≥100	±20

变形缝的构造、适用范围及施工要求 表10-102

名称	构造	适用范围及施工要求
嵌缝式变形缝	(图示)	预留或剔凿出小凹槽,然后用弹性密封材料嵌填密实 适用于水压<0.03MPa、变形量<10mm的稍潮湿环境浅埋变形缝
螺栓固定止水带变形缝	(图示)	变形缝处做成凹槽,预埋螺栓,要求螺栓位置正确,基面平整,然后用螺栓压住橡胶止水带 适用于水压<0.03MPa、变形量<20~30mm的浅埋变形缝

续表

名称	构造	适用范围及施工要求
粘贴式止水带变形缝	(图示：1 3 4 2)	预埋或剔凿出例楔形凹槽内先做水泥砂浆刚性防水层，养护后分层涂底胶和粘胶，要求涂刷均匀，厚度1～2mm，待手背触及胶层感到不粘手时，将止水带一次粘贴就位，按牢按实，无起鼓、起泡后，即灌入细石混凝土压住止水带。亦可用胶粘剂粘贴玻璃布，做成二布三胶玻璃钢，养护24h后再分次涂胶6～8遍，使胶片厚度达20mm以上，养护一周后再灌入细石混凝土 适于水压＜0.03MPa、变形量＜10mm的浅埋地下结构物变形缝及变形缝渗漏水修补
后埋止水带变形缝	(图示：1 7 3 2)	预留倒楔形凹槽内做水泥砂浆刚性防水层，养护后抹上一层素灰层（厚度5mm），同时将止水带用木锉锉毛后亦抹上素灰层，并用钢丝刷反复擦刷，之后，将止水带铺贴于凹槽内的素灰层上，按压密实，铺完后立即在止水带表面及槽壁再抹一层素灰（厚度2mm），然后灌入细石混凝土覆盖 适于水压＜0.03MPa、变形量＜10mm的浅埋半地下防水工程变形缝及变形缝渗漏水修补
附贴式止水带变形缝	(图示：1 2, 7)	止水带设在变形缝处的结构垫层上，侧壁则固定于模板上，然后浇筑防水混凝土，变形缝用填缝材料嵌填密实 适于水压＜0.03MPa、变形量＜20～30mm的变形缝
埋入式橡胶止水带变形缝	(图示：1 7 2)	沿结构厚度的中心将止水带的两翼分别埋入缝两边的结构中，圆环中心对准变形缝中央，在变形缝内放置木丝板，然后分别浇筑两侧防水混凝土，要求止水带与混凝土结合牢固、密实，并在施工中不得损坏止水带 适于水压＞0.03MPa、变形量20～30mm的变形缝
埋入式金属止水带变形缝	(图示：1 8 2)	施工方法及要求与埋入式橡胶止水带同，金属板厚度2～3mm，中间加工成半圆弧形 适于环境温度高于50℃处的变形缝

注：表图中：1—嵌缝材料；2—防水结构；3—细石混凝土；4—橡胶片或玻璃钢；5—螺栓；6—螺栓压板；7—止水带；8—金属止水带。

10.3 地下防水工程

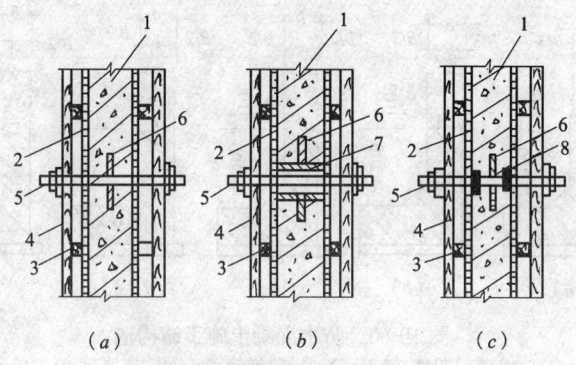

图 10-58 预埋螺栓、套管方法
(a)螺栓加焊止水片;(b)预埋套管加焊止水片;
(c)螺栓加焊止水片再加堵头
1—防水结构;2—模板;3—横楞;4—立楞;5—对拉螺栓;
6—止水片;7—套管;8—堵头(拆摸后剔除堵头,
将螺栓沿坑底割去,用膨胀水泥砂浆封堵)

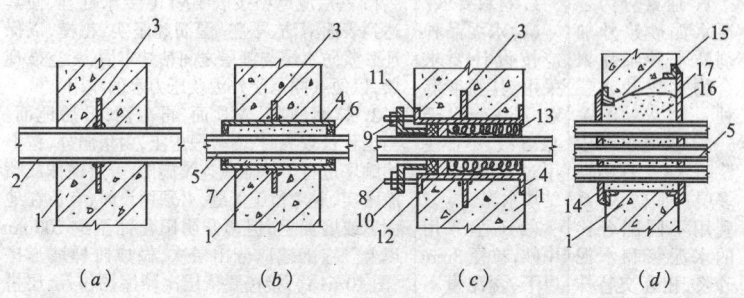

图 10-59 预埋管道、套管方法
(a)固定式穿墙管;(b)、(c)套管式穿墙管;(d)群管做法
1—地下结构;2—预埋管道;3—止水环;4—预埋套管;
5—穿墙管;6—防水油膏;7—细石混凝土或砂浆;
8—双头螺栓;9—螺帽;10—压紧法兰;11—橡胶圈;
12—挡圈;13—嵌填材料;14—封口钢板;
15—固定角钢;16—柔性材料;17—浇注孔

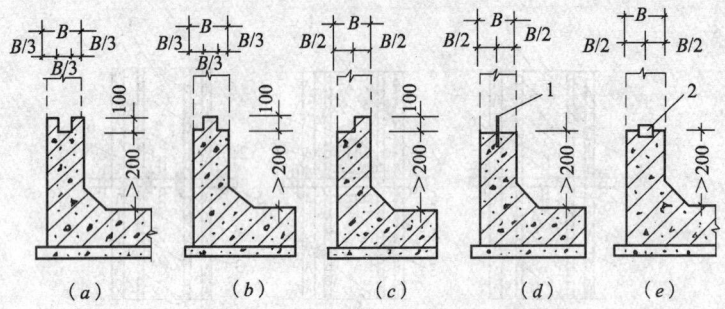

图 10-60 防水混凝土施工缝构造
(a)凹缝；(b)凸缝；(c)阶梯缝；(d)、(e)平直缝
1—金属止水片或塑料止水带；2—膨胀橡胶止水带(表面涂缓膨胀剂)

10.3.3 水泥砂浆防水层

水泥砂浆防水层　　　　　　表 10-103

名称及适用范围	材料要求及配合比	施工要点
1. 通常分为普通水泥砂浆外加剂防水砂浆和聚合物水泥砂浆三种 2. 普通水泥砂浆防水(又称刚性多层抹面防水)系利用不同配合比的水泥浆和水泥砂浆，相互交替抹压均匀、密实，构成一个多层的整体防水层。一般迎水面采用"五层抹面法"，背水面采用"四层抹面法"。此法在防水要求较低的工程中使用较为适宜 3. 外加剂防水砂浆系在普通水	1. 材料要求： (1)水泥品种应按设计要求采用，其强度等级不应低于42.5级，不得使用过期或受潮结块水泥 (2)砂宜采用中砂，粒径3mm以下，含泥量不得大于1%，硫化物和硫酸盐含量不得大于1% (3)水应采用不含有害物质的洁净水 (4)外加剂的技术性能应符合国家或行业标准一等品及	1. 基层应严格按表 10-110 要求处理，使其达到表面清洁、平整、湿润和坚实、粗糙，以保证砂浆防水层与基层之间粘结牢固，无空鼓现象，以便共同承受外力及压力水的作用 2. 抹面顺序，先顶面、再墙面，最后地面。当工程量较大时，需分段施工，由里向外，按上述顺序进行。抹面应连续施工，分层铺抹或喷涂密实，避免留施工缝，必须留时，宜留在地面上或墙面上，但离开阴阳角至少200mm以上。施工缝应分出层次，做成阶梯坡形槎(图10-61a)，接槎要依层次顺序操作，层层搭接紧密(图10-61b)。阴阳角均应分层做成圆弧形，阴角 r=50mm，阳角 r=10mm，遇有穿墙管、螺栓等预埋件，应在其周围留出凹槽，嵌实水泥浆后再做防水层，如图10-61(c)、(d) 3. 普通水泥砂浆防水的"四层抹面法"和"五层抹面法"操作要点见表10-111 4. 外加剂防水砂浆防水层施工时，在处理好的基层上先涂抹一层防水净浆，然后分层铺抹防水砂浆3～4层，每层厚度控制在5～7mm，总厚度18～20mm，每层应在前一层凝固后随即进行，最后一层在凝固前，应反复抹压密实，

续表

名称及适用范围	材料要求及配合比	施工要点
泥砂浆中掺入各种外加剂、掺合剂，可提高砂浆的密实性、抗渗性，应用已较普遍 4.聚合物防水砂浆系在水泥砂浆中掺入高分子聚合物制成，具有韧性、耐冲击性好。是近来国内发展较快、具有较好防水效果的新型防水材料 5.适用范围： 适用于混凝土或砌体结构的基层上采用多层抹压工艺的水泥砂浆防水层。但由于水泥砂浆系刚性防水材料，适应变形能力差，因此不适用于环境有侵蚀性、持续振动或温度大于80℃的地下工程	以上的质量要求，其常用品种及性能见表10-104 (5)聚合物乳液常用有阳离子氯丁胶乳、丙烯酸酯共聚乳液、有机硅等，其外观质量应无颗粒、异物和凝固物，其技术性能见表10-105和表10-106 2.配合比 (1)普通水泥砂浆防水层的配合比应按表10-107选用 (2)外加剂防水砂浆防水层的配合比应按表10-108选用 (3)聚合物水泥砂浆防水层的配合比应按表10-109选用	压光 防水砂浆配制时，应先将水泥与砂干拌均匀，然后加入配制好的防水剂水溶液，反复搅拌均匀，配制好的防水砂浆应在30min内用完 5.聚合物水泥砂浆防水层因所用聚合物材料不同，施工方法也有所不同。阳离子氯丁胶乳防水砂浆防水层施工时，应在处理好的基层上先涂刷一遍胶乳水泥净浆，仔细封堵孔洞和缝隙，待15min后分层铺抹胶乳水泥砂浆，应按一个方向铺抹，不得反复搓迭，阴阳角抹成圆角，砂浆总厚度6～8mm，最后一遍砂浆4h后抹一遍普通水泥砂浆保护层；丙烯酸酯共聚乳液水泥砂浆防水层施工方法同普通水泥砂浆防水层，采用多层抹压工艺；有机硅水泥砂浆防水层施工时，在处理好的基层上先刷或喷1～2遍底水，不等干燥即抹2～3mm厚结合层净浆，初凝后再分层抹压防水砂浆，最后再抹普通水泥砂浆保护层 6.养护：普通水泥砂浆防水层及外加剂水泥砂浆防水层凝固后应及时养护，墙面用喷雾器喷水养护，地面用湿草包、锯末覆盖浇水养护不少于14d；聚合物水泥砂浆防水层应采用干湿交替的养护方法，即早期(硬化后7d内)采用潮湿养护，后期采用自然养护；在潮湿环境中，可在自然条件下养护

常用防水剂的品种与性能　　　表10-104

名　称	主要成分	性　　能	适用范围
氯化物金属盐类防水剂	氯化钙、氯化铝	加入水泥浆后，与水泥和水起作用生成含水氯硅酸钙、氯铝酸钙等化合物，能填补砂浆中空隙，增强防水性能	防水砂浆、防水混凝土
金属皂类防水剂	硬脂酸、氢氧化钾、碳酸钠	该防水剂有塑化作用，可降低水灰比，同时在水泥浆中生成不溶性物质，填塞毛细孔道，提高抗渗性	防水砂浆
氯化铁防水剂	三氯化铁和氯化亚铁	掺入水泥浆中，三氯化铁等氯化物能与水泥水化生成的氢氧化钙作用，生成不溶于水的氢氧化铁等胶体，堵塞砂浆中微孔及毛细管道，提高抗渗性	防水砂浆、防水混凝土

续表

名称	主要成分	性能	适用范围
水玻璃矾类防水促凝剂	硅酸钾	该防水剂凝固速度快,应随配随用,拌好的要及时用完,常用的有五矾、四矾、三矾、二矾,其中五矾防水效果最佳	防水砂浆堵漏
无机铝盐防水剂	铝和碳酸钙	掺入水泥砂浆和混凝土中,产生促进水泥构件密实的复盐,填充水泥砂浆和混凝土在水化过程中形成的孔隙及毛细孔通道,成为刚性防水层	防水砂浆、防水混凝土

阳离子氯丁胶乳的主要性能　　　　表 10-105

项　目	性　能	项　目	性　能
外　观	白色乳状液	黏度(薄球黏度计)	0.00648Pa·s
pH 值	3~5(用醋酸调节)	硫化胶抗张强度	>150N/mm^2
含固量	>50%	硫化胶延伸率	>750%
相对密度	>1.085	含氯量	35%
黏度(转子黏度计)	0.0124Pa·s		

有机硅防水剂主要性能　　　　表 10-106

项次	项　目	甲基硅醇钠	高沸硅醇钠	主要生产单位
1	外观	淡黄色至无色透明	淡黄色至无色透明	北京市建材制品总厂、北京市化工七厂、天津市油化厂、上海市树脂厂、沈阳市北方建筑防水材料厂
2	固体含量(%)	30~32.5	31~35	
3	pH 值	14	14	
4	相对密度(25℃)	1.23~1.25	1.25~1.26	
5	氯化钠含量(%)	<2	<2	
6	硅含量(%)		1~3	
7	甲基硅倍伴氧含量(%)	18~20		
8	总碱量(%)	<18	<20	

注:表中性能指标系北京市建材制品总厂的产品指标。

普通水泥砂浆防水层的配合比　　　　表 10-107

名　称	配合比(重量比)		水灰比	适 用 范 围
	水泥	砂		
水泥浆	1	—	0.55~0.60	水泥砂浆防水层的第一层
水泥浆	1	—	0.37~0.40	水泥砂浆防水层的第三、五层
水泥砂浆	1	1.5~2.0	0.40~0	水泥砂浆防水层的第二、四层

10.3 地下防水工程

外加剂防水砂浆防水层配合比 表 10-108

防水砂浆名称	材料名称	配合比				备注
		水泥	砂	水	防水剂	
氯化物金属盐类防水砂浆(重量比)	防水净浆 防水砂浆 防水砂浆	1 1 1	 2 2.5	0.6 	0.3 0.3 0.3	底层用 面层用
氯化物金属皂类防水砂浆(体积比)	防水净浆 防水砂浆	1 1	 2~3	0.4 0.4~0.5	0.04 0.04~0.05	
无机铝盐防水砂浆(重量比)	防水净浆 防水砂浆 防水砂浆	1 1 1	 2.5~3.5 2.5~3.0	2.0~2.5 0.4~0.5 0.4~0.5	0.03~0.05 0.05~0.08 0.05~0.10	底层用 面层用
氯化铁防水砂浆(重量比)	防水净浆 防水砂浆 防水砂浆	1 1 1	 0.52 2.5	0.35~0.39 0.45 0.50~0.55	0.03 0.03 0.03	底层用 面层用
五矾促凝防水砂浆(重量比)	防水净浆 防水砂浆	1 1	 2.0~2.5	0.03~0.05 0.4~0.5	0.01 0.01	

聚合物水泥砂浆防水层配合比(重量比) 表 10-109

聚合物水泥砂浆名称	材料名称	配合比					备注
		水泥	砂	水	聚合物	复合助剂	
阳离子氯丁胶乳水泥砂浆	防水净浆 防水砂浆	1 1	 2.0~2.5	适量 适量	0.3~0.4 0.13~0.14	适量 0.13~0.14	聚合物为阳离子氯丁胶乳
丙烯酸酯共聚乳液水泥砂浆	防水砂浆	1	2~3	适量	0.3~0.5	适量	聚合物为丙烯酸酯混合乳液
有机硅水泥砂浆	防水净浆 防水砂浆 防水砂浆	1 1 1	 2.0 2.5	 	0.6 0.5 0.5		聚合物为硅水、其配比为有机硅防水剂:水=1:7~9

注:复合助剂为稳定剂与消泡剂。

水泥砂浆防水层基层处理方法 表 10-110

项次	基层名称	处 理 方 法
1	混凝土基层	1. 混凝土表面用钢丝刷刷洗打毛，表面光滑时用剁斧斩毛，每10mm斩三道，有油污严重时应剥皮斩毛，然后充分浇水湿润 2. 表面有蜂窝、麻面、孔洞时，先用凿子将松散不牢的石子、砂粒剔除，若深度大于10mm时，先剔成斜坡，刷洗干净后，分层交替抹压水泥浆与水泥砂浆直至与基层表面平，并将砂浆表面横向扫毛 3. 当基层表面凹凸不平时，应将凸出的混凝土块凿平，凹坑处理与上述蜂窝、孔洞处理同 4. 混凝土结构的施工缝，要沿缝剔成八字形凹槽，用水冲洗干净后，分层交替抹压水泥浆与水泥砂浆至表面平，并将砂浆表面横向扫毛
2	砖砌体基层	1. 将砖墙面残留砂浆、污物清除干净，充分浇水湿润 2. 用石灰砂浆或混合砂浆砌筑的新砌体，要将砌筑灰缝剔进10mm深，缝内要呈直角；对水泥砂浆砌筑的砌体，灰缝可不剔除，但勾缝的砌体需将勾缝砂浆剔除 3. 对旧砌体需用钢丝刷或剁斧将松酥表面和残渣清除干净，直至露出坚硬砖面
3	料石或毛石砌体基层	与混凝土和砖砌体基层处理基本相同。对于用石灰砂浆和混合砂浆砌筑的石砌体，其灰缝应剔出10mm，缝内呈直角；对于表面凹凸不平的石砌体，清理完毕后，分层交替抹压水泥浆和水泥砂浆，直至与基层表面齐平，并将砂浆表面横向扫毛

普通水泥砂浆多层抹面防水层做法 表 10-111

层次	水灰比	厚度(mm)	操 作 要 点	作用
第一层水泥浆层	0.55~0.60	2	1. 分二次抹压，基层浇水湿润后，先抹1mm厚结合层，用铁抹子往返抹压5~6遍，使水泥浆填实基层表面孔隙，其上再抹1mm厚水泥浆找平 2. 抹完后用湿毛刷横向轻松刷一遍，以便打乱毛细孔通路，增强与第二层的结合	防水层第一道防线
第二层水泥砂浆层	0.4~0.5	4~5	1. 待第一层水泥浆稍加干燥，用手指按能进入水泥浆层1/4~1/2深时，即可抹水泥砂浆层，抹时用力要适当，既避免破坏水泥浆层，又要使砂浆压入水泥浆层内1/4左右，以使一、二层紧密结合 2. 在水泥砂浆初凝前后，用扫帚将砂浆层表面扫成横向条纹	起骨架和保护水泥浆层作用

10.3 地下防水工程

续表

层次	水灰比	厚度(mm)	操作要点	作用
第三层水泥浆层	0.37~0.40	2	1. 待第二层水泥砂浆凝固并有一定强度后(一般需24h),适当浇水湿润,即可进行第三层,操作方法同第一层 2. 若第二层水泥砂浆层在硬化过程中析出游离的氢氧化钙形成白色薄膜时,应将其刷洗干净	保水作用
第四层水泥砂浆层	0.4~0.5	4~5	操作方法同第二层,但抹后不扫条纹,在砂浆凝固前,分次用铁抹子抹压5~6遍,以增强密实性,最后压光,即完成"四层抹面法"	保护第三层和防水作用
第五层水泥浆层	0.37~0.40	1	在第四层水泥砂浆层抹压两遍后,用毛刷均匀涂刷水泥浆一遍,随第四层压光	防水作用

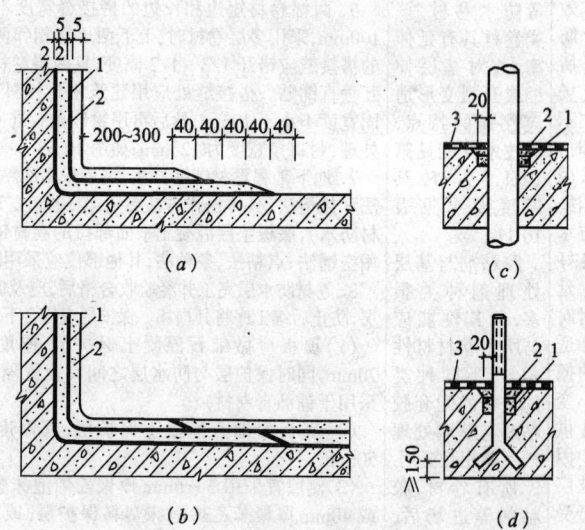

图 10-61 刚性抹面五层做法施工缝及埋管、预埋螺栓处理
(a)留槎方法;(b)接槎方法;(c)埋管;(d)预埋螺栓
1—水泥浆层;2—水泥砂浆层;3—水泥砂浆防水层

10.3.4 地下结构卷材防水层

地下结构卷材防水层施工方法　　　　表10-112

铺贴方法	材料要求	施　工　要　点
地下工程卷材防水层适用于混凝土结构或砌体结构，一般采用外防外贴和外防内贴两种施工方法，如图10-62所示。其施工工艺及优缺点比较见表10-113。由于外防外贴法的防水效果优于外防内贴法，所以在施工场地和条件不受限制时，一般均采用外防外贴法 卷材防水层具有良好的韧性、延伸性和耐腐蚀性，能适应结构的振动和微小变形，材料供应充足，因此目前被广泛应用于受侵蚀性介质或受振动作用的地下工程防水	地下结构防水应尽量采用强度高、延伸率大，具有良好的不透水性和韧性、耐腐蚀性的卷材，一般应采用高聚物改性沥青防水卷材，如SBS、APP、APAO、APO等和合成高分子防水卷材，如三元乙丙、氯化聚乙烯、聚氯乙烯、氯化聚乙烯-橡胶共混等防水卷材，该类卷材具有延伸率大，对基层伸缩或开裂变形适应性强的特点，其技术性能见第10.1.2.2节，其厚度要求见表10-114 胶粘剂与基层处理剂种类很多，但其性能应与所用卷材材性相容，不同种类的卷材的配套胶粘剂与基层处理剂不能相互混用 所有卷材、胶粘剂等进场后，应按规定进行抽样复验，合格后方可使用	1. 基层表面应平整、洁净、干燥，不得有空鼓、松动、起皮、起砂现象，阴阳角均应做成圆弧 2. 所有穿过防水层的管道、预埋件等均已施工完毕，并做了防水处理。防水层铺贴后严禁再行打眼，开洞，以免引起渗漏水 3. 找平层干燥后，先在基面上涂刷或喷涂基层处理剂，当基面较潮湿时，应涂刷湿固化型胶粘剂或潮湿界面隔离剂 4. 在正式铺贴卷材前，先对阴阳角、转角等部位做附加增强处理，附加层宽度一般为300~500mm 5. 外防外贴法施工，应先铺平面后铺立面，第一幅卷材应铺在平、立面相交处，平面和立面各占半幅，待第一幅卷材铺贴完后，在其上弹出基准线，以后卷材就按此基准线铺贴。外防内贴法施工，应先铺立面后铺平面 6. 两幅卷材短边和长边的搭接缝宽度不应小于100mm；采用多层卷材时，上下两层和相邻两幅卷材的搭接缝应错开1/3~1/2幅度，且两层卷材不得相互垂直铺贴。搭接缝处应用建筑密封材料嵌缝，封固宽度不小于10mm，然后再用封口条做进一步密封处理，封口条宽度为120mm，如图10-63 7. 地下工程卷材铺贴方法，主要采用冷粘法、自粘法和热熔法（具体操作方法参见第10.1.2节屋面卷材防水），底板垫层混凝土平面部位的卷材铺贴宜采用铺法、点粘法、条粘法，其他部位应采用满粘法 8. 卷材防水层完工并经验收合格后，应及时做保护层，防止后续工序将其损坏。保护层应符合下列要求： （1）顶板应做细石混凝土保护层，厚度应大于70mm，同时保护层与防水层之间宜设置隔离层（如采用干铺沥青卷材） （2）底板的细石混凝土保护层，其厚度应大于50mm （3）侧墙宜采用5~6mm厚聚乙烯泡沫塑料片材或40mm厚聚苯乙烯泡沫塑料保护层，或砌砖（厚120mm）保护墙和铺抹30mm厚水泥砂浆。砌砖保护墙应在转角处和每隔5~6m处断开，空隙处填沥青麻丝 9. 防水层施工期间，应降低地下水位至底板垫层以下500mm。防水层铺贴高度应高出地下水位0.5~1.0m

10.3 地下防水工程

地下结构卷材防水层施工工艺

表 10-113

名称	施 工 工 艺	优 缺 点
外防外贴法	1. 先浇筑底板混凝土垫层，并在其上沿结构外墙用 M5 水泥砂浆砌筑一定高度的(底板厚+200~300mm)永久性保护墙，墙下干铺一层沥青卷材 2. 在永久性保护墙上用石灰砂浆接砌 4 皮临时性保护墙 3. 在混凝土垫层和永久性保护墙部位抹 1:3 水泥砂浆找平层，在临时性保护墙上抹 1:3 石灰砂浆找平层 4. 找平层干燥后，涂刷基层处理剂，阴阳角、转角等部位做附加增强处理 5. 大面积铺贴，先铺平面后铺立面，立面卷材甩槎在临时性保护墙上，并予以临时固定 6. 防水层施工完毕并经检查验收合格后，干铺一层沥青卷材(或点粘)作保护隔离层 7. 支模、绑钢筋、浇筑底板和墙体混凝土 8. 拆除临时性保护墙，清理出卷材接头，同时在结构外墙面抹 1:3 水泥砂浆找平层 9. 找平层干燥后，涂刷基层处理剂，铺贴立面卷材，上层卷材应盖过下层卷材 10. 外墙防水层经检查验收合格后，粘贴 40mm 聚苯乙烯泡沫塑料或砖砌保护墙	由于卷材防水层直接粘贴在结构外墙面上，防水层能与混凝土结构同步，较少受结构沉降变形影响；因施工质量不良而产生的混凝土蜂窝、孔洞易于发现和补救，施工中不易损坏防水层 缺点是防水层分几次施工，工期较长，工序多，且需要较大的工作面；土方量大，模板量大；卷材接头不易保护，操作困难，易造成漏水弱点
外防内贴法	1. 浇筑底板混凝土垫层，并在其上沿结构外墙用 M5 水泥砂浆砌筑永久性保护墙，墙厚应根据浇筑混凝土时侧压力经计算确定 2. 在垫层和永久性保护墙上，抹 1:3 水泥砂浆找平层，转角抹成圆弧 3. 找平层干燥后，涂刷基层处理剂，转角铺设附加增强层后，铺贴大面卷材防水层 4. 卷材防水层铺贴完毕并经检查验收合格后，在墙体防水层上粘贴 5~6mm 厚聚乙烯泡沫塑料片材作保护层；平面干铺一层沥青卷材后浇筑 50mm 厚细石混凝土保护层 5. 最后以砖墙保护墙作外模板，绑钢筋，浇筑底板和墙体混凝土	可一次完成防水层，施工工序简单，工期短；可节省施工占地，土方量较少；可节省墙体外侧模板；卷材防水层转角处铺贴质量好，无接槎弱点 缺点是立墙防水层难以与混凝土结构同步，受结构沉降变形影响，防水层易受损；卷材防水层及结构混凝土的质量不易检查，如发现渗漏，修补甚难

10 防水工程

防水卷材厚度选用　　　　表10-114

防水等级	设防道数	高聚物改性沥青防水卷材	合成高分子防水卷材
Ⅰ级	三道或三道以上设防	单层:不应小于4mm 双层:每层不应小于3mm	单层:不应小于1.5mm 双层:每层不应小于1.2mm
Ⅱ级	二道设防		
Ⅲ级	一道设防	不应小于4mm	不应小于1.5mm
	复合设防	不应小于3mm	不应小于1.2mm

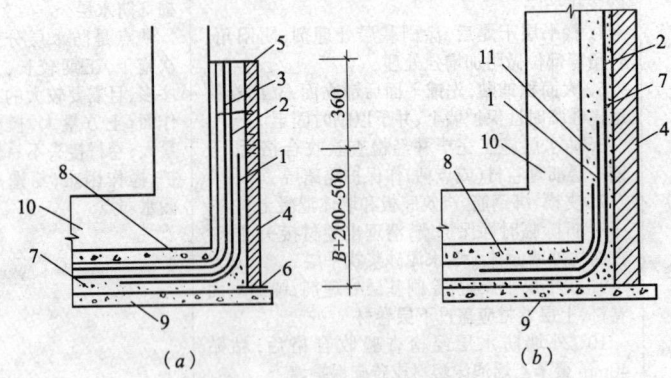

图 10-62　地下结构卷材铺贴
(a)外防外贴防水层做法;(b)外防内贴防水层做法
1—附加防水层;2—卷材防水层;3—沥青卷材保护层;4—永久性保护墙;
5—临时性保护墙;6—干铺沥青卷材一层;7—1:3水泥砂浆找平层;
8—C20细石混凝土,50mm厚;9—混凝土垫层;10—需防水结构;
11—水泥砂浆或5~6mm厚聚乙烯泡沫塑料片材保护层
B—结构底板厚度(mm)

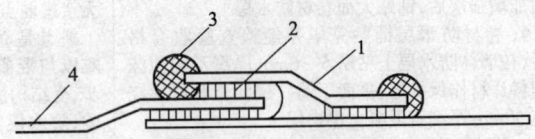

图 10-63　封口条密缝处理
1—封口条;2—卷材胶粘剂;3—密封材料;4—卷材防水层

10.3.5 地下结构涂膜防水层

地下结构涂膜防水层施工方法　　　　表 10-115

构造做法	材料要求	施 工 要 点
地下工程涂膜防水层分为外防水法（防水涂料施涂于结构外侧）和内防水法（防水涂料施涂于结构内侧）以及内外双面防水法（结构内外两面均施涂防水涂料）三种形式，如图10-64~图10-66所示。一般情况下，当室外有动水压力或水位较高且土质渗透性好时，应采用外防水法，只有某些防潮工程或工程已渗漏而采取补救措施时，才采用内防水法 外防水法施工又有外防外涂和外防内涂两种施工方法。外防外涂法是在防水结构外墙施工后，将防水涂料直接涂刷于结构外墙上；外防内涂法是在垫层施工后，在垫层上先砌永久性保护砖墙并抹1：3水泥砂浆找平层，然后在找平层上涂刷防水涂料防水层，点粘沥青卷材隔离保护层后浇筑主体结构混凝土 由于涂膜防水层重量轻，耐候性、耐	地下工程涂膜防水层所用涂料分为有机防水涂料和无机防水涂料两大类 有机防水涂料主要包括橡胶沥青类、橡胶类和合成树脂类。常用的品种有氯丁橡沥胶青防水涂料、SBS改性沥青防水涂料、聚氨酯防水涂料、硅橡胶防水涂料、聚合物水泥防水涂料等。聚合物水泥防水涂料是以高分子聚合物为主要基料，加入少量无机活性粉料（如水泥、石英粉等）制成，具有比一般有机涂料干燥快，弹性模量低，体积收缩小，抗渗性好等优点，使用日益广泛。有机防水涂料物理性能指标见表10-116。成膜后与防水混凝土主体组合成刚柔两道防水设防，是目前普遍应用的涂膜防水 无机防水涂料主要包括聚合物改性水泥基防水涂料和水泥基渗透结晶型防水涂料，其物理性能指标见表10-117。成膜后与防水混凝	1. 基层要求平整、坚实、洁净和干燥，含水率不得大于9%，当含水率较高或环境湿度大于85%时，应在基面涂刷一层潮湿隔离剂 2. 防水涂料涂布前，应在基层上先涂刷或喷涂一层与防水涂料材性相容的基层处理剂，要求涂刷均匀，不堆积或露白见底 3. 对于阴阳角、穿墙管道、预埋件、变形缝等细部构造节点，应采用一布二涂或二布三涂附加增强层，其中胎体增强材料宜优先采用聚酯无纺布 4. 确保涂膜防水层的厚度，是地下涂膜防水层质量的关键，不论采用何种防水涂料（厚质涂料或薄质涂料），都应采取"多遍薄涂"的操作工艺，每遍涂刷应均匀，厚薄一致，不得有露底、漏涂和堆积现象，并在每遍涂膜干燥成膜经认真检查修整后方可涂刷后一遍涂料，但两遍涂料施工间隔时间不宜过长，否则会形成分层。防水涂层厚度按设计要求，给试验确定每平方米材料用量控制并辅以针刺法检查。防水层厚度、层数根据材料品种和防水等级要求参考表10-118选用 5. 每遍涂层涂刷时，应交替改变涂刷方向，同层涂层的先后搭接宽度宜为30~50mm，每遍涂层宜一次连续涂刷完成，当施工面积较大须留设施工缝时，对施工缝应妥加保护，接涂前应将甩楂表面处理干净，搭接缝宽度应大于100mm。当防水层中需铺设胎体增强材料时，一般应在第二遍涂层涂刷后，立即铺贴，长、短边搭接宽度均应大于100mm，如有二层或二层以上时，上下层接缝应错开1/3幅宽。具体操作方法参见本章第10.1.3.5节 6. 保护层施工，平面部位：当最后一遍涂膜固化后点粘一层沥青卷材作隔离层，其上浇筑大于50mm厚细石混凝土保护层。立面部位：当采用外防外涂法时，

续表

构造做法	材料要求	施工要点
水性、耐蚀性优良，冷作业，施工简便，特别适用于结构外形复杂的防水施工，因此被广泛应用于受侵蚀性介质或受振动作用的主体迎水面或背水面的涂料防水层	土主体组合后，仍认为是刚性两道防水设防，因此不适用于变形较大或受振动部位的涂膜防水层	在最后一遍涂料刮涂后，立即粘贴聚乙烯泡沫塑料片材或边刷涂料边撒中粗砂后抹1:3水泥砂浆，再砌砖保护墙；当采用外防内涂法时，则在涂膜防水层上点粘一层沥青防水卷材或粘贴5~6mm厚聚乙烯泡沫塑料片材作隔离保护层，并作为侧墙的内模板；当采用内涂法时，应在涂刷最后一遍涂料时，边刷涂料边撒中粗砂或是随铺贴一层界面材料，如带孔黄麻织布、纤维网格布等作保护层

有机防水涂料物理性能 表 10-116

项　　目		反应型	水乳型	聚合物水泥
可操作时间(min)		≥20	≥50	≥30
潮湿基面粘结强度(MPa)		≥0.3	≥0.2	≥0.6
抗渗性(MPa)	涂膜(30mm)	≥0.3	≥0.3	≥0.3
	砂浆迎水面	≥0.6	≥0.6	≥0.8
	砂浆背水面	≥0.2	≥0.2	≥0.6
浸水168h后断裂伸长率(%)		≥300	≥350	≥80
浸水168h后拉伸强度(MPa)		≥1.65	≥0.5	≥1.5
耐水性(%)		>80	≥80	≥80
干燥时间	表干(h)	≤8	≤4	≤4
	实干(h)	≤24	≤12	≤12

注：1. 耐水性指标是指材料在浸水168h后取出擦干即进行试验，其粘结强度及抗渗性的保持率。
2. 浸水168h的拉伸强度和断裂伸长率是在浸水取出后只经擦干即进行试验所得的值。

无机防水涂料物理性能 表 10-117

项　　目	水泥基防水涂料	水泥基渗透结晶型防水涂料
抗折强度(MPa)	>4	≥3
粘结强度(MPa)	>1.0	≥1.0

10.3 地下防水工程

续表

项　　目	水泥基防水涂料	水泥基渗透结晶型防水涂料
抗渗性(MPa)	>0.8	>0.8
冻融循环	>D50	>D50

防水涂料厚度(mm)　　表 10-118

防水等级	设防道数	有机涂料			无机涂料	
		反应型	水乳型	聚合物水泥	水泥基	水泥基渗透结晶型
Ⅰ级	三道或三道以上设防	1.2~2.0	1.2~1.5	1.5~2.0	1.5~2.0	≥0.8
Ⅱ级	二道设防	1.2~2.0	1.2~1.5	1.5~2.0	1.5~2.0	≥0.8
Ⅲ级	一道设防	—	—	≥2.0	≥2.0	—
	复合设防	—	—	≥1.5	≥1.5	—

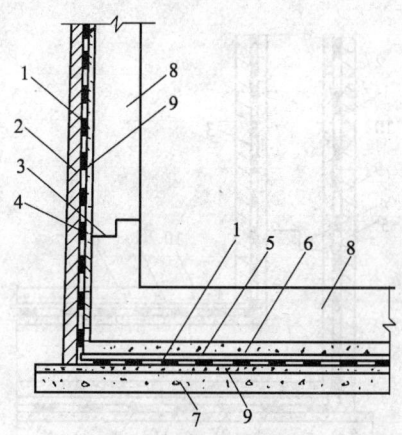

图 10-64　地下室外防水涂层构造
1—防水涂层；2—砂浆或砖或聚乙烯泡沫塑料片材保护层；
3—施工缝；4—嵌缝材料；5—花铺沥青卷材隔离层；
6—40~50mm 厚细石混凝土保护层；7—混凝土垫层；
8—防水混凝土结构主体；9—砂浆找平层

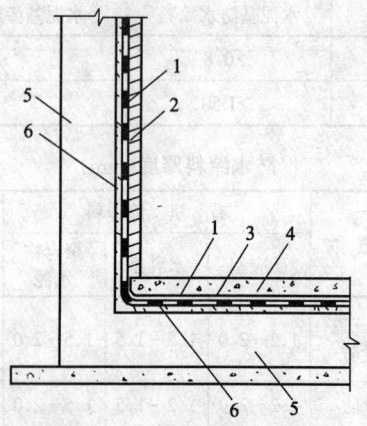

图 10-65 地下室内防水涂层构造

1—防水涂层；2—砂浆或饰面砖保护层；
3—花铺沥青卷材隔离层；4—40～50mm厚细石混凝土保护层；
5—防水混凝土结构主体；6—砂浆保护层

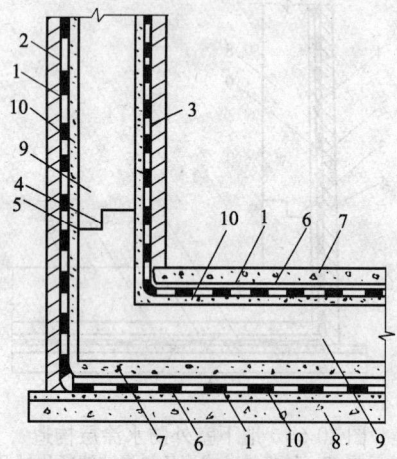

图 10-66 地下室内、外防水涂层构造

1—防水涂层；2—砂浆或砖或聚乙烯塑料片材保护层；
3—砂浆或饰面砖保护层；4—施工缝；5—嵌缝材料；
6—花铺沥青卷材隔离层；7—细石混凝土保护层；
8—混凝土垫层；9—混凝土主体结构；10—砂浆找平层

10.3.6 地下结构金属板防水层

金属板防水层做法   表 10-119

名称及构造	施 工 要 点	适用范围
先装施工法 构造如图 10-67 (a) 所示，为整体式安装，钢板厚一般为 3~8mm。板材和焊条的规格、材质必须按设计要求选择，钢材的性能应符合国标《碳素结构钢》GB 700—88 和《低合金高强度结构钢》GB/T 1591—94 的要求	1. 先焊成整体箱套，厚 4mm 以下钢板接缝可用搭接焊；4mm 及 4mm 以上钢板用对接焊，垂直缝应互相错开，箱套内侧用临时支撑加固，以防吊装及浇筑混凝土时变形 2. 在结构钢筋及四壁外模安装完毕后，将箱套整体吊入基坑内预设的混凝土墩或钢支架上准确就位，箱套作为结构的内模使用 3. 钢板锚筋应与结构内钢筋焊牢，或在钢板套上焊以一定数量的锚固件，以使与混凝土连接牢固 4. 箱套在安装前，应用超声波、气泡法、真空法或煤油渗漏法等检查焊缝的严密性，如发现渗漏，应予修整或补焊 5. 为便于浇筑混凝土，在底板上可开适当孔洞，待混凝土达到 70% 强度后，用比孔稍大钢板将孔洞补焊严密	适于结构物面积不大，内部形状较简单，温度较高或有贵重设备仪器，对防水、防潮要求较高，或处于经常有强烈振动、冲击、磨损的地下结构物金属板防水层，如铸钢浇注坑
后装施工法 构造如图 10-67 (b) 示，为装配式，钢板厚及材质要求同上	1. 根据钢板拼装尺寸及结构造型，在防水结构内壁和底板上预埋带锚爪的钢埋件，并与钢筋或钢固定架焊牢，以确保位置正确 2. 待结构混凝土浇筑完毕并达到设计强度后，紧贴内壁在埋件上焊钢板防水层，要求焊缝饱满，无气孔、夹渣、咬肉、变形等疵病 3. 焊缝经检查合格后，金属板防水层与结构间的空隙用水泥浆灌严，外表面涂刷防腐底漆及面漆保护，或铺设预制罩面板防腐	适于结构面积较大、形状复杂、承受高温、对防水要求较高或处于长期振动、冲击、磨损的地下结构物金属板防水层，如电炉钢水坑

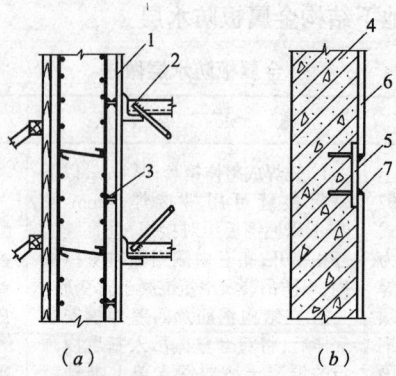

图 10-67 金属板防水层做法
(a)先装金属板箱套支设法；(b)后装金属板与埋件焊接法
1—金属板箱套；2—临时支撑加固；3—与钢筋焊牢；
4—结构内壁；5—埋设件；6—防水金属板；7—焊缝

10.3.7 渗排水层排水

渗排水层做法　　　　　　　　　　　表 10-120

排水层构造	材料要求	施工要点
渗排水层常用有两种典型做法。一种为排水沟排水做法，即在渗水层与土之间设混凝土垫层、滤水墙及排水沟，整个渗水层作成 1% 坡度，水通过排水沟流向集水井，再用水泵抽走，如图 10-68 (a) 另一种为渗水层排水做法。即渗水层与土之间不设混凝土垫层，内部设渗水管，地下水依靠滤水层和渗水层进入渗水管，再流入附近较深的集水井或构筑物内的水泵坑内	1. 石子：粒径 5～20mm 和 20～40mm 卵石(或碎石)，要求洁净、坚硬，不易风化，不溶解于水，含泥量≤2% 2. 砂子：中砂或粗砂，要求洁净、无杂质，含泥量≤2% 3. 渗水管：可采用直径 150～200mm 的带孔铸铁管、钢筋混凝土管、硬质 PVC 管、无砂混凝土管、加筋软管式透	1. 施工程序：对有混凝土结构底板时，先做底部渗水层，再施工上部结构和立壁渗排水层；无结构底板时，则在结构施工完成后，再做底部和立壁渗排水层 2. 渗水层的石子宜采用 20～40mm 的卵石，厚度≤400mm，用平板器分层仔细振实，分层厚度≥300mm，不得用碾压的方法，以免将石子压碎，阻塞渗水层。渗水层厚度偏差不得超过±50mm 3. 渗水管在铺填渗水层时放入，其周围采用粒径比渗水管孔眼略大的石子，以免将渗水眼堵塞 4. 渗水层与土之间采用粒径 5～10mm、厚 100～150mm 的豆石或粗砂作滤水层；与混凝土底板之间采用拌 15～20mm 厚 1:3 水泥砂浆或铺一层沥青卷材作隔浆层，以免浇捣混凝土时，将渗入层堵塞 5. 渗水管、排水沟以及渗水层应有≤1%的坡度，不得有倒坡和积水现象 6. 填土应用打夯机仔细分层夯实，并避免

续表

排水层构造	材料要求	施工要点
如图 10-68(b) 适用于无自流条件,防水要求较高且有抗浮要求的地下工程	水盲管或不带孔的长度为 500～700mm 混凝土、陶土管等	泥土渗入砂石层内。采用砖墙做外部滤水层时,砌墙应与填土、填卵石配合进行,每砌 1m 高,即在两侧同时填卵石和土,避免一侧回填,将墙推倒 7. 施工时,应将地下水降至滤水层以下,不得在泥水中做滤水层

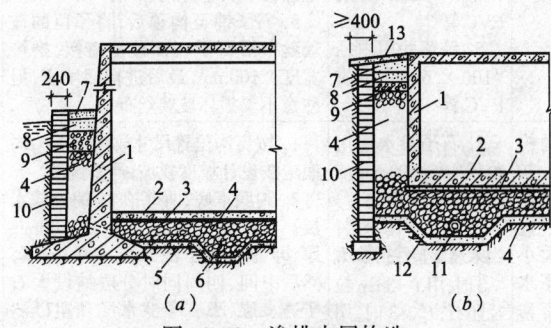

图 10-68 渗排水层构造
(a)渗排水层排水沟做法;(b)渗排水层渗水管做法
1—钢筋混凝土壁;2—混凝土结构底板或地坪;
3—1:3 水泥砂浆或沥青卷材隔浆层;4—400mm 厚、粒径 20～40mm 卵石渗水层;
5—混凝土垫层;6—排水沟;7—300mm 厚细砂;8—300mm 厚粗砂;
9—400mm 厚、粒径 5～20mm 卵石层;10—保护砖墙;11—渗水管;
12—100～150mm 厚、粒径 5～10mm 粗砂滤水层;13—混凝土保护层

10.3.8 盲沟排水

盲沟排水做法　　　　　　　　表 10-121

名称及构造形式	材料要求	施工要点	适用范围
埋管盲沟 排水管放置在石子滤水层中央,石子滤水层周围用玻璃丝布包裹,如图 10-69 所示。基底标高相差较大时,上下层盲沟用跌落井	1. 滤水层用 10～30mm 的洁净碎石或卵石,含泥量≥2% 2. 分隔层用玻璃丝布,规格 12～14 目,幅宽 980mm 3. 盲沟管用内径 100mm 的硬质 PVC 管,壁厚 6mm,沿管	1. 在基底按盲沟位置、尺寸放线,然后回填土,沟底回填灰土并找坡,沟侧填素土至沟顶 2. 按盲沟宽度再修整沟壁成型,并沿沟底和沟壁铺玻璃丝布,同时留出玻璃丝布搭盖的长度(一般搭盖＞100mm),玻璃丝布预留部分应临时固定于沟口上两侧,并注意保护 3. 在铺好玻璃丝布的盲沟内铺填 170～200mm 厚石子,并找好坡度,	适用于地基为弱透水性土层,地下水量不大,排水面积较小或常年地下水位低于地下建

续表

名称及构造形式	材料要求	施工要点	适用范围
连系	六等分,间隔150mm,钻ϕ12孔眼,成梅花形制成透水管或无砂混凝土管、加筋软管式透水盲管 4. 排水管用内径ϕ100×6mm硬质PVC管 5. 跌落井用内径ϕ100×6mm硬质PVC管	严防倒流 4. 在铺好石子的中央铺设渗水管,管子接头用0.2mm铁皮包裹,以铁丝绑扎并涂覆沥青胶结材料玻纤布两层,拐弯用弯头连接,然后测设管道标高,符合设计坡度要求后,继续铺填石子至沟顶 5. 石子铺至沟顶后,将预留的玻璃丝布沿石子表面覆盖搭接,搭接宽度≤100mm,最后进行回填土,但注意不要损坏玻璃丝布	筑物室内地坪,只在雨季半水期的短期内稍高于地下建筑物室内地坪的地下防水工程
无管盲沟构造如图10-70所示。其截面尺寸的大小按水流量的大小来确定,地下水流量又与盲沟所在地的土层性质有关,但从构造上一般要求盲沟宽≤300mm,高≤400mm,否则易发生堵塞,失去排水作用	1. 石子渗水层用粒径60~100mm洁净的砾石或碎石 2. 小石子滤水层:当天然土塑性指数I_p≤3时,用1~3mm粒径卵石;I_p>3时,用5~10mm粒径卵石 3. 砂子滤水层(贴天然土):当天然土塑性指数I_p≤3时,用0.1~2mm粒径砂子,I_p>3时,用2~5mm粒径砂子 4. 砂石含泥量不得大于2%	1. 按盲沟位置尺寸放线,挖土,沟底应按设计坡度找坡,严禁倒坡 2. 沟底审底,两壁抹平,铺设滤水层。沟底先铺粗砂滤水层100mm厚,再铺小石子滤水层100mm厚,然后中间、四周同时分层铺设大石子透水层、小石子滤水层和粗砂滤水层,要求各层厚度、密实度均一致,注意勿使污物、泥土等杂物混入滤水层。铺设应按构造层次分明 3. 盲沟的排水坡度一般不小于3‰,为防止砂和石子流失,出水口应设滤水箅子。为了在使用过程中清除淤塞物,在盲沟的转角处设置窨井	

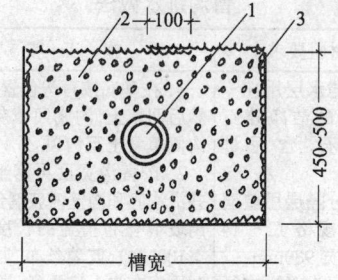

图 10-69 埋管盲沟构造
1—盲沟管;2—粒径10~30mm石子,厚450~500mm;3—玻璃丝布

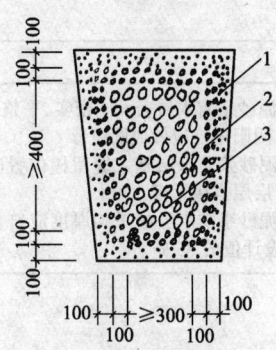

图 10-70 无管盲沟构造
1—粗砂滤水层;2—小石子滤水层;3—大石子渗水层

10.3.9 地下防水工程质量控制与检验
1. 防水混凝土

表 10-122

项次	项目	内容
1	主控项目	1. 防水混凝土的原材料、配合比及坍落度必须符合设计要求 2. 防水混凝土的抗压强度和抗渗压力必须符合设计要求 3. 防水混凝土的变形缝、施工缝、后浇带、穿墙管道、埋设件等设置和构造,均须符合设计要求,严禁有渗漏
2	一般项目	1. 防水混凝土结构表面应坚实、平整,不得有露筋、蜂窝等缺陷;埋设件位置应正确 2. 防水混凝土结构表面的裂缝宽度不应大于 0.2mm,并不得贯通 3. 防水混凝土结构厚度不应小于 250mm,其允许偏差为 +15mm、-10mm;迎水面钢筋保护层厚度不应小于 50mm,其允许偏差为 +10mm

2. 水泥砂浆防水层

表 10-123

项次	项目	内容
1	主控项目	1. 水泥砂浆防水层的原材料及配合比必须符合设计要求 2. 水泥砂浆防水层各层之间必须结合牢固,无空鼓现象

10 防水工程

续表

项次	项目	内　　容
2	一般项目	1. 水泥砂浆防水层表面应密实、平整，不得有裂纹、起砂、麻面等缺陷；阴阳角处应做成圆弧形 2. 水泥砂浆防水层施工缝留槎位置应正确，接槎应按层次顺序操作，层层搭接紧密 3. 水泥砂浆防水层的平均厚度应符合设计要求，最小厚度不得小于设计值的85%

3. 卷材防水层

表 10-124

项次	项目	内　　容
1	主控项目	1. 卷材防水层所用卷材及主要配套材料必须符合设计要求 2. 卷材防水层及其转角处、变形缝、穿墙管道等细部做法均须符合设计要求
2	一般项目	1. 卷材防水层的基层应牢固，基面应洁净、平整，不得有空鼓、松动、起砂和脱皮现象；基层阴阳角处应做成圆弧形 2. 卷材防水层的搭接缝应粘（焊）结牢固，密封严密，不得有皱折、翘边和鼓泡等缺陷 3. 侧墙卷材防水层的保护层与防水层应粘结牢固，结合紧密、厚度均匀一致 4. 卷材搭接宽度的允许偏差为 −10mm

4. 涂膜防水层

表 10-125

项次	项目	内　　容
1	主控项目	1. 涂料防水层所用材料及配合比必须符合设计要求 2. 涂料防水层及其转角处、变形缝、穿墙管道等细部做法均须符合设计要求
2	一般项目	1. 涂料防水层的基层应牢固，基面应洁净、平整，不得有空鼓、松动、起砂和脱皮现象；基层阴阳角处应做成圆弧形 2. 涂料防水层应与基层粘结牢固，表面平整、涂刷均匀，不得有流淌、皱折、鼓泡、露胎体和翘边等缺陷 3. 涂料防水层的平均厚度应符合设计要求，最小厚度不得小于设计厚度的80% 4. 侧墙涂料防水层的保护层与防水层粘结牢固，结合紧密，厚度均匀一致

5. 金属板防水层

表 10-126

项次	项目	内　　容
1	主控项目	1. 金属防水层所采用的金属板材和焊条(剂)必须符合设计要求 2. 焊工必须经考试合格并取得相应的执业资格证书
2	一般项目	1. 金属板表面不得有明显凹面和损伤 2. 焊缝不得有裂纹、未熔合、夹渣、焊瘤、咬边、烧穿、弧坑、针状气孔等缺陷 3. 焊缝的焊波应均匀，焊渣和飞溅物应清除干净；保护涂层不得有漏涂、脱皮和反锈现象

6. 渗排水、盲沟排水

表 10-127

项次	项目	内　　容
1	主控项目	1. 反滤层的砂、石粒径和含泥量必须符合设计要求 2. 集水管的埋设深度及坡度必须符合设计要求
2	一般项目	1. 渗排水层的构造应符合设计要求 2. 渗排水层的铺设应分层、铺平、拍实 3. 盲沟的构造应符合设计要求

10.4　地下工程补漏方法

10.4.1　渗漏水形式及渗漏部位检查

渗漏水形式及渗漏部位检查　　　　表 10-128

项目	形式、方法	检　查　方　法
渗漏水形式	慢渗	漏水现象不太明显，用毛刷或布将漏水处擦干，不能立即发现漏水，需经 3~5min 后，才发现有湿痕，再隔一段时间才集成一小片水
	快渗	漏水现象比慢渗明显，擦干漏水处能立即出现水痕，很快集成一片，并顺墙流下
	漏水	也称急流。漏水现象明显，可看到有水从缝隙、孔洞急流而成
	涌水	也称高压急流。漏水严重，水压较大，常常形成水柱从漏水处喷出

续表

项目	形式、方法	检 查 方 法
渗漏水部位检查	观察法	对于漏水量较大，出现急流和高压急流的现象，可以直观察到渗漏部位；或将水抽干净后直接观察
	撒干水泥法	对于慢渗或不明显的渗漏，可将渗漏部位擦干，立即在漏水处薄薄地撒上一层干水泥，表面出现湿点或湿线，即是漏水的孔眼或缝隙，然后在渗漏部位做上标志
	综合法	如果出现湿一片现象，仅用撒干水泥法不易发现渗漏部位时，可用综合法进行检查。其方法是用水泥胶浆（水泥：水玻璃＝1:1）在漏水处均匀涂刷一薄层，并立即在其表面均匀撒上干水泥一层，当干水泥表面出现湿点或湿线时，该处即为渗漏部位

10.4.2 卷材贴面法补漏

卷材贴面法补漏方法　　　　表 10-129

名 称	补 漏 方 法
屋面补漏	1. 卷材防水层因鼓泡、破裂或变形裂缝渗漏水，可将气泡处按十字形分层切开，或将裂缝处沿全长分层切开，清除污物后，使表层干燥，再用原卷材配套胶粘剂逐层粘牢实，并在中层及面层各加贴一层同品种卷材盖住 2. 刚性屋面防水层裂缝渗漏水，可将裂缝部位凿成V形槽，洗净、干燥，用密封材料嵌缝，然后沿裂缝上部加贴一层宽 200mm 卷材
地下结构补漏	1. 地下结构孔洞渗漏水，应在迎水部位挖开，表面清理干净后抹面，再分层铺贴卷材，表面用密封材料封严 2. 对结构物裂缝或变形缝渗水，可在裂缝壁沿裂缝处切开卷材后，清除污物，使表面干燥，然后加补卷材防水层，再做砖保护墙

10.4.3 刚性防水补漏

刚性防水补漏方法　　　　表 10-130

名 称	补 漏 方 法
屋面补漏	细石混凝土刚性防水层因混凝土不密实或变形裂缝造成局部渗漏水，可在渗漏部位凿毛，裂缝处剔成八字形槽，洗刷干净，用刚性防水五层抹面法或用聚合物水泥浆与砂浆分层进行修补，修补面积每边比渗漏部位加大 100～150mm
地下结构补漏	地下结构表面局部或大面积渗漏水，可将渗漏部位凿毛，洗净、湿润，抹压 1～2mm 厚水泥浆层，再用刚性防水多层抹面法补漏，或用膨胀水泥砂浆、外加剂防水砂浆、聚合物水泥砂浆或接网防水砂浆分层抹（或喷）面补漏。大面积底板或四壁渗漏应做成封闭形，如内部空允许，亦可在结构内壁做 60～100mm 厚的防水混凝土套贴壁砌。如能降水进行内表面干燥，亦可在由表面涂抹 2mm 厚树脂胶泥，表面嵌砂粒，再抹保护层进行补漏

10.4.4 涂料护面法补漏

涂料护面法补漏方法 表 10-131

名称	补 漏 方 法
屋面补漏	1. 刚性防水屋面由于开裂或混凝土不密实造成渗漏，可将裂缝部位剔成八字形槽，洗净、干燥，然后刷基层处理剂一道，缝中嵌密封材料，再沿缝刷 100~150mm 宽的一布二涂或二布三涂防水层。大面积渗漏水，则板面清理干净、干燥后，刷基层处理剂后做防水涂料两遍 2. 防水涂膜防水屋面因板面开裂或涂层起皮、脆裂、粉化起泡等造成渗漏，可将涂层局部或全部铲除，清理干净，刷基层处理剂，并重新分层涂刷或抹压防水涂料；对裂缝可沿裂缝得 100~150mm 宽的涂层铲除，周边做成斜楞，将基层清理干净、干燥后，涂刷基层处理剂，做一布二涂或二布三涂增强层，把基层裂缝封闭，再在表面做新涂层
地下结构补漏	地下结构由于混凝土不密实造成渗漏，可在迎水面局部或全部将表层洗刷干净，局部蜂窝、麻面，用 1:2.5 水泥砂浆找补平整，干燥后刷基层处理剂，在表面做一布二涂或二布三涂增强层，表面再刷防水涂料后做保护层

10.4.5 促凝灰浆补漏

促凝灰浆补漏方法 表 10-132

促凝剂名称	补 漏 方 法	适用范围
目前常用有硅酸钠类促凝剂，氯化物金属盐类防水剂，901、902 速效堵漏剂，M131 快速止水剂以及无机高效防水粉等，均有成品供应 水泥应采用 42.5 级以上普通水泥 促凝灰浆的拌制应根据每次用量，随配随用，其凝固的时间与气温、水泥强度、促凝剂浓度及	补漏一般原则是逐级把大漏变小漏，片漏变孔漏，线漏变点漏，最后堵塞小漏、孔漏、点漏 1. 孔洞漏水处理 (1)直接堵塞法：当孔洞较小，水压不大(水头在 2m 左右)时，将漏点剔成直径 10~30mm、深 20~50mm 的孔洞，冲洗干净，然后用水泥胶浆捻成锥形小团，迅速用力堵塞于孔内，并向孔壁四周挤压严密，约挤压 0.5mm 即可，检查无渗漏后，表面再用水泥浆与水泥砂浆做防水面层保护 (2)下管堵塞法：当孔洞与水压(水头 2~4m)较大时，将漏水处松散部分凿去、底部铺碎石，上盖一层沥青卷材，中间开洞，插入胶皮管，四周用水泥胶浆封严，使漏水集中从胶皮管流出(图 10-71a)，待水泥胶浆凝固，拔出胶皮管，然后按直接堵塞法堵塞孔洞 (3)木楔堵塞法：当孔洞不大、水压较高(水头在 4m 以上)时，按(2)法埋铁管，待水泥胶浆凝固后，将浸过沥青的木楔打入铁管内(图 10-71b)，并填入干硬性胶浆，经 24h 后，表面抹水泥浆与水泥砂浆各一道 (4)强力堵塞法：当孔洞很大、很深时，可用特干硬性混凝土强力打入孔内，进行强力压堵 2. 裂缝漏水处理	用于一般地下结构，如地下室、水池、基础坑、沟道等的孔洞修补以及较宽裂缝漏水及大面积渗漏水的补漏 具有方法简单，不需较复杂机具，修补快速，补漏效果好，适应性强等特点

续表

促凝剂名称	补 漏 方 法	适用范围
用量等有关，使用前应进行试配 促凝灰浆的配合比及配制方法见表10-133~表10-136	(1)直接堵塞法：当水压较小时，先沿裂缝剔成八字形沟槽，深约30mm，宽约15mm(图10-72a)，洗刷干净后，将水泥胶浆搓成条形，迅速塞入沟槽中挤压密实。当裂缝较长时，可分段堵塞，检查无渗漏后，表面做防水层 (2)下线堵漏法：当水压较大时，同直接堵塞法一样剔成沟槽，在沟槽底部放置小绳(长150~200mm)或半圆铁片，把胶浆塞于放绳或铁片的沟槽内压实，然后抽出小绳(若铁片则不抽出)，再压实一遍，使漏水顺绳或铁片留孔流出，最后用直接堵塞法堵塞孔洞(图10-72b、c)，孔洞亦可用下钉法使其缩小，裂缝较长时，采用分段堵塞	

常用促凝灰浆的配合比及配制方法　　表 10-133

项次	促凝剂名称	配 合 比 及 配 制 方 法
1	硅酸钠类促凝剂 常用有二矾、三矾、四矾、五矾促凝剂(表10-134)和快燥精促凝剂(表10-135)等	1. 促凝水泥浆：在水灰比 0.55~0.60 的水泥浆中，掺入水泥重量1%的促凝剂，搅拌均匀即成 2. 快凝水泥胶浆：用水泥与促凝剂以1:0.5~0.6或1:0.8~0.9的比例拌合而成 3. 快凝水泥砂浆：水泥与砂按1:1拌合后，用促凝剂：水＝1:1的混合液调制而成，水灰比为0.45~0.50 注意：胶浆凝结速度较快，从开始搅拌到使用完毕控制在1~2min为宜，在水中也可凝固
2	氯化物金属盐类防水剂，配合比(重量比%)为氯化钙：氯化铝：水＝31:4.9:64.1；成品波美度34°	1. 促凝灰浆：在水泥中掺入水泥重量1.5%~5%的防水剂调制而成 2. 为调整灰浆凝结时间(数秒钟到数小时)的长短，使用防水剂时可加入适量(0%~50%)的水。冬期施工如需提高灰浆凝结速度，可采取将水泥炒干(加热至200℃左右保持0.5h稍冷却)或加热防水剂(温度控在40~60℃)
3	901(902)速效堵漏剂	1. 将适量901(902)速效堵漏剂置于容器中，加入堵漏剂重量30%左右的清水，快速强力搅拌1min即成塑胶状浆体，静置待用 2. 当气温低于10℃时，应用40~50℃热水拌合
4	801 地下堵漏剂	801 地下堵漏剂：水泥＝1:2~3(重量比)。配制时质强力搅拌，灰浆凝固时间约在1min左右
5	M131 快速止水剂	M131 快速止水剂：水：水泥＝1:2~6:适量。配制时，先将M131与水搅拌均匀，然后与水泥搅拌成稠浆状。加水量根据渗漏水速度快慢调整，凝结时间控制在1~20min

10.4 地下工程补漏方法

硅酸钠类防水剂原材料组成和配合比（重量计） 表 10-134

材料名称	硅酸钠（水玻璃）Na_2SiO_3	硫酸铝钾（明矾）$KAl(SO_4)_2$	硫酸铜（胆矾、蓝矾）$CuSO_4 \cdot 5H_2O$	硫酸亚铁（绿矾）$FeSO_4 \cdot 7H_2O$	重铬酸钾（红矾钾）$K_2Cr_2O_7 \cdot 2H_2O$	硫酸铬钾（铬钾矾 紫矾）$KCr(SO_4)_2 \cdot 12H_2O$	水 H_2O
五矾防水剂	400	1	1	1	1	1	60
四矾防水剂	720	5	5	1	1	—	400
四矾防水剂	360	2.5	2.5	1	0.5	—	200
四矾防水剂	400	1.25	1.25	1.25	—	1.25	60
四矾防水剂	400	1	1	—	1	1	60
四矾防水剂	400	1	—	1	1	1	60
三矾防水剂	400	1.66	1.66	1.66	—	—	60
二矾防水剂	400	—	1	—	—	1	60
二矾防水剂	442	—	2.87	—	—	1	221
颜 色	无色	白色	水蓝色	蓝绿色	橙红色	深紫红色	无色

注：1. 硫酸铜、重铬酸钾均用三级化学试剂，水玻璃密度为 $1.63g/cm^3$。
2. 配制时，将水加热到 100℃，按配方称取各种矾剂，倒入热水中边加热边搅拌，使全部溶解，待冷到 50℃ 再加入水玻璃，搅拌均匀即成。

快燥精拌制水泥胶浆及水泥砂浆凝固时间及配合比例 表 10-135

项次	凝固时间（min）	重量配比（水泥∶快燥精∶水∶砂）
1	1	1∶0.5∶0∶0
2	5	1∶0.3∶0.2∶0
3	30	1∶0.15∶0.35∶0
4	60	1∶0.14∶0.56∶2

无机高效防水粉配合比及配制方法 表 10-136

名称		配合比（重量比）	配 制 方 法
02 堵漏灵	刷涂法	1号料浆（第一层浆料） 02 粉料∶水 = 1∶0.7~0.8 2号料浆（第二层浆料） 02 粉料∶水 = 1∶0.8~1.0	在容器中放入定量 02 粉料，再加总用水量 1/2 的清水，强力搅拌成稠浆，然后把剩余 1/2 水边搅拌边加入，搅拌 3~5min 后，静置 30min 左右即可使用
	刮涂法	02 粉料∶水 = 1∶0.4~0.5	将 02 粉按配比加水后搅拌 3~5min，成均匀浆料后，静置 30min 即可使用

续表

名　称	配合比(重量比)	配　制　方　法
03堵漏灵	03粉料:水=1:0.15	按配比将03粉料和水在容器内搓成类似中药丸硬度的湿硬料,放置到用手指轻压有硬威时即可使用
确保时	第一遍浆料:确保时:水=1:0.75 第二遍浆料:确保时:河砂:水=1:1:适量 第三遍浆料:确保时:水=1:0.75	先将清水放入容器中,然后将确保时徐徐加入水中,人工或机械搅拌5~10min(有颜色的搁置30min)即可使用,使用过程中仍需不断搅拌
防水宝	Ⅰ型防水宝:石英粉:水泥=1~1.5:2:8干拌成混合料 混合料:水=1:3~10	先在容器内加入按比例的用水量,然后徐徐加入干拌均匀的混合料,搅拌约10min成糊状,静置30min即可
	Ⅱ型防水宝:水=10:2~5	将Ⅱ型防水宝徐徐按比例加入水中,充分搅拌10min,静置10~25min即可使用

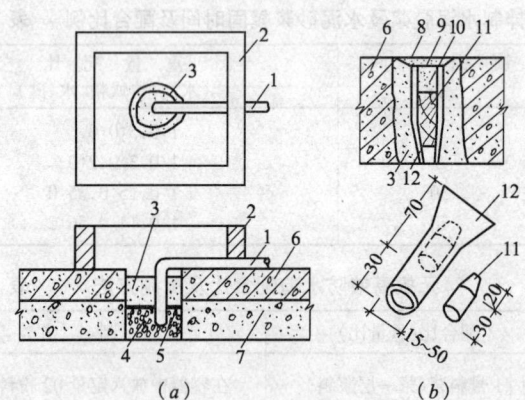

图10-71　孔洞漏水堵漏方法
(a)下管堵漏;(b)木楔堵漏
1—胶皮管;2—挡水砖墙;3—填胶浆;4—卷材或铁皮一层;
5—碎石;6—结构物;7—垫层;8—砂浆;9—水泥浆层;
10—干硬性砂浆;11—木楔;12—铁管

10.4 地下工程补漏方法

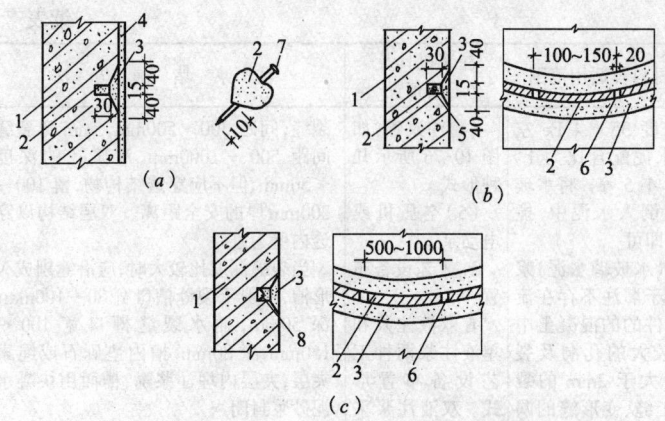

图 10-72 裂缝漏水堵漏方法
（a）直接堵塞；（b）下线堵漏与下钉堵漏；（c）下半圆铁皮堵漏
1—结构物；2—胶浆；3—水泥浆层；4—防水层；5—小绳；
6—预留溢流口；7—铁钉；8—半圆铁皮

10.4.6 压力注浆堵漏

压力注浆堵漏　　　　　　　　　表 10-137

注浆材料及适用范围	注浆机具及工艺布置	注　浆　堵　漏　方　法
1. 水泥（或水玻璃水泥浆）浆液 （1）水泥浆液：宜用42.5级以上的硅酸盐水泥、普通水泥、硫铝酸盐水泥等，要求水泥细度符合表10-138的规定。水灰比根据漏水情况、缝隙大小而定，一般采用 1.5:1、1:1、0.75:1、0.5:1 等几种。灌注过程中，应经常搅拌，并过0.5mm以下筛孔，为了提高浆液的早期强度，可掺入各种早强剂或其他外掺剂 （2）水玻璃水泥浆液：水玻璃宜使用模数 2.4~	1. 注浆机具 （1）手压泵：最高压力 $5N/mm^2$，流量 7~8L/min。可自制，用两个管径分别为 50.8mm、63.5mm 的钢管套合而成，如图10-73所示 （2）压浆罐：如图10-74所示，其构造简单，可以自制，桶身内径约150mm、高500mm （3）混合器：用于双液灌浆，如图 10-75 所示	1. 施工准备 （1）了解情况，确定堵漏方案：摸清混凝土施工质量，分析渗漏水原因；查清裂缝部位，裂缝长度、宽度、深度和贯穿情况；测量渗漏水的流量、流速、正确制定堵漏方案。当水压较大、涌水量较多时，应先使集中引水 （2）布孔：注浆孔的位置应选在使注浆孔底部与漏水缝隙相交，且在漏水量最大的部位。一般情况下，水平裂缝宜沿缝下向上造斜孔；垂直裂缝宜骑缝造直孔；缝隙不深的表面缝，可不打孔而在缝面或漏水集中处采用粘贴注浆嘴的方法，也可采用骑缝钻孔 注浆孔的间距根据裂缝大小、走向、漏水情况以及浆液扩散半径而定，裂缝大、水流量大，间距大；缝小则间距小；浆液黏度大，间距小，一般宽 0.5mm 的

续表

注浆材料及适用范围	注浆机具及工艺布置	注 浆 堵 漏 方 法
2.8、浓度 35~4°Be 左右，与水泥配合比为 1:1.15、1:1.5 等。将水玻璃徐徐倒入水泥中，搅拌均匀即可 水泥(水玻璃水泥)浆液适用于灌注不存在流动水条件的的混凝土中较深、较大的孔洞和裂缝宽度大于 2mm 的裂缝、施工缝、变形缝的漏水。具有单液灌注、工艺简单、材料来源广、价格低、粘结强度高等优点，是应用最广泛的注浆材料 2. 环氧糠醛浆液 主剂环氧树脂采用 E-44，稀释剂用糠醛、丙酮，固化剂常用丙酮与乙二胺合成的半酮亚胺，其配合比见表10-139、表10-140，浆液的技术性能见表10-141 环氧糠醛浆液黏度低，从而可提高对初裂缝的深入能力。其固结体韧性较好，并可在有水条件下灌注，增强了混凝土裂缝的粘结强度，是常用的堵漏材料 3. 丙凝浆液 由甲液与乙液按1:1 比例混合而成，其组成材料性能，特征和配合比见表10-142、表10-143。丙凝浆液一般配成浓度为10%作为标准溶液，使用时可调整，范围在 7%~15%	(4)注浆嘴:如图 10-76 所示几种形式 (5)空压机或电动泵 2. 工艺设备布置 有双液注浆和单液注浆两种工艺设备布置形式。双液注浆采用两个压力泵加压，使甲、乙两种溶液通过各自的管路进入混合器，混合均匀后再压入漏水缝隙，如图 10-77、图 10-78、图10-79 所示 单液注浆仅需一套压浆系统，通过压力泵加压后，把浆液直接压入漏水缝隙，如图 10-80、图10-81所示。单液注浆工艺简单，而双液注浆具有易于控制凝结时间的优点	裂缝，间距 300~500mm，5mm 宽裂缝间距 500~1000mm，注浆孔的深度≤50mm，但不应穿透结构物，留 100~200mm 厚的安全距离。双层结构以穿透内壁为宜 当裂缝深度比较大时，应沿缝剔成 V 形槽，一般干裂缝槽口宽 80~100mm；深 50mm，涌水裂缝槽口宽 100~150mm，深 80mm，槽内垫砾石或绳索夹层，夹层内埋注浆嘴，槽面用快凝水泥砂浆封闭 (3)埋设注浆嘴：一般情况下，注浆嘴应不少于 2 个，即 1 个为排水(气)嘴，另 1 个为注浆嘴，如单孔漏水亦可只埋 1 个注浆嘴 楔入式注浆嘴缠麻丝后，用锤打入孔内；埋入式注浆嘴处钻孔直径比注浆嘴直径略大 30~40mm，用快凝胶浆固定，其埋深≤50mm；压式注浆嘴插入孔后，用扳手转动螺母，使弹性橡胶圈向孔壁四周膨胀并压紧，使注浆嘴与孔壁连接牢固；贴置式注浆嘴宜用环氧胶泥粘贴 (4)封闭漏水部位：注浆嘴埋设后，除注浆嘴内流水外，其他凡有漏水现象或有可能漏水部位(在一定范围内)都应按第 10.4.5 节"促凝灰浆补漏"部分采取封闭措施，以免出现漏浆、跑浆现象 (5)压水、压气试验：封缝后养护至有一定强度后进行。试水采用颜色以代替浆液，以计算灌浆量、灌浆时间，为确定浆液配合比、灌浆压力等提供参考。同时观察封堵情况和各孔连通情况，以保证注浆正常进行，压水、压气时压力应维持 0.3~0.4N/mm² 2. 注浆 (1)对于垂直裂缝一般自下而上注浆，水平缝由一端向另一端或从两头向中间注浆 (2)选其中一孔注浆，待多孔见浆后，

续表

注浆材料及适用范围	注浆机具及工艺布置	注 浆 堵 漏 方 法
具有浆液黏度低,可灌性好,胶凝时间可根据需要调节,还具有抗酸碱、抗细菌侵蚀、浆液易于制备等特点,广泛用于泵房、水楔、水池、隧道、岩基等工程防渗堵漏。但其凝固后强度较低,胶体湿胀干缩,故不宜用于经常发生干湿变化的部位作永久性止水措施,也不宜用于裂缝较宽、水压较大的漏水工程 4. 聚氨酯浆液 (1)非水溶性聚氨酯浆液:又名氰凝,系以多异氰酸酯和聚醚树脂产生反应制成的主剂(通常称预聚体),加入适量添加剂配制而成。预聚体目前市场有成品供应,其品种性能见表 10-144。如成品供应不上,现场也可简易合成,其重量组成见表 10-145。氰凝浆液配合比见表 10-146 (2)水溶性聚氨酯浆液:系由甲苯二异氰酸酯和三羟基水溶性聚醚进行化学合成反应而制成预聚体,再加入适量添加剂配制而成,添加剂与非水溶剂聚氨酯所用基本相同。其浆液技术性能见表 10-147 聚氨酯浆液单液注浆,工艺设备简单。浆液不遇水是稳定的,可较长时间存放,遇水后		立即关闭该孔,仍继续压浆,使浆液沿着漏水通道逆向推进。灌到不再进浆时,停止压浆,立即关闭注浆嘴(为防止浆液回流,应先关闭注浆嘴阀口,再停止压浆) (3)注浆过程中要密切观察注浆压力和注浆量的变化。当泵压骤增,灌浆量减少,多为管路堵塞或被灌物内不畅,应立即停止注浆;当泵压升不上去,进浆量较大时,要综合考虑被灌结构的厚度,分析其走向,采取调整配合比、浆液黏度和凝结时间或采用间隙注浆等措施;注浆中出现跑浆、冒浆现象,多属于封闭不严所致,应立即停止注浆,重做封闭工作;由于局部通路被暂时堵塞而引起的假压,随着在高压下充塞物被冲开,压力复而下降,这是灌浆中的正常现象 (4)注浆压力与静水压力、混凝土裂缝粗糙程度、裂缝大小、浆液黏度、扩散半径和浆液凝固时间长短等有关。对地下水位以下结构应超过静水压力,对水泥、水玻璃水泥浆液可达 0.6~0.8MPa,一般混凝土结构为 0.4~0.6MPa,在 200mm 以下薄壁结构为 0.3~0.4MPa,砖石结构为 0.1~0.3MPa;对环氧糠醛浆液为 0.3~0.5MPa;对丙凝浆液为 0.05~0.2MPa;对聚氨酯浆液为 0.2~0.3MPa。一般情况下,注浆压力以不超过试水压力为宜 (5)凝结时间与渗水量大小、水的流速、混凝土裂缝大小、深度、混凝土壁厚等有关。一般在无外漏的细小裂缝中注浆,浆液凝结时间要大于试水时间;在有外漏、混凝土壁厚较小的情况下,浆液凝结时间要小于试水时间。丙凝适合快速堵水,因此选定凝结时间要短;聚氨酯浆液选定凝结时间要大于丙凝;环氧糠醛浆液,水泥(水玻璃水泥)

续表

注浆材料及适用范围	注浆机具及工艺布置	注浆堵漏方法

立即反应,放出二氧化碳气体,体积膨胀,发生二次渗透,有较大的渗透半径和凝固体积比,凝固时间可调节由几秒到数十分钟,因此有良好的抗渗堵漏作用。适用于各种地下工程内外墙、地面、地铁、隧道等变形缝、施工缝、结构裂缝的堵漏以及探矿钻进工程以及复杂岩层的护壁与堵漏		浆液一般凝结时间较长,不宜用于快速堵漏
		3.封孔
		  当压浆量与预先估计的用浆量已经基本接近,而且压浆量逐渐减小到0.01L/min,压力也比较稳定的情况下,再继续灌注 3~5min 即可结束注浆。待浆液凝固后,剔除注浆嘴,观察各孔无渗漏现象时,即用水泥砂浆等材料浆孔口补平抹光
		  当结束注浆时,立刻打开泄浆阀门,将管路和混合器中浆液放出,并拆卸管路清洗机具

裂缝注浆水泥的细度　　　　表 10-138

项　　　目	普通硅酸盐水泥	磨细水泥	湿磨细水泥
平均粒径(D_{50}、μm)	20~25	8	6
比表面(cm/g)	3250	6300	8200

环氧糠醛主液常用配合比(重量比)　　表 10-139

项次	环氧树脂(E-44)	糠醛(工业用)	苯酚(工业用)
1	100	30	5
2	100	50	10
3	100	30	15

环氧糠醛浆液施工配合比　　　　表 10-140

项次	主液(mL)	稀释剂丙酮(mL)	促凝剂(g)	固化剂半酮亚胺(mL)	黏度(Pa·s)
1	1000	68~58	0~30	288~308	0.2082
2	1000	138~125	0~30	260~286	33.4×10^{-3}
3	1000	192~178	0~30	266~294	18.1×10^{-3}
4	1000	260	0~30	316	

注:项次 3 配合比可用于 0.2mm 以上的干、湿裂缝补漏,无 3 号时用配合比 4 也可收到较好效果;项次 1 配合比浆液黏度大,宜用于 0.5mm 以上的裂缝补漏。

10.4 地下工程补漏方法

环氧糠醛浆液技术性能 表10-141

项次	项目	性能
1	外观	棕黄色透明液体
2	相对密度	1.06
3	黏度(Pa·s)	$(10-20)\times10^{-3}$
4	固化时间(h)	24~48
5	抗压强度(MPa)	50~80
6	抗拉强度(MPa)	8~16
7	与混凝土粘结强度(MPa)干粘	1.9~2.8
8	与混凝土粘结强度(MPa)湿粘	1.0~2.0

丙凝浆液组成材料性能及特征 表10-142

液别	名称	作用	相对密度	外观	性质	备注
甲液材料	丙烯酰胺	主剂	0.6	水溶性白色或浅黄色鳞状结晶	易吸湿,易聚合于30℃以下	干燥、阴凉地方可长期贮存
甲液材料	二甲基双丙烯酰胺	交联剂	0.6	水溶性白色粉末	与单体交联	干燥、阴凉地方可长期贮存
甲液材料	β-二甲氨基丙腈	还原剂	0.87	无色透明或淡黄色液体	稍有腐蚀	干燥、阴凉地方可长期贮存
乙液材料	过硫酸铵	氧化剂	1.98	水溶性白色粉末	易吸潮,易分解	干燥阴凉地方贮存

丙凝浆液施工配合比 表10-143

项次	甲液				乙液		凝结时间(min)
	丙烯酰胺	二甲基双丙烯酰胺	β-二甲胺基丙腈	水	过硫酸铵	水	
1	47	2.5	2.0	220	2.0	220	3
2	47	2.5	2.0	220	1.5	220	5

注:1. 甲液与乙液混合比例为1:1;配制时环境温度为23℃,丙凝凝固温度为45℃。
2. 丙凝胶抗压强度为0.01~0.06MPa;抗拉强度为0.02~0.04MPa;抗压极限变形30%~50%;抗拉极限变形20%~40%。

氰凝主剂品种、性能 表10-144

项目	TT-1	TT-2	TM-1	TD-330	T-830
外观	浅黄色透明液体	浅黄色透明液体	棕黑色半透明液体	褐色液体	棕黄色液体
相对密度	1.057~1.125	1.036~1.086	1.088~1.125	1.1	1.125
黏度(Pa·s)	0.006~0.05	0.012~0.07	0.1~0.8	0.282	0.024
混凝土堵漏抗渗性能(MPa)	>0.9	>0.1	>0.9	0.8	0.4

现场简易合成预聚体的材料组成 表10-145

项次	名称	重量比	备注
1	甲苯二异氰酸酯(TDI)	300	
2	邻苯二甲酸二丁酯	100	
3	N-204 聚醚	100	
4	N-203 聚醚	100	
5	丙酮	100	可用部分二甲苯代

注：1. 预聚体的(-NCO/-OH)值为2.3。
2. (-NCO/-OH)值增大时，预聚体的黏度随之降低，遇水反应加快，一般在2~4之间，比值过大时，聚合体疏松质脆。

氰凝浆液配合比 表10-146

材料名称	规格	作用	配合比(重量比) I	配合比(重量比) II	加料顺序
预聚体		主剂	100	100	1
硅油	201-50号	表面活性剂	1		2
吐温	80号	乳化剂	1		3
邻苯二甲酸二丁酯	工业用	增塑剂	10	1~5	4
丙酮	工业用	溶剂	5~20		5
二甲苯	工业用	溶剂		1~5	6
三乙胺	试剂	催化剂	0.7~3	0.3~1	7
有机锡		催化剂		0.15~0.5	8

注：1. 如预聚体混合使用时，可用 TT-1 为 90，TP-1 为 10。
2. 有机锡常用的为桂酸二丁基锡；无三乙胺时，可用二甲基醇代替。
3. 如凝结太快，可加入少量的对甲苯磺酰氯作为缓凝剂。
4. 三乙胺加入量视需胶凝时间而定，用量多，胶凝时间缩短。
5. 丙酮加入量视裂缝大小而定，用量多，可灌性提高，浆液强度降低。

10.4 地下工程补漏方法

TZS水溶性聚氨酯堵漏剂技术性能 表10-147

项次	项目	性能指标	生产单位
1	外观	淡黄、琥珀式透明液体	上海市隧道工程公司防水材料厂
2	相对密度	1.03～1.10	
3	黏度(Pa·s)	25℃，0.1～0.4	上海北蔡防水材料厂
4	诱导凝固时间	数+秒～数+分	
5	膨胀率	2～3倍	上海彭浦防水材料厂
6	粘结强度(MPa)	(与混凝土)>1.0	
7	固结体抗压强度(MPa)	>1.5	
8	固结体抗渗性(MPa)	>1.0	
9	固结体抗拉强度(MPa)	(渗水量100%时)2 (渗水量250%时)1.5 (渗水量500%时)0.8	

注：材料胶凝时间一般为2～5min。

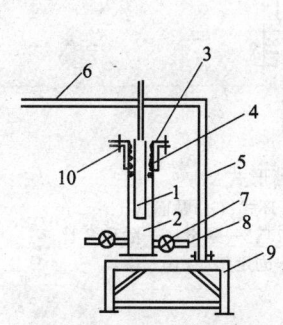

图10-73 手压泵示意图
1—内套管；2—外套管；3—压盘；4—石棉绳；
5—立柱；6—手压杆；7—逆止阀；
8—连接钢管；9—支架；10—连接螺栓

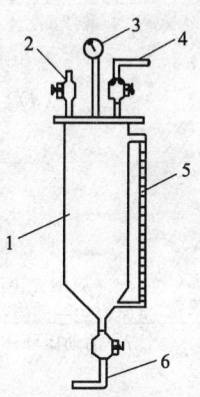

图10-74 压浆罐示意图
1—贮浆罐；2—进浆管；3—压力表；
4—压缩空气进口；5—玻璃管液面计；
6—出浆弯管

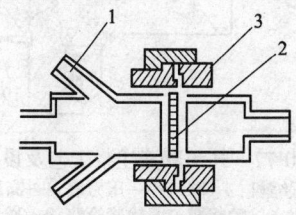

图10-75 混合器示意图
1—三叉管；2—多孔铜片；3—活接头

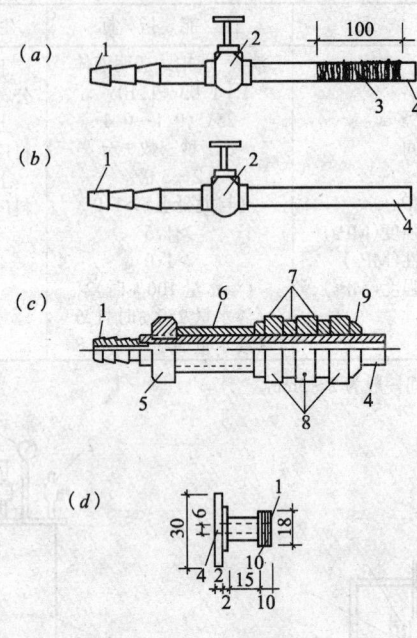

图 10-76 注浆嘴形式
(a)楔入式;(b)埋入式;(c)压环式;(d)贴面式
1—进浆口;2—阀门;3—麻丝;4—出浆口;5—螺母;6—活动套管;
7—活动压环;8—弹簧橡皮圈;9—固定垫圈;10—丝口

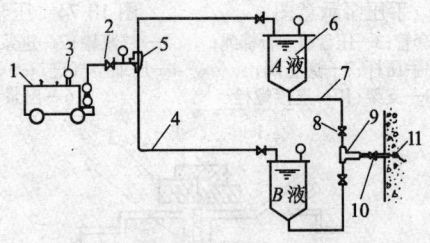

图 10-77 气动双液注浆工艺及设备
1—空气压缩机;2—阀门;3—压力表;4—高压风管;
5—三通;6—贮浆罐;7—输浆管路;8—逆止阀;
9—混合器;10—注浆嘴;11—混凝土裂缝

10.4 地下工程补漏方法

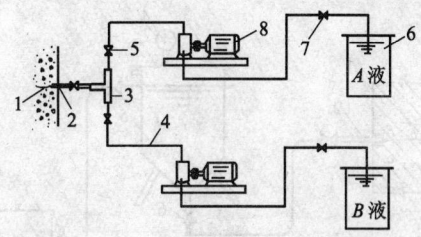

图 10-78　电动双液注浆工艺及设备
1—混凝土裂缝;2—注浆嘴;3—混合器;4—输浆管路;
5—逆止阀;6—贮浆罐;7—阀门;8—电动泵

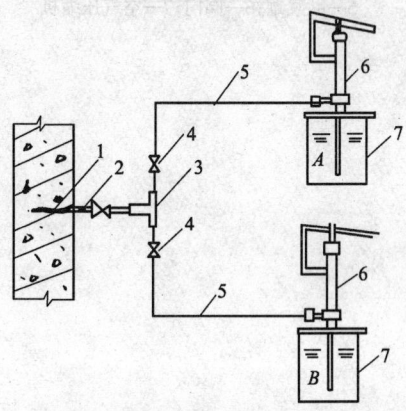

图 10-79　手压泵双液注浆工艺及设备
1—混凝土裂缝;2—注浆嘴;3—混合器;
4—逆止阀;5—输浆管路;6—手压泵;7—贮浆罐

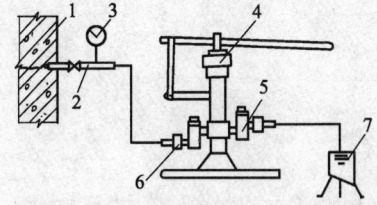

图 10-80　手压泵单液注浆工艺及设备
1—结构物;2—注浆嘴;3—压力表;4—手压泵;
5—吸浆阀;6—出浆阀;7—贮浆罐

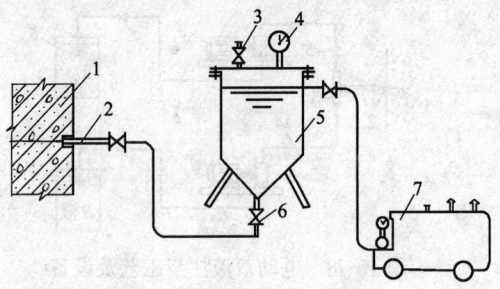

图 10-81 气动单液注浆工艺及设备
1—结构物;2—注浆嘴;3—进浆口;4—压力表;
5—贮浆罐;6—阀门;7—空气压缩机

11 建筑防腐蚀工程

11.1 基层要求及处理

基层要求及处理方法　　　　　表 11-1

基层名称	基 层 要 求	基 层 处 理 方 法
水泥砂浆、混凝土基层	1. 基层必须坚固、密实;强度必须进行检测并应符合设计要求。严禁有地下水渗漏,不均匀沉陷。不得有起砂、脱壳、裂缝、蜂窝麻面等现象 2. 基层必须干燥,在20mm 深度内的含水率不应大于 6%;当设计对湿度有特殊要求时,应按设计要求进行施工 3. 基层表面应平整,用2m 直尺检查,其间隙不应大于 4mm(当防腐蚀面层厚度＞5mm 时)和 2mm(当防腐蚀面层厚度＜5mm 时)。当在基层表面进行块材铺砌施工时,基层的阴阳角应做成直角;进行其他种类防腐蚀施工时,基层的阴阳角应做成斜面或圆角 4. 基层坡度必须进行检测并应符合设计要求,其允许偏差为坡长的±0.2%,最大偏差值不	1. 基层表面必须洁净。施工前,基层表面处理方法应达到:当采用手工或动力工具打磨时,表面应无水泥渣及疏松的附着物;当采用喷砂或抛丸时,应使基层表面形成均匀粗糙面;当采用研磨机械打磨时,表面应清洁、平整。基层处理后,必须用干净的软毛刷、压缩空气或工业吸尘器清理干净 2. 已被油脂、化学药品污染的基层表面或改建、扩建工程中已被侵蚀的疏松层,应进行表面预处理,预处理方法为: (1)当基层表面被介质侵蚀,呈疏松状,存在高度差时,应采用凿毛机械处理或喷砂处理 (2)当基层表面被介质侵蚀又呈疏松状时,应采用喷砂处理 (3)被腐蚀介质侵蚀的疏松基层,必须凿除干净,采用对混凝土无潜在危险的相应化学品予以中和,再用清水反复洗刷 (4)被油脂、化学药品污染的表面,可使用洗涤剂、碱液或溶剂等洗涤,也可用火烤、蒸汽吹洗等方法处理,但不得损坏基层 (5)不平整及缺陷部分,可采用细石混凝土或聚合物水泥砂浆修补,养护后按新的基层进行处理 3. 凡穿过防腐蚀层的管道、套管、预留孔、预埋件,均应预先埋置或留设 4. 整体防腐蚀构造基层表面不宜做找平处理,

续表

基层名称	基 层 要 求	基 层 处 理 方 法
水泥砂浆、混凝土基层	得大于30mm 5. 承重及结构件等重要混凝土浇筑宜采用清水模板一次制成。当采用钢模板时，选用的脱模剂不应污染基层。经过养护的基层表面，不得有白色析出物	当必须进行找平处理时，其做法应为：当采用细石混凝土找平时，强度等级不应低于C20，厚度不应小于30mm；当采用水泥砂浆找平时，应先涂一层混凝土界面处理剂，然后再按设计厚度找平；当施工过程不宜进行上述操作时，可采用树脂砂浆或聚合物水泥砂浆找平。当采用水泥砂浆找平时，表面应压实、抹平，不得拍打，并应进行粗糙化处理
钢结构基层	1. 钢结构表面应平整、施工前应把焊渣、毛刺、铁锈、油污等清除干净 2. 已经处理的钢结构表面，不得再次污染，当受到二次污染时，应再次进行表面处理 3. 经处理的钢结构基层，应及时涂刷底层涂料，间隔时间不应超过5h	1. 钢结构表面的处理方法，可采用喷射或抛射除锈、手工和动力工具除锈、火焰除锈或化学除锈，除锈方法及适用范围见表11-2。各种除锈方法质量等级见表11-3。一般情况几种除锈方法可相互配合、补充。建筑现场施工的新design配件应采用手工、动力工具或喷射除锈；工厂加工的构配件可采用喷射或抛射除锈、手工和动力工具除锈。化学除锈或火焰除锈；旧构配件可采用手工、动力工具或局部火焰除锈 2. 对污染严重的钢结构和改建、扩建工程中腐蚀严重的钢结构，应进行表面预处理。预处理方法为： （1）被油脂污染的钢结构表面，可采用有机溶剂，热碱液或乳化剂以及烘烤等方法去除油脂 （2）被氧化物污染或附着有旧漆层的钢结构表面，可采用铲除、烘烤等方法清理
木质基层	1. 木质基层表面应平整、光滑、无油脂、无尘、无树脂，并将表面的浮灰清除干净 2. 木质基层应干燥，含水率不应大于15%	1. 基层表面有油脂污染时，可先用砂纸磨光，再用汽油等溶剂洗净 2. 凹陷及细小裂缝和毛刺、脂囊清除后，可用耐酸（或碱）腻子嵌实刮平，干燥后砂纸磨光，并立即打底和做表面层 3. 节疤用底漆点二遍，用腻子抹平

钢结构基层除锈方法　　　　　　　　　　表 11-2

名　称	处 　理　 方 　法	适用范围
手工和动力工具处理	用砂纸、钢丝刷、刮刀、平头铁锤或废砂轮，或配合风动、电动砂轮、锤、铲等简单手工机具，用人工打、磨、铲的方法，将表面铁锈、残存铸砂或旧漆膜刮擦干净，再用汽油、松香水、丙酮或苯等溶剂揩擦干净	小面积和其他除锈方法达不到的部位处理

11.1 基层要求及处理

续表

名称	处理方法	适用范围
机械处理	用喷砂法处理。系用压缩空气带动石英砂(粒径2~5mm)或铁丸(粒径1~1.5mm)通过喷嘴高速喷射于基层面,将铁锈铸砂除净,再用有机溶剂清洗干净。使用压力为$0.5~0.7N/mm^2$,喷射角度为$45°~60°$,喷射距离为12~15cm,并设防尘装置;或利用抛射机抛出铁丸射向物件表面,以高速冲击和摩擦除去铁锈和氧化皮等	大型钢结构表面处理
化学处理	1. 将物件放入50%浓度的稀硫酸中浸泡10~12min,脱去表面氧化层、铁锈,取出用清水洗净,擦干、晾(或烘)干即可 2. 用温度50~70℃、浓度10%~20%的硫酸(或温度30~40℃、浓度10%~15%的盐酸,或浓度5%~10%硫酸和10%~15%盐酸混合液)进行酸洗,至表面呈灰白色,取出用水冲洗,然后用20%的石灰乳或5%的碳酸钠溶液中和,再用热水冲洗2~3遍,擦干使其干燥,并迅速涂覆 3. 用化学除锈膏(配方为:硫酸240mL、无水硫酸钠10g、乌洛托品2g、膨润土280g、水600mL)涂覆在钢结构基层表面,厚度为1~3mm,经20~40min后,用水冲洗,并使其干燥	表面要求不高的钢结构基层处理

各种除锈方法和质量等级　　　　表 11-3

除锈方法	除锈等级	质量要求
喷射或抛射除锈	Sa1级	钢材表面应无可见的油脂和污垢,并且没有附着不牢的氧化皮、铁锈和油漆涂层等
	Sa2级	钢材表面应无可见的油脂和污垢,并且氧化皮、铁锈和油漆涂层等附着物已基本清除,其残留物应是牢固可靠的
	$Sa2\frac{1}{2}$级	钢材表面应无可见的油脂、污垢、氧化皮、铁锈和油脂涂层等附着物,任何残留的痕迹应仅是点状或条纹状的轻微色斑
手工和动力工具除锈	St2级	钢材表面应无可见的油脂和污垢,并且没有附着不牢的氧化皮、铁锈和油漆涂层等
	St3级	钢材表面应无可见的油脂和污垢,并且氧化皮、铁锈和油漆涂层等附着物。除锈等级应比St2更为彻底,底材显露部分的表面应具有金属光泽
化学除锈	Pi级	钢材表面应无可见的油脂和污垢,酸洗未尽的氧化皮、铁锈和油漆涂层的个别残留点允许用手工或机械方法除去,最终该表面应显露金属原貌,无再度锈蚀

11.2 块材防腐蚀工程

块材铺砌防腐蚀工程施工方法　　　　　表 11-4

项次	项目	施 工 要 点
1	原材料和制成品的质量要求	1. 耐酸块材：块材的品种、规格和等级，应符合设计要求。常用的耐酸砖、耐酸耐温砖的质量要求见表 11-5。耐酸砖的规格有(mm)：230×113×(65、40、30)、230×113×$\left(\frac{55}{65}、\frac{45}{65}、\frac{45}{55}、\frac{35}{65}\right)$、150×150×(15～30)、150×75×(15～30)、100×100×(10～20)、100×50×(10～20)、125×125×15；耐酸耐温砖的规格有(mm)：230×113×(65、40、30)、230×113×$\left(\frac{55}{65}、\frac{45}{65}、\frac{35}{65}\right)$、200×200×(50、25)、200×100×(50、25)、150×150×(50、25)、150×75×25、120×120×50、100×100×(50、25) 2. 天然石材：由各种岩石直接加工而成的石材和制品。根据天然石材的化学成分及结构致密度分为耐酸和耐碱两大类，其中二氧化硅含量高于 55%者耐酸，含量愈高愈耐酸；氧化镁、氧化钙含量愈高者愈耐碱。要求组织均匀，结构致密，无风化。不得有裂纹或不耐酸的夹层，其耐酸度不应小于 95%；抗压强度：花岗石、石英石不应小于 100MPa；石灰石不应小于 60MPa。表面平整度的允许偏差：机械切割表面应为 2mm；人工加工或机械刨光的表面应为 3mm。不得有缺棱掉角等现象。规格一般有(mm)：600×400×(80～100)、400×300×(50～60)和 300×200×(20～30) 3. 铸石制品：铸石是用天然岩石或工业废渣为原料加入一定的附加剂(如角闪岩、白云岩、萤石等)和结晶剂(如铬铁矿、钛铁矿等)经熔化、浇铸、结晶、退火等工序制成的一种非金属耐腐蚀材料。制品有平面板、弧面板、管等，其质量要求见表 11-6 4. 耐腐蚀胶泥和砂浆：根据腐蚀介质及设计要求而定，一般常用的有水玻璃胶泥和砂浆、树脂胶泥和砂浆、沥青胶泥和砂浆、聚合物水泥砂浆等，其技术要求及配合比、配制方法分别见本章有关节
2	块材铺砌	1. 块材使用前应经挑选，并应洗净，干燥后备用 2. 块材加工可用机械切割、烧割、电割以及人工手锤分次敲击等方法 3. 块材铺砌前，首先试排，编号。铺砌时拉线控制标高、坡度、平整度。铺砌顺序应先里后外，由低往高，先地坑、地沟，后地面、踢脚板或墙裙 4. 平面铺砌块材应避免出现十字通缝和上下层通缝；立面铺砌块材时，可留置水平或垂直通缝。铺砌平面和立面交角时，阴角处立面块材压住平面块材；阳角处平面块材应盖住立面块材；两层或多层铺砌块材时，平面或立面交角处应交错铺砌，并避免出现重叠缝(图 11-1、图 11-2) 5. 铺砌操作方法，随所用胶泥而异，分别见本章有关节。各种胶泥铺砌块材结合层厚度、灰缝宽度及勾缝尺寸应符合本章有关节的规定 6. 采用树脂胶泥灌缝或勾缝的块材面层，铺砌时应随时刮除缝内多余的胶泥或砂浆；勾缝前，应将灰缝清理干净

11.2 块材防腐蚀工程

续表

项次	项目	施 工 要 点
3	质量要求	1. 块材面层应完整无缺,结合层及灰缝应饱满密实,粘结牢固,不得有疏松、裂纹和起鼓等现象。灰缝表面应平整,结合层和灰缝尺寸符合本章有关节的规定 2. 块材表面平整度,用2m直尺检查:耐酸砖、耐酸耐温砖、铸石板面层不超过4mm;机械切割天然石材的面层(厚度≤30mm)不超过4mm;人工加工或机械刨光天然石材的面层(厚度>30mm)不超过6mm 3. 块材面层相邻块材之间的高差:耐酸砖、耐酸耐温砖、铸石板面层不超过1mm;机械切割天然石材的面层(厚度≤30mm)不超过2mm;人工加工或机械刨光天然石材的面层(厚度>30mm)不超过3mm 4. 块材地面坡度应符合设计要求,允许偏差为坡长的±0.2%,最大偏差值不得大于30mm;做泼水试验时,水能顺利排除

耐酸砖、耐酸耐温砖的质量　　　　　表 11-5

项	目	耐酸度(%)	吸水率(%)	耐急冷急热性(℃)	
耐酸砖	一类	≥99.8	0.2≤A<0.5	温差100	试验一次后,试样不得有裂纹、剥落等破损现象
	二类	≥99.8	0.5≤A<2.0	温差100	
	三类	≥99.8	2.0≤A<4.0	温差130	
	四类	≥99.7	4.0≤A<5.0	温差150	
耐酸耐温砖	一类	≥99.7	≤5.0	200	试验一次后,试样不得有新生裂纹和破损剥落现象
	二类	≥99.7	5.0~8.0	250	

铸石制品的质量　　　　　表 11-6

项　　　目		指标	
		平面板	弧面板
磨耗量(g/cm^2)	≤	0.09	0.12
耐急冷急热性	水浴法:20~70℃反复一次 气浴法:常温~室温以上175℃反复一次	合格试样块数/试样块数 ≥	36/50	31/50
冲击韧性(kJ/m^2)	≥	1.57	1.37
弯曲强度(MPa)	≥	63.7	58.8
压缩强度(MPa)	≥	588	
耐酸(碱)度(%)	硫酸(密度1.84g/cm^3)	≥	99.0	
	硫酸溶液[20%(m/m)]	≥	96.0	
	氢氧化钠溶液[20%(m/m)]	≥	98.0	

11 建筑防腐蚀工程

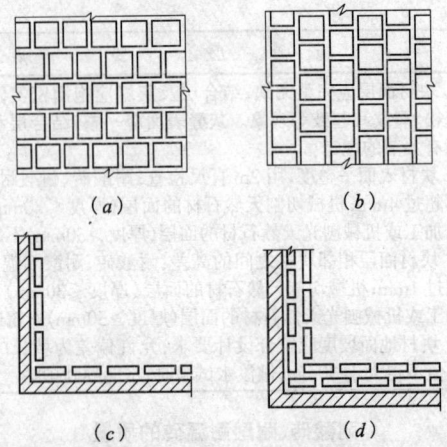

图 11-1 砖板排列形式
(a)、(b)砖板立面错缝排列；(c)单层砖板转角处排列；
(d)双层砖板转角处排列

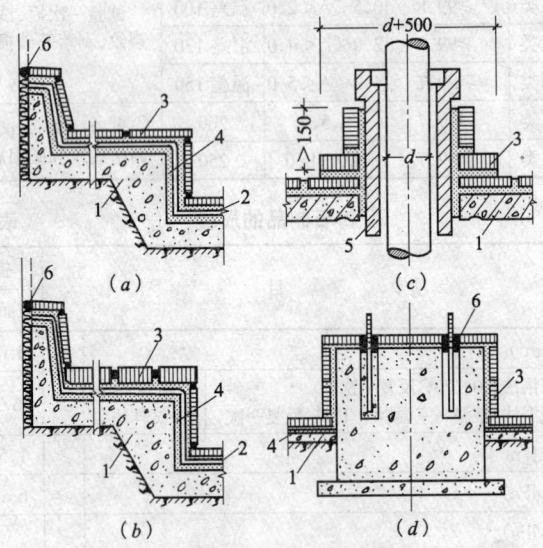

图 11-2 细部构造详图
(a)、(b)砖板块材地沟砌筑细部；(c)管道通过楼板细部；
(d)设备基础板材露面细部
1—混凝土基层；2—隔离层；3—耐腐蚀胶泥(砂浆)铺砌砖板；
4—砂浆找平；5—陶管；6—耐腐蚀胶泥

11.3 水玻璃类防腐蚀工程

水玻璃类防腐蚀工程施工方法　　　　表11-7

项次	项目	施 工 要 点
1	原材料和制成品的质量要求	1. 水玻璃 　　钠水玻璃外观应为无色或略带色的透明或半透明黏稠液;钾水玻璃外观为白色或灰白色黏稠液体。水玻璃的质量要求应符合表11-8 的规定 2. 固化剂 　　钠水玻璃用固化剂为氟硅酸钠,其外观应为白、浅灰或浅黄色粉末,其质量应符合表11-9 的要求 　　钾水玻璃用固化剂为缩合磷酸铝,宜掺入钾水玻璃胶泥、砂浆、混凝土内 3. 钠水玻璃材料的粉料、粗细骨料的质量 　　(1)粉料:常用的为铸石粉、石英粉、安山岩粉等,其质量应符合表11-10 的规定 　　(2)粗细骨料:粗骨料常用的为石英石、花岗石等;细骨料常用石英砂。粗细骨料的质量应符合表11-11 的规定 4. 钾水玻璃胶泥、砂浆、混凝土混合料的质量 　　(1)钾水玻璃胶泥混合料的含水率不应大于 0.5%,细度要求为通过 0.45mm 筛孔筛余量不应大于 5%,通过 0.16mm 筛孔筛余量宜为 30%～50% 　　(2)钾水玻璃砂浆混合料的含水率不应大于 0.5%,细度宜符合表11-12 的规定 　　(3)钾水玻璃混凝土混合料的含水率不应大于 0.5%,粗骨料的最大粒径不应大于结构截面最小尺寸的 1/4;用作整体地面面层时,不应大于面层厚度的 1/3 5. 水玻璃制成品的质量 　　(1)钠水玻璃制成品的质量应符合表11-13 和表11-14 的规定 　　(2)钾水玻璃制成品的质量应符合表11-15 的规定
2	水玻璃制成品的施工配合比及配制方法	1. 钠水玻璃类材料的施工配合比及配制方法 　　(1)钠水玻璃类材料的施工配合比见表11-16 　　(2)钠水玻璃胶泥稠度为 30～36mm;水玻璃砂浆圆锥体沉入度:当用于铺砌块材时,宜为 30～40mm;当用于抹压平面时,宜为 30～35mm;当用于抹压立面时,宜为 40～60mm。钠水玻璃混凝土的坍落度:当机械捣实时,不应大于 25mm;当人工捣实时,不应大于 30mm 　　(3)混合料的空隙率:钠水玻璃砂浆的混合料,不应大于 25%;钠水玻璃混凝土的混合料,不应大于 22% 　　(4)钠水玻璃胶泥、砂浆的配制 　　1)机械搅拌:先将粉料、细骨料与固化剂加入搅拌机内干拌均匀,然后加入钠水玻璃湿拌,湿拌时间不少于 2min;当配制钠水玻璃胶泥时,不加细骨料 　　2)人工搅拌:先将粉料与固化剂氟硅酸钠混合过筛 2 遍后,加入细骨料

续表

项次	项目	施工要点
2	水玻璃制成品的施工配合比及配制方法	干拌均匀,然后逐渐加入钠水玻璃湿拌均匀;当配制钠水玻璃胶泥时,不加细骨料 3)当配制密实型钠水玻璃胶泥或砂浆时,可将钠水玻璃与外加剂糠醇单体一起加入,湿拌直至均匀 (5)钠水玻璃混凝土的配制 1)机械搅拌:应采用强制式混凝土搅拌机,将细骨料、已混匀的粉料和固化剂、粗骨料加入搅拌机内干拌均匀,然后加入钠水玻璃湿拌均匀 2)人工搅拌:应先将粉料和固化剂混合,过筛后,加入细骨料、粗骨料干拌均匀,最后加入钠水玻璃,湿拌不宜少于3次,直至均匀 3)当配制密实型钠水玻璃混凝土时,可将钠水玻璃与外加剂糠醇单体一起加入,湿拌直至均匀 2.钾水玻璃类材料的施工配合比及配制方法 (1)钾水玻璃类材料的施工配合见表11-17 (2)钾水玻璃胶泥的稠度宜为30~35mm;钾水玻璃砂浆的圆锥沉入度:当用于铺砌块材料时,宜为30~40mm;当用于抹压平面时,宜为30~35mm;当用于抹压立面时,宜为40~45mm;钾水玻璃混凝土的坍落度宜为25~30mm (3)配制钾水玻璃材料时,先将钾水玻璃混合料干拌均匀,然后加入钾水玻璃搅拌,直至均匀 3.拌制好的水玻璃胶泥、水玻璃砂浆、水玻璃混凝土内严禁加入任何物料,并必须在初凝前用完。每次拌制量不宜过多,胶泥或砂浆一般每次以3kg为宜
3	施工方法	1.水玻璃胶泥、水玻璃砂浆铺砌块材的施工 (1)施工前应将块材和基层或隔离层表面清理干净 (2)施工时,块材的结合层厚度和灰缝宽度,应符合表11-18的规定 (3)铺砌耐酸砖、耐酸耐温砖和厚度不大于30mm的天然石材时,宜采用揉挤法;铺砌厚度大于30mm的天然石材和钾水玻璃混凝土预制块时,宜采用坐浆灌缝法 (4)当在立面铺砌块材时,应防止变形。在水玻璃胶泥或水玻璃砂浆终凝前,一次铺砌的高度以不变形为限,待凝固后再继续施工。当平面铺砌块材时,应防止滑动 2.密实型钾水玻璃砂浆整体面层的施工 (1)钾水玻璃砂浆整体面层宜分格或分段施工。受液态介质作用的部位应选用密实型钾水玻璃砂浆 (2)平面的钾水玻璃砂浆整体面层,宜一次抹压完成;面层厚度不大于30mm时,宜选用混合料最大粒径为2.5mm的钾水玻璃砂浆;面层厚度大于30mm时,宜选用混合料最大粒径为5mm的钾水玻璃砂浆 (3)立面的钾水玻璃砂浆整体面层,应分层抹压,每层厚度不宜大于5mm,总厚度应符合设计要求,混合料的最大粒径应为1.25mm (4)抹压钾水玻璃砂浆时,不宜往返进行,平面应按同一方向抹压平整;

11.3 水玻璃类防腐蚀工程

续表

项次	项目	施 工 要 点
3	施 工 方 法	立面应由下往上抹压平整。每层抹压后,当表面不粘抹具时,可轻拍轻压,但不得出现褶皱和裂纹 3.水玻璃混凝土的施工 (1)模板应支撑牢固,拼缝应严密,表面应平整,并应涂脱模剂 (2)水玻璃混凝土内的铁件必须除锈,并应涂防腐蚀涂料 (3)水玻璃混凝土的浇筑: 1)水玻璃混凝土应在初凝前振捣至泛浆排除汽泡为止 2)当采用插入式振捣器时,每层浇筑厚度不宜大于200mm,插点间距不应大于作用半径的1.5倍,振动器应缓慢拔出,不得留有孔洞。当采用平板振动器和人工捣实时,每层浇筑厚度不应大于100mm。当浇筑厚度大于上述厚度时,应分层连续浇筑。分层浇筑时,上一层应在下一层初凝以前完成。耐酸贮槽的浇筑必须一次完成,严禁留设施工缝 3)最上层捣实后,表面应在初凝前压实抹平 4)浇筑地面时,应随时控制平整度和坡度 5)水玻璃混凝土整体地面应分格施工,分格缝间距不宜大于3m,缝宽宜为12~16mm。用于有隔离层地面时,分格缝可用同型号水玻璃砂浆填实;用于无隔离层地面时,分格缝应用弹性防腐蚀胶泥填实 4.当需要留施工缝时,在继续浇筑前应将该处打毛清理干净,薄涂一层水玻璃胶泥,稍干后再继续浇筑。地面施工缝应留成斜槎 5.水玻璃混凝土在不同环境温度下的立面拆模时间应符合表11-19的规定 6.承重模板的拆除,应在混凝土的抗压强度达到设计强度的70%时方可进行。拆模后不得有蜂窝麻面、裂纹等缺陷,当有上述大量缺陷时应返工;少量缺陷时应将该处的混凝土凿除,清理干净,待稍干后用同型号的水玻璃胶泥或水玻璃砂浆进行修补
4	养护及酸化处理	1.水玻璃类材料的养护期,应符合表11-20的规定 2.水玻璃类材料防腐蚀工程养护后,应采用浓度为30%~40%硫酸做表面酸化处理,酸化处理至无白色结晶析出时为止。酸化处理次数不宜少于4次。每次间隔时间:钠水玻璃材料不应少于8h;钾水玻璃材料不应少于4h。每次处理前应清除表面的白色析出物
5	质 量 要 求	1.水玻璃材料的面层,应平整光洁,无裂纹和起皱现象。面层应与基层结合牢固,无脱层、起壳等缺陷。块材结合层和灰缝应饱满密实,粘结牢固,无疏松、裂缝和起鼓现象 2.水玻璃材料整体面层的平整度应采用2m直尺检查,其允许空隙不应大于4mm,其坡度应符合设计要求,允许偏差为坡长的±0.2%,最大偏差值不得大于30mm;做泼水试验时,水应能顺利排除 3.块材面层的平整度和坡度见11.2块材防腐蚀工程的有关质量要求 4.对于金属基层,应使用测厚仪测定水玻璃防腐蚀面层的厚度,对于不合格处必须进行修补

续表

项次	项目	施 工 要 点
6	施工注意事项	1. 水玻璃类防腐蚀工程施工的环境温度,宜为15～30℃,相对湿度不大于80%;当施工的环境温度,钠水玻璃材料低于10℃,钾水玻璃材料低于15℃时,应采加热保温措施;原材料使用时的温度,钠水玻璃不应低于15℃,钾水玻璃不应低于20℃ 2. 水玻璃应防止受冻。受冻的水玻璃必须加热并充分搅拌均匀后方可使用 3. 水玻璃防腐蚀工程在施工及养护期间,严禁与水或水蒸汽接触,并应防止早期过快脱水 4. 钾水玻璃材料可直接与细石混凝土、黏土砖砌体或钢铁基层接触,不宜用水泥砂浆找平

水玻璃的质量　　　　　　　　　表 11-8

项　目	质　量　指　标	
	钠水玻璃	钾水玻璃
模　数	2.60～2.90	2.60～2.90
密度(g/cm³)	1.44～1.47	1.40～1.45
氧化钠(%)	≥10.20	
二氧化硅(%)	≥25.70	25.00～29.00

注:1. 液体内不得混入油类或杂物,必要时使用前应过滤。
　　2. 施工用钠水玻璃的密度(20℃,g/cm³):当用于胶泥时为1.40～1.43;当用于砂浆时为1.40～1.42;当用于混凝土时为1.38～1.42。
　　3. 水玻璃模数或密度如不符合本表要求时,可按表11-21进行调整。
　　4. 采用密实型钾水玻璃材质时,其质量应采用中上限。

氟硅酸钠的质量　　　　　　　　　表 11-9

项次	项　目		质量指标
1	纯度(%)	不小于	98
2	含水率(%)	不大于	1
3	细度(0.15mm筛孔)		全部通过

注:受潮结块时,应在不高于100℃的温度下烘干并研细过筛后使用。

11.3 水玻璃类防腐蚀工程

粉料的质量　　表 11-10

项 次	项 目		质量指标
1	耐酸度(%)	不小于	95
2	含水率(%)	不大于	95
3	细度	0.15mm 筛孔筛余量(%) 不大于	5
		0.09mm 筛孔筛余量(%)	10～30

注：石英粉因粒度过细，收缩率大，易产生裂纹，故不宜单独使用，可与等量的铸石粉混合使用。

粗细骨料的质量　　表 11-11

项 目		质 量 指 标					
		细骨料				粗骨料	
颗粒级配	筛孔(mm)	5	1.25	0.315	0.16	最大粒径	1/2 最大粒径	5
	累计筛余量(%)	0～10	20～55	70～95	95～100	0～5	30～60	90～100
耐酸度(%)		≮95				≮95		
含水率(%)		≯0.5				≯0.5		
吸水率(%)						≯1.5		
含泥量(%)		1(用天然砂时)				不允许		
浸酸安定性						合格		

注：水玻璃砂浆用细骨料，粒径不应大于 1.25mm；粗骨料最大粒径，不应大于结构最小尺寸的 1/4。

钾水玻璃砂浆混合料的细度　　表 11-12

最 大 粒 径 (mm)	筛 余 量 (%)	
	最大粒径的筛	0.16mm 的筛
1.25	0～5	60～65
2.50	0～5	63～68
5.00	0～5	67～72

11 建筑防腐蚀工程

钠水玻璃胶泥的质量 表 11-13

项 目		质量指标
凝结时间	初凝(min) 不小于	45
	终凝(h) 不大于	12
抗拉强度(MPa)	不小于	2.5
浸酸安定性		合格
吸水率(%)	不大于	15
与耐酸砖粘结强度(MPa)	不小于	1.0

钠水玻璃砂浆、钠水玻璃混凝土、密实型钠水玻璃混凝土的质量 表 11-14

项 目	质 量 指 标		
	钠水玻璃砂浆	钠水玻璃混凝土	密实型钠水玻璃混凝土
抗压强度(MPa) 不小于	15	20	25
浸酸安定性	合格	合格	合格
抗渗强度(MPa) 不小于	—	—	1.2

钾水玻璃制成品的质量 表 11-15

项 目	密 实 型			普 通 型		
	胶泥	砂浆	混凝土	胶泥	砂浆	混凝土
初凝时间(min)	≥45	—	—	≥45	—	—
终凝时间(h)	≤15	—	—	≤15	—	—
抗压强度(MPa)	—	≥25	≥25	—	≥20	≥20
抗拉强度(MPa)	≥3	≥3	—	≥2.5	≥2.5	—
与耐酸砖粘结强度(MPa)	≥1.2	≥1.2	—	≥1.2	≥1.2	—
抗渗等级(MPa)	≥1.2	≥1.2	≥1.2	—	—	—
吸水率(%)	—			≤10		
浸酸安定性	合格			合格		
耐热极限温度(℃)	100~300			合格		
	300~900			合格		

注:1. 表中砂浆抗拉强度和粘结强度,仅用于最大粒径1.25mm的钾水玻璃砂浆。
   2. 表中耐热极限温度,仅用于有耐热要求的防腐蚀工程。

11.3 水玻璃类防腐蚀工程

钠水玻璃类材料的施工配合比(重量比) 表 11-16

材料名称			钠水玻璃	氟硅酸钠	粉料骨料				糠醇单体
					铸石粉	铸石粉:石英粉=1:1	细骨料	粗骨料	
钠水玻璃胶泥	普通型	1	100	15~18	250~270	—	—	—	—
		2	100	15~18	—	220~240	—	—	—
	密实型		100	15~18	250~270	—	—	—	3~5
钠水玻璃砂浆	普通型	1	100	15~17	200~220	—	250~270	—	—
		2	100	15~17	—	200~220	250~260	—	—
	密实型		100	15~17	200~220	—	250~270	—	3~5
钠水玻璃混凝土	普通型	1	100	15~16	200~220	—	230	320	—
		2	100	15~16	—	180~200	240~250	320~330	—
	密实型		100	15~16	180	—	250	320	3~5

注:氟硅酸钠用量计算公式:$G = 1.5 \times N_1 / N_2 \times 100$。

式中 G——氟硅酸钠用量占钠水玻璃用量的百分数;

N_1——钠水玻璃中含氧化钠的百分率(%);

N_2——氟硅酸钠的纯度(%)。

钾水玻璃材料的施工配合比 表 11-17

材料名称	混合料最大粒径(mm)	配合比(重量比)			
		钾水玻璃	钾水玻璃胶泥混合料	钾水玻璃砂浆混合料	钾水玻璃混凝土混合料
钾水玻璃胶泥	0.45	100	220~270	—	—
钾水玻璃砂浆	1.25	100	—	300~390	—
	2.50	100	—	330~420	—
	5.00	100	—	390~500	—
钾水玻璃混凝土	12.50	100	—	—	450~600
	25.00	100	—	—	560~750
	40.00	100	—	—	680~810

注:1. 混合料包含有钾水玻璃的固化剂和其他外加剂。
   2. 普通型钾水玻璃材料应采用普通型的混合料;密实型钾水玻璃材料应采用密实型的混合料。

结合层厚度和灰缝宽度　　　　　表 11-18

块材种类		结合层厚度(mm)		灰缝宽度(mm)	
		水玻璃胶泥	水玻璃砂浆	水玻璃胶泥	水玻璃砂浆
耐酸砖、耐酸耐温砖	厚度≤30mm	3~5	—	2~3	—
	厚度>30mm	—	5~7(最大粒径1.25mm)	—	4~6(最大粒径1.25mm)
天然石材	厚度≤30mm	5~7(最大粒径1.25mm)	—	3~5	—
	厚度>30mm	—	10~15(最大粒径2.5mm)	—	8~12(最大粒径2.5mm)
钾水玻璃混凝土预制块		—	8~12(最大粒径2.5mm)	—	8~12(最大粒径2.5mm)

水玻璃混凝土的立面拆模时间　　　　　表 11-19

材料名称		拆模时间(d)不少于			
		10~15℃	16~20℃	21~30℃	31~35℃
钠水玻璃混凝土		5	3	2	1
钾水玻璃混凝土	普通型	—	5	4	3
	密实型	—	7	6	5

水玻璃类材料的养护期　　　　　表 11-20

材料名称		养护期(d)不少于			
		10~15℃	16~20℃	21~30℃	31~35℃
钠水玻璃材料		12	9	6	3
钾水玻璃材料	普通型	—	14	8	4
	密实型	—	28	15	8

水玻璃模数和密度调整方法　　　　　表 11-21

项目	计算公式	符号意义
模数计算	1. 钠水玻璃模数应按下式计算： $M = S/N \times 1.032$ 2. 钾水玻璃模数应按下式计算： $M = S/K \times 1.570$	M——钠(钾)水玻璃模数； S——钠(钾)水玻璃中二氧化硅重量百分含量(%)； N——钠水玻璃中氧化钠重量百分含量(%)； K——钾水玻璃中氧化钾重量百分含量(%)。

11.3 水玻璃类防腐蚀工程

续表

项目	计算公式	符号意义
钠水玻璃模数调整计算	1. 钠水玻璃模数过低（小于2.6）时，可加入高模数的钠水玻璃进行模数调整。调整时，将两种模数的钠水玻璃在常温下混合，并不断搅拌直至均匀 加入高模数的钠水玻璃重量按下式计算： $$G = \frac{(M_2 - M_1)G_1}{M - M_2} \cdot \frac{N_1}{N}$$ 2. 钠水玻璃模数过高（大于2.9）时，可加入低模数的钠水玻璃进行调整。调整方法同上	G——加入高模数的钠水玻璃的重量(g)； G_1——低模数钠水玻璃的重量(g)； M——加入高模数的钠水玻璃的模数； M_1——低模数钠水玻璃的模数； M_2——要求的钠水玻璃模数； N_1——低模数钠水玻璃中氧化钠含量(%)； N——高模数钠水玻璃中氧化钠含量(%)
钾水玻璃模数调整计算	1. 加入硅胶粉将低模数调成高模数。调整时先将磨细硅胶粉以水调成糊状，加入钾水玻璃中，然后逐渐加热溶解。硅胶粉的加入量按下式计算： $$G = \frac{M_x - M}{M \times P} \times A \times G_1 \times 100$$ 2. 加入氧化钾，将高模数调整为低模数。调整时先将氧化钾配成氢氧化钾溶液，然后加入到高模数的钾水玻璃中，搅拌均匀即可。氧化钾的加入量可按下式计算： $$G_k = \frac{M_1 - M_x}{M_x \times P} \times B \times G_2 \times 1.19 \times 100$$ 3. 采用高低模数的钾水玻璃相互调整。调整时将两种不同模数的钾水玻璃混合，配制成所需的模数。调整时应按下式计算： $$G_h = \frac{M_x - M}{M_1 - M_x} \times \frac{N_L}{B} \times G_1$$	G——低模数钾水玻璃中应加入硅胶粉的重量(kg)； M_x——调整后钾水玻璃的模数； M——低模数钾水玻璃的模数； P——硅胶粉的纯度(%)； A——低模数钾水玻璃中的二氧化硅含量(%)； G_1——低模数钾水玻璃的重量(kg) G_k——高模数钾水玻璃中应加入氧化钾的重量(kg)； M_1——高模数钾水玻璃的模数； M_x——调整后钾水玻璃的模数； P——氧化钾的纯度(%)； B——高模数钾水玻璃中氧化钾的含量(%)； G_2——高模数钾水玻璃的重量(kg)； 1.19——氧化钾换算成氢氧化钾的换算系数 G_h——应加入高模数钾水玻璃的重量(kg)； M_x——调整后钾水玻璃的模数； M——低模数钾水玻璃的模数； M_1——高模数钾水玻璃的模数； N_L——低模数钾水玻璃的氧化钾含量(%)； B——高模数钾水玻璃中氧化钾的含量(%)； G_1——低模数钾水玻璃的重量(kg)

续表

项目	计算公式	符号意义
密度调整方法	1. 钠水玻璃密度调整： （1）钠水玻璃密度过小时，可加热脱水，进行调整 （2）钠水玻璃密度过大时，可在常温下加水，进行调整 2. 钾水玻璃密度调整 （1）钾水玻璃密度过小时，可采用加热蒸发的方法提高密度 （2）钾水玻璃密度过大时，可采用加水稀释的方法降低密度，加水量可按下式计算： $$G_W = \frac{D_O - D}{D - 1} \times G_O$$	G_W——加水量(kg)； D_O——稀释前钾水玻璃的密度(g/cm^3)； D——稀释后钾水玻璃的密度(g/cm^3)； G_O——稀释前钾水玻璃的重量(kg)

11.4 树脂类防腐蚀工程

树脂类防腐蚀工程施工方法 表 11-22

项次	项目	要点
1	原材料和制成品的质量要求	1. 树脂 常用的有环氧树脂、乙烯基酯树脂、不饱和聚酯树脂、呋喃树脂和酚醛树脂等五大类，其质量要求分别见表 11-23～表 11-27 2. 固化剂 （1）环氧树脂固化剂常用的为胺类、酸酐类、树脂类化合物等几个品种。其中胺类化合物最为常用，由于乙二胺、间苯二胺、苯二甲胺、聚酰胺、二乙烯三胺等化合物的毒性、气味较大，因此逐步被无毒、低毒的新型固化剂如 T31、C20 等替代。采用这类固化剂对潮湿基层也可固化，常用的固化剂质量要求见表 11-28 （2）乙烯基酯树脂和不饱和聚酯树脂常温固化使用的固化剂应包括引发剂和促进剂，质量指标应符合表 11-29 的规定。引发剂和促进剂两者配套使用，但不能直接混合，以免引起爆炸，使用时应先加促进剂，搅拌，再加引发剂，搅拌 （3）呋喃树脂的固化剂应为酸性固化剂。糠醇糠醛型树脂采用的是已混入粉料内的氨基磺酸类固化剂。糠酮糠醛树脂使用苯磺酸型固化剂 （4）酚醛树脂的固化剂应优先选用低毒的萘磺酸类固化剂，也可选用苯磺酰氯等固化剂 3. 稀释剂 （1）环氧树脂稀释剂宜用丙酮、无水乙醇、环己酮、正丁醇、二甲苯等非

11.4 树脂类防腐蚀工程

续表

项次	项目	要点
1	原材料和制成品的质量要求	活性稀释剂,也可采用正丁基缩水甘油醚、苯基缩水甘油醚、环氧丙烷丁基醚、环氧丙烷苯基醚等活性稀释剂 (2)乙烯基酯树脂和不饱和聚酯树脂的稀释剂应为苯乙烯 (3)酚醛树脂的稀释剂应为无水乙醇 4.增韧剂 (1)单纯的环氧树脂固化后较脆,抗冲击强度、抗弯强度及耐热性能较差,常用增韧性、增塑剂来增加树脂的可塑性,提高抗弯、抗冲击强度。常用增韧性的质量要求见表11-30 (2)呋喃树脂的增韧剂常采用环氧树脂和酚醛树脂的增韧剂,即邻苯二甲酸二丁酯、芳烷基醚、桐油钙松香等 (3)酚醛树脂的增韧剂常采用桐油钙松香 5.增强纤维材料(树脂玻璃钢用) (1)当采用无碱或中碱玻璃纤维增强材料时,其化学成分应符合现行国家标准《无碱玻璃球》JC 557—1994 和《中碱玻璃球》JC 583—1995 中的规定,其物理机械性能见表11-31 (2)当采用非石蜡乳液型的无捻粗纱玻璃纤维方格平纹布时,厚度宜为 0.2~0.4mm,经纬密度应每平方厘米 $4×4$~$8×8$ 纱根数 (3)当采用玻璃纤维短切毡时,玻璃纤维短切毡的单位重量宜为300~450g/m^2 (4)当采用玻璃纤维表面毡时,玻璃纤维表面毡的单位重量宜为 30~50g/m^2 (5)当用于含氢氟酸类介质的防腐蚀工程时,应采用涤纶晶格布或涤纶毡。涤纶晶格布的经纬密度,应为每平方厘米 $8×8$ 纱根数;涤纶毡单位重量宜为 30g/m^2 6.填充料 粉料、细骨料、粗骨料、玻璃鳞片统称为填充料,加入适量的填充料可以降低制品成本,改善其性能 (1)粉料:常用的为石英粉,此外还有石墨粉、辉绿岩粉、滑石粉、云母粉等,其质量要求见表11-10。当用于耐氢氟酸类介质应选用硫酸钡粉或石墨粉;当用于碱类介质时不宜选用石英粉;以硫酸乙酯作固化剂的树脂类材料的粉料不宜选用铸石粉;不饱和聚酯树脂类材料的粉料不应选用石墨粉。当使用酸性固化剂时,耐酸度不应小于 98%,无铁质杂质 (2)细骨料:树脂砂浆用的细骨料常用石英砂,其耐酸度不应小于95%,当使用酸性固化剂时不应小于 98%;其含水率不应大于 0.5%;粒径不应大于 2mm。当用于耐氢氟酸类介质时应选用重晶石砂 (3)玻璃鳞片:玻璃鳞片胶泥用树脂宜选用乙烯基酯树脂、环氧树脂和不饱和聚酯树脂。树脂的质量应符合表11-23~表11-25 的规定。玻璃鳞片宜选用中碱型,片径筛分合格率应大于92%,其质量应符合表11-32 的规定 7.树脂类材料制成品 树脂类材料制成品包括:树脂胶泥、树脂砂浆、玻璃钢和树脂玻璃鳞片胶泥,其质量应符合表11-33 和表11-34 的规定

续表

项次	项目	要　点
2	树脂类材料的施工配合比及配制方法	1. 环氧树脂类材料的配合比和配制方法 (1)环氧树脂类材料的配合比见表11-35 (2)环氧树脂胶料、胶泥和砂浆的配制方法 1)环氧树脂胶料的配制：将稀释剂及预热到约40℃左右的环氧树脂，按比例加入容器内，搅拌均匀并冷却至室温待用。使用时称取定量树脂液，加入固化剂搅拌均匀即成环氧树脂胶料。配制玻璃钢封底料时，可在未加入固化剂前再加一些稀释剂 2)环氧树脂胶的配制：在配制成的树脂胶料中加入粉料，搅拌均匀即成 3)环氧树脂砂浆的配制：在配制成的树脂胶料中加入粉料和细骨料，搅拌均匀即成 4)当有颜色要求，应将色浆或用稀释剂调匀的矿物颜料浆加入到环氧树脂液中，混合均匀 2. 乙烯基酯树脂和不饱和聚酯树脂的配合比和配制方法 (1)乙烯基酯树脂和不饱和聚酯树脂的配合比见表11-36 (2)乙烯基酯树脂和不饱和聚酯树脂胶料、胶泥或砂浆的配制方法 1)乙烯基酯树脂和不饱和聚酯树脂胶料的配制：将乙烯基酯树脂或不饱和聚酯树脂按比例称量并加入容器内，按比例加入促进剂，搅拌均匀，再加入引发剂继续搅拌均匀即成树脂胶料。配制封底料时，可先在树脂中加入稀释剂，再按上述步骤操作 2)树脂胶泥的配制：在配制成的树脂胶料中加入粉料，搅拌均匀即成。配制罩面层用料时，则应少加或不加粉料。需做彩色面层时，应将色浆或用稀释剂调匀的矿物颜料浆加入到树脂中，混合均匀 3)树脂砂浆的配制：在配制成的树脂胶料中，加入按比例已混合均匀的粉料和细骨料混合料，搅拌均匀即成 3. 呋喃树脂胶料、胶泥和砂浆的施工配合比和配制方法 (1)呋喃树脂胶料、胶泥和砂浆的施工配合比，见表11-37 (2)呋喃树脂胶料、胶泥和砂浆的配制方法 1)将糠醇糠醛树脂按比例与糠醇糠醛树脂的玻璃钢粉混合，搅拌均匀，制成玻璃钢胶料 2)将糠醇糠醛树脂按比例与糠醇糠醛树脂的胶泥粉混合，搅拌均匀，制成胶泥料 3)将糠醇糠醛树脂按比例与糠醇糠醛树脂的胶泥粉和细骨料混合，搅拌均匀，制成砂浆料 4)将糠酮糠醛树脂与苯磺酸盐固化剂混合，搅拌均匀，制成树脂胶料 5)在配制成的糠酮糠醛树脂胶料中加入粉料，搅拌均匀，制成胶泥料 6)在制成的糠酮糠醛树脂加入粉料和细骨料，搅拌均匀，制成砂浆料

续表

项次	项目	要点
2	树脂类材料的施工配合比及配制方法	4. 酚醛树脂胶料、胶泥的施工配合比和配制方法 (1)酚醛树脂胶料和胶泥的施工配合比见表11-38 (2)酚醛树脂胶料和胶泥的配制方法 1)称取定量的酚醛树脂,加入稀释剂搅拌均匀,再加入固化剂搅拌均匀,制成树脂胶料 2)在制成的树脂胶料中,加入粉料搅拌均匀,制成胶泥料。配制胶泥时不宜加入稀释剂 5. 树脂玻璃鳞片胶泥的配制方法 (1)树脂玻璃鳞片胶泥的封底料和面层胶料,应采用与该树脂玻璃鳞片胶泥相同的树脂配制 (2)称取定量环氧树脂玻璃鳞片胶泥料,按比例加入环氧树脂固化剂,宜放入真空搅拌机中,在真空度不低于0.08MPa的条件下搅拌均匀 (3)称取定量乙烯基酯树脂或不饱和聚酯树脂玻璃鳞片胶泥料,按配比先加入配套的促进剂搅拌均匀,再加入配套的引发剂,宜放入真空搅拌机中,在真空度不低于0.08MPa的条件下搅拌均匀 (4)当采用已含有促进剂的乙烯基酯树脂或不饱和聚酯树脂玻璃鳞片胶泥料时,应加入配套的引发剂,宜放入真空搅拌机中,在真空度不低于0.08MPa的条件下搅拌均匀 6. 配制好的树脂胶料、胶泥料或砂浆料应在初凝期(一般30~45min)内用完。大部分固化剂与树脂的作用是放热反应,配制量过大不易散热,因此胶液一次配制量不要过多,根据进度要求随配随用
3	树脂玻璃钢的施工	防腐蚀工程现场施工主要采用手糊法。手糊法分间歇法和连续法。酚醛玻璃钢应采用间歇法施工。其施工工序为: 1. 封底:用毛刷、滚筒蘸封底料在基层上进行二次封底,应自然固化24h以上。封底厚度不应超过0.4mm,不得有漏涂、流挂、气泡等缺陷 2. 修补:在基层的凹陷不平处,需用刮刀嵌刮胶泥,予以填平修补,自然固化不宜少于24h。酚醛玻璃钢或呋喃玻璃钢可用环氧树脂或乙烯基酯树脂、不饱和聚酯树脂的胶泥料修补刮平基层 3. 粘贴玻璃布:粘贴玻璃布的顺序,一般应与泛水相反,先沟道、孔洞、设备基础等,后地面、墙裙、踢脚。其搭接应顺物流方向,搭接宽度一般不小于50mm,各层搭接缝应互相错开并避开拐角,阴阳角处应增加1~2层玻璃布加强 (1)间歇法:用毛刷蘸上胶料纵横各刷一遍后,随即粘贴第一层玻璃布,并用刮板或毛刷将玻璃布贴紧压实,也可用滚子反复滚压使充分渗透胶料,其上再涂一层胶料,待自然固化24h后,再同法粘贴第二层。如此间歇反复铺贴至达到设计规定的层数或厚度。每铺衬一层,均应检查前一层的质量,当有毛刺、脱层和气泡等缺陷时,应进行修补 (2)连续法:在基层涂刷衬布料后,随即粘贴第一层玻璃布,贴实后再刷一层衬布料,使胶料浸透玻璃布,随即再贴第二层玻璃布,如此连续铺贴到规定厚度和层数。玻璃布一般采用鱼鳞式搭接法如图11-3所示,

续表

项次	项目	要点
3	树脂玻璃钢的施工	连续法铺贴层数不宜超过4层,立面施工不宜超过3层,如超过该规定层数时,可采用分次连续法施工,即待前一次连续铺衬层固化后,再进行下一次连续铺衬层的施工 4. 涂刷面层胶料:一般应在贴完最后一层玻璃布并自然固化后(24h后)进行涂刷第一遍面层胶料,干燥后再涂第二面层胶料。 当树脂玻璃钢用作树脂稀胶泥、树脂砂浆、水玻璃混凝土的整体面层或块材面层的隔离层时,在铺完最后一层布后,应涂刷一层面层胶料,同时应均匀稀撒一层粒径为 0.7～1.2mm 的细骨料
4	树脂胶泥、砂浆铺砌块材和树脂胶泥灌缝与勾缝施工	1. 铺砌块材 (1)在水泥砂浆、混凝土和金属基层上必须先涂刷一层封底料。待固化后方可进行块材铺砌 当基层上有玻璃钢隔离层时,宜涂刷一遍与衬砌用树脂相应的胶泥,然后进行块材铺砌 (2)块材结合层厚度、灰缝宽度和灌缝或勾缝的尺寸,均应符合表11-39的规定 (3)耐酸砖和厚度不大于30mm的石材的铺砌,宜采用树脂胶泥揉挤法施工。铺砌时,先将胶泥按1/2结合层厚度铺在基层上或已砌好的前一块砖上,随即将满刮胶泥的块材用力揉挤其上,找正,并用刮刀刮去缝内挤出的胶泥,残留渍斑用丙酮擦净,揉挤时避免敲打 (4)平面上铺砌厚度大于30mm的石材,宜采用树脂砂浆坐浆、树脂胶泥灌缝法施工。铺砌时,先在基层上铺一层树脂砂浆或胶泥,厚度大于设计的结合层厚度的1/2,然后将块材找正位置轻轻放下,找正压平,并将缝清理干净,待勾(灌)缝施工 (5)立面上铺砌厚度大于30mm的石材,宜采用树脂胶泥或砂浆砌筑定位,其结合层应采用树脂胶泥灌缝施工。连续铺砌高度,应与树脂胶泥的固化时间相适应,以防砌体变形 2. 块材灌缝与勾缝 (1)树脂胶泥灌缝、勾缝,必须待砌胶泥、砂浆固化后进行 (2)块材勾缝:在铺砌块材时,用木条预留间隙,待铺砌的胶泥初凝后,将木条取出,用抠灰刀修缝,保证缝底平整,缝内无灰尘、油垢等,然后在缝内涂一遍环氧树脂或不饱和聚酯树脂封底料,待其干燥后再勾缝。勾缝胶泥要饱满密实,不得有空隙、气泡,表面要平整光滑 (3)灌缝时,宜分次进行,缝应密实,表面应平整光滑
5	树脂稀胶泥、树脂砂浆、树脂玻璃鳞片胶泥整体面层的施工	1. 树脂稀胶泥整体面层的施工 (1)当基层上无玻璃钢隔离层时,在基层上应均匀涂刷封底料,固化后再用树脂胶泥修补基层的凹陷不平处;当基层上有玻璃钢隔离层时,在玻璃钢隔离层上应均匀涂刷一遍树脂胶料 (2)将树脂稀胶泥摊铺在基层表面,并按设计要求厚度刮平 (3)当采用乙烯基酯树脂或不饱和聚酯树脂稀胶泥面层时,应采用相同的树脂胶料封面

11.4 树脂类防腐蚀工程

续表

项次	项目	要点
5	树脂稀胶泥、树脂砂浆、树脂玻璃鳞片胶泥整体面层的施工	2．树脂玻璃鳞片胶泥整体面层的施工 （1）在基层上应均匀涂刷封底料两遍，方向互相垂直，固化后用树脂胶泥修补基层的凹陷不平处 （2）将树脂玻璃鳞片胶泥摊铺在基层上，并用抹刀单向均匀地涂抹，每层厚度不宜大于1.0mm，层间涂抹间隔时间宜为12～24h，以便自然固化。胶泥每次涂抹后，在初凝前应及时滚压至光滑均匀为止 （3）同一层面涂抹的端部界面连接，不得采用对接方式，必须采用搭接方式，每一施工层应有不同颜色，以便发现漏涂 （4）施工过程中，表面应保持洁净，若有流淌痕迹，滴料或凸起物，应打磨平整 （5）当采用乙烯基酯树脂或不饱和聚酯树脂玻璃鳞片胶泥面层时，应采用相同树脂胶料封面 3．树脂砂浆整体面层的施工 （1）当基层上无玻璃钢隔离层时，先在基层上均匀涂刷封底料，固化后用树脂胶泥修补基层的凹陷不平处，然后再涂刷一遍封底料，并均匀稀撒一层粒径0.7～1.2mm的细骨料，待固化后进行树脂砂浆施工；当基层上有玻璃钢隔离层时，可直接进行树脂砂浆施工 （2）树脂砂浆摊铺前应在施工面上先涂刷一遍树脂胶料（其配比同玻璃钢面层料），涂刷要薄而均匀，随即在其上铺树脂砂浆，并随铺随揉压，使表面出浆，然后一次抹平压光。砂浆摊铺时应控制厚度，一般厚度为4～6mm，或按设计要求 （3）树脂砂浆整体面层不宜留施工缝，必须留设时，应留斜楂。继续施工时，应将斜楂清理干净，涂一层胶料，然后摊铺砂浆 （4）当树脂砂浆整体面层厚度要求较厚时，应分层摊铺抹压，第一层抹压固化后再进行第二层抹压施工 （5）抹压好的砂浆面层经自然固化后，表面涂二层封面料，第一层固化后涂下一层
6	养护和质量要求	1．常温下，树脂类防腐蚀工程的养护期，应符合表11-40的规定 2．树脂类防腐蚀工程的各类面层，均应平整，色泽均匀，与基层结合牢固，无脱层、起壳和固化不完善等缺陷；其质量检查应符合下列规定： （1）玻璃钢、玻璃鳞片胶泥表面固化程度的检查，可采用丙酮擦玻璃钢或玻璃鳞片胶泥表面，如无发黏现象，即认为表面树脂已固化 （2）胶泥、砂浆可检查其抗压强度，试样不少于3个，抗压强度值应符合表11-33的规定或应符合设计的规定值 （3）块材结合层及灰缝应饱满密实、粘结牢固，不得有疏松、裂缝和起鼓等现象 3．对金属基层，应使用磁性测厚仪测定树脂类防腐蚀面层的厚度。使用电火花探测器检查针孔，对不合格处必须修补；对混凝土和水泥砂浆基层，在其上进行树脂类防腐蚀面层施工时，应同时做出试板，测定厚度

续表

项次	项目	要点
6	养护和质量要求	4. 对整体面层的平整度应采用 2m 直尺检查,其允许的空隙:当面层厚度不小于 5mm 时,不应大于 4mm;当面层厚小于 5mm 时,不应大于 2mm 5. 块材面层的平整度和防腐蚀面层的坡度,应符合本章"11.2 块材防腐蚀"中的有关规定
7	施工注意事项	1. 施工环境温度宜为 15~30℃,相对湿度不宜大于 80%,施工环境温度低于 10℃ 时,应采用加热保温措施,但严禁用明火和蒸汽直接加热。原材料使用时的温度,不应低于允许的施工环境温度。酚醛树脂采用苯磺酰氯固化剂时,施工环境温度不应低于 17℃ 2. 当采用呋喃树脂或酚醛树脂进行防腐蚀工程施工时,在基层表面应采用环氧树脂胶料、乙烯基酯树脂胶料、不饱和聚酯树脂胶料或玻璃钢做隔离层 3. 防腐蚀工程施工前,应根据施工环境温度、湿度、原材料及工作特点,通过试验选定适宜的施工配合比和施工操作方法,方可进行大面积施工 4. 施工现场应防风尘,在施工及养护期间,应防水、防火、防暴晒 5. 进行防腐蚀工程施工时,不得与其他工种进行交叉施工 6. 树脂、固化剂、稀释剂等材料应密闭贮存在阴凉、干燥的通风处,并应防火。玻璃纤维布(毡)、粉料等材料应防潮贮存

环氧树脂的质量 表 11-23

项 目	EPO1451-310 (E-44)	EPO1551-310 (E-42)	EPO1441-310 (E-51)
外 观	淡黄色至棕黄色黏厚透明液体		
分 子 量	350~450	430~600	350~400
环氧当量(g/E_q)	210~240	230~270	184~200
有机氯(当量/100g)	≤0.02	≤0.001	≤0.02
无机氯(当量/100g)	≤0.01	≤0.001	≤0.001
挥发分(%)	≤1	≤1	≤2
软化点(℃)	12~20	21~27	—

11.4 树脂类防腐蚀工程

液体乙烯基酯树脂的质量 表 11-24

项 目	允 许 范 围	
外 观	应 无 异 常	
黏度(25℃,Pa·s)	指定值	±30%
固体含量(%)		±3.0
凝胶时间(25℃,min)		±30%
酸值(KOH mg/g)		±4.0
储 存 期	阴凉避光处,25℃以下不少于 90d	

注:一种牌号树脂的相关质量指标只允许有一个指定值。

耐腐蚀液体不饱和聚酯树脂的质量 表 11-25

项 目	允 许 范 围	
外 观	应 无 异 常	
黏度(25℃,Pa·s)	指定值	±30%
固体含量(%)		±3.0
凝胶时间(25℃,min)		±30%
酸值(KOH,mg/g)		±4.0
储 存 期	阴凉避光处,25℃以下不少于 180d,30℃以下不少于 90d	

呋喃树脂的质量 表 11-26

项 目	指 标	
	糠醇糠醛型	糠酮糠醛型
固体含量(%)	—	≥42
黏度(涂-4 黏度计,25℃,s)	20~30	50~80
储 存 期	常温下 1 年	

酚醛树脂的质量 表 11-27

项 目	指标	项 目	指 标
游离酚含量(%)	<10	储存期	常温下不超过 1 个月;当采用冷藏法或加入 10%的苯甲醇时,不宜超过 3 个月
游离醛含量(%)	<2		
含水率(%)	<12		
黏度(落球黏度计,25℃,s)	45~65		

环氧树脂常用固化剂的质量 表 11-28

项 目	T31	C20	乙二胺
外观(液体)	透明棕色黏稠	透明浅棕色	无色透明
胺值(KOH mg/g)	460~480	>450	纯度>90%
黏度(Pa·s 或 s)	1.10~1.30Pa·s	120~400(涂-4)s	含水率<1%
相对密度	1.08~1.09	1.10	—
LD50(mg/kg)	7852±1122	1150	620

引发剂和促进剂的质量 表 11-29

名 称		指 标
引发剂	过氧化甲乙酮二甲酯溶液	活性氧含量为8.9%~9.1%;常温下为无色透明液体;过氧化甲乙酮与邻苯二甲酸二丁酯之比为1:1
引发剂	过氧化环己酮二丁酯糊	活性氧含量为5.5%;过氧化环己酮与邻苯二甲酸二丁酯之比为1:1;常温下为白色糊状物
引发剂	过氧化二苯甲酰二丁酯糊	活性氧含量为3.2%~3.3%;过氧化二苯甲酰与邻苯二甲酸二丁脂之比为1:1;常温下为白色糊状物
促进剂	钴盐的苯乙烯液	钴含量≥0.6%;常温下为紫色液体
促进剂	N.N二甲基苯胺苯乙烯液	N.N二甲基苯胺与苯乙烯之比为1:9;常温下为棕色透明液体

主要增韧剂的质量 表 11-30

项 目	邻苯二甲酸二丁酯	芳 烷 基 醚
外 观	无色透明液体	淡黄至棕色黏性透明液
相对密度	1.05	1.06~1.10
沸点(℃)	355	(不挥发物≥93%)
熔点(℃)	-35	
活性氧含量		10%~14%
分子量	278.35	400 左右
黏度(Pa·s)		0.15~0.25
酸值(KOH mg/g)		≤0.15
用量(%)	10~20	10~15

11.4 树脂类防腐蚀工程

无碱无捻和中碱无捻玻璃纤维布的规格及物理机械性能   表11-31

制品代号 (牌号)	原纱号数×股数 (支数×股数)		厚度 (mm)	宽度 (mm)	重量 (g/m²)	密度 (根/cm)	
	经纱	纬纱				经纱	纬纱
EWR200(无碱 无捻布-200)	24×7 (41.6/7)	24×5 (41.6/5)	0.23± 0.02	90.0±1.5 100.0±1.5	180±20	6.0± 0.5	6.0± 0.5
EWR220(无碱 无捻布-200)	24×6 (41.6/6)	(24×4)×2 (41.6/4)×2	0.22± 0.02	90.0±1.5 100.0±1.5	200±20	6.0± 0.5	5.0± 0.5
EWR400(无碱 无捻布-400)	24×20 (41.6/20)	(24×10)×2 (41.6/10)×2	0.40± 0.04	90.0±1.5 100.0±1.5	370±40	4.0± 0.3	8.5± 0.3
CWR240(中碱 无捻布-240)	48×3 (20.8/3)	(48/3)×2 (20.8/3)×2	0.240± 1.025	90.0±1.5 100.0±1.5	190±20	6.0± 0.5	3.8± 0.3
CWR400(中碱 无捻布-400)	24×20 (41.6/20)	(24/10)×2 (41.6/10)×2	0.400± 0.040	90.0±1.5 100.0±1.5	370±40	4.0± 0.3	3.5± 0.3
CWR400(中碱 无捻布-400)	48×10 (20.8/100)	(48/6)×2 (20.8/6)×2	0.400± 0.040	90.0±1.5 100.0±1.5	400±40	4.0± 0.3	3.5± 0.3

中碱玻璃鳞片的质量   表11-32

项次	项目	指标
1	外观	无色透明的薄片,没有结块和混有其他杂质
2	厚度(μm)	<40
3	片经(mm)	0.63~2.00
4	含水率(%)	<0.05
5	耐酸度(%)	>98

树脂类材料制成品的质量   表11-33

项目		环氧 树脂	乙烯基 酯树脂	不饱和聚酯树脂				呋喃 树脂	酚醛 树脂
				双酚A型	二甲苯型	间苯型	邻苯型		
抗压 强度 (MPa)	胶泥	≥80	≥80	≥70	≥80	≥80	≥80	≥70	≥70
	砂浆	≥70	≥70	≥70	≥70	≥70	≥70	≥60	—
抗拉 强度 (MPa)	胶泥	≥9	≥9	≥9	≥9	≥9	≥9	≥6	≥6
	砂浆	≥7	≥7	≥7	≥7	≥7	≥7	≥6	—
	玻璃钢	≥100	≥100	≥100	≥100	≥90	≥90	≥80	≥60

续表

项目		环氧树脂	乙烯基酯树脂	不饱和聚酯树脂				呋喃树脂	酚醛树脂
				双酚A型	二甲苯型	间苯型	邻苯型		
胶泥粘结强度(MPa)	与耐酸砖	≥3.0	≥2.5	≥2.5	≥3.0	≥1.5	≥1.5	≥1.5	≥1.0
	与花岗石	≥2.5	≥2.5	≥2.5	≥2.5	≥2.5	≥2.5	≥1.5	≥2.0
	与水泥基层	≥2.0	≥1.5	≥1.5	≥1.5	≥1.5	≥1.5	—	—
	与钢铁基层	≥1	≥2.0	≥2.0	≥2.0	≥2.0	≥2.0	—	—
收缩率(%)	胶泥	<0.2	<0.8	<0.9	<0.4	<0.9	<0.9	<0.4	<0.5
	砂浆	<0.2	<0.6	<0.7	<0.3	<0.7	<0.7	<0.3	—

树脂玻璃鳞片胶泥制成品的质量　　表11-34

项目		乙烯基酯树脂	环氧树脂	不饱和聚酯树脂
粘结强度(MPa)	水泥基层	≥1.5	≥2.0	≥1.5
	钢材基层	≥2.0	≥1.0	≥2.0
抗渗性(MPa)		≥1.5	≥1.5	≥1.5

环氧类材料的施工配合比(重量比)　　表11-35

材料名称		环氧树脂	稀释剂	固化剂		矿物颜料	耐酸粉料	石英粉
				低毒固化剂	乙二胺			
树脂胶料	封底料	100	40~60	15~20	(6~8)	—	—	—
	修补料	100	10~20	15~20	(6~8)	—	150~200	—
	铺衬与面层胶料	100	10~20	15~20	(6~8)	0~2	—	—
	胶料	100	10~20	15~20	(6~8)	—	—	—
胶泥	砌筑或勾缝料	100	10~20	15~20	(6~8)	—	150~200	—
稀胶泥	灌缝或地面面层料	100	10~20	15~20	(6~8)	0~2	150~200	—
砂浆	面层或砌筑料	100	10~20	15~20	(6~8)	0~2	150~200	300~400
	石材灌浆料	100	10~20	15~20	(6~8)	—	150~200	150~200

注：1. 除低毒固化剂和乙二胺之外，还可用其他胺类固化剂，应优先选用低毒固化剂，用量应按供货商提供的比例或经试验确定。
    2. 当采用乙二胺时，为降低毒性可将配合比所用乙二胺预先配制成乙二胺丙酮溶液(1:1)。
    3. 当使用活性稀释剂时，固化剂的用量应适当增加，其配合比应按供货商提供的比例或经试验确定。
    4. 本表以环氧树脂EPO1451-310举例。

11.4 树脂类防腐蚀工程

乙烯基酯树脂和不饱和聚酯树脂材料的施工配合比(重量比) 表 11-36

材料名称		树脂	引发剂	促进剂	苯乙烯	矿物颜料	苯乙烯石蜡液	耐酸粉	硫酸钡粉	石英砂	重晶石砂
封底料		100	2~4	0.5~4.0	0~15	—	—	—	—	—	—
修补料		100	2~4	0.5~4.0	—	—	—	200~350	(400~500)	—	—
树脂胶料	铺衬与面层胶料	100	2~4	0.5~4.0	—	0~2	0~15	—	—	—	—
	封面料				—	0~2	3~5	—	—	—	—
	胶料										
胶泥	砌筑或勾缝料	100	2~4	0.5~4.0	—	—	—	200~300	(250~350)	—	—
稀胶泥	灌缝或地面面层料	100	2~4	0.5~4.0	0~2	—	—	120~200	—	—	—
砂浆	面层或砌筑料	100	2~4	0.5~4.0	0~2	—	—	150~200	(350~400)	300~450	(600~750)
	石材灌浆料	100	2~4	0.5~4.0	—	—	—	120~150	—	150~180	—

注:1. 表中括号内的数据用于含氟类介质工程。
  2. 过氧化苯甲酰二丁酯糊引发剂与N,N-二甲基苯胺苯乙烯液促进剂配套;过氧化环己酮二丁酯糊、过氧化甲乙酮引发剂与钴盐(含钴0.6%)的苯乙烯液促进剂配套。
  3. 苯乙烯石蜡液的配合比为苯乙烯:石蜡=100:5;配制时,先将石蜡削成碎片,加入苯乙烯中,用水浴法加热至60℃,待石蜡完全溶解后冷却至常温。苯乙烯石蜡液应使用在最后一遍封面料中。

呋喃树脂类材料的施工配合比(重量比) 表 11-37

材料名称		糠醇糠醛树脂	糠酮糠醛树脂	糠醇糠醛树脂玻璃钢粉	糠醛糠醛树脂胶泥粉	苯磺酸型固化剂	耐酸粉料	石英砂
封底料		同环氧树脂、乙烯基酯树脂或不饱和聚酯树脂封底料						
修补料		同环氧树脂、乙烯基酯树脂或不饱和聚酯树脂修补料						
树脂胶料	铺衬与面层胶料	100	—	40~50	—	—	—	—
		—	100	—	—	12~18	—	—

续表

材料名称		糠醇糠醛树脂	糠酮糠醛树脂	糠醇糠醛树脂玻璃钢粉	糠醇糠醛树脂胶泥粉	苯磺酸型固化剂	耐酸粉料	石英砂
胶泥	灌缝料	100	—	—	250~300	—	—	—
		—	100	—	—	12~18	100~150	—
	砌筑或勾缝料	100	—	—	250~400	—	—	—
		—	100	—	—	12~18	200~400	—
砂浆料		100	—	—	250	—	—	250~300
		—	100	—	—	12~18	150~200	350~450

注：糠醇糠醛树脂玻璃钢粉和胶泥粉内已含有酸性固化剂。

酚醛类材料的施工配合比（重量比） 表11-38

材料名称		酚醛树脂	稀释剂	低毒酸性固化剂	苯磺酰氯	耐酸粉料
封底料		同环氧树脂、乙烯基酯树脂或不饱和聚酯树脂封底料				
修补料		同环氧树脂、乙烯基酯树脂或不饱和聚酯树脂修补料				
树脂胶料	铺衬与面层胶料	100	0~15	6~10	(8~10)	—
胶泥	砌筑与勾缝料	100	0~15	6~10	(8~10)	150~200
稀胶泥	灌缝料	100	0~15	6~10	(8~10)	100~150

结合层厚度、灰缝宽度和灌缝或勾缝的尺寸（mm） 表11-39

材料种类		铺砌		灌缝		勾缝	
		结合层厚度	灰缝宽度	缝宽	缝深	缝宽	缝深
耐酸砖、耐酸耐温砖	厚度≤30mm	4~6	2~3	—	—	6~8	10~15
	厚度>30mm	4~6	2~4	—	—	6~8	15~20
天然石材	厚度≤30mm	6~8	3~6	8~12	15~20	8~12	15~20
	厚度>30mm	10~15	6~12	8~15	满灌		

树脂类防腐蚀工程的养护天数 表11-40

树脂类别	养护期（d）		
	胶泥或砂浆	玻璃钢	
		地面	贮槽
环氧树脂	≥10	≥7	≥15

11.5 沥青类防腐蚀工程

续表

树 脂 类 别	养 护 期 (d)		
	胶泥或砂浆	玻璃钢	
		地 面	贮 槽
乙烯基酯树脂	≥10	≥7	≥15
不饱和聚酯树脂	≥10	≥7	≥15
呋喃树脂	≥15	≥7	≥20
酚醛树脂	≥20	≥10	≥25
树脂玻璃鳞片胶泥	≥10	≥10	≥10

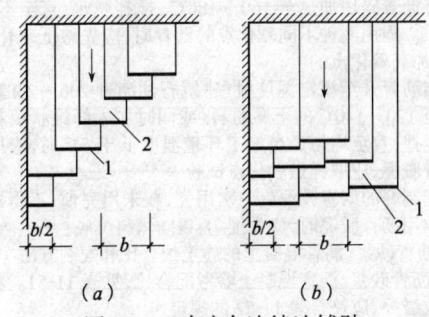

图 11-3 玻璃布连续法铺贴
(a)两层玻璃布铺贴;(b)三层玻璃布铺贴
1—树脂胶料;2—玻璃布;b—幅宽

11.5 沥青类防腐蚀工程

沥青类防腐蚀工程施工方法　　　　　表 11-41

项次	项目	施 工 要 点
1	原材料和制成品的质量要求	1. 常用沥青为道路石油沥青和建筑石油沥青,其质量应符合表 11-42 的规定 2. 纤维状填料宜采用 6 级角闪石棉或温石棉;温石棉应符合现行国家标准《温石棉》的规定 3. 耐酸粉料常用的为石英粉、铸石粉等。其质量应符合表 11-43 的规定 4. 耐酸细骨料常用石英砂。其质量应符合表 11-44 的规定 5. 耐酸粗骨料采用石英石、花岗石等破碎的碎石,其质量应符合表 11-45 的规定 6. 防水卷材常采用沥青玻璃布防水卷材、高聚物改性沥青防水卷材

续表

项次	项目	施工要点
1	原材料和制成品的质量要求	等。其质量应符合国家现行有关标准以及表 11-46 和表 11-47 的规定 7. 沥青类材料制成品的质量 (1)沥青胶泥的质量,应符合表 11-48 的规定 (2)沥青砂浆和沥青混凝土的质量应符合表 11-49 的规定
2	材料配合比及配制方法	1. 沥青胶泥的施工配合比和配制方法 (1)沥青胶泥的施工配合比,应根据工程部位、使用温度和施工方法等因素确定。其配合比见表 11-50 (2)沥青胶泥的配制方法 1)将沥青碎块加热到 160~180℃,搅拌脱水,直至不再起泡沫,并除去杂质。当用两种不同软化点的沥青时,应先熔低软化点的,待其熔融后,再加高软化点的 2)当沥青升至规定温度时(建筑石油沥青 200~230℃),按配合比将预热至 120~140℃的干燥粉料(或同时加入纤维状填料)逐步加入,并不断搅拌,直至均匀。当施工环境温度低于 5℃ 时,应取最高值。配好的沥青胶泥,应取样做软化点试验 3)配制好的沥青胶泥应一次用完,在未用完前,不得再加入沥青或填料。取用沥青胶泥时,应先搅匀,以防填料沉底 2. 沥青砂浆、沥青混凝土的施工配合比和配制方法 (1)沥青砂浆、沥青混凝土参考配合比,见表 11-51。粉料和骨料之间的颗粒级配,应符合表 11-52 的规定 (2)沥青砂浆、沥青混凝土的配制方法 1)沥青的加热与配制沥青胶泥时相同 2)按施工配合比将预热至 140℃ 左右的干燥粉料和骨料混合均匀,随即将加热至 200~230℃ 的沥青加入,不断翻拌至全部粉料和骨料被沥青覆盖为止。拌制温度宜为 180~210℃
3	卷材隔离层施工	1. 沥青玻璃布卷材隔离层的施工 (1)卷材使用前表面撒布物应清除干净,并保持干燥 (2)基层表面应涂冷底子油两遍,待其干燥后方可做隔离层。冷底子油的配合比为:第一遍,建筑石油沥青:汽油 = 30:70;第二遍,建筑石油沥青:汽油 = 50:50。若采用煤油、轻柴油做稀释剂时,建筑石油沥青:煤油(或轻柴油) = 40:60 (3)卷材铺贴顺序应由低往高,先平面后立面。地面隔离层应延续铺至墙面的高度为 100~150mm;贮槽等构筑物的隔离层延续铺至顶部。转角及穿过管道处,均应做成小圆角,并附加沥青玻璃布卷材一层 (4)卷材隔离层施工应随浇随贴,必须满浇,每层沥青稀胶泥的厚度不应大于 2mm。卷材必须展平压实,接缝处应粘牢;卷材的搭接宽度,短边和长边均不应小于 100mm;上下两层卷材的搭接缝、同一层卷材的短边搭接缝均应错开 (5)沥青稀胶泥的浇筑温度,不应低于 190℃。当环境温度低于 5℃ 时,应采取措施提高温度后方可施工

续表

项次	项目	施工要点
3	卷材隔离层施工	(6)卷材隔离层上采用水玻璃类材料施工时,应在铺完的卷材上浇铺一层沥青胶泥,并随即均匀稀撒预热的粒径为2.5~5.0mm的耐酸粗砂粒,砂粒嵌入沥青胶泥的深度宜为1.5~2.5mm (7)涂覆式隔离层的层数,当设计无要求时,宜采用两层,其总厚度宜为2~3mm。当隔离层上采用水玻璃类材料施工时,应随即均匀稀撒干净预热的粒径为1.2~2.5mm的耐酸砂粒 2.高聚物改性沥青卷材隔离层的施工 (1)铺贴卷材前,应先在基层上满涂一层底涂料。底涂料宜选用与卷材材性相容的高聚物改性沥青胶粘剂。底涂料干燥后,方可进行卷材铺贴 (2)施工环境温度不宜低于0℃;热熔法施工环境温度不宜低于-10℃;最高施工环境温度不宜大于35℃。不应在雨、雪和大风天气进行室外施工 (3)卷材铺贴顺序从低往高,先平面后立面。铺贴卷材采用搭接法。上下层及相邻两幅卷材的搭接缝应错开,不得相互垂直铺贴,搭接宽度宜为100mm (4)冷粘法铺贴卷材: 1)胶粘剂涂刷应均匀,不得漏涂。胶粘剂涂刷和铺贴的间隔时间,应按产品说明书 2)铺贴卷材时,应排除卷材下面的空气,并应辊压粘结牢固 3)铺贴卷材时,应平整顺直,搭接尺寸应准确,不得扭曲、皱褶。搭接接缝应满涂胶粘剂 4)接缝处应用密封材料封严,宽度不应小于10mm (5)自粘法铺贴卷材: 1)铺贴卷材前,基层表面应均匀涂刷一层与卷材相配套的基层处理剂,干燥后应及时铺贴卷材 2)铺贴卷材时,应将自粘胶底面隔离纸完全撕净,并应排除卷材下面的空气,辊压粘结牢固 3)铺贴的卷材应平整顺直,搭接尺寸应准确,不得扭曲、皱褶。搭接部位宜采用热风焊枪加热,加热后随即粘贴牢固,溢出的自粘胶随即刮平封口 4)接缝处应用密封材料封严,宽度不应小于10mm (6)热熔法铺贴卷材: 1)火焰加热器的喷嘴与卷材的加热距离,以卷材表面熔融至光亮黑色为宜,加热应均匀,不得烧穿卷材 2)卷材表面热熔后应立即滚铺卷材,并应排除卷材下面的空气,使之平展,不得出现皱褶,并应辊压粘结牢固 3)在搭接缝部位应有热熔的改性沥青溢出,并应随即刮封接口 4)铺贴卷材时应平整顺直,搭接尺寸应准确,不得扭曲

续表

项次	项目	施 工 要 点
4	沥青胶泥铺砌块材的施工	1. 基层表面若未设置隔离层,应先涂刷冷底子油两遍 2. 块材铺砌前宜进行预热;当环境温度低于5℃时,必须预热,预热温度不应低于40℃ 3. 沥青胶泥的浇铺温度不应低于180℃。当环境温度低于5℃时,应采取措施提高温度后方可施工 4. 块材结合层的厚度和灰缝的宽度,应符合表11-53的规定 5. 平面块材的铺砌可采用挤缝法或灌缝法: (1)挤缝法:先浇铺沥青胶泥,其浇铺厚度应按结合层要求增厚2~3mm,随后铺砌并斜向推挤块材,把胶泥挤入缝内。灰缝应挤严灌满,表面平整 (2)灌缝法:摊铺胶泥后再铺放块材,然后灌缝。块材应粘结牢固,不得浮铺。灌缝前,灰缝处宜预热 6. 立面块材的铺砌,可采用刮浆铺砌法或分段浇灌法: (1)刮浆铺砌法:将胶泥刮到块材上,随即铺砌到基层上并挤牢压平,挤出的胶泥待冷却后铲除 (2)分段浇灌法:在适当长度内的两端用刮浆法铺贴两块,然后在中间浮贴5~6块,再依次向前实贴1块,又浮贴5~6块,完成一层后分段浇灌沥青胶泥。灌缝时浮贴块材应用靠尺压紧,防止外鼓。分段浇灌法施工示意见图11-4
5	沥青砂浆和沥青混凝土的施工	1. 沥青砂浆和沥青混凝土,应采用平板振动器或碾压机和热滚筒压实。墙脚等处应采用热烙铁拍实 2. 沥青砂浆或沥青混凝土摊铺前,应在已涂有沥青冷底子油的水泥砂浆或混凝土基层上,先涂一层沥青稀胶泥(沥青:粉料=100:30,重量比) 3. 沥青砂浆或沥青混凝土摊铺后,应随即刮平进行压实,每层的压实厚度:沥青砂浆和细粒式沥青混凝土不宜超过30mm;中粒式沥青混凝土不应超过60mm。虚铺的厚度应经试验确定,用平板振动器振实时,宜为压实厚度的1.3倍 4. 沥青砂浆和沥青混凝土用平板振动器振实时,开始压实温度应为150~160℃,压实完毕的温度不应低于110℃。当环境温度低于5℃时,开始压实温度应取最高值。为防止滚筒表面粘连,可涂刷防粘液(柴油:水=1:2,重量比) 5. 垂直施工缝应留成斜槎,用热烙铁拍实。继续施工时,应将斜槎清理干净,然后覆盖热沥青或沥青混凝土进行预热,预热后将覆盖层除去,涂一层热沥青或沥青稀胶泥后继续施工,接缝处用热烙铁仔细拍实,并拍平至不露痕迹 当分层施工时,上下层的垂直施工缝要错开;水平施工缝间也应涂一层热沥青或沥青稀胶泥 6. 立面涂抹沥青砂浆应分层进行,每层厚度应不大于7mm,最后一层用热烙铁烫平 7. 铺压完沥青砂浆或沥青混凝土,应与基层结合牢固,其面层应密实、平整,并不得用沥青做表面处理,不得有裂纹、起鼓和脱层等现象。如有上述缺陷,应先将缺陷处挖除,清理干净,预热后涂上一层热沥青,然后用沥青砂浆或沥青混凝土进行填铺压实

11.5 沥青类防腐蚀工程

续表

项次	项目	施工要点
6	碎石灌沥青	1. 碎石灌沥青的垫层,不得在有明水或冻结的基土上进行施工 2. 沥青软化点应低于90℃;石料应干燥,材质应符合设计要求 3. 碎石灌沥青时,应先在基土上铺一层粒径为30～60mm的碎石,夯实后,再铺一层粒径为10～30mm的碎石,拍平、拍实,随后浇灌热沥青
7	质量要求	沥青砂浆或混凝土面层应密实,无裂纹、无空鼓和缺损现象。表面平整度用2m直尺检查,其允许空隙不应超过6mm。面层坡度允许偏差为坡长的±0.2%,最大偏差值不大于30mm;泼水试验时,水应顺利排除 沥青胶泥或砂浆铺砌块材质量要求见"11.2 块材防腐蚀工程"的有关内容 卷材隔离层的质量标准及检验方法见下表

卷材隔离层的质量标准及检验方法

项目		标准	检验方法
与基层粘结		牢固无空鼓	观察、手触
平面、转角及边沿		平整、无翘皮、无皱折、封口严实	观察、手触
卷材搭接	搭接长度	不小于100mm	尺量
	搭接处	粘接严实、无翘边	观察
平面延伸至立面高度		不小于150mm	尺量

道路、建筑石油沥青的质量　　　　表11-42

项目	道路石油沥青		建筑石油沥青		
	60号甲	60号乙	40号	30号	10号
针入度(25℃,100g,5s,1/10mm)	51～80	41～80	36～50	26～35	10～25
延度(25℃,5cm/min,cm)	≥70	≥40	≥3.5	≥2.5	≥1.5
软化点(环球法,℃)	45～55	45～55	≥60	≥75	≥95

注:针入度中的"5s"和延度中的"5cm/min"是指建筑石油沥青。

耐酸粉料的质量　　　　表11-43

项目			指标
耐酸度(%)		不小于	95
细度	0.15mm筛孔筛余(%)	不大于	5
	0.088mm筛孔筛余(%)		10～30
亲水系数		不大于	1.1

耐酸细骨料的质量　　　　　表 11-44

项目		指		标	
颗粒级配	筛孔(mm)	5	1.25	0.315	0.16
	累计筛余量(%)	0~10	35~65	80~95	90~100
耐酸度(%)	不小于	95			
含泥量(%)	不大于	1			

注：宜使用平均粒径为 0.25~2.5mm 的中粗砂。

耐酸粗骨料的质量　　　　　表 11-45

项次	项目		指标
1	耐酸度(%)	不小于	95
2	浸酸安定性		合格
3	空隙率(%)	不大于	45
4	含泥量(%)	不大于	1

注：沥青混凝土骨料粒径以不大于 25mm 为宜,碎石灌沥青的石料粒径为 30~60mm 和 10~30mm。

沥青玻璃布防水卷材的质量　　　　　表 11-46

项目		指	标	
		15 号	25 号	35 号
可溶物含量(g/m²)		≥700	≥1200	≥2000
不透水性	压力(MPa)	0.10	0.15	0.20
	保持时间(min)		30	
耐热度(℃)		85±2 受热 2h,涂盖层应无滑动		
拉力(N)	纵向	≥200	≥250	≥270
	横向	≥130	≥180	≥200
柔度	温度(℃)	≤10	≤10	≤10
	弯曲半径	绕 $r=15$mm,弯板无裂纹		绕 $r=25$mm,弯板无裂纹

11.5 沥青类防腐蚀工程

高聚物改性沥青防水卷材的质量 表 11-47

<table>
<tr><th colspan="2">项 目</th><th colspan="4">指 标</th></tr>
<tr><th colspan="2"></th><th>Ⅰ 类</th><th>Ⅱ 类</th><th>Ⅲ 类</th><th>Ⅳ 类</th></tr>
<tr><td rowspan="2">拉伸性能</td><td>拉力(N)</td><td>≥400</td><td>≥400</td><td>≥50</td><td>≥200</td></tr>
<tr><td>延伸率(%)</td><td>≥30</td><td>≥5</td><td>≥200</td><td>≥3</td></tr>
<tr><td colspan="2">耐热度[(85±2)℃,2h]</td><td colspan="4">不流淌,无集中性气泡</td></tr>
<tr><td colspan="2">柔性(-5～-25℃)</td><td colspan="4">绕规定直径圆棒无裂纹</td></tr>
<tr><td rowspan="2">不透水性</td><td>压力(MPa)</td><td colspan="4">≥0.2</td></tr>
<tr><td>保持时间(min)</td><td colspan="4">≥30</td></tr>
</table>

沥青胶泥的质量 表 11-48

项 目	使用部位的最高温度(℃)			
	≤30	31～40	41～50	51～60
耐热稳定性(℃)	≥40	≥50	≥60	≥70
浸酸后质量变化率(%)	≤1			

沥青砂浆和沥青混凝土的质量 表 11-49

<table>
<tr><th colspan="2">项 目</th><th colspan="2">指 标</th></tr>
<tr><td rowspan="2">抗压强度(MPa)</td><td>20℃时</td><td>不小于</td><td>3</td></tr>
<tr><td>50℃时</td><td>不小于</td><td>1</td></tr>
<tr><td colspan="2">饱和吸水率(%)以体积计</td><td>不大于</td><td>1.5</td></tr>
<tr><td colspan="2">浸酸安定性</td><td colspan="2">合格</td></tr>
</table>

沥青胶泥的施工配合比和耐热性能 表 11-50

<table>
<tr><th rowspan="2">沥青软化点(℃)</th><th colspan="3">配合比(重量比)</th><th colspan="2">胶泥耐热性能(℃)</th><th rowspan="2">用 途</th></tr>
<tr><th>沥青</th><th>石英粉</th><th>6级石棉</th><th>软化点</th><th>耐热稳定性</th></tr>
<tr><td>≥75</td><td rowspan="3">100</td><td rowspan="3">30</td><td>5</td><td>≥75</td><td>40</td><td rowspan="3">隔离层用</td></tr>
<tr><td>≥90</td><td>5</td><td>≥95</td><td>50</td></tr>
<tr><td>≥100</td><td>5</td><td>≥100</td><td>60</td></tr>
<tr><td>≥75</td><td rowspan="3">100</td><td rowspan="3">80</td><td>5</td><td>≥95</td><td>40</td><td rowspan="3">灌缝用</td></tr>
<tr><td>≥90</td><td>5</td><td>≥110</td><td>50</td></tr>
<tr><td>≥100</td><td>5</td><td>≥115</td><td>60</td></tr>
</table>

续表

沥青软化点(℃)	配合比(重量比)			胶泥耐热性能(℃)		用途
	沥青	石英粉	6级石棉	软化点	耐热稳定性	
≥75 ≥90 ≥100	100	100	5 10 5	≥95 ≥120 ≥120	40 60 70	铺砌平面块材用
≥65 ≥75 ≥90 ≥110	100	150	5 5 10 5	≥105 ≥110 ≥125 ≥135	40 50 60 70	铺砌立面块材用
≥65 ≥75 ≥90 ≥110	100	200	5 5 10 5	≥120 ≥145 ≥145 ≥145	40 50 60 70	灌缝法施工时,铺砌平面结合层用

沥青砂浆、沥青混凝土参考配合比 表 11-51

种类	粉料、骨料混合物	沥青(重量计)(%)
沥青砂浆	100	11~14
细粒式沥青混凝土	100	8~10
中粒式沥青混凝土	100	7~9

注:1. 为提高沥青砂浆抗裂性可适当加入纤维状填料。
2. 沥青砂浆用于涂抹立面时,沥青用量可达 25%。
3. 本表是采用平板振动器振实的沥青用量,采用碾压机或热滚筒压实时,沥青用量应适当减少。
4. 采用平板振动器或热滚筒压实时宜采用 30 号沥青;采用碾压机压实时宜采用 60 号沥青。

粉料和骨料混合物的颗粒级配 表 11-52

种类	混合物累计筛余量(%)								
	25	15	5	2.5	1.25	0.63	0.315	0.16	0.08
沥青砂浆			0	20~38	33~57	45~71	55~80	63~85	70~90
细粒式沥青混凝土		0	22~37	37~60	47~70	55~78	65~88	70~88	75~90
中粒式沥青混凝土	0	10~20	30~50	43~67	52~75	60~82	68~87	72~92	77~92

11.6 聚合物水泥砂浆防腐蚀工程

块材结合层厚度和灰缝宽度(mm) 表 11-53

块材种类	结合层厚度		灰缝宽度	
	挤缝法灌缝法	刮浆铺砌法分段浇灌法	挤缝法刮浆铺砌法分段浇灌法	灌缝法
耐酸砖、耐酸耐温砖	3~5	5~7	3~5	6~8
天然石材	—	—	—	8~15

注：当天然石材的结合层采用沥青砂浆时，其厚度应为 10~15mm，沥青用量可达 25%。

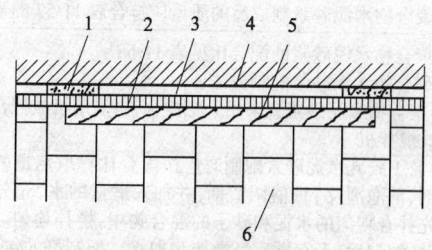

图 11-4 分段浇灌法示意图
1—先用刮浆铺砌法粘结块材 1~2 块；2—浮贴块材约 5~6 块；
3—留出结合层 5~7mm，然后浇灌沥青胶泥；
4—立面基层；5—靠尺；6—地面

11.6 聚合物水泥砂浆防腐蚀工程

聚合物水泥砂浆防腐蚀工程施工方法 表 11-54

项次	项目	施工要点
1	原材料和制成品的质量要求	1. 阳离子氯丁胶乳和聚丙烯酸酯乳液 (1)胶乳和乳液的质量应符合表 11-55 的规定 (2)阳离子氯丁胶乳与硅酸盐水泥拌制时，应加入稳定剂、消泡剂及 pH 值调节剂等助剂。稳定剂宜采用月桂醇与环氧乙烷缩合物、烷基酚与环氧乙烷缩合物或十六烷基三甲基氯化铵等乳化剂；消泡剂宜采用有机硅类等产品；pH 值调节剂宜采用氨水、氢氧化钠或氢氧化镁等 (3)阳离子氯丁胶乳助剂的质量 1)拌制好的水泥砂浆应具有良好的和易性，并不应有大量气泡 2)助剂应使胶乳由酸性变为碱性，在拌制砂浆时不应出现胶乳破乳现象 (4)用聚丙烯酸酯乳液配制的砂浆不需另加助剂

11 建筑防腐蚀工程

续表

项次	项目	施 工 要 点
1	原材料和制成品的质量要求	2．水泥 (1)氯丁胶乳水泥砂浆应采用强度等级不低于32.5MPa的硅酸盐水泥或普通硅酸盐水泥 (2)聚丙烯酸酯乳液水泥砂浆宜采用强度等级不低于42.5MPa的硅酸盐水泥或普通硅酸盐水泥 3．细骨料 拌制聚合物水泥砂浆的细骨料应采用石英砂或河砂。细骨料的质量应符合表11-56的规定 4．聚合物水泥砂浆制成品的质量应符合表11-57的规定
2	材料配合比和配制方法	1．聚合物水泥砂浆的配合比见表11-58 2．聚合物水泥砂浆配制方法 (1)聚合物水泥砂浆宜采用人工拌合,当采用机械拌合时,应采用立式往复式搅拌机 (2)氯丁胶乳水泥砂浆配制时应按配合比称取定量的氯丁胶乳,加入稳定剂、消泡剂及pH值调节剂,并加入适量的水,充分搅拌均匀后,倒入预先拌合均匀的水泥和砂子的混合物中,搅拌均匀。拌制时,不宜剧烈搅动;拌匀后,不宜再反复搅拌和加水。配制好的氯丁胶乳水泥砂浆应在1h内用完 (3)聚丙烯酸酯乳液水泥砂浆配制时,应先将水泥与砂干拌均匀,再倒入聚丙烯酸酯乳液和试拌时确定的水量充分搅拌均匀。配制好的聚丙烯酸酯水泥砂浆应在30～45min内用完 (4)拌制好的聚合物水泥砂浆应在初凝前用完,如发现有凝胶、结块现象,不得使用。拌制好的水泥砂浆应有良好的和易性,水灰比宜根据现场试拌最后确定。每次拌合量应根据施工能力确定
3	整体面层施工	1．施工前应用高压水冲洗基层并保持潮湿状态,但不得积水 2．铺抹砂浆前,应先在基层上涂刷一层薄而均匀的聚合物水泥净浆,边涂刷边摊铺聚合物水泥砂浆 3．聚合物水泥砂浆一次施工面积不宜过大,应分条或分块错开施工,每块面积不宜大于12m²,条宽不宜大于1.5m,补缝或分段错开的施工间隔时间不应小于24h。接缝用的木条或聚氯乙烯条应预先固定在基层上,待砂浆抹面后可抽出留缝条,并在24h后进行补缝。分层施工时,留缝位置应相互错开 4．聚合物水泥砂浆摊铺完毕后应立即压抹,并宜一次抹平,不宜反复抹压。遇有气泡时应刺压紧,表面应密实 5．在立面或仰面上施工时,当面层厚度大于10mm时,应分层施工,分层抹面厚度为5～10mm。待前一层干至不粘手时可进行下一层施工 6．聚丙烯酸酯乳液水泥砂浆整体面层施工时,也可采用挤压式灰浆泵或混凝土喷射机进行喷涂施工 7．聚合物水泥砂浆施工12～24h后,宜在面层上再涂刷一层水泥净

11.6 聚合物水泥砂浆防腐蚀工程

续表

项次	项目	施 工 要 点
3	整体面层施工	浆 8. 聚合物水泥砂浆抹面后,表面干至不粘手时即进行喷雾或覆盖薄膜、麻袋进行养护,塑料薄膜四周应封严。潮湿养护7d,再自然养护21d后方可使用
4	铺砌块材施工	1. 块材应预先用水浸泡2h后,取出擦干水迹即可铺砌 2. 块材结合层厚度及灰缝宽度应符合表11-59的规定 3. 铺砌耐酸砖时应采用揉挤法;铺砌厚度大于或等于60mm的天然石材时可采用坐浆法 4. 铺砌块材时应在基层上边涂刷净浆料边铺砌,块材的结合层及灰缝应密实饱满,并应采取措施防止块材移动 5. 立面块材的连续铺砌高度应与胶泥、砂浆的硬化时间相适应,并应防止块材受压变形 6. 铺砌块材时,灰缝应填满压实,灰缝的表面应平整光滑,并应将块材上多余的砂浆清理干净
5	质量要求	1. 聚合物水泥砂浆整体面层应与基层粘结牢固,表面应平整,无裂缝、起壳等缺陷 2. 对金属基层,应使用测厚仪测定聚合物水泥砂浆面层的厚度;对水泥砂浆和混凝土基层,每50m² 抽查一次,进行破坏性凿取检查测定厚度。对不合格处及在检查中破坏的部位,必须全部修补好后,重新进行检查直至合格 3. 整体面层的平整度,用2m直尺检查,其允许空隙不应大于5mm;坡度允许偏差为坡长的±0.2%,最大偏差值不得大于30mm,做泼水试验时,水应能顺利排除 4. 块材面层的平整度和坡度应符合"11.2块材防腐蚀工程"的有关内容
6	施工注意事项	1. 聚合物水泥砂浆施工环境温度宜为10~35℃,当施工环境温度低于5℃时,应采取加热保温措施。不宜在大风、雨天或阳光直射的高温环境中施工 2. 聚合物水泥砂浆的乳液及助剂的存放应避免阳光直射,冬季应防止冻结 3. 聚合物水泥砂浆不应在养护期少于3d的水泥砂浆或混凝土基层上施工 4. 聚合物水泥砂浆在水泥砂浆或混凝土基层上进行施工时,基层表面应平整、粗糙、清洁,无油污、起砂、空鼓、裂缝等现象;在钢基层上施工时,钢基层表面应无油污、浮锈,除锈等级宜为St3。焊缝和搭接部位,应用聚合物水泥砂浆或聚合物水泥浆找平后,再进行施工 5. 施工前,应根据施工环境温度、工作条件等因素,通过试验确定适宜的施工配合比和操作方法后,方可进行正式施工

胶乳和乳液的质量 表 11-55

项 目	阳离子氯丁胶乳	聚丙烯酸酯乳液
外 观	乳白色无沉淀的均匀乳液	
黏 度	10~55(25℃,Pa·s)	11.5~12.5(涂 4 杯,25℃,s)
总固物含量(%)	≥47	39~41
密度(g/cm³)	≥1.080	≥1.056
贮存稳定性	5~40℃,3 个月无明显沉淀	

细骨料的质量 表 11-56

项 目		指			标		
颗粒级配	筛孔(mm)	5.0	2.5	1.25	0.63	0.315	0.16
	筛余量(%)	0	0~25	10~50	41~70	70~92	90~100
含泥量(%)	≤3						
云母含量(%)	≤1						
硫化物含量(%)	≤1						
有机物含量	浅于标准色(如深于标准色,应配成砂浆进行强度对比试验,抗压强度比不应低于 0.95)						

聚合物水泥砂浆制成品的质量 表 11-57

项 目	氯丁胶乳水泥砂浆	聚丙烯酸酯乳液水泥砂浆
抗压强度(MPa)	≥30	≥30
抗折强度(MPa)	≥3.0	≥4.5
与水泥砂浆粘结强度(MPa)	≥1.2	≥1.2
抗渗等级(MPa)	≥1.6	≥1.5
吸水率(%)	≤4.0	≤5.5
初凝时间(min)	>45	
终凝时间(h)	<12	

聚合物水泥砂浆配合比(质量比) 表 11-58

项 目	氯丁胶乳水泥砂浆	氯丁胶乳水泥净浆	聚丙烯酸酯乳液水泥砂浆	聚丙烯酸酯乳液水泥净浆
水 泥	100	100~200	100	100~200
砂 子	100~200	—	100~200	—

续表

项　目	氯丁胶乳水泥砂浆	氯丁胶乳水泥净浆	聚丙烯酸酯乳液水泥砂浆	聚丙烯酸酯乳液水泥净浆
氯丁胶乳	38～50	38～50	—	—
聚丙烯酸酯乳液	—	—	25～38	50～100
稳定剂	0.6～1.0	0.6～2.0	—	—
消泡剂	0.6～0.8	0.3～1.2	—	—
pH值调节剂	适量	适量		
水		适量	适量	适量

注：1. 表中聚丙烯酸酯乳液的固体含量按40%计，在乳液中已含有消泡剂、稳定剂。凡不符合以上条件时，应经过试验论证后确定配合比。
　　2. 氯丁胶乳的固体含量按50%计，当采用其他含量的氯丁胶乳时，可按含量比例换算。

结合层厚度和灰缝宽度（mm）　　　　　表 11-59

块材种类		结合层厚度	灰缝宽度
耐酸砖、耐酸耐温砖		4～6	4～6
天然石材	厚度≤30mm	6～8	6～8
	厚度＞30mm	10～15	8～15

11.7　涂料类防腐蚀工程

涂料类防腐蚀工程施工方法　　　　　表 11-60

涂料名称及特点	涂料性能及配制	施　工　要　点
氯化橡胶涂料　具有耐候性好，抗渗能力强，施工方便，尤其耐紫外线显著，气干性好，低温可以施工。常用于室外钢结构及混凝土结构的保护	为单组分，分普通型和厚膜型，其技术指标见表 11-61。涂料储存期在25℃以下不应超过12个月	1. 该涂料不得与其他涂料混合使用，使用时一般不需加稀释剂 2. 钢铁基层除锈要求不低于St3、St2级 3. 每次涂装应在前一层涂膜实干后进行 4. 涂料的施工环境温度应大于0℃ 5. 施工可采用刷涂、滚涂和喷涂

续表

涂料名称及特点	涂料性能及配制	施 工 要 点
环氧树脂涂料 具有涂膜坚韧耐久，有较好的附着力，耐水、耐溶剂、耐碱性和抗潮性。可常温固化。一次可涂较厚的涂层，但不宜阳光照射，用于地下管道、水下设施的涂覆，可涂覆混凝土表面或钢结构表面	包括单组分环氧酯底层涂料和双组分胺固化环氧涂料、胺固化环氧沥青涂料、双组分使用时应随用随配，按产品说明书的配合比准确称量，使用前加入固化剂并放置一段时间熟化（约0.5h）方可使用。其技术指标见表11-62。贮存期在25℃下不应超过12个月	1．钢铁基层除锈要求不低于St2级。可直接用环氧酯底层涂料或环氧沥青底层涂料封底 2．在水泥砂浆或混凝土及木质基层上，先用稀释的环氧树脂封底（环氧树脂：稀释剂＝5～7:1），然后再涂环氧酯底层涂料或环氧沥青底层涂料 3．底层涂料实干后，再进行其他各层涂料施工。每层涂料应在前一层涂料表干后涂覆，施工间隔一般为6～8h 4．施工采用刷涂、喷涂均可，施工黏度：刷涂时为30～40s，喷涂时为18～25s
聚氨酯树脂涂料 具有耐磨，耐蚀等突出优点，其底层涂料防锈性能优良，适用于钢及铝合金结构底层或中间涂料；面层涂料可用于金属制品的涂装保护；聚氨酯地面涂料具有交联密度大，综合性能优良，对混凝土基层具有优良的粘结性、硬度高、抗划性、耐磨性、适用于需耐磨、耐油、耐划伤的生产车间地面	包括单组分涂料和双组分涂料。生产厂家已将各组分配好，施工时只需混合相应组分即可。配好的涂料不宜放置太久，一般在3～5h内用完。其技术性能见表11-63 涂料的贮存期在25℃以下，不宜超过6个月	1．水泥砂浆、混凝土及木质基层除污清理，保持干燥，先用稀释的聚氨酯涂料打底 2．金属基层除锈要求不得低于St2级。可直接用聚氨酯底层涂料打底 3．底层涂料实干后，再进行其他各层涂料的施工。每层应在前一层涂膜实干后进行，施工间隔时间宜大于20h 4．涂料的施工环境温度不应低于5℃
高氯化聚乙烯涂料 具有优异的耐老化性、耐盐雾性、防水性。对气态复杂的介质具有优良的防腐蚀性。层间附着力好，配套性强，施工方便，适用于室内外钢结构底层涂料，能耐工业大气腐蚀及酸、碱、盐等介质腐蚀	为单组分，分普通型和厚膜型。施工建议采用配套方案（主要指钢铁基层）；高氯化聚乙烯铁红或云铁底层涂料、高氯化聚乙烯中间层涂料，然后涂刷面层涂料。其技术性能见表11-64 涂料贮存期在25℃以下不宜超过10个月	1．不能与其他涂料混合使用。使用时不需加稀释剂 2．钢铁基层除锈要求不得低于St3级或Sa2级；新混凝土、水泥砂浆必须经过一定时间的放置和养护，使水分挥发，含水率要求小于3% 3．施工可采用刷涂、滚涂、喷涂。涂装时按纵横交错顺序，保持一定速度进行。底涂层实干后再进行其他各层的施工，每层应在前一层涂膜表干后进行，施工间隔时间应大于6～10h 4．涂料施工环境温度应大于0℃

11.7 涂料类防腐蚀工程

续表

涂料名称及特点	涂料性能及配制	施 工 要 点
聚氨酯聚取代乙烯互穿网络涂料 具有防腐性好、附着力高、使用范围宽、耐候及耐水性好、干燥迅速、施工简单、维修方便等特点。用于室内外混凝土（环境温度≤100℃）结构防腐；钢结构前处理可适当降低要求	为双组分涂料,按规定的重量比配制并搅拌均匀。施工建议采用的配套方案为：聚氨酯聚取代乙烯互穿网络涂料底层涂料,然后采用面层涂料。其技术性能见表11-65 涂料贮存期在25℃以下不宜超过3个月	1. 不能与其他涂料混合使用,使用时一般不需加稀释剂 2. 钢铁基层除锈要求宜为St2级 3. 施工可采用刷涂、滚涂、喷涂。底层涂膜实干后再进行其他各层涂料施工,每层应在前一层涂膜实干后涂刷,间隔时间应大于8h,但不宜超过48h
丙烯酸树脂涂料 具有优异的耐候性、耐酸耐碱、耐化学品腐蚀性；高光泽度、较强的抗洗涤性；气干性较佳,涂膜附着性好,硬度高。用于各种腐蚀环境下建筑物内外墙壁、钢结构表面的防腐	为单组分,其技术性能见表11-66 涂料储存期在25℃以下不宜超过10个月	1. 钢铁基层除锈要求不得低于St2级 2. 新混凝土、水泥砂浆表面必须经一定时间的放置和养护,使水分挥发,混凝土表面含水率<3% 3. 每次涂装应在前一层涂膜实干后进行,施工间隔时间应大于3h,但不宜超过48h 4. 施工环境温度应大于5℃
沥青类涂料 特点为常温干燥,具有良好的耐酸性能和附着力	包括单组分沥青耐酸涂料、沥青料,双组分环氧沥青和聚氨酯沥青涂料,其技术性能见表11-67 双组分沥青涂料必须按配比的重量比配制并搅拌均匀 涂料贮存期在25℃以下不宜超过10个月	1. 钢铁基层除锈要求不得低于St2级 2. 在水泥砂浆、混凝土及木质基层上,先用稀释的环氧树脂打底；金属基层一般用铁红醇酸树脂底层涂料封底,也可直接涂刷沥青耐酸涂料 3. 底层涂料实干后,再涂刷沥青耐酸涂料或沥青涂料。每次涂装必须在前一层涂膜实干后进行,间隔时间应大于8h 4. 施工黏度（涂-4黏度计）,涂刷时为18~50s,调整黏度用溶剂汽油
玻璃鳞片涂料 具有防腐蚀围范广、抗渗透性突出、机械性能好、强度高、耐温度剧变、施工方便、修复容易等特点	包括环氧树脂型双组分涂料和乙烯基酯树脂型三组分涂料,从成膜物划分主要为耐蚀树脂型和耐蚀橡胶型两大	1. 耐蚀树脂型玻璃鳞片涂料不能与其他涂料混合使用,也不允许加稀释剂及其他溶剂。配制时需注意投料顺序且涂刷前需搅拌均匀 2. 乙烯基酯树脂玻璃鳞片涂料不宜采用环氧类底层涂料,宜选用相同

续表

涂料名称及特点	涂料性能及配制	施工要点
	类鳞片涂料，其技术性能见表11-68和表11-69 涂料储存期在25℃以下，环氧树脂型不宜超过6个月，乙烯基酯树脂型不宜超过3个月	树脂底、中、面配套方案，也可采用清树脂适当加一些粉料封底，当必须用环氧类底层涂料时，须对基层做适当处理，然后涂刷乙烯基酯树脂鳞片涂料 3．钢铁基层除锈要求不得低于St2级 4．每次涂装应在前一层涂膜表干后进行，施工的间隔时间见表11-70 5．施工温度不应低于5℃ 6．施工可采用刷涂、滚涂
有机硅涂料 具有附着力强、耐腐蚀、耐油、抗冲击、防潮；常温干燥或低温烘干(100～150℃)，能耐400～600℃高温。用于高温炉、烘箱、排气管、暖气管道、电热元件管及其大型高温设备和零件表面	包括无机硅酸锌底层涂料和有机硅树脂耐高温涂料。其技术性能见表11-71 涂料贮存期在25℃以下，不宜超过6个月	1．施工时一般不需加稀释剂。涂料应随配随用，边用边搅拌 2．钢铁基层除锈要求不得低于$Sa2\frac{1}{2}$级 3．不得用乙烯鳞化底层涂料打底 4．底层涂料干燥24h后进行面层涂料施工，间隔时间宜为1h。涂膜总厚度应为80～100μm 5．施工环境温度不宜低于5℃，相对湿度应不大于70%
锈面涂料 俗称"带锈涂料"，可在未充分除锈清理干净的钢材基面涂刷	为双组分，应在非金属容器内按比例配制，搅拌均匀后使用，其技术性能见表11-72 涂料贮存期在25℃以下，不宜超过6个月	1．钢结构表面应无油、无尘或无成块松动的锈层。固定锈层的厚度应符合涂料产品的技术要求 2．施工应采用刷涂法，以一层为宜 3．当锈面涂料实干后，应采用耐酸性的配套底层涂料涂装，施工间隔时间不得超过4h 4．施工环境温度应大于5℃

注：质量要求见表11-73。

氯化橡胶系列涂料及其配套底涂料的技术指标　　表11-61

涂料名称	涂料颜色及外观	技术指标			干燥时间(h)	
		黏度(Pa·s)	密度(g/cm³)	含固量(%)	表干	实干
氯化橡胶鳞片涂料	符合色泽	0.5±0.15	1.20±0.10	50±5	≤2	≤8
氯化橡胶厚膜涂料	符合色泽各色半光		1.20±0.10	50±5	≤2	≤8

11.7 涂料类防腐蚀工程

续表

涂料名称	技术指标					
	涂料颜色及外观	黏度 (Pa·s)	密度 (g/cm³)	含固量 (%)	干燥时间(h)	
					表干	实干
氯化橡胶涂料	符合色泽各色半光		1.25±0.15		≤2	≤8

环氧树脂涂料及其配套底层涂料的技术指标　　表 11-62

涂料名称	技术指标				
	涂料颜色及外观	黏度 (涂-4,s)	附着力 (级)	干燥时间(h)	
				表干	实干
铁红环氧底层涂料	铁红、色调不规定涂膜平整	50~80	1	≤4	≯36
环氧厚膜涂料	透明,无机械杂质	60~90	1	≤4	24
环氧沥青涂料	黑色光亮	40~100	3		24

聚氨酯涂料的技术性能　　表 11-63

涂料名称	技术指标				
	涂层颜色及外观	黏度 (涂-4,s)	含固量 (%)	干燥时间(h)	
				表干	实干
地面涂料	各色有光	—	—	≤4	≤24
各色聚氨酯耐油、防腐蚀面层涂料	各色有光符合色标	15~40		≤6	≤22
聚氨酯防腐蚀涂料	平整光亮,符合色标	20~30		≤4	≤24
防水聚氨酯	符合色标	40~70	30	≤2	≤24

高氯化聚乙烯涂料及其配套底层涂料的技术性能　　表 11-64

涂料名称	技术指标				
	涂层颜色及外观	黏度 (涂-4,s)	细度 (μm)	含固量 (%)	干燥时间(h)	
					表干	实干
高氯化聚乙烯云铁防锈涂料	红褐色	100~130	≤100	≥40	≤2	≤24
高氯化聚乙烯铁红防锈涂料	铁红色	100~130	≤100	≥40	≤2	≤24

续表

涂料名称	涂层颜色及外观	黏度(涂-4,s)	细度(μm)	含固量(%)	干燥时间(h) 表干	干燥时间(h) 实干
高氯化聚乙烯混凝土专用底层涂料	浅色	90~120	—	≥40	≤2	≤24
高氯化聚乙烯中间层涂料	棕褐色	120~160	≤100	≥50	≤2	≤24
高氯化聚乙烯厚膜型面层涂料	符合色标	160~200	≤60	≥55	≤2	≤24
高氯化聚乙烯鳞片面层涂料	符合色标	160~200	≤100	≥45	≤2	≤24

聚氨酯聚取代乙烯互穿网络涂料的技术指标　　表 11-65

涂料名称	涂料颜色及外观	黏度(涂-4,s)	含固量(%)	干燥时间(h) 表干	干燥时间(h) 实干
聚氨酯聚取代乙烯互穿网络涂料	符合色标	40~70	30	6	24

丙烯酸树脂涂料及其配套底层涂料的技术指标　　表 11-66

涂料名称	外观	干燥时间	含固量(%)	黏度(Pa·s)	附着力(级)	柔韧性(mm)	光泽	掩盖力(g/m²)
丙烯酸树脂底层涂料	符合色标	表干15min 实干2h	55±2	0.5±0.05	1	2	82	80
丙烯酸树脂面层涂料	符合色标	表干15min 实干2h	53±2	0.5±0.05	1	2	84	82

沥青耐酸涂料的技术性能　　表 11-67

涂料名称	涂层颜色及外观	黏度(涂-4,s)	附着力(级)	干燥时间(h) 表干	干燥时间(h) 实干
沥青耐酸涂料	黑色,涂膜平整光滑	50~80	—	≥3	≥24

11.7 涂料类防腐蚀工程

树脂类玻璃鳞片涂料及其配套底层涂料的技术性能 表 11-68

涂料名称	技术指标					
	涂层颜色及外观	黏度(Pa·s)	密度(g/cm³)	含固量(%)	干燥时间(h)	
					表干	实干
二甲苯型树脂鳞片涂料	符合色标	0.5±0.15	1.2~1.3	60±5	≤4	≤24
环氧树脂鳞片涂料	符合色标	0.55±0.15	1.3±0.1	65±5	≤8	≤24
乙烯基酯树脂鳞片涂料	符合色标	0.55±0.15	1.2~1.3	65±5	≤4	≤24
双酚A型树脂鳞片涂料	符合色标	0.5±0.15	1.2~1.3	65±5	≤4	≤24

注:底层涂料应根据面层涂料具体牌号选用含有同类树脂的配套产品。

橡胶类鳞片涂料的技术性能 表 11-69

涂料名称	技术指标						
	外观	含固量(%)	抗冲击(cm)	附着力(级)(划圈法)	抗弯曲(mm)	干燥时间(h)	
						表干	实干
高氯化聚乙烯鳞片涂料面层涂料	符合色标	≥45	50	2	2	≤2	≤24
氯化橡胶鳞片涂料	符合色标	≥50	50	2	2	≤2	≤24

玻璃鳞片涂料施工的间隔时间 表 11-70

气温(℃)	5~10	11~15	16~25	26~30	>30
间隔时间(h)	≥30	≥24	≥12	≥8	不宜施工

有机硅涂料及其配套底层涂料的技术性能 表 11-71

涂料名称	技术指标					
	涂层颜色及外观	黏度(涂-4,s)	密度(g/cm³)	含固量(%)	干燥时间(h)	
					表干	实干
有机硅耐高温涂料底层涂料	灰色	15~25	—	—	≤0.1	≤1
有机硅耐高温面层涂料	符合色标	50~60	—	≥65	≯1	≯24
无机硅酸锌底层涂料	浅色	40~50	50	≥60	≯1	≯24

锈面涂料的技术性能 表 11-72

涂料名称	技术指标			
	涂层颜色及外观	黏度(涂-4,s)	含固量(%)	干燥时间(h)
				表干 / 实干
环氧稳定型锈面涂料	铁红色、半光	—	70~75	≤14 / ≤24
稳定型锈面涂料	红棕色	70~120	35~45	≤2 / ≤24
稳定型锈面涂料	红棕色、半光	50~80	40~45	≤4 / ≤24
转化型锈面涂料	红棕色、半光	50~80	40~50	≤4 / ≤24

质量要求 表 11-73

涂层外观	涂层表面应光滑平整，颜色一致，无流挂、起皱、漏刷、脱皮等现象，用5~10倍的放大镜进行检查
涂层厚度	涂层厚度应均匀并应符合设计要求。对于钢基层可采用磁性测厚仪检查；对于水泥砂浆、混凝土的基层，在其上进行涂料施工时，可同时做出样板，测定其厚度

11.8 聚氯乙烯塑料板防腐蚀工程

聚氯乙烯塑料板防腐蚀工程施工方法 表 11-74

原材料质量要求	施工准备	施工要点
1. 板材 聚氯乙烯塑料板分硬板和软板两种。其质量应符合表11-75的规定。外观应板面平整、光洁、无裂纹、色泽均匀，厚薄一致；板内无气泡或杂质。硬板不得出现分层现象。塑料板边缘不得有深度	1. 板材进场后应存放在干燥、通风、洁净的仓库内，并距热源1m以外，贮存温度不宜大于30℃。凡是在低于0℃环境中贮存的板材，使用前应在室温下保持24h。贮存期自生产日期起为2年 2. 软板在使用前24h打开放平，解除包装应力，并放到施工地点	1. 放样下料：聚氯乙烯塑料板防腐蚀工程的划线、下料应准确，尽量减少焊缝和边角料；在焊前或粘贴前应预拼，形状复杂部位，应制作样板，按样板下料 2. 坡口处理：板材焊缝处均应进行坡口处理。硬板焊接时应做成V形坡口，坡口角度与板材厚度、焊缝形式有关，见表11-79；软板粘贴坡口应做成同向顺坡，搭接宽度应为25~30mm 3. 成型方式：硬板宜采用焊条焊接法；软板宜采用胶粘剂粘贴法、空铺法或压条螺钉固定法 4. 硬板的焊接：焊接施工时，枪口距焊条和焊件表面保持5~6mm，焊枪嘴与焊件的夹角宜为45°；焊条与焊件的夹角应为90°左

11.8 聚氯乙烯塑料板防腐蚀工程

续表

原材料质量要求	施工准备	施工要点
大于3mm的缺口 2.焊条 聚氯乙烯焊条应与焊件材质相同。焊条表面应平整光洁、无节瘤、折痕、气泡和杂质，颜色均匀一致。焊条直径根据焊件厚度按表11-76选用，但第一根焊条直径宜选用2～2.5mm的，使其易于挤入坡口根部 3.胶粘剂用于粘贴法的氯丁胶粘剂、聚异氰酸酯的质量应符合表11-77、表11-78的规定。超过生产日期3个月或保质期的产品应取样检验，合格后方可使用。其配合比为氯丁胶粘剂：聚异氰酸酯＝100∶7～10；过氯乙烯胶粘剂的配比为过氯乙烯∶二氯乙烷＝1∶4。配制胶料时应充分搅拌均匀，并在2h内用完	3.施工环境温度宜为15～30℃，相对湿度不宜大于70%。施工时基层阴阳角应做成圆角，半径宜为30～50mm，基层表面平整度用2m直尺检查，允许空隙不应大于2mm，混凝土基层强度应大于C20 4.施工机具： （1）焊枪。电压220V，亦有用36V，功率为400～500W。枪嘴有直形、弯形两种，枪嘴直径与焊条直径相等为宜，如采用双焊条时可使用双管枪嘴，见图11-5 （2）调整器。每把焊枪需配1kVA的调压变压器，焊枪多时可备较大容量的调压变压器 （3）空气压缩机。根据工程量大小选用。使用气压一般为0.05～0.1N/mm²。每把焊枪空气消耗量为4～6m³/h，如使用4～6把焊枪，可选用1台排气量为0.6m³/min的空气压缩机 （4）焊接设备及其配置如图11-6 （5）其他小工具有"V"型切口刀、	右，角度过大过小都会造成焊条高低不平或焊条被拉伸的现象，如图11-7所示。如使用焊条压辊时，随焊随推边压辊将焊缝压平 焊枪温度宜为210～250℃；焊接速度宜为150～250mm/min；焊缝应高出母材表面2～3mm，使呈圆弧形，如表面要求平整时，焊后高出部分应用铲刀铲去。用2根以上焊条的焊缝，焊条接头须错开100mm左右。操作时焊枪上下、左右抖动要均匀，并防止停留时间过长，出现烧焦碳化现象 5.软板的粘贴：软板粘贴前应用酒精或丙酮进行去污脱脂处理，粘贴面应用砂纸或喷砂打毛至无反光。铺时基层应干净干燥。粘合时可采用满涂胶粘剂法和局部涂胶粘剂法两种 满涂胶粘剂法：粘贴在软板和基面上各涂刷胶粘剂两遍，应纵横交错进行，涂刷应均匀，不应漏涂。第二遍的涂刷应在第一遍胶粘剂干至不粘手时进行，待第二遍胶粘剂干至微粘手时进行粘合，并用辊子滚压赶出气泡，接缝处必须压合紧密，不得出现剥离或翘角等缺陷。当胶粘剂不能满足耐腐蚀要求时，在接缝处应用焊条封焊 局部涂胶粘剂法：在接头的两侧或场地周边涂刷胶粘剂，板中间采用条склеивание法，胶粘带的间距宜为500mm，宽度宜为100～200mm，其余要求同满粘法 软板搭接处应用热熔法焊接。焊接时在上下两板搭接内缝每200mm先点焊固定，再采用热风枪本体熔融加压焊接，不宜采用烙铁烫焊和焊条焊接。搭接外缝处应用焊条满焊封缝 粘贴完后应进行养护，养护时间应按所用胶粘剂的固化时间确定。为缩短养护时间，有条件时可采用室内加温或放置热砂袋等方法促凝。在固化前不应使用或扰动 6.软板空铺法和压条螺栓固定法： （1）施工时接缝应采用搭接，搭接宽度宜为20～25mm。应先铺衬立面，后铺衬底部。支撑扁钢或压条下料应准确。棱角应打磨掉，

续表

原材料质量要求	施工准备	施工要点
	切条刀、刮板、焊条、压辊等	焊接接头应磨平,支撑扁钢与池槽内壁应撑紧,压条应用螺钉拧紧,固定牢靠。支撑扁钢或压条外应覆盖软板并焊牢 (2)用压条螺钉固定时,螺钉应成三角形布置,行距约为400~500mm (3)软板接缝应采用热风枪本体熔融加压焊接法,不宜采用烙铁烫焊法和焊条焊接法。焊接时采用分段预热,将其焊道预热到发软时,立即进行焊接,焊接工艺参数见表11-80。每条焊缝应连续一次焊完,接头处必须焊透。焊接时压碾锤头用力应均匀一致,并紧随焊枪向前压碾,不得中断或延后。软板与介质接触一面,焊后应削去边缘棱角

聚氯乙烯塑料板的质量　　　　　表 11-75

项　　　目	硬聚氯乙烯板		软聚氯乙烯板
	A 类	B 类	
相对密度(g/cm³)	1.38~1.60		1.38~1.60
拉伸强度(纵、横向,MPa)	≥49.0	≥45.0	≥14.0
冲击强度(缺口、平面、侧面,kJ/m²)	≥3.2	≥3.0	
断裂伸长率(纵、横向,%)			≥200
邵氏硬度			75~85
热变形温度(℃)	≥73.0	≥65.0	
加热尺寸变化率(纵、横向,%)	±3.0		
加热损失率(%)			≤10.0
整体性	无裂缝		
燃烧性能	1		
腐蚀度(60±2)℃,5h(g/m²)	40%氢氧化钠	±1.0	±1.0之间
	40%硝酸	±1.0	±6.0之间
	30%硫酸	±1.0	±1.0
	35%盐酸	±2.0	±6.0

11.8 聚氯乙烯塑料板防腐蚀工程

焊条直径的选择　　　　　　　　　　　表 11-76

焊件厚度(mm)	2~5	5.5~15	>16
焊条直径(mm)	2.0~2.5	2.6~3.0	3.0~4.0

氯丁胶粘剂质量指标　　　　　　　　　表 11-77

项次	项目	指标
1	外观	米黄色黏稠液体
2	固体含量(%)	≥25
3	黏度(25℃,Pa·s)	2~3
4	使用温度(℃)	≤110

聚异氰酸酯质量指标　　　　　　　　　表 11-78

项次	项目	指标
1	外观	紫红色或红色液体
2	NCO含量(%)	20±1
3	不溶物含量(%)	≤0.1

缝边坡口截面形状、尺寸　　　　　　　表 11-79

焊缝名称	焊缝简图	焊缝尺寸(mm)	适用范围
单面焊接V形对接焊缝		$s=2~8$ 时 $\alpha=90°~85°$ $s=10~20$ 时 $\alpha=80°~70°$	适用于只能在一面焊接的焊缝
X型对接焊缝		$s=4~8$ 时 $\alpha=90°~80°$ $s=8~15$ 时 $\alpha=80°~70°$ $s=15~20$ 时 $\beta=70°~65°$	适用于 $s>4$mm 可双面焊接的焊缝
单V形填角焊缝		$\alpha=45°~55°$	适用于要求不高的贮槽,或有地脚螺栓的设备

续表

焊缝名称	焊缝简图	焊缝尺寸(mm)	适用范围
V形角焊缝		$\alpha = 45°\sim 55°$	适用于只能单面焊,要求不高的贮槽或有地脚螺栓的设备
V形角焊缝		$\alpha = 70°\sim 80°$	适用于只能单面焊,要求不高的贮槽底部结构
X形对角焊缝		$\alpha = 70°\sim 80°$	适用于双面焊

软板本体熔融加压焊接工艺参数　　　　表11-80

项次	项目	工艺参数
1	焊嘴静态出口温度(℃)	160~170
2	焊接速度(m/min)	0.4~0.5
3	焊嘴与焊道间夹角(℃)	30
4	平焊(cm/min)	20~25
5	立焊(cm/min)	20~30

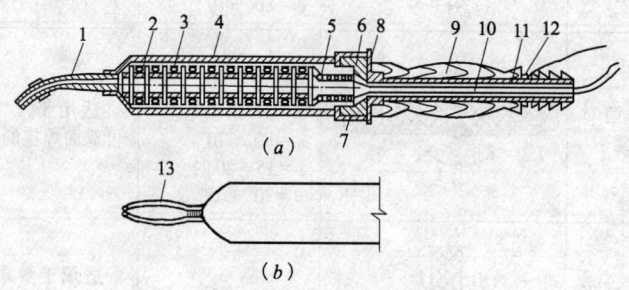

图11-5　聚氯乙烯塑料焊枪构造
(a)焊枪结构;(b)双管焊枪
1—喷嘴;2—磁圈;3—电热丝;4—外壳;5—双线磁接头;6—固定圈;7—连接帽;
8—隔热垫圈;9—手柄;10—电源线;11—空气导管;12—支头螺钉;13—φ4铜管

11.8 聚氯乙烯塑料板防腐蚀工程

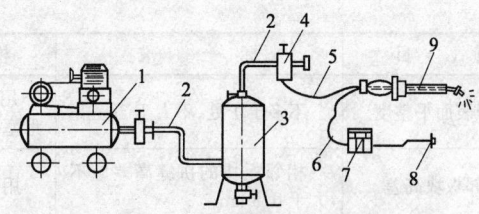

图11-6 焊枪设备及配置
1—空气压缩机;2—压缩空气管;3—过滤器;4—气流控制阀;5—软管;
6—二次电源线;7—调压变压器;8—接220V电源;9—焊枪

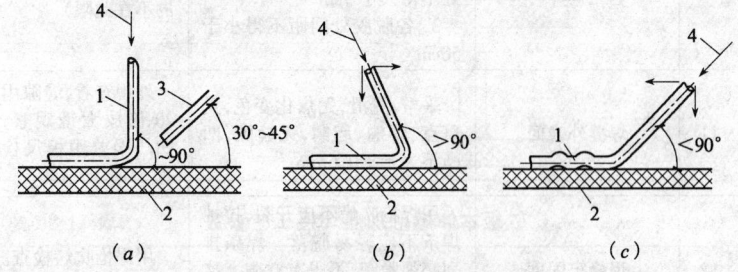

图11-7 焊条与焊件的焊接角度
(a)正确的焊接角度;(b)焊条与焊件夹角过大;(c)焊条与焊件夹角过小
1—焊条;2—焊件;3—焊枪嘴;4—施焊方向

聚氯乙烯塑料板防腐蚀工程的质量要求及检验方法见表11-81。

塑料板防腐蚀工程的质量要求及检验方法 表11-81

项次	项 目	标 准	检 验 方 法
1	塑料板外表面	平整、光滑,裂纹、皱纹,孔眼,色泽一致	外观查看
2	板材截面	无杂物、气泡,厚薄一致	切开观察
3	焊条外表面	光滑,裂纹、皱纹、粗细一致	外观查看
4	焊条截面	质均,无孔眼、杂物、气泡	切开观察
5	焊条抗拉强度(MPa)	不小于11	查试验记录
6	焊条180°弯折(15℃)	无裂纹	试验观察
7	工程外表面	平整、光滑,无隆起、皱纹,不得翘边和鼓泡,接缝横竖顺直	外观查看

续表

项次	项 目	标 准	检验方法
8	工程表面平整度	不多于1处,不大于2mm	用2m靠尺及楔形塞尺检查
9	相邻板块高差	相邻板块的拼缝高差应不大于0.5mm	用尺量检查
10	粘贴脱胶现象	1. 3mm厚板材的脱胶处不得大于20cm^2 2. 0.5~1mm厚板材脱胶处不得大于9cm^2 3. 各脱胶处间距不得小于50cm	用锤敲击法估计（原设计为局部粘贴的不在此限）
11	焊缝外表面	平整、光滑,无焦化变色,无斑点、焊瘤、起鳞,无缝隙,凹凸不大于±0.6mm	外观查看,缝隙用20倍放大镜观察,凹凸误差用板尺检查
12	焊缝牢固度	用焊枪吹烤不应开裂,拉扯焊条不应轻易脱落。焊条排列必须紧密,不得有空隙。接头必须错开,距离一般在100mm以上	用焊枪吹烤检查。外观查看
13	焊缝强度（焊缝系数）	不小于60%,一般应在75%	做焊件材料和焊件试件拉伸试验求得

空铺法衬里和压条螺钉固定法衬里应进行24h的注水试验,检漏孔内应无水渗出。若发现渗漏,应进行修补。修补后应重新试验,直至不渗漏为合格。

用电火花检测仪进行针孔检查。探头电火花长度应为25mm。

12 建筑地面工程

12.1 建筑地面构造层次

建筑地面的构造层次名称、作用及做法　　　表 12-1

项次	构造层次	作 用	做 法
1	基土或楼板	基土是底层地面的地基土层 楼板是承受并传递地面荷载于墙体或框架上的结构层	不论是原状土或填土均应达到均匀密实的要求。对淤泥、淤泥质土、杂填土、冲填土以及其他高压缩性土层等软弱地基，应按设计要求进行更换或加固处理 回填土料严禁用淤泥、腐殖土、冻土、耕植土、膨胀土和含有机物质大于8%的土。填土施工应采用机械或人工分层压实，压实系数应符合设计要求，如设计无要求时，不应小于0.9
2	垫层	承受并传递地面荷载于基土上的构造层	常用有灰土垫层(熟化石灰:黏土＝2:8或3:7，体积比，厚度≤100mm)、砂垫层(厚度≤60mm)或砂石垫层(厚度≤100mm)、碎石垫层(厚度≤60mm)和碎砖垫层(厚度≤100mm)、三合土垫层(熟化石灰:砂:碎砖＝1:3:6，体积比，厚度≤100mm)、炉渣垫层(或水泥:炉渣＝1:6或水泥:石灰:炉渣＝1:1:8，体积比，厚度≤80mm)以及混凝土垫层(厚度≤60mm，强度等级≤C10)。室内地面的混凝土垫层应设置纵横缩缝，纵向缩缝间距不得大于6m，横向缩缝间距不得大于12m
3	找平层	在垫层上、楼板上或填充层(软质、松散材料)上起整平、找坡或加强作用的构造层	常采用水泥砂浆、水泥混凝土铺设，并应按12.2.1和12.2.2铺设同类面层的有关规定。水泥砂浆的体积比或混凝土的强度等级以及厚度应符合设计要求，且水泥砂浆体积比不应小于1:3(或相应强度等级)；水泥混凝土强度等级不应小于C15。有防水要求的楼地面，铺设前必须对穿过楼板的立管、套管、地漏和楼板节点之间进行密封处理，铺设后应进行观察检查和蓄水、泼水等试验，坡向正确，无积水，节点无渗漏为合格 找平层与其下一层应结合牢固，不得有空鼓，表面应密实，不得有起砂、蜂窝和裂缝等缺陷

续表

项次	构造层次	作 用	做 法
4	隔离层	防止建筑地面上各种液体或地下水、潮气渗透地面等作用的构造层;仅防止地下潮气透过地面时,可称作防潮层	常采用沥青类防水卷材或防水涂料铺设而成,当采用水泥砂浆或水泥混凝土作为找平层兼隔离层时,应在砂浆或混凝土中掺入外加剂 沥青类防水卷材可选用沥青防水卷材和高聚物改性沥青防水卷材;防水涂料可选用高聚物改性沥青防水涂料和合成高分子防水涂料;外加剂宜选用硅质密实剂,其掺量为水泥重量的10%或按设计要求采用 在水泥类找平层上铺设沥青类防水卷材、防水涂料时,其表面应坚固、洁净、干燥。铺设前应涂刷与卷材或涂料材性相容的基层处理剂,铺设后,必须蓄水检验,蓄水深度为20~30mm,24h内无渗漏为合格,并做记录 隔离层与其下一层粘结牢固,不得有空鼓,防水涂层应平整、均匀,无脱皮、起壳、裂缝、鼓泡等缺陷
5	填充层	在建筑地面上起隔声、保温、找坡和暗敷管线等作用的构造层	常采用松散、板块、整体保温材料和吸声材料等铺设而成,其材料的密度、导热系数、强度等级及配合比均应符合设计要求。材料自重不应大于9kg/m³,厚度应按设计要求 松散保温材料应分层铺平拍实;板块状材料应分层错缝铺贴压实,无翘曲 填充层的下一层表面应平整。当为水泥类时,尚应洁净、干燥,并不得有空鼓、裂缝和起砂缺陷
6	面层	直接承受各种物理和化学作用的建筑地面的表面层	面层分整体面层、板块面层和木、竹面层三大类,应根据生产特征、建筑功能、使用要求和技术经济条件,经综合技术经济比较确定

注:建筑地面是建筑物底层地面和楼层地面的总称。构造层次见图12-1和图12-2所示,其中填充层、隔离层、找平层则根据需要设置。

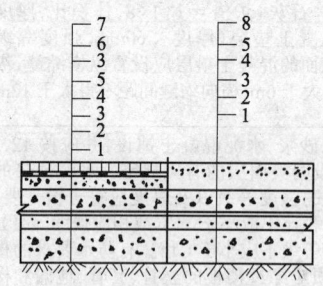

图12-1 底层地面构造层次
1—基土;2—垫层;3—找平层;
4—隔离层;5—填充层;6—结合层;
7—板块面层;8—整体面层

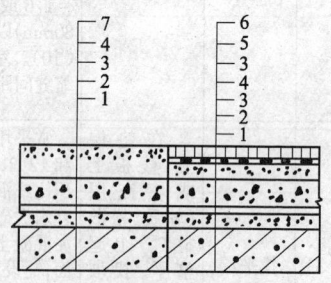

图12-2 楼层地面构造层次
1—楼板;2—找平层;
3—隔离层;4—填充层;5—结合层;
6—板块面层;7—整体面层

12.2 整体面层铺设

12.2.1 水泥混凝土面层

水泥混凝土面层做法及施工要点　　　表 12-2

构造做法及适用范围	材料要求	施 工 要 点
在混凝土垫层或楼板上铺设 30～40mm 厚 C20 以上的细石混凝土面层,有的再配 $\phi 4\sim 6@150\sim 200$ 的双层双向钢筋网片;当水泥混凝土垫层兼面层时,其强度等级不应小于 C15 具有强度高,抗裂、耐磨性好、施工简便,价格较低,耐久耐用等优点 适于作一般公用和民用住宅及厂房车间等地坪面层	1. 水泥:采用强度等级不低于 32.5 的硅酸盐水泥、普通硅酸盐水泥等 2. 砂:采用中粗砂,其含泥量≥3% 3. 石子:采用碎石或卵石,其最大粒径不应大于面层厚度的 2/3;当为细石混凝土时,石子粒径不应大于 15mm;含泥量应小于 2% 4. 水:不含有害物质的洁净水	1. 基层应扫净,用水湿润,但不得有积水 2. 混凝土应用机械搅拌,必须拌合均匀,浇筑时坍落度不宜大于 30mm 3. 铺设前应按标准水平线用木板隔成宽度不大于 3m 的条形区段,以控制厚度 4. 铺设时先均匀扫水泥浆(水灰比 0.4～0.5),逐仓按顺序边扫边铺混凝土,随用长刮尺刮平拍实 5. 用长带形平板振捣器振捣密实,采用人工捣实时,滚筒要交叉滚压 3～5 遍,直至表面泛浆为止,然后用木抹搓平 6. 面层混凝土不宜留施工缝,当施工间隙超过规定允许时间后,应对留槎处进行处理后方可继续浇筑 7. 混凝土面层应在水泥初凝前完成抹平工作,水泥终凝前完成压光工作 8. 浇筑水泥混凝土垫层兼面层时,应用随捣随抹的方法。当面层表面出现泌水时,可加干拌的水泥砂(1:2～1:2.5,体积比)进行撒匀,并进行抹平和压光工作 9. 混凝土浇筑后 12h 内加以覆盖和浇水或筑堤蓄水养护不少于 7d,浇水次数应能保持混凝土处于湿润状态

12.2.2 水泥砂浆面层

水泥砂浆面层做法及施工要点　　　表 12-3

构造做法及适用范围	材料要求及配合比	施 工 要 点
在混凝土基层上抹 20mm 厚 1:2(水泥:砂,体积比)水泥砂浆面层,或 1:2 水泥石屑浆面层 踢脚线高度为	1. 水泥:采用强度等级不低于 32.5 的硅酸盐水泥、普通硅酸盐水泥,不同品种、不同强度等级的水泥严禁混用 2. 砂:采用中粗砂,含泥量<3%	1. 基层扫净,用水湿润,并根据水平线尺寸在房间四周及中间用 1:2 水泥砂浆贴灰饼(80～100mm 见方)、标筋(宽 80mm),间距 1.5～2m 2. 施工顺序一般先墙面后地面,最后踢脚线,从房间里边往外刮到门口,符合门框上锯口线水平 3. 水泥砂浆应用机械搅拌,拌合要均匀,颜色一致,搅拌时间不应小于 2min

续表

构造做法及适用范围	材料要求及配合比	施工要点
100～150mm，厚度5~8mm 具有强度高、耐磨、耐久性好、施工简便、造价低等优点 适于一般厂房车间及民用住宅的地坪面层	3.石屑：粒径应为1~5mm，含粉量<3% 4.水：不含有害物质的洁净水 5.配合比：水泥砂浆一般采用1:2，砂浆稠度≥35mm，强度等级不应小于M15；水泥石屑浆采用1:2，其水灰比控制在0.4，强度等级不应小于M30，采用的水泥强度等级不宜低于42.5级	4.铺抹时先均匀扫水泥浆（水灰比0.4～0.5）一遍，随扫随铺砂浆，用木杠刮平，并应在水泥初凝前用木抹拍实、搓平压实 5.面层压光宜用钢皮抹子分三遍完成，头遍提浆拉平，将初凝时第二次压平，开始终凝时进行第三遍压光，将抹纹用力压平、压实、压光 6.砂浆过稠，可略洒水，过稀可撒1:1干水泥砂子面（砂需过3mm筛），静置10～20min，收水后压光 7.面层压光经1d后，用锯屑或草袋覆盖洒水养护，每天两次，或筑堤蓄水养护不少于7d或喷刷养护灵两遍

12.2.3 水磨石面层

水磨石面层做法及施工要点　　　　表12-4

构造做法及适用范围	材料要求及配合比	施工要点
采用水泥与石粒的拌合料在15~20mm厚1:3水泥砂浆基层上或35mm厚C20混凝土垫层上铺设而成。面层厚度除特殊要求外，宜为12~18mm，且按石粒粒径而确定。面层的颜色和图案应符合设计要求，面层分格不宜大于1000mm×1000mm，或按设计要求	1.水泥：白色或浅色水磨石面层应采用白水泥，深色水磨石面层，应采用硅酸盐水泥、普通硅酸盐水泥或矿渣硅酸盐水泥。同颜色的面层应使用同一批水泥。水泥强度等级不应低于32.5 2.石粒：应用坚硬可磨的白云石、大理石等加工而成。石粒应洁净无杂物，其粒径应为6～15mm。常用彩色石粒品种、规格见表12-5	1.基层处理：基层上的浮灰、污物清除干净，洒水湿润，并进行找规矩、冲筋，间距1.0m 2.抹找平层：先扫水泥浆（水灰比0.37～0.40）一遍，边扫边铺15mm厚1:3水泥砂浆，稠度30~35mm，用木抹搓平搓实至少两遍，24h后洒水养护 3.弹分格线和嵌条：找平层养护1~2d后，按设计图案弹出分格线和镶边色粉线，按线嵌条，双面用水泥浆窝牢（图12-3），用靠尺板比齐，嵌条应上平一致，接头紧密。嵌条纵横交叉处应各留出20～30mm的空隙，以便铺面层石渣浆，稳好后，浇水养护3~5d 4.铺石渣浆：铺前清扫干净，并扫一遍与面层颜色相同的水灰比为0.4～0.5的水泥浆做结合层，边扫边铺石渣浆，用铁抹刮平压实，比嵌条略高1~2mm。然后

12.2 整体面层铺设

续表

构造做法及适用范围	材料要求及配合比	施 工 要 点
	3．颜料：选用耐碱、耐光的矿物颜料，掺入量宜为水泥重量的3%~6%或由试验确定，同一彩色面层应使用同厂、同批的颜料 4．分格条：常选用黄铜条（厚1~1.2mm）或玻璃条（厚3mm），亦可用彩色塑料条、不锈钢条等，长度不限，一般为1~2m，高均为10mm 5．配合比：水泥石渣拌合料的体积比宜采用1:1.5~1:2（水泥:石粒），施工配合比见表12-6、表12-7	在面层再均匀撒一层石粒，随即用铁抹由嵌条向中间将石粒拍入水泥石渣浆中，再用滚筒纵横碾压平直，边压边补石粒，压至表面出浆后，再用铁抹抹平、抹光，次日浇水养护 面层有几种图案时，应先铺深色，凝固后再铺浅色，先铺大面，后铺镶边 水泥与石粒拌合必须计量正确，先将水泥与颜料干拌过筛后，再掺入石粒拌合均匀后加水搅拌，拌合料的稠度宜为60mm 5．磨光：磨光应使用磨石机分次磨光，开磨前应先试磨，以石粒不松动为准，开磨时间可参见表12-8。普通水磨石面层磨光遍数不应少于3遍，高级水磨石面层应适当增加磨光遍数及提高油石号数。磨面要求见表12-9 6．涂草酸：将磨面用水冲洗干净，擦干，经3~4d干燥。用布蘸草酸溶液（1kg草酸溶解于3~5kg热水并搅拌均匀）或用草酸粉揩擦，再用280号油石在上面磨研酸液直至光亮，然后用水冲洗干净擦干 7．打蜡：表面干燥后，将蜡包在薄布内，在面层上薄薄涂一层蜡，待干后用钉有帆布或麻布的木块代替油石装在磨石机上进行研磨，直至光滑洁亮为止。上蜡后铺锯屑养护

彩色石粒常用品种、规格与粒径关系　　　　表 12-5

规格与粒径关系			常　用　品　种	质量要求
编号	规　格	粒径(mm)		
1	大二分	约20	东北红、东北绿、丹东绿、盖平红、中华红、荣经红、粉黄绿、米易绿、玉泉灰、旺青、晚霞、白云石、云彩绿、红王花、奶油白、竹根霞、苏州黑、黄花王、南京红、雪浪、松香石、墨玉、汉白玉、曲阳红、银河、湖北黄等	(1)颗粒坚韧有棱角，洁净，不含有风化的石粒 (2)使用前应冲洗干净
	一分半	约15		
	大八厘	约8		
2	中八厘	约6		
3	小八厘	约4		
4	米粒石	1~2		

987

水磨石面层施工配合比 表12-6

项次	石子规格	配合比(体积比)(水泥+颜料):石子	适用部位	铺抹厚度(mm)
1	1号	1:2.0	地坪面层	12~15
2	1、3号混合	1:1.5	地坪面层	12~15
3	3号或4号	1:1.25~1.50	地坪面层	8~10
4	3号或4号	1:1.25	墙裙、踢脚线	8
5	3号或4号	1:0.83~0.90	复杂线脚	按实际而定
6	1号或2号	1:1.30~1.35	预制板	20~30
7	3号或4号	1:1.30	预制扶梯踏步板	20

注:1. 现粉地坪及预制板表面可在粉刷抹平后,用同样颜色且粒径大的石子均匀地撒于表面,压实磨光,使制品面层美观;
　2. 颜料掺入量一般为水泥用量的3%~6%。

水泥石渣浆用料参考表(kg/m³) 表12-7

材料名称	1:1	1:1.25	1:1.5	1:2	1:2.5	1:3
水泥	956	862	767	640	550	481
石渣	1167	1285	1404	1563	1677	1762
水	279	267	255	240	229	221

水磨石面层开磨前需养护天数(d) 表12-8

方式 \ 气温	5~10℃	10~20℃	20~30℃
机械磨光	5~6	3~4	2~3
人工磨光	2~3	1.5~2.5	1~2

现磨水磨石磨面要求 表12-9

遍数	使用的油石号	操作要求
一	60~80 粗金钢石	1. 随磨随撒水,磨匀磨平,至石渣和嵌条顶面露出 2. 磨后将泥浆冲洗干净,表面孔眼凹坑用同色水泥浆或水泥石渣浆嵌补,不同颜色的磨面层应先补深色,后补浅色 3. 第一次上浆0.5h,开始第二次补浆,擦色浆后养护2~3d
二	100~120 金钢石	1. 加水磨至表面光滑,其他同上 2. 养护1d
三	180~240 细金钢石	1. 加水磨至表面石子显露,无磨纹、砂眼、细孔,平整光滑 2. 冲洗干净后,擦干,涂25%草酸水溶液,用软布均匀揩擦
四	400号金钢石	加水磨至表面呈镜面状态,其他同上

注:第四遍仅用于高档水磨石面层。

12.2 整体面层铺设

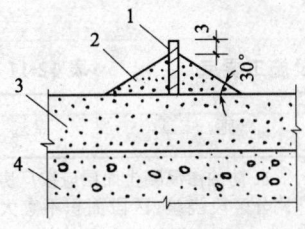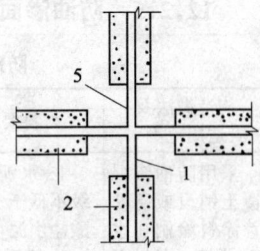

图 12-3 镶嵌分格条示意
1—嵌条；2—素水泥浆；3—水泥砂浆找平层；
4—混凝土基层；5—40～50mm 内不抹素水泥浆

12.2.4 水泥钢(铁)屑面层

水泥钢(铁)屑面层做法及施工要点　　　表 12-10

构造做法及适用范围	材料要求及配合比	施 工 要 点
用水泥与钢(铁)屑的拌合料铺设在水泥砂浆结合层上而成，必须时可进行表面处理。 水泥钢(铁)屑面层的强度不应小于 M40，其厚度一般为 5mm 或按设计要求。结合层水泥砂浆厚宜为 20mm，配合比为 1:2（体积比） 具有较高的耐压强度和耐磨性能，并能承受反复摩擦撞击而不致起灰和破裂 适用于作地坪耐磨面层、楼梯踏步以及吊车梁轨道的垫层等	1. 水泥：采用强度等级不低于 32.5 的硅酸盐水泥、普通硅酸盐水泥 2. 钢(铁)屑：粒径应为 1～5mm，过大的颗粒和卷状螺旋的应予破碎，小于 1mm 的颗粒应予筛去。钢(铁)屑中不应有其他杂物，使用前必须清除钢(铁)屑上的油脂，并用稀酸溶液除锈，再以清水冲洗后烘干 3. 配合比：应按设计要求通过试配，以水泥浆能填满钢(铁)屑的空隙为准，采用振动法使水泥钢(铁)屑拌合料密实时其密度不应大于 2000kg/m³，稠度不应大于 10mm。参考配合比可采用 1:1.8～1:2（水泥:钢屑重量比），水灰比 0.31	1. 基层混凝土终凝后硬化前先铺结合层水泥砂浆 20mm 厚，砂浆稠度为 25～35mm，并刮平、压实 2. 水泥钢(铁)屑按配合比干拌均匀后，再加水拌合至颜色一致，稠度要适度，一般不应大于 10mm 3. 当结合层砂浆铺抹刮平、压实后，立即将水泥钢(铁)屑拌合料按设计要求的厚度摊铺刮平，并随铺随振实、抹平，振实和抹平应在结合层和面层的水泥初凝前完成；压光工作应在水泥终凝前完成。面层要求压密实，表面光滑平整，无铁板印，压光时严禁洒水 4. 面层铺好后 2h，应用草袋覆盖浇水养护不少于 7d 5. 需要面层表面处理时，待面层基本干燥后，先用砂纸打磨表面后清扫干净，在室温不低于 20℃ 条件下，喷涂或刮涂环氧树脂稀胶泥（环氧树脂:乙二胺:丙酮 = 100:80:30）一度，涂刮应均匀，不漏涂。涂刮后在气温不低于 20℃ 条件下，养护 48h 后即成

12.2.5 防油渗面层

防油渗面层做法及施工要点 表 12-11

构造做法及适用范围	材料要求及配合比	施 工 要 点
采用防油渗混凝土铺设或防油渗涂料涂刷在水泥类基层上而成。设计需要时，在铺设防油渗面层前，还应先设置防油渗隔离层，如图 12-4 所示 防油渗混凝土是在普通混凝土中掺入外加剂或防油渗剂，以提高抗油渗性能，其强度等级不应小于 C30，厚度宜为 70mm，并应配置 φ4@150~200 双向钢筋网宜置于靠面层上部，保护层厚度宜为 20mm 防油渗混凝土抗渗强度为 1.5N/mm² 具有良好的密实性、抗油渗性能，可防止油质渗入混凝土中破坏界面粘结力，使混凝土松软。适于在石油、冶金工程中做地坪面层	1. 水泥：采用强度等级不低于 32.5 的普通硅酸盐水泥 2. 碎石：采用花岗石或石英石，粒径为 5~15mm，最大粒径不应大于 20mm，含泥量≯1%，严禁使用松散、多孔和吸水率大的石子 3. 砂：采用中砂，其细度模数为 2.3~2.6，砂应洁净无杂物 4. 外加剂：宜选用减水剂、加气剂、塑化剂、密实剂或防油渗剂，其掺量应由试验确定 5. 防油渗涂料：涂料品种应按设计要求选用，且具有耐油、耐磨、耐火和粘结性能，其抗拉粘结强度不应小于 0.3MPa 6. 配合比： (1) 防油渗混凝土：应按设计要求的强度等级和抗渗性能通过试验确定 (2) 抗油渗水泥浆配制：用 10% 浓度的磷酸三钠水溶液中和氯乙烯-偏氯乙烯共聚乳液，使其 pH 值为 7~8，再加入浓度为 40% 的 OP 溶液，搅拌均匀，最后加入少量消泡剂，配成氯乙烯-偏氯乙烯混合乳液。将该混合乳液和水按 1:1 配比搅拌均匀后，边拌边加入水泥，按要求量加入后充分拌匀即成	1. 防油渗混凝土面层应按厂房柱网分区段浇筑，区段面积不宜大于 50m²。分区段缝的宽度宜为 20mm，并上下贯通；缝内应灌注防油渗胶泥，并应在缝的上部用膨胀水泥砂浆封缝，封填深度宜为 20~25mm，如图 12-5 示意 2. 配合比应称量准确，外加剂按要求稀释后加入，拌合要均匀，搅拌时间不少于 2min，浇筑时坍落度不大于 10mm 3. 水泥类基层表面要求平整、洁净、干燥，不得有起砂现象，并应先涂刷防油渗水泥浆结合层 4. 防油渗混凝土浇筑时，应振捣密实，不得漏振，并用铁抹子抹平压光，待收水后再压光 2~3 遍，压光一昼夜后，根据温度、湿度情况进行养护 5. 当设计要求设置防油渗隔离层时，隔离层一般用一布二涂防油渗胶泥玻璃纤维网格布，其总厚度为 4mm。玻璃纤维布应为无碱网格布。防油渗胶泥厚度宜为 1.5~2.0mm 6. 隔离层施工时，在已处理的基层上将加温的防油渗胶泥均匀涂抹一遍，随后铺贴玻纤布并轻轻刮抹，使布网中充满胶泥，待干燥后继续进行第二层胶泥涂刷。玻纤布长、短边搭接宽度均不得小于 100mm，遇墙、柱连接处应向上翻边不少于 30mm 7. 在水泥类基层上设置隔离层和在隔离层上铺设防油渗混凝土面层时，其下一层表面应洁净，铺设时均应涂刷防油渗胶泥底子油 8. 当防油渗混凝土面层强度达 5N/mm² 时，应将分格缝内清理干净并干燥，涂刷一遍同类底子油后，应趁热灌注防油渗胶泥

续表

构造做法及适用范围	材料要求及配合比	施 工 要 点
	(3)抗油渗胶泥底子油配制:将已熬好的防油渗胶泥自然冷却到85~90℃,边搅拌边缓慢加入按配比要求的二甲苯和环己酮混合溶剂(切勿近水),搅拌至胶泥全部溶解即成底子油	9.防油渗混凝土面层内不得敷设管线。凡露出面层的电线管、接线盒、预埋套管和地脚螺栓等,均应采用防油渗胶泥或环氧树脂进行处理,与墙、柱、变形缝及孔洞等连接处,应做泛水 10.当防油渗面层采用防油渗涂料时,涂料的涂刷(或喷涂)不得少于三遍,每遍涂膜干后方可涂刷下遍,涂膜总厚度宜为5~7mm。其配合比及施工应按涂料的产品特点、性能等要求进行

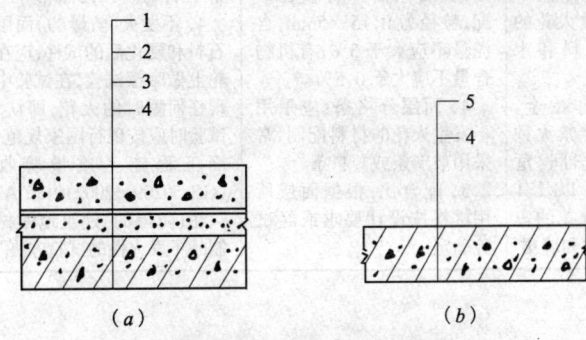

图 12-4 防油渗面层构造
(a)防油渗混凝土面层;(b)防油渗涂料面层
1—防油渗混凝土;2—防油渗隔离层;3—水泥砂浆找平层;
4—钢筋混凝土楼板或结构整浇层;5—防油渗涂料

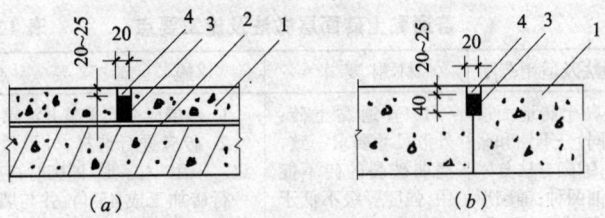

图 12-5 防油渗面层分格缝做法
(a)楼层地面;(b)底层地面
1—防油渗混凝土;2—布二涂隔离层;3—防油渗胶泥;4—膨胀水泥砂浆

12.2.6 不发火(防爆的)面层

不发火(防爆的)面层做法及施工要点　　　表 12-12

构造做法及适用范围	材料要求及配合比	施工要点
采用水泥类的拌合料铺设,其厚度和强度等级均应按设计要求确定。根据所用材料和做法主要有不发火水泥砂浆面层、不发火水磨石面层和不发火水泥混凝土面层。是采用水泥与不发火花的粗、细骨料和水配制而成 适于作冶金、化工等严禁火种的防爆车间、危险品仓库以及其他严禁火花的车间作地坪和墙裙	1. 水泥:采用强度等级不低于 32.5 的硅酸盐水泥、普通硅酸盐水泥 2. 碎石:应选用大理石、白云石或其他石料加工而成,并以金属或石料撞击时不发生火花为合格,加工时应经吸铁检查,不含铁屑和杂质 3. 砂:采用具有不发火性的砂子。其质地坚硬、多角,表面粗糙并有颗粒级配,粒径为 0.15～5mm,含泥量不应大于 3%,有机物含量不应大于 0.5% 4. 面层分格条:应采用不发生火花的材料配制,常采用玻璃条或塑料条 5. 配合比:根据面层所用材料按设计要求或经试验确定	1. 原材料加工和配制时,应随时检查,不得混入金属或其他易发生火花的杂质 2. 水泥类基层应清扫干净,浇水湿润,但不得有积水。当在表面压光的预制板上铺设时,压光板面应予以凿毛,必要时应刷一度界面剂 3. 铺设方法应根据面层种类按同类面层铺设施工要点进行,参见第 12.2.1～12.2.3 节 4. 不发火(防爆的)面层采用的石料和硬化后的试件,应在金属砂轮上做摩擦试验,在试验中没有发现任何瞬时的火花,即认为合格。试验时应按现行国家规范《建筑地面工程施工质量验收规范》(GB 50209—2002)附录 A"不发生火花(防爆的)建筑地面材料及其制品不发火性的试验方法"的规定

12.3 板块面层铺设

12.3.1 普通黏土砖面层

普通黏土砖面层做法及施工要点　　　表 12-13

构造做法及适用范围	材料要求	施工要点
普通黏土砖地面按构造不同,分干铺和浆铺两种;铺砌方法分平铺和侧铺两种;铺砌形式有直行式、对角式、人字式、席纹式、花式等(图 12-6)	1. 普通黏土砖:外形尺寸要求一致,挠曲破裂的砖不能用,强度等级不低于 MU7.5 2. 水泥:强度等级不低于 32.5 的硅	1. 基层应夯实平整并清除杂物 2. 砖应进行选择,外形尺寸要一致。采用"人字形"铺砌时,应将边缘一行砖加工成 45°角,并与墙面和地板边缘紧密接触 3. 铺砌时应挂线,相邻两行的错缝应为砖长的 1/3～1/2。铺砖顺序

12.3 板块面层铺设

续表

构造做法及适用范围	材料要求	施工要点
适用于一般标准较低的住宅、庭院、便道、平台等地面层	酸盐水泥、普通硅酸盐水泥或矿渣硅酸盐水泥 3. 砂:中、粗砂 4. 石灰:石灰膏或袋石灰粉	由房间里往外,或中心线开始向两边铺,如有镶边,应先铺镶边。每铺好一块,即用木锤敲击,用水平尺检查平整度 4. 有干铺法和浆铺法两种 干铺法:即以砂为结合层,厚度为20~30mm,铺砂后稍洒水压实,用刮尺刮平,砖应对接铺砌,缝宽度2~3mm,不宜大于5mm,嵌缝用干砂撒干砖面扫入缝内 浆铺法:即用1:3石灰砂浆作结合层,厚度15~20mm,嵌缝用1:1水泥细砂干拌灌缝,使其密实,铺完清扫砖面,铺草垫洒水养护3~4d

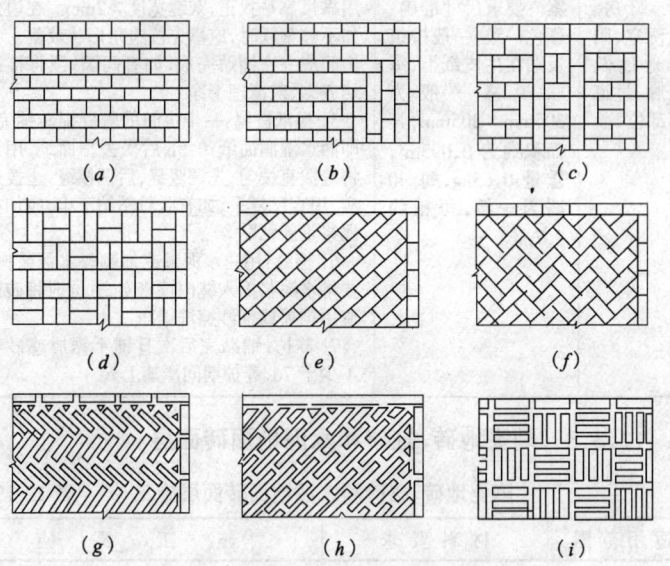

图 12-6 普通黏土砖地面铺砌形式
(a)直行式;(b)席纹式;(c)、(d)花式;(e)对角式;
(f)人字式;(g)侧铺人字式;(h)侧铺对角式;(i)侧铺花式

12.3.2 陶瓷锦砖面层

陶瓷锦砖面层做法及施工要点　　　　　表 12-14

适用范围	材料要求	施工要点
陶瓷锦砖面层采用陶瓷锦砖在结合层上铺贴。具有美观、耐磨、不吸水、色泽稳定、耐污染、易清洗、又不太滑等优点 适用于浴室、厕所、厨房、盥洗室、阳台地面及走廊、过道等部位	陶瓷锦砖：又名陶瓷马赛克，是以优质瓷土烧制而成的小块瓷砖。按表面性质分有釉和无釉；按砖联分为单色和拼花；按尺寸允许偏差和外观质量分为优等品和合格品。颜色有黑、白、淡蓝、深绿、棕、紫、红等多种。形状有正方形、长方形、六角形等，可拼出各种拼花图案。要求尺寸准确、颜色一致，一般按组反贴在牛皮纸上，每联规格一般为 305mm×305mm，其面积约为 $0.093m^2$，重量 0.65kg，每 40 联为一箱，每箱约 $3.7m^2$	1. 清理基层：同普通水泥砂浆面层地面做法 2. 抹底灰：基层清扫干净，浇水湿润，找好规矩，再按地面标高量出锦砖厚度，贴灰饼、冲筋，然后刷水泥浆，随刷随抹 1:3 水泥砂浆找平，厚约 20mm，稠度 30～35mm，要求刮平、拍实、划毛 3. 弹线分格：根据设计要求和砖联规格尺寸，在已有一定强度的底灰上弹线分格 4. 铺贴：在湿润的底灰上，先刮一遍水泥浆，接着抹 3～4mm 厚 1:1～1:1.5 水泥砂浆结合层，随即用双手拿砖联按弹线仔细对位后铺上，随刮、随抹、随贴，锦砖面亦应刷水湿润，每铺完一张，在其上垫木板，用木锤行细拍打一遍，使锦砖能粘牢，并使水泥浆挤入缝内，用靠尺靠平找正，灰缝宽度≥2mm。在边角处如不够整联时，应事先按边角形状裁割。一个房间应一次铺贴完成，如有间隙，须将接槎处切齐，余灰清理干净 5. 揭纸拨缝：一个房间的陶瓷锦砖铺完后，即洒水湿润面纸，0.5h 后揭去护面纸，用开刀将缝直拨匀，先调竖缝，后调横缝，边拨边拍实，用直尺复平，如有脱粒粘结不牢，应加些水泥浆重新粘贴 6. 擦缝：用白水泥浆或加颜料水泥浆擦缝，要将水泥浆擦入缝内擦密实，并同时将砖面灰痕用锯屑或棉纱擦洗干净 7. 养护：铺贴完后次日用干锯屑或砂养护不少于 7d，养护期间严禁上人

12.3.3 陶瓷地砖、缸砖和水泥地面砖面层

陶瓷地砖、缸砖和水泥地面砖面层施工　　表 12-15

适用范围	材料要求	施工要点
陶瓷地砖、缸砖和水泥地面砖采用在结合层上铺设	1. 陶瓷地砖、缸砖，采用组织紧密的黏土压制（挤压法或干压法）成型、干燥后经焙	1. 清理基层：抹底灰同陶瓷锦砖面层施工要点 2. 选砖：铺贴前对砖的规格、尺寸、外观质量、色泽等进行预选，并预先浸水 2～

12.3 板块面层铺设

续表

适用范围	材料要求	施 工 要 点
陶瓷地砖、缸砖具有色调均匀、砖面平整、易清洗,且抗腐耐磨,施工方便,还可排成各种图案,装饰效果好。适用于交通繁忙的地面、楼梯、室外地面、台阶、阳台、露台、室内门厅、走廊、厨房、浴室等处地面 水泥地面砖具有抗压、抗折强度高,耐磨性好,图案优美,花色繁多,铺设简单,施工期短,价格低廉等优点。水泥花阶砖和彩色水泥砖用于各种建筑物的楼地面等,水泥铺地砖用于铺砌庭院、车道、便道、屋面、平台等部位	烧而成。颜色有白、红、浅黄和深黄等多种色彩,形状有正方形、长方形、六角形;按表面性质分有釉和无釉;按表面质量和变形允许偏差分优等品、一级品、合格品。为了提高防滑性能,表面有方凸纹和圆凸纹。要求密致、坚硬,尺寸准确,表面平整,色泽一致 2. 水泥地面砖:分为水泥花阶砖、彩色水泥砖和水泥铺地砖三种 水泥花阶砖系以水泥(白水泥、普通或矿渣水泥、铝酸盐水泥)、砂、矿物颜料按一定比例经机械拌合,并用模具和图案压制成型,养护后罩面而成 彩色水泥砖系以优质彩色水泥、砂经机械拌合、成型并充分养护而成 水泥铺地砖系用于硬性混凝土压制而成。平面分格有9和16分格两种 水泥铺地砖为提高防滑性能,表面有方凸纹和圆凸纹多种形状,颜色有白、红、浅黄和深黄等多种色彩,分单色和多色图案。要求表面应平整,无裂纹和缺棱掉角,尺寸准确,颜色一致	3h,然后取出阴干备用 3. 弹线预铺:在底子灰上弹出定位十字线,按设计图案预铺,若出现非整块砖时,应将其排在不显眼的墙边、走道两边,且使两边非整块砖规格一样 4. 铺贴:陶瓷地砖、水泥地面砖铺贴应从基准线处开始。铺贴时,底子灰应湿润,在铺贴处撒上干水泥,并适量洒水,轻轻调和抹平,随即将地砖对准位置铺贴,用橡皮锤敲打地砖,使铺平施实。第一行地砖对准基准线,以后各行按第一行标准铺贴。整个房间地砖铺完后,即可进行勾缝,若缝宽<2mm时,宜用白水泥浆擦缝;若缝宽>2mm时,宜用1:1水泥砂浆(细砂)进行勾缝,应勾入缝内不小于缝深的1/3 缸砖铺贴方法有留缝铺贴和碰缝铺贴两种。留缝铺贴是根据排砖尺寸弹线后拉线铺贴,从门口开始,在已铺好的砖面上垫木板,人站在木板上往里铺,铺时先撒干水泥面,横缝用米厘条控制,竖缝按线走齐,留缝取出米厘条后,用1:1水泥砂浆勾缝,缝宽≯6mm 缸砖碰缝铺贴,即不留缝铺贴。铺时不须弹线,一般从门口往里铺,当出现非整块砖时进行切割,铺完后喷水,待砖稍收水,将砖拨直,拍打一遍,用水泥浆擦缝处理,并将砖面清理干净 地砖也可用胶粘剂粘贴,胶粘剂选用应根据房间中有无水源而定,并应符合现行国家标准《民用建筑工程室内环境污染控制规范》(GB 50325)的规定 住宅中卫生间、厨房内铺贴的地砖,必须选用防滑地砖 5. 养护:地砖铺完次日,应铺草垫或锯屑洒水养护不少于7d,养护期间不准上人

12.3.4 大理石和花岗石面层

大理石和花岗石面层做法及施工要点　　　表 12-16

构造做法及适用范围	材料要求	施工要点
大理石和花岗石面层是分别采用天然大理石板材和花岗石板材在混凝土基层上以水泥砂浆为结合层铺设而成 具有庄重大方、高贵豪华、耐磨、耐久、易清洗、刚性大、施工简便等优点，适用于高级住宅、饭店、宾馆、展览馆、影剧院、商店、机场、车站等的地面面层 但大理石一般都含有杂质，而且主要成分碳酸钙在大气中也容易风化和溶蚀，使大理石表面失去光泽，故一般不宜用于室外地面	1. 大理石板材：分普通形板材（正方形和长方形板材）和异形板材（其他形状的板材），规格尺寸也可按设计要求加工。按其规格尺寸允许偏差、平面度允许极限公差、角度允许极限公差、外观质量和镜面光泽度分为优等品、一等品和合格品三个等级。常用品种有汉白玉、艾叶青、丹东绿、雪花、晶黑、铁岭红、杭灰等。浅色大理石不宜用草绳、草帘等捆扎，以防污染；板材应存放在库内，在库外存放必须遮盖 2. 花岗石板材：分普通形板材（正方形和长方形板材）和异形板材（其他形状板材），规格尺寸也可按设计要求加工。按表面加工程度分为细面板材、镜面板材和粗面板。按其规格允许偏差、平面度允许极限公差、外观质量分为优等品、一等品和合格品三个等级。常用品种有印度红、将军红、菊花青、雪花青、芝	1. 基层处理：混凝土基层强度等级应不小于 C15，表面清理干净，浇水湿润，随刷水泥浆随铺抹 1:3 水泥砂浆找平层，厚度 10～15mm，要求压实抹平、划毛、洒水养护 2. 对色编号：铺前应按设计要求，根据板材颜色、花纹、图案、纹理等试拼并编号，以便对号入座；对板材有裂缝、掉角、翘曲和表面有缺陷者应予剔除，品种不同的板材不得混杂使用。并浸水湿润，阴干后擦去背面浮灰备用 3. 弹线：垫层或找平层凝固后，在其上弹出十字中心线，按板材尺寸加预留缝放样分块，铺板时按分块位置，每行依次挂线，同时在四周墙上弹出地面标高控制线 4. 安放标准块：在十字线交点处最中间安放，如十字中心线为中缝，可在十字线交点处对角线安放两块标准块。标准块要用水平尺和角尺校正，以作为整个房间水平标准和横缝的依据 5. 铺贴：有干作业法和湿作业法两种 干作业法：基层上逐块铺 1:3 干硬性水泥砂浆（以手握成团，手指一松即散为宜）或水泥砂子干料，用刮板刮平、拍实、拍平，厚度 20～30mm，试铺后将砂浆翻松，稍洒水，撒一层水泥干面，正式铺贴，如系水泥砂子干料，则浇一层水泥浆（水:水泥 = 1:1～1.5），使渗透基层再铺贴 湿作业法：在基层上先刷一遍水泥浆，然后铺抹 1:2 水泥砂浆，厚度 10～15mm，随后铺贴，要求随刷水泥浆随铺抹砂浆随铺贴板材，逐块同时进行 铺时一般先由房间中部向四侧退步法铺贴。凡有柱子的大厅，宜先铺柱子与柱子中间部分，然后向两边展开。板材安放时四角要同时下落，对齐缝格铺平，缝宽不大于 1mm，并用木锤或皮锤敲平敲实，如发现空鼓、凹凸不平或接缝不直，应将板材掀起重新铺贴

12.3 板块面层铺设

续表

构造做法及适用范围	材料要求	施工要点
	麻黑、蒙古黑、新米黄、金花米黄、广西白、麻点白、孔雀绿、中国蓝等。粗面和镜面板材应存放在室内,如室外存放必须遮盖	6. 灌缝:待结合层砂浆达一定强度后(一般铺后24h),用与板面相同颜色的水泥浆擦缝,将缝擦满擦实,然后用干锯屑拭净擦亮 7. 养护:铺湿锯屑和席子覆盖养护不少于7d,养护期间不准上人 8. 打蜡:待结合层砂浆达到强度后,方可进行打蜡。扫除锯屑,先用磨石子机压麻袋布擦净灰尘、污物,然后揩一遍薄而匀的蜡,用打蜡机擦亮

12.3.5 碎拼大理石面层

碎拼大理石面层做法及施工要点　　　　表12-17

构造做法及适用范围	材料要求	施工要点
采用不规则的并经挑选过的碎块天然大理石板材铺贴在水泥砂浆结合层上,并在碎拼大理石面层的缝隙中铺抹水泥砂浆或石渣浆,经磨平、磨光而成,如图12-7所示 面层可按设计要求铺贴出各种图案,具有乱中有序、呆板中有变化,清新雅致,自然优美,价格便宜,施工操作简便等优点。适用于较高级的宾馆、展览厅、通廊等地面面层	1. 碎拼大理石板材:选用厚度相同,不带尖角的大理石板材,有裂缝的应掰开使用。其颜色按设计要求选择 2. 石渣:要求颗粒坚韧、有棱角、洁净,不含有风化的石粒、泥块、杂草、砂粒等杂质,粒径根据碎拼大理石接缝宽度选用,使用前用水冲洗干净。一般可用边角碎料破碎的石渣 3. 颜料:选用耐碱、耐光的矿物颜料,掺入量为水泥重量的3%~6%	1. 基层处理:同大理石、花岗石面层的基层处理 2. 铺贴:在找平层上刷水泥浆一遍,用1:2水泥砂浆镶贴碎大理石块标筋(或贴灰饼),间距1.5m,然后铺碎大理石块,用皮锤或木锤敲击块面,使其与结合层砂浆粘结牢,并与标筋块面平齐,并随时用靠尺检查石面平整度。大理石间应留足缝隙,并将缝内挤出的砂浆剔除,缝底成方形,其缝隙当为冰状块料时,可大可小,互相搭配,铺贴出各种图案,缝宽一般为20~30mm 3. 嵌缝:将缝中积水、浮灰清除干净后,刷水泥浆一遍,用与面层同水泥色浆嵌抹做成平缝;亦可嵌抹彩色水泥石渣浆,嵌抹应凸出大理石面2mm,石渣浆铺平后上撒一层石渣,用铁抹拍实压平,次日养护 4. 磨光:分四遍磨光。第一遍用60~80号金刚石,第二遍用100~120号金刚石,第三遍用180~240号金刚石,第四遍用750号或更细的金刚石。各遍要求方法同水磨石地面 5. 上蜡:方法同水磨石面层

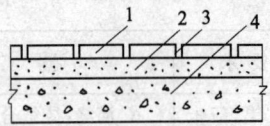

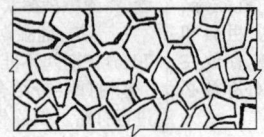

图 12-7 碎铺大理石地面
1—碎块大理石板；2—20～30mm 厚水泥砂浆结合层；
3—20～30mm 宽水泥石渣浆嵌缝；4—C15 混凝土基层

12.3.6 预制水磨石面层

预制水磨石面层做法及施工要点　　表 12-18

构造做法及适用范围	材料要求	施工要点
采用预制水磨石板在混凝土基层上以水泥砂浆为结合层铺设而成。 具有强度高，坚固耐用，美观大方，耐磨，施工简便，造价适中等优点。适用于中级要求的住宅、饭店、食堂、通廊等地面面层	预制水磨石板可按设计要求进行加工。地面常用规格为 400mm×400mm×25mm，踢脚线常用规格为 500mm×120mm×20mm、300mm×150mm×50mm。按其表面加工细度分为粗磨板块、细磨板块和抛光板块；按其外形尺寸极限偏差、平面度允许偏差、外观质量分为一级品和二级品。板材应按颜色和花纹进行分类，有裂缝、掉角、翘曲和表面上有缺陷的板材应予剔除，强度和品种不同的板材不得混杂使用	1. 基层处理：同大理石和花岗石面层的基层处理 2. 排块和弹线：根据设计图案进行排块和弹线，先在房间中央弹出十字中心线，然后由中央向四周排块和弹线，铺板材时按排块位置，每行依次挂线 3. 安放标准块：先安放十字交叉处最中间的一块，如以十字线为中缝，可在十字线交叉点对角安放两块标准块，作为整个房间的水平标准及经纬标准，应用角尺和水平尺细致校正 4. 铺贴：铺贴前清除板背面灰尘杂质，并经水浸泡后阴干备用。铺贴时基层上刷一遍水泥浆，随即抹 1:2 水泥砂浆，厚度 10～15mm 作结合层，随即铺贴板材，做到随水泥浆、随抹水泥砂浆、随铺贴板材同时进行，用木锤轻击板面，使之粘结牢固，表面平整、接缝对齐，缝宽不大于 2mm，如发现板凹凸或接缝不直，应及时掀起重铺 5. 嵌缝：铺好 24h 后，接缝洒水，撒干水泥色粉，将缝揩满揩实，最后擦净表面 6. 养护、打蜡：同大理石和花岗石面层

12.3.7 料石面层

料石面层做法及施工要点　　　　表 12-19

构造做法	材料要求	施工要点
采用天然石料铺设而成,其石料宜采用条石或块石　条石面层应铺设在水泥砂浆或砂结合层上;块石面层应铺设在砂垫层上	1. 条石:采用质地均匀、强度等级不低于MU60的岩石加工而成,其形状为矩形六面体,厚度80～120mm 2. 块石:采用强度等级不低于MU30的岩石加工而成,其形状为直棱柱体或有规则的四边形或多边形,其底面截锥体,顶面粗琢平整,底面面积应不小于顶面积的60%,厚度为100～150mm	1. 料石应洁净,在水泥砂浆结合层上铺砌时,石料在铺砌前应洒水湿润,铺砌后应洒水覆盖养护 2. 条石面层铺砌时,条石应按其规格分类,并垂直于行走方向拉线铺砌成行,相邻两行的错缝应为条石长度的1/3～1/2,铺砌方向和坡度应正确,并不宜出现十字缝 条石铺砌在水泥砂浆结合层上时,水泥砂浆结合层配合比为1:2(体积比,稠度25～35mm),厚度10～15mm,条石间缝隙宽度不应大于5mm,缝隙应采用同类水泥砂浆填塞 条石铺设在砂结合层上时,砂应洁净无杂质,结合层厚度应为15～20mm。条石间缝隙不宜大于5mm,缝隙先用砂填缝至高度的1/2,然后再用1:2水泥砂浆填塞抹平 3. 块石在砂垫层上铺砌时,砂垫层应先压实,厚度不小于60mm。块石大面朝上,缝隙互相错开,通缝不得超过两块石料,块石嵌入砂垫层深度不应小于石料厚度的1/3。铺设后应先夯平,并用粒径15～25mm的碎石嵌缝,而后用碾压机碾压,再填以粒径5～15mm碎石,继续碾压至石粒不松动为止

12.3.8 塑料板面层

塑料板面层做法及施工要点　　　　表 12-20

构造做法及适用范围	材料规格及质量要求	施工要点
塑料板面层采用塑料板块、塑料板焊接、塑料卷材以胶粘剂在水泥基层上铺设 塑料板面层具有表面光洁、色彩多样、拼花美观新颖、	1. 塑料板:常用聚氯乙烯塑料地板,有块材、卷材两类,其规格和性能见表12-21。块材有单色(棕、黄、黑、蓝、橙等色)和印花(仿水磨石、仿木纹或按图案加工)两类。卷材只有单色,有棕、黑、黄等几种。要求平整、光滑,无裂缝,色泽均匀,厚薄一致,	1. 基层处理:基层应平整、坚实,不起砂、起壳,无裂缝、污垢、油渍等;含水率要求<8%;如有凹陷小孔,用10g胶水泥腻子分次批抹修补填平。每次批抹厚度不应大于0.8mm,并待干燥后用0号铁砂布打磨。施工时室内相对湿度≥80% 2. 排块弹线:根据设计图案和拼花式样,在地面上弹十字中心线或对角斜线作铺贴的基准线,如有镶边,同时弹好镶边线,常用铺贴形式见图12-8。铺贴次序是由里向外,由中间向两侧,或从中心向四周进行 3. 刮抹胶粘剂:用梳形刮板均匀涂在基

续表

构造做法及适用范围	材料规格及质量要求	施工要点
脚感舒适、质轻、耐磨、耐燃、吸水性小、尺寸稳定、粘贴方便等特点。适用于住宅、宾馆、候车室、精密车间、耐腐蚀、防尘车间、化验室、手术室及其他公共建筑的楼(地)面面层。抗静电地板还可应用于需防止因静电积累而影响设备正常运转或有防尘要求的计算机房、控制室等	边缘平直,尺寸准确;若有变曲、挠角,应经热处理压平。软质聚氯乙烯板宜放入75℃左右的热水浸泡10～20min,至板面全部松软伸平后取出晾干待用;半硬质聚氯乙烯板一般用丙酮:汽油=1:8混合液进行脱脂除蜡 塑料板运输时,应避免日晒雨淋和撞击,应贮存于干燥洁净的仓库内,并防止变形,贮存温度≥32℃ 2. 胶粘剂:有溶剂型和水乳型两种,组成及技术性能见表12-22 3. 焊条:选用等边三角形或圆形截面,表面应平整光洁,无孔眼、节瘤、皱纹,颜色均匀一致,焊条成分和性能应与被焊的板相同	层上,厚1mm左右,呈条楞状;当用橡胶型胶粘剂,在板面亦应涂胶粘剂静置10～20min,待溶剂部分挥发不粘手时,即可铺贴;当采用聚醋酸乙烯胶粘剂时,稍加暴露即应铺贴 4. 铺贴塑料板:将塑料板一端对齐粘合,用橡胶滚筒使板服贴粘贴在基层上,使其正确就位,并赶走气泡,再用压滚压实或用橡皮锤敲实,滚压或敲打应从中心向四周或一边向另一边进行,用聚氨酯和环氧胶粘剂,宜用砂袋压住直至固化 5. 焊接:软质塑料板离缝粘贴者常需焊缝,粘贴前先用刀将侧边切割成45°楔边,这样焊缝成倒"八"字形,宽2mm,粘贴48h后,用专用焊枪将φ3焊条焊入缝中,热空气压力控制在0.08～0.1MPa,温度控制在180～250℃,焊后用刀将凸起部分削平削光 6. 卷材铺设时,卷材宜顺房间长方向铺设。先将胶粘剂同时涂刷于基层面上和卷材背面后晾干(约20min),然后按线先将一端紧铺在墙根处,再慢慢地将卷材顺线展开向前铺设,边铺边用手持压辊滚压铺平,赶出气泡,直至另一端铺到墙根处。卷材需接缝时采用平接 7. 打蜡:将拼缝中多余的胶水用棉纱蘸200号溶剂汽油擦去,如板尺寸误差过大,板间拼缝过大,可批刮用胶粘剂配制的胶泥填补。铺好后2d内禁止行走。2d后打蜡、擦亮

聚氯乙烯塑料地板的规格、性能　　　　表 12-21

规　格 (mm)	性　能　指　标				
	密度 (t/m³)	抗拉强度 (MPa)	伸长率 (%)	耐磨性(Taber磨耗仪 g/1000r)	吸水性 (%)
块材 304.8×304.8 305×305 333×333 厚1.5、2.0	1.6～1.7	7.33	29.2	0.03	0.20

12.3 板块面层铺设

续表

规　格 (mm)	性　能　指　标				
	密度 (t/m³)	抗拉强度 (MPa)	伸长率 (%)	耐磨性(Taber 磨耗仪 g/1000r)	吸水性 (%)
卷材 宽:850、1000、1250 长:20000/卷 厚:1.5、2.0、2.5、3.0		抗拉强度 (MPa) 纵向≥10.0 横向:≥9.0			

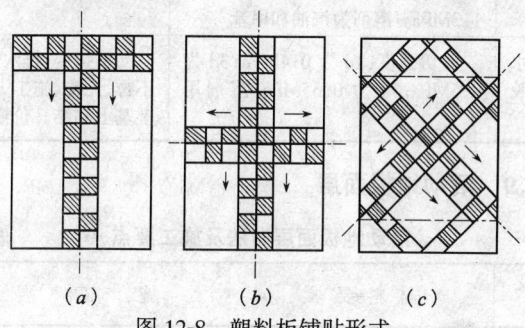

图 12-8 塑料板铺贴形式
(a)T字形铺贴;(b)十字形铺贴;(c)对角线铺贴
→ 铺贴方向

常用塑料板地面胶粘剂　　表 12-22

胶粘剂名称	组　成　与　性　能	主　要　优　缺　点
氯丁橡胶胶粘剂	由氯丁橡胶与各种配合剂溶解于醋酸乙酯和汽油混合溶剂中制成。溶剂为汽油和溶剂油。外观浅黄色。剪切强度:1d 为 0.25MPa;7d 为 0.35MPa	需双面涂胶,速干,初粘结力大,有刺激性挥发气味,易燃,价格较贵。耗胶量 0.5～1.0kg/m²
202 双组分氯丁橡胶胶粘剂	由氯丁橡胶与三苯基甲三异氰酯双组分组成(甲组分:乙组分＝1:5),溶剂为异氰酸酯,剪切强度:1d 为 0.58MPa;7d 为 0.94MPa	速干,初粘强度大,胶膜柔软,耐水,耐酸碱,有毒、易燃,施工要求高,使用时,双组分要混合均匀,价格较贵。耗胶量 1.0kg/m²
水胶型氯丁乳胶胶粘剂	由氯丁乳胶配以增稠剂、填充料等组成,剪切强度:1d 为 1.0MPa 以上	不燃、无味、无毒,初粘结力大,耐水性好,对潮湿基层也能施工,价格较低

续表

胶粘剂名称	组 成 与 性 能	主 要 优 缺 点
JY-7型双组分橡胶胶粘剂	由再生乳胶和松香树脂双组分制成(甲组分:乙组分=3:1)。溶剂为汽油、甲苯。外观浅灰色，剪切强度：1d为0.32MPa；3d为0.44MPa	需双面涂胶，速干，初粘结力大，低毒、气味小，耐水、耐热、耐老化，施工方便。价格相对较低。耗胶量0.2～0.4kg/m²
聚醋酸乙烯胶粘剂	由醋酸乙烯与丙烯酸丁酯在甲醇溶剂中共聚而成的无色透明黏稠液。加5%填充料后呈灰色。剪切强度：1d为0.5MPa；7d为1.3MPa。溶剂为汽油和甲苯	速干，粘结强度好，使用方便，价格较低。有刺激性，易燃，耐水性较差
7990型水性高分子胶粘剂	剪切强度：1d为0.4MPa；3d为0.5MPa；7d为0.65MPa，溶剂用水	初粘强度、抗水性好，不燃、不霉、无毒、施工方便，能在潮湿基上粘结。价格便宜

12.3.9 活动地板面层

活动地板面层做法及施工要点 表12-23

构造做法及适用范围	材料要求	施工要点
活动地板面层由活动地板块配以可调支架、横梁和橡胶垫等组装成架空板，铺设在水泥类面层（或基层）上，如图12-9所示。面层下可敷设管道和导线。具有质量轻、强度大、表面平整、面层质感好、防火、防腐蚀、防尘、防静电等优点。适用于防尘和防静电要	1. 活动地板块：是由特制的平压刨花板为基材，厚约25mm左右，表面粘贴厚1.5mm的柔光高压三聚氰胺装饰板，底面粘贴一层1mm厚镀锌钢板或铝合金板，四周侧边用塑料板或镀锌钢板、铝合金板封闭并以胶条封边，如图12-10。分有标准地板块和异形地板块。标准地板块常用规格有450mm×450mm、500mm×500mm、600mm×600mm等；异形地板块有旋流风口地板、可调风口地板、大通风量地板和走线口地板等。要求表面平整、坚实、光洁，面层承载力不得小于7.5MPa，其系统电阻：A级板为1.0×10⁵～1.0×10⁸Ω，B级板	1. 基层要求水泥混凝土为现浇，表面应平整、光洁、不起灰，铺设前清扫干净 2. 面层施工时，应待室内各项工程完工和超过活动地板块承载力的设备进入房间预定位置以及相邻房间也全部完工后，方可进行安装，不得交叉施工 3. 面层铺设前，室内四周墙面按设计弹出标高控制线；在基层面上按活动地板块尺寸弹线形成方格网，标出板块安装位置和高度，同时标明设备预留位置 4. 按标明的板块安装位置，在方格网交点处安放支架和横梁，并应转动支架螺杆，用水平尺调整每个支承面的高度至全部等高 5. 在所有支架和横梁构成框架一体后，应用水准仪抄平。支架的支座与基层用环氧树脂粘结牢固或用膨

12.3 板块面层铺设

续表

构造做法及适用范围	材料要求	施工要点
求的专业用房，如计算机房、仪表控制室、变电所控制室、通讯枢纽、电话自动交换机房、自动化办公室等	为 $1.0\times10^5 \sim 1.0\times10^{10}\Omega$。 2. 支架部分：由钢支柱和框架组成。钢支柱采用可调节的螺杆（图 12-11）；横梁采用角钢或轻型槽钢。支承结构高度 200～1000mm	胀螺栓、射钉连接固定 6. 在横梁上铺设缓冲胶条，并用乳胶粘合。然后逐块按序紧密铺放在横梁胶垫上即可。当铺设的地板块不符合模数时，其不足部分可根据实际尺寸将板块切割镶补，并配装相应的支架和横梁。切割边应采用清漆或环氧树脂加滑石粉调成腻子后封边，亦可用铝型材镶嵌

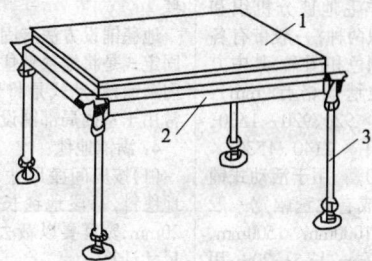

图 12-9 活动地板安装示意
1—活动地板块；2—横梁；3—可调支架

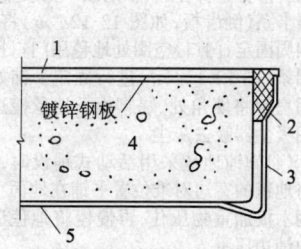

图 12-10 活动地板块
1—柔光高压三聚氰胺装饰板；2—橡胶密封条；
3—镀锌钢板或铝合金、塑料板侧边；
4—刨花板基材；5—镀锌钢板或铝合金底和面

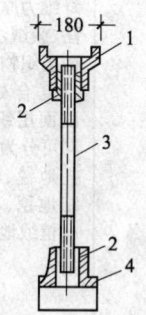

图 12-11 可调支架
1—铸铝上托；
2—镀锌螺母；
3—ϕ16 镀锌螺杆；4—铸铝下座

12.3.10 地毯面层

地毯面层做法及施工要点 表12-24

构造做法及适用范围	材料要求	施工要点
地毯面层用地毯(块料或卷材)在水泥类面层(或基层)上铺设而成。具有隔声、隔热、柔软舒适、色泽艳丽、豪华美观的优点。常用于宾馆、饭店、招待所、接待室、餐厅、住宅居室以及船舶、车辆、飞机等地面面层	地毯按材质分为羊毛地毯、混纺地毯、化纤地毯、塑料地毯及剑麻地毯;按编织工艺方法分为手工编织地毯、无纺地毯和簇绒地毯;按规格尺寸分为方块地毯和成卷地毯等。 羊毛地毯分机织和手织两种,一般带有各种颜色和图案,其中方块地毯规格有(mm):610×920、920×1530、1220×2140、1530×2440等,用于活动式铺设;成卷地毯幅宽一般为1000mm、1500mm、2000mm,长5~20m,用于固定式铺设。 化纤毯是以锦纶、丙纶、腈纶、涤纶等化学纤维为原料,经过机织法、簇绒法等加工成的面层织物,再以背衬进行复合处理而制成。以面层织物的织法不同可分为栽绒地毯、针扎地毯、机织地毯、编结地毯、粘结地毯、静电植绒地毯等	1. 水泥类面层(或基层)表面应坚实、平整、光洁、干燥,无凹凸不平、麻面、裂缝,并应清除油污、钉头和其他突出物 2. 地毯品种、规格、颜色、花色等应按设计要求选购或加工厂定制 3. 房间内铺设地毯有满铺和局部铺两种铺法。满铺是房间内地面上全部铺设地毯;局部铺是在房间内常走动处铺设地毯 地毯铺设方法有固定式和活动式两种。固定式是将地毯粘住在地面上,常用于室内满铺;活动式是将地毯干铺在地面上,常用于室内局部铺设地毯 4. 满铺地毯: (1)按房间净尺寸、形状用裁边机断下地毯料,每段地毯长度比房间长度长约20mm,宽度要以裁去地毯的边缘线后的尺寸计算 (2)地毯拼接:用100mm宽麻布窄条衬在两块待拼接的地毯之下,将胶粘剂刮在麻布带上,把地毯拼接粘牢,拼接时需用张紧器把地毯张平铺服贴,不得起拱 (3)固定地毯:将整片地毯四周依房间踢脚修剪整齐,用胶粘剂或双面胶带或金属卡条(倒齿板,如图12-12a、b)将地毯四周固定,门口、空隔处地毯用门口压条、锑条(图12-12c、d)进行固定。铺好后,用扁铲将墙角处、踢脚板下地毯掩边,并用吸尘器吸去灰尘 (4)满铺地毯采用活动式铺设时,应先将地毯的宽边对准位置平铺在地面上,并用木板加重物压住,再慢慢将地毯展开,边铺边压平 (5)局部铺地毯:一般采用活动式铺设。按房间铺设位置和地毯尺寸弹线,然后按线干铺地毯,如地毯面积较大时,也可采用双面胶带将其固定

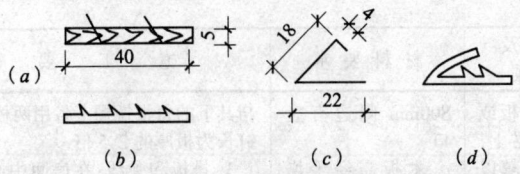

图 12-12 地毯卡条、压条示意
(a)木卡条;(b)金属卡条;(c)铝合金或铜压条;(d)锑条

12.4 木、竹面层铺设

12.4.1 松木和硬木地板面层

松木和硬木地板面层施工方法　　表 12-25

构造做法及适用范围	材料要求	施工要点
松木和硬木地板面层是用单层面层或双层面层铺设而成。单层木板面层是在木搁栅上直接钉一层松木企口板即称松木地板，或钉一层硬木企口板，即称单层硬木地板；双层木板面层是在木搁栅上先钉一层毛地板，再钉一层硬木企口板，即称双层硬木地板。木搁栅有空铺和实铺两种形式。空铺式是将搁栅两端搁于墙内的垫木上，木搁栅之间加设剪刀撑，如图 12-13 所示；实铺式是将木搁栅铺于钢	1. 企口板：应采用具有商品检验合格证的产品，其产品类别、型号、适用树种、检验规则以及技术条件等，均应符合现行国家标准《实木地板块》GB/T 15036.1～6 的规定。松木企口板多选用不易腐朽、不易变形的松木或杉木，板宽度 75～125mm，侧边有企口，厚度由设计选定，一般为 23mm，长度应大于 800mm。硬木企口板多选用水曲柳、柞木、柳桉、枫木、柚木、榆木等，宽度 40～50mm，厚度 18～23mm，长度大于	1. 安装木搁栅：有空铺和实铺两种形式。空铺式：如图 12-13 所示，将搁栅搁于砖砌地垫墙或墩上，并用垫木垫实垫平，钉子钉牢，间距按设计要求，一般为 400mm。木搁栅与墙间应留出不小于 30mm 的缝隙，上表面应平直，然后相互再用剪刀撑钉牢稳固，间距通常为 800mm 或按设计要求。垫木厚度一般为 50mm，使用前应浸防腐剂。实铺式：如图 12-14 所示，先在楼板或混凝土垫层上刷一道冷底子油或热沥青或一毡二油防潮层，然后将木搁栅按弹线铺设，用预埋 $\phi 4$ 钢筋或膨胀螺栓固定牢，再用炉渣混凝土或煤屑混凝土将木搁栅窝牢或填实空隙，要拍平拍实，安装时要拉垂直于木搁栅的通长麻线或水平尺校正木搁栅面标高。木搁栅接头要顶头接，间距一般为 400mm 或按设计要求，木搁栅与墙间应留不小于 30mm 空隙。 2. 铺毛地板：毛地板与木搁栅成 30°或 45°斜向铺钉，板长不小于 2 档木搁栅，接头要错开，要接在木搁栅上，并使其髓心向上，板间缝隙不大于 3mm，毛地板与墙之间留 10～20mm 的空隙。每块毛地板

续表

构造做法及适用范围	材料要求	施工要点
筋混凝土楼板或混凝土垫层上，木搁栅之间填以炉渣等隔声材料并加设横向支撑，如图12-14所示 具有质量轻、弹性好、干燥、耐用、舒适、美观大方等优点。适用于宾馆、旅馆、体育馆、会议室、幼儿园、试验室、公寓、民用住宅等室内高级装饰地面面层	800mm 侧边有企口 木板需经干燥（人工或自然干燥）处理，使其含水率不大于12%或当地平衡含水率 2. 毛地板：材质同松木企口板，宽度不大于120mm，厚度22～25mm，侧边有企口，底面要涂刷防腐剂 3. 木搁栅：材质同松木企口板，截面呈梯形或矩形，梯形截面上口宽70mm，下口宽50mm，厚50～70mm；矩形截面50mm×50mm～70mm×70mm，间距400～500mm。要刷防腐剂，常刷1～2遍水柏油 4. 踢脚板：材质同企口板，常用规格150mm×(20～25)mm，背面开槽并刷防腐剂	与其下的每根搁栅上各用两枚铁钉固定，钉长为板厚的2.5倍 3. 排板和弹线：在房间中心部位毛地板上弹一基平行于房间长向、垂直于木搁栅的中心墨线，依此墨线由中央向两边排板 4. 铺钉企口板：铺钉前先在毛地板上干铺一层沥青油纸或油毡，以防止使用中发生音响和潮气侵蚀。铺设时应与搁栅成垂直方向铺钉，板的接缝应间隔错开，板与板之间仅允许个别地方有缝隙，但缝隙宽度不大于1mm。企口板与墙之间留10～15mm空隙，并用踢脚板或踢脚条封盖。每块企口板钉牢在其下的毛地板上，钉的长度为企口板厚度的2～2.5倍，钉帽砸扁，从侧面斜向钉入(图12-15) 5. 刨平：铺钉完后，用刨地板机先斜着木纹，后顺着木纹将表面刨平刨光，再用木工细刨刨光，最后用磨砂皮机磨光 6. 钉木踢脚板和阴角条：沿四周墙脚和沿中间柱脚处钉同地板料的木踢脚板和阴角。踢脚板用钉钉牢于墙内预埋的防腐木砖上，钉帽砸扁冲入板内(图12-16)，踢脚板接缝处应做企或错口相接，在90°转角处应做45°斜角相接。踢脚板要求与墙紧贴，钉设牢固，上口平直。踢脚板与木板面层转角处钉设木阴角条 7. 松木地板面层或单层硬木地板面层铺设，则将松木地板条或硬木地板条直接钉于木搁栅上(即无毛地板)，铺钉方法与要求同双层硬木地板面层企口板，如图12-17所示 8. 大面积木地板面层的通风构造层，其高度以及室内通风沟、室外通风窗等均应按设计要求施工 9. 油漆和打蜡：待室内装饰工程全部完工后方可进行。地板磨光后应立即上漆，满批腻子两遍，砂纸打磨平整、洁净，再涂刷清漆1～2遍，干后打蜡，擦亮

12.4 木、竹面层铺设

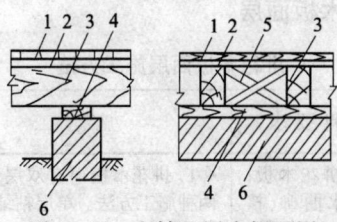

图 12-13 空铺双层木板面层
1—硬木企口板；2—毛地板；3—木搁栅；4—垫木；5—剪刀撑；6—地垄墙

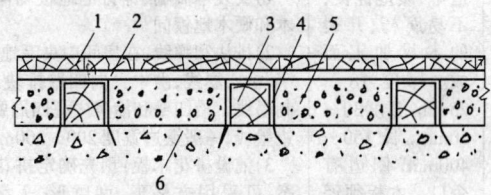

图 12-14 实铺双层木板面层
1—硬木企口板；2—毛地板；3—木搁栅；
4—$\phi 4$ 或 $\phi 6$ 预埋钢筋捆扎；5—炉渣混凝土；6—混凝土基层

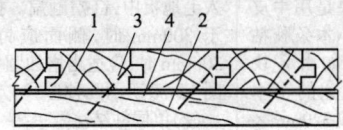

图 12-15 企口板钉设
1—企口板；2—毛地板；3—圆钉；4—干铺卷材

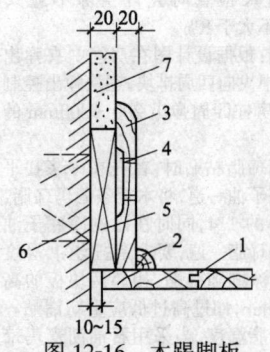

图 12-16 木踢脚板
1—木地板；2—15mm×15mm 压条；
3—木踢脚板；4—$\phi 4$ 通风孔；
5—木垫板；6—防腐木砖；7—内墙粉刷

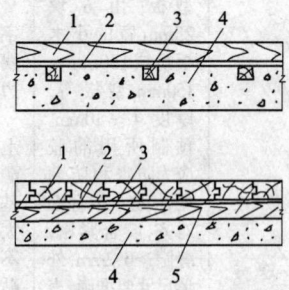

图 12-17 实铺单层木板面层
1—企口木地板；2—防潮层；
3—木搁栅（空间填炉渣混凝土）；
4—混凝土垫层或楼板；5—圆钉

12.4.2 拼花木板面层

拼花木板面层施工方法　　　　　表 12-26

构造做法及适用范围	材料要求	施 工 要 点
拼花木板面层是用加工好的拼花木板铺钉于毛地板上或以沥青玛琋脂（或胶粘剂）粘贴于水泥砂浆找平层上，如图12-18所示具有款式多样，纹理清晰，美观大方，节约木材等优点。适用于办公室、会议室、幼儿园、试验室、民用住宅等地面面层	1. 拼花木板：采用水曲柳、核桃木、柞木、柳桉、梓木等软硬适中、质地优良、不易腐朽、开裂的木材加工而成。厚度 18～25mm，宽度 30～50mm，长 150～400mm，侧边有企口。木板须经干燥处理，含水率不大于 8% 2. 薄木拼花预制块是用牛皮纸把小木条胶粘固定，如由 8 块 40mm 宽的小木板拼成 320mm×320mm 型板；2 块 40mm 宽的小木板拼成 200mm×200mm 型板；由 6 块 25mm 宽的小木板拼成 150mm×150mm 型板等，厚度 4～10mm。预制所用的胶应为防水和防菌，接缝处要仔细对齐，胶合紧密，缝隙≥0.2mm，外形尺寸要准确，表面应平整 3. 毛地板、木搁栅、踢脚板同	1. 拼花木板面有双层钉固法和单层粘结法两种施工方法。单层粘结法又有单块粘结和预制块粘结 （1）双层钉固法 1）安装木搁栅、铺钉毛地板均同双层企口松木和硬木地板同 2）排块和弹线：在房间中央毛地板上弹出"十"字中心墨线，由中央向四壁排块，逐块弹出控制墨线。沿四壁和沿房中柱四周要弹出直条镶边墨线，一般镶边宽度 200～300mm 3）铺设拼花木板：预先确定拼花木板面层图案，可采用方格形、席纹形、人字形等，如图12-19所示，四周留直条镶边。铺钉时，板条应拼合紧密，拼缝应不大于 0.3mm，所用钉的长度为拼花木板厚度的 2～2.5 倍，从侧面斜向钉入毛地板中，钉帽砸扁。拼花木板的长度不大于 300mm 时，侧面应钉两枚钉；长度大于 300mm 时，应适当增加圆钉。拼花木板接缝有图 12-20 所示几种形式 （2）单层粘结法 1）水泥砂浆找平层表面应压实、抹光、平整、坚硬（强度不低于 M15），无油脂和其他杂质，表面用 2m 直尺检查时允许空隙不应大于 2mm，含水率不大于 8% 2）排块弹线：根据设计图在房间中夹弹出十字中心线，由中央向四周排块，逐块弹出控制墨线，沿四壁和房柱四周弹出 200～300mm 的镶边直线 3）用沥青玛琋脂粘贴时，首先在砂浆找平层上刷沥青冷底子油一道，将木板条蘸玛琋脂，浸蘸深度为板厚的 1/4，同时在已刷冷底子油的基层上涂刷玛琋脂一遍，要求涂刷均匀，厚度不大于 2mm，随涂刷随铺贴，相邻两块板的高差不应超过 1.5mm，如过高过低应重新铺贴。铺贴时控制玛琋脂温度，当采用石油沥青玛琋脂时应在 180～185℃，采用焦油沥青玛琋脂时应在 120～130℃ 4）用胶粘剂粘贴时，先按配合比拌制好需现

12.4 木、竹面层铺设

续表

构造做法及适用范围	材料要求	施工要点
	硬木地板面层要求	场配制的胶粘剂(常用胶粘剂的技术性能见表12-27),配料数量可根据需要随配随用。然后用锯齿形刮板按铺贴顺序在基面上刮抹成1mm厚楞条状,木板背面刮抹0.5mm厚,晾置一会时间(约5min左右),即按顺序由房间中央向四周按线后退进行,最后镶边,随刮抹随铺贴,要用力推紧压平,接缝缝隙不大于0.3mm,铺后用砂袋压6~24h,对缝中多余胶粘剂要及时清理干净 2. 拼花预制块可铺钉于毛地板上,亦可单层胶粘于地面基层上,待粘贴固定后,用湿布在木板面上全面湿拖一次,其湿度以牛皮纸全部浸湿,而表面又不积水为准,隔30min左右,即可将表面的牛皮纸撕掉 3. 养护:用胶粘剂粘贴后,应自然养护不少于3~5d,养护期间内严禁上人走动,并关窗锁门,防止雨水淋湿 4. 刨光、钉踢脚板、油漆、打蜡:工序均与硬木企口板面层要求同

常用地板胶粘剂技术性能与注意事项　　表12-27

名　称	性　　能	注　意　事　项
PAA胶粘剂系以醋酸乙烯与烯类单体进行共聚,加入少量助剂及适量溶剂而成	具有粘结力强、干燥块、且有耐热耐寒等特点 耐热性>60℃,耐寒性<-15℃,粘贴剪切强度>0.6MPa	1. 清除基层浮灰、砂粒,并嵌补平整,待基层适当干燥后涂刷并注意防水 2. 胶粘剂中加入填料(1:0.5)使成厚浆状,粘结效果更佳 3. 贮存期6个月
8123胶粘剂系以氯丁胶乳与聚乙烯醇缩甲醛为主要成分的乳液型胶粘剂	不燃、无毒、无味,粘结强,耐水性好,能适应干湿交替及冷热交替的使用环境 常温下72h抗拉强度>0.5MPa;常温下粘贴72h后,浸水24h抗拉强度>0.4MPa	1. 清除基层浮灰、砂粒,并嵌补平整,待基层适当干燥后即可涂刷 2. 胶粘剂中加入水泥(1:1)调匀,则施工质量更易保证 3. 贮存期6个月,注意防雨、防潮,密封保存,贮存温度>0℃

续表

名　称	性　能	注　意　事　项
7990 胶粘剂 系以丁腈胶乳为基料加入其他改性助剂而组成的水溶性胶粘剂	不燃、不霉、无毒、无刺激气味,水溶性,可单面涂胶,能在潮湿基底上粘结,初期强度好,胶干后抗水性能好,能适应冷热及干湿交替的恶劣环境 抗剪强度>0.65MPa	1. 清除基层浮灰、砂粒,并嵌补平整 2. 胶粘剂中加入水泥(1:1)调匀,则施工质量更易保证 3. 贮存期 6 个月
乙丙木地板胶粘剂 系以乙丙高分子乳液加少量助剂组成的白色胶浆	粘结强度高,耐水性好 黏度(25℃):4～7Pa·s;固含量 60%;抗拉强度>0.8MPa,水中浸泡 24h 后湿拉>0.3MPa	1. 清除基层浮灰、砂粒,并嵌补平整 2. 贮存期 6 个月
WJN-05 木地板胶粘剂 系由聚乙烯醇加入特殊改性剂、防霉剂、表面活动剂而成的乳液型胶粘剂	外观为均质黏稠液,乳白色,有一定粘结强度及耐水性,适于耐水、耐热等要求较低的场合使用 黏度(25℃)1.4Pa·s;含固量 11%;抗拉强度≥0.3MPa,浸水后≥0.26MPa	1. 清除基层浮灰、砂粒,并嵌补平整 2. 胶粘剂加入水泥(1:1)调匀后使用 3. 保存期 3 个月,贮存场所温度>5℃
聚醋酸乙烯胶粘剂 系以聚醋酸乙烯为主要原料,结合其他助剂组成的乳液	乳白色稠厚液体,粘结力强,但耐水性较差 固体含量 50%;pH 值 4～6;黏度≥2 Pa·s;粘结强度≥1MPa	1. 清除基层浮灰、砂粒,并嵌补平整 2. 用 10℃ 以上水稀释,加水量以 20%～40%为宜,然后加入水泥(1:1)调匀粘贴 3. 贮存期 6 个月,贮存温度 10～40℃
XJE-1 地板胶粘剂 系以合成树脂系乳液、各种添加剂等配制而成的双组分水基型胶粘剂	无毒、不燃、无污染,耐水性好,粘结强度高 抗拉粘结强度>1MPa;浸水 7d 后抗拉粘结强度>0.3MPa;耐水性,水中浸泡 30d 不脱胶;温水浸渍 50℃、24h 不脱胶	1. 清除基层浮灰、砂粒、油污,并嵌补平整 2. 双组分中甲组分为胶液;乙两组分为填料,配比为甲:乙=1:2～2.5 3. 配制时,先将甲组分搅拌均匀,然后按比例将甲、乙两组分配至合适稠度并搅拌均匀,随配随用,配好的胶粘剂应在 4h 内用完 4. 粘结温度>5℃,初凝(20℃)约 4h,24h 后基本硬化 5. 贮存期 6 个月,注意防雨、防潮

12.4 木、竹面层铺设

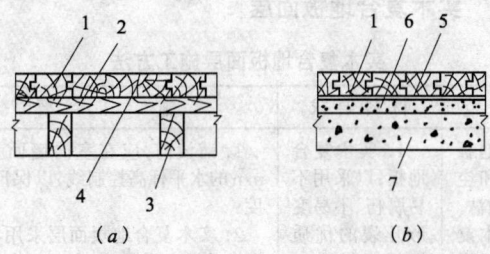

图 12-18 拼花木板面层构造
(a)双层空铺拼花木板面层;(b)单层实铺拼花木板面层
1—拼花木板;2—毛地板;3—木搁栅;4—圆钉;
5—胶结料;6—1:3 水泥砂浆找平层;7—混凝土基层

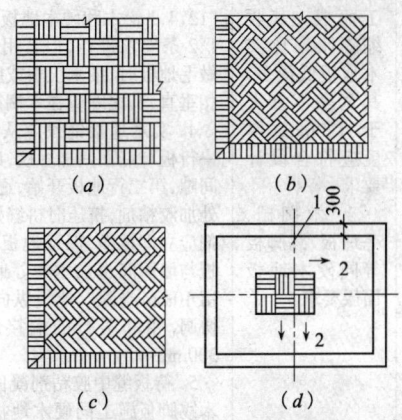

图 12-19 拼花木板面层图案
(a)正方格形;(b)斜方格形;
(c)人字形;(d)中心向外铺贴方法
1—弹线;2—铺贴方向

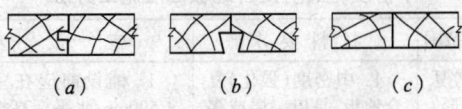

图 12-20 拼花木板接缝
(a)企口缝;(b)截口接缝;(c)平头接缝

12.4.3 实木复合地板面层

实木复合地板面层施工方法 表 12-28

构造做法及适用范围	材料要求	施工要点
实木复合地板面层有实铺和空铺两种构造做法。实铺是将实木复合地板直接铺设在水泥类基层上，地板下加衬垫，衬垫可选用泡沫塑料布等；空铺有单层和双层两种做法，单层者是将实木复合地板铺设在木搁栅上，双层者是在木搁栅上铺毛地板(或细木工板、胶合板等)，在毛地板上再铺钉实木复合地板 具有与硬木地板一样的弹性好、舒适、导热系数小、干燥、豪华、美观大方等优点，适用范围同松木和硬木地板面层	1. 实木复合地板：以采用不易腐朽、不易变形开裂的优质天然木材为面层和符合环保产品的芯板板材为原料，经运用技术配方科学的结构层加工而成。其收缩膨胀率比实木地板低很多，其宽度不宜大于120mm，厚度应符合设计要求 2. 木搁栅、毛地板、踢脚板等同硬木地板面层要求	1. 铺设前，应在室内墙面上弹出+500mm的水平标高控制线，以保证面层的平整度 2. 实木复合地板面层采用实铺法时；水泥类基层应平整、坚实，否则应事先用1:3水泥砂浆找平。泡沫塑料布衬垫的铺设应覆盖严密，两幅拼缝之间结合处不得显露基层面 3. 实木复合地板面层采用空铺法时，其木搁栅和毛地板的铺设要求应按本章"12.4.1 松木和硬木地板面层"中施工要点1、2条要求进行，但若用细木工板、胶合板做毛地板时，细木工板或胶合板宜与木搁栅相垂直，其接缝应在木搁栅上 4. 实木地板铺设应从墙的一侧开始，第一行板与墙面间加木楔，以保证地板与墙面间隙，第二行地板开始，逐行排紧，地板拼缝处加胶粘剂，挤压时拼缝处溢出的多余胶粘剂应立即擦净，保证地板洁净，最后一行地板与墙面间也加木楔。地与墙面之间应留10mm空隙。地板纵向端接缝的位置应协调，相邻两行的端接缝应错开不少于300mm 5. 待板缝中胶粘剂凝固后，即拔去木楔。木踢脚板施工同硬木地板面层。免漆的实木复合地板，不用刨光和油漆，只需清扫干净即可使用

12.4.4 中密度(强化)复合地板面层

中密度(强化)复合地板面层施工方法 表 12-29

构造做法及适用范围	材料要求	施工要点
中密度(强化)复合地板呈长条形，拼缝为企口缝。面层地板有实铺和空铺两种构造做法。实铺是将中密度	1. 中密度(强化)复合地板：以采用一层或多层专用纸浸渍热固性氨基树脂，铺装在中密度纤维板的人造板材表面，背面加平衡	1. 铺设前应在室内墙面弹出+500mm水平标高控制线，以保证面层的平整度 2. 中密度(强化)复合地板采用实铺法时，水泥类基层表面应平整、坚实，其平整度应控制在每平方米

12.4 木、竹面层铺设

续表

构造做法及适用范围	材料要求	施工要点
(强化)复合地板直接铺设在水泥类基面上,地板下加衬垫(衬垫常选用聚乙烯膜);空铺一般按双层做法,即在木搁栅上铺衬板(细木工板、胶合板等),衬板上再铺设中密度(强化)复合地板 具有与硬木地板一样的弹性好、舒适、导热系数小、干燥、易清洁等性能,并能达到面层浮雕图案的装饰效果和表面耐磨的使用功能。其适用范围同硬木地板面层	层,正面加耐磨层经热压而成的木质地板材。密度板的基材应采用伸缩率低、吸水率低、抗拉强度高的树种,并使复合地板各复层之间对称平衡,可自行调节消除环境温度、湿度变化引起的内应力,以达到耐磨层、装饰层、高密度板层及防水平衡层的自身膨胀系数较接近,避免了硬木地板经常出现的弹性变形、振动脱胶及抗承重能力低的缺点,其技术性能参见表12-30。中密度(强化)复合地板的宽度和厚度应按设计要求采用 2. 木搁栅、衬板等用材和规格以及耐腐处理等应符合设计要求	为2mm,如达不到要求时,应采用1:3水泥砂浆二次找平。铺设时,基层表面应保持洁净、干燥后,铺设聚乙烯膜衬垫,要求铺严,接缝处重叠不小于20mm,并用防水胶带纸封好 3. 中密度(强化)复合地板采用空铺法时,其木搁栅和衬板的铺设应按实木复合地板铺设要求进行 4. 中密度(强化)复合地板面层的铺设要点同实木复合地板铺设 5. 中密度(强化)复合地板及衬板与墙面之间应留不少于10mm空隙,板的纵向端接缝的位置应协调,相邻两行的端接缝应错开不少于300mm 6. 铺设中密度(强化)复合地板面层的面积达 70m² 或房间长度达8m时,宜在每间隔8m宽处放置铝合金条,以防止整体地板受热变形 7. 整体地板拼装后,用木踢脚板封盖地板面层,并应保持房间内通风,夏季24h、冬季48h后方可正式使用

中密度(强化)复合地板技术指标 表12-30

项次	项目	技术指标
1	密度(g/cm)	$\geqslant 0.8$
2	含水率(%)	3~10
3	静屈强度(MPa)	$\geqslant 30$
4	内结合强度(MPa)	$\geqslant 1.0$
5	表面结合强度(MPa)	$\geqslant 1.0$
6	地板吸水厚度膨胀率(%)	$\leqslant 0.5$
7	表面耐磨	磨10000转后应保留50%以上花纹
8	耐香烟灼烧	不许有黑斑、裂纹、鼓泡等变化

续表

项次	项 目	技 术 指 标
9	耐划痕	≥2.0N 表面无整圈连续划痕
10	抗冲击(mm)	≤12
11	甲醛释放量(mg/100g)	9

12.4.5 竹地板面层

竹地板面层施工方法　　　　表 12-31

构造做法及适用范围	材料要求	施工要点
竹地板面层有单层和双层两种构造做法。单层竹地板面是将竹地板铺设在木搁栅上。木搁栅间距一般为250mm；双层竹地板面层，是在木搁栅上铺衬板，在衬板上再铺竹地板 具有既保持竹材的美观高雅，又具有木质地板的耐磨、不会生虫、永不变形、富有弹性的性能，是一种具有高档装饰效果和满足使用功能的建筑地面工程材料。广泛适用于家庭居室、办公写字楼以及交易场所、候机厅、体育馆、娱乐场等公共建筑的楼面和地面工程	1. 竹地板：应选用不腐朽、不开裂的天然竹材，经过严格选材、硫化、防腐、防蛀处理，通过刨光、拼板、作榫、固化涂装等特定工艺热压而成，侧端面带有凸凹榫的竹板块材。品种有碳化竹地板、本色竹地板和保健竹地板等。常用规格有（mm）：909×90.9×15（18）、600×90.9×15、1820×90.9×15等，亦可按要求定制的特殊规格 2. 木搁栅衬板等要求同实木复合地板	1. 铺设前，应在室内墙面上弹出+500mm水平标高控制线，以保证面层的平整度 2. 竹地板面层单层或双层构造的木搁栅、衬板(细木工板、胶合板等)应按实木复合地板施工要点进行 3. 在水泥类基层上直接铺钉木搁栅时，水泥类基层应平整、坚实，木搁栅间距一般为250mm，用30~40mm长钢钉将刨平的木搁栅钉固在基层上并找平 4. 每块竹地板宜横跨5根木搁栅。当采用双层竹地板面层时，即在木搁栅上满铺衬板(细木工板、胶合板等)，然后在衬板上铺钉竹地板 5. 铺设竹地板面层前，应在木搁栅间隙中撒布生花椒粒等防虫配料，每平方米撒布量控制在0.5kg左右 6. 铺钉竹地板前，应在竹地板侧面用手电钻钻孔眼，铺设时，先在木搁栅与地板铺设处涂少量地板胶，然后用1.5寸的螺旋钉将竹地板从孔眼中钉入木搁栅或衬板位置上进行拼装，拼装时竹地板之间不宜拼接太紧 7. 竹地板面层四周与墙面之间应留10~15mm的通气缝，然后安装踢脚板盖住 8. 竹地板纵向端接缝位置应协调，相邻两行的端接缝应错开不少于300mm

12.5 建筑地面工程施工质量控制与检验

1. 基层铺设
(1)基土
1)主控项目
①基土严禁用淤泥、腐殖土、冻土、耕植土、膨胀土和含有有机物质大于8%的土作为填土。
②基土应均匀密实,压实系数应符合设计要求,设计无要求时,不应小于0.90。
2)一般项目
基土表面的允许偏差应符合表12-32的规定。
(2)灰土垫层
1)主控项目
灰土体积比应符合设计要求。
2)一般项目
①熟化石灰颗粒粒径不得大于5mm;黏土(或粉质黏土、粉土)内不得含有有机物质,颗粒粒径不得大于15mm。
②灰土垫层表面的允许偏差应符合表12-32的规定。
(3)砂垫层和砂石垫层
1)主控项目
①砂和砂石不得含有草根等有机杂质;砂应采用中砂;石子最大粒径不得大于垫层厚度的2/3。
②砂垫层和砂石垫层的干密度(或贯入度)应符合设计要求。
2)一般项目
①表面不应有砂窝、石堆等质量缺陷。
②砂垫层和砂石垫层表面的允许偏差应符合表12-32的规定。
(4)碎石垫层和碎砖垫层
1)主控项目

①碎石的强度应均匀,最大粒径不应大于垫层厚度的2/3;碎砖不应采用风化、酥松、夹有有机杂质的砖料,颗粒粒径不应大于60mm。

②碎石、碎砖垫层的密实度应符合设计要求。

2)一般项目

碎石、碎砖垫层的表面允许偏差应符合表12-32的规定。

基层表面的允许偏差和检验方法(mm)　　　　表12-32

项次	项目	允许偏差												检验方法
		基土	垫层		找平层						填充层		隔离层	
		砂、砂石、碎石、碎砖	灰土、三合土、炉渣、水泥混凝土	木搁栅	毛地板地板面层、拼花实木地板、拼花实木复合	其他种类面层	用沥青玛琋脂做结合层铺设拼花木	板块面层	用水泥砂浆做结合层铺设板块面层	用胶粘剂做结合层铺设拼花木板、竹地板面层、塑料板、强化复合地板、竹地板面层	松散材料	板、块材料	防水、防潮、防油渗	
1	表面平整度	15	15	10	3	3	5	3	5	2	7	5	3	用2m靠尺和楔形塞尺检查
2	标高	0 -50	±20	±10	±5	±5	±8	±5	±8	±4	±4	±4		用水准仪检查
3	坡度	不大于房间相应尺寸的2/1000,且不大于30												用坡度尺检查
4	厚度	在个别地方不大于设计厚度的1/10												用钢尺检查

(5)三合土垫层

1)主控项目

熟化石灰颗粒粒径不得大于 5mm;砂应用中砂,并不得含有草根等有机物质;碎砖不应采用风化、酥松和有机杂质的砖料,颗粒粒径不应大于 60mm。

三合土的体积比应符合设计要求。

2)一般项目

三合土垫层表面的允许偏差应符合表 12-32 的规定。

(6)炉渣垫层

1)主控项目

①炉渣内不应含有有机杂质和未燃尽的煤块,颗粒粒径不应大于 40mm,且颗粒粒径在 5mm 及其以下的颗粒,不得超过总体积的 40%;熟化石灰颗粒粒径不得大于 5mm。

②炉渣垫层的体积比应符合设计要求。

2)一般项目

①炉渣垫层与其下一层结合牢固,不得有空鼓和松散炉渣颗粒。

②炉渣垫层表面的允许偏差应符合表 12-32 的规定。

(7)水泥混凝土垫层

1)主控项目

①水泥混凝土垫层采用的粗骨料,其最大粒径不应大于垫层厚度的 2/3;含泥量不应大于 2%;砂为中粗砂,其含泥量不应大于 3%。

②混凝土的强度等级应符合设计要求,且不应小于 C10。

2)一般项目

水泥混凝土垫层表面的允许偏差应符合表 12-32 的规定。

(8)找平层

1)主控项目

①找平层采用碎石或卵石的粒径不应大于其厚度的 2/3,含泥量不应大于 2%;砂为中粗砂,其含泥量不应大于 3%。

②水泥砂浆体积比或水泥混凝土强度等级应符合设计要求,且水泥砂浆体积比不应小于1:3(或相应的强度等级);水泥混凝土强度等级不应小于C15。

③有防水要求的建筑地面工程的立管、套管、地漏处严禁渗漏,坡向应正确、无积水。

2)一般项目

①找平层与其下一层结合牢固,不得有空鼓。

②找平层表面应密实,不得有起砂、蜂窝和裂缝等缺陷。

③找平层的表面允许偏差应符合表12-32的规定。

(9)隔离层

1)主控项目

①隔离层材质必须符合设计要求和国家产品标准的规定。

②厕浴间和有防水要求的建筑地面必须设置防水隔离层。楼层结构必须采用现浇混凝土或整块预制混凝土板,混凝土强度等级不应小于C20;楼板四周除门洞外,应做混凝土翻边,其高度不应小于120mm。施工时结构层标高和预留孔洞位置应准确,严禁乱凿洞。

③水泥类防水隔离层的防水性能和强度等级必须符合设计要求。

④防水隔离层严禁渗漏,坡向应正确、排水通畅。

2)一般项目

①隔离层厚度应符合设计要求。

②隔离层与其下一层粘结牢固,不得有空鼓;防水涂层应平整、均匀,无脱皮、起壳、裂缝、鼓泡等缺陷。

③隔离层表面的允许偏差应符合表12-32的规定。

(10)填充层

1)主控项目

①填充层的材料质量必须符合设计要求和国家产品标准的规定。

②填充层的配合比必须符合设计要求。

2)一般项目

①松散材料填充层铺设应密实;板块状材料填充层应压实、无翘曲。

②填充层表面的允许偏差应符合表12-32的规定。

2．整体面层铺设

(1)水泥混凝土面层

1)主控项目

①水泥混凝土采用的粗骨料,其最大粒径不应大于面层厚度的2/3,细石混凝土面层采用的石子粒径不应大于15mm。

②面层的强度等级应符合设计要求,且水泥混凝土面层强度等级不应小于C20;水泥混凝土垫层兼面层强度等级不应小于C15。

③面层与下一层应结合牢固,无空鼓、裂纹。

注:空鼓面积不应大于400cm^2,且每自然间(标准间)不多于2处可不计。

2)一般项目

①面层表面不应有裂纹、脱皮、麻面、起砂等缺陷。

②面层表面的坡度应符合设计要求,不得有倒泛水和积水现象。

③水泥砂浆踢脚线与墙面应紧密结合,高度一致,出墙厚度均匀。

注:局部空鼓长度不应大于300mm,且每自然间(标准间)不多于2处可不计。

④楼梯踏步的宽度、高度应符合设计要求。楼层梯段相邻踏步高度差不应大于10mm,每踏步两端宽度差不应大于10mm;旋转楼梯梯段的每踏步两端宽度的允许偏差为5mm。楼梯踏步的齿角应整齐,防滑条应顺直。

⑤水泥混凝土面层的允许偏差应符合表12-33的规定。

(2)水泥砂浆面层

1)主控项目

12 建筑地面工程

整体面层的允许偏差和检验方法(mm)　　　表 12-33

项次	项目	允许偏差						检验方法
		水泥混凝土面层	水泥砂浆面层	普通水磨石面层	高级水磨石面层	水泥钢(铁)屑面层	防油渗混凝土和不发火(防爆的)面层	
1	表面平整度	5	4	3	2	4	5	用2m靠尺和楔形塞尺检查
2	踢脚线上口平直	4	4	4	4	4	4	拉5m线和用钢尺检查
3	缝格平直	3	3	3	3	3	3	

①水泥采用硅酸盐水泥、普通硅酸盐水泥,其强度等级不应小于32.5,不同品种、不同强度等级的水泥严禁混用;砂应为中粗砂,当采用石屑时,其粒径应为1~5mm,且含泥量不应大于3%。

②水泥砂浆面层的体积比(强度等级)必须符合设计要求;且体积比应为1:2,强度等级不应小于M15。

③面层与下一层应结合牢固,无空鼓、裂纹。

注:空鼓面积不应大于 $400cm^2$,且每自然间(标准间)不多于2处可不计。

2)一般项目

①面层表面的坡度应符合设计要求,不得有倒泛水和积水现象。

②面层表面应洁净,无裂纹、脱皮、麻面、起砂等缺陷。

③踢脚线与墙面应紧密结合,高度一致,出墙厚度均匀。

注:局部空鼓长度不应大于300mm,且每自然间(标准间)不多于2处可不计。

④楼梯踏步的宽度、高度应符合设计要求。楼层梯段相邻踏步高度差不应大于10mm,每踏步两端宽度差不应大于10mm;旋转楼梯梯段的每踏步两端宽度的允许偏差为5mm。楼梯踏步的齿角应整齐,防滑条应顺直。

⑤水泥砂浆面层的允许偏差应符合表12-33的规定。

(3)水磨石面层

1)主控项目

①水磨石面层的石粒,应采用坚硬可磨白云石、大理石等岩石加工而成,石粒应洁净无杂物,其粒径除特殊要求外应为 6~15mm;水泥强度等级不应小于 32.5;颜料应采用耐光、耐碱的矿物原料,不得使用酸性颜料。

②水磨石面层拌和料的体积比应符合设计要求,且为 1:1.5~1:2.5(水泥:石粒)。

③面层与下一层结合应牢固,无空鼓、裂纹。

注:空鼓面积不应大于 $400cm^2$,且每自然间(标准间)不多于 2 处可不计。

2)一般项目

①面层表面应光滑;无明显裂纹、砂眼和磨纹;石粒密实,显露均匀;颜色图案一致,不混色;分格条牢固、顺直和清晰。

②踢脚线与墙面应紧密结合,高度一致,出墙厚度均匀。

注:局部空鼓长度不大于 300mm,且每自然间(标准间)不多于 2 处可不计。

③楼梯踏步的宽度、高度应符合设计要求。楼层梯段相邻踏步高度差不应大于 10mm,每踏步两端宽度差不应大于 10mm,旋转楼梯梯段的每踏步两端宽度的允许偏差为 5mm。楼梯踏步的齿角应整齐,防滑条应顺直。

④水磨石面层的允许偏差应符合表 12-33 的规定。

(4)水泥钢(铁)屑面层

1)主控项目

①水泥强度等级不应小于 32.5;钢(铁)屑的粒径应为 1~5mm;钢(铁)屑中不应有其他杂质,使用前应去油除锈,冲洗干净并干燥。

②面层和结合层的强度等级必须符合设计要求,且面层抗压强度不应小于 40MPa;结合层体积比为 1:2(相应的强度等级不应小于 M15)。

③面层与下一层结合必须牢固,无空鼓。
2)一般项目
①面层表面坡度应符合设计要求。
②面层表面不应有裂纹、脱皮、麻面等缺陷。
③踢脚线与墙面应结合牢固,高度一致,出墙厚度均匀。
水泥钢(铁)屑面层的允许偏差应符合表12-33的规定。
(5)防油渗面层
1)主控项目
①防油渗混凝土所用的水泥应采用普通硅酸盐水泥,其强度等级应不小于32.5;碎石应采用花岗石或石英石,严禁使用松散多孔和吸水率大的石子,粒径为5~15mm,其最大粒径不应大于20mm,含泥量不应大于1%;砂应为中砂,洁净无杂物,其细度模数应为2.3~2.6;掺入的外加剂和防油渗剂应符合产品质量标准。防油渗涂料应具有耐油、耐磨、耐火和粘结性能。
②防油渗混凝土的强度等级和抗渗性能必须符合设计要求,且强度等级不应小于C30;防油渗涂料抗拉粘结强度不应小于0.3MPa。
③防油渗混凝土面层与下一层应结合牢固、无空鼓。
④防油渗涂料面层与基层应粘结牢固,严禁有起皮、开裂、漏涂等缺陷。
2)一般项目
①防油渗面层表面坡度应符合设计要求,不得有倒泛水和积水现象。
②防油渗混凝土面层表面不应有裂纹、脱皮、麻面和起砂现象。
③踢脚线与墙面应紧密结合、高度一致,出墙厚度均匀。
④防油渗面层的允许偏差应符合表12-33的规定。
(6)不发火(防爆的)面层
1)主控项目
①不发火(防爆的)面层采用的碎石应选用大理石、白云石或

其他石料加工而成,并以金属或石料撞击时不发生火花为合格;砂应质地坚硬、表面粗糙,其粒径宜为 0.15～5mm,含泥量不应大于 3%,有机物含量不应大于 0.5%;水泥应采用普通硅酸盐水泥,其强度等级不应小于 32.5;面层分格的嵌条应采用不发生火花的材料配制。配制时应随时检查,不得混入金属或其他易发生火花的杂质。

②不发火(防爆的)面层的强度等级应符合设计要求。

③面层与下一层应结合牢固,无空鼓、无裂纹。

注:空鼓面积不应大于 $400cm^2$,且每自然间(标准间)不多于 2 处可不计。

④不发火(防爆的)面层的试件,必须检验合格。

2)一般项目

①面层表面应密实,无裂缝、蜂窝、麻面等缺陷。

②踢脚线与墙面应紧密结合、高度一致、出墙厚度均匀。

③不发火(防爆的)面层的允许偏差应符合表 12-33 的规定。

3. 板块面层铺设

(1)砖面层

1)主控项目

①面层所用的板块的品种、质量必须符合设计要求。

②面层与下一层的结合(粘结)应牢固,无空鼓。

注:凡单块砖边角有局部空鼓,且每自然间(标准间)不超过总数的 5%可不计。

2)一般项目

①砖面层的表面应洁净、图案清晰,色泽一致,接缝平整,深浅一致,周边顺直。板块无裂纹、掉角和缺楞等缺陷。

②面层邻接处的镶边用料及尺寸应符合设计要求,边角整齐、光滑。

③踢脚线表面应洁净、高度一致、结合牢固、出墙厚度一致。

④楼梯踏步和台阶板块的缝隙宽度应一致、齿角整齐;楼层梯段相邻踏步高度差不应大于 10mm;防滑条顺直。

⑤面层表面的坡度应符合设计要求,不倒泛水、无积水;与地漏、管道结合处应严密牢固,无渗漏。

⑥砖面层的允许偏差应符合表12-34的规定。

板、块面层的允许偏差和检验方法(mm)　　表12-34

项次	项目	允许偏差											检验方法
		陶瓷锦砖面层、陶瓷地砖、高级水磨石板面层	水磨石面层	缸砖面层	水泥花砖面层	大理石面层和花岗石面层	塑料板面层	水泥混凝土板块面层	碎拼大理石、碎拼花面层	活动地板面层	条石面层	块石面层	
1	表面平整度	2.0	4.0	3.0	3.0	1.0	2.0	4.0	3.0	2.0	10.0	10.0	用2m靠尺和楔形塞尺检查
2	缝格平直	3.0	3.0	3.0	3.0	2.0	3.0	3.0	—	2.5	8.0	8.0	拉5m线和用钢尺检查
3	接缝高低差	0.5	1.5	0.5	1.0	0.5	0.5	1.5	—	0.4	2.0	—	用钢尺和楔形塞尺检查
4	踢脚线上口平直	3.0	4.0	—	4.0	1.0	2.0	4.0	1.0	—	—	—	拉5m线和用钢尺检查
5	板块间隙宽度	2.0	2.0	2.0	2.0	1.0	—	6.0	—	0.3	5.0	—	用钢尺检查

(2)大理石面层和花岗石面层

1)主控项目

①大理石、花岗石面层所用板块的品种、质量应符合设计要求。

②面层与下一层应结合牢固,无空鼓。

12.5 建筑地面工程施工质量控制与检验

注:凡单块板块边角有局部空鼓,且每自然间(标准间)不超过总数的5%可不计。

2)一般项目

①大理石、花岗石面层的表面应洁净、平整、无磨痕,且应图案清晰、色泽一致、接缝均匀、周边顺直、镶嵌正确、板块无裂纹、掉角、缺棱等缺陷。

②踢脚线表面应洁净,高度一致、结合牢固、出墙厚度一致。

③楼梯踏步和台阶板块的缝隙宽度应一致、齿角整齐,楼层梯段相邻踏步高度差不应大于10mm,防滑条应顺直、牢固。

④面层表面的坡度应符合设计要求,不倒泛水、无积水;与地漏、管道结合处应严密牢固,无渗漏。

⑤大理石和花岗石面层(或碎拼大理石、碎拼花岗石)的允许偏差应符合表12-34的规定。

(3)预制板块面层

1)主控项目

①预制板块的强度等级、规格、质量应符合设计要求;水磨石板块尚应符合国家现行行业标准《建筑水磨石制品》JC 507的规定。

②面层与下一层应结合牢固、无空鼓。

注:凡单块板块料边角有局部空鼓,且每自然间(标准间)不超过总数的5%可不计。

2)一般项目

①预制板块表面应无裂缝、掉角、翘曲等明显缺陷。

②预制板块面层应平整洁净,图案清晰,色泽一致,接缝均匀,周边顺直,镶嵌正确。

③面层邻接处的镶边用料尺寸应符合设计要求,边角整齐、光滑。

④踢脚线表面应洁净、高度一致、结合牢固、出墙厚度一致。

⑤楼梯踏步和台阶板块的缝隙宽度一致、齿角整齐,楼层梯段相邻踏步高度差不应大于10mm,防滑条顺直。

⑥水泥混凝土板块和水磨石板块面层的允许偏差应符合表12-34的规定。

(4)料石面层

1)主控项目

①面层材质应符合设计要求;条石的强度等级应大于MU60,块石的强度等级应大于MU30。

②面层与下一层应结合牢固、无松动。

2)一般项目

①条石面层应组砌合理,无十字缝,铺砌方向和坡度应符合设计要求;块石面层石料缝隙应相互错开,通缝不超过两块石料。

②条石面层和块石面层的允许偏差应符合表12-34的规定。

(5)塑料板面层

1)主控项目

①塑料板面层所用的塑料板块和卷材的品种、规格、颜色、等级应符合设计要求和现行国家标准的规定。

②面层与下一层的粘结应牢固,不翘边、不脱胶、无溢胶。

注:卷材局部脱胶处面积不应大于20cm^2,且相隔间距不小于50cm可不计;凡单块板块料边角局部脱胶处且每自然间(标准间)不超过总数的5%者可不计。

2)一般项目

①塑料板面层应表面洁净,图案清晰,色泽一致,接缝严密、美观。拼缝处的图案、花纹吻合,无胶痕;与墙边交接严密,阴阳角收边方正。

②板块的焊接,焊缝应平整、光洁,无焦化变色、斑点、焊瘤和起鳞等缺陷,其凹凸允许偏差为±0.6mm。焊缝的抗拉强度不得小于塑料板强度的75%。

③镶边用料应尺寸准确、边角整齐、拼缝严密、接缝顺直。

④塑料板面层的允许偏差应符合表12-34的规定。

(6)活动地板面层

1)主控项目

①面层材质必须符合设计要求,且应具有耐磨、防潮、阻燃、耐污染、耐老化和导静电等特点。

②活动地板面层应无裂纹、掉角和缺棱等缺陷。行走无声响、无摆动。

2)一般项目

①活动地板面层应排列整齐、表面洁净、色泽一致、接缝均匀、周边顺直。

②活动地板面层的允许偏差应符合表12-34的规定。

(7)地毯面层

1)主控项目

①地毯的品种、规格、颜色、花色、胶料和铺料及其材质必须符合设计要求和国家现行地毯产品标准的规定。

②地毯表面应平服、拼缝处粘贴牢固、严密平整、图案吻合。

2)一般项目

①地毯表面不应起鼓、起皱、翘边、卷边、显拼缝、露线和无毛边,绒面毛顺光一致,毯面干净,无污染和损伤。

②地毯同其他面层连接处、收口处和墙边、柱子周围应顺直、压紧。

4. 竹、木面层铺设

(1)实木地板面层

1)主控项目

①实木地板面层所采用的材质和铺设时的木材含水率必须符合设计要求。木搁栅、垫木和毛地板等必须做防腐、防蛀处理。

②木搁栅安装应牢固、平直。

③面层铺设应牢固;粘结无空鼓。

2)一般项目

①实木地板面层应刨平、磨光,无明显刨痕和毛刺等现象;图案清晰、颜色均匀一致。

②面层缝隙应严密;接头位置应错开、表面洁净。

③拼花地板接缝应对齐,粘、钉严密;缝隙宽度均匀一致;表面

洁净,胶粘无溢胶。

④踢脚线表面应光滑,接缝严密,高度一致。

⑤实木地板面层的允许偏差应符合表 12-35 的规定。

木、竹面层的允许偏差和检验方法(mm)　　表 12-35

项次	项目	允许偏差				检验方法
		实木地板面层			实木复合地板、中密度(强化)复合地板面层、竹地板面层	
		松木地板	硬木地板	拼花地板		
1	板面缝隙宽度	1.0	0.5	0.2	0.5	用钢尺检查
2	表面平整度	3.0	2.0	2.0	2.0	用2m靠尺和楔形塞尺检查
3	踢脚线上口平齐	3.0	3.0	3.0	3.0	拉5m通线,不足5m拉通线和用钢尺检查
4	板面拼缝平直	3.0	3.0	3.0	3.0	
5	相邻板材高差	0.5	0.5	0.5	0.5	用钢尺和楔形塞尺检查
6	踢脚线与面层的接缝	1.0				楔形塞尺检查

(2)实木复合地板面层

1)主控项目

①实木复合地板面层所采用的条材和块材,其技术等级及质量要求应符合设计要求。木搁栅、垫木和毛地板等必须做防腐、防蛀处理。

②木搁栅安装应牢固、平直。

③面层铺设应牢固;粘贴无空鼓。

2)一般项目

①实木复合地板面层图案和颜色应符合设计要求,图案清晰,颜色一致,板面无翘曲。

②面层的接头应错开、缝隙严密、表面洁净。

③踢脚线表面光滑,接缝严密,高度一致。
④实木复合地板面层的允许偏差应符合表 12-35 的规定。
(3)中密度(强化)复合地板面层
1)主控项目
①中密度(强化)复合地板面层所采用的材料,其技术等级及质量要求应符合设计要求。木搁栅、垫木和毛地板等应做防腐、防蛀处理。
②木搁栅安装应牢固、平直。
③面层铺设应牢固。
2)一般项目
①中密度(强化)复合地板面层图案和颜色应符合设计要求,图案清晰,颜色一致,板面无翘曲。
②面层的接头应错开、缝隙严密、表面洁净。
③踢脚线表面应光滑,接缝严密,高度一致。
④中密度(强化)复合木地板面层的允许偏差应符合表 12-35 的规定。
(4)竹地板面层
1)主控项目
①竹地板面层所采用的材料,其技术等级和质量要求应符合设计要求。木搁栅、毛地板和垫木等应做防腐、防蛀处理。
②木搁栅安装应牢固、平直。
③面层铺设应牢固;粘贴无空鼓。
2)一般项目
①竹地板面层品种与规格应符合设计要求,板面无翘曲。检验方法:观察、用 2m 靠尺和楔形塞尺检查。
②面层缝隙应均匀、接头位置错开,表面洁净。
③踢脚线表面应光滑,接缝均匀,高度一致。
④竹地板面层的允许偏差应符合表 12-35 的规定。

13 门窗与吊顶工程

13.1 门窗工程

13.1.1 普通木门窗制作与安装

13.1.1.1 普通木门窗制作

普通木门窗制作施工方法　　　　表 13-1

项次	项目	要　点
1	制作程序	1. 木门窗制作程序一般为：放样→配料→截料→刨料→划线、打眼→开榫、裁口→整理线角→拼装→堆放 2. 成批制作前应先制作一樘实样，经检查合格方可大批生产
2	配料截料	1. 木料采用马尾松、木麻黄、桦木、杨木等易腐朽、虫蛀的树种时，整个构件应做防腐、防虫药剂处理。门窗框料顺弯不应超过 4mm，腐朽、斜裂或扭弯的木材，不应采用。木门窗用料木材材质标准见表 13-2。木材应采用窑干法干燥，含水率≥12%，当受条件限制时，可采用气干木材，其含水率不应大于当地的平均含水率 2. 配料要注意套裁，木材的缺陷、节子应避开榫头、打眼及起线部位 3. 配料截料要预留宽度和厚度的加工余量，一面刨光者留 3mm，两面刨光者留 5mm。有走头的门窗框冒头，要考虑锚固长度，可加长 240mm；无走头者，为防止打眼拼装时加楔劈裂，亦应加长 20mm，其他门窗冒头梃均应按规定适当加长 10～50mm。门框梃要加长 20～30mm（底层应加长 60mm），以便下端固定在粉刷层内
3	制作拼装	1. 门窗框及厚度大于 50mm 的门窗扇应采用双夹榫连接。门窗框的宽度超过 120mm 时，背面应推฿槽，以防止卷曲 2. 开出的榫要与眼的宽、窄、厚、薄一致，并在加楔处锯出楔子口。半榫的长度要比眼的深度短 2mm。拉肩不得伤榫 3. 门心板应用竹钉和胶拼合，四边去棱 4. 框、扇拼装时，榫槽应严密嵌дь，应用胶料胶合，每个榫应用两个与榫同宽的胶楔打紧 5. 窗扇拼装完毕，构件的裁口应在同一平面上。镶门心板的凹槽深度应于镶入后尚余 2～3mm 空隙 6. 拼装胶合板门（包括纤维板门）时，边框和横楞必须在同一平面上，面层与边框及横楞应加压胶结

续表

项次	项目	要点
4	成品堆放	1. 门窗框制作完,应在梃与冒头交角处加钉八字斜拉条两根,无下坎的门框,下端应加钉水平拉条,防止运输安装过程中变形。在靠墙面应刷防腐涂料 2. 门窗框扇要编号,按不同规格整齐堆放,堆垛下面要用垫木垫平,离地200~300mm,露天堆放要加护盖,以防日晒雨淋导致变形

普通木门窗用木材的质量要求　　　　表13-2

木材缺陷		门窗的立梃、冒头、中冒头	窗棂、压条、门窗及气窗的线角、通风窗立梃	门心板	门窗框
活节	不计个数,直径(mm)	<15	<5	<15	<15
	计算个数,直径	≤材宽的1/3	≤材宽的1/3	≤30mm	≤材宽的1/3
	每1延米个数	≤3	≤2	≤3	≤5
死节		允许,计入活节总数	不允许	允许,计入活节总数	
髓心		不露出表面的,允许	不允许	不露出表面的,允许	
裂缝		深度及长度≤厚度及材长的1/5	不允许	允许可见裂缝	深度及长度≤厚度及材长的1/4
斜纹的斜率(%)		≤7	≤5	不限	≤12
油眼		非正面,允许			
其他		浪形纹理、圆形纹理、偏心及化学变色,允许			

13.1.1.2　普通木门窗安装

普通木门窗安装施工方法　　　　表13-3

项次	项目	要点
1	门窗框安装	1. 先立门窗框 (1)木门窗框安装前应先进行校正规方,钉好斜拉条和水平拉条,并钉好护角条。按设计标高和平面位置,在砌墙前先安装好,然后再砌墙 (2)立框时,要拉水平通线,垂直方向要用线坠找直吊正,以保证同一标高的门窗在同一水平线上,上下各层门窗框要对齐。立框要以临时支撑固定,撑杆下端要固定在木桩上 2. 后塞门窗框 (1)当需砌墙后安装门窗框时,宜在预留门窗洞口的同时留出门窗框走头的缺口,在门窗框安装调整就位后,再封砌缺口。当受条件限制不留走头时,应采取可靠措施,将门窗框固定在墙内预埋木砖上 (2)在砖石墙上嵌门窗框时,框四角应垫稳,垂直边应钉钉子固定于预埋防腐木砖上,每边不少于两处,间距不大于1.2m

续表

项次	项目	要点
2	门窗扇安装	1. 门窗扇一般在抹灰工程完成后进行。安装前检查门窗框、扇质量、型号、规格及尺寸，如框偏歪、变形，或扇翘曲，或规格尺寸不符，应校正后再行安装 2. 安装时应根据框裁口尺寸，并考虑风缝宽度，在门窗扇上划线，再进行锯正、修刨，高度方向可修刨上冒头，宽度方向，则应在梃两边同时修刨。宽度不够时，应在装铰链边镶贴板条 3. 门窗扇安装的留缝宽度一般为：门窗扇的对口缝及扇与框间立缝为 1.5～2.5mm，厂房双扇大门扇的对口缝为 2～5mm，框与扇间上缝为 1.0～1.5mm，窗扇与下坎间缝为 2～3mm，门扇与地面间的空隙为：外门 4～5mm，内门 5～8mm，卫生间门 10～12mm，厂房大门 10～20mm
3	小五金安装	1. 安装门窗小五金应避开木节或已填补的木节处。小五金均应位置正确，用木螺钉固定，不得用钉子代替，应先将木螺钉打入 1/3 深度，最后拧紧拧平，严禁打入全部深度。当系硬木窗框扇时，应先钻 2/3 深度的孔，孔径为螺钉直径的 0.9 倍，然后再将木螺钉由孔中拧入 2. 铰链距门窗上、下端宜取立梃高度的 1/10，并避开上下冒头。在框上按铰链大小划线，并剔出铰链槽，槽深一定要与铰链厚度相适应，槽底要平 3. 门拉手应位于门窗高度中点以下，窗拉手距地面以 1.5～1.6m 为宜，门拉手距地面以 0.9～1.05m 为宜，门拉手应里外一致 4. 门锁位置一般宜高出地面 0.9～0.95m，不宜安装在中冒头或立梃的结合处，以防伤榫 5. 门窗扇嵌 L 铁、T 铁时应加以隐蔽，做凹槽，安完后低于表面 1mm 左右，当门窗扇外开时，L 铁、T 铁安在里面，内开时安在外面 6. 上下插销要安在梃宽的中间，如采用暗插销，则应在外梃上剔槽

13.1.2 钢木大门和钢门窗安装

钢木大门和钢门窗安装施工方法　　　　　表 13-4

项次	项目	要点
1	安装准备	1. 钢门窗安装前，应核对型号、规格、数量、开启方向及所需的五金零件是否配套齐全，应符合设计规定 2. 安装前先对门窗质量进行检查，凡有翘曲、变形或窗扇、门窗角、梃有漏焊、焊接裂缝或榫头摆动，应进行调直校正，修复后始可安装 3. 钢门窗安装程序为：试装→校正→固定铁脚→嵌填框边空隙→安装五金→密封条安装
2	钢木大门安装	1. 先将门扇上的五金，按设计要求的规格、尺寸焊好，然后镶木板。将木板装入钢骨架，盖以扁钢压条后一次钻孔，随即拧紧螺栓，每块板上不得少于 2 个螺栓，最后再安装水龙带及压条 2. 门框上的预埋件按设计规格、位置埋于混凝土中 3. 将门扇立于混凝土门框中，先将门扇与门框四边缝隙调整好，然后设临时支撑固定 4. 将上、下门轴与混凝土门框上的埋设件焊牢，最后将制作好的小门扇安装入小门内

续表

项次	项目	要点
3	钢窗安装	1. 钢窗应安装在预砌的墙洞内,不可先装后砌。安装时,应在钢窗框四角或梃端能受力的部位填塞木楔将其塞住,再用水平尺和线坠来校验其水平度和垂直度,并调整装置高度与内外墙的距离,使其横平竖直,高低进出一致,然后再楔紧木楔。安装后开启扇密闭缝隙不应大于1mm,且开关灵活无阻滞和回弹现象 2. 窗框立好后,将铁脚插入预留孔内,随即用1:2水泥砂浆填实抹平,3d后始可将四周安设的临时木楔取出,并用1:2水泥砂浆把框四周缝隙填嵌密实 3. 钢窗的组合应按向左或向右顺序逐框进行,用适合的螺栓将钢窗与组合构件紧密拼合,拼合处应嵌满油灰,组合构件的上下两端必须伸入砌体50mm,在钢窗经垂直和水平校正后,与铁脚同时浇灌水泥砂浆固定。凡是两个组合构件的交接处,必须用电焊焊固 4. 安装好的钢窗窗格上不得穿搁脚手架或悬吊构件,以防变形 5. 墙面粉刷完毕后,钢窗应再次校正,然后安装小五金,小五金应正确选用,并用螺钉拧紧于窗扇、框上
4	钢门安装	1. 将钢门框安装入门洞内,用木楔放在门框四角,用线坠和水平尺校正垂直度和水平度后楔紧,并打开门扇,用一根方木在门框中部撑紧,待埋入铁脚孔内填塞的砂浆达到一定强度后,才能拆除木撑 2. 其他有关施工要点与钢窗安装施工要点相同

13.1.3 铝合金门窗制作与安装

铝合金门窗现场制作与安装施工方法　　　表 13-5

项次	项目	要点
1	施工准备	1. 铝合金门窗型材在专门工厂制作后,有的在加工厂制作成门窗成品后运到现场直接安装;有的将型材运到现场后加工制作成成品再安装,应根据现场条件、现场施工技术水平进行选择 2. 根据设计要求的门窗系列,选择相应的铝型材规格。目前常见的铝合金门窗系列有50、55、70系列平开门;70、90系列推拉门;70、100系列地弹簧门;40、50、70系列平开窗;60、70、90系列推拉窗等。门窗铝型材的壁厚按设计要求选择,一般以1.2~1.5mm为宜。所用配件应根据门窗类别合理选择 3. 对现场制作好的门窗或运入现场的成品,在安装前要检查其品种、规格、开启方向及配件等,并对外形、颜色及平整度进行检查校正,合格后覆贴薄膜胶纸保护,存放于室内竖靠于木架上,竖直角不应小于70°,以免产生变形 4. 在墙面上预先弹出门窗安装的水平基准线和垂直线,检查门窗洞口尺寸与框四周空隙:一般水泥砂浆粉刷为25mm,贴面砖为30mm,贴大理石、花岗石为50mm。如空隙过大或过小,要先将洞口修整好,以确保安装位置准确 5. 铝合金门窗安装时间:其框安装时间应选择在主体结构基本结束后进行;其扇安装时间宜选择在室内外装修基本结束后进行,以免在土建施工时将其损坏

续表

项次	项目	要点
2	铝合金门窗制作	1. 制作程序：断料→钻孔→组装→保护 2. 断料：按照门窗各杆件长度划线，按线用切割机断料，并留出划线痕迹，以保证切割精度，断料尺寸误差控制在2mm以内。一般推拉门窗断料宜直角切割；平开门窗断料宜用45°角切割 3. 钻孔：钻孔前，先在工作台上或铝型材上划好线，量准孔眼位置，然后用小型台钻或手枪式电钻进行。拉锁、执手、圆锁等较大孔眼，可在工厂用钻孔专用机床加工，现场加工时，先钻孔，然后用手锯切割，最后再用锉刀修平 4. 组装：组装方式有45°角对接、直角对接、垂直插接三种。平开窗在45°角对接处，可在杆件内部加设角码，然后用撞角的办法将横竖杆件连成整体；推拉窗框横竖杆件的连接，可在端头加铝角，然后钻孔用不锈钢螺钉固定连成整体 5. 保护：组装好后并经检查合格，用塑料胶纸或塑料薄膜对所有杆件的表面进行严密包裹保护
3	铝合金门窗框安装	1. 安装程序：预留门窗洞口→墙面做塌饼，弹水平与垂直线→校核、修整洞口尺寸→安装门窗框→嵌填框与墙间空隙 2. 按照洞口上弹出的位置线和墙面塌饼对好门窗框，用木楔临时固定，待检查立面垂直、左右间隙大小、上下位置一致，均符合要求后，再将镀锌锚板用射钉或膨胀螺栓固定于混凝土洞口上或砖墙内预埋的混凝土块上，锚点间距不应大于500mm，如有条件时，锚固板方向宜内外交错布置 3. 框与墙体间的空隙应用矿棉条或玻璃棉毡条分层填实或用发泡聚氨酯填塞，表面留5~8mm渠槽口，待粉刷完工后再嵌填防水密封膏，防水密封膏表面要求平整、密实、光滑 4. 严禁利用安装完毕的门窗框搭设和捆绑脚手架，避免损坏门窗框
4	铝合金门窗扇安装	1. 安装程序：墙面内外粉刷→安装门窗扇及配件→检查校正→嵌防水密封膏→淋水试验 2. 推拉门窗安装：先将外窗扇插入上滑道的外槽内，自然下落至对应的下滑道的外槽内，然后再用同样方法安装内扇 3. 平开门窗扇的安装：先把合页固定于门窗框要求位置上，然后将门窗扇嵌入框内临时固定，调整合适后，再将门窗扇固定在合页上，必须保证上下两个转动部分在同一个轴线上 4. 地弹簧门扇安装：先将地弹簧主机埋设在地面上，并浇筑混凝土使其固定。主机轴心与中横档上的顶轴在同一轴线上，主机表面与地面面层齐平，待混凝土达设计强度后，调节门顶轴将门扇装上，最后调整门扇间隙及门扇开启速度 5. 玻璃安装：一般玻璃预先装在门窗扇上，然后与门扇一起装到框上。当单块玻璃尺寸较小时，用双手夹住就位安装；尺寸较大时要用玻璃吸盘就位安装。玻璃应放在凹槽中间，内外侧的间隙不应少于2mm，但也不宜大于5mm，以便嵌入橡胶条挤紧，玻璃的下部不能直接坐落在金属面上，而应用3mm厚的氯丁橡胶垫块将玻璃垫起 6. 检查门窗扇启闭是否平稳、轻松、自如、扣合紧密等，符合质量要求后，外框四周的预留槽口嵌填防水密封膏，并做淋水试验

13.1.4 塑料门窗安装

塑料门窗安装施工方法 表13-6

项次	项目	要点
1	施工准备	1. 塑料门窗一般都是在专门的工厂加工组装成成品,运到现场后直接安装。对进入现场的塑料门窗成品,应对其品种、规格、开启方向、外形尺寸、颜色等进行核对,并于室内直立存放,竖直角不应少于70°,以免变形 2. 安装前,要检查门窗洞口尺寸与框四周空隙,一般应留10～20mm,空隙过大或过小要进行处理,同时还应复核洞口标高、预留洞口的基准线等,以确保安装位置准确
2	塑料门窗安装	1. 将塑料门窗框立于洞口位置,校正水平与垂直位置后,用木楔临时固定 2. 门窗框与墙体的连接固定:常见的有连接件法、直接固定法和假框法三种,如图13-1所示 (1)连接件法:将固定在门窗框异形材靠墙一面的特制锚固铁板用螺钉或膨胀螺栓固定在墙上 (2)直接固定法:用木螺钉直接穿过门窗框与墙体内预埋的木砖钉固连接 (3)假框法:先在门窗洞口安装一个与塑料门窗框配套的镀锌铁皮金属框,或是当木门窗换成塑料门窗时,将原来木门窗框保留,再将塑料门窗框直接用螺钉固定在金属框或木框上,最后再用盖口条对接缝及边缘部分进行装饰 3. 确定连接点位置与数量:塑料门窗框与墙体之间的连接点位置与数量应从与力的传递和变形来考虑。一般在合页的位置应设连接点,相邻两连接点的距离不应大于700mm,在转角、直档及有搭钩处的间距应更小一些。在横档或竖框的地方不宜设连接点,相邻的连接点应在距其150mm处,如图13-2所示 4. 框与墙间缝隙处理:框墙间缝隙应分层填入矿棉、玻璃棉或泡沫塑料等隔绝材料为缓冲层 5. 嵌填缓冲层后,就可进行墙面抹灰施工 6. 内外墙抹灰完成后,撕掉塑料门窗框上的塑料胶带等保护层,清除污垢,安装门窗扇,并在框与墙面抹灰的内外接缝处嵌填防水密封膏,要求嵌填密实,表面平整光滑。工程有要求时,最后还需加装塑料盖口条

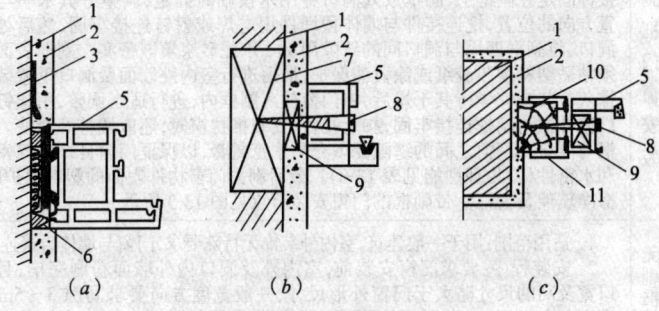

图13-1 框墙间固定方法
(a)连接件法;(b)直接固定法;(c)假框法
1—墙体;2—抹灰;3—固定铁件;4—螺钉;5—门窗框;6—密封材料;
7—预埋木砖;8—木螺钉;9—木楔子;10—旧木门窗框;11—塑料盖口条

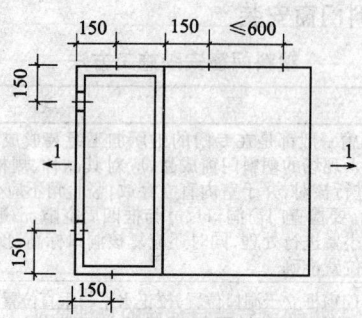

图 13-2 框墙间连接点的布置
1—伸缩缝

13.1.5 彩板组角钢门窗安装

彩板组角钢门窗安装施工方法   表 13-7

项次	项目	要 点
1	准备工作	1. 确定安装工艺,方法有两种:一种是有副框的安装工艺,另一种是无副框的安装工艺 2. 彩板组角钢门窗在加工厂加工制作成型,装箱运至施工现场。拆箱后按设计图纸核对门窗规格、尺寸、开启形式;检查运输存放中门窗产生的变形,构件、玻璃及零附件是否损坏,如有损坏,应及时修复或更换后方可进行施工安装 3. 准备好脚手架和安全设施,严禁用门窗作为脚手架
2	带副框门窗安装	1. 适用范围:用于较高级的建筑,外墙面要求装饰大理石、面砖、马赛克等装饰材料时,必须先安装副框,待室内外装饰完毕,再将门窗与副框连接 2. 安装程序:在施工现场组装好副框,用 TC4.2×12.7 的自攻螺钉将连接件固定在副框上,副框放入洞口并用木楔临时固定,调整好其水平与垂直方向的位置,把连接件与墙体预埋件用电焊或射钉连接牢固,然后处理洞口,将副框四周和洞口间的缝隙用 1:2 水泥砂浆填嵌密实。副框表面必须粘贴塑料薄膜胶纸或涂黄油保护,最后进行室内外墙面及洞口里壁装饰抹灰。装饰完毕待其干燥后,将门窗放入副框内,进行适当调整,用螺钉将门窗外框与副框连接牢固,扣上孔盖,安装推拉窗时,还应调整好滑块。副框与洞口及门窗之间的缝隙要填充防水密封膏,以保证门窗良好的气密性和水密性(其物理性能见表13-8)。最后剥去门窗构件表面的塑料保护膜,擦净玻璃及窗框。带副框的门窗安装节点见图 13-3 所示
3	无副框门窗安装	1. 适用范围:用于一般建筑,室内外装饰无特殊要求,门窗与墙体直接连接 2. 安装程序:要求门窗安装前,室内外及洞口内外墙面粉刷完毕,且洞口宽和高的尺寸略大于门窗外形尺寸,一般宽度方向要求间隙 3~5mm,高度方向 5~8mm。然后按门窗上膨胀螺栓的位置在洞口内侧壁上钻打 $\phi 8$ 孔,用膨胀螺栓连接门窗与洞口。在门窗与洞口的接合缝隙内填充密封膏,最后剥去门窗构件表面的塑料保护膜,擦净玻璃及门窗框。无副框的门窗安装节点见图 13-4 所示

续表

项次	项目	要点
3	无副框门窗安装	无副框门窗安装也可采取先立门窗后墙面粉刷的施工工艺,即将连接件用螺钉与门窗外框连接好,放入洞口内,调整门窗水平及垂直位置,垫好木楔,将连接件用射钉与墙体连接牢固(或用膨胀螺栓),采取适当措施保护窗料及玻璃,以免批灰时溅上水泥砂浆,破坏门窗表面涂层。外框四周与洞口间隙用1:2水泥砂浆填嵌密实,然后即可进行室内外抹灰。待抹灰完毕,清理门窗构件及墙面,装入内扇及玻璃。外框四周与嵌缝砂浆接触处须嵌抹密封膏

彩板钢窗与铝合金窗的物理性能 表13-8

项 目	压力差=10MPa 气密性[m³/(h·m)]		水密性 (N/m²)		抗风强度 (N/m²)		隔声性能 (dB)	
	推拉窗	平开窗	推拉窗	平开窗	推拉窗	平开窗	推拉窗	平开窗
铝合金窗	2.5	0.5	250	500	1400	2060	20	25
彩板钢窗	2	0.05	200	500	1875	3125	22.9	26.9

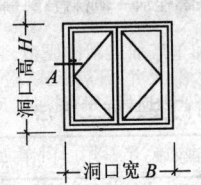

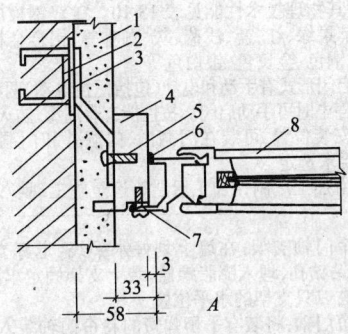

图13-3 带副框平开窗安装节点图
1—砂浆;2—5×100×100mm预埋件;3—连接件;
4—副框;5—TC4.2×12.7自攻螺钉;6—建筑密封膏密封;
7—TP4.8×22自攻螺钉;8—彩板钢窗扇

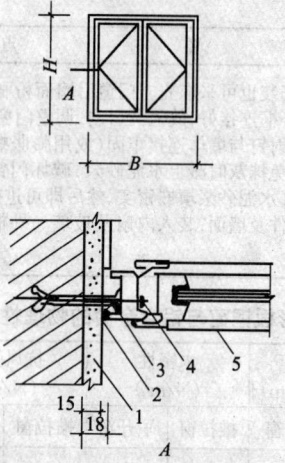

图 13-4　无副框平开窗安装节点图
1—砂浆；2—建筑密封膏密封；
3—M5.6×80 膨胀螺栓；4—塑料盖；5—彩板钢窗扇

13.1.6　卷帘门安装

卷帘门安装施工方法　　　　　　　　　表 13-9

项次	项目	要　点
1	准备工作	1. 卷帘门材质有镀锌钢板、彩色钢板、不锈钢板和铝合金等，根据工程需要选定，其物理技术性能见表 13-10。镀锌钢板厚 0.5~1.2mm，彩色钢板颜色有苹果绿、红、蓝、浅蓝、灰、咖啡等；铝合金板厚 0.7~1.1mm，颜色有茶色、古铜色、金黄色、银白色等 2. 卷帘门启闭形式有手动和电动(包括遥控电动)两种，电动的必须带有手电联动，以便停电时可手动启闭。按性能有普通型、防火型和抗风型三种 3. 卷帘门安装位置，可装在门洞内、门洞外和门洞中间三种，根据现场情况和用户要求选定 4. 卷帘门由加工厂制作加工后装箱运至施工现场，进行安装
2	手动卷帘门的安装	1. 固定卷帘门轴支架：在墙上划好水平线，定好支架螺栓中心坐标位置，用冲击电钻钻孔，埋入膨胀螺栓，装上支架固定牢固 2. 校正左右二只支架的水平位置 3. 安装卷帘门轴：将装有平衡弹簧的卷帘门轴装入支架，并固定之。核对弹簧方向要与门的卷向一致 4. 装上帘门：将已组装好的帘门挂上弹簧盒，松开弹簧将窗门卷起 5. 固定滑槽：从帘门轴支架位置引出滑槽耳攀坐标位置，装好耳攀，经校正后焊上滑槽，拉下帘门，焊上帘门开启的限位

13.1 门窗工程

续表

项次	项目	要 点
2	手动卷帘门的安装	6. 开锁闩孔:按现场情况,确定锁闩位置,在左右二滑槽的下端各开一锁闩孔,并将帘门拉下校核 7. 调整平衡弹簧弹力:将帘门启闭试拉,若下拉力重时放松弹簧,上升太重时收紧弹簧,如此反复几次,直到合适为止,但弹簧紧松要一致,以避免帘门上升时倾斜 8. 在滑槽等各滑动部位加上润滑脂和润滑油
3	电动卷帘门安装	1. 固定卷帘门轴支架:同手动卷帘门 2. 校正支架的水平位置 3. 安装卷帘门轴:同手动卷帘门 4. 装上帘门:将已组装好的帘门装上帘门轴 5. 装减速器:要注意传动链条的垂直度,其允许偏差<1/400 6. 装电器控制箱:控制箱必须安装在干燥和能观察到帘门升降的地方,并需有良好的接地线 7. 固定滑槽:同手动卷帘门 8. 调整帘门上下限位:把减速器内的上下限位设施调整到所需位置,锁牢限位,封好限位器,试行数次,帘门应上升、下降平稳,无碰撞现象。在滑槽内加润滑脂

各种式样的卷帘门物理技术性能 表 13-10

名　　称	装置系统	门壁厚 (mm)	最大跨度 (m)	倾斜度 (°)	重量 (kg/m^2)	抗风压强度 (kPa)
镀锌钢板卷帘门	电手联动	0.6~1.2	13.8	≤5.6	>12	1.2
彩色钢板卷帘门	电手联动	0.6~1.0	13.8	≤5.6	>12	1.2
不锈钢卷帘门	电手联动	0.6~1.2	13.8	≤5.6	>12.5	1.2
铝合金(全封闭)卷帘门	手动系统 电手联动	0.8~1.0	5.1	≤5.6	>4.7	0.7
铝合金(空幅)卷帘门	电手联动		8.6	≤5.6	>10.7	0.9

注:卷门机功率选择:小型门洞面积约 $10m^2$,卷门机功率 0.2kW
　　　　　　　　　中小型门洞面积约 $10\sim20m^2$,卷门机功率 0.37kW
　　　　　　　　　中型门洞面积约 $20\sim30m^2$,卷门机功率 0.75kW

13.1.7 防火门安装

防火门安装施工方法　　　　　　　　　表 13-11

项次	项目	要　点
1	施工准备	1. 防火门按耐火极限分为甲级防火门,其耐火极限为1.2h;乙级防火门,其耐火极限为0.9h;丙级防火门,其耐火极限为0.6h。 按材质分为木质防火门和钢质防火门两类。木质防火门是在木质门表面涂以耐火涂料或用装饰防火板贴面,一般可达到丙级防火标准,性能较好的也可达到乙级防火标准;钢质防火门采用冷轧钢板制作,在门扇内部填充页岩棉等耐火材料,有配套的五金,并与烟感、自动报警装置等配套使用。应根据设计要求选用 2. 防火门一般均由专门加工厂制作成成品,并由生产厂家或专业队伍进行安装 3. 防火门现场存放时,场地须清理平整,垫好支撑物,如果门有编号,要根据编号码放。码放重叠高度:门扇不得超过1.2m,门框不得超过1.5m,并有防风、防雨、防晒措施
2	防火门安装	1. 安装程序:划线→立门框→安装门扇及配件 2. 划线:按设计要求尺寸、标高和方向,画出门框框口位置线 3. 在钢门框槽口内浇灌C20细石混凝土,可先浇灌一侧,待其达到一定强度后,翻转钢门框,浇灌另一侧槽口内的C20细石混凝土,最后浇灌上框槽口内的混凝土 4. 立门框:先拆掉门框下部的固定板,凡框内高度比门扇的高度大于30mm者,洞口两侧地面须设预留凹槽,门框一般埋入±0.00标高以下20mm。按门洞口上弹出的位置线和标高线,将钢门框按线放入门洞口内,并用木楔临时固定。然后按线调整钢门框的前后、左右、上下位置,经核实无误后,将木楔塞紧,把钢门框固定 5. 用电焊方法将钢门框上的连接件与洞口内的预埋铁件或凿出的钢筋牢固焊接,最后方可进行封边、收口等抹灰处理 6. 安装防火门扇时,先把合页临时固定在钢门扇的合页槽内,然后将门扇塞入钢门框内,将合页的另一页嵌入钢门框上的合页槽内,经调整无误后,将合页上的全部螺钉拧紧 7. 钢防火门扇安装完成后,要求门扇开闭灵活,无反弹、翘曲、走扇、关闭不严等缺陷

13.1.8 防盗门安装

防盗门安装施工方法　　　　　　　　　表 13-12

项次	项目	要　点
1	施工准备	1. 防盗门一般可分为推拉式栅栏防盗门、平开式栅栏防盗门、塑钢浮雕防盗门和多功能豪华防盗门等几种类型,其构造特点见表13-13 2. 防盗门由专门的工厂加工制成成品,然后运到现场由生产厂家或专业队伍进行安装

13.1 门窗工程

续表

项次	项目	要　　　　点
2	防盗门安装	1. 防盗门的安装应根据所选用的防盗门种类，采取相应的安装方法 2. 将门框立于洞口内，进行找正、吊直，尺寸量测正确，用木楔临时固定。检查校正无误后，用膨胀螺栓与墙体固定；也可在砌筑墙体时在洞口上预埋件，然后用连接件将框与预埋件焊接固定。框与墙体每侧不应少于3个锚固点 3. 要求推拉门安装后推拉灵活；平开门开启方便，关闭严密牢固 4. 有的防盗门的门框需在框内填充水泥，以提高防盗门的防撬效果。填充水泥前应先把门关好，并将门扇开启面、门框与门扇之间防漏孔塞上塑料盖后，方可填充水泥。填充水泥不能过量，否则会使门框变形，影响门的开启。填充水泥4h后，轻轻打开门扇，将框内销孔部位的水泥抠净 5. 防盗门上的拉手、门锁、观察孔等五金配件必须齐全。多功能防盗门上的密码护锁、电子密码报警系统、门铃传呼等装饰必须有效、完善

防盗门构造特点　　　　　　　　　　　　　　　　　　　　　表 13-13

项次	种　　类	构　造　特　点
1	推拉式栅栏防盗门	是一种比较简易的防盗门。门框上下用槽钢做成导轨，两侧用槽钢做成边框。栅栏立柱用小型钢做成，上下有滑轮卡入导轨内，侧向推拉开启
2	平开式栅栏防盗门	是目前应用较为普遍的一种防盗门。门框和门扇的边框用钢材压制而成，在门扇中加焊固定的铁栅栏和金属花饰，门扇和门框用合页焊接。可做成单扇平开，也可做成固定一部分，平开一部分
3	塑钢浮雕防盗门	是一种新型的防盗门。门框用金属做成特制的防盗门框，门扇用高密度板和塑钢浮雕门皮压制而成。门扇表面光滑，色泽绚丽，美观大方，而且不需要油漆
4	多功能豪华防盗门	采用优质冷轧钢板整体冲压成型。门扇内腔填充耐火保温材料，饰面采用静电喷涂工艺处理。门体安装设计为隐蔽式90°交叉固定。具有防撬、防砸、防卸、防寒等功能，且有全方位锁闭、门铃传呼、电子密码报警等装置
5	平开折叠式防盗门	分大小两扇，小扇一边用合页与门框焊接，另一边用螺栓和插销固定在门框上；大门一边用合页与小门扇焊接连接，另一边与门框锁闭、开启
6	平开对讲子母门	一般用于楼道或单元的大门，门扇和门框用优质冷轧钢板压制而成，表面采用多道高温磷化处理或静电喷涂工艺处理。门扇分大小两扇，小门扇上设置对讲系统，来客可与住户通话、开启

13.1.9 厚玻璃装饰门安装

厚玻璃装饰门安装施工方法　　　　　表 13-14

项次	项目	要　点
1	施工准备	1. 厚玻璃门是指用 12mm 以上厚度的玻璃装饰门,如图 13-5 示意。一般由活动扇和固定玻璃两部分组成。其门框有不锈钢、铜和铝合金饰面。一般均由专业队伍加工制作与安装 2. 安装前检查地面标高、门框顶部结构标高是否符合设计要求,确定门框安装位置及玻璃安装方位 3. 加工准备好不锈钢或其他有色金属型材的门框、限位槽、板及地弹簧、木螺钉、自攻螺钉等配件 4. 按设计要求选裁好厚玻璃,准备好玻璃胶
2	厚玻璃门固定部分安装	1. 放线定位:根据设计要求,放出门框位置线,确定固定部分及活动部分的位置线 2. 安装门框顶部限位槽:如图 13-6 所示,其限位槽的宽度应大于玻璃厚度 2～4mm,槽深 10～20mm 3. 安装不锈钢饰面木底托:先将木方用木螺钉固定在地面上,然后用万能胶将不锈钢饰面板粘贴在木方上,如图 13-7 所示。铝合金方管,可用铝角固定在框柱上,或用木螺钉固定于埋入的木砖上 4. 裁划玻璃:应实测实量底部、中部和顶部的尺寸,选择最小尺寸为玻璃宽度的裁切尺寸。裁划的玻璃宽度应小于实测尺寸 2～3mm,高度小于 3～5mm。玻璃周边应进行倒角处理,倒角宽 2mm 5. 安装玻璃:用玻璃吸盘将玻璃先插入门框顶部的限位槽内,然后放到底托上,并对好安装位置,使厚玻璃的边部正好封住侧框柱的不锈钢饰面对缝口 6. 玻璃固定:在底托木方上钉木板条,距玻璃板 4mm 左右,然后用万能胶粘贴不锈钢饰面板于木方和木板条上,最后在顶部限位槽处和底托固定处以及厚玻璃与框柱的对缝处注入玻璃胶,使玻璃胶在缝隙处形成一条表面均匀的直线,刮去多余的胶,用布擦去胶迹 在厚玻璃对接时,对接缝应留 2～3mm 距离,厚玻璃边需倒角,待两块厚玻璃定位并固定后,用玻璃胶注入缝隙中并刮平
3	厚玻璃门活动门扇安装	活动门扇无门扇框,其开闭是靠与门扇的金属上下横档铰接的地弹簧来实现,如图 13-8 示意 1. 地弹簧安装:参见本章铝合金门窗地弹簧门扇安装 2. 在门扇的上下横档内划线,并按线固定转动销的销孔板和地弹簧的转动轴联接板(安装时可参考地弹簧产品所附的安装说明) 3. 厚玻璃应倒角处理,并钻好安装门把手的孔洞(通常在购买厚玻璃时,就要求加工好) 注意厚玻璃的高度尺寸应包括插入上下横档的安装部分。通常厚玻璃的裁划尺寸,应小于实测尺寸 5mm 左右,以便可调节 4. 把上下横档分别装在厚玻璃门扇的上下边,并进行门扇高度的测量 如果门扇的上下边距门框和地面的缝隙超过规定值时,可向上下横档内的玻璃底下垫木夹板条(图 13-9);如果门扇高度超过安装尺寸,则需将厚玻璃裁去多余部分

续表

项次	项目	要点
3	厚玻璃门活动门扇安装	5. 在定好高度后,进行上下横档的固定:在厚玻璃与金属上下横档内的两侧空隙处,同时插入小木条,并轻轻敲入其中,然后在小木条、厚玻璃、横档之间的缝隙中注入玻璃胶(见图13-9) 6. 门扇定位安装:先将门框横梁上的定位销用本身的调节螺钉调出横梁平面1~2mm。再将玻璃门扇竖起来,把门扇下横档内的转动销连接件的孔位对准地弹簧的转动销轴,并转动门扇将孔位套入销轴上。然后以销轴为轴心,将门扇转动90°,使门扇与门横梁成直角,此时即可把门扇上横档中的转动连接件的孔,对正门框横梁上的定位销,并把定位销调出,插入门扇上横档转动销连接件的孔内15mm左右 7. 安装玻璃门拉手:安装前,在拉手插入玻璃的部分涂少许玻璃胶。拉手组装时,其根部与玻璃贴靠紧密后,再上紧固定螺钉,以保证拉手没有丝毫松动现象,如图13-10所示

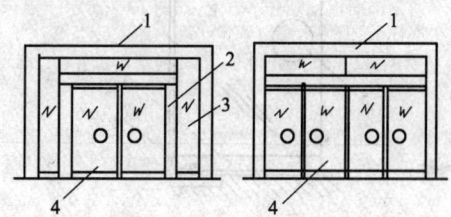

图 13-5　厚玻璃装饰门形式
1—大门框;2—小门框;3—固定扇;4—活动门扇

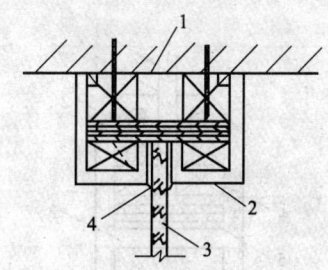

图 13-6　门框顶部限位槽做法
1—顶部;2—不锈钢饰面板;3—厚玻璃;4—玻璃胶

13 门窗与吊顶工程

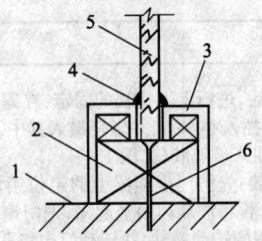

图 13-7 不锈钢饰面木底托做法
1—地面;2—方木;3—不锈钢饰面;
4—玻璃胶;5—厚玻璃;6—木螺钉

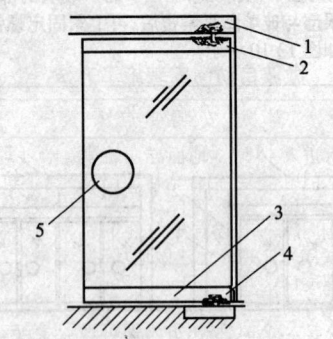

图 13-8 厚玻璃活动门扇
1—固定门框;2—门扇上横档;
3—门扇下横档;4—地弹簧;5—门拉手

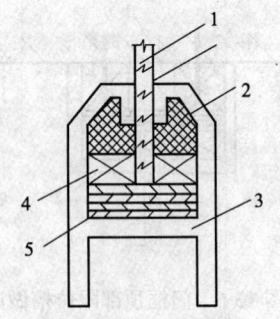

图 13-9 上下横档的固定
1—厚玻璃;2—玻璃胶;
3—下横档(或上横档);4—小方条;5—垫木条

13.1 门窗工程

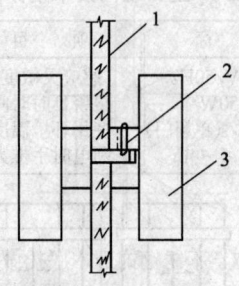

图 13-10 安装玻璃门拉手
1—门扇厚玻璃；2—固定螺钉；3—拉手

13.1.10 微波自动门安装

微波自动门安装施工方法　　　　表 13-15

原理与结构	安装要点	使用与维护
1. 当人或其他活动目标进入微波传感器的感应范围时，门扇自动开启，离开感应范围后，门扇自动关闭（如果在感应范围内静止不动 3s 以上，门扇也将关闭）。门扇运行时有快、慢二种速度自动变换，使启动、运行、停止等动作达到最佳协调状态 2. 门体结构：标准立面主要有两扇型、四扇型和六扇型等，如图 13-11 示意。门体材料有铝合金、无框全玻璃及异型薄壁镀锌钢管等 3. 机箱结构：在自动门扇的上部设有通长的机箱层，用以安装自动门的机电装置 4. 控制电路结构：ZM-E$_2$ 型自动门控制电路由两部分组成，其一是用来感应开门目标讯号的微波传感，其二是进行讯号处理的二次电路控制。微波传感器采用 X 波段微波讯号的"多普勒"效应原理，对感应范围内的活动目标所反应的讯号进行放大检测，从而自动输出开门或关门控制讯号 ZM-E$_2$ 型自动门技术指标见表 13-16	1. 地面导向轨安装：铝合金自动门和全玻璃自动门地面上装有导向性下轨道。土建做地坪时，埋入 50mm×75mm 方木，待自动门安装时，撬出方木即可埋设下轨道，长度为门开启宽度的 2 倍，如图 13-12 示意。异型钢管自动门无下轨道 2. 横梁安装：自动门上部机箱横梁一般采用⌷18 槽钢，搁置有图 13-13 两种形式	1. 门扇地面滑行轨道（下轨道）必须经常清理垃圾、杂物，并防止冬期水流进入轨道内，以免影响门扇滑行 2. 微波传感器及控制箱等经调试正常后，就不得任意变动各种旋钮位置，以免失去最佳工作状态，达不到应有的技术性能 3. 铝合金门框、门扇、装饰板等，运到现场后要加遮盖并妥善保管，不得与酸、碱等化学品接触，以免损坏表面影响美观 4. 对使用频繁的自动门，要定期检查传动部分各紧固零件有否松动、缺损。对机械活动部位定期加油，以保证门扇运行润滑、平稳

ZM-E₂ 型自动门技术指标 表 13-16

项 目	指 标	项 目	指 标
电源	AC220V/50Hz	感应灵敏度	现场调节至用户需要
功耗	-150W	报警延时时间	10～15s
门速调节范围	0～350mm/s(单扇门)	使用环境温度	-20～+40℃
微波感应范围	门前 1.5～4m	断电时手推力	<10N

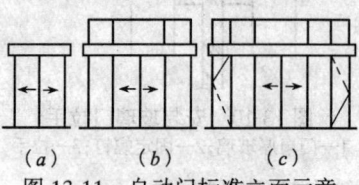

图 13-11 自动门标准立面示意
(a)二扇型;(b)四扇型;(c)六扇型

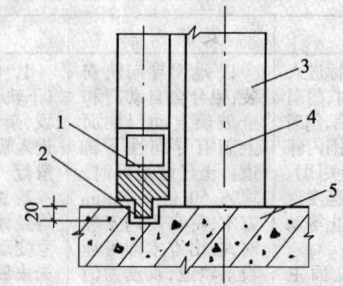

图 13-12 自动门下轨道埋设示意图
1—自动门扇下帽;2—下轨道;
3—门柱;4—门柱中心线;5—地面

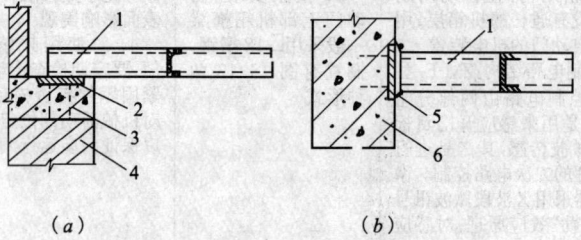

图 13-13 机箱横梁支承节点
(a)搁置在砖墙上;(b)搁置于混凝墙或柱上
1—横梁(⊏18 槽钢);2——8mm×150mm×150mm 预埋铁板;3—混凝土垫梁;
4—砖墙;5——8mm×250mm×150mm 预埋铁板;6—混凝土墙或柱

13.1.11 门窗玻璃安装
13.1.11.1 玻璃的裁割和加工

玻璃的裁割和加工 表 13-17

项次	项目	施工要点
1	一般要求	1. 玻璃应集中裁割。套裁时应按"先裁大、后裁小，先裁宽、后裁窄"的顺序进行 2. 先选择几樘不同尺寸的框、扇，量准尺寸进行试裁割和试安装。正确核实玻璃尺寸，当留量合适后方可正式裁割 3. 玻璃裁割留量，一般按实测框、扇的长、宽各缩小 2～3mm 为宜 4. 裁割玻璃时，严禁在已划过的刀路上重新划第二刀，必要时，只能将玻璃翻过面来重划
2	玻璃裁割	1. 裁割 2～3mm 厚平板薄玻璃，先量玻璃门窗框、扇实际尺寸，再考虑缩小 3mm 和 2mm 刀口，然后进行裁割 2. 裁割 4～6mm 厚玻璃，与裁割薄玻璃方法基本相同，但要在划口上预先刷上煤油，使划口渗油易于扳脱 3. 裁割 5～6mm 厚的大玻璃，因玻璃面积大，裁割前应用绒布垫在操作台上，使玻璃均匀受压，裁割后要双手握紧玻璃，同时向下扳脱，裁割时中途不宜停顿 4. 裁窄条玻璃时，用刀头将划好的玻璃缝振开，再用钳子垫布把窄条钳下，以免玻璃损坏 5. 裁夹丝玻璃，方法与裁 5～6mm 厚平板玻璃相同。但玻璃裁刀向下用力要大而均匀，向上回时要在裁开的玻璃缝处压一细长木条后再上回。裁割边缘上宜刷防锈漆 6. 裁割压花玻璃时，压花面应向下，裁割方法与夹丝玻璃相同 7. 裁割磨砂玻璃时，毛面应向下，裁割方法与平板玻璃同
3	玻璃加工	1. 玻璃打眼：先定出圆心，用玻璃刀划出圆圈，并从背面将其敲出裂痕，再在圈内正反两面划上几条相互交错的直线和横线，同样敲出裂痕。然后用尖头铁器把圆圈中心处击穿，用小锤逐点轻敲圈内玻璃，最后用金刚石或磨石磨光圆边。此法适用于加工大于 $\phi 20$ 的洞眼 2. 玻璃钻眼：定出圆心，点上墨水，再将内掺煤油的 280～320 圆金刚砂点在玻璃钻眼处，然后用钻头对准圆心墨点不断上下运动钻磨，边磨边点金刚砂。此法适用于加工小于 $\phi 10$ 的洞眼。直径在 11～20mm 之间的洞眼，采用打眼和钻眼均可，但以钻眼为好 3. 玻璃打槽：先在玻璃上划出槽口长宽尺寸墨线，使砂轮对准槽口墨线，选用边缘厚度稍小于槽宽的细金刚砂轮，使砂轮来回转动，边磨边加水，注意控制槽口深度 4. 玻璃磨边：须先加 2 个槽形容器(可用 40mm×40mm 角钢,长 2m)，槽口向上，槽内盛清水和金刚砂，将玻璃立放于槽内，使玻璃毛边紧贴槽底，用力推拉玻璃来回移动，即可磨去毛边楞角

13.1.11.2 门窗框、扇玻璃安装

门窗框、扇玻璃安装施工方法　　　　　表 13-18

项次	项目	施 工 要 点
1	木门窗玻璃安装	1. 清理裁口：玻璃安装前，必须清除门窗裁口（玻璃槽）内的灰尘和杂物 2. 涂抹底油灰：沿裁口的全长涂抹厚 1~3mm 底油灰，要求均匀连续，随后将玻璃推入裁口并压实，四周的打底灰要挤出槽口。待底油灰达到一定强度时，顺着槽口方向，将溢出槽口的底油灰刮平清除 3. 嵌钉固定：玻璃四周均须打上玻璃钉，钉距不得大于 300mm，且每边不少于两个，要求钉头紧靠玻璃，并用油灰填实，一般用油灰刀从一角开始，紧靠槽口边，均匀用力向一个方向刮成斜坡形，再向反方向理顺光滑，如此反复修整，四角成八字形，表面光滑，无流淌、裂缝、麻面和皱皮现象，粘结牢固 4. 木压条固定：选用大小宽窄一致的优质木压条，用小钉钉牢，钉帽应进入木压条表面 1~3mm，不得外露。木压条要紧贴玻璃，无缝隙，但不得将玻璃压得过紧
2	钢门窗玻璃安装	1. 清理槽口：槽口内如有焊渣、铁皮、灰尘等污垢应清除干净，并检查框、扇有无翘曲现象，如有应及时修理 2. 涂底油灰：在槽口内涂抹厚度 3~4mm 的底油灰，要求涂抹均匀、饱满、不间断、不堆积。5mm 以上的大片玻璃应用橡皮条或毡条嵌填，但嵌填要略小于槽口，安好后不致露边 3. 安装玻璃：用双手推平玻璃，使油灰挤出，然后用油灰与槽口、玻璃接触的部位刮齐刮平 4. 安装钢丝卡：用钢丝卡固定玻璃，间距不得大于 300mm，且每边不少于两个，并用油灰填实抹光 当玻璃长边大于 1.5m 或短边大于 1.0m 时，应采用橡胶垫固定。应先将橡胶条或毡条嵌入槽内，并用压条和螺钉固定，但嵌条要略小于槽口，安好后不致露边 采用铁压条固定时，应先取下压条，安入玻璃后，再原条原框用螺钉拧紧固定
3	铝合金、塑料门窗玻璃安装	1. 清理槽口：应将槽口内的灰浆、杂物等清除干净，排水孔畅通。使用密封膏前，接缝处的玻璃、金属和塑料的表面必须清洁、干燥 2. 安装玻璃：就位的玻璃要摆在凹槽的中间，并应保证有足够的嵌入量，玻璃内外两侧间隙不少于 2mm，也不能大于 5mm，玻璃下部与槽底之间垫以约 3mm 厚的氯丁橡胶垫块，以保证玻璃不致与框、扇及其连接件直接接触 安装于竖框中的中空玻璃或面积大于 0.65m² 的玻璃，应搁置于两块相同的定位垫块上，搁置点离玻璃垂直边缘的距离宜为玻璃宽度 1/4，且不宜小于 150mm；安装于扇中的玻璃，应按开启方向确定其定位垫块的位置，定位垫块的宽度应大于所支承的玻璃件的厚度，长度不宜小于 25mm。定位垫块下面可设铝合金垫片。垫块和垫片均固定在框扇上

13.1 门窗工程

续表

项次	项目	施 工 要 点
3	铝合金、塑料门窗玻璃安装	3. 玻璃固定：采用橡胶条固定时，先将橡胶条在玻璃两侧挤紧，再在其上注入硅酮系列密封胶，胶应连续均匀地填满在周边内，不得漏胶；采用橡胶块固定时，先用10mm左右长的橡胶块将玻璃挤住，再在其上注入硅酮系列密封胶；采用橡胶压条固定时，将橡胶压条嵌入玻璃两侧挤紧密封，上面不再注胶 使用胶枪注胶时，胶要注得均匀光滑，注入深度不小于5mm 平开门窗的玻璃外侧，要采用玻璃胶填封，使玻璃与框扇连接整体，胶面向外倾斜30°～40°角 安装迎风面的玻璃时，玻璃镶入框后，要及时用通长镶嵌条在玻璃两侧挤紧或用垫块固定，防止遇到较大阵风时使玻璃破损
4	斜天窗玻璃安装	1. 安装工艺与钢门窗玻璃安装基本相同 2. 应采用夹丝玻璃。如采用平板玻璃时，应在玻璃下面加设一层镀锌铁丝网 3. 安玻璃应顺流水方向盖叠，其盖叠长度：斜天窗坡度为1/4或大于1/4，不小于30mm，坡度小于1/4，不小于50mm。盖叠处应用钢丝卡固定，并在盖叠缝隙中垫油绳，用密封胶嵌实密实

13.1.12 门窗工程质量控制与检验

1. 木门窗制作与安装工程

表 13-19

项次	项目	内 容
1	主控项目	1. 木门窗的木材品种、材质等级、规格、尺寸、框扇的线型及人造木板的甲醛含量应符合设计要求。设计未规定材质等级时，所用木材的质量应符合附录A的规定 2. 木门窗应采用烘干的木材，含水率应符合《建筑木门、木窗》(JG/T 122)的规定 3. 木门窗的防火、防腐、防虫处理应符合设计要求 4. 木门窗的结合处和安装配件处不得有木节或已填补的木节。木门窗如有允许限值以内的死节及直径较大的虫眼时，应用同一材质的木塞加胶填补。对于清漆制品，木塞的木纹和色泽应与制品一致 5. 门窗框和厚度大于50mm的门窗扇应用双榫连接。榫槽应采用胶料严密嵌合，并应用胶楔夹紧 6. 胶合板门、纤维板门和模压门不得脱胶。胶合板不得刨透表层单板，不得有戗槎。制作胶合板门、纤维板门时，边框和横楞应在同一平面上，面层、边框及横楞应加压胶结。横楞和上、下冒头应各钻两个以上的透气孔，透气孔应通畅 7. 木门窗的品种、类型、规格、开启方向、安装位置及连接方式应符合设计要求 8. 木门窗框的安装必须牢固。预埋木砖的防腐处理、木门窗框固定点的数量、位置及固定方法应符合设计要求 9. 木门窗扇必须安装牢固，并应开关灵活，关闭严密，无倒翘 10. 木门窗配件的型号、规格、数量应符合设计要求，安装应牢固，位置应正确，功能应满足使用要求

1049

续表

项次	项目	内容
2	一般项目	1. 木门窗表面应洁净,不得有刨痕、锤印 2. 木门窗的割角、拼缝应严密平整。门窗框、扇裁口应顺直,刨面应平整 3. 木门窗上的槽、孔应边缘整齐,无毛刺 4. 木门窗与墙体间缝隙的填嵌材料应符合设计要求,填嵌应饱满。寒冷地区外门窗(或门窗框)与砌体间的空隙应填充保温材料 5. 木门窗批水、盖口条、压缝条、密封条的安装应顺直,与门窗结合应牢固、严密 6. 木门窗制作的允许偏差和检验方法应符合表 13-20 的规定 7. 木门窗安装的留缝限值、允许偏差和检验方法应符合表 13-21 的规定

木门窗制作的允许偏差和检验方法　　表 13-20

项次	项目	构件名称	允许偏差(mm) 普通	允许偏差(mm) 高级	检验方法
1	翘曲	框	3	2	将框、扇平放在检查平台上,用塞尺检查
		扇	2	2	
2	对角线长度差	框、扇	3	2	用钢尺检查,框量裁口里角,扇量外角
3	表面平整度	扇	2	2	用 1m 靠尺和塞尺检查
4	高度、宽度	框	0;-2	0;-1	用钢尺检查,框量裁口里角,扇量外角
		扇	+2;0	+1;0	
5	裁口、线条结合处高低差	框、扇	1	0.5	用钢直尺和塞尺检查
6	相邻棂子两端间距	扇	2	1	用钢直尺检查

木门窗安装的留缝限值、允许偏差和检验方法　　表 13-21

项次	项目	留缝限值(mm) 普通	留缝限值(mm) 高级	允许偏差(mm) 普通	允许偏差(mm) 高级	检验方法
1	门窗槽口对角线长度差	—	—	3	2	用钢尺检查
2	门窗框的正、侧面垂直度	—	—	2	1	用 1m 垂直检测尺检查
3	框与扇、扇与扇接缝高低差	—	—	2	1	用钢直尺和塞尺检查

续表

项次	项目	留缝限值(mm) 普通	留缝限值(mm) 高级	允许偏差(mm) 普通	允许偏差(mm) 高级	检验方法
4	门窗扇对口缝	1~2.5	1.5~2	—	—	用塞尺检查
5	工业厂房双扇大门对口缝	2~5	—	—	—	用塞尺检查
6	门窗扇与上框间留缝	1~2	1~1.5	—	—	用塞尺检查
7	门窗扇与侧框间留缝	1~2.5	1~1.5	—	—	用塞尺检查
8	窗扇与下框间留缝	2~3	2~2.5	—	—	用塞尺检查
9	门扇与下框间留缝	3~5	3~4	—	—	用塞尺检查
10	双层门窗内外框间距	—	—	4	3	用钢尺检查
11	无下框时门扇与地面间留缝 外门	4~7	5~6	—	—	用塞尺检查
11	无下框时门扇与地面间留缝 内门	5~8	6~7	—	—	用塞尺检查
11	无下框时门扇与地面间留缝 卫生间门	8~12	8~10	—	—	用塞尺检查
11	无下框时门扇与地面间留缝 厂房大门	10~20	—	—	—	用塞尺检查

2. 金属门窗安装工程

表 13-22

项次	项目	内容
1	主控项目	1. 金属门窗的品种、类型、规格、尺寸、性能、开启方向、安装位置、连接方式及铝合金门窗的型材壁厚应符合设计要求。金属门窗的防腐处理及填嵌、密封处理应符合设计要求 2. 金属门窗框和副框的安装必须牢固。预埋件的数量、位置、埋设方式、与框的连接方式必须符合设计要求 3. 金属门窗扇必须安装牢固,并应开关灵活、关闭严密,无倒翘。推拉门窗扇必须有防脱落措施 4. 金属门窗配件的型号、规格、数量应符合设计要求,安装应牢固,位置应正确,功能应满足使用要求
2	一般项目	1. 金属门窗表面应洁净、平整、光滑、色泽一致,无锈蚀。大面应无划痕、碰伤。漆膜或保护层应连续 2. 铝合金门窗推拉门窗开关力应不大于 100N 3. 金属门窗框与墙体之间的缝隙应填嵌饱满,并采用密封胶密封。密封胶表面应光滑、顺直,无裂纹 4. 金属门窗扇的橡胶密封条或毛毡密封条应安装完好,不得脱槽 5. 有排水孔的金属门窗,排水孔应通畅,位置和数量应符合设计要求 6. 钢门窗安装的留缝限值、允许偏差和检验方法应符合表 13-23 的规定 7. 铝合金门窗安装的允许偏差和检验方法应符合表 13-24 的规定 8. 涂色镀锌钢板门窗安装的允许偏差和检验方法应符合表 13-25 的规定

钢门窗安装的留缝限值、允许偏差和检验方法 表 13-23

项次	项目		留缝限值(mm)	允许偏差(mm)	检验方法
1	门窗槽口宽度、高度	≤1500mm	—	2.5	用钢尺检查
		>1500mm	—	3.5	
2	门窗槽口对角线长度差	≤2000mm	—	5	用钢尺检查
		>2000mm	—	6	
3	门窗框的正、侧面垂直度		—	3	用1m垂直检测尺检查
4	门窗横框的水平度		—	3	用1m水平尺和塞尺检查
5	门窗横框标高		—	5	用钢尺检查
6	门窗竖向偏离中心		—	4	用钢尺检查
7	双层门窗内外框间距		—	5	用钢尺检查
8	门窗框、扇配合间隙		≤2	—	用塞尺检查
9	无下框时门扇与地面间留缝		4~8	—	用塞尺检查

铝合金门窗安装的允许偏差和检验方法 表 13-24

项次	项目		允许偏差(mm)	检验方法
1	门窗槽口宽度、高度	≤1500mm	1.5	用钢尺检查
		>1500mm	2	
2	门窗槽口对角线长度差	≤2000mm	3	用钢尺检查
		>2000mm	4	
3	门窗框的正、侧面垂直度		2.5	用垂直检测尺检查
4	门窗横框的水平度		2	用1m水平尺和塞尺检查
5	门窗横框标高		5	用钢尺检查
6	门窗竖向偏离中心		5	用钢尺检查
7	双层门窗内外框间距		4	用钢尺检查
8	推拉门窗扇与框搭接量		1.5	用钢直尺检查

13.1 门窗工程

涂色镀锌钢板门窗安装的允许偏差和检验方法 表 13-25

项次	项目		允许偏差(mm)	检验方法
1	门窗槽口宽度、高度	≤1500mm	2	用钢尺检查
		>1500mm	3	
2	门窗槽口对角线长度差	≤2000mm	4	用钢尺检查
		>2000mm	5	
3	门窗框的正、侧面垂直度		3	用垂直检测尺检查
4	门窗横框的水平度		3	用1m水平尺和塞尺检查
5	门窗横框标高		5	用钢尺检查
6	门窗竖向偏离中心		5	用钢尺检查
7	双层门窗内外框间距		4	用钢尺检查
8	推拉门窗扇与框搭接量		2	用钢直尺检查

3. 塑料门窗安装工程

表 13-26

项次	项目	内容
1	主控项目	1. 塑料门窗的品种、类型、规格、尺寸、开启方向、安装、位置、连接方式及填嵌密封处理应符合设计要求，内衬增强型钢的壁厚及设置应符合国家现行产品标准的质量要求 2. 塑料门窗框、副框和扇的安装必须牢固。固定片或膨胀螺栓的数量与位置应正确，连接方式应符合设计要求。固定点应距窗角、中横框、中竖框 150~200mm，固定点间距应不大于 600mm 3. 塑料门窗拼樘料内衬增强型钢的规格、壁厚必须符合设计要求，型钢应与型材内腔紧密吻合，其两端必须与洞口固定牢固。窗框必须与拼樘料连接紧密，固定点间距应不大于 600mm 4. 塑料门窗扇应开关灵活、关闭严密，无倒翘。推拉门窗扇必须有防脱落措施 5. 塑料门窗配件的型号、规格、数量应符合设计要求，安装应牢固，位置应正确，功能应满足使用要求 6. 塑料门窗框与墙体间缝隙应采用闭孔弹性材料填嵌饱满，表面应采用密封胶密封。密封胶应粘结牢固，表面应光滑、顺直、无裂纹
2	一般项目	1. 塑料门窗表面应洁净、平整、光滑，大面应无划痕、碰伤 2. 塑料门窗扇的密封条不得脱槽。旋转间隙应基本均匀 3. 塑料门窗扇的开关力应符合下列规定： (1)平开门窗扇平铰链的开关力应不大于 80N；滑撑铰链的开关力应不大于 80N，并不小于 30N。 (2)推拉门窗扇的开关力应不大于 100N 4. 玻璃密封条与玻璃及玻璃槽口的接缝应平整，不得卷边、脱槽 5. 排水孔应畅通，位置和数量应符合设计要求 6. 塑料门窗安装的允许偏差和检验方法应符合表 13-27 的规定

塑料门窗安装的允许偏差和检验方法　　表13-27

项次	项　目		允许偏差(mm)	检验方法
1	门窗槽口宽度、高度	≤1500mm	2	用钢尺检查
		>1500mm	3	
2	门窗槽口对角线长度差	≤2000mm	3	用钢尺检查
		>2000mm	5	
3	门窗框的正、侧面垂直度		3	用1m垂直检测尺检查
4	门窗横框的水平度		3	用1m水平尺和塞尺检查
5	门窗横框标高		5	用钢尺检查
6	门窗竖向偏离中心		5	用钢直尺检查
7	双层门窗内外框间距		4	用钢尺检查
8	同樘平开门窗相邻扇高度差		2	用钢直尺检查
9	平开门窗铰链部位配合间隙		+2;-1	用塞尺检查
10	推拉门窗扇与框搭接量		+1.5;-2.5	用钢直尺检查
11	推拉门窗扇与竖框平行度		2	用1m水平尺和塞尺检查

4．特种门安装工程

适用于防火门、防盗门、自动门、全玻门、旋转门、金属卷帘门等。

表13-28

项次	项目	内　　容
1	主控项目	1．特种门的质量和各项性能应符合设计要求 2．特种门的品种、类型、规格、尺寸、开启方向、安装位置及防腐处理应符合设计要求 3．带有机械装置、自动装置或智能化装置的特种门，其机械装置、自动装置或智能化装置的功能应符合设计要求和有关标准的规定 4．特种门的安装必须牢固。预埋件的数量、位置、埋设方式、与框的连接方式必须符合设计要求 5．特种门的配件应齐全，位置应正确，安装应牢固，功能应满足使用要求和特种门的各项性能要求

13.1 门窗工程

续表

项次	项目	内容
2	一般项目	1. 特种门的表面装饰应符合设计要求 2. 特种门的表面应洁净，无划痕、碰伤 3. 推拉自动门安装的留缝限值、允许偏差和检验方法应符合表 13-29 的规定 4. 推拉自动门的感应时间限值和检验方法应符合下表的规定 **推拉自动门的感应时间限值和检验方法** | 项次	项 目	感应时间限值(s)	检验方法
---	---	---	---
1	开门响应时间	≤0.5	用秒表检查
2	堵门保护延时	16~20	用秒表检查
3	门扇全开启后保持时间	13~17	用秒表检查	 5. 旋转门安装的允许偏差和检验方法应符合表 13-30 的规定

推拉自动门安装的留缝限值、允许偏差和检验方法　　表 13-29

项次	项 目		留缝限值 (mm)	允许偏差 (mm)	检 验 方 法
1	门槽口宽度、高度	≤1500mm	—	1.5	用钢尺检查
		>1500mm	—	2	
2	门槽口对角线长度差	≤2000mm	—	2	用钢尺检查
		>2000mm	—	2.5	
3	门框的正、侧面垂直度		—	1	用 1m 垂直检测尺检查
4	门构件装配间隙		—	0.3	用塞尺检查
5	门梁导轨水平度		—	1	用 1m 水平尺和塞尺检查
6	下导轨与门梁导轨平行度		—	1.5	用钢尺检查
7	门扇与侧框间留缝		1.2~1.8	—	用塞尺检查
8	门扇对口缝		1.2~1.8	—	用塞尺检查

旋转门安装的允许偏差和检验方法　　表 13-30

项次	项　目	允许偏差(mm) 金属框架玻璃旋转门	允许偏差(mm) 木质旋转门	检　验　方　法
1	门扇正、侧面垂直度	1.5	1.5	用 1m 垂直检测尺检查
2	门扇对角线长度差	1.5	1.5	用钢尺检查
3	相邻扇高度差	1	1	用钢尺检查
4	扇与圆弧边留缝	1.5	2	用塞尺检查
5	扇与上顶间留缝	2	2.5	用塞尺检查
6	扇与地面间留缝	2	2.5	用塞尺检查

5．门窗玻璃安装工程

表 13-31

项次	项目	内　　容
1	主控项目	1．玻璃的品种、规格、尺寸、色彩、图案和涂膜朝向应符合设计要求。单块玻璃大于 $1.5m^2$ 时应使用安全玻璃 2．门窗玻璃裁割尺寸应正确。安装后的玻璃应牢固,不得有裂纹、损伤和松动 3．玻璃的安装方法应符合设计要求。固定玻璃的钉子或钢丝卡的数量、规格应保证玻璃安装牢固 4．镶钉木压条接触玻璃处,应与裁口边缘平齐。木压条应互相紧密连接,并与裁口边缘紧贴,割角应整齐 5．密封条与玻璃、玻璃槽口的接触应紧密、平整。密封胶与玻璃、玻璃槽口的边缘应粘结牢固、接缝平齐 6．带密封条的玻璃压条,其密封条必须与玻璃全部贴紧,压条与型材之间应无明显缝隙,压条接缝应不大于 0.5mm
2	一般项目	1．玻璃表面应洁净,不得有腻子、密封胶、涂料等污渍。中空玻璃内外表面均应洁净,玻璃中空层内不得有灰尘和水蒸气 2．门窗玻璃不应直接接触型材。单面镀膜玻璃的镀膜层及磨砂玻璃的磨砂面应朝向室内。中空玻璃的单面镀膜玻璃应在最外层,镀膜层应朝向室内 3．腻子应填抹饱满、粘结牢固;腻子边缘与裁口应平齐。固定玻璃的卡子不应在腻子表面显露

13.2 吊顶工程

13.2.1 铝合金龙骨吊顶安装

铝合金龙骨吊顶安装施工方法　　　　　　　　表13-32

项次	项目	要　点
1	构造及材料要求	1. 铝合金吊顶龙骨系以铝带、铝合金型材经冷弯或冲压而成，一般常用的为T型，其规格见表13-33 常用于活动式装配吊顶的有主龙骨、次龙骨和边龙骨，如图13-14所示。如用于其他明龙骨吊顶时，次龙骨(包括中龙骨和小龙骨)、边龙骨采用铝合金龙骨，承担负荷的主龙骨采用轻钢龙骨或型钢，可组成上人或不上人的吊顶，如图13-15所示 2. 主龙骨(大龙骨)：其侧面有长方形孔和圆形孔，长方形孔供次龙骨穿插连接，圆形孔供悬吊固定 3. 次龙骨(中、小龙骨)：其长度根据饰面板规格下料。为了便于插入主龙骨的方孔中，次龙骨两端要加工成"凸"头形状并弯一个角度，以保持两根龙骨在方孔中对接时中心线重合 4. 边龙骨(封口角铝)：其作用是吊顶饰面板毛边及检查部位等封口，使边角部位保持整齐、顺直。有等肢与不等肢两种 5. 吊杆：常用8号、10号、12号和14号铝合金丝，富有柔性，易弯曲和扎结，易调整吊顶标高和平整度，有时也采用镀锌铁丝
2	施工准备	1. 施工前要与照明、通风、消防等专业施工人员做好图纸会审，统一协调解决有关标高、预留孔洞等问题，以使灯具、消防自动喷淋、烟感器、风口等设施与吊顶衔接得体，其吊悬系统与吊顶分开，自成体系 2. 吊顶龙骨安装前，吊顶内的通风、水电管道以及上人吊顶内的人行或安装通道应安装完毕，消防管道安装并试水完毕 3. 检查与复核吊顶部位的结构空间尺寸、标高是否与吊顶设计图相符以及结构有无要处理的质量(有无混凝土蜂窝、麻面、裂缝等)问题等 4. 根据设计要求，选择铝合金吊顶龙骨和配件，并准备好固结材料与施工机具
3	铝合金吊顶龙骨安装	1. 安装程序：弹线定位→吊杆固定→安装与调平龙骨→边龙骨固定→主龙骨接长 2. 弹线定位： (1)根据设计图纸结合具体情况，在楼板底面上弹出龙骨及吊点位置。如果吊顶设计要求具有一定造型或图案，应先弹出顶棚对称轴线，龙骨及吊点位置应对称布置。主龙骨端部或接长部位要增设吊点，以使吊杆距主龙骨端部距离不超过300mm，以免主龙骨下坠。主龙骨间距及吊杆间距一般都控制在0.9～1.2m，对于较大面积的吊顶，如音乐厅、比赛厅等，应进行单独计算和验算后确定 (2)将设计标高线弹到四周墙面上或柱面上，如果吊顶有不同标高，则将变截面位置弹到楼板底面上。弹线应清楚，位置准确，其水平允许偏差±5mm

续表

项次	项目	要点
3	铝合金吊顶龙骨安装	(3)龙骨的分格定位,应按饰面板尺寸确定,其中心线间距尺寸一般应大于饰面板尺寸2mm左右。尽量保证龙骨分格均匀,当出现非标准尺寸时,应将非标准尺寸放在房间四周或放到不被人注意的次要部位 3. 吊杆固定:铝合金龙骨吊顶的吊杆,常用射钉(或膨胀螺栓)将镀锌铁丝固定在结构上,也可预埋吊钩等形式,如图13-16。镀锌铁丝如用双股,可用18号铁丝,如用单股,则不宜小于14号 4. 安装与调平:根据已确定的主龙骨位置及标高线,先大致将其就位于稍高于标高线上,次龙骨紧贴主龙骨就位。然后再满拉纵横控制标高线(十字中心线),从一端开始向另一端,一边安装,一边调整,最后再精调一遍,直到龙骨调平和调直为止。如果面积较大,在中间还应考虑适当起拱 5. 边龙骨沿墙面或柱面标高线用水泥钉或射钉固定,钉距不大于500mm 6. 主龙骨接长,一般选用连接件。连接件可用铝合金或镀锌钢板,在其表面冲成倒刺,与主龙骨方孔相连,连接件应错位安装 7. 遇有高低跨时,应先安装高跨,再安装低跨。对于检修孔、上人孔、通风箅子等部位,在安装龙骨时,应留出位置,并将封口龙骨安好

常用 T 型铝合金吊顶龙骨规格　　表 13-33

名称	型号	图示	规格 $H \times B \times t$ (mm)	重量 (kg/m)	附注
主龙骨	T-1		38.1×25.4×1.2	0.21	上海奉贤朝阳新型建材厂
次龙骨	T-2		31.75×25.4×1.2	0.16	上海奉贤朝阳新型建材厂
边龙骨	L		25.5×25.4×1.2	0.15	上海奉贤朝阳新型建材厂
主龙骨			32×25×1.0		北京新型建材总厂
次龙骨			25×25×1.0		北京新型建材总厂
边龙骨			25×25×1.0		北京新型建材总厂
主龙骨	LT-23		32×23×1.2	0.2	江苏省靖江县新型建材厂

13.2 吊顶工程

续表

名称	型号	图示	规格 $H \times B \times t$(mm)	重量 (kg/m)	附注
次龙骨	LT-23	⊥	32×23×1.2	0.135	江苏省靖江县新型建材厂
边龙骨	LT-边	∟	32×18×1.2	0.15	江苏省靖江县新型建材厂
异形龙骨	LT-异	Z	32×(20+18)×1.2	0.25	江苏省靖江县新型建材厂

注：H—高度；B—宽度；t—壁厚。

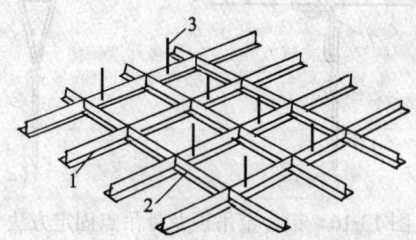

图13-14 T型铝合金吊顶龙骨安装
1—主龙骨；2—次龙骨；3—吊杆

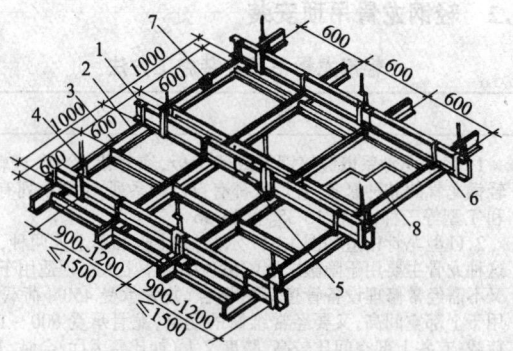

图13-15 LT型铝合金吊顶龙骨安装
1—主龙骨(轻钢龙骨)；2—LT23龙骨；3—横撑龙骨；
4—主龙骨吊件；5—主龙骨连接件；6—龙骨吊钩；
7—龙骨连接件；8—吊顶板材

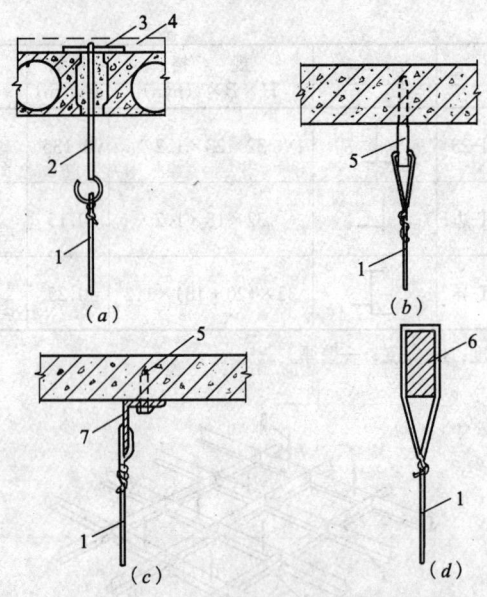

图 13-16 铝合金吊顶龙骨吊点固定方法
(a)预埋 T 型吊钩;(b)射钉连接;(c)射钉角铁连接;(d)槽钢连接
1—8 号或 12 号、14 号铝合金丝;2—$\phi 4$ 预埋吊杆;3—$\phi 10$ 钢筋横杆;
4—整浇混凝土;5—射钉(或膨胀螺栓);6—钢檩条;7—L $30 \times 3, L = 40mm, \phi 4$ 孔

13.2.2 轻钢龙骨吊顶安装

轻钢龙骨吊顶安装施工方法　　　　表 13-34

项次	项目	要点
1	构造及材料要求	1. 轻钢龙骨系以镀锌钢带或薄钢板,经剪裁、冷弯、滚轧、冲压而成。轻钢龙骨的品种繁多,各厂家都有自己的系列,主要系列有 UL 型、U 型和 T 型等三种,见表 13-35、表 13-36 2. U 型龙骨构造如图 13-17 示意,分上人和不上人两种,按需要选择。这种龙骨主要用于隐蔽式装配吊顶中。不上人吊顶适用于上部空间低,又不需经常修理设备管道等的场合,龙骨承受 450N 荷载;上人吊顶适用于上部空间高,又要经常维修的场合,龙骨承受 800~1000N 的集中荷载;有些上部空间比较高,跨度又大(如比赛大厅、会堂、音乐厅或歌剧院等)的吊顶,除了检修荷载外,有时尚需考虑其他荷载(如需设置工作马道等),对主龙骨和吊挂件等配件要经计算确定 3. 大龙骨(主龙骨)通过吊挂件和吊杆相连,承受吊顶全部荷载 4. 上人和不上人主龙骨中距一般小于 1200mm,吊点间距为 900~1200mm,具体间距要视龙骨和吊挂件规格而定

13.2 吊顶工程

续表

项次	项目	要点
1	构造及材料要求	5. 吊杆一般采用圆钢,上人吊顶龙骨一般采用 $\phi10$ 或 $\phi8$ 吊杆;不上人吊顶龙骨采用 $\phi8$ 或 $\phi6$ 吊杆。与主体结构预留钩固定 6. 小龙骨安装在两个中龙骨之间,中龙骨间距 800~900mm,小龙骨间距视实际情况而定 7. 连接件一般均与龙骨配套
2	施工准备	1. 施工前要与照明、通风、消防等专业施工人员做好图纸会审,统一协调解决有关标高、预留孔洞等问题,以使灯具、消防自动喷淋、烟感器、风口等设施与吊顶衔接得体,其吊悬系统与吊顶分开,自成体系 2. 吊顶龙骨安装前,吊顶内的通风、水电管道以及上人吊顶内的人行或安装通道应安装完毕,消防管道安装并试水完毕 3. 检查与复核吊顶部位的结构空间尺寸、标高是否与吊顶设计图相符以及结构有否要处理的质量(有无混凝土蜂窝、麻面、裂缝等)问题等 4. 根据设计要求,选择轻钢吊顶龙骨主件和配件,并准备好固结材料与施工机具
3	轻钢吊顶龙骨安装	1. 安装程序:弹线定位→吊杆固定→安装与调平龙骨 2. 弹线定位:根据设计图纸在四周墙面和柱面上弹出龙骨标高线;在楼板底面上弹出龙骨和吊杆位置线,大龙骨端部和接长部位要增设吊点 3. 固定吊杆:吊杆的直径、间距和固定方法按设计图纸规定施工。常用吊杆固定方法有三种: (1)在吊点位置预埋吊钩或埋件,然后将吊杆直接与预埋吊钩固定或与预埋件焊接连接(图13-18,图13-19) (2)在吊点位置预埋膨胀螺栓,然后将吊杆予以连接(图13-20) (3)在吊点位置钉入射钉固定角钢,然后将吊杆与角钢焊接(图13-21)吊杆直接与金属结构件固定方法见图13-22 采用螺丝吊杆时,吊杆端头螺丝部分长度不应小于30mm,以便有较大的调节量 4. 龙骨安装与调平: (1)龙骨安装顺序应先安装主龙骨,后安装次龙骨,但也可以主次龙骨一次安装 (2)主龙骨安装宜顺房间长方向设置,吊杆应与主龙骨的吊挂件连接,并用双螺帽固定。主龙骨的接头要互相错开,短接头应尽量减少。然后按标高线调整主龙骨的标高,使其在同一水平面上,大的房间可根据设计要求起拱,一般为1/200左右 (3)中、小龙骨的位置,一般应按饰面板的尺寸在大龙骨底面弹线,用挂件固定,并使其固定严密,不得有松动,为防止主龙骨向一侧倾斜,吊挂件安装方向应交错进行。中、小龙骨按设计布置图应由中央向两边依次分别用中、小龙骨挂件,将中、小龙骨挂在主龙骨上,中、小龙骨的接头采用专用的中、小龙骨接插件连接

续表

项次	项目	要　　　　点
3	轻钢吊顶龙骨安装	(4)横撑龙骨采用支托件与中、小龙骨连接。横撑龙骨下料尺寸要比名义尺寸小2～3mm,其中距视饰面板材尺寸决定,一般安置在板材接缝处 (5)对于检修孔、上人孔、通风箅子等部位,在安装龙骨的同时,应将尺寸和位置留出,将封口的横撑龙骨安装完毕;对于一般轻型灯具,可直接固定在中龙骨或附加的横撑龙骨上;重型灯具应与龙骨脱离。安排灯位时,应尽量避免使主龙骨截断,如果不可避免时,应将两段龙骨在上部再连接 5.龙骨安装完毕,应全面检查与校正一次主、次龙骨的位置及水平度,连接件应错开安装,明龙骨应目测无明显弯曲,通长次龙骨连接处的对接错位不得超过2mm,校正后应将龙骨所有吊挂件、连接件拧、夹紧,骨架应牢固可靠

常用 U 型轻钢吊顶龙骨的规格　　　　表 13-35

系列	型号名称	图　示	系列	型号名称	图　示
UC 型	UC25 主龙骨		UC 型	U38 主龙骨	
	UC50 主龙骨			U50 主龙骨	
	UC35 异形龙骨			L60 主龙骨	

13.2 吊顶工程

续表

系列	型号名称	图示	系列	型号名称	图示
	BD 大龙骨	45 / 1.2 / 15		SD 大龙骨	60 / 1.5 / 10 / 30
U45型 (不上人)	UZ 中龙骨	7 / 19 / 4 / 0.5 / 50	U60型 (上人)	UZ 中龙骨	7 / 19 / 4 / 0.5 / 50
	UX 小龙骨	7 / 19 / 4 / 0.5 / 25		UX 小龙骨	7 / 19 / 4 / 0.5 / 25

注：1. UC38用于吊点距离900～1200mm，不上人吊顶；UC50用于吊点距离900～1200mm，上人吊顶，承受800N检修荷载；UC60用于吊点距离1500mm，上人吊顶，承受100N检修荷载。
2. BD大龙骨用于吊点距离900～1200mm，不上人吊顶。
3. SD大龙骨用于吊点距离900～1200mm，上人吊顶，承受800～1000N检修荷载。

T45型轻钢吊顶龙骨的规格　　　　表13-36

系列	型号名称	图示	系列	型号名称	图示
T45型 (不上人)	BD 大龙骨	45 / 1.2 / 15	T45型 (不上人)	TZ 中龙骨	0.5 0.5 / 0.5 0.5 / 35 / 9 / 22

1063

续表

系列	型号名称	图示	系列	型号名称	图示
T45型(不上人)	TX小龙骨	(T形截面 22×22, 0.5)			

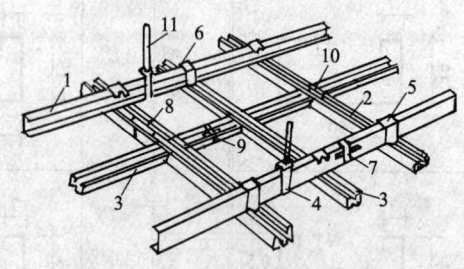

图13-17 U型轻钢吊顶龙骨安装
1—大龙骨;2—中龙骨;3—小龙骨;4—大龙骨吊件;5—中龙骨与大龙骨挂件;
6—小龙骨与大龙骨挂件;7—大龙骨接插件;8—中龙骨接插件;
9—小龙骨接插件;10—小龙骨支托;11—吊杆

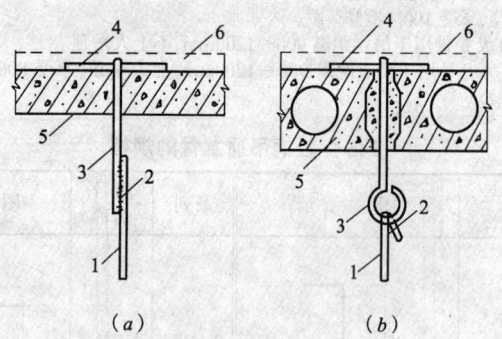

图13-18 预埋T形圆钢或吊环固定
(a)预埋T形圆钢;(b)预埋吊环
1—螺丝吊杆;2—电焊;3—T形吊杆或吊环;
4—ϕ10或ϕ12钢筋;5—混凝土楼板

13.2 吊顶工程

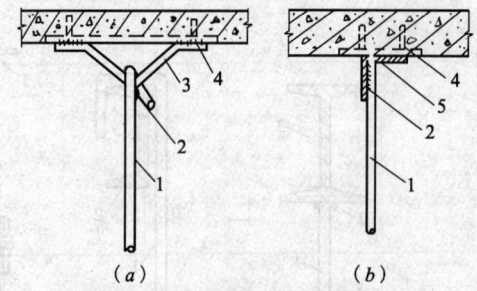

图 13-19 预埋钢板与吊环或角钢焊接
(a)预埋钢板与U形吊环焊接;(b)预埋钢板与角钢焊接
1—螺丝吊杆;2—电焊;3—ϕ10 钢筋吊环;
4—预埋钢板－6mm×100mm×100mm;5—角钢$\llcorner$ 40×4,L=60mm

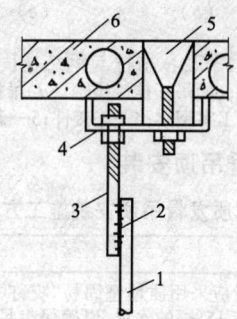

图 13-20 预埋膨胀螺栓固定
1—螺丝吊杆;2—电焊;3—预埋吊杆;4—吊杆连接件;
5—金属膨胀螺栓;6—混凝土多孔板

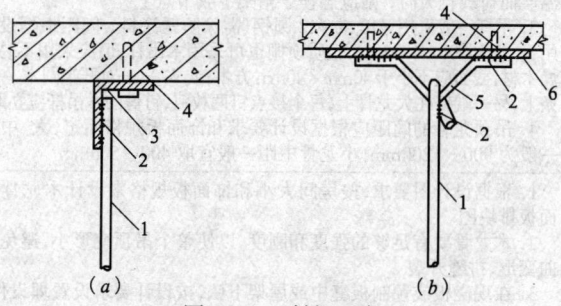

图 13-21 射钉固定
(a)射钉固定角钢;(b)射钉固定钢板吊环
1—螺丝吊杆;2—电焊;3—角钢$\llcorner$ 40×4,L=60mm;4—射钉;
5—ϕ10 钢筋吊环;6——6mm×150mm×150mm铁件

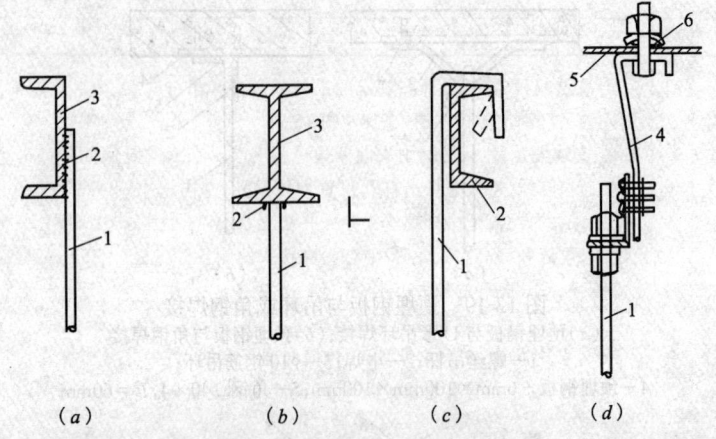

图 13-22 吊杆与钢结构固定
(a)、(b)吊杆与钢梁焊接；(c)吊杆挂接槽钢；(d)吊杆直接与金属屋面板连接
1—吊杆；2—电焊；3—槽钢或工字钢梁；4—连接件；5—金属屋面板；6—防水橡胶热圈

13.2.3 木质龙骨吊顶安装

木质龙骨吊顶安装施工方法　　　　表 13-37

项次	项目	要　点
1	构造及材料要求	1. 木质吊顶龙骨应采用质地坚固易"咬钉"、不腐朽、无超限节疤、斜纹少和含水率合格（≤15%）的木材，以确保有足够的强度和刚度，且变形量小。龙骨的截面应根据设计图纸规定选用，一般常用规格见表 13-38 2. 木质吊顶龙骨构造如图 13-23 所示。可悬挂于木屋架下或钢筋混凝土板下。木屋架下吊顶龙骨一般可直接悬挂于桁架下弦上，如顶棚上有保温层和荷载较大时，则应悬挂于桁架下弦节点上 3. 吊杆一般采用 $\phi10$ 或 $\phi12$ 圆钢（需涂防锈涂料），间距根据设计要求选用，一般为 800~1000mm，轻质顶棚也可采用木吊杆，但应采用不易劈裂的干燥木材，截面应不小于 40mm×40mm 方木，或 $\phi70mm$ 对开半圆木，一端钉在檩条上，另一端钉在大龙骨上，每个接点钉两枚钉，钉劈的木吊杆应立即更换 4. 吊顶龙骨的间距应根据设计要求和饰面板规格而定，大、中龙骨中距一般为 900~1200mm，小龙骨中距一般宜取 400~500mm
2	施工准备	1. 根据设计图要求，按房间大小和饰面板规格来设计木龙骨布置和饰面板排块图 2. 木龙骨要有足够的强度和刚度，以使整个吊顶变形小，避免饰面板翘曲变形、拼缝开裂 3. 在现浇板或预制板缝中或屋架下弦，按设计要求设置埋设件、吊筋或膨胀螺栓或木吊杆 4. 在房间四周墙和中间柱的上部弹出木龙骨底面的标高控制线，吊顶中央起拱为房间短向跨度的 1/200，但一般不大于 50mm 5. 将大、中、小龙骨的方木底面用木工压刨刨光

13.2 吊顶工程

续表

项次	项目	要　点
3	龙骨安装	1. 安装吊杆:根据设计图规定的吊杆固定件和吊杆间距,安装好吊杆,常用的吊杆固定形式如图13-18～图13-21 2. 安装大龙骨:从房间中央向两边进行安装。在大龙骨底面标高上拉房间通长麻线,将大龙骨吊杆孔位置划线钻孔,并凿一个30mm×30mm、深25mm的方孔,把吊杆螺丝头穿入并垫上3mm厚垫片,拧上螺帽,调整大龙骨位置和标高。大龙骨相接时,在接头两侧各钉1根长500mm、截面为50mm×100mm的加强方木 大龙骨应与预制钢筋混凝土板缝垂直,有木屋架时,与木屋架垂直 3. 安装中龙骨:在大龙骨底面,拉横向通长麻线,将中龙骨横撑在两根大龙骨之间,底面与大龙骨底面齐平,间距与大龙骨同。从大龙骨侧面或上面用两枚钉子将大龙骨与中龙骨钉牢 4. 安装小龙骨:先安装两根中龙骨之间的小龙骨,从中龙骨外侧面和上面用两枚钉子将该小龙骨与中龙骨钉牢,然后用同样方法再安装大龙骨与该小龙骨之间的小龙骨,做到各条小龙骨成一直线,底面与大、中龙骨底面齐平。沿墙小龙骨也可钉在墙内预埋的防腐木砖上 然后分别在每条大、中、小龙骨底面弹出通长中心墨线

常用木质吊顶龙骨材料规格及性能表　　表13-38

名　称		规格(mm)	材料品种	含水率(%)	附　注
吊杆		$\phi 10$、$\phi 12$	圆钢		交错布置,直径与间距按设计规定。间距一般为800～1000mm
		40×40	方木	≤15	
龙骨	大龙骨	50×150 75×150 50×100 等	红松、白松、美松、智利松等	≤15	龙骨截面、长度、间距根据设计要求和饰面板规格而定
	中龙骨	50×100 50×75 等			
	小龙骨	50×50			

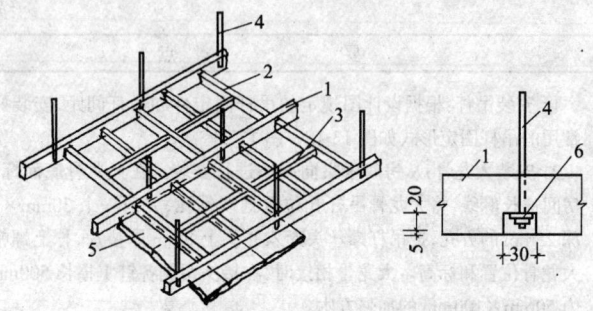

图 13-23 木质吊顶龙骨安装
1—大龙骨;2—中龙骨;3—小龙骨;4—圆钢吊杆;5—饰面板;6—螺帽

13.2.4 石膏板吊顶安装

石膏板吊顶安装施工方法　　　　表 13-39

项次	项目	要　点
1	石膏板材料要求	1. 石膏板按其表面的装饰方法、花型和功能分为装饰石膏板和纸面石膏板 2. 装饰石膏板品种很多,有各种平板、花纹浮雕板、穿孔和半穿孔吸声板等,其技术性能见表 13-40 装饰石膏板根据功能可分为:高效防水石膏吸声装饰板、普通石膏吸声装饰板和石膏吸声板;根据防潮性能分为普通板和防潮板;根据板材正面形状分为平板、孔板和浮雕板 装饰石膏板为正方形,常用板长有 300、400、500、600、800mm 等,厚度为 6、7、8、9、10、11、12～20mm 等,吊顶工程常用 500mm×500mm×9mm 和 600mm×600mm×11mm 板材 3. 纸面石膏板品种很多,有普通纸面石膏板、耐火纸面石膏板和纸面石膏装饰吸声板等。普通纸面石膏板和耐火纸面石膏板一般用于吊顶的基层,必须再做饰面处理。板的长度有 1800、2100、2400、2700、3300 和 3600mm,宽度有 900、1200mm,厚度有 9、12、15、18mm(耐火板还有 21.25mm);板材的棱边截面形式有矩形、45°倒角形、楔形、半圆形和圆形五种 纸面石膏装饰吸声板主要用于吊顶的面层,它的主要形状为正方形,常用 500mm×500mm、600mm×600mm,厚度有 9mm 和 12mm,活动式装配吊顶主要以 9mm 为宜,其技术性能见表 13-41
2	施工准备	1. 根据设计要求和材料来源情况,进行选择石膏板和粘贴及嵌缝材料 2. 石膏板堆放场所要保持干燥、空气流通,垛垛之间要有一定距离。堆放必须平整,板垛底部要用垫板垫平 3. 准备好小型施工机具,常用的有冲击电钻、电动砂轮切割机、手电钻和自攻螺钉钻等

13.2 吊顶工程

续表

项次	项目	要 点
3	装饰石膏板吊顶安装	1．装饰石膏板选择 (1)按功能选择：按用户的要求，建筑所处的环境、部位及使用效果进行设计，要求图案、色泽搭配得当；对处于相对湿度为60%左右的场所，可选择防潮板；在大于70%的潮湿环境下，应采用防水板；有吸声要求时应采用装饰石膏吸声板、吸声穿孔石膏板等 (2)按规格选择：在一般情况下，层高10m左右的吊顶，宜选用规格为500mm×500mm×9mm和600mm×600mm×11mm的板材 (3)按色彩、图案选择：装饰图案有带孔、印花、贴砂、浮雕等多种，可根据使用场所的环境条件要求，分别选用，可采用一地一种、一地多种进行组合。色泽应以舒适柔和为准 2．装饰石膏板可与铝合金和轻钢龙骨配套组成活动式装配吊顶和隐蔽式装配吊顶 3．安装方法：有搁置平放法、螺钉固定法和粘贴安装法 (1)搁置平放法：当采用铝合金龙骨或T型轻钢龙骨时，可将装饰石膏板搁置在T形龙骨组成的格框内即可。石膏装饰板的板边可选用直角形，施工时板边如稍有棱角不齐或碰掉之处，只要不显露于格框之外，就不影响顶棚的美观 (2)螺钉固定法：当采用U型轻钢龙骨时，石膏装饰板可用镀锌自攻螺钉与U型中、小龙骨固定，钉头嵌入石膏板约0.5～1.0mm，钉眼用腻子找平，并用与板面同样颜色的色浆涂刷。石膏板之间也可留8～10mm缝隙，缝内刷色浆一遍(色浆颜色根据设计要求选用)或用铝压缝条、塑料压缝条将缝压严 当采用木龙骨时，装饰石膏板可用镀锌圆钉或木螺钉与木龙骨钉牢。钉子与板边距离应不小于15mm，钉子间距以150～170mm为宜，均匀布置，并与板面垂直，钉头嵌入板深约0.5～1.0mm，并应涂刷防锈涂料，钉眼用腻子找平，再用与板面颜色相同的色浆涂刷 (3)粘贴安装法：当采用UC型轻钢龙骨组成的隐蔽式装配吊顶时，可采用胶粘剂将装饰石膏板直接粘贴在龙骨上，胶粘剂涂刷均匀，不得漏涂，粘贴牢固
4	纸面石膏板吊顶安装	1．板材选择： (1)普通纸面石膏板和耐火纸面石膏板用于U型轻钢龙骨组成隐蔽式吊顶的基层板，板厚度宜用9mm和12mm (2)纸面石膏装饰吸声板与铝合金龙骨或轻钢龙骨配套，用于活动式吊顶或用于隐蔽式装配吊顶 2．安装方法：根据龙骨的截面、饰面板边的处理及板材的类别，常分为三种安装方法 (1)螺钉固定法：纸面石膏板(包括基层板和饰面板)用螺钉固定在龙骨上。金属龙骨大多采用自攻螺钉，木龙骨采用木螺钉 安装时，石膏板从吊顶的一端开始错缝安装，逐块排列，石膏板与墙面应留6mm间隙。石膏板的长边必须与次龙骨呈交叉状态，使端边落在次龙骨中央部位

续表

项次	项目	要点
4	纸面石膏板吊顶安装	自攻螺钉(φ3.5mm×25mm)与纸面石膏板边的距离:面纸包封的板边以10~15mm为宜;切割的板边以15~20mm为宜。钉距以150~170mm为宜。固定石膏板的次龙骨间距一般不应大于600mm,在南方潮湿地区(相对湿度长期>70%)应以300mm为宜。螺钉应与板面垂直,钉头宜埋入板面,并不使纸面损坏为度。钉眼应刷防锈涂料,并用石膏腻子抹平 安装双层石膏板时,面层板与基层板的接缝应错开,不允许在同1根龙骨上接缝;石膏板的对接缝,应按产品要求进行板缝处理。纸面石膏板与龙骨的固定,应从一块板的中间向板的四边固定,不得多点同时操作 采用纸面石膏板作饰面板时,其表面装饰以其他装修材料。常用的有:裱糊壁纸,涂饰乳胶涂料,喷涂、镶贴各种类型的镜片,如金属抛光板、复合塑料镜片、玻璃镜片等 (2)粘贴法:将石膏板(指饰面板)用胶粘剂粘到龙骨上 (3)企口暗缝咬接安装法:将石膏板(指饰面板)加工成企口暗缝的形式,龙骨的两条肢插入暗缝内,不用钉、不用胶,靠两条肢将板担住
5	吸声穿孔石膏板安装	1. 吸声穿孔石膏板是吸声穿孔装饰石膏板和吸声穿孔纸面石膏板的统称。吊顶工程中以选择500mm×500mm×9mm和600mm×600mm×10mm为宜 2. 吸声穿孔石膏板可与铝合金和轻钢龙骨配套使用,可用于活动式装配吊顶和隐蔽式装配吊顶的饰面层 3. 采用活动式装配吊顶时,吸声穿孔石膏板与铝合金或"T"型轻钢龙骨配套使用。龙骨吊装找平后,将吸声穿孔石膏板搁置在龙骨的翼缘上即可。板材四边的缝隙以不大于3mm为宜,并用石膏腻子填实找平 4. 采用隐蔽式装配吊顶时,吸声穿孔石膏板与U型轻钢龙骨配合使用。龙骨吊装找平后,在板每4块的交角点及板中心,用专门塑料小花以自攻螺钉固定在金属龙骨上,或以木螺钉紧固在木龙骨上。也可用胶粘剂将吸声穿孔石膏板直接粘贴在龙骨上
6	嵌装式装饰石膏板安装	1. 嵌装式装饰石膏板背面四边加厚并有嵌装企口(图13-24),板材正面可为平面、带孔或带有一定深度的浮雕花纹图案。包括穿孔嵌装式装饰石膏板和嵌装式吸声石膏板 嵌装式装饰石膏板为正方形,规格为:600mm×600mm,边厚大于28mm,500mm×500mm,边厚大于25mm。其他形状和规格的板材,由供需双方商定,但其质量必须符合标准规定 2. 嵌装式装饰石膏板与T型轻钢龙骨暗式系列配套使用,组成新型隐蔽式装配吊顶体系。安装时,通常采用企口暗缝咬接安装法。即将石膏板加工成企口暗缝的形式,龙骨的两条肢插入暗缝内,不用钉,也不用胶,靠两条肢将板托住 3. 安装宜由房间中间向两边对称排列安装,墙面与吊顶接缝应交圈一致。板与板之间应留出3mm左右的缝隙,然后用石膏腻子补平,并在拼缝处贴一层穿孔接缝纸 4. 安装前,应先调直、调平T型龙骨,保证T型龙骨的边框线(两肢)平直,安装过程中,接插企口用力要轻,避免硬插硬撬而造成企口处开裂

13.2 吊顶工程

装饰石膏板的技术性能 表 13-40

项次	项目	性能
1	堆集密度(kg/m³)	750~800
2	断裂荷载(N)	200
3	挠度(相对湿度95%,跨度580mm)(mm)	1.0
4	软化系数	>0.72
5	导热系数[W/(m·K)]	<0.174
6	防水性能(24h吸水率)(%)	<2.5(高效防水板)
7	吸声系数 (注波管测试)	频率:250Hz 0.08~0.14 500Hz 0.65~0.80 1000Hz 0.30~0.50 2000Hz 0.34

纸面石膏装饰吸声板(尤牌)品种规格和性能 表 13-41

名称	规格(mm)	性能		指标
		项目		
圆孔形纸面石膏装饰吸声板	600×600×(9.12) 孔径:6;孔距:13 开孔率:3.7% 表面可喷涂或油漆	重量(kg/m²)	板厚 9mm 板厚 12mm	≤9 ≤12
		挠度(mm) (支座间距=40板厚)	板厚 12mm	垂直纤维:≤0.8 平行纤维:≤1.0
长孔形纸面石膏装饰吸声板	600×600×(9.12) 孔长:70;孔宽:2; 孔距:13; 开孔率:5.5%	断裂强度(N) (支座间距=40板厚)	板厚 9mm	垂直纤维≥400 平行纤维≥150
			板厚 12mm	垂直纤维≥600 平行纤维≥180
一般纸面天花板	900×450(600) ×(9.12) 1200×450(600) ×(9.12)	耐火极限(min)	纸面石膏板	5~10
			防水纸面石膏板	>20
防火纸面天花板	900×450(600) ×(9.12) 1200×450(600) ×(9.12)	燃烧性能		A₂级不燃
		含水率(%)		≤2
		导热系数[W/(m·K)]		0.19~0.209
		隔声性能(dB)	板厚 9mm 板厚 12mm	26 28
		钉入强度(N/mm²)	板厚 9mm 板厚 12mm	1.0 2.0

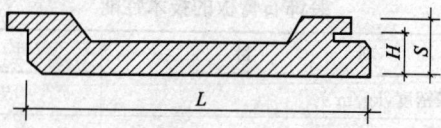

图 13-24　嵌装式装饰石膏板构造示意
L—边长；S—边厚；H—铺设高度

13.2.5　铝合金饰面板吊顶安装

铝合金饰面板吊顶安装施工方法　　　表 13-42

项次	项目	要　点
1	材料要求	1. 铝合金饰面板是由铝合金薄板经冲压成型并经表面处理而成。常用色彩有古铜色、金色、黑色、银白色等。其形状有长条形板、方形板及圆形板。从装饰效果分有铝合金花纹板、铝合金穿孔吸声板、铝合金波纹板等 2. 铝合金条板在吊顶工程中应用较多，其截面形式最常见的有 6 种，如图 13-25 所示，规格见表 13-43。长度多在 6m 以内，厚度在 0.5~1.5mm 之内 3. 铝合金方板在吊顶工程中最常见的形状和规格分别见图 13-26 和表 13-44 4. 铝合金穿孔吸声板常用规格有（mm）：500×500、750×500、100×100，板厚 0.8~1.0mm，孔径 $\phi6$，孔距 10mm，工程使用降噪效果 4~8dB
2	施工准备	1. 对饰面部位按设计图进行核对，并实际丈量尺寸，如无大样图，施工单位应绘出节点详图 2. 确定标准产品和非标准产品的数量、尺寸、颜色、外形和零配件要求 3. 根据已确定的铝合金饰面部位，应与有关二种联系配合，在主体结构施工时，预留杆件或埋件，与照明、通风工种协调好施工进度 4. 铝合金制品和零件，应分品种、规格分类堆放，并核对进场数量，防止制品乱堆碰撞而翘曲变形 5. 准备好施工机具，主要有型材切割机、手枪电钻、冲击钻、水平尺、角尺、划线铁笔等
3	铝合金条板吊顶安装	1. 固定方法 （1）龙骨兼卡具固定法：是利用薄板所具有的弹性将板条卡到龙骨上。龙骨兼具龙骨与卡具双重作用，同条板配套供应，适用于板厚为 0.8mm 以下、板宽 100mm 以下 安装前龙骨必须检查复核、调平。安装从一个方向依次进行，将条板托起后，先将条板的一端用力压入卡脚，再轻轻顺势将其余部分压入卡脚内即可，如图 13-27 所示 （2）螺钉固定法：将条板用螺钉或自攻螺钉固定在龙骨上，龙骨一般不需配套供应，可用型钢如角钢、槽钢等型材。对于板宽超过 100mm、板厚超过 1.0mm 的条板多采用之。安装时用一条压一条的方法将螺钉在安装后完全隐蔽在吊顶内，如图 13-28 所示 2. 接缝处理：常用两种形式 （1）离缝处理：如图 13-30 所示，板条与板条之间留有 7mm 宽缝。可以增加吊顶的纵深感觉，安装时控制缝格顺直和板的尺寸允许偏差 （2）密缝处理：即拼板间不留缝隙。安装时要控制拼板处的平整

13.2 吊顶工程

续表

项次	项目	要点
4	铝合金方板吊顶安装	1. 铝合金方板吊顶目前普遍采用的有两种龙骨吊挂系统。一种是 U 型龙骨和 T 型龙骨相配合,与上人 LT 型龙骨吊挂系统类似;另一种是采用 U 型龙骨与 T 型插接龙骨配套使用 2. 根据铝合金方板的尺寸规格以及吊顶的面积尺寸来安排吊顶龙骨骨架的结构尺寸。对铝合金方板饰面的尺寸布置要求是板块组合的图案要完整;四周留边时,留边的尺寸要对称或均匀 3. 铝合金方板与轻钢龙骨的固定,主要采用吊钩悬挂式或自攻螺钉固定式,也可采用钢丝扎结式,如图 13-29 所示 4. 安装时,按弹线的方板安排布置线,从一个方向开始,依次安装。用吊钩悬挂时,将吊钩先与龙骨连接固定,再钩住方板侧边的小孔;用自攻螺钉固定时,先用手电钻在龙骨上打出孔位后再上螺钉 5. 当四周靠墙边缘部分不符合方板模数时,可改用条板或纸面石膏板等镶边处理
5	铝合金穿孔吸声板吊顶安装	1. 铝合金穿孔吸声板安装,大多采用螺钉或自攻螺钉将板固定在龙骨上的方法,对有些铝合金穿孔吸声板吊顶,也有将板卡到龙骨上的。安装时从一个方向开始,依次进行安装 2. 方板或条板安装完毕,铺放吸声材料。当穿孔条板时,一般将吸声材料放在板条内,使吸声材料紧贴板面。当穿孔方板时,则将吸声材料放在方板上面,像铺放毡片一样,一般将龙骨与龙骨之间的距离作为一个单元,满铺满放

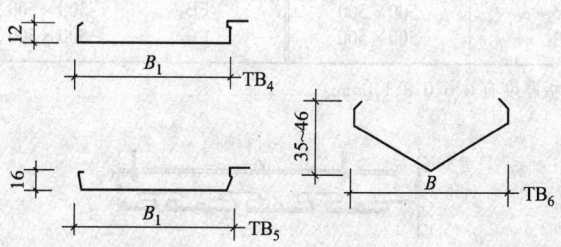

图 13-25 铝合金吊顶条板类型

铝合金条板的规格(mm) 表 13-43

型 号	TB_1	TB_2	TB_3	TB_4	TB_5	TB_6
B	100～300	50～200	100～200	100～200	100～200	100～150
B_1	84～184	38～184	84～184	84～184	84～184	84～134

注:B 为中-中实际有效面积宽;B_1 为条板面积宽。

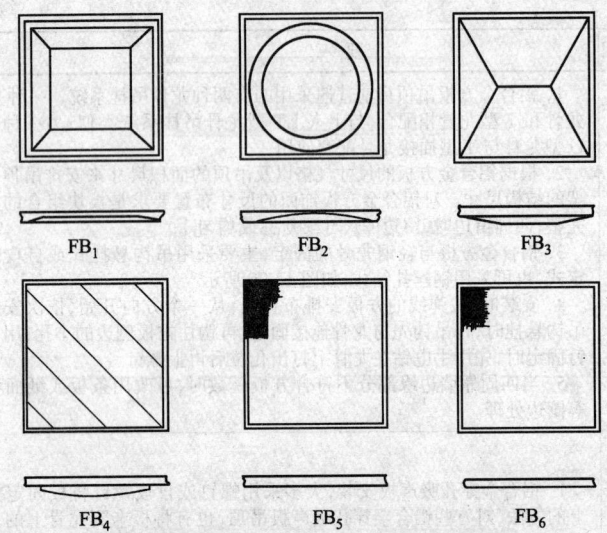

图 13-26 铝合金吊顶方板类型

铝合金方板的规格(mm)　　　　表 13-44

型　号	规　格	型　号	规　格
FB_1	500×500	FB_4	500×500
FB_2	500×500	FB_5	500×500、600×600
FB_3	500×500	FB_6	500×500、600×600

注:方板厚度有 0.6、0.8、1.0mm。

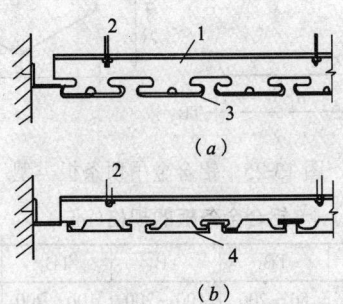

图 13-27　铝合金条板吊顶龙骨兼卡具固定法
(a)开敞式铝合金条板吊顶;(b)封闭式铝合金条板吊顶
1—专用轻钢龙骨;2—吊杆;3—开敞式铝合金条板;4—封闭式铝合金条板

13.2 吊顶工程

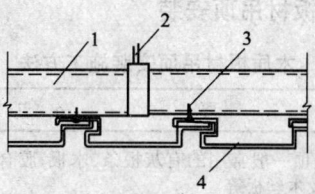

图 13-28 铝合金条板吊顶螺钉固定法
1—龙骨@1400；2—吊杆；3—自攻螺钉；4—铝合金条板

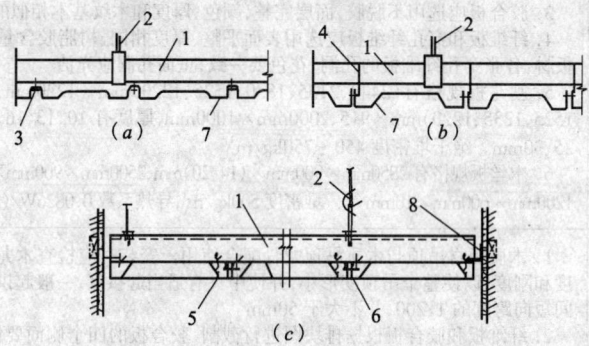

图 13-29 铝合金方板安装
(a)自攻螺钉式；(b)吊钩悬挂式；(c)用钢丝扎结式
1—龙骨；2—吊杆；3—自攻螺钉；4—吊钩；5—方板与龙骨用铜丝扎结；
6—方板之间用铜丝扎结；7—铝合金方板；8—靠墙板

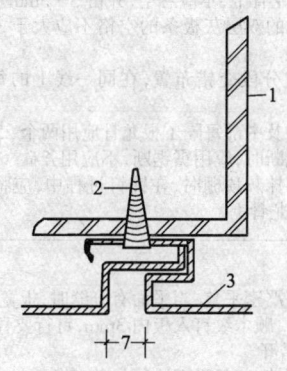

图 13-30 铝合金板条安装构造
1—角钢；2—自攻螺钉；3—板条

13.2.6 木质板材吊顶安装

木质板材吊顶安装施工方法　　　　表 13-45

项次	项目	要　点
1	材料要求	木质板材吊顶一般常用的有灰板条、木板、胶合板、纤维板和穿孔纤维板、刨花板以及木丝板等 1. 灰板条规格为 36mm×8mm,长度有 0.8、1.0、1.2、1.5、2.0m 等,以 100 根为一捆。如用于清水板条吊顶时,板条必须三面刨光,截面规格一致 2. 木板宽度不宜大于 150mm,必须刨光,且要求厚薄均匀一致 3. 胶合板应选用不脱胶,面层完整,颜色、厚度和木纹基本相似的板材 4. 纤维板和穿孔纤维板应选用表面平整、厚度相同、树脂胶含量合格的板材,各张穿孔纤维板的孔洞、花色要一致,正面孔洞应光洁 5. 刨花板规格有(2440、2135、1830、1525、1220)mm×1220mm、(1830、1525、1235、1220)mm×915、2000mm×1000mm,厚度有 10、13、16、19、22、25、30mm。绝干堆密度 450～750kg/m³ 6. 木丝板规格有 2850mm×900mm×(14、20)mm、2500mm×900mm×12mm、1200mm×600mm×10mm 等。堆密度 500kg/m³,导热系数 0.0826W/(m·K)
2	施工要求	1. 木质板材吊顶与木质吊顶龙骨配合使用。安装时应检查木龙骨的强度和刚度,以使整个吊顶变形小,并使中央有适当起拱度,一般起拱度为房间短向跨度的 1/200,并不大于 50mm 2. 纤维板和胶合板根据排块图进行截割,胶合板的四个侧面要刨光、刨直,刨成 45°楔边,再用砂纸磨光 硬质纤维板和穿孔纤维板事先要放入水池中浸泡 12h 以上,捞出后平放阴干 1～2h,然后用细长刨整修边角,使其边直角方,楔边角度一致
3	灰板条吊顶安装	1. 灰板条钉设应与小龙骨相垂直,平层灰板条的间距应为 7～10mm。板条接头应设在龙骨上,不应悬空,并留 3～5mm 空隙 2. 钉在衬板上的双层灰板条的空格不应大于 35mm,衬板接缝应留 10～15mm 的空隙 3. 板条接头应分段交错布置,在同一线上的每段接头长度不宜超过 500mm 4. 灰板条端头及中部每隔 1 根龙骨应用两个 25mm 钉子固定 5. 灰板条要截断时,应用锯锯断,不应用斧砍 6. 采用金属网抹灰顶棚时,在铺钉过程中,应将金属网拉紧拉平,金属网的接头应设在龙骨上
4	木板吊顶安装	1. 木板接缝应严密平整,当平面有分缝时,板宽应均匀一致 2. 钉帽要砸扁,顺木纹钉入板内 3mm,钉行要直,间距要均匀,板子接头要锯齐,位置要错开 3. 裁口板需倒棱,一般沿墙边须加盖口条

续表

项次	项目	要点
5	纤维板、穿孔纤维吸声板胶合板吊顶安装	1. 软质纤维吸声板用钉子从板斜边处钉在龙骨上,钉距为80~120mm,钉长为20~30mm,钉帽进入板面0.5mm,钉眼用油性腻子抹平 如用木压条固定时,钉距不应大于200mm,钉帽应砸扁,并进入木压条0.5~1.0mm,钉眼用油性腻子抹平,压条应平直,接口严密,不得翘曲 2. 硬质纤维装饰吸声板和胶合板应从中心线开始,向两边对称排列铺设,用圆钉固定在龙骨上,做到边缝对直、平整。墙面与吊顶的接缝应交圈一致 3. 带纸面的穿孔装饰板,用圆钉固定时,钉距不宜大于120mm,钉帽应与板面齐平,排列整齐,并用与板面相同颜色的涂料涂饰 4. 板与板之间的拼缝采用留6~10mm间歇的离缝做法时,板在安装前必须进行修整,以保证缝格顺直,也可采用不留间歇的密缝做法,此时应将板用倒角处理来解决板厚度差问题
6	刨花板、木纹板吊顶安装	1. 板的好面朝下,其吊顶龙骨间距一般按板的规格分档,如不符合时,可在龙骨上弹线,按间距将板弹线截齐 2. 每隔300mm钉钉子一个,钉行要直,钉子需有15mm×15mm见方的铁皮作垫 3. 靠墙处须钉10mm×40mm的板条,板条应刨光起线,线要直 4. 板与板之间拼缝以留3~5mm间歇为宜,并用木压条固定,也可密封处理

13.2.7 其他罩面板吊顶安装

其他罩面板吊顶安装施工方法　　　表13-46

项次	项目	要点
1	材料要求	在吊顶工程中,除了常用的木质板材、石膏板、金属板之外,尚有其他一些罩面板材,而这些板材又可分为装饰吸声罩面板(矿棉装饰吸声板、珍珠岩装饰吸声板、玻璃棉装饰吸声板等)、塑料装饰罩面板(聚氯乙烯塑料板、聚乙烯泡沫塑料装饰板、聚苯乙烯泡沫塑料装饰吸声板、钙塑泡沫装饰吸声板等)以及兼有吸声板和装饰功能的纤维水泥加压板 1. 矿棉装饰吸声板其形状有边长500、600、610、625mm的正方形和600mm×1000mm、600mm×1200mm、625mm×1250mm的长方形,厚度为13、16、20mm,表面具有多种纹理与图案,色彩更是繁多,根据龙骨的具体形状和安装方法,有斜角、直角、企口等多种形式 2. 珍珠岩装饰吸声板以表面结构形式分为不穿孔、半穿孔、穿孔吸声板、凹凸吸声板、复合吸声板,规格为300、400、500、600mm的正方形,厚度有10、12、15、18、23、25、35、40mm等多种

续表

项次	项目	要点
1	材料要求	3. 玻璃棉装饰吸声板其板表面喷有一些合成高分子乳液,喷点遮盖率一般在70%以上,该板除作为吊顶饰面板外,尚可作为吸声材料。规格有300mm×300mm×(10、18、20)mm、400mm×400mm×16mm、500mm×500mm×(30、50)mm等几种 4. 聚氯乙烯塑料板品种繁多,色彩鲜艳,一般为500mm边长的正方形,厚度0.4、0.5、0.6mm 5. 聚乙烯泡沫塑料装饰板一般为乳白色,也可根据需要加工成其他颜色,一般为500mm×500mm正方形和1200mm×600mm长方形,厚度0.5、0.6mm 6. 斜塑泡沫装饰吸声板规格和品种繁多,有一般板和难燃板两种,表面有压花凹凸图案和穿孔图案两种。常用规格有边长为300、400、500、305、333、350、496、610mm等正方形,厚度有4、5、5.5、6、7.8、10mm等 7. 聚苯乙烯泡沫塑料装饰吸声板有凹凸型花纹、十字花、四方花、圆角花纹、钻孔等各种图案,一般为边长300、500、600mm的正方形,厚度为15~20mm 8. 纤维水泥加压板分为石棉水泥板(分平板和穿孔板)、纤维增强水泥平板、水泥刨花板和纤维增强硅酸钙板等。穿孔吸声石棉水泥板规格为985mm×985mm×(4、5、6)mm,孔距18.7m,孔径10mm,开孔率19.2%;轻质硅酸钙板规格为500mm×500mm×(10、12、15)mm
2	装饰吸声罩面板吊顶安装	1. 搁置法安装:与铝合金和轻钢T型龙骨配合使用,龙骨吊装调直找平后,将饰面板搁置在主、次龙骨的肢上即可 2. 钉固法安装:采用木龙骨时,应用木螺钉拧紧板面,螺钉头深入板面1~2mm,并用同色混合腻子补平板面,封盖钉眼,U型轻钉龙骨时,应先在龙骨上钻孔,然后将板用螺钉与龙骨固定 矿棉装饰吸声板采用每四块的交角点和板中心用专门的塑料花托脚以螺钉紧固在龙骨上,轻钢U型龙骨用自攻螺钉,木龙骨用木螺钉,螺钉与板边距离应不小于15mm,钉距以150~170mm为宜 3. 粘贴法安装:作为复合吊顶的饰面层,安装时,先将纸面石膏板与龙骨固定作为基层,并要求平整,然后将饰面板背面用胶布贴几个点,平贴在石膏板上,再用专用涂料钉固定或用打钉器将∩形钉钉固在吸声板开榫处,吸声板之间用插件连接,对齐图案 4. 企口暗缝法安装:将饰面板加工成企口暗缝的形式,铝合金及轻钢T型龙骨的两条肢插入暗缝内,不用钉,不用胶,靠两条肢将板担住 5. 塑料花角法安装:珍珠岩装饰吸声板与龙骨固定后,再在板的四角用塑料花角钉牢,并在小花之间沿板边等距离加钉固定

13.2 吊顶工程

续表

项次	项目	要点
3	塑料装饰罩面板吊顶安装	1. 钉固法 （1）聚氯乙烯塑料板安装时，用20～25mm宽的木条，制成500mm的正方形木格，用小圆钉将板钉上，然后再用20mm宽的塑料或铝压条上以固定板面，或钉上特制的塑料小花来固定板面 （2）聚乙烯泡沫塑料装饰板安装时，用圆钉钉在准备好的小木框上，再用塑料或铝压条或塑料小花来固定板面 （3）钙塑泡沫装饰吸声板安装钉固方法： 1）用塑料小花固定：在板四角用塑料小花固定，并在小花之间沿板边按等距离加钉固定，如采用木龙骨，应用木螺钉固定；采用轻钢龙骨，应用自攻螺钉固定 2）用钉和压条固定：常用压条有木压条、金属压条和硬质塑料压条。用钉固定时，钉距不宜大于150mm，钉帽应与板面齐平，排列整齐，并用与板面颜色相同的涂料涂饰 3）用塑料小花、木框及压条固定：与聚氯乙烯塑料板安装钉固法相同 （4）聚苯乙烯泡沫塑料装饰吸声板安装，与聚乙烯泡沫塑料装饰吸声板用钉和压条固定相同 2. 粘贴法 （1）聚氯乙烯塑料板常用胶粘剂有酚醛树脂、环氧树脂和聚醋酸乙烯酯等。安装时用胶粘剂将板直接粘贴在湿抹面层上或粘贴在龙骨上 （2）聚乙烯泡沫塑料装饰板用胶粘剂将板直接粘贴在吊顶基层面上或轻钢龙骨上。如为水泥砂浆基层面时，基层面必须平整、洁净，含水率不得大于8%。表面如有麻面，宜用乳胶腻子批平，再用乳胶水溶液涂刷一遍，以增加粘结力 （3）钙塑泡沫装饰吸声板粘贴时，在已清理好的轻钢或木龙骨及钙塑板的粘面，用XY401胶粘剂、氯丁胶粘剂等涂刷均匀，干燥3～4min后进行粘合 （4）聚苯乙烯泡沫塑料装饰吸声板（薄型）粘贴方法及所用胶粘剂与聚氯乙烯塑料板相同
4	纤维水泥加压板吊顶安装	1. 石棉水泥平板应用螺钉固定法：龙骨间距、螺钉与板边距离及螺钉间距等，应符合设计要求和有关的产品要求。板与板之间的拼缝宜采用离缝做法，缝宽小于5mm，用密封膏或石膏腻子、108胶水泥腻子嵌涂板缝并刮平，硬化后用砂子磨光 2. 纤维增强水泥平板（即TK板）一般采用水泥胶浆与自攻螺钉结合的方法固定在龙骨上，在两张板缝与龙骨间放一条50mm×3mm的再生橡胶垫条，以保证板面平整。板与龙骨应先钻孔，钻头直径应比螺钉直径小0.5～1.0mm，固定时，钉帽必须压入板面1～2mm，钉帽做防锈处理，并用油性腻子嵌平 3. 水泥刨花板可用胶粘剂直接粘贴在轻钢龙骨或木龙骨上，再配以自攻螺钉固定 4. 纤维增强硅酸钙板一般采用水泥胶浆和自攻螺钉的粘、钉结合的方法固定在龙骨上

13.2.8 吊顶工程质量控制与检验
1. 暗龙骨吊顶工程

表 13-47

项次	项目	内容
1	主控项目	1. 吊顶标高、尺寸、起拱和造型应符合设计要求 2. 饰面材料的材质、品种、规格、图案和颜色应符合设计要求 3. 暗龙骨吊顶工程的吊杆、龙骨和饰面材料的安装必须牢固 4. 吊杆、龙骨的材质、规格、安装间距及连接方式应符合设计要求。金属吊杆、龙骨应经过表面防腐处理；木吊杆、龙骨应进行防腐、防火处理 5. 石膏板的接缝应按其施工工艺标准进行板缝防裂处理。安装双层石膏板时，面层板与基层板的接缝应错开，并不得在同一根龙骨上接缝
2	一般项目	1. 饰面材料表面应洁净、色泽一致，不得有翘曲、裂缝及缺损。压条应平直、宽窄一致 2. 饰面板上的灯具、烟感器、喷淋头、风口算子等设备的位置应合理、美观，与饰面板的交接应吻合、严密 3. 金属吊杆、龙骨的接缝应均匀一致，角缝应吻合，表面应平整，无翘曲、锤印。木质吊杆、龙骨应顺直，无劈裂、变形 4. 吊顶内填充吸声材料的品种和铺设厚度应符合设计要求，并应有防散落措施 5. 暗龙骨吊顶工程安装的允许偏差和检验方法应符合表 13-48 的规定

暗龙骨吊顶工程安装的允许偏差和检验方法　　表 13-48

项次	项目	允许偏差(mm)				检验方法
		纸面石膏板	金属板	矿棉板	木板、塑料板、格栅	
1	表面平整度	3	2	2	2	用 2m 靠尺和塞尺检查
2	接缝直线度	3	1.5	3	3	拉 5m 线，不足 5m 拉通线，用钢直尺检查
3	接缝高低差	1	1	1.5	1	用钢直尺和塞尺检查

2. 明龙骨吊顶工程

表 13-49

项次	项目	内容
1	主控项目	1. 吊顶标高、尺寸、起拱和造型应符合设计要求 2. 饰面材料的材质、品种、规格、图案和颜色应符合设计要求。当饰面材料为玻璃板时，应使用安全玻璃或采取可靠的安全措施 3. 饰面材料的安装应稳固严密。饰面材料与龙骨的搭接宽度应大于龙骨受力面宽度的2/3 4. 吊杆、龙骨的材质、规格、安装间距及连接方式应符合设计要求。金属吊杆、龙骨应进行表面防腐处理；木龙骨应进行防腐、防火处理 5. 明龙骨吊顶工程的吊杆和龙骨安装必须牢固
2	一般项目	1. 饰面材料表面应洁净、色泽一致，不得有翘曲、裂缝及缺损。饰面板与明龙骨的搭接应平整、吻合，压条应平直、宽窄一致 2. 饰面板上的灯具、烟感器、喷淋头、风口箅子等设备的位置应合理、美观，与饰面板的交接应吻合、严密 3. 金属龙骨的接缝应平整、吻合、颜色一致，不得有划伤、擦伤等表面缺陷。木质龙骨应平整、顺直、无劈裂 4. 吊顶内填充吸声材料的品种和铺设厚度应符合设计要求，并应有防散落措施 5. 明龙骨吊顶工程安装的允许偏差和检验方法应符合表13-50的规定

明龙骨吊顶工程安装的允许偏差和检验方法 表 13-50

项次	项目	允许偏差(mm)				检验方法
		石膏板	金属板	矿棉板	塑料板、玻璃板	
1	表面平整度	3	2	3	2	用2m靠尺和塞尺检查
2	接缝直线度	3	2	3	3	拉5m线，不足5m拉通线，用钢直尺检查
3	接缝高低差	1	1	2	1	用钢直尺和塞尺检查

14 幕墙与隔墙工程

14.1 幕墙工程

14.1.1 明框玻璃幕墙

明框玻璃幕墙施工方法　　　　表 14-1

构　造	主要材料要求	施　工　要　点
由工厂加工成一根根带有镶嵌槽的铝合金立柱与横梁(图 14-1)以及一块块玻璃,然后运到工地,将立柱安装在主体结构上,再在立柱上安装横梁形成幕墙镶嵌槽框格,玻璃安装在框格的凹槽内或由工厂将带有镶嵌槽的铝合金杆件与玻璃加工组成玻璃框格装配组件,再运到工地安装到固定在主体结构上的型钢或铝合金骨架上	1. 铝合金型材:进入现场应进行壁厚、膜厚、硬度和表面质量检验。用于横梁、立柱等主要受力部位的型材壁厚不得小于 3mm。阳极氧化膜最小平均膜厚不应小于 15μm;粉末静电喷涂涂层厚度平均值不应小于 60μm;电泳涂漆复合膜局部膜厚不应小于 21μm;氟碳喷涂涂层平均厚不应小于 30μm。型材表面应清洁,色泽应均匀 2. 型钢:表面应进行防腐处理。当采用热浸镀锌处理时,其膜厚大于 45μm,当采用静电喷涂时,应大于 40μm	1. 放线定位:应根据土建单位提供的轴线与标高进行复核校正,使之符合设计图纸要求。对于由横竖杆件组成的骨架,一般先弹出竖向杆件的位置,确定锚固点,待竖向杆件通长布置完毕,再将横向杆件弹到竖向杆件上 2. 装配铝合金立柱与横梁的配件:主要装配立柱紧固件之间的连接件、横梁的连接件、安装镀锌钢板、立柱与横梁之间接头的内外套管以及防水胶等 3. 安装立柱与横梁骨架 (1)立柱安装:将骨架立柱型钢连接件与预埋件依弹线位置焊牢;或将立柱型钢连接件与主体结构上的膨胀螺栓(依线钻孔埋设)锚固,如图 14-2。立柱一般每 2 层 1 根,需要接长时,应采用专门的连接件连接固定,同时应满足温度变形的需要,如图 14-3 所示意。立柱每安装完 1 根,即用水平仪调平、固定,全部安装完后,应复验其间距、垂直度,无误后即可安装横梁 (2)横梁安装:如为型钢,可焊接,也可用螺栓连接。焊接时,要排定焊接顺序,防止骨架焊接热变形;用螺栓连接时,用一特殊的穿插件,分别插到横梁的两端,将横梁担住并固定,然后将穿插件与立柱用螺栓固定,如图 14-4;如为铝合金型材骨架时,一般采用角钢或角铝作为连接件。角钢或角铝的一条肢固定横梁,另一条肢固定立柱

续表

构 造	主要材料要求	施 工 要 点
	3.玻璃：根据使用功能要求选用安全玻璃、中空玻璃、热反射镀膜玻璃、吸热玻璃、夹丝玻璃等，进场后应进行厚度、边长、外观质量、应力和边缘处理情况的检验 4.硅酮结构胶和密封材料：其性能应符合表14-2的要求 5.五金件及其他配件	4.玻璃安装：如为型钢骨架，要用窗框过渡，先将玻璃安装在铝合金窗框上，然后再将窗框与型钢骨架连接；如为铝型材骨架，则玻璃安装工艺与铝合金窗框安装一样，较为简单、方便。立柱安装玻璃时，先在内侧安上铝合金压条，然后将玻璃放入凹槽内，再用密封材料封严；横梁安装玻璃时，外侧须用一条盖板封住。玻璃与构件不得直接接触。每块玻璃下面应设不少于2块弹性橡胶定位垫块，四周与凹槽四周空隙应用橡胶条嵌填平整 5.幕墙四周与主体结构之间的缝隙应采用防火的保温材料堵塞，内外表面应采用密封膏连续封闭，接缝应严密无漏水

幕墙用密封胶的性能 表 14-2

项　　目	技 术 指 标			
	硅酮结构密封胶		嵌缝密封胶	
	中性双组分	中性单组分	氯丁密封胶	硅酮耐候密封胶
表干时间(h)	≤3.0	≤3.0	≤0.4	1.0～1.5
初步固化时间(d)	7	7		3
完全固化时间(d)	14～21	14～21	≤0.5	7～14
操作时间(min)	≤30	≤30		
施工温度(℃)	10～30	5～48	−5～50	5～48
邵氏硬度(度)	35～45	35～45		20～30
粘结拉伸强度(H型试件)(N/mm²)	≥0.7	≥0.7		
剥离强度(与玻璃、铝)(N/mm²)		5.6～8.7		
撕裂强度(B模)(N/mm²)	4.7	4.7		3.8
剪切强度(N/mm²)			0.1	

续表

项目	技术指标			
	硅酮结构密封胶		嵌缝密封胶	
	中性双组分	中性单组分	氯丁密封胶	硅酮耐候密封胶
极限拉伸强度(N/mm²)				0.11~0.14
延伸率(%)(哑铃形)	≥100	≥100		
抗臭氧及紫外线拉伸强度	不变	不变		
耐寒性			−40℃	
耐热性	150℃	150℃	90℃	
固化后的变位承受能力(%)	12.5≤δ≤50	12.5≤δ≤50		25≤δ≤50
有效期(月)	9	9~12	12	9~12

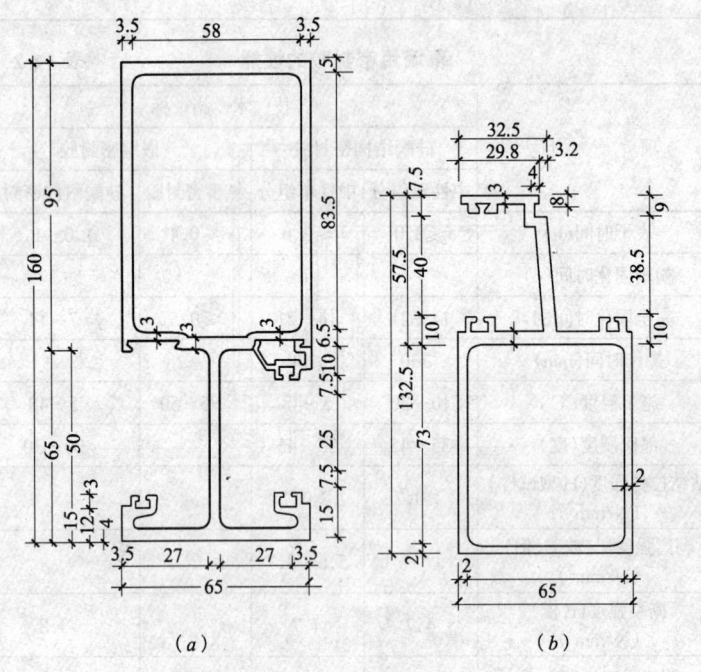

图 14-1 铝合金立柱与横梁形式
(a)立柱截面形式;(b)横梁截面形式

14.1 幕墙工程

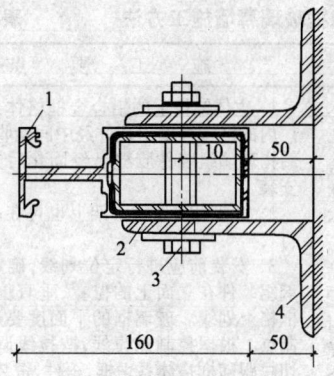
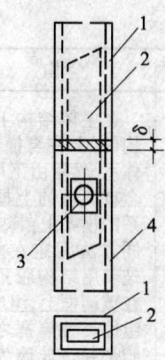

图 14-2 立柱固定节点
1—幕墙竖框;2—铝合金套管;
3—M16×130 不锈钢螺栓;4—∟127×89×9.5 角钢

图 14-3 立柱接长
1—上立柱;2—芯柱;
3—螺栓;4—下立柱;
δ—变形缝宽度

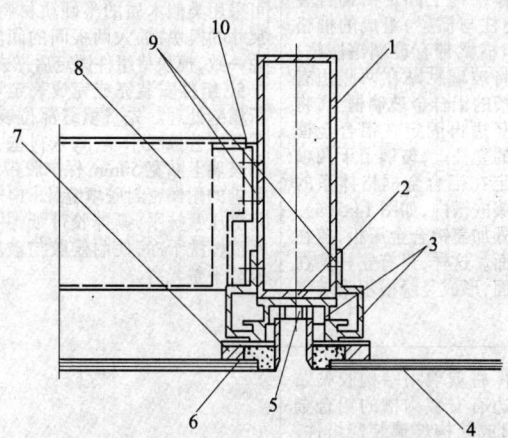

图 14-4 横梁与立柱穿插连接示意
1—立柱;2—聚乙烯泡沫压条;3—铝合金固定玻璃连接件;
4—玻璃;5—密封胶;6—结构胶;7—聚乙烯泡沫;
8—横梁;9—螺栓;10—横梁与立柱连接件

14.1.2 隐框及半隐框玻璃幕墙

隐框及半隐框玻璃幕墙施工方法　　　表 14-3

名称	构　造	施　工　要　点
全隐框玻璃幕墙	在主体结构上固定由铝合金构件(立柱与横梁)组成的框格体系,然后由工厂组装好的铝合金玻璃框的上框接在该框格体系的横梁上,其余三边分别用不同方法固定在立柱与横梁上。玻璃用结构胶预先在工厂粘贴在玻璃框上,组成结构玻璃装配组件。玻璃框之间用结构密封胶密封。玻璃为各种颜色镀膜镜面反射玻璃,玻璃框及铝合金框格体系均隐在玻璃后面,从外侧看不到铝合金框,形成一个大面积的有颜色的镜面反射屏幕幕墙(图 14-5a)	1. 主体结构上的铝合金框格体系以及工厂内的结构玻璃组装件经中间验收合格,且结构玻璃组装件胶缝已经固化后方可进行安装 2. 安装可在外脚手架上也可在吊篮上进行 3. 安装前应进行定位划线,确定结构玻璃组装件在立面上的位置、垂直位置,并在框格上划线。玻璃框的平面度要逐层设控制点。根据控制点拉线,按拉线调整检查,切忌跟随框体系歪框、歪件、歪装 4. 结构玻璃装配组件安装有两种形式,一为内勾块固定式,一为外压板固定式,如图 14-6。当结构玻璃装配组件放置到主梁框架后,在固定件固定前,要逐块调整好组件相互间的齐平和间隙的一致。板间表面齐平可调整固定块的位置或加入垫块;间隙可采用类似木质的半硬质材料制成的标准尺寸的模块,插入两板间的间隙,以确保间隙一致,模块待组件固定后撤去 5. 组件安装完或完成一定单元后,即进行填缝处理。先将填缝部位表面用规定溶剂及工艺擦洗干净,塞入衬垫,在胶缝两侧的玻璃上贴宽 50mm 保护胶带纸,用按设计要求的耐候密封胶填缝(图 14-7),注胶后要将缝压紧抹平,撕掉胶带纸,并将玻璃表面污渍擦洗干净,使耐候胶与玻璃粘结牢固,胶缝平整光滑
竖隐横不隐玻璃幕墙	在主体结构上固定由铝合金构件(立柱与横梁)组成的框格体系,但横梁带有玻璃镶嵌槽。由工厂将玻璃粘贴在两竖边有安装沟槽的铝合金玻璃框上,将玻璃框竖边再固定在铝合金框格体系的立柱上,玻璃上下两横边则固定在铝合金框格体系的横梁的镶嵌槽内,如图 14-5(b)。镶嵌槽外加盖铝合金压板,盖在玻璃外面。这样,只有立柱隐在玻璃后面,形成竖隐横不隐玻璃幕墙	
横隐竖不隐玻璃幕墙	由工厂将玻璃用结构胶粘贴在两横边有安装沟槽的铝合金框上,组成结构玻璃装配组件,运到工地后,安装到主体结构上的铝合金框格体系上,竖向采用玻璃嵌槽内固定,再用铝合金压板固定在立柱的玻璃镶嵌槽内,形成从上到下的整片玻璃由立柱压板分隔成长条形立面,如图 14-5(c)	

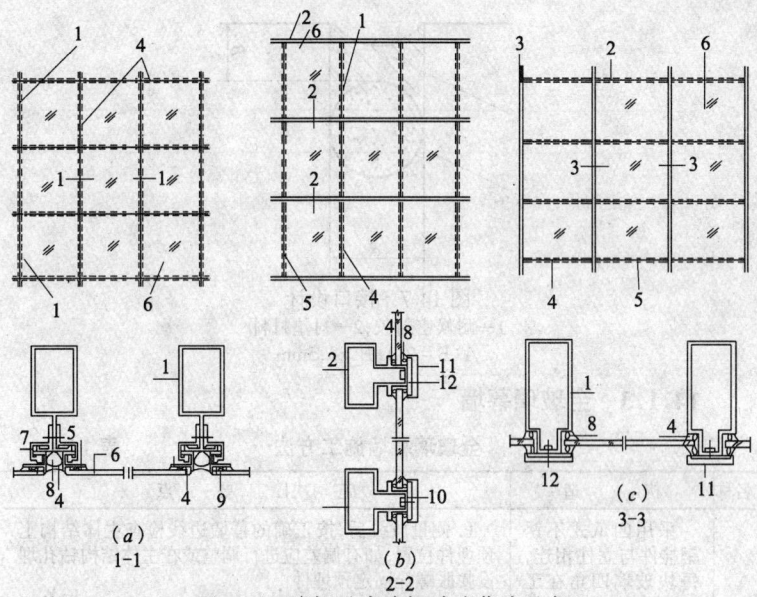

图 14-5 隐框及半隐框玻璃幕墙示意
(a)全隐框玻璃幕墙;(b)竖隐横不隐玻璃幕墙;(c)横隐竖不隐玻璃幕墙
1—玻璃后的立柱;2—横梁;3—机械固定的立柱;4—密封胶;
5—结构胶;6—玻璃;7—固定片;8—垫杆;9—垫条;10—垫板;11—扣板;12—压板

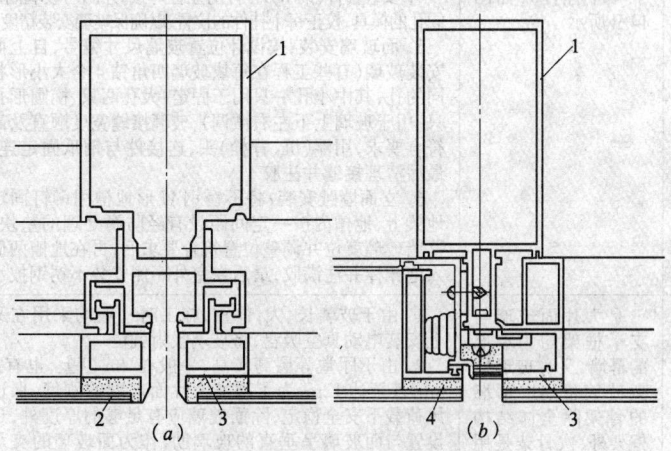

图 14-6 外围护结构组件安装形式
(a)内勾块固定式;(b)外压板固定式
1—立柱;2—玻璃;3—外围护结构组件;4—结构胶

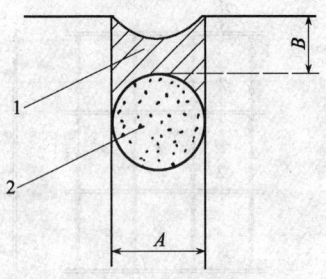

图 14-7 接口设计
1—耐候密封胶；2—衬垫材料
$A:B=2:1; B>3.5mm$

14.1.3 全玻璃幕墙

全玻璃幕墙施工方法　　　　　表 14-4

名称	构造	施工要点
点式连接全玻璃幕墙	采用四爪式不锈钢挂件与立柱相连，每块玻璃四角在工厂钻4个φ20孔，挂件的每个爪与一块玻璃的一个孔相连接（即一块玻璃固定于4个挂件），如图14-9所示	1. 测量放线后，按正确的幕墙边线检查主体结构上预埋件位置，如有偏差应进行调整或在主体结构钻孔埋设膨胀螺栓固定预埋件 2. 自幕墙中心向两边安装立柱和边框，并保证其垂直与间距正确 3. 立柱可采用铝合金、型钢方管，高度大时可采用钢桁架、索桁架等，并与楼板或梁上预埋件焊牢 4. 安装挂件（钢爪），挂件与立柱焊接，并用与玻璃同尺寸同孔的模具，校正每个挂件的位置，以确保玻璃安装精度 5. 面玻璃安装：按设计位置玻璃尺寸编号，自上而下安装玻璃（有些工程在每块玻璃四角钻4个大小形状不同的孔，其中小孔一只用于固定；大孔两只、椭圆形孔一只，用于玻璃上下左右微调），玻璃接缝宽度顺直及高差符合要求，用浮（沉、背栓）头、连接件与钢爪固定连接，最后清理接缝并注胶 6. 立面墙趾安装：将不锈钢U形地槽用铆钉固定在地梁上，地槽内按一定间距设有经防腐处理的垫块，当幕墙玻璃就位并调整位置符合要求后，再在地槽两侧嵌入泡沫棒并注满胶，最后在室外一侧安装不锈钢披水板
玻璃肋胶结全玻璃幕墙	是大片面玻璃与支承框架均为玻璃的幕墙，又称玻璃框架玻璃幕墙。幕墙的骨架除全体结构框架外，次骨架是用玻璃制成的玻璃肋作骨架，采用上下左右用胶固定，且下端	1. 由于玻璃长、大、体重，施工时一般均采用在叉车上安装电动真空吸盘，将玻璃吸附就位 2. 由于厅堂等层高较高，一般在4m以上，也有7～8m，甚至达12m，为了增加大片面玻璃的刚度，保证在风荷载下安全稳定，除面玻璃应有足够的厚度外，还应设置与面玻璃呈垂直的玻璃肋，作为面玻璃的支承框架，玻璃肋固定在楼层板（或架）上。大片玻璃与玻璃肋相交部位的处理形式有后置式、骑缝式、平齐式和突出式等，见图14-10

续表

名称	构造	施工要点
玻璃肋胶结全玻璃幕墙	采用支点,如图14-8,形成一种全透明、全视野的玻璃幕墙,一般用于厅堂、商店橱窗等	3. 当层高较高时,由于玻璃较高,长细比较大,搁置在下部镶嵌槽时,玻璃自重使玻璃变形,容易发生压屈,导致玻璃破坏,需用上吊式。即在大片面玻璃上设置专用夹具,将玻璃吊挂起;下部镶嵌槽用干式(湿式、混合)装配,玻璃与槽底应留有伸缩空隙,如图14-9 4. 当幕墙用于一个楼层时,面玻璃与肋玻璃上下均用镶嵌槽夹住;如层高较低时,上部镶嵌槽底与玻璃之间留有伸缩空隙(空隙用密封胶密封) 5. 单块面玻璃面积大小、厚度及肋玻璃的宽度、厚度应经过计算确定 6. 全玻璃幕墙跨层使用时,平面上有三种布置方法,即内嵌式、平齐式和突出墙面式。面玻璃与墙(或柱)相交处需用密封胶填缝;垂直玻璃肋上下两片间设水平玻璃支撑,并用结构密封胶固定并密封

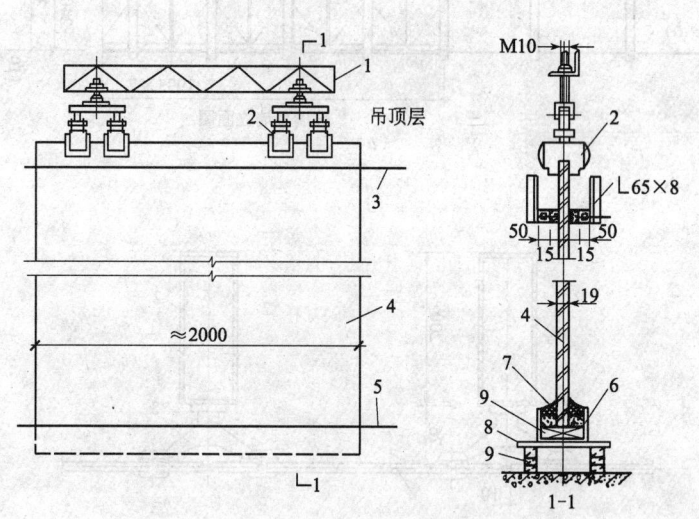

图 14-8 玻璃肋胶结全玻璃幕墙构造示意
1—上部钢桁架;2—夹紧装置;3—封顶板;4—玻璃;
5—地面;6—3mm厚不锈钢槽;7—密封胶;8—6mm厚钢板;9—橡胶垫块

14 幕墙与隔墙工程

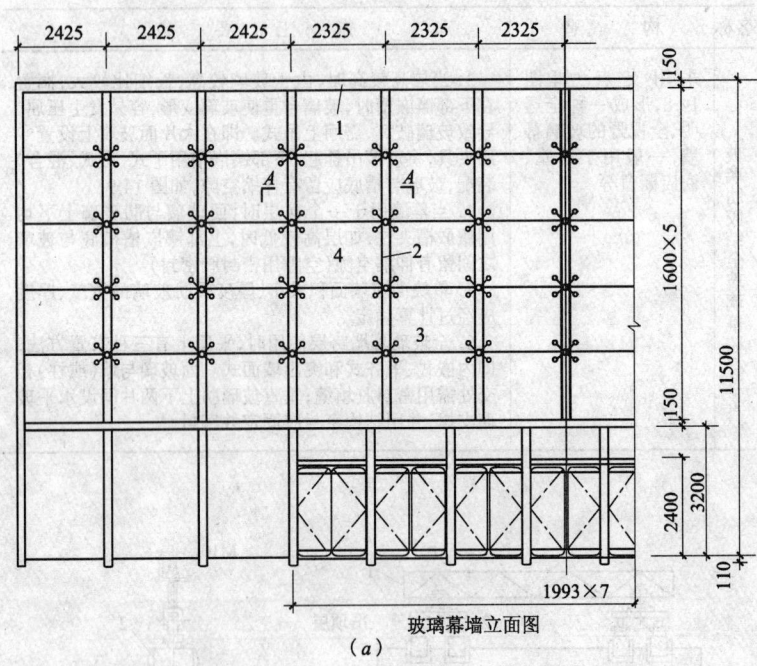

(a)

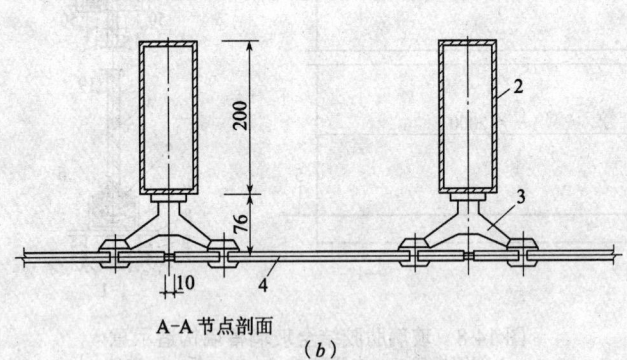

A-A节点剖面
(b)

图14-9 点式连接全玻璃幕墙构造示意
(a)立面图;(b)A—A剖面
1—边框;2—立柱;3—挂件;4—钢化玻璃

14.1 幕墙工程

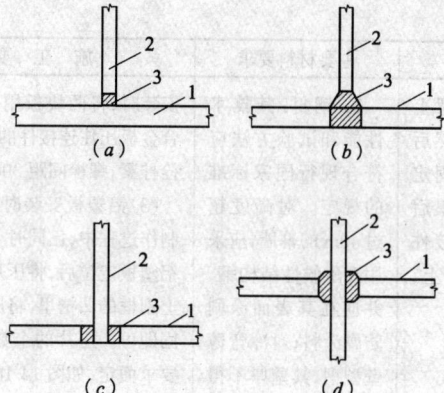

图 14-10 面玻璃与肋玻璃相交部位的处理
(a)后置式;(b)骑缝式;(c)平齐式;(d)突出式
1—面玻璃;2—肋玻璃;3—胶密封

14.1.4 金属幕墙

金属幕墙施工方法　　　　　　表 14-5

构造、特点	主要材料要求	施 工 要 点
由工厂定制的金属板(铝合金或不锈钢单板、铝塑复合板、铝合金蜂窝板等)作为围护墙面,与窗一起组合而成。其构造形式基本上分为附着式和构架式两类。 附着式是在混凝土剪力墙上用螺栓或预埋件焊接固定角钢,再根据金属板尺寸将轻钢型材固定在角钢上。在金属之间用匚形压条将板固定在轻钢型材上,最后在压条上用防水嵌缝橡胶填充,如图 14-11 构架式一般用于主体结构为框架结	1. 铝合金板材:其性能应达到国家相关标准及设计要求。板材表面应进行二涂、三涂或四涂的氟碳树脂处理。铝合金单板厚度不应小于 2.5mm;铝塑复合板的上下两层铝合金板的厚均应为 0.5mm,铝板与夹心层的剥离强度应大于 7N/mm²,常用厚度为 2、4、6mm 三种规格;蜂窝板应根据使用功能与耐久年限,分别选用厚度为 10、12、15、20 和 25mm,用于墙外侧的铝板略厚,一般为 1.0～1.5mm,而内侧板厚为 0.8～1.0mm	1. 放线:首先检查土建结构质量,如结构的垂直度、平整度偏差较大时,应采取措施予以修整 2. 固定骨架的连接件:骨架的横竖杆件是通过连接件与结构固定,而连接件与结构之间可以与结构上的预埋件焊牢,也可以在墙上打洞用膨胀螺栓固定 3. 固定骨架:骨架应预先进行防锈、防腐处理。安装骨架位置要准确,结合要牢固。安装后要检查中心线和表面标高。对多层和高层建筑宜用经纬仪对横竖杆件进行贯通校核 4. 安装铝合金板: (1)铝合金单板的安装是采用异形角铝和压条(单压条和双压条,如图 14-13)与骨架连接和收口处理,见图 14-14 (2)蜂窝铝合金板的安装。蜂窝板在工厂制造过程中已将连接件、周边封边框等同板一起完成,如图 14-15,

1091

续表

构造、特点	主要材料要求	施工要点
构,在框架的柱梁上安装型钢骨架,然后再将轻钢型材固定到受力骨架上,最后将金属板用连接件固定于轻钢型材上,如图14-12	2.钢材:其技术性能和试验方法应符合现行国家标准的规定。对高度超过40m的幕墙,应采用高耐候性结构钢,并应在其表面涂刷防腐涂料;对冷弯薄壁型钢,其壁厚不得小于3.5mm 3.铝合金型材:其性能要求参见本章明框玻璃幕墙 4.硅酮结构胶和密封材料,其性能应符合表14-2的要求	安装时,将两块板用一块5mm的铝合金板压住连接件的两端,然后用螺栓拧紧,螺栓间距300mm左右 (3)铝塑板安装时,铝塑板在工厂制作过程中,已同时安装好副框。待铝塑板定位后,将压片的两脚插到板上副框的凹槽里,将压片上的螺栓紧固即可。压片的个数及间距按设计要求而定,如图14-16所示 (4)板与板之间的间隙一般为10~20mm,用橡胶条或密封胶等弹性材料封缝密封处理 (5)铝合金板安装完毕后,在易于被污染的部位,用塑料薄膜覆盖保护,易被划伤碰撞部位,应设安全栏杆保护

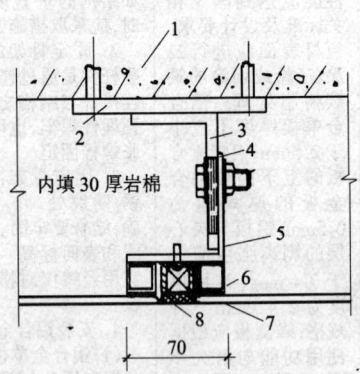

图14-11 附着式金属幕墙构造示意
1—混凝土剪力墙;2—预埋件;3—L 90×60×8角钢;
4—M12螺栓;5—直角轻钢型材;6—结构胶;7—铝合金板;8—密封胶

14.1 幕墙工程

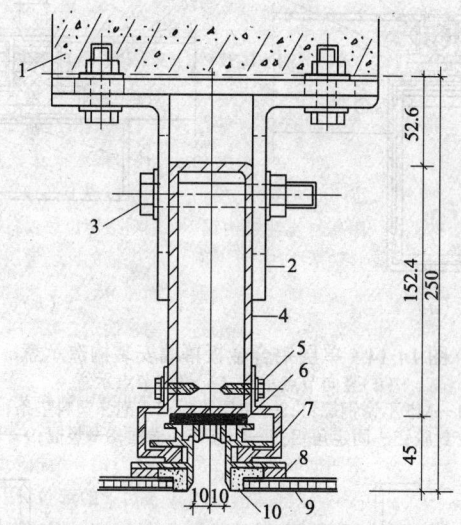

图 14-12 构架式金属幕墙构造示意
1—钢筋混凝土框架结构；2—角钢连接件；3—镀锌螺栓；
4—钢管骨架；5—螺栓加垫圈；6—聚乙烯泡沫塑料填充；7—固定钢板件；
8—泡沫塑料填充，周边再用密封胶密封；9—铝塑板；10—密封胶

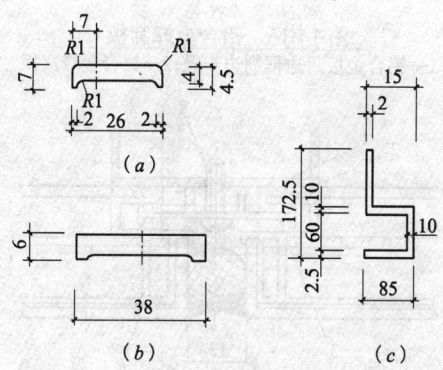

图 14-13 异形角铝和压板
(a)单压条；(b)双压条；(c)异形角铝

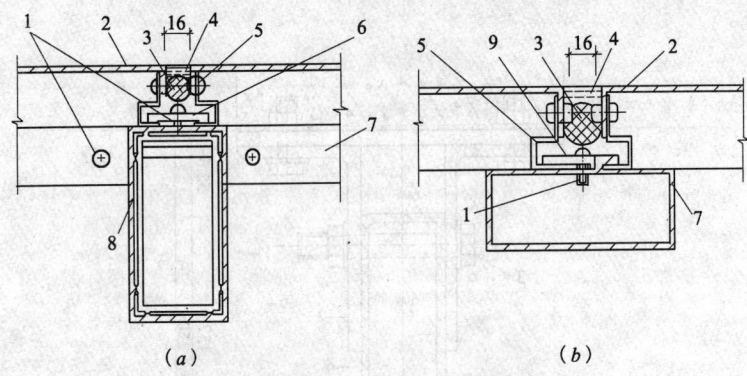

图14-14 单层铝合金板幕墙安装构造示意
(a)竖向节点示意;(b)横向节点示意
1—M5不锈钢螺钉;2—单层铝板;3—泡沫塑料垫条;
4—密封胶;5—固定角铝;6—压条;7—横框;8—竖框;9—压条

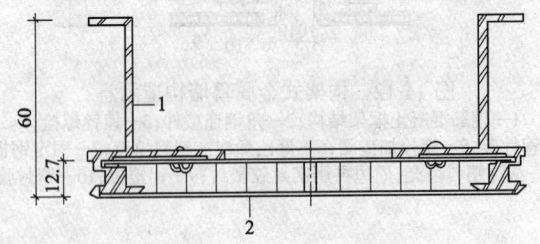

图14-15 铝合金蜂窝板
1—铝合金板封边框周边布置;2—铝合金蜂窝板

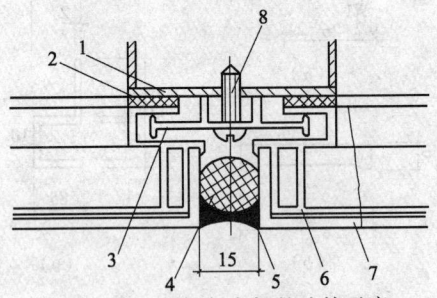

图14-16 副框与主框的连接示意
1—主框;2—胶垫;3—压片;4—泡沫胶条;
5—密封胶;6—副框;7—铝塑板;8—自攻螺钉

14.1.5 石材幕墙

石材幕墙施工方法 表14-6

名称	构造	石材选用与加工	施 工 要 点
直接干挂式石材幕墙	将被安装的石材饰面板通过金属挂件直接安装固定在主体结构上，如图14-17	1. 石材 (1)幕墙用石材宜选用火成岩，含水率应小于0.8%，厚度不应小于25mm，弯曲强度不应小于8MPa；外观质量应符合《天然花岗石建筑板材》(GB 18601)优等品标准的要求 (2)花岗石表面常用的处理方法有磨光、烧毛、凿毛、刹平、荔枝面等，加工时应用机械研磨和高压水冲洗，不得采用溶剂型化学清洗剂清洗石材。处理后的花岗石表面干燥后进行刷涂或喷涂有机硅防护剂 (3)石材应结合组合形式并确定工程中使用的基本形式进行加工。加工后的板材编号应同设计一致，避免造成混乱 2. 石板加工 (1)钢销式安装的石板：钢销的孔位应根据石板大小而定，孔位距离板端不得小于石板厚度的3倍，也不大于180mm；钢销间距不宜大于600mm；销孔深度宜为22～23mm，直径为7mm或 8mm，钢销直径为5mm或6mm，长度宜为20～30mm (2)通槽式安装的石板：石板的通槽宽度宜为6mm或7mm；支撑板厚度不锈钢不宜小于3mm，铝合金不宜小于4mm	1. 测量放线：在主体结构各转角外吊垂线，用来确定石材的外轮廓尺寸，并检查墙面的平整度，误差较大时应进行部分剔凿处理。以轴线及各层标高线为基线，分别弹出板材横竖向分格控制线 2. 根据翻样图和挂件形式，确定钻孔位置进行钻孔，并安放不锈钢膨胀螺栓，孔径、孔深应按设计要求 3. 在石板顶边和底边按要求进行打孔。将不锈钢挂件(图14-18)临时安装在埋入主体结构的不锈钢膨胀螺栓上 4. 安装饰面板：按已编号对号入座的饰面板将它临时就位，并用不锈钢销钉通过平板挂件孔眼插入石板孔内(插入销钉前孔内先注入环氧胶粘剂)，在对石板平整度、垂直度调整后，将所有螺栓拧紧固定 5. 清理、嵌缝：石板全部安装完毕，清理墙面，贴防污胶条进行嵌缝(图14-19)，缝宽一般为8mm

续表

名称	构造	石材选用与加工	施工要点
骨架式干挂石材幕墙	当主体结构为框架结构时,先在框架结构的梁、柱上安装型钢或铝合金骨架,然后通过干挂件将石板悬挂于型钢或铝合金骨架上,如图14-20	(3)短槽式安装的石板:每块石板上下边应各开两个短平槽,槽长不应小于100mm,槽宽宜为6mm或7mm,在有效长度内槽深不宜小于15mm。支撑板厚度:不锈钢时不宜小于3mm;铝合金时不宜小于4mm。两短槽边距石板两端的距离不应小于石板厚的3倍,且不应小于85mm,也不应大于180mm (4)单元石板幕墙组装:将石板、防火板、防火材料、玻璃窗等按设计要求组装在铝合金框架上,石板之间采用铝合金T形连接件连接,边部石板与框的连接采用铝合金L形连接件	1. 测量放线:操作要求同直接干挂式石材幕墙 2. 安装骨架:竖向槽钢用膨胀螺栓固定在主体结构的框架柱、架上,横向槽钢与竖向槽钢焊接固定 3. 挂线:按翻样图,用径纬仪测出大角两个面的竖向控制线,并在大角上下两端固定挂线的角钢,用钢丝挂竖向控制线 4. 支座层石板托架,放置底层石板,调节位置并临时固定 5. 槽钢上钻孔,插入固定螺栓,镶不锈钢固定件 6. 用嵌缝胶嵌入下层石板上部孔眼,插入连接钢针,嵌上层石板下孔 7. 临时固定上层石板,钻孔,插膨胀螺栓,镶不锈钢固定件。重复上述工序6、7,直至完成全部石板安装 8. 清理石板缝,贴防污条、嵌缝
单元体干挂石材幕墙	利用特殊强化的铝合金框架,将石板、铝合金窗、玻璃保温层等全部在工厂组装在铝合金框架上,组装成整片墙面的单元体,运到工地直接安装到主体结构上,如图14-21	(5)预制复合板:在工厂按设计规格支设模板,将石材薄板对号入座,先放底面石板,再安两侧石板,使呈凵形,用调色水泥浆勾缝,然后放入钢筋网、钢筋骨架、金属夹和预埋件等并绑扎牢固。浇筑细石混凝土并刮平振捣密实后,再放入槽形板内模,浇筑侧边细石混凝土,自然养护一周或电热、蒸汽养护达强度后脱模,并竖起立放,防止损坏棱角	1. 在工厂将石材饰面板和窗及玻璃幕墙等按设计要求的分格进行加工组装成一个单元体 2. 测量放线:将混凝土楼面的预埋件凿出并清洗干净。根据建筑物轴线弹出纵横轴基准线和水平标高线 3. 将幕墙单元的铝码托架按线安装到楼面的预埋件上,进行点焊调节高低的角码,待确定位置无误后,对角码进行满焊固定,焊后涂上防锈、防腐涂料,然后安装横料,调整标高 4. 在楼层顶部安置吊重与悬挂支架轨道系统,以便安装单元体 5. 幕墙单元体从楼层运出,并在楼层边沿提升起来,然后安装在对应的墙面位置,调整好水平与垂直后,紧固角码螺栓,并在内侧包上透明保护膜,做好成品保护 6. 单元体安装完毕,按要求完成封口扣板与单元框的连接

14.1 幕墙工程

续表

名称	构 造	石材选用与加工	施 工 要 点
预制复合板干挂石材幕墙	以石材薄板为饰面板,钢筋细石混凝土为衬模,用不锈钢连接件连接,在工厂进行浇筑预制成饰面复合板,运到工地后与主体结构用连接件连接固定,如图14-22		1.定位放线:按立面图定位放线,弹出复合板的位置线及分块线,柱中及铝合金窗的垂直线和侧边线 2.焊接连接件:凿出柱上预埋件并处理干净。按分块线焊接连接件 3.安装复合板:安装前将板两头弹上中线,安装时吊起复合板与主体结构上弹好的中心线与分块线对中,校正垂直度与方正后,即可拧紧连接件螺栓 4.嵌缝:复合板安装后,20mm留缝处擦拭干净,嵌填聚乙烯苯板和密封材料

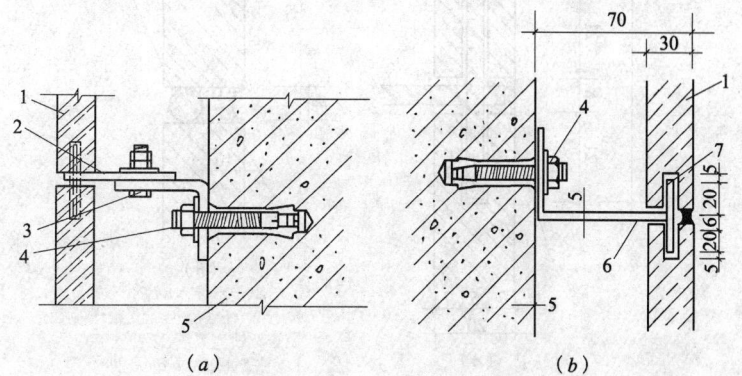

图14-17 直接式干挂石材幕墙构造示意
(a)二次直接法;(b)直接做法
1—石材;2—舌板;3—不锈钢螺栓;4—敲击式重荷锚栓;
5—钢筋混凝土墙,外涂防水涂料;
6—不锈钢挂件;7—2mm厚不锈钢板填焊固定

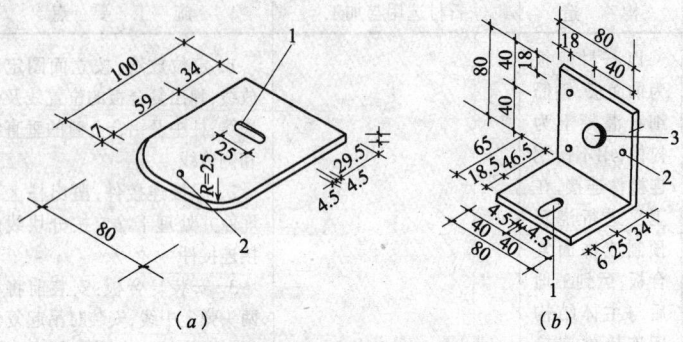

图 14-18 不锈钢挂件
(a)平板挂件;(b)角钢挂件
1—$\phi 9\times 25$ 椭圆孔;2—$\phi 6$ 孔;3—$\phi 20$ 孔

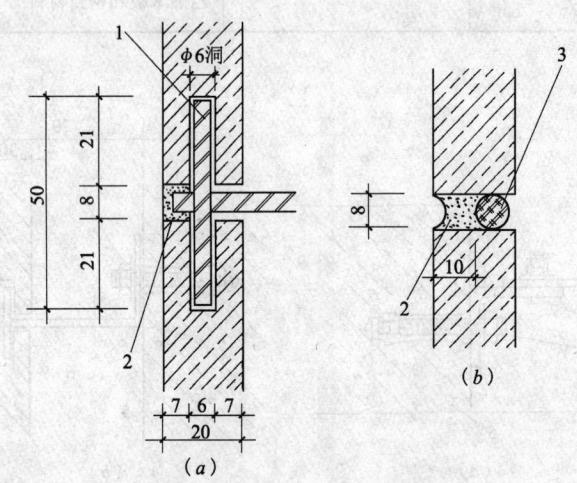

图 14-19 石材幕墙嵌缝示意
(a)销钉孔部位嵌缝处理;(b)其他部位嵌缝处理
1—不锈钢钢钉;2—密封胶;3—泡沫塑料圆条

14.1 幕墙工程

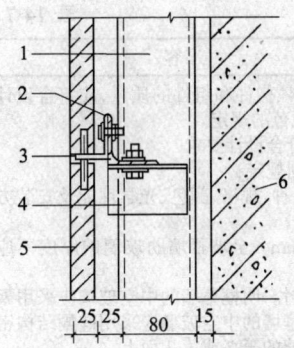

图 14-20　骨架式干挂石材幕墙构造示意
1—钢立柱∟8；2—钢横梁∟50×50×5；
3—不锈钢销钉式挂件；4—钢角码；
5—石材；6—基层

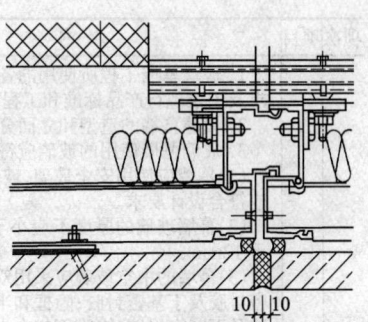

图 14-21　单元体干挂石材幕墙构造示意

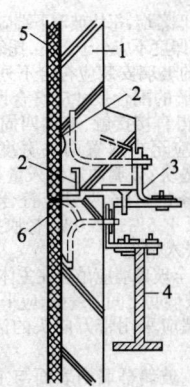

图 14-22　预制复合板干挂石材幕墙构造示意
1—预制钢筋混凝土板；2—不锈钢连接环；
3—连接器具；4—钢大梁；5—石材；6—支承材料

14.1.6 幕墙工程质量控制与检验
1. 玻璃幕墙工程

表 14-7

项次	项目	内容
1	主控项目	1．玻璃幕墙工程所使用的各种材料、构件和组件的质量，应符合设计要求及国家现行产品标准和工程技术规范的规定 2．玻璃幕墙的造型和立面分格应符合设计要求 3．玻璃幕墙使用的玻璃应符合下列规定： (1)幕墙应使用安全玻璃，玻璃的品种、规格、颜色、光学性能及安装方向应符合设计要求。 (2)幕墙玻璃的厚度不应小于 6.0mm。全玻幕墙肋玻璃的厚度不应小于 12mm。 (3)幕墙的中空玻璃应采用双道密封。明框幕墙的中空玻璃应采用聚硫密封胶及丁基密封胶；隐框和半隐框幕墙的中空玻璃应采用硅酮结构密封胶及丁基密封胶；镀膜面应在中空玻璃的第 2 或第 3 面上。 (4)幕墙的夹层玻璃应采用聚乙烯醇缩丁醛(PVB)胶片干法加工合成的夹层玻璃。点支承玻璃幕墙夹层玻璃的夹层胶片(PVB)厚度不应小于 0.76mm。 (5)钢化玻璃表面不得有损伤；8.0mm 以下的钢化玻璃应进行引爆处理。 (6)所有幕墙玻璃均应进行边缘处理 4．玻璃幕墙与主体结构连接的各种预埋件、连接件、紧固件必须安装牢固，其数量、规格、位置、连接方法和防腐处理应符合设计要求 5．各种连接件、紧固件的螺栓应有防松动措施；焊接连接应符合设计要求和焊接规范的规定。 6．隐框或半隐框玻璃幕墙，每块玻璃下端应设置两个铝合金或不锈钢托条，其长度不应小于 100mm，厚度不应小于 2mm，托条外端应低于玻璃外表面 2mm 7．明框玻璃幕墙的玻璃安装应符合下列规定： (1)玻璃槽口与玻璃的配合尺寸应符合设计要求和技术标准的规定。 (2)玻璃与构件不得直接接触，玻璃四周与构件凹槽底部应保持一定的空隙，每块玻璃下部应至少放置两块宽度与槽口宽度相同、长度不小于 100mm 的弹性定位垫块；玻璃两边嵌入量及空隙应符合设计要求。 (3)玻璃四周橡胶条的材质、型号应符合设计要求，镶嵌应平整，橡胶条长度应比边框内槽长 1.5%～2.0%，橡胶条在转角处应斜面断开，并应用粘结剂粘结牢固后嵌入槽内 8．高度超过 4m 的全玻幕墙应吊挂在主体结构上，吊夹具应符合设计要求，玻璃与玻璃、玻璃与玻璃肋之间的缝隙，应采用硅酮结构密封胶填嵌严密 9．点支承玻璃幕墙应采用带万向头的活动不锈钢爪，其钢爪间的中心距离应大于 250mm 10．玻璃幕墙四周、玻璃幕墙内表面与主体结构之间的连接节点、各种变形缝、墙角的连接节点应符合设计要求和技术标准的规定 11．玻璃幕墙应无渗漏 12．玻璃幕墙结构胶和密封胶的打注应饱满、密实、连续、均匀、无气泡，宽度和厚度应符合设计要求和技术标准的规定 13．玻璃幕墙开启窗的配件应齐全，安装应牢固，安装位置和开启方向、角度应正确；开启应灵活，关闭应严密 14．玻璃幕墙的防雷装置必须与主体结构的防雷装置可靠连接

14.1 幕墙工程

续表

项次	项目	内容
2	一般项目	1. 玻璃幕墙表面应平整、洁净；整幅玻璃的色泽应均匀一致；不得有污染和镀膜损坏 2. 每平方米玻璃的表面质量和检验方法应符合表1的规定 **每平方米玻璃的表面质量和检验方法　　表1** 	项次	项目	质量要求	检验方法
---	---	---	---
1	明显划伤和长度>100mm的轻微划伤	不允许	观察
2	长度≤100mm的轻微划伤	≤8条	用钢尺检查
3	擦伤总面积	≤500mm^2	用钢尺检查 | 3. 一个分格铝合金型材的表面质量和检验方法应符合表2的规定 **一个分格铝合金型材的表面质量和检验方法　表2** | 项次	项目	质量要求	检验方法
---	---	---	---
1	明显划伤和长度>100mm的轻微划伤	不允许	观察
2	长度≤100mm的轻微划伤	≤2条	用钢尺检查
3	擦伤总面积	≤500mm^2	用钢尺检查	 4. 明框玻璃幕墙的外露框或压条应横平竖直，颜色、规格应符合设计要求，压条安装应牢固。单元玻璃幕墙的单元拼缝或隐框玻璃幕墙的分格玻璃拼缝应横平竖直、均匀一致 5. 玻璃幕墙的密封胶缝应横平竖直、深浅一致、宽窄均匀、光滑顺直 6. 防火、保温材料填充应饱满、均匀，表面应密实、平整 7. 玻璃幕墙隐蔽节点的遮封装修应牢固、整齐、美观 8. 明框玻璃幕墙安装的允许偏差和检验方法应符合表14-8的规定 9. 隐框、半隐框玻璃幕墙安装的允许偏差和检验方法应符合表14-9的规定

明框玻璃幕墙安装的允许偏差和检验方法　　表14-8

项次	项目		允许偏差（mm）	检验方法
1	幕墙垂直度	幕墙高度≤30m	10	用经纬仪检查
		30m<幕墙高度≤60m	15	
		60m<幕墙高度≤90m	20	
		幕墙高度>90m	25	

续表

项次	项目		允许偏差(m)	检验方法
2	幕墙水平度	幕墙幅度≤35m	5	用水平仪检查
		幕墙幅度>35m	7	
3	构件直线度		2	用2m靠尺和塞尺检查
4	构件水平度	构件长度≤2m	2	用水平仪检查
		构件长度>2m	3	
5	相邻构件错位		1	用钢直尺检查
6	分格框对角线长度差	对角线长度≤2m	3	用钢尺检查
		对角线长度>2m	4	

隐框、半隐框玻璃幕墙安装的允许偏差和检验方法　　表14-9

项次	项目		允许偏差(mm)	检验方法
1	幕墙垂直度	幕墙高度≤30m	10	用经纬仪检查
		30m<幕墙高度≤60m	15	
		60m<幕墙高度≤90m	20	
		幕墙高度>90m	25	
2	幕墙水平度	层高≤3m	3	用水平仪检查
		层高>3m	5	
3	幕墙表面平整度		2	用2m靠尺和塞尺检查
4	板材立面垂直度		2	用垂直检测尺检查
5	板材上沿水平度		2	用1m水平尺和钢直尺检查
6	相邻板材板角错位		1	用钢直尺检查
7	阳角方正		2	用直角检测尺检查
8	接缝直线度		3	拉5m线，不足5m拉通线，用钢直尺检查
9	接缝高低差		1	用钢直尺和塞尺检查
10	接缝宽度		1	用钢直尺检查

2. 金属幕墙工程

表 14-10

项次	项目	内容
1	主控项目	1. 金属幕墙工程所使用的各种材料和配件,应符合设计要求及国家现行产品标准和工程技术规范的规定 2. 金属幕墙的造型和立面分格应符合设计要求 3. 金属面板的品种、规格、颜色、光泽及安装方向应符合设计要求 4. 金属幕墙主体结构上的预埋件、后置埋件的数量、位置及后置埋件的拉拔力必须符合设计要求 5. 金属幕墙的金属框架立柱与主体结构预埋件的连接、立柱与横梁的连接、金属面板的安装必须符合设计要求,安装必须牢固 6. 金属幕墙的防火、保温、防潮材料的设置应符合设计要求,并应密实、均匀、厚度一致 7. 金属框架及连接件的防腐处理应符合设计要求 8. 金属幕墙的防雷装置必须与主体结构的防雷装置可靠连接 9. 各种变形缝、墙角的连接节点应符合设计要求和技术标准的规定 10. 金属幕墙的板缝注胶应饱满、密实、连续、均匀、无气泡,宽度和厚度应符合设计要求和技术标准的规定 11. 金属幕墙应无渗漏
2	一般项目	1. 金属板表面应平整、洁净、色泽一致 2. 金属幕墙的压条应平直、洁净、接口严密、安装牢固 3. 金属幕墙的密封胶缝应横平竖直、深浅一致、宽窄均匀、光滑顺直 4. 金属幕墙上的滴水线、流水坡向应正确、顺直 5. 每平方米金属板的表面质量和检验方法应符合下表的规定 **每平方米金属板的表面质量和检验方法** | 项次	项目	质量要求	检验方法
---	---	---	---
1	明显划伤和长度>100mm 的轻微划伤	不允许	观察
2	长度≤100mm 的轻微划伤	≤8 条	用钢尺检查
3	擦伤总面积	≤500mm^2	用钢尺检查	 6. 金属幕墙安装的允许偏差和检验方法应符合表 14-11 的规定

金属幕墙安装的允许偏差和检验方法　　　表 14-11

项次	项　目		允许偏差(mm)	检　验　方　法
1	幕墙垂直度	幕墙高度≤30m	10	用经纬仪检查
		30m<幕墙高度≤60m	15	
		60m<幕墙高度≤90m	20	
		幕墙高度>90m	25	
2	幕墙水平度	层高≤3m	3	用水平仪检查
		层高>3m	5	
3	幕墙表面平整度		2	用 2m 靠尺和塞尺检查
4	板材立面垂直度		3	用垂直检测尺检查
5	板材上沿水平度		2	用 1m 水平尺和钢直尺检查
6	相邻板材板角错位		1	用钢直尺检查
7	阳角方正		2	用直角检测尺检查
8	接缝直线度		3	拉 5m 线,不足 5m 拉通线,用钢直尺检查
9	接缝高低差		1	用钢直尺和塞尺检查
10	接缝宽度		1	用钢直尺检查

3. 石材幕墙工程

表 14-12

项次	项目	内　　　容
1	主控项目	1. 石材幕墙工程所用材料的品种、规格、性能和等级,应符合设计要求及国家现行产品标准和工程技术规范的规定。石材的弯曲强度不应小于 8.0MPa;吸水率应小于 0.8%。石材幕墙的铝合金挂件厚度不应小于 4.0mm,不锈钢挂件厚度不应小于 3.0mm 2. 石材幕墙的造型、立面分格、颜色、光泽、花纹和图案应符合设计要求 3. 石材孔、槽的数量、深度、位置、尺寸应符合设计要求 4. 石材幕墙主体结构上的预埋件和后置埋件的位置、数量及后置埋件的拉拔力必须符合设计要求 5. 石材幕墙的金属框架立柱与主体结构预埋件的连接、立柱与横梁的连接、连接件与金属框架的连接、连接件与石材面板的连接必须符合设计要求,安装必须牢固

14.1 幕墙工程

续表

项次	项目	内 容
1	主控项目	6．金属框架和连接件的防腐处理应符合设计要求 7．石材幕墙的防雷装置必须与主体结构防雷装置可靠连接 8．石材幕墙的防火、保温、防潮材料的设置应符合设计要求,填充应密实、均匀、厚度一致 9．各种结构变形缝、墙角的连接节点应符合设计要求和技术标准的规定 10．石材表面和板缝的处理应符合设计要求 11．石材幕墙的板缝注胶应饱满、密实、连续、均匀、无气泡,板缝宽度和厚度应符合设计要求和技术标准的规定 12．石材幕墙应无渗漏
2	一般项目	1．石材幕墙表面应平整、洁净,无污染、缺损和裂痕。颜色和花纹应协调一致,无明显色差,无明显修痕 2．石材幕墙的压条应平直、洁净、接口严密、安装牢固 3．石材接缝应横平竖直、宽窄均匀;阴阳角石板压向应正确,板边合缝应顺直;凸凹线出墙厚度应一致,上下口应平直;石材面板上洞口、槽边应套割吻合,边缘应整齐 4．石材幕墙的密封胶缝应横平竖直、深浅一致、宽窄均匀、光滑顺直 5．石材幕墙上的滴水线、流水坡向应正确、顺直 6．每平方米石材的表面质量和检验方法应符合下表的规定 **每平方米石材的表面质量和检验方法** |项次|项 目|质量要求|检验方法| |---|---|---|---| |1|裂痕、明显划伤和长度>100mm 的轻微划伤|不允许|观察| |2|长度≤100mm 的轻微划伤|≤8 条|用钢尺检查| |3|擦伤总面积|≤500mm^2|用钢尺检查| 7．石材幕墙安装的允许偏差和检验方法应符合表 14-13 的规定

石材幕墙安装的允许偏差和检验方法　　　　表 14-13

项次	项 目	允许偏差(mm) 光面	允许偏差(mm) 麻面	检验方法
1	幕墙垂直度 幕墙高度≤30m	10		用经纬仪检查
	30m<幕墙高度≤60m	15		
	60m<幕墙高度≤90m	20		
	幕墙高度>90m	25		

续表

项次	项 目	允许偏差 (mm) 光面	允许偏差 (mm) 麻面	检验方法
2	幕墙水平度	3		用水平仪检查
3	板材立面垂直度	3		用水平仪检查
4	板材上沿水平度	2		用1m水平尺和钢直尺检查
5	相邻板材板角错位	1		用钢直尺检查
6	幕墙表面平整度	2	3	用垂直检测尺检查
7	阳角方正	2	4	用直角检测尺检查
8	接缝直线度	3	4	拉5m线,不足5m拉通线,用钢直尺检查
9	接缝高低差	1	—	用钢直尺和塞尺检查
10	接缝宽度	1	2	用钢直尺检查

14.2 隔墙工程

14.2.1 石膏空心砌块隔墙

石膏空心砌块隔墙施工方法　　表14-14

特点与用途	材料要求	施工要点
石膏空心砌块是由石膏、水泥及其他添加剂拌合、浇筑成型、自然干燥制成的薄型空心砌块。可用于非承重内隔墙,具有墙体薄、质量轻、价格便宜、不需抹灰、减少湿作业、劳动生产率高等	1. 石膏空心砌块外形尺寸为长192mm,宽为80和90mm,高为492mm,周边有企口,其性能见表14-15,砌块可用木工锯、刨等工具进行切断、开槽、刨削,但严禁浸水雨淋,应贮存在干燥、	1. 弹线:在地面上弹出墙面和门洞位置线,隔墙两端立皮数杆 2. 导墙混凝土:一般选用C20混凝土,截面宜比墙面收小5mm,高度>60mm,且要求平整 3. 固定凸条:凸条为防腐木条,截面为16mm×30mm和12mm×18mm,用预埋木砖、铁钉(或射钉枪、水泥钉)钉于导墙面和隔墙两端柱、墙或木门窗框上,要求固定牢固、平直

14.2 隔墙工程

续表

特点与用途	材料要求	施工要点
优点。但在湿度很大的房间，如洗衣房、公共浴室不宜使用	通风的室内 2.砌筑胶泥：一般配比为石膏粉：SG791胶＝1:0.6～0.7，胶泥调制量以一次不超过20min使用时间为准，也可使用SG792胶，胶为单组分，呈乳膏状，不需调制，可直接使用，也可采用其他嵌缝、砌筑材料，使用时可选用其中的一种	4.砌筑砌块：砌筑前先拉麻线，砌块应错缝搭砌。铺胶泥时，先在砌块缝内刷一遍羧甲基纤维素液，随刷随铺胶泥，然后放上砌块砌筑，灰缝厚度控制在8～10mm，胶泥铺设长度以一块砌块长度为限，铺胶泥一块，砌筑一块，校正一块，施工停歇时，必须一皮收头并嵌缝完毕，不允许留设垂直施工缝。砌筑到离楼板(或梁)底20mm左右时，用木楔楔紧，最后用砌筑胶泥填塞缝隙，如隔墙不到顶，则应加设压顶。每班可砌筑高度为3度(1.5m高) 隔墙一般用80mm砌块砌筑，墙体最大长度为6m，若墙的长度＞6m时，墙中应加设立柱(混凝土柱、木柱均可)，其截面为70mm×70mm，安装时用木楔在楼板底或梁底与柱顶间卡紧，然后用石膏胶粘剂嵌入缝内。带有门窗洞口的墙，其柱应设在门洞处 纵横墙都采用砌块时，相交处形成L形或T形墙，在相交处应上下层交叉，并放置ϕ5钢筋，长度2000mm，端部加弯钩，同时在墙体转角处距墙角两侧宽100mm，沿墙高在表面刨去2～3mm，然后用白胶粘贴玻纤布一层 80mm砌块砌筑的墙体最大高度为3.5m，若墙高大于该限度时，应在墙体2/3高度处加设混凝土小梁，其截面为100mm×80mm，带有门窗洞口的墙，小梁应放在门窗洞口上面 5.嵌缝：每完成一皮砌块后，随即嵌缝，要求密实并与墙面齐平 6.墙面饰面：一般不需抹灰，用石膏腻子满刮1～3遍，可直接刷涂料或贴墙纸。如墙面需防水时，可刷偏氯乙烯共聚乳液二遍，干后再刷乳胶漆或贴瓷砖

石膏空心砌块技术性能   表 14-15

项目	指标			
	普通型		防潮型	
	80mm厚	90mm厚	80mm厚	90mm厚
重量(kg/m²)	60±5	70±5	70±5	80±5
抗压强度(MPa)	≥5		≥4	
抗折强度(MPa)	≥1.8		≥1.5	
导热系数[W/(m·K)]	≤0.2		≤0.4	
耐水软化系数	≥0.3		≥0.55	
耐火极限(h)	>1.5	>2.22	>1.5	>2.25

14.2.2 增强石膏条板隔墙

增强石膏条板隔墙施工方法   表 14-16

特点与用途	材料要求	施工要点
增强石膏条板隔墙，是指采用增强石膏条板单板做成的隔墙或以双层条板中设空气层或填聚苯、岩棉等软质材料组成的防火、隔声墙。具有重量轻、强度高、隔热、隔声、防火等性能，一般单层板做分室墙和隔墙，双层空心条板可做分户墙	1. 增强石膏条板，简称石膏圆孔条板，是以建筑石膏为胶结料和适量的水泥、珍珠岩为骨料，加水搅拌制成料浆，用玻璃纤维网格布增强，浇制成空心条板，孔形为圆形，条板两侧边有企口或装有埋件，其技术性能见表14-17，标准板外形尺寸（长×宽×厚）：2400～3000mm×595mm×60mm和2400～3900mm×595mm×90mm 2. 胶粘剂：性能见表14-18	1. 弹线：在楼地面上弹出墙面和门洞位置线并引测到顶棚和墙或柱 2. 架立靠放墙板的临时方木：临时方木分上方木和下方木。上方木可直接压线顶在上部结构底面，下方木可离楼地面约100mm左右，上下方木之间每隔1.5m左右立支撑方木，并用木楔将下方木与支撑方木之间楔紧。临时方木支设后，即可安装隔墙板 3. 条板运输宜垂直码放发车，板下距板两端500～700mm处加垫方木；现场堆放应选地势较高且平坦场地，侧立堆放，板下用方木架起垫平，上盖苫布 4. 条板安装时，按放线位置从门口向天框旁开始。通天框应在墙板安装前先立好固定。单层门框板与门框连接见图14-23 5. 条板安装常用下楔法。即在条板上端和一侧面刷涂1号石膏粘结剂或108胶水泥砂浆，然后将板立于预定位置，用撬棍将板撬起，使板顶与上部结构底面粘紧；板的一侧与主体结构或已安装好的另一块墙板粘紧；如图14-24示意，并在板下两侧各1/3处打两组木楔楔紧，撤出撬棍，板即固定，随后在板下填塞干硬性混凝土

续表

特点与用途	材料要求	施 工 要 点
		6. 板缝挤出的粘结材料应及时刮净,并用胶粘剂粘贴 50~60mm 宽玻纤布封缝 7. 阴阳转角和门窗框边缝处用 2 号石膏胶粘剂粘贴 200mm 宽玻纤布,然后用石膏腻子分两遍刮平,总厚度控制 3mm,外饰面做法按设计要求 8. 双层条板隔墙,先安装一道条板,露明于房间的墙面必须平整,然后安装电气设备管线,再安装另一侧条板,如中间为空气夹层则留缝 20mm,如为填聚苯、岩棉等材料时,应留缝 40~50mm,边安装条板边填聚苯或岩棉。两侧条板板缝应错开 ≥200mm

增强石膏条板技术性能 表 14-17

项 目	指 标	项 目	指 标
抗压强度(MPa)	≥7	软化系数	≥0.5
干密度(kg/m³)	≤1150	收缩率(%)	≤0.08
板重(kg/m²)	60 厚≤55;90 厚≤65	隔声量(dB)	≥30
抗弯荷载	≥1.8G	含水率(%)	≤3.5
抗冲击(30kg 砂袋,落差 500mm)	3 次板背面不裂	吊挂力(N)	≥800

注:G——一块条板的自重。

石膏型胶粘剂及腻子技术性能 表 14-18

项 目	指 标		
	1 号石膏型胶粘剂	2 号石膏型胶粘剂	石膏腻子
抗剪强度(MPa)	≥1.5	≥2.0	
抗压强度(MPa)			≥2.5
抗折强度(MPa)			≥1.0
粘结强度(MPa)	≥1.0	≥2.0	≥0.2
初凝时间(h)	0.5~1.0	0.5~1.0	

续表

项目	指标		
	1号石膏型胶粘剂	2号石膏型胶粘剂	石膏腻子
终凝时间(h)			3.0
用途	用于条板与条板拼缝,条板顶端与主体结构的粘结	用于条板上预留吊挂件、构配件粘结和条板预埋件补平	用于条板墙面修补和找平

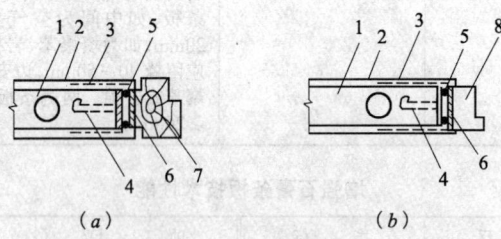

图 14-23 石膏圆孔条板与门框连接
(a)隔墙条板与木门框连接;(b)隔墙条板与钢门框连接
1—单层门框板;2—石膏腻子批嵌;3—接缝处200mm宽玻纤布加强;
4—1号埋件;5—点焊;6—1号连接件;7—木门框;8—钢门框

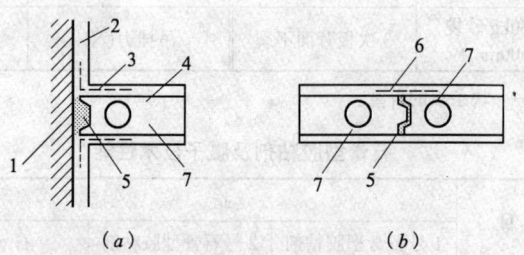

图 14-24 石膏圆孔条板的刚性连接
(a)条板与主体结构连接;(b)条板与条板连接
1—结构主体;2—结构内墙粉刷;3—阴阳角200mm宽玻纤布加强;
4—石膏腻子批嵌 3mm 厚;5—1号石膏型胶粘剂粘结;
6—50~60mm宽玻纤布封缝;7—石膏圆孔板

14.2.3 加气混凝土板隔墙

加气混凝土板隔墙施工方法　　　　表 14-19

特点与用途	材料要求	施 工 要 点
加气混凝土板隔墙是指加气混凝土单板的隔墙或双层加气混凝土板中设空气层或填矿渣棉的隔声防火墙。 具有重量轻、强度高、隔热、隔声、防火等性能，一般单层板用于分室墙和厨房、厕所等隔墙；双层板隔墙常用于分户墙	1. 加气混凝土墙板是以钙质和硅质材料为基本原料，以铝粉为发气剂，经蒸压、养护等工艺制成的一种多孔轻质板材。板材内一般配有单层钢筋网片。墙板按采用的原材料分为水泥、矿渣、砂加气混凝土，水泥、石灰、砂加气混凝土和水泥、石灰、粉煤灰加气混凝土三种；按干密度分为 500kg/m³ 和 700kg/m³；抗压强度分为 3MPa 和 5MPa 两种；导热系数为 0.1163W/m·K；隔声系数 30～40dB；条板规格为长度按设计要求订货，宽度 500、600mm，厚度 75、100、120mm 2. 粘结砂浆和墙面修补材的配合比见表 14-20	1. 板材一般成捆包装运输，严禁用铁丝捆扎和用钢丝绳兜吊。现场堆放应侧立，不得平放，堆放场地应坚实、平坦、干燥，板下用方木垫起、垫平 2. 根据设计图纸，在楼地面上弹出墙身位置线，并引测到两侧墙面及上部楼板底 3. 架立靠放墙板的临时方木、架立方法与要求参见 14.2.2 节施工要点 4. 墙板安装顺序，当有门洞口时，应从门洞口处向两侧依次安装；无门洞口时，应从墙的一端向另一端依次安装 5. 墙板安装时，先将条板粘结面用钢丝刷刷去油垢、渣末、尘土，然后在条板上端涂抹一层胶粘剂，厚约 3mm，将板立于预定位置，用撬棒将板撬起，使板顶与上部结构底面粘紧，板的一侧与主体结构或已装好的另一块条板粘紧，并在板下用木楔楔紧，撤出撬棒，板即固定 6. 板与板之间用粘结砂浆粘结，拼缝要挤紧，以挤出砂浆为宜，缝宽不得大于 5mm，挤出的砂浆应及时清理干净，并沿板缝上下 1/3 处，按 30°角斜向钉入铁销或铁钉，如图 14-25 丁字和转角交接处的墙板用粘结砂浆粘结，并沿板缝 700～800mm 距离斜向钉入长度不小于 150mm 的 φ8 铁销或铁钉（图 14-26），铁销或铁钉应经防腐处理 7. 板固定后，在板下塞入 1:2 水泥砂浆或细石混凝土，凝固后撤出木楔，再用 1:2 水泥砂浆或细石混凝土堵孔，如木楔已采取防腐处理的则可不撤出 8. 每块板安装后，应用靠尺检查墙面垂直和平整情况 9. 对于有门窗洞口的墙体，一般均采取后塞的窗框，其余量最多不超过 10mm，越小越好。门窗框用胶粘剂固定，缝用贴脸盖缝，如图 14-27 10. 双层墙板的分户墙，应先安装一侧墙板，再安装另一侧墙和填缝材料，并使两侧墙板拼缝相互错开不少于 200mm

14 幕墙与隔墙工程

粘结砂浆及墙面修补材料配合比　　表14-20

项次	名称和用途	配　合　比
1	粘结砂浆	1. 水泥:细砂:108胶:水＝1:1:0.2:0.3 2. 水泥:砂＝1:3,加适量108胶水溶液
2	修补材料	1. 水泥:石膏:加气混凝土粉＝1:1:3,加适量108胶水溶液 2. 水泥:石灰膏:砂＝1:3:9或1:1:6,适量加水 3. 水泥:砂＝1:3,加适量108胶水溶液

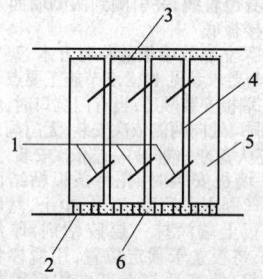

图14-25　板与板之间连接
1—经防腐处理的铁钉;2—木楔;
3—胶粘剂;4—粘结砂浆;
5—加气混凝土条板;
6—水泥砂浆或细石混凝土

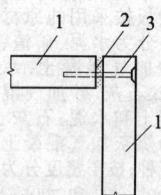 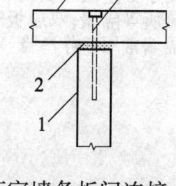

图14-26　转角与丁字墙条板间连接
1—加气混凝土条板;2—粘结砂浆;
3—经防腐处理的φ8钢筋并打尖,
长度不小于150mm

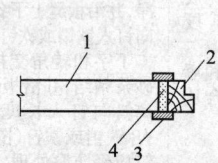 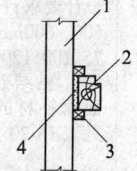

图14-27　墙板与门窗框连接
1—加气混凝土条板;2—木门框;3—贴脸;4—胶粘剂

14.2.4　泰柏板隔墙

泰柏板隔墙施工方法　　表14-21

特点与用途	技术性能	施工要点
泰柏板在工厂制造,由板块状焊接钢丝网笼和阻燃性泡沫塑料(聚苯乙烯)	1. 自重轻:墙板重3.9kg/m²,砂浆抹面后重85kg/m²,比半砖墙还轻64%左右	1. 弹线:按墙体厚度分别在地面和顶板弹出墙体厚度线 2. 配件准备:安装之前计算出所需配件及数量,常用配件见表14-22

续表

特点与用途	技术性能	施工要点
芯组成,如图 14-28 所示。板的重量轻,不碎裂,易于防水与防火,易于剪裁和拼接,便于运输与组装成墙,并可预先设置水电导管、开关盒、门窗框和埋件等,然后在表面喷涂或抹水泥砂浆形成完整的泰柏板墙体,也可根据设计要求在外表面作面砖、马赛克等各种饰面 主要用于高度 <3.05m、门窗宽度 <1.22m 的非承重内隔墙,特别适于高层建筑,是一种多功能轻质复合墙板	2. 强度高:高度或跨度为2.44m 和3.05m 的泰柏板,横向许用荷载分别为1950N/m² 和 1220N/m² 3. 防火:泰柏板墙面抹水泥砂浆和贴石膏板后,耐火极限可达 1.3h、2h、5h 4. 保温、隔热:泰柏板墙的热阻约为 0.64m·K/W,性能优于两砖墙,即可用于内墙又可用于外墙 5. 隔声:通常在 41～53dB 之间 6. 除以上主要性能外,还具有防振、防潮、抗冻融等优点 7. 规格:宽1220mm,厚76mm,长有 2140mm、2440mm、2740mm 等三种	3. 墙板固定:泰柏板与顶板或地面的连接用膨胀螺栓固定,如图 14-29 所示,要求紧密牢固 4. 墙板拼装:在拼缝处用箍码把之字条或平连接网同横向钢丝连接以补强,要求紧密牢固,如图 14-30 所示 5. 墙板转角及门窗洞口处理:阳角必须用不小于 306mm 宽的角网补强,阴角必须用蝴蝶网补强,如图 14-31 所示。门窗洞口用之字条补强,如图 14-32 6. 墙板抹灰:墙板抹灰应分两层进行,第一层厚约 10mm,用 1:2.5 水泥砂浆打底;第二层厚约 8～12mm,用 1:3 水泥砂浆罩面、压光;在墙体任一面先抹第一层,抹后用带齿抹灰铲沿平行桁条方向拉出小槽,以利第二层粘结,湿养护 48h 后,抹另一面的第一层,湿养护 48h 后,再抹第二层,抹完后 3d 内严禁碰撞

常用泰柏板安装配件表　　　表14-22

名称	简图	用途
之字条		用于泰柏板横向及竖向拼接缝处,还可连接成蝴蝶网或Ⅱ型桁条,做阴角加固或木门窗框安装之用
204mm 宽平连接网		14 号钢丝网,网格为 50.8mm×50.8mm,用于泰柏板横向及竖向拼接缝处,用方格网卷材现场剪制
102mm×204mm 角网		材料与平连接网相同,做成 L 形,边长分别为 102mm 和 204mm,用于泰柏板阳角补强,用方格网卷材现场剪制

续表

名 称	简 图	用 途
U码		与膨胀螺栓一起使用。用于泰柏板与地面、顶板、梁、金属门框以及其他结构等的连接
箍码		用于将平连接网、角网、U码、之字条与泰柏板连接,以及泰柏板间拼接
压片 3mm×48mm×64mm 或3mm×40mm×80mm		用于U码与楼地面等的连接
蝴蝶网		二条之字条组合而成,主要用于板墙结合之阴角补强
Ⅱ型桁条		三条之字条组合而成,主要用于木质门窗框的安装,以及洞口的四周补强

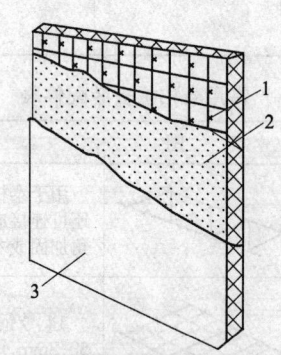

图14-28 泰柏板的构造示意
1—14号镀锌钢丝制成的桁条网笼骨架;
2—中间厚57mm聚苯乙烯泡沫塑料板,外抹水泥砂浆层;
3—外表面层可喷涂或粉刷任意各种饰面

14.2 隔墙工程

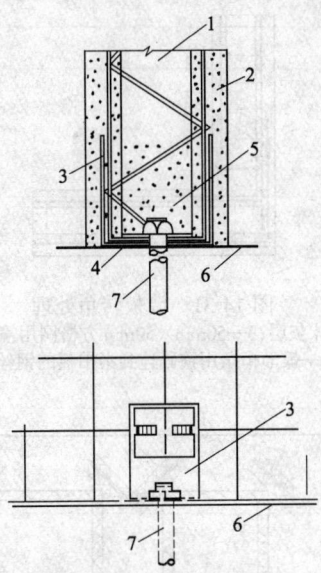

图 14-29 泰柏板与顶板或地面连接示意
1—泰柏板；2—泰柏板两侧粉 20mm 以上 1:3 水泥砂浆；
3—标准的 U 码用箍码同泰柏板连接；4—3mm×48mm×64mm 压片；
5—外墙 U 码处泡沫塑料除去，回填水泥砂浆(地面用)；6—混凝土顶板或地面；
7—膨胀螺栓(外墙用 $\phi 10\times 50$，内墙用 $\phi 8\times 50$)

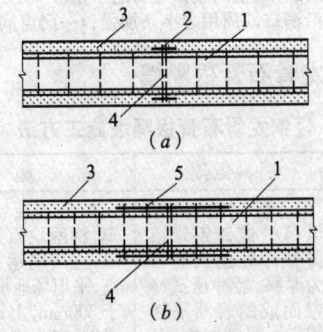

图 14-30 墙板缝拼接
(a)内墙板缝拼接；(b)外墙板缝拼接
1—泰柏板；2—在拼缝面两侧，用箍码把之字形条同横向钢丝连接；
3—抹灰层；4—拼接缝；5—204mm 宽平连接网

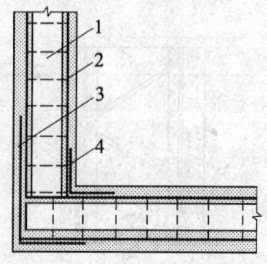

图 14-31 墙板转角处理
1—泰柏板;2—抹灰层;3—50mm×50mm 方格网用箍码连到泰柏板上;
4—蝶形桁条用箍码连到泰柏板的钢丝上

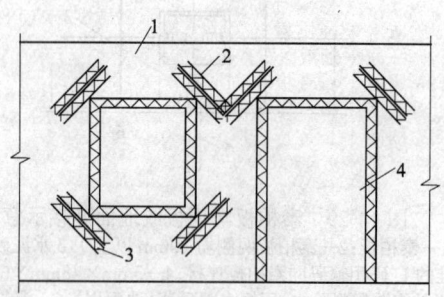

图 14-32 门窗洞口加强处理
1—泰柏板;2—用箍码或铁丝将之字条沿 45°方向补强;
3—沿洞口四周用之字条加强;4—门窗洞口

14.2.5 轻钢龙骨石膏板隔墙

轻钢龙骨石膏板隔墙施工方法　　　　表 14-23

特点与用途	材料要求	施 工 要 点
是以轻钢龙骨为骨架,以纸面石膏板为饰面板盖在龙骨两侧,组成两面平整、中间空心的轻质非承重墙体。可分为单排龙骨双面单层石膏板隔墙、单排龙骨双面双层石膏板隔墙、双排龙骨双面双层石膏板隔墙	1. 轻钢龙骨:是以薄壁镀锌钢带或薄壁冷轧退火卷带为原料,经冲压或冷弯而成的轻质隔墙板支承骨架材料,其规格尺寸见表 14-26。龙骨不得有生锈、扭曲、几何尺寸不匀等现象。为了保证轻钢龙骨隔墙	1. 石膏板场内运输宜用平板手推车,将两块石膏板正面朝里,成对码垛,立放侧运;露天堆放应选地势较高、平坦场地搭设平台,平台离地不少于 300mm,上铺油毡,堆垛上用苫布遮盖;室内堆放,下垫方木,方木间距不大于 600mm,堆放高度不大于 1.0m 轻钢龙骨应存放于无腐蚀性危害的室内 2. 轻钢龙骨安装:

续表

特点与用途	材料要求	施 工 要 点
等,根据隔声、保温要求选用,如图 14-33 示意 具有分隔房间灵活,自重轻(仅为半砖墙的 1/10),刚度大,防火(表14-24)、隔声(表14-25)、保温性能好,装配化程度高,干作业,施工简单、方便等优点。可用于分室和分户非承重墙,但除防水石膏板隔板外,一般不宜用于厨房、厕所以及空气相对湿度经常大于 70% 的潮湿环境中	有足够的刚度和强度,对于不同构造、用料的隔墙高度应予以适当控制,其限制高度如表14-27 2. 纸面石膏板:是以半水石膏和面纸为主要原料,掺入适量纤维、胶粘剂、促凝剂、缓凝剂、经料浆配制、成型、切割、烘干而成的一种轻质板材。分为普通纸面石膏板、防火石膏板和防水石膏板。其规格(mm):长×宽×厚 = 3000 × 1200 × 9.5(12、15、25),板边形状有矩形棱边、楔形棱边和 45°倒角棱边。物理性能见表14-28	(1)弹线:在地面及楼板底分别弹出沿地、沿顶龙骨中心线和位置线;弹出隔墙两端边的竖向龙骨中心线和位置线以及门洞位置线 (2)断料:根据设计图纸和实际尺寸,用电动无齿砂轮切割机切割龙骨并分类堆放 (3)安装沿地、沿顶龙骨:当设计采用水泥、水磨石、大理石等踢脚板时,墙的下端应浇筑 C20 墙垫;当设计采用木或塑料等踢脚板时,则墙的下端可直接搁置于地面。安装时先在地面或墙垫及顶面上按位置线铺垫橡胶条或沥青泡沫塑料,再按规定间距用射钉、膨胀螺栓将沿地、沿顶和沿墙龙骨固定于主体结构上(图14-34)。射钉中距按 0.6~1.0m 布置,水平方向不大于 1.0m,垂直方向不大于 1.0m。射钉射入基体的最佳深度:混凝土基体为 22~32mm,砖砌体基体为 30~50mm。龙骨接头要对齐顺直,接头两端 50~100mm 处均要设固定点 (4)安装竖向龙骨:根据确定的龙骨间距,在沿地、沿顶龙骨上分档划线,竖向龙骨应由墙的一端开始排列,当隔墙上有门(窗)口时,应从门(窗)口向一侧或两侧排列。安装时将预先切好长度的竖向龙骨对准上下墨线,依次插入沿地、沿顶龙骨的凹槽内,翼缘朝向拟安装的板材方向。竖向龙骨接长,可用 U 形龙骨套在 C 形龙骨的接缝处,用拉铆钉或自攻螺钉固定。竖向龙骨间距按设计要求采用,一般宜在 300~600mm 左右。竖向龙骨上下端除有规定外,一般应与沿地、沿顶龙骨用铆钉或自攻螺钉固定 (5)安装门窗等洞口加强龙骨:先安装洞口两侧竖向加强龙骨,再安装洞口上下横向加强龙骨,最后再安装较大洞口两外侧上下加强龙骨及斜撑 (6)当隔墙高度超过石膏板的长度时,应设水平龙骨。水平龙骨可用沿地、沿顶龙骨与竖向龙骨连接;也可采用竖向龙骨用卡托和角托连接于竖向龙骨

续表

特点与用途	材料要求	施 工 要 点
		(7)安装通贯横撑龙骨必须与竖向龙骨的冲孔保持在同一水平上,并卡紧牢固,不得松动 (8)当隔墙中设置各种附墙设备及挂件时,均应按设计要求在安装骨架时预先将连接件与骨架连接牢固 3. 纸面石膏板安装: (1)石膏板应在无应力状态下安装,不得强压就位,板与周围墙、柱应松散地吻合,应留有<3mm 的槽口,先将 6mm 左右的嵌缝膏加注好,然后挤压嵌缝膏使其和邻近表层紧密接触,阴角处用腻子嵌满,贴上玻纤带,阳角处应做扩角 (2)石膏板对接缝应错开,隔墙两面的板横向接缝也应错开;墙两面的接缝不能落在同 1 根龙骨上。板与吊顶连接时,只与竖向龙骨固定,与墙、柱连接时,只与连接处的第 2 根竖向龙骨固定 (3)石膏板与龙骨应采用十字头自攻螺钉固定。单层 12mm 厚板用 M4×25mm 螺钉;双层 12mm 厚板用 M4×35mm 螺钉。钉距:四周为 250mm,中间为 300mm,周边钉离板边缘 10~15mm,钉头端面略埋入板面,但不得损坏纸面。钉眼应用石膏腻子抹平。如石膏板与金属减振条连接时,螺钉应与减振条固定,切不可与竖向龙骨连接,钉距为 200mm (4)双层石膏板时,面板与底板的连接,可采用自攻螺钉,也可采用 SG791 胶粘剂粘贴,粘结厚度以 2~3mm 为宜 (5)面板接缝处理主要有无缝(暗缝)、压缝和明缝三种做法。无缝处理:在拼缝处用专用胶液调配的石膏腻子填嵌刮平,同时粘贴 60mm 宽玻纤带,然后再用石膏腻子刮平。应选用有倒角的石膏板,见图 14-35(a);压缝做法:采用木压条、金属压条或塑料压条压在板与板的缝隙处。应选用无倒角的石膏板,如图 14-35(b);明缝做法:用特殊工具(针锉和针锯)将板缝勾成明缝,然后压进金属压条或塑料压条。应选用无倒角的石膏板,如图 14-35(c)

14.2 隔墙工程

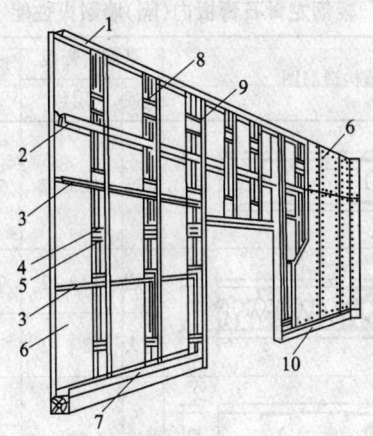

图 14-33 轻钢龙骨隔墙构造示意图
1—沿顶龙骨；2—横撑龙骨(支撑在卡托和角托上)；
3—通贯横龙骨；4—支撑卡；5—通贯孔；6—石膏板；
7—沿地龙骨；8—竖向龙骨；9—加强龙骨；10—踢脚板

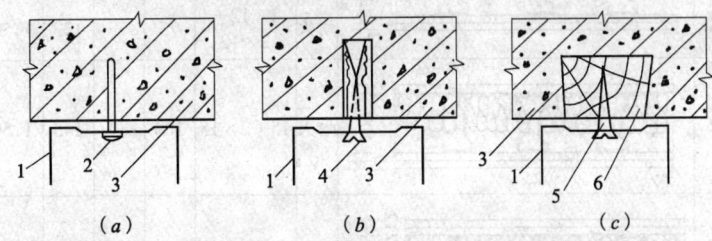

图 14-34 沿地、沿顶龙骨固定方法
(a)射钉固定法；(b)膨胀螺栓固定法；(c)木螺钉固定法
1—沿地、沿顶龙骨；2—射钉；3—混凝土结构；4—膨胀螺栓；5—木螺钉；6—预埋木砖

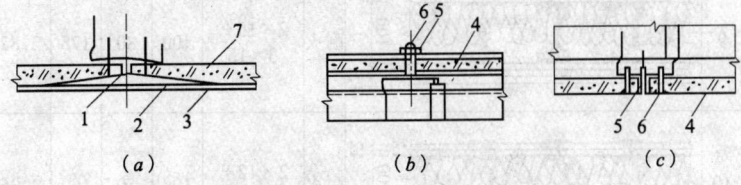

图 14-35 板缝处理
(a)无缝处理；(b)压缝处理；(c)明缝处理
1—石膏腻子填缝；2—接缝玻纤带；3—石膏腻子；
4—矩形棱角石膏板；5—铝合金压条；6—平圆头自攻螺钉；7—45°倒角棱边石膏板

轻钢龙骨石膏板内(隔)墙耐火性能　　表 14-24

试件编号	隔墙构造简图	纸面石膏板 性质	纸面石膏板 层数	龙骨 (mm)	填充岩棉 (mm)	隔墙厚度 (mm)	耐火极限 (h)
1		普通	12+12	75	—	99	0.52
2		普通	12+12	75	50	99	0.90
3		耐火	12+12	75	50	99	1.05
4		普通	15+2×15	75	—	120	1.10
5		普通	2×12+2×12	75	—	123	1.10
6		耐火	2×12+2×12	75	—	123	1.50
7		耐火	15+2×15	100	80	145	1.50
8		耐火	2×12+3×12	100	100	160	2.00
9		耐火	2×15+3×15	100	80	175	2.82
10		耐火	2×12+3×15	100	50	160	2.95

14.2 隔墙工程

续表

试件编号	隔墙构造简图	纸面石膏板 性质	纸面石膏板 层数	龙骨 (mm)	填充岩棉 (mm)	隔墙厚度 (mm)	耐火极限 (h)
11		耐火	(9.5+3×12)+(9.5+3×12)	双排 100	100	291	3.00
12		耐火	3×15+3×15	150	100	240	4.00

注：表中数据编号 4~6 为四川消防科学研究所试验结果，其他为国家固定灭火系统和耐火构件质量监督检验中心试验结果。

轻钢龙骨石膏板内（隔）墙隔声性能　　　表 14-25

隔墙构造简图	层　　数	龙骨 (mm)	填充岩棉 (mm)	弹性条	墙厚 (mm)	自重 (kg/m)	隔声量 (dB)
	12+12	75	—	—	99	27	37
	12+12	75	50	—	99	31	43
	12+2×12	75	—	—	111	39	41
	12+2×12	75	50	—	111	43	46
	2×12+2×12	75	—	—	123	51	44
	2×12+2×12	75	50	—	123	55	49
	2×12+2×12	75	50	有	123	54	50
	12+12	50	—	有	74	27	36
	12+12	50	50	有	74	31	39

续表

隔墙构造简图	层数	龙骨(mm)	填充岩棉(mm)	弹性条	墙厚(mm)	自重(kg/m)	隔声量(dB)
	2×12+2×12	50	—	有	98	51	45
	2×12+2×12	50	50	有	98	55	48
	12+12	100	—	有	124	27	38
	12+12	100	50	有	124	31	43
	2×12+2×12	100	—	有	148	51	46
	2×12+2×12	100	50	有	148	55	51
	2×12+2×12	双排75	50	有	223	56	57

注：1. 表中数据为清华大学建筑物理环境检测中心测试结果。
2. 填充材料系密度为 $80kg/m^3$ 的岩棉。

轻钢龙骨规格　　　表 14-26

名称	规格(mm)	截面	质量(kg/m)	备注
横龙骨	50×50×0.6		0.38	墙体与建筑结构的连接构件
	75×40×0.6(1.0)		0.7(1.1)	
	100×40×0.7(1.0)		0.95(1.36)	
	150×40×0.7(1.0)		1.23	

14.2 隔墙工程

续表

名称	规格(mm)	截面	质量(kg/m)	备注
竖龙骨	50×50×0.6 50×45×0.6		0.77	墙体的主要受力构件
	75×50×0.6(1.0) 75×45×0.6(1.0)		0.89(1.48)	
	100×50×0.6(1.0) 100×45×0.6(1.0)		1.17(1.67)	
	150×50×0.7(1.0)		1.45	
通贯龙骨	38×12×1.0		0.43	竖龙骨的中间连接构件
CH龙骨	厚1.0		2.4	电梯井或其他特殊构造中墙体的主要受力构件
减振龙骨	厚0.6		0.35	受振结构中竖龙骨与石膏板的连接构件
空气龙骨	厚0.5			竖龙骨与外墙板之间的连接构件

注：1. 根据用户要求，可在竖龙骨上冲孔，以便通贯龙骨的横穿装配。
2. 适用于 50、75、100、150 隔墙系列。

轻钢龙骨石膏板内(隔)墙限制高度表　　表 14-27

项次	竖龙骨形式	龙骨截面 $A \times B \times C$(mm)	龙骨间距 (mm)	限制高度(mm)		
				$H_0/120$	$H_0/240$	$H_0/360$
		50×50×0.6	300	4570	3620	3170
			450	3990	3170	2770
			600	3630	2880	2510

续表

项次	竖龙骨形式	龙骨截面 $A \times B \times C$ (mm)	龙骨间距 (mm)	限制高度(mm)		
				$H_0/120$	$H_0/240$	$H_0/360$
		2-50×50×0.6	300	5750	4570	3990
			450	5030	3990	3480
			600	4570	3620	3170
		75×50×0.6	300	6370	5060	4420
			450	5570	4420	3860
			600	5060	4020	3510
		2-75×50×0.6	300	8030	6370	5570
			450	7020	5570	4860
			600	6370	5060	4420
		100×50×0.7	300	7890	6270	5480
			450	6900	5480	4780
			600	6270	4980	4350
		2-100×50×0.7	300	9950	7890	6900
			450	8690	6900	6030
			600	7900	6270	5480

注：本表隔墙两侧系按各贴一层12mm厚石膏板考虑。当隔墙两侧各贴两层12mm厚石膏板时，其限制高度可按上表提高1.07倍；如隔墙仅贴一层12mm厚石膏板时，其限制高度可按上表乘以0.9系数。

14.2 隔墙工程

石膏板的物理性能   表14-28

项目	普通板			耐水板			耐火板			特种耐火板	
厚度(mm)	9.5	12	15	9.5	12	15	9.5	12	15	9.5	12
单位面积重量(kg/m²)	8.5	10.5	13.5	9.5	12.0	—	8.5	10.5	13.5	8.5	10.5
断裂强度(N) 垂直纸纤维	板厚9.5mm>400，板厚12mm>500，板厚15mm>600										
断裂强度(N) 平行纸纤维	板厚9.5mm>100，板厚12mm>200，板厚15mm>250										
燃烧性能	所用为难燃性材料									所用为不燃性材料	
材料耐火极限(min)	5～10						>30			>45	
含水率(%)	<1										
吸水率(%)				<9							
导热系数[W/(m·K)]	0.194～0.21										

14.2.6 木龙骨板条、板材隔墙

木龙骨板条、板材隔墙施工方法　　　　表14-29

项次	项目	施 工 要 点
1	木骨架安装	1. 隔墙木骨架所用木材的树种、材质等级、含水率以及防腐、防水处理，必须符合设计要求和《木结构工程施工质量验收规范》(GB 50206—2002)的有关规定 2. 接触砖石、混凝土的骨架和预埋木砖，应经防腐处理，所用钉件必须镀锌 3. 骨架安装前，先在楼地面上弹出位置线，并引测到两端墙、柱上和吊顶或梁底。并根据弹线的位置，检查墙或柱上预埋木砖和吊顶或梁底预留钢丝的位置和数量，如有偏差应进行纠正 4. 安装时先钉靠墙立筋，将立筋靠墙直并钉牢于墙内或柱内防腐木砖上，然后安装上下槛。将上槛托到平顶或梁底，用预埋钢丝绑牢，两端顶住靠墙立筋钉固。将下槛对准地面弹线，两端撑紧靠墙立筋底部 5. 在下槛上划出中间立筋位置，将立筋按位置顶紧上下槛，并分别用钉斜向钉牢。立筋间距：钉板条时为400～500mm；钉板材时应符合板材宽，一般为400～600mm之间 6. 在立筋之间钉横撑，横撑可不与立筋垂直，将其两端按相反方向稍锯成斜面，以便楔紧和钉牢。横撑垂直间距1.2～1.5m 7. 门口两侧需各立1根截面较大的通天立筋，窗的上下及门上应加钉横撑，其尺寸比门窗口尺寸大20～30mm，在门窗上部均用人字撑加固，并在钉隔墙时将门窗同时钉上
2	板条隔墙铺钉	1. 灰板条是用木材加工而成的薄窄板条，常用规格见表14-30 2. 板条钉设在立筋外侧，与立筋垂直，板条缝隙7～10mm，接头应在立筋上，并留3～5mm间隙，端头用双钉钉牢。板条隔墙节点构造如图14-36 3. 板条接头应分段交错布置，每段长度不宜超过500mm
3	板材(胶合板、纤维板)隔墙铺钉	1. 板材隔墙多采用胶合板和纤维板为罩面板。胶合板和纤维板的规格分别见表14-31和表14-32。胶合板的含水率不应大于18%，相互胶结的板材的含水率差别不应大于5%，如用于湿度较大的房间时，应经防水处理。硬质纤维板应提前用水浸透、晾干后使用 2. 板材隔墙底部宜先砌两皮砖作踢脚线，然后在墙面上放置下槛。节点构造见图14-37 3. 钉板前，应先按分块尺寸弹线，板材规格与立筋间距不符时，应按线锯裁加工，所锯板材的边要齐整、角要方正，然后按弹线安放并临时固定 4. 经挂线调整后，胶合板用25～35mm长钉子固定，钉距不大于80～150mm；纤维板用20～30mm长钉子固定，钉距不大于80～120mm。钉帽要砸扁，钉进板面0.5～1.0mm，钉眼用油性腻子抹平 胶合板和纤维板用木压条固定时，钉距不大于200mm，钉帽亦应砸扁并钉入木压条，木压条应干燥无裂纹 贴面式人造隔墙的面板要在立筋上接缝，并留出5～8mm距离，以便适应面板有微量伸缩的可能，缝隙可做成方形、三角形或加盖工条等形式，如图14-38所示 5. 板材罩面下端，如用木踢脚板覆盖，板材应离地面20～30mm，用大理石、水磨石踢脚板时，板材下端应与踢脚板上口齐平，接缝严密。板材在门窗和阳角处应覆盖贴脸板和做护角 6. 用胶合板、硬质纤维板作钻孔板，除价格低廉、吸声外，孔的排列一般整齐并组成图案，显得美观，有良好的装饰效果

14.2 隔墙工程

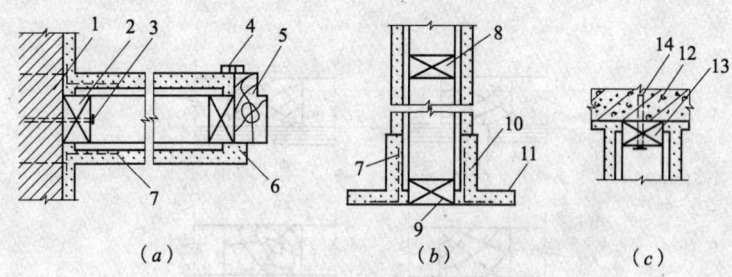

图 14-36 板条隔墙节点构造
(a)隔墙与墙、柱及门窗框连接节点；
(b)隔墙与地面节点；(c)隔墙与平顶或梁底节点
1—防腐木砖；2—靠墙立筋 40mm×70mm；3—铁钉；
4—木贴脸板 15mm×40mm；5—门窗框；6—1:3 水泥砂浆护角；
7—钢丝网每边宽200mm；8—横撑木 40mm×70mm；9—下槛 40mm×70mm；10—踢脚板；
11—地面；12—平顶或梁底；13—上槛 40mm×70mm；14—预埋 φ6 钢筋@1000 打弯固定

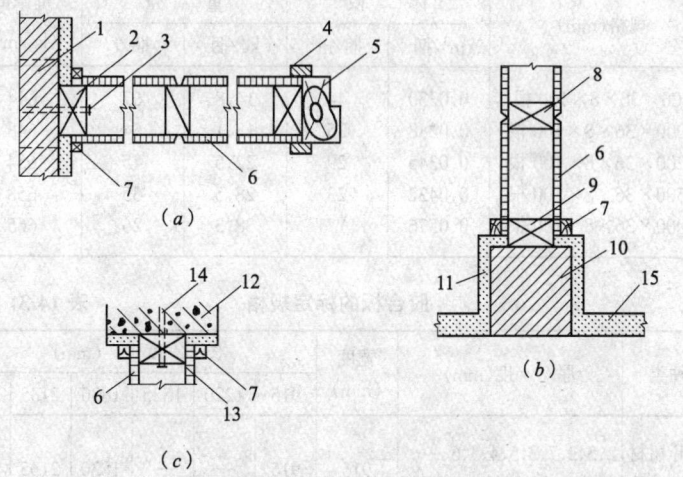

图 14-37 板材隔墙节点构造
(a)板材隔墙与墙、柱及门窗框连接节点；
(b)板材隔墙与地面节点；(c)板材与平顶或梁底节点
1—防腐木砖；2—靠墙立筋 40mm×70mm；3—铁钉；4—木贴脸板 15mm×40mm；
5—门窗框；6—板材；7—木角线 20mm×20mm；8—横撑木 40mm×70mm；
9—下槛 40mm×70mm；10—120mm 厚墙；11—踢脚板；12—平顶或梁底；
13—上槛 40mm×70mm；14—预埋 φ6@1000 钢筋打弯固定；15—地面

1127

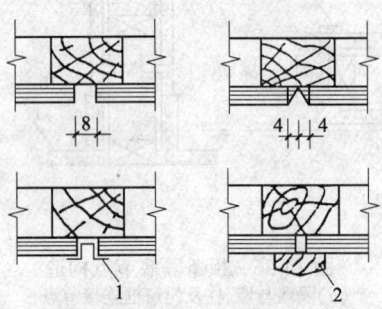

图 14-38 人造板镶板嵌缝示例
1—铝压条;2—木压条

灰板条常用规格　　　　　　　　表 14-30

规格(mm)	体 积		重 量		堆密度 (kg/m³)
	m³/捆	捆/m³	kg/捆	捆/t	
800×36×8×100 根	0.0230	44	14.8	67	644
1000×36×8×100 根	0.0288	35	18.1	54	648
1200×36×8×100 根	0.0345	29	22.5	45	654
1500×36×8×100 根	0.0432	23	28.5	35	658
2000×36×8×100 根	0.0576	17	38.3	26	665

胶合板的标定规格　　　　　　　　表 14-31

种类	厚 度(mm)	宽度 (mm)	长 度 (mm)					
			915	1220	1525	1830	2135	2440
阔叶树材胶合板	2.5、2.7、3.5、4、5、6、…… 自 4mm 起,按每 1mm 递增	915	915	—	—	1830	2135	—
针叶树材胶合板	3、3.5、4、5、6、……自 4mm 起,按每 1mm 递增	1220 1525	— —	1220 —	— 1525	1830 1830	2135 —	2440 —

注:1. 阔叶树材胶合板 3mm 为常用规格;针叶树材胶合板 3.5mm 厚为常用规格。其他厚度的胶合板,可通过协议生产。
　　2. 胶合板表板的木材纹理方向,与胶合板的长向平行的,称为顺纹胶合板。

14.2 隔墙工程

硬质纤维板的标定规格　　　　表 14-32

幅宽尺寸 （宽×长） （mm）	厚　度(mm)	尺寸允许公差(mm)		
		长、宽度	厚　度	
			3、4	5
610×1220 915×1830 915×2135 1220×1830 1220×2440 1220×3050 1000×2000	3(3.2)、 4、5(4.8)	±5.0	±0.3	±0.4

14.2.7 玻璃砖隔墙

玻璃砖隔墙施工方法　　　　表 14-33

特点与用途	材料要求	施　工　要　点
玻璃砖以砌筑局部墙面为主，其特点是可以提供自然采光，而且兼能隔热、隔声和装饰作用，其透光和散光现象所造成的视觉效果，非常有装饰性。主要用于建筑物的非承重内、外隔墙、淋浴隔断，门厅通道等。特别适用于高级建筑、体育馆、陈列馆、展览馆等用作控制透光、眩光和太阳光等场合	1. 玻璃砖亦称半透花砖，有实心砖和空心砖两种。实心砖规格有 100mm×100mm×100mm 和 300mm×300mm×100mm；空心砖是两面厚度为 7~10mm，中空的玻璃砖块，由压床和箱式模具压制成型的两块盒状玻璃在高温下封接而成，内部含有减压 70% 的干燥空气，具有优良的保温隔声、抗压、耐磨、透光折光、防火避潮性能，其部分产品主要技术参数见表 14-34 2. 水泥宜用 32.5 级及其以上的普通硅酸盐白水泥 3. 砂：选用筛余的白色砂砾，粒径为 0.1~1.0mm，不含泥土及其他颜色的杂质	1. 根据需砌筑玻璃砖隔墙的面积和形状，计算玻璃砖的数量和排列次序。两玻璃砖对砌砖缝的间距为 5~10mm 2. 根据玻璃砖的排列，做出基础底脚，底脚通常厚度为 40mm 或 70mm 的 C20 混凝土，要求表面平整，标高正确 3. 将与玻璃砖隔墙相接的建筑墙面的侧边整修平整垂直；如玻璃砖砌筑在木质或金属框架中，则应将框架固定牢固 4. 组砌方式，一般采用十字缝立砖砌法 5. 立皮数杆、挂线：按标高立好皮数杆，皮数杆的间距以 15~20m 为宜。砌筑第一层玻璃砖时应双面挂线。每层玻璃砖砌筑时均需挂平线，并穿线看平，使水平灰缝均匀一致，平直通顺 6. 按上下层对缝的方式，自下而上砌筑。砌筑砂浆用白水泥：细砂＝1:1 或白水泥：108 胶＝100:7（质量比），白水泥浆要有一定的稠度，以不流淌为好

续表

特点与用途	材料要求	施工要点
	4. 掺合料：白灰膏、石膏粉、胶粘剂	7. 砌筑墙两端的第一块玻璃砖时，将玻纤毡或聚苯乙烯板放入边框内，随砌随放，一直到顶对接 8. 为了保证玻璃砖的平整性和砌筑方便，每层玻璃砖在砌筑前，要在玻璃砖上放置垫木块（图14-39），其宽度为20mm左右，长度有两种：玻璃砖厚度为50mm时，木垫块长35mm；玻璃砖厚度为80mm时，木垫块长60mm，每块玻璃砖放两块，如图14-40(a)，卡在玻璃砖的凹槽内，然后铺设白水泥浆进行砌筑，并将上层玻璃砖下压在下层玻璃砖上，同时使玻璃砖的中间槽卡在木垫块上，两层玻璃砖的间距为5～8mm，如图14-40(b) 9. 缝中承力钢筋间隔小于650mm，伸入竖缝和横缝，并与玻璃砖上、下、两侧的框体或主体结构牢固连接 10. 玻璃砖每砌完一层，要用湿布将玻璃砖面上沾着的水泥浆擦去 11. 玻璃砖墙砌完后，即进行表面勾缝（勾缝水泥浆内掺入水泥重量2%的石膏粉），先勾水平缝，再勾竖缝，缝深一般8mm，要求深浅一致，如要求平缝，则可采用抹面法将缝抹平 12. 如果玻璃砖隔墙没有外框，就需要进行饰边处理。通常采用木饰边和不锈钢饰边，如图14-41

玻璃砖规格性能　　　　　　　表14-34

规格(mm)			耐压性 （最小值 N/mm²）	传热系数 [W/(m²·K)]	重量 (kg/块)	隔声 (dB)	透光率 (%)
长	宽	高					
190	190	80	7.5	2.73	2.4	40	81
240	115	80	6.0	2.91	2.1	45	77
240	240	80	7.5	2.67	4.0	40	85

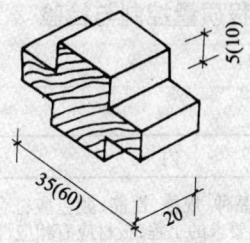

图 14-39 砌筑玻璃砖时的木垫块

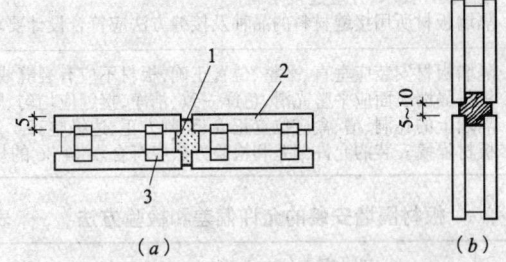

图 14-40 玻璃砖的安装方法
(a)玻璃砖水平安装方法;(b)玻璃砖上下层的安装方法
1—竖缝砂浆;2—玻璃砖;3—木垫块

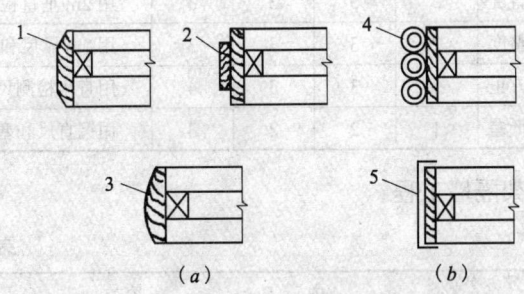

图 14-41 玻璃砖墙饰边形式
(a)木饰边;(b)不锈钢饰边
1—厚木板饰边;2—阶梯木饰边;3—半圆木饰边;
4—不锈钢管饰边;5—不锈钢槽饰边

14.2.8 隔墙工程质量控制与检验
1. 板材隔墙工程

表 14-35

项次	项目	内容
1	主控项目	1. 隔墙板材的品种、规格、性能、颜色应符合设计要求。有隔声、隔热、阻燃、防潮等特殊要求的工程,板材应有相应性能等级的检测报告 2. 安装隔墙板材所需预埋件、连接件的位置、数量及连接方法应符合设计要求 3. 隔墙板材安装必须牢固。现制钢丝网水泥隔墙与周边墙体的连接方法应符合设计要求,并应连接牢固 4. 隔墙板材所用接缝材料的品种及接缝方法应符合设计要求
2	一般项目	1. 隔墙板材安装应垂直、平整、位置正确,板材不应有裂缝或缺损 2. 板材隔墙表面应平整光滑、色泽一致、洁净,接缝应均匀、顺直 3. 隔墙上的孔洞、槽、盒应位置正确、套割方正、边缘整齐 4. 板材隔墙安装的允许偏差和检验方法应符合表 14-36 的规定

板材隔墙安装的允许偏差和检验方法　　表 14-36

项次	项目	允许偏差(mm)				检验方法
		复合轻质墙板		石膏空心板	钢丝网水泥板	
		金属夹芯板	其他复合板			
1	立面垂直度	2	3	3	3	用 2m 垂直检测尺检查
2	表面平整度	2	3	3	3	用 2m 靠尺和塞尺检查
3	阴阳角方正	3	3	3	4	用直角检测尺检查
4	接缝高低差	1	2	2	2	用钢直尺和塞尺检查

2. 骨架隔墙工程

表 14-37

项次	项目	内容
1	主控项目	1. 骨架隔墙所用龙骨、配件、墙面板、填充材料及嵌缝材料的品种、规格、性能和木材的含水率应符合设计要求。有隔声、隔热、阻燃、防潮等特殊要求的工程,材料应有相应性能等级的检测报告 2. 骨架隔墙工程边框龙骨必须与基体结构连接牢固,并应平整、垂直、位置正确

14.2 隔墙工程

续表

项次	项目	内 容
1	主控项目	3. 骨架隔墙中龙骨间距和构造连接方法应符合设计要求。骨架内设备管线的安装、门窗洞口等部位加强龙骨应安装牢固、位置正确,填充材料的设置应符合设计要求 4. 木龙骨及木墙面板的防火和防腐处理必须符合设计要求 5. 骨架隔墙的墙面板应安装牢固,无脱层、翘曲、折裂及缺损 6. 墙面板所用接缝材料的接缝方法应符合设计要求
2	一般项目	1. 骨架隔墙表面应平整光滑、色泽一致、洁净、无裂缝,接缝应均匀、顺直 2. 骨架隔墙上的孔洞、槽、盒应位置正确、套割吻合、边缘整齐 3. 骨架隔墙内的填充材料应干燥,填充应密实、均匀、无下坠 4. 骨架隔墙安装的允许偏差和检验方法应符合表 14-38 的规定

骨架隔墙安装的允许偏差和检验方法 表 14-38

项次	项 目	允许偏差(mm)		检 验 方 法
		纸面石膏板	人造木板、水泥纤维板	
1	立面垂直度	3	4	用 2m 垂直检测尺检查
2	表面平整度	3	3	用 2m 靠尺和塞尺检查
3	阴阳角方正	3	3	用直角检测尺检查
4	接缝直线度	—	3	拉 5m 线,不足 5m 拉通线,用钢直尺检查
5	压条直线度	—	3	拉 5m 线,不足 5m 拉通线,用钢直尺检查
6	接缝高低差	1	1	用钢直尺和塞尺检查

3. 活动隔墙工程

表 14-39

项次	项目	内 容
1	主控项目	1. 活动隔墙所用墙板、配件等材料的品种、规格、性能和木材的含水率应符合设计要求。有阻燃、防潮等特性要求的工程,材料应有相应性能等级的检测报告 2. 活动隔墙轨道必须与基体结构连接牢固,并应位置正确 3. 活动隔墙用于组装、推拉和制动的构配件必须安装牢固、位置正确,推拉必须安全、平稳、灵活 4. 活动隔墙制作方法、组合方式应符合设计要求

14 幕墙与隔墙工程

续表

项次	项目	内容
2	一般项目	1. 活动隔墙表面应色泽一致、平整光滑、洁净、线条应顺直、清晰 2. 活动隔墙上的孔洞、槽、盒应位置正确、套割吻合、边缘整齐 3. 活动隔墙推拉应无噪声 4. 活动隔墙安装的允许偏差和检验方法应符合表 14-40 的规定

活动隔墙安装的允许偏差和检验方法　　表 14-40

项次	项目	允许偏差(mm)	检验方法
1	立面垂直度	3	用 2m 垂直检测尺检查
2	表面平整度	2	用 2m 靠尺和塞尺检查
3	接缝直线度	3	拉 5m 线,不足 5m 拉通线,用钢直尺检查
4	接缝高低差	2	用钢直尺和塞尺检查
5	接缝宽度	2	用钢直尺检查

4. 玻璃隔断工程

表 14-41

项次	项目	内容
1	主控项目	1. 玻璃隔墙工程所用材料的品种、规格、性能、图案和颜色应符合设计要求。玻璃板隔墙应使用安全玻璃 2. 玻璃砖隔墙的砌筑或玻璃板隔墙的安装方法应符合设计要求 3. 玻璃砖隔墙砌筑中埋设的拉结筋必须与基体结构连接牢固,并应位置正确 4. 玻璃板隔墙的安装必须牢固。玻璃板隔墙胶垫的安装应正确
2	一般项目	1. 玻璃隔墙表面应色泽一致、平整洁净、清晰美观 2. 玻璃隔墙接缝应横平竖直,玻璃应无裂痕、缺损和划痕 3. 玻璃板隔墙嵌缝及玻璃砖隔墙勾缝应密实平整、均匀顺直、深浅一致 4. 玻璃隔墙安装的允许偏差和检验方法应符合表 14-42 的规定

玻璃隔墙安装的允许偏差和检验方法　　表 14-42

项次	项目	允许偏差(mm)		检验方法
		玻璃砖	玻璃板	
1	立面垂直度	3	2	用 2m 垂直检测尺检查
2	表面平整度	3	—	用 2m 靠尺和塞尺检查

14.2 隔墙工程

续表

项次	项目	允许偏差(mm)		检验方法
		玻璃砖	玻璃板	
3	阴阳角方正	—	2	用直角检测尺检查
4	接缝直线度	—	2	拉5m线,不足5m拉通线,用钢直尺检查
5	接缝高低差	3	2	用钢直尺和塞尺检查
6	接缝宽度	—	1	用钢直尺检查

15 装饰装修工程

15.1 抹灰工程

15.1.1 抹灰的分类和组成

15.1.1.1 抹灰的分类

抹灰工程按工程部位、使用材料、装饰效果分类　　表 15-1

分类	名称	使用材料
按工程部位分类	内墙及顶棚抹灰	石灰砂浆、水泥砂浆、混合砂浆、纸筋石灰、玻璃丝灰、麻刀石灰、石灰膏
	外墙抹灰	水泥砂浆、水刷石、干粘石、斩假石、拉毛灰、甩毛灰及各种装饰抹灰
按使用材料、装饰效果分类	一般抹灰	石灰砂浆、水泥砂浆、混合砂浆、聚合物水泥浆、纸筋石灰、麻刀石灰、玻璃丝灰、石膏灰
	装饰抹灰	水刷石、干粘石、斩假石、扒拉石、拉毛灰、洒毛灰、扫毛、喷毛、搓毛、拉条灰、喷涂、滚涂、弹涂、仿假石、假面砖、水刷砂、喷粘砂、胶粘砂、浮砂、嵌卵石、水磨石、彩色瓷粒
	特种砂浆抹灰	保温砂浆、菱苦土灰、防水砂浆、铁屑砂浆、重晶石砂浆、耐酸砂浆

抹灰按建筑物标准分类　　表 15-2

分类	层次	做法要求	适用范围	外观质量标准
普通抹灰	一底层、一面层，两遍成活，必要时加做中层	分层赶平、修整、表面压光	简易住宅、大型设施和非居住房屋，如汽车库、仓库、锅炉房、地下室等	表面光滑、洁净，接槎平整
高级抹灰	一底层、几遍中层、一面层，多遍成活	阴阳角找方，设置标筋，分层赶平、修整、表面压光	较大型公共建筑、纪念性建筑，如礼堂、剧院，较高级住宅、宾馆等	表面光滑、洁净、颜色均匀、无抹纹，灰线平直方正，清晰美观

注：GB 50210—2001 第 4.2 条规定一般抹灰分普通抹灰和高级抹灰两种。

15.1.1.2 抹灰的组成

抹灰的组成 表 15-3

层次	作用	使用砂浆种类	备注
底层	起粘结作用兼起初步找平作用	砌体基层：石灰砂浆、水泥砂浆或混合砂浆 混凝土基层：水泥砂浆或混合砂浆 加气混凝土基层：宜先刷一遍胶水，然后粉混合砂浆聚合物水泥砂浆或掺增稠粉的水泥砂浆 硅酸盐砌块基层：混合砂浆或掺增稠粉的水泥砂浆 板条、苇箔基层：麻刀（玻璃丝）石灰掺水泥或麻刀石灰水泥砂浆 金属网基层：麻刀石灰砂浆	有防水、防潮要求时，应采用水泥砂浆打底或加刷一度水泥浆，使用砂浆稠度 10～12cm，层厚 8～10mm
中层	起找平作用	基本上与底层相同	砂浆稠度 7～8cm，分层或一次抹成。层厚10mm 以内
面层	起装饰作用兼起保护墙体效果	室内：麻刀石灰、玻璃丝灰、纸筋石灰，较高级墙面用石膏灰，装饰面层有混合砂浆拉毛、拉条、瓷板、大理石、水磨石等 室外：各种水泥砂浆、水泥混合砂浆、水泥拉毛灰，各种假石和面砖镶嵌	使用砂浆稠度10cm 面层镶嵌材料有大理石、面砖、陶瓷锦砖、预制水磨石板、瓷板等块材贴面

注：有的抹灰做法将中层和底层并为一次操作，仅有底层和面层。

抹灰层平均总厚度及分层抹灰厚度控制值 表 15-4

分类	基层类型或质量等级	抹灰平均总厚度 (mm)	砂浆类型	分层抹灰厚度 (mm)
顶棚	板条、空心砖、现浇混凝土 预制混凝土 金属网	15 18 20	水泥砂浆 石灰砂浆 水泥石灰砂浆	5～7 7～9 7～9
内墙	普通抹灰 中级抹灰 高级抹灰	15 20 25	麻刀石灰面层 纸筋石灰面层 石膏灰面层	3 2 2
外墙	墙面 勒脚及突出墙面部分	20 25		
石墙	墙面	35		

15.1.2 常用抹灰材料技术要求

常用抹灰材料技术要求　　　　　　　　表15-5

名　称	技　术　性　能　要　求	备　注
水泥	用强度等级 32.5 级以上硅酸盐水泥、普通水泥或矿渣水泥，无结块杂质	白水泥用于各种颜色的水刷石、水磨石、人造大理石等
彩色硅酸盐水泥	用强度等级 32.5 级以上，品种有深红、砖红、桃红、米黄、孔雀蓝、浅蓝、深绿、浅绿、深灰、银灰、灰白、咖啡等色，无结块杂质	用于配制色浆或彩色砂浆、水刷石、水磨石以及人造大理石等
石灰膏	至少提前 15d 将石灰块过 3mm×3mm 筛孔淋化。石灰膏应细腻洁白，不得含有未熟化颗粒和杂质	已冻结风化和干硬的不得使用
石膏粉	用乙级建筑石膏，细度通过 0.15mm 筛孔，筛余量不大于 10%	使用时石灰膏作缓凝剂，用于罩面时，熟化时间不应少于 30d
粉煤灰	过 0.15mm 筛，筛余不大于 8%，烧失量不大于 8%，吸水量比不大于 105%	作抹灰掺合料，可节约水泥，提高和易性
砂	用中砂或细砂与中砂混合，细砂亦可使用，要求砂粒坚硬洁净，含黏土、泥灰、粉末等不得超过 3%，使用前通过不大于 5mm 筛孔的筛子	用作抹灰的细骨料
色石渣	用坚硬、耐磨的大理石、花岗岩、白云石、玄武岩等制成，常用规格见表 15-6，石渣品种见表 15-7，要求颜色一致，粗细均匀，用前淘洗干净，不含草屑、泥块、砂粒等杂质	用于水刷石、干粘石、水磨石、斩假石等的骨料
彩色瓷粒	用石英、长石和瓷土为主要原料烧制而成，粒径 1.2~3mm，颜色多样	可代替色石渣用于外墙装饰抹灰
膨胀蛭石	密度 80~200kg/m³，导热系数 0.046~0.070W/(m·K)，粒度以 3~5mm 为宜	保温砂浆用
膨胀珍珠岩	密度 80~150kg/m³，导热系数 0.046W/(m·K)，宜采用中级粗细粒径混合级配	保温砂浆用
颜料	应为矿物颜料及无机颜料，须耐光、耐碱、耐石灰、水泥，不得含有盐类、酸类、腐殖土及碳质等物，常用的几种颜料见表 15-11	用于内外墙装饰，配制色浆、色砂浆、色石渣
邦家 108 胶	是一种新型胶粘剂，属于不含甲醛的乳液	用于增加涂层的柔韧性和加强涂层与基层间的黏结性能，提高面层强度
二元乳胶	为白色水溶性胶粘剂，较 107 胶的性能和耐久性均好	用于高级装饰工程

15.1 抹灰工程

常用石渣号数规格　　　　　　　　表 15-6

石渣号数			1号	2号	3号	4号
习惯称呼	大二分	一分半	大八厘	中八厘	小八厘	米厘石
相当粒径(mm)	20	15	8	6	4	2~1

常用大理石渣品种　　　　　　　　表 15-7

名称	颜色	产地	名称	颜色	产地
汉白玉	洁白	北京房山	湖北黄	地板黄	湖北铁山
雪云	灰白	广东云浮	黄花玉	淡黄	湖北黄石
桂林白	白色,有晶粒	广西桂林	晚霞	磺间土黄	北京顺义
户县白	白色	陕西户县	蟹黄	灰黄	河北
曲阳白	玉白色	河北曲阳	松香黄	丛黄	湖北
墨玉	黑色	河北获鹿	粉荷	紫褐	湖北
大连黑	黑色	辽宁大连	青奶油	青紫	江苏丹徒
桂林黑	黑色	广西桂林	东北绿	淡绿	辽宁凤凰城
湖北黑	黑色	湖北铁山	丹东绿	深绿间微黄	辽宁丹东
芝麻黑	黑绿相间	陕西潼关	莱阳绿	深绿	山东莱阳
东北红	紫红	辽宁金县	潼关绿	浅绿	陕西潼关
桃红	桃红色	河北曲阳	银河	浅灰	湖北下陆
曲阳红	粉红	山东曲阳	铁灰	深灰	北京
南京红	灰红	江苏南京	齐灰	灰色	山东青岛
岭红	紫红间白	辽宁铁岭	锦灰	浅黑灰底	湖北大冶

抹灰常用纤维材料种类、质量要求及使用方法　　表 15-8

种类	质量要求	使用方法
麻刀(麻丝)	柔韧、干燥、均匀、不含杂质	用时将麻刀切成20~30mm长,并敲打松散,每100kg石灰膏内掺1kg麻刀,搅匀即成麻刀灰
纸筋(草纸)	柔韧、干净、不含杂质垃圾	有干纸筋和湿纸筋(俗称纸浆)两种。干纸筋是在淋石灰时,将干纸筋撕碎泡在桶内,按100kg石灰膏加2.75kg纸筋掺入灰池内,使用时,需过3mm孔径筛或用小钢磨搅磨成纸筋灰。湿纸筋使用时,先用清水浸透、捣烂,每100kg石灰膏掺2.9kg纸浆搅匀,过筛或搅拌方法同上
稻草或麦草	整齐、干净、不含泥土及其他杂质	用铡刀切成长5mm左右,放入石灰水中浸泡15d后使用。亦可用石灰水浸泡软化后,轧磨成纤维质当纸筋使用
玻璃纤维	干净、不掺杂物、不含泥土	将玻璃纤维切成10mm左右,每100kg石灰膏掺入0.2~0.3kg玻璃纤维,搅拌均匀即成玻璃丝灰。操作时应有劳保措施,防止玻璃丝刺激皮肤

抹灰常用胶粘剂的技术性能 表 15-9

名称	性能及配制方法	备注
邦家108胶	是一种新型胶粘剂,属于不含甲醛的乳液	用于增强涂层的柔韧性和加强涂层与基层间的黏结性能,提高面层强度
聚醋酸乙烯乳液	白色水溶性胶状体,性能和耐久性均较好,但价格较贵	有效期为3~6个月
羧甲基纤维素	白色絮状,吸湿性强,易溶于水	用于作胶粘剂,或掺入腻子中起到提高黏度的作用
二元乳液	白色水溶性胶粘剂,性能和耐水性好	用于高级装饰工程
龙须菜胶(鸡脚菜、麒麟菜、鹿角菜、石花菜)	海生低级生物,黏性颇大。用冷水洗净加入菜重3倍水中,用火煎成液汁,经40目筛过滤,冷后即成龙须菜胶	龙须菜胶须在1~2d内用完,夏季易发臭变质,不宜使用
动物胶(骨胶、牛皮胶、广胶、水胶)	系以动物骨骼、皮制成。有片状、粒状、粉末状多种,溶于热水中,黏度一般为2.2~5.0°E	熬好的胶液应在2~3d内用完。夏季易发臭变质,不宜使用

外墙常用憎水防污涂料的技术要求 表 15-10

名称	技术性能要求	备注
甲基硅醇钠(水溶性有机硅)	无色透明水溶液,固体含量30%,相对密度1.23,pH值13。使用时用水稀释,重量比为1:8~9,体积比为1:10~11,固体含量为3%	应在密闭器内贮存。用于喷刷外墙面,有防水、防污染、防风化、提高饰面耐久性等功效
聚乙烯醇缩丁醛	外观白色或微黄色粉末,相对密度1.07,使用时须溶解于酒精(95%酒精:聚乙烯醇缩丁醛=17:1)即可使用	有防水、防污染、防风化等效果
聚甲基三乙氧基硅氧烷(醇溶性有机硅)	无色或黄色透明液体,相对密度0.945~0.975。经5%盐酸水溶液预反应,然后用乙醇稀释(重量比为聚甲基乙氧基硅氧烷:乙醇:5%盐酸水溶液=1:7:0.10~0.12),最后用氢氧化钠—乙醇水溶液(氢氧化钠:乙醇:水=1:12:4)中和到pH为7~7.5,含固量10%即可使用	具有透气、防水、防污染、防风化等效果,性能比甲基硅醇钠好,但价格稍高
甲基硅树脂	用乙醇作稀释剂,常温下固化须加入0.3%乙醇胺作固化剂。成膜后经人工老化1000h无变化,可喷涂、刷涂	涂层透明、坚硬、耐磨、耐热、耐水、耐污染,为性能较优的疏水防污染涂层。发现变稠或结硬时,不能使用

注:甲基硅醇钠使用时,常掺入一定量硫酸铝中和,使其pH值达到7~8为准。

15.1 抹灰工程

抹灰常用颜料 表 15-11

颜色	颜料名称	技术性能	使用说明
黄色	氧化铁黄	遮盖力高,着色力、耐光性、耐大气影响、耐污浊气体及耐碱性能均较强	既好又是最经济的颜料,外粉刷中应尽量采用
	铬黄(铅铬黄)	着色力高,遮盖力强,较氧化铁黄鲜艳,但不耐强碱	价格较贵,可用于内外粉刷
	地板黄	色泽灰暗,着色力差,曝晒后容易褪色	外粉刷不宜采用
红色	氧化铁红	有天然和人造两种。遮盖力和着色力都很强,耐光、耐高温、耐大气影响、耐污浊气体及耐碱性能优良	为较好、较经济的颜料,外粉刷中应尽量采用
	红土	耐久性好,但着色力较差,色彩较灰暗	价廉,一般工程可采用
	甲苯胺红	为鲜艳红色粉末,遮盖力、着色力较高,耐光、耐高热、耐碱、耐酸	用于高级粉刷工程
蓝色	群青(洋蓝、深蓝)	为半透明鲜艳蓝色颜料,耐热、耐碱、耐光、耐风雨,但不耐酸	既好又经济的颜料,外粉刷中应尽量采用
	钴蓝	耐光、耐碱较强,带绿色	用于外粉刷
绿色	铬绿	遮盖力强,耐气候、耐光、耐热性均好,但不耐酸碱	用于以水泥及石灰为胶结料的内外粉刷中
棕色	氧化铁棕	为氧化铁红和氧化铁黑的混合物,有的产品掺有少量氧化铁黄	用于外粉刷
紫色	氧化铁紫	紫红色粉末,不溶于水、醇及醚,市场无货时,可用氧化铁红和群青配用代替	用于外粉刷
黑色	氧化铁黑	遮盖力、着色力强,耐光、耐碱、耐大气作用稳定	是一种既好又经济的颜料,用于外粉刷
	炭黑	分槽黑(硬质)和炉黑(软质)两种。多用后者,性能与氧化铁黑基本相同,仅相对密度较轻,不易操作	是一种既好又经济的颜料,用于外粉刷
	松烟	遮盖力及着色力均好	用于外粉刷
赭色	赭石	耐久性好,着色力强,色彩明亮,施工性能好	用于外墙粉刷
白色	钛白粉	遮盖力及着色力很强,化学性质稳定,折射率很高	用于内外粉刷

15.1.3 内墙各种抹灰做法和施工要点

15.1.3.1 内墙石灰砂浆抹灰

内墙石灰砂浆抹灰做法 表 15-12

名称	分层做法	厚度(mm)	施工要点
普通砖墙	1. 1:2:8 石灰黏土砂浆打底 2. 1:2~2.5 石灰砂浆面层	13 6	1. 打底分两次抹成,先薄抹一遍,紧跟着抹第二遍 2. 七~八成干时,抹涂面层,两遍成活
普通砖墙	1. 1:2.5 石灰砂浆打底 2. 1:2.5 石灰砂浆中层 3. 石灰膏或大白腻子(或 1:1 石灰砂浆)面层	7~9 7~9 1 (6)	1. 打底分两次抹成 2. 中层用木抹子搓平稍干后,用铁抹子来回刮石灰膏面层,使表面平整光滑
普通砖墙(有吸声要求的房间)	1. 1:3 石灰砂浆打底 2. 1:3 石灰砂浆中层 3. 1:1 石灰木屑(或谷壳过 5mm 筛)面层	7 7 10	1. 分层抹灰方法同上 2. 石灰膏与木屑(或谷壳)拌合均匀,经24h,使木屑纤维软化后,分两次抹成,表面搓平
加气混凝土墙	1. 1:3 石灰砂浆打底 2. 1:3 石灰砂浆中层 3. 石灰膏面层	7 7 1	1. 墙面浇水湿润,刷一道108胶:水=1:3~4 溶液,随即抹底层,稍干抹中层,搓平、压光 2. 中层稍干刮抹面层,2h 后,未干前再压实,压光一次

15.1.3.2 内墙水泥混合砂浆抹灰

内墙水泥混合砂浆抹灰做法 表 15-13

名称	分层做法	厚度(mm)	施工要点
普通砖墙	1. 1:1:6 水泥石灰砂浆打底 2. 1:1:6 水泥石灰砂浆中层 3. 石灰膏或大白腻子面层	7~9 7~9 1	1. 应待前一层抹灰七~八成干后,方涂抹后一层 2. 刮石灰膏或大白腻子,见石灰砂浆抹灰
普通砖墙(有吸声要求的房间)	1:1:5:3 水泥石灰木屑砂浆底层、面层	15~18	木屑处理同石灰砂浆抹灰。分两遍成活,木抹子搓平
普通砖墙(做油漆墙面)	1. 1:0.3:3 水泥石灰砂浆打底 2. 1:0.3:3 水泥石灰砂浆中层 3. 1:0.3:3 水泥石灰砂浆面层	7 7 5	1. 应待前一层抹灰七~八成干后,方涂抹后一层 2. 面层用木抹搓平,铁板压实、压光
混凝土墙	1. 1:0.3:3 或 1:1:6 水泥石灰砂浆打底 2. 1:0.3:3 水泥石灰砂浆面层	13 5	1. 基层应先浇水湿润,刷一遍水泥浆随即抹底子灰,分两遍抹成 2. 其他操作同普通砖墙抹石灰砂浆

15.1.3.3 内墙水泥砂浆抹灰

内墙水泥砂浆抹灰做法　　表 15-14

名称	分层做法	厚度(mm)	施工要点
普通砖墙(墙裙、踢脚板)抹水泥砂浆	1. 1:3 水泥砂浆打底 2. 1:2.5 或 1:2 水泥砂浆面层	10~15 5	1. 底子灰分两遍抹,第一遍要压实,表面扫毛。待五~六成干时抹第二遍 2. 隔 1d 罩面,分两遍抹,先用木抹子搓平,再用铁抹子揉实压光,24h 后浇水养护
混凝土墙、石墙抹水泥砂浆	1. 水泥浆粘结层(或界面剂) 2. 1:3 水泥砂浆打底 3. 1:2.5 水泥砂浆面层	1 13 5	1. 混凝土表面浇水湿润,刮水泥浆(水灰比 0.37~0.40)一遍,随即抹底子灰(或混凝土表面斩毛后抹底子灰,或刷界面剂后抹底子灰) 2. 其他操作同普通砖墙抹水泥砂浆
加气混凝土墙抹水泥砂浆	1. 1:4~5(108 胶:水)溶液一遍 2. 1:3 水泥砂浆打底 3. 1:2.5 水泥砂浆面层	 6~8 5	1. 墙面先浇水湿透 2. 用刷子均匀刷一遍 108 胶水,随即抹底子灰 3. 薄薄刮一遍底子灰压实抹平,表面粗糙 4. 打底后隔 2d 罩面,揉实、压光

15.1.3.4 内墙纸筋石灰、麻刀石灰(玻璃丝灰)抹灰

内墙纸筋石灰、麻刀石灰(玻璃丝灰)抹灰做法　　表 15-15

名称	分层做法	厚度(mm)	施工要点
普通砖墙	1. 1:3 石灰砂浆打底 2. 纸筋石灰、麻刀灰(或玻璃丝灰)罩面	10~15 2	1. 第一遍底子灰薄薄抹一遍由上往下,接着抹第二遍,由下往上刮平,用木抹子搓平 2. 底子灰五~六成干时罩面灰,用铁抹子先竖着薄薄刮一遍,再横抹找平,最后压光一遍
普通砖墙	1. 1:1:6 水泥石灰砂浆打底 2. 纸筋灰、麻刀灰(或玻璃丝灰)罩面	14~16 2	1. 底子灰分两遍抹成 2. 其他操作方法同上
混凝土墙、石墙	1. 水泥浆一遍 2. 1:3:9(或 1:0.3:3、1:1:6)水泥石灰砂浆打底 3. 纸筋石灰、麻刀石灰(或玻璃丝灰)罩面	1 13 2 或 3	1. 混凝土表面浇水湿润,刮水泥浆一遍,随即抹底子灰,分两遍抹成 2. 其他操作方法同上

续表

名称	分层做法	厚度(mm)	施工要点
混凝土大板或大模板混凝土墙	1. 聚合水泥砂浆或水泥石灰砂浆喷毛打底 2. 纸筋石灰、麻刀石灰(或玻璃丝灰)罩面	1～3 2或3	1. 抹灰前混凝土基层洒水润湿,紧接着抹聚合水泥砂浆或水泥砂浆喷毛,要求平整密实 2. 打底五～六成干时罩面,两遍成活,最后压光一遍
加气混凝土砌块或条板墙	1. 1:3:9 水泥石灰砂浆打底 2. 1:3 石灰砂浆打底 3. 纸筋石灰、麻刀石灰(或玻璃丝灰)罩面	3 13 2	抹灰前表面浮灰扫净,提前两天浇水湿透,操作方法同普通砖墙抹石灰砂浆
加气混凝土砌块或条板墙	1. 1:0.2:3 水泥石灰砂浆喷涂成小拉毛 2. 1:0.5:4 水泥石灰砂浆找平 3. 纸筋石灰、麻刀石灰(或玻璃丝灰)罩面	3～5 7～9 2或3	1. 基层处理同加气混凝土抹水泥砂浆 2. 小拉毛完后应喷水养护2～3d 3. 待中层六、七成干时,喷水湿润后进行罩面
板条、苇箔墙	1. 麻刀石灰掺10%重量的水泥或1:0.5:4麻刀石灰水泥砂浆 2. 麻刀石灰或纸筋石灰砂浆中层 3. 1:2.5 石灰砂浆(略掺麻刀)找平 4. 纸筋石灰、麻刀石灰(或玻璃丝灰)罩面	3～6 3～6 5 2或3	1. 板条抹头遍底灰横着抹,苇箔上则顺着苇箔方向抹,均应挤入缝隙内 2. 第二遍紧跟着头遍底灰抹,六、七成干时顺着板条、苇箔方向抹,第三遍找平层,按冲筋刮杠找平 3. 第三遍六、七成干时,顺着板条、苇箔方向抹面层
金属网墙面	1. 1:1.5～2 石灰砂浆(略掺麻刀)打底 2. 1:2.5 石灰砂浆找平 3. 纸筋石灰、麻刀石灰(或玻璃丝灰)罩面	3 3 2	1. 用 $\phi 6$ 钢筋@200mm,拉直钉在木龙骨上,然后用铁丝在金属网眼上挂麻丝,长250mm,间距300mm左右 2. 找平层两遍成活,每遍将悬挂的麻丁向四周散开1/2,抹入灰浆中。其余操作同板条墙抹灰

注:1. 配合比除注明者外均为体积比。水泥为42.5级以上,石灰为含水率50%的石灰膏。
    2. 基层光滑,可在水泥砂浆中掺少量108胶,以增加粘结。
    3. 表15-13、表15-14均同本表注。

15.1.3.5 内墙石膏灰抹灰

内墙石膏灰抹灰做法　　表 15-16

名 称	分 层 做 法	厚度(mm)	施 工 要 点
普通砖墙	1. 1:2～3 麻刀石灰砂浆抹底层 2. 同上配合比抹中层 3. 石膏石灰膏(石膏:石膏灰膏:水=13:4:6)罩面	6 7 2～3	1. 底子灰薄抹一遍,由上往下,接着抹第二遍,由下往上刮平,用木抹子搓平 2. 底子灰六、七成干时抹罩面灰,分两遍成活,在第一遍收水时即进行第二遍抹灰,随即用铁抹子修补、压光二遍,最后用铁抹子溜光至表面密实光滑为止
混凝土墙、加气混凝土砌块或条板墙	1. 1:3 水泥砂浆或 1:0.3:3 混合砂浆打底 2. 饰面石膏层二遍 3. 面漆两遍	13 1～4	1. 基层应先浇水湿润,刷一遍水泥浆,随即抹底子灰分两遍成活 2. 底子灰七、八成干时,将拌好的饰面石膏用橡皮抹子或铁抹子抹到墙面上,每遍抹面厚度为 0.5～2mm,待第一遍膏体终凝后,再抹第二遍,直至表面平整 3. 饰面石膏层干燥后刷面漆二遍

15.1.3.6 内墙装饰抹灰

内墙装饰抹灰做法　　表 15-17

名 称	分 层 做 法	厚度(mm)	施 工 要 点
拉毛	1. 1:2:9 水泥石灰砂浆打底 2. 纸筋灰面层	15 2～3	1. 罩面前一天将底子灰湿润 2. 拉毛时,一人抹纸筋灰,一人跟着用棕刷向墙面连续垂直拍拉,形成拉毛,要求拉毛间隔大小均匀一致
条筋拉毛	1. 1:2:9 水泥石灰砂浆打底 2. 1:0.5:0.5 水泥石灰砂浆面层 3. 1:0.5:1 水泥石灰砂浆刷条筋拉毛	15 2～3 1～2	1. 先在底灰每隔 400mm 弹一垂线,并将底灰浇水湿润 2. 在底灰上抹面层灰浆,用棕刷拉出小拉毛,再用棕刷蘸砂浆刷出比拉毛面凸出 2mm 左右、宽 20mm、间距 30mm 的条筋(图 15-1),不要求太一致,使自然形成毛边,最后喷刷色浆 3. 刷条筋用的刷子,应根据宽度、间距把棕毛剪成 3 条,使一次能拉出 3 道条筋(图 15-2)

续表

名 称	分 层 做 法	厚度(mm)	施 工 要 点
扫 毛	1. 1:3水泥砂浆打底 2. 1:1:6水泥石灰砂浆面层	15 4~6	1. 在底灰上弹线放样,分格嵌分格条,润湿基层 2. 抹面层待稍收水后,用竹丝笤帚扫出条纹,起出分格条 3. 砂浆硬化后扫掉浮砂,面层干后可另刷两遍色浆
拉条灰	1. 1:3水泥砂浆打底 2. 1:2~2.5:0.5水泥石灰纸筋灰或1:2.5纸筋石灰砂浆面层 3. 1:0.5水泥细纸筋灰膏或细纸筋灰膏罩面	15 10 1	1. 在底灰上弹线,划分竖格,确定拉模宽度,将木导板垂直贴在底灰上,并湿润底灰 2. 抹面层,用模具从上到下拉出线条,每一格或数格须一次成活,做到线条垂直、平整,深浅一致,表面光滑,不显接槎 3. 最后用罩面灰罩面,干燥后涂刷二遍色浆
喷砂胶	1. 1:3水泥砂浆打底 2. 苯丙砂胶底涂料 3. 苯丙乳胶漆或乙丙乳胶漆二度 4. N-11丙烯酸聚氨酯面漆罩面一度 (砂胶材料组成及技术性能见表15-18)	15	1. 基层应平整,无浮皮、粉化、空鼓现象,如有不平应满批腻子修整,含水率≤10% 2. 砂胶喷涂顺序由上往下,自左向右均匀移动喷枪,移动范围控制在1~1.5m,喷枪离墙面50cm,空气压力0.6~0.7MPa,以保证涂料在等距、等压、涂料稠度一致的条件下遮盖基面 3. 底涂料干后,再用选定的乳胶漆色浆刷涂二遍,如要求较高的,则可在面漆表面再用丙烯酸聚氨酯面漆刷涂一遍罩光

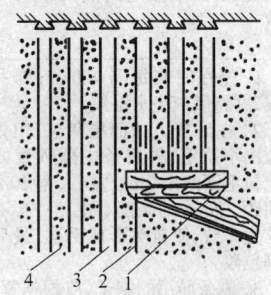

图15-1 刷条筋工艺
1—条刷子;2—弹线;3—条筋;4—小拉毛

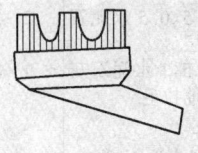

图15-2 刷条筋用刷子

15.1 抹灰工程

室内砂胶喷涂料材料组成及主要技术性能　　表 15-18

名　称	组　成	主 要 技 术 性 能	用途	用量(kg/m²)
苯丙砂胶底涂料	苯丙乳胶与石英砂、粉质填料以及助剂经高速分散而成	浅色或浅灰色浆状液体,固体含量≥80%,pH值=7~9	喷涂基料	1.2~1.4
苯乙烯酸共聚无光乳胶漆(即苯丙乳胶漆)	苯丙乳胶与颜料、填料以及助剂经砂磨分散而成	固体含量[(120±2)℃,2h]≥45%,遮盖力≤250g/m²(白色及浅色)],干燥时间≤2h,耐洗刷性≥300 次	面漆	0.7~1.0(二遍)
醋酸乙烯丙烯酸共聚乳胶漆(即乙丙乳胶漆)	醋酸乙烯酯与丙烯酸酯共聚乳液与颜料、填料以及助剂配合,经高速分散与砂磨机分散而成	固体含量[(120±2)℃,2h]≥45%,遮盖力≤250g/m²(白色及浅色)],干燥时间≤2h,耐洗刷性≥300 次	面漆	0.7~1.0(二遍)
N-11 丙烯酸聚氨酯清漆	由含羟基的丙烯酸酯聚合物与多异氰酸酯预聚物固化剂组成,配合颜料、填料等组成色漆	固体含量≥45%,细度≤45μm,遮盖力≤140g/m²(白色及浅色),干燥时间:表干2h,实干≤24h,耐洗刷性2000 次,耐水性 144h 无变化,耐人工老化性 250h 无变化	罩面	0.2(一遍)

15.1.4 室内各种顶棚抹灰

室内各种顶棚抹灰做法　　表 15-19

名　称	分 层 做 法	厚度(mm)	施 工 要 点
现浇混凝土顶棚抹灰	1. 1:0.5:1(或1:1:4)水泥石灰砂浆打底 2. 1:3:9(或1:0.5:4)水泥石灰砂浆找平 3. 纸筋石灰、麻刀石灰(或玻璃丝灰)罩面	2 6 2	1. 垂直模板纹抹底子灰,用力压实,愈薄愈好 2. 第二遍紧跟着底子灰顺模板方向抹,用软刮尺顺平,木抹子搓平 3. 第二遍灰六、七成干时抹罩面灰,两遍成活。第一遍薄抹,紧跟着抹第二遍,待灰稍干,顺抹纹压实压光
预制混凝土顶棚抹灰	1. 1:0.5:1 水泥石灰砂浆打底 2. 1:3:9 或 1:0.5:4 水泥石灰砂浆找平层 3. 纸筋石灰、麻刀石灰(或玻璃丝灰)罩面	2~4 6 (4) 2 或 3	1. 预制混凝土板上先用1:2 水泥砂浆勾缝,再用1:1 水泥砂浆(加水泥重量的2%的108胶液)打底,2~3mm 厚,并随手带毛,养护2~3d 后做找平层和罩面 2. 找平层和罩面方法同现浇混凝土顶棚抹灰

续表

名称	分层做法	厚度(mm)	施工要点
预制混凝土顶棚高级抹灰	1. 1:1水泥砂浆(掺水泥重2%聚醋酸乙烯乳液)打底 2. 1:3:9水泥石灰砂浆中层 3. 纸筋灰罩面	2 6 2	1. 底层抹灰同上,养护2～3d再做中层 2. 中层和罩面方法同现浇混凝土顶棚抹灰
混凝土顶棚抹膨胀珍珠岩砂浆	1. 1:3:6水泥石灰膏珍珠岩砂浆打底 2. 纸筋石灰、麻刀石灰(或玻璃丝灰)罩面	3～5 2	操作基本同一般石灰砂浆,抹灰前洒水湿润,底子灰稍干时用木抹搓平。底子灰过厚要分层抹实,每层不超过5mm,底子灰六、七成干时罩面
板条或苇箔顶棚抹灰	1. 麻刀石灰掺10%重量的水泥或1:0.5:4麻刀石灰水泥砂浆 2. 1:2.5石灰砂浆(砂过3mm筛) 3. 1:2.5石灰砂浆找平(略掺麻刀) 4. 纸筋石灰、麻刀石灰(或玻璃丝灰)罩面	3 5 5 2	1. 板条抹灰,第一遍底子灰要横着板条方向抹,并挤入板条缝隙;苇箔抹灰,第一遍底子灰顺着苇箔方向抹并挤入缝隙 2. 第二遍小砂灰要紧跟着头遍底子灰抹,并压入底子灰中,无厚度 3. 第三遍在第二遍灰六、七成干时,顺着板条、苇箔方向抹,顶棚用软刮刀刮平,墙面要冲筋、刮杠 4. 第四遍待第三遍六、七成干时顺着板条、苇箔方向抹
板条金属网顶棚抹灰	1. 1:1.5石灰砂浆(略掺麻刀)打底 2. 1:1.5石灰砂浆(砂过3mm筛) 3. 1:3:9(或1:2:8)水泥石灰砂浆找平 4. 纸筋石灰、麻刀石灰或玻璃丝灰罩面	3 5 6 2	1. 第一遍灰要挤入金属网中,待六～七成干抹第二遍,压入第一遍灰中,无厚度 2. 第二遍六～七成干时抹第三遍 3. 第三遍灰六～七成干时抹第四遍,分二遍进行,先用铁抹子抹薄薄一层,跟着第二遍抹平压光 4. 板条之间应离缝30～40mm,端头缝5mm上钉金属网
钢板网顶棚高级抹灰	1. 1:0.2:2石灰水泥砂浆(略掺麻刀)打底 2. 1:2石灰砂浆中层 3. 纸筋灰罩面	3 3 2	1. 用φ6钢筋@20cm拉直钉在木龙骨(做成40×40方格)上,然后用铁丝把钢板网撑紧绑扎在钢上。将小束麻丝每隔30cm左右挂在钢板网眼上,两端纤丝下垂,长25cm 2. 打底灰要挤入网眼中,中层分两遍成活,每遍将悬挂的麻丝向四周散开1/2,抹入灰浆中。其余操作同板条金属网抹灰

续表

名称	分层做法	厚度(mm)	施工要点
高级装修顶棚抹石膏灰	1．0.006:1:2~3麻刀石灰砂浆打底 2．13:6:4(石膏粉:水:石灰膏,重量比)石膏粉浆罩面	10~15 2~3	1．基层表面清理干净,浇水湿润 2．打底分两遍成活,要求表面平整、垂直 3．罩面分两次抹成,先上头遍灰,未收水即进行二遍,随用铁抹子修补压光两遍,最后用铁抹子溜光至表面密实光滑为止

注:配合比除注明者外均为体积比。水泥强度等级为42.5级以上,石灰为含水率50%的石灰膏。

15.1.5 外墙各种装饰抹灰

15.1.5.1 外墙石渣类装饰抹灰

外墙石渣类装饰抹灰做法　　表15-20

名称	分层做法	厚度(mm)	施工要点
手工水刷石	1．1:3水泥砂浆打底 2．水泥浆粘结层 3．1:1.25水泥2号石渣浆(或1:1.5水泥3号石渣浆)罩面	12 1 10 (8)	1．分层打底后按设计要求弹线分格,粘米厘条 2．先薄刮水泥浆(水灰比0.37~0.40)一层,随即抹水泥石渣浆(稠度5~7cm),拍实抹平,使表面石渣均匀一致 3．待手指摁上去无痕,用刷子刷时石渣不掉下来时,用刷子蘸水刷去面层水泥浆,使石渣全部外露,紧接用喷雾器由上往下喷水,把表面水泥浆冲掉,最后用小水壶从上往下冲洗干净
机喷水刷石	1．1:2~2.5水泥砂浆打底 2．1:0.2水泥石灰腻子筋 3．1:0.1~0.15:2水泥石灰石渣浆	12 2~3 10	1．打底(要求同上)后刮水泥石灰腻子(稠度8~10cm)一层,随即抹水泥石灰石渣浆(稠度5~7cm),用铁板抹平压实 2．稍收水(当气温25℃左右时约30min)后便可开泵喷水,喷嘴离墙面15cm左右(墙面较湿时为30cm),冲刷墙面水泥石渣浆,紧接着再用铁板压紧拍实,用力方向应自下向上倾斜方向,约1h收水后第二次开泵喷水冲刷,最后用喷壶自上而下冲洗干净

续表

名称	分层做法	厚度(mm)	施工要点
手工干粘石	1. 1:3 水泥砂浆打底 2. 1:2~2.5 水泥砂浆中层 3. 水泥砂浆(水泥:砂:108胶＝1:1~1.5:0.05~0.15或水泥:石灰膏:砂:108胶＝1:0.5:2:0.05~0.15)粘结层 4. 3号石渣略掺石屑罩面	12 6 4~6 4~6	1. 打底后次日浇水湿润,开始抹第二遍,第三遍粘结层、第四遍罩面要紧跟第二遍进行,如第二遍水泥砂浆比较干燥时,应先用水湿润后涂刷水泥浆(水灰比0.4~0.5)一遍,以使第三遍与第二遍粘结牢固 2. 抹第三遍、第四遍时,3人同时操作,1人抹粘结层,1人紧跟在后面甩石渣,1人用铁抹子将石渣拍入粘结层,要求拍实拍平,但不能拍出灰浆,石渣嵌入深度不小于1/2粒径,待有一定强度后洒水养护 3. 甩石渣方法是:1人拿30cm×40cm×5cm、底上钉窗纱的木框,内装石渣,1人拿乒乓球拍似的木拍,铲上石渣往粘结层上甩,作到甩严、甩匀,粘结深浅一致,同时用木框靠墙接掉下来的石渣
机喷干粘石	1. 1:3 水泥砂浆打底 2. 1:1:2 水泥石灰砂浆中层和粘结层 3. 3号石渣略掺石屑罩面或纯石屑喷罩甲基硅醇钠一遍	12 3 3	安置分格条。粘结层抹好后,随即用喷枪(图15-3)将石渣均匀喷射于粘结层表面,约停10min,用胶辊自上而下轻轻滚压石渣,将石渣压进粘结层深度不小于粒径1/2,达到表面平整,石渣饱满,起分格条,修整饰面。喷射时,喷头垂直对准墙面,保持距离墙面20~30cm,气压以0.6~0.8MPa为宜,在终凝后喷洒墙面
斩假石（剁斧石、人造假石）	1. 1:3 水泥砂浆打底 2. 水泥浆粘结层 3. 1:1.25 水泥4号石渣(内掺30%石屑)浆罩面	12 1 11	1. 打底后表面划毛,24h后浇水养护,嵌分格条 2. 抹完水泥浆粘结层,随即抹罩面层,用毛刷带水顺剁纹方向轻刷一次,浇水养护2~3d 3. 用剁斧将面层由上往下斩成平行齐直剁纹,剁的方向要一致,剁纹要均匀,一般两遍成活 4. 亦可不用人工剁纹,而在抹完罩面层,稍停片刻用圆钢带齿辊子,在罩面上按一致方向垂直滚一遍,以辊子不带粘浆、纹路清楚为合适。亦可用形状似灯芯绒的长方向钢木抹子,在墙面贴一根直尺,钢抹沿直尺自上而下拉动,依次进行,全部拉出纹路 5. 剁凿应先四周边缘,后中间墙面,剁好后拆除米厘条,清除残屑,为了美观,棱角及分格缝周边留出15~40mm边框不剁

15.1 抹灰工程

续表

名称	分层做法	厚度(mm)	施工要点
扒粒石	1. 1:3水泥砂浆或1:0.5:3.5水泥石灰砂浆打底 2. 1:0.5:2水泥白云灰石渣浆(石渣粒径以3～5mm为宜)(或细砾石)罩面	9～12 10～12	待底子灰六～七成干时抹面层,一次抹足厚度,找平后用抹子压实拍平,面层半干时,即用刮毛板(10cm×5cm×1.5cm的小木板,上钉2.5cm长钉穿过板面,钉的纵横距离以7～8cm为宜)扒拉表面,挠去水泥浆皮使石渣显露,要求表面扒拉均匀,颜色一致,不出现死坑、漏划或扒掉石渣,棱角及分格缝周边留15～20cm不扒拉
水磨石	1. 1:3水泥砂浆打底 2. 水泥浆粘结层 3. 1:1～2.5水泥2号或3号石渣浆罩面(按设计要求掺颜色)	12 1 8～10	1. 用水泥浆按要求粘铜条或玻璃条 2. 罩面时,先刮水泥浆一遍,紧跟着抹水泥石渣浆,用铁抹子抹压实,厚度与铜条平,压时使石渣大面外露 3. 罩面灰半凝固(1～2d)后,用金钢石(磨石机用磨石)浇水磨光至露出铜条,石渣均匀光滑、发亮为止。一般磨三遍成活 4. 每次磨光后,用同色水泥浆填补砂眼,并把掉落石渣补平,24h后浇水养护,第一遍完后隔3～5d,同法磨第二遍,再隔3～5d磨第三遍,墙面干后打蜡
彩色瓷粒	1. 1:2.5～3水泥砂浆打底 2. 1:1.5～2白水泥砂浆(另加水泥重10%～15%108胶)粘结层 3. 彩色瓷粒罩面	12 2～3 2～3	1. 打底后次日浇水养护粘分格条 2. 抹粘结层前宜先刷108胶:水=1:3的108胶水一遍,便于操作增强粘结,紧跟着抹粘结砂浆,稠度12cm,抹后随用排笔蘸108胶:水=1:3的溶液在上往下带色一遍 3. 随抹粘结层、随甩瓷粒,做法同"干粘石",可手工或机喷,要求表面均匀密实,瓷粒饱满,随后木抹子轻轻拍平压实。过1～2d后表面喷罩甲基硅醇钠憎水剂

注:1. 配合比除注明者外均为体积比,水泥强度等级32.5级;石灰为含水率50%的石灰膏。
  2. 面层水泥砂浆都可着色,掺入矿物颜料重量应不超过水泥用量的10%。彩色干粘石墙面材料配合比可参见表15-21,彩色砂浆参考配合比见表15-22。
  3. 为增加胶结,可在砂浆中掺水泥用量10%～20%的108胶。

彩色饰面材料配合比　　　　　表 15-21

墙面颜色	粉料配合比(重量比)						石子级配比(重量比)				
	白水泥	普通水泥	铁红	铁黄	铬绿	108胶	白石子	红石子	松香石	绿石子	黄石子
白色	100	—	—	—	—	10	100	—	—	—	—
红色	100	—	0.5	0.5	—	10	—	10	90	—	10
黄色	100	—	—	1	—	10	—	—	90	—	100
黄色	—	100	—	—	—	10	—	—	—	—	—
绿色	100	—	—	—	1.5~2	10	—	—	—	100	—
绿色	100	—	—	—	0.7~1	10	—	—	—	100	—
绿色	—	100	—	—	—	10	—	—	—	100	—

彩色砂浆参考配合比　　　　　表 15-22

墙面颜色	普通水泥	白水泥	白灰膏	颜料(按水泥量)	细　砂
土黄色	5	—	1	氧化铁红 0.2~0.3 氧化铁黄 0.1~0.2	9
淡黄色	—	5	—	铬黄 0.9	9
咖啡色	5	—	1	氧化铁红 0.5	9
浅桃色	—	5	—	铬黄、红珠	白色细砂 9
淡绿色	—	5	—	氧化铬绿	白色细砂 9
灰绿色	5	—	1	氧化铬绿	白色细砂 9
白　色	—	5	—	—	白色细砂 9

注：表中配合比为体积比。

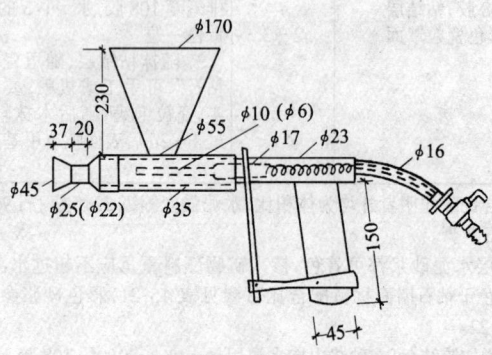

图 15-3　机喷干粘石用喷枪

15.1.5.2 外墙砂浆类装饰抹灰

外墙砂浆类装饰抹灰做法　　　表 15-23

名称	分 层 做 法	厚度(mm)	施 工 要 点
拉毛	1. 1:3水泥砂浆或1:1:6(或1:0.5:4)水泥石灰砂浆打底 2. 1:0.05~0.3:0.5:1水泥石灰砂浆罩面	15 2~4	1. 先将底子灰浇水湿透,砂子过窗纱筛 2. 用刷子拉毛时,由两人操作,1人抹罩面砂浆,1人紧跟在后用硬毛棕刷蘸罩面砂浆由上往下,往墙上垂直拍拉 3. 用铁抹子拉毛时,只是用铁抹子代替刷子,不蘸砂浆,用抹子贴在墙面上,数秒钟抽回,拉出水泥砂浆成山峰形,做到毛头大小匀称、分布适宜、颜色一致,待拉的毛稍干,再轻轻压一下,把毛头压下去,待干后浇水养护
洒毛(撒云朵)	1. 1:3水泥砂浆打底 2. 1:1水泥砂浆或1:1:4(或1:0.3:3)水泥石灰砂浆罩面	15 2	1. 洒水湿润底层,砂子过窗纱筛 2. 用竹丝刷(或高粱穗小帚)蘸罩面灰由上往下往底子灰上甩,然后用铁抹子轻轻压平。撒出的云朵须错乱复杂,大小相称,空隙均匀。砂浆稠度以能粘在帚子上,又能撒在墙面上不流淌为宜 3. 底子灰须着色时,在未干底层上刷上颜色,再不均匀的甩上罩面灰(稠度要干些),并用抹子轻轻压平,部分地露出带色底子灰
扫毛	1. 1:3水泥砂浆打底 2. 1:1:6水泥石灰砂浆面层	15 6~18	1. 在底子灰上按设计弹线放样、分格、嵌分格条,洒水湿润底子灰 2. 抹面层砂浆,待稍收水后用竹丝帚扫出条纹,起去分格条 3. 砂浆硬化后扫掉浮砂,面层基本干燥后,可另刷色浆
喷毛	1. 1:1:6水泥石灰砂浆打底 2. 1:1:6水泥石灰砂浆面层	15 2~3	1. 洒水湿润底子灰 2. 把面层砂浆通过砂浆输送泵管道、喷枪,借助空压机连续均匀喷涂于底子灰表面上,两遍成活,头遍砂浆稠度10~12cm,第二遍8~10cm,枪口距墙面6~10cm,先喷三条垂线和一条水平线,然后自上而下水平巡回喷涂,喷出毛面或细毛面
搓毛	1. 1:1:6水泥石灰砂浆打底 2. 1:1:6水泥石灰砂浆罩面	8~10 6~8	1. 打底分两遍抹,第一遍压实、扫毛,待五~六成干时抹第二遍 2. 隔天分两遍抹罩面灰,用木抹子搓平,搓时由上往下进行,抹纹要顺直、均匀一致。如墙面过干,应边洒水边搓,使颜色一致,24h后浇水养护

续表

名称	分层做法	厚度(mm)	施工要点
拉条灰	1. 1:3水泥砂浆打底 2. 1:0.5:2水泥石灰砂浆 3. 1:0.5水泥石灰浆罩面	15 10～12	1. 打底、压平、冲筋、弹线,用水泥浆贴10mm×20mm木条,打底砂浆达70%强度,浇水湿润 2. 面层灰浆用铁抹子上墙,压实抹平整,稍加水,然后借锯齿形木模(图15-4)或组合式滚压器(图15-5)紧靠木条,上下拉模或滚压成形,每一条抹灰一次完成 3. 拉好后,去掉木条子,再用小铁皮或短模子加浆修补成形或于次日用罩面灰涂抹一遍,随用拉模普拉一遍,使线条更加顺直光洁 4. 待完全干燥后,用各色涂料油漆上色

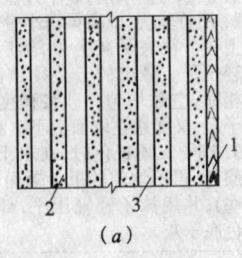 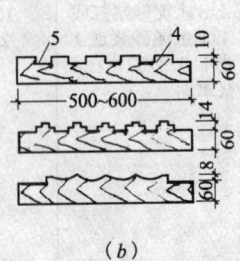

图 15-4 拉条灰工艺及拉条模具

(a)拉条抹灰;(b)长条形、双曲线、圆弧形拉条模

1—导轨直尺;2—灰条;3—凹条;

4—拉条模(包铝或铁皮,厚1～2mm);5—做成钝角

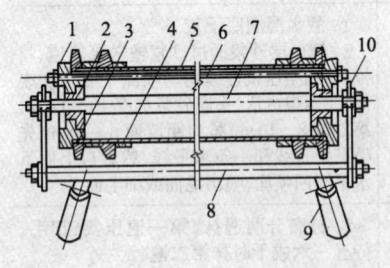 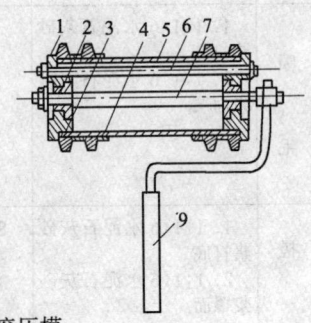

图 15-5 组合式滚压模

1—压盖;2—轴承;3、4—滚圈;5—滚筒;6—拉杆;

7—轴;8—拉杆;9—手柄;10—连接片

15.1.5.3 外墙聚合水泥砂浆类装饰抹灰

外墙聚合水泥砂浆类装饰抹灰做法　　表15-24

名称	分层做法	厚度(mm)	施工要点
喷涂	1. 1:3水泥砂浆打底 2. 1:1:2~4水泥石灰砂浆或1:2水泥砂浆（另加水泥重量10%~20%的108胶和1%~5%颜料）罩面	8~10 3~4	1. 通过空气压缩机、喷枪（图15-6、图15-7）将砂浆均匀喷涂于墙面，连续喷三遍成活，头遍喷至底层变色即可，第二遍喷至出浆不流，第三遍喷至全部出浆。颜色均匀一致，如有流淌，用木抹子抹平。喷涂时，喷嘴垂直墙面，距离一般为30~50cm，气压0.4~0.6MPa，可根据砂浆稠度和气压喷成疏密大点或细密小点，使其成波浪起伏的"波面"、表面满布颗粒的"粒状"或不同色点的砂浆"花点"三种。喷枪移动要慢，使喷点均匀平整 2. 面层收水后，在分格缝处用铁皮刮子沿靠尺板刮去面层，露出底子灰，做成分格缝，宽度以2cm为宜 3. 成活24h后，喷甲基硅醇钠憎水剂
滚涂	1. 1:3水泥砂浆打底 2. 饰面带色砂浆，配合比为 ①白水泥:灰水泥:砂:108胶:水=1:0.1:1.1:0.22:0.33（灰色） ②白水泥:砂:氧化铬绿:108胶:水=1:1:0.02:0.2:0.33（绿色） ③白水泥:砂:108胶:水=1:1:0.2:0.2~0.3（白色）	8~10 2~3	1. 底灰用木抹搓平、搓细、浇水湿润，用稀108胶粘贴分格条 2. 由2人同时操作，1人在前涂抹砂浆，用抹子紧压刮一遍，再用抹子顺平，另1人拿辊子（平面或刻有图案花纹的橡胶泡沫塑料辊子）（图15-8）紧跟着在表面施滚涂拉，滚出所需图案，做到手势用力一致，上下左右滚匀，最后一遍辊子运行必须自上而下，使滚出的花纹有一自然向下的流水坡度，做到色彩花纹均匀一致 3. 滚涂可以干滚，也可以随滚随用滚筒粘水湿涂 4. 滚完24h后，喷甲基硅醇钠憎水剂
弹涂	1. 1:2.5~3水泥砂浆打底 2. 底色浆 水泥:108胶:水:颜料=1:0.2:0.8~0.9:0.1 3. 弹色点浆 水泥:108胶:水:颜料=1:0.1~0.14:0.45~0.55:0.05	8~10	1. 底层用木抹子搓平，贴米厘条 2. 用长木把毛刷涂一遍底色浆或用喷浆器喷浆 3. 把色浆放在筒形弹力器内（图15-9），用手动或电动带动弹力棒将色浆甩出成直径1~3mm浆点弹涂于墙面，由2~3种颜色组成，第一遍色点覆盖面积70%，使其不流淌，第二遍覆盖20%~30% 4. 弹点时，按色浆分色每人操作一种色浆，流水作业，几种色点要弹得均匀，相互衬托一致 5. 弹点后24h喷罩聚乙烯醇缩丁醛或甲基硅醇钠憎水剂

外墙喷涂砂浆配合比 表 15-25

饰面做法	普通水泥	白水泥	颜料	细骨料	甲基硅醇钠	木质素磺酸钙	108胶	石灰膏	砂浆稠度(cm)
波面		100	适量	200	4~6	0.3	10~15		13~14
波面	100		适量	200	4~6	0.3	20	100	13~14
粒状		100	适量	200	4~6	0.3	10		10~11
粒状	100		适量	400	4~6	0.3	20	100	10~11

注:表中配合比为重量比。

彩色弹涂饰面砂浆配合比 表 15-26

项 目	水 泥	颜 料	水	胶
刷底色浆	普通硅酸盐水泥100	适量	90	20
刷底色浆	白水泥100	适量	80	13
弹花点	普通硅酸盐水泥100	适量	55	14
弹花点	白水泥100	适量	45	10

注:1. 弹点浆亦可加入适量粉料,配合比为水泥:石英粉(或细砂):水:108胶=85:15:38:10,另加水泥重量3%~5%的颜料。
2. 根据气温情况,加水量可适当调整。
3. 普通硅酸盐水泥的强度等级应不低于32.5级。
4. 表中配合比为重量比。

彩色弹涂水泥颜料配合比 表 15-27

墙面颜色	白水泥(普通水泥)	氧化铁黄	氧化铁红	氧化铁黑	铬 绿
桔黄	1	0.015	0.015	—	
淡黄	1	0.05	—	—	
淡红	1	—	0.05	—	
深红	(1)	—	0.1	—	
紫红	(1)	—	0.1	0.05	
果绿	1	0.03	—	—	0.06
深绿	(1)	—	—	—	0.12

注:表中配合比为重量比。

15.1 抹灰工程

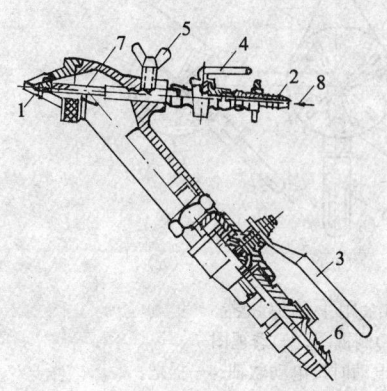 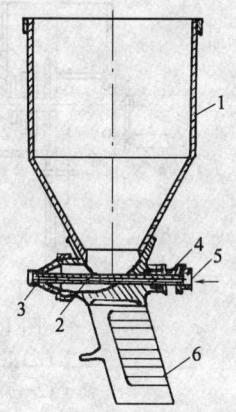

图 15-6 聚合物水泥砂浆喷枪
1—喷嘴;2—压缩空气接头;3—砂浆控制阀;
4—压缩空气控制阀;5—顶丝;6—砂浆皮管接头;
7—喷气管;8—进压缩空气

图 15-7 聚合物水泥砂浆喷浆斗
1—砂浆斗;2—喷管;
3—喷嘴;4—压缩空气接头;
5—进压缩空气;6—手柄

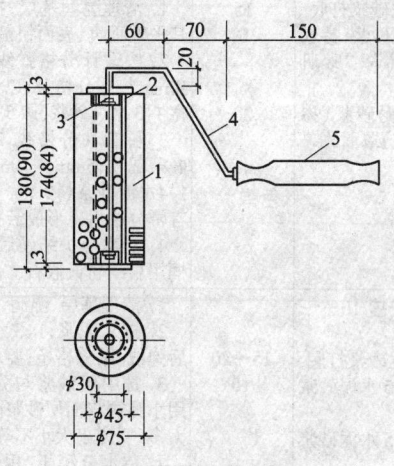

图 15-8 滚涂用滚子
1—硬质薄塑料管;2—垫铁;3—串钉;
4—$\phi 8$ 镀锌管或钢筋辊;5—木把手

15 装饰装修工程

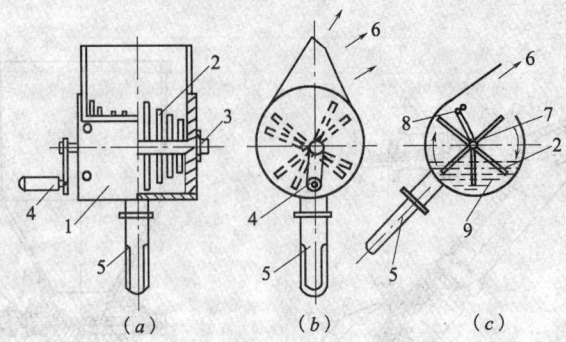

图 15-9 弹涂用手动弹涂器
(a)正视图;(b)侧视图;(c)透视图
1—筒子;2—弹棒;3—电动时接电动软轴;4—摇把;
5—手柄;6—弹出方向;7—中轴;8—挡辊;9—色浆

15.1.5.4 外墙仿石(仿形、仿色)类装饰抹灰

外墙仿石(仿形、仿色)类装饰抹灰做法　　　表 15-28

名称	分层做法	厚度(mm)	施工要点
仿虎皮石	1. 1:3 水泥砂浆打底 2. 1:3 水泥砂浆(掺水泥重量的 5%~7% 矾红)抹边框 3. 1:4 水泥砂浆(掺 5%~7% 矾红)罩面	15 6 20	1. 清理湿润基层,抹 1:3 水泥砂浆使其平整垂直,表面粗糙 2. 按设计分格弹线,嵌第一层 6mm×10mm 楔形分格条,以条子为中心抹 10cm 宽 1:3 水泥砂浆(掺 5%~7% 矾红) 3. 弹二次分格线,在第一层分格条上嵌第二层 5mm×10mm 分格条,随即用 1:4 水泥砂浆(掺 5%~7% 矾红),用竹丝笤帚甩分层甩上形成云头状 4. 浇水养护结硬后,起出条子,将四边框用扁凿斩成假石
蘑菇石饰面	1. 水泥浆(掺 10%~15%108胶) 2. 1:3 水泥砂浆打底 3. 1:2~2.5 水泥砂浆中层 4. 1:2~2.5 水泥砂浆面层	 15~20 15 1~2	1. 清理基层,湿润,光面加凿毛 2. 抹水泥浆,1:3 水泥砂浆打底,干燥后弹线、贴分格条,要求横平竖直 3. 抹中层砂浆与分格条平,完后立即用小弹刷将面层砂浆弹在其上,每次不宜太多,要弹出大小不等的砂浆堆 4. 待水分稍干,用软毛刷蘸水在已弹好的蘑菇石砂浆堆口轻轻按一下,使其成不规则的蘑菇石形状,半小时后起分格条,修补表面 5. 隔半小时,在表面刷一遍稀水泥浆,在面层上弹涂各种颜色

15.1 抹灰工程

续表

名称	分层做法	厚度(mm)	施工要点
拉假石	1．1:3水泥砂浆打底 2．刮素水泥浆 3．1:2.5石英砂(或白云石屑)面层,掺适量颜料	15 1 8～10	1．底层分两层涂抹,表面划毛,七成干时弹线粘分格条 2．抹面层前湿润底层,刮素水泥浆一遍,接着抹面层,分两次进行,收水后搓平、顺直,用抹子压实、压光,面层砂浆终凝后,用拉耙(图15-10)锯齿依着靠尺按同一方向拉,使呈岩石状条纹,拉纹深1～2mm,宽度3～3.5mm为宜,拉完后起分格条修整 3．柱面、台阶、墙面阴阳角宜留50～60cm边框
扫毛仿石(仿假石)	1．1:3水泥砂浆打底 2．1:1:6水泥石灰砂浆中层 3．1:1:6或1:0.3:4水泥石灰砂浆面层	 10	1．底层、中层抹灰同一般抹灰,中层应搓平划痕,上贴分格条,分成若干大小不等的横平竖直的矩形格块(26cm×60cm、25cm×30cm、50cm×80cm、50cm×50cm),并湿润底层 2．涂抹面灰,按分格刮平、搓平 3．等面层稍收水,用竹丝从左到右或从上到下帚出条纹或斑点,使面层具有岩石纹理,方向宜交叉,一块横一块竖(图15-11),用短木尺作靠尺,纹路顺直,然后起分格条,用纯水泥浆嵌补凹槽,随手清净飞边砂粒 4．面层凝固后,扫去净砂,洒浮砂洒水养护5～7d
石屑(仿粘石)饰面	1．1:1:6水泥石屑砂浆打底 2．1:6水泥石屑浆罩面	12 3	1．基层扫净浇水湿润,抹底灰用刮尺刮平,待六～七成干时,进行分格弹线 2．罩面前一天湿润底层,操作前再浇水一次,在分格条内抹水泥素灰,用刮尺靠平 3．用水泥石屑浆罩面刮平,五～六成干后用木蟹打出浆,用铁抹子压抹一遍成活
假面(瓷)砖	1．1:3水泥砂浆打底 2．1:1水泥砂浆垫层 3．饰面砂浆(水泥:石灰膏:氧化铁黄:氧化铁红:砂=5:1:0.3～0.4:0.06:9.7)罩面	8～10 3 3～4	先在底子上抹垫层,接着抹饰面砂浆,抹好后作假面砖。先用铁梳子(图15-12a)或铁辊(图15-13)紧贴靠尺板由上往下划纹,然后根据面砖宽度用铁钩子或刨子(图15-12b、c)沿着靠尺板横一划沟,深度达到3～4mm,露出垫层灰,扫清即成
假白水泥饰面	1．1:1:6水泥混合砂浆打底 2．石灰膏罩面 3．石灰浆(掺适量盐及3%胶料)	10～12 1～1.5	1．清扫、湿润基层,抹混合砂浆底子,用木抹子搓毛 2．稍停片刻,抹净石灰膏罩面,用铁抹子反复压光、压平,一遍成活 3．拆脚手前用石灰浆刷表面1～2遍

1159

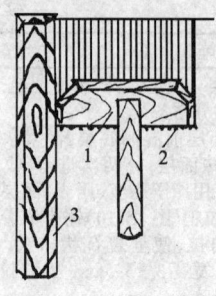
图15-10 拉假石

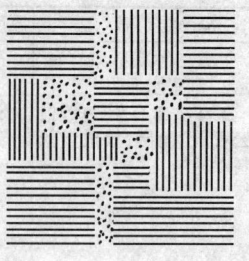
图15-11 扫毛仿石

1—拉耙；2—废锯条；3—木靠尺板

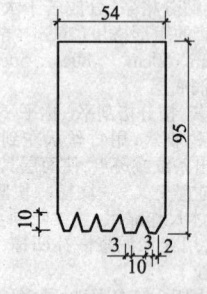
(a)

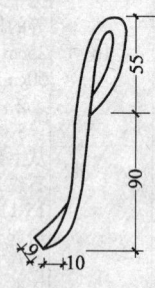
(b)

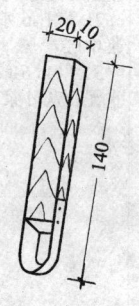
(c)

图15-12 假面砖用工具
(a)铁梳子；(b)铁钩子；(c)刨子

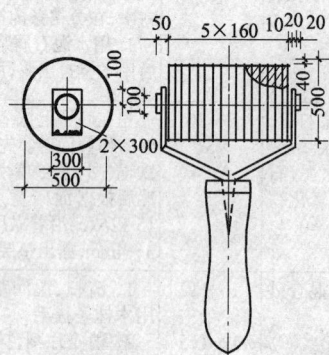
图15-13 假面砖用铁辊构造

15.1.5.5 外墙粘砂(石)类装饰抹灰

外墙粘砂(石)类装饰抹灰做法 表 15-29

名称	分层做法	厚度(mm)	施工要点
水刷砂	1. 1:2.5~3 水泥砂浆打底 2. 1:0.4:4 水泥砂浆(加适量颜料)罩面	20 4~5	1. 打底后用木抹搓平待干 2. 抹罩面层,用铁抹子压平。待稍干时用软毛刷进行水刷,要上下刷,使刷纹竖直,分段由上往下进行,使面层砂粒充分显露出为止
喷粘砂(石屑)	1. 108 胶水(108 胶:水=1:2~3) 2. 粘结砂浆,白水泥:石粉:108 胶:木钙:甲基醇钠=1:1:0.15:0.003:0.06(重量比) 3. 石屑罩面	 2~3 2	1. 在底灰上弹线,嵌分格条,刷 108 胶水一遍 2. 抹(或喷)粘结砂浆,接着喷湿润的石屑,从左向右,由下往上。喷嘴与墙面垂直,相距 30~50cm 3. 喷完石屑,适时揭掉分格条,次日用颜色涂分格条
胶粘砂	1. 混凝土基层或 1:3 水泥砂浆打底刷涂(喷) 2. 刷(喷)BC-01 涂料两遍封闭基层 3. 喷 BC-01 粘结胶 4. 喷彩色砂或石渣(粒径 1.2~3mm) 5. 喷 BC-02 罩面涂料二遍	15~20 1~1.5	1. 基层应平整洁净、干燥。刷 BC-01 涂料两遍封闭基层 2. 底胶刷后 0.5h,用喷斗(图 15-14)喷粘结胶,喷斗移动速度以上墙不淌、不过薄为准,距墙面 30cm 左右 3. 喷胶后紧接着喷彩砂(或石渣),距墙面 20~30cm,喷完后,用橡胶辊将悬浮的未粘牢的砂粒部分地压入胶层中,使其粘牢,并使表面平整 4. 在滚压完毕后开始喷罩面涂料,要求喷洒密致、均匀、连续
浮砂	1. 1:3 水泥砂浆或 1:0.5:3.5 水泥石灰砂浆打底 2. 1:1.5~3 水泥砂浆粘结层 3. 石英砂罩面	8 10	抹粘结层后,其上随即撒洁净石英砂,逐行自下而上,再自上而下交互撒作,然后用木抹子做圆弧形动作摩擦,使砂子嵌入又似浮出,形成浮砂面
嵌卵石	1. 1:3 水泥砂浆或 1:0.5:3.5 水泥石灰砂浆打底 2. 1:1.5~3 水泥砂浆罩面 3. 卵石粘贴	8 10	于罩面层未凝固前,将粒径 5~10mm 洁净的卵石湿水粘贴在上面,使其嵌入面层 1/3~1/2 深即成 可根据需要以带色石子嵌成各种花纹

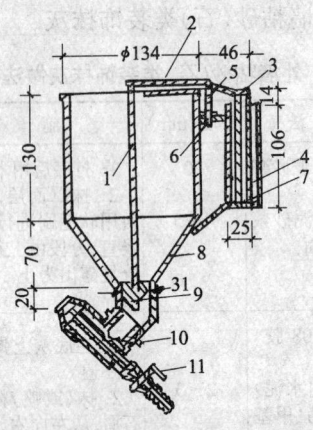

图 15-14 喷枪及喷斗构造
1—吊棍；2—传动杆；3—顶棍；4—手柄；
5—最大定量控制；6—螺母；7—弹簧；
8—斗体；9—胶塞；10—固定套；11—开关

15.1.6 特种砂浆抹灰

特种砂浆抹灰做法　　　　　表 15-30

名称	分层做法	厚度(mm)	施工要点
抹珍珠岩保温砂浆	1. 1:4～5 石灰珍珠岩砂浆底层 2. 1:4 石灰珍珠岩或 1:1:6 水泥石灰珍珠岩砂浆中层 3. 纸筋灰罩面	15～20 5～8 2	1. 基层需适当湿润，但不宜过湿 2. 底层应分层操作，底层抹完隔 24h 方可抹中层，中层六～七成干时方可罩面层 3. 操作中不宜用力过大，否则导热系数会增高
抹蛭石保温砂浆	1. 喷刷石灰水或喷抹水泥细砂砂浆(水泥:细砂=1:1.5～3) 2. 1:3～4 水泥蛭石浆底层 3. 1:2～3 水泥蛭石浆面层	2～3 15～20 10	1. 清洗基层后喷刷石灰水或喷抹水泥细砂砂浆一遍 2. 底层抹完 24h 方可抹面层 3. 操作中用力要适当，用力过大易将水泥浆由蛭石缝中挤出，影响强度，过小粘结不牢，影响灰浆质量。灰浆边拌边用，保持均匀，拌好的灰浆须在 3h 内用完

15.1 抹灰工程

续表

名称	分层做法	厚度(mm)	施工要点
抹重晶石砂浆	1. 1:3 水泥砂浆打底 2. 1:0.25:4~5 重晶石砂浆(水泥:重晶石粉:重晶石砂)面层	12 厚度按设计要求	1. 基层清理干净,浇水湿润,凹凸不平处用打底灰填补剔平 2. 面层根据设计厚度分层施工,一层竖抹,一层横抹,每层厚4mm,每层应连续施工不得中断,抹完0.5h再压一遍以划毛,间隔24h再抹下一层。阴阳角应抹成圆弧形。抹完后第二天用喷雾器喷水养护14d以上,每昼夜喷水不少于5次

注:重晶石砂(钡砂):颗粒粒径0.6~1.2mm,无杂质,重晶石粉细度通过0.3mm筛孔。

15.1.7 抹灰工程质量控制与检验
1. 一般抹灰工程

表 15-31

项次	项目	内容
1	主控项目	1. 抹灰前基层表面的尘土、污垢、油渍等应清除干净,并洒水润湿 2. 一般抹灰所用材料的品种和性能应符合设计要求。水泥的凝结时间和安定性复验应合格。砂浆的配合比应符合设计要求 3. 抹灰工程应分层进行。当抹灰总厚度大于或等于35mm时,应采取加强措施。不同材料基体交接处表面的抹灰,应采取防止开裂的加强措施,当采用加强网时,加强网与各基体的搭接宽度不应小于100mm 4. 抹灰层与基层之间及各抹灰层之间必须粘结牢固,抹灰层应无脱层、空鼓,面层应无爆灰和裂缝
2	一般项目	1. 一般抹灰工程的表面质量应符合下列规定: (1)普通抹灰表面应光滑、洁净、接槎平整、分格缝应清晰。 (2)高级抹灰表面应光滑、洁净、颜色均匀、无抹纹,分格缝和灰线应清晰美观 2. 护角、孔洞、槽、盒周围的抹灰表面应整齐、光滑;管道后面的抹灰表面应平整 3. 抹灰层的总厚度应符合设计要求;水泥砂浆不得抹在石灰砂浆层上;罩面石膏灰不得抹在水泥砂浆层上 4. 抹灰分格缝的设置应符合设计要求,宽度和深度应均匀,表面应光滑,棱角应整齐 5. 有排水要求的部位应做滴水线(槽)。滴水线(槽)应整齐顺直,滴水线以内高外低,滴水槽的宽度和深度均不应小于10mm 6. 一般抹灰工程质量的允许偏差和检验方法应符合表15-32的规定

一般抹灰的允许偏差和检验方法　　　表 15-32

项次	项目	允许偏差 (mm)		检验方法
		普通抹灰	高级抹灰	
1	立面垂直度	4	3	用 2m 垂直检测尺检查
2	表面平整度	4	3	用 2m 靠尺和塞尺检查
3	阴阳角方正	4	3	用直角检测尺检查
4	分格条(缝)直线度	4	3	拉 5m 线，不足 5m 拉通线，用钢直尺检查
5	墙裙、勒脚上口直线度	4	3	拉 5m 线，不足 5m 拉通线，用钢直尺检查

注：1. 普通抹灰，本表第 3 项阴角方正可不检查；
　　2. 顶棚抹灰，本表第 2 项表面平整度可不检查，但应平顺。

2. 装饰抹灰工程

表 15-33

项次	项目	内容
1	主控项目	1. 抹灰前基层表面的尘土、污垢、油渍等应清除干净，并应洒水润湿 2. 装饰抹灰工程所用材料的品种和性能应符合设计要求。水泥的凝结时间和安定性复验应合格。砂浆的配合比应符合设计要求 3. 抹灰工程应分层进行。当抹灰总厚度大于或等于 35mm 时，应采取加强措施。不同材料基体交接处表面的抹灰，应采取防止开裂的加强措施，当采用加强网时，加强网与各基体的搭接宽度不应小于 100mm 4. 各抹灰层之间及抹灰层与基体之间必须粘接牢固，抹灰层应无脱层、空鼓和裂缝
2		1. 装饰抹灰工程的表面质量应符合下列规定： (1)水刷石表面应石粒清晰、分布均匀、紧密平整、色泽一致，应无掉粒和接槎痕迹。 (2)斩假石表面剁纹应均匀顺直、深浅一致，应无漏剁处；阳角处应横剁并留出宽窄一致的不剁边条，棱角应无损坏。 (3)干粘石表面应色泽一致、不露浆、不漏粘，石粒应粘结牢固、分布均匀，阳角处应无明显黑边 (4)假面砖表面应平整、沟纹清晰、留缝整齐、色泽一致，应无掉角、脱皮、起砂等缺陷 2. 装饰抹灰分格条(缝)的设置应符合设计要求，宽度和深度应均匀，表面应平整光滑，棱角应整齐 3. 有排水要求的部位应做滴水线(槽)。滴水线(槽)应整齐顺直，滴水线内高外低，滴水槽的宽度和深度均不应小于 10mm 4. 装饰抹灰工程质量的允许偏差和检验方法应符合表 15-34 的规定

装饰抹灰的允许偏差和检验方法　　　表15-34

项次	项目	允许偏差（mm）				检验方法
		水刷石	斩假石	干粘石	假面砖	
1	立面垂直度	5	4	5	5	用2m垂直检测尺检查
2	表面平整度	3	3	5	4	用2m靠尺和塞尺检查
3	阳角方正	3	3	4	4	用直角检测尺检查
4	分格条（缝）直线度	3	3	3	3	拉5m线，不足5m拉通线，用钢直尺检查
5	墙裙、勒脚上口直线度	3	3	—	—	拉5m线，不足5m拉通线，用钢直尺检查

15.2　饰面安装工程

15.2.1　常用饰面材料的规格和质量要求

常用饰面材料的规格和质量要求　　　表15-35

名称	规格（mm）	质量要求	用途
釉面砖（瓷板、瓷砖、釉面陶土砖）	正方形：152×152×5(6)，108×108×5(6) 长方形：152×75×5(6) 配件有压顶条、阳角条、阴角条、压顶阳角、压顶阴角、阳三角、阴三角、阳角座、阴角座等。有白色、彩色、印花图案以及各种装饰釉面砖等品种	分一级、二级和三级。尺寸一致，色彩均匀；无缺釉、脱釉、夹心，无扭曲、裂纹，边角整齐无缺，吸水率不大于22%，耐急冷、急热性能：105℃至(19±1)℃热交换一次不裂；白度不低于78度	室内墙、柱饰面、厨房、浴室、盥洗室地面、墙裙
外墙面砖（墙面砖、彩釉砖）	200×100×12、150×75×12、75×75×8、108×108×8分有釉、无釉两种。无釉砖（又称墙面砖）颜色有白、浅黄、深黄、红绿等色，有釉砖（又称彩釉砖）有粉红、蓝、绿、金砂釉、黄、白等色。近几年又有劈离砖、变色釉面砖、琉璃釉面砖、黏土彩釉砖等新产品	表面平整、边缘整齐，棱角不得损坏，质地坚固，吸水率不大于8%，色调柔和、耐水、抗冻，经久耐用	室外墙、柱饰面

续表

名称	规格（mm）	质量要求	用途
陶瓷锦砖（马赛克、纸皮砖）	正方形：39×39×5、23.6×23.6×5、18.5×18.5×5、15.2×15.2×5 长方形：39×18.5×5 六角形：对角长边25mm，厚5mm 其他对角，斜长条、半八角、长条对角，分有釉和无釉两种，按组合图案反贴在纸版上，每张大小约30cm见方称作一联，40联为一箱	分一级、二级。尺寸颜色一致，无受潮、变形现象，纸版完整，颗粒齐全，间距均匀，吸水率不大于2%，脱纸时间不大于40min，在±20℃温度下无开裂现象	室内厕、浴、游泳池、试验室地面、墙面及高级建筑外墙饰面
玻璃锦砖（玻璃马赛克、玻璃纸皮砖）	18.5×18.5×5、20×20×4、25×25×4、30×30×4、40×40×4、39×39×5、104×104×8 有金属透明、乳白色、灰色、蓝色、紫色、肉色、桔黄色等多种花色。20×20×4规格，每张纸版标准尺寸为325×325，每箱40张	质地坚硬，尺寸、颜色一致，表面光滑，色泽鲜明，光亮、不褪色，纸版完整，颗粒齐全，间距均匀，耐热、耐寒、耐大气、耐酸碱，不龟裂	适于外墙饰面，内墙亦可采用
大理石饰面板	300×300(150)×20、305×305(152)×20、400×400(200)×20、600×600(300)×20、610×610(305)×20、900×600×20、915×610×20、1070×750×20、1200×600(900)×20、1067×762×20、1220×915×20 有各种花色，常见品种及产地见表15-36	分一级和二级。光洁度高，石质细密，无腐蚀斑点，棱角齐全，底面整齐，色调与花纹基本调合，无直径超过1mm的明显砂眼和明显划痕，磨光表面无贯穿裂缝	用于高级装饰，如内墙面、门头、柱面、地面、踏步、窗台等。不宜用于室外饰面
花岗石饰面板	按用途和加工分粗磨板、磨光板、剁斧板、机刨板四种，前两种板材的规格为： 300×300×20、305×305×20、400×400×20、600×600(300)×20、610×610(305)×20、900×600×20、915×610×20、1070×762×20 剁斧板和机刨板材按图纸要求加工。板有红、白、青、黑麻、金黄、粉红等颜色，并有均匀的黑白点	分一级、二级。棱角完整无缺，颜色一致，晶粒均匀，无色线、风化痕迹，不得有裂缝、砂眼、石核子等隐伤现象	用于建筑物的室内外墙面、柱面、墙裙、楼（地）面、檐口、腰线、勒脚、基座、踏步等

续表

名 称	规 格 (mm)	质 量 要 求	用 途
青石饰面板	规格一般为长宽300～500不等的矩形薄片，边缘不要求平直，有暗红、灰绿、蓝、紫等不同颜色	棱角完整、无缺，颜色一致，无色线、风化痕迹，不得有裂缝、孔眼等隐伤现象	园林建筑外饰面
水磨石饰面板	305×305×25(19,20)、400×400×25、500×500×20、300～400×400～800×25～30、120×400～500×25～30 异形尺寸按设计要求进行加工。有各种花色	色泽鲜明光亮，表面石子均匀，颜色一致，棱角齐全，无旋纹、气孔	用于建筑物楼面、墙面、柱面（地面）、踏步、踢脚板、窗台板、墙裙等
人造大理石、花岗石板	厚5、8、10mm，需要时，可将板边加厚成12、20、25、30mm，长宽尺寸可按设计要求进行加工	要求同大理石板和花岗石板	室内墙面、柱面等

常用饰面大理石品种　　　　表15-36

名　称	产　地	特　征
汉白玉	北京房山	玉白色微有杂点
晶　白	湖　北	白色晶粒
雪　花	山东掖县	白间淡灰色
雪　云	广东云浮	白和灰白相间
影晶白	江苏高资	乳白色有微红
墨晶白	河北曲阳	玉白色、微晶
风　雪	云南大理	灰白间有深灰
冰　琅	河北曲阳	灰白色、粗晶
黄花玉	湖北黄石	淡黄色带稻黄
凝　脂	江苏宜兴	猪油色底
碧　玉	辽宁连山关	嫩绿或深绿
彩云绿	河北获鹿	浅翠绿色底
斑　绿	山东莱阳	灰白色底带草绿
云　灰	北京房山	白或浅灰底
晶　灰	河北曲阳	灰色微赭、细晶
驼　灰	江苏苏州	土灰色底
裂　玉	湖北大冶	浅灰带微红
海　涛	湖　北	浅灰底带青灰色
象　灰	浙江潭浅	象灰底带黄色
艾叶青	北京房山	青底、深灰间白
残　雪	河北铁山	灰白色带黑色斑点

续表

名 称	产 地	特 征
螺 青	北京房山	深灰色底
晚 霞	北京顺义	石黄间土黄
蟹 青	河 北	黄灰底遍布深灰
虎 纹	江苏宜兴	赭色底黄色经络
灰黄玉	湖北大冶	灰底带黄和浅黄
锦 灰	湖北大冶	浅黑灰底带灰白
电 花	浙江杭州	黑灰底满布红色
桃 红	河北曲阳	桃红带黑色缕纹
银 河	湖北下陆	浅灰底粉红脉络
秋 枫	江苏南京	灰红底带血红脉
砾 红	广东云浮	浅红底满布白色
桔 络	浙江长兴	浅灰底带粉紫红
岭 红	辽宁铁岭	紫红杂以白斑
紫螺纹	安徽灵璧	灰红底满布红灰
螺 红	辽宁金县	络线底夹有红灰
红花玉	湖北大冶	肝红底夹有浅红
五 花	江苏、河北	绛紫夹青灰紫色
墨 壁	河北获鹿	黑色杂浅黑土黄
量 夜	江苏苏州	黑色间少量白络

常用胶粘剂技术性能与使用方法 表 15-37

名 称	性能与用途	使 用 方 法
JCJA 陶瓷胶粘剂(粉状) 系以高分子聚合物、无机胶粘剂及多种特殊材料经反应配制而成。 分两类:一类为 JCJA-Ⅰ型单组分,另一类为 JCJA-Ⅱ型为双组分	剪切强度:瓷砖与混凝土>1.2MPa;抗压强度:>14.7MPa;浸水 7d 后剪切强度>0.8MPa,pH:7~10 适用于墙面砖、地砖、大理石、锦砖、瓷砖等张贴于水泥砂浆、混凝土面上,也可粘贴于纸筋石灰墙面	1. JCJA-Ⅰ型粉料用水调成厚糊状即可。粉料:水=7:3(重量比),施工温度 20℃,调好的胶粘剂在 5~6h 内用完 2. JCJA-Ⅱ型,用助膜剂将粉料调成厚糊状即可。粉料:助膜剂=7:3,调好的胶粘剂在 5~6h 内用完 3. 将调好的胶粘剂涂抹在瓷砖等饰面材背面后,用力按压至平直为至,施工温度>0℃,初硬化 5~6h(20℃),完全硬化 14d,耗用量一般 2~3kg/m²
复合胶粉 以水泥熟料为主,配以高分子材料共同研磨制成	粘结强度(28d):107MPa,耐水粘结强度(7d):0.58MPa,急冷急热(30 循环)后粘结强度:0.53MPa,冻融(30 循环)后粘结强度:0.45MPa 适用于内外墙面、地面等粘贴陶瓷面砖、马赛克等	1. 3.5~4 分胶粉加 1 分水(重量比),混合后静停 10min,再充分搅拌均匀即可,调好后 4h 内用完 2. 用抹刀在墙面基层上涂胶,在胶浆表面结皮前贴完面砖(一般 20min 左右),胶浆厚度应为 2~3mm(最厚不得超过 8mm)

续表

名　称	性能与用途	使　用　方　法
YJ系列建筑胶粘剂 以环氧树酯、乙烯-醋酸乙烯乳液型树脂为主要组分,加入适量助剂而制成的双组分胶粘剂,主要有YJ-Ⅱ型和YJ-Ⅲ型	粘结强度:瓷砖3~4MPa,玻璃砖2~3MPa 抗压强度:(YJ-Ⅱ型)30~40MPa,(YJ-Ⅲ型)15~25MPa; 收缩率:(YJ-Ⅱ型)0.2%,(YJ-Ⅲ型)1.02% 适用于粘贴瓷砖、锦砖、玻璃马赛克以及大理石板材等	1.YJ-Ⅱ型:甲组分:乙组分:填料=1:1.3~1.6:6.5~8.0(重量比);YJ-Ⅲ型:甲组分:乙组分:填料=1:2.4~3.0:8:12(重量比) 配制时先将甲、乙组分混合均匀,再加入填料搅拌均匀即可 2.墙面粘贴玻璃马赛克和板时,将胶粘剂均匀涂于砖板或墙面上(1~2mm厚)进行粘贴 石膏板基层粘贴瓷砖时,用抹刀将胶泥涂于石膏板上(厚1~2mm),然后用梳形刀梳刮胶泥,再粘贴瓷砖
AH-03大理石胶粘剂 系以环氧树脂及多种高分子合成材料为基材,添加乳化剂、增稠剂、防腐剂、交联剂及填料配制而成膏状物质	外观为白色或浅色膏状黏稠体 粘结强度>2MPa,浸水后>1.0MPa;耐久性30个循环无脱落 适用于大理石、花岗石、瓷砖、锦砖等块材与水泥类基层粘结	1.粘贴砖板时,用锯齿形刮板将胶粘剂均匀涂于墙面基层,厚度在2mm,然后将砖板贴于基层上,来回挤压,排出空气,再用橡皮锤轻敲平实;或将胶粘剂涂于瓷砖、锦砖背面约厚1mm,在基层上来回搓动,由下向上铺贴压实 2.胶粘剂使用时先搅拌均匀,涂刮厚度不宜超过3mm
JP型建筑胶粘剂 为单组分水乳型高分子胶粘剂	外观为白色膏状 固体含量为72%,粘结强度>1MPa,冷热冻融(30循环)后粘结强度0.4~0.5MPa 适用于瓷砖、面砖、马赛克、大理石等块材粘结	用抹刀将胶粘剂涂于墙体基层后,用梳形刀梳刮,再粘贴饰面块材,涂胶厚1~2mm
TAM型通用瓷砖胶粘剂 为聚合物改性粉末	外观白色或灰白色粉末 剪切强度>1.02MPa,抗拉强度(14d)>0.15MPa 适用于瓷砖、马赛克、大理石等与水泥类基层粘结	1.胶粉:水=3.5:1(重量比)混合后静停10min,再充分搅拌均匀即可使用 2.用抹子将胶泥抹于基层,在30min内粘贴完毕,24h后可勾缝

15.2.2 饰面砖粘贴

各种饰面砖施工方法　　　　　　　表 15-38

项次	名称	施　工　要　点
1	陶瓷锦砖和玻璃锦砖铺贴	1. 按设计图纸要求，挑选好锦砖并统一编号。墙面用 1:3 水泥砂浆或 1:0.1:2.5 混合砂浆打底，找平、划毛，厚度 10～12mm 2. 墙面按每张锦砖大小弹线，水平线每张一道，垂直线每 2～3 张一道并与角垛中心保持平行。阳角及墙垛测量放线，从上到下做出标志 3. 铺贴时，在弹好的水平线下口支垫尺，浇水湿润底层，由 2 人操作，1 人先在墙上刷 1:5 的 108 胶水一遍及水泥浆一遍，再抹 2～3mm 厚 1:0.3 水泥纸筋灰或 1:1 水泥砂浆（掺水泥用量 5% 的 108 胶）厚 3～4mm 的粘层，用靠尺刮平，抹子抹平；另 1 人将一张锦砖铺在木板上，底面朝上，缝灌细砂（或刮白水泥浆），先用刷子稍湿润表面，再薄涂一层 1:0.3 水泥纸箱浆浆，然后递给上 1 人将锦砖按垫尺上口沿线由下往上粘贴，灰缝要对齐，缝宽控制不大于 1.5mm，并用木板轻推一遍使其粘实 4. 待灰浆初凝后，用软毛刷刷水将护面纸湿透，约 0.5h 后揭纸，检查缝口，不正者用开刀拨匀，垫木板轻轻敲平，脱落者补上，随后用刷子带水将缝里砂子刷出，用水冲洗，稍干用棉丝擦净 5. 隔 2d，用刷子蘸水泥浆刷缝，刷严，起出米厘条，大缝用 1:1 水泥砂浆勾缝，再用棉丝擦净，污染严重者用稀盐酸刷洗，清水冲洗 6. 浅色玻璃马赛克宜用白水泥粘贴
2	釉面砖与外墙面砖铺贴	1. 面砖使用前应经挑选，预排，使规格、颜色一致，并放入水中浸泡 2～3h 后取出阴干备用。墙面扫净，浇水湿润，光滑表面应凿毛，用 1:3 水泥砂浆打底，厚 6～10mm，随手带毛，养护 3～4d 开始铺贴 2. 墙面找好规矩，弹水平和垂直控制线，定出水平标准和皮数，最上一块应为整数，并用废面砖抹上混合砂浆贴灰饼，间距 1.5m 左右，阴角处要两面挂直。外墙面砖贴前做出样板，进行预排，定出排缝要求，矩形面砖有横排、竖排两种，按接缝宽窄有密缝（缝宽 1～3mm 范围内）和离缝（缝宽大于 4mm）贴法，同一样面砖齐缝排列又可采取密缝粘贴、离缝分格等多种 3. 贴前先湿润底层，放好垫尺，作为贴第一皮砖的依据。贴时在砖背面均匀刮抹砂浆（配合比：釉面砖为 1:0.15:3 水泥石灰砂浆或 1:1.5～2 水泥砂浆；外墙面砖为 1:0.2:2 水泥石灰砂浆或另加水泥重量 3% 的 108 胶，砂浆稠度 6～8cm）；厚 5～6mm，或胶粘剂厚 1.5～2mm，放在垫尺上口贴于墙面上，用木铲把轻敲使灰浆饱满，用靠尺按灰饼靠平，理直灰缝，灰缝厚度釉面砖为 7～10mm，外墙面砖为 12～15mm 外墙面砖采用胶粘剂粘贴时，根据胶粘剂的品种按产品说明书进行调制和粘贴或按表 15-36 使用方法进行使用 4. 铺贴顺序从阳角开始，使不成整块的面砖在阴角，如有脸盆、镜框者，应从脸盆下水管部位分中，往两边分贴，同时由下往上整皮进行 5. 贴好后应进行检查，用水洗净并用棉丝擦干净，灰缝用白水泥擦平或用 1:1 水泥砂浆勾缝，污垢用浓度 10% 的盐酸刷洗，并用清水冲洗干净

15.2.3 预制水磨石、大理石、花岗石及青石板安装

预制水磨石、大理石、花岗石及青石板安装方法　表 15-39

项次	安装方法及适用范围	施　工　要　点
1	施工准备	1. 基层处理：基层表面灰尘、污垢清除干净，浇水湿润，过于光滑的表面进行凿毛处理，垂直度、平整度偏差过大时要进行剔凿或修补处理 2. 抄平放线：柱子镶贴饰面板，应按设计轴线距离，弹好柱子中心线和墙面标高线 3. 选板和编号：根据设计图纸，事先挑选好板材，并进行试拼、套方磨边。进行边角垂直度、平整度、裂缝和棱角缺陷等检验，使尺寸大小符合要求，同时要求颜色变化自然，一片墙或一个立面色调要和谐，对花纹时，要上下左右大体通顺，纹理自然，同一个面花纹对称或均衡，以提高装饰效果。然后进行编号 板材接缝宽度：光面、镜面的大理石、花岗石为 1mm；粗磨面、麻面、条纹面的大理石、花岗石为 5mm；预制水磨石为 2mm；人造大理石、花岗石为 1mm。凡位于阳角处相邻两块板材，宜磨边卡角（图 15-15） 4. 天然石材进行防碱背涂处理：用灌浆固定的天然石材，由于水泥砂浆在水化时析出大量氢氧化钙，污染板材而产生返碱现象，因此在安装前必须对石材进行背涂处理，一般需涂刷二遍，第一遍干后（约 20min）再涂第二遍
2	逐块粘贴法 适用于小规格（边长小于 400mm）板材及青石板	1. 在干净、湿润的基层上用 1:2.5 水泥砂浆分层打底，找规矩，总厚度 10～20mm，底子灰表面划毛，并按中级抹灰标准检查验收垂直度和平整度 2. 待底子灰凝固后，按板材实际尺寸和接缝宽度在柱面、墙面上弹出分块线 3. 将湿润并阴干的板材背面抹上 5～6mm 厚胶粘剂（见表 15-36）或采用掺水泥用量 10%～15% 108 胶的 1:2 水泥砂浆，依照水平线，先铺贴底层两端的两块板材，然后拉通线，按编号依次粘贴，并随时用靠尺找平、找直 4. 第一层贴完，进行第二层粘贴，依次类推。全部贴完，应将板表面清理干净，并按板材颜色调制水泥色浆勾缝，边勾边擦净，要求缝隙实，颜色一致，并做好产品保护
3	灌浆绑扎法（传统安装方法） 适用于板材边长超过 400mm 或安装高度超过	1. 按照设计要求，在基层表面绑扎好 $\phi6$ 钢筋网片，与结构中预埋铁环绑扎牢固，或在基层上钻 $\phi6.5\sim8.5$ 孔，深$\geqslant60$mm，注入环氧树脂胶粘剂，插入 $\phi6\sim\phi8$ 短钢筋，外露 50mm 以上并弯钩，在同一标高处мест水平钢筋，二者靠弯钩绑扎或焊接牢固 2. 将板材的上下侧面两端各钻 $\phi5$ 孔，使直孔与横孔连通（即象鼻子孔），如图 15-16 示意。钻孔数量，如边宽＞500mm 时，中间再增加一孔。钻好孔后穿入铜丝或不锈钢丝，并灌入环氧树脂固结

续表

项次	安装方法及适用范围	施工要点
3	1m 时的混凝土墙或砖墙。常用于多层或高层建筑的首层	3. 安装时，按放好的水平线和垂直线，先在最下一行两头找平、拉线，从阳角或中间一块开始，借铜丝或不锈钢钢丝固定在钢筋网上，离墙保持 20mm 空隙，用托线板靠尺靠平，要求板与板交接处四角平整，水平缝楔入木楔控制厚度，板的上下口用石膏临时固定，较大的板材要加临时支撑，两侧及底部缝隙用纸、麻丝或石膏堵严，如图 15-17(a) 4. 每铺完一行，用 1:2.5 水泥砂浆（稠度 8～12cm）分层灌注，每层高 150～200mm（白色大理石用白水泥，以防变色），直至距上口 50～100mm 处停止，并将上口临时固定的石膏剔除，清理干净缝隙，再安装第二层板，依次由下往上逐行安装、固定、灌浆 5. 板材铺完后，清理、勾缝、产品保护与逐块粘贴法相同
4	灌浆楔固法 该法是灌浆绑扎法的改进工艺。适用范围相同	1. 先对基层墙面清理干净，用水湿润，抹 1:1 水泥砂浆；板材背面亦用清水刷洗干净 2. 将板材直立固定于木架上，用手电钻在距板两端 1/4 处板厚中心钻 $\phi 6$、深 35～40mm 孔，板宽≤500mm 的钻直孔两个，板宽>500mm、<800mm 的钻直孔 3 个，>800mm 的钻 4 个。然后将板旋转 90°固定于木架上，在板两侧分别各钻 $\phi 6$、深 35～40mm 孔 1 个，孔位距板下端 100mm 处，上下直孔都用合金錾子在板背面方向剔槽，槽深 7mm，以便安装∏形钉 3. 板材钻孔后，按基层墙面放线分块位置临时就位，对应于板材上下直孔的基层位置上，用冲击电钻钻成与板材孔数相等的 45°角斜孔，孔径 6mm，孔深 40～50mm 4. 基层墙面钻孔后，将板材安装就位，用克丝钳子现制直径 5mm 的不锈钢∏形钉（图 15-18a），一端钩进板材直孔内，随即用硬木小楔楔紧，另一端钩进基层墙面的斜孔内，经检查复核板材平整度、垂直度符合要求后，再用硬木小楔楔紧斜孔内不锈钢∏形钉。接着用大头木楔紧固于板材与基层之间，如图 15-17(b) 5. 板材位置校正准确，临时固定后，即可进行分层灌浆。灌浆和表面清理、勾缝及产品保护，与项次 2 同
5	金属夹安装法 该法是灌浆绑扎法的改进工艺。适用于花岗石板材的安装	1. 用台钻在板材上下两个面各钻两个距板两端 1/4 处的直孔，孔径 5mm，深 18mm，孔位距板材背面以 8mm 为宜，如板宽较大，中间再增打一孔，钻孔后用合金钢凿子朝石板背面轻打剔槽，剔出深 4mm 的槽，以便固定连接件（图 15-19a） 石板背面钻 135°斜孔，先用合金钢凿子在打孔平面剔窝，再用合钻直对板材背面打孔，孔深 5～8mm，孔底距板材磨光面 9mm，孔径 8mm，如图 15-19(b)示意 2. 把金属夹（图 15-18b）安装在 135°孔内，用胶粘剂固定，并与钢筋网连接牢固（图 15-17c） 3. 基层上凿出预埋钢筋，使之外露于墙面，如无预埋钢筋，则可在基层上钻孔，孔径 $\phi 25$mm，孔深 90mm，用 M16 胀杆螺栓固定预埋铁 4. 绑扎钢筋网，先绑竖筋，竖筋与结构内预埋筋或预埋铁连接。横向钢筋根据板材规格，比板材低 20～30mm 作为固定连接筋，

续表

项次	安装方法及适用范围	施 工 要 点
5	金属夹安装法 该法是灌浆绑扎法的改进工艺。适用于花岗石板材的安装	其他横筋根据设计间距布置 5. 安装花岗石板材。按试拼要求就位,板材上口外仰,将两板间连接筋对齐,连接件挂牢在横筋上,用木楔垫稳板材,用靠尺检查调整平直。每层石板应拉通线找平找直,阴阳角用方尺套方,以保证每层石板上口平直,然后用熟石膏固定 6. 浇灌细石混凝土。细石混凝土用铁簸箕徐徐倒入,要求下料均匀,宜分三次下料,每次捣固密实后(捣固时不得碰撞石板及石膏木楔),间隔1h左右,待初凝后检查无松动、变形,方可再次浇灌,第三次浇灌至上口留50mm,作为上层板材浇混凝土的结合层 7. 板材表面清理、勾缝和产品保护与项次2相同

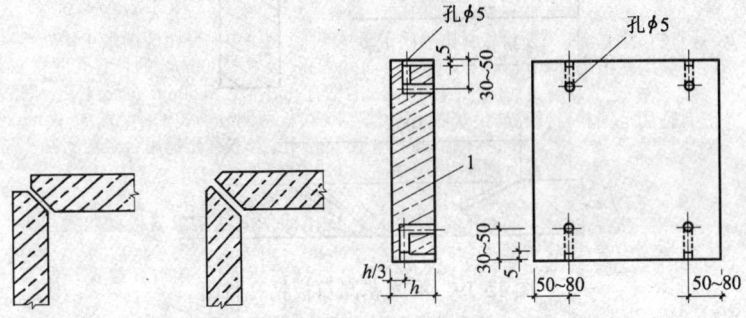

图 15-15 阳角磨边卡角　　图 15-16 板材钻孔及凿槽(象鼻孔)示意

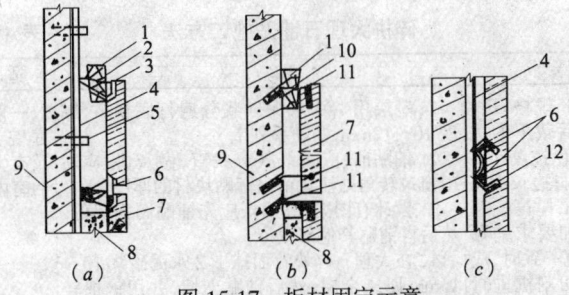

图 15-17 板材固定示意
(a)灌浆绑扎法;(b)灌浆楔法;(c)金属夹安装法
1—大头木楔;2—铜丝或不锈钢丝;3—象鼻孔;4—立筋;
5—预埋铁环;6—横筋;7—板材;8—水泥砂浆灌缝;
9—墙体;10—不锈钢冂形钉;11—硬木小楔;12—碳钢弹簧卡

1173

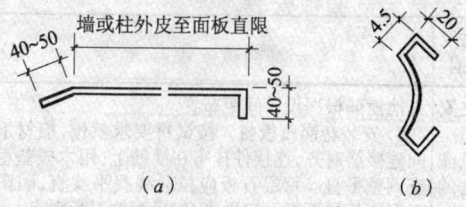

图 15-18 板材连接件
(a)冂形连接件;(b)碳钢弹簧卡(金属夹)

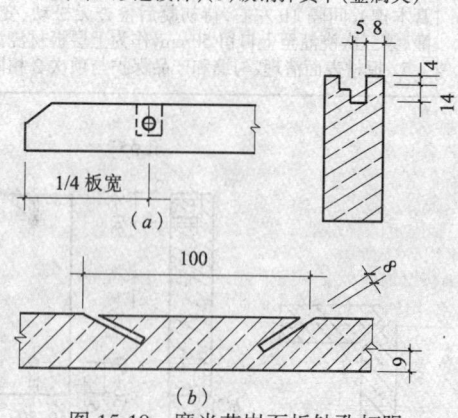

图 15-19 磨光花岗石板钻孔打眼
(a)石板打直孔;(b)石板打斜孔

15.2.4 碎拼大理石铺贴施工方法

碎拼大理石铺贴施工方法　　　　　表 15-40

材料要求	施 工 要 点	适用范围
利用生产规格石材中经磨光后裁下的边角余料,颜色按设计要求选定,块材边长不宜超过 30mm,厚度应基本一致。如要求铺贴的块材缝宽一致时,应对碎块用切割机进行加工。碎块按形状,可分为非规格矩形块料、冰裂状块料和毛边碎块	1. 基层用 1:3 水泥砂浆分遍打底找平,厚度 10~12mm,并随手划毛 2. 铺贴前,应拉线找方找直,做灰饼,应在门窗口转角处注意留出镶贴块材的厚度 3. 设计有图案要求时,应先铺贴图案部位,然后再铺贴其他部位 4. 在大理石碎块背面抹 1:2 水泥砂浆 10~15mm 厚结合层,然后铺贴上墙,并用铲把轻敲使之粘结牢固,并随时用靠尺找平。每天铺贴高度不宜超过 1.2m 5. 铺贴时应注意面层光洁,随时进行清理。铺贴后,按设计要求采用不同颜色的水泥砂浆或水泥石渣浆勾缝	一般适用于庭院、凉廊以及有天然格调的室内墙面

15.2.5 铝合金饰面板安装方法

铝合金饰面板安装方法　　　　表15-41

项次	项目	施　工　要　点
1	骨架安装固定	1. 按照设计图纸和现场墙面实际尺寸,确定骨架的安装位置。查核和清理结构表面连接骨架的预埋件。如无预埋件时,则用冲击电钻钻孔,埋设膨胀螺栓 2. 根据控制轴线、水平标高线,弹出铝合金板安装的基准线 3. 骨架一般常用角钢或槽钢焊成竖、横框格,也可用方木钉成。型钢骨架安装前做好防腐处理 4. 横竖型钢框格根据轴线及铝合金板材安装位置,与墙面预埋件焊接固定或用膨胀螺栓固定,横竖框格间距一般≤500mm
2	铝合金饰面板安装	1. 铝合金方板根据安装位置线以自攻螺钉固定到骨架上(多用于外墙板),或以铆钉固定(多用于内墙板),铆钉间距以100～150mm为宜,如图15-20所示,板与板之间的间隙一般为10～20mm,并用橡胶条或密封胶等弹性材料封缝 2. 铝合金条板(扣板)用自攻螺钉拧固在骨架上,条板与条板之间留5～6mm空隙以形成凹槽,由于此种条板采用后条压前条的构造方法,可使前条安装固定的螺钉被后块条板扣压遮盖,从而达到使螺钉全部暗装的效果,如图15-21所示 3. 铝合金饰面板安装完毕,在易于被污染的部位,要用塑料薄膜覆盖保护,易碰、划部位,应设安全防护

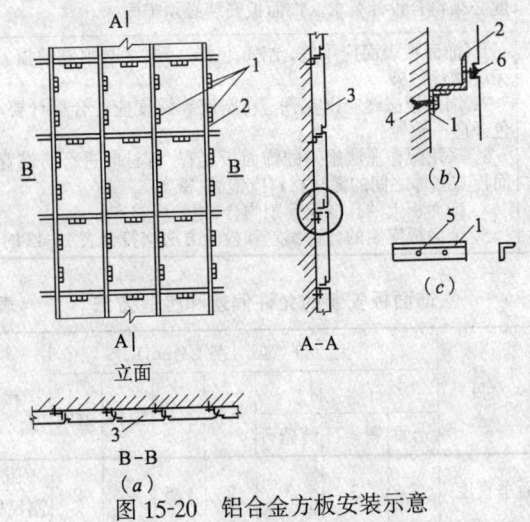

图15-20　铝合金方板安装示意
(a)方板骨架立面构造;(b)节点大样;(c)角钢扣件大样
1—角钢扣件;2—角钢骨架;3—铝合金方板;
4—膨胀螺栓;5—椭圆形安装孔;6—铆钉

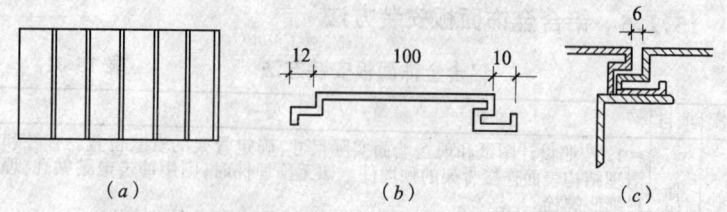

图 15-21 铝合金条板安装示意
(a)条板外墙立面;(b)条板截面;(c)条板固定示意

15.2.6 饰面板(砖)工程质量控制与检验
1. 饰面板安装工程

表 15-42

项次	项目	内容
1	主控项目	1. 饰面板的品种、规格、颜色和性能应符合设计要求,木龙骨、木饰面板和塑料饰面板的燃烧性能等级应符合设计要求 2. 饰面板孔、槽的数量、位置和尺寸应符合设计要求 3. 饰面板安装工程的预埋件(或后置埋件)、连接件的数量、规格、位置、连接方法和防腐处理必须符合设计要求。后置埋件的现场拉拔强度必须符合设计要求。饰面板安装必须牢固
2	一般项目	1. 饰面板表面应平整、洁净、色泽一致,无裂痕和缺损。石材表面应无泛碱等污染 2. 饰面板嵌缝应密实、平直,宽度和深度应符合设计要求,嵌填材料色泽应一致 3. 采用湿作业法施工的饰面板工程,石材应进行防碱背涂处理。饰面板与基体之间的灌注材料应饱满、密实 4. 饰面板上的孔洞应套割吻合,边缘应整齐 5. 饰面板安装的允许偏差和检验方法应符合表 15-43 的规定

饰面板安装的允许偏差和检验方法　　表 15-43

项次	项目	允许偏差 (mm)							检验方法
		石材			瓷板	木材	塑料	金属	
		光面	剁斧石	蘑菇石					
1	立面垂直度	2	3	3	2	1.5	2	2	用 2m 垂直检测尺检查
2	表面平整度	2	3	—	1.5	1	3	3	用 2m 靠尺和塞尺检查

续表

项次	项目	允许偏差（mm）							检验方法
		石材			瓷板	木材	塑料	金属	
		光面	剁斧石	蘑菇石					
3	阴阳角方正	2	4	4	2	1.5	3	3	用直角检测尺检查
4	接缝直线度	2	4	4	2	1	1	1	用5m线,不足5m拉通线,用钢直尺检查
5	墙裙、勒脚上口直线度	2	3	3	2	2	2	2	用5m线,不足5m拉通线,用钢直尺检查
6	接缝高低差	0.5	3	—	0.5	0.5	1	1	用钢直尺和塞尺检查
7	接缝宽度	1	2	2	1	1	1	1	用钢直尺检查

2．饰面砖粘贴工程

表 15-44

项次	项目	内容
1	主控项目	1．饰面砖的品种、规格、图案、颜色和性能应符合设计要求 2．饰面砖粘贴工程的找平、防水、粘结和勾缝材料及施工方法应符合设计要求及国家现行产品标准和工程技术标准的规定 3．饰面砖粘贴必须牢固 4．满粘法施工的饰面砖工程应无空鼓、裂缝
2	一般项目	1．饰面砖表面应平整、洁净、色泽一致，无裂痕和缺损 2．阴阳角处搭接方式、非整砖使用部位应符合设计要求 3．墙面突出物周围的饰面砖应整砖套割吻合，边缘应整齐。墙裙、贴脸突出墙面的厚度应一致 4．饰面砖接缝应平直、光滑，填嵌应连续、密实；宽度和深度应符合设计要求 5．有排水要求的部位应做滴水线(槽)。滴水线(槽)应顺直，流水坡向应正确，坡度应符合设计要求 6．饰面砖粘贴的允许偏差和检验方法应符合表15-45的规定

饰面砖粘贴的允许偏差和检验方法　　　表 15-45

项次	项目	允许偏差（mm）		检验方法
		外墙面砖	内墙面砖	
1	立面垂直度	3	2	用 2m 垂直检测尺检查
2	表面平整度	4	3	用 2m 靠尺和塞尺检查
3	阴阳角方正	3	3	用直角检测尺检查
4	接缝直线度	3	2	拉 5m 线，不足 5m 拉通线，用钢直尺检查
5	接缝高低差	1	0.5	用钢直尺和塞尺检查
6	接缝宽度	1	1	用钢直尺检查

15.3 裱糊工程

15.3.1 裱糊材料与胶粘剂

常用裱糊壁纸、墙布的规格、性能、特性及适用范围　　　表 15-46

名称	规格	性能、特性及适用范围
普通壁纸（纸基涂塑壁纸） 常用的是以 80g/m² 的木浆纸为基材，表面再涂以约 100g/m² 左右高分子乳液，经印花、轧花而成的卷材	有印花涂塑壁纸、压花涂塑壁纸和复塑壁纸 规格有宽 920、970、1000、1200mm，长 50m/卷 有单色印花、双色印花、单色轧花、沟底轧花、发泡轧花等品种 复塑壁纸宽有 530、900、1000、1200mm，长有 10、15、30、50mm 等几种	具有耐摩擦、可洗涤、坚韧耐折等性能，并且色彩柔和，具有仿丝织、线织及浮雕性花纹 摩擦牢度：干磨 25 次，湿磨 2 次无明显掉色；光老化试验：20h 以上无变色、褪色现象 适用于一般饭店，民用住宅等建筑内墙，平顶等贴面装饰

15.3 裱糊工程

续表

名　　称	规　　格	性能、特性及适用范围
发泡壁纸（浮雕壁纸） 以 100g/m² 的纸作基材，涂塑 300～400g/m² 掺有发泡剂的聚氯乙烯（PVC）糊状料，印花后，再经加热发泡而成，表面呈凹凸花纹	规格有宽 910、920、960、1000、1200mm，长 50m/卷；宽 530、1060mm，长 10m/卷；宽 1000mm，厚 0.50mm（低发泡）、1.50mm（高发泡） 有高发泡印花、低发泡印花、低发泡印花压花等品种	具有耐摩擦、可洗涤、坚韧耐折等性能，并且色彩柔和，有仿纺织、线织及浮雕性花纹 日晒牢度：20h；刷洗牢度，湿磨 2 次，干磨 25 次 高发泡壁纸是一种装饰、吸声多功能壁纸，适用于影剧院、会议室、讲演厅、住宅平顶等装饰；低发泡印花压花壁纸适用于室内墙裙、客厅和内廊的装饰
麻草壁纸 以纸为基层，以编织的麻草为面层，经复合加工而成	厚 0.8～1.3mm，宽 960mm，长 30、50、70m；厚 1.0mm，宽 910mm，长宽定 有天然麻草壁纸、草编壁纸、草麻类中国壁纸等品种	具有阻燃、吸声、散潮气、不变形等特点。并具有自然、古朴、粗犷的大自然之美 适用于会议室、接待室、影剧院、酒吧、舞厅以及饭店、宾馆的客房和商店的橱窗设计等
玻璃纤维墙布 以中碱玻璃纤织织的坯布为基材，表面涂布耐磨树脂，印上彩色图案而成	厚度 0.17～0.28mm，宽度 840～900mm，长度 50m/卷 重量 170～200g/m² 有各种花色图案品种	具有布纹质感、耐火、耐潮、不易老化等优点，但缺点是遮盖力稍差，涂层一旦被磨破会散落出少量玻璃纤维 日晒牢度：4～6 级；刷洗牢度：3～5 级；摩擦牢度：3～5 级 适用于一般民用建筑室内装饰
纯棉装饰墙布 以纯棉平布经过处理和印花、涂层等工序制成	厚度 0.35mm 重量 115g/m² 宽度 840mm	具有无光、吸声、耐擦洗、静电小、强度大、蠕变性小等特点 日晒强度 7 级；刷洗强度 3～4 级；湿摩擦 4 级；耐磨性 500 次 适用于宾馆、饭店、公共建筑和较高级民用建筑中的装饰
化纤装饰墙布 以化纤布为基材，经一定处理后印花而成	厚 0.15～0.18mm，宽 820～840mm，长 50m/卷	具有无毒、无味、透气、防潮、耐磨、不分层等优点 适用于宾馆、旅店、办公室、会议室和居民住宅等室内装饰

续表

名　称	规　格	性能、特性及适用范围
无纺墙布 以用棉、麻等天然纤维或涤纶、腈纶等合成纤维，经无纺成型、上树脂，印刷彩色花纹而成	厚 0.12～0.18mm，宽 850～900mm；厚 0.8～1.0mm，宽 920mm，长 50m/卷；厚 1.0mm，重量 70g/m²	质挺、弹性好、表面光洁，花色鲜艳、图案多样，不褪色、不老化、不易折断，有良好的防潮、透气性能，可擦洗，对皮肤无刺激作用 强度：涤纶无纺布 2MPa，麻无纺布 1.4MPa；粘结牢度：涤纶无纺布 5.1N/25mm，麻无纺布 2N/25mm 适用于多种建筑物的内墙面装饰，特别适用于高级宾馆、高级住宅等建筑
锦缎 以丝编织而成	宽度 900mm，长度不限 有各种绚丽多彩、古雅精致的花色图案品种	易粘贴，柔软易变形，室内音响清新、光线柔和、感觉舒适，但价格较贵 适用于室内高级墙面装饰

常用裱糊胶粘剂　　　　表 15-47

种　类	胶粘剂名称	配　合　比　及　配　制　方　法
普通壁纸	面粉胶	面粉：火碱＝10:1，面粉：明矾＝10:1 或面粉：甲醛（或硼酸）＝10:0.02，按比例加水煮成糊状使用
	108 胶	108 胶：羧甲基纤维素（1%～2%）：水＝100:20～30:60～80，或 108 胶：聚醋酸乙烯乳液：水＝100:20:50，按比例混合均匀使用
	聚醋酸乙烯乳液（白胶）	聚醋酸乙烯乳液：羧甲基纤维素：水＝100:20～30:适量，按比例混合均匀使用
	压敏胶	以橡胶为主要原料的胶粘剂。耐热、耐潮、耐冻、耐油、耐老化，剥离强度 0.25N/mm²，抗拉强度 0.4N/mm²
	BA-Z 型粉状壁纸胶粉	无毒无味，溶水速度快，初凝力强，不沾污壁纸，使用时，在 20 份水中加入 1 份胶粉。先将水搅成一个旋涡，然后将胶粉迅速倒入水中，再搅拌 5min 即可使用
发泡壁纸	108 胶	108 胶：水：羧甲基纤维素（1.5%～2% 水溶液）＝100:60～80:20～30，按比例混合均匀使用

续表

种 类	胶粘剂名称	配 合 比 及 配 制 方 法
麻草壁纸	108胶	108胶:聚醋酸乙烯乳液:羧甲基纤维素=70:10:20,用热水将羧甲基纤维素溶化后加入108胶和白胶
玻璃纤维墙布	聚醋酸乙烯乳液	聚醋酸乙烯乳液:羧甲基纤维素=60:40,调配中根据墙面不同吸水性,加入适量水调稀至便于操作
纯棉装饰墙布	108胶	108胶:羧甲基纤维素(4%溶液):聚醋酸乙烯乳液:水=100:30:10:适量,按比例混合均匀使用
化纤装饰墙布	108胶	108胶:羧甲基纤维素(4%溶液):水=100:20~30:60~80,按比例混合均匀使用 或根据各生产厂家配套供应的专用胶水
无纺墙布	聚醋酸乙烯乳液	聚醋酸乙烯乳液:羧甲基纤维素(2.5%溶液):水=100:80:20,按比例混合均匀使用
锦缎	108胶	108胶:羧甲基纤维素(2.5%溶液):水=100:30:50 或108胶:水=1:1,按比例混合均匀使用
	金虎牌胶粉	胶粉:水=1:20,按比例将胶粉加入水中搅匀约6~8min,溶解成糊状使用

注:1. 常用腻子配合比(重量比)为乳胶腻子:滑石粉:聚醋酸乙烯乳液:羧甲基纤维素(2.5%溶液)=5:1:3.5;乳胶石膏腻子:石膏:聚醋酸乙烯乳液:羧甲基纤维素(2%溶液)=10:0.5~0.6:6;油性石膏腻子:石膏:聚醋酸乙烯乳液:熟桐油=20:50:7。
2. 调配好的胶粘剂应用400孔/cm² 筛子过滤,并应当天用完。

15.3.2 壁纸、墙布裱糊施工方法

壁纸、墙布裱糊施工方法　　　　表15-48

名称	基 层 处 理	施 工 要 点
壁纸裱糊	1. 混凝土及抹灰基层处理:清除基层表面浮灰、砂粒、污垢及凸出部分,泛碱部位,宜用9%稀醋酸中和清洗。对麻点、凹陷、孔眼与裂缝用腻子批嵌找平并磨平,然后满刮腻子(配合比表15-42附注)一遍,并用砂纸打磨、扫净。阴阳角要垂直方正。墙面基本干燥,含水率不大于8%,然后喷或刷一遍108胶水(108胶:水=1:1)其材料做汁浆处理	1. 壁纸裱糊的主要工序见表15-44。裱糊一般顺序为:安排分幅和搭接关系、裁纸、焖水、刷胶、纸上墙、整理纸缝、擦净纸面 2. 按房间大小及壁纸门幅进行分配,决定拼缝部位、尺寸及条数,并分幅拼花裁切。一般大墙面采取整幅对缝拼接,不足一幅的应放在较暗或不明显部位,阴角处接缝应搭接缝,搭接宽度一般不小于3mm,搭接面应在墙面死角处;阳角不能留缝,应用壁纸连接包裹,包过阳角不小于20mm,并按顺序进行编号 3. 裁纸时以上口为准,下口可比规定尺寸略长10~20mm,如为带花饰的壁纸,应先将上口

续表

名称	基层处理	施工要点
壁纸裱糊	2. 石膏板、木质基层处理：纸面石膏板上应先用油性石膏腻子局部找平，如质量要求高时亦应满刮腻子并磨平；无纸面石膏板应先刮一遍乳胶石膏腻子。木基层要求接缝不显接槎，不外露钉头。接缝、钉眼应用腻子补平并满刮石膏腻子一遍，用砂纸磨平，并喷或刷一遍酚醛清漆：汽油=1:3的汁浆 3. 旧墙面基层处理：凹凸不平部位应修补平整，并清理旧有浮松油漆和砂浆粗粒。对修补过的接缝、裂缝、麻点、凹窝等，应用腻子分1至2次刮平，再根据墙面平整光滑程度确定是否满刮腻子 4. 不同基层的处理：石膏板和木基层相接处，应用穿孔纸带粘糊，以防裱糊后壁纸被拉裂	的花饰对好，小心裁割，不得错位。裁切后，边缘应平直整齐，无卷毛、飞刺，卷980平放 4. 壁纸铺前背面要刷水润湿或焖水，使纸充分吸湿伸长，并平放晾干，然后刷胶，要求刷得薄而均匀，不裹边。卷成纸筒(粘结面朝外)按顺序编号排列待用 5. 按壁纸门幅位置自上而下在墙面涂刷胶粘剂，待稍干将壁纸从上而下推进并抹平。壁纸应从窗口下面中心线开始粘贴。第一幅壁纸要在墙面弹垂直线按线粘贴，第二幅壁纸紧挨第一幅壁纸进行平缝拼接，一侧对花拼缝至底，再粘上大面。先用压边小工具将拼缝压严，再用橡皮滚筒在大面来回滚压严实，将气泡赶出，使接缝平整光滑，如有胶挤出，要及时清理 6. 整个房间粘贴好后，再进行修整工作，把两头多余部分用刀割齐，电线插座、阴角等部位应仔细粘贴牢固，与顶棚、挂镜线、踢脚线的交接处应严密顺直，并检查对花拼缝是否完整，如有污脏、鼓裂、气泡、死折、离缝、翘边、笑嘴等现象，要及时纠正和清理干净，或填108胶后压实。要求距离1.5m看不出接缝，斜视无胶迹起壳
墙布、锦缎裱糊	基层处理与裱糊壁纸的基层处理方法及要求基本相同。但因墙布盖底力稍差，当基层表面颜色较深时，应满刮石膏腻子或在胶粘剂中适当掺入白色涂料，相邻部位的基层颜色深浅不一时，更应注意使颜色一致，避免裱糊后色泽有差异，影响装饰效果。 裱糊锦缎的基层处理，应使基层平整，彻底干燥，以防裱糊后发霉	1. 墙布裱糊的主要工序见表15-49 2. 裱糊前应弹线找规矩，量好墙面需粘贴长度，并适当放长100～150mm，再根据其整倍数裁剪，便于花型拼接，裁切好的墙布要卷拢平放于室内待用，切勿立放 3. 贴墙布胶粘剂应随用随配，以当天施工用量为限 4. 墙布一般无吸水膨胀特性，不需预先刷水，可直接往基层上(墙布不刷胶，但纯棉装饰墙布仍需刷胶)刷胶裱糊。刷时要均匀，稀稠适度。锦缎裱糊时，先在背面裱糊一层宣纸，使锦缎挺括，易于操作 5. 裱糊第一幅墙布必须按所弹垂线粘贴，先在基层上刷胶，将裁好成卷墙布，自上而下严格按对花要求渐渐放下(注意上边留出500mm左右)，用湿毛巾将墙布抹平贴实，割去上下多余布料。对阴阳角、线脚以及偏斜过多地方，可以开裁拼接，或进行叠接，其他裱糊操作方法及注意事项与裱糊壁纸相同 6. 锦缎裱糊完工后，要保持室内干燥，通风良好，避免墙面渗水返潮

15.3 裱糊工程

壁纸、墙布裱糊的主要工序 表15-49

项次	工序名称	抹灰面混凝土				石膏板面				木料面			
		复合壁纸	PVC壁纸	墙布	带背胶壁纸	复合壁纸	PVC壁纸	墙布	带背胶壁纸	复合壁纸	PVC壁纸	墙布	带背胶壁纸
1	清扫基层、填补缝隙附磨砂纸	+	+	+	+	+	+	+	+	+	+	+	+
2	接缝处糊条					+	+	+	+				
3	找补腻子、磨砂纸	+	+	+	+								
4	满刮腻子、磨平	+	+	+	+	+	+	+	+				
5	涂刷涂料一遍	+	+	+	+	+	+	+	+				
6	涂刷底胶一遍	+	+	+	+	+	+	+	+	+	+	+	+
7	墙面划准线	+	+	+	+	+	+	+	+	+	+	+	+
8	壁纸浸水润湿		+				+				+		
9	壁纸涂刷胶粘剂	+	+	+		+	+	+		+	+	+	
10	基层涂刷胶粘剂	+	+	+	+	+	+	+	+	+	+	+	+
11	纸上墙、裱糊	+	+	+	+	+	+	+	+	+	+	+	+
12	拼缝、搭接对花	+	+	+	+	+	+	+	+	+	+	+	+
13	起压胶粘剂、气泡	+	+	+	+	+	+	+	+	+	+	+	+
14	裁边	+	+	+	+	+	+	+	+	+	+	+	+
15	擦净挤出的胶液	+	+	+	+	+	+	+	+	+	+	+	+
16	清理修整	+	+	+	+	+	+	+	+	+	+	+	+

注：1. 表中"+"号表示应进行的工序。
2. 不同材料的基层相接处应处理。
3. 混凝土表面和抹灰面表面必要时可增加满刮腻子遍数。
4. "裁边"工序，在使用宽为920mm、1000mm、1100mm等需重叠对花的PVC压延壁纸时进行。

15.3.3 人造革及锦缎软包墙面施工方法

人造革、锦缎墙面裱糊施工方法要点　　　表15-50

特点、用途	基层处理	面层安装施工要点
人造革及锦缎墙面可保持柔软、消声、温暖并具有厚实、豪华、古朴等特点。适用于健身房、幼儿园、录音室、电话间等一些有声学及防碰撞要求的建筑中，还可用于餐厅和会客室，使环境高雅，用于客厅、起居室等，可使环境更舒适	1. 埋木砖：在砖墙或混凝土墙中埋入木砖，间距400～600mm，视板面划分而定 2. 抹灰、做防潮层：为防止潮气使板面翘曲，织物发霉，应在砌体上先抹20mm厚1:3水泥砂浆。干燥后刷冷底子油做一毡二油沥青卷材防潮层 3. 立墙筋：木墙筋截面为20～50mm×40～50mm，用钉子钉牢于预埋木砖上，并找平找直	1. 五夹板外包人造革或织锦缎做法 (1) 将450mm见方的五夹板板边用刨刨平，沿一个方向的两条边刨出斜面 (2) 用刨斜边的两边压入人造革或织锦缎，压长20～30mm，用钉子钉在木墙筋上。钉头埋入板内，另两侧不压织物钉于木墙筋上 (3) 将人造革或织锦缎拉紧，使其平伏在五夹板上，边缘织物贴于下一条墙筋上20～30mm，再以下一块斜边板压紧织物和该板上包的织物，一起钉入木墙筋，另一侧不压织物钉牢。以此安装完整个墙面 2. 人造革或锦缎包矿渣棉的做法 (1) 在木墙筋上钉五夹板，钉头埋入板中，板的接缝在墙筋上 (2) 以规格尺寸大于纵横向墙筋中距50～80mm的人造革或织锦缎料，包矿渣棉于墙筋上，铺钉方法与上述"1"基本相同。铺钉后钉口均为暗钉口 (3) 暗钉钉完后，再以电化铝帽头钉钉在每一分块人造革或织锦缎的四角

15.3.4 裱糊与软包工程质量控制与检验

1. 裱糊工程

表15-51

项次	项目	内　　容
1	主控项目	1. 壁纸、墙布的种类、规格、图案、颜色和燃烧性能等级必须符合设计要求及国家现行标准的有关规定 2. 裱糊工程基层处理质量应符合下列要求： (1) 新建筑物的混凝土或抹灰基层墙面在刮腻子前应涂刷抗碱封闭底漆。 (2) 旧墙面在裱糊前应清除疏松的旧装修层，并涂刷界面剂。 (3) 混凝土或抹灰基层含水率不得大于8%；木材基层的含水率不得大于12%。 (4) 基层腻子应平整、坚实、牢固，无粉化、起皮和裂缝；腻子的粘结强度应符合《建筑室内用腻子》(JG/T 3049)N型的规定。 (5) 基层表面平整度、立面垂直度及阴阳角方正应达到本规范第4.2.11条高级抹灰的要求。

15.3 裱糊工程

续表

项次	项目	内容
1	主控项目	(6)基层表面颜色应一致。 (7)裱糊前应用封闭底胶涂刷基层 3. 裱糊后各幅拼接应横平竖直,拼接处花纹、图案应吻合,不离缝,不搭接,不显拼缝 4. 壁纸、墙布应粘贴牢固,不得有漏粘、补贴、脱层、空鼓和翘边
2	一般项目	1. 裱糊后的壁纸、墙布表面应平整,色泽应一致,不得有波纹起伏、气泡、裂缝、皱折及斑污,斜视时应无胶痕。 2. 复合压花壁纸的压痕及发泡壁纸的发泡层应无损坏 3. 壁纸、墙布与各种装饰线、设备线盒应交接严密 4. 壁纸、墙布边缘应平直整齐,不得有纸毛、飞刺 5. 壁纸、墙布阴角处搭接应顺光,阳角处应无接缝

2. 软包工程

表 15-52

项次	项目	内容
1	主控项目	1. 软包面料、内衬材料及边框的材质、颜色、图案、燃烧性能等级和木材的含水率应符合设计要求及国家现行标准的有关规定 2. 软包工程的安装位置及构造做法应符合设计要求 3. 软包工程的龙骨、衬板、边框应安装牢固,无翘曲,拼缝应平直 4. 单块软包面料不应有接缝,四周应绷压严密
2	一般项目	1. 软包工程表面应平整、洁净,无凹凸不平及皱折;图案应清晰、无色差,整体应协调美观 2. 软包边框应平整、顺直、接缝吻合。其表面涂饰质量应符合本章15.4.9 的有关规定 3. 清漆涂饰木制边框的颜色、木纹应协调一致 4. 软包工程安装的允许偏差和检验方法应符合表 15-53 的规定

软包工程安装的允许偏差和检验方法　　表 15-53

项次	项目	允许偏差(mm)	检验方法
1	垂直度	3	用 1m 垂直检测尺检查
2	边框宽度、高度	0;-2	用钢尺检查
3	对角线长度差	3	用钢尺检查
4	裁口、线条接缝高低差	1	用钢直尺和塞尺检查

15.4 涂饰工程

15.4.1 常用涂料的技术要求

常用油脂漆的品种、性能特点及用途　　　表 15-54

品种、型号	性 能 及 特 点	用　　途
清油 （熟油、鱼油） Y00-1、Y00-2、Y00-3	系用干性植物油（亚麻仁油、樟油或各种混合油）熬制后加催干剂而成。漆膜色浅、干爆快、柔韧，但易发粘。Y00-2型干性快，调白漆不易泛黄	用于调稀厚漆和红丹防锈漆；单独涂刷木材面或作打底涂料、调配腻子
清油（熟桐油、光油）Y00-7	桐油熬制成熟桐油加稀释剂、催干剂配成。光泽大，干性优良，漆膜柔韧，耐水、耐光、耐磨	单独涂刷于木质或金属面，或作木材面底油；调配厚漆或腻子
厚漆（铅油） Y02-1	用干性油与体质颜料混合研磨制成。使用时需加适量清油或松香水稀释。漆膜柔软，与面漆粘结好，但干燥慢，光亮度较差，潮湿气候易发黏	用于各种涂层打底；或单独作要求不高的木质、金属面层；调配色油和腻子
油性调和漆 （各色油性调和漆）Y03-1	由普通油质厚漆加油调制成的流动状成品，可直接涂刷。漆膜附着力强，耐候性好，经久耐用，但干燥较慢，漆膜较软	用于室内外一般木质门窗、金属面及建筑物表面
油性无光调和漆（平光调和漆）Y03-2	漆膜反光很少，色彩柔和，漆膜较耐久，能耐洗刷	用于室内墙面涂装，不能用于室外

常用树脂漆的品种、性能、特点及用途　　　表 15-55

品种（曾用名）型号	性 能 及 特 点	用　　途
酯胶清漆（凡立水）T01-1	系干性油与甘油、松香熬炼，加入催干剂、200号溶剂汽油配成的中、长油度清漆。漆膜光亮，耐水性较好，但光泽不耐久，干燥性较差	家具、木门窗、板壁涂刷、金属面罩光

15.4 涂饰工程

续表

品种(曾用名)型号	性 能 及 特 点	用 途
酚醛清漆 F01-1	干性油酚醛漆料加催干剂及200号溶剂汽油制成。漆膜坚硬,干燥快,光泽良好,并耐水、耐热、耐弱酸碱,但易泛黄	涂装木器、木装修等,可显底色及花纹,或作油性色漆的罩光
醇酸清漆 C01-1 C01-7	由改性醇酸树脂和干性油溶于有机溶剂,加入适量催干剂而成。漆膜附着力强,光泽度、耐久性较酯胶清漆和酚醛清漆好,耐水性稍差	室内外金属、木材涂面和作醇酸磁漆罩光,C01-7适于铝铬合金罩面
虫胶清漆(洋干漆、泡立水)T01-18	虫胶片(30%～45%)溶解于纯度95%以上的酒精(70%～55%)制成。漆膜坚硬,光亮,干燥快,附着力较差,耐候、耐水性差,遇热水易泛白	木器家具罩光及木材面打底。受潮和受热的物件不宜用
聚氨酯清漆(聚氨基甲酸酯清漆)S01-5	系双组分催化剂固化型的氨基甲酸清漆。漆膜干燥快,坚韧,光泽丰满,附着力强,耐水、耐磨、耐化学腐蚀良好	用于运动场地板及防酸碱腐蚀的木器家具及金属表面
硝基清漆(喷漆、清喷漆、腊克)Q22-1	系以硝基纤维加入合成树脂、增塑剂等制成。具有漆膜干燥快,坚硬,光亮,耐磨、耐弱酸碱等特点,耐候性较差	用于高级建筑的门窗、板壁、扶手和金属表面喷涂,不宜用于室外
酯胶调和漆(磁性调和漆)T03-1	系用合成树脂、干性油与颜料研磨后,加入催干剂、溶剂配制而成。漆膜干燥性、硬度、光泽较油性调和漆好,但耐候性差,漆腊暴晒易失光龟裂	室内外金属木质门窗及房屋墙面
酯胶无光调和漆(磁性平光调和漆)T03-2	色彩鲜明、柔和,不损目力,受污染时可用水洗	室内墙面,不宜用于室外
酚醛调和漆(磁性调和漆)F03-1	漆膜干燥快,坚韧光亮、平滑,但耐候性较油性调和漆差	室内外金属、木质、砖墙表面
醇酸磁漆(三宝漆)C04-2	醇酸清漆加颜料制成。漆膜有较好的光泽,强度、耐久性、耐候性、保光性较一般调和漆、酚醛漆好,耐水性稍差	室外或室内金属、木质、混凝土、砂浆等表面及建筑上要求较高的涂装

续表

品种(曾用名)型号	性能及特点	用途
酯胶磁漆 T04-1、T04-2	漆膜坚韧,光泽好,附着力强,有一定耐水性、耐候性	用于室内木材、金属表面及家具、门窗涂装,但不宜用于室外
酚醛磁漆 F04-1	漆膜坚硬,附着力强,色彩鲜艳,光泽好,但耐候性不如醇酸磁漆	用于室内外一般木质、金属的表面涂装
酚醛磁漆(酚醛地板漆)F08-1	漆膜坚韧,光亮平滑,耐腐,抗水性良好。有紫红、红色、紫棕色、淡棕等色	用于木质地板、楼梯、栏杆、扶手等
硝基半光磁漆(银幕白喷漆)Q04-32	反光性不大,耐久性、耐候性较差	用于喷涂金属、电影银幕及车辆仪表等

常用防锈漆的品种、性能、特点及用途　　表15-56

品种、型号	性能及特点	用途
红丹油性防锈漆 Y53-31 Y53-36	由干性油与各种颜料、体质颜料经混合研磨,加入溶剂催干剂制成。防锈性能好,渗透性、附着力强,耐久性适中,但干燥慢,漆膜较软,有毒、易沉淀。Y53-36能防沉淀	室外钢铁表面打底,不能用于轻金属表面,不能用作面漆
铁红油性防锈漆 Y53-32	附着力强,有一定防锈能力,耐久性和涂刷性好,价廉,但干燥慢,漆膜软	室内外要求不高的钢铁表面打底,不能用作面漆
锌灰油性防锈 Y53-35	耐候性好,附着力较好,有一定防锈能力,涂(喷)刷性好	涂覆已打底的金属表面,或室外建筑物表面,亦可单独作底面漆使用
红丹酯胶防锈漆 Y53-31	防锈性能好,附着力较好,机械强度较油性防锈漆高,干燥快,但耐久性较差,易沉淀,不能采用喷涂	钢结构构件打底,不能用于轻金属,不能用作面漆
红丹酚醛防锈漆 F53-31	以酚醛树脂为主要成膜物质。防锈性能好,附着力好,漆膜较硬,干燥快,耐水性较油性防锈漆好,但易沉淀结块,不能采用喷涂	室外钢结构表面打底,不能用作面漆,不能用于轻金属表面

15.4 涂饰工程

续表

品种、型号	性 能 及 特 点	用 途
红丹醇酸防锈漆 C53-31	防锈性能好,附着力好,漆膜较硬,耐久性较其他类防锈漆强,干燥适中,但易沉淀结块	室外钢结构、钢铁设备打底,不能作面漆,不能用于轻金属表面
锌灰酯胶防锈漆 F53-32	耐候性较好,硬度较好,干燥快,喷刷均可,但耐水性较差,耐化学腐蚀性、耐汽油及溶剂性差	室内外一般金属结构表面涂装,多用作面漆,亦可作底漆
灰酚醛防锈漆 F53-32	耐候性较好,有一定耐水防锈性能,硬度较好,喷刷均可,价格低廉。耐碱性、耐溶剂性、耐汽油性较差	用于室内外钢铁表面面漆,如涂有红丹、铁红之类防锈漆的钢铁表面作涂层
锌灰醇酸防锈漆 C53-32	耐久性好,附着力较好,硬度较好,防锈性一般,干燥较快,喷刷均可。耐水性、耐溶剂性较差,耐化学腐蚀性差	室内外一般金属表面涂装,亦可作室外防锈面漆使用
锌黄醇酸防锈漆 C53-33	耐久性好,附着力较好,硬度较高,对轻金属有一定防锈能力,干燥较 C53-32 快,喷刷均可。耐水性、耐溶剂性较差,表面处理要求较高	室内外轻金属表面打底防锈,不能用作面漆,不宜用于钢铁表面

常用装饰涂料的品种、性能、特点及用途 表 15-57

类型	品 种	性 能 及 特 点
水溶性建筑涂料	聚乙烯醇水玻璃内墙涂料	是以聚乙烯醇树脂水溶液和水玻璃为基料,混合一定量的着色颜料、体质颜色及少量表面活性剂制成的一种内墙涂料。具有无毒、无嗅、不燃,涂膜表面光洁平滑,能配制成多种色彩;具有原材料资源丰富、配制工艺简单、设备条件要求不高、价格低廉、施工方便等优点;但涂层耐水洗刷性较差,涂膜表面容易产生脱粉现象
	硅溶胶外墙涂料	是以胶体二氧化硅为主要胶粘剂,加入成膜助剂、增稠剂、表面活性剂、分散剂、消泡剂、体质颜料、着色颜料等经搅拌、研磨、调制而成。无毒、无味,不污染环境,涂膜致密、坚硬、耐磨性好,涂膜不产生静电,不易吸附灰尘,耐污染性好,附着性好,遮盖力强,涂刷面积大;施工性能好,宜于刷涂,也可喷涂、滚涂、弹涂;涂层耐酸、耐碱、耐沸水、耐高温、耐久性好;但应注意正温存放,施工温度应高于 5℃

续表

类型	品种	性能及特点
溶剂型涂料	丙烯酸酯墙面涂料	是以热塑性丙烯酸酯合成树脂为主要成膜物质,加入溶剂、颜料、填料、助剂等经研磨而成。耐候性良好,在长期光照日晒、雨淋的条件下,不易变色、粉化或脱落;有较好的渗透作用,结合牢度好;使用时不受温度限制,在0℃以下的严寒季节施工,也可很好地干燥成膜;施工方便,可采用刷涂、滚涂、喷涂等施工工艺,可以配制成各种颜色。目前主要用于外墙复合涂层的罩面材料
	有机硅丙烯酸酯外墙涂料	是以有机硅改性丙烯酸树脂为主要成膜物质,添加颜料、填料、助剂等制成的优质溶剂型涂料。渗透性好,流平性好,涂膜表面光洁,耐污染性好,易清洁;涂层耐磨性好;施工方便,可采用刷涂、滚涂或喷涂等施工工艺。适用于高级公共建筑和高层住宅建筑外墙面装饰,但要求基层含水率小于8%,一般要涂刷两度,每度间隔时间4h左右,同时施工时挥发出有机溶剂,要注意防水
	聚氨酯丙烯酸酯外墙涂料	是以聚氨酯和丙烯酸酯为主要成膜物,加入颜料、填料、助剂等制成的双组分固化型涂料。具有颜色鲜艳、保光、保色性好,耐候性优良等特点,可采用刷涂、滚涂、喷涂等工艺;施工时要求基层含水率小于8%,涂料要求随配随用,配好的涂料应在规定的时间内(一般4~6h)用完。适用于高级公共建筑和高层住宅室内外墙涂装
	聚氨酯聚酯防瓷墙面涂料	为溶剂型内墙涂料,其涂层光洁度非常好,类似瓷砖状。适用于工业厂房车间、民用住宅卫生间及厨房的内墙与顶棚涂装
乳液型涂料	苯丙乳液涂料	是以苯乙烯-丙烯酸酯共聚乳液为主要成膜物,加入颜料、填料、助剂等制成。分为平面薄质涂料、云母粒状薄质涂料、着色砂涂料、薄抹涂料、轻质厚层涂料和复层涂料等不同质感的品种。具有较好的耐水、耐碱、耐老化、粘结强度等性能,可用喷涂、刷涂、滚涂等工艺,一般施工温度不低于10℃,湿度不大于85%。用于室内外墙面涂装
	纯丙烯酸聚合物乳胶漆	是由甲基丙烯酸甲酯、丙烯酸丁酯、丙烯酸乙酯等丙烯酸系单体加入乳化剂、引发剂等,经过乳液聚合反应而制得纯丙烯酸酯乳液,以该乳液为主要成膜物质,加入颜料、填料及其他助剂,经分散、混合、过滤而制得。涂膜光泽柔和,耐候性与保光性、保色性优异,施工温度应在5℃以上,刷、滚、喷等工艺均可,用于室内、外墙面涂装
	乙乙(醋)乳液涂料	是以乙烯-醋酸乙烯共聚乳液(VAE)为主要成膜物,加入颜料、填料、助剂等制成的平面薄质涂料(乳胶漆)。具有较好的耐水、耐碱、耐洗刷等性能,粘结力较强,能用于室内外较潮湿的水泥砂浆以及黏土砖,加气混凝土、木材等基层的涂装

15.4 涂饰工程

续表

类型	品种	性能及特点
乳液型涂料	乙丙乳液厚涂料	是以醋酸乙烯-丙烯酸酯共聚乳液为主要成膜物质,掺入一定量粗骨料组成的一种厚质外墙涂料。具有无毒、不燃、干燥快、耐擦洗、遮盖力好、色彩柔和等特点,喷、滚、刷涂等工艺均可使用,施工温度应高于15℃,两遍间隔时间约30min
乳液型涂料	彩砂涂料	是以合成树脂乳液和着色骨料为主体,外加增稠剂及各种助剂配制而成。由于采用高温烧结的彩色砂粒、彩色陶粒或天然带色石膏作为骨料,使涂层具有丰富的色彩和质感,其保色性及耐候性、耐久性(估计10年以上)好,采用喷涂工艺,局部也可刷涂。喷枪出口直径5mm以上,工作压力0.6~0.8MPa,主要用于外墙面涂装
其他	复层涂料	也称喷塑涂料、浮雕涂料,凹凸涂层涂料等,是一种适用于内、外墙面,装饰质感较强的装饰材料。复层涂料是由封层、底涂层、主涂层和罩面层所组成,有的罩面层采用高光泽的乳胶漆。复层涂料的品种有: 1. 聚合物水泥系复层涂料(代号CE):一般以108胶和白色硅酸盐水泥为现场喷涂前按配方复合而成,应随配随用。该涂料成本低,但耐用性及装饰效果较差,属低档产品。 2. 硅酸盐类复层涂料(代号Si):一般以硅溶胶为主要基料,复合少量的聚合物树脂。该涂料具有施工方便、固化速度快、不泛碱、粘结力强等特点 3. 合成树脂乳液类复层涂料(代号E):以苯丙乳液为主要基料配制而成。该类涂具有装饰效果好,与各种墙面粘结强度高、耐水、耐碱性能好。内外墙面均可适用 4. 反应固化型合成树脂乳液类复层涂料(代号RE):主要以双组分的环氧树脂乳液为主要基料配制而成。喷涂前于现场混合均匀,混合后应在规定时间内用完
其他	云彩内墙涂料	又称梦幻内墙涂料,是由基料、颜(填)料和助剂等配制而成。一般由底、中、面三层组成。底层采用耐碱且与基层粘结力好的涂料;中层为水性涂料,可采用多种不同色彩;面层可采用丝质、珠光、闪光彩色涂料。施工方法可采用喷、滚、刮、抹涂等工艺,色彩可以现场调配,任意套色,涂层耐磨、耐洗刷性好
其他	砂壁状涂料	按基料种类不同,可以分为有机型和无机型两类,无机型主要以硅溶胶为基料,与合成树脂乳液复合配制;有机型又可分为溶剂型与合成树脂乳液型两大类,溶剂型是以溶剂型树脂(如氯化橡胶树脂溶液)为基料,最常用的是合成树脂乳液类和合成树脂乳液与硅溶胶复合类,其主要技术性能参见彩砂涂料要求
其他	绒面内墙涂料	是由带色的直径40μm左右的小粒子和丙烯酸酯乳液、助剂等组成。涂层优雅,手感柔软,有绒面感,且耐水、耐碱、耐洗刷性好。施工前基层应用白水泥聚合物乳液腻子批刮平整,墙面含水率<10%,乳胶漆封底,24h后方可面层喷涂,喷枪口径1.2~1.5mm,压力0.4MPa,喷涂两道,每道间隔不超过10min

15.4.2 常用涂料腻子配合比及调制方法

常用涂料腻子配合比及调制方法　　表 15-58

种　类	配合比(体积比)及调制方法	适　用　范　围
石膏腻子	1. 石膏粉:熟桐油:松香水:水＝16:5:1:4～6,另加入熟桐油与松香水总重量的 1%～2%液体催干剂(室内用)。配制时,先将熟桐油、松香水和催干剂拌合,再加石膏粉加水调和 2. 石膏粉:干性油:煤油:水＝8:5:少量:4～6(室外和干燥条件下用) 3. 石膏粉:白厚漆:熟桐油:汽油(或松香水)＝3:2:1:0.7(或 0.6) 4. 石膏粉:熟桐油:水＝20:7:50	木材面和刷过油的墙面,亦可用于金属面
血料腻子	大白粉:血料:龙须菜胶:水＝56:16:1:4。配制时,将血料和熬好的龙须菜胶拌合,倒入大白粉中搅拌均匀即成	用于木材面、室内抹灰面油漆
水粉腻子	大白粉:水:动物胶:土黄或其他色粉＝14:18:1:1	木材表面刷清漆的润水粉用
油粉腻子	大白粉:松香水:熟桐油＝24:16:2	木材表面刷清漆的润油粉用
油胶腻子	大白粉:6%动物胶:红土子:熟桐油:颜料＝55:26:10:6:3(重量比)	木材面油漆用
油漆腻子	大白粉:水:硫酸钡:钙酯清漆:颜料＝51.2:2.5:5.8:23:17.5(重量比)	木材表面刷清漆用
金属面腻子	氯化锌:碳黑:大白粉:滑石粉:油性腻子涂料:酚醛涂料:二甲苯＝5:0.1:70:7.9:6:6:5	用于金属面
聚醋酸乙烯腻子	用聚醋酸乙烯乳液加填充料(大白粉或滑石粉)拌成。配合比为乳液:填充料:2%羧甲基纤维素＝1:5:3.5 聚醋酸乙烯乳液:水泥:水＝1:5:1	用于室内抹灰面、混凝土面刷乳胶漆用 用于外墙、厨房、浴室刷涂料用
喷漆腻子	石膏粉:白厚漆:熟桐油:松香水＝3:1.5:1:0.6 加适量水和催干剂(为白厚漆和熟桐油总重的 1%～2.5%)。配制方法与石膏腻子相同	木材面、金属面喷漆用
漆片大白粉腻子	用漆片大白粉拌合,加适量颜色而成	刷漆片、喷漆补缝用
生漆腻子	生漆:石膏粉＝7:3,调配时加适量水	揩涂生漆用
龙须菜腻子	用龙须菜胶放入大白粉中搅拌而成,并加入适量的石膏粉和动物胶	抹灰面油漆及刷浆用

注:1. 调制材料用量可根据经验及材料性能适当的增减。
　　2. 动物胶又称骨胶、牛皮胶、广胶、水胶。

15.4.3 涂饰基层处理方法

各种基层处理方法　　　　表 15-59

项次	基层种类	处 理 方 法
1	木材面基层	表面尘土、胶迹、臭油、污垢及灰浆,可用刷子、刮刀刮除干净;钉孔、榫头、裂纹、毛刺在清理后,用着色腻子嵌补平整,表面刮光,干后用砂纸打磨光滑,抹布擦净,松囊应将脂迹刮净,流松香的节疤应挖掉;节疤、黑斑和松脂处用漆片点2~3遍,用油腻子(或不用)抹平,细砂纸轻磨、擦净。表面硬刺、木丝、木毛,可涂少许酒精点燃,使木刺变硬后,再进行打磨;有小活翘皮用小刀撕掉,在重皮的地方用小钉钉牢固,对浅色、本色的中、高级清漆装饰,还应采取漂白和着色处理
2	金属面基层	表面铁锈、鳞皮、灰浆用钢丝刷、砂布、铲刀、尖锤或废砂轮等打磨、敲铲、刷除干净,再用铁砂布打磨一遍。亦可用空气压缩机喷砂方法将锈皮、氧化层、铸砂除净,再清洗擦干;砂眼、凹坑、缺楞、拼缝等处用石膏油腻子刮抹平整,用砂纸打磨、粉抹除净;毛刺用砂布磨光,油污用汽油、松香水或苯类清洗干净
3	抹灰面基层	表面灰尘、污垢、溅沫和砂浆流痕等用刷子、铲刀、扫帚等清理干净;裂缝、凹陷处用油腻子嵌补均匀,干后磨光;抹灰层内小块石灰,要用小刀挖去嵌腻子,粗糙处用砂纸磨光
4	水泥砂浆基层	墙面须用浓度15%~20%硫酸锌或氧化锌反复涂刷数次,将墙面有害漆膜的碱性和游离石灰洗去,干后除去析出的粉质和浮粒;凹陷处嵌腻子,干后磨光
5	塑料面基层	表面上的尘土、塑膜、润滑剂和脂迹等杂质,用煤油、肥皂和水配成的乳液清洗剂清洗;对异常光滑的表面,应用细砂纸加水细磨至微具线纹
6	旧漆面基层	如旧漆膜坚固完整,可用肥皂水或稀碱水擦洗干净,用清水冲洗揩干,再用矿物溶剂油揩洗刮腻子,干后打磨平滑即可。如油漆膜局部须清除时,除以上清洗干净外,还应经过刷清油、嵌批腻子、打磨、修补油漆等工序,使与旧漆膜平整一致,颜色相同。如旧漆膜已破裂脱落,则要全部清除。方法有以下几种:(1)碱水清洗法:用石灰和纯碱配成的稀溶液或5%~10%的氢氧化钠溶液,涂刷3~4遍,使旧漆膜脱落,再用铲刀刮去,用清水洗净,干后刮腻子、磨光上漆;(2)刀刮法:处理钢门窗可用圆形弯刀用力刮铲,将旧漆膜去掉;(3)火喷法:金属表面旧漆膜,可用喷灯火焰将漆膜烧化发焦,再用铲刀刮去;(4)刷脱漆剂法:金属或木材面上,用7-1脱漆剂刷在旧漆膜上,约0.5h后,待漆膜膨胀起皮,即可用铲刀、钢丝刷将旧漆膜铲除,然后将污物清洗掉

15.4.4 油漆常用的涂刷方法

油漆常用的涂刷方法和适用范围　　　　表15-60

名称	涂 刷 方 法	优 缺 点 和 适 用 范 围
刷涂法	以人工用刷子蘸油漆刷在物件表面上,横刷竖顺,反复刷塌,使其达到匀净平滑一致为止。刷涂顺序一般为从里往外,从上往下,从左往右。外开门窗先外后里,内开门窗先内后外,同时遵守顺木纹及光线方向进行理平理直	优点:设备、工具简单,操作方便,用油省、施工条件不受限制,通用性、适用性较强 缺点:生产效率低,且漆膜质量、外观不易控制,不适于快干和扩散性不良的油漆施工 适用于各种物件的涂漆
喷涂法	用喷枪等工具(图15-22),借压缩空气的气流,将油漆从喷枪的喷嘴中喷成雾状液体布到物件表面上。喷射时每层往复进行,纵横交错,一次不能喷得过厚,需分几次喷涂以达到厚而不流,喷嘴应匀移动,离物面的距离应控制在20～30cm,速度为10～18m/min,气压为0.3～0.4MPa,用大喷枪时为0.5～0.7MPa,也有的采用将油漆加温到70℃进行热喷涂,比一般喷涂法可节省溶剂2/3左右	优点:施工简单,工效高,漆膜分散均匀,平整、光滑、干燥快 缺点:油漆损耗量大(约20%),需较多的稀释剂;需喷枪、压缩空气机等设备;施工应有通风、防水、防爆等安全设施 适于大面积涂饰和形状复杂、涂刷费工的物面上
高压无气喷涂法	利用压缩空气(0.4～0.6MPa)驱动的高压泵,使油漆增压到15MPa左右,然后通过特殊喷嘴喷出,遇空气时剧裂膨胀,雾化成极细小漆粒散布到物件表面上,高压无气喷涂设备参见图15-23和图15-24	优点:生产效率高(3.5～5.5m^2/min),尤其对大面积施工更为显著;漆膜分散均匀、平整光滑、质量好;改善了劳动条件,漆雾少,可提高漆料喷涂黏度,扩大涂料品种 适用于大面积涂饰
擦涂法	用棉花(或白绒线)团包纱布(或白布)蘸漆在物面上顺木纹擦涂几遍,放置10～15min,待漆膜稍干后,再在面积较大处打圈揩涂,连续转圈或横着划"8"字形移动,如此揩擦多遍,做到均匀擦亮	优点:漆膜光亮,质量好 缺点:较费工时 适用于擦涂漆片与小面积施工
揩涂法	用布或蚕丝捏成团浸油漆后揩涂物件表面上,来回左右滚动,反复搓揩以达到均匀	优点:设备工具简单,用料省 缺点:费工时,用手操作,易中毒 仅用于生漆的施工

15.4 涂饰工程

续表

名称	涂 刷 方 法	优 缺 点 和 适 用 范 围
滚涂法	系采用人造皮毛、橡皮或泡沫塑料制成的滚筒(ϕ40mm×170～250mm),通过滚花筒或在平盘上滚上油漆,在轻微压力下来回滚涂于物面上,速度不宜太快,待滚刷上油漆基本用完,再垂直方向滚动,使其赶平涂布均匀	优点:漆膜厚薄均匀,不流不坠,质感好;面积大可使用较稠油料,节省油料;操作简单,容易掌握,劳动强度低 缺点:边角不易滚到,需辅以刷涂方法 适于室内墙面滚花等涂装

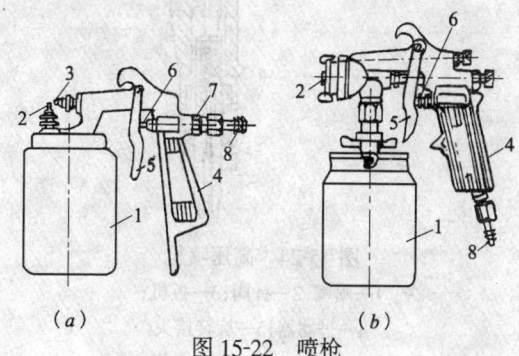

图 15-22 喷枪
(a)PQ-1型(对嘴式);(b)PQ-2型(吸出式)
1—漆罐;2—出漆嘴;3—出气嘴;4—手把;
5—扳机;6—阀杆;7—空气螺栓;8—空气接头

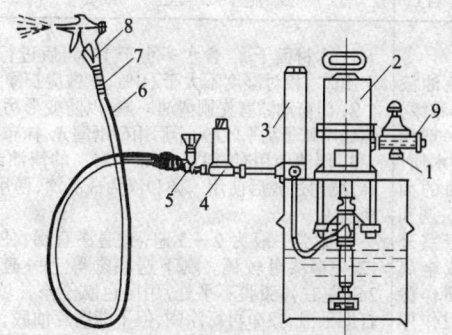

图 15-23 高压无空气喷涂设备
1—调压阀;2—高压泵;3—蓄压器;4—过滤器;5—截止阀门;
6—高压胶管;7—旋转接头;8—喷枪;9—压缩空气入口

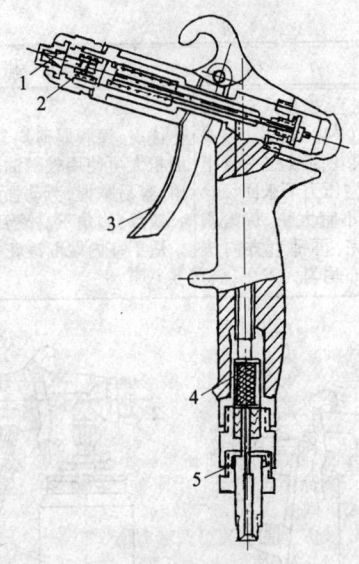

图 15-24 高压喷枪
1—喷嘴；2—针阀；3—扳机；
4—过滤器；5—旋转接头

15.4.5 常用油漆施工方法

常用油漆施工方法　　　　　表 15-61

项次	项目	施 工 要 点
1	刷混色油漆（厚漆、调和漆）（厚漆一般用于室内外木质、金属物面的面层或打底；调和漆多用于室外木门窗或金属物面墙面作涂面层及用作厚漆打底的罩面漆）	1. 木材面干燥（含水率小于 12%）后进行；施工气温不低于 10℃，相对湿度不大于 60%，室内应扫净 2. 门窗油漆宜先刷清油一遍，以防变形污染。在不平及缺陷处用腻子刮平收净，干后用砂纸磨光，抹布擦净 3. 厚漆使用时，须加 25%～35% 的清油或少量松香水稀释，搅匀过滤后使用。调和漆为成品漆，使用时要调匀，使浓淡适中 4. 刷漆一般为 2～3 遍，头遍漆宜稀，使其易渗入木纹，二、三遍漆可较稠。刷下遍漆须等上一遍漆干透（常温下 24h 左右），漆膜不平处，用同色腻子修补填平，干后用砂纸打磨平滑，擦净再行涂刷，但不能磨穿油底，不可磨损棱角 5. 涂刷油漆时应做到横平竖直，纵横交错，均匀一致。刷最后一遍漆时，漆内不应加催干剂、释释剂，同时要刷得薄而均匀。刷漆完毕，应保养 7d

15.4 涂饰工程

续表

项次	项目	施工要点
2	刷清漆(适用于一般中级和高级油漆涂装。润水粉油漆适用于室内物面或家具油漆;润油粉油漆适用于木门窗、板壁、地板油漆及金属表面罩光漆)	1. 清漆施工应保持环境和涂刷工具清洁,施工温度宜保持在 10~25℃,一般用刷漆法刷 2~3 遍 2. 树脂清漆使用时应调均匀,过稠时,加稀清漆调配,或加 200 号溶剂汽油,漆片配制配合比为 1:0.4(酒精:漆片) 3. 刷清漆有显露木纹和在调和漆、漆片上罩面两种做法,后者无着色、润粉等工序 4. 涂漆前,应将基层打磨平滑扫净,刷一遍底子油,干燥 24h 后,用加色腻子将孔洞、裂缝、凹陷不平处填实、刮平,干后将残余腻子磨去 5. 润粉有水粉和油粉两种。润水(油)粉使用方法是用刷子或棉纱团蘸水(油)粉,纵横均匀涂抹揩擦在物面上,并擦满棕眼,待表面稍干(约 10min),再用刷布轻轻擦去,干透前,再用刮刀、细砂纸将不易擦掉的粉子除净。水(油)粉干燥后,用细砂纸打磨平整,擦净粉末,达到表面平滑洁净后即可刷漆 6. 头遍清漆可调稀(加入 20%~30%松香水),涂刷方法用分布、均匀、顺理三道工序。要做到均匀一致,理平理光,不可显露刷纹。每遍干燥 3d 以上,用细砂纸打磨,或用湿抹布擦,干后再刷下一遍,直到要求的遍数。漆膜养护与厚漆相同
3	刷磁漆(适用于室内外金属、木质、混凝土、砂浆等表面及建筑上要求较高的涂装)	1. 磁漆为成品漆,调匀即可使用 2. 基层处理同混色油漆。处理好后表面刷底子油一遍,干后嵌批腻子,干后磨平 3. 表面清扫干净后上漆,一般构件均匀刷一遍即可,要求高的刷 2~3 遍。涂刷第一、二遍可加 5% 以内的松香水稀释,使之易渗入,最后一遍不加,涂刷方法与清漆相同
4	刷防锈漆(用于钢铁表面防锈用,不宜用于砖表面)	1. 金属面应干燥,表面尘土、油污、浮砂、鳞皮、锈斑、焊渣、毛刺应清除干净,不平处用腻子找平,干透后用砂纸磨光,缝隙应用防锈油腻子填抹密实 2. 金属表面除锈完毕,应在 8h 内刷底漆,底漆充分干燥后再涂刷次层油漆,间隔时间不少于 48h,第一和第二遍涂刷间隔时间不应超过 7d,第二遍干后,应尽快涂刷面漆 3. 刷防锈漆要均匀,不宜太厚,不得遗漏,有的面层可加刷各色调和漆或磁漆 4. 涂刷方法与涂刷调和漆相同

续表

项次	项目	施工要点
5	喷漆施工(适用于高级建筑中的大厅墙面、各种设备装置以及金属结构制品)	1. 喷漆用的设备有气泵、滤气罐、风管与喷枪等,喷枪有对嘴式、吸出式二种,以前者应用最多。喷涂时将手把掀压,压缩空气从喷嘴中喷出,带动漆液从漆中均匀喷涂于物面上 2. 基层处理同防锈漆,应在干燥后进行。喷涂底漆应选用配套底漆,有硝基底漆、铁红醇酸底漆、锌黄酚醛底漆、灰色酯胶底漆等 3. 嵌批头二遍腻子,用喷漆腻子将物面孔洞深凹处嵌平,干后用铲刀铲平,砂纸打磨平整,并清扫干净。喷第二、三遍底漆干后,均应用腻子找补,砂纸打磨,将物面擦净 4. 喷二、三遍喷漆,每遍横竖各扫一遍,喷时由稀逐渐加稠,每遍干后用砂纸打磨,并清扫干净 5. 有打蜡出光要求时,砂蜡内应加入少量煤油,用纱布或棉纱蘸蜡在物面上均匀涂擦多次,反复用力揩擦到表面十分平整为止。最后再上光蜡,方法相同,要求薄而匀,赶光一致
6	刷无光油漆(用于混凝土、抹灰表面)	1. 混凝土和抹灰面应干燥(含水率<10%),不得有起皮、松散等缺陷。粗糙处应磨光,缝隙、孔洞和凹陷处用油腻子补平。外墙表面缝隙、孔洞和麻面应用水泥乳胶腻子填补 2. 局部掩补平整后,然后满刮腻子,如墙面较平整时批刮一遍即可,否则应先纵向批一遍后再横向批一遍,批腻子应力求平整干净 3. 刷漆先刷底子油(清油),干后(约12h)刷中间层(铅油)和面层油漆(无光油)。各层刷好后均需用砂纸打磨,找补腻子等工序 4. 无光油一般气味大,有毒性,每次操作不宜超过1h

15.4.6 油漆美术涂饰做法

油漆美术涂饰做法　　　　　　　表 15-62

项目	操作要点	适用范围
套色漏花(仿壁纸图案)面层	1. 工艺流程:清理基层→弹水平线→刷底油(清油)→刮腻子→砂浆磨光→刮腻子→砂浆磨光→弹分色线→涂饰调和漆→再涂饰调和漆→漏花(几种色漏几遍)→划线 2. 套色漏花是在刷好色浆的基础上进行的。操作时,漏花板必须找好垂直,每一套色为一个版面,每个版面四角约有标准孔,必须对准 3. 漏花的配色,应以墙面油漆的颜色为基色,每一版的颜色深浅要适度 4. 宜按喷印方法进行,并按分色顺序喷印。前套漏版喷印完,待油漆干透后,方可进行下套漏版喷印,以防混色。各套色的花纹要组织严密,不得有漏喷(刷)和漏底子的现象 5. 配料的稠度要适当,不得太稀太干 6. 漏花板每漏3~5次,应用干燥、洁净的布抹去背面和正面的油漆,以防污染墙面	适用于宾馆、会议室、影剧院以及高级住宅等室内抹灰墙面上

15.4 涂饰工程

续表

项目	操 作 要 点	适 用 范 围
滚花涂饰面层	1. 工艺流程:基层清理→涂饰底漆→弹线→滚花→划线 2. 按设计要求的花纹图案,在橡胶或软塑料的辊筒上刻制模子 3. 操作时,应在已完成的面层油漆表面弹出垂直粉线,然后沿粉线自上而下进行。滚筒的轴必须垂直于粉线,不得歪斜 4. 滚花完成后,周边应划色线或做花边方格线	适用于宾馆、会议室、影剧院以及高级住宅等室内抹灰墙面
仿木纹面层	1. 工艺流程:清理基层→弹水平线→涂刷清油→刮腻子→砂纸磨光→刮腻子→砂纸磨光→涂刷调和漆→再涂刷调和漆→弹分格线→刷面层油→做木纹→用干刷轻扫→划分格线→涂饰清漆 2. 应在第一遍油漆表面上进行 3. 涂刷前要测量室内的高度,一般仿木纹墙裙高度为室内净高的1/3左右,但不应高于1.3m,不低于0.8m 4. 底子的颜色以浅黄色或浅米色为宜,力求底子油的颜色和木料的本色(如黄菠萝、水曲柳、榆木、核桃木等)接近。待摹仿纹理完成后,表面涂饰罩面清漆	适用于宾馆和影剧院的走廊、休息厅,也有用在饭店及住宅工程上
仿石纹(假大理石)面层	1. 工艺流程:清理基层→涂刷底油(清油加少量松节油)→刮腻子→砂纸磨光→刮腻子→砂纸磨光→涂饰二遍调和漆→喷涂三遍色→划色线→涂饰清漆 2. 应在第一遍油漆表面上进行 3. 待调和漆干透后,将用温水浸泡的丝棉拧去水分,再甩开使之松散,以小钉挂在墙面上,用手整理丝棉成斜纹状,如大理石纹一般,连续喷涂三遍色,喷涂的顺序是浅色→深色→白色 喷完10~20min后即可取下丝棉。待喷涂的石纹干后再划线,等线干后再刷一遍罩面清漆 4. 另一种粗纹大理石的做法是,在底层涂好白色油漆的面上,再涂饰一遍浅灰色油漆,不等干燥就在上面刷上黑色的粗条纹,条纹要委曲折不能端直。在油漆将干而未干时,用干净刷子把条纹的边线刷混,刷到隐约可见,使两种颜色充分调和,干后再刷清漆	适用于宾馆、俱乐部、影剧院大厅、会议室、大型百货商店、饭店等抹灰墙面上,大部分是作为墙裙,也有用在室内、门厅的柱子上
涂饰鸡皮皱面层	1. 工艺流程:清理基层→涂刷底油(清油)→刮腻子→砂纸磨光→刮腻子→砂纸磨光→涂饰调和漆→涂饰鸡皮皱油→拍打鸡皮皱纹 2. 在涂刷好油漆的底层上涂刷上拍打鸡皮皱纹的油漆。目前常用的配合比(重量比)为:清油:大白粉:双飞粉(麻斯面):松节油=15:26:54:5,也可由试验确定 3. 涂饰面层的厚度约为1.5~2.0mm。涂饰鸡皮皱油和拍打鸡皮皱纹应同时进行。即前边一人涂刷,后边一人随着拍打。拍打的刷子应平行墙面,距离200mm左右,刷子一定要放平,一起一落,拍打成稠密而散布均匀的疙瘩,犹如鸡皮皱纹一样	适用于公共建筑及民用建筑的室内抹灰墙面上,也有涂饰在顶棚上的

续表

项目	操 作 要 点	适用范围
拉毛面层	1. 腻子拉毛 (1) 墙面底层要做到嵌补平整 (2) 用血料腻子加石膏粉或滑石粉，亦可用熟桐油菜胶腻子，用钢皮或刮尺满批 (3) 要严格控制腻子厚度，一般办公室、卧室等面积较小房间不应超过 5mm；公共场所及大型建筑等面积较大的墙面，则要求达 20～30mm。应根据要求的波纹大小由试验确定 (4) 不等腻子干燥，立即用长方形的猪鬃毛刷拍拉腻子，使其头部有尖形的花纹。再用长刮尺把尖头轻轻刮平即可 (5) 根据需要涂刷各种油漆或粉浆。在涂饰油漆、粉浆前必须刷清油或胶料水润滑。涂饰时应用新的排笔或油刷，以防流坠 2. 石膏油拉毛 (1) 基层清扫干净后，应刷一遍底油，以增强其附着力和便于操作 (2) 批石膏油时要满批，并严格控制厚度，表面要均匀平整。剧院、娱乐场、体育馆等大型建筑内墙一般要求大拉毛、石膏油应批厚些为 15～25mm；办公室等较小房间内墙，一般为小拉毛，应控制在 5mm 以下 (3) 石膏油批上后，随即用腰圆形长猪鬃刷子搗到、搗匀，使石膏油厚薄一致。紧跟着进行拍拉，即形成高低均匀的毛面 (4) 如石膏油拉毛面要求涂刷各色油漆时，应先喷涂一遍清油	适用于公共建筑及民用民用建筑的室内抹灰墙面上，也有涂饰在顶棚上的

15.4.7 装饰涂料常用的涂刷方法

装饰涂料常用的涂刷方法和适用范围　　　　表 15-63

项目	涂 刷 方 法	适用范围
刷涂法 以人工刷子蘸涂料刷到墙面上	1. 涂刷时，其涂刷方法和行程长短均应一致 2. 如涂料干燥快，应勤蘸短刷，接缝宜在分格缝、水落管等处 3. 涂刷层次一般不少于两遍，前一遍涂层表干后才可进行后一遍涂刷，并两遍涂刷方向互相垂直，其间隔时间与涂料性能、施工环境温度、湿度有关，通常不少于 2～4h	宜用于细料状或云母片状涂料

15.4 涂饰工程

续表

项目	涂刷方法	适用范围
喷涂法 用喷枪等工具，借压缩空气的气流，将涂料以喷枪的喷嘴中喷成雾状液散布到墙面上	1. 喷涂饰面常用类型有波面喷涂、粒状喷涂和花点喷涂三种。波面喷涂其表面波纹起伏；粒状喷涂其表面布满细碎颗粒；花点喷涂则是在单一色的涂层上再喷不同色的涂料 2. 涂料稠度必须适中，空气压力 0.4～0.8MPa，喷射距离一般为 400～600mm，喷嘴中心线必须与墙面垂直，喷枪运动要平行墙面，运行速度要均速一致 3. 喷涂施工宜连续作业，一气呵成，争取在分格缝处再停歇 4. 室内喷涂一般先喷顶棚后喷墙面，两遍成活，间隔时间约 2h；外墙喷涂一般为两遍，较好的饰面或饰面厚度 3～4mm 时为三遍成活 5. 波面喷涂，喷头着时基层变色即可，第二遍喷至出浆不流为度，第三遍喷至全部出涂料浆，表面均匀呈波状；粒状喷涂，采用喷斗进行，喷头遍满喷盖底，收水后开足气门喷布碎点，快速移动喷斗，勿使出浆，第二、三遍应有适当间隔，以表面布满细碎颗粒，颜色均匀不出浆为原则 6. 门窗和不做喷涂的部位，应采取措施，防止污染 7. 饰面层收水后，在分格缝处用铁皮刮子沿着靠尺板刮去面层，露出基层，做成分格缝，缝内可涂刷涂料	宜用含粗颗粒填料或云母片状涂料
滚涂法 将涂料抹于墙面上，再用辊子滚出花纹，或直接用辊子沾涂料，在墙面上滚出花纹	1. 根据涂料品种、要求的花饰来选择滚筒种类。滚筒按构造有平滚筒和花滚筒；按用途有刷辊(用于黏度很低近似于水的底涂层刷刷)、布料辊(一般用于高黏度涂料厚涂层的上料)和花样辊(可以直接滚出拉毛花样或滚压压出凹形式样两种)等三类 2. 滚涂时，辊刷上必须沾少量涂料，自上而下，滚压方向要一致，操作迅速 3. 滚涂压花时，涂料罩面后，滚涂必须紧跟进行，否则易出现浆少粉多，颜色变深现象，辊子运行要轻缓平稳，以保持花纹的均匀一致 4. 若进行滚花，应先在底色浆的小样板上滚花，做出样板满意后，才可大面积滚花。滚花时应从左向右，从上往下进行操作，每移动一次位置，应先校正好橡皮筒花纹的位置，以保持图案的一致	宜用于细料状或云母片状涂料

续表

项 目	涂 刷 方 法	适 用 范 围
弹涂法 借助电动（或手动）筒形弹力器，将各种颜色的涂料弹到墙面上，形成直径2～8mm、大小近似、颜色不同、互相交错的圆粒色点或深、浅色点相互衬托，形成一种彩色面层	1. 弹涂前应根据设计要求的花点大小和疏密，先试做样板，施工时必须经常对照样板，以保持整个墙面花点均匀一致 2. 在基层表面先刷1～2遍涂料，作为底色涂层，待其干燥后才能进行弹涂。门窗等不做弹涂部位应遮挡 3. 弹涂时，手托弹力器，先调整和控制浆门、浆量、弹棒和弹点粒径，然后开动电机，使机口垂直对正墙面，保持300～500mm距离，按一定手势动作和速度，自上而下，自左至右循序渐进 4. 弹点时要注意弹点密度均匀适当，上下左右接头不明显 5. 弹涂应分层次进行。一般要求主色点弹点较多，但不要一次弹成以免湿点重叠下流。如需几种色点时，将头遍色点半干后，再按顺序弹下一种色点 6. 对于压花型彩弹，弹涂后，应有一人进行批刮压花，压花操作要用力均匀，运动速度要适当，方向竖直不偏斜，刮板和墙面角度宜在15°～30°之间，要单向批刮，不往复操作 7. 弹点干后应喷刷罩面剂	宜用于云母片状或细料状涂料

15.4.8 几种新型装饰涂料涂饰做法

几种新型装饰涂料涂饰做法　　　　　　　　　　表15-64

品　种	分层做法	操　作　要　点
复层涂料 该涂料是以丙烯酸酯乳液或苯乙烯-丙烯酸酯共聚乳液和无机高分子材料为主要成膜物质的骨料型建筑装饰涂料，由底层涂料、主涂料（即骨架涂	1. 1:3水泥砂浆打底找平 2. 喷（或滚）封闭底涂料一遍 3. 喷涂主涂层1～2遍。主层涂料可用合成树脂乳液复层涂料、硅溶胶复层涂料或聚合物水泥砂浆（配合比为水	1. 基层表面清理干净、平整、干燥，含水率<10%，pH值7～10 2. 底层封闭涂料可用喷涂、滚涂或刷涂工艺均可，而以喷涂和滚涂应用较多，要求涂刷均匀，不得遗漏，不易喷、滚部位应用毛刷补刷 3. 主涂层正式喷涂前，应根据设计要求，先喷涂样板，经有关单位鉴定同意后按样板确定施工工艺 4. 主涂层用喷斗喷涂，喷嘴距墙面500mm左右，喷头与墙面呈60°～90°夹角，喷点规格

15.4 涂饰工程

续表

品　种	分层做法	操　作　要　点
料)和面层涂料组成。可以组成质感丰富、立体感强、造型多样、色泽鲜艳的浮雕饰面。复层涂料的三个涂层可以采用同一材质的涂料,也可由不同材质的涂料组成 　广泛用于建筑物的内、外墙面和顶棚的装饰	泥:石英砂:108胶:木质素:水＝100:10～30:20:0.1～0.2:20) 4. 面层涂料根据对光泽度要求选用水性涂料或溶剂型涂料。可采用喷(或滚)涂两遍	有大、中、小三档之分,根据设计选用不同规格的喷嘴。一般"大点"选用8～10mm直径喷嘴,"中点"选用6～7mm直径喷嘴,"小点"选用4～5mm直径喷嘴。喷枪移动速度要均匀平稳。喷点过后需压花时,喷后5～10min便用胶辊蘸松香水轻轻滚压一遍 　5. 主涂层如用合成乳液涂料时,喷后24h便可涂饰面层;如用聚合物水泥砂浆时,则应先干燥养护12h,再洒水养护48h,再干燥24h后方可涂饰面层 　6. 面层涂料一般涂饰两遍,其时间间隔2h。施工环境温度宜在5℃以上 　7. 基层原有分格条喷涂后即行揭去,分格缝可根据设计要求的颜色重新描涂
彩砂涂料 　该涂料是以合成树脂乳液(醋酸乙烯-丙烯酸酯共聚乳液、苯乙烯-丙烯酸酯共聚乳液)为胶粘剂,彩色石英砂为骨料,外加添加料等多种助剂配制而成。具有无毒、无溶剂污染,快干、不燃、耐候性、耐水性、耐碱性等优异性能。且利用骨料不同组配和颜色,使涂层形成不同层次,取得类似天然石材的丰富色彩和质感。有单色和复色两种。 　用于各种板材及水泥砂浆抹面的外墙装饰	1. 1:3水泥砂浆或1:1:6混合砂浆打底、找平,厚15～20mm 2. 喷涂彩砂涂料面层	1. 基层表面必须平整、干净、干燥,含水率＜10％,pH值＜9 　2. 施工环境温度白天应在5℃以上,夜间0℃以上,施工后12h内避免淋雨,4级以上风力不宜施工 　3. 涂料浆可预先配制,也可在施工时临时配制。配料比要准确,静置4h以上,喷涂时要充分搅拌均匀。涂料浆的稠度以喷出后呈雾状,喷在墙上不流动为原则 　4. 涂料宜采用喷涂工艺施工。气压控制在0.4～0.6MPa,喷嘴直径有3、5、7mm三种,视涂料粒度大小选取 　5. 喷涂要保持同一方向,喷嘴距墙面500mm左右,且喷嘴垂直墙面。喷枪移动速度要均衡、平稳,使喷涂均匀,涂层厚度1～3mm。接槎要与其他部位厚度一致,以保持颜色一致 　6. 如需用硅溶胶等刷涂罩面,则需在涂层固化以后进行

续表

品 种	分层做法	操 作 要 点
多彩花纹涂料 该涂料是以水包油型单组分涂料，饰面由底、中、面层涂料复合而成。不仅光泽优雅、立体感强，还应具有优良的耐久性、耐油性、耐化学品性及耐洗刷性和一定的耐燃性。广泛用于高级住宅和公共建筑内墙面和顶棚的混凝土、砂浆、石膏板、木材等基层上装饰，是一种多种色彩的涂层，其质感类似于平整的塑料壁纸，但比壁纸厚实且整体性好	1. 1:3水泥砂浆打底找平 15～20mm 厚 2. 喷（滚、刷）涂多彩涂料专用溶剂型封底涂料二遍 3. 喷（滚）水性料二遍 4. 喷涂多彩花纹涂料一遍	1. 基层表面必须平整、干净、干燥，含水率 <10%，pH值<10。并用水与醋酸乙烯乳液（10:1）的稀释乳液将SG821腻子调至合适稠度，对墙面的麻面、蜂窝、洞眼、残缺处进行嵌补，粗砂纸打磨 2. 满刮两遍腻子，方向互相垂直，每遍刮后用砂纸打磨平整、均匀、光滑 3. 底涂料可采用喷涂或滚涂工艺施工，要求涂层厚度一致，不得遗漏，一般两遍成活 4. 底涂层常温下4h后即可进行中涂层施工。中涂层可采用滚涂或喷涂工艺施工。滚涂分两遍进行。第一遍中涂层涂料需用电动搅拌枪充分搅拌均匀后，用辊子沾料先横向滚涂后再竖向滚压，自上而下，从左到右，先边角、棱角、小面后大面，要求厚薄均匀，一个墙面要一气呵成，避免接槎。干燥4h后磨光，再滚涂第二遍。第二遍滚涂方法、要求与第一遍相同，但涂后不磨光 喷涂时按喷涂工艺进行，一遍成活 5. 中涂层干燥24h后进行面层涂料喷涂施工。面层涂料施工前应摇动容器，并用木棒搅拌均匀，但不得用电动搅拌枪 6. 喷涂前先在局部墙面上试喷样板，以确定喷涂工艺参数和喷涂量 7. 喷涂时严格按喷涂工艺进行，迹呈螺旋形前进，气压恒定在 0.15～0.20MPa，一般喷涂一遍成活，如局部涂层不匀，应在4h内补喷

15.4.9 涂饰工程质量控制与检验

1. 水性涂料涂饰工程

表 15-65

项次	项目	内 容
1	主控项目	1. 水性涂料涂饰工程所用涂料的品种、型号和性能应符合设计要求 2. 水性涂料涂饰工程的颜色、图案应符合设计要求 3. 水性涂料涂饰工程应涂饰均匀、粘结牢固，不得漏涂、透底、起皮和掉粉 4. 水性涂料涂饰工程的基层处理应符合下列要求： (1)新建筑物的混凝土或抹灰基层在涂饰涂料前应涂刷抗碱封闭底漆。 (2)旧墙面在涂饰涂料前应清除疏松的旧装修层，并涂刷界面剂。

15.4 涂饰工程

续表

项次	项目	内容
1	主控项目	(3)混凝土或抹灰基层涂刷溶剂型涂料时,含水率不得大于8%;涂刷乳液型涂料时,含水率不得大于10%。木材基层的含水率不得大于12%。 (4)基层腻子应平整、坚实、牢固,无粉化、起皮和裂缝;内墙腻子的粘结强度应符合《建筑室内用腻子》(JG/T 3049)的规定。 (5)厨房、卫生间墙面必须使用耐水腻子
2	一般项目	1. 薄涂料的涂饰质量和检验方法应符合表1的规定 **薄涂料的涂饰质量和检验方法** 表1 2. 厚涂料的涂饰质量和检验方法应符合表2的规定 **厚涂料的涂饰质量和检验方法** 表2 3. 复层涂料的涂饰质量和检验方法应符合表3的规定 **复层涂料的涂饰质量和检验方法** 表3 4. 涂层与其他装修材料和设备衔接处应吻合,界面应清晰

表1 薄涂料的涂饰质量和检验方法

项次	项目	普通涂饰	高级涂饰	检验方法
1	颜色	均匀一致	均匀一致	观察
2	泛碱、咬色	允许少量轻微	不允许	观察
3	流坠、疙瘩	允许少量轻微	不允许	观察
4	砂眼、刷纹	允许少量轻微砂眼,刷纹通顺	无砂眼,无刷纹	观察
5	装饰线、分色线直线度允许偏差(mm)	2	1	拉5m线,不足5m拉通线,用钢直尺检查

表2 厚涂料的涂饰质量和检验方法

项次	项 目	普通涂饰	高级涂饰	检验方法
1	颜色	均匀一致	均匀一致	观察
2	泛碱、咬色	允许少量轻微	不允许	观察
3	点状分布	—	疏密均匀	观察

表3 复层涂料的涂饰质量和检验方法

项次	项 目	质量要求	检验方法
1	颜色	均匀一致	观察
2	泛碱、咬色	不允许	观察
3	喷点疏密程度	均匀,不允许连片	观察

2. 溶剂型涂料涂饰工程

表 15-66

项次	项目	内容
1	主控项目	1. 溶剂型涂料涂饰工程所选用涂料的品种、型号和性能应符合设计要求 2. 溶剂型涂料涂饰工程的颜色、光泽、图案应符合设计要求 3. 溶剂型涂料涂饰工程应涂饰均匀、粘结牢固，不得漏涂、透底、起皮和反锈 4. 溶剂型涂料涂饰工程的基层处理应符合表 15-65 中主控项目 4 条的要求
2	一般项目	1. 色漆的涂饰质量和检验方法应符合表 1 的规定 **色漆的涂饰质量和检验方法**　　表 1 | 项次 | 项目 | 普通涂饰 | 高级涂饰 | 检验方法 | |---|---|---|---|---| | 1 | 颜色 | 均匀一致 | 均匀一致 | 观察 | | 2 | 光泽、光滑 | 光泽基本均匀光滑无挡手感 | 光泽均匀一致光滑 | 观察、手摸检查 | | 3 | 刷纹 | 刷纹通顺 | 无刷纹 | 观察 | | 4 | 裹棱、流坠、皱皮 | 明显处不允许 | 不允许 | 观察 | | 5 | 装饰线、分色线直线度允许偏差(mm) | 2 | 1 | 拉 5m 线，不足 5m 拉通线，用钢直尺检查 | 注：无光色漆不检查光泽。 2. 清漆的涂饰质量和检验方法应符合表 2 的规定 **清漆的涂饰质量和检验方法**　　表 2 | 项次 | 项目 | 普通涂饰 | 高级涂饰 | 检验方法 | |---|---|---|---|---| | 1 | 颜色 | 基本一致 | 均匀一致 | 观察 | | 2 | 木纹 | 棕眼刮平、木纹清楚 | 棕眼刮平、木纹清楚 | 观察 | | 3 | 光泽、光滑 | 光泽基本均匀光滑无挡手感 | 光泽均匀一致光滑 | 观察、手摸检查 | | 4 | 刷纹 | 无刷纹 | 无刷纹 | 观察 | | 5 | 裹棱、流坠、皱皮 | 明显处不允许 | 不允许 | 观察 | 3. 涂层与其他装修材料和设备衔接处应吻合，界面应清晰

3. 美术涂饰工程

表 15-67

项次	项目	内容
1	主控项目	1. 美术涂饰所用材料的品种、型号和性能应符合设计要求 2. 美术涂饰工程应涂饰均匀、粘结牢固,不得漏涂、透底、起皮、掉粉和反锈 3. 美术涂饰工程的基层处理应符合表 15-65 中主控项目 4 条的要求 4. 美术涂饰的套色、花纹和图案应符合设计要求
2	一般项目	1. 美术涂饰表面应洁净,不得有流坠现象 2. 仿花纹涂饰的饰面应具有被模仿材料的纹理 3. 套色涂饰的图案不得移位,纹理和轮廓应清晰

15.5 刷(喷)浆

15.5.1 常用刷(喷)浆材料配合比和调配方法

常用刷(喷)浆材料配合比及调配方法 表 15-68

名称	配合比及调配方法	用途
石灰浆	用块灰加水(石灰:水=1:6),经 24h 搅沤,再用 1200 孔/cm² 筛过滤去渣即成石灰水,也可用淋好的石灰膏加水拌合。使用时加入石灰浆用量的 0.3%~0.5% 食盐或明矾,使石灰安定。用于外墙或较潮湿部位时,则须加入石灰浆用量的 2% 干性油(或熟桐油或熟亚麻仁油)或加 10% 的 108 胶,以增强附着力和耐水性。如配成色浆,可再加入颜料搅匀即可	室内外墙面普通刷浆或在潮湿的抹灰面上打底涂料
大白浆(白土粉浆、老粉浆、白垩土浆)	大白浆的配合比: 1. 龙须菜大白浆:大白粉:龙须菜:动物胶:水=100:3~4:1~2:150~420 调制时,先将龙须菜加 13 倍水熬烂,过滤冷冻,经 24h 后用其汁液加少量水与大白粉(先加少量水拌成稠浆状)拌匀,过 1200 孔/cm² 筛即成,同时加少量动物胶防脱粉,每配一次当日用完 2. 火碱大白浆:大白粉:面粉:火碱:水=100:2.5~3:1:150~340 调配时,先将面粉与水调稀,再加入火碱溶液制成火碱面粉胶,最后加入到已用水调稀的大白浆中拌匀即成	标准要求较高的室内墙面、顶棚刷(喷)浆,但火碱大白浆不适用于新墙面 大白粉遇二氧化硫后,白色即褪,也不适用于外墙

续表

名 称	配 合 比 及 调 配 方 法	用 途
大白浆 (白土粉浆、老粉浆、白垩土浆)	3. 乳胶大白浆:大白粉:聚醋酸乙烯乳液:六偏磷酸钠:羧甲基纤维素 = 100:8~12:0.05~0.5:0.2~0.1 调配时,将羟甲基纤维素用水(1:60~80)浸泡8~12h后加入大白粉中拌匀 4. 聚乙烯醇大白浆:大白粉:聚乙烯醇:羧甲基纤维素 = 100:0.5~1:0.1 调配时,将聚乙烯醇放入水中加温溶解后,倒入大白粉中调匀,再加入羧甲基纤维素 5. 108胶大白浆:大白粉:108胶 = 100:0.15~0.2 调配时,将108胶配成水溶液,然后与大白粉拌匀	标准要求较高的室内墙面、顶棚刷(喷)浆,但火碱大白浆不适用于新墙面 大白粉遇二氧化硫后,白色即褪,也不适用于外墙
可赛银浆	可赛银是由碳酸钙、滑石粉和颜料研磨,再加入5%的干胶粉(铬素胶)等配制而成的成品。有粉红、中青、杏黄、米、浅蓝、深绿、蛋青、天蓝、深黄等色。调配时,按可赛银用量注入60%~70%的温水拌成奶浆状,待胶溶化,再加入40%~30%水拌成稀浆,用3600孔/cm^{2}筛过滤,再注水调成适用浓度使用	适于高级室内墙面、顶棚刷(喷)浆。浆膜附着力、耐水、耐磨性较白土浆强,能耐轻度酸碱侵蚀
色粉浆	常用三花牌刷墙粉,有26种花色成品供应。调配时,按1:1加水拌成奶浆,待胶溶化加适量凉水调成适用浓度,过1~2次筛即成	适于较高级室内墙面、顶棚刷(喷)浆。浆膜色彩鲜明,黏性好,不脱皮,不褪色
油粉浆	配合比: (1)生石灰:桐油:食盐:血料:滑石粉 = 100:30:5:5:30~50 (2)生石灰:桐油:食盐:滑石粉:水泥 = 100:10:10:75:40,并加适量颜料	配合比(1)用于室内高级刷浆;(2)用于室外墙面刷浆
红色浆	红土子(广红)加水调匀制成,另加少量食盐及108胶使安定	用于室外墙面普通刷浆
青色浆	在石灰内加入适量青灰和水拌合,再加少量食盐及108胶使安定	用于室外墙面普通刷浆
水泥浆	1. 1号聚合水泥浆:白水泥中掺入20%108胶,再加50%~70%水稀释至操作稠度 2. 2号聚合水泥浆:水泥中掺入20%二元乳液,再加水稀释至操作稠度 3. 白水泥石灰浆:白水泥:石灰:氧化钙:石膏粉:硬酯酸铝粉 = 100:20~30:3:0.5:1 4. 白水泥石灰浆:白水泥:石灰:食盐:光油 = 100:250:25:25	用于室外墙面刷浆

注:1. 大白粉(又称白土粉、老粉、白垩土)为碳酸钙粉,其细度过6400孔/cm^{2}筛,筛余不大于1%。
    2. 石灰浆、大白浆、水泥浆加水时掺入适量颜料,可配成各色粉浆。
    3. 配合比均为重量比。

15.5 刷(喷)浆

15.5.2 刷(喷)浆腻子配合比及调制方法

刷(喷)浆腻子配合比及调制方法　　　　表 15-69

名　称	配合比(体积比)及调制方法	适 用 部 位
大白腻子	1. 明矾澄清的水 10kg,2%～2.5%动物胶水溶液 1.5～2.0kg,石膏和大白粉(1:2)混合物 25～30kg 2. 大白粉:龙须菜胶:动物胶 = 60:16:1	用于抹灰面的墙面刷大白浆
乳胶大白腻子	大白粉:滑石粉:聚醋酸乙烯乳液:2%羟甲基纤维素 = 7:3:2:适量	用于抹灰面、砖墙、水泥浆面刷浆、刷乳胶漆
血料大白腻子	血料:大白粉:龙须菜胶:水 = 16:56:1:4	用于墙面刷浆
血料腻子	血料:瓦灰:干性油 = 3.2:6.4:0.4	用于混凝土墙面刷浆
田仁粉大白腻子	大白粉:田仁粉胶 = 100～120:100(重量比)	用于田仁粉大白粉刷浆
可赛银腻子	可赛银:动物胶 = 9.8:0.2	用于墙面刷可赛银
羟甲基纤维素腻子	羟甲基纤维素:水:108 胶:大白粉 = 1:10:0.1:15～20。先将羧甲基纤维素隔夜浸泡,然后搅拌后加入 108 胶,再加入大白粉搅拌成浆糊状即可	用于抹灰面刷 106 涂料
水泥腻子	1. 水泥:108 胶 = 1:0.2～0.3 2. 水泥:乳胶:水 = 5:1:1	用于混凝土墙面刷浆

15.5.3 刷(喷)浆基层要求及处理方法

刷(喷)浆基层要求及处理方法　　　　表 15-70

项次	基层情况	基 层 要 求 及 处 理 方 法
1	新抹灰面基层	基层表面上的灰尘、污垢、溅沫、灰渣、油渍、砂浆流痕以及其他杂物应清除干净。表面缝隙、孔眼、凹陷不平和裂缝,应用与刷浆材料相应的腻子嵌补一平,干后再用砂纸磨平磨光 新抹灰层较潮湿时,须先刷石灰水一遍或风干,干后清除浮着的粉粒后再刷浆

续表

项次	基层情况	基层要求及处理方法
2	旧墙面基层	基层常有熏黑、咬黄等情形,可视具体情况,采用将旧抹灰面铲除重新抹灰,或清扫后刷一遍108胶水(或水泥浆、石膏水、清油、龙须菜胶水等),或用水洗净,晾干后找补腻子,打磨完后再刷(喷)浆
3	对刷大白浆和可赛银的基层要求	基层要求充分干燥,抹灰面内碱质全部清除后(一般须经一个夏天的充分干燥)才能进行批嵌,满刮大白、可赛银腻子,打磨完后刷(喷)浆

15.5.4 刷(喷)浆施工方法

各种刷(喷)浆施工方法 表15-71

项次	刷(喷)浆方法	施工要点	优缺点
1	刷涂法	是以排笔、扁刷、圆刷等工具人工进行。面层刷二遍浆,一般共刷三遍。刷浆次序须先顶棚,然后由上而下刷四面墙壁。刷浆时,头遍应横着刷,浆宜稠些,晾干后找补腻子(刷石灰浆不用),打磨平,再竖直从上往下刷第二遍和第三遍,浆宜稀些,排笔不宜过宽,用力不可过大,要刷轻刷快,笔毛不能太硬,距离不要拉得太大,每遍一气呵成。接头处不得重叠,做到颜色均匀,厚度一致,不带刷痕、刷毛,不漏刷、不漏底。冬期每刷一遍须间隔3h。干后如不均匀,再找补一次腻子,打磨后再刷一遍	方法简单,易于操作。但工效低,劳动强度大,质量不易均匀
2	喷涂法	采用手压式或电动式喷浆机进行。喷浆时应将门窗用纸盖好,地面满铺报纸或铺撒锯末保护,以防浆料污染。喷涂应每层往复进行,纵横交错,一次不能喷得过厚,需分几次进行,以达到厚而不流,喷嘴移动速度要均匀,每喷一遍要检查一次,漏喷应补喷,末遍应均匀,每间要一次喷完	工效高,质量均匀。但浆液消耗稍多,易污染门窗、地面,适于大面积施工
3	滚涂法	用毛长12mm左右的人造毛滚子,沾浆后进行。要待腻子干燥后进行,浆黏度不要太稠,涂浆厚薄均一致,基层不平用短滚子滚涂,一遍干后再滚涂第二遍,滚涂不到处,再补用排笔刷除	具有涂布均匀,拉毛短,表面平整,无接头排痕,减轻体力劳动,省浆30%

注:外墙刷(喷)浆与室内刷(喷)浆操作要求基本相同,一般无找补腻子、磨光等工具。

15.5.5 美术刷浆

美术刷浆　　　　　　　　　　　　　　表 15-72

项目	操 作 要 点	适用范围
套色漏花	1. 工艺流程:清理基层→涂刷底浆→弹线→涂刷色浆→漏花→划线 2. 套色漏花是在刷好色浆的基础上进行的,用特殊的漏板,按设计的美术形式,有规律地将各种颜色喷(刷)在墙面上 3. 套色漏花一般分为"边漏"、"墙漏"和"仿壁纸"三种。"边漏"一般喷(刷)在墙面的上部,沿顶棚下四周漏成一圈花纹图案,宽度200mm左右,多用于高度在3m以内有墙裙的房间;"墙漏"一般喷(刷)在墙面的中间,按一定的间隔距离,协调地漏上各种花纹图案,多用于高度3m以上的房间;"仿壁纸"是将花纹图案有规则地向上下左右连续延伸,喷(刷)在整个墙面上 4. 漏花板用较厚的纸或牛皮纸,刻出事先设计好的花纹图案,刷上清油晾干后使用 5. 漏花前,应仔细检查漏花板有无损伤,漏花时,漏花板必须找好垂直,第一遍色浆干透再上第二遍色浆,以防混色,多套色者依次类推。多套色的漏花板要对准,以保持各套颜色严密,不露底子 6. 图案花纹的颜色需试配,使之深浅适度,协调柔和,并有立体感	用于宾馆、影剧院、高级饭店的客房、会议室、俱乐部和住宅的卧室及会客室的内墙面粉饰
喷色点	1. 工艺流程:清理基层→涂刷底浆→弹线→涂刷色浆→喷点→划线 2. 按使用的胶结材料可分为牛奶色浆喷点、豆汁浆喷点和水胶水浆喷点三种,其色浆配合比如下: 牛奶色浆喷点:双飞粉:颜料:牛奶:水＝100:7～8:14～18:90～125 豆汁浆喷点:双飞粉:颜料:豆汁:水＝100:7～10:16～20:90～120 水胶水浆喷点:双飞粉:颜料:水胶:水＝100:7～10:4～6:90～115 3. 在墙面刷好三遍石灰水的基础上,先刷一遍色浆作为基色。喷点时,用毛刷子蘸色浆甩到墙面上,刷子应与墙面平行,约距墙面500mm,随着喷点逐渐甩开,刷子与墙面距离逐渐接近到以300mm为宜 4. 喷点遍数,一般房间墙面喷3～4遍,较高级房间喷7～8遍。每喷一遍点,色浆的颜色应稍浅(约增加3%～5%大白粉或钛白粉),而胶粘剂要逐遍增大(约增加1%～2%胶水溶液)。要求不同颜色的喷点大小应整齐、密布均匀,颜色的深浅应显示清晰	用于住宅的卧室及宾馆、饭店、影剧院等室内粉饰

续表

项目	操作要点	适用范围
划色线	1. 常用色线种类有宽牙子退色线、窄牙子退色线、普通二道退色线、眼珠线和框线五种 （1）宽牙子退色线是由 6 道以上带色的线组成，多用于室内漏花墙面上，顶棚四周以下，"边漏"以上多划此线 （2）窄牙子退色线是由 3~5 道色线组成。多用于色墙、顶棚四周以下漏花墙套的上部，做压顶之用 （3）普通二道色线是由同一种颜色（一道宽和一道窄），中间相隔一定距离组成。多用于办公室刷浆和普通石灰墙面、米黄色墙裙上用 （4）眼珠线是由二道不同颜色的线组成。适用于漏花墙面与粉油墙裙的交界处 （5）框线：有代表性的为方框线，其他有扇形、矩形、菱形等，适用于人造大理石、木丝纹、墙裙滚花等 2. 划色线时，从墙面较暗的转角开始，用尺杆由左向右划，先划深色线，再依次划浅色线，直至最浅。所划线必须宽窄一致，层次清晰，色调均匀，不混色，接槎，转角处通顺，不露接槎	用于顶棚和墙面不同颜色粉饰的分界线或墙面涂饰的分色线

16 冬期施工

16.1 冬期施工准备

冬期施工准备　　　　　　　　　　表 16-1

项次	项目	准 备 工 作 要 点
1	气象资料	1. 根据当地多年气象资料统计,当室外日平均气温连续 5d 稳定低于 5℃ 即进入冬期施工,该 5d 的第 1d 为进入冬期施工的初日;气温转暖时,当室外日平均气温连续 5d 高于 5℃ 时解除冬期施工,该 5d 的前 1d 为冬期施工的终日 2. 日平均气温是以一天内 2、8、14、20 时等 4 次室外气温观测结果的平均值。该数值是在地面以上 1.5m 处并远离热源的地方测得。我国部分城市日平均气温稳定低于 5℃ 的初终日期见表 16-2
2	准备工作	1. 确定冬期施工项目,编制冬期施工方案,确保冬期施工所用材料、设备、工具、能源的落实。方案审批后要组织有关人员学习、交底 2. 进行冬期施工的项目,必须复核施工图纸,并征求设计单位意见,确保其在技术上的可行性,质量上的可靠性,经济上的合理性,安全上的保证性 3. 安排专人与当地气象站、台保持联系,及时收听气象预报,并做好记录,防止寒流突然袭击 4. 组织测温人员、掺外加剂人员、火炉管理人员、电气人员等进行技术、业务培训,明确岗位职责 5. 根据冬期施工项目和方案,组织有关机具、设备、外加剂、保温材料等进场 6. 计算热源用量。搭设加热用的锅炉房,敷设管道;安装变压器,接通临时用电线路 7. 工地临时供水管路及白灰膏等材料做好防冻保温。砂浆、混凝土等搅拌机棚加设保温围护,运输及贮存机具要采取保温措施 8. 做好冬期混凝土、砂浆及掺外加剂的试配、试验工作,提出施工配合比
3	安全与防火	1. 脚手架马道要钉防滑条,露天平台、扶梯、道路等要采取防滑措施。每天上班前,要将脚手架、工作平台上的霜、雪清除干净 2. 检查脚手架、模板支撑等有否松动下沉现象,务必及时加固处理 3. 对气源、电源、热源地点要挂牌警示,并加强管理。用焦炭炉、煤炉等加热保温或取暖时,要注意通风换气,防止煤气中毒 4. 有毒的外加剂(如亚硝酸钠)要严加保管,防止发生误食中毒;氯化钙、漂白粉等防止腐蚀皮肤 5. 对保温暖棚、保温材料堆场、仓库等,要组织防火值班,杜绝火种

主要城市日平均气温稳定低于 5℃ 的初终日期　　表 16-2

城市名称	初终日期	天数	城市名称	初终日期	天数
海拉尔	25/9～11/5	228	哈　密	25/10～25/3	150
哈尔滨	13/10～23/4	192	敦　煌	26/10～22/3	147
牡丹江	13/10～22/4	191	上　海	11/12～5/3	84
沈　阳	25/10～6/4	163	武　汉	5/12～2/3	87
丹　东	6/11～6/4	151	汉　中	27/11～2/3	95
呼和浩特	5/11～17/4	164	南　昌	22/12～27/2	67
兰　州	26/10～23/3	148	桂　林	6/1～8/2	33
乌鲁木齐	12/10～11/4	181	重　庆	13/1～25/1	12
北　京	12/11～22/3	130	成　都	31/12～1/1	1
济　南	18/11～18/3	120	贵　阳	11/12～28/2	79
锡林浩特	2/10～2/5	213	昆　明	21/1～2/2	12
青　岛	18/11～27/3	129	康　定	19/10～13/4	176
银　川	29/10～27/3	149	昌　都	30/10～29/3	150
徐　州	22/11～16/3	114	黑　河	11/9～9/6	276
酒　泉	19/10～11/4	174	拉　萨	28/10～28/3	151
西　安	18/11～9/3	111	格尔木	10/10～22/4	194
太　原	1/11～26/3	145			

16.2　砌体工程冬期施工

16.2.1　砌体工程冬期施工常用方法

砌体工程冬期施工常用方法　　表 16-3

方　　法	施　工　要　点	适用范围及优缺点
抗冻砂浆法 （在砌筑砂浆内掺以一定数量的早强抗冻剂，使砂浆在负温下不冻结，且强度能继续缓慢增长，或在砌筑后慢慢受冻，但在冻结前达到 20% 以上强度，解冻后，强度仍继续上升，强度不受损失或损失甚微）	常用抗冻剂有氯化钠、氯化钙、硫酸钠及亚硝酸钠、碳酸钾等，而应以氯化钠为主，其掺量和适用温度见表 16-4；掺氯化钠、氯化钙及硫酸钠砂浆的强度增长情况分别见表 16-5、表 16-6、表 16-7。普通硅酸盐水泥和矿渣水泥拌制的砂浆强度增长情况见表 16-8。砂浆强度等级如设计未做规定时，当日最低气温≤-15℃时，应按常温施工提高一级	本法温度适应性广，施工工艺简便，使用可靠，增价较低，使用最为普遍。适用于一般民用与工业建筑工程。但氯盐掺量过大时，会增加砌体的析盐、吸湿，并腐蚀钢筋，不宜用于湿度大于 80%、保温和装修质量要求高、高压配电工程及配筋砌体以及处于地下水位变化范围内的建筑物、经常受 40℃ 以上高温影响的建筑物

续表

方　法	施工要点	适用范围及优缺点
快硬砂浆法 (在砂浆中掺磨细生石灰粉、石膏粉或用混合水泥配制快硬水泥砂浆,使砂浆在冻结前和冻结时具有相当的强度,解冻后一般地能达到或接近达到其设计强度)	磨细生石灰粉或石膏粉的掺量为水泥重量的1%～3%;混合水泥系由75%普通水泥与25%快硬硅酸盐水泥或矾土水泥配成,并掺加水泥重量5%的氯化钠。使用时,由于砂浆凝结快,应在10～15min内用完,材料加热温度不应超过40℃,砂浆温度不宜超过30℃	本法材料简单,施工方便,凝结较快,费用较低。适于气温在-10℃以上、荷载较大的结构(如多层房屋结构的下层柱和窗间墙等)使用
暖棚法 (在建筑物周围搭设暖棚,棚内加热,使其在正温条件下施工和养护)	在结构物周围用廉价保温材料搭设简易暖棚,在棚内装设风机设备或生火炉,使其在+5℃以上的条件下砌筑和养护。砌筑时,砖石和砂浆的温度均不得低于+5℃;暖棚内砌体养护时间,应根据棚内温度按表16-9的要求确定	较费工费料,需一定加热设备和燃料,施工费用较高,热效低。适用于个别、局部修复工程,或地下室、挡土墙,或荷载需要局部强度和结构整体稳定性的工程

掺盐砂浆的掺盐量(占用水量的1%) 表 16-4

种类	日最低气温	等于或高于-10℃	-11～-15℃	-16～-20℃	-21～-25℃
氯化钠	砖、砌块	3	5	7	
	砌石	4	7	10	
氯化钠+氯化钙	砖、砌块			5+2	7+3
亚硝酸钠	砌砖、砌块石	4	6	10	
氯化钠+亚硝酸钠	砌砖、砌块石	2+3	3+5	—	
硫酸钠+亚硝酸钠	砌砖、砌块石	(2+4)	(2+6)	(2+8)	—
碳酸钾	砌砖、砌块石	(10)	(12.5)	(15)	—

注:1.括号内掺量为占水泥重量的百分数计。
　　2.掺盐量以无水氯化钠和氯化钙计。
　　3.日最低气温低于-20℃时,砌石工程不宜施工。
　　4.对有受力钢筋的配筋砌体,可用碳酸钾或硫酸钠复合剂,其掺量为:硫酸钠3%+氯化钠2%+亚硝酸钠2%。

掺加氯化钠水泥砂浆强度增长百分率(%) 表 16-5

砂浆硬化温度 (℃)	5%氯化钠		10%氯化钠	
	f_7	f_{28}	f_7	f_{28}
-5	32	75	45	95
-15	14	30	20	40

注:水泥为普通水泥。

掺加氯化钙水泥砂浆强度增长百分率(%) 表 16-6

氯化钙掺量 (以水泥重的%计)	砂浆的龄期(d)					溶液的冻结温度 (℃)
	1	2	3	5	7	
1	180	160	140	130	120	-1
2	210	200	170	150	130	-3
3	240	230	190	160	140	-5

注:以标准温度(15~20℃)下不掺加氯化钙的强度为100%计。

掺加硫酸钠水泥砂浆强度增长情况及相对强度 表 16-7

硫酸钠掺量 (%)	1:3砂浆抗压强度(MPa)			相对强度(%)		
	2d	7d	28d	2d	7d	28d
0	3.7	12.2	24.7	100	100	100
0.5	5.5	14.9	27.2	149	122	110
1.0	6.8	15.6	24.0	184	128	97
1.5	8.1	16.4	23.6	219	134	96
2.0	8.8	16.3	22.6	238	134	91
2.5	8.6	14.7	22.5	232	120	91
3.0	8.6	15.3	22.5	232	125	91

注:425号普通水泥(见表16-8注2)。

普通硅酸盐水泥和矿渣水泥拌制的砂浆强度增长表 表 16-8

水泥品种	温度(℃)	龄期(d)						
		1	3	7	10	14	21	28
用325号、425号普通水泥拌制的砂浆强度增长百分率(%)	1	4	18	38	46	50	55	59
	5	6	25	46	55	61	67	71
	10	8	30	54	64	71	76	81
	15	11	36	62	71	78	85	92
	20	15	43	69	78	85	93	100
	25	19	48	73	84	90	98	104
	30	23	54	78	88	94	102	—
	35	25	60	82	92	98	104	—

续表

水泥品种	温度(℃)	龄期(d)						
		1	3	7	10	14	21	28
用325号矿渣水泥拌制的砂浆强度增长百分率(%)	1	3	8	19	26	32	39	44
	5	4	10	25	34	43	48	53
	10	5	13	33	44	54	60	65
	15	6	19	45	57	66	74	83
	20	8	30	59	69	79	90	100
	25	11	40	64	75	87	96	104
	30	15	47	69	81	93	100	—
	35	18	52	74	88	98	102	
用425号矿渣水泥拌制的砂浆强度增长百分率(%)	1	3	12	28	39	46	51	55
	5	4	18	37	47	55	61	66
	10	6	24	45	54	62	70	75
	15	8	31	54	63	72	82	89
	20	11	39	61	72	82	92	100
	25	15	45	68	77	87	96	104
	30	19	50	73	82	91	100	—
	35	22	56	77	86	95	104	

注:1. 以在20℃时养护28d的强度为100%。
2. 本表为水泥标准修改前的统计资料,故仍用原水泥标号,供参考。

暖棚法砌体的养护时间(d)　　　　表16-9

暖棚内温度(℃)	5	10	15	20
养护时间(d)	≥6	≥5	≥4	≥3

16.2.2 冬期砌体工程砌筑施工要点

冬期砌体工程砌筑施工要点　　　　表16-10

项次	项目	施工要点
1	一般规定	1. 砌体工程冬期施工应优先选用抗冻砂浆法。对保温、绝缘、装饰等方面有特殊要求的工程,可采用快硬砂浆法、暖棚法或其他施工方法。混凝土小型空心砌块不得采用冻结法施工;配筋砌体不得采用抗冻砂浆法施工 2. 砖、石在砌筑前,应清除表面冰霜、积雪、尘土遭水浸冻的砖、石不得使用;砂中不得含有冰块和直径大于10mm的冻块;石灰膏、电石膏等应防止受冻,如已受冻且脱水风化者不得使用 3. 砂浆应用水泥砂浆或混合砂浆,宜优先采用普通水泥拌制,不得使用无水泥拌制的砂浆。砂浆强度等级:对砖、墙、柱、基础、毛石基础不得低于M2.5;对砖挑檐、钢筋砖过梁、平拱、毛石柱等不得低于M5 4. 基土为非冻胀性时,基础可在冻结的地基上砌筑;基土为冻胀性时,必须在未冻的地基上砌筑

续表

项次	项目	施 工 要 点
2	砂浆的拌制、运输	1. 掺盐砂浆一般不进行加热,但在室外气温低于 -10℃ 时,应进行加热。对材料加热,应优先考虑采用将水加热的方法。拌合砂浆时,水的温度不得超过 80℃,砂的温度不得超过 40℃。当水温超过规定时,应将水、砂先行搅拌,再加水泥,以防出现假凝现象 2. 在负温下砌筑,砖可不浇水,砂浆稠度宜比常温适当增大,对一般砖砌体为 8~13cm,毛石砌体为 4~6cm 3. 砌筑时砂浆的最低温度:当室外气温 -10℃ 以上时为 +5℃;气温 -10~-20℃ 时为 +10℃;气温低于 -20℃ 时为 +15℃,以保证一定的砌筑温度和砂浆上墙后不致立即冻结。已冻结的砂浆不得再用热水拌合后使用。砌筑时,砂浆温度与室外气温差应在 30℃ 以内,最终温差不超过 20℃,以防止出现裂缝 4. 配制抗冻砂浆,应有专人负责。抗冻剂应先配制成标准浓度,溶液浓度与密度对照表见表 16-11、表 16-12,然后再以一定比例掺入温水配成所需要的溶液使用 5. 砂浆搅拌时间应比常温施工增加 0.5~1.0 倍,以 2.5~3min 为宜。当气温低于 -15℃ 时,运砂浆小车和贮灰槽应加保温装置及护盖,并应做到随拌随运、随拌随用,以减少温度损失
3	施工操作	1. 砌筑时应采用一铲灰、一块砖(或石)、一揉压的"三一"砌砖法,平铺压槎,以保证良好粘结,不得大面积铺灰砌筑。砂浆要随拌随用,不要在灰槽中存灰过多,以防止冻结。砖缝应控制在 10mm 以内,禁止用灌浆法砌筑 2. 每天砌筑高度及临时间断处的高度差均不得大于 1.2m。间断处应做成阶梯形,如留直槎,宜设三皮砖高的水平接槎量,每个口加 1 根 φ6 外伸入每边不少于 1m,以加强连接。在门窗框上部应预留 10~30mm 缝隙,以备砌体下沉。跨度大于 1.5m 的过梁,应用预制构件 3. 基础砌筑应随砌随填未冻土在其两侧回填一定高度,砌完后,应用未冻土及时回填,防止砌体和地基受冻 4. 每天砌筑完,砖、石表面上不应铺灰(但竖缝仍要填满),并用草袋、草帘等保温材料覆盖,以防止砌体、砂浆受冻。继续施工前,应先扫净砖面然后再施工

各种密度的氯化钠溶液浓度　　表 16-11

20℃时的溶液密度 (g/cm³)	无 水 氯 化 钠 含 量 (kg)		
	在 1kg 溶液中	在 1L 溶液中	在 1kg 水中
1.0053	0.01	0.010	0.010
1.0125	0.02	0.020	0.020
1.0196	0.03	0.031	0.031
1.0268	0.04	0.041	0.042
1.0340	0.05	0.052	0.053
1.0413	0.06	0.062	0.064
1.0486	0.07	0.073	0.075

续表

20℃时的溶液密度 (g/cm^3)	无水氯化钠含量 (kg)		
	在1kg溶液中	在1L溶液中	在1kg水中
1.0559	0.08	0.084	0.087
1.0633	0.09	0.096	0.099
1.0707	0.10	0.107	0.111
1.0782	0.11	0.119	0.124
1.0857	0.12	0.130	0.136
1.0933	0.13	0.142	0.149
1.1008	0.14	0.154	0.163
1.1085	0.15	0.166	0.176
1.1162	0.16	0.179	0.190
1.1241	0.17	0.191	0.205
1.1319	0.18	0.204	0.220
1.1398	0.19	0.217	0.235
1.1478	0.20	0.230	0.250
1.1559	0.21	0.243	0.266
1.1639	0.22	0.256	0.282
1.1722	0.23	0.270	0.299
1.1804	0.24	0.283	0.316
1.1888	0.25	0.297	0.333
1.1972	0.26	0.311	0.351

各种密度氯化钙溶液浓度 表 16-12

20℃时溶液密度 (g/cm^3)	无水氯化钙含量 (kg)		
	在1kg溶液中	在1L溶液中	在1kg水中
1.0070	0.01	0.010	0.010
1.0148	0.02	0.020	0.020
1.0316	0.04	0.041	0.042
1.0486	0.06	0.063	0.064
1.0659	0.08	0.085	0.087
1.0835	0.10	0.108	0.111
1.1015	0.12	0.132	0.136
1.1198	0.14	0.157	0.163
1.1386	0.16	0.182	0.190
1.1578	0.18	0.208	0.220
1.1775	0.20	0.236	0.250
1.1968	0.22	0.263	0.282
1.2175	0.24	0.292	0.316
1.2382	0.26	0.322	0.351
1.2597	0.28	0.353	0.389
1.2816	0.30	0.384	0.429
1.3373	0.35	0.468	0.538
1.3957	0.40	0.558	0.667

16.3 钢筋工程冬期施工

钢筋工程冬期施工方法　　　　　　　　　　表 16-13

项次	项目	施 工 要 点
1	负温下冷拉和冷弯	1. 钢筋在负温下冷拉,其环境温度不应低于-20℃ 2. 钢筋负温冷拉可采用控制应力和控制冷拉率两种方法,对预应力筋及不能分清炉批的热轧钢筋,宜采用控制应力的方法 3. 在负温条件下采用控制应力方法冷拉钢筋时,因伸长率随温度降低而减少,冷拉控制应力应较常温提高 30MPa;当采用控制冷拉率方法进行钢筋冷拉时,因其屈服点与常温基本一样,冷拉率与常温相同 4. 当温度低于-20℃时,不得对 HRB335、HRB400、RRB400 钢筋进行冷弯,以避免在钢筋弯点处脆断
2	负温下焊接	1. 冬期钢筋焊接宜安排在室内进行,如必须在室外焊接,其最低气温不宜低于-20℃,且应有防雪、挡风措施。焊后的接头宜护盖炉渣或石棉粉,使其缓慢冷却,严禁立即碰到冰雪 2. 负温进行帮条或搭接电弧焊时,宜采用多层控温施焊工艺,防止焊后冷却过快或接头过热,第一层焊缝,先从中间引弧,再向两端引弧;立焊时,先从中间向上方运弧,再从下端向中间引弧,以使接头端部钢筋得到预热,在以后各层焊缝的焊接时,应采取分层控温施焊。层间温度控制在150～350℃之间,以起到缓冷的作用。焊接电流应略微增大,焊接速度适当减缓 3. HRB335、HRB400、RRB400 钢筋电弧焊接头进行多层施焊时,宜采用"回火焊道"施焊,即最后回火焊道的长度比前层焊道的两端各缩短 4～6mm,以消除或减少前层焊道及过热区的淬硬组织,以改善接头性能 4. 负温下进行坡口焊,宜采用几个接头轮流施焊,以防止接头过热;加强焊缝的焊接,应分两层控温施焊,焊缝的宽度和高度应超过 V 形坡口的边缘和上部 2～3mm。HRB335、HRB400、RRB400 钢筋坡口焊接头宜采用"回水焊道施焊法"。钢筋接头冷却后施焊时,需用氧乙炔预热 5. 负温闪光对焊,宜采用预热闪光焊或闪光-预热-闪光焊工艺。对焊时,调伸长度增加 10%～20%;变压器级数应降低 1～2 级,预热时的接触压力适当提高,预热间歇时间适当延长 6. 负温自动电渣压力焊的焊接步骤与常温相同,但焊接参数需做适当调整,其中焊接电流和通电时间应根据钢筋直径和环境温度适当提高和延长;接头的药盒拆除时间应延长 2min 左右,渣壳延长 5min 打渣
3	操作要求	1. 钢筋在加工、运输、绑扎过程中,注意防止撞击,以免产生刻痕等缺陷 2. 张拉预应力筋应选在白天气温较高时进行,当气温低于-15℃时,应停止作业,以防止钢筋产生冷脆,或设备冷缩,影响应力值的正常建立 3. 冰雪天宜采用护盖措施,防止钢筋表面结冰瘤。在混凝土浇筑前,应清除钢筋上的积雪、冰屑,必要时用热空气加热。绑扎完后,应尽快进行下道工序

16.4 混凝土工程冬期施工

16.4.1 混凝土受冻类型与受冻机理

混凝土受冻类型与受冻机理　　表 16-14

类型	受冻形式	受冻机理
新灌混凝土早期受冻影响	新拌混凝土浇筑后,初凝前迅速冻结,水泥来不及水化,强度为 0	此时水泥处于"休眠"状态,恢复正温养护后,水泥会继续进行正常的水化,强度可以重新发展,直到与未受冻基本相同,没有强度损失。但因为这种条件在施工中很难出现,同时水分迅速在原地冻结成微小的冰晶,有冻胀的危险,所以是不可取的
	新灌混凝土初凝后,在水泥水化胶凝期间受冻	此时混凝土水分在负温影响下重新分布,在混凝土内部生成较大的扁平冰聚体,由于冰晶体积膨胀而挤压凝胶体和水泥颗粒,破坏了水泥水化所形成的结晶骨架,同时由于粗骨料和钢筋的导热系数较大,总是首先冷却,因此大量的冰聚体集在骨料和钢筋的周围,一旦混凝土转入正常温度,冰聚体消融,就在原来位置上留下了空隙,给混凝土造成了严重的物理损害,后期强度损失可达 20%~40%
	新灌混凝土的水泥水化已进入凝聚—结晶阶段,已经达到能抵抗冻融破坏的强度	此时混凝土受冻后其后期强度一般没有损失或损失最多不超过 5%,耐久性基本上不降低。这一临界强度,根据大量试验证明,硅酸盐水泥或普通硅酸盐水泥配制的混凝土为设计的混凝土强度标准值的 30%,矿渣水泥配制的为 40%,但 C10 及 C10 以下的混凝土,不得低于 5MPa
已硬化混凝土受冻影响	混凝土已硬化到设计强度后,在饱和水状态下经多次冻融,而降低强度或重量	这种受冻是允许的,强度损失很小,而混凝土的抗冻性,一般在设计时已考虑

16.4.2 不同养护温度对混凝土强度增长的影响

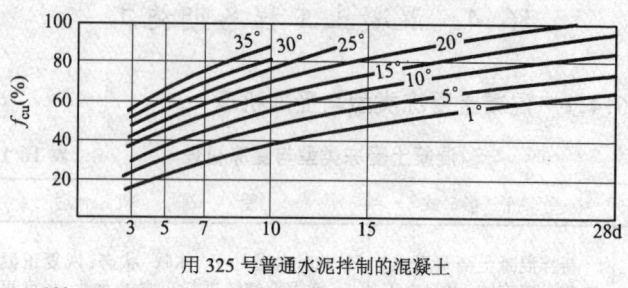

用 325 号普通水泥拌制的混凝土

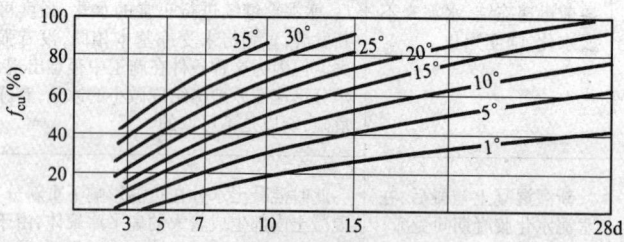

用 325 号矿渣水泥拌制的混凝土

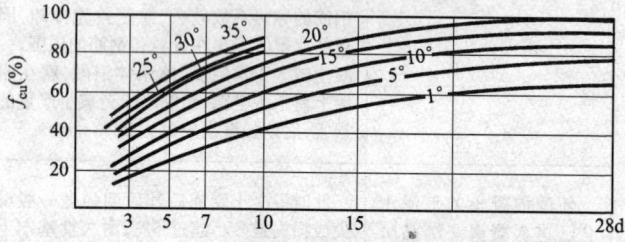

用 425 号普通水泥拌制的混凝土

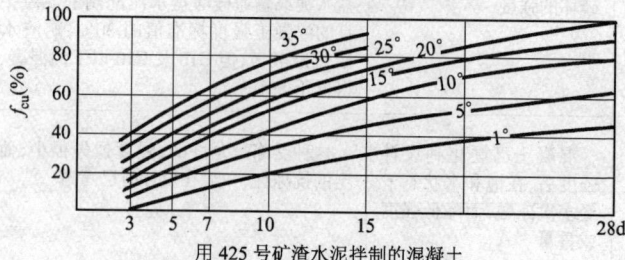

用 425 号矿渣水泥拌制的混凝土

图 16-1 在高温养护下的混凝土的强度增长百分率

注：此为水泥标准修改前的资料，仍用原水泥标号，供参考。

16.4 混凝土工程冬期施工

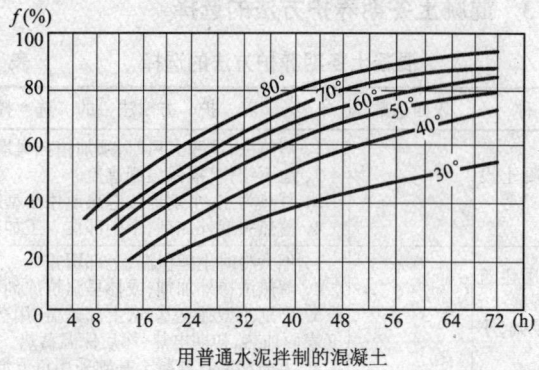

用普通水泥拌制的混凝土

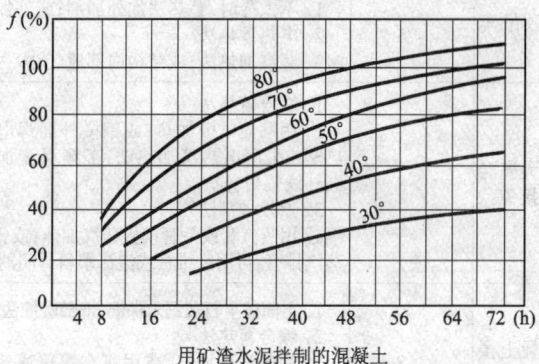

用矿渣水泥拌制的混凝土

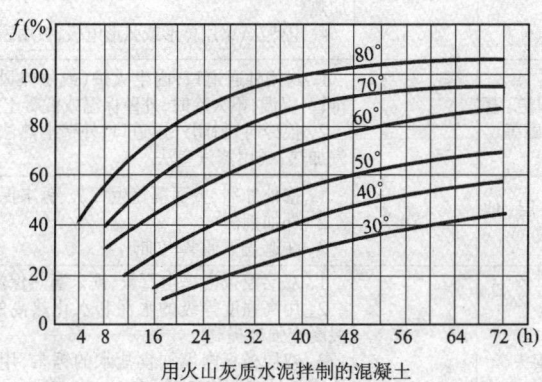

用火山灰质水泥拌制的混凝土

图 16-2 在高温养护下的混凝土的强度增长百分率

16.4.3 混凝土冬期养护方法的选择

混凝土冬期养护方法的选择　　　表 16-15

结构名称	表面系数	养 护 方 法 的 选 择
大体积混凝土设备基础、热电站等	<3	1. 蓄热法，严寒大风时，须加搭挡风墙 2. 地下结构，搭保温棚遮盖 3. 蓄热为主，个别部位电热或用小型暖棚 4. 蓄热并掺外加剂，个别部位人工加热
工业及民用建筑独立或带形混凝土、毛石混凝土基础，小型设备基础	3~5	1. 不太冷时土模保温，上部覆盖 2. 蓄热法掺外加剂；或掺早强抗冻剂，简单护盖 3. 个别小型独立基础，上部遮盖，用蒸汽或热空气表面加热，初期电热，然后保温蓄热 4. 无筋和毛石混凝土基础采用负温混凝土法
基础梁、柱、吊车梁、框架结构	<5	1. 不太冷时，蓄热法加外加剂；或外加剂法 2. 电热蓄热法 3. 蒸汽加热法；或结构内部通气法
墙和隔墙、大模混凝土墙、墙板接头	>8	1. 综合蓄热法 2. 用贴面电极加热；或钢模外面焊电热丝的电热模或采用电热毯加热法；工频涡流加热法或远红外线辐射养护 3. 掺外加剂法 4. 用蒸汽套或毛管模板蒸汽加热；或钢模外面焊蒸汽排管，再用纤维板或泡沫塑料封闭的蒸汽热模
整体式混凝土楼板和屋面	>8	1. 上面铺生石灰锯末保温，下部暖棚法人工供热 2. 综合蓄热法 3. 用蒸汽套加热，或用帆布覆盖通蒸汽或热风加热 4. 电热法（梁用棒形或弦形电极，板用表面电极）
地下室、烟道、蓄热室、地下通廊等	6~8	1. 封闭外通道口，内生火炉（或供热风或通蒸汽排管）保温；不太冷时，外壁保温或混凝土掺外加剂 2. 很冷时，封闭外通道口，外壁电热法或内外蒸汽加热；或用蒸汽室法
混凝土垫层、地坪、道路、护坡	>8	1. 掺外加剂，上面覆盖生石灰、锯末保温 2. 外加剂法 3. 在遮盖下通蒸汽加热
预制构件接头		1. 双层模板内填生石灰、锯末蓄热保温 2. 用高强度等级的水泥和水化热高的水泥，将混凝土强度提高 3. 双层模板内填加食盐水的锯末，用电热焙烘法或工具式电加热器 4. 综合蓄热法 5. 硫铝酸盐负温早强混凝土

16.4.4 蓄热法及综合蓄热法养护
16.4.4.1 原材料加热方法及混凝土拌合料要求

原材料加热方法及混凝土拌合料要求　　表 16-16

项次	项目		施 工 要 点
1	一般要求		1. 水泥宜用 32.5 级及以上硅酸盐水泥或普通水泥,使用前宜运入暖棚内存放;砂、石不得含有冰雪、冻块及其他易冻裂物质 2. 组成材料加热应优先考虑加热水,当水加热还达不到要求温度时,才应考虑对砂、石子加热,当石子干燥无冻块时,可只加热砂 3. 混凝土组成材料的加热温度,根据需要混凝土拌合物的最终温度由计算确定。水、骨料加热的最高允许温度应按表 16-17 采用。混凝土的温度一般控制在 35℃ 以内,温度过高,会引起和易性变差,有时还会导致假凝或热收缩裂缝
2	加热方法	水	1. 用火炉、大铁锅明火烧热水 2. 在水箱内安放盘曲的蛇形管通蒸汽加热或将蒸汽直接通入水箱内直接加热
		砂石	1. 湿法加热:将蒸汽管直接插入被加热的砂石堆中,通蒸汽或热空气加热,或在砂石贮料斗中安设蛇形蒸汽管加热 2. 干法加热:当小批量砂在加热时,可用热坑或在铁板下生火间接烤热,但不得用火焰直接加热
3	混凝土拌合料要求		1. 搅拌时应先投入砂、石和已加热的水拌合,然后再投入水泥拌合。不得将水泥与热水直接搅拌,以免水泥产生假凝现象。搅拌时间应比常温季节延长 50%,切忌带有冻块及冰雪的砂石装入搅拌机内 2. 严寒季节运输混凝土拌合料,应考虑将运输器具进行适当保温,同时混凝土装卸次数应尽量少,运输距离应尽量短,浇筑混凝土时要快浇快盖,工作面应尽量缩小,以减少热损失 3. 混凝土入模温度与气温、保温材料及条件、结构表面系数和混凝土强度要求等因素有关。因此提高和控制入模温度可作为冬期施工一项主要措施,一般入模温度为 15～25℃

拌合水及骨料的最高允许温度　　表 16-17

水 泥 品 种	拌 合 水	骨 料
强度等级低于 42.5 级的普通硅酸盐水泥、矿渣硅酸盐水泥	80℃	60℃
强度等级为 42.5 级及其以上的硅酸盐水泥、普通硅酸盐水泥	60℃	40℃

注:当骨料不加热时,拌合水可加热到 100℃,但水泥不得与 80℃ 以上的水直接接触。

16.4.4.2 蓄热法和综合蓄热法施工要点

蓄热法和综合蓄热法施工要点 表 16-18

项次	项目	施 工 要 点
1	基本原理	1. 蓄热法系将混凝土组成材料(水和骨料)进行适当加热、搅拌,使浇筑后具有一定的温度(参见表 16-17),混凝土成型后在外围用保温材料严密覆盖,利用混凝土预加的热量及水泥的水化热量进行保温,使混凝土缓慢冷却,并在冷却过程中逐渐硬化,当混凝土冷却到 0℃ 时,便达到抗冻临界强度或预期的强度 2. 综合蓄热法是在混凝土拌合物中掺有少量的防冻剂,原材料预先加热,使拌合物浇筑后的温度一般须达到 10℃ 以上,当构件截面尺寸小于 300mm 时须达到 13℃ 以上。通过高效能的保温围护或短期人工加热,使混凝土经过 1~1.5d 才冷却至 0℃,此时已经终凝。然后逐渐与环境气温相平衡,由于防冻剂的作用,混凝土在负温中继续硬化
2	蓄热法措施	1. 蓄热法保温应选用导热系数小、就地取材、价廉耐用的材料,如稻草板、草垫、草袋、稻壳、麦秸、稻草、锯末、炉渣、岩棉毡、聚苯乙烯板等,并要保持干燥。保温方式可成层或散装覆盖,或做成工具式保温模板,在保温时再在表面覆盖(或包)一层塑料薄膜、油毡或水泥袋纸等不透风材料,可有效地提高保温效果,或保持一定空气间层,形成一密闭的空气隔层,起保温作用 2. 及时做好保温覆盖,各层互相搭盖严密。敷设前,先在裸露的混凝土表面覆盖一层塑料薄膜,敷设后,要注意防潮和防止透风,对于结构构件的边棱、端部和凸角,要特别加强保温、挡风。新浇筑混凝土与已硬化混凝土的连接处,为避免热量的传导损失,必要时应采取局部加热措施
3	综合蓄热法措施	1. 掺入早强剂或早强型复合防冻剂,加速混凝土硬化和降低冻结温度,防冻剂参考配方见表 16-19 2. 采用高强度等级水泥、早强水泥配制混凝土或增加水泥用量,增大水泥的早期水化热或掺入减水剂,降低水灰比 3. 利用保温材料储备热量,如采用生石灰、锯末和水(0.7:1:1,重量比)拌合均匀,覆盖在混凝土表面和周围,利用放出的热量,对混凝土进行短期加热和保温 4. 对原材料进行加热并及时浇筑,混凝土表面先用塑料薄膜覆盖,然后用高性能保温材料进行保温,对边、棱角的保温材料厚度应适当加厚,在养护期间应防风防失水 5. 将蓄热法与混凝土外部加热法或早期短时加热法合并应用,如蒸汽蓄热法、电热蓄热法以及用简易棚罩加热围护等,防止降温过快 6. 地面以下的结构,利用未冻土的热量,用保温材料严密覆盖基坑(槽),提高环境温度,减缓降温速度 7. 用简易棚罩,加强围护或设挡风墙,防止降温过快

16.4 混凝土工程冬期施工

续表

项次	项目	施 工 要 点
4	测温	1. 水泥、砂、石、水及外加剂溶液温度应按热工计算温度严格控制,每一工作班至少测温4次 2. 混凝土出罐、运输和入模温度应认真做好测温记录,每一工作班测温不少于4次 3. 混凝土浇筑后应认真做好测温工作,如发现温度下降过快或遇寒流袭击,应立即采取补加保温层或人工加热等措施,以防混凝土早期受冻。混凝土从入模开始至混凝土达到受冻临界强度,或混凝土温度降到0℃或设计温度以前,应至少每隔6h测温一次 4. 全部测温孔应编号并绘制平面图,测温孔设在有代表性的结构部位和温度变化大易冷却的部位,孔深宜为100～150mm,也可为板厚或墙厚的1/2。测温时,测温仪表应采取与外界气温隔离措施,并留置在测温孔内不少于3min
5	优缺点及适用范围	1. 蓄热法具有方法简单,不需混凝土加热设备,节约能源,混凝土在较低温度下自然硬化,其最终强度损失小,耐久性较高,质量好,费用较低等优点。但强度增长较慢,施工要有一套严密的措施和制度。当结构表面系数较小或气温不太低时,应优先选用蓄热法施工 2. 综合蓄热法的优点是,与负温混凝土工艺相比,防冻剂掺量较少,扩大了混凝土应用范围,强度增长也较快;与各种加热养护工艺相比,可以节约能耗,具有与蓄热法同样的优点,扩大了蓄热法的应用范围,避免了人工加热,有较好的技术经济效果。适用于日最低温度不低于-10℃或极端最低温度不低于-15℃的条件下施工

防冻剂配合比　　　　　　　　　　表 16-19

项次	室外平均气温	防冻剂掺量(占水泥重量的%)
1	-5℃	亚硝酸钠2+硫酸钠2+木钙0.25 尿素1+硝酸钠2+硫酸钠2+木钙0.25
2	-10℃	亚硝酸钠3.5+硫酸钠2+木钙0.25 亚硝酸钠2+硝酸钠2+硫酸钠2+木钙0.25 尿素2+硝酸钠2+硫酸钠2+木钙0.25*

注:1. 带*者不适用于矿渣水泥。
　　2. 木钙可用适量的其他减水剂取代。

16.4.5 暖棚法养护

暖棚法养护施工方法　　　　　　　表 16-20

项次	项目	施 工 要 点
1	工艺特点	在建筑物、构筑物或构件的周围或脚手架的外围,用保温材料搭起大棚,或在室内用保温材料将门窗堵严,或在框架结构脚手架外围挡设围幕,或在独立结构支设充气暖棚(空气支设结构)等,通过人工加热使棚内或室内空气保持正温,混凝土的浇筑与养护均在棚内或室内进行

续表

项次	项目	施 工 要 点
2	暖棚构造	1. 暖棚通常以脚手材料(钢管或木杆)为骨架,用草袋、草垫、塑料薄膜或帆布等围护。尤其塑料薄膜不仅重量轻,而且透光,白天可不需人工照明,吸收太阳能后还能提高棚内温度。薄膜可使用厚度大于 0.1mm 的聚乙烯薄膜,也可使用聚丙烯编织布和聚丙烯薄膜复合而成的复合布 2. 人工热源采用棚内生火炉或设热风机加热,或安暖气排管通蒸汽或热水进行采暖
3	注意事项	1. 搭设暖棚时应注意在混凝土结构与暖棚之间要留足够的空间,使暖气流通,为降低搭设成本和节能,应尽量减少暖棚体积,同时应围护严密,不透风 2. 棚内各测点温度不得低于 5℃,每昼夜测温不应少于 4 次,同时为防止混凝土失水,要注意棚内湿度,若湿度较低,可在火炉上放置水盆,使水分蒸发或经常向混凝土喷洒温水 3. 为防止混凝土早期碳化,要注意将烟或燃烧气排至棚外 4. 严格遵守防火规定,注意安全
4	优缺点和适用范围	本法施工操作与常温无异,劳动条件好,工作效率较高,同时混凝土质量有可靠的保证,不易发生冻害。但搭设暖棚需要大量木材、钢材、保温材料和人工,供热需大量的设备和能源,费用较大。由于棚内温度一般较低(通常不超过 10℃),所以混凝土强度增长较慢 暖棚法适用于天气比较严寒,建筑物面积、体积不大,混凝土结构又很集中的工程,尤其适用于混凝土量较多的地下室、人防等地下工程

16.4.6 蒸汽加热法养护

蒸汽加热常用方法和适用范围　　　表 16-21

方法	加热养护方法	优缺点、适用范围	注意事项
蒸汽室法	是在结构或构件周围用保温材料(木材、砖、篷布等)加以围护,构成密闭空间(蒸汽窑),或利用坑道、地槽上部遮盖,四周用土或砂压严,构成蒸汽室(图 16-3),然后通入蒸汽加热混凝土。施工要设排除冷凝水的沟槽,防止冷凝水浸入地基冻结,并注意使蒸汽喷出口离混凝土外露面不小于 300mm	施工方便简单,设施灵活,养护时间短,但耗汽量较大,温度不易均匀 适于现场预制数量较多,尺寸较大的大、中型构件或现浇地面以下墙、柱、基础、沟道、构筑物等的加热养护	1. 应采用低压饱和蒸汽(汽压小于 0.07MPa,湿度 90%~95% 而近于饱和状态)养护,如采用高压蒸汽,应通过减压阀减压到 1.2MPa 以下,或过水装置后方可使用

16.4 混凝土工程冬期施工

续表

方法	加热养护方法	优缺点、适用范围	注意事项
蒸汽套法	是在结构的模板外围再做一层紧密不透气的模板或其他围护材料，做成蒸汽保温外套，并做成工具式，便于周转，在其间通入蒸汽来加热混凝土(图16-4、图16-5)。模板与套板间空隙一般不超过150mm。为了加热均匀，应分段送气，一般水平构件(地梁、吊车梁等)沿件每1.5~2.0m分段送汽；垂直构件每3~4m分段通汽，蒸汽分别从每段的下部通入汽套中，同时要设置排除冷凝水的装置，套内温度可达30~40℃	分段送汽，温度容易控制，加热均匀，养护时间短，耗汽量一般为800~1200 kg/m³，但设备复杂，费用较大 适于捣制柱、梁及肋形楼板等整体结构、预制构件接头等的加热	2. 使用硅酸盐水泥和普通水泥时，其加热温度不宜超过80℃；用矿渣水泥和火山灰质水泥时，加热养护温度可提高到85℃，但采用内部通汽法时，最高加热温度不应超过60℃ 3. 应选择水泥品种及加热条件，水泥活性愈低，加热效果愈好，以火山灰质水泥和矿渣水泥效果最好，禁止使用矾土水泥 混凝土经70~80℃高温蒸汽养护，1d 强度可增达60%，2d能增加20%，3d 只能增加8%。混凝土最终强度与标准条件下养护时的强度比较为：普通水泥为标准强度的85%~90%；火山灰质水泥为标准强度的100%~110%；矿渣水泥为标准强度的115% 4. 加热整体浇筑的结构时，其温度升降速度不得超过表16-22的规定。蒸汽养护应包括升温、恒温、降温三个阶段，各阶段加热延续时间可根据养护终了要求的强度确定，恒温时间一般在5~8h
内部通汽法	在混凝土构件内部预留$\phi 25 \sim 50mm$孔洞(用钢管或胶管充水成孔)，插入短管或排管通入蒸汽加热，下部设冷凝水排出口。梁内留孔应设0.5%的坡度(图16-6、图16-7)，当混凝土达到抗冻强度后，用砂浆或压水泥浆将孔洞封闭。构件加热一般可不保温，但低于-10℃时，为避免温差过大，减少热损失，表面应采取简单围护保温措施，混凝土加热温度一般控制在30~45℃	施工简单，热量可有效利用，省蒸汽(200~300kg/m³)燃料、设备，但加热温度不够均匀，入气端易过热，需处理冷凝水 适于加热预制梁、柱、桁架和多孔板及捣制柱、梁等构件	
毛管模板法	在混凝土木模板内侧沿高度方向开设通长的通汽沟槽(又称毛管)，在外部设分汽箱和蒸汽管，蒸汽由支汽管送入分汽箱，然后进入毛管沟槽加热混凝土，再由上端的$\phi 20mm$汽孔逸出(图16-8)。毛管槽可做成三角形、矩形或半圆形，间距200~250mm，用0.5~2.0mm厚铁皮或6~9mm厚木板条或胶合板封盖。模板制作应严密，分汽箱做成凹形，围绕结构一周，净截面不小于30mm×50mm，垂直方向每隔2.5~3.5m设1个，水平方向每隔1.5~2.0m设1个。冷凝水通过底部的水门或分汽箱预留孔排掉。每个通汽槽高度不超过3.5m，水平不超过2.0m，加热温度用汽量控制调节	蒸汽用量少，耗汽量在400~500kg/m³，利用率高，加热均匀，温度易控制，养护时间短；但模板制作较复杂，耗料多，需一定设备，费用大 适用于框架结构柱及墙等垂直构件，加热效果较好；对于平放的构件，效果较差，加热不匀，不宜采用	

续表

方法	加热养护方法	优缺点、适用范围	注意事项
热模热拌法	采用特制的空腔式模板(图16-9),或在构件胎膜内预埋3～4根ϕ30mm蒸汽排管,用纤维板或硬质泡沫塑料板封闭,造成蒸汽热模(台模),或在大模板一侧焊蒸汽排管,外面用矿棉保温(图16-10),通汽加热混凝土,或仅在模底通入蒸汽,自下而上加热构件,使其均匀受热,再加上热拌骨料蓄热,使混凝土强度快速增长	可在严寒(-30℃)条件下使用,加热温度较均匀,能节约能源,缩短生产周期 适于有条件的现场预制构件和中、小型低碳冷拔钢丝预应力构件以及捣制墙、柱、框架结构、大模板等	5.混凝土在通汽加热前,本身温度应不低于+5℃。同时混凝土应在冷却至+5℃后方可拆模 混凝土拆模后,如内外温差超过20℃时,应用保温材料临时覆盖,以免混凝土产生裂缝 6.整体结构蒸汽养护时,水泥用量不宜超过350 kg/m³,水灰比宜为0.4～0.6,坍落度不宜大于50mm 7.蒸汽养护混凝土可掺入早强剂或无引气型减水剂,但不宜掺用引气剂或引气减水剂
塑料暖棚法	在地面或地槽内设檩条搭设简易塑料薄膜暖棚,在棚内铺简易蒸汽排管,并利用太阳能加热混凝土,或再适当通汽保温	施工工艺简单,节省投资和燃料,并可利用太阳能 适于加热地下独立基础或现场预制构件	

蒸汽加热养护混凝土的升温和降温速度　　表16-22

表面系数	升温速度(℃/h)	降温速度(℃/h)
≥6	15	10
<6	10	5

注:厚大体积混凝土应根据实际情况确定。

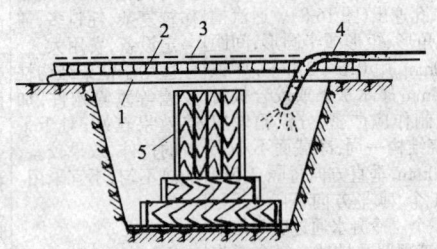

图16-3　蒸汽室法养护基础
1—脚手杆;2—木板;3—油毡或塑料薄膜、草垫、篷布;
4—进气管;5—基础

16.4 混凝土工程冬期施工

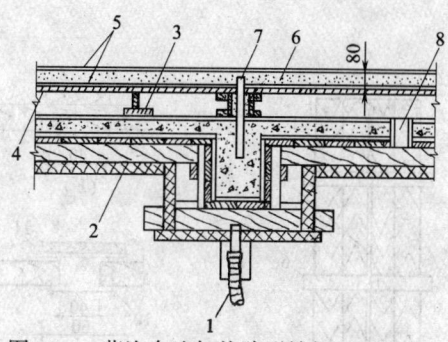

图 16-4 蒸汽套法加热肋形楼板配置图之一
1—蒸汽管；2—保温板；3—垫板；4—木制顶板；
5—油毡纸；6—锯末；7—测温孔；8—送汽孔

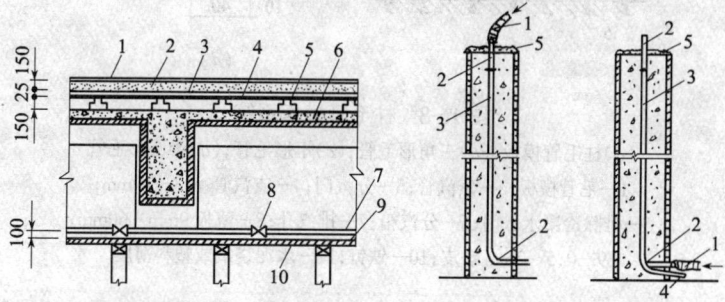

图 16-5 蒸汽套法加热肋形楼板配置图之二
1—草袋或草垫；2—锯末 180mm 厚；3—苇席一层；
4—板皮一层；5—楞；6—斗形孔；7—主汽管；
8—喷汽管；9—水泥袋纸；10—25mm 厚木板

图 16-6 内部通汽法加热柱
1—胶皮连接管，通入蒸汽；2—蒸汽短管；3—柱内预留孔；4—ϕ18mm 冷凝水排出管；5—湿锯末或稻壳

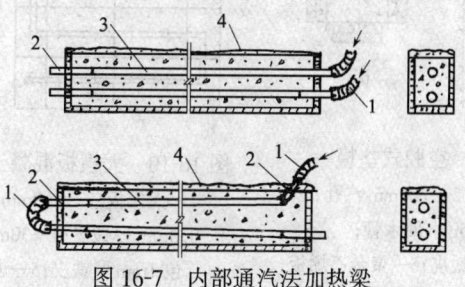

图 16-7 内部通汽法加热梁
1—胶皮连接管，通入蒸汽；2—蒸汽短管；
3—梁内预留孔；4—湿锯末或稻壳

16 冬期施工

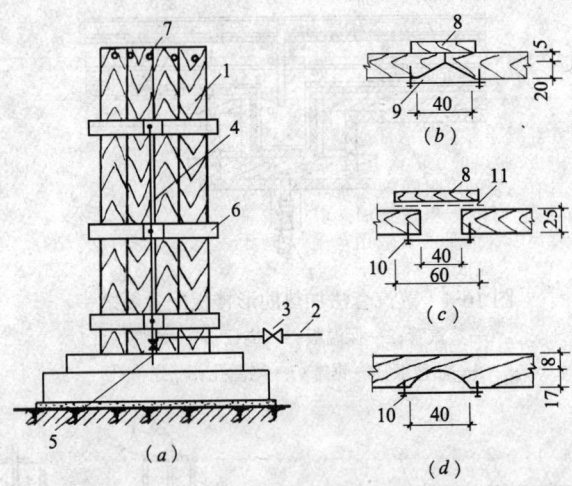

图 16-8 柱毛管模板系统
(a)柱毛管模板;(b)三角形毛管;(c)矩形毛管;(d)半圆形毛管
1—毛管模板;2—蒸汽管;3—分汽门;4—支汽管 $\phi 13 \sim 19mm$;
5—排除冷凝水门;6—分汽箱;7—排汽孔;8—薄板 $9mm \times 60mm$;
9—$0.5 \sim 2mm$ 铁皮;10—铁钉;11—水泥袋纸或塑料薄膜

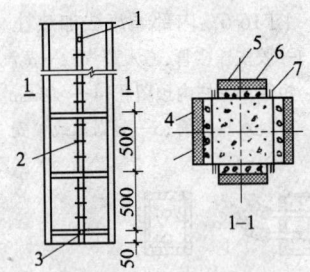 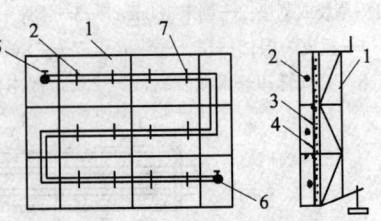

图 16-9 空腔式垫模
1—进汽口;2—$\phi 20mm$ 汽孔;
3—$\phi 25mm$ 回水管;
4—$0.75mm$ 厚铁皮;5—聚苯乙烯板;
6—空腔;7—$3mm$ 厚钢板

图 16-10 大模板混凝土蒸汽热模
1—大模板;2—$\phi 89mm$ 蒸汽管;
3—$0.5mm$ 厚铁皮;4—$30mm$ 厚矿棉外
包 $1mm$ 厚铁皮;5—进汽口;
6—出汽口;7—导热板

16.4.7 电热法养护

电热养护常用方法及适用范围　　表 16-23

方法	加热养护方法	优缺点、适用范围	注意事项
电极加热法	系在混凝土结构的内部或外表设置电极，通以低压电流，由于混凝土具有一定的电阻值，使电能转换成热能，对混凝土进行加热养护。常用电极的种类及适用范围见表16-24。电极可单根或成组布置，单根电极多用于配筋较密的结构。单根电极间距通常为200～300mm，成组电极的间距可参考表16-25。电极与钢筋必须保持的最小距离 a，可按表16-26采用，如不能满足时，应加以绝缘	可在任何气温条件下使用，收效快，但电能耗用量大，耗钢量也大，费用较高 适于表面系数大于6的并以木模板浇筑的混凝土结构及采用其他办法不能保证混凝土达到预期强度时采用	1. 应采用交流电，不得使用直流电。电压应在50～110V范围内；120～220V的电压仅用于少筋(含钢量少于 50kg/m³)或无筋混凝土结构。电流变压器应采用低压变压器。 2. 电流加热宜采用坍落度较小的混凝土。对混凝土外露表面应用湿锯末（或洒以5%的食盐水）等加以覆盖，对结构边角、迎风面和已经冷却的结构物接触处，应加强保温或加密电极来提高温度。 3. 开始加热时，其温度不得低于3℃，升降温速度不得超过表16-22的规定。等温加热极限温度应符合表16-27的规定。温度控制可采用调节电压或周期切断电流的办法来达到。 4. 在加热过程中应保持混凝土的润湿状态，必要时可浇盐水增加导电率，洒水应在断电后进行
电热毯加热法	系在钢模背面铺设特制的电热毯，外表面用岩棉板保温，使其中形成一个热夹层，通电后对混凝土进行加热养护。电热毯系由四层玻璃纤维布中夹以 φ0.6mm 铁铬铝合金电阻丝制成。电阻丝在适当直径的石棉绳上缠绕成螺旋状，按蛇形线路铺设在玻璃纤维布上，电阻丝间距要均匀，避免死弯，经缝合固定。电热毯尺寸可根据混凝土表面或模板外侧与龙骨组成的区格大小确定，一般约为300mm×400mm，卡入钢模板的区格内，再覆盖岩棉板作为保温材料，外侧再用108胶粘贴水泥袋纸两层挡风。对大模板现浇混凝土墙体加热时，顶部、底部及墙转角连接处散热快，电热毯宜双面密布，中间部位可以较疏，或两面交错铺设。采用电压为60V，功率每块75W，通电后表面温度可达110℃，升降温速度及加热温度控制同电极法。一般连续通电不超过2h，间断时间1h，拆模前2h断电，养护时间12～16h。施工中可分段供电，根据气温情况，随时调整供电时间	加热方法较简单，加热温度较均匀，混凝土质量好，且易于控制，但需制作专用模板 适用于钢模板浇筑的墙板、柱、接头等构件	

1233

续表

方法	加热养护方法	优缺点、适用范围	注意事项
工频涡流加热法	系在钢模板的外侧布设钢管，钢管与板面紧贴焊牢，管内穿以导线；当导线中有电流通过时，产生热效应，通过钢模板将热量传给混凝土，对混凝土进行加热养护。一般每平方米模板约需布置 $\phi15mm$ 钢管 5m。对墙模中心距：在底部及顶部为 150～200mm，中部为 400mm，在两侧模板上的工频涡流管可互相错开（图 16-11）；对粒子涡流管可竖向布置。导线采用 25～35mm^2 铝芯绝缘导线，电压为 100～140V。为降低能耗，在模板外面可加矿棉板或聚氨酯泡沫等材料保温，加热温度控制同电极法	加热方法简单，维护安全、方便，加热温度较均匀，电热转换利用效率高（耗能为电极法的 1/2，耗电量约为 130kW·h/m^3），养护周期短（在 12～28h 内可达强度的 50%～70%），质量好。缺点是需要制作专用模板，增加了模板的投资 适于用钢模板浇筑，气温在 -20℃ 条件下的墙板、柱和接头，配筋均匀的梁、柱，并能对钢筋模板进行预热	5. 加热过程中应加强测温工作，每一构件测温孔至少有 3 个，孔间距不超过 2.5～3.0m 6. 为节约电能，可采取只加热到设计强度标准值的 50% 或采取间歇送电或混凝土中掺盐增加导电率等措施 7. 通电后应采用钳形电流表和万能表随时检查测定电流，并应根据具体情况随时调整参数 8. 电热现场应设围栏，防止人畜接近
线圈感应加热法	用绝缘电缆缠绕在梁、柱构件的外面以形成线圈，通电后处在线圈中间的钢模板等钢铁部件因感应而发热升温，从而加热混凝土。变压器宜选择 50kVA 或 100kVA，电压在 36～110V 间调整，当混凝土量少时，也可用交流电焊机。感应线圈用 35mm^2 铝质或铜质电缆，主电缆选用 150mm^2，电流不超过 400A。缠绕线圈宜靠近钢模，构件两端线圈导线间距比中间加密一倍，两端加热范围为一个线圈直径的长度，端头应密缠五圈。为降低能耗，在模板外面加矿棉板或聚氨酯泡沫等材料保温	加热方法简单，易于控制，混凝土质量好，维护安全、方便，且能对模板和钢筋预热。电热转换利用率高，一般可达 60% 左右，养护周期短，在 12～28h 内可达设计强度的 50%～70% 适用于钢模板浇筑，气温在 -20℃ 条件下的梁、柱结构，以及各种装配式混凝土结构的接头，也可作为某些因措施不当面临受冻危险的梁、柱构件的加热补救措施，但不适用于墙、板构件的加热养护	

电极加热法养护混凝土的适用范围　　表 16-24

分类		常用电极规格	设置方法	适用范围
内部电极	棒形电极	$\phi6～\phi12$ 的钢筋短棒	混凝土浇筑后，将电极穿过模板或在混凝土表面插入混凝土体内（图 16-12）	梁、柱、厚度大于 15cm 的板、墙及设备基础

16.4 混凝土工程冬期施工

续表

分类		常用电极规格	设置方法	适用范围
内部电极	弦形电极	φ6～φ16 的钢筋长 2～2.5m	在浇筑混凝土前,将电极装入其位置与结构纵向平行地方,电极两端弯成直角,由模板孔引出(图 16-13)	含筋较少的墙、柱、梁,大型柱基础以及厚度大于 20cm 单侧配筋的板
表面电极		φ6 钢筋或厚 1～2mm、宽 30～60mm 的扁钢	电极固定在模板内侧,或装在混凝土的外表面(图 16-14)	条形基础、墙及保护层大于 5cm 的大体积结构和地面等

直径 6mm 的棒形电极组间的 b 及 h 值(三相) 表 16-25

电压(V)	距离(cm)	最大电力 (kW/m^3)							
		3	4	5	6	7	8	9	10
65	b	48	42	37	34	32	30	28	24
	h	13	11	10	9	8	8	7	7
87	b	65	57	51	47	43	41	38	36
	h	13	11	10	9	8	8	7	7
106	b	81	71	63	58	55	51	48	46
	h	12	11	9	9	8	7	7	7
220	b	175	152	146	124	115	108	102	96
	h	12	10	9	8	8	7	7	7

注:1. 表中 h 为同极间距,b 为异极间距。
2. 使用单相电时,b 值不变,h 值减小 10%～15%。
3. 电压为开始电热加热时使用的电压,如电压表内未予规定时,可用插入法求之。

电极与钢筋之间的距离 表 16-26

工作电压(V)	最小距离(cm)
65.0	5～7
87.0	8～10
106	12～15

16 冬期施工

电热养护混凝土的极限温度　　　　表 16-27

水泥标号	结构表面系数 (m^{-1})		
	<10	10~15	>15
325	70℃	50℃	45℃
425	40℃	40℃	35℃

注：1. 采用红外线辐射加热时，其辐射表面温度可采用 70~90℃。
　　2. 此表按旧水泥标准编制的，故仍用水泥标号，供参考。

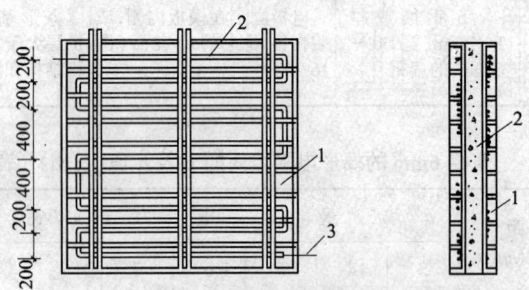

图 16-11　工频涡流加热养护墙体
1—大模板；2—涡流管；3—导线

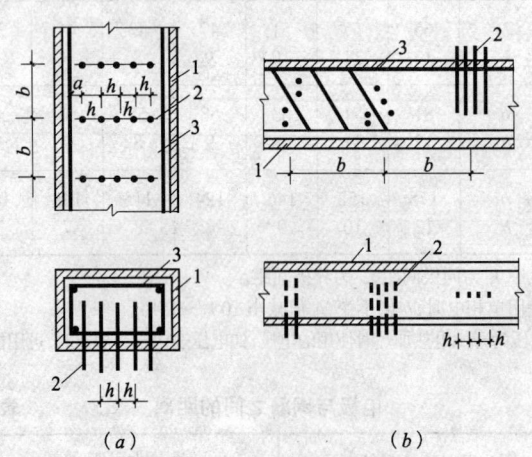

图 16-12　棒形电极布置
(a)在柱中；(b)在梁中
1—模板；2—棒形电极；3—钢筋
h—同一相的电极间距；b—电极组的间距；a—电极与钢筋间距

16.4 混凝土工程冬期施工

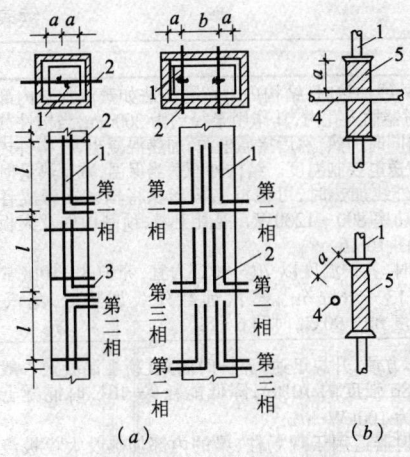

图 16-13 弦形电极布置
(a)柱中弦形电极布置；(b)电极与钢筋绝缘
1—φ6mm 的成对弦形电极；2—临时锚固电极的短钢筋；
3—与供电网连接的电极弯头；4—钢筋；5—绝缘塑料管或橡皮
l—弦形电极长度，应不大于3m；
a—电极与钢筋间距；b—电极组的间距

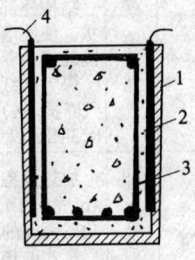

图 16-14 薄片电极布置
1—模板；
2—薄片电极；3—钢筋；
4—连接的供电线路

16.4.8 远红外线法养护

远红外线养护施工方法　　　　表 16-28

项次	项目	施 工 要 点
1	基本原理	利用远红外辐射器向新浇筑的混凝土辐射远红外线，新拌混凝土作为远红外线的吸收介质，在远红外线的共振作用下，介质分子做强烈运动，将辐射能充分转换成热能，对混凝土进行密封辐射加热，使其在较短时间内获得要求的强度
2	辐射器构造	远红外辐射器分电热、蒸汽和煤气三类。电热和蒸汽远红外辐射器一般在发热元件上涂以远红外涂料(如氧化铁红，用硅溶胶或水玻璃作胶粘剂，重量配合比为：氧化铁红：硅溶胶：水=2:1:1，涂层厚不超过 0.2mm，在 70～80℃烘烤2h即可)而成。煤气远红外辐射器则有金属网式和陶瓷板式两类，而以金属网式辐射器坚固耐用、轻巧灵活，适用于建筑工程。蒸汽远红外辐射器则利用蒸汽排管或钢串片散热器的外表面涂以远红外涂料，再辅以反射罩而成 工程上多采用电热远红外线养护。电热远红外辐射器分内部和外部加热两种方法。用于内部加热的远红外辐器构造如图 16-15(a)所示，在 φ15mm 钢管内装电阻丝，用瓷套管并填充氧化镁或石英粉绝缘，管壁外面涂以远红外涂料，常用型号的主要参数见表 16-29 用于外部加热的远红外辐器多为管式，外壳 φ15mm 钢管，管外表面涂远红外涂料，内置电阻丝作为发热体，电阻丝与钢管之间填充氧化镁绝缘，在两端分别引出电线，并设绝缘子使外露部分不带电，构造如图 16-15(b)

续表

项次	项目	施 工 要 点
3	加热方法	结构内部电热远红外线加热时，结构内部留孔方法如蒸汽加热内部通汽法，孔径58mm，将辐射器插入孔内，其作用半径约为300mm，当构件截面很大时，可设多根辐射器同时加热，然后接通电源，加热混凝土，在构件内部设测温点测温，采取间隙送电控制温度。结构外面适当保温，减少热量损失 结构外部电热远红外线加热时，可根据结构形状将辐射器弯成各种形状。使用电压220V，功率800～1200W。混凝土墙、预制构件及大板竖向接缝加热养护方法见图16-16 煤气远红外线加热时，养护温度以70～90℃为宜，养护8～10h（常温天气养护6h），耗气量13～16kg/m³；蒸汽远红外线加热时，蒸汽压力0.3MPa以上，养护温度80～90℃，时间6～8h
4	优缺点及适用范围	加热设备简单，操作方便，升温迅速，养护时间短（新灌混凝土一般辐射4h，养护1h，可达到28d强度的70%），降低能耗（-10℃时混凝土达到40%强度的耗电量约为100kW·h/m²） 管式电热远红外辐射器适用于现场柱、梁的内部加热及大模板浇筑的剪力墙、大板建筑竖向接缝处和现场预制构件的外部加热 蒸汽和煤气远红外辐射器，适用于预制厂内加热预制构件

内部加热远红外辐射器的技术参数　　表16-29

长度(mm)	外直径(mm)	表面辐射面积(m²)	功率(W)	电压(V)	电阻(Ω)
2300	21.0	0.1445	1500	220	32～33

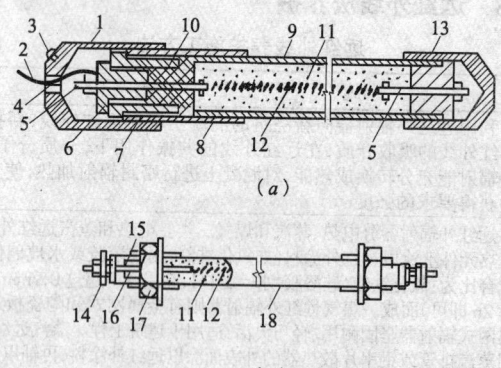

图16-15　电热远红外辐射器
（a）内部加热辐射器；（b）外部加热辐射器
1—电极炉罩；2—相极；3—零极；4—瓷套管；5—M4螺杆；6—钢填芯；7—瓷护套；8—内外丝连接头；9—钢管；10—石棉纤维；11—氧化镁；12—电阻丝；13—堵头；14—接线装置；15—绝缘子；16—封口材料；17—紧固装置；18—金属管

16.4 混凝土工程冬期施工

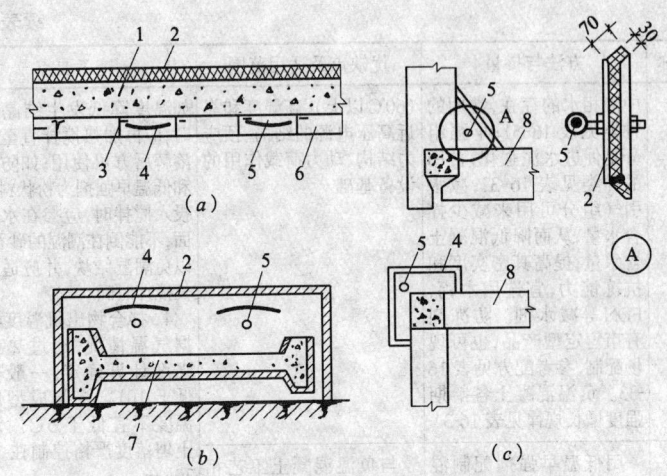

图 16-16 电热远红外外部加热养护
(a)剪力墙混凝土养护;(b)预制混凝土构件养护;(c)大模板竖向接缝养护
1—剪力墙;2—50mm厚聚苯乙烯板或其他保温材料;
3—大模板钢肋;4—铝合金反射罩;5—远红外辐射器;
6—5mm厚石棉板;7—预制薄腹梁;8—大板

16.4.9 混凝土掺外加剂法

混凝土掺外加剂法　　　　　表 16-30

名称	方法与掺量	优缺点及适用范围	施工要点
负温混凝土	用防冻剂配制混凝土并采用原材料加热,使混凝土拌合料出机时具有一定的零上温度,浇筑后混凝土不再加热,仅做保护性覆盖以防止风雪侵袭。混凝土终凝前,其本身温度即已降至 0℃,并迅速与环境气温相平衡。然后在负温中硬化并达到受冻临界强度或受荷强度 防冻剂通常由防冻组分、早强组分和减水、引气组分复合而成。其中防冻组分是保证混凝土	具有施工简单方便,混凝土浇筑后不需加热,保温也较简单,节约能耗,费用低等优点,但混凝土硬化慢,早期强度低 适用于零星的、不易蓄热保温也不易采取加热措施,并对强度增长速度要求不高的结构,如圈梁、过梁、挑檐、雨篷、地面和梁柱接头等。硬化时混凝土本身的温度在 0～-10℃ 之间,但不得用于与酸、碱等侵蚀液接触的结构及高温环境	1. 负温混凝土或低温早强混凝土应优先选用 42.5 级及其以上的普通硅酸盐水泥和硅酸盐水泥,尤其应优先选用早强快硬水泥,但不得用高铝水泥 2. 砂、石材料必须清洁,不得含有冰雪和冻块,也不得含有活性骨料和能冻裂的物质 3. 防冻剂和低温早强剂应先溶解于水,配成溶液,然后投入搅拌。配制硫酸钠溶液的水温应保持 30～50℃,浓度不宜大于 20%,

1239

续表

名称	方法与掺量	优缺点及适用范围	施工要点
负温混凝土	中液相水的存在,常用的种类见表16-31;早强组分是促进水泥强化,常用的种类见表16-32;减水引气组分可用来减少拌合水量,从而降低混凝土含水量,提高其密实度和抗冻能力,宜选用木钙、FDN等减水剂。防冻剂有市售定型产品,也可现场配制,参考配方见表16-33。负温混凝土各龄期强度增长规律见表16-34	(60℃以上)、高湿度和靠近高压电源的结构、预应力结构、动力荷载作用的设备基础	如温度降低发生结晶沉淀时,应再加热搅拌直至完全溶解后方可使用;如防冻剂和低温早强剂为粉状料直接投入搅拌时,应掺在水泥上面,不能倒在潮湿的砂石上,以免潮湿结块,并应适当延长搅拌时间 4. 拌合物出机温度应根据气温情况,通过热工和强度计算确定,一般不宜低于10℃,浇筑成型后的温度不宜低于5℃。混凝土坍落度严格控制在10~30mm 5. 混凝土养护宜优先选用蓄热法,浇筑后应立即先用塑料薄膜覆盖,然后根据需要再覆盖二层草包保温 6. 防冻剂应取混凝土自浇筑之时起5昼夜内的设计平均气温作为硬化温度(防冻剂的规定温度)来选择配方 7. 当环境温度下降使混凝土本身温度低于防冻剂或低温早强剂的规定温度时,此时混凝土的抗压强度不得小于4MPa,否则应立即采取加热保温或临时加热措施
低温早强混凝土	用低温早强剂配制混凝土,并对水加热,使混凝土搅拌后出机温度达到10℃以上,浇筑后对混凝土进行保温覆盖或短期加热等综合蓄热措施,使混凝土经过1~1.5d才冷却至0℃,此时已经终凝。然后逐渐与环境气温相平衡,并在负温中继续硬化 低温早强混凝土是早强和减水的复合剂。目前常用的低温早强剂有 NC、MS-F 和以硫酸钠为主的复合外加剂,其组成与掺量见表16-35。低温早强混凝土的强度规律见表16-36	与负温混凝土工艺相比,防冻剂掺量可以减少,混凝土强度增长也较快,与各种加热养护工艺相比,可以节约能耗,尤其采用综合蓄热法时,扩大了蓄热法使用范围,有较好的技术经济效果 适用于-5℃以上自然气温正负交变的亚寒地区和严寒地区的初冬及早春季节的低温条件下施工,同时适用于有抗渗和抗冻性能要求的结构	

防冻剂组分　　　　表16-31

名称	化学式	析出固相共熔体时		备注
		浓度(g/100g水)	温度(℃)	
氯化钠	NaCl	30.1	-21.2	致锈
氯化钙	CaCl$_2$	42.7	-55	致锈
亚硝酸钠	NaNO$_2$	61.3	-19.6	
硝酸钠	NaNO$_3$	58.4	-18.5	
硝酸钙	Ca(NO$_3$)$_2$	78.6	-28	

续表

名　称	化学式	析出固相共熔体时		备　注
		浓度(g/100g 水)	温度(℃)	
乙酸钠	CH_3COONa		-17.5	
碳酸钾	K_2CO_3	56.5	-36.5	
尿　素	$(NH_2)_2CO$	78	-17.6	
氨　水	NH_4OH	161	-84	
甲　醇	CH_3OH	212	-96	

早强剂组分　　　　　　　　　　　　　　表 16-32

名　称	化学式	掺量占水泥(%)	相对早强效果(%)		
			f_1	f_3	f_7
(空白)			100	100	100
硫酸钠	Na_2SO_4	2	138	143	122
三乙醇胺	$C_6H_{15}O_3N$	0.04	147	136	125
硫代硫酸钠	$Na_2S_2O_3$	2	147	138	98

注：相对早强效果，均以空白标养试件为基准的标准养护下的龄期分别为 1、3、7d 的抗压强度之比。

防冻剂参考配方　　　　　　　　　　　表 16-33

水泥品种	混凝土硬化温度(℃)	配　　方　　(%)
普通水泥	-10	亚硝酸钠(13.4)+硫酸钠 2+FDN 0.75 亚硝酸钠(6.1)+硝酸钠(9.7)+硫酸钠 2+FDN 0.75 尿素(7.3)+硝酸钠(8.5)+硫酸钠 2+FDN 0.75 三乙醇胺 0.03+硫酸钠 2+木钙 0.2
	-5	亚硝酸钠(6.9)+硫酸钠 2+FDN 0.75 亚硝酸钠(3.4)+硝酸钠(5.7)+硫酸钠 2+FDN 0.75 尿素(4.5)+硝酸钠(5.7)+硫酸钠 2+FDN 0.75 碳酸钾 6+硫酸钠 2+木钙 0.25
	0	亚硝酸钠(3.2)+硫酸钠 2+木钙 0.25 尿素(4.4)+硫酸钠 2+木钙 0.25 氯化钠(4.4)+硫酸钠 2+木钙 0.25 碳酸钾 3+硫酸钠 2+木钙 0.25
矿渣水泥	-5	亚硝酸钠(9.0)+硫酸钠 2+FDN 0.75 亚硝酸钠(4.4)+硝酸钠(6.6)+硫酸钠 2+FDN 0.75 尿素(6.6)+硝酸钠(6.6)+硫酸钠 2+FDN 0.75
	0	亚硝酸钠(3.1)+硫酸钠 2+木钙 0.25 尿素(4.1)+硫酸钠 2+木钙 0.25 氯化钠(4.1)+硫酸钠 2+木钙 0.25

注：1. 配方中括号内数字为占拌合水量的百分数，其余为占水泥量的百分数。
2. 氯化钠配方仅用于无筋混凝土，其余均可用于钢筋混凝土。

负温混凝土强度发展规律　　　　表 16-34

设计温度(℃)		-5	-10	-15	-20
各龄期达标养强度（%）	7d	≥30	≥20	≥10	≥5
	14d	≥50	≥35	≥25	≥15
	28d	≥70	≥45	≥35	≥30
	$-28d$ 转 $+28d$	≥100	≥100	≥95	≥90

低温早强剂的组成及掺量　　　　表 16-35

名称	硬化温度（℃）	配方	掺量（占水泥重量%）
NC	$-5℃$ 以上或自然交变温度 $-10℃～+5℃$	硫酸钠 60% + 矿钙 2% + 青砂 38%	3~5
MS-F	$0～+10℃$	硫酸钠 60% + 木钙 2.5% + 三乙醇胺 0.5% + 粉煤灰 37%	5
硫酸钠复合方案	$-5℃$	亚硝酸钠 硫酸钠 木钙	2 2 0.25
	$-10℃$	亚硝酸钠 硫酸钠 木钙	3.5 2 0.25

掺 NC 低温早强剂混凝土强度规律　　　　表 16-36

NC 掺量（占水泥重量%）	室内养护强度(MPa)			室外自然养护强度(MPa)				
	7d	14d	28d	7d	14d	28d	60d	120d
0	$\frac{11.8}{40}$	$\frac{25.6}{86}$	$\frac{29.8}{100}$	$\frac{3.8}{13}$	$\frac{7.8}{26}$	$\frac{8.4}{26}$	$\frac{11.4}{38}$	$\frac{16.7}{56}$
3	$\frac{23.0}{77}$	$\frac{34.9}{117}$	$\frac{37.0}{124}$	$\frac{10.3}{35}$	$\frac{15.9}{59}$	$\frac{19.2}{64}$	$\frac{22.0}{74}$	$\frac{31.4}{105}$
5	$\frac{27.2}{92}$	$\frac{36.1}{121}$	$\frac{40.8}{137}$	$\frac{11.8}{40}$	$\frac{16.7}{57}$	$\frac{22.4}{75}$	$\frac{26.4}{89}$	$\frac{38.2}{128}$

16.4.10 硫铝酸盐水泥负温早强混凝土

硫铝酸盐水泥负温早强混凝土   表16-37

原理及适用范围	原材料要求及掺量	施 工 要 点
由早强硫铝酸盐水泥，适量的抗冻早强剂，砂石骨料加水搅拌正温混凝土拌合料，在最低气温-25℃以上的负温条件下浇筑施工。浇筑的混凝土在负温度下以较快的速度硬化，或者由于水化放热集中的特点，混凝土处于正温度下快速硬化。这是一种适合于冬期施工的混凝土。 硫铝酸盐水泥负温早强混凝土可在0～-25℃的环境下施工。适用于工业与民用建筑工程的钢筋混凝土柱、梁、板、墙的现浇结构以及装配式结构的接头、小截面和薄壁结构混凝土工程。但不适用于结构表面系数小于6m^{-1}的大体积混凝土结构工程和使用条件经常处于温度高于100℃的部位或有较高耐火要求的结构工程	1. 硫铝酸盐早强水泥是以石灰石、矾土和二水石膏为主要原料，经煅烧所得以无水硫铝酸钙和β型硅酸二钙为主要成分的熟料，加入适量石膏磨细制成的一种水泥。其特点是水化速度快，早期强度高，低温性能好，干燥收缩小，在潮湿环境下有微膨胀性，早期液相碱度较低，钢筋有轻度腐蚀，耐热性较差。水泥用量最少不宜少于280kg/m^3，水灰比不宜大于0.65 2. 抗冻早强剂采用亚硝酸钠，掺量见表16-38。亚硝酸钠与粉状载体和适量添加剂共同混合制成TZ型早强剂，效果比单掺亚硝酸钠更好，使用时不须溶化，可直接投入搅拌机，使用较为方便 3. 硫铝酸盐水泥负温早强混凝土在负温条件下养护后的力学性能见表16-39	1. 硫铝酸盐早强水泥质量必须符合国家专业标准要求。不得与硅酸盐类水泥或石灰等碱性材料混合使用 2. 硫铝酸盐水泥混凝土拌合物可采用热水拌合，水的温度不宜超过50℃，混凝土拌合物温度宜为5～15℃。水泥不得直接加热或直接与30℃以上热水接触，拌合物的坍落度比普通混凝土坍落度增加10～20mm 3. 采用机械搅拌时，混凝土出罐后应注意将搅拌筒由排空，并根据气温情况与混凝土温度情况，每隔0.5～1h应刷罐一次 4. 拌制好的混凝土，应在30min内浇筑完毕，入模温度不得低于2℃。当混凝土因凝结或冻结而降低流动性后，不得二次加水拌合使用 5. 混凝土浇筑后，外露面要及时压抹，以免出现微裂缝，并宜先盖一层塑料薄膜，以防失水，然后根据气温情况加盖保温材料 6. 当环境温度为零下时，应使混凝土在养护初期12～24h内保持正温，以保证强度增长。梁、柱接头除保温外，还应对该部位进行预热，以减少热损失 7. 混凝土不得采用电热法或蒸汽法养护，可采用暖棚法、蓄热法养护，但养护温度不得高于30℃

亚硝酸钠掺量   表16-38

预计当天最低气温(℃)	≥-5	-5～-15	-15～-25
亚硝酸钠掺量(%)	0.5～1.0	1.0～3.0	3.0～4.0

硫铝酸盐水泥负温早强混凝土负温力学性能（N/mm²）

表 16-39

项次	水灰比	水泥用量（kg/m³）	坍落度（mm）	外加剂（占水泥重量%）		-5℃恒温		-10℃恒温		标准养护
				亚硝酸钠	氯化锂	f_3	f_{28}	f_3	f_{28}	f_{28}
1	0.51	300	10	3	0.01	28.4	43.7	4.4	16.6	53.2
2	0.51	300	10	3	0.02	28.8	42.7	7.6	24.5	52.8
3	0.50	300	20	3	0.01	24.5	40.3	10.9	32.5	49.4

16.5 钢结构工程冬期施工

钢结构工程冬期施工方法

表 16-40

项次	项目	施 工 要 点
1	一般要求	1. 钢结构工程冬期施工，应按照负温度施工的要求，编制钢结构制作工艺规程和安装施工组织设计 2. 钢结构在正温度下（夏季、工厂）制作，在负温度下（冬季、露天）安装时，施工中应采取有调整偏差的技术措施 3. 在负温度下施工用的钢材，宜采用平炉或氧气转炉 Q235 钢、16Mn、15MnV、16Mnq 和 15MnVq 钢。钢材应保证冲击韧性。Q235 钢应具有-20℃，其他应具有-40℃合格的保证 4. 在负温度下钢结构的焊接梁、柱接头板厚大于 40mm 时，且在板厚方向承受拉力时，还要求钢材板厚伸长率的保证，以防出现层状撕裂 5. 选用负温度下钢结构焊接用的焊条、焊丝，在满足设计强度要求的前提下，应选用屈服强度较低、冲击韧性较好的低氢型焊条，重要结构可采用高韧性超低氢型焊条 6. 负温度下焊接时，碱性焊条外露超过 2h 的应重新烘焙，焊条的烘焙次数不宜超过 3 次；焊剂重复使用的间隔时间不得超过 2h，否则重新烘焙 7. 气体保护焊用的二氧化碳为瓶装气体时，瓶内压力低于 1N/mm² 时应停止使用。在负温下使用时，要检查瓶嘴有无冰冻堵塞现象 8. 高强螺栓应在负温下进行扭矩系数、轴力的复验工作，符合要求后方能使用 9. 钢结构使用的涂料应符合负温下涂刷的性能要求，禁止使用水基涂料
2	钢结构制作	1. 钢结构在负温下放样时，切割、铣刨的尺寸，应考虑钢材在负温下收缩的影响 2. 普通碳素结构钢工作地点温度低于-20℃，低合金钢工作地点温度低于-15℃时，不得剪切、冲孔；普通碳素结构钢工作地点温度低于-16℃，低合金钢工作地点温度低于-12℃时，不得进行冷矫正和冷弯曲 3. 负温度下需要对边缘加工的零件，应采用精密切割加工，焊缝坡口宜采用自动切割。采用坡口机、刨边机进行坡口加工时，不得出现鳞状表面。重要结构的焊缝坡口，应用机加工或自动切割加工，不宜采用手工气割加工

16.5 钢结构工程冬期施工

续表

项次	项目	施工要点
2	钢结构制作	4. 负温度下焊接中厚钢板、厚钢板、厚钢管的预热温度可由试验确定,当无试验资料时可按表16-41取用 5. 在负温度下构件组装定型后进行焊接时,应严格按焊接工艺规定进行,单条焊缝的两端必须设置引弧板和熄弧板。引弧板和熄弧板的材料应和母材一致。严禁在母材上引弧 6. 负温度下厚度大于9mm的钢板应分多层焊接,焊缝应由下往上逐层堆焊。为了防止温度降得太低,原则上一条焊缝一次焊完,不得中断,在再次施焊时,应先进行处理,清除焊接缺陷,合格后方可按焊接工艺规定再继续施焊 7. 在负温度下露天焊接钢结构时,宜搭设临时防护棚。雨水、雪花严禁飘落在炽热的焊缝上 8. 在负温度下厚钢板焊接完成后,应立即进行焊后热处理,加热温度宜为150~300℃,并宜保持1~2h,焊缝焊完或焊后热处理完后,应采取保温措施,并使焊缝缓慢冷却,冷却速度不应大于10℃/min 9. 当构件在负温度下进行热矫正时,钢材加热温度应控制在750~900℃(暗樱红色)之间,200~400℃时结束,矫正后应保温覆盖使其缓慢冷却 10. 在负温度下制作的钢构件在进行外形尺寸检查验收时,应考虑当时温度的影响 负温度下超声波探伤仪用的探头与钢材接触面间应使用不冻结为油基耦合剂 11. 在温度低于0℃的钢构件上涂刷防腐涂层前,应进行涂刷工艺试验。涂刷时必须将构件表面的铁锈、油污、边沿孔洞的飞边毛刺清除干净,并保持构件表面干燥。可用热风或红外线照射干燥,干燥温度与时间应由试验确定。雨雪天气或构件上有薄冰时不得进行涂刷施工
3	钢结构安装	1. 冬期运输堆存钢结构时,必须采取防滑措施。构件堆放场地必须平整坚实,无水坑、地面无结冰。同一型号构件叠放时,必须保证构件的水平度,垫块必须在同一垂线上,防止构件溜滑 2. 钢结构安装前除按常规检查外,尚须根据负温度条件对构件质量进行详细复验 3. 绑扎、起吊钢构件的钢索与构件直接接触时,要加防滑隔垫。凡是与构件同时起吊的节点板,安装人员使用的挂梯、校正用的卡具、绳索,必须绑扎牢固。直接使用吊环、吊耳起吊构件时,要检查吊环、吊耳连接焊缝有无损伤 4. 在负温度下安装构件,应根据气温条件编制钢构件安装顺序图表,施工中严格按照规定顺序安装。平面上应从建筑物的中心逐步向四周扩散安装,立面上宜从下部逐件往上安装 5. 构件上有积雪、结冰、结露时,安装前应清扫干净,但不得损伤涂层 6. 在负温度下安装钢结构的专用机具应按负温度要求进行检验 7. 在负温度下安装钢结构时,柱子、主梁、支撑等大构件安装后应立即进行校正。校正后立即固定并永久固定。当天安装的构件要形成空间稳定体系,保证钢结构的安装质量和结构的安全 8. 高强螺栓接头安装时,构件的摩擦面必须干净,不得有积雪、结冰,不得雨淋,不得接触泥土、油污等脏物 9. 多层钢结构安装时,楼面上堆放的荷载必须限制,施工活荷载,积雪、结冰的重量不得超过钢梁和楼板的承载能力 10. 栓钉焊接前,应根据负温度值的大小,对焊接电流、焊接时间等参数进行测定,保证栓钉在负温度下的焊接质量

16 冬期施工

负温度下焊接钢板、钢管预热温度　　　表16-41

项　目	钢材厚度(mm)	环境温度(℃)	预热温度(℃)
低碳钢构件	30以下 30～50 50～70 70以上	－30以下 －30～－10 －10～0 任何温度	36 36 36 100
低碳钢管构件	16以下 16～30 30～40 40～50 50以上	－30以下 －30～－20 －20～－10 －10～0 任何温度	36 36 36 36 100
16Mn 16Mnq 15MnV 15MnVq	10以下 10～16 16～24 24～40 40以上	－26以下 －26～－10 －10～－5 －5～0 任何温度	36 36 36 36 100～150

16.6 装饰工程冬期施工

装饰工程冬期施工方法　　　表16-42

项次	项目	施　工　要　点
1	抹灰工程	1. 用冻结法砌筑的墙，室外抹灰应待其充分解冻后施工；室内抹灰应待抹灰的一面解冻深度不小于墙厚的一半时方可施工。不得采用热水冲刷冻结的墙面或用热水清除墙面冰霜 2. 室内抹灰施工可采用建筑物正式热源、临时管道或生火炉、暖风机、红外线加热器等。房间门窗及洞口应用草垫等或预先安装好门窗玻璃，使其封闭严密。保持室内环境温度不低于5℃(以地面上500mm处为准)室外抹灰前，宜随外脚手架在西、北面搭设挡风措施 3. 砂浆应在搅拌棚内集中搅拌，一般用热水搅拌，如严寒可再加热砂，使砂浆温度保持在15～20℃;砂浆上墙温度不低于10℃，采用喷涂抹灰时不低于8℃。砂浆在贮存、运输中应保温，要随用随拌，防止砂浆冻结 4. 室内用临时热源时，应经常检查抹灰层湿度，如干燥太快或出现裂缝、酥松等现象，应适当洒水湿润，使其有一定的湿度。同时室内应适当开启窗户或设置通风口，以定期排除湿气 若室内生火炉取暖时，应设置烟囱防止煤气中毒，并防止烟气污染 5. 室内抹灰工程结束后，在7d内应保持室内温度不低于5℃ 6. 室外抹灰采用冷作法施工时，应采用水泥砂浆或水泥混合砂浆，砂浆中应掺入氯化钠、氯化钙、碳酸钾、亚硝酸钠、硫酸钠、漂白粉等防冻剂 7. 防冻剂宜优先选用单掺氯化钠，其次是掺氯化钠与氯化钙的复盐或碳酸钾、亚硝酸钠。在预计最低气温下的氯化钠掺量见表16-43;亚硝酸钠的掺量见表16-44

16.6 装饰工程冬期施工

续表

项次	项目	施 工 要 点
1	抹灰工程	8. 当气温在-10~-25℃时,对急需的工程,可采用氯化砂浆施工,调制方法为:将漂白粉加入35℃热水中搅匀,澄清1~2h后取上部溶液使用。漂白粉掺量分气温关系见表16-45。拌制时先将水泥与砂搅拌均匀,然后加入漂白粉水溶液拌合,氯化砂浆使用应按表16-46规定的温度施工 9. 含氯盐的防冻剂不得用于高压电源部位和有油漆墙面的水泥砂浆内,同时也不得掺入高铝水泥砂浆内 10. 抹灰墙面应清洁干净,不得有冰、霜、雪,如有应采用与抹灰砂浆同浓度的防冻剂溶液冲刷,并应清除表面尘土 11. 当施工要求分层抹灰时,底层灰不得受冻,抹灰砂浆在硬化初期应采取防止受冻的保温措施
2	饰面工程	1. 外墙面的饰面板、饰面砖以及马赛克等,不宜在严寒季节施工。当需要安排施工时,宜采用暖棚法施工,棚内温度不应低于5℃ 2. 室内饰面工程施工,可采用热空气或带烟囱的火炉等取暖,并设通风、排湿装置 3. 饰面板就位固定后,用1:2.5水泥砂浆灌浆,保温养护不少于7d,砂浆温度不得低于5℃ 4. 釉面砖及外墙面砖冬期施工时,宜在2%盐水中浸泡2h并晾干后使用 5. 外墙饰面石材应根据气温条件及吸水率要求选材,安装宜采用螺栓锚固的干作业法
3	油漆、刷浆、裱糊、玻璃工程	1. 油漆、刷浆、裱糊、玻璃工程应在采暖环境下进行施工。当需要在室外施工时,其最低环境温度不应低于5℃,遇大风、雨、雪天气时应停止施工 2. 冬期刷调合漆时,应在其内加入调合漆重量2.5%的催干剂和5%的松香水。施工时室温应保持均衡,并排除烟气和潮气,防止失光和发黏不干 3. 油漆在低温下易于稠化,应适当加热,加热应放在热水容器中间接加热,防止着火。腻子在配制时,可用热水调配,并在加入的水中掺1/4酒精 4. 室内外刷浆应在晴天进行,一昼夜内环境温度不得低于3℃。粉浆类料浆宜采用热水调配,随用随配并使料浆保温,料浆使用温度宜保持在15℃左右。基层湿度不大于8%,不得有冰霜,基层最低温度不应低于5℃料浆内可加入少量氯化钠以增加防冻性 5. 裱糊工程施工时,基层含水率不大于8%。当室内温度高于20℃且相对湿度大于80%时,应开窗换气,防止壁纸受潮起泡 6. 玻璃工程施工时,应将玻璃、镶嵌用合成橡胶等材料运到有采暖设施的室内,操作地点的环境温度不应低于5℃ 7. 外墙铝合金、塑料框、大扇玻璃等不宜在冬期安装

不同室外气温下氯化钠的掺量(%)　　表 16-43

项　目	室 外 大 气 温 度 (℃)			
	0~-3	-4~-6	-7~-8	-9~-10
墙面抹水泥砂浆	2	4	6	8
挑檐、阳台雨罩抹水泥砂浆	3	6	8	10
抹水刷石	3	6	8	10
抹干粘石	3	6	8	10
贴面砖、马赛克	2	4	6	8

注:掺量为用水量的%。

砂浆内亚硝酸钠掺量(%) 表16-44

室外气温(℃)	0~-3	-4~-9	-10~-15	-16~-20
掺量(占水泥重量%)	1	3	5	8

漂白粉掺量与室外气温关系 表16-45

室外气温(℃)	-10~-12	-13~-15	-16~-18	-19~-21	-22~-25
漂白粉加入量(占拌合水重%)	5	12	15	18	21
氯化水溶液密度(g/cm³)	1.05	1.06	1.07	1.08	1.09

氯化砂浆使用的温度 表16-46

室外气温(℃)		0~-10	-11~-20	-21~-25	-26以下
搅拌后的砂浆温度(℃)	无风天气	10	15~20	20~25	不得施工
	有风天气	15	25	30	不得施工

16.7 屋面防水工程冬期施工

屋面防水工程冬期施工方法 表16-47

项次	项目	施工要点
1	找平层施工	1. 冬期进行屋面防水工程施工应选择无风晴朗天气进行,并应依据使用的防水材料控制其施工气温界限,以及利用日照条件提高面层温度,在迎风面宜设置活动的挡风装置 2. 屋面各层施工前,应将基层上面的积雪、冰霜和杂物清扫干净,所用材料不得含有冰雪冻块 3. 找平层为水泥砂浆时,砂浆的强度等级不得小于M5。砂浆应根据气温和养护温度要求掺入防冻剂,其掺量应由试验确定。当采用氯化钠或氯化铀与氯化钙复合防冻剂时,宜选用普通水泥或矿渣水泥,严禁使用高铝水泥,其掺量见表16-48,配制时,在使用前2~3d,按1盐3水(重量比)配制单盐浓溶液,使用时再按所需浓度配制,以密度计进行检测 当大气温度在-10~-25℃时,急需施工工程,可用漂白粉配制氯化砂浆施工,其掺量及使用温度见表16-45和表16-46 4. 当日最高气温在10℃以下,最低气温0℃左右时,抹完的水泥砂浆表面应覆盖二层草袋保温。或白天用黑色塑料布覆盖,夜间用二层草袋覆盖保温 5. 找平层为沥青砂浆时,基层应干燥、平整,不得有冰层或积雪,基层应先满涂冷底子油1~2道,待冷底子油干燥后方可做找平层。沥青砂浆的施工温度见表16-49

16.7 屋面防水工程冬期施工

续表

项次	项目	施 工 要 点
2	卷材防水施工	1. 冬期施工的屋面卷材防水层,可采用热熔法和冷粘法施工。热熔法施工温度不低于-10℃,冷粘法施工温度不宜低于-5℃ 2. 沥青玛琋脂的配合比应准确,严格控制沥青熬制温度,沥青玛琋脂运输和施工用盛具应保温加盖,或在现场用加热保温车进行二次加温,以保证现场使用温度 3. 涂刷基层处理剂宜选用快挥发的溶剂配制,涂刷后应干燥10h以上,干燥后应及时铺贴卷材 4. 卷材使用前应移入温度高于15℃的温室内缓冻,时间不少于48h,以保证卷材开卷温度在10℃以上。在温室内按所需长度下料,并反卷成卷,保证运到现场,随用随取,以防因低温脆硬折断 5. 铺贴卷材时,操作程序应紧凑衔接,随浇油随铺卷材,及时压实、刮边,防止沥青玛琋脂的热量散发,导致粘结层过厚或粘结不牢、不实 6. 重要节点部位、阳角、末端收头等,须用温度较高的玛琋脂,要求涂刷均匀,封闭严密 7. 因卷材脆硬,施工中出现的裂纹或折断处,应认真用热玛琋脂刮涂并加铺一层卷材补强 8. 卷材铺贴应选择太阳高照,并在日照2h后较高的气温时间内施工
3	涂膜防水施工	1. 涂膜防水施工的环境气温不宜低于-5℃,在雨、雪天气、五级风及其以上时不得施工 2. 冬期涂膜屋面防水施工应选用溶剂型合成高分子防水涂料,因其成膜温度较低,大部分可在0℃以下条件下施工 3. 在-10℃以内施工冷防水涂料,应在温室内缓冻达到10℃以上温度;在-20℃以内施工,应在现场采用水浴或蒸汽加温到30~40℃,使其有一定的流态后施工。冬期使用的涂料,常温(25℃)黏度不应低于55s 4. 施工前,应检查涂料质量,如发现涂料有离析、搅拌有胶丝或结团现象,应禁止使用。涂料黏度过高,不得用溶剂油稀释,桶装成品应滚动或搅拌均匀后使用 5. 低温施工,大面积用橡胶刮板刮涂,节点和边角用油刷涂刷,要求涂刷均匀,厚度适宜,必须浸透无纺布
4	接缝密封防水	1. 冬期施工嵌缝材料宜选用质量稳定、性能可靠的热灌性油膏(如聚氯乙烯胶泥等) 2. 检查混凝土及其界面的质量,凡被冰冻、疏松了的界面和不合格的界面,必须经过处理后方可施工 3. 聚氯乙烯胶泥灌缝,胶泥塑化温度应控制在140℃以内,使用温度应不低于100℃,板缝应清扫干净并干燥,用热风机或喷灯将板壁加温到80℃以上,再用稀释热胶泥涂刷槽缝一遍,随即将胶泥灌入缝内,分二次灌满,第一灌至缝深的1/3~1/2,随即用木板搅动与缝壁揉擦,使胶泥与缝壁粘牢,然后第二次灌满。竖缝用胶泥带嵌填 4. 由于冬期施工温度低,密封材料固化时间短,因此每次嵌填不应太多,而且嵌填完后应立马用腻子刀将其压平、压紧,使密封材料与界面粘结牢固,然后做好保护层

16 冬期施工

不同室外气温下氯盐的掺量(占水量%)　　表 16-48

砂浆类别	施工时室外气温(最低气温℃)									
	0~-3		-4~-5		-6~-8		-9~-11		-12~-14	
	NaCl	CaCl₂	NaCl	CaCl₂	NaCl	CaCl₂	NaCl	CaCl₂	NaCl	CaCl₂
单盐水泥砂浆	2		4		6		8			
复盐水泥砂浆	1	1	2	2	3	3	5	3	6	4

沥青砂浆施工温度(℃)　　表 16-49

施工时室外气温	搅拌温度	铺设温度	滚压完毕温度
5 以上	140~170	90~120	60
5~-10	160~180	110~130	40

主要参考文献

1. 建筑施工手册(第四版)编写组.建筑施工手册(第四版)1～3,北京:中国建筑工业出版社,2003
2. 江正荣编著.建筑施工工程师手册(第二版).北京:中国建筑工业出版社,2002
3. 《实用建筑施工手册》编写组.实用建筑施工手册,北京:中国建筑工业出版社,1999
4. 江正荣等主编.实用高层建筑施工手册.北京:中国建筑工业出版社,2003
5. 卢肇钧,曾国熙等编.地基处理新技术.北京:中国建筑工业出版社,1989
6. 地基处理手册编写委员会.地基处理手册.北京:中国建筑工业出版社,1998
7. 江正荣编著.地基与基础施工手册.北京:中国建筑工业出版社,1997
8. 江正荣.复杂恶劣条件下深基坑的挡水与支护,建筑技术,1989(11)
9. 江正荣.大型地下连续墙施工设备研制及施工新工艺,建筑技术,1992(5)
10. 江正荣.新型多分支承力盘灌注桩施工工艺及应用,建筑技术,1994(3)
11. 江正荣.喷粉桩施工工艺,应用与问题探讨,建筑技术,1996(3)
12. 江正荣.我国地基与基础施工技术的新进展,建筑技术,1997(5)
13. 江正荣.地基处理与桩基施工技术的新进展,建筑技术,2003(3)
14. 徐占发主编.简明砌体工程施工手册.北京:中国环境科学出版社,2003
15. 朱维益,张贤虎编著.简明钢筋工程施工手册.北京:中国环境科学出版社,2003
16. 朱维益,张玉凤编.简明模板工程施工手册.北京:中国环境科学出版社,2003
17. 朱国梁,顾雪龙编著.简明混凝土工程施工手册.北京:中国环境科学出版社,2003
18. 王定一,王宇红等编.简明预应力工程施工手册.北京:中国环境科学出版社,2003

19　江正荣,杨宗放主编.特种工程结构施工手册.北京:中国建筑工业出版社,1998
20　江正荣主编.建筑结构预制与吊装手册.北京:中国建筑工业出版社,1994
21　梁建智编著.简明结构吊装工程施工手册.北京:中国环境科学出版社,2003
22　沈祖炎主编.钢结构制作安装手册.北京:中国建筑工业出版社,1998
23　高校良编著.高层钢结构工程质量控制.北京:中国计划出版社,1995
24　朱国梁,潘金龙编著.简明防水工程施工手册.北京:中国环境科学出版社,2003
25　《建筑工程防水设计与施工手册》编写组,建筑工程防水设计与施工手册.北京:中国建筑工业出版社,1999
26　王朝熙主编.简明防水工程手册.北京:中国建筑工业出版社,1999
27　崔维汉著.防腐蚀工程设计与新型实用技术.太原:山西科学技术出版社,1992
28　曹文达等编著.新型混凝土及其应用.北京:金盾出版社,2001
29　熊杰民,陆文英主编.建筑地面设计与施工手册.北京:中国建筑工业出版社,1999
30　朱晓斌,李群编.简明地面施工手册.北京:中国环境科学出版社,2003
31　雍本编著.装饰工程施工手册(第二版).北京:中国建筑工业出版社,1997
32　陈世霜主编.当代建筑装修构造施工手册.北京:中国建筑工业出版社,1999
33　饶勃主编.装修工手册(第二版).北京:中国建筑工业出版社,1999
34　王寿华主编.建筑门窗手册.北京:中国建筑工业出版社,2002
35　陈建东主编.金属与石材幕墙工程技术规范应用手册.北京:中国建筑工业出版社,2001
36　建筑地基基础工程质量验收规范(GB 50202—2002)
37　建筑基坑支护技术规范(JGJ 120—99)
38　建筑基坑工程技术规范(YB 9258—97)
39　建筑地基处理技术规范(JGJ 79—2002)
40　建筑桩基技术规范(JGJ 94—94)
41　砌体工程施工质量验收规范(GB 50203—2002)

42	建筑施工扣件式钢管脚手架安全技术规程(JGJ 130—2001)
43	建筑施工门式钢管脚手架安全技术规程(JGJ 128—2000)
44	组合钢模板技术规程(GBJ 214—2001)
45	混凝土结构工程施工质量验收规范(GB 50204—2002)
46	带肋钢筋套筒挤压连接技术规程(JGJ 108—96)
47	钢筋锥螺纹接头技术规程(JGJ 109—96)
48	钢筋焊接及验收规程(JGJ 18—2003)
49	混凝土泵送施工技术规程(JGJ/T 10—95)
50	木结构工程施工质量验收规范(GB 50209—2002)
51	钢结构工程施工质量验收规范(GB 50205—2001)
52	高层民用建筑钢结构技术规程(JGJ 99—98)
53	屋面工程质量验收规范(GB 50207—2002)
54	地下工程防水质量验收规范(GB 50208—2002)
55	建筑防腐蚀工程施工及验收规范(GB 50212—2002)
56	建筑地面工程施工质量验收规范(GB 50209—2002)
57	建筑装饰装修工程质量验收规范(GB 50210—2001)
58	住宅装饰装修工程施工规范(GB 50327—2001)
59	塑料门窗安装及验收规程(JGJ 103—96)
60	玻璃幕墙工程技术规范(JGJ 102—2003)
61	金属与石材幕墙工程技术规范(JGJ 133—2001)
62	外墙饰面砖工程施工及验收规程(JGJ 126—2000)
63	建筑工程冬期施工规程(JGJ 104—97)